U0317143

河南鸡公山国家级自然保护区
科学考察集

SCIENTIFIC SURVEY OF HENAN
JIGONGSHAN NATURE RESERVE

叶永忠　李培学　瞿文元　主编

科 学 出 版 社

北 京

内 容 简 介

本书共分6篇，22章。第一篇介绍了河南鸡公山国家级自然保护区的地质地貌、水文、气象和土壤概况；第二篇介绍了河南鸡公山国家级自然保护区的植被类型、苔藓植物、蕨类植物、种子植物、珍稀濒危保护植物、珍贵树种及各类资源植物，分析了各类植物区系的成分和组成特点，探讨了植被资源保护和利用的途径；第三篇介绍了河南鸡公山自然保护区的大型真菌；第四篇介绍了河南鸡公山国家级自然保护区的哺乳动物、爬行动物、两栖动物、鱼类及昆虫，重点介绍了国家重点保护动物的分布和习性；第五篇介绍了河南鸡公山国家级自然保护区的旅游资源；第六篇对保护区及周边地区的社会经济状况进行了深入的分析，提出了保护区的管理体制和管理系统，最后从区域气候特点、生物区系组成、生物多样性和生态系统特征等方面对保护区进行了综合评价。

本书可为自然保护区、野生动植物保护与管理、环境保护、生物学、生态学、林业、农业、园林园艺、医药卫生及相关领域的研究、教学、生产和管理及政府决策提供参考。

图书在版编目(CIP)数据

河南鸡公山国家级自然保护区科学考察集/叶永忠，李培学，瞿文元主编 .—北京：科学出版社，2014.1

ISBN 978-7-03-039285-5

Ⅰ.①河… Ⅱ.①叶…②李…③瞿… Ⅲ.①自然保护区-科学考察-信阳市-文集 Ⅳ.①S759.992.613-53

中国版本图书馆 CIP 数据核字（2013）第 296129 号

责任编辑：张会格/责任校对：张凤琴
责任印制：钱玉芬/封面设计：耕者设计工作室

科 学 出 版 社 出版
北京东黄城根北街 16 号
邮政编码：100717
http://www.sciencep.com

中国科学院印刷厂 印刷
科学出版社发行　各地新华书店经销

*

2014 年 1 月第 一 版　　开本：787×1092　1/16
2014 年 1 月第一次印刷　　印张：33 1/2　插页：16
字数：808 000

定价：**180.00 元**
（如有印装质量问题，我社负责调换）

《河南鸡公山国家级自然保护区科学考察集》
编辑委员会

顾　　问　乔新江　　陈传进

领导小组

　　组　　长　王德启

　　副组长　王学会　卓卫华　霍清广　周克勤

　　成　　员　张玉洁　李培学　方成良　戴慧堂

主　　编　叶永忠　李培学　瞿文元

副主编　戴慧堂　袁志良　方成良　陈晓虹　魏东伟
　　　　　肖宏伟　邱　林　陈　锋

编　　委　（按汉语拼音排序）

　　　　　陈　锋　陈　云　陈晓虹　戴慧堂　丁玉华
　　　　　杜文芝　方成良　郭光占　哈登龙　李培学
　　　　　李学军　刘　佳　卢全伟　吕九全　聂国兴
　　　　　牛　瑶　牛红星　邱　林　瞿文元　王　婷
　　　　　王　岩　王亚平　韦博良　魏东伟　肖宏伟
　　　　　杨　怀　叶永忠　袁志良　瞿晓飞　张　文
　　　　　赵海燕　赵云云　钟魁勋　周　巍　朱凤云

"河南鸡公山国家级自然保护区科学考察"
参加单位及成员

河南省林业厅：卓卫华　张玉洁
河南省环保厅：霍清广　王福州　王崎强
河南农业大学：叶永忠　袁志良　魏东伟　王　婷　王亚平
　　　　　　　陈　云　韦博良　刘　佳　王　岩
河南师范大学：瞿文元　陈晓虹　吕九全　牛红星　牛　瑶
　　　　　　　聂国兴　李学军　翟晓飞　赵云云
河南省信阳农林学院：周　巍　李　纯　丁玉华
信阳师范学院：卢东升
安阳工学院：卢全伟
河南省黄淮学院：朱凤云
鸡公山国家级自然保护区：李培学　方成良　戴慧堂　肖宏伟
　　　　　　　　　　　　邱　林　陈　锋　杨　怀　郭光占
　　　　　　　　　　　　钟魁勋　赵海燕　杜文芝　哈登龙
　　　　　　　　　　　　彭银中　郭建朝　张　文　刘　丹
　　　　　　　　　　　　裴小军　李学松　刘兰涛　刘伯选
　　　　　　　　　　　　曾　鸣　杨庆华　李　新　侯正良
　　　　　　　　　　　　侯正林　戴宏军　耿协群　敬广伟
　　　　　　　　　　　　琚煜熙　杨　俊　姚贤胜　黄新雅
　　　　　　　　　　　　侯　方　石冠红　童　磊　张　涛
　　　　　　　　　　　　方若龙　李　倩　岳　伟　张开封
　　　　　　　　　　　　刘婷婷　陈　梅　耿进锦
信阳广播电视大学：汪安涛

序 一

自然资源和自然环境是人类社会赖以生存的物质基础。随着人类活动的不断加强和经济建设的日益发展，自然资源和自然环境不断遭到破坏，生态环境日益恶化，生物多样性也受到巨大威胁。因此，保护生物多样性已成为全人类关注的热点。

建立自然保护区是保护生态环境和生物多样性的基本途径之一。我国自1956年建立自然保护区以来，已有50余年的发展历程。截至2011年年底，我国已经建立各种类型的自然保护区2640处，总面积为149万km²，其中，陆地自然保护区面积约占国土面积的14.93%。这些自然保护区的建立，在保护我国生物多样性资源、维持生态平衡和促进生态文明建设方面发挥了重要作用。

鸡公山国家级自然保护区地处北亚热带北缘，属河南省建立的第一批国家级自然保护区。保护区林相完好，森林覆盖率达98%，是我国南北过渡地区典型的森林生态系统。区内地形复杂，土壤肥沃，生态环境独特，野生动植物资源丰富，共有高等植物2726种及亚种和变种、野生脊椎动物489种及亚种，是中原地区保存完好的物种基因库和生物多样性基地。该区生物区系南北过渡、东西交汇，是许多古老、孑遗生物类群及众多珍稀、濒危和特有物种的荟萃之地。鸡公山独特的自然地理条件和丰富的生物多样性，早已引起世人的极大关注。自20世纪初以来，大批中外学者来这里研究考察。现在鸡公山已成为国内著名的植物学、动物学、生态学和林学等相关学科的研究与教学基地。

《河南鸡公山国家级自然保护区科学考察集》以大量的综合科学考察成果为本底资料，全面介绍了鸡公山自然保护区的自然地理和野生动植物资源，系统回顾和总结了保护区建立30多年来在资源调查、科学研究、科普宣教和保护管理等方面取得的阶段性成果。我相信该书的出版，能使人们更加全面、深入地认识鸡公山自然保护区，也将促进保护区的保护、管理和科研工作更上一个新的台阶。

河南省林业厅厅长　陈传进

2013年5月8日

序　二

加强生态建设，维护生态安全，是 21 世纪全人类面临的共同主题，也是我国经济社会可持续发展的重要基础。党的十八大首次把生态文明建设提升至与经济、政治、文化和社会四大建设并列的高度，将其列为建设中国特色社会主义"五位一体"的总布局之一，使其成为全面建成小康社会任务的重要组成部分。

信阳市地处我国南北地理、气候的分界线上，素有"江南北国，北国江南"之称，自然条件优越，生物多样性丰富，饮用水水质、空气质量位居河南省前列。多年来信阳市始终坚持"生态立市、绿色发展"，以开展生态文明建设为抓手，以打造生态信阳、宜居信阳为目标，把生态文明建设作为生态城市、宜居城市的重要基础设施来建设，极大地改善了城市生态环境。信阳市 2004 年被评为"国家级生态示范市"，2010 年荣获"国家园林城市"称号，2009 年以来连续四次被评为中国"十佳宜居城市"。改善生态环境，促进人与自然和谐，实现经济社会的全面协调可持续发展，要求我们必须加快生态文明建设，赋予生态文明建设重要战略地位。

自然保护区建设是生态环境建设的重要组成部分。保护生物多样性、拯救濒危物种、增强人们自然保护意识，为社会的可持续发展提供丰富的种质资源是历史赋予我们的重任。鸡公山国家级自然保护区位于河南省信阳市南部的豫鄂两省交界处，是 1982 年经河南省人民政府批准设立的省级自然保护区，1988 年经国务院批准晋升为国家级自然保护区。保护区地理位置特殊，自然环境良好，植被类型多样，动植物种类繁多，生物资源丰富，不仅是一个巨大的生物资源"博物馆"，还是一个生物多样性丰富的物种遗传基因库。中外学者很早就开始关注该保护区，并发表了一批以鸡公山命名的新物种。

近年来，鸡公山自然保护区在资源保护、科学研究、科普宣教和生态旅游等方面开展了卓有成效的工作，保护区的建设和管理工作步入了正规化、法制化、科学化的轨道。鸡公山自然保护区已经成为信阳市生态文明建设中的一张亮丽名片，成为宜居城市建设中浓墨重彩的一幅画卷。

《河南鸡公山国家级自然保护区科学考察集》所涉学科齐全，内容全面，是保护区多年保护成果的集中体现。该书的出版为"美丽中国"、"美丽中原"建设做出了新的贡献。借此出版之际，欣然为序，顺致祝贺。

河南省信阳市市长　乔新江

2013 年 5 月 8 日

前　言

鸡公山国家级自然保护区位于河南省信阳市南部的豫鄂两省交界处，地理坐标为北纬31°46′~31°52′，东经114°01′~114°06′。鸡公山是大别山西端的一个著名的主峰，因形状似雄鸡挺立而得名，又名"报晓峰"，海拔768m。保护区总面积2917hm²，是一个以保护北亚热带、暖温带森林生态系统和野生动植物资源为主，集资源保护、科学研究、科普宣教和生态旅游为一体的、多功能的山地森林生态系统类型的自然保护区。

鸡公山国家级自然保护区的前身是鸡公山林场，始建于1918年，是我国最早的国有林场之一，由我国著名林学家韩安先生任第一任场长。1982年，经河南省人民政府豫政〔1982〕87号文件批准为省级自然保护区，1988年，经国务院国发〔1988〕30号文件批准为国家级自然保护区，成为河南省首批国家级自然保护区之一。

鸡公山自然保护区早已为世人所关注，早在1917年美国植物学家白莱（L. H. Bailey）就考察过鸡公山，之后陆续有中外学者来鸡公山考察和采集标本，北京林业大学、河南大学、河南农业大学、河南师范大学、中国科学院华南植物研究所、中国科学院北京植物研究所、中国科学院武汉植物研究所等20余所高等院校及科研单位先后来此开展教学实习和调查研究，采集了大量的动植物标本。

1992年，鸡公山国家级自然保护区管理局组织中国林业科学研究院、河南农业大学、河南教育学院、中南地质勘探局308大队、信阳农业专科学校、信阳地区农业局、信阳地区气象局、信阳地区林业局、信阳地区水产局等单位共30多名专家对鸡公山自然保护区进行了第一次综合科学考察。以此次调查为基础，综合前人的调查研究成果，编辑出版了《河南鸡公山国家级自然保护区科学考察集》。

鸡公山自然保护区建立以来，在资源保护、科学研究、科普宣教和生态旅游等方面开展了系统的工作，使保护区的建设步入了正规化、法制化、科学化的轨道。经过30多年的有效保护，保护区的森林资源得到了快速恢复，生物多样性不断提高，野生动物种群数量大幅增加，区内的生态系统组成、物种数量及种群结构均发生了很大变化。因此需要对自然保护区的野生动植物资源现状进行一次更全面、更详细的调查，为保护区的保护管理和科研监测提供基础资料。

2011年，河南农业大学、河南师范大学、信阳农林学院、信阳师范学院等单位组成综合考察组，联合对鸡公山自然保护区的生物资源进行了考察。考察分为自然环境、植物多样性、菌类多样性、动物多样性、旅游资源、管理与评价六个专题，重点针对保护区的植被、种子植物、苔藓植物、珍稀植物、哺乳类、鸟类、昆虫、两栖动物、爬行动物、鱼类等进行了调查，掌握了上述类群的种类、分布、生存状况和受威胁因素等，为进一步保护和合理利用鸡公山自然保护区的生物资源提供基础数据。

本次科学考察工作得到了国家、省、市各级主管部门的支持及周边社区的大力配合。河南省林业厅厅长陈传进、信阳市市长乔新江亲自为本书作序，信阳林业局周克勤局长、熊林春科长为本书提供了许多精美的照片，科学出版社为本书的出版作了周密的安排。值此科考集出版之际，对所有为本书做出贡献的人们表示衷心的感谢！

《河南鸡公山国家级自然保护区科学考察集》编辑委员会

2013年5月18日

目　　录

第一篇　自　然　环　境

第二篇 植物多样性

第三篇 菌类多样性

第四篇　动物多样性

《河南鸡公山国家级自然保护区科学考察集》图版说明

1. 多彩的自然景观

图 1　金鸡报晓
图 2　鸡公山鸟瞰
图 3　争气楼冬韵
图 4　四季风韵之秋之恋
图 5　鸡公山春色
图 6　鸡公山秋色
图 7　波尔登公园森林栈道
图 8　宁静的茗湖

2. 丰富的生态系统

图 9　常绿阔叶林
图 10　落叶阔叶林
图 11　常绿、落叶阔叶林
图 12　针阔叶混交林
图 13　马尾松林
图 14　黄山松林
图 15　黑松林
图 16　火炬松林
图 17　杉木林
图 18　台湾杉林
图 19　柳杉林
图 20　落羽杉林
图 21　池杉林
图 22　水杉林
图 23　日本花柏林
图 24　青冈林
图 25　栓皮栎林
图 26　麻栎林
图 27　枫香林
图 28　青檀林
图 29　黄连木林
图 30　枫杨林
图 31　檵木林
图 32　连蕊茶林
图 33　毛竹林
图 34　刚竹林
图 35　桂竹林
图 36　茶园

3. 植　　物

图 37　百合
图 38　半边月
图 39　长穗珍珠菜
图 40　丹参
图 41　独花兰
图 42　观音草
图 43　华北耧斗菜
图 44　黄檀
图 45　鸡公山茶秆竹
图 46　鸡公山山梅花
图 47　绞股蓝
图 48　枹木

4. 大型真菌

5. 珍稀鸟类

6. 专 家 考 查

综　述[①]

0.1　自然环境

河南鸡公山国家级自然保护区（以下简称保护区）位于河南省信阳市南部李家寨镇，地处豫鄂两省交界处，地理坐标为北纬 31°46′～31°52′，东经 114°01′～114°06′。保护区的东、西、北三面与李家寨镇的新店村、谢桥村、中茶村、旗杆村、南田、武胜关村接壤，南面与湖北省广水市武胜关镇的孝子村和碾子湾村相连。保护区总面积 2917hm²，其中有林地面积 2893.7hm²，占保护区总面积的 99.2%；其他用地 23.3hm²，占保护区总面积的 0.8%。保护区森林覆盖率为 98%，活立木蓄积量为 34 万 m³。

0.1.1　地质

0.1.1.1　地质构造

鸡公山自然保护区在大地构造上属秦岭地槽皱褶系东段的桐柏大别皱褶带的秦岭—大别山造山带，地质构造演化具有多旋回螺旋式不均衡发展的特点。大别山造山带是我国南北地块（华北地块、扬子地块）的结合带，基本构造格架表现为近东西向展布的强变形带及由它们分隔或被它们夹持的、变形程度相对较弱的弱变形域相间排列的网结状构造轮廓。区内构造以断裂为主，褶皱为次。断裂构造具多期性、继承性、复合性、等间距性等特点。

0.1.1.2　地层

鸡公山自然保护区内地层，隶属秦岭地层区，桐柏大别地层分区。区内地质属于华北与华南地台地层的过渡类型。该区地层具有一老一新的地质特征，老地层主要是太古界大别群、下元古界苏家河群等；新地层是新生界第四系。

区内第四系广泛发育于山间盆地、河流沟谷、山前洼地，沉积类型较复杂，成层性好，层理近于水平，具河流相-河湖相沉积特征。

0.1.1.3　岩石

区内岩石主要为鸡公山混合花岗岩和灵山复式花岗岩基。

鸡公山混合花岗岩：岩石类型变化幅度较大，混合岩内发育残存的大别群和苏家河群残留体，岩性主要是浅灰色白云二长片麻岩、黑云斜长片麻岩、浅粒岩、透镜状大理岩与榴闪岩、似斑状中粒黑云母花岗岩为主，其次为闪长岩、黑云角闪石英二长岩、花岗闪长岩。混合岩以似片麻状构造为主，花岗变晶结构明显，以钾长石、斜长石为主。

灵山复式花岗岩基：灵山复式花岗岩基是燕山晚期酸性岩浆四次侵入活动的综合产物。灵山复式花岗岩基包括了第一次侵入的柳林岩体，第二次侵入的李家寨岩体，第三次侵入的香炉寺、明月山、黄山寺、白云寺等岩体及第四次侵入的母山岩体、肖畈岩体。

————————
①　本章由杨怀执笔

柳林岩体：柳林岩体产于大别群与苏家河群不整合面北侧，桐柏—商城断裂以南及北缘，呈似哑铃状岩基产出，与下元古界苏家河群、中原古界信阳群、中条期鸡公山混合岩呈明显侵入接触关系，变质岩系具有不同程度的接触交代变质，如角岩化、矽卡岩化。岩体因风化剥蚀较深，基本上缺失边缘相，可划分过渡相和内部相。柳林岩体岩性稳定，块状构造，花岗结构，似斑状结构。

李家寨岩体：李家寨岩体属于燕山晚期第二次侵入活动的产物，分布于鸡公山混合花岗岩北缘柳林岩体内。李家寨岩体系于 1959 年北京地质学院与豫南区测队联合区调时命名，原指李家寨以西浅肉红色细粒花岗岩，出露面积 16km²，呈岩株状产出。自 1970 年以来，经核工业部中南三〇八大队系统普查、详查、科研，表明原李家寨岩体细粒花岗岩，可渐变为细中粒、中粒花岗岩，铁路东西两侧实为一体，出露面积 203km²，呈岩株状产出。

刺儿垱等岩体：刺儿垱等岩体属于燕山晚期第三次酸性岩浆侵入活动的产物，以刺儿垱岩体为代表，由刺儿垱岩体、香炉寺岩体、明月山岩体、黄山寺岩体、白云寺岩体组成。区域上出露总面积 49km²，呈岩株状、岩枝状产出，形态不规则，无明显的方向性。岩性比较稳定，以浅肉红色似斑状细粒、微细粒花岗岩为主。块状构造、斑杂状构造，花岗结构、似斑状结构。

母山岩体与肖畈岩体：母山岩体与肖畈岩体属于燕山晚期第四次酸性岩浆侵入活动的产物。母山岩体呈似梨状小岩株产出，出露面积 1.8km²，岩性为花岗斑岩、肉红色斑状花岗岩。肖畈岩体呈似枣状小岩株产出，出露面积 0.2km²，岩性为花岗斑岩。

0.1.2　地貌

从全国宏观地貌分类出发，桐柏大别骨干山系属第二级地貌台阶，骨干山系的北麓和南麓、山脉前缘丘陵地带，属二、三级地貌台阶过渡的中低山系构造侵蚀类型地貌。

鸡公山自然保护区处于桐柏山以东，大别山最西端，区内主体山系基本上分布在河南、湖北两省省界上，呈近东西走向。南主峰报晓峰，又名鸡公头，海拔 768m；北主峰为篱笆寨，海拔 814m；西主峰为望父（老），海拔 533.6m；东主峰为光石山，海拔 830m。全区相对高差为 400～500m，沟谷切深一般为 300～400m，侵蚀基准面海拔标高为 100m。由于区内地质体产状的倾角较陡，地表径流侵蚀作用强烈，沟谷切割较深，因此山坡的坡度多在30°以上。山脉泾渭分明，沟谷纵横密布，排水条件很好。由于河流横向切蚀山体，从而形成了一系列深谷、峡谷、横向山岭。

0.1.3　水文

本区地处桐柏大别山主体山系以北，主体山系呈近东西向或北西西向展布，地形总体上南高北低。主体山系是长江与淮河两大流域的分水岭，山系以北的东双河、九渡河汇入浉河，复入淮河；山系以南的环水、大悟河汇入汉水，复入长江。

区内地表水系十分发达，地表水以河流、小溪、水库、瀑布等形式星罗棋布。发源于区内的主要河流有东双河、西双河、九渡河、环水、大悟河。区内小溪很多，其中四季径流小溪有 10 条；中小型水库有月湖、洋堰、鸡公沟、九个湾、碾子湾等 8 座；瀑布有 21 处，主要集中发育在东沟瀑布群。地表水系空间展布受区域地质构造、地貌综合制约，地表径流方向以北北东—南南西向为主，其次为北东—南西向、北西—南东向、近东西向。

0.1.4　气象

鸡公山保护区地处北亚热带的边缘，淮南大别山西端的浅山区。由于受东亚季风气候的影响，具有北亚热带向暖温带过渡的季风气候和山地气候的特征。四季分明，光、热、水同期。春季气温变幅大，夏季炎热雨水多，秋季气爽温差小，冬季寒冷雨雪稀。年平均气温15.2℃，极端最高气温40.9℃，极端最低气温-20℃。日平均气温稳定通过≥10℃的活动积温4881.0℃。无霜期220d。

保护区年平均降水量1118.7mm，季节分配为夏季最多，占45%；冬季最少，占8.5%；春秋季居中且春雨多于秋雨。

保护区境内发生较多的自然灾害主要有干旱、雨涝、雨淞和雪压等。

0.1.5　土壤

根据土壤发生学、形成因素、成土过程和土壤自身性态，鸡公山自然保护区内土壤划分为4个土类，5个亚类，7个土属和14个土种。

鸡公山自然保护区建谱土壤为黄棕壤（海拔156～259m），东西坡向、坡度不同，土壤垂直分布有差异：西坡自建谱土壤以上依次为石质土（海拔250～620m），黄棕壤（海拔620m以上）；东坡自建谱土壤以上为粗骨土（海拔250～460m），黄棕壤（海拔460m以上）；山脚为耕型旱地（黄棕壤），塝冲为水稻土。一般从塝田到冲上段为潴育型水稻土，冲下段及库塘脚下为潜育型水稻土。各类土壤分布都有着与其相适应的独特空间位置，并存在一定的规律性。

0.2　植物多样性

0.2.1　植被

该区特殊的地理位置、复杂的地形和优越的水热条件，使得生态景观多样、植被类型众多。植物群落共有7个植被型组，16个植被型，120个群系。森林群落主要有针叶林（常绿针叶林、落叶针叶林）、阔叶林（常绿阔叶林、落叶阔叶林、常绿落叶阔叶混交林）、针阔叶混交林、竹林、灌丛和灌草丛、草甸、沼泽植被和水生植被等。

0.2.2　苔藓植物

通过对保护区内苔藓植物进行野外考察和标本采集，以及室内鉴定和文献研究，现知河南鸡公山国家级自然保护区内的苔藓植物共计51科103属236种1亚种17变种。其中，苔类有18科20属43种1变种；藓类有33科83属193种1亚种16变种。

科的区系组成表明，世界分布的科有21个，占本区苔藓植物总科数的41.18%。在非世界分布的科中，北温带分布类型最多，达19个，占总科数（指非世界分布科总数，下同）的63.33%；其次是泛热带分布，有10科，占总科数的33.33%；东亚和北美洲间断分布有1科，占总科数的3.33%。由此看来，从科的区系成分的角度分析，扣除世界广布科，本区苔藓植物区系仍是以温带性质为主，各温带成分的科累计达到了20个，占总科数的66.67%。但同时，我们也看到，泛热带分布的科共计10个，占到了总科数的1/3；另外，在温带分布的科中，如凤尾藓科等含有较多的热带成分，属于典型的温热带科别，这些科在本区的出现也从另外一个方面反映了热带成分向本区的渗透，以及保护区苔藓植物区系的南北过渡性质。

属的区系组成表明，世界分布的共计25属，占总属数的24.27%，温带分布类型共3

大类 59 属，占非世界分布总属数的 75.64%。世界广布属和温带分布属累计占本区苔藓植物总属数的 81.55%。结果表明，温带苔藓植物区系在本区的苔藓植物区系中占有重要的地位，对本区的植物区系具有重要的影响，反映了本区苔藓植物区系南北过渡的特色。

植物区系系谱统计分析表明了以下几个问题。

（1）鸡公山自然保护区北温带成分和旧世界温带成分的 FER 值之和较大，占总区系成分的 41.48%，说明鸡公山苔藓植物与北美大陆和欧洲大陆的苔藓植物之间存在着密切的联系。

（2）东亚成分占总区系成分的 28.96%，为第二大区系成分。可见该成分在鸡公山自然保护区的重要性仅次于北温带成分，对本区苔藓植物区系影响非常大。其原因在于鸡公山的东亚区系成分在很大程度上是受华东植物区系和西南植物区系的综合影响。

（3）本区的第四大区系成分为热带成分，占总区系成分的比例为 8.13%。本区热带成分的比例与亚热带地区的九万山、金佛山和古田山等地的热带成分比例相比还相差甚远，与其东部同纬度、距离较近的大别山自然保护区相比也相对较低，而与我国北方和内陆的一些地区如长白山、东部天山和白石砬子等地相比则又具有明显的热带成分优势，这些都是与鸡公山特殊的地理位置和气候特点相适应的，也充分地表明了本区苔藓植物区系的南北过渡性质。

（4）河南鸡公山国家级自然保护区苔藓植物东亚-北美成分在总区系成分中占 3.17%，虽然该成分在本区所有区系成分中的比例是很小的，但其在鸡公山的分布却是本区和北美大陆之间区系关系的见证。

（5）在我国，温带亚洲成分主要分布在西北地区。而本区系成分在鸡公山的总区系成分中排名第三，达到 13.57%，这种现象的出现很可能是温带亚洲成分由西北向东南扩散和延伸的结果，也反映了我国西北植物区系对保护区的影响。

0.2.3　蕨类植物

根据对保护区的野外考察和标本采集，结合多年来的文献和标本资料，参照 1978 年秦仁昌的分类系统，经初步的鉴定、研究，河南鸡公山国家级自然保护区蕨类植物共计 33 科 67 属 152 种 4 变种。其中，含 20 种以上的大科分别为鳞毛蕨科（Dryopteridaceae）、水龙骨科（Polypodiaceae）和蹄盖蕨科（Athyriaceae），占总科数的 9.10%，所含种数占总种数的 48.08%；含 1 种的科共计 15 个，占总科数的 45.45%，所含种数占总种数的 9.62%。

在本区蕨类植物科的分布类型中，世界分布的科有 12 个，占本区蕨类总科数的 36.36%。在非世界分布的科中，泛热带分布类型最多，达 16 个，占总科数的 76.19%；其次是北温带分布，只有 2 科，占总科数的 9.52%；热带亚洲至热带非洲分布、旧世界温带分布和东亚分布均为 1 科，各占总科数的 4.76%。由此看来，从科的区系成分的角度来看，本区蕨类植物具有较强的热带性质，热带成分的科累计达到了 17 个，占总科数的 80.95%，而温带性质的科只有 4 个，分别是球子蕨科、岩蕨科、睫毛蕨科和阴地蕨科，占总科数的 19.05%。

鸡公山自然保护区蕨类植物属的区系组成主要包括 12 种类型，经统计分析可知，在本区蕨类植物属的分布类型中，世界分布的共计 22 属，占总属数的 32.84%，该类型也是本区内分布最多的一大类型。热带类型的属共 6 类 29 属，占非世界分布总属数的 64.44%，这表明热带蕨类植物区系在本区的蕨类植物区系中占据了主导地位，对本区的植物区系具有重要的影响。其中，泛热带分布型有 13 个，占非世界分布类型总数的 28.89%，是除世界分布外的第一大分布类型；热带亚洲至热带非洲分布 6 属，占非世界分布总属数的 13.33%；热带亚洲分布 4 属，占非世界分布总属数的 8.89%；旧世界热带分布 3 属，占非世界分布总属数的 6.67%；热带亚洲和热带美洲间断分布 2 属，占非世界分布总属数的 4.44%；热带亚洲至热带大洋洲分布 1 属，占非世界分布总属数的 2.22%。

温带分布类型共 5 大类 16 属，占非世界分布总属数的 35.56%。其中，北温带分布和东亚分布均为 5 属，各占非世界分布总属数的 11.11%，温带亚洲分布 3 属，占非世界分布总属数的 6.67%，东亚和北美洲间断分布为 2 属，占非世界分布总属数的 4.44%，旧世界温带分布 1 属，占非世界分布总属数的 2.22%。

0.2.4　种子植物

本考察集收集野生、逸生和能在本区露地越冬自行繁殖的种子植物共计有 166 科 889 属 2316 种及变种。其中裸子植物 7 科 27 属 72 种，被子植物 159 科 862 属 2244 种。

根据各科所含种数统计：含 1 种的科 32 个，占所有科的 19.05%，其中，单种科有连香树科（Cercidiphyllaceae）、水青树科（Tetracentraceae）、银杏科（Ginkgoaceae）、杜仲科（Eucommiaceae）、透骨草科（Phrymataceae）；含有 2～9 种的寡种科 77 个，占所有科的 45.83%；含 10～30 种的科 43 个，占所有科的 25.60%；含 31～50 种的中等科 9 个，占所有科的 5.36%；含 51～100 种的大科唇形科（Labiatae）78 种、莎草科（Cyperaceae）79 种、百合科（Liliaceae）79 种；含 100 种以上的特大科有豆科（Leguminosae）106 种、蔷薇科（Rosaceae）127 种、禾本科（Gramineae）181 种、菊科（Compositae）174 种。特大科、大科共计 7 科，仅占全部科的 4.17%，但所含有的种数占全部种数的 35.52%。由此可见，以上大科在本区的植物区系组成中起着重要作用。但在这些大科中，除蔷薇科、豆科的少数属为木本植物外，其余各科均为草本植物，它们在本区的森林植被中的作用并不明显；而含属种较少的壳斗科、松科、樟科、杉科、桦木科、杨柳科、榆科、槭树科则是本区森林植被的主要成分。

根据 Albert C. Smith 对被子植物原始科的研究，本区被子植物原始科有 16 科 69 属 162 种，有离心皮类 7 科 35 属 92 种，有荑黄花序类 10 科 40 属 116 种。表明本区的区系较为古老，现存种中原始性属众多。

根据本区每属所含种数的多少统计：含 1 种的属 436 个，占 49.04%，其中，分类地位较为孤立，起源较为古老或少数分化出来的单种属 57 个；含 2～5 种的属 363 个，占所有属的 40.83%；含 6～10 种的中等属 67 个，占所有属的 7.54%；含 11～20 种的大属 20 个；含 20 种以上的特大属 5 个，如松属（Pinus）20 种、悬钩子属（Rubus）23 种、苔属（Carex）24 种、蒿属（Artermisia）25 种、蓼属（Polygonum）26 种。以上大属、特大属共计 24 属，占全部的 2.70%，含有的种数占全部种数的 15.78%。

根据吴征镒、周浙昆、李德铢等的世界种子植物科的分布区类型系统，本区科的区系组成中，世界广布科 48 个，热带分布科 67 个，温带分布科 36 个，东亚及东亚、北美分布科 13 个，中国特有科 4 个。世界广布成分、热带成分和温带成分比较接近，但以热带成分为主，约占 40%，世界广布成分占 29%，温带成分占 31%。

根据吴征镒教授关于中国种子植物属的分布区类型的划分，参照有关分类学文献，将河南鸡公山国家级自然保护区种子植物各属分为 15 个分布区类型。其中热带分布属 264 个、占所有属（扣除世界广布属，下同）的32.75%；温带分布属496个，占全部属的61.38%，占国产温带分布属的37.92%；中国特有属36个，占本区全部属的4.36%，河南特有属的65.6%。

种的区系统计表明：本区有各类热带分布种共计393种，占全部种（世界广布种除外，下同）17.27%；各类温带分布种656种，占所有种的28.84%；中国特有种分布840种，占所有植物的36.92%。

鸡公山自然保护区及其相邻的信阳、罗山、新县等大别山区分布的特有种有鸡公山玉兰（*Yulania jigongshanensis*）、鸡公山茶秆竹（*Pseudosasa maculifera*）、鸡公山山梅花（*Philadelphus incanus* var. *baileyi*）、鸡公柳（*Salix chikungensis*）、井冈柳（*Salix baileyi*）、河南翠雀花（*Delphinium honanense*）、河南鼠尾草（*Salvia honania*）、河南黄芩（*Scutellaria honanensis*）、长穗珍珠菜（*Lysimachia chikungensis*）、鐩瓣珍珠菜（*Lysimachia glanduliflora*）等。

0.2.5 珍稀濒危保护植物

根据1984年国务院环境保护委员会公布的第一批珍稀、濒危保护植物名录，1985年国家环保局和中国科学院植物研究所出版的《中国珍稀濒危保护植物名录》第一册，河南鸡公山国家级自然保护区共有国家级珍稀、濒危保护植物25科30属33种，约占河南省国家级保护植物的73%。其中，国家一级珍稀、濒危保护植物有2种，占河南省国家一级珍稀、濒危保护植物总种数的100%；国家二级珍稀、濒危保护植物有11种，占河南省国家二级珍稀、濒危保护植物总种数的78.5%；国家三级珍稀、濒危保护植物有20种，占河南省国家三级珍稀、濒危保护植物总种数的74%。

根据1999年8月4日国务院公布的《国家重点保护野生植物名录（第一批）》，本区有国家级保护植物19科23属27种，占河南国家重点保护植物的80%。

根据河南省人民政府豫政〔2005〕1号文件颁布的河南省重点保护植物名录，全省省级重点保护植物有98种，其中种子植物93种，本保护区分布有22科43属59种，占全省省级重点保护植物的63.4%。

根据林业部于1992年10月公布的珍贵树木名录，河南省有国家珍贵树种19种，本区有国家珍贵树种12种，占河南珍贵树种的63%。

0.2.6 植物资源

根据植物的用途可将本区植物分为用材树种（185种）、淀粉植物（50种）、纤维植物（80种）、野生水果（89种）、鞣料植物（83种）、绿化观赏植物（543种）、野菜植物（125种）、饲料植物（186种）、芳香植物（91种）、油脂植物（129种）、药用植物（1580种）、有毒植物（100种）、蜜源植物（95种）等。

0.3 菌类多样性

大型真菌是菌物中形成大型子实体的一类真菌，能形成肉质或胶质的子实体或菌核，大多数属于担子菌亚门，少数属于子囊菌亚门。大型真菌的种类组成和多样性与植物群落的树木组成及群落环境密切相关。大型真菌的种群组成和分布的多度与植被类型、林木的组成、土壤和地形条件（如海拔、坡向和坡度）及季节、降水等关系密切，其中与温度和水分因素的关系尤为密切。在保护区优越而多样的生态环境下，繁育着丰富的大型真菌资源。通过考察和对保护区多年来的调查采集，以及文献资料记载，经考证本区有大型真菌 50 科 136 属 464 种。

该区分布的大型真菌根据其营养方式可分为木生菌 151 种、土生菌 205 种、菌根菌 162 种、粪生菌 17 种、虫生菌 4 种。

根据其经济用途可分为食用菌 230 余种、药用菌 150 余种、毒菌 100 余种、其他菌 30 余种。

0.4　动物多样性

0.4.1　哺乳动物

本区分布的哺乳动物共计 6 目 18 科 39 属 51 种或亚种。该保护区分布的 51 种哺乳动物，从其在地理分布的隶属关系上分析，属古北界种 20 种，占种总数的 39.22%；属东洋界种 23 种，占总种数的 45.10%。古北界种和东洋界种在本区基本相同，稍倾向东洋界。也可以说本区的哺乳动物区系具明显的混杂的过渡特征。

保护区分布有国家重点保护哺乳动物 7 种，属于国家 I 级重点保护动物的哺乳动物有金钱豹，属于国家 II 级重点保护动物的哺乳动物有水獭、豺、青鼬（指名亚种）、原麝、大灵猫和小灵猫 5 种。

0.4.2　鸟类

鸡公山自然保护区的鸟类资源亦相当丰富，有 17 目 59 科 320 种。其中，留鸟 100 种、夏候鸟 65 种、冬候鸟 93 种、旅鸟 54 种、迷鸟 3 种。

保护区内鸟类区系组成中属于古北界分布的有 126 种，占本区鸟类总数的 39.38%；属于东洋界分布的有 101 种，占本区鸟类总数的 31.56%；属于广布种的鸟类有 93 种，占本区鸟类总数的 29.06%。本区鸟类区系成分以古北种和东洋种为主，呈现出明显的南北过渡区特征。

在鸟类动物中，保护区分布有国家重点保护鸟类 47 种，其中 I 级保护鸟类有东方白鹳、中华秋沙鸭、金雕和白鹤 4 种，II 级保护鸟类有白冠长尾雉、大天鹅、小天鹅、白额雁、赤腹鹰、松雀鹰、苍鹰、红脚隼、灰背隼、普通鵟、雕鸮、领角鸮、红角鸮等 43 种。保护区分布有中日协定保护候鸟 121 种，中澳协定保护候鸟 28 种。保护区分布鸟类中被列入中国濒危动物红皮书（鸟类）的有 21 种；被列入濒危野生动植物种国际贸易公约（CITES）2011 版名录的有 39 种，其中被列入附录 I 的 2 种，列入附录 II 的 37 种。

0.4.3　爬行动物

保护区现有爬行动物 2 目 7 科 34 种。其中有 7 种为中国特有种。爬行动物的区系组成中，分布于东洋界的有 20 种，广泛分布于东洋界和古北界的有 9 种，分布于古北界的有 5 种，依次占保护区爬行动物种类总数的 58.82%、26.47%、14.71%。

0.4.4　两栖动物

保护区现有两栖动物 2 目 6 科 11 属 13 种。有尾目 2 科 2 属 2 种；无尾目 4 科 9 属 11

种，其中蛙科 5 属 6 种，为优势科。保护区的两栖动物占全国两栖类种数的 4.06%，占河南省的 41.92%；现有两栖动物属数占全国两栖类属数的 21.15%，占河南省的 47.83%；所发现科数占全国两栖类科数的 54.55%，占河南省的 100%；所发现目数占全国两栖类目数的 66.67%，占河南省的 100%。

两栖动物的区系组成中，东洋界 7 种，占两栖动物种数的 53.85%；广布种 4 种，占两栖动物种数的 30.77%；古北界 2 种，占两栖动物种数的 15.38%。

0.4.5　鱼类

经过近期的野外调查，结合原有的资料和参考文献，表明保护区现有鱼类 7 目 13 科 71 种。其中鱼类种类最多的是鲤形目，占鱼类种类总数的 71.83%，其次是鲇形目，占 11.27%，第三是鲈形目，占 9.86%。

保护区的鱼类主要由华东区（43.31%）和华南区（40.43%）成分构成，其次是北方区（8.86%）；亚区中比例最高的是华东区的江淮亚区和河海亚区，各占 18.00% 和 15.18%，比例最低的是宁蒙区的内蒙古亚区，比例只有 0.28%。因此，保护区的鱼类具有较强的华东区系和华南区系的双重特征。同时由于该地区又包含山地、丘陵、平原地貌，如此特殊的地理环境，为这里的鱼类提供了丰富的食物来源和多样的生态环境，使许多种类的鱼类都能够顺利繁衍生息，从而形成了鸡公山地区独特的鱼类区系结构。

0.4.6　昆虫

保护区现有各种昆虫 18 目 161 科 1589 种，占河南昆虫总种数的 20.33%，占中国昆虫总种数的 2.10%，占世界昆虫总种数的 0.16%。

0.5　旅游资源

保护区地处北亚热带向暖温带过渡地带，区内动植物资源十分丰富，形成了多姿多彩的具有独特观赏价值的过渡带森林景观和优越的森林生态环境。加之奇峰怪石、幽谷清溪、飞瀑流泉、云海雾凇等景观，自然资源十分丰富。同时，保护区内人文资源亦十分丰富，既有中国文化，也有西方文化，既有绿色文化，也有红色文化，是中西文化碰撞最为耀眼的地方之一，且具有典型的民国气象，具有很高的历史价值、科研价值和美学价值。自然资源和人文资源相互融合，相得益彰。

0.6　社会经济概况

鸡公山自然保护区的东、西、北三面与李家寨镇的新店村、谢桥村、中茶村、旗杆村、南田、武胜关村接壤，南面与湖北省广水市武胜关镇的孝子村和碾子湾村相连。保护区分布在李家寨镇、武胜关镇 2 个乡镇的 8 个行政村范围内，涉及 80 个村民小组，3471 户，总人口 12 639 人，其中劳动力 8404 人。2 个乡镇土地总面积 11 663hm²，人均土地 0.92hm²，人均耕地 0.03hm²。林业用地 8588hm²，占土地总面积的 73.63%；耕地面积 399.9hm²，占土地总面积的 3.43%。在林业用地中，有林地 6022hm²，占林业用地的 70.12%，人均林业用地 0.68hm²。因 2 个乡镇地处山区，可用耕地少，居民主要从事林业生产、养殖业、建筑业和服务业。山顶是港中旅（鸡公山）文化旅游发展有限公司，在职职工 320 人，季节性用工 330 人。在职职工全部缴纳五险一金，人均月收入 3500 元。保护区核心区无人居住，人口全部分布在实验区和缓冲区内。另有其他驻山单位，如鸡公山气象局、鸡公山电力调度中心、鸡公山微波站、鸡公山微波实验站、鸡公山管理区街道办事处、鸡公山小学、鸡公山公安分局、铁道部鸡公山疗养院。山顶大多数是城镇居民，常住人口 623 人。

鸡公山自然保护区周围有李家寨镇、武胜关镇共 80 个村民小组，居民主要从事林业生产、养殖业、建筑业和服务业。山区林业生产主要以发展板栗、茶叶、木耳、香菇种植和苗木培育为主，养殖业以生猪、家禽、牛、羊养殖为主，经济状况相对较好。周边居民参与景区开发与服务的主要途径有如下几种：一是旅游公司提供岗位帮助居民就业。目前在公司就业的人数达 193 人，主要从事景区及宾馆保洁、餐饮服务、景区导游、景区商店、安保、司机等岗位。二是参与旅游项目建设。仅 2011 年，景区旅游项目投资就达 1 亿元，社区居民有 500 多人参与项目的建设和管理，获得劳务收入达到 800 万元，在增加居民收入的同时，促进了项目建设的快速推进。三是从事旅游接待服务，主要是农家乐，包括家庭餐馆和家庭旅馆，共计 142 家，其中山顶 37 家，可提供床位 900 张。旅游服务接待已成为居民的主要经济来源。四是生产销售旅游商品及当地土特产，包括日用品、茶叶、木耳、香菇、珍珠花、蕨菜等，不仅提高了居民收入，还丰富了鸡公山旅游商品市场。五是交通服务。现有鸡公山至信阳有交通巴士 48 辆，大部分为社区居民所拥有，极大方便了游客出行。六是旅游食品，包括蔬菜、豆制品、蛋、禽、猪肉等，其中鸡公山系列豆制品已形成旅游品牌。七是保护区于 2006 年在报晓峰旅游黄金地带建成了 16 间旅游纪念品商店，全部提供给社区居民经营管理，带动就业 100 余人。通过近年来生态旅游的持续开发利用，促进了周边乡镇产业结构的调整，带动了当地社会经济的快速发展。

鸡公山自然保护区总面积 2917hm²，其中有林地面积 2893.7hm²，占保护区总面积的99.2%；其他用地 23.3hm²，占保护区总面积的 0.8%。保护区现有职工 132 人，其中专业技术人员 81 人，占职工总数的 61%；技术人员中有高级工程师 7 人。保护区属差供事业单位，隶属信阳市林业局，行政级别副处级，主要经费来源由 3 部分组成，即事业经费、与鸡公山风景区的旅游门票分成收入和多种经营收入，对维持保护区的正常运转起到了较好的保障作用。

0.7　经营管理

鸡公山国家级自然保护区的前身为鸡公山林场，始建于 1918 年，是我国最早的国有林场之一，由我国著名林学家韩安先生任第一任场长。1982 年被省政府豫政〔1982〕87 号文件批准为省级保护区，1988 年被国务院国发〔1988〕30 号文件批准为国家级自然保护区，成为河南省首批国家级自然保护区之一。

鸡公山自然保护区实行全面保护自然环境、大力恢复和发展生物资源、积极开展珍稀动植物科学研究、合理经营利用的建设方针。保护区属事业单位成立保护区管理局，保护区现有职工 132 人，其中专业技术人员 81 人。保护区的管理是集保护、科研、旅游、服务于一体，综合协调运用的 4 个体系，分属 4 个管理系统。在资源保护管理方面建立了局、站、点三级的管护管理体系。保护管理科协助主管领导负责保护管理工作。保护站实行站长负责制，各护林人员层层负责，分片包干，落实林段地片。保护区共设立 5 个保护站、4 个检查站、10 个保护点、1 处防火瞭望塔，建设有远程视频的监控系统，组成了一个科学高效的保护管理系统。目前的管理体系具有规范性、科学性、可行性和有效性。逐步把保护区建设成以保护为主，融科学研究、教学实习、生态旅游、多种经营为一体的多功能的保护区。

0.8　保护区评价

　　鸡公山自然保护区位于大别山腹地，地处江淮之间，地理位置独特，地质古老，气候优越，生态环境质量良好，生态景观资源丰富，植物群落类型众多、结构复杂，森林覆盖率达98%以上，生物多样性丰度高，有国家重点保护物种84种，同时还具有一定的特有性，共有特有物种14种。此外，本区生物区系复杂，东西、南北成分过渡，各种生物兼容并存，具有重要的科学、文化价值。保护区保护机构健全，保护管理系统完整，保护区内人烟稀少，核心区内无居民，主要保护物种均能在此得到有效保护。

　　鸡公山自然保护区是以保护过渡带森林生态类型和金钱豹、白冠长尾雉、香果树、水青树等珍稀濒危动植物为主的自然保护区，物种的密集度很高，特别是植被的多样性、生态系统的复杂性、物种的丰富性，在河南及大别山地区是独特少有的，具有较高的科学价值、保护价值和生态价值。

第一篇

自然环境[①]

---

① 本篇由李培学负责

第1章　河南鸡公山自然保护区地质地貌概况[①]

1.1　地质概况

鸡公山的大地构造位置处于秦岭地槽皱褶系东段的桐柏大别皱褶带内。区内地层的标型特征是一老一新，老地层主要是太古界大别群、下元古界苏家河群、中元古界信阳群等；新地层是新生界第四系。大别群生成在 25 亿年以前，为太古代，大体可与华北地台的太古代登封群、太华群对比。苏家河群形成于 19 亿年以前，其时代应归于早元古代。

区内地层隶属秦岭地层区，桐柏大别地层分区。区内地层简单，标型特征是一老一新，老地层主要是太古界大别群。在河南，该群沿桐柏山、大别山北麓呈近东西向展布，大别群构成桐柏大别复式背斜核部，是秦岭地层区最古老的地层。大别群的形成时代为太古代，在 25 亿年前就已生成。

下元古界苏家河群分布在区内西北部，局部呈残块状分布于燕山晚期花岗岩内，呈单斜构造产出。由下而上分为浒湾组和定远组，时代归元古代，于 19 亿年以前生成。苏家河群不整合太古界大别群之上，其下界清楚。据此分析，中元古界信阳群与苏家河群也应为平行不整合或不整合关系，苏家河群的上界也基本可确定。用同位素测定，信阳群锆石 U-Th-Pb 年龄为 14.1 亿年。在区域上说明苏家河群广泛受到程度不同的混合岩化，而信阳群未受区域混合岩化影响，在变质作用方面两者应有间断，由此可以认为，在信阳群沉积以前苏家河群已遭受到中条运动变形、变质改造。

新地层为新生界第四系。广泛分布于山间盆地、山前注地、垅岗、沟谷及河流阶地两侧，沉积类型复杂多样，厚度为 2~50m，局部可达百米。岩性为黏土、沙土及泥沙砾石层。冰碛泥砾比较广泛地分布于河流第二、三级阶地中。

1.1.1　地质构造

本区大地构造位于秦岭褶皱系东段桐柏大别褶皱带，地质构造演化具有多旋回螺旋式不均衡发展的特点。自太古代以来，经历了嵩阳、中条、王屋山、晋宁、加里东、华力西、印支、燕山和喜马拉雅九个构造旋回。其中中条、华力西、燕山和喜马拉雅构造旋回对本区的地质构造演化起着主导作用。

区内构造以断裂为主，褶皱为次。断裂构造具多期性、继承性、复合性、等间距性等特点。褶皱构造仅发育于太古界与元古界区域变质岩系地层中。

1. 褶皱构造

褶皱构造分布于图幅南部，为桐柏大别复背斜，复背斜翼部发育一束背斜、向斜相间且轴向相互平行的次级褶皱构造，如涂家大湾背斜、五家山向斜、李家坳背斜、天台山倒转背斜等。

---

① 本章由陈锋执笔

2. 断裂构造

区内不同规模、不同性质、不同级别、不同序次、不同构造体系的断裂构造发育较好，现仅对区内主要代表性断层分述如下。

1）柳河断层

柳河断层基本上呈北北东走向展布，分布于武胜关至李家寨一线，断层倾向 270°～300°，倾角 40°～80°，长度大于 22km，厚度 5～10m。断层由构造角砾、蚀变碎裂岩及充填的粗中晶石英脉、细晶石英脉、少量萤石综合组成。构造结构面既具有张性，又具有扭性部分特征。扭动方向早期东盘向北移动，晚期向南平移，导致断层东盘的岩体向北、而东西走向石英脉向南错断的分布格局，并且断层东盘上升、西盘下降，断层性质属正断层或张性为主张扭性断层。断层两侧发育着平行的次级羽状断裂，如红花屋脊断层、新店断层、龙袍山断层、黄家冲断层、犁铧嘴断层等。

2）刘家前湾断层

刘家前湾断层呈北西走向展布，分布于图幅的北东部，断层倾向 40°～50°，倾角 70°～80°，长度大于 20km，厚度 5～15m，断层由硅化碎裂岩、白云母化片理化带、粗中晶石英脉综合组成，结构面具压性特征。

3）老李家寨断层

老李家寨断层呈近东西向展布，断层倾向 180°～190°，倾角 60°～70°，长度约 4km，厚度 5～10m，构造岩性为弱硅化碎裂岩，构造性质属于压性。另外，刘家前湾断层的地质特征基本相同。

4）三里城断层

三里城断层呈北东走向展布，分布于三里城西至涩港一线，断层倾向 130°～140°，倾角 50°～70°，长度大于 23km，厚度 5～20m，断层由中粗晶石英脉、硅化碎裂岩、糜棱岩综合组成，构造性质以张扭性为主，断层的南东盘下降，北西盘上升。因此，三里城断层与柳河断层的夹持区组成了鸡公山地垒构造。

5）钟灵寺断层

钟灵寺断层系三里城断层的平行次级构造，基本特征相同，规模较小，分布于钟灵寺至清水塘一线。

6）南田断层

南田断层呈南北向展布，断层倾向 260°～280°，倾角 60°～80°，长度 4.5km，厚度 1～5m，断层由弱硅化碎裂岩、破碎带组成，构造性质属于张性。

3. 构造体系归属探讨

区内构造体系可分划为纬向体系、经向体系、伏牛大别系、华夏系、新华夏系。

1）纬向体系

纬向体系如元古代桐柏大别褶皱带、桐柏、商城深断裂与龟山、梅山深断裂及次级构造，呈近东西向展布，是区内骨干构造，构造活动具多期性、继承性，构造性质以压性为典型特征。

2）经向体系

经向体系如南田断层及次级构造，区内不发育，构造性质以张性为主。

3）伏牛大别系

伏牛大别系如早元古代褶皱带、刘家前湾断层，构造线呈北西—南东走向，构造性质以压性为主，兼具扭性，是区内主干构造，构造活动具有多期性，继承性。

4）华夏系

华夏系如三里城断层及次级构造、钟灵寺断层等，呈北东向展布，它是利用、迁就、改造了伏牛大别系的张扭性配套构造而形成的。

5）新华夏系

新华夏系如柳河断层及次级构造，呈北北东向展布，局部因利用、迁就、改造了南北向张性构造，导致构造结构面性质比较复杂，张性、张扭性、压扭性都不同程度地发育着。

新华夏系构造是区内地质构造演化较晚的构造，它切断诸地质体及其他构造体系，并对新生代喜马拉雅构造旋回和第四纪新构造运动、气候、生物、冰川、地貌等产生重要的影响。关于不同构造体系的复合、联合问题，有待进一步调研。

1.1.2　地质地层特征

鸡公山自然保护区内地层隶属秦岭地层区，桐柏大别地层分区。区内地层简单，类型特征是一老一新，老地层主要是太古界大别群、下元古界苏家河群等；新地层是新生界第四系。

1. 太古界大别群

太古界大别群分布于区内南部，据地质矿产部河南省区域地质志，大别群主要出露在鄂豫皖三省交界的山区，其主体在鄂皖两省境内，在河南省该群沿桐柏山、大别山北麓呈近东西向展布，出露面积 1770km²。大别群构成桐柏大别复式背斜核部，是秦岭地层区最古老的地层，可分上、下两个亚群。下亚群主要岩性为黑云斜长混合岩，斜长角闪质条状、条痕状、角砾状混合岩，片麻岩，夹石榴斜长角闪片麻岩及变质黑云角闪辉岩，变质辉长闪长岩等残留体，厚度大于 2700m。上亚群主要岩性为二云钾长混合片麻岩、白云斜长片麻岩、浅粒岩、夹绿帘黑云斜长片麻岩、角闪二长片麻岩、白云石英片岩，厚度大于 1000m。

大别群岩石变质达角闪岩相，局部为麻粒岩相。该群岩石普遍遭受强烈的混合岩化，下亚群中出现混合花岗岩。下亚群下部原岩以基性火山岩和沉积岩组合为主，代表一个基性火山-沉积旋回；上部以酸性火山岩和沉积岩组合为主，代表另一个酸性火山-沉积旋回。上亚群以黏土质和半黏土质岩组合为主，夹少量长石砂岩和酸性火山岩，代表晚期碎屑沉积旋回。

关于大别群的时代归属及其区域对比，鉴于河南省内尚无该群可靠的同位素年龄资料，其时代归属从 3 个方面进行论证。

1）地层接触关系

在桐柏大别腹斜北翼，大别群被下元古界苏家河群不整合覆盖，南翼被下元古界宿松群和七角山组不整合覆盖（安徽、湖北两省境内）。该群褶皱复杂，岩石变质较深，又普遍遭受强烈的混合岩化，与上覆地层明显不同。因此，大别群与下元古界之间的界面，相当于嵩阳运动所造成的区域不整合面，其层位在下元古界之下。

2）沉积建造及其组合

大别群下亚群为中基性、酸性火山-沉积建造组合，上亚群为正常沉积建造组合，并普遍有基性、超基性、中基性岩体产出。因此，在总的建造序列上大别群与华北地台区的登封群、太华群基本一致。

3）同位素年龄

据1981年新县幅1：20万区调地质报告，湖北省区测队在大别群中获得5个锆石样品的4组表面年龄值：19.52亿～24.24亿年。在韦瑟里尔谐和图式中交点年龄为29亿年。据此推测大别群生成在25亿年以前。这一数值也与登封群、太华群的同位素年龄基本一致。

综上所述，大别群的时代为太古代，大体可与华北地台的太古代登封群、太华群对比。

2. 下元古界苏家河群

下元古界苏家河群分布于区内西北部，局部呈残块状分布于燕山晚期花岗岩内，倾向北，倾角50°左右，呈单斜构造产出，豫南出露面积约910km²。该群系1961年由北京地质学院命名，并由下而上分为浒湾组和定远组，时代归元古代，此后苏家河群及其划分沿用至今。浒湾组岩性组合复杂，岩相变化较大。下部主要为白云石英片岩、多夹斜长片麻岩、大理岩、斜长角闪片岩、榴闪岩和石英岩等，以普遍含石墨为特征。上部主要为白云斜长片麻岩，夹白云石英片岩、斜长角闪片岩，局部夹较多眼球状混合岩和浅粒岩。地层厚度具有明显的东西两端厚、中间薄的特点，岩性和岩相沿走向变化较大。岩石往往具有轻度混合岩化，区域变质达高绿片岩相至角闪岩相。原岩主要为滨海浅海相泥沙质、钙沙质、碳酸岩盐，部分角闪质岩石为基性火山岩。

关于苏家河群的时代归属，在区域地层层序方面，苏家河群不整合太古界大别群之上，其下界清楚。在河南省境内目前尚未见到与上覆地层的沉积接触，但在东部安徽省境内，与苏家河群相当的卢镇关群与佛子岭群（信阳群东延部分）为平行不整合接触。据此分析，中元古界信阳群与苏家河群也应为平行不整合或不整合关系，苏家河群的上界也基本可以确定。在同位素年龄方面，目前获得年龄偏低。浒湾组锆石U-Th-Pb年龄为6.88亿～7.61亿年，在安徽省卢镇关群小溪河组锆石U-Th-Pb年龄为6.27亿～7.61亿年。显然，这是受晋宁旋回地质事件改造后的年龄。其上覆信阳群锆石U-Th-Pb年龄为14.1亿年，也可以进一步说明苏家河群的上述年龄系变质年龄。在区域上苏家河群广泛受到程度不同的混合岩化，而信阳群未受区域混合岩化影响。因此，在变质作用方面两者应有间断。由此可以认为，在信阳群沉积以前苏家河群已遭受到中条运动变形、变质改造。

综上所述，苏家河形成于19亿年以前，其时代应归早元古代。

3. 新生界第四系

新生界第四系广泛分布于山间盆地、山前洼地、龚岗、沟谷及河流阶地两侧，沉积类型复杂多样，厚度一般2～50m，局部可达百余米。岩性是黏土、亚黏土、砂土、亚砂土及泥砂砾石层，均为无胶结的残积、坡积、冲积、洪积物。砾石大小不一，分选性差，砾石多呈棱角状、次棱角状、半磨圆状。冰碛泥砾比较广泛地分布于河流第二、三级阶地中。

1.1.3 岩体特征

鸡公山混合花岗岩体产于太古界大别群与下元古界苏家河群不整合面附近，基本上偏于不整合面南部，构成了中深区域变质岩系、混合岩、混合花岗岩三位一体的分布格局。混合岩总面积576km²，图幅内出露面积300km²。

鸡公山混合岩的岩石类型变化幅度较大，从混合岩地体的边缘到内部，从上部至下部，广泛地发育着厚 2km 以上的混合岩。混合岩内发育残存的太古界大别群、下元古界苏家河群残留体，岩性主要是浅灰色白云二长片麻岩、黑云斜长片麻岩、浅粒岩、透镜状大理岩与榴闪岩等。混合岩的岩性以闪长花岗岩、似斑状中粒黑云母花岗岩为主，其次为闪长岩、黑云角闪石英二长岩、花岗闪长岩。颜色呈灰白色、浅肉红色、风化后呈灰黄色、浅灰白色。混合岩以似片麻状构造、条带状构造、条痕状构造、条纹状构造为主，均质混合岩为块状构造。岩石的交代结构普遍发育，花岗变晶结构明显，屡见诸如交代的净边、蠕英、缝合线、吞蚀、残晶结构。混合岩中斑晶含量较高，一般 5%～10%，局部达 30%，分布极不均匀。斑晶以钾长石、斜长石为主，局部见黑云母、角闪石斑晶。

区内岩石主要为鸡公山混合花岗岩和灵山复式花岗岩基。鸡公山混合花岗岩产于太古界大别群与下元古界苏家河群不整合面附近，构成了中深区域变质岩系、混合岩、混合花岗岩三位一体的分布格局。鸡公山混合岩的岩石类型变化幅度较大，混合岩内发育残存的大别群和苏家河群残留体，岩性主要是浅灰色白云二长片麻岩、黑云斜长片麻岩、浅粒岩、透镜状大理岩与榴闪岩，似斑状中粒黑云母花岗岩为主，其次为闪长岩、黑云角闪石英二长岩、花岗闪长岩。混合岩以似片麻状构造为主，花岗变晶结构明显，以钾长石、斜长石为主。

主要造岩矿物普遍具有两个时代，显示了岩石的花岗交代结构、变晶结构，表明了混合岩化作用十分强烈。鸡公山混合花岗岩岩石化学变化较大，其向量投影点具有明显的独立分区，岩石酸度较低，暗色组分含量较高，钠原子数大于钾原子数，暗色矿物以黑云母为主。

灵山复式花岗岩基是燕山晚期酸性岩浆四次侵入活动的综合产物。区内出露的柳林岩体产于大别群与苏家河群不整合面北侧，桐柏-商城断裂以南及北缘，呈似哑铃状岩基产出，与苏家河群、信阳群和中条期鸡公山混合岩呈明显侵入接触关系。变质岩系具不同程度的接触交代变质。李家寨岩体属于燕山晚期第二次侵入活动的产物，分布于鸡公山混合花岗岩北缘的柳林岩体内。造岩矿物以钾长石、斜长石为主、岩体岩性稳定。块状构造的似斑状花岗岩岩体时代为燕山晚期，侵入时代为 1.32 亿年以上。

1.2　地貌概况

从全国宏观地貌分类出发，桐柏大别骨干山系属第二级地貌台阶，骨干山系的北麓和南麓、山脉前缘丘陵地带，属二、三级地貌台阶过渡的中低山系构造侵蚀类型地貌。

鸡公山自然保护区处于桐柏山以东，大别山最西端，区内主体山系基本上分布在河南、湖北两省省界上，呈近东西走向，区南主峰报晓峰，又名鸡公头，海拔 768m；北主峰为篱笆寨，海拔 814m；西主峰为望父（老），海拔 533.6m；东主峰为光石山，海拔 830m。全区相对高差为 400～500m，沟谷切深一般为 300～400m，侵蚀基准面海拔标高为 100m。由于区内地质体产状的倾角较陡，地表径流侵蚀作用强烈，沟谷切割较深，因此山坡的坡度多在 30°以上。山脉泾渭分明，沟谷纵横密布，排水条件很好。由于河流横向切蚀山体，从而形成了一系列深谷、峡谷、横向山岭。从区内不同比例尺的地形图、卫星图像、航空照片的解释与现场调研，综观本区地貌具有以下特征。

1. 主体山系呈近东西走向展布

区内主体山系基本上分布在豫鄂省界上，呈近东西走向。它反映了桐柏大别复背斜的轴向，鸡公山混合花岗岩主体产于复背斜核部，从而使两者的空间展布，均呈近东西走向延伸。这是因为，桐柏大别复背斜和鸡公山混合花岗岩基本上同期依次形成，时代为早元古代，至今大约 19 亿年，系中条构造旋回、造山运动的结果。在形成以后的漫长地壳演化中，又经历了多次构造旋回、造山运动的改造，特别是中生代燕山运动，华夏系、新华夏系断裂构造，新古代喜马拉雅运动的改造。在内外营力的联合作用下，主体山系的局部走向发生偏转，时而北东走向，时而北西走向。但是主体山系的总体走向呈近东西向展布。它基本决定了主体山系北麓与南麓两大水系及次级径流空间的总体分布格局。主体山系以南的河流属于长江水系；主体山系以北的河流属于淮河水系。

2. 主干河流呈北北东向延伸

区内主干河流有东双河、环水、大悟河，均呈北北东向延伸，其制约的主导因素是中生代燕山运动晚期的新华夏系断裂垂直升降运动、局部扭动平移水平运动和外营力联合作用。

例如，新华夏系的柳河断层，平均走向 15°，断层多次活动，断层上盘下降、下盘上升，并具平移扭动，早期东盘向北、西盘向南，晚期相反东盘向南、西盘向北，水平断距 600m 左右。它严格地制约着东双河流向呈北北东向延伸。同样，其次级断裂红花屋脊断层，基本上控制着环水的地表径流。又如，三里城断层与刘家前湾断层综合控制了大悟河的展布，三里城断裂平均走向 20°，其东盘向南扭动且为下降盘，西盘向北扭动且为上升盘，水平断距 100m 左右。它与柳河断层夹持的地块上升为地垒构造，从而导致地垒区内的鸡公山混合花岗岩遭受十分强烈风化剥蚀作用。故此，新华夏系的断裂构造，不仅基本制约着东双河、环水、大悟河的主流延伸，而且基本控制了次级河流、小溪、沟谷等以北西向为主，北东向、近东西向为辅的分布格局。同时，它奠定了鸡公山自然保护区、风景区特有的崇山峻岭、奇峰异石的基础。

3. 独特的横向山脉与山顶盆地

鸡公山风景区坐落在独特的横向山脉和山顶盆地上。横向山脉的大致走向呈 15° 方向展布，南从大羊山，经报晓峰、避暑山庄、篱笆寨、筲箕堖至和尚山，全长 10km。沿横向山脉的山脊，地形起伏不大，山脊比较开阔。登脊远望，可一览大自然锦绣河山的天姿国色。

在篱笆寨以南的红花屋脊、报晓峰与宝剑溪一带，发育着开口甚小的山顶盆地。山顶盆地呈椭圆状，长轴呈 20° 方向展布，长 1.2km，宽 1km，面积 1.2km²。盆地内相对高差甚小，一般相对高差 10～20m，最大相对高差 50m 左右。山顶盆地内发育着第四系冲积、冰碛、残积、坡积沉积物，黏土、亚黏土、亚砂土、泥砂砾石层。新颖舒适的别墅建造群体均坐落在山顶盆地及其边缘。

独特的横向山脉与山顶盆地，是中生代燕山运动华夏系、新华夏系断裂构造，新生代喜马拉雅运动，第四纪新构造运动与冰川、河流侵蚀联合作用的特有产物，是构造地质地貌、冰川地貌、河流地貌景观的综合结晶。

第2章 河南鸡公山自然保护区水文概况[①]

本区地处桐柏大别山主体山系以北，主体山系呈近东西向或北西西向展布，地形总体上南高北低。主体山系是长江与淮河两大流域的分水岭，山系以北的东双河、九渡河汇入浉河，复入淮河；山系以南的环水、大悟河汇入汉水，复入长江。区内地貌成因类型属于构造侵蚀中等山区与低山丘陵区。气候属于北亚热带湿润与暖温带半湿润过渡带气候。

2.1 地表水水文特征

区内地表水系十分发育，地表水以河流、小溪、水库、瀑布等形式星罗棋布。发源于区内的主要河流有东双河、西双河、九渡河、环水、大悟河。区内小溪很多，四季径流小溪有10条；中小型水库有月湖、洋堰、鸡公沟、九个湾、碾子湾等8座；瀑布有21处，主要集中发育在东沟瀑布群。地表水系空间展布受区域地质构造、地貌综合制约，地表径流方向以北北东—南南西向为主，其次为北东—南西向、北西—南东向、近东西向。区内分布的河流、小溪、瀑布简述如下。

2.1.1 河流

1. 东双河

东双河系浉河支流，发源于光头山西，流经南风坳、李老湾、李家寨、柳林、东双河，于两河口汇入浉河，流程32km，总汇水面积约210km^2，保护区内汇水面积约50km^2。

2. 西双河

西双河系浉河支流，发源于海拔496m高地南西，流经唐家湾、石门垱、台子畈，与西双河汇入南湾水库。流程30km，总汇水面积约200km^2，保护区内汇水面积约20km^2。

3. 九渡河

九渡河系西双河支流，发源于报晓峰西蔡王冲，流经黄家湾、郑家湾，于台子畈汇入西双河，复入南湾水库。流程10km，区内面积约22km^2。

4. 环水

环水分布于湖北省广水市，发源于光头山南，流经孝子店、花园、孝感市，于隔浦与涢水相汇，后入汉水，复入长江。环水在鸡公山流域内古称天磨河，流程10km，汇水面积约20km^2。

2.1.2 小溪

区内小溪很多，四季径流小溪有10条，主要分布于鸡公山横向山脉的东西两侧。横向

① 本章由陈锋执笔

山脉以东有 4 条，呈树枝状展布，即大滴水小溪（系东双河上游）、古驿道小溪、寨沟小溪（系环水上游）、红花屋脊小溪。横向山脉以西有 6 条，呈平行状展布为主，由北而南为宝剑沟小溪（系九渡河上游）、笼子沟小溪、桃花沟小溪、鸡公沟小溪、刘家冲小溪、香茶沟小溪（系西双河上游）。

2.1.3　水库

新中国成立以来，修水库 8 座，即月湖、洋堰水库、鸡公沟水库、九个湾水库、碾子湾水库、石门水库、黑堰水库和三叉沟水库，总蓄水量 193.1 万 m^3。

2.1.4　瀑布

保护区内瀑布甚多，大部分为雨后瀑布，属时令性瀑布。常年瀑布 21 处，主要集中于东沟瀑布群，有常年瀑布 16 处；大滴水瀑布群，有常年瀑布 3 处；宝剑溪瀑布群，有常年瀑布 2 处。

2.2　地下水动态特征

2.2.1　地下水特征

区域地下水可划分 4 种类型：构造裂缝水、层间孔缝裂缝水、风化裂缝水和孔隙潜水。第四系含水层由粗土、沙土、沙层、卵石层组成，广泛发育于河谷两侧、山间洼地、山脚等处，含孔隙水，属于冲积、洪积成因类型的第四系含水层，水量较丰富。太古界、元古界变质岩系和鸡公山混合花岗岩、灵山复式花岗岩基本身含水性差，由于风化壳发育较好，含风化壳裂缝潜水，一般水量不大。断层蓄水性取决于断裂构造的性质、规模、产状、充填物、胶结物及所处的地貌等因素，区内断裂构造纵横交错，从而不同程度地含有构造裂缝脉状水。在花岗岩分布区，以风化壳潜水为主，也有坡积、冲洪积、洪积孔隙潜水与构造裂隙脉状水。第四系含水层含坡积层水、花岗岩风化壳水、构造裂隙浅部水，并接受大气降水和上覆坡积层水补给，在适宜的地形条件下，出露于地表，形成上升泉，或补给其流往下方的第四系冲积层水。在变质岩分布区，地下水有层间裂隙水、裂隙孔隙水与构造裂隙水，主要接受大气降水补给和地表水补给，其径流条件比花岗岩区地下水差。

2.2.2　地下含水层类型

鸡公山地体为混合花岗岩、花岗岩，长期受地质构造运动的改造，尤其是受新构造运动和第四纪冰川作用及风化剥蚀的雕塑。因此，断裂构造、构造裂隙、风化裂隙、第四纪不同成因类型覆盖层发育较好，为大气降水、地表径流转移为地下水提供了运移条件与储存空间。本区地下水类型主要有 4 类，分述如下。

1. 残积、坡积孔隙含水层

在内外营力的综合用下，混合花岗岩、花岗岩风化后的黏土碎屑物质，常在低凹处堆积，形成片状或带状含水层，厚度 2～10m，含水层受雨后地表漫流补给，孔隙度高，富含包气带孔隙水、残坡积潜水，含水量随季节变化较大，涌水量一般为 0.1～1L/s，水质易污染，不便利用。

2. 冲积、冰碛、冰水沉积孔隙潜水层

在山顶盆地内,发育着冲积、冰碛、冰水沉积物,岩性为无胶结的亚黏土、亚砂土、泥沙砾石层,分选性差,孔隙度极高,而底部的风化花岗岩为弱透水层或不透水层,含水层厚5~30m,大气降水渗透补给。因山顶盆地汇水面积较大,约2.5km²,且此层富有储水空间,故此,形成了层状或脉状潜水,涌水量一般为0.5~2L/s,水量比较稳定,水质较好,旱季弱污染,具有小型生活供水意义。

3. 基石孔隙裂隙潜水层

保护区内虽有植被发育,但是残坡积覆盖层一般厚度不大,岩石裸露,构造裂隙、风化裂隙、节理、片麻理充分发育,风化基岩发育深度10~50m。大气降水通过裂隙等渗透到地下,形成了基岩孔隙裂隙潜水层,此层富水性较好,涌水量一般为0.3~3L/s,水量稳定,水质优良、无污染,虽储水量不太大,但具有小型生活供水意义。

4. 构造裂隙脉状水层

保护区内构造裂隙脉状承压水发育较好。区内柳河断层、红花屋脊断层、南田断层等,断层规模比较大,断层性质为张扭性、张性,断裂经多次活动,构造角砾岩、碎裂岩厚度较大,一般为5~10m。断层与地表径流、其他类型的地下水等具有较复杂的水力联系,补给来源充足。但由于尚未进行专门水文地质勘查,一些规律性认识尚待探索。预测此类含水层蓄水性强,储水量大,应具有脉状承压水的特征,水量稳定,水质优良。建议在经济条件可能的条件下,进行技术经济论证,这是今后地下水开发的主要对象。

2.2.3　泉的主要类型及特征

泉是地下水涌出地表的天然水点。泉的分类方法很多,根据泉水的补给来源和成因,可以把泉分为以下几种。

1. 下降泉

下降泉由上层滞水或潜水补给,泉的流量、水温、水质随季节而变化,且多与气象要素变化一致。下降泉又可分为以下几类。

悬挂泉:由上层滞水补给,多分布于裂隙发育的基岩陡坡和河岩阶地前缘陡坎上,多为季节性出露。如白鳝泉、独泉等。

侵蚀泉:由于河流或冲沟的下切,揭露了潜水含水层而出露的泉。多分布于沟谷、沟坡或坡脚处。如长寿泉、宝泉、龙头泉、灵泉、笼口泉、流泉等。

接触泉:潜水沿含水层与隔水层接触面涌出的泉。如消夏泉、鸡公泉、云泉等。

堤泉:潜水含水层的隔水底板局部凸起,使潜水位壅高出露地表形成的泉。如狮子泉、凉泉等。

溢泉:由于含水层岩性的变化及不透水层的阻隔,使潜水水位壅高溢出地表而形成的泉。泉水往往有类似上升泉那样上涌的现象。在山前溢出带,常成群出现。如静心泉、天福泉、香茶泉、湖滨泉、湖尾泉等。

2. 上升泉

上升泉由承压水补给，泉的流量、水温、水质较稳定，随季节变化小。上升泉又可分为以下几类。

自流斜地上升泉：具有承压水的单斜含水层被切割或于泄水区出露形成的泉。如普济泉等。

自留盆地上升泉：具有承压水的向斜或构造盆地的含水层，受河流、冲沟等水文网的切割，使承压水涌出地表形成的泉。如甘泉等。

断层泉：承压含水层被断层切断，地下水沿断层破碎带上升涌出地表而形成的泉。多呈线状、串珠状发育于断裂带上。

2.3 水质评价

根据东沟、红花屋脊、月湖、清泉、避暑山庄、甘泉、云中公园、南街东的水源点的丰水期、平水期、枯水期取水样水质分析资料，对区内地表水与地下水的物理和化学水质特征分析如下。

2.3.1 地表水水质评价

区内地表水以接受大气降水为根本补给来源，其次为第四系孔隙潜水。地表水产于混合花岗岩风化基岩表面，因山高坡陡林密，地表径流快，径流途径短，大气降水与混合花岗岩的溶滤作用不够充分，因此，地表水物理性质均为无色、无嗅、无悬浮物、无胶体的透明度高的冷水。地表水水质稳定，主要为 $HCO_3^- - Na^+$ 型或 $HCO_3^- - Na^+ - Ca^{2+}$ 型水，在局部变质岩残留体发育区，局部为 $HCO_3^- - Ca^{2+} - Mg^{2+}$ 型水，基本上不存在 SO_4^{2-} 增高区段。矿化度低或极低，一般均小于 0.5mg/L。pH 稳定，变化甚小，一般为 6.7～7.3。故此区内地表水属于低矿化度、极软的中性清凉可口淡水，是很好的饮用水源。

2.3.2 地下水水质评价

区域地下水的化学特点与岩石化学特点有明显的关系，花岗岩分布区，分布着 $HCO_3^- - Na^+$ 或 $HCO_3^- - Na^+ - Ca^{2+}$ 型水，Na^+、Ca^{2+} 含量明显增高，这是由花岗岩长期风化造成的。变质岩分布区，主要是 $HCO_3^- - Ca^{2+} - Mg^{2+}$ 型水，是变质岩中含 Ca^{2+}、Mg^{2+} 矿物风化转入水中的结果。重碳酸盐型水分布广泛，占区域的 95% 以上，而重碳酸氯酸盐型水仅分布于人类活动频繁的居住区。区内地下水总矿化度低，为 0.19mg/L，pH 为 6.0～7.2，属极低至中等型弱矿化度，中性至弱酸性溶滤淡水。

2.4 水文气候特征

鸡公山保护区地处北亚热带的边缘，淮南大别山西端的浅山区。由于受东亚季风气候的影响，具有北亚热带向暖温带过渡的季风气候和山地气候的特征。四季分明，光、热、水同期。春季气温变幅大，夏季炎热雨水多，秋季气爽温差小，冬季寒冷雨雪稀。年平均气温 15.2℃，极端最高气温 40.9℃，极端最低−20.0℃，日平均气温稳定通过≥10℃ 的活动积温为 4881℃，无霜期 220d，年平均降水量 1118.7mm，空气干燥度 0.84，属北亚热带湿润气候区。

　　秦岭—淮河是我国北亚热带与暖温带的气候分界线。鸡公山自然保护区地处北亚热带的边缘，淮南大别山西端的浅山区。由于受东亚季风气候的影响，因而具有北亚热带向暖温带过渡的季风气候和山地气候的特征。这里四季分明，光、热、水同期。春季气温变幅大；夏季炎热雨水多；秋高气爽温差小；冬长寒冷雨雪稀。若以气候平均气温划分四季，则冬季 125d，夏季 115d，春秋二季分别为 65d、60d。据气候资料统计，年平均太阳总辐射 4928.70MJ/cm^2，日照总时数 2063.3h，日照百分率 47%。

第3章 河南鸡公山自然保护区气象概况[①]

鸡公山自然保护区光、热、水气候资源丰富。在多数年份里，资源配置协调，能够满足作物在生长季（4～10月）的需求。境内属过渡型气候，因而兼有亚热带和暖温带气候的优点。光资源优于亚热带山区，光温生产潜力比江南山区大。热量条件虽不如江南地区丰富，越冬条件较差，但热量有效性好，春季升温快，入春早，夏季高温酷暑时间短。从水资源条件看，生长季降水量较充沛，季节分配较适中，与作物生长供需矛盾较少。本区既无暖温带那样频繁的春旱与寒害，也少中亚热带那样严重的伏旱与高温，春季阴雨对林木生长利多于弊，仅对农作物造成湿害。总之，气候资源优势较多，可利用率高。

境内因地形、地貌的差异，形成了多种类型的山区小气候。既有背风向阳的山谷盆地，也有温差小、折射光多的山坡，还有多雨多风的山峰等。这为种类繁多的动植物提供了适宜生存的自然环境，因而保护区具有重要的动植物保护和科研价值。

3.1 日照

区内年总辐射为 4928.70MJ/m²。一年中，6月最多，可达 574.43MJ/m²，12月最少，仅有 269.21MJ/m²。总辐射的垂直变化与云雾关系密切。从山麓到山顶，年辐射量随高度增加呈总的递减趋势，同时受坡向、坡度的影响，南坡最多，北坡最少，坡度越大，总辐射越少。生理辐射与总辐射之比为 0.49∶1。区内年生理辐射为 2415.06MJ/m²。生理辐射的时空分布特点与总辐射相趋一致，并为河南省高值区之一，这为种类繁多的生物提供了良好的自然环境。

区内日照时数的地理分布与太阳总辐射的分布基本一致，年总日照时数 2063.3h，日照百分率47%。年日照时数随海拔高度增加而递减，平均直减率为 23.7h/100m。

3.1.1 总辐射

保护区年总辐射为 4928.70MJ/m²。一年中，6月最多，可达 574.43MJ/m²，12月最少，仅有 269.21MJ/m²。总辐射的季节分配，夏季为 1691.05MJ/m²，冬季为 808.89MJ/m²，春秋二季分别为 1336.8 5MJ/m² 和 1091.92MJ/m²，四季占年总辐射量的百分比依次为 34.3%、16.4%、27.1%、22.2%。各高度层总辐射的季节分配比例较为接近。

总辐射的年际变化较大。高值年（1962年）可达 5604.03MJ/m²，而低值年（1989年）仅有 3502.68MJ/m²。

总辐射的时间变化主要取决于太阳高度角的变化。一日中的正午和一年中的夏季，太阳高度角最大，总辐射也最多，而一日中的午夜和一年中的冬季总辐射则最少。

总辐射的垂直变化与云雾关系密切。从山麓到山顶，年辐射量随高度增加呈总的递减趋势，山上比山下减少 396.91MJ/m²，平均直减率 66.15MJ/100m。除1月因山上晴朗少云，总辐射随高度略有增加外，其余月份由于云雾的影响，均为山顶少于山麓。在海拔 500m

---

① 本章由陈锋、丁玉华执笔

上，由于常有云雾笼罩，年总辐射量少于山顶，更少于山麓。

保护区内由于地形复杂，山体坡向、坡度各不相同，总辐射的地理分布有较大差异。总体来说，南坡最多，东西坡次之，北坡最少；坡度越大，总辐射越少。

3.1.2　生理辐射

能为绿色植物吸收的辐射光能为生理辐射，其光波段为 $0.29 \sim 1.05 \mu m$。生理辐射与总辐射之比为 0.49 : 1。保护区年生理辐射为 $2415.06 MJ/m^2$。生理辐射的时空分布特点与总辐射相趋一致（表 3-1）。

表 3-1　不同高度年、月总辐射和生理辐射

统计时间	总辐射/(MJ/m²)		生理辐射/(MJ/m²)		统计时间	总辐射/(MJ/m²)		生理辐射/(MJ/m²)	
	115m	710m	115m	710m		115m	710m	115m	710m
1 月	270.05	274.24	132.32	134.38	8 月	546.38	504.09	267.73	247
2 月	269.63	262.51	132.12	128.63	9 月	416.17	380.16	203.92	186.28
3 月	372.63	351.27	182.59	172.12	10 月	395.65	367.6	193.87	180.12
4 月	441.71	388.12	216.44	190.18	11 月	280.1	266.7	137.25	130.68
5 月	522.51	458.87	256.03	224.85	12 月	269.21	268.37	131.91	131.5
6 月	574.43	504.09	281.47	247	全年	4928.71	4531.79	2415.07	2220.57
7 月	570.24	505.77	279.42	247.83					

保护区内各界限温度的总辐射和生理辐射均为河南省高值区之一，这为种类繁多的生物提供了良好的自然环境。$\geqslant 0^{\circ}C$ 的生理辐射为 $2263.86 MJ/m^2$，占生理辐射年总量的 93.7%；$\geqslant 10^{\circ}C$ 的生理辐射为 $1760.83 MJ/m^2$，占生理辐射年总量的 72.9%（表 3-2）。

表 3-2　各界限温度的总辐射和生理辐射

光能	温度/℃				
	≥0	≥5	≥10	≥15	≥20
总辐射/(MJ/m²)	4260.13	4040.68	3593.53	2882.19	2092.14
生理辐射/(MJ/m²)	2263.86	1979.93	1760.83	1412.27	1025.15

3.1.3　日照时数和日照百分率

保护区年总日照时数 2063.3h，日照百分率 47%。年内日照时数夏季最多，占 32%；冬季最少，占 20%；春秋季各占 25%、23%（表 3-3）。

表 3-3　年、月日照时数和日照百分率

	月份												全年
	1	2	3	4	5	6	7	8	9	10	11	12	
日照时数/h	139.2	125.9	148.6	170.3	201.8	220.2	221.4	214.9	157.9	166.3	149.2	150.5	2066.2
日照百分率/%	44	40	40	44	47	52	51	52	43	47	47	48	47

由于云雾的影响，日照时数的年际变化较大。富照年（1962年）多达2460h，日照百分率为56％；寡照年（1989年）只有1568h，日照百分率为35％。

区内日照时数的地理分布与太阳总辐射的分布基本一致。年日照时数随海拔增加而递减，平均直减率为23.7h/100m。在300～500m高度层，由于常有云雾存在，为一个少日照层，年日照时数为1800～1750h，年日照百分率为41％～40％，不仅少于山上，更少于山下。在500m以下，日照时数随高度增加而迅速递减；在500m以上，日照时数随高度增加而缓慢递增。在不同季节，日照时数也随高度变化。冬季云雾多在山下，山上日照稍多于山下；其余季节山上日照少于山下，夏季山上各月的日照时数比山下少25～40h。

区内由于山体的坡向、坡度不同，日照时数的分布也有很大差别。

保护区有丰富的光照资源，能够满足多种植物在生长期内对光照的需求。在山麓，≥10℃的日照时数为1417.1h，占全年日照时数的68.7％（表3-4）。

表3-4　各界限温度的日照时数和日照百分率

	温度/℃				
	≥0	≥5	≥10	≥15	≥20
日照时数/h	1906.1	1622	1417.1	1119.7	809.8
日照百分率/％	47	47	48	49	50

3.2　气温

区内年平均气温为15.2℃，气温随海拔增加而递减，其直减率为0.53℃/100m。鸡公山相对高度约为600m，年平均气温却与北京市接近，这意味着其地理位置向北推进900km。山上（顶）年平均气温为12.0℃，7月平均气温为23.5℃，北京市7月平均气温为25.1℃，向南仅百余公里的武汉市，7月平均气温为29.0℃，均高于鸡公山。鸡公山夏季气候凉爽宜人，是我国四大避暑胜地之一。

3.2.1　气温的时间变化

保护区年平均气温为15.2℃。年极端最高气温40.9℃（1959年8月），年极端最低气温−20.0℃（1955年1月）。气温日较差各月稳定在8～10℃。一年中，夏季最高，冬季最低，春秋二季居中且春温低于秋温。最热月是7月，最冷月是1月，年较差为25.5℃（表3-5）。气温的四季变化随太阳高度角的升降而变化，冷暖的变幅则受冬夏季风的进退所制约。

表3-5　年、月平均气温及极值

温度	月份												全年
	1	2	3	4	5	6	7	8	9	10	11	12	
月平均/℃	2	3.6	9	15.5	20.8	25	27.5	26.7	21.4	16.1	9.9	4.2	15.2
极端最高/℃	19	24.8	29.1	34.3	36.3	38.7	40.1	40.9	35.7	34	30	21.7	40.9
极端最低/℃	−20	−16	−6.6	−0.6	5	11.9	17	15.2	7.9	−0.4	−6.4	−12.1	−20

春季气温逐月回升，平均 5～6d 升温 1℃。但在残冬初春，多寒潮活动，气温波动多，变幅大，天气乍热骤冷。例如，1987 年 3 月 31 日至 4 月 1 日由于强寒潮影响，日均气温由 12℃降至 1℃。夏季受太平洋副高压的控制，天气炎热。日最高气温≥30℃的日数平均每年有 78d；≥35℃的日数平均每年有 15d。秋季气温又逐月下降，平均 5～6d 降温 1℃。冬季受蒙古冷高压的控制，天气寒冷。≤0℃的日数平均每年有 61d；≤－5℃的日数平均每年有 11d；≤－10℃的日数平均每年有 1d。由于大别山脉的阻隔，强冷空气易在山前滞留堆积，造成低温、暴风雪和雪凇天气。保护区历年极端最低气温平均－10～11℃，往往使某些亚热带林木（如茶树）遭受寒害。

气温的年际变幅多数年份在 1℃左右，最大值可达 2℃。冷年与暖年呈周期性的交替出现，其概率大体相同。

3.2.2　气温的地理分布

保护区气温随海拔增加而递减，其直减率为 0.53℃/100m（表 3-6）。夏季递减率最大，为 0.63℃/100m，7 月顶底温差为 4.0℃；冬季递减率最小，为 0.43℃/100m，12 月顶底温差为 2.4℃。鸡公山相对高度约 600m，年平均气温却与北京市接近，这意味着其地理位置向北推进 900km。山上日最高气温≥35℃的日数年平均只有 0.1d。夏季气候以凉爽宜人而闻名遐迩，是我国四大避暑胜地之一。向南仅百余公里的武汉市夏季暑热难耐，7 月平均气温为 29.0℃，比鸡公山高 5.5℃，被称为我国“三大火炉”之一，可谓是“山上山下两重天”。海拔是造成气温显著差异的主要原因，而森林植被的调节作用也是一个方面。

表 3-6　不同高度年、月平均气温（单位:℃）

海拔/m	站址	月份												全年
		1	2	3	4	5	6	7	8	9	10	11	12	
710	鸡公山	－0.6	0.9	5.8	12	17	21.1	23.5	23.1	185	13.6	7.4	18	12
380	七区	1.9	3.6	8.4	13.5	18.9	23.5	26.4	25	19.7	14.6	9	3.7	14
115	信阳	2	3.6	9	15.5	20.8	25	27.5	26.7	21.4	16.1	9.9	4.2	15.2

区内由于地貌各异，即使是同一高度，气温的空间分布也不尽相同，局部小气候类型多样。

气温地理分布的另一特点是逆温现象。根据大别山区科学考察资料：保护区在海拔 300～500m 层上，有明显的逆温现象发生。这一层次是该山区逆温的高频率带，说明保护区有一相对暖带存在。有逆温时山上的气温高于山下。冬季逆温强度最大，出现概率也最多。强逆温的持续时间可达 14～17h，厚度可达数百米，其顶底温差可达 4℃。逆温可减小低温强度，保护林木安全越冬。

3.2.3　日平均气温稳定通过各界限温度初、终日期及积温

各界限温度的初、终期及积温是考察某一地区热量状况及其对农林作物的生长影响的重要气候指标。保护区热量资源丰富（表 3-7）。≥10℃活动积温的直减率为 204.3℃/100m。霜期的长短与春秋季节冷空气活动的迟早有关。保护区平均初霜日为 11 月 6 日。平均终霜

日为 3 月 29 日，无霜期为 220d。鸡公山顶的初终霜日期较山下晚始早终，无霜期为 230d。

表 3-7　日平均气温稳定通过各界限温度初、终日期及活动积温

项目	界限温度/℃				
	≥0	≥5	≥10	≥15	≥20
平均初日（日/月）	5/2	9/3	30/3	26/4	23/5
平均终日（日/月）	31/12	2/12	11/11	14/10	18/9
初终间日数/d	330	269	227	172	119
年活动积温/℃	5476.1	5117.6	4881	3960.7	—

3.3　降水

雨量充沛、时空分布不均是保护区水资源状况的突出特点。年降水量 1118.7mm，夏季占 45 ％，冬季只占 8.5％。降水年际变化甚大，洪涝年（1956 年）多达 1654.1mm，干旱年（1966 年）仅有 617.6mm。区内山下年蒸发量为 1373.8mm，而在山上，降水量与蒸发量相近。

3.3.1　降水的时空分布

雨量充沛、时空分布不均是保护区水资源状况的突出特点。这里年降水量 1118.7mm，季节分配夏季最多，占 45％；冬季最少，占 8.5％；春秋季居中且春雨多于秋雨。

多数年份的降水量接近历年平均值，但少数年份差异甚大。洪涝年（1956 年）多达 1654.1mm；干旱年（1966 年）仅有 617.6mm，两者比值为 1：0.37。多雨年与少雨年呈周期性交互出现，其频率大致相当。春、夏、秋三季降水量的年际变化在个别年份也很显著，从表 3-8 中可以看出降水量的不均匀状况。季风环流的影响是造成降水量年际变化的主要原因。

保护区降水量与光能、热量的配合在多数年份是适宜的。但在少数年份，春、夏、秋三季也有旱、涝、冻灾产生，给农、林生产带来危害。

表 3-8　鸡公山季降水量年际变化

季节	季最多/mm	年份	季最少/mm	年份	比值
春季（3～5 月）	748.4	1964	180.3	1981	4.2
夏季（6～8 月）	1366.3	1987	253.3	1961	5.4
秋季（9～11 月）	436.7	1967	155.4	1966	2.8

注：纪录年代 1961～1990 年

降水量的地理分布，一是自北向南而递增；二是随海拔增加而递增。据降水资料统计，处于保护区山麓的新店年平均降水量比信阳市（在新店北 37km）多 125.4mm，平均递增率为 3.4mm/1000；鸡公山顶年平均降水量又比新店多 113.2m，平均递增率为18.9mm/100m。一年中，夏季降水量差异较大，冬季最小。地形作用是造成各地降水量差异的主要原因（表 3-9）。

表 3-9　各地降水量分布（单位：mm）

| 站址 | 月份 | | | | | | | | | | | | 全年 |
	1	2	3	4	5	6	7	8	9	10	11	12	
鸡公山	32.5	49.1	80.3	122.8	158.9	171.2	281.4	180.7	122.1	88.7	63.7	23.4	1374.8
信阳	28.8	45.2	64	89.3	123.8	130.7	212.7	157.3	114.1	75.3	50.7	21.1	1113.0

3.3.2　降水量保证率

降水量保证率是表征某一地区降水量大于（或小于）某一界限值的可靠程度。保护区
≥80%的降水量保证率为 900mm（表 3-10）。

表 3-10　年降水量频率和保证率

降水量/mm	频率/%	保证率/%	降水量/mm	频率%	保证率/%
601～700	3	99	1101～1200	10	50
701～800	7	96	1201～1300	13	40
801～900	13	89	1301～1400	10	27
901～1000	13	76	1401～1500	10	17
1001～1100	13	63	1501～1600	7	7

3.3.3　降水强度

在单位时间内的降水量叫做降水强度，它标志着降水的集中程度。本区夏季常受江淮气旋、西南低涡等诸多天气系统的影响。暖湿气流因地形抬升作用，而使降水强度加大。特别是在山体的迎风坡和地势较高之处，容易产生强降水。鸡公山是河南省暴雨中心之一。鸡公山年平均暴雨日（≥50mm）达 5.3d，邻近的水文站曾测得 1987 年 7 月 20 日日降水量高达 338.7mm。

3.3.4　各级降水日数

日降水量在各雨量级的出现日数表示降水强度的分布状况。本区各级降水日数以夏季最多，其次是春季和秋季，冬季最少（表 3-11）。

本文有关鸡公山的气象资料均由鸡公山气象站提供。

表 3-11　各级降水日数

| 降水量/mm | 月份 | | | | | | | | | | | | 全年 |
	1	2	3	4	5	6	7	8	9	10	11	12	
≥0.1	6.8	8.2	10	11.5	11.3	10.4	13	11.7	11.3	10.2	8	6.6	119
≥5.0	1.8	2.9	4.1	5	4.7	4.7	5.9	5.4	4.6	4	2.7	1.4	47.2
≥10	1	1.7	2.2	3	3.5	3.4	4.8	4	3.2	2.4	1.7	0.6	31.5
≥25	0.1	0.2	0.5	1	1.5	1.5	2.6	2.3	1.6	0.7	0.4	0	12.4

续表

降水量/mm	月份												全年
	1	2	3	4	5	6	7	8	9	10	11	12	
≥50	0	0	0	0.2	0.7	0.6	1.2	1	0.4	0.2	0	0	4.3
≥100	0	0	0	0	0	0.2	0.4	1	0	0	0	0	1.6
≥150	0	0	0	0	0	0	0	0	0	0	0	0	0

本区历年最长连续降水日数为 15d（1976 年 8 月 24 日～1976 年 9 月 7 日）。最长连续无降水日数为 43d（1987 年 11 月 29 日～1988 年 1 月 11 日）。

3.3.5　蒸发量

本区年平均蒸发量为 1373.8mm。一年中，夏季最多，冬季最少，春秋季居中。其地理分布：全年和秋、冬季的蒸发量随海拔增加而递增；春、夏季呈递减之势。云雾和降水的变化是影响蒸发量大小的主要原因（表 3-12）。

表 3-12　平均蒸发量

	月份												全年
	1	2	3	4	5	6	7	8	9	10	11	12	
蒸发量/mm	46.7	53.9	93.2	133.8	166.4	183.4	189.9	168.4	117.3	94.3	69.2	57.4	1373.9

3.4　自然灾害

保护区的气象灾害主要有干旱、雨涝、雨淞、雪压等。根据气象资料和调查情况分析如下。

3.4.1　干旱

1. 干旱指标

根据历史降水资料，结合林木生长特点，确定干旱指标（表 3-13）。

表 3-13　保护区干旱指标

干旱时段	时段降水指标
春旱（4～5 月）	1. 任意连续三旬旬雨量＜30mm
	2. 4～5 月降水量偏少 60%
伏旱（7～8 月）	1. 任意连续三旬旬雨量＜50mm
	2. 7～8 月降水量偏少 60%
秋旱（9～10 月）	1. 任意连续三旬旬雨量＜30mm
	2. 9～10 月降水量偏少 70%

2. 干旱分析

按照上述指标，普查 1951～1992 年 42 年间的干旱年，结果如下。

春旱 6 年：1951 年、1953 年、1955 年、1961 年、1976 年、1981 年，平均 7 年一遇。

伏旱 8 年：1959 年、1960 年、1961 年、1966 年、1972 年、1985 年、1988 年、1990 年，平均 4～5 年一遇。

秋旱 11 年：1951 年、1953 年、1955 年、1957 年、1963 年、1966 年、1973 年、1978 年、1988 年、1990 年、1992 年，平均 3～4 年一遇。

42 年来，保护区较严重的干旱年份有 9 次：1953 年、1955 年、1959 年、1961 年、1966 年、1976 年、1978 年、1985 年、1988 年，平均 4～5 年一遇。伏秋（7～10 月）连旱的年份有 1966 年、1978 年、1988 等 3 年，干旱日数少则 40 余天，多则逾百日。由于连续的高温干燥，叶面蒸腾量大，常导致林木的巨大损失。例如，1966 年的伏秋旱，自 7 月中旬到 11 月上旬，持续干旱 120 余天，其间的降水量比历史同期减少 74％。干旱使泉水枯竭，河水断流，塘、堰干涸，草木凋毙，疫病肆虐，经济损失难以估算。干旱是区内最严重的气象灾害。

3.4.2　雨涝

1. 雨涝指标

根据降水资料，结合林木生长特点，确定雨涝指标（表 3-14）。

表 3-14　保护区雨涝指标

雨涝时段	时段降水指标
春涝（4～5 月）	1. 任意连续三旬旬雨量＞200mm
	2. 4～5 月降水量偏多 50％
夏涝（7～8 月）	1. 任意连续三旬旬雨量＞200mm
	2. 7～8 月降水量偏多 50％
秋涝（9～10 月）	1. 任意连续三旬旬雨量＞200mm
	2. 9～10 月降水量偏多 50％

2. 雨涝分析

按照上述指标，普查 1951～2012 年 62 年间的雨涝年，结果如下。

春涝 11 年：1952 年、1956 年、1963 年、1964 年、1969 年、1972 年、1973 年、1977 年、1987 年、1989 年、1991 年，平均 3～4 年一遇。

夏涝 11 年：1951 年、1954 年、1956 年、1963 年、1965 年、1968 年、1969 年、1982 年、1987 年、1989 年、1991 年，平均 3～4 年一遇。

秋涝 7 年：1964 年、1969 年、1970 年、1975 年、1979 年、1983 年、1984 年，平均 6 年一遇。

62 年来，区内较严重的雨涝年份有 10 次：1954 年、1956 年、1964 年、1969 年、1975 年、1979 年、1982 年、1987 年、1989 年、1991 年，平均 4 年一遇。

雨涝时段多为春涝（3～5 月）和夏涝（7～8 月）。春涝具有持续阴雨的特点。如 1964 年 4～5 月的连阴雨，沥涝长达 50 余天，雨量为历史同期的 2 倍多。夏涝又具有强度大、危害重的特点。据观测记载，1987 年 7～8 月总降水量为 1186.5mm，超过年平均降水量；≥100mm 的大暴雨日有 4 个，其中 7 月 20 日降水量高达 338.7mm，相当于年降水量的 1/4。该年的雨涝造成多次山洪暴发，使库、塘垮坝，山体滑坡，树木冲倒，房屋、田园被毁，交通、通信中断，人、畜伤亡，经济损失巨大。雨涝是区内严重的气象灾害之一。

3.4.3　雨凇（俗称光头凌）

雨凇是区内仅次于旱、涝的气象灾害。它随海拔增加而增厚。冻结在物体表面的冰层持久而坚固，尤其在物体的迎风面，不仅厚度大，破坏力亦大。重度覆冰（为雨凇、雾凇、湿雪的混合体）时常造成交通运输、通信、电力供应中断，树木折枝毁干，造成的经济损失相当惊人。

1951～2012 年 62 年中，区内积冰成灾的年份有 9 次，分别出现在 1954 年、1957 年、1964 年、1968 年、1970 年、1974 年、1980 年、1987 年、1992 年，平均 4～5 年一遇。历年雨凇多产生于 12 月至次年 3 月，其中 1～2 月出现概率为 57%，易成凇致灾。鸡公山是雨凇多发地，持续时间列河南省之冠（表 3-15）。1964 年 2 月 5～27 日产生的强雨凇过程，历时 23d（526h），最大积冰直径 10cm，最大积冰质量 1025g/m。据林业、气象工作者调查，从山上到山下，各种树木总受害率达 34.4%。其中折梢 9.0%、折冠 10.9%、折干 12.3%、连根拔 2.2%。30 多年树龄的大树被压倒，是近百年间雨凇毁林的最大灾难。

表 3-15　鸡公山雨凇日数

	月份						全年
	11	12	1	2	3	4	
年平均日数/d	1.8	4.6	6.3	7.6	4.1	0.2	24.6

3.4.4　雪压

保护区因雪压危害林木的只是少数年份，而且仅限于竹类、常绿林木或郁闭度较大的林地。积雪为湿雪时常与雨凇形成复合积冰而危害林木。一年中，2～3 月是冷暖空气活跃时期，积雪密度大，因而形成的雪压强度亦大。抗压力差的林木和竹类由于超负荷重载而容易折枝损冠。62 年来，雪压危害的年份有 8 年，分别出现在 1954 年、1962 年、1969 年、1974 年、1984 年、1988 年、1989 年、1992 年，平均 5 年一遇。

雪压是单位面积上的积雪质量。求算雪压公式为

$$S = ah$$

式中，S 为雪压（g/cm²），a 为积雪密度（g/cm³），积雪密度值一般为 0.10～0.30g/cm³，h 为积雪深度（cm）。当积雪密度为 0.20g/cm³、积雪深度为 0.01m 时，雪压可达 2.0kg/m²。区内年最大积雪深度 40cm 左右。

第4章 河南鸡公山自然保护区土壤概况[①]

4.1 土壤类型

土壤的形成和发育是长期的岩石风化过程和生物富集化过程的结果。根据土壤发生学、形成因素、成土过程和土壤自身性态，区内土壤划分为4个土类、5个亚类、7个土属和14个土种。

4.1.1 土壤分类

1. 黄棕壤土类

黄棕壤土类可划分为2个亚类。

（1）黄棕壤（亚类）：划分为1个土属——硅铝质黄棕壤（包括7个土种）。

（2）黄棕壤性土（亚类）：划分为2个土属——硅铝质黄棕壤性土（包括1个土种）和砂泥质黄棕壤性土（包括1个土种）。

2. 石质土土类

石质土土类可划分为硅铝质石质土1个亚类、1个土属和1个土种。

3. 粗骨土土类

粗骨土土类可划分为1个亚类——硅铝质粗骨土，2个土属——硅铝质粗骨土和泥砾粗骨土，各包括1个土种。

4. 水稻土土类

水稻土土类可划分为1个亚类——潴育型水稻土，包括黄棕壤性潴育型水稻土，划分为1个土种。

4.1.2 鸡公山自然保护区土壤分类系统

根据上述分类原则、依据和划分标准及调查资料的统计，将鸡公山自然保护区土壤划分为4个土类、5个亚类、7个土属、14个土种。具体情况详见表4-1。

4.1.3 土壤特性

1. 黄棕壤土类

黄棕壤土类是在北亚热带生物气候条件下形成的一种地带性土壤。成土母质较为复杂，有花岗岩、砂页岩、片麻岩和灰绿岩等。其主要特性是发育在多种岩石风化物上，一般具有A_0层即枯枝落叶层。A_0层和A层（腐殖质与矿物质颗粒结合层）一般有机质含量丰富；剖

---

① 本章由陈锋、丁玉华执笔

表 4-1　鸡公山自然保护区土壤分类系统表

土类	亚类	土壤	土种	土种代号	土地面积/亩①	占土壤面积/%
黄棕壤	黄棕壤	硅铝质黄棕壤	厚层硅铝质黄棕壤	1	91.4	0.2
			少砾厚层硅铝质黄棕壤	2	319.8	0.7
			多砾厚层硅铝质黄棕壤	3	319.8	0.7
			薄腐少砾中层硅铝质黄棕壤	4	6 989.1	15.3
			薄腐多砾中层硅铝质黄棕壤	5	15 576	34.1
			薄腐少砾厚层硅铝质黄棕壤	6	1 324.7	2.9
			薄腐多砾厚层硅铝质黄棕壤	7	730.9	1.6
			厚腐少砾中层硅铝质黄棕壤	8	182.7	0.4
	黄棕壤性土	硅铝质黄棕壤性土	多砾中层硅铝质黄棕壤性土	9	776.6	1.7
		砂、泥质黄棕壤性土	多砾中层砂、泥质黄棕壤性土	10	45.7	0.1
石质土	硅铝质石质土	硅铝质石质土	多砾薄层硅铝质石质土	11	15 212	33.3
粗骨土	硅铝质粗骨土	硅铝粗骨土	多砾薄层硅铝质粗骨土	12	3 974.1	8.7
		泥砾粗骨土	少砾薄层泥砾粗骨土	13	91.4	0.2
水稻土	潴育型水稻土	黄棕壤性潴育型水稻土	黄沙、泥田	14	45.6	0.1

面发育不明显、无明显的铁锰结核新生体淀积；无石灰反应；pH 5.0～6.5；盐基饱和度中度不饱和。

黄棕壤土类分布面积最大，占区内土壤面积的 57.7%，植被以常绿针叶阔叶和落叶阔叶混交林为主。黄棕壤性土亚类在区内面积不大，植被多为人工林，如油桐、板栗等。

2. 石质土土类

石质土分布于荒坡或仅有稀疏植被覆盖的石质山地，土层薄，砾石含量一般在 70% 以上，很薄的 A 层（一般 10～15cm）之下即为基岩、B 层不明显。石质土面积占区内土壤面积的 33.3 %。土壤质地较松、无石灰反应，pH 6.2～6.5。多分布在阳坡，需改良土壤或细致整地，提高利用价值。

3. 粗骨土土类

粗骨土分布于该区植被覆盖较差、侵蚀严重、各种不同岩类构成的小体上，土体厚度 10～30cm，砾石含量较多。在 A 层之下为不同风化程度的岩石半风化物（C 层即母质层）。多和石质土相间分布。面积占区内土壤面积的 8.9%。植被多为马尾松林和薪炭林。坡度小的地段采用抽槽整地，可发展竹子、茶叶等经济林。

4. 水稻土土类

水稻土是在自然土壤和各类旱作土壤的基础上，经过人为活动和自然因素的作用，周期性淹水与干涸，强烈的氧化与还原交替进行，在长期水耕熟化过程中逐渐形成的。这种土类

---

① 1 亩≈666.7m²，下同

面积很小，只占区内土壤面积的 0.1%。

4.2　土壤分布

4.2.1　水平分布

鸡公山自然保护区地处东经 $114°01'\sim114°06'$，北纬 $31°46'\sim31°51'$，南北跨度不大，属同一个生物气候带，地带性土壤都是黄棕壤。这是本区所处纬度水平地带性的特点。

4.2.2　垂直带分布

鸡公山自然保护区土壤受山地小气候和地貌条件的影响，形成了不同的土壤类型，并且有规律地排列成垂直地带谱。山地土壤垂直地带谱的结构和分布随山地坡向、形状及山地高低而变化。鸡公山建谱土壤为黄棕壤（海拔 $156\sim259m$），东西坡向、坡度不同，土壤垂直分布有差异：西坡自建谱土壤以上依次为石质土（海拔 $250\sim620m$），黄棕壤（海拔 $620m$ 以上）；东坡自建谱土壤以上为粗骨土（海拔 $250\sim460m$），黄棕壤（海拔 $460m$ 以上）；山脚为耕型旱地（黄棕壤），塝冲为水稻土。一般从塝田到冲上段为潴育型水稻土，冲下段及库塘脚下为潜育型水稻土。各类土壤分布都有着与其相适应的独特空间位置，并存在一定的规律性。

4.3　不同类型土壤特征特性

4.3.1　黄棕壤土类

黄棕壤土类是在北亚热带生物气候条件下形成的一种地带性土壤。成土母质较为复杂，有花岗岩、砂页岩、片麻岩和灰绿岩等。本区只有两个亚类，即黄棕壤和黄棕壤性土，其主要特征特性有以下几个。

（1）发育在多种岩石风化物上，一般具有 A_0 层（枯枝落叶层）、A 层（腐殖质与矿物质颗粒结合层）、B 层（淀积层）、C 层（母质层）。A_0 层和 A 层一般有机质含量丰富，呈棕褐色、粒状、碎块状结构；B 层黄棕色、质地较上层重；C 层是各种岩石半风化物。

（2）剖面发育不明显，无明显的铁锰结核新生体淀积。

（3）全剖面无石灰反应。

（4）酸性至微酸性，pH$5.0\sim6.5$。

（5）盐基饱和度中度不饱和。

4.3.2　黄棕壤亚类

黄棕壤亚类发育在各类岩石风化残积——坡积物上，风化不彻底，难风化的石英等含量高，植被为常绿针叶阔叶和落叶阔叶混交林，非耕地土层厚薄不一，砾石多少、大小不等。其面积为 $1702.29hm^2$，占本土类面积的 96.88%，占本区土壤面积的 55.90%。本区只有一个土属，即硅铝质黄棕壤土属。

该土属发育在酸性硅铝质岩类风化的残积、坡积物母质上，主要分布在花岗岩构成的山体上。

1. 剖面形态

$0\sim9cm$：枯枝落叶层，灰褐色，松散，有大量微生物和虫粪，无石灰反应。

9～48cm：腐殖质层，褐灰色，轻壤，粒状结构，植被根系多，有大量菌丝体和虫孔、虫粪，无石灰反应。

48～67cm：灰黄色，沙壤，粒状结构、较松，有大量植物根系，少量淀积，无石灰反应。

67～89cm：母岩半风化层，棕黄色，沙壤，块状结构，无石灰反应。

89cm 以上：花岗岩半风化物。

2. 理化性质

本土属植被覆盖率较高，20％以上有有机质层，故有机质含量高，一般 1.06％～5.58％，最高达 7.40％以上。由于母岩为难风化的花岗岩，物理性黏粒含量 14.05％～30.96％，表层质地轻，一般为轻壤，代换能力较低，全氮含量较丰富，pH5.4～6.6，通体无石灰反应。

3. 生产性状

本土属所处山体坡度大，地势高，一般土层薄，虽表土层有机质含量丰富，但侵蚀较严重，加上母岩为坚硬的花岗岩，不利植物根系下扎，应因地制宜，根据不同山势、坡度和土层，发展经济林和用材林，对坡度大、土层薄、砾石含量高的山脊和陡坡上，宜种植抗寒、耐瘠薄、适应性强的马尾松、薪炭林等；对坡度缓、土层较厚的山沟和缓坡、阳坡宜发展板栗、油桐；阴坡宜发展茶园、竹园等；对山脚部土层厚的可发展核桃、梨、黄桃等水果类经济树种。

4.3.3　石质土土类

石质土分布于没有植被或仅有稀疏植被的石质山地，土层薄、砾石含量一般在70％以上，很薄的 A 层（一般 10～15cm 之间）之下即为基岩，石质土土壤面积 1014.1hm²，占本区土壤面积的 33.3％，有硅铝质石质土一个亚类。

硅铝质石质土亚类发育在硅铝质酸性岩类、硅镁铁质岩类和砂泥质岩类的风化物上，本区有硅铝质石质土一个土属。其剖面形态如下。

0～13cm：灰褐色，轻壤土，碎块状结构、疏松、有植物根系，砾石含量多，无石灰反应，pH6.2。

13cm 以下：花岗岩基岩。

1）理化性质

本土属表层质地较松，物理性含量 21.0％，有机质含量 3.172％，全氮含量平均 0.150％，全磷含量平均 0.0599％，速效磷含量平均 11.1ppm[①]，速效钾含量平均 106.2ppm，代换量平均 18.27cmol/kg，pH6.2，通体无石灰反应。

2）生产状况

硅铝质石质土，土层薄，砾石含量多，石隙中生长着灌草和刺条类植物，没有农用价值，林木也难以利用。

4.3.4　粗骨土土类

粗骨土分布于该区植被覆盖较差、侵蚀严重、各种不同岩类构成的山体上，土体厚度

① 1ppm＝10^{-6}，下同

10～30cm，砾石含量较多。剖面呈 A-C 构型，在 A 层之下为不同风化程度的岩石半风化物（C）。多和石质土相间分布。面积 271.03hm²，占本区土壤面积的 8.9%。有硅铝质粗骨土一个亚类。

硅铝质粗骨土亚类分布在花岗岩、砂页岩、泥质岩类构成的山体上，有硅铝质粗骨土、泥砾质粗骨土两个土属。

1. 硅铝质粗骨土土属

硅铝质粗骨土土属发育于以花岗岩为主的酸性硅铝质岩类不完全风化的残积坡积物上，面积 264.94hm²，占本区土壤面积的 8.7%。其剖面形态如下。

0～20cm：灰黄色，轻壤土，碎屑状，结构松散，大量植物根系，少量虫粪和菌丝体，砾石含量 30% 以上，无石灰反应，pH5.8。

20cm 以下：花岗岩风化物。

1）理化性质

植被覆盖率比石质土高，故表层养分也较高，表层质地轻壤，物理性黏粒含量 29.50%，有机质含量 3.001%，全氮含量 0.1765%，全磷含量 0.0892%，速效磷含量 11.3ppm，速效钾含量 108ppm，pH5.8。

2）生产性状

地势高、坡度大、侵蚀严重、土层浅薄、砾石含量高，只能栽种适应性强、耐瘠薄的马尾松和薪炭林。在土层较厚、坡度缓的山坡上，可以抽槽整地，发展茶叶、竹子、油桐等喜酸性的经济林。

2. 泥砾粗骨土土属

泥砾粗骨土土属发育于砂页岩和泥质岩类风化的残积坡积物上，面积 6.09hm²，占本区土壤面积的 0.2%。其剖面形态如下。

0～19cm 剖面形态：黄灰色，沙壤，粒状结构、松散，大量根系，少量云母片，铁锰胶膜，无石灰反应，砾石含量 >30%。

19cm 以下：母岩层。

1）理化性质

本土属表层质地较轻，物理性黏粒含量 14.79%，有机质含量 1.54%，全氮含量 0.107%，全磷含量 0.105%，速效磷含量 13.5ppm，速效钾含量 116.8ppm，pH6.0，通体无石灰反应。

2）生产性状

土层多数比硅铝质粗骨土深厚，特别是表土层下部有较厚的半风化层，有利于植物根系下扎，适应发展松树、杉树、茶叶、竹子、板栗等用材林和经济林。由于本属土壤分布地形部位差异较大，山顶、山坡、山脚等不同部位坡度大小不同，山体部坡度大，土层浅，砾石含量高，适种马尾松；山体中下部坡度小，土层厚，砾石含量相对减少，养分含量也较高，可种植杉树、板栗、茶叶、油桐等用材林和经济林。

4.3.5　水稻土土类

水稻土是在自然土壤和各类旱作土壤的基础上，经过人为活动和自然因素的作用，周期性淹水与落干、强烈的氮化与还原交替进行，在长期水耕熟化过程中逐渐形成具有独特剖面特征的水田耕作土壤。本区只有黄棕壤性潴育型水稻土土属，面积 3.04hm²，占本区土壤面积 0.1%。

潴育型水稻土是发育典型的水稻土，其剖面形态在水稻土类中最具有典型性。其剖面形态如下。

0～18cm：灰黄色，中壤，碎块状结构，大量根系，根系周围有大量铁锈斑纹，无石灰反应。

18～37cm：浅黄色，重壤，块状结构、紧，根系比上层少，有明显的铁锈斑纹和少量铁锰结核，无石灰反应。

37～82cm：中壤，块状结构、紧，有少量根系，大量的铁锰结核淀积，无石灰反应。

82～100cm：轻壤，粒状结构、较紧，有明显的铁锰结核，无石灰反应。

1）理化性质

本土壤耕层质地中壤，物理性黏粒含量 39.13%，有机质含量 2.39%，全氮含量 0.0395%，全磷含量 0.42%，速效磷含量 6ppm，速效钾含量 56ppm，pH5.7。

2）生产性状

黄棕壤性潴育型水稻土，有良好的生产性能，主要表现在土体结构良好，一般分 4 层。首先是较深厚的耕作层，作物根系吸收养分的范围广，有利于地上部分生长发育，中后期根系继续下扎，也不会受到障碍和限制，不会引起脱肥早衰；其次是发育良好的犁底层，能起保水保肥作用。肥沃度较高，有良好的土壤环境，水、气、热、肥等比较协调，既发小苗又发老苗，也是一种高产土壤。

第二篇
植物多样性[①]

① 本篇由叶永忠、李培学、戴慧堂负责

第5章　河南鸡公山自然保护区植被[①]

5.1　引言

鸡公山的森林植被是随着社会的发展和人类的生产活动而变化的。据西汉《盐铁论》记载，公元前81年桐柏山、大别山有大面积天然林分布。到宋朝时，开始毁林种茶，1131年以后，天然林逐渐被砍伐，但至1800年时鸡公山仍保存大面积天然林。1903年，修建平汉铁路，两侧森林渐渐被砍伐。1918年，建立鸡公山林场，林学家韩安为第一任场长，英国林学家波尔登先生为顾问，开展人工造林和树木引种。1937年，鸡公山森林遭日军破坏。至20世纪50年代初，森林仍以天然次生林和杂灌林为主，森林生产力低下。

1949年，鸡公山林场归属郑州铁路管理局管辖，1953年，移交给河南省农业厅林业局管理。河南省林业局在鸡公山加强了封山育林、病虫害防治和采种育苗工作，同时开展了主要树种造林试验与树木引种驯化等研究工作，使森林植被得以迅速恢复。1958年，林场成为大办钢铁烧制木炭的基地，森林资源再次遭受空前的浩劫，短短几个月，森林乱砍滥伐面积超过1290hm²，伐木材积近10万m³，烧制木炭1万t以上。浩劫过后，林场进行封山育林、除萌和补植造林，同时进行次生林改造、营造针叶林，使得森林植被得以逐渐恢复。

1982年，经河南省人民政府批准建立鸡公山自然保护区，1988年，经国务院批准为国家级自然保护区。保护区建立后，禁止砍伐林木，在保护的核心区、缓冲区严禁一切经营活动，使森林植被得到了有效保护。

根据作者野外调查样方和历年来有关专家学者及有关林业部门在河南鸡公山国家级自然保护区与相邻地区所做的调查资料，结合本区的具体情况，参照《中国植被》1980年的分类系统，采用植被型组、植被型、群系、群丛等单位，将河南鸡公山国家级自然保护区植物群落分为7个植被型组、16个植被型、120个群系。

5.2　河南鸡公山国家级自然保护区植被类型

5.2.1　针叶林

1. 常绿针叶林

马尾松林（Form. *Pinus massoniana*）

黄山松林（Form. *Pinus taiwanensis*）

油松林（Form. *Pinus tabuliformis*）

黑松林（Form. *Pinus thunbergii*）

杉木林（Form. *Cunninghamia lanceolata*）

柳杉林（Form. *Cryptomeria fortunei*）

秃杉林（Form. *Taiwania flousiana*）

---

① 本章由王婷执笔

火炬松林（Form. *Pinus taeda*）

湿地松林（Form. *Pinus elliottii*）

日本花柏林（Form. *Chamaecyparis pisifera*）

美国扁柏林（Form. *Chamaecyparis lawsoniana*）

2. 落叶针叶林

池杉人工林（Form. *Taxodium assendens*）

落羽杉人工林（Form. *Taxodium distichum*）

水杉人工林（Form. *Metasequoia glyptostroboides*）

5.2.2 阔叶林

1. 常绿阔叶林

青冈栎林（Form. *Cyclobalanopsis glauca*）

2. 落叶阔叶林

栓皮栎林（Form. *Quercus variabilis*）

麻栎林（Form. *Quercus acutissima*）

小叶栎林（Form. *Quercus chenii*）

茅栗林（Form. *Castariea seguinii*）

化香林（Form. *Platycarya strobilacea*）

枫香林（Form. *Liquidambar formosana*）

槲栎林（Form. *Quercus aliena*）

短柄枹栎林（Form. *Quercus glandulifera* var. *brevipetiolata*）

枫杨林（Form. *Pterocarpa stenoptera*）

青檀林（Form. *Pteroceltis tatarinowii*）

黄檀林（Form. *Dalbergia hupeana*）

梧桐林（Form. *Firmiana simplex*）

香果树林（Form. *Emmenopterys henryi*）

大果榉林（Form. *Zelkova sinica*）

茶条枫林（Form. *Acer tataricum* subsp. *ginnala*）

水榆花楸林（Form. *Sorbus alnifolia*）

五角枫林（Form. *Acer mono*）

千金榆林（Form. *Carpinus cordata*）

枳椇林（Form. *Hovenia acerba*）

朴树林（Form. *Celtis sinensis*）

山胡椒林（Form. *Lindera glauca*）

钓樟林（Form. *Lindera glauca*）

野茉莉林（Form. *Styrax japonicus*）

牛鼻栓林（Form. *Fortunearia sinensis*）

野鸦椿林（Form. *Euscaphiis japonica*）

板栗林（Form. *Castariea mollissima*）

油桐林（Form. *Vernicia fordii*）

3. 常绿落叶阔叶混交林

青冈栎、栓皮栎混交林（Form. *Cyclobalonopsis glauca*，*Quercus variabilis*）

5.2.3　针阔叶混交林

马尾松、麻栎、栓皮栎林（Form. *Pinus massoniana*，*Quercus acutissima*，*Quercus variabilis*）

马尾松、化香林混交林（Form. *Pinus massoniana*，*Platycarya strobilaceae*）

黄山松、短柄枹栎混交林（Form. *Pinus taiwanensis*，*Quercus glandulifera* var. *brevipetiolata*）

5.2.4　竹林

毛竹林（Form. *Phyllogstachys pubescens*）

桂竹林（Form. *Phyllostachys bambusoides*）

斑竹林（Form. *Phyllostachys bambusoides* f. *lacrimadeae*）

淡竹林（Form. *Phyllostachys glauca*）

刚竹林（Form. *Phyllostachys viridis*）

水竹林（Form. *Phyllostachys heteroclada*）

鸡公山茶秆竹林（Form. *Pseudosasa maculifera*）

5.2.5　灌丛和灌草丛

1. 灌丛

1）常绿灌丛

连蕊茶灌丛（Form. *Camellia cuspidata*）

枸骨灌丛（Form. *Ilex cornuta*）

海桐灌丛（Form. *Pittosporum* spp.）

檵木灌丛（Form. *Loropetalum chinensis*）

山矾灌丛（Form. *Symplocos sumuntia*）

茶人工群落（Form. *Camellia sinensis*）

油茶人工群落（Form. *Camellia oleifera*）

2）落叶灌丛

白鹃梅灌丛（Form. *Exochorda*）

白檀灌丛（Form. *Symplocos paniculata*）

黄荆灌丛（Form. *Vitex negundo*）

毛黄栌灌丛（Form. *Cotinus cogygria* var. *pubescens*）

杜鹃灌丛（Form. *Rhododendron simsii*）

连翘灌丛（Form. *Forsythia suspensa*）

野珠兰灌丛（Form. *Stephanadra chinensis*）

南方六道木灌丛（Form. *Abelia dielsii* ）

杭子梢灌丛（Form. *Campylotropis macrocarpa*）

白棠子树灌丛（Form. *Callicarpa dichotoma*）

野桐灌丛（Form. *Mallotus tenuifolius*）

多花溲疏灌丛（Form. *Deutzia micrantha*）

荚蒾灌丛（Form. *Viburnum* spp. ）

卫矛灌丛（Form. *Euonymus alatus*）

榛灌丛（Form. *Corylus heterophylla* ）

野山楂灌丛（Form. *Crataegus cuneata*）

绣线菊灌丛（Form. *Spiraea* spp. ）

一叶萩灌丛（Form. *Flueggea suffruticosa*）

水杨梅灌丛（Form. *Adina rubella*）

湖北算盘子灌丛（Form. *Glochidion wilsonii*）

胡枝子灌丛（Form. *Lespedezea* spp. ）

小果蔷薇灌丛（Form. *Rosa cuimosa*）

弓茎悬钩子灌丛（Form. *Rubus flosculosus*）

高粱泡灌丛（Form. *Rubus lambertianus*）

2. 灌草丛

荆条、酸枣、黄背草灌草丛（Form. *Vitex chinensis*，*Zizyphus spinosus*，*Themeda trianda* var. *japonic*a）

白茅草丛（Form. *Imperata cylindrica* var. *major*）

野古草草丛（Form. *Arundinella hirta*）

野青茅草丛（Form. *Deyeuxia pyramidalis*）

白羊草草丛（Form. *Bothriochloa ischaeinum* ）

斑茅草丛（Form. *Sacharum arundinaceum*）

五节芒草丛（Form. *Miscanthus floridulus*）

芒草丛（Form. *Miscanthus sinemsis*）

大油芒草丛（Form. *Spodiopogon sibiricus*）

显子草草丛（Form. *Phaenosperma globosa*）

5.2.6 草甸

狗牙根草甸（Form. *Cynodon dactylon*）

白羊草草甸（Form. *Bothriochloa ischaeinurn* ）

金鸡菊、薹草草甸（Form. *Coreopsis drummondii*，*Carex* spp. ）

水苦荬、水苏、柳叶菜草甸（Form. *Veronica undulata*，*Stachys japonica*，*Epilopium hirsutum*）

酸模叶蓼、扯根菜、水竹叶草甸（Form. *Polygonum lapathifolium*，*Penthorum chinensis*，*Murdannia triquctra*）

5.2.7　沼泽植被和水生植被

1. 沼泽

香蒲沼泽（Form. *Typha* spp.）

芦苇沼泽（Form. *Phragmites communis*）

灯心草沼泽（Form. *Juncus effusus*）

荆三棱、莎草沼泽（Form. *Scirpus maritimus*，*Cyperus rotundus*）

东陵薹草沼泽（Form. *Carex tangiana*）

2. 水生植被

1）挺水植被

慈姑群落（Form. *Sagittaria sagittifolia*）

泽泻群落（Form. *Alisma orientale*）

菖蒲群落（Form. *Acorus calamus*）

菰群落（Form. *Zizania latifolia*）

莲群落（Form. *Nelumbo nucifera*）

2）浮水植被

满江红、槐叶萍群落（Form. *Azolla imbricata*，*Salvinia natans*）

浮萍、紫萍群落（Form. *Lemna minor*，*Spirodela polyrrhiza*）

荇菜群落（Form. *Nymphoides peltatum*）

芡实、菱群落（Form. *Euryale ferox*，*Trapa* spp.）

菱群落（Form. *Trapa* spp.）

3）沉水植被

狐尾藻群落（Form. *Myriophyllum spicatum*）

黑藻群落（Form. *Hydrilla verticillata*）

菹草群落（Form. *Fotamogeton erispus*）

竹叶眼子菜群落（Form. *Potamogeton malaianus*）

金鱼藻群落（Form. *Ceratophyllam demensum*）

5.3　主要植被类型概述

5.3.1　针叶林

河南鸡公山国家级自然保护区分布有裸子植物 72 种（包括引种和归化种），但自然分布的针叶林只有马尾松林一种。本区是河南省甚至全国最早的实验林场，人工引种和造林历史悠久，又由于本区处于南北气候过渡区域，东西南北的树木都能生长，许多引自东亚、北美的针叶树种在本区都表现良好。本区常见针叶林主要有杉木林、柳杉林、落羽杉林、黄山松林、油松林、黑松林、美国扁柏林等，除杉木林、火炬松林、柳杉林、落羽杉林、黄山松林外，其余面积都不大，其他针叶树种在本区多为零星分布或呈小片状分布。海拔 600m 以下的低山丘陵地区多分布有马尾松林，局部土层深厚，水湿条件较好的地段上有大面积的人工杉木林和柳杉林，河谷地及村宅旁还有人工栽培的落羽杉林和水杉林。部分林区进行了湿地松、火炬松的引种试验，但面积不大。在海拔 700m 处，栽培有黄山松林、油松林、黑松林等人工林。20 世纪 80 年代引种的国家一级保护植物秃杉在李家寨林区表现良好，已形成壮观的森林景观。

1. 常绿针叶林

1）马尾松林（Form. *Pinus massoniana*）

马尾松林是我国东南部湿润亚热带地区分布最广，资源量最大的森林群落，也是这一地区典型代表群落。它以长江流域为其分布中心，南至广西百色和雷州半岛北部，北至淮河南岸，东至我国台湾，西至四川青衣江流域。鸡公山是马尾松林天然分布的北界，尽管淮河以北地区有少量引种，但在生长发育上都不及本区好。

马尾松是喜光树种，能耐瘠薄、干旱，是荒山丘陵区的优良先锋造林树种。本区的马尾松林绝大多数是 1940～1949 年营造的，90％为纯林，少量为混交林。在本区海拔 500m 以下的低山丘陵地有大量分布，浅山区多为中龄林，下限与农作区相连，深山区多为天然林。群落分布地较低海拔区多为粗骨土类，成土母质多为花岗岩、砂页岩、泥质岩类。土壤含有机质较少。较高海拔地区为黄棕壤土类，土壤腐殖质较为丰富，pH6～6.5。

马尾松林冠疏散，翠绿色，层次分明。低山丘陵群落低矮、弯曲，山地松林高大整齐。盖度 0.4～0.75，乔木层一般高 10～15m，胸径 10～20cm。群落中常伴生有栓皮栎（*Quercus variabilis*）、麻栎（*Quercus acutissima*）、枫香（*Liquidambar formosana*）、黄檀（*Dalbergia hupeana*）、灯台树（*Cornus controversa*）、四照花（*Cornus kousa* subsp. *Chinensis*）、山槐（*Albizzia kalkora*）、化香（*Platycarya stroldlaceae*）、青冈栎（*Cyclobalonopsis glauca*）、茅栗（*Castanea seguinii*）等。

灌木层一般高 1～2m，盖度 0.2～0.5。优势种有山胡椒（*Lindera glauca*）、白檀（*Symplocos chinensis*）、杜鹃（*Rhododendron simsii*）、白鹃梅（*Exochoda racemosa*）、山橿（*Lindera reflexa*）、山莓（*Rubus corchori*）、高粱泡（*Rubus lambertianus*）、连翘（*Forsythia suspensa*）、胡枝子（*Lespedeza* spp.）、绣线菊（*Spiraea* spp.）、荚蒾（*Viburnum* spp.）等。

草本层高 20～40cm，一般盖度 0.2～0.5。以禾本科、莎草科植物和蕨类植物为主，主要的植物有蕨（*Pteridium aquilinum* var. *latiusculum*）、求米草（*Oplismenus undulatifolius*）、隐子草（*Kengia hackeli*）、薹草（*Carex* spp.）、野青茅（*Deyeuxia sylvatica*）、黄背草（*Themeda triandra*）、野古草（*Arundinella hirta*）、大油芒（*Spodopogon sibiricus*）、长穗珍珠菜（*Lysimachia chikungensis*）、凤尾蕨（*Pteris cretica* var. *nervosa*）、紫萁（*Osmunda japonica*）、金爪儿（*Lysimachia grammica*）、金星蕨（*Parathelypteris nipponica*）、过路黄（*Lysimachia christinae*）等。

层间植物主要有鸡矢藤（*Paederia scandens*）、三叶木通（*Akebia trifoliata*）、中华猕猴桃（*Actinidia chinenssis*）、千金藤（*Stephania japonica*）、络石（*Trachelospermum jasminoides*）、爬藤榕（*Ficus sarmentosa* var. *impressa*）、山葡萄（*Vitis amurensis*）等。

马尾松适应性强，能耐瘠薄，在本区的阳坡天然更新、生长发育良好，是一个较稳定的群落类型。但低山区应减少人工砍伐修枝，深山区应适当进行间伐、整枝，促进群落的生长。根据林下优势灌木和优势草本，本区马尾松林可以划分为 8 个不同的群丛：马尾松—山胡椒—蕨（Ass. *Pinus massoniana*，*Lindera glauca*，*Pteridium aquilinum* var. *latiusculum*）、马尾松—白鹃梅—求米草（Ass. *Pinus massoniana*，*Exochoda racemosa*，*Oplismenus un-*

dulatifolius）、马尾松—杜鹃—金星蕨（Ass. *Pinus massoniana*，*Rhododendron simsii*，*Parathelypteris glanduligera*）、马尾松—胡枝子—荩草（Ass. *Pinus massoniana*，*Lespedeza bicolor*，*Arthraxon hispidus*）、马尾松—高粱泡—求米草（Ass. *Pinus massoniana*，*Rubus lambertianus*，*Oplismenus undulatifolius*）、马尾松—连翘—薹草（Ass. *Pinus massoniana*，*Forsythia suspensa*，*Carex* spp.）、马尾松—白檀—求米草（Ass. *Pinus massoniana*，*Symplocos chinensis*，*Oplismenus undulatifolius*）、马尾松—野珠兰—隐子草（Ass. *Pinus massoniana*，*Stephanandra chinensis*，*Kengia* spp.）。

2）黄山松林（Form. *Pinus taiwanensis*）

黄山松又名台湾松，是我国东部亚热带中山地区的代表性群落之一。广泛分布于台湾、福建、浙江、江西、安徽、湖南、湖北等省的中亚热带山地，在河南仅见于大别山区的商城、罗山、信阳等县；鸡公山海拔较高处有零星分布，在海拔 600～700m 处的鸡公山头附近有较大面积人工林。

黄山松为喜光树种，适应温凉湿润的山地气候，耐寒、抗风、耐瘠薄。黄山松在本区引种造林已有 50 多年，林地环境基本没有人工干扰，经长期的竞争演替，群落生境已接近自然状态。根据黄山松生长的立地条件，可以分为 3 种类型。

山脊黄山松林分布地土壤为黄棕壤，有机质较为丰富，pH5.8～6.5。黄山松群落外貌整齐，暗绿色，群落层次分明。乔木层以黄山松为主，高 12～16m，盖度 0.5～0.8，树干挺直，粗壮，树皮暗灰色。伴生的树种常见有短柄枹栎（*Quercus glandulifera* var. *brevipetiolata*）、山槐（*Albizia kalkora*）、葛萝槭（*Acer davidii* subsp. *Grosseri*）、化香（*Platycarya strobilaceae*）、鹅耳枥（*Carpinus turczaninowii*）、槲栎（*Quercus aliena*）等。

林下灌木层高 1～2m，盖度 0.3～0.5，主要有三桠乌药（*Lindera obtusiloba*）、桦叶荚蒾（*Viburnum betulifolium*）、省沽油（*Staphylea bumalda*）、满山红（*Rhododendron mariesii*）、杜鹃（*Rhododendron simsii*）、华山矾（*Symplocos chinesis*）、绣线菊（*Spireae trilobata*）、山梅花（*Philadelphus incaxnus*）、紫珠（*Callicarpa cathayama*）、六道木（*Abelia biflora*）、美丽胡枝子（*Lespedeza formosa*）、钓樟（*Lindera rubronervia*）等。

林下草本层稀疏，主要有蕨（*Pteridium aquilinum* var. *latiusculure*）、野青茅（*Deyeuxia sylvatica*）、显子草（*Phaenosperma globosa*）、珍珠菜（*Lysimachia clethroides*）、求米草（*Oplismenus undulatifolius*）、前胡（*Peuccedanum decurrens*）、宽叶薹草（*Carex siderosticta*）、凤尾蕨（*Pteris cretica* var. *nervosa*）、金星蕨（*Parathelypteris glanduligera*）、野菊（*Dendranthema indicum*）等。

层间植物主要有鸡矢藤（*Paederia scandens*）、穿龙薯蓣（*Dioscorea nipponica*）、南蛇藤（*Celastrus orbiculatus*）、山葡萄（*Vitis amurensis*）等。

黄山松适应较高海拔山地，生活力强，生长旺盛，林木蓄积量大，材质比马尾松好，又有较强的抗病虫害的能力，是本区海拔 600m 以上山地的一类稳定的群落类型。根据群落下层的优势灌木和草本，本区黄山松林可以分为 8 个群丛：黄山松—白檀—珍珠菜（Ass. *Pinus taiwanensis*，*Symplocos chinensis*，*Lysimachia clethroides*）、黄山松—杜鹃—披针苔（Ass. *Pinus taiwanensis*，*Rhododendron simsii*，*Carex lanceolata*）、黄山松—山梅花—野青茅（Ass. *Pinus taiwanensis*，*Philadelphus incanus*，*Deyeuxia sylvatica*）、黄山松—六道木—山萝花（Ass. *Pinus taiwanensis*，*Abelia biflora*，*Melampyrum roseum*）、黄山松—悬钩子—野古草（Ass. *Pinus taiwanensis*，*Rubus* spp.，*Arundinella hirta*）、黄山松—钓樟—

大叶苔（Ass. *Pinus taiwanensis*，*Lindera rubronervia*，*Carex siderosticta*）、黄山松—连翘—蕨（Ass. *Pinus taiwanensis*，*Forsythia suspensa*，*Pteridium aquilinum* var. *latiusculum*）、黄山松—杭子梢—薹草（Ass. *Pinus taiwanensis*，*Campyltropis macrocarpa*，*Carax* spp.）。

3）油松林（Form. *Pinus tabuliformis*）

油松自然分布于我国辽宁、吉林、内蒙古、河北、山西、陕西、山东、甘肃、宁夏、青海和河南、四川北部等地。朝鲜亦有分布。油松是我国北方广大地区最主要的造林树种之一。油松为阳性树，幼树耐侧阴，抗寒能力强，喜微酸及中性土壤。

鸡公山的油松林是 20 世纪 50 年代栽培的，主要有以下几种类型。

山顶油松林：群落位于海拔 680～700m 处的鸡公山主峰报晓峰的周围，地势较为平缓，盖度 0.5～0.6，林下土壤为花岗岩风化土形成的母质，土层浅薄，保水、保肥能力很差。乔木层高 9～13m，平均胸径 25.5cm，混生有栓皮栎（*Quercus variabilis*）、麻栎（*Quercus acutissima*）、黑松（*Pinus thunbergii*）等，林下植物有白鹃梅（*Exochorda racemosa*）、连翘（*Forsythia suspensa*）、华中栒子（*Cotoneaster silvestrii*）、胡枝子（*Lespedeza bicolor*）等散生，多不成层次，草本植物较少，主要有野菊（*Chrysanthemum indicum*）、丝叶薹草（*Carex capilliformis*）、墙草（*Parietaria micrantha*）、铁角蕨（*Asplenium trichomanes*）等。该地段土壤干旱瘠薄，林木生长缓慢，但林木四季常青，是构成报晓峰景点的主要景观林之一。

陡坡油松林：该群落分布在海拔 700m 以下山岭、山脊的两侧，东西向坡度通常达 35°以上，土壤为原始粗骨棕色森林土，石砾含量率常达 50% 以上，悬崖处土层极薄，非常干旱瘠薄，油松根系常穿入母岩石缝隙之中。乔木层盖度 0.5～0.6，林中混生有栓皮栎（*Quercus variabilis*）、黄山松（*Pinus taiwanensis*）。林下灌木有山胡椒（*Lindera glauca*）、杜鹃（*Rhododendron simsii*）、白鹃梅（*Exochorda racemosa*）、连翘（*Forsythia suspensa*）等，构不成层次；草本植物很少，散生有金星蕨（*Parathelypteris glanduligera*）、山罗花（*Melampyrum roseum*）、狼尾花（*Lysimachia barystachys*）等。林木生长较差。据 2012 年调查，45 年生油松林，平均树高 9.5m，平均胸径 24.5cm。

4）黑松林（Form. *Pinus thunbergii*）

黑松原产日本及朝鲜半岛东部沿海地区。我国山东、江苏、安徽、浙江、福建等沿海诸省普遍栽培。黑松为阳性树种，喜光，耐寒冷，不耐水涝，耐干旱、瘠薄及盐碱土。鸡公山于 20 世纪 50 年代在海拔 650～700m 处的报晓峰周围栽培，至今已有 50 余年的历史。

群落地势较为平缓，土壤为花岗岩风化土形成的母质，土层浅薄，保水、保肥能力较差。乔木层高 10～13m，盖度 0.6～0.7，平均胸径 23.3cm，混生有油松（*Pinus tabuliformis*）、麻栎（*Quercus acutissima*）、黄山松（*Pinus taiwanensis*）等，林下植物有山胡椒（*Lindera glauca*）、灰栒子（*Cotoneaster acutifolius*）、杜鹃（*Rhododendron simsii*）、胡枝子（*Lespedeza bicolor*）等。草本植物主要有野菊（*Chrysanthemum indicum*）、凤丫蕨（*Coniogramme japonica*）、丝叶薹草（*Carex capilliformis*）、团羽铁线蕨（*Adiantum capillus-junonis*）、凤尾蕨（*Pteris cretica* var. *intermedia*）、墙草（*Parietaria micrantha*）、铁角蕨（*Asplenium trichomanes*）等。该地段土壤干旱瘠薄，林木生长缓慢，但林木四季常青，是构成报晓峰景点的主要景观林之一。

5）杉木林（Form. *Cunninghamia lanceolata*）

杉木林广泛分布于我国东部亚热带地区，它和马尾松林、柏木林组成我国东部亚热带山地的三大常绿针叶林。其分布范围为南至广东信宜、广西玉林，北至大别山、桐柏山。本区是其分布的北界，且多为人工林。

杉木分布于本保护区的各个林区，其中面积最大的是武胜关保护站的经营试验区，面积达 100 多公顷。杉木林林龄多为 20～30 年，生长地多为向阳、湿润、土层深厚的地段，如山地缓坡、山凹谷地等。群落结构整齐，层次分明，群落多为中龄林或成熟林，一般高 16～18m，盖度 0.7，胸径 20～30cm。人工纯林乔木层单一，均由杉木构成；半天然林则混生有马尾松（*Pinus massoniana*）、毛梾（*Cornus walteri*）、盐肤木（*Rhus chinensis*）、山槐（*Albizzia kalkora*）、化香（*Platycarya strobilaceae*）、枹树（*Quercus glandulifera*）、黄檀（*Dalbergia hupeana*）、四照花（*Cornus kousa* subsp. *Chinensis*）等。

灌木层主要有野桐（*Mallotus tenuifolius*）、绿叶甘橿（*Lindtra fruticosa*）、白檀（*Symplocos paniculata*）、山胡椒（*Lindera glauca*）、山莓（*Rubus corchorifolius*）、木莓（*Rubus swinhoei*）、连翘（*Forsythia suspensa*）、杜鹃（*Rhododendron simsii*）、胡枝子（*Lespedeza* spp.）、百两金（*Ardisia crispa*）、白背叶（*Mallotus apelta*）等。

林下枯枝落叶层丰富，在盖度较大的林下草本植物盖度较小，种类单调。林缘或林窗处草本植物一般由莎草科、禾本科植物与蕨类植物组成。常见的有光果田麻（*Corchoropsis crenata* var. *hupehensis*）、观音草（*Peristrophe bivalvis*）、爵床（*Justicia procumbens*）、冷水花（*Pilea mongolia*）、凤尾蕨（*Pteris cretica* var. *intermedia*）、蕨（*Pteridium aquilinum* var. *latiusculum*）、日本薹草（*Carex japonica*）、求米草（*Oplismenus undulatifolius*）、鳞毛蕨（*Dryopteris* spp.）、卷柏（*Selaginella* spp.）、海金沙（*Lygodium japonicum*）、天胡荽（*Hydrocotyle sibthorpioides*）等。

杉木是本区的重要用材树种，生长迅速，材质优良。加强抚育，10 年即可成材。根据林下优势灌木和草本，本区杉木林可分为 6 个群丛：杉木—杜鹃—蕨（Ass. *Cunninghamia lanceolata*，*Rhododendron simsii*，*Pteridium aquilinum* var. *latiusculum*）、杉木—山莓—求米草（Ass. *Cunninghamia lanceolata*，*Rubus corchorifolius*，*Oplismenus undulatifolius*）、杉木—盐肤木—紫萁（Ass. *Cunninghamia lanceolata*，*Rhus chinensis*，*Osmonde japonica*）、杉木—钓樟—三脉紫菀（Ass. *Cunninghamia lanceolata*，*Lindera umbellata*，*Aster ageratoides*）、杉木—连翘—蒿（Ass. *Cunninghamia lanceolata*，*Forsythia suspensa*，*Artemisia* spp.）、杉木—悬钩子—隐子草（Ass. *Cunninghamia lanceolata*，*Rubus* spp.，*Kengia* spp.）。

6）柳杉林（Form. *Cryptomeria fortunei*）

柳杉为高大乔木，是我国特有树种，自然分布于长江流域以南至广东、广西、云南、贵州、四川等地。鸡公山各林区有引种栽培。

鸡公山人工栽培的柳杉有 2 种：柳杉和日本柳杉。柳杉喜温暖凉爽、云雾多、湿度大的气候条件，在鸡公山多选择花岗岩、板页岩风化的土壤上和生于海拔 740m 以下的黄棕壤、黄褐土及溪谷间的冲积沙壤土上。由于海拔、坡度等立地条件不同，林木生长差别很大，在土层较薄条件下，日本柳杉生长优于柳杉，而在土层较厚条件下，柳杉比日本柳杉生长好，说明日本柳杉比柳杉更耐瘠薄。

本区的柳杉林有以下几种类型。

柳杉纯林：该林是由 2 种柳杉构成的单层纯林，在较好的立地条件下，林木生长健壮，林相比较整齐，如武胜关保护站栽培的三十八年生人工林，平均树高 20m，平均胸径 26cm，盖度 0.75。林下灌木较少，仅有山胡椒（*Lindera glauca*）、绿叶甘橿（*Lindera neesiana*）、高粱泡（*Rubus lambertianus*）、多腺悬钩子（*Rubus phoenicolasius*）等。草本植物有淡竹叶（*Lophatherum gracile*）、鸭跖草（*Commelina communis*）、蛇莓（*Duchesnea indica*）、金星菊（*Chrysogonum virginianum*）、凤丫蕨（*Coniogramme japonica*）、蕨（*Pteridium aquilinum* var. *latiusculum*）等。

柳杉、水杉混交林：该群落为单层混交林，盖度达 0.9，林下几乎无灌木，草本植物为鸭跖草（*Commelina communis*）、淡竹叶（*Lophatherum gracile*）、金星蕨（*Parathelypteris glanduligera*）、波缘冷水花（*Pilea cavaleriei*）、大叶冷水花（*Pilea martinii*）等。林地湿润、肥沃，有 10～12cm 厚的枯枝落叶层。

柳杉、马尾松混交林：该混交林为单层混交林，土壤为黄棕壤，较干燥，林木生长较差，林相整齐，盖度 0.7。林下灌木有山胡椒（*Lindera glauca*）、连翘（*Forsythia suspensa*）、高粱泡（*Rubus lambertianus*）、木莓（*Rubus swinhoei*）、野苎麻（*Boehmeria nivea*）等；草本层盖度 0.3，主要植物有蕨（*Pteridium aquilinum* var. *latiusculum*）、野线麻（*Boehmeria japonica*）、淡竹叶（*Lophatherum gracile*）、金星蕨（*Parathelypteris glanduligera*）、丛枝蓼（*Polygonum posumbu*）、凤尾蕨（*Pteris cretica* var. *intermedia*）、凤丫蕨（*Coniogramme japonica*）等。

7）秃杉林（**Form. *Taiwania flousiana***）

秃杉为常绿大乔木，是珍稀的孑遗植物，冰期以后仅存于我国。现间断分布于我国云南西部怒江上游及澜沧江以西和湖北西部利川，我国四川东南部西阳，贵州东南部雷山、剑河、榕江、丹寨等县。缅甸北部也有少量分布。

秃杉为古老的孑遗植物，对研究古植物区系、古地理、第四纪冰期气候和杉科植物的系统发育都有重要的科学价值，是我国一级保护植物。保护区自 20 世纪 90 年代引种栽培，现已在李家寨火龙沟海拔 300m 处有较大面积的人工林。

二十年生秃杉人工林乔木层高 13～14m，盖度达 0.75，均由秃杉组成，胸径 18～25cm。灌木层高 2～3m，盖度 0.3，主要由山胡椒（*Lindera glauca*）、杜鹃（*Rhododendron simsii*）、灰栒子（*Cotoneaster acutifolius*）、胡枝子（*Lespedeza bicolor*）、六月雪（*Serissa japonica*）等组成。草本层稀疏，主要由蕨（*Pteridium aquilinum* var. *latiusculum*）、凤丫蕨（*Coniogramme japonica*）、华中铁角蕨（*Asplenium sarelii*）、三脉紫菀（*Aster ageratoides*）、金爪儿（*Lysimachia grammica*）、山麦冬（*Liriope spicata*）、丝叶薹草（*Carex capilliformis*）等组成。层间植物有粉背南蛇藤（*Celastrus hypoleucus*）、勾儿茶（*Berchemia sinica*）、山葡萄（*Vitis amurensis*）、络石（*Trachelospermum jasminoides*）、穿龙薯蓣（*Dioscorea nipponica*）等。

秃杉为中性偏阳树种，幼树可耐中等荫蔽。幼树最大年生长量树高可达 1m，胸径达 1.2cm。秃杉在本区生长较快，适宜在本区造林。

8）美国扁柏（**Form. *Chamaecyparis lawsoniana***）

美国扁柏为常绿乔木，原产美国俄勒冈州南部海岸线上和加利福尼亚州北部的常绿植物，又名俄勒冈雪松或劳森柏树。我国的南京、杭州、昆明、庐山等地均有引种栽培，本保护区自 20 世纪 70 年代也有引种造林。

美国扁柏林星散分布在保护区树木园周围的沟谷、山坡。乔木层高 13～15m，盖度 0.7，胸径平均 15～20cm，除美国扁柏外，还有栓皮栎（*Quercus variabilis*）、葛萝槭（*Acer davidii* subsp. *Grosseri*）、枹栎（*Quercus serrata*）、橉木（*Padus buergeriana*）、化香树（*Platycarya strobilacea*）、茶条枫（*Acer tataricum* subsp. *Ginnala*）、山樱花（*Cerasus serrulata*）等。灌木层高 2～3m，盖度 0.4，主要由山梅花（*Philadelphus* incanus)、粗榧（*Cephalotaxus sinensis*）、杜鹃（*Rhododendron simsii*）、四照花（*Cornus kousa subsp. Chinensis*）、山胡椒（*Lindera glauca*）等组成。草本层主要由蕨（*Pteridium aquilinum* var. *latiusculum*）、乳头凤丫蕨（*Coniogramme rosthornii*）、羊胡子草（*Eriophorum scheuchzeri*）、日本薹草（*Carex japonica*）、三脉紫菀（*Aster ageratoides*）、海金沙（*Lygodium japonicum*）、鸡矢藤（*Paederia scandens*）等组成。

美国扁柏在本区表现良好，未见有病害，适宜在本区造林，有利于增加本区针叶林的多样性。但美国扁柏生长缓慢，材积相对于松杉类较小。

2. 落叶针叶林

1）水杉林（**Form. *Metasequoia glyptostroboides***）

水杉为高大乔木，是稀有珍贵树种，早在中生代白垩纪，地球上已出现水杉类植物。大约在 250 万年前的冰期以后，这类植物几乎全部绝迹，目前仅存水杉一种。在欧洲、北美洲和东亚，从晚白垩世至新世纪的地层中均发现过水杉化石。1948 年，我国的植物学家王战在湖北、重庆交界的利川市谋道溪（磨刀溪）发现了幸存的水杉巨树，树龄约 400 年。后在湖北利川市水杉坝与小河发现了残存的水杉林，胸径在 20cm 以上的有 5000 多株，还在沟谷与农田里找到了数量较多的树干和伐兜。随后，又相继在重庆石柱县冷水与湖南龙山县珞塔、塔泥湖发现了 200～300 年、甚至更古老的大树。

水杉的发现，引起了全世界植物学界的普遍关注，1948 年，水杉首次引种欧美，目前已遍及全世界 50 多个国家和地区。

鸡公山保护区于 1954 年开始引种栽培水杉，大部分栽培在海拔 300m 以下河谷两岸的滩地冲积土上及"四旁"。山坡栽培不多，在海拔 700m 的鸡公山顶部的"月湖"四周低湿处有少量栽培。

本区的水杉林类型主要有以下几种。

谷溪沿岸滩地水杉林：1975 年，在保护区武胜关保护站的谷溪、滩地上营造有面积较大的水杉林。林地土壤为冲积的沙壤土，土层厚度 100～120cm，土壤肥力中等，排水良好，pH5.5，全面整地后，选三年生实生壮苗栽植，株行距为 2m×4m，密度为 1245 株/hm²，栽后及时浇水，成活率达 100%。幼林期间，连续间作蚕豆、油菜等作物，达到以抚代耕的目的。栽植 7 年进行隔株抚育间伐，每公顷保留 630 株。十七年生的水杉人工林，盖度达 0.9，平均树高 17m，平均胸径 21.6cm，单株材积 0.254 54m³，蓄积量 282.87m³/hm²。

三十七年生水杉林树高 22～25m，盖度 0.9，平均胸径 26.5cm。林下灌木稀疏，多不成层，只有胡枝子（*Lespedeza bicolor*）、六月雪（*Serissa japonica*）、卫矛（*Euonymus alatus*）等。草本植物多为一些耐阴植物，如天胡荽（*Hydrocotyle sibthorpioides*）、过路黄（*Lysimachia christinae*）、积雪草（*Centella asiatica*）、丝叶薹草（*Carex capilliformis*）、日本薹草（*Carex japonica*）、三脉紫菀（*Aster ageratoides*）、茜草（*Rubia cordifolia*）、蛇莓（*Duchesnea indica*）、绞股蓝（*Gynostemma pentaphyllum*）等。

低山坡地水杉林：栽植在鸡公山树木园及宝剑溪沿岸山坡至杨堰水库间海拔 250～710m 的山地，土壤为黄棕壤，pH5～6，土层深厚，排水良好。乔木层高 23m，胸径 28cm，生长旺盛，林内散生有少量枫杨（*Pterocarya stenoptera*）、黄檀（*Dalbergia hupeana*）、盐肤木（*Rhus chinensis*）等。林下有华空木（*Stephanandra chinensis*）、水栒子（*Cotoneaster multiflorus*）、野山楂（*Crataegus cuneata*）等少数灌木散生。

水杉混交林：鸡公山保护区沿河两岸或海拔 300m 以下山坡基部的冲积壤土上有水杉与落羽杉混交林或水杉与池杉混交林。分布地土壤厚度 100cm，水湿条件较好，因而林木生长健硕。

2）池杉林（Form. *Taxodium ascendens*）

池杉为落叶乔木，树干基部膨大，枝条向上形成狭窄的树冠，尖塔形，形状优美；叶钻形在枝上螺旋伸展；球果圆球形。池杉原产于美国密西西比河流域，多在海拔 30m 以下的河漫滩地和沿海低洼湿地。

鸡公山的池杉于 1921 年由韩安场长从美国引种，最初栽植于李家寨林区。现保存的池杉林系 1942 年日本侵略军破坏后又萌芽更新的池杉林。据调查，七十年生萌生池杉林平均树高 25m，胸径 55.5cm，单株材积 2.168 527m³，蓄积 1653.4m³/hm²。

池杉喜深厚、肥沃、湿润、疏松的酸性土壤；在土层较薄、干旱、瘠薄的条件下，虽有一定的忍耐力，但生长不良；在高燥有灌溉的地方或轻度盐碱地（pH7.5）上池杉也能生长；尤以在土层深厚、肥沃、湿润、疏松，pH5～6 冲积壤土或沙壤土上生长最好。李家寨保护站栽培的四十二年生池杉木，每公顷 675 株，平均树高 22.5m，胸径 32.76cm，而同一立地土壤、干燥条件下的同龄池杉林，平均树高 18m，胸径 26.88cm。

池杉根系发达，侧根系多，须根系少，造林后有缓苗现象，因而起苗、造树要保护根系，以免损伤过多或失水过度，影响造林成活率或造林成活后的初期生长。同时，池杉还具有根萌蘖强的特点，可进行萌芽更新造林，形成萌芽林。

3）落羽杉人工林（Form. *Taxodium distichum*）

落羽杉原产美国东南部，北自马里兰州，南到佛罗里达州，西到得克萨斯州的南大西洋比河沿岸，大部分分布于沿河沼泽地和每年有 8 个月浸水的河漫滩地。落羽杉具生长迅速，适应性强，树干通直、圆满，树姿优美等特点，尤其是抗风、抗岸湿，枝疏叶小，透光良好，是水网地区的优良速生用材林、农田防护林、"四旁"绿化的树种。

1921 年，英国人波尔登将落羽杉引种到鸡公山林场，鸡公山成为中国落羽杉的母林基地。1943 年，鸡公山落羽杉林遭日军砍伐。李家寨保护站、京广铁路旁现保留有自日军破坏后的萌芽更新植株 90 余株。七十年生落羽杉萌生林，林木平均树高 29m，胸径 68.65cm，单株材积 3.1889m³，蓄积 2811.64m³/hm²。

三十二年生落羽杉人工林林相整齐，盖度 0.7，树高 23m，平均胸径达 35cm。

本区的落羽杉林可分为落羽杉纯林、落羽杉-池杉混交林、落羽杉-毛竹混交林 3 种类型。

5.3.2　阔叶林

河南鸡公山国家级自然保护区位于亚热带北缘，阔叶林是组成保护区森林群落的主体。由于受近代人类生产活动和战乱的影响，本区的落叶阔叶林主要以次生林为主，在近沟谷处常混生有较多的常绿树种，林中混生有较丰富的常绿乔灌木，使本区的森林植物成分变得较复杂，体现本区北亚热带的植被特征。落叶阔叶林主要由壳斗科的栎属、栗属植物和槭树科的槭属，杨柳科的柳属，榆科的朴属，金缕梅科的枫香属，漆树科的黄连木属，胡桃科的化香属、枫杨属植物等组成，在沟谷或向阳山坡等温度、水湿条件较好的地段上分布有丰富的珍稀植物群落，如香果树林、榉树林、青檀林、山白树林等。

阔叶林主要由栓皮栎林、短柄枹栎、枫香等组成，常伴生有麻栎、白栎、小叶栎、榆树等落叶树种。在向阳山坡上分布有化香林、茅栗林、鹅耳枥林、山胡椒林等。在局部环境优越、水湿条件较好的地段上还分布有槭类林、青檀林、梧桐林、朴树林、枫杨林、花楸林、黄檀林、野核桃林、漆树林和铜钱树林。

本区地形复杂，局部环境比较优越的沟谷分布有较多的常绿植物，组成了小片段的常绿阔叶林群落。本区常绿阔叶林主要由青冈栎林、冬青林、香果树林、石栎林、青栲林等，常沿沟谷下部分布。

在农作区及山坡阶地上还广泛分布有板栗人工林、油桐林、核桃林，是山区经济的重要来源。

1. 常绿阔叶林

青冈栎林（Form. *Cyclobalanopsis glauca*）

青冈栎林分布于我国中亚热带东部，以长江中下游为最典型，是亚热带常绿阔叶林的代表类型之一，同时也是分布最偏北的常绿阔叶林，河南鸡公山区是它分布的北界。该植被类型是本保护区最常见的常绿阔叶林，在红花林区、李家寨林区、武胜关林区、新店林区等地均有分布。

红花林区分布的青冈栎林是河南省面积最大的常绿阔叶林，约有 $2000m^2$。群落外貌呈暗绿色，叶有光泽，林冠圆浑稠密，常沿沟谷边岸分布。群落高 $14\sim16m$，盖度 $0.7\sim0.85$，一般胸径 $25cm$，最大胸径达 $48cm$。乔木层常伴生有细叶青冈（*Cyclobalanopsis glauca* f. *gracilis*）、大叶冬青（*Ilex letifolia*）、冬青（*Ilex chinensis*）、石栎（*Lithocarpus glaber*）、红果黄肉楠（*Actinodaphne cupularis*）、山楠（*Phoebe chinensis*）、黑壳楠（*Lindera megaphpylla*）、豹皮樟（*Litsea coreana* var. *sinensis*）等常绿树种，落叶树种有茶条槭（*Acer ginnala*）、无患子（*Sapindus mukorossi*）、血皮槭（*Acer griseum*）、黄檀（*Dalbergia hupeana*）、栓皮栎、青檀（*Pteroceltis tatarinowii*）、小叶朴（*Celtis bungeana*）、紫弹树（*Celtis biondii*）、枳椇（*Hovenia dulis*）等。

灌木层主要由棱叶海桐（*Pttiosporum trigonocarpum*）、檵木（*Loropetalum chinensis*）、崖花海桐（*Pttiosporum sahnianum*）、杜鹃（*Rhododendron simsii*）、胡颓子（*Elaeagnus pungens*）、柃木（*Eurya brivistyla*）、白檀（*Symplocos paniculata*）、乌饭树（*Vaccinium bracteatum*）、山矾（*Symplocos chinensis*）、紫金牛（*Ardisia japonica*）、湖北算盘子（*Glochidion wilsonii*）、绿叶甘檀（*Lindera neesiana*）、白背叶（*Mallotus apelta*）等。

层间植物主要有扶芳藤（*Euonymus fortunei*）、常春藤（*Hedera neplensis* var. *sinensis*）、络石（*Trachelospermum lasminoides*）鸡矢藤（*Paderia scandes*）、爬山虎（*Parthenocissus tricuspidata*）、三叶木通（*Akebia trifoliata*）、珍珠连（*Ficus sarmentosa* var. *henryi*）等。

草本层稀疏，主要有薹草（*Carex* spp.）、海金沙（*Lygodium japonicum*）、凤尾蕨（*Pteris vittata*）、贯众（*Cyrtomium fortunei*）、粗齿冷水花（*Pilea sinofasciata*）、爵床（*Justicia procumbens*）、九头狮子草（*Peristrophe japonica*）、冷水花（*Pilea* spp.）等组成。

2. 落叶阔叶林

1）栓皮栎林（Form. *Quercus variabilis*）

栓皮栎为落叶乔木，以树皮具有发达的栓皮层而得名。分布北起辽宁、河北，南至广东、广西，西起四川、云南，东至山东、江苏，分布极为广泛，而以鄂西、秦岭、大别山区为其分布中心。河南鸡公山国家级自然保护区分布也相当广泛，是本区主要的落叶阔叶林之一。本区的栓皮栎林下限常与农作区相连，并多与马尾松形成针阔叶混交林，上限常与短柄枹栎、黄山松形成混交林。各地分布的栓皮栎生长发育良好。成熟的栓皮栎林林相整齐，结构层次分明，盖度一般为 0.4～0.8，林木高 12～18m，在 100m² 的样地内平均有植物 80 余种。

乔木层中常伴生有麻栎（*Quercus acutissima*）、青冈栎（*Cyclobalonopsis glauca*）、枫香（*Liquidambar formosana*）、马尾松（*Pinus massoniana*）、化香（*Platycarya strobilaceae*）、黄连木（*Pistacia chinensis*）、茅栗（*Caslanea seguinii*）、黄肉树（*Litsea hypophaea*）、豹皮樟（*Litsea coreana* var. *sinensis*）、山槐（*Albizzia kalkora*）、黄檀（*Dalbergia hupeana*）、槲栎（*Quercus aliena*）、山樱花（*Prunus serrulata*）、南京椴（*Tilia miqueliana*）、粗糠树（*Ehretia dicksoni*）、垂珠花（*Styrax dasyanthus*）等。

灌木层 1～2 层，高 1～2m，主要有檵木（*Loropetalum chinensis*）、杜鹃（*Rhododendron simissi*）、白鹃梅（*Exochorda racemosa*）、冬青（*Ilex purpurea*）、白檀（*Symplocos paniculata*）、山胡椒（*Lindera glauca*）、绿叶甘橿（*Lindera frouticosa*）、绿叶胡枝子（*Lespedeza buergeri*）、鼠李（*Rhamnus davurica*）、一叶萩（*Flueggea suffruticosa*）、多腺悬钩子（*Rubus phoenicolasius*）、高丽悬钩子（*Rubus coreanus*）、山莓（*Rubus corchorifolius*）、小果蔷薇（*Rosa cymosa*）、华东木蓝（*Tndigofera fortunei*）、金银忍冬（*Lonicera podocarp*a）、六道木（*Abelia biflora*）等。

层间植物主要有三叶木通（*Akebia trifoliata*）、络石（*Trachelospermum jasminoides*）、五味子（*Schisandra chinensis*）、钻地风（*Schizophragma integrifolium*）、南蛇藤（*Celastrus orinculatus*）、鸡矢藤（*Paederia scandens*）、中华猕猴桃（*Actinidia chinensis*）等。

草本植物主要有丝叶薹草（*Carex capilliformis*）、山萝花（*Melampyrum roseum*）、蕨（*Pteridium aquilinum* var. *latiscutum*）、三脉紫菀（*Aster ageratoides*）、蕙兰（*Cymbidium faberi*）、珍珠菜（*Lysimachia fortunei*）、求米草（*Oplismenus undulatifolius*）、蒿（*Artemisia* spp.）、海金沙（*Lygodium japonica*）、金爪儿（*Lysimachia grammica*）、过路黄（*Lysimachia christinae*）、紫萁（*Osmunda japonica*）、凤尾蕨（*Pteris cretica* var. *nervosa*）、贯众（*Cyrtomium fortunei*）、黄背草（*Themeda triandra* var. *japonica*）、金星蕨（*Parathelypteris glanduligera*）等。

栓皮栎能耐干旱、瘠薄，分布最为广泛，在浅山区栓皮栎林屡遭砍伐呈萌生状况，有些林地被改造成板栗林或茶园，面积有逐渐变小的趋势。根据林下优势灌木和草本，本群落可分为 5 个群丛：栓皮栎—杜鹃—蕨（Ass. *Quercus variabilis*，*Rhododendron simissi*，*Pteridiam aquilinum* var. *latisculum*）、栓皮栎—连翘—黄背草（Ass. *Quercus variabilis*，*Forsythia suspensa*，*Themeda triandra* var. *japonica*）、栓皮栎—山胡椒—蒿（Ass. *Quercus variabilis*，*Lindera glauca*，*Artemisia* spp.）、栓皮栎—白鹃梅—山萝花（Ass. *Quercus variabilis*，*Exochorda racemosa*，*Melampyrum roseum*）、栓皮栎—绿叶甘橿—山萝花（Ass. *Quercus variabilis*，*Lindera fruticosa*，*Melampyrum roseum*）。

2）短柄枹栎林（Form. *Quercus glandulifera* var. *brevipetiolata*）

短柄枹为落叶乔木，高达 15～20m，树皮暗灰褐色，不规则深纵裂。分布于山东、江苏、河南、陕西、甘肃以南及长江流域各省。短柄枹林在本区分布于海拔 300m 以上的山坡林地，常成小片纯林，亦常与栓皮栎（*Quercus variabilis*）、马尾松（*Pinus massoniana*）形成混交林。群落发育良好，外貌整齐，群落高 10～13m，盖度 0.6～0.75。在 100m² 的样方内有植物 50～60 种。

乔木层常为一层，伴生的植物还有鹅耳枥 (*Carpinus turczaninowii*)、千金榆 (*Carpinus cordata*)、山槐 (*Albizia kalkora*)、漆树 (*Toxicodendron verniciflnum*)、刺楸 (*Kalopanax septemlobus*)、君迁子 (*Diospyros lotus*)、野鸦椿 (*Euscaphis japonica*) 等。

灌木层高 1～2m，常由杜鹃 (*Rhododendron simsii*)、粗榧 (*Cephalotaxus sinensis*)、满山红 (*Rhododendron mariesii*)、南方六道木 (*Abelia dielsii*)、绿叶胡枝子 (*Lespedzea buergeri*)、西北栒子 (*Cotoneaster zabelii*)、荚蒾 (*Viburnum dilatatum*)、六道木 (*Abelia biflora*)、刺悬钩子 (*Rubus indefensus*)、毛柱山梅花 (*philadelphus incanus*)、三裂绣线菊 (*Spiraea trilobata*)、连翘 (*Forsythia suspensa*) 等组成。

草本植物多不成层，常见的有细叶薹草 (*Carex duriuscula* subsp. *stenophylloides*)、崖棕 (*Carex siderosticta*)、石沙参 (*Adenophora axilliflora*)、蕙兰 (*Cymbidium faberi*)、唐松草 (*Thalictrum sibiricum*)、山萝花 (*Melampyrum roseum*)、蕨 (*Pteridium latiusculum*)、黄精 (*Polygonatum sibiricum*)、苍术 (*Atractylodes chinensis*)、狼尾花 (*Lysimachia barystachys*)、紫菀 (*Aster tataricus*)、风毛菊 (*Saussurea japonica*)、南方露珠草 (*Circaea mollis*) 等。

层间植物常见的爬山虎 (*Parthenocissus tricuspidata*)、异叶地锦 (*Parthenocissus dalzielii*)、粉背南蛇藤 (*Celastrus hypoleucus*)、五味子 (*Schisandra chinensis*)、葛 (*Pueraria lobata*)、山葡萄 (*Vitis amurensis*) 等。

3) 枫香林 (Form. *Liquidambar formosana*)

枫香又名枫香树，为金缕梅科落叶乔木，分布于我国秦岭—淮河以南各省，鸡公山是其分布的北界。枫香林是河南鸡公山国家级自然保护区海拔 500m 以下向阳山坡的一种常见群落，是栎林采伐迹地上发展起来的演替性森林类型。其中在李家寨、树木园周围分布比较集中。枫香林一般以中幼林为主，局部地段也有 30～40 年的成熟林。群落外貌整齐，林冠高 15～17m，盖度 0.6～0.8。100m² 样地有植物 50～70 种。

乔木层伴生有栓皮栎 (*Quercus variabilis*)、短柄枹 (*Quercus glandulifera* var. *brevipetiolata*)、马尾松 (*Pinus massoniana*)、鸡爪槭 (*Acer palmatum*)、葛萝槭 (*Acer davidii* subsp. *grosseri*)、山槐 (*Albizzia kalkora*)、黄檀 (*Dalbergia hupeana*)、茅栗 (*Castanea seguinii*)、野漆 (*Toxicodendron succedaneum*)、三桠乌药 (*Lindera obtusiloba*)、野茉莉 (*Styrax japonicus*) 等。

灌木层稀疏，常见有山胡椒 (*Lindera glauca*)、四照花 (*Cornus kousa* subsp. *chinensis*)、绿叶甘檀 (*Lindera neesiana*)、杜鹃 (*Rhododendron simsii*)、连翘 (*Forsythia suspensa*)、六道木 (*Abelia biflora*)、满山红 (*Rhododendron mariesii*)、三尖杉 (*Cephalotaxus fortunei*)、胡枝子 (*Lespedzea bicolor*)、绿叶胡枝子 (*Lespedeza buergeri*)、小叶梣 (*Fraxinus bungeana*)、牛鼻栓 (*Fortunearia sinensis*)、金缕梅 (*Hamamelis mollis*) 等。

草本植物也多不成层，常见的有蕨 (*Pteridium latiusculum*)、大油芒 (*Spodopogon sibiricus*)、日本薹草 (*Carex japonica*)、野青茅 (*Deyeuxia arundinacea*)、野菊 (*Dendranthema indicum*)、红根草 (*Lysimachia fortunei*)、石沙参 (*Adenophora axilliflora*)、佩兰 (*Eupatorium fortunei*) 等。

层间植物有中华猕猴桃 (*Actinidia chinenssis*)、藤萝 (*Wisteria villosa*)、山葡萄 (*Vitis amurensis*)、五味子 (*Schisandra chinensis*)、海金沙 (*Lygodium japonicum*)、穿龙薯蓣 (*Dioscorea nipponica*) 等。

枫香林是森林演替过程中的过渡类型，但林下幼苗尚多，不同年龄的幼树在群落中均有分布，能在一定时期内保持相对稳定。

4）化香林（Form. *Platycarya strobilaceae*）

化香是落叶乔木，广泛分布于我国的华东、中南、西南各省区，向北可至华北的南部，常在山坡形成纯林。化香在鸡公山自然保护区分布相当普遍，几乎各保护站区都有分布，但以李家寨林区、大深沟等地分布较多。化香林纯林面积较小，多以混交林的形式存在。

群落高 12～15m，胸径 12～18cm，盖度一般 0.4～0.6。乔木层除化香外，尚有麻栎（*Quercus acutissima*）、栓皮栎（*Quercus variabilis*）、茅栗（*Castanea seguinii*）、马尾松（*Pinus massoniana*）、小叶栎（*Quercus chenii*）、黄连木（*Pistacia chinensis*）、流苏树（*Chionanthus retusa*）、山樱花（*Cerasus serrulata*）等。

灌木层一般高 1.2m，盖度 0.4，主要灌木有野桐（*Mallotus tenuifolius*）、山莓（*Rubus corchorifolius*）、苏木兰（*Indigofera carlesii*）、美丽胡枝子（*Lespedeza formosa*）、白檀（*Symplocos paniculata*）、山梅花（*Philadelphus incaxnus*）、紫珠（*Callicarpa bodinieri*）、扁担杆（*Grewia biloba*）、山胡椒（*Lindera f glauca*）等。藤本植物有毛葡萄（*Vitis heyeana*）、猕猴桃（*Actinidia chinensis*）、五味子（*Schisandra chinensis*）、穿龙薯蓣（*Dioscorea nipponica*）、海金沙（*Lygodium japonicum*）等。

草本层盖度约 0.5，主要有荩草（*Arthraxon hispidus*）、求米草（*Oplismenus undulatifolius*）、薹草（*Carex* spp.）、凤丫蕨（*Coniogramme japonica*）、贯众（*Cyrtomium fortunei*）、海金沙（*Lygodium japonica*）、聚花过路黄（*Lysimachia congestiflora*）、黄精（*Polygonatum sibiricum*）等。

5）青檀林（Form. *Pteroceltis tatarinowii*）

青檀为我国特产植物，茎皮、枝皮纤维为制造驰名国内外的书画宣纸的优质原料。树体高可达 20m 以上，常生于山麓、林缘、沟谷、河滩、溪旁及峭壁石隙等处，成小片纯林或与其他树种混生。青檀广泛分布于辽宁、山东、山西及其以南地区。在河南主要分布于大别山区、桐柏山区、伏牛山区和太行山区，常呈零散分布。在本区生长良好，而且成年大树较多，常沿阴凉沟谷或溪边分布。

乔木层高约 12m，盖度 0.5～0.7。乔木层常伴生有楠木（*Phoebe zhennan*）、香果树（*Emmenopterys henryi*）、五裂槭（*Acer oliverianum*）、铜钱树（*Paliurus hemsleyansus*）、山合欢（*Albizia kalkora*）、栓皮栎（*Quercus variabilis*）、马尾松（*Pinus massoniana*）、槲栎（*Quercus aliena*）、红枝柴（*Meliosma oldhamii*）、野漆（*Toxicodendron succedaneum*）、青钱柳（*Cyclocarya paliurus*）、黄檀（*Dalbergia hupeana*）、野核桃（*Juglans cathayensis*）等。

灌木层发达，主要有野珠兰（*Stephanandra chinensis*）、牛鼻栓（*Fortunearia sinensis*）、满山红（*Rhododendron mariesii*）、山胡椒（*Lindera glauca*）、白檀（*Symplocos paniculata*）、郁香忍冬（*Lonicera fragrantissima*）、美丽胡枝子（*Lespedeza formosa*）、山莓（*Rubus corchorifolius*）、山矾（*Symplocos chinensis*）、苏木蓝（*Indigofera cralesii*）、荚蒾（*Viburnum dilatatum*）、省沽油（*Staphylea bumalda*）、紫金牛（*Ardisia japonica*）等。

层间植物主要有中华猕猴桃（*Actinidia chinenssis*）、五味子（*Schisandra chinensis*）、扶芳藤（*Euonymus fortunei*）、常春藤（*Hedera neplensis* var. *sinensis*）、络石（*Trachelo-*

spermum lasminoides)、爬山虎 (*Parthenocissus tricuspidat*a)、三叶木通 (*Akebia trifoli-ata*)、珍珠莲 (*Ficus sarmentosa* var. *henryi*) 等。

草本层稀疏，主要有薹草 (*Carex* spp.)、玉竹 (*Polygonatum odoratum*)、天门冬 (*Asparagus cochinchinensis*)、九头狮子草 (*Peristrophe japonica*)、白接骨 (*Asystasiella neesiana*)、三脉紫菀 (*Aster ageratoides*)、海金沙 (*Lygodium japonica*)、求米草 (*Oplismenus undulatifolius*)、华东蹄盖蕨 (*Athyrium nipponicum*)、珍珠菜 (*Lysimachia clethroides*)、粗齿冷水花 (*Pilea sinofa sciata*)、白芨 (*Blettia striata*)、华中铁角蕨 (*Asplenium sarelii*)、节毛耳蕨 (*Polystichum ariticulatipilosum*)、金爪儿 (*Lysimachia grammica*)、过路黄 (*Lysimachia christinae*)、鸭儿芹 (*Cryptotaenia japonica*)、变豆菜 (*Sanicula chinensis*) 等。

6) 黄檀林 (**Form. *Dalbergia hupeana***)

黄檀为高大乔木，木材坚韧、致密，是制作各种负重力及拉力强的用具及器材的上好材料。广泛分布于我国亚热带地区，在河南的黄河以南地区的山地杂木林中有黄檀的零星分布，但不成林。在本区的李家寨、大茶沟等地均有小片黄檀纯林的分布，但面积都不大，常常被各类杂木林所分隔。黄檀在本区一般分布在向阳山坡，生于海拔 300～650m。群落外貌平整，盖度 0.5 左右。

乔木层一般高 8m 左右，最高的样地高达 12m，树木胸径一般为 6～13cm。乔木层伴生的树种有黄连木 (*Pistacia chinensis*)、栓皮栎 (*Quercus variabilis*)、灯台树 (*Cornus controversa*)、铜钱树 (*Paliurus hemsleyanus*)、流苏 (*Chionanthus retusa*)、山槐 (*Albizia kalkora*)、青冈栎 (*Cyclobalonopsis glauca*)、榉树 (*Zelkova serrata*)、四照花 (*Dendrobenthamia japonica* var. *chinensis*)、杉木 (*Cunninghamia laceolata*)、小叶朴 (*Celtis bungeana*)、化香 (*Platycarya strobilaceae*)、郁香野茉莉 (*Styrax odoratissima*) 等。

灌木层盖度 0.1～0.2，主要由山胡椒 (*Lindera glauca*)、白檀 (*Symplocos paniculata*)、白鹃梅 (*Exochorda racemosa*)、杜鹃 (*Rhoddendron simissi*)、山莓 (*Rubus corchorifolius*)、野花椒 (*Zanthorylum simulans*)、盐肤木 (*Rhus chinensis*)、八角枫 (*Alangium chinensis*)、小果蔷薇 (*Rosa cymosa*)、绿叶胡枝子 (*Lespedeza buergeri*)、杭子梢 (*Campylotropis macrocarpa*)、六月雪 (*Serissa serissoides*) 等。

藤本植物有络石 (*Trachelospermum lasminoides*)、猕猴桃 (*Actinidia chinensis*)、三叶木通 (*Akebia trifoliata*)、五味子 (*Schisandra chinensis*) 等。

草本层盖度 0.35，主要种类有芒 (*Miscanthus sinensis*)、日本薹草 (*Carex japonica*)、三脉紫菀 (*Aster ageratoides*)、中华鳞毛蕨 (*Dryopteris chinensis*)、海金沙 (*Lygodium japonica*)、苍术 (*Atrachy lodes*)、沙参 (*Adenophora stricta*)、田麻 (*Corchoropsis tomentosa*)、白莲蒿 (*Artemisia gmelinii*) 等。

7) 茶条枫 (**Form. *Acer tataricum* subsp. *ginnala***)

茶条枫常与五角枫 (*Acer pictum* subsp. *mono*)、血皮槭 (*Acer griseum*)、葛萝槭 (*Acer davidii* subsp. *Grosseri*) 等槭类一起在沟谷形成槭类杂木林。群落所在地土层深厚、潮湿，林木发育良好。群落高 10～13m，盖度 0.5～0.7。

乔木层除上述槭类外，还有千金榆 (*Carpinus cordata*)、天目木姜子 (*Litsea auriculata*)、暖木 (*Meliosma veitchiorum*)、野茉莉 (*Styrax japonicus*)、四照花 (*Cornus kousa* subsp. *Chinensis*)、灯台树 (*Cornus controversa*)、榉树 (*Zelkova serrata*)、铜钱树 (*Paliurus hemsleyanus*) 三桠乌药 (*Lindera obtusiloba*)、流苏树 (*Chionanthus retusus*)、野鸦椿 (*Eusca-*

phis japonica）等。

灌木层主要由箬竹（*Indocalamus tessellatus*）、枸骨（*Ilex cornuta*）、桦叶荚蒾（*Viburnum betulifolium*）、钓樟（*Lindera umbellata*）、长果海桐（*Pittosporum pauciflorum var. oblongum*）、中华胡枝子（*Lespedeza chinensis*）、麻叶绣线菊（*Spiraea cantoniensis*）、灰栒子（*Cotoneaster acutifolius*）等组成。

草本层由五节芒（*Miscanthus floridulus*）、刺芒野古草（*Arundinella setosa*）、华高野青茅（*Deyeuxia sinelatior*）、红升麻（*Astilbe chinensis*）、黑鳞短肠蕨（*Allantodia crenata*）、三脉紫菀（*Aster ageratoides*）、积雪草（*Centella asiatica*）、扯根菜（*Penthorum chinense*）等组成。

层间植物较为丰富，常见的有千金藤（*Stephania japonica*）、金线吊乌龟（*Stephania cepharantha*）、扶芳藤（*Euonymus fortunei*）、络石（*Trachelospermum jasminoides*）、常春藤（*Hedera sinensis*）、南蛇藤（*Celastrus orbiculatus*）等。

8）梧桐林（Form. *Firmiana simplex*）

梧桐别名青桐、桐麻，属于梧桐科梧桐属落叶大乔木，高达 15m；树干挺直，树皮绿色，平滑。原产我国，南北各省都有栽培。

鸡公山于 20 世纪 60 年代开始引种栽培，后营造片林，有如下几个类型。

梧桐"四旁"绿化林：在鸡公山山上风景区道路两旁呈不规则的单株栽培，株距 5～7m。土壤为黄棕壤，肥力中等，排水良好。梧桐生长速度较快，据调查，二十年生梧桐，平均树高 12.5m，平均胸径 20.5cm，单株材积 0.1876m³，且树冠宽大，侧枝粗壮。

梧桐纯林：主要在鸡公山各林区范围内成片栽培，行株距不等。林下土壤多为花岗岩风化而成的黄棕壤，土层厚度 30～60cm，质地疏松，肥沃湿润，排水良好，林内伴生乔木树种有杉木（*Cunninghamia lanceolata*）、茅栗（*Castanea seguinii*）、日本柳杉（*Cryptomeria japonica*）、黄连木（*Pistacia chinensis*）等；灌木主要有高粱泡（*Rubus lambertianus*）、木莓（*Rubus swinhoei*）、柳叶鼠李（*Rhamnus erythroxylon*）、山胡椒（*Lindera glauca*）等，盖度 0.2～0.3，高度 1～2m；草本植物主要有三脉紫菀（*Aster ageratoides*）、东方草莓（*Fragaria orientalis*）、野菊（*Chrysanthemum indicum*）、长穗珍珠菜（*Lysimachia chikungensis*）、临时救（*Lysimachia congestiflora*）等。

鸡公山风景区还栽培有梧桐、茶树混交林，梧桐株行距 8～12m 不等，茶树株行距 1.5～2.5m 不等，沿等高线大穴栽培。据调查，二十五年生梧桐林平均树高 17.5m，平均胸径 19cm。林下为茶树，这种复层人工林具有明显的生态效益和经济效益。在李家寨保护站还有小片梧桐与桂竹混交林。

3. 常绿、落叶阔叶混交林

河南鸡公山国家级自然保护区分布的常绿、落叶阔叶林有三个群系。它们多分布在海拔较低的向阳沟谷四周的山坡上，下与沟谷常绿阔叶林相连，上与山坡落叶阔叶林、常绿针叶林相接，随地形呈不规则分布。主要类型有青冈栎、栓皮栎混交林，冬青栓皮栎、麻栎混交林，沟谷常绿落叶阔叶林。

青冈栎、栓皮栎混交林（Form. *Cyclobalonopsis glauca*，*Quercus variabilis*）

本群系在保护区分布比较普遍，见于海拔 400m 以下的沟谷四周，主要由栓皮栎与青冈栎组成，常伴生有麻栎（*Quercus acutissima*）、糙叶树（*Aphananthe aspera*）、化香（*Platycarya strobilaceae*）、马尾松（*Pinus massoniana*）、五角枫（*Acer mono*）、茶条枫（*Acer tataricum* subsp. *ginnala*）、黄檀（*Dalbergia hupeana*）等。

灌木层高 1～2m，主要有檵木（*Loropetalum chinensis*）、杜鹃（*Rhododendron simissi*）、白鹃梅（*Exochorda racemosa*）、冬青（*Ilex purpurea*）、白檀（*Symplocos paniculata*）、山胡椒（*Lindera glauca*）、绿叶甘橿（*Lindera frouticosa*）、棱叶海桐（*Pittosporum trigonocarpum*）、狭叶海桐（*Pittosporum glabratum* var. *neriifolium*）、郁香忍冬（*Lonicera fragrantissima*）、小叶女贞（*Ligustrum quihoui*）、流苏（*Chionanthus retusa*）、紫金牛（*Ardisia japonica*）、绿叶胡枝子（*Lespe deza buergeri*）、鼠李（*Rhamnus davurica*）、多腺悬钩子（*Rubus phoenicolasius*）、山莓（*Rubus corchorifolius*）、小果蔷薇（*Rosa cymosa*）、华东木蓝（*Tndigofera fortunei*）、金银忍冬（*Lonicera podocarpa*）、六道木（*Abelia biflora*）等。

层间植物主要有三叶木通（*Akebia trifoliata*）、五味子（*Schisandra chinensis*）、南蛇藤（*Celastrus orinculatus*）、鸡矢藤（*Paederia scandens*）、猕猴桃（*Actinidia chinensis*）等。

草本植物主要有丝叶薹草（*Carex capilliformis*）、光果田麻（*Corchoropsis crenata* var. *hupehensis*）、蕨（*Pteridium aquilinum* var. *latiscutum*）、三脉紫菀（*Aster ageratoides*）、蕙兰（*Cymbidium faberi*）、珍珠菜（*Lysimachia fortunei*）、求米草（*Oplismenus undulatifolius*）、蒿（*Artemisia* spp.）、海金沙（*Lygodium japonica*）、贯众（*Cyrtomium fortunei*）、黄背草（*Themeda triandra* var. *japonica*）、金星蕨（*Parathelypteris glanduligera*）等。

5.3.3　针阔叶混交林

针阔叶混交林有些是亚热带针叶林向阔叶林演替过程中出现的过渡类型，或阔叶林经过一定程度的破坏、针叶树种侵入而形成，但多数是在人工营林措施下形成的。从林业生产出发，这样的混交林是应该提倡的，因为针阔混交林与针叶纯林相比，具有多层次结构，能高效率地利用空间、光能和土壤肥力，涵养水源、减少水土流失的生态效益大。林中阔叶树的凋落物可以改良林地土壤，提高森林抗灾能力。针阔混交林还具有较高的蓄材量，提供多种用途的木材。在本区海拔 500m 以下，主要有马尾松与栓皮栎、枫香、化香形成的混交林，或由杉木、柳杉与栓皮栎形成的混交林。该类混交林，针叶树、阔叶树均生长良好，林下残落物丰富，各种乔木层的幼苗能正常发育，林下透光量较多，有机质分解迅速，群落处在相对稳定阶段。在沟谷四旁常能见到由马尾松与青冈栎、青栲、楠木等常绿树种形成的混交林。海拔 600～800m 主要有黄山松、油松与栓皮栎、短柄枹栎形成的混交林。

1. 马尾松、麻栎、栓皮栎林（Form. *Pinus massoniana*，*Quercus acutissima*，*Quercus variabilis*）

马尾松、麻栎、栓皮栎林是低海拔地区最为常见一种混交林。马尾松、麻栎、栓皮栎等对环境条件的适应性基本一致，能耐干旱、贫瘠，都是深根性的阳性树种。群落高 7～14m，伴生的乔木树种有枫香（*Liquidambar formosana*）、茅栗（*Castanea seguinii*）、化香（*Platycarya strobilacea*）、山槐（*Albizia kalkora*）、马鞍树（*Maackia hupehensis*）等。

灌木层主要由杜鹃（*Rhododendron simsii*）、绿叶胡枝子（*Lespedeza buergeri*）、白鹃梅（*Exochorda racemosa*）、山胡椒（*Lindera glauca*）、胡颓子（*Elaeagnus pungens*）、高

梁泡（*Rubus lambertianus*）、华中悬钩子（*Rubus cockburnianus*）、紫金牛（*Ardisia japonica*）、六月雪（*Serissa japonica*）等组成。

草本层主要有日本薹草（*Carex japonica*）、芒萁（*Dicranopteris pedata*）、紫萁（*Osmunda japonica*）、蕨（*Pteridium aquilinum* var. *latiusculum*）、长穗珍珠菜（*Lysimachia chikungensis*）、委陵菜（*Potentilla chinensis*）、蜈蚣草（*Pteris vittata*）、海金沙（*Lygodium japonicum*）、金爪儿（*Lysimachia grammica*）等。

马尾松的主根较深，栎类的侧根发达，二者混交可有效地利用地力。栎类的凋谢物较多，分解后能促进马尾松的生长，马尾松的侧向庇荫又促进栎类向高处发展，形成通直的树干，成为较好的用材。这样的混交林还可有效地减少虫害，是一种值得提倡的混交林类型。

2. 黄山松、短柄枹栎混交林（Form. *Pinus taiwanensis*，*Quercus glandulifera* var. *brevipetiolata*）

本类型分布于海拔 700m 以上的鸡公山鸡公头一带。由于群落位于山顶或山脊，光照强，风力大，生态环境条件相对严酷，群落较为低矮，树冠呈伞形，高度 8～12m。乔木层除黄山松、短柄枹栎外，还常有栓皮栎（*Quercus variabilis*）、锐齿槲栎（*Quercus aliena* var. *acuteserrata*）、水榆花楸（*Sorbus alnifolia*）等。

林下灌木主要有白檀（*Symplocos paniculata*）、满山红（*Rhododendron mariesii*）、六道木（*Abelia biflora*）、白鹃梅（*Exochorda racemosa*）、桦叶荚蒾（*Viburnum betulifolium*）、灰栒子（*Cotoneaster acutifolius*）、湖北荚蒾（*Viburnum hupehense*）、木姜子（*Litsea pungens*）等。

草本有丝叶薹草（*Carex capilliformis*）、蕨（*Pteridium aquilinum*）、山罗花（*Melampyrum roseum*）、三叶委陵菜（*Potentilla freyniana*）、狼尾花（*Lysimachia barystachys*）、败酱（*Patrinia scabiosaefolia*）、火绒草（*Leontopodium leontopodioides*）、毛莲蒿（*Artemisia vestita*）等。

由于海拔较高地区，人为干预较少，群落结构完整，各种树木发育良好。同时，由于海拔升高，气温降低，残落物分解速度不及马尾松形成的混交林，林下残落物丰富。针叶树、落叶树的幼苗更新状况良好。

5.3.4 竹林

竹林是由竹类植物组成的一种常绿木本群落，是亚热带地区最常见的植被类型之一。本区有竹类植物 11 种。分布数量较多、形成纯林的有桂竹林、毛竹林、淡竹林、斑竹林。上述竹林多为人工栽培或逸为野生，见于村宅四旁或低山沟谷。鸡公山茶秆竹（*Pseudosasa maculifera*）是一类丛生竹类，植株低矮，不及 2.0m，主要分布于林缘或山坡林下，在李家寨林区主要分布于阔叶林下。

1. 毛竹林（Form. *Phyllostachys pubescens*）

毛竹林在本区分布的面积最大，多生长在海拔 500m 以下，以人工栽培为主。在气候温湿、土层深厚、肥沃和排水良好的环境下，毛竹林外貌整齐，终年常绿，结构和组成都较单纯，乔木层毛竹的高度多为 5～17m，偶尔混有杉木、栓皮栎、枫香等树种。灌木层一般发育较差，不连片。草本层则较发达，主要有求米草（*Oplismenus undulatifolius*）、蛇莓（*Duchesnea indica*）、积雪草（*Centella asiatica*）、丛枝蓼（*Polygonum posumbu*）、杠板归

（*Polygonum perfoliatum*）、乌蔹莓（*Cayratia japonica*）、爵床（*Justicia procumbens*）、沿阶草（*Ophiopogon bodinieri*）等。

2. 桂竹林（Form. *Phyllostachys makinoi*）

桂竹多栽培于村前屋后，在保护区的七区呈块状分布。由于抚育管理比较精细，林下灌木和草本很少，呈单一纯林状态。

3. 水竹林（Form. *Phyllostachys congesta*）

水竹在本区有小面积分布，多生长于河边、溪旁，耐水湿，植株较为矮小，水竹是编制各种竹器的上好原料。种于水边、河岸，有护堤作用。

4. 淡竹林（Form. *Phyllostachys nigra* var. *henonis*）

淡竹林分布比较普遍。淡竹耐寒、耐瘠薄，在环境条件适宜处，竿高可达 9～10m，直径 5～6cm。栽培的多为纯林，野生的群落结构比较复杂。

5. 鸡公山茶秆竹林（Form. *Pseudosasa maculifera*）

鸡公山茶秆竹竿高 2～4m，直径 0.5～1.5cm，新竿绿色，微被白粉，节下方粉环明显，老竿黄绿色，竿中部节间长 21～31cm，竿环高于箨环，箨环常具箨鞘基部的残留物，竿每节分 3 枝。鸡公山茶秆竹是鸡公山山区的特有物种，模式标本产于河南鸡公山周河乡。

鸡公山茶秆竹在保护区分布较多的林区是李家寨，常沿沟谷两岸山坡分布，一般成片生于林下。与其相伴生的乔木树种有青冈（*Cyclobalanopsis glauca*）、葛萝槭（*Acer davidii* subsp. *Grosseri*）、栓皮栎（*Quercus variabilis*）、枫香树（*Liquidambar formosana*）、茶条枫（*Acer tataricum* subsp. *Ginnala*）；伴生的灌木有粗榧（*Cephalotaxus sinensis*）、杜鹃（*Rhododendron simsii*）、胡颓子（*Elaeagnus pungens*）、华中枸子（*Cotoneaster silvestrii*）、六月雪（*Serissa japonica*）等；伴生的藤本植物有珍珠莲（*Ficus sarmentosa* var. *henryi*）、扶芳藤（*Euonymus fortunei*）、络石（*Trachelospermum jasminoides*）等。

5.3.5　灌丛和灌草丛

河南鸡公山国家级自然保护区分布的灌丛和灌草丛是在森林植被遭受破坏以后所发展起来的植被类型，群落均属次生性质，主要由落叶灌木和多年生中生禾草类植物组成。只有少数沟谷和林缘残存有少量的常绿灌丛。

1. 常绿灌丛

1）连蕊茶灌丛（Form. *Camellia cuspidata*）

连蕊茶为山茶科常绿灌木，高 1～4m；幼枝麦秆黄色、纤细、无毛，老枝灰褐色。叶薄革质，长圆状椭圆形或长圆状披针形，基部阔楔形或近圆形，边缘具细锯齿。自然分布于四川东部、贵州、广西北部、广东北部、湖南、江西、福建、浙江、安徽南部、湖北西部、陕西南部等地。河南鸡公山国家级自然保护区自建立以来，生态环境得到极大改善，鸟类种群数量逐年增多，连蕊茶也随鸟类的取食、迁居而传入，种群数量迅速增长，成为鸡公山常绿灌丛数量和面积最多的类型。

连蕊茶灌丛在鸡公山见于南岗保护站、新店保护站、李家寨保护站、红花保护站。生于林缘和沟谷杂木林，常呈小片状分布。群落高 2.5～3m，盖度 0.5。伴生的乔木有栓皮栎（*Quercus variabilis*）、短柄枹栎（*Quercus glandulifera* var. *brevipetiolata*）、青冈（*Cyclobalanopsis glauca*）、青檀（*Pteroceltis tatarinowii*）等；伴生的灌木有杜鹃（*Rhododendron simsii*）、三尖杉（*Cephalotaxus fortunei*）、山胡椒（*Lindera glauca*）、野茉莉（*Styrax japonicus*）、华中枸子（*Cotoneaster silvestrii*）等。伴生的草本和藤本植物有珍珠莲（*Ficus sarmentosa* var. *henryi*）、爬藤榕（*Ficus sarmentosa* var. *impressa*）、络石（*Trachelospermum jasminoides*）、海金沙（*Lygodium japonicum*）、三脉紫菀（*Aster ageratoides*）、麦冬（*Ophiopogon japonicus*）、春兰（*Cymbidium goeringii*）、临时救（*Lysimachia congestiflora*）、过路黄（*Lysimachia christinae*）等。

2）檵木灌丛（Form. *Loropetalum chinensis*）

檵木是一种喜暖性的亚热带山地植物，群落常生长于山谷或马尾松林、枫香林和栓皮栎林的林缘。伴生植物多是亚热带种类，如白鹃梅（*Exochorda racemosa*）、湖北算盘子（*Glochidion wilsonii*）、豹皮樟（*Litsea coreana* var. *sinensis*）、八角枫（*Alangium chinensis*）、山胡椒（*Lindera glauca*）、绿叶甘檀（*Lindera neesiana*）等。伴生有马尾松、枫香、青冈和栓皮栎等乔木树种。

2. 落叶灌丛

1）白鹃梅、盐肤木灌丛（Form. *Exochorda racemosa*，*Rhus chinensis*）

常见于海拔 700m 以下的低山丘陵，多为森林破坏后形成的灌丛，组成种类较多，除白鹃梅、盐肤木外，还有杜鹃（*Rhododendron simsii*）、扁担杆（*Grewia biloba*）、算盘子（*Glochidion puberum*）、胡枝子（*Lespedeza bicolor*）、湖北山楂（*Crataegus hupehensis*）、枸子（*Cotoneaster* sp.）、小果菝葜（*Smilax davidiana*）等。草本层以禾本科的黄背草、白茅、白羊草和菊科的南牡蒿（*Artemisia eriopoda*）、毛莲蒿（*Artemisia vestita*），桔梗科的沙参（*Adenophora* spp.）为主。

2）白檀灌丛（Form. *Symplocos paniculata*）

白檀在本区分布广泛，为林下优势灌木，当上层乔木遭受砍伐后，可形成白檀灌丛。常在沟谷、林缘、山坡、路旁形成较大面积的丛状灌丛。自海拔 150m 至山顶均有白檀分布。灌丛一般高 1～1.5m，但在局部地段可高达 3m，胸径 12cm，呈小乔木状。低海拔处常伴生有棱叶海桐（*Pittosporum trigonocarpum*）、狭叶海桐（*Pittosporum neriifolium*）、郁香忍冬（*Lonicera fragrantissima*）、檵木（*Loropetalum chinensis*）、短柱柃木（*Eurya brivistyla*）、山楠（*Phoebe chinensis*）、胡颓子（*Elaeagnus pungens*）等。海拔较高处伴生有山胡椒（*Lindera glauca*）、绢毛木姜子（*Litsea sericea*）、绿叶甘檀（*Lindera fruticosa*）、山楠（*Phoebe chinensis*）、杜鹃（*Rhododendron simsii*）、连翘（*Forsythia suspensa*）、绿叶胡枝子（*Lespedeza buergeri*）等。

草本层不甚发达，主要有山萝花（*Melampyrum roseum*）、日本薹草（*Carex japonica*）、玉竹（*Pohygonatum odoratum*）、隐子草（*Cleistogens serotina*）、三脉紫菀（*Aster ageratoides*）、马兰（*Kalimeris indica*）、地榆（*Sanguisorba officinalis*）、沙参（*Adenophora* spp.）等。

3）杜鹃灌丛（Form. *Rhododendron simsii*）

杜鹃灌丛也是本区分布最广泛的灌丛之一，各个林区都有分布。群落所在地土壤一般为沙壤质黄棕壤，土层薄，枯枝落叶少。

杜鹃灌丛呈丛生状，外貌整齐，常高 1～2m。群落季相变化明显，早春展叶前开花，由于花大而花期集中，整个灌丛一片火红；晚秋落叶。伴生的植物有连翘（*Forsythia suspensa*）、白鹃梅（*Exochoda racemosa*）、满山红（*Rhododendron mariesii*）、湖北栒子（*Cotoneaster hupehensis*）、六道木（*Abelia biflora*）、山胡椒（*Lindera glauca*）、山蚂蝗（*Desmodium racemosum*）、山豆花（*Lespedeza tomentosa*）、截叶铁扫帚（*Lespedeza cuneata*）等。

草本层主要有荩草（*Arthraxon hispidus*）、黄背草（*Themeda triandra* var. *japonica*）、白苞蒿（*Artemisia lactiflora*）、狗哇花（*Heteropappus hispidus*）、三脉紫菀（*Aster ageratoides*）、白羊草（*Bothriochloa ischaemum*）、湖北野青茅（*Deyeuxia hupehensis*）等。

杜鹃灌丛在本区生长发育良好，植株萌生性较好，由于生境条件适宜或人为干预而较为稳定；在靠近马尾松林附近，有被马尾松取代的趋势。

4）连翘灌丛（Form. *Forsythia suspensa*）

连翘灌丛分布于林缘、沟谷旁。常形成大片的灌丛。保护区各地均有分布，但以西河、东河河林区最为典型。群落一般高 1.5～2.5m，枝条斜升或匍匐状。盖度 0.4～0.7。早春呈黄色，盛夏呈绿色，晚秋呈黄褐色。伴生的植物常有白鹃梅（*Exochoda racemosa*）、山胡椒（*Lindera glauca*）、胡颓子（*Elaeagnus pungens*）、卫矛（*Euonymus alatus*）、白背叶（*Mallotus apelta*）、青灰叶下珠（*Phyllanthus glaucus*）等。

林下草本主要有山萝花（*Melampyrum roseum*）、黄背草（*Themeda triandra* var. *japonica*）、大油芒（*Spodopogon sibiricus*）、鹅观草（*Roegneria kamoji*）、湖北三毛草（*Trisetum henryi*）、白苞蒿（*Artemisia latiflora*）、凤毛菊（*Saussurea japonica*）等。

5）野珠兰灌丛（Form. *Stephanadra chinensis*）

野珠兰是本区沟谷四旁的优势灌丛。灌丛沿沟谷或山坡分布。外貌起伏不平，盖度 0.3～0.5，高度 1.5～2.5m。伴生的植物也多为沟谷旁的一些物种，如中华绣线菊（*Spiraea chinensis*）、水栒子（*Cotoneaster multiflorus*）、野山楂（*Crataegus cunaeta*）、溲疏（*Deutzia* spp.）、柘树（*Cudrania tricuspidata*）、荚蒾（*Viburnum dilatum*）、金银忍冬（*Lonicera maackii*）、枸骨（*Ilex cornuta*）等。

草本层主要有虎杖（*Polygonum cuspidatum*）、路边青（*Geum japonlcum* var. *chinense*）、龙牙草（*Agrimonia pilosa* var. *japonica*）、地榆（*Sanguisorba officinalis*）、白接骨（*Asystasiella chinensis*）、过路黄（*Lysimachia christinae*）等。

6）黄荆灌丛（Form. *Vitex negundo*）

黄荆灌丛是本区低山丘陵地区分布最为广泛的灌丛，是在森林植被反复遭受破坏后形成的植被类型，各林区都有大面积的分布。本群落的分布海拔一般在 400m 以下。在河谷、路旁充分发育。

群落外貌整齐，高 1～2m，盖度 0.3～0.5。伴生的植物有牡荆（*Vitex negundo* var. *canabifolia*）、黄栌（*Cotinus cogygria* var. *pubescens*）、胡枝子（*Lespedeza bicolor*）、鼠李（*Rhamnus davurica*）、柘树（*Cudrania tricuspidata*）、芫花（*Dephne oddora*）、牛奶子（*Elaeagnus umbellata*）、野蓝枝（*Indigofera bungeana*）、山蚂蝗（*Desmdium race-*

mosum）等。

草本层主要有白羊草（*Bothriochloa ischaemum*）、白茅（*Imperata cylindrica* var. *major*）、委陵菜（*Potentilla chinensis*）、翻白草（*Potentilla discolor*）、野菊（*Dendranthema indicum*）、南牡蒿（*Artemisia eriopoda*）等。

7）野山楂、算盘子灌丛（Form. *Crataegus cuneata*，*Glovhidion puberum*）

该类型主要分布于低山丘陵，一般适生于向阳坡地。种类组成主要是野山楂、算盘子，伴生有茅莓（*Rubus parviolius*）、蓬藟（*Rubus hersutus*）、柘树（*Cudrania tricuspidata*）、一叶萩（*Flueggea suffruticosa*）、扁担杆（*Grewia biloba*）、芫花（*Daphne genkwa*）、白檀（*Symplocos paniculata*）等。草本植物有白茅（*Imperata cylindrica*）、白羊草（*Bothriochloa ischaemum*）、黄背草（*Themeda triandra* var. *japonica*）、地榆（*Sanguisorba officinalis*）、野菊（*Chrysanthemum indicum*）等。层外植物有蛇葡萄（*Ampelopsis brevipeduneulata*）、鞘柄菝葜（*Smilax stans*）、铁线莲（*Clematis florida*）等。野山楂的果实称"南山楂"，是重要的药材资源。

8）南方六道木灌丛（Form. *Abelia dielsii*）

在本区常见于山地上部的山坡或山顶上，或分布于路旁、林缘及林间隙地处，多是森林砍伐后迹地上发展起来的次生植被。群落中散生有乔木种类。伴生的植物有连翘（*Forsythia suspensa*）、满山红（*Rhododendron mariesii*）、木姜子（*Litsea pungens*）等。草本层多是当地林下常见的种类，如长叶地榆（*Sanguisorba officinalis* var. *longifolia*）、碎米亚（*Rabdosia rubescens*）、龙芽草（*Agrimonia pilosa*）、求米草（*Oplismenus undulatifolius*）、丝叶薹草（*Carex capilliformis*）、黄背草（*Themeda triandra*）等。

9）中华绣线菊灌丛（Form. *Spiraea chinensis*）

中华绣线菊灌丛主要分布在沟谷或林缘，群落所在地的土壤为山地黄棕壤，成土母质为花岗岩或花岗片麻岩。群落中的伴生种因生境不同而有差异，常见的有卫矛（*Euonymus alatus*）、六道木（*Abelia biflora*）、棣棠（*Kerria japonica*）、山梅花（*Philadelphus incanus*）、盐肤木（*Rhus chinensis*）、连翘（*Forsythia suspensa*）等。

10）美丽胡枝子灌丛（Form. *Lespedeza formosa*）

美丽胡枝子是河南鸡公山国家级自然保护区分布最为广泛的一种植物，常在海拔1000m以下的阔叶林下形成优势灌木层。一旦上层乔木遭受破坏，美丽胡枝子即可发展成灌丛。是河南鸡公山国家级自然保护区农田四周、村宅旁、路边最常见的灌丛之一。群落高70～150cm，覆盖度0.7～0.9，生长旺盛，伴生的植物较少，常见的有绿叶胡枝子（*Lespedzea buergeri*）、一叶萩（*Flueggea suffruticosa*）、杭子梢（*Campylotropis macrocarpa*）、白鹃梅（*Exochorda racemosa*）、白檀（*Symplocos paniculata*）、欧李（*Cerasus humilis*）、水栒子（*Cotoneaster multiflorus*）等。草本植物有野古草（*Arundinella hirta*）、野青茅（*Deyeuxia sylvatica*）、鹅观草（*Roegneria pendulina*）、披碱草（*Elymus dahuricus*）、委陵菜（*Potentilla chinensis*）、柴胡（*Bupleurum chinense*）、夏枯草（*Prunella vulgaris*）、马先蒿（*Pedicularis shansiensis*）、阴行草（*Siphonostegia chinensis*）、瞿麦（*Dianthus superbus*）、地榆（*Sanguisorba officinalis*）、紫菀（*Aster tataricus*）等。美丽胡枝子是阔叶树种被破坏后形成的植被，随着阔叶树种再度形成森林，美丽胡枝子会退居林下，成为林下或林缘植物。

3. 灌草丛

1）斑茅草丛（**Form. *Sacharum arundinaceum***）

斑茅为多年生高大丛生草本，秆粗壮，高达 2～4m，产于河南、陕西、浙江、江西、湖北、湖南、福建、台湾、广东、海南、广西、贵州、四川、云南等省区；生于山坡和河岸草地及村落附近。

斑茅草丛广泛分布于保护区溪流两岸阶地、河漫滩地、林缘坡地。群落外貌灰绿色，夏秋开花，大型圆锥花序、淡紫色至白色。草丛高 2～3m，盖度 0.5～0.8。在河漫滩和沙洲地种类单纯，常为单优种群落。在阶地及河流两岸种类比较复杂，常见的伴生的禾草有五节芒（*Miscanthus floridulus*）、野青茅（*Deyeuxia arundinacea*）、芒（*Miscanthus sinensis*）、野古草（*Arundinella setosa*）等种类，伴生的木本植物有盐肤木（*Rhus chinensis*）、算盘子（*Glochidion puberum*）、一叶萩（*Flueggea suffruticosa*）、插田泡（*Rubus coreanus*）、金樱子（*Rosa laevigata*）、小果蔷薇（*Rosa cymosa*）、短梗菝葜（*Smilax scobinicaulis*）等灌木。

斑茅草丛高大，根系发达，生物量大，为固堤护岸的良好植物。

2）五节芒草丛（**Form. *Miscanthus floridulus***）

五节芒是南方常见的禾本科植物。它在山坡上、道路边、溪流旁及开阔地成群滋长；其地下茎发达，能适应各种土壤，地上部被铲除或火烧后，地下茎照样能长出新芽。群落外貌整齐，高 1.5～2m，总盖度 0.5～0.8；结构单一，五节芒占绝对优势，伴生种常见有刺芒野古草（*Arundinella setosa*）、芒（*Miscanthus sinensis*）、茅叶荩草（*Arthraxon prionodes*）。群落中常散生有盐肤木（*Rhus chinensis*）、算盘子（*Glochidion* puberum）、胡枝子（*Lespedeza bicolor*）、灰栒子（*Cotoneaster acutifolius*）、小叶菝葜（*Smilax microphylla*）、小果蔷薇（*Rosa cymosa*）、茅莓（*Rubus parvifolius*）、覆盆子（*Rubus idaeus*）等阳性灌木，偶见马尾松、栓皮栎等先锋树种的小树。

五节芒草丛高大、密集、先锋树种不易侵入，因而形成相对稳定的群落。大面积的五节芒草丛，常为抛荒地的指示植物。五节芒秆是造纸的好原料，嫩叶是冬春耕牛的好饲料。

3）芒草丛（**Form. *Miscanthus floridulus***）

芒草丛分布于保护区山地中下部。优势种为芒（*Miscanthus sinensis*）、荻（*Miscanthus sacchariflorus*）或五节芒（*Miscanthus floridulus*），都是中生性高草，草层高达 1～2m，群落盖度达 0.9 以上。群落中其他植物不多，偶见有白茅（*Imperata cylindrica*）、铁马鞭（*Lespedeza pilosa*）、甘野菊（*Dendranthema lavandulifolium* var. *seticuspe*）、狼尾草（*Pennisetum alopecuroides*）、荩草（*Arthraxon hispidus*）、鸡眼草（*Kummerowia stipulacea*）和一些蕨类植物等。有时也有一些乔木、灌木的种类侵入其中。芒幼嫩时可作牧草，芒秆为优质造纸原料。

4）黄背草草丛（**Form. *Themeda triandra* var. *japonica***）

黄背草丛常见于低山、丘陵区，生长环境较干旱，是一种中生偏旱的草丛，也是本区的主要草丛类型之一。黄背草为第一层的主要优势种，高达 0.7～1.5m，下层植物有牡蒿（*Artemisia japonica*）、白茅（*Imperata cylindrica*）、杏叶沙参（*Adenophora axilliflora*）、苍术（*Atractylodes chinensis*）、火绒草（*Leontopodium* sp.）、荩草（*Arthraxon hispidus*）、马唐（*Digitaria sanguinalis*）、知风草（*Eragrostis ferruginea*）、长萼鸡眼草（*Kummerowia stipula-*

cea）等。有时散生有野山楂（*Crataegus cuneata*）、中华胡枝子（*Lespedeza chinensis*）、杜鹃（*Rhododendron simsii*）等灌木。黄背草幼嫩时可作为牧草。

5）白茅草丛（Form. *Imperata cylindrica* var. *major*）

白茅草丛广泛分布于本区山地下部、丘陵、河谷、坡地等处。由于白茅生活力强，地下茎四处延伸，群落中其他植物种类虽多，但数量较少。常见的有狼尾草（*Pennisetuma lopeeuroides*）、鹅观草（*Roegneria kamoji*）、白羊草（*Bothriochloa ischaemum*）、狗尾草（*Setaria viridis*）、长萼鸡眼草（*Kummerowia stipulacea*）、地榆（*Sanguisorba officinalis*）、白头翁（*Pulsatilla chinensis*）、龙芽草（*Agrimonia pilosa*）等。

6）白羊草草丛（Form. *Bothriochloa ischaemum*）

白羊草草丛常见于低山和丘陵地区。群落的优势种白羊草为中生植物，株高约 70cm。在群落中还有翻白草（*Potentilla discolor*）、狗尾草（*Setaria viridis*）、狗牙根（*Cynodon dactylon*）、长萼鸡眼草（*Kummerowia stipulacea*）等。

5.3.6　草甸

草甸是由中生性草本植物组成的植被类型，为非地带性植被。河南鸡公山国家级自然保护区组成草甸的植物有 180 余种，其中优势种有 50 余种，隶属于禾本科、莎草科、菊科、百合科等。由于保护区山体不够高大，各类草甸面积较小。草甸在不同海拔均有分布，低海拔及丘陵地带草甸主要有狗牙根（*Cynodon dactylon*）草甸、鹅观草（*Roegneria pendulina*）草甸、结缕草（*Zoyia japonica*）草甸、白羊草（*Bothriochloa ischaemum*）草甸；山地草甸主要由芒（*Miscanthus sinensis*）、斑茅（*Sacharum arundinaceum*）、野古草（*Arundinella hirta*）、野青茅（*Deyeuxia sylvatica*）、黄背草（*Themeda triandra* var. *japonica*）等禾草组成；海拔 1000m 以上的山地林缘或路旁分布的草甸主要有野古草（*Arundinella hirta*）草甸、野青茅（*Deyeuxia pyramidalis*）草甸、蒿类（*Artemiaia* spp.）草甸；海拔 1500m 以上的山地草甸以杂类草为主，常见的有黄花菜草甸，常在林缘呈大片分布；香青（*Anaphalis aureopunctata*）、黄综香青（*Anaphalis aureopunctata*）、蟹甲草（*Cacalia auriculata*）、凤毛菊（*Saussurea japonica*）等在山顶或山脊的林间空地或火烧迹地上形成优势群落，是亚高山喜光、耐旱的群落类型；血见愁、老鹳草在林下或环境阴湿处形成草甸。在低海拔湿生环境下最常见的是酸模叶蓼草甸，群落中分布有众多的湿生和沼生植物。高海拔山地林缘湿地分布有东陵薹草、脉果薹草、水金凤、离舌橐吾（*Ligularia veitchiana*）、水蜈蚣等形成湿生草甸。

5.3.7　沼泽植被和水生植被

河南鸡公山国家级自然保护区水域面积不大，仅有面积不大的水库、池塘及沟谷、河流湿地和农田湿地。沼泽以草本沼泽为主，见于各地河滩、池塘、沟渠边、水库四周。常见的有香蒲沼泽、芦苇沼泽、荆三棱、莎草、水毛花沼泽、灯心草沼泽、喜旱莲子草沼泽等。水生植被主要分布于池塘、沟渠、水库、河流及其他水体中，在深水区分布有狐尾藻（*Myriophyllum spicatum*）、黑藻（*Hydrilla verticillata*）、菹草（*Potamgeton crispus*）、金鱼藻（*Ceratophillam demensum*）等沉水植物群落；浅水区分布慈姑（*Sagittaria sagittifolia*）、泽泻（*Alisma orientale*）、菖蒲（*Acorus calamus*）、菰（*Zizania latifolia*）、香蒲（*Typha* spp.）、芦苇（*Phragmites communis*）、灯心草（*Juncus effusus*）等群落。浮水植被主要有满江红、槐叶苹群落、浮萍、紫萍群落、荇菜群落、芡实、菱群落等。

主要参考文献

安树青,张久海.1998.中国北亚热带次生森林植被研究述评.武汉植物学研究,16(3):268~272.

蔡永立,方其英,郑冬官,等.1994.大别山北坡落叶阔叶林种间相关的研究.生物数学学报,9(4):156~162.

崔波,陈德泉.1985.河南大别山区森林植被及保护意见.中原地理研究.4(8):108~l15.

邓懋彬,魏宏图,姚淦.1985.大别山区霍山、金寨两县的常绿植物与常绿阔叶林.植物生态学与地植物学丛刊,9(2):142~149.

缪绅裕,王厚麟,肖明朗.2007.广东和平黄石坳省级自然保护区植被研究.武汉植物学研究,25(1):36~40.

宋朝枢,丁宝章,戴天澍,等.1994.鸡公山自然保护区科学考察集.北京:中国林业出版社.

宋朝枢,瞿文元,王遂义,等.1996.太行山猕猴自然保护区科学考察集.北京:中国林业出版社.

宋朝枢,瞿文元,叶永忠,等.1996.董寨鸟类自然保护区科学考察集.北京:中国林业出版社.

宋朝枢,王正用,王遂义等.1994.宝天曼自然保护区科学考察集.北京:中国林业出版社.

宋朝枢,叶永忠,葛荫榕,1994.伏牛山自然保护区科学考察集.北京:中国林业出版社.

唐小平.2006.河南丹江湿地自然保护区生物多样性.北京:北京出版社.

王好,康慕谊,刘全儒,等.2004.中条山植物区系与植被研究进展.北京师范大学学报:自然科学版,40(5):676~683.

王映明.1989.湖北大别山植被.武汉植物学研究,7(1):29~38.

叶永忠,范志彬.1993.河南栎林研究.河南农业大学学报.27(2):187~195.

叶永忠,汪万森,黄远超.2002.连康山自然保护区科学考察集.北京:科学出版社.

叶永忠,汪万森.1999.伏牛山森林群落物种多样性研究:Ⅰ群落垂直分布与物种丰富度.河南科学,17(A):61~64.

叶永忠,汪万森,李合申.2004.小秦岭自然保护区科学考察集.北京:科学出版社.

叶永忠.1995.伏牛山栎类群落生物多样性研究.植物学通报,7(A):79~84.

中国植被编辑委员会.1980.中国植被.北京:科学出版社.

第6章 河南鸡公山自然保护区苔藓植物[①]

6.1 苔藓植物的科属种组成

6.1.1 科的组成

根据对保护区内苔藓植物的野外考察和标本采集，经室内鉴定和文献研究，现知河南鸡公山国家级自然保护区内的苔藓植物共计 51 科 103 属 236 种 1 亚种 17 变种。其中，苔类有 18 科 20 属 43 种 1 变种；藓类有 33 科 83 属 193 种 1 亚种 16 变种（表 6-1）。

表 6-1 河南鸡公山国家级自然保护区苔藓植物种数统计

类别	科数	属数	种数	亚种数	变种数
苔纲 Hepaticae	18	20	43	0	1
藓纲 Musci	33	83	193	1	16
合计	51	103	236	1	17

6.1.2 属的组成

通过对各科内属、种、亚种和变种的统计，可以掌握河南鸡公山国家级自然保护区内苔藓植物科属种（含亚种、变种）的组成特点（表 6-2）。

表 6-2 河南鸡公山国家级自然保护区苔藓植物科属种（含亚种、变种）统计

科 名	属数	种数	亚种数	变种数
绒苔科 Trichocoleaceae	1	1		
绿片苔科 Aneuraceae	1	1		
叉苔科 Metzgeriaceae	1	2		
钱苔科 Ricciaceaae	1	2		
睫毛苔科 Blepharostomaceae	1	2		
叶苔科 Jungermanniaceae	1	1		
合叶苔科 Scapaniaceae	1	3		
羽苔科 Plagiochilaceae	1	3		
齿萼苔科 Lophocoleaceae	3	5		
扁萼苔科 Radulaceae	1	6		
光萼苔科 Porellaceae	1	8		
细鳞苔科 Lejeuneaceae	1	2		
护蒴苔科 Calypogeiaceae	1	2		
溪苔科 Pelliaceae	1	1		
带叶苔科 Pallaviciniaceae	1	1		

① 本章由袁志良执笔

续表

科　名	属数	种数	亚种数	变种数
蛇苔科 Conocephalaceae	1	2		
多室苔科 Aytoniaceae	1			1
地钱科 Marchantiaceae	1	1		
牛毛藓科 Ditrichaceae	2	2		
曲尾藓科 Dicranaceae	5	7		1
白发藓科 Leucobryaceae	1	2		
凤尾藓科 Fissidentaceae	1	8		1
大帽藓科 Encalytaceae	1	1		
丛藓科 Pottiaceae	8	17		2
缩叶藓科 Ptychomitriaceae	1	3		
紫萼藓科 Grimmiaceae	3	9		
葫芦藓科 Funariaceae	2	3		
真藓科 Bryaceae	4	15		1
提灯藓科 Mniaceae	3	12		
珠藓科 Bartramiaceae	2	5		
木灵藓科 Orthotrichaceae	2	3		
虎尾藓科 Hedwigiaceae	1	1		
白齿藓科 Leucodontaceae	1	5		
扭叶藓科 Trachypodaceae	1	1		
蔓藓科 Meteoriaceae	1	2		
平藓科 Neckeraceae	3	4		1
船叶藓科 Lembophyllaceae	1	1		
万年藓科 Climaciaceae	1	2		
鳞藓科 Theliaceae	1	1		
碎米藓科 Fabroniaceae	2	3		
薄罗藓科 Leskeaceae	4	7		
牛舌藓科 Anomodontaceae	4	6	1	1
羽藓科 Thuidiaceae	5	14		
柳叶藓科 Amblystegiaceae	5	6		2
青藓科 Brachytheciaceae	5	21		
绢藓科 Entodontaceae	1	6		1
棉藓科 Plagiotheciaceae	1			3
锦藓科 Sematophyllaceae	1	1		
灰藓科 Hypnaceae	5	17		1
塔藓科 Hylocomiaceae	2	2		
金发藓科 Polytrichaceae	3	6		2
合　计	103	236	1	17

6.2　优势科属的统计分析

　　河南鸡公山国家级自然保护区的苔藓植物中，含 10 种以上的科共 6 个，含 5 种以上的属共 11 个。以其种数的多少排序列表（表 6-3、表 6-4）。

表 6-3　河南鸡公山国家级自然保护区苔藓植物优势科的属种统计

序号	科	属数	占总属数的百分比/%	种数	占总种数的百分比/%
1	青藓科	5	4.85	21	8.27
2	丛藓科	8	7.77	19	7.48
3	灰藓科	5	4.85	18	7.09
4	真藓科	4	3.88	16	6.30
5	羽藓科	5	4.85	14	5.51
6	提灯藓科	3	2.91	12	4.72
合计	6	30	29.11	100	39.37

注：种数的统计包括亚种及变种，下同。

表 6-4　河南鸡公山国家级自然保护区苔藓植物优势属的种数统计

序号	属名	种数	占总种数的百分比/%
1	青藓属 *Brachythecium*	12	4.72
2	真藓属 *Bryum*	11	4.33
3	凤尾藓属 *Fissidens*	9	4.54
4	光萼苔属 *Porella*	8	3.15
5	匐灯藓属 *Plagiomnium*	7	2.76
6	绢藓属 *Entodon*	7	2.76
7	小石藓属 *Weisia*	6	2.36
8	扁萼苔属 *Radula*	6	2.36
9	灰藓属 *Hypnum*	6	2.36
10	白齿藓属 *Leucodon*	5	1.97
11	羽藓属 *Thuidium*	5	1.97
合计		82	33.28

　　通过表 6-1～表 6-4 的统计数字可以看出河南鸡公山国家级自然保护区苔藓植物的基本组成和其中的主体类群。与这些优势科属形成鲜明对比的是单（寡）种属，河南鸡公山国家级自然保护区苔藓植物中的单种属有石地钱属（*Reboulia*）、船叶藓属（*Dolichomitra*）、鼠尾藓属（*Myuroclada*）、美灰藓属（*Eurohypnum*）和塔藓属（*Hylocomium*）5 属，占总属数的 4.85％。单种科单种属可以反映出植物进化过程中的两个相反的方向，一个是产生新的科属，其属种尚未分化；另一个是演化终极的科属，只有少数残遗种类。这些都与本地区的地质历史、气候特点和植被演化的进程具有密不可分的联系。

6.3　苔藓植物区系分析

　　按照 1988 年塔赫他间对植物区系的划分，参照 1983 年吴征镒、王荷生对中国种子植物属的分布类型的划分，将河南鸡公山国家级自然保护区苔藓植物区系成分简要划分为如下类型。

6.3.1　科的统计分析

河南鸡公山国家级自然保护区苔藓植物科的区系组成主要包括 4 种类型，如表 6-5 所示。由表 6-5 分析可知，在本区苔藓植物科的分布类型中，世界分布的科有 21 个，占本区苔藓植物总科数的 41.18%。在非世界分布的科中，北温带分布类型最多，达 19 个，占总科数（指非世界分布科总数，下同）的 63.33%；其次是泛热带分布，有 10 科，占总科数的 33.33%；东亚和北美洲间断分布有 1 科，占总科数的 3.33%。由此看来，从科的区系成分的角度分析，扣除世界广布科，本区苔藓植物区系仍是以温带性质为主，各温带成分的科累计达到了 20 个，占总科数的 66.67%。但同时，我们也看到，泛热带分布的科共计 10 个，占到了总科数的 1/3；另外，在温带分布的科中，如凤尾藓科等含有较多的热带成分，属于典型的温热带科别，这些科在本区的出现也从另外一个方面反映了热带成分向本区的渗透，以及保护区苔藓植物区系的南北过渡性质。

综上所述，本区苔藓植物科的区系组成以温带成分为主，表现出明显的温带分布的性质，这可能与保护区特殊的地理位置有密切关系。同时，由于本区苔藓植物科中世界分布所占比例较大，因此，单纯从科的成分分析尚难以全面揭示该区苔藓植物的区系性质，下面分别对属和种的区系成分做进一步的分析。

表 6-5　河南鸡公山国家级自然保护区苔藓植物科的分布区类型

分布区类型	科数	占非世界分布科数的比例/%
世界分布	21	—
泛热带分布	10	33.33
北温带分布	19	63.33
东亚和北美洲间断分布	1	3.33
总计	51	100

6.3.2　属的统计分析

河南鸡公山国家级自然保护区苔藓植物属的区系组成主要包 8 种类型，如表 6-6 所示。由表 6-6 分析可知，在本区苔藓植物属的分布类型中，世界分布的共计 25 属，占总属数的 24.27%，该类型在本区的分布属数仅次于北温带成分。而且还有部分属虽然在区系划分上为世界分布，但却是以温带或热带成分为主，如曲柄藓属（*Campylopus*）主要分布在热带地区，凤尾藓属（*Fissidens*）和珠藓属（*Bartramia*）主要分布在温热地区，木灵藓属（*Orthotrichum*）、白齿藓属（*Leucodon*）等主要分布在温带地区。

温带分布类型共 3 大类 59 属，占非世界分布总属数的 75.64%。世界分布属和温带分布属，累计占本区苔藓植物总属数的 81.55%，表明温带苔藓植物区系在本区的苔藓植物区系中占据了主导地位，对本区的植物区系具有重要的影响。在上述各大类温带成分中，北温带分布最多，达到了 47 属，是本区苔藓植物属区系成分中最多的一类，占非世界分布总属数的 60.26%。另外，东亚分布为 8 属，占非世界分布总属数的 10.26%；温带亚洲分布为 4 属，占非世界分布总属数的 5.13%。

热带类型的属共 4 类 19 属，占非世界分布总属数的 24.36%，表明热带苔藓植物区系在本区的苔藓植物区系中占有重要的地位,对本区的植物区系具有重要的影响,反映了本区苔藓植物区系南北过渡的特色。在本区的热带苔藓植物区系成分中,泛热带分布型有 15 个,占非世界分布类型总数的 19.23%,是热带分布各类型中最大的一类;热带亚洲分布 2 属,占非世界分布总属数的 2.56%;热带亚洲至热带美洲间断分布和热带亚洲至热带大洋洲分布各 1 属,均占非世界分布总属数的 1.28%。

属是由其组成部分即种所构成,它们在发生上是单元的,具有共同的祖先,大多数属是真正的自然群。从区系地理学的观点出发,属的地理分布型可以表现出该属植物的演化扩展过程和区域差异,这正适合以系统发生—植物地理学的理论和方法研究植物属种的分布和起源,或者演化。因此,属的分布区类型最能反映一个地方区系成分的特征,我们也往往以属作为划分植物区系地区的标志或依据。由上面的分析可知,在河南鸡公山国家级自然保护区内,苔藓植物区系成分中热带类型和温带类型的比例大约为 1 : 3,反映了本区苔藓植物区系以温带成分为主,这是由于本区位于黄淮海平原的南端,在气候带类型上主要受暖温带的控制;但由于保护区同时也是我国北亚热带与南暖温带交汇处,受我国北亚热带植物区系的影响也较为显著,因此热带类型苔藓植物区系所占比重也比较大。

表 6-6　河南鸡公山国家级自然保护区苔藓植物属的分布区类型

分布区类型	属数	占非世界分布属数的比例/%
世界分布	25	—
泛热带分布	15	19.23
热带亚洲和热带美洲间断分布	1	1.28
热带亚洲至热带大洋洲分布及其变型	1	1.28
热带亚洲分布及其变型	2	2.56
北温带分布及其变型	47	60.26
温带亚洲分布	4	5.13
东亚分布及其变型	8	10.26
总计	103	100

6.3.3　种的统计分析

植物种是植物区系地理学的基本研究对象。它的重要意义在于,首先,种是植物分类的基本单位,是具有共同形态特征和功能特性的植物群,其生存和分布需要相应的环境;其次,种是作为统计分析区系地理现象的一种手段,可以用数字表达不同地区植物区系的丰富程度和科属的大小。河南鸡公山国家级自然保护区苔藓植物种的区系组成主要包括 10 个类型,如表 6-7 所示。由表 6-7 分析可知,在本区苔藓植物种的分布类型中,世界分布的共计 33 种,占总种数的 12.99%,但其中芽胞扁萼苔(*Radula lindenbergiana*)、扁萼苔(*Radula complanata*)、羽枝青藓(*Brachythecium plumosum*)和疣小金发藓(*Pogonatum urnigerum*)等主要广布在北半球。在研究一个地区的植物区系特征时,世界广布种的存在没有多大的意义,在进行区系的比较统计时常被取消,因此,下面的分析中也将其排除在外。

温带分布类型共 6 大类 203 种,占非世界分布总种数的 91.86%。其中,北温带分布 84 种,占非世界分布总种数的 38.01%,是本区苔藓植物种的区系组成中最大的一类;其次是

表 6-7 河南鸡公山国家级自然保护区苔藓植物种的分布区类型

分布区类型	种数	占非世界分布总数的比例/%
世界分布	33	—
泛热带分布及其变型	6	2.71
热带亚洲至热带非洲分布及其变型	2	0.90
热带亚洲分布及其变型	10	4.52
北温带分布及其变型	84	38.01
东亚和北美洲间断分布及其变型	7	3.17
旧世界温带分布及其变型	7	3.17
温带亚洲分布	30	13.57
东亚分布及其变型	64	28.96
中国特有分布	11	4.98
总计	254	100

东亚分布，共 64 种，占非世界分布种的 28.96%；温带亚洲分布 30 种，占非世界分布总种数的 13.57%；中国特有分布 11 种，占非世界分布总种数的 4.98%；旧世界温带分布和东亚至北美洲间断分布均为 7 种，均占非世界分布总种数的 3.17%。

热带类型的种共 3 类 18 种，占非世界分布总种数的 8.14%。其中，热带亚洲分布 10 种，占非世界分布总种数的 4.52%，为热带分布类型中种数最多的一类；泛热带分布型有 6 个，占非世界分布类型总种数的 2.71%；热带亚洲至热带非洲分布有 2 种，占非世界分布种的 0.90%。在这些热带类型的苔藓植物中，其适生区大多位于我国的长江以南，向北以本区为界，如异形凤尾藓（*Fissidens anomalus*）和皱叶牛舌藓（*Anomodon rugelii*）等。

由以上的分析可以看出，在本区苔藓植物种的区系类型中，北温带分布为温带分布类型中最大的一类，同时也是本区苔藓植物种中区系成分最大的一类，它决定了本区苔藓植物区系的性质。另外，东亚分布在非世界分布种中占 28.96%，是本区苔藓植物种区系成分中排名第二的分布类型，这其中 48 种为中国-日本分布类型，占东亚分布类型的 75.00%，表明本区苔藓植物区系与日本苔藓植物区系间存在密切联系。地史资料表明，日本岛屿曾和中国大陆相连，形成一个自然区域，直到第三纪或第四纪初期才与中国大陆分离，因此，中、日两国的植物区系有着共同的起源，在种类组成上有很大的相似性，常被认为属于同一植物区系区域，即中国-喜马拉雅区。

通过对种的地理成分的分析可知，本区温带区系成分占绝对优势，并以北温带分布和东亚分布为主，而热带成分所占比例相对较小，并且不存在典型的热带种，现有热带成分大多是一些热带属的少数种类向北延伸浸入本区，并以本区为其自然分布的北界。

6.3.4 河南鸡公山国家级自然保护区苔藓植物区系与中国其他地区对比分析

植物区系是一个地区、一定时间、一个类群或植被中所有植物的总称。它反映了在有限区域内植物种类组成的特性，以及由此表现出的一系列特点。任何植物区系的形成和发展都不是孤立的，它们都与相邻地区的植物区系间存在这样或那样的关系。因此，孤立地研究某一地域的植物区系没有意义，必须与其邻近地区的植物区系相比较才能真正揭示其特征，并能从更高的角度掌握植物演化、分布等规律。本研究选取河南鸡公山国家级自然保护区与中国其他 16 个山区为研究对象，从不同的角度进行比较和分析。

地理成分组成是植物区系的一个重要特征。地理成分的比较也是研究区系间关系的重要手段。为了消除调查面积对分析结果的影响，本研究采用植物区系谱（floristic spectrum，FS）的概念。植物区系谱是指某一特定植物区系中各区系成分百分率的集合，反映了各种区系成分在该区系中占有的比率或对该区系总体的贡献。

首先，按下式将原始数据标准化

$$a_{ij} = x_{ij}/t_j$$

式中，a_{ij} 为第 i 个地区第 j 个区系成分标准化的数值（$i=1, 2, \cdots, 16$；$j=1, 2, \cdots, 7$），x_{ij} 为第 i 地区第 j 个区系成分的原始数值（$i=1, 2, \cdots, 16$；$j=1, 2, \cdots, 7$），t 为第 i 地区除广布成分之外的其他区系原始数值总和（$i=1, 2, \cdots, 16$）。

标准化后的 17 个地区的数据所组成的数表即是这些地区苔藓植物区系成分所占比率（FER），详见表 6-8。

表 6-8　河南鸡公山国家级自然保护区与其他 16 个地区苔藓植物 FER（%）统计

	地区	苔藓植物区系							资料来源
		N	O	W	A	E	T	B	
1	长白山	59.94	4.80	0	2.87	29.01	0.73	2.86	高谦和曹同.1983
2	东部天山	63.74	9.57	10.00	1.74	9.13	0	5.21	赵建成.1993
3	白石砬子	58.03	3.23	0	5.63	26.05	0.88	5.63	袁永孝和宋朝枢.1998
4	仙人洞	46.92	3.85	0	8.46	30.00	4.62	6.15	贾学乙和曹同.1989
5	内蒙古	67.08	2.48	2.69	4.14	14.70	1.86	7.04	白学良.1993
6	小五台山	64.29	4.02	3.13	4.02	13.84	0.89	8.04	李敏.1999
7	河北北部	57.48	4.33	6.69	4.72	15.75	4.94	6.69	张家树等.2003
8	驼梁	55.20	3.60	2.80	4.80	24.00	1.20	7.60	刘宝成.2001
9	云蒙山	52.58	6.01	6.57	4.23	18.31	4.23	6.57	唐伟斌.2001
10	泰山	46.74	3.57	0	2.71	36.90	2.71	7.13	赵遵田等.2003
11	崂山	43.92	3.10	0	4.71	36.08	5.13	7.06	衣艳君等.1991
12	昆嵛山	37.26	4.97	0	5.59	41.61	3.11	7.45	赵遵田等.1993
13	大别山	39.60	4.00	16.50	2.00	23.90	10.40	3.60	袁志良.2012
14	鸡公山	38.01	3.17	13.57	3.17	28.96	8.13	4.98	
15	古田山	26.67	1.00	0	3.00	39.67	22.00	5.58	田春元等.1999
16	金佛山	28.82	1.75	0.44	3.06	34.06	24.89	6.99	胡晓云和吴鹏程.1991
17	九万山	12.92	0	2.25	3.37	41.76	40.56	2.81	贾渝.1992

注：N 北温带成分，O 旧世界温带成分，W 温带亚洲成分，A 东亚-北美成分，E 东亚成分，T 热带成分，B 中国特有成分。

表 6-8 中的 17 个地区是按照序号从高纬度到低纬度依次排列的，在这里我们可以分别作出北温带成分（N）、旧世界温带成分（O）、温带亚洲成分（W）、东亚-北美成分（A）、东亚成分（E）、热带成分（T）、中国特有成分（B）等 7 种具体区系成分和 17 个地区（按照序号排列）对于各自 FER 值的折线图（图 6-1）。分析可以得到如下结论。

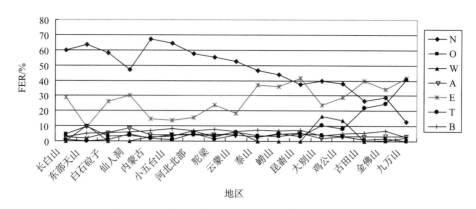

图 6-1　鸡公山与其他 16 个山区苔藓植物区系比较

（1）河南鸡公山国家级自然保护区北温带成分和旧世界温带成分的 FER 值之和较大，占总区系成分的 41.18%，说明鸡公山苔藓植物与北美大陆和欧洲大陆的苔藓植物之间存在着密切的联系。

（2）东亚成分占总区系成分的 28.96%，为第二大区系成分，可见该成分在鸡公山自然保护区的重要性仅次于北温带成分对本区苔藓植物区系影响非常大。其原因在于鸡公山的东亚区系成分在很大程度上是受华东植物区系和西南植物区系的综合影响所致。据相关文献研究认为，苔藓植物在最大的东亚成分分布中心的喜马拉雅南翼地区与我国其他地区之间存在着 3 条分布路线：①喜马拉雅—我国秦岭—我国东北；②喜马拉雅—我国台湾；③介于上述两者之间，由喜马拉雅—我国川西、我国滇西北—秦岭或我国长江流域—我国东部沿海—日本东南部。因上述路线均对本区苔藓植物区系的形成产生影响，从而使鸡公山苔藓植物区系中东亚区系成分比例较大。

（3）本区的第四大区系成分为热带成分，占总区系成分的比例为 8.13%。本区热带成分的比例与亚热带地区的九万山、金佛山和古田山等地的热带成分比例相比还相差甚远，与其东部同纬度、距离较近的大别山自然保护区相比也相对较低，而与我国北方和内陆的一些地区如长白山、东部天山和白石砬子等地相比则又具有明显的热带成分优势，这些都是与鸡公山特殊的地理位置和气候特点相适应的，也充分地表明了本区苔藓植物区系的南北过渡性质。

（4）河南鸡公山国家级自然保护区苔藓植物东亚-北美成分在总区系成分中占 3.17%，虽然该成分在本区所有区系成分中的比例是很小的，但其在鸡公山的分布却是本区和北美大陆之间区系关系的见证。

（5）在我国，温带亚洲成分主要分布在西北地区。而本区系成分在鸡公山的总区系成分中排名第三，达到 13.57%，这种现象的出现很可能是温带亚洲成分由西北向东南扩散和延伸的结果，也反映了我国西北植物区系对保护区的影响。

6.3.5　河南鸡公山国家级自然保护区苔藓植物的区系关系

1）河南鸡公山国家级自然保护区苔藓植物区系与我国其他分布区苔藓植物区系的关系

由于地史、气候和生物等多方面的原因，我国华北、华东、西南和西北等各大苔藓植物分布区对河南鸡公山国家级自然保护区苔藓植物区系都有着不同程度的影响，从而造就了本区苔藓植物区系成分的复杂性。

在河南鸡公山国家级自然保护区苔藓植物区系成分中，温带成分占的比例最大，其中有许多种是我国华北、东北地区的广布种，显示出本区苔藓植物区系与华北、东北地区的密切联系。

华东苔藓植物区对鸡公山苔藓植物区系的影响主要是通过东亚成分在保护区内的广泛分布体现的，东亚成分仅次于北温带成分，所占比例高达 28.96％，其中尤以中国-日本区系成分为主，充分反映了华东植物区系对该地的影响。究其原因，一方面是受华东亚热带湿润气候的影响；另一方面是由于我国苔藓植物东亚区系成分在喜马拉雅南翼地区与我国其他地区之间存在着一条横穿本区的迁移路线，既喜马拉雅—我国川西、我国滇西北—我国秦岭或我国长江流域—我国东部沿海—日本东南部。同时也印证了我国学者把鸡公山植物区系归属于泛北极植物区、中国-日本森林植物亚区的华东植物区系的观点。

西南地区是我国苔藓植物最丰富的地区之一，由前文我们已经知道，苔藓植物在最大的东亚成分分布中心的喜马拉雅南翼地区与我国其他地区之间存在 3 条分布路线，并都对本区苔藓植物区系的分布产生了不同程度的影响。而西北植物区系对鸡公山苔藓植物区系的影响主要体现为温带亚洲成分在保护区内的分布高达 13.57％，在本区苔藓植物各区系中排名第三。

2）河南鸡公山国家级自然保护区苔藓植物区系与日本苔藓植物区系的关系

日本诸岛直至第三纪上新世仍和大陆相连。我国与日本相联系的中国-日本森林植物亚区包含我国相当大的区域，两国植物区系有很大的相似性。鸡公山苔藓植物区系中东亚成分占很大比例，共计 64 种，其中属于中国-日本成分的有 48 种，占东亚成分的 75.00％。由此可见鸡公山苔藓植物区系与日本苔藓植物区系的密切联系和历史渊源。

3）河南鸡公山国家级自然保护区苔藓植物区系与北美苔藓植物区系的关系

我国和北美苔藓植物区系关系是在十分复杂的地质、地理、气候条件下，以及依赖于苔藓植物本身生长和生殖特性等因素，经历不同时期相互作用和长期影响而形成的，是白垩纪以来，两地区分离后，苔藓植物区系成分经多途径交流和分异的结果。地处黄淮海大平原西南端的鸡公山自然保护区是东西南北各大区系的自然交汇处，在其丰富的苔藓植物资源中即有部分与北美共同的科和种，虽然科的相似程度较低，但仍不乏典型的共同分布种和"姐妹种"，如黄砂藓（*Rhacomitrium anomodontoides*）、拟附干藓（*Schwetchkeopsis fabronia*）、石地青藓（*Brachythecium glareosum*）、鳞叶藓（*Taxiphllum taxirameum*）和东亚万年藓（*Climacium japonicum*）等，毫无疑问它们是我国鸡公山及我国与北美长期地史关系的见证，并且表明了这种关系的渊源。

4）河南鸡公山国家级自然保护区苔藓植物区系与欧洲苔藓植物区系的关系

根据大陆漂移学说和植物区系的热带起源学说，欧亚板块作为一个整体，其植物区系有着密切的联系。鸡公山与欧洲共有的苔藓植物有 91 种，占总种数的 35.83％。这反映出本区与欧洲在苔藓植物种类组成上有很大的相似性。其原因在于，一方面，鸡公山地处亚欧大陆的东缘，与欧洲大陆之间以陆地相连，植物成分可以沿着陆地相互渗透和扩展；另一方面，在第三纪冰川后期，欧洲种类大量南下东迁，之后，第四纪全新世最后一次冰期结束后，大批植物又向北发展。现存的大部分欧洲成分就是那段时期的遗留。

6.3.6　苔藓植物区系的特点和性质

1）植物种类丰富，地理成分多样，区系联系广泛

河南鸡公山国家级自然保护区苔藓植物共计 51 科 103 属 236 种 1 亚种 17 变种，其中，苔类 18 科 20 属 43 种 1 变种，藓类 33 科 83 属 193 种 1 亚种 16 变种，苔藓植物种类丰富。由区系地理分析可知，本区苔藓植物科分属于 4 大类型，属分属于 8 大类型，种分属于 10 大类型，并与世界温带、热带的许多地区及我国各大区域的苔藓植物区系均有不同程度的联系和渗透。

2）以温带性质为主，具有典型的南北过渡性

科属种的统计分析表明，温带科与热带科的比例为 2：1，温带属与热带属的比例大约为 3：1，而温带种则占非世界分布种的 91.86%，远高于热带种的数目，由此，可以看出河南鸡公山国家级自然保护区苔藓植物区系成分以温带成分为主，但带有一定的热带性质。这是由于本区位于我国北亚热带向南暖温带的过渡地带，加之优越的自然条件，使其成为温带、亚热带成分发育的良好场所，大量南北苔藓植物汇集于此，造就了本区苔藓植物区系南北过渡的特点。由前面的统计数据可知，本区热带分布科 10 个，热带分布属 19 个，而热带分布种只有 18 种，因此，本区的热带成分在大多数情况下是热带科属的个别种向北侵入到本区，并以本区为其分布的北界，如异形凤尾藓、皱叶牛舌藓等。

3）热带残遗性和亲缘性

热带亚洲成分大多数是第三纪古热带植物区系的直接后裔，具有不同程度的古老性。属和种的统计分析表明，热带亚洲分布的属和种分别占热带分布属和种总数的 1/9 和 1/2，反映了本区系的热带残遗性和亲缘性。

4）隶属于华东地区，兼有华中、西南区系特色

综合分析表明，本区苔藓植物区系以温带成分为主，但具有南北过渡的特点，隶属于泛北极植物区和中国-日本森林植物亚区的华东植物区系，但位于华东、华中植物区系在北部的交汇过渡带，并含有一定的西南区系特色。

6.4　苔藓植物群落与生态分布

6.4.1　苔藓植物群落类型的划分

植物群落是一些植物在一定的生境条件下所构成的一个整体，植物群落类型可以反映一定的生态特征。根据苔藓植物的生长基质和生态环境，结合作者野外的实地考察，河南鸡公山国家级自然保护区苔藓植物可划分为以下 4 个类型，即水生群落、石生群落、土生群落和树生群落。

1. 水生群落

水生群落指生长在河边、山涧溪流、水塘、水湿地和沼泽地等环境条件下的苔藓植物群落。保护区地处亚热带的北界，光、热、水气候资源比较丰富，山涧溪流随处可见，特别是在雨水丰富的季节，这里便是水生苔藓植物生长的理想场所，所以本区苔藓植物中的水生群落比较丰富。

1）漂浮群落

漂浮生活的苔藓，有时原属于固着生活型的藓类，因枝茎折断而构成漂浮群落的成分，如圆叶水灰藓（*Hygrohypnum molle*）、扭叶水灰藓（*Hygrohypnum eugyrium*）等，这些藓类往往夹杂于莎草科、禾本科植物的群丛中。

2）固着群落

水生的固着群落在苔藓植物中为数不多，但在山涧溪流中则属习见，且常为纯一的苔藓植物群落。生于石灰性基质上或水中含钙质较多环境的有凤尾藓群落、柳叶藓群落。柳叶藓群落主要成分通常为柳叶藓长叶变种（*Amblystegium serpens* var. *juratzkanum*）、牛角藓（*Cratoneuron filicinum*）等，常分布在水湿地区莎草群落中。

3）沼泽群落

万年藓（*Climacium dendroides*）常见于转化中的沼泽地，苔类中则以石地钱原变种（*Reboulia hemisphaerica* var. *turhesphaerica*）为最常见种。

2. 石生群落

石生群落主要指生长在岩石表面、石质基质或岩面薄土上的苔藓植物群落。根据土层条件、水分条件和光照条件的不同，鸡公山石生苔藓植物群落又可以划分成以下几个类型。

1）湿润石生群落

湿润石生群落多生长在湿润的岩石表面。在山沟、石壁的近水阴暗石面常有由提灯藓属（*Mnium* spp.）的多种所组成的提灯藓群落。由大叶藓属（*Rhodobryum* spp.）的多种所构成的大叶藓群落和真藓属（*Bryum* spp.）的多种所组成的真藓群落在本区中也较为常见。

2）干燥石生群落

干燥石生群落多生长在空旷地上的干燥、坚硬、裸露的岩石表面，受阳光直射强烈，生长条件极其恶劣，其生存完全依赖降水和空气中的水分。最常见的有多种紫萼藓（*Grimmia* spp.）所构成的群落、多种缩叶藓（*Ptychomitrium* spp.）形成的垫状纯群落、羊角藓（*Herpetineuron toccoae*）群落、牛舌藓（*Anomodon* spp.）群落及部分耐旱的光萼苔（*Porella* spp.）群落等。

3）岩面薄土群落

在岩石表面经若干年的成土作用而形成的薄层土壤上，分布着种类丰富的苔藓植物群落。由于水湿条件、遮阴情况和土质的差异，群落的种类组成、生长情况也各不相同。该类群在保护区的分布十分广泛，生长良好，常成片状群落分布。最常见的主要有真藓群落、牛舌藓群落、青藓群落、绢藓群落和提灯藓群落等。

3. 土生群落

土生群落是生长在土地上或土壁上的苔藓植物群落。根据其生长情况、水湿条件和土质的差异又可以分为下列各种类群。

1）短命土生群落

短命土生群落多属一年生的小型苔藓植物，有季节性的繁茂和衰败现象，以适应寒冷干燥的外部条件。最常见的有真藓群落，主要成分为真藓科的多种，如真藓（*Bryum* spp.）、丝瓜藓（*Pohlia* spp.）。此外，还有凤尾藓科中的小型种，如生于耕地旁或梯田侧壁上的小凤尾藓原变种（*Fissidens bryoides* var. *bryoides*）等。其他的种类还有葫芦藓科的葫芦藓（*Funaria hygrometrica*）和立碗藓（*Physcomitrium sphaericum*），它们在本区均分布成小的植物群落。

2）土壁湿生群落

土壁湿生群落常生长在林地边缘倾斜湿润的土壁上，最常见的是由真藓属、丝瓜藓属和珠藓属及提灯藓属中的一些喜湿的种类所构成的混生群落。东亚小金发藓（*Pogonatum inflexum*）也常常形成大片分布的纯群落。

3）林地群落

森林林地是比较适合大多数苔藓植物生长的环境，所以林地的苔藓群落往往种类复杂，层次众多。林地的环境条件如光照、水分和土质等都对苔藓群落的构成有显著的影响。保护区优越的生态环境条件为苔藓植物的生长提供了便利。在落叶阔叶林和常绿、落叶阔叶混交林下广泛地分布着绢藓（*Entodon* spp.）和青藓（*Brachythecium* spp.）群落，它们大多种类复杂，往往与羽藓科的一些种组成固定的混生群落。在长江流域以南山林常见的绿羽藓（*Thuidium assimile*）、大羽藓（*Thuidium cymbifolium*）等也在本区形成大片群落。

4）钙土群落

钙土藓类群落以丛藓科藓类为主，且分布较为广泛，如墙藓属（*Tortula*）、扭口藓属（*Barbula*）等。

4. 树生群落

树生群落指生于树干上、树枝上、树叶上及腐木上的苔藓植物群落，该群落一般为喜阴的种类。树生生活是苔藓植物适应性的一种表现，和空气的湿度密切相关。在气候干燥、空气湿度小的地方，树生群落种类较少或呈休眠状态。而在空气湿度大的地方，树生群落较多，且随湿度的增加着生高度也相应增高。根据苔藓植物个体的生长情况和着生的位置，树生群落又可以分为下列不同的类型。

1）紧贴树生群落

紧贴树生群落的植物体平铺紧贴树皮，大多数这样生长的苔藓都具有随处生长的假根。在本区常见的种类有多分布于北方森林的扁枝藓原变种（*Homalia trichomanoides* var. *trichomanoides*）、金灰藓（*Pylaisiella* spp.）和多分布于南方森林的拟附干藓（*Schwetschkeopsis* spp.）、碎米藓（*Fabronia* spp.）、蓑藓（*Macromitrium* spp.）等。

2）浮蔽树生群落

浮蔽树生群落是指比较大型的苔藓植物着生树干或枝上，往往密集丛生，浮蔽树干。此类苔藓群落多为羊角藓（*Herpetineuron toccoae*）和牛舌藓（*Anomodon* spp.）混生的牛舌藓群落。

3）基干树生群落

由于森林中不同高度的空气水湿条件、气温变化及空气成分不同，造成树干基部和上部的湿度不同，树干基部一般湿度较高，往往是有特殊的苔藓植物种类。这些苔藓大半是由土生类型蔓延的，即原来仅生于林地土层上的苔藓，由于林中湿度较高，树干基部也适合于它们生长，因此即蔓延到树干上。本区习见的种类主要有羽藓（*Thuidium* spp.）、绢藓（*Entodon* spp.）、曲尾藓（*Dicranum* spp.）和灰藓（*Hypnum* spp.）等。

4）腐木群落

腐木群落是林中倒木和陈年腐枝朽木上具有的特殊苔藓植物群落。本区分布的属于此类的苔藓群落主要由叉苔（*Metzgeria furcata*）、粗齿匐灯藓（*Plagiomnium drummondii*）、陕西碎米藓（*Fabronia schensiana*）等组成。

6.4.2　鸡公山苔藓植物群落分布的特点

植物群落是环境和植物群体的矛盾统一体。环境因子的综合作用决定了植物群落的类型，反过来，植物群落类型亦反映了其周围生态环境的特点。苔藓植物也不例外，虽然其个体微小，但对生存的环境却十分敏感，要求的条件在种间也有差异。群落的形成不仅与苔藓植物本身的生长特性有关，而且与所处的外界条件和生态环境也有着极为密切的关系。因此苔藓植物的群落类型能很好地反映所生存的生态环境的特点。

河南鸡公山国家级自然保护区苔藓植物的群落分布以石生群落和土生群落为主，树生群落和水生群落所占的比例相对较小。但水生群落也较为常见，而且生长旺盛，反映了本地区较为充裕的水热资源。同时，树生群落较为发达，本区苔藓植物树生群落大都分布在树基、树干和腐木上，在很多情况下苔藓植物的分布高度达到 2m 甚至更高，这对于依靠空气中的水分而生存的苔藓植物来说，空气湿度较大已可见一斑。但是，本区内并未发现南方亚热带地区常见的典型的叶附生苔藓植物。

6.5　苔藓植物区系和生态分布格局形成的影响因素

在地球上，除辽阔的海洋和大约 5000m 以上的高山冻原外，苔藓植物在各大洲的分布都具有自身的分布特点，在各大洲的不同地区甚至在同一地区的不同地段也存在分布上的差异。鸡公山苔藓植物区系与生态分布的特点是多种因素长期综合作用的结果，下面就影响河南鸡公山国家级自然保护区苔藓植物区系和生态分布的诸因素进行探讨。

6.5.1　印度板块运动对河南鸡公山国家级自然保护区苔藓植物分布的影响

苔藓植物大约起源于 4 亿多年前的志留纪或泥盆纪，尔后经历多次的地理分异和气候变迁，旧的种类不断消亡，新的类群不断产生。其中印度板块的活动对鸡公山苔藓植物的分布曾产生重要的影响。

根据大陆板块漂移学说，自 1 亿年前联合古陆开始解体，漫长的大陆漂移和相互碰撞都为大陆间苔藓植物成分的相互渗透和交流创造了机会。直到第三纪中期，当时各大陆板块的分布格局基本上形成，从而影响并形成了苔藓植物在全球范围内的分布。其中，印度板块与劳亚古陆的碰撞对我国西南地区苔藓植物区系影响较大，一方面，印度板块带来了特有的苔藓植物成分，另一方面，印度板块对亚洲大陆腹地的碰撞引起了喜马拉雅山系的隆起，从而改变了我国西南地区的地质地貌和气候特点，使我国西南地区成为重要的苔藓植物分布中心之一。由前面的分析可知，鸡公山苔藓植物的分布受我国西南地区的影响较大。因此，印度板块的运动对本区苔藓植物区系的影响也同样不可忽视。

6.5.2　气候变迁对河南鸡公山国家级自然保护区苔藓植物的影响

植物类群的分布具有明显的规律性，除世界广布种外，苔藓植物一定的种类及其相关的科属均分布于特定地域。多数苔藓植物体型较小，一般不能远离相关的生态环境，但有时只需保留较小的局部环境，它们就能够继续繁衍和生存，这主要是因为局部环境中的温度、湿度和光照等条件尚未发生剧烈变化。因此，特定的气候因素是维持或形成特定苔藓植物成分的重要条件。

鸡公山地处南暖温带和北亚热带的交界地带，过渡带气候特征明显，兼有南北两方的气候特点。优越的气候条件为各种苔藓植物区系成分在该区的分布提供了可能,同时这也是我国华北、华东、华中、西南和西北等多种植物区系成分在本区交汇和共存的重要原因。现代气象资料表明伏牛山—淮河干流一线为我国亚热带北界,但历史上第四纪最后一次冰期以后亚热带的北界还曾在北纬 35.5°,该线基本位于河南太行山区附近,也就是说当时河南大部分地区都属于亚热带的范畴。这种大的气候带的变迁和移动对本区苔藓植物的分布和区系形成必然产生重要的影响,这也是本区苔藓植物区系成分中有热带成分分布的原因所在。

6.5.3　第四纪冰川对河南鸡公山国家级自然保护区苔藓植物的影响

冰川的作用对苔藓植物的生态地理分布产生较大的影响,尤其是在第三纪后期,它不仅阻碍了苔藓植物的进一步扩散,而且导致不少苔藓植物缩小了分布区域,甚至沦为濒危植物或濒临灭绝的边缘。冰川的作用通常导致以下两种现象的出现:①两个或两个以上大陆间存在分离的相同的属或种;②同一个属在两个分离的大陆分别具有两个不同的种。本区与北美苔藓植物间存在的共同分布种和"姐妹种"就是这些现象的有力证据。

6.6　河南鸡公山国家级自然保护区苔藓植物名录

6.6.1　苔类

绒苔科 Trichocoleaceae

绒苔属 *Trichocolea*

绒苔 *Trichocolea tomentella* 生于溪沟边潮湿岩面或湿土上,有时见于阴湿处腐倒木上。

绿片苔科 Aneuraceae

绿片苔属 *Aneura*

绿片苔 *Aneura pinguis* 生于腐木上或阴湿岩面。

叉苔科 Metzgeriaceae

叉苔属 *Metzgeria*

平叉苔 *Metzgeria conjugata* 生于山区林内湿石上或树干基部,有时生于湿土上。

叉苔 *Metzgeria furcata* 生于树干基部、腐木上或湿石上。

钱苔属 *Riccia*

叉钱苔 *Riccia fluitans* 多生于潮湿的土面。

钱苔 *Riccia glauca* 多生于潮湿的土面。

睫毛苔科 Blepharostomataceae

睫毛苔属 *Blepharostoma*

小睫毛苔 *Blepharostoma minus* 生于较干燥环境的腐木、岩石上。

睫毛苔 *Blepharostoma trichophyllum* 在林下和林缘多生于湿腐木表面、岩石表面、土壤表面或树干基部。

叶苔科 Jungermanniaceae

叶苔属 *Jungermannia*

倒卵叶叶苔 *Jungermannia obovata* 生于阔叶林下湿土上。

合叶苔科 Scapaniaceae

合叶苔属 *Scapania*

刺边合叶苔 *Scapania ciliata* 生于潮湿岩石、林下腐质或腐木上。

斯氏合叶苔 *Scapania stephanii* 生于岩石或石面上,有时见于腐木或树干上。

波瓣合叶苔 *Scapania undulata* 生于河沟或水溪边潮湿岩石面上。

羽苔科 Plagiochilaceae

羽苔属 *Plagiochila*

纤细羽苔 *Plagiochila gracilis* 生于树干及石上。

刺叶羽苔 *Plagiochila sciophila* 生于石面、树干、树基。

卵叶羽苔 *Plagiochila ovalifolia* 生于海拔 200m 以上的湿石面或泥面上。

齿萼苔科 Lophocoleaceae

裂萼苔属 *Chiloscyphus*

裂萼苔 *Chiloscyphus polyanthus* 生于林下或路边泥土、岩面、树干或腐木上。

异萼苔属 *Heteroscyphus*

双齿异萼苔 *Heteroscyphus coalitus* 生于林下或平原湿岩石上或腐木上，有时生于树上。

平叶异萼苔 *Heterscoscyphus planus* 生于林下树干、腐木，有时生于岩面薄土上。

齿萼苔属 *Lophocolea*

异叶齿萼苔 *Lophocolea heterophylla* 生于湿腐木或湿土壤上，有时也生于老树干上，多见于此区林下或沟谷边两旁。

芽胞齿萼苔 *Lophocolea minor* 生于碱性的湿土上或湿岩面上，有时出生于树干基部，多见于山区林下或河岸荫蔽处。

扁萼苔科 Radulaceae

扁萼苔属 *Radula*

扁萼苔 *Radula complanata* 生于林内树干或树枝上。

芽胞扁萼苔 *Radula lindenbergiana* 生于树干、树枝或岩石上。

日本扁萼苔 *Radula japonica* 生于树干、树枝或岩石上。

大瓣扁萼苔 *Radula cavifolia* 生于树干或岩石上。

尖叶扁萼苔 *Radula kojana* 生于树干、腐木或岩面薄土上。

中华扁萼苔 *Radula chinensis* 生于石灰岩面上。

光萼苔科 Porellaceae

光萼苔属 *Porella*

丛生光萼苔 *Porella caespitans* 生于林中树干或石面上。

中华光萼苔 *Porella chinensis* 多生于林下石面或树干上。

延叶光萼苔 *Porella decurrens* 多生于林下石面或树干上。

亮叶光萼苔 *Porlla nitens* 多生于常绿阔叶林内树干上。

毛边光萼苔 *Porlla perrottetiana* 多生于常绿阔叶林中树干或石面上。

光萼苔 *Porlla pinnata* 生于林下树干上。

毛缘光萼苔 *Porlla vernicosa* 林下土生或岩面薄土生。

日本光萼苔 *Porlla japonica* 多生于常绿阔叶林中树干或石面上。

细鳞苔科 Lejeuneaceae

细鳞苔属 *Lejeunea*

黄色细鳞苔 *Lejeunea flava* 生于树干、岩石、树基、腐木上。

小细鳞苔 *Lejeunea parva* 生于树干、腐木和岩面上。

护蒴苔科 Calypogeiaceae

护蒴苔属 *Calypogeia*

刺叶护蒴苔 *Calypogeia arguta* 生于土面或阴暗田埂上。

钝叶护蒴苔 *Calypogeia neesiana* 多见于亚高山针叶林下腐质或腐倒木上。

溪苔科 Pelliaceae

溪苔属 *Pellia*

溪苔 *Pellia epiphylla* 习见于山区溪边，石生或湿土生。

带叶苔科 Pallaviciniaceae

带叶苔属 *Pallavicinia*

长刺带叶苔 *Pallavicinia subciliata* 生长在林下土壁上。

蛇苔科 Conocephalaceae

蛇苔属 *Conocephalum*

蛇苔 *Conocephalum conicum* 生于溪边林下阴湿碎石和土上。

小蛇苔 *Conocephalum japonicum* 生于溪边林下阴湿土上。

多室苔科 Aytoniaceae

石地钱属 *Reboulia*

石地钱原变种 *Reboulia hemisphaerica* var. *turhesphaerica* 生于较干燥的石壁、土坡和岩缝土上。

地钱科 Marchantiaceae

地钱属 *Marchantia*

地钱 *Marchantia polymorpha* 生于阴湿土坡或岩石上。

6.6.2 藓类

牛毛藓科 Ditrichaceae

牛毛藓属 *Ditrichum*

黄牛毛藓 *Ditrichum pallidum* 生于土坡、山地或土壁上。

角齿藓属 *Ceratodon*

角齿藓 *Ceratodon purpureus* 岩面薄土生。

曲尾藓科 Dicranaceae

曲尾藓属 *Dicranum*

曲尾藓 *Dicranum scoparium* 生于林下腐木、岩石面薄土或腐殖质上。

日本曲尾藓 *Dicranum japoniaum* 生于林下或潮湿林边腐殖质或岩石表面薄土上。

东亚曲尾藓 *Dicranum nipponense* 生于林下岩石面薄土，土壤或腐木上。

曲柄藓属 *Campylopus*

日本曲柄藓原变种 *Campylopus japonicum* var. *japonicum* 生于林下土、石、树干基部或腐木上。

凯氏藓属 *Kiaeria*

细叶凯氏藓 *Kiaeria glacialis* 生于岩面薄土上。

泛生凯氏藓 *Kiaeria starkei* 生于岩面薄土或土面上。

长蒴藓属 *Trematodon*

长蒴藓 *Trematodon longicollis* 生于土坡或平地土面。

卷毛藓属 *Dicranoweisia*

南亚卷毛藓 *Dicranoweisia indica* 生于林下或林边岩面薄土上，稀生于树干基部。

白发藓科 Leucobryaceae

白发藓属 *Leucobryum*

狭叶白发藓 *Leucobryum bowringii* 生于林下土坡、石壁或树干上。

白发藓 *Leucobryum glaucum* 针阔混交林或阔叶林下习见。

凤尾藓科 Fissidentaceae

凤尾藓属 *Fissidens*

黄叶凤尾藓 *Fissidens zippelianus* 常见于林中溪谷边潮湿石上，亦见树干和土上。

异形凤尾藓 *Fissidens anomalus* 生于林下溪谷边湿石上，有时亦生于树干和土上。

卷叶凤尾藓 *Fissidens cristatus* 常生于林中溪谷边湿石上，亦偶生于树干和土上。

羽叶凤尾藓 *Fissidens plagiochloides* 多生于潮湿石上，有时亦生于沙质土中。

小凤尾藓原变种 *Fissidens bryoides* var. *bryoides* 石生或土生。

粗肋凤尾藓 *Fissidens laxus* 林中沟谷旁石生或土生。

裸萼凤尾藓 *Fissidens gymnogynus* 生于林中石上、土上或树干上。

南京凤尾藓 *Fissidens adelphinus* 生于阔叶林内土上或石上，也生于树干上。

大叶凤尾藓 *Fissidens grandifrons* 生于林下沟边湿石上。

大帽藓科 Encalytaceae

大帽藓属 *Encalypta*

大帽藓 *Encalypta ciliate* 生于石灰岩缝或石面土上。

丛藓科 Pottiaceae

扭口藓属 *Barbula*

大扭口藓 *Barbula gigantea* 生于阴湿的岩石上、石缝中、岩面薄土上或腐木上。

狭叶扭口藓 *Barbula subcontorta* 多生于林地树干基部及腐木上，也见于岩石及薄土上，或林缘沟边土壁或墙壁上。

墙藓属 *Tortula*

泛生墙藓原变种 *Tortula muralis* var. *muralis* 生于墙壁、林地、林缘及沟边岩石薄土上。

墙藓 *Tortula subulata* 生于背阴岩石上或林地上。

酸土藓属 *Oxystegus*

酸土藓 *Oxystegus cylindricus* 多生于林地上、土壁上、阴湿的岩石上或岩面薄土上，也生于林下树干基部。

小酸土藓 *Oxystegus cuspidatus* 多生于林地上、土壁上。

毛口藓属 *Trichostomum*

毛口藓 *Trichostomum brachydontium* 生于岩面上、林下石上、林地上，或沟边岩面薄土上。

拟合睫藓属 *Pseudosymblepharis*

拟合睫藓 *Pseudosymblepharis papillosula* 生于阴湿的岩面上、林地上、林缘土坡上、岩洞边石上或沟边岩面薄土上。

硬叶拟合睫藓 *Pseudosymblepharis subduriuscula* 生于林地或沟边岩石上。

纽藓属 *Tortella*

纽藓 *Tortella humilis* 多生于岩石上或林地上。

折叶纽藓 *Tortella fragilis* 生于岩面和林下石上、土坡上和腐木上。

长叶纽藓 *Tortella tortuosa* 生于阴湿岩石上、石缝中岩石薄土上，还见于林地，也有的附生树干或腐木上。

小石藓属 *Weisia*

阔叶小石藓 *Weisia planifolia* 生于林地上、树基、岩石缝处或生于林缘、溪边、路边岩石上、土壁上、岩面薄土上、草地上。

短叶小石藓 *Weisia semipallida* 生于阴湿的岩壁上、林下石上、林地上或林边、溪边、路边土壁上及墙壁上。

东亚小石藓 *Weisia exserta* 生于林下岩石上、树皮上或腐木上，也见于林缘、路边或溪边的石壁上、土壁上或岩面薄土上。

小石藓原变种 *Weisia controversa* var. *controversa* 生于背阴岩石面上、林下石面上、林地上、树干基部，也见于林缘或溪边土壁岩面薄土上。

皱叶小石藓 *Weisia crispa* 生于林地上、石壁、石上、林缘沟边土壁或岩石薄土上，也见于阴湿的墙壁上。

缺齿小石藓 *Weisia edentula* 生于林地上、树基或岩石缝处、林缘沟边岩石上、土壁上、岩面薄土上。

大丛藓属 *Molendoa*

日本大丛藓 *Molendoa japonica* 多生于岩石上、土壁砖壁上。

缩叶藓科 Ptychomitriaceae

缩叶藓属 *Ptychomitrium*

齿边缩叶藓 *Ptychomitrium dentatum* 生于岩石面或岩石壁薄土上。

中华缩叶藓 *Ptychomitrium sinense* 生于岩面上。

东亚缩叶藓 *Ptychomitrium fauriei* 生于岩面。

紫萼藓科 Grimmiaceae

紫萼藓属 *Grimmia*

近缘紫萼藓 *Grimmia affinis* 多生于高海拔地区开阔干燥山坡或亚高山林带的裸露花岗岩上。

毛尖紫萼藓 *Grimmia pilifera* 生于不同海拔地区裸露、光照强烈的花岗岩石上或林下石面上。

卵叶紫萼藓 *Grimmia ovalis* 生于山顶附近岩石面，稀见于岩面薄土上。

北方紫萼藓 *Grimmia decipiens* 生于花岗岩石或山坡裸露石壁上。

连轴藓属 *Schistidium*

圆蒴连轴藓 *Schistidium apocarpum* 生于碱性基质岩石面。

粗疣连轴藓 *Schistidium strictum* 生于低地至高海拔山区的岩石面。

砂藓属 *Racomitrium*

砂藓 *Racomitrium canescens* 生于高山地区岩石或砂土山坡上。

黄砂藓 *Racomitrium anomodontoides* 生于海拔700m以上的岩石或岩面薄土上。

东亚砂藓 *Racomitrium japonicum* 生于低海拔地区的岩面、岩面薄土和砂地面上，有时见于石壁上或近树基部地上。

葫芦藓科 Funariaceae

立碗藓属 *Physcomitrium*

立碗藓 *Physcomitrium sphaericum* 往往生于林地、路边及沟边湿土上，也见于田边地角及潮湿的墙壁、土壁上或花盆土上。

红蒴立碗藓 *Physcomitrium eurystomum* 多生于潮湿土地上，在山林、沟谷边、农田边及庭院内土壁阴湿处均可见。

葫芦藓属 *Funaria*

葫芦藓 *Funaria hygrometrica* 多生于田边地角或房前屋后富含氮肥的土壤上，也多见于林间火烧迹地上，在林缘、路边、土地上及土壁上也常见。

真藓科 Bryaceae

真藓属 *Bryum*

丛生真藓 *Bryum caespiticium* 生于林下、草丛，

路边土生及岩面薄土生。

真藓 *Bryum argenteum* 生于阳光充裕的岩面。

黄色真藓原变种 *Bryum pallescens* var. *pallescens* 生于流石滩地、路边、草丛、土生。

狭网真藓 *Bryum algovicum* 生于高山草垫、灌丛及路边、岩面薄土或土生。

圆叶真藓 *Bryum cyclophyllum* 林下土生。

卷叶真藓 *Bryum thomsonii* 土生。

拟三列真藓 *Bryum pseudotriquetrum* 生于林下岩面薄土。

垂蒴真藓 *Bryum uliginosum* 土生或岩面薄土生。

宽叶真藓 *Bryum funkii* 生于林下倒木、岩面薄土或土生。

卷尖真藓 *Bryum neodamense* 土生。

紫色真藓 *Bryum purpurascens* 生于岩石缝隙中。

短月藓属 Brachymenium

短月藓 *Brachymenium nepalense* 多见于树干上。

丝瓜藓属 Pohlia

泛生丝瓜藓 *Pohlia cruda* 生于山区林下及高山灌丛、腐木上，腐殖质及湿地岩面薄土或土生。

丝瓜藓 *Pohlia elongata* 林下路边、沟边土生。

大叶藓属 Rhodobryum

狭边大叶藓 *Rhodobryum ontariense* 生于林下湿润地表腐殖质及岩面薄土上。

暖地大叶藓 *Rhodobryum giganteum* 生于林下草丛、湿润腐殖质或阴湿岩面薄土上。

提灯藓科 Mniaceae

提灯藓属 Mnium

平肋提灯藓 *Mnium laevinerve* 多生于林地、腐木或树干上，以及林缘、路边、沟旁阴湿的土坡上。

具缘提灯藓 *Mnium marginatum* 生于针叶林地针叶林下。

偏叶提灯藓 *Mnium thomsonii* 生于林地上、林下腐木上或枯立木上，在林缘土坡上、石壁上或阴湿的路边、沟旁均可生长。

异叶提灯藓 *Mnium heterophyllum* 生于林下树基或岩面上、荫蔽的土坡或腐木上。

匐灯藓属 Plagiomnium

圆叶匐灯藓 *Plagiomnium vesicatum* 生于海拔 600m 以上的林地、灌丛、沟边及林缘土坡上。

尖叶匐灯藓 *Plagiomnium acutum* 生于海拔 600m 以上的山沟。

大叶匐灯藓 *Plagiomnium succulentum* 多生于海拔 500m 以上的阔叶林下，在林地上、岩面薄土上、林缘土坡上、路边及沟边湿地上均可生长。

全缘匐灯藓 *Plagiomnium integrum* 生于溪边及林缘水湿的岩壁上、林下及路边岩面薄土上。

侧枝匐灯藓 *Plagiomnium maximoviczii* 生于海拔 1000m 以上的沟边水草地、林地或林缘阴湿地上。

皱叶匐灯藓 *Plagiomnium arbusculum* 多生于林地上、林缘或沟边的阴湿土坡上或岩壁上。

粗齿匐灯藓 *Plagiomnium drummondii* 多生于林地上、潮湿的岩面薄土上、林缘沟边的土坡上、枯树干及腐木上。

疣灯藓属 Trachycystis

疣灯藓 *Trachycystis microphylla* 生于山顶附近的林地、林缘土坡或岩面薄土上。

珠藓科 Bartramiaceae

珠藓属 Bartramia

梨蒴珠藓 *Bartramia pomiformis* 生于落叶林、白桦等混交林下阴湿土壤、岩石及腐木上。

直叶珠藓 *Bartramia ithyphylla* 多生于砂质黏土上或岩石表面。

泽藓属 Philonotis

泽藓 *Philonotis fontana* 生于高山带的沼泽或流水上。

东亚泽藓 *Philonotis turneriana* 生于潮湿的岩石上或河边。

毛叶泽藓 *Philonotis lancifolia* 生于潮湿的土壤上或高山沼泽中。

木灵藓科 Orthotrichaceae

蓑藓属 Macromitrium

福氏蓑藓 *Macromitrium ferriei* 树干、树枝、岩面生。

钝叶蓑藓 *Macromitrium japonicum* 树干或岩面生。

木灵藓属 Orthotrichum

球蒴木灵藓 *Orthotrichum leiolecythis* 树生。

虎尾藓科 Hedwigiaceae

虎尾藓属 Hedwigia

虎尾藓 *Hedwigia ciliata* 生于海拔 1000m 以上

的裸岩面。

白齿藓科 Leucodontaceae

白齿藓属 *Leucodon*

中华白齿藓 *Leucodon sinensis* 多生于林下树干上，稀生于岩面。

陕西白齿藓 *Leucodon exaltaus* 生于阔叶林、针阔叶混交林下树干上，稀见于岩面。

白齿藓 *Leucodon sciuroides* 生于林下树干或岩面上。

偏叶白齿藓 *Leucodon secundus* 生于针阔叶混交林树干、腐木及岩面薄土上。

朝鲜白齿藓 *Leucodon coreensis* 生于阔叶林下树干或岩面薄土上。

扭叶藓科 Trachypodaceae

扭叶藓属 *Trachypus*

扭叶藓 *Trachypus bicolor* 多在海拔 800m 以上的树干或阴湿岩面成片生长。

蔓藓科 Meteoriaceae

蔓藓属 *Meteorium*

川滇蔓藓 *Meteorium buchananii* 多在海拔 200m 以上山地的树干和树枝上生长。

细枝蔓藓 *Meteorium papillarioides* 低海拔岩面生长。

平藓科 Neckeraceae

树平藓属 *Homaliodendron*

钝叶树平藓 *Homaliodendron microdendron* 多着生在树干下部或背阴石壁。

刀叶树平藓 *Homaliodendron scalpellifolium* 喜生于阴湿林内溪边的岩石面或老树干上。

平藓属 *Neckera*

短齿平藓 *Nckera yezoana* 多生于山地树干上。

曲枝平藓 *Neckera flexiramea* 多生于低海拔山区树干上。

扁枝藓属 *Homalia*

扁枝藓原变种 *Homalia trichomanoides* var. *trichomanoides* 多生于树干基部。多分布处于低山地区。

船叶藓科 Lembophyllaceae

船叶藓属 *Dolichomitra*

船叶藓 *Dolichomitra cymbifolia* 在树干、树根或岩石上生长。

万年藓科 Climaciaceae

万年藓属 *Climacium*

万年藓 *Climacium dendroides* 在林下湿润肥沃土上生长。

东亚万年藓 *Climacium japonicum* 在山地林下草丛中或伐木林地成片散生。

鳞藓科 Theliaceae

粗疣藓属 *Fauriella*

小粗疣藓 *Fauriella tenerrima* 生于阔叶林下岩面、树干、腐木上。

碎米藓科 Fabroniaceae

拟附干藓属 *Schwetschkeopsis*

拟附干藓 *Schwetchkeopsis fabronia* 多生于阔叶林树干上，稀生于湿石上。

碎米藓属 *Fabronia*

东亚碎米藓 *Fabronia matsumurae* 生于阔叶林或针阔叶混交林下、树干或岩面薄土上。

陕西碎米藓 *Fabronia schensiana* 生于阔叶林林地或腐木上，有时着生于湿石上。

薄罗藓科 Leskeaceae

细罗藓属 *Leskeella*

细罗藓 *Leskeella nervosa* 生于树干、林下湿石或湿腐殖质上。

细枝藓属 *Lindbergia*

细枝藓 *Lindbergia brachyptera* 生于林下树干上。

中华细枝藓 *Lindbergia sinensis* 生于树干上。

假细罗藓属 *Pseudoleskeella*

瓦叶假细罗藓 *Pseudoleskeella tectorum* 生于岩石、腐木或树干上。

假细罗藓 *Pseudoleskeella catenulata* 多附生于岩石上，有时也见于腐木和树干上。

薄罗藓属 _Leskea_

薄罗藓 _Leskea polycarpa_ 生于树基或石上。

粗肋薄罗藓 _Leskea scabrinervis_ 生于树皮上或土生。

牛舌藓科 Anomodontaceae

多枝藓属 _Haplohymenium_

暗绿多枝藓 _Haplohymenium triste_ 多附生于树干，稀阴湿石生。

长肋多枝藓 _Haplohymenium longinerve_ 多生于山顶附近林内树干及石壁上。

牛舌藓属 _Anomodon_

尖叶牛舌藓 _Anomodon giraldii_ 生于低海拔岩面和树干上，偶见土生。

皱叶牛舌藓 _Anomodon rugelii_ 多生于山林内树干，稀岩面附生。

东亚牛舌藓原变种 _Anomodon solovjovii_ var. _solovjovii_ 树干附生。

小牛舌藓全缘亚种 _Anomodon minor_ ssp. _Integerrimus_ 生长于背阴石灰岩壁，稀树干附生。

瓦叶藓属 _Miyabea_

羽枝瓦叶藓 _Miyabea thuidioides_ 着生于林内树干。

羊角藓属 _Herpetineuron_

羊角藓 _Herpetineuron toccoae_ 生于阴湿石壁或岩面。

羽藓科 Thuidiaceae

麻羽藓属 _Claopodium_

皱叶麻羽藓 _Claopodium rugulosifolium_ 阴湿土生。

多疣麻羽藓 _Claopodium pellucinerve_ 多阴湿石生或土生，稀腐木生或树基附生。

狭叶麻羽藓 _Claopodium aciculum_ 生于低山地区具土岩面及阴湿土生。

齿叶麻羽藓 _Claopodium prionphyllum_ 生于石灰岩面，稀土生。

羽藓属 _Thuidium_

毛尖羽藓 _Thuidium plumulosum_ 低海拔山区树基或岩面着生。

大羽藓 _Thuidium cymbifolium_ 生于阴湿石面、腐殖土、腐木、倒木上。

绿羽藓 _Thuidium assimile_ 林地或树干附生。

细枝羽藓 _Thuidium delicatulum_ 多在腐殖土或湿地上生长。

短肋羽藓 _Thuidium kanedae_ 生于阴湿石上、林地上、倒木上。

叉羽藓属 _Leptopterigynandrum_

细叉羽藓 _Leptopterigynandrum tenellum_ 在高山林区的树干上及岩面生长。

山羽藓属 _Abietinella_

山羽藓 _Abietinella abietina_ 生于潮湿肥沃的针叶林林地或干燥的石灰岩面。

小羽藓属 _Haplocladium_

狭叶小羽藓 _Haplocladium angustifolium_ 多石生，稀树干基部或腐木着生。

细叶小羽藓 _Haplocladium microphyllum_ 丘林地区以腐木着生为多，其次为土生及石生。

东亚小羽藓 _Haplocladium strictulum_ 多见于阴湿具土岩面，呈小而扁平群落。

柳叶藓科 Amblystegiaceae

拟细湿藓属 _Campyliadelphus_

仰叶拟细湿藓 _Campyliadelphus stellatus_ 湿土生。

阔叶拟细湿藓 _Campyliadelphus polygamum_ 湿土生。

柳叶藓属 _Amblystegium_

柳叶藓长叶变种 _Amblystegium serpens_ var. _juratzkanum_ 广布于潮湿的树基、岩面和土壤上。

牛角藓属 _Cratoneuron_

牛角藓宽肋变种 _Cratoneuron filicinum_ var. _atrovirens_ 生于水中石上。

牛角藓原变种 _Cratoneuron filicinum_ var. _filicinum_ 喜钙质和水湿的生境。

水灰藓属 _Hygrohypnum_

扭叶水灰藓 _Hygrohypnum eugyrium_ 生于林间溪旁石上。

圆叶水灰藓 _Hygrohypnum molle_ 生于山涧溪流中岩石上。

细湿藓属 _Campylium_

细湿藓 _Campylium hispidulum_ 生于碱性的土壤上，或分布于岩石、沼泽和树基。

青藓科 Brachytheciaceae

青藓属 _Brachythecium_

弯叶青藓 _Brachythecium reflexum_ 林下岩面、

腐木及土表等各种生境下均有分布。

林地青藓 *Brachythecium starkei* 林下土生。

褶叶青藓 *Brachythecium salebrosum* 林边潮湿土生。

羽枝青藓 *Brachythecium plumosum* 土生、岩面薄土生、树干生。

圆枝青藓 *Brachuthecium garovaglioides* 常生于树干、石面、土壁和地面上。

卵叶青藓 *Brachythecium rutabulum* 树干生、石生和土生。

长肋青藓 *Brachythecium populeum* 生于岩面、溪边石上。

青藓 *Brachythecium pulchellum* 生于山顶附近的林下。

绒叶青藓 *Brachuthecium velutinum* 生于林下土表。

石地青藓 *Brachythecium glareosum* 树生。

勃氏青藓 *Brachythecium brotheri* 生于土壤和岩石上。

斜枝青藓 *Brachythecium campylothallum* 生于林下岩面。

长喙藓属 *Rhynchostegium*

淡叶长喙藓 *Rhynchostegium pallidifolium* 岩面土生、树基生。

斜枝长喙藓 *Rhynchostegium inclinatum* 树生、土生。

缩叶长喙藓 *Rhynchostegium contractum* 岩面生。

美喙藓属 *Eurhynchium*

尖叶美喙藓 *Eurhynchium eustegium* 生于岩面、树干基部。

宽叶美喙藓 *Eurhynchium hians* 生于土表、石面、树干上。

密叶美喙藓 *Eruhnchium savatieri* 生于土表、树基、岩面。

鼠尾藓属 *Myuroclada*

鼠尾藓 *Myuroclada maximowiczii* 生于水沟旁石壁或岩面薄土上。

褶叶藓属 *Palamocladium*

深绿褶叶藓 *Palamocladium euchloron* 石生。

褶叶藓 *Palamocladium nilgheriense* 常生于岩面或树基。

绢藓科 Entodontaceae

绢藓属 *Entodon*

绢藓 *Entodon cladorrhizans* 生于岩面。

密叶绢藓原变种 *Entodon compressus* var. *compressus* 生于树干、树枝、岩面或土坡。

陕西绢藓 *Entodon schensianus* 生于树皮上。

钝叶绢藓 *Entodon obtusatus* 生于树皮上。

多胞绢藓 *Entodon caliginosus* 岩面生、土生或树干生。

深绿绢藓 *Entodon luridus* 生于岩面或树皮上。

厚角绢藓 *Entodon concinnus* 生于林下土坡、树干或石面上。

棉藓科 Plagiotheciaceae

棉藓属 *Plagiothecium*

棉藓原变种 *Plagiothecium denticulatum* var. *denticulatum* 生于林下土表、岩面或腐木上。

圆条棉藓阔叶变种 *Plagiothecium cavifolium* var. *fallax* 生于林下石壁、腐木或树干基部。

圆条棉藓原变种 *Plagiothecium cavifolium* var. *cavifolium* 生于林下土表、岩面或腐木上。

锦藓科 Sematophyllaceae

小锦藓属 *Brotherella*

赤茎小锦藓 *Brotherella erythrocaulis* 阴湿石上生长。

灰藓科 Hypnaceae

粗枝藓属 *Gollania*

皱叶粗枝藓 *Gollsnis ruginosa* 喜生于温暖地带或寒温带林区岩面、砂土、腐殖质土、树干或腐木上。

粗枝藓 *Gollania neckerella* 生于针阔混交林下岩面、土壤、腐殖质土、树干或腐木上。

大粗枝藓 *Gollania robusta* 生于落叶阔叶混交林下的石壁、岩面、土壤、腐木或树干上。

陕西粗枝藓 *Gollania schensiana* 林下岩面生。

金灰藓属 *Pylaisiella*

大金灰藓 *Pylaisiella robusta* 多生于山顶栎林下树干基部。

金灰藓 *Pylaisiella polyantha* 生长于海拔1400m 左右林下腐木上。

东亚金灰藓 *Pylaisiella brotheri* 山顶林下树干上附生。

弯枝金灰藓 *Pylaisiella curviramea* 生于落叶松林下树皮、岩面或土壤上。

灰藓属 *Hypnum*

大灰藓 *Hypnum plumaeforme* 生于阔叶林、针阔混交林、杜鹃林等腐木、树干、树基、岩面薄土、土壤、草地、砂土及黏土上。

尖叶灰藓 *Hypnum callichroum* 生于栎木林、杜鹃林、落叶松林的岩面、土上、腐木及树干上。

弯叶灰藓 *Hypnum hamulosum* 生于杂木林、针阔混交林、杜鹃林内的土上、腐木、石壁上和草丛中，稀生于树皮上。

黄灰藓 *Hypnum pallescens* 生于阔叶林、针阔混交林或杜鹃林下，或岩面薄土、土坡、腐木上及树干基部。

卷叶灰藓 *Hypnum revolutum* 生于落叶松林、黄栎林和杜鹃林灌丛中，亦见于岩面、草甸土、林地、树干及腐木上。

灰藓原变种 *Hypnum cupressiforme* var. *cupressiforme* 生于松林、栎木林、落叶松林、山楂林、椴树林内树干、腐木、树枝、岩面薄土和土壤上。

鳞叶藓属 *Taxiphyllum*

鳞叶藓 *Taxiphllum taxirameum* 生于针阔叶混交林下土上和岩面，也见于树干和腐木上。

陕西鳞叶藓 *Taxiphllum giraldii* 生林下岩面薄土或土上，有时也生于树干基部或树干上。

互生鳞叶藓 *Taxiphllum alternans* 生于林下湿土、岩面、腐木及树干基部。

美灰藓属 *Eurohypnum*

美灰藓 *Eurohypnum leptothallum* 生于竹林、油松林、常绿落叶针阔混交林等岩面薄土上。

塔藓科 Hylocomiaceae

塔藓属 *Hylocomium*

塔藓 *Hylocomium splendens* 常在山顶林地成片生长。

垂枝藓属 Rhytidium

垂枝藓 *Rhytidium rugosum* 多生于岩面、林地或腐殖土上。

金发藓科 Polytrichaceae

金发藓属 *Polytrichum*

金发藓原变种 *Polytrichum commune* var. *commune* 生于山坡路边或林地。

仙鹤藓属 *Atrichum*

小仙鹤藓 *Atrichum crispulum* 多生于潮湿路边、林地、土面。

狭叶仙鹤藓 *Atrichum angustatum* 生于阴湿土壤表面。

仙鹤藓多荫变种 *Atrichum undulatum* var. *gracilisetum* 多生于较潮湿路边、林地和岩面。

小金发藓属 *Pogonatum*

小金发藓 *Pogonatum aloides* 生于低海拔阴湿土坡。

苞叶金发藓 *Pogonatum spinulosum* 喜生于低海拔阴湿土坡、土壁和林地。

东亚小金发藓 *Pogonatum inflexum* 在温暖湿润林地和路边阴湿土坡成片着生。

疣小金发藓 *Pogonatum urnigerum* 喜生于较干燥、强阳光林地或生长于石壁上。

主要参考文献

白学良. 1993. 内蒙古苔藓植物区系. CHENIA，1：83～98.

曹同. 1999. 长白山森林生态系统腐木生苔藓植物生态分布的 DCA 排序研究. 应用生态学报，10（4）：399～403.

曹同. 1999. 长白山主要生态系统地面苔藓植物分布格局研究. 应用生态学报，10（3）：270～274.

陈邦杰. 1963. 中国藓类植物属志（上册）. 北京：科学出版社.

高谦，曹同. 1983. 长白山苔藓植物的初步研究. 森林生态系统研究，3：82～118.

高谦，吴玉环. 2010. 中国苔纲和角苔纲植物属志. 北京：科学出版社.

郭水良，曹同. 2000. 长白山地区森林生态系统树附生苔藓植物群落分布格局研究. 植物生态学报，24（4）：442～450.

胡晓云，吴鹏程. 1991. 四川金佛山藓类植物区系研究. 植物分类学报，29（4）：315～334.

贾学乙，曹同. 1989. 辽宁仙人洞苔藓植物的调查研究. 枣庄师专学报，2：1～17.

贾渝，吴鹏程，罗健馨. 1995. 广西九万山藓类植物区系分析及其对划分热带、亚热带分界线的意义（Ⅱ）. 植物分类学报，33（6）：556～571.

贾渝，吴鹏程. 1995. 广西九万山藓类植物区系分析及其对划分热带、亚热带分界线的意义（Ⅰ）. 植物分类学报，33（5）：461～468.

贾渝，吴鹏程. 1997. 中国—北美苔藓植物地理分布关系. CHENIA，3：1～7.

李敏. 1999. 河北省小五台山苔藓植物研究. 石家庄：河北师范大学硕士学位论文.

刘保臣. 2001. 河北驼梁山区苔藓植物的研究. 石家庄：河北师范大学硕士学位论文.

马克平，高贤明，于顺利. 1995. 东灵山地区植物区系的基本特征与若干山区植物区系的关系. 植物研究，
    15（4）：501～515.

塔赫他间. 1988. 世界植物区系划分. 北京：科学出版社.

唐伟斌. 2001. 河北云蒙山及其邻近山区苔藓植物的初步研究. 石家庄：河北师范大学硕士学位论文.

田春元，吴金清，刘胜祥，等. 1999. 浙江古田山自然保护区苔藓植物区系特点及其与邻近山体的比较. 武
    汉植物学研究，2：146-152.

王荷生. 1992. 植物区系地理. 北京：科学出版社.

吴征镒，王荷生. 1983. 中国自然地理—植物地理（上册）. 北京：科学出版社.

叶永忠，卓卫华，郑孝兴. 2012. 河南大别山自然保护区科学考察集. 北京：科学出版社.

衣艳君，刘家尧，郎奎昌. 1994. 山东崂山苔藓植物区系. CHENIA，2：103～113.

袁永孝，宋朝枢. 1998. 白石砬子自然保护区科学考察集. 北京：中国林业出版社.

袁志良. 2003. 河南苔藓植物区系与生态分布. 郑州：河南农业大学硕士学位论文.

张家树，赵建成，李琳. 2003. 河北省北部苔藓植物区系与地理分布研究. 植物研究，3：363～374.

赵建成. 1993. 新疆东部天山苔藓植物区系. CHENIA，1：99～114.

赵遵田，樊守金，魏肪培，等. 1993. 山东昆嵛山苔藓植物的调查. CHENIA，1：113～124.

赵遵田，张恩然，黄玉茜. 2003. 山东泰山苔藓植物区系研究. 山东科学，3：18～23.

郑勉. 1984. 我国东部植物与日本植物的关系. 植物分类学报，22（1）：1～5.

第7章　河南鸡公山自然保护区蕨类植物[①]

在系统演化中，蕨类植物因兼具维管组织和孢子繁殖的特性而成为介于种子植物和苔藓植物之间的一个特殊类群。自志留纪末期成功登陆以来，蕨类植物一直是古生代和中生代陆生植物群落的主要建群种类，对陆地生态系统的形成和发展做出了巨大的贡献，为种子植物的起源和演化奠定了种源和环境基础，在生物进化史上具有特殊的地位。至今，蕨类植物依然是森林植被中草本层和层间植物的重要组成部分，为维持森林生态系统的稳定和平衡发挥着重要作用。

7.1　蕨类植物的科属组成

7.1.1　科的组成

根据对保护区的野外考察和标本采集，结合多年来的文献和标本资料，参照 1978 年秦仁昌的分类系统，经初步的鉴定、研究，河南鸡公山国家级自然保护区蕨类植物共计 33 科 67 属 152 种 4 变种，详见表 7-1。其中，含 20 种以上的大科分别为鳞毛蕨科（Dryopteridaceae）、水龙骨科（Polypodiaceae）和蹄盖蕨科（Athyriaceae），占总科数的 9.10%，而所含种数则占总种数的 48.08%；含 1 种的科共计 15 个，占总科数的 45.45%，所含种数占总种数的 9.62%。从所含属数的角度看，优势明显的科分别为蹄盖蕨科、水龙骨科和金星蕨科（Thelypteridaceae），三者所含属数累计达 27 属，占总属数的 40.30%，属于本区分布的优势科，在本区区系中具有重要的作用；而含 1 个属的科达 24 个，占总科数的 72.73%，其所含的属数占总属数的 35.82%，其中单属科 10 个，如卷柏科（Selaginellaceae）、木贼科（Equisetaceae）、铁线蕨科（Adiantaceae）、阴地蕨科（Botrychiaceae）、海金沙科（Lygodiaceae）、水蕨科（Parkeriaceae）、肿足蕨科（Hypodematiaceae）、睫毛蕨科（Pleurosoriopsidaceae）、槐叶苹科（Salviniaceae）、满江红科（Azollaceae）。

表 7-1　河南省鸡公山自然保护区蕨类植物科的统计

科　名	属　数	种　数	变种数
鳞毛蕨科（Dryopteridaceae）	4	26	1
水龙骨科（Polypodiaceae）	8	24	
蹄盖蕨科（Athyriaceae）	11	23	1
金星蕨科（Thelypteridaceae）	8	10	
卷柏科（Selaginellaceae）	1	9	
铁角蕨科（Aspleniaceae）	2	8	
凤尾蕨科（Pteridaceae）	1	4	1
裸子蕨科（Hemionitidaceae）	2	5	
木贼科（Equisetaceae）	1	5	

① 本章由袁志良执笔

科　名	属　数	种　数	变种数
中国蕨科（Sinopteridaceae）	4	5	
碗（姬）蕨科（Dennstaedtiaceae）	2	3	
剑蕨科（Loxogrammaceae）	1	3	
铁线蕨科（Adiantaceae）	1	3	
瓶尔小草科（Ophioglossaceae）	1	2	
乌毛蕨科（Blechnaceae）	1	2	
岩蕨科（Woodsiaceae）	2	2	
肿足蕨科（Hypodematiaceae）	1	2	
阴地蕨科（Botrychiaceae）	1	2	
石松科（Lycopodiaceae）	1	1	
海金沙科（Lygodiaceae）	1	1	
里白科（Gleicheniaceae）	1	1	
肾蕨科（Nephrolepidaceae）	1	1	
蚌壳蕨科（Dicksoniaceae）	1	1	
鳞始（陵齿）蕨科（Lindsaeaceae）	1	1	
水蕨科（Parkeriaceae）	1	1	
槐叶苹科（Salviniacae）	1	1	
满江红科（Azollaceae）	1	1	
膜蕨科（Hymenophyllaceae）	1	1	
球子蕨科（Onocleaceae）	1	1	
紫萁科（Osmundaceae）	1	1	
苹科（Marsileaceae）	1	1	
睫毛蕨科（Pleurosoriopsidaceae）	1	1	
蕨科（Pteridaceae）	1		1

7.1.2　属的组成

保护区蕨类植物共计 67 属，物种数最多的属是鳞毛蕨属（*Dryopteris*），占总种数的 8.97%。含 5～10 种的属按所含物种数由多到少的顺序依次是卷柏属（*Selaginella*）、瓦韦属（*Lepisorus*）、石韦属（*Pyrrosia*）、耳蕨属（*Polystichum*）、铁角蕨属（*Asplenium*）、蹄盖蕨属（*Athyrium*）、木贼属（*Equisetum*）和凤尾蕨属（*Pteris*），占总属数的 11.94%，占总种数的 36.54%；含 1 种的属共计 38 个，占总属数的 56.72%，其所含种数占总种数的 24.36%。另外，本区蕨类植物属中金狗毛蕨属（*Cibotium*）在我国仅分布有 1 种，而睫毛蕨属（*Pleurosoriopsis*）则为单种属，并且该科为单属科。

7.2　蕨类植物区系成分

中国蕨类植物区系的地理成分类型的划分与中国种子植物区系的基本一致，因此，本文参照 1991 年吴征镒教授对中国种子植物分布区类型的划分，同时参考陆树刚、吴世福、臧得奎对中国蕨类植物的地理成分的划分和秦仁昌、吴兆洪对蕨类植物属的划分，对保护区蕨类植物的区系地理成分进行了初步研究。

7.2.1 科的统计分析

河南鸡公山国家级自然保护区蕨类植物科的区系组成主要包括 6 种类型，如表 7-2 所示。由表 7-2 分析可知，在本区蕨类植物科的分布类型中，世界分布的科有 12 个，占本区蕨类总科数的 36.36%。在非世界分布的科中，泛热带分布类型最多，达 16 个，占总科数（除世界分布科外，下同）的 76.19%；其次是北温带分布，只有 2 科，占总科数的 9.53%；热带亚洲至热带非洲分布、旧世界温带分布和东亚分布均为 1 科，均占总科数的 4.76%。由此看来，从科的区系成分的角度来看，本区蕨类植物具有较强的热带性质，热带成分的科累计达到了 17 个，占总科数的 80.95%，而温带性质的科只有 4 个，分别是球子蕨科、岩蕨科、睫毛蕨科和阴地蕨科，占总科数的 19.05%。另外，在世界分布的科中，卷柏科、铁角蕨科、水龙骨科和槐叶苹科虽是广布世界各地，但却以热带和亚热带为其分布中心和主产区，带有较强烈的热带性质；而鳞毛蕨科虽然分布于世界各洲，但主要集中于北半球温带和亚热带高山地带，带有较强烈的温带特性。另外，本区还有一些第三纪残遗植物，如海金沙科、里白科等。

表 7-2 河南鸡公山国家级自然保护区蕨类植物科的分布区类型

分布区类型	科数	占非世界分布科数的比例/%
世界分布	12	—
泛热带分布	16	76.19
热带亚洲至热带非洲分布	1	4.76
北温带分布	2	9.53
旧世界温带分布	1	4.76
东亚分布	1	4.76
总计	33	100

综上所述，本区蕨类植物科的区系组成以热带成分为主，表现出明显的热带分布的性质，这可能与蕨类植物对水、热条件极为敏感的特性有较大的关系。同时，由于本区蕨类植物科中世界分布所占比例较大，因此，单纯从科的成分分析尚难以全面揭示该区蕨类植物的区系性质，下面分别对属和种的区系成分做进一步的分析。

7.2.2 属的统计分析

河南鸡公山国家级自然保护区蕨类植物属的区系组成主要包括 12 种类型，如表 7-3 所示。由表 7-3 分析可知，在本区蕨类植物属的分布类型中，世界分布的共计 22 属，占总属数的 32.84%，该类型也是本区内分布最多的一大类型。在本类型分布的属中，蕨属、铁角蕨属、卷柏属、苹属和槐叶苹属等均为主产于热带和亚热带地区的属，蹄盖蕨属和小阴地蕨属等为主产于温带地区的属，卷柏属和瓶尔小草属等为现存蕨类的原始代表，而苹属和满江红属则被视为进化的类型。

热带类型的属共 6 类 29 属，占非世界分布总属数的 64.44%，这表明热带蕨类植物区系在本区的蕨类植物区系中占据了主导地位，对本区的植物区系具有重要的影响。其中，泛热带分布型有 13 个，占非世界分布类型总数的 28.89%，是除世界分布外的第一大分布类型；热带亚洲至热带非洲分布 6 属，占非世界分布总属数的 13.33%；热带亚洲分布 4 属，

表 7-3　河南鸡公山国家级自然保护区蕨类植物属的分布区类型

分布区类型	属数	占非世界分布总属数的比例/%
世界分布	22	—
泛热带分布	13	28.89
热带亚洲和热带美洲间断分布	2	4.44
旧世界热带	3	6.67
热带亚洲至热带大洋洲分布	1	2.22
热带亚洲至热带非洲分布	6	13.33
热带亚洲分布	4	8.89
北温带分布	5	11.11
东亚和北美洲间断分布	2	4.44
旧世界温带分布	1	2.22
温带亚洲	3	6.67
东亚分布	5	11.11
总计	67	100

占非世界分布总属数的 8.89%；旧世界热带分布 3 属，占非世界分布总属数的 6.67%；热带亚洲和热带美洲间断分布 2 属，占非世界分布总属数的 4.44%；热带亚洲至热带大洋洲分布 1 属，占非世界分布总属数的 2.22%。

温带分布类型共 5 大类 16 属，占非世界分布总属数的 35.56%。其中，北温带分布和东亚分布均为 5 个属，各占非世界分布总属数的 11.11%，温带亚洲分布 3 个属，占非世界分布总属数的 6.67%，东亚和北美洲间断分布为 2 个属，占非世界分布总属数的 4.44%，旧世界温带分布 1 属，占非世界分布总属数的 2.22%。

属是由其组成部分即种所构成，它们在发生上是单元的，具有共同的祖先，大多数属是真正的自然群。从区系地理学的观点出发，属的地理分布型可以表现出该属植物的演化扩展过程和区域差异，这正适合以系统发生—植物地理学的理论和方法研究植物属种的分布、起源或者演化。因此，属的分布区类型最能反映一个地方区系成分的特征，我们也往往以属作为划分植物区系地区的标志或依据。由上面的分析可知，在河南鸡公山国家级自然保护区内，热带类型和温带类型的比例为 9∶5，反映了本区蕨类植物区系还是以热带成分为主。

7.2.3　种的统计分析

植物种是植物区系地理学的基本研究对象。它的重要意义：一是由于种是植物分类的基本单位，是具有共同形态特征和功能特性的植物群，其生存和分布需要相应的环境；二是由于种是作为评价区系地理现象统计分析的一种手段，可以用数字表达不同地区植物区系的丰富程度和科属的大小。河南鸡公山国家级自然保护区蕨类植物种的区系组成主要包括 12 种类型，如表 7-4 所示。由表 7-4 分析可知，在本区蕨类植物种的分布类型中，世界分布的共计 5 种，占总种数的 3.21%，分别是铁线蕨（*Adiantum capillus-veneris*）、铁角蕨（*Asplenium trichomanes*）、节节草（*Equisetum ramosissimum*）、苹（*Marsilea quadrifolia*）和蕨（*Pteridium aquilinum* var. *latiusculum*）。在研究一个地区的植物区系特征时，世界广布种的存在没有多大的意义，在进行区系的比较统计时常被取消，因此，下面的分析中将不再考虑世界分布种。

表 7-4　河南鸡公山国家级自然保护区蕨类植物种的分布区类型

分布区类型	种数	占非世界分布总种数的比例/%
世界分布	5	—
泛热带分布	4	2.65
旧世界热带	1	0.66
热带亚洲至热带大洋洲分布	2	1.32
热带亚洲至热带非洲分布	2	1.32
热带亚洲分布	9	5.96
北温带分布	13	8.61
东亚和北美洲间断分布	1	0.66
旧世界温带分布	1	0.66
温带亚洲	32	21.19
东亚分布	56	37.09
中国特有分布	30	19.87
总计	156	100

　　热带类型的种共 5 类 18 种，占非世界分布总种数的 11.92%。其中，热带亚洲分布 9 种，占非世界分布总种数的 5.96%，为热带分布类型中种数最多的一类；泛热带分布型有 4 个，占非世界分布类型总种数的 2.65%；热带亚洲至热带大洋洲分布和热带亚洲至热带非洲分布均有 2 种，各占非世界分布种的 1.32%；旧世界热带分布只有 1 种，占非世界分布种的 0.66%。热带类型的蕨类植物种在我国的分布大多位于长江以南，向北以本区为界，如江南卷柏（*Selaginella moellendorffii*）、半边旗（*Pteris semipinnata*）、蜈蚣草（*Pteris vittata*）、海金沙（*Lygodium japonicum*）、肿足蕨（*Hypodematium crenatum*）等。

　　温带分布类型共 6 大类 133 种，占非世界分布总种数的 88.08%。其中，东亚分布 56 种，占非世界分布种的 37.09%；温带亚洲分布 32 种，占非世界分布总种数的 21.19%；中国特有分布 30 种，占非世界分布总种数的 19.87%；北温带分布 13 种，占非世界分布总种数的 8.61%；东亚至北美洲间断分布和旧世界温带分布均为 1 种，各占非世界分布总种数的 0.66%。

　　由以上的分析可以看出，在本区蕨类植物种的区系类型中，东亚分布为温带分布类型中最大的一类，同时也是本区蕨类植物种中区系成分最大的一类。其中，29 种为典型的中国-日本分布类型，表明了本区蕨类植物区系与日本蕨类植物区系间的密切联系。地史资料表明，日本岛屿曾和中国大陆相连，形成一个自然区域，直到第三纪或第四纪初期才与中国大陆分离，因此，中、日两国的植物区系在种类组成上有很大的相似性，有着共同的起源，常被认为是同一植物区系区域，即中国-喜马拉雅区。1910 年，H. Christ 在《蕨类植物地理》一书中划分出中国-日本区系（包括喜马拉雅区系），并指出"日本的蕨类植物区系依附于中国区系"，而且只是一个前锋推进到日本。

　　在我国，温带亚洲成分主要分布在西北地区。而本区系成分在鸡公山的总区系成分中排名第二，达到 21.19%，这种现象的出现很可能是温带亚洲成分由西北向东南扩散和延伸的结果，也反映了我国西北植物区系对鸡公山的影响。

特有分布是本区蕨类植物区系特有现象的表现，代表该区系的最重要特征，是植物区系分区中划分植物省和植物县的标志。中国特有分布是本区蕨类植物中种数较多的一个类型，在所有的分布类型中排名第三。其中，与本区关系最密切的则为华东和华中植物区系，这与河南省鸡公山属于泛北极植物区和中国-日本森林植物亚区的华东植物区系的一部分，并且位于华东、华中植物区系在北部的交汇过渡带的事实相吻合。

通过对种的地理成分的分析可知，本区温带区系成分占绝对优势，其中又以东亚分布和温带亚洲分布为主，而热带成分所占比例较小，并且不存在典型的热带种，现有热带成分大多是一些热带属的少数种类向北延伸浸入本区，并以本区为其自然分布的北界。

7.3 蕨类植物区系的特点

7.3.1 植物种类丰富，地理成分多样，区系联系广泛

河南鸡公山国家级自然保护区蕨类植物共计 33 科 67 属 152 种 4 变种，蕨类植物种类丰富。由区系地理分析可知，本区蕨类植物科分属于 6 大类型，属和种均分属于 12 大类型，并与世界温带、热带的许多地区，以及我国各大区域的蕨类植物区系均有不同程度的联系和渗透。

7.3.2 以温带性质为主，具有典型的南北过渡性

种的统计分析表明，本区蕨类植物种中温带分布成分有 6 大类 133 种，占非世界分布总种数的 88.08%，占本区蕨类植物总种数的 85.26%，表现出明显的温带性质。但同时，由于本区位于我国北亚热带向南暖温带过渡的地带，加之优越的自然条件，使其成为温带、亚热带成分发育的良好场所，大量南北蕨类植物汇集于此，造就了本区蕨类植物区系南北过渡的特点。在科属的分布区类型分析中，热带成分和温带成分各有其代表，尽管热带分布略占优势，但在大多数情况下是热带科属的个别种向北侵入到本区，并以本区为其分布的北界，如江南卷柏、半边旗、蜈蚣草、海金沙、肿足蕨等。

7.3.3 热带残遗性和亲缘性

科的统计分析表明，以热带、亚热带分布的科较多，但所含种数比例较小，并存在一些第三纪残遗植物，如海金沙科的海金沙等。属和种的统计分析表明，热带亚洲分布均占有一定地位，而热带亚洲成分大多数是第三纪古热带植物区系的直接后裔，具有不同程度的古老性，反映了本区系的热带残遗性和亲缘性。

7.3.4 区系的古老性

从上述科属种的统计分析中可以看出，本区系具有第三纪甚至更早古热带植物区系的残遗性质。同时，本区还拥有许多在系统发育上被认为比较原始的类群，如发生于古生代的石松属（*Lycopodium*）、木贼属、卷柏属等。此外，发生于中生代的紫萁属（*Osmunda*）、海金沙属（*Lygodium*）等在本区均有其代表种，表明了本区蕨类植物区系的古老性。

7.4　结语

通过对本区蕨类植物科属种区系成分的分析表明，本区蕨类植物区系以温带成分为主，但具有南北过渡的特点，在区系划分上隶属于泛北极植物区，中国-日本森林植物亚区的华东与华中在北部的接触交汇地带。本区是我国华东、华中、西南和华北蕨类植物区系的天然汇集地。

7.5　河南鸡公山国家级自然保护区蕨类植物名录

石松科 Lycopodiaceae

石松属 Lycopodium

　　石松 *Lycopodium japonicum* 生于阴坡林下。

卷柏科 Selaginellaceae

卷柏属 Selaginella

　　小卷柏 *Selaginella helvetica* 生于阴坡林下、沟谷、溪旁。

　　细叶卷柏 *Selaginella labordei* 生于阴坡林下、沟谷、溪旁。

　　江南卷柏 *Selaginella moellendorffii* 生于阴坡林下、沟谷、溪旁。

　　伏地卷柏 *Selaginella nipponica* 生于阴坡林下、沟谷杂木林。

　　蔓生卷柏 *Selaginella davidii* 生于阴坡林下、沟谷、溪旁。

　　中华卷柏 *Selaginella sinensis* 生于向阳山坡、沟谷、溪旁。

　　兖州卷柏 *Selaginella involvens* 生于阴坡林下、沟谷、溪旁。

　　卷柏 *Selaginella tamariscina* 生于沟谷、溪旁、向阳山坡。

　　垫状卷柏 *Selaginella pulvinata* 生于干旱岩石缝中。

木贼科 Equisetaceae

木贼属 Equisetum

　　问荆 *Equisetum arvense* 生于沟渠、池塘和积水沼泽湿地、旷野、路旁。

　　犬问荆 *Equisetum palustre* 生于沟渠、池塘和积水沼泽湿地、旷野、路旁。

　　草问荆 *Equisetum pratense* 生于沟渠、池塘和积水沼泽湿地、旷野、路旁。

　　木贼 *Equisetum hyemale* 生于沟渠、池塘和积水沼泽湿地、旷野、路旁。

　　节节草 *Equisetum ramosissimum* 生于沟渠、池塘和积水沼泽湿地、旷野、路旁。

瓶尔小草科 Ophioglossaceae

瓶尔小草属 Ophiogossum

　　狭叶瓶尔小草 *Ophioglossum thermale* 生于阴坡林下、沟谷杂木林。

　　瓶尔小草 *Ophioglossum vulgatum* 生于阴坡林下、沟谷杂木林。

阴地蕨科 Botrychiaceae

阴地蕨属 Botrychium

　　阴地蕨 *Botrychium ternatum* 生于阴坡林下、沟谷杂木林。

　　蕨萁 *Botrychium virginianum* 生于阴坡林下、沟谷杂木林。

紫萁科 Osmundaceae

紫萁属 Osmunda

　　紫萁 *Osmunda japonica* 生于阴坡林下、沟谷杂木林。

海金沙科 Lygodiaceae

海金沙属 Lygodium

　　海金沙 *Lygodium japonicum* 生于阴坡林下、沟谷杂木林。

里白科 Gleicheniaceae

芒萁属 Dicranopteris

　　芒萁 *Dicranopteris pedata* 生于阴坡林下、沟谷杂木林。

膜蕨科 Hymenophyllaceae

膜蕨属 *Hymenophyllum*

华东膜蕨 *Hymenophyllum barbatum* 生于阴坡林下、沟谷杂木林。

姬蕨（碗蕨）科 Dennstaedtiaceae

碗蕨属 *Dennstaedtia*

细毛碗蕨 *Dennstaedtia hirsuta* 生于阴坡林下、沟谷、溪旁。

溪洞碗蕨 *Dennstaedtia wilfordii* 生于阴坡林下、沟谷、溪旁。

鳞盖蕨属 *Microlepia*

边缘鳞盖蕨 *Microlepia marginata* 生于阴坡林下、沟谷杂木林。

蚌壳蕨科 Dicksoniaceae

金狗毛蕨属 *Cibotium*

金毛狗蕨 *Cibotium barometz* 生于阴坡林下、沟谷杂木林。

鳞始（陵齿）蕨科 Lindsaeaceae

乌蕨属 *Stenoloma*

乌蕨 *Stenoloma chusanum* 生于阴坡林下、沟谷杂木林。

肾蕨科 *Nephrolepidaceae*

肾蕨属 *Nephrolepis*

肾蕨 *Nephrolepis auriculata* 生于阴坡林下、沟谷杂木林。

蕨科 Pteridaceae

蕨属 *Pteridium*

蕨 *Pteridium aquilinum* var. *latiusculum* 生于阴坡林下、沟谷杂木林。

凤尾蕨科 Pteridaceae

凤尾蕨属 *Pteris*

蜈蚣草 *Pteris vittata* 生于阴坡林下、沟谷、溪旁。

井栏凤尾蕨 *Pteris multifida* 生于阴坡林下、沟谷、溪旁。

狭叶凤尾蕨 *Pteris henryi* 生于阴坡林下、沟谷、溪旁。

凤尾蕨 *Pteris cretica* var. *intermedia* 生于阴坡林下、沟谷、溪旁。

半边旗 *Pteris semipinnata* 生于阴坡林下、沟谷、溪旁。

中国蕨科 Sinopteridaceae

粉背蕨属 *Aleuritopteris*

银粉背蕨 *Aleuritopteris argentea* 生于阴坡林下、沟谷、溪旁。

阔盖粉背蕨 *Aleuritopteris grisea* 生于阴坡林下、沟谷、溪旁。

金粉蕨属 *Onychium*

野雉尾金粉蕨 *Onychium japonicum* 生于阴坡林下、沟谷杂木林。

旱蕨属 *Pellaea*

旱蕨 *Pellaea nitidula* 生于沟谷杂木林、沟谷、溪旁。

碎米蕨属 *Cheilosoria*

毛轴碎米蕨 *Cheilosoria chusana* 生于林下。

铁线蕨科 Adiantaceae

铁线蕨属 *Adiantum*

掌叶铁线蕨 *Adiantum pedatum* 生于阴坡林下、沟谷、溪旁。

普通铁线蕨 *Adiantum edgewothii* 生于阴坡林下、沟谷、溪旁。

铁线蕨 *Adiantum capillus-veneris* 生于阴坡林下、沟谷、溪旁。

水蕨科 Parkeriaceae

水蕨属 *Ceratopteris*

水蕨 *Ceratopteris thalictroides* 生于阴坡林下、沟谷、溪旁。

裸子蕨科 Hemionitidaceae

凤丫蕨属 *Coniogramme*

普通凤丫蕨 *Coniogramme intermedia* 生于阴坡林下、沟谷杂木林。

紫柄凤丫蕨 *Coniogramme sinensis* 生于阴坡林下、沟谷杂木林。

疏网凤丫蕨 *Coniogramme wilsonii* 生于阴坡林下、沟谷杂木林。

凤丫蕨 *Coniogramme japonica* 生于湿润林下和山谷阴湿处。

金毛裸蕨属 *Gymnopteris*

金毛裸蕨 *Gymnopteris vestita* 生于阴坡林下、沟谷杂木林。

蹄盖蕨科 Athyriaceae

蛾眉蕨属 *Lunathyrium*

华中蛾眉蕨 *Lunathyrium shennongense* 生于阴坡林下、沟谷杂木林。

介蕨属 *Dryoathyrium*

鄂西介蕨 *Dryoathyrium henryi* 生于阴坡林下、沟谷杂木林。

华中介蕨 *Dryoathyrium okuboanum* 生于阴坡林下、沟谷杂木林。

冷蕨属 *Cystopteris*

冷蕨 *Cystopteris fragilis* 生于阴坡林下、沟谷杂木林。

羽节蕨属 *Gymnocarpium*

东亚羽节蕨 *Gymnocarpium oyamense* 生于阴坡林下、沟谷杂木林。

羽节蕨 *Gymnocarpium jessoense* 生于阴坡林下、沟谷杂木林。

假冷蕨属 *Pseudocystopteris*

大叶假冷蕨 *Pseudocystopteris atkinsonii* 生于阴坡林下、沟谷杂木林。

假冷蕨 *Pseudocystopteris spinulosa* 生于阴坡林下、沟谷杂木林。

安蕨属 *Anisocampium*

华东安蕨 *Anisocampium shareri* 生于阴坡林下、沟谷杂木林。

蹄盖蕨属 *Athyrium*

禾秆蹄盖蕨 *Athyrium yokoscense* 生于阴坡林下、沟谷杂木林。

中华蹄盖蕨 *Athyrium sinense* 生于阴坡林下、沟谷杂木林。

裸囊蹄盖蕨（华北蹄盖蕨）*Athyrium pachyphyllum* 生于阴坡林下、沟谷杂木林。

麦秆蹄盖蕨 *Athyrium fallaciosum* 生于阴坡林下、沟谷杂木林。

日本蹄盖蕨（华东蹄盖蕨）*Athyrium niponicum* 生于阴坡林下、沟谷杂木林。

峨眉蹄盖蕨 *Athyrium omeiense* 生于阴坡林下、沟谷杂木林。

尖头蹄盖蕨原变种 *Athyrium vidalii* var. *vidalii* 生于山谷林下沟边阴湿处。

角蕨属 *Cornopteris*

角蕨 *Cornopteris decurrenti-alata* 生于阴坡林下、沟谷杂木林。

双盖蕨属 *Diplazium*

单叶双盖蕨 *Diplazium subsinuatum* 生于阴坡林下、沟谷杂木林。

假蹄盖蕨属 *Athyriopsis*

假蹄盖蕨 *Athyriopsis japonica* 生于阴坡林下、沟谷杂木林。

钝羽假蹄盖蕨 *Athyriopsis conilii* 生于阴坡林下、沟谷杂木林。

毛轴假蹄盖蕨 *Athyriopsis petersenii* 生于阴坡林下、沟谷杂木林。

中日假蹄盖蕨 *Athyriopsis kiusiana* 生于阴坡林下、沟谷杂木林。

短肠蕨属 *Allantodia*

黑鳞短肠蕨 *Allantodia crenata* 生于阴坡林下、沟谷杂木林。

大型短肠蕨 *Allantodia gigantea* 生于阴坡林下、沟谷杂木林。

铁角蕨科 Aspleniaceae

过山蕨属 *Camptosorus*

过山蕨 *Camptosorus sibiricus* 生于阴坡林下、沟谷、溪旁。

铁角蕨属 *Asplenium*

虎尾铁角蕨 *Asplenium incisum* 生于阴坡林下、沟谷杂木林。

北京铁角蕨 *Asplenium pekinense* 生于阴坡林下、沟谷杂木林。

长叶铁角蕨 *Asplenium prolongatum* 生于阴坡林下、沟谷杂木林。

华中铁角蕨 *Asplenium sarelii* 生于阴坡林下、沟谷杂木林。

铁角蕨 *Asplenium trichomanes* 生于阴坡林下、沟谷杂木林。

三翅铁角蕨 *Asplenium tripteropus* 生于阴坡林下、沟谷杂木林。

变异铁角蕨 *Asplenium varians* 生于阴坡林下、沟谷杂木林。

肿足蕨科 Hypodematiaceae

肿足蕨属 *Hypodematium*

肿足蕨 *Hypodematium crenatum* 生于阴坡林下、沟谷杂木林。

光轴肿足蕨 *Hypodematium hirsutum* 生于阴坡林下、沟谷杂木林。

金星蕨科 Thelypteridaceae

沼泽蕨属 *Thelypteris*

沼泽蕨 *Thelypteris palustris* 生于阴坡林下、沟谷杂木林。

金星蕨属 *Parathelypteris*

金星蕨 *Parathelypteris glanduligera* 生于阴坡林下、沟谷杂木林。

中日金星蕨 *Parathelypteris nipponica* 生于阴坡林下、沟谷杂木林。

针毛蕨属 *Macrothelypteris*

针毛蕨 *Macrothelypteris oligophlebia* 生于阴坡林下、沟谷杂木林。

普通针毛蕨 *Macrothelypteris torresiana* 生于山谷潮湿处。

卵果蕨属 *Phegopteris*

延羽卵果蕨 *Phegopteris decursive-pinnata* 生于阴坡林下、沟谷杂木林。

假毛蕨属 *Pseudocyclosorus*

普通假毛蕨 *Pseudocyclosorus subochthodes* 生于阴坡林下、沟谷杂木林。

紫柄蕨属 *Pseudophegopteris*

紫柄蕨 *Pseudophegopteris pyrrhorachis* 生于阴坡林下、沟谷杂木林。

毛蕨属 *Cyclosorus*

渐尖毛蕨 *Cyclosorus acuminatus* 生于阴坡林下、沟谷杂木林。

新月蕨属 *Pronephrium*

披针新月蕨 *Pronephrium penangianum* 生于阴坡林下、沟谷杂木林。

乌毛蕨科 Blechnaceae

狗脊蕨属 *Woodwardia*

狗脊蕨 *Woodwardia japonica* 生于阴坡林下、沟谷杂木林。

顶芽狗脊蕨 *Woodwardia unigemmata* 生于林下或路边灌丛。

睫毛蕨科 Pleurosoriopsidaceae

睫毛蕨属 *Pleurosoriopsis*

睫毛蕨 *Pleurosoriopsis makinoi* 生于阴坡林下、沟谷杂木林。

球子蕨科 Onocleaceae

荚果蕨属 *Matteuccia*

东方荚果蕨 *Matteuccia orientalis* 生于阴坡林下、沟谷杂木林。

岩蕨科 Woodsiaceae

岩蕨属 *Woodsia*

耳羽岩蕨 *Woodsia polystichoides* 生于阴坡林下、沟谷、溪旁。

膀胱蕨属 *Protowoodsia*

膀胱蕨 *Protowoodsia manchuriensis* 生于阴坡林下、沟谷、溪旁。

鳞毛蕨科 Dryopteridaceae

贯众属 *Cyrtomium*

贯众 *Cyrtomium fortunei* 生于阴坡林下、沟谷、溪旁。

阔羽贯众 *Cyrtomium yamamotoi* 生于阴坡林下、沟谷、溪旁。

粗齿阔羽贯众 *Cyrtomium yamamotoi* var. *intermedium* 生于阴坡林下、沟谷、溪旁。

耳蕨属 *Polystichum*

鞭叶耳蕨 *Polystichum craspedosorum* 生于阴坡林下、沟谷杂木林。

革叶耳蕨 *Polystichum neolobatum* 生于阴坡林下、沟谷杂木林。

狭叶芽胞耳蕨 *Polystichum stenophyllum* 生于阴坡林下、沟谷杂木林。

对马耳蕨 *Polystichum tsus-simense* 生于阴坡林下、沟谷杂木林。

戟叶耳蕨 *Polystichum tripteron* 生于阴坡林下、沟谷杂木林。

密鳞耳蕨 *Polystichum squarrosum* 生于阴坡林

下、沟谷杂木林。

黑鳞耳蕨 *Polystichum makinoi* 生于阴坡林下、沟谷杂木林。

布朗耳蕨 *Polystichum braunii* 生于阴坡林下、沟谷杂木林。

鳞毛蕨属 *Dryopteris*

暗鳞鳞毛蕨 *Dryopteris atrata* 生于阴坡林下、沟谷杂木林。

中华鳞毛蕨 *Dryopteris chinensis* 生于阴坡林下、沟谷杂木林。

稀羽鳞毛蕨 *Dryopteris sparsa* 生于阴坡林下、沟谷杂木林。

远轴鳞毛蕨 *Dryopteris dickinsii* 生于阴坡林下、沟谷杂木林。

黑鳞远轴鳞毛蕨 *Dryopteris namegatae* 生于阴坡林下、沟谷杂木林。

豫陕鳞毛蕨 *Dryopteris pulcherrima* 生于阴坡林下、沟谷杂木林。

粗茎鳞毛蕨 *Dryopteris crassirhizoma* 生于阴坡林下、沟谷杂木林。

半岛鳞毛蕨 *Dryopteris peninsulae* 生于阴坡林下、沟谷杂木林。

两色鳞毛蕨 *Dryopteris setosa* 生于阴坡林下、沟谷杂木林。

细叶鳞毛蕨 *Dryopteris woodsiisora* 生于阴坡林下、沟谷杂木林。

假异鳞毛蕨 *Dryopteris immixta* 生于阴坡林下、沟谷杂木林。

阔鳞鳞毛蕨 *Dryopteris championii* 生于阴坡林下、沟谷杂木林。

华北鳞毛蕨 *Dryopteris goeringiana* 生于阴坡林下、沟谷杂木林。

黑足鳞毛蕨 *Dryopteris fuscipes* 生于林下。

复叶耳蕨属 *Arachniodes*

刺头复叶耳蕨 *Arachniodes exilis* 生于阴坡林下、沟谷杂木林。

中华复叶耳蕨 *Arachniodes chinensis* 生于阴坡林下、沟谷杂木林。

水龙骨科 Polypodiaceae

骨牌蕨属 *Lepidogrammitis*

抱石莲 *Lepidogrammitis drymoglossoides* 生于阴坡林下、沟谷、溪旁。

瓦韦属 *Lepisorus*

瓦韦 *Lepisorus thunbergianus* 生于阴坡林下、沟谷、溪旁。

大瓦韦 *Lepisorus macrosphaerus* 生于阴坡林下、沟谷、溪旁。

狭叶瓦韦 *Lepisorus angustus* 生于阴坡林下、沟谷、溪旁。

网眼瓦韦 *Lepisorus clathratus* 生于阴坡林下、沟谷、溪旁。

有边瓦韦 *Lepisorus marginatus* 生于阴坡林下、沟谷、溪旁。

两色瓦韦 *Lepisorus bicolor* 生于阴坡林下、沟谷、溪旁。

鳞瓦韦 *Lepisorus oligolepidus* 生于阴坡林下、沟谷、溪旁。

扭瓦韦 *Lepisorus contortus* 生于阴坡林下、沟谷、溪旁。

盾蕨属 *Neolepisorus*

盾蕨 *Neolepisorus ovatus* 生于阴坡林下、沟谷、溪旁。

三角叶盾蕨 *Neolepisorus ovatus* f. *deltoidea* 生于阴坡林下、沟谷、溪旁。

伏石蕨属 *Lemmaphyllum*

伏石蕨 *Lemmaphyllum microphyllum* 生于阴坡林下、沟谷、溪旁。

假瘤蕨属 *Phymatopteris*

金鸡脚假瘤蕨 *Phymatopteris hastata* 生于阴坡林下、沟谷、溪旁。

星蕨属 *Microsorum*

江南星蕨 *Microsorum fortunei* 生于阴坡林下、沟谷、溪旁。

石蕨属 *Saxiglossum*

石蕨 *Saxiglossum angustissimum* 生于阴坡林下、沟谷、溪旁。

石韦属 *Pyrrosia*

石韦 *Pyrrosia lingua* 生于阴坡林下、沟谷、溪旁。

有柄石韦 *Pyrrosia petiolosa* 生于阴坡林下、沟谷、溪旁。

相近石韦 *Pyrrosia assimilis* 生于阴坡林下、沟谷、溪旁。

华北石韦 *Pyrrosia davidii* 生于阴坡林下、沟谷、溪旁。

毡毛石韦 *Pyrrosia drakeana* 生于阴坡林下、沟谷、溪旁。

庐山石韦 *Pyrrosia sheareri* 生于阴坡林下、沟谷、溪旁。

光石韦 *Pyrrosia calvata* 生于阴坡林下、沟谷、溪旁。

水龙骨属 *Polypodium*

中华水龙骨 *Polypodiodes chinensis* 生于阴坡林下、沟谷、溪旁。

日本水龙骨 *Polypodiodes niponica* 生于阴坡林下、沟谷、溪旁。

剑蕨科 Loxogrammaceae

剑蕨属 *Loxogramme*

中华剑蕨 *Loxogramme chinensis* 生于阴坡林下、沟谷、溪旁。

匙叶剑蕨 *Loxogramme grammitoides* 生于阴坡林下、沟谷、溪旁。

柳叶剑蕨 *Loxogramme salicifolia* 生于阴坡林下、沟谷、溪旁。

苹科 Marsileaceae

苹属 *Marsilea*

苹 *Marsilea quadrifolia* 生于沟渠、池塘和积水沼泽湿地、水稻田。

槐叶苹科 Salviniaceae

槐叶苹属 *Salvinia*

槐叶苹 *Salvinia natans* 生于沟渠、池塘和积水沼泽湿地、水稻田。

满江红科 Azollaceae

满江红属 *Azolla*

满江红 *Azolla imbricata* 生于沟渠、池塘和积水沼泽湿地、水稻田。

主要参考文献

陈拥军，张宪春，季梦成，等. 2002. 九连山自然保护区蕨类植物区系研究. 江西农业大学学报，24（1）：78～81.

丁炳杨，曾汉元，方腾，等. 2001. 浙江古田山自然保护区蕨类植物区系研究. 浙江大学学报（农业与生命科学版），27（4）：370～374.

何飞，王金锡，刘兴良，等. 2003. 四川卧龙自然保护区蕨类植物区系研究. 四川林业科技，24（2）：12～16.

何建源，林建丽，刘初钿，等. 2004. 武夷山自然保护区蕨类植物物种多样性与区系的研究. 福建林业科技，31（4）：40～43，57.

陆树刚. 2004. 中国蕨类植物区系. 中国植物志第一卷. 北京：科学出版社：78～94.

秦仁昌. 1978. 中国蕨类植物科属系统排列和历史来源. 植物分类学报，16（3）：1～19&16（4）：16～37.

王荷生，张镱锂. 1994. 中国种子植物特有属的生物多样性和特征. 云南植物研究，16（3）：209～220.

吴世福. 1993. 中国蕨类植物属的分布区类型及区系特征. 考察与研究，13：63～78.

吴兆洪，秦仁昌. 1991. 中国蕨类植物科属志. 北京：科学出版社：1～394.

吴兆洪，朱家柟，杨纯瑜. 1992. 中国现代及化石蕨类植物科属辞典. 北京：中国科学技术出版社：1～134.

吴征镒. 1991. 中国种子植物属的分布区类型. 云南植物研究，增刊（IV）：1～139.

武素功. 1987. 中国-日本蕨类植物区系的地理亲缘. 云南植物研究，9（2）：167～179.

杨相甫，王太霞，李景原，等. 2002. 河南太行山蕨类植物区系的研究. 广西植物，22（1）：35～39.

叶永忠，卓卫华，郑孝兴. 2012. 河南大别山自然保护区科学考察集. 北京：科学出版社.

臧得奎. 1998. 中国蕨类植物区系的初步研究. 西北植物学报，18（3）：459～465.

张光飞，苏文华. 2004. 云南昆明西山蕨类植物区系地理. 山地学报，22（2）：193～198.

张光富，沈显生. 2000. 大别山天堂寨自然保护区蕨类植物区系特征. 山地学报，18（5）：468～473.

张永夏，陈红锋，胡学强，等. 2007. 海南同铁岭低地雨林蕨类植物区系及其特点. 西北植物学报，27（4）：0805～0812.

朱圣潮. 2003. 浙江凤阳山百山祖自然保护区蕨类植物区系研究. 亚热带植物科学，32（2）：41～44.

第8章 河南鸡公山自然保护区种子植物[①]

8.1 植物区系的基本组成

1994 年出版的《鸡公山自然保护区科学考察集》收集本保护区种子植物共计有 151 科 691 属 1603 种及变种。其中裸子植物 9 科 28 属 87 种,被子植物 152 科 663 属 1516 种。在此基础上,结合近十几年来的补充调查,对保护区植物进行了重新整理。删除了一些在本保护区不能露地越冬的多年生植物和温室花卉,如南洋杉、苏铁、旱金莲、虞美人、西洋石竹等 35 种。考证了一些本区原本没有分布的或被归并的种类,如余零子冷水花、多茎萹蓄、圆锥苋、宿轴木兰、云南皂荚等 26 种及变种,将其从名录中删除。增补一批调查中新发现的和引种栽培的种类。

本考察集收集野生、逸生和能在本区露地越冬自行繁殖的种子植物共计有 166 科 889 属 2316 种及变种。其中裸子植物 7 科 27 属 72 种,被子植物 159 科 862 属 2244 种。

8.1.1 科的组成

为了直观地反映出河南鸡公山国家级自然保护区植物区系与中国、世界植物区系的关系及其与世界各地植物区系的联系,现将河南鸡公山国家级自然保护区植物各科所含属数、种数、分布类型统计如表 8-1 所示。

表 8-1 河南鸡公山国家级自然保护区种子植物科及其组成的统计与分布

科	属/种	中国属/种	世界属/种	世界分布区域
裸子植物				
1. 银杏科 Ginkgoaceae	1/1	1/1	1/1	特产于我国
2. 松科 Pinaceae	7/29	10/142	10/230	全世界
3. 杉科 Taxodiaceae	8/10	5/7	10/16	主产于北温带
4. 柏科 Cupressaceae	7/25	8/36	22/150	全世界
5. 罗汉松科 Podocarpaceae	1/2	2/14	7/130	东亚和南半球的亚热带、热带
6. 三尖杉科 Cephalotaxaceae	1/2	1/7	1/9	东亚
7. 红豆杉科 Taxaceae	2/3	4/13	5/23	主产于北半球
被子植物				
8. 三白草科 Saururaceae	2/2	3/4	4/6	东亚、北美
9. 金粟兰科 Chloranthaceae	1/5	3/18	4/40	热带至亚热带
10. 杨柳科 Salicaceae	2/19	3/231	3/530	北温带
11. 杨梅科 Myricaceae	1/1	1/4	3/50	东亚、北美
12. 胡桃科 Juglandaceae	5/9	7/27	8/60	泛热带至温带
13. 桦木科 Betulaceae	4/13	6/70	6/120	北温带
14. 壳斗科 Fagaceae	4/17	5/209	8/900	全世界,主产于全温带及热带山区

---

① 本章由戴慧堂、魏东伟、朱凤云执笔

科	属/种	中国属/种	世界属/种	世界分布区域
15. 榆科 Ulmaceae	6/17	8/52	15/150	泛热带至温带
16. 桑科 Moraceae	6/15	17/159	53/1 400	泛热带至亚热带
17. 荨麻科 Urticaceae	10/28	20/223	45/550	泛热带至亚热带
18. 铁青树科 Olaceae	1/1	5/8	25/250	全球的热带、亚热带地区
19. 檀香科 Santalaceae	2/3	7/20	30/600	泛热带至温带
20. 槲寄生科 Viscaceae	1/1	1/10	7/450	广布全球热带和温带
21. 桑寄生科 Loranthaceeae	1/1	10/50	40/1 500	泛热带、亚热带
22. 马兜铃科 Aristolochiaceae	2/7	4/50	5/300	泛热带至温带
23. 蛇菰科 Balanophoraceae	1/2	3/17	19/120	热带、亚热带
24. 蓼科 Polygonaceae	6/42	11/210	40/800	全世界，主产于温带
25. 藜科 Chenopodiaceae	5/14	44/209	102/1 400	全世界，主产于中亚—地中海
26. 苋科 Amaranthaceae	4/16	13/39	60/850	泛热带至温带
27. 紫茉莉科 Nyctaginaceae	1/1	2/7	33/290	热带和亚热带
28. 商陆科 Phytolaccaxeae	1/2	1/4	22/120	亚洲、非洲、拉丁美洲
29. 粟米草科 Molluginaceae	1/1	2/6	14/100	热带、亚热带
30. 马齿苋科 Prtulacaceae	2/3	3/7	20/500	全世界，主产于美洲
31. 落葵科 Basellaceae	1/1	2/3	4/25	亚洲、非洲及拉丁美洲热带
32. 石竹科 Caryophyllaceae	11/30	29/316	66/1 654	全世界
33. 睡莲科 Nymphaeaceae	4/5	5/10	8/100	全世界
34. 金鱼藻科 Ceratophyllaceae	1/1	1/5	1/7	全世界
35. 领春木科 Eupteleaceae	1/1	2/2	2/3	东亚
36. 连香树科 Cercidiphyllaceae	1/1	1/1	1/1	东亚
37. 毛茛科 Ranunculaceae	15/48	41/687	51/1 901	全世界，主产于温带
38. 木通科 Lardizabalaceae	4/7	5/40	7/50	东亚
39. 大血藤科 Sargentodoxaceae	1/1	1/1	1/1	特产于我国
40. 小檗科 Berberidaceae	7/12	11/300	20/600	主产于北温带
41. 防己科 Menispermaceae	5/8	19/60	70/400	泛热带至亚热带
42. 木兰科 Magnoliaceae	8/21	16/150	I8/320	泛热带至亚热带
43. 水青树科 Tetracentraceae	1/1	1/1	1/1	特产于我国
44. 五味子科 Schisandraceae	2/4	2/30	2/50	东亚、东南亚及北美
45. 蜡梅科 Calycanthaceae	1/1	2/6	3/10	东亚、北美间断分布
46. 樟科 Lauraceae	9/32	22/382	32/2 050	泛热带至亚热带
47. 罂粟科 Papaveraceae	7/17	20/230	43/500	北温带
48. 白花菜科 Capparidaceae	2/2	5/34	40/700	热带、亚热带
49. 十字花科 Cruciferae	23/39	102/440	510/6 200	泛热带至温带
50. 景天科 Crassulaceae	3/20	12/262	36/1 503	全世界
51. 虎耳草科 Saxifragaceae	15/31	27/400	80/1 200	全温带
52. 海桐花科 Pittosporaceae	1/5	1/34	9/200	热带和亚热带
53. 金缕梅科 Hamamclidaceae	7/8	17/76	27/140	东亚
54. 杜仲科 Eucommiaceae	1/1	1/1	1/1	特产于我国
55. 悬铃木科 Platanaceae	1/3	1/3	1/10	北半球温带和亚热带

续表

科	属/种	中国属/种	世界属/种	世界分布区域
56. 蔷薇科 Rosaceae	34/127	60/912	100/2 000	全世界，主产于温带
57. 豆科 Leguminosae	40/106	150/1 120	600/13 000	全世界
58. 酢浆草科 Oxalidaceae	1/5	3/13	10/900	泛热带至温带
59. 牻牛儿苗科 Geraniaceae	2/8	4/70	11/600	泛热带至温带
60. 亚麻科 Linaceae	1/1	5/12	14/160	全世界
61. 蒺藜科 Zygophyllaceae	1/1	5/33	25/160	泛热带至亚热带
62. 芸香科 Rutaceae	7/15	24/145	150/900	泛热带至温带
63. 苦木科 Simarubaceae	2/3	5/10	20/120	泛热带至亚热带
64. 楝科 Meliaceae	2/4	16/113	50/1 400	泛热带至亚热带
65. 远志科 Polygalaceae	1/3	5/47	11/1 000	泛热带至温带
66. 大戟科 Euphorbiaceae	16/35	63/345	300/5 000	泛热带至温带
67. 水马齿科 Callitrichaceae	1/2	1/4	1/25	全世界
68. 黄杨科 Buxaceae	2/5	3/18	6/100	泛热带至亚热带
69. 马桑科 Coriariaceae	1/1	1/3	1/15	温带
70. 漆树科 Anacardiaceae	5/10	15/55	60/600	主产于热带、亚热带
71. 冬青科 Aquifoliaceae	1/7	1/120	1/600	主产于亚洲及热带美洲
72. 卫矛科 Celastraceae	2/17	13/202	51/530	全世界（除北极）
73. 省沽油科 Staphyleaceae	2/3	3/20	6/50	北温带
74. 槭树科 Aceraceae	2/17	2/102	3/200	北温带，主产于东亚
75. 七叶树科 Hippocastanaceae	1/1	1/8	2/30	北温带
76. 无患子科 Sapindaceae	4/5	20/40	136/2 000	主产于热带
77. 清风藤科 Sabiaceae	2/8	2/70	4/120	主产于亚洲及热带美洲
78. 凤仙花科 Balsaminaceae	1/5	2/191	4/600	热带亚洲—热带非洲
79. 鼠李科 Rhamnaceae	7/21	15/134	58/90	泛热带至温带
80. 葡萄科 Vitaceae	6/26	7/124	12/700	泛热带至亚热带
81. 椴树科 Tiliaceae	4/13	9/80	35/400	泛热带至亚热带
82. 锦葵科 Malvaceae	4/8	16/50	50/1 000	泛热带至温带
83. 梧桐科 Sterculiaceae	2/2	17/70	50/900	主产于热带、亚热带
84. 猕猴桃科 Actinidiaceae	1/8	2/79	4/370	主产于热带、亚热带
85. 山茶科 Theaceae	4/10	15/400	28/700	主产于亚洲及热带美洲
86. 金丝桃科 Hypericaceae	1/10	6/60	10/300	温带与热带山区
87. 柽柳科 Tamaricaceae	1/1	4/27	5/90	温带、热带和亚热带
88. 芍药科 Paeoniaceae	1/4	1/20	1/35	主产于欧亚大陆
89. 堇菜科 Violaceae	1/17	4/120	18/800	全世界
90. 大风子科 Flacourtiaceae	2/3	10/24	80/500	热带、亚热带
91. 旌节花科 Stachyuraceae	1/2	1/8	1/10	东亚
92. 秋海棠科 Begoniaceae	1/2	1/90	5/500	热带、亚热带
93. 瑞香科 Thymelaeaceae	4/6	9/90	40/500	泛热带至温带
94. 胡颓子科 Elaeagnaceae	1/8	2/30	3/50	亚热带至温带
95. 千屈菜科 Lythraceae	4/9	11/47	25/550	主产于热带、亚热带
96. 石榴科 Punicaceae	1/1	1/2	1/2	地中海至西亚

科	属/种	中国属/种	世界属/种	世界分布区域
97. 珙桐科 Davidiaceae	1/1	3/8	3/12	北美、亚洲
98. 蓝果树科 Nyssaceae	1/1	3/8	3/10	分布于亚洲和美洲
99. 八角枫科 Alangiaceae	1/3	1/8	1/30	东亚、大洋洲及非洲
100. 菱科 Hydrocaryaceae	1/2	1/5	1/30	东半球
101. 柳叶菜科 Onagraceae	4/13	10/60	20/600	全世界，主产于北温带
102. 小二仙草科 Haloragidaceae	2/4	2/7	7/170	全世界
103. 杉叶藻科 Hippuridaceae	1/1	1/3	1/3	全世界
104. 五加科 Araliaceae	6/12	23/160	60/800	泛热带至温带
105. 伞形科 Umbelliferae	24/45	58/540	305/3 225	全温带
106. 山茱萸科 Cornaceae	1/9	8/50	10/90	北温带至热带
107. 鹿蹄草科 Pyrolaceae	3/6	8/35	29/70	北温带至寒带
108. 杜鹃花科 Ericaceae	2/6	20/792	50/1 350	全世界，主产于南非，喜马拉雅
109. 紫金牛科 Myrsinaceae	2/4	10/200	35/1 000	全球温带和热带
110. 报春花科 Primulaceae	3/17	12/534	20/1 000	全温带
111. 柿树科 Ebeanaceae	1/3	1/40	1/400	泛热带至亚热带
112. 山矾科 Symplocaceae	1/3	1/125	2/500	热带、亚热带
113. 安息香科 Styracaceae	3/8	9/59	11/180	亚洲、美洲东部
114. 木樨科 Oleaceae	8/20	14/188	29/600	泛热带至温带
115. 马钱科 Loganiaceae	2/4	9/60	35/800	泛热带至亚热带
116. 龙胆科 Gentianaceae	6/15	19/269	80/900	全温带
117. 睡菜科 Menyanthaceae	1/1	2/6	5/70	泛热带至温带
118. 夹竹桃科 Apocynaceae	4/5	22/177	180/1 500	泛热带至亚热带
119. 萝藦科 Asclepiadaceae	4/18	36/231	120/2 000	泛热带至温带
120. 旋花科 Convolvulaceae	9/16	21/120	55/1 650	泛热带至温带
121. 紫草科 Boraginaceae	11/22	51/209	100/2 000	全世界，主产于温带
122. 马鞭草科 Verbenaceae	7/19	16/166	75/3 000	泛热带至温带
123. 唇形科 Labiatae	29/78	94/793	180/3 500	全世界，主产于地中海
124. 茄科 Solanaceae	9/22	24/140	80/3 000	热带至温带
125. 玄参科 Scrophulariaceae	19/43	54/610	220/3 000	全世界，主产于温带
126. 紫葳科 Bignoniaceae	3/6	17/40	120/650	热带—亚热带
127. 胡麻科 Pedaliaceae	2/2	2/2	18/60	亚洲、非洲、大洋洲
128. 列当科 Orobanchaceae	2/3	10/40	13/800	主产于旧大陆温带
129. 苦苣苔科 Gesneriaceae	7/7	37/231	120/2 000	泛热带至亚热带
130. 狸藻科 Lentibulariaceae	1/3	2/19	40/170	全世界
131. 爵床科 Acanthaceae	6/6	52/46	250/2 500	泛热带至亚热带
132. 透骨草科 Phrymataceae	1/1	1/1-2	1/1-2	东亚、北美
133. 车前科 Plantaginaceae	1/3	1/16	3/370	全世界
134. 茜草科 Rubiaceae	8/17	74/474	510/6 200	泛热带至温带
135. 忍冬科 Caprifoliaceae	6/30	12/200	13/500	北温带和热带山区
136. 五福花科 Adoxaceae	1/1	2/2	3/4	北温带
137. 败酱科 Valerianaceae	2/7	3/30	13/400	北温带

续表

科	属/种	中国属/种	世界属/种	世界分布区域
138. 川续断科 Dipsacaceae	2/3	5/30	12/300	地中海、亚洲、非洲南部
139. 葫芦科 Cucurbitaceae	9/14	29/141	110/640	泛热带至温带
140. 桔梗科 Campanulaceae	6/16	13/125	70/2 000	全世界，主产于温带
141. 菊科 Compositae	72/174	207/2 170	900/13 000	全世界
142. 香蒲科 Typhaceae	1/5	1/10	1/18	全世界
143. 黑三棱科 Sparganiaceae	1/2	1/4	1/20	全温带
144. 眼子菜科 Potamogetonaceae	1/11	7/39	8/100	全温带
145. 水麦冬科 Juncaginaceae	1/1	1/1	4/25	全球温带和寒带
146. 茨藻科 Najadaceae	2/4	1/4	1/35	热带至温带
147. 泽泻科 Alismataceae	2/7	5/13	13/100	北温带、大洋洲
148. 花蔺科 Butomaceaeus	1/7	2/2	5/12	欧洲、亚洲、美洲
149. 水鳖科 Hydrocharitaceae	5/5	8/24	16/80	全球温、热带
150. 禾本科 Gramineae	87/181	217/1 160	620/10 000	全世界
151. 莎草科 Cyperaceae	13/79	33/569	90/4 000	全世界，主产于温带及寒冷地区
152. 棕榈科 Palmae	1/1	22/72	220/2 800	热带至亚热带
153. 天南星科 Araceae	6/14	28/194	115/2 000	泛热带至温带
154. 浮萍科 Lemnaceae	3/4	3/6	4/30	全世界
155. 谷精草科 Eriocaulaceae	1/2	1/40	13/1 150	热带及亚热带
156. 鸭跖草科 Commelinaceae	4/8	13/49	40/600	泛热带至温带
157. 雨久花科 Pontederiaceae	2/3	2/6	7/30	热带至亚热带
158. 灯心草科 Juncaeae	2/13	2/60	8/300	全温带
159. 百部科 Stemonaceae	1/2	2/9	3/12	亚洲、美洲、大洋洲
160. 百合科 Liliaceae	27/79	52/365	250/3 700	全世界，主产于温带、亚热带
161. 石蒜科 Amaryllidaceae	1/5	10/100	85/1 100	泛热带至温带
162. 薯蓣科 Dioscoreaceae	1/5	1/80	10/650	泛热带至温带
163. 鸢尾科 Iridaceae	2/6	11/84	60/1 500	泛热带至温带
164. 姜科 Zingiberaceae	1/1	17/120	47/700	主要分布在热带地区
165. 美人蕉科 Cannaceae	1/2	1/6	1/55	热带至亚热带
166. 兰科 Orchidaceae	24/38	141/1 040	735/17 000	全世界

根据各科所含种数统计，含 1 种的科 32 个，占所有科的 19.27%，其中，单种科有连香树科（Cercidiphyllaceae）、水青树科（Tetracentraceae）、银杏科（Ginkgoaceae）、杜仲科（Eucommiaceae）、透骨草科（Phrymataceae）；含有 2～9 种的寡种科 77 个，占所有科的45.39%；含 10～30 种的科 43 个，占所有科的 25.90%；含 31～50 种的中等科 9 个，占所有科的 5.42%；含 51～100 种的大科唇形科（Labiatae）78 种、莎草科（Cyperaceae）79种、百合科（Liliaceae）79 种；含 100 种以上的特大科有豆科（Leguminosae）106 种、蔷薇科（Rosaceae）127 种、禾本科（Gramineae）181 种、菊科（Compositae）174 种。大科、特大科共计 7 科，仅占全部科的 4.22%，但所含有的种数占全部种数的 35.52%。由此可见，以上大科在本区的植物区系组成中起着重要作用。但在这科中，除蔷薇科、豆科的少数属为木本植物外，其余各科均为草本植物，它们在本区的森林植被中的作用并不明显；而

含属种较少的壳斗科、松科、樟科、杉科、桦木科、杨柳科、榆科、槭树科则是本区森林植被的主要成分。

表 8-1 还表明，本区植物具有明显的过渡特征，泛热带至温带分布科较多，纯温带分布科明显较少，但泛热带至温带科仅含有少数几属或数种，体现出热带植物边缘的分布特征。此外，在全世界广布科中，以主产于温带地区的属种居多。

根据 Albert C. Smith 对被子植物原始科的研究，本区被子植物原始科有木兰科（7 属19 种）、马兜铃科（2 属 7 种）、三白草科（2 属 2 种）、金粟兰科（1 属 5 种）、樟科（9 属32 种）、睡莲科（4 属 5 种）、五味子科（2 属 4 种）、木通科（4 属 7 种）、防己科（5 属 8种）、毛茛科（15 属 48 种）、小檗科（7 属 12 种）、罂粟科（6 属 16 种）、角茴香科（1 属 1种）、昆栏树科（1 属 1 种）、连香树科（1 属 1 种）、杜仲科（1 属 1 种），共计 16 科 68 属169 种。

另外，被子植物的离心皮类或柔荑花序类是最古老、最原始的类群。河南鸡公山国家级自然保护区分布的离心皮类有 7 科 35 属 82 种，高于黄山、武夷山、嵩山，而和神农架地区相似（表 8-2）。柔荑花序类本区 10 科 40 属 116 种，也高于黄山、嵩山，低于武夷山、神农架（表 8-2）。上述资料表明本区的区系较为古老，现存种中原始性属众多。

表 8-2　河南鸡公山国家级自然保护区与其他山区被子植物古老类群的比较

类群			嵩山		鸡公山		神农架		黄山		武夷山	
			属	种	属	种	属	种	属	种	属	种
离	八 角 科	*Illiciaceae*			1	2	1	1	1	1		2
	五味子科	*Schizandraceae*	1	2	2	4	1	2	2	3	1	2
心	毛 茛 科	*Ranunculaceae*	12	32	15	48	17	61	12	34	6	18
	小 檗 科	*Berberidaceae*	3	7	7	12	7	21	5	6	5	8
皮	木 通 科	*Lardizabalaceae*	1	1	4	7	4	5	4	6	4	10
	大血藤科	*Sargentodoxaceae*			1	1	1	1	1	1	1	1
类	防 己 科	*Menispermaceae*	2	2	5	8	5	8	5	7	3	3
合计			19	44	35	82	36	99	30	58	22	46
柔	三白草科	*Saururaceae*	1	1	2	2	1	1	2	2	2	2
	金粟兰科	*Chloranthaceae*	1	2	1	5	1	3	1	3	2	4
荑	杨 柳 科	*Salicaceae*	2	10	2	19	2	23	2	8	2	8
	胡 桃 科	*Jaglandaceae*	3	4	5	9	5	9	5	5	4	5
花	桦 木 科	*Betulaceae*	2	4	3	12	2	16	2	3	2	3
	榛 　 科	*Corylaceae*	1	2	1	2	1	5	1	1	1	2
序	壳 斗 科	*Fagaceae*	2	10	4	17	5	22	5	20	6	36
	榆 　 科	*Ulmaceae*	5	11	6	17	4	11	6	10	5	10
类	桑 　 科	*Moraceae*	5	9	6	15	6	17	5	11	5	23
	荨 麻 科	*Urticaceae*	6	11	10	28	12	33	8	17	10	29
合计			28	64	40	126	39	154	37	80	39	122

8.1.2　属的组成

根据本区每属所含种数的多少统计，含 1 种的属 436 个，占 49.04%，其中，分类地位较为孤立、起源较为古老或少数分化出来的单种属 57 个（表 8-3）；含 2～5 种的属 363 个，占所有属的 40.83%；含 6～10 种的中等属 67 个，占所有属的 7.53%；含 11～20 种的大属 20 个，如眼子菜属（*Potamogeton* 11 种）、胡枝子属（*Lespedzea* 11 种）、大戟属（*Euphorbia* 11 种）、飘拂草属（*Fimbristylis* 12 种）、卫矛属（*Euonymus* 12 种）、委陵菜属（*Potentilla* 13 种）、山胡椒属（*Lindera* 13 种）、鹅绒藤属（*Cynanchum* 13 种）、蔷薇属（*Rosa* 13 种）、绣线菊属（*Spiraea* 14 种）、莎草属（*Cyperus* 14 种）、景天属（*Sedum* 14 种）、铁线莲属（*Clematis* 15 种）、珍珠菜属（*Lysimachia* 15 种）、荚蒾属（*Viburnum* 15 种）、槭属（*Acer* 16 种）、堇菜属（*Viola* 17 种）；含 20 种以上的特大属 5 个，如松属（*Pinus* 20 种）、悬钩子属（*Rubus* 23 种）、苔属（*Carex* 24 种）、蒿属（*Artermisia* 25 种）、蓼属（*Polygonum* 26 种）。以上大属特大属共计 25 属，占全部属的 2.69%，含有的种数占全部种数的 15.78%。

表 8-3　河南鸡公山国家级自然保护区种子植物单种属统计

科名	属名	科名	属名
柏科	侧柏属 *Platycladus*	五加科	通脱木属 *Tetrapanax*
三白草科	蕺菜属 *Hottuynia*	伞形科	明党参属 *Changium*
胡桃科	青钱柳属 *Cyclocarya*		防风属 *Saposhinikouia*
榆科	翼朴属 *Pteroceltis*	报春花科	海乳草属 *Glaux*
	刺榆属 *Hemiptelea*	龙胆科	翼萼蔓属 *Pterygocalyx*
蓼科	翼蓼属 *Pteroxygonum*	木樨科	雪柳属 *Forsythia*
藜科	千针苋属 *Acroglochin*	紫草科	紫筒草属 *Stenosolenium*
石竹科	鹅肠菜属 *Malachium*		水棘针属 *Amethystea*
	狗筋蔓属 *Cucubalus*	唇形科	异野芝麻属 *Heterolamium*
睡莲科	芡实属 *Euryale*		紫苏属 *Perilla*
毛茛科	天葵属 *Semiaquilegia*	透骨草科	透骨草属 *Phryma*
木通科	大血藤属 *Sargentodoxa*	茜草科	香果树属 *Emmenopterys*
	串果藤属 *Sinofranchetia*	五福花科	五福花属 *Adoxa*
防己科	防己属 *Sinomenium*	桔梗科	桔梗属 *Platycodon*
小檗科	南天竹属 *Nandina*	菊科	虾须草属 *Sheareria*
水青树科	水青树属 *Tetracentro*		碱菀属 *Tripolium*
罂粟科	血水草属 *Eomecon*		女菀属 *Turczaninowia*
金缕梅科	山白树属 *Sinowilsonia*		款冬属 *Tussilago*
	牛鼻栓属 *Fortuneraria*		泥糊菜属 *Hemistepta*
杜仲科	杜仲属 *Eucommia*		山牛蒡属 *Synurus*
蔷薇科	棣棠属 *Kerria*	花蔺科	花蔺属 *Butomus*
	鸡麻属 *Rhodotypos*	水鳖科	黑藻属 *Hydrilla*
芸香科	枳属 *Poncirus*	禾本科	显子草属 *Phaenosperma*
	臭常山属 *Orixa*		拟金茅属 *Eulaliopsis*

续表

科名	属名	科名	属名
大风子科	山桐子属 *Idesia*	莎草科	扁穗草 *Brylkinia*
	山拐枣属 *Poliothyrsis*		知母属 *Anemarrhema*
蓝果树科	喜树属 *Camptotheca*	百合科	吉祥草属 *Reineckia*
五加科	刺楸属 *Kalopanax*		铃兰属 *Convallaria*
		兰科	独花兰属 *Chonentmld*

注：单种属指仅含1种的属，不包括种下单位。

8.2　植物区系的地理成分

8.2.1　科的地理分布

吴征镒、周浙昆、李德铢等在世界种子植物科的分布区类型系统中对种子植物的科进行了分析整理，提出了世界种子植物科分布区类型的划分方案，将世界种子植物的科划分为18个大分布区类型。根据这一方案将河南鸡公山种了植物166个科分为13个类型（表8-4)。

表8-4　河南鸡公山国家级自然保护区种子植物科的分布区类型和变型

分布区类型和变型	本区科数	总科/%
1. 世界分布	48	28.92
2. 泛热带分布	44	28.31
2-1 热带亚洲、大洋洲和南美洲间断	1	
2-2 热带亚洲-热带非洲-热带美洲	2	
3. 热带亚洲、热带美洲间断分布	10	6.02
4. 旧世界热带	4	2.41
5. 热带亚洲至热带大洋洲	3	1.81
7. 热带亚洲	1	0.60
8. 北温带分布	11	19.27
8-1 北温带和南温带间断	1	
8-2 欧亚和南美洲温带间断	18	
8-3 地中海、东亚、新西兰和墨西哥-智利间断分布	2	
9. 东亚、北美分布	6	3.61
10. 旧世界温带分布带	2	1.81
11. 欧亚和南非	1	0.60
12. 地中海至中亚分布	1	0.60
14. 东亚分布	7	4.21
15. 中国特有分布	4	2.41

从科的区系组成中可以看出，本区种子植物有世界广布科48个，热带分布科67个，温带分布科36个，东亚及东亚、北美分布科13个，中国特有科4个。世界广布成分、热带成分和温带成分比较接近，但以热带成分为主，约占40%，世界广布成分占29%，温带成分占31%。

8.2.2　属的地理分布

在植物分类学上，属的形态特征相对比较稳定，占有比较固定的分布区，但又能随着地理环境条件的变化而产生分化，因而属比科更能反映植物系统发育过程中的进化分化情况和地区性特征。根据吴征镒教授关于中国种子植物属的分布区类型的划分，参照有关分类学文献，将河南鸡公山国家级自然保护区种子植物各属分为 15 个分布区类型（表 8-5）。

表 8-5　河南鸡公山国家级自然保护区种子植物属的分布区类型和变型

分布区类型和变型	本区属数	全国属数	占全国属数的比例/%
1. 世界分布	83	104	79.81
2. 泛热带分布	123	316	38.92
2-1 热带亚洲、大洋洲和南美洲间断	4	17	23.53
2-2 热带亚洲-热带非洲-热带美洲	5	29	17.24
3. 热带亚洲、热带美洲间断分布	16	62	25.80
4. 旧世界热带	29	147	19.72
4-1 热带亚洲、非洲、大洋洲间断	5	30	16.67
5. 热带亚洲至热带大洋洲	26	147	17.68
6. 热带亚洲至热带非洲	22	149	14.77
6-1 中国华南、西南到印度和热带非洲间断	1	6	16.67
7. 热带亚洲	30	442	6.79
7-1 爪哇、中国喜马拉雅和华南、西南	1	30	3.3
7-2 越南至中国华南	2	67	2.98
8. 北温带分布	146	213	68.54
8-1 环北极分布	1	10	10
8-2 北极高山	2	14	14.28
8-3 北温带、南温带间断	40	57	70.18
8-4 欧亚和南美间断	3	5	60
8-5 地中海区、东亚、新西兰、墨西哥到智利	1	1	100
9. 东亚、北美分布	73	123	59.34
9-1 东亚至墨西哥	1	1	100
10. 旧世界温带分布	57	114	50
10-1 地中海区、西亚、东亚间断	13	25	52
10-2 地中海区和喜马拉雅间断	1	8	12.5
10-3 欧亚和南非间断	6	17	35.29
11. 温带亚洲	15	55	27.27
12. 地中海、中亚、西亚	15	152	9.87
12-1 地中海至中亚和墨西哥间断	1	2	50
12-2 地中海至温带—热带亚洲、大洋洲间断分布	2	5	40
13. 中亚分布	3	69	4.35
13-1 中亚至喜马拉雅	1	26	3.85
14. 东亚分布	55	73	75.34
14-1 中国喜马拉雅	28	141	19.85
14-2 中国-日本	42	85	49.42
15. 中国特有分布	36	257	14.07

　　由于世界分布属在分析河南鸡公山国家级自然保护区种子植物区系特征及其区系联系时意义不大，因此此处仅着重分析中国特有属、温带分布属和热带分布属。

1. 热带分布属的统计分析

　　热带分布属包括表 8-5 中的第 2～7 类，共 264 属，占所有属（除世界广布属）的 32.75％。

　　（1）泛热带分布区类型包括普遍分布于东西两半球热带，和在全世界热带范围内有一个或数个分布中心，但在其他地区也有一些种类分布的热带属。在河南鸡公山国家级自然保护区有 132 属，占所有热带分布属的 50％，占国产本类型的 30％。木本类型有冬青属（*Ilex*）、黄檀属（*Dalbergia*）、红豆树属（*Ormosia*）、山矾属（*Symplocos*）、朴属（*Celtis*）、叶底珠属（*Securinega*）、柿属（*Diospyros*）、乌桕属（*Sapium*）、朴属（*Celtis*）等 24 属。黄檀（*Dalbergia*）、乌桕在局部地段可成为优势属；牡荆属（*Vitex*）、紫珠属（*Callicarpa*）、算盘子属（*Glochidion*）、叶底珠属（*Phyllanthus*）、野茉莉属（*Styrax*）、山矾属是本区的优势灌木，其余木本植物都星散分布于林下或沟谷。草本植物中的孔颖草（*Bothriochloa*）、虎尾草（*Chloris*）、狗牙根（*Cynodon*）、白茅（*Imperata*）和狼尾草（*Pennisetum*）在本区极为常见，是低山丘陵地区草本群落的优势属。

　　本类型的变型，热带亚洲、热带大洋洲和南美洲间断分布在本区有兰花参属（*Wahlenbergia*）、石胡荽属（*Centipeda*）、糙叶树属（*Aphananthe*）等，罗汉松属（*Podocarpus*）为该区的栽培属。另一个变型，热带亚洲、非洲和南美洲间断分布在本区有湖瓜草属（*Lipocarpha*）、蔗茅属（*Erianthus*）。此外本区栽培或逸生的有金鸡菊属（*Coreopsis*）、含羞草属（*Mimosa*）、土人参属（*Tallinum*）。

　　该类型基本上以本区为分布北界的有算盘子、紫金牛属（*Ardisia*）、红淡比属（*Cleyera*）、山矾属（*Symplocos*）、木防己属（*Cocculus*）、云实属（*Caesalpinia*）、爵床属（*Rostellularia*）、水蓑衣属（*Hygrophila*）、狗肝菜属（*Dicliptera*）等属。

　　（2）热带亚洲至热带美洲间断分布类型指的是间断分布于美洲和亚洲温暖地区的热带属。本类型在河南鸡公山国家级自然保护区有 16 属，占国产本类型的 25.8％。该区本类型木本属丰富，其中楠木属（*Phoebe*）、柃木属（*Eurya*）、无患子属（*Sapindus*）、木姜子属（*Litsea*）分布于亚热带地区，基本以本区为北界，泡花树属（*Meliosma*）、苦木属（*Picrasma*）可分布到伏牛山区，而雀梅藤属（*Sageretia*）可分布到华北南部。草本植物中野生的仅有砂引草属（*Messerschmidia*）、凤眼莲属（*Eichhornia*）。引种栽培的有黄花夹竹桃属（*Thevetia*）、美人蕉属（*Canna*）、紫茉莉属（*Mirabilis*）、月见草属（*Oenothera*）等。其他栽培的植物有玉米（*Zea*）、番茄（*Lycopersicon*）、辣椒（*Capsicum*）、南瓜（*Cucurbita*）、落花生（*Arachis*）、大丽花（*Dahlia*）、万寿菊（*Tagetes*）、百日草（*Zinnia*）、葱莲（*Zephryanthes*）等 10 余属。

　　（3）旧世界热带分布类型是指分布于亚洲、非洲和大洋洲热带地区及其邻近岛屿的植物类型。本类型在河南鸡公山国家级自然保护区有 34 属，占国产本类型的 20％，其中木本植物有八角枫属（*Alangium*）、合欢属（*Albizia*）、海桐花属（*Pittosporum*）、槲寄生属（*Viscum*）、楝属（*Melia*）、野桐属（*Mallotus*）、桑寄生属（*Loranthus*）、吴茱萸属（*Evodia*）、扁担杆属（*Grewia*）、千金藤属（*Stephania*）等 10 属。除了千金藤属和海桐属基本以此为分布的北界外，其余各属都能分布到暖温带地区。草本植物中，常见的有雨久花属（*Monochoria*）、水竹叶属（*Murdannia*）、石龙尾属（*Limnophila*）、水车前属（*Ottelia*），分布于水田、池塘或沟边。天门冬属（*Aspargus*）、乌蔹莓属（*Cayratia*）、楼梯草属（*Elatostema*）、金茅属（*Eualia*）、爵床属（*Rostellularia*）、香茶菜属（*Rabdosia*）、山珊瑚（*Galeola*）、茅根属（*Perotis*）等是林下或旷野常见的草本植物。本类型的变型热带亚洲、非洲、大洋洲间断分布在本区有青牛胆属（*Tinospora*）、水蛇麻属（*Fatoua*）、飞蛾藤属（*Porana*）、百蕊草属（*Thesium*）、水鳖属（*Hydrocharis*）5 属，后 2 属是本区常见水生草本植物。

（4）热带亚洲至热带大洋洲分布型在本区有 26 属。本类型木本属较贫乏，有樟属（*Cinnamomum*）、臭椿属（*Ailanthus*）、香椿属（*Toona*）、猫乳属（*Rhamnella*）、柘属（*Cudrania*）、荛花属（*Wickstroemia*）等。草本植物中结缕草属（*Zoysia*）、通泉草属（*Mazus*）、黑藻属（*Hydrilla*）、栝楼属（*Trichosanthes*）、牛耳草属（*Boea*）广布全区，能深入到华北地区，白接骨属（*Asystasiella*）、蛇菰属（*Balanophora*）、百部属（*Stemona*）、兰属（*Cymbidium*）的分布基本以本区为北界。

（5）热带亚洲至热带非洲分布类型在河南鸡公山国家级自然保护区有 23 属，占国产本类型的 16%。木本植物仅有水团花属（*Adina*）、腐婢属（*Premna*）、杠柳属（*Periploca*）、铁仔属（*Myrsine*）、常春藤属（*Hedera*）等，比较贫乏，且都呈星散分布，没有乔木树种。草本植物中的芒属（*Miscanthus*）、菅草属（*Themeda*）、荩草属（*Arthraxon*）是本区草本植物群落的优势种。草沙蚕属（*Tripogon*）、野大豆属（*Glycine*）是本区常见的草本植物，观音草属（*Periploca*）、蝎子草属（*Girardinia*）、赤瓟属（*Thladiuntha*）则为林下或沟谷边的草本植物。本类型的一个变型，即华南、西南到印度和热带非洲间断分布仅有爵床科的紫云菜属（*Strobilanthes*）1 属。本类型及变型以本区为北界的有 8 属，其余各属均能深入到华北腹地。

（6）热带亚洲分布类型在本区有 33 属，占国产本类型的 7%。本类型木本植物较为丰富，如青冈属（*Cyclobalanopsis*）、山胡椒属（*Lindera*）、黄肉楠属（*Actinodaphne*）、新木姜子属（*Neolitsea*）、山茶属（*Camellia*）、构树属（*Broussonetia*）、润楠属（*Machilus*）、清风藤属（*Sabia*）、南五味子属（*Kadsura*）等，它们是组成本区亚热带植物区系的主要成分。葛属（*Pueraria*）、鸡矢藤属（*Paederia*）是本区最常见的藤本植物。本类型在本区有两个变型，分布于爪哇、中国喜马拉雅和华南、西南的有重阳木属（*Bischofia*）；越南至中国华东分布的有半蒴苣苔属（*Hemiboea*）、观光木属（*Tsoongiodendron*）2 属。本类型及其变型以河南鸡公山国家级自然保护区为北界的有绞股蓝（*Gynostemma*）、斑叶兰属（*Goodyera*）、常山属（*Dichroa*）等。

2. 温带分布属的统计分析

温带分布属包括表 8-5 中的 8～14 类，共 506 属，占全部属（除世界广布属）的 62.78%，占国产温带分布属的 37.92%。

（1）北温带分布及变型在本区有 193 属，占所有温带分布属的 38%，占国产本类型的 66.8%。典型的北温带分布 146 属，其中木本属 42 属，栎属（*Quercus*）、杨属（*Populus*）、桤木属（*Alnus*）、榆属（*Ulmus*）、鹅耳枥属（*Carpinus*）、花楸属（*Sorbus*）、白蜡树属（*Fraxinus*）等是本区落叶阔叶林的主要组成成分，是河南鸡公山国家级自然保护区森林群落的建群种。松属（*Pinus*）、落叶松属（*Larix*）、冷杉属（*Abies*）、刺柏属（*Juniperus*）则是本区针叶林的主要组成成分。常见的灌木有忍冬属（*Lonicera*）、蔷薇属（*Rosa*）、醋栗属（*Ribis*）、绣线菊属（*Spireae*）、荚蒾属（*Viburnum*）、栒子属（*Cotoneaster*）、小檗属（*Berberis*）等，每属均含有 10 种以上，是本区林下灌木或灌丛的优势种。其他常见的灌木有杜鹃属（*Rhododendron*）、海棠属（*Malus*）、山梅花属（*Philadelphus*）、山楂属（*Crataegus*）、黄栌属（*Cotinus*）等。草本植物中常见的有委陵菜属（Potentilla）、马先蒿属（*Pedicularis*）、山萝花属（*Melampyrum*）、白头翁属（*Pulsatilla*）、凤毛菊属（*Saussurea*）、画眉草属（*Eragrostis*）、蓟属（*Cirsium*）、杓兰属（*Cypripedium*）、黄精属（*Polygonatum*）、野青茅属（*Deyeuxia*）、香青属（*Anaphalis*）等，它们是本区林下草本层的主要成分或为亚高山草丛或草灌丛的优势种。

本类型在河南鸡公山国家级自然保护区还有 5 个变型，环北极分布在本区仅有墙草属（*Parietaria*）1 属。北极高山分布在本区有山菥菜属（*Eutrema*）和裂稃茅属（*Schizachne*）2 属；北温带、南温带间断分布在河南鸡公山国家级自然保护区有 40 属，本变型木本属较贫乏，仅有稠李属（*Padus*）、接骨木属（*Sambucus*）和枸杞属（*Lycium*）3 属，草本种类在本区分布广泛，其中雀麦属（*Bromus*）、茜草属（*Rubia*）、婆婆纳属（*Veronica*）、卷耳属（*Cerastium*）、鹤虱属（*Lappula*）等属主要见于低海拔地区的农田、路边；路边青属（*Geum*）、无心菜属（*Arenaria*）、獐牙菜属（*Swertia*）、柴胡属（*Bupleurum*）、景天属（*Sedum*）、唐松草属（*Thalictrum*）、缬草属（*Valeriana*）等属主要分布于亚高山山坡或林下。欧亚和南美间断分布在本区有火绒草属（*Leontopodium*）、看麦娘属（*Alopecurus*）、赖草属（*Leymus*）。地中海区、东亚、新西兰、墨西哥到智利分布我国仅有马桑属（*Coriaria*）1 个属，其在河南鸡公山国家级自然保护区也有分布。

（2）间断分布于东亚和北美亚热带或温带地区的植物本区有 74 属，占国产本类型的59.68%。体现出本区与北美植物区系的联系。本类型木本属较丰富，共有 31 属，其中枫香属（*Liquidambar*）、灯台树属（*Bothrocaryum*）、梓属（*Catalpa*）、漆树属（*Toxicodendron*）等大乔木常与其他阔叶树种一起，构成落叶阔叶林的上层；流苏树属（*Chionanthus*）、肥皂荚属（*Gymnocladus*）、金缕梅属（*Hamamelis*）、紫茎属（*Stewartia*）等小乔木在群落中构成第二层或散生于沟谷；胡枝子属（*Lespedeza*）、珍珠梅属（*Sorbaria*）、米面蓊属（*Buckleya*）、绣球花属（*Hydrangea*）等属是本区常见的林下灌木；榧树属（*Torreya*）在本区只有 1 种，主产于华中、秦巴山区，沿秦岭东延入河南鸡公山国家级自然保护区，常分布于海拔 1000m以上的阔叶林中。本类型藤本植物较为丰富，如赤壁木属（*Decumaria*）、蛇葡萄属（*Ampelopsis*）、爬山虎属（*Parthenocissus*）、北五味子属（*Schisandra*）、络石属（*Trachelospermum*）、紫藤属（*Wisteria*）等。草本植物中落新妇属（*Astilbe*）、粉条儿菜属（*Aletris*）、扯根菜属（*Penthorum*）、山蚂蟥属（*Podocarpium*）等是林下常见的草本植物。本类型中有不少与北美对应种，如流苏树属、三白草属（*Saururus*）、透骨草属（*Phryma*）、赤壁草属（*Decumaria*）、蝙蝠葛属（*Menispermum*）、山荷叶属（*Diphylleia*）、金线草属（*Antenooron*）等，它们各含有 2～3 种，分别分布于东亚和北美。本类型还有一个变型即东亚至墨西哥间断分布，中国仅六道木属（*Abelia*）1 属，其在本区也有分布，共 4 种。

（3）旧世界温带分布型是指广泛分布于欧洲、亚洲中-高纬度的温带和寒温带的属。本区有 77 属，占国产本类型的 40.85%。典型的分布型 57 属，除丁香属（*Syringa*）和瑞香属（*Daphne*）为木本植物外，其他全为草本植物，集中分布的有菊科、唇形科、伞形科、禾本科、石竹科和十字花科等，具有典型的北温带区系的一般特色。在这一类型中，有不少属的近代分布中心在地中海区、西亚或中亚，如石竹属（*Dianthus*）、霞草属（*Saponaria*）、狗筋蔓属（*Cucubalus*）、飞廉属（*Carduus*）、麻花头属（*Serratula*）、糙苏属（*Phlomis*）、川续断属（*Dipsacus*）、牛蒡属（*Arctium*）等，这一特征也兼有地中海和中亚植物区系特色。有些属能分布到北非或热带非洲山地，如野芝麻（*Lamium*）、百里香（*Thymus*）、草木樨（*Melilotus*）、荆芥（*Nepeta*）等属。另一些属主要分布于温带亚洲或东亚，如丁香属（*Syringa*）、菊属（*Dendranthema*）、香薷属（*Elsholtzia*）、角盘兰属（*Herminium*）、重楼属（*Paris*）等。标准的欧亚大陆分布有峨参属（*Anthriscus*）、隐子草属（*Cleistogenes*）、鹅观草属（*Roegneria*）、橐吾属（*Ligularia*）等。

　　本类型 3 个间断分布的变型在本区都有分布。地中海区、西亚、东亚间断分布有 13 属，其中木本属 6 个，如雪柳属（*Fontanesia*）、女贞属（*Ligustrum*）、马甲子属（*Paliurus*）、火棘属（*Pyracantha*）、榉属（*Zelkova*）等，分布于本区的沟谷或阔叶林中；窃衣属（*Torilis*）、鸦葱属（*Scorzonera*）、莳萝属（*Anethum*）等是本区常见的草本植物。地中海区至喜马拉雅间断分布在本区仅有蜜蜂花属（*Melissa*），欧亚和南非间断分布在本区有 6 属，全为草本植物，它们除蓝盆花属（*Scabiosa*）分布于中山草坡或岩缝中外，其余各属广布于本区的低海拔地区。

　　（4）温带亚洲分布类型在本区有 15 属，占国产本类型的 34.5%。木本属有白鹃梅属（*Exocharda*）、杏属（*Armeniaca*）、杭子梢属（*Campylotrapis*）、锦鸡儿属（*Caragana*）4 属，常广布于林下或沟谷，在局部地段形成灌丛的优势属。草本植物 11 属，常见的有刺儿菜属（*Cirsium*）、马兰属（*Kalimeris*）、瓦松属（*Orostachys*）、米口袋属（*Gueldenstaetia*）、附地菜属（*Trigonotis*）、山牛蒡属（*Synurus*）等属。

　　（5）地中海区、西亚至中亚分布型在河南鸡公山国家级自然保护区有 18 属。其中，典型分布 15 属，除石榴属（*Punica*）、月桂属（*Laurus*）为栽培的木本植物外，其余全为草本植物，如涩荠属（*Malcolmia*）、疗齿草属（*Odontites*）、阿魏属（*Ferula*）、糖芥属（*Erysimum*）、念珠芥属（*Dichasianthus*）、芝麻菜属（*Eruca*）、角茴香属（*Hypecoum*）、离子芥属（*Chorispora*）等属，且多为十字花科植物。本类型在本区有两个变型，地中海至中亚和墨西哥间断分布在本区有丝石竹属（*Gypsophila*）1 属；地中海区至温带—热带、大洋洲和南美洲间断分布在本区有黄连木属（*Pistacia*），牻牛儿苗属（*Erodium*）2 属。

　　（6）中亚分布型在本区仅有花旗竿属（*Dontostermon*）、诸葛菜属（*Orychopgragmus*）、紫筒草属（*Stenosolenium*）3 属，其变型中亚至喜马拉雅分布在本区仅有角蒿属（*Incarrvillea*）1 属，反映出本区与中亚植物区系联系较少。

　　（7）东亚分布及其变型在河南鸡公山国家级自然保护区有 125 属，占国产本类型的 41.81%。本类型含有丰富的单型属，如蕺菜属、泥胡菜属、连香树属、刺榆属、山桐子属、棣棠属、鸡麻属等 22 属。木本属较为丰富，共达 40 属。刺楸属、栾树属（*Koelreuteria*）、领春木属（*Euptelea*）、山桐子属（*Idesia*）、化香属（*Platycarya*）、枫杨属（*Pterocarya*）、马鞍树属（*Maacki*）是本区落叶阔叶林或沟谷杂木林的主要建群属。粗榧属（*Cephalotaxus*）、野鸦椿属（*Euscaphis*）、六月雪属（*Serissa*）、旌节花属（*Stachyurus*）、溲疏属（*Deutzia*）是林下常见的灌木。

　　本类型的典型分布在本区有 45 属，如猕猴桃属（*Actinidia*）、白芨属（*Bletilla*）、五加属（*Acanthopanax*）、檵木属（*Loropetalum*）、牛鼻栓属（*Fortuneria*）、蜡瓣花属（*Corylopsis*）、四照花属（*Dendrobenthamia*）、东风菜属（*Doellingeria*）、蓬莱葛属（*Gardneria*）、狗哇花属（*Heteropappus*）、吉祥草属（*Reineckea*）等都是本区常见植物，是组成灌木或草本植物的优势属。

本类型的两个变型在本区都有分布。中国喜马拉雅分布有 14 属，其中木本植物有枳椇属（*Hovenia*）、水青树属（*Tetracentron*）、红果树属（*Stranvaesia*）；常见的草本有竹叶子属（*Streptolirion*）、人字果属（*Dichocarpum*）、射干属（*Belamcanda*）、秃疮花属（*Dicranostigma*）、阴行草属（*Siphonostegia*）、兔儿伞属（*Syneilesis*）等。中国–日本分布在本区有 24 属，其中木本植物有化香树属（*Platycarya*）、连香树属（*Cercidphyllum*）、刺楸属（*Kalopanax*）、刺榆属（*Hemiptelea*）、野鸦椿属（*Euscaphis*）、小米空木属（*Stephanandra*）、木通属（*Akebia*）等；常见的草本植物有苍术属（*Atractylodes*）、田麻属（*Corchoropsis*）、鸡眼草属（*Kummerowia*）、桔梗属（*Platycadon*）、萝藦属（*Metaplexis*）、显子草属（*Phacenosperma*）等。

3. 中国特有属的统计分析

河南鸡公山国家级自然保护区分布的中国种子植物特有属 39 个，其中水松、秃杉、珙桐为近些年引种栽培的特有植物（表 8-6），占本区全部属的 4%，河南特有属的 65.6%。特有属隶属于 34 科，这些属大部分是单型属（20 个）和少型属（10 个），所隶属的科大部分是相对原始科。单型属如青檀属、牛鼻栓属、山白树属、金钱槭属、青钱柳属等，少型属如大血藤属、杜仲属等。特有属中，木本植物有 12 属，其中乔木有金钱槭、青钱柳、香果树、山白树等 7 属；灌木及藤本植物有 4 属；草本植物有 15 属。

表 8-6　河南鸡公山国家级自然保护区中国种子植物特有属统计

科　名	属　名	种数本区/全国	本区分布
银杏科	银杏属 *Ginkgo*	1/1	本区栽培或野生
松科	金钱松属 *Pseudolarix*	1/1	本区栽培或野生
杉科	秃杉属 *Taiwania*	1/2	李家寨保护站
	杉木属 *Cunninghamia*	1/2	各林区栽培
	水杉属 *Metasequoia*	1/1	各林区栽培
	水松属 *Glyptosrobus*	1/1	栽培
柏科	侧柏属 *Platycladus*	1/1	栽培或野生
胡桃科	青钱柳属 *Cyclocarya*	1/1	李家寨保护站
榛科	虎榛子属 *Ostryopsis*	1/2	篱笆寨
榆科	青檀属 *Pteroceltis*	1/1	各林区
木通科	串果藤属 *Sinofranchetia*	1/1	东沟
大血藤科	大血藤属 *Sargentodoxa*	1/1	东沟
蓼科	翼蓼属 *Pteroxygonum*	1/1	各林区
蜡梅科	蜡梅属 *Chimonanthus*	1/4	南岗保护站
小檗科	八角连属 *Dysosma*	1/7	南岗保护站
罂粟科	血水草属 *Eomecon*	1/1	大深沟
虎耳草科	独根草属 *Oresitrophe*	1/1	大深沟
金缕梅科	山白树属 *Sinowilsoria*	1/1	李家寨保护站
杜仲科	杜仲属 *Eucommia*	1/1	各林区栽培或野生

科　名	属　名	种数本区/全国	本区分布
芸香科	枳属 *Poncirus*	1/1	各地栽培或野生
大戟科	地构叶属 *Speranskia*	1/3	各林区
无患子科	文冠果属 *Xanthoceras*	1/15	李家寨保护站
槭树科	金钱槭属 *Dipteronia*	1/2	李家寨保护站
大风子科	山拐枣属 *Poliothyrsis*	1/1	大深沟
珙桐科	珙桐属 *Davidia*	1/1	树木园栽培
蓝果树科	喜树属 *Camptotheca*	1/1	各地栽培或野生
五加科	通脱木属 *Tetrapanax*	1/1	红花保护站
伞形科	明党参属 *Changium*	1/1	南岗保护站
野茉莉科	秤锤树属 *Sinojackia*	1/3-4	栽培或野生
紫草科	盾果草属 *Thyrocarpus*	2/3	各林区
	车前紫草属 *Sinojohnstonia*	2/2	各林区
唇形科	异野芝麻属 *Heterolamium*	1/1	各林区
	斜萼草属 *Loxocalyx*	1/2	各林区
茜草科	香果树属 *Emmenopterys*	1/1	各林区
忍冬科	蝟实属 *Kolkwitzia*	1/1	栽培或野生
葫芦科	假贝母属 *Bolbostemna*	1/2	各林区
菊科	虾须草属 *Sheareria*	1/2	新店保护站
	华蟹甲草 *Sinacalia*	1/4	各保护站
兰科	独花兰属 *Changnienia*	1/2	大深沟

主产于云南、贵州、四川及西藏东部的特有属，以各自的主产地为中心向西北、华北、华中、华东呈辐射伸展，进入河南鸡公山国家级自然保护区的特有属共 16 属。其中，金钱槭属、异野芝麻属、双盾属主产于云南、四川、湖北等长江中上游地区，沿秦岭或大巴山进入伏牛山区。发生于西南地区，现主产于长江中下游地区的特有属，如青钱柳属、秦岭藤属、山拐枣属、盾果草属、通脱木属等向北沿伏牛山、桐柏山进入本区。主要发生于川东、鄂西以东的长江中下游地区或以此为中心向北延伸进入到本区的植物有 10 属，如牛鼻栓属、山白树属、独花兰属、明党参属等。发生于我国北方湿润至半干旱的暖温带地区沿燕山、太行山进入本区的特有属有 7 属，如翼蓼属、独根草属等。

8.2.3　种的地理分布

属的分布区是属内各个种的分布区的综合，但由于每个种的分化时间、迁移路线和迁移速度不同，因而种间的分布区存在着较大的差异，尤其是研究某一局部地区的植物区系时就会有较大的出入，笔者参照吴征镒 1991 年中国种子植物属的分布区类型将种的分布区划分成 15 个类型（表 8-7）。

表 8-7　河南鸡公山国家级自然保护区种子植物分布区类型

分布区类型	种数	占总种数比例/%
1. 世界分布	45	1.94
2. 泛热带分布	112	4.83
3. 热带亚洲和热带美洲间断分布	12	0.52

分布区类型	种数	占总种数比例/%
4. 旧世界热带分布	19	0.82
5. 热带亚洲至热带大洋洲分布	22	0.95
6. 热带亚洲至热带非洲	15	0.65
7. 热带亚洲	213	9.18
8. 北温带分布	232	10.00
9. 东亚、北美洲间断分布	36	1.55
10. 旧世界温带分布	319	13.77
11. 温带亚洲分布	53	2.28
12. 地中海区、西亚至中亚分布	13	0.56
13. 中亚分布	2	0.09
14. 东亚分布	385	16.62
15. 中国特有分布	838	36.18

1. 热带分布种

各类热带分布种（表 8-7 中的 2～7 类）共计 393 种，占全部种（世界广布种除外）的 17.31%。与相邻的伏牛山相比，热带分布种显著较多，伏牛山热带种为 14.75%，热带种增加了近 3%。

（1）泛热带分布 112 种，占所有热带分布种的 28.50%。本分布类型除少数种为木本植物外，多为草本植物。它们多属于千屈菜科、旋花科、菊科和莎草科等。常见的有水蜈蚣（*Kyllinga brevifolia*）、砖子苗（*Mariseus umbellatus*）、黄茅（*Heteropogon contortus*）、白草（*Bothriochloa ischaemum*）、虎尾草（*Chloris virgata*）等。这些种除分布于我国的热带、亚热带地区外，也能深入到华北地区，某些种还能抵达东北的南部。体现出本保护区与世界热带植物区系的联系。

（2）热带亚洲分布种 213 个，占所有热带分布种的 54.20%。主要见于桑科、禾本科、兰科及百合科。本类型既有木本，也有草本。常见的有络石（*Trachelospermum jasminoides*）、韩信草（*Scutellaria indica*）、聚花过路黄（*Lysimachia congestiflora*）、野菰（*Aeginetia indica*）、水蓑衣（*Hygrophila salicifolia*）、绞股蓝（*Gynostemma pentaphyllum*）、假俭草（*Eremochloa ophiuroides*）、橘草（*Cymbopogon goeringii*）等。这些植物，尤其是木本植物，主产于我国的西南地区，向北延伸至鸡公山，在鸡公山以北急剧减少，以鸡公山、伏牛山为分布的北界，越过黄河、深入到华北腹地的种类较少。反映出本区热带边缘和热带与暖温带植物区系的过渡特征。

（3）其他热带分布型在河南鸡公山国家级自然保护区有 68 种，且都为草本植物，是所在属中的一些广布种。由此可见，本区与世界其他热带地区植物区系联系较少。其中，热带亚洲至热带美洲间断分布 12 种，常见的有马鞭草（*Verbena officinalis*）、无瓣蔊菜（*Rorippa cantoniensis*）、小蓬草（*Conyza canadensis*）、扁穗莎草（*Cyperus compressus*）等。旧世界热带分布 19 种，常见的有石龙尾（*Limnophila sessiliflora*）、乌蔹莓（*Cayratia japonica*）、田皂角（*Aeschynomene indica*）、陌上菜（*Lindernia procumbens*）等。热带亚洲至热带大洋洲分布有 22 种，常见的有狼尾草（*Pennisetum alopecuroides*）、柳叶箬（*Isachne globosa*）、黑藻

（*Hydrilla verticillata*）、水车前（*Ottelia alismoides*）、鲫鱼草（*Eragrostis tenella*）、细柄草（*Capillipedium parviflorum*）、胡麻草（*Centranthera cochinchinensis*）等。热带亚洲至热带非洲分布在本区有 15 种，常见的有火柴头（*Commelina bengalensis*）、茅根（*Perotis indica*）、飞龙掌血（*Toddalia asiatica*）等。

2. 温带分布种

温带分布种包括表 8-7 中 8～13 类，共 655 种，占所有（除世界广布种）种的 28.84%。

（1）北温带分布类型虽然有 193 属，但仅有 232 种，主要见于十字花科、石竹科、蓼科、虎耳草科、禾本科等草本植物，常见的有葶苈（*Draba nemorosa*）、涩生蔊菜（*Rorippa palustris*）、朝天委陵菜（*Potentilla paradoxa*）、柳叶菜（*Epilobium hirsutum*）、碱菀（*Trilium vulgare*）、草地早熟禾（*Poa pratensis*）、石菖蒲（*Acorus grarmineus*）、拂子茅（*Calamagrostis epigejos*）、小糠草（*Agrostis alba*）、蓬子菜（*Galium verum* var. *asiaticum*）等。

（2）旧世界温带分布在本区有 319 种，占所有温带分布的 48.70%。在所有 15 个分布类型中仅次于中国特有分布和东亚分布而位居第三。本类型也都为草本植物。主要见于毛茛科、十字花科、蔷薇科、豆科、伞形科、堇菜科、菊科、唇形科、莎草科和兰科。体现出本区与旧大陆温带的密切联系。

（3）其他温带分布 104 种。东亚、北美间断分布型有透骨草（*Phryma leptostachya*）、泽芹（*Sium suave*）、小斑叶兰（*Goodyera repens*）、鸡眼草（*Kummerowia striata*）、黄海棠（*Hypericum ascyron*）、藿香（*Agastache rugosa*）等 36 种。温带亚洲分布有狭叶米口袋（*Gueldenstaedtia stenophylla*）、瓦松（*Orostachys fimbriatus*）、马兰（*Kalimeris indica*）、大油芒（*Spodipogon sibiricus*）等 53 种。地中海区、中亚、西亚分布在本区有中亚苔草（*Carex stenophylloides*）、离子草（*Chorispora tenella*）、糖芥（*Erysimum aurantiaciim*）、紫斑风铃草（*Campanula punctala*）等 13 种。中亚分布型在本区仅有诸葛菜（*Orychophragmus violaceus*）、花旗杆（*Dontostemon dentatus*）2 种。

3. 东亚分布种

东亚分布种是指从东喜马拉雅一直分布到日本的植物，它包括一些热带、亚热带和温带分布种，因而把它简单放在热带种或温带种中都不太合适，因此，应另加分析。典型的东亚分布种在本区有 46 种，如吉祥草（*Reineckea carnea*）、宝铎草（*Disporuum sessile*）、草菝葜（*Smilax riparls*）、忍冬（*Lonicera japonica*）、野地黄（*Rehnnannia glulinosa*）、北玄参（*Scrophularia* sp.）、青荚叶（*Helwingia japonica*）、水榆花楸（*Sorbus alnifolia*）、泥糊菜（*Hetnisteptia lyrata*）、剪刀股（*Ixeris japonica*）、紫苏（*Perilla frutescens*）、领春木（*Euptelea pleiosperma*）、芡实（*Euryale ferox*）、类叶升麻（*Actaea asiatica*）、蕺菜（*Houttuynia cordata*）等。这些种广泛分布于我国的亚热带地区，部分种能分布到我国的华北至东北的南部。

中国-朝鲜-日本分布在河南鸡公山国家级自然保护区有 152 种，占东亚分布种的 39.38%。本分布型既有木本，又有草本，在本区分布较广泛。不少的种类是本区森林群落的优势种，如青冈栎（*Quercus glauca*）、槲栎（*Quercus aliena*）、栓皮栎（*Quercus variabilis*）、麻栎（*Quercus acutissima*）、千金榆（*Carpinus cordata*）、鹅耳枥（*Carpinus stipulata*）、灯台树（*Cornus controversa*）、四照花（*Dendrobenthamia japonica*）、流苏树

（*Chionanthus retusus*）、大叶白蜡树（*Fraxinus rhynchophylla*）、荚蒾（*Viburnum dilata-lum*）、山樱花（*Cerasus serrulata*）、三桠乌药（*Lindera obtusiloba*）等。卷丹（*Lilium lancifolium*）、鹿药（*Smilacina japonica*）、天南星（*Arisaema heterophyllum*）、日本续断（*Dipsacus japonicus*）、薄叶荠苨（*Adenophora remotiflora*）、紫草（*Lithospermum eryth-rorhizon*）等是本保护区林下常见的草本植物。

中国-日本分布在本保护区有 116 种，占东亚分布的 30.12%。本类型种，基本上分布于我国亚热带地区的华东、华中、西南地区，部分种能到达华北或华南等地。本类型主要见于河南鸡公山和伏牛山南坡，常见的有江南桤木（*Alnus trabeculosa*）、白栎（*Quercus fabri*）、溲疏（*Deutzia scabra*）、日本常山（*Orixa japonica*）、野鸦椿（*Euscaphis japonica*）、木通（*Akebia quinata*）、三叶海棠（*Malus sieboldii*）、刺榆（*Hemiptelea davidii*）、棣棠（*Kerria japonica*）、隔山消（*Cynanchum wilfordii*）、假奓包叶（*Discocleidion rufescens*）等。由此可以看出本保护区与日本植物区系联系较为密切，通过华东与日本植物区系相联系。

中国-朝鲜分布在本保护区有 43 种，占东亚分布种的 11.14%，常见的有沟酸浆（*Mimulus tenellus*）、照山白（*Rhododendron micranthum*）、白首乌（*Cynanchum bungei*）、徐长卿（*Cynanchum paniculatum*）、海州香薷（*Elsholtzia splendens*）、水团花（*Adina rubella*）、石沙参（*Adenophora polyantha*）等。

中国喜马拉雅分布在本保护区有 28 种，占东亚分布种的 7.25%，本类型通过秦岭与本地区发生联系。常见的有秃疮花（*Dicranostigma leptopodum*）、射干（*Belamcanda chinensis*）、侧柏（*Platycladus orientalis*）、阴行草（*Siphonostegia chinensis*）、箭竹（*Sinarundinaria nitida*）、绣球藤（*Clematis montana*）等。

4. 中国特有种分布

我国幅员广阔，自然条件复杂多样，历史悠久，并且我国的南部、西南部在第四纪冰川时期没有直接受到北方大陆冰川的破坏袭击。鸡公山位于我国中部，发生于西南的特有种可以向东北、向本区扩展散布，发源于华东、华中等长江流域的种类距本区较近，通过伏牛山、桐柏山与本区联系，华北地区起源的物种也可进入本区，因而特有植物很丰富。本区分布有中国种子植物特有种 838 种，占所有种子植物（除世界广布种）种的 36.90%。根据它们的现代地理分布，可划分为 17 个亚型（表 8-8）。

从表 8-8 中可以看出，本区与华中地区共有的中国特有种最多，共达 697 种，占本区中国特有种的 82.98%。其中分布中心在川东、鄂西的华中地区特有种 34 个，如粗壮唐松草（*Thalictrum robustum*）、四叶景天（*Sedum quateternatum*）、毛华菊（*Dendranthema vestitum*）等。分布中心在西南、华中一带，扩展至本区的特有种 163 个，其中木本植物有湖北鹅耳枥（*Carpinu hupeana*）、粉背溲疏（*Deutzia hypoglauca*）、三叶爬山虎（*Parthenocissus himalayana*）、华中五味子（*Schisandra sphenanthera*）、武当玉兰（*Yulania sprengerii*）、华中栒子（*Cotoneaster silvestrii*）、华中悬钩子（*Rubus cockburnianus*）、湖北算盘子（*Glochidion wilsonii*）、山白树（*Sinowilsonia henryi*）、水丝枥（*Sycopsis sinensis*）、小果润楠（*Machilus microcarpa*）、岩栎（*Quercus acrodonta*）等；草本植物有白解藤（*Cyclea racemosa*）、鄂西老鹳草（*Geramium wilsonii*）、齿萼凤仙花（*Impatiens dicentra*）、异花珍珠菜（*Lysimachia crispidens*）、丝裂沙参（*Adenophora capillaris*）、降龙草（*Hemiboea subcapitala*）、离舌橐吾（*Ligularia veitchiana*）、全裂翠雀花（*Delphinium trisectum*）、粗壮唐松草（*Thalictrum robustum*）、四叶景

天（*Sedum quaternatum*）、斑赤瓟（*Thladiantha maculata*）、毛华菊（*Dendranthem avestitum*）等。

表 8-8　河南鸡公山国家级自然保护区中国特有种分布亚型

分布亚型	种数	占总种数比例/%
1. 中国广布	17	2.02
2. 西南、华中、华东、华北（东北）	33	3.93
3. 西南、华中、西北、华北（东北）	18	2.14
4. 华北	17	2.02
5. 华中、华北	36	4.29
6. 华中、西南	130	15.48
7. 华中、华东	195	23.26
8. 华中	42	5.00
9. 华东、华中、华北（东北）	71	8.45
10. 华东、华中、西南（华南）	154	18.33
11. 华东、华北（东北）	53	6.32
12. 华东	63	7.50
13. 本区及相邻区域特有	9	1.07

本区与华东地区共有的中国特有种有 588 种，占中国特有种的 70%。其中分布中心在华东的特有种有 63 个，如天目木姜子（*Litsea auriculata*）、白栎（*Quercus fabri*）、江浙山胡椒（*Lindera chienii*）、黄山松（*Pinus taiwanensis*）、马银花（*Rhododendron ovatum*）、华东木蓝（*Indigofera fortunei*）、朱砂根（*Ardisia crenata*）、安徽小檗（*Berberis anhweiensis*）、天目玉兰（*Yulania amoena*）、刚竹（*Phyllostachys sulphurea* var. *viridis*）、淡竹（*Phyllostachys glauca*）、中国石蒜（*Lycoris chinense*）、华东唐松草（*Thalictrum fortunei*）、杨子铁线莲（*Clematis puberula* var. *ganpiniana*）、明党参（*Changium smyrnioi*）、浙江铃子香（*Chelonopsis chekiangensis*）、浙赣车前紫草（*Sinojohnstonia chekiangensis*）、青龙藤（*Biondia henryi*）等。分布中心在华中—华东地区的特有种较多，共达 196 种，华中地区发生的特有种或华东地区发生的中国特有种，可沿江而下或溯江而上，在长江中下游地区交汇，故而本地区的特有种较多。

本区与西南地区共有种有 352 种，占中国特有种的 41.90%。常见的种有白解藤（*Cyclea racemosa*）、糖茶藨子（*Ribis himalense*）、粉背溲疏（*Deutzia hypoglauca*）、川康枸子（*Cotoneaster ambignus*）、大理白前（*Cynanchum forrestii*）、康定梾木（*Cornus schindleri*）、荞麦叶大百合（*Cardiocrinum cathayanum*）、蓝果蛇葡萄（*Ampelopsis bodinieri*）、三叶地锦（*Parthenocissus himalayana*）、少脉椴（*Tilia paucicostata*）、斜萼草（*Loxocalyx urticifolius*）、降龙草（*Hemiboea subcapitata*）、血满草（*Sambucus adnata*）、陕西紫堇（*Corydalis shensiana*）、云南山萮菜（*Eutrema yunnanense*）、云南蓍（*Achillea wilsoniana*）、离舌橐吾（*Ligularia veitchiana*）、托柄菝葜（*Smilax discotis*）等。木本植物有华山马鞍树（*Maackia hwashenensis*）、秦岭锦鸡儿（*Caragana stipitata*）、陕西小檗（*Berberis shensiana*）、宿柱白蜡树（*Fraxinus stylosa*）等 18 种；草本植物在本区常见的有银背菊（*Dendranthema argyrophyllum*）、商南蒿（*Artemisia shangnanensis*）、秦岭蒿（*Artemisia qinlingensis*）、陕西凤毛菊（*Saussurea licentiana*）、中华蟹甲草（*Cacalia sinica*）等。

　　本区与华北地区共有种有 246 个，其中大部是中国广布种，广布于华东、华中、华北地区，属于华北地区特有的种仅有 17 个，如华北獐牙菜（*Swertia wolfgangiana*）、华北凤毛菊（*Saussurea nivea*）、渥丹（*Lilium concolor*）、山西马先蒿（*Pedicularis shansiensis*）、华北葡萄（*Vitis bryoniaefolia*）、华水苏（*Stachys chinensis*）、山茴香（*Carlesia sinensis*）、欧李（*Cerasus humilis*）、华山凤毛菊（*Saussurea huashanensis*）、宽蕊地榆（*Sanguisorba applanata*）、太行铁线莲（*Clematis kirilowii*）等。

　　本区与东北地区共有种有 175 种，占中国特有种的 20.83%。常见的有七筋菇（*Clintonia udensis*）、条叶百合（*Lilium callosum*）、北玄参（*Scrophularia buergeriana*）、花楸（*Sorbus pohuashanensis*）、东北茶藨子（*Ribes mandshuricum*）等。

　　河南鸡公山国家级自然保护区及其相邻的信阳、罗山、新县等大别山区分布的特有种有鸡公山玉兰（*Yulania jigongshanensis*）、鸡公山茶秆竹（*Pseudosasa maculifera*）、鸡公山山梅花（*Philadelphus incanus* var. *baileyi*）、鸡公柳（*Salix chikungensis*）、井冈柳（*Salix baileyi*）、河南翠雀花（*Delphinium honanense*）、河南鼠尾草（*Salvia honania*）、河南黄芩（*Scutellaria honanensis*）、长穗珍珠菜（*Lysimachia chikungensis*）、鎏瓣珍珠菜（*Lysimachia glanduliflora*）等。

8.3　与邻近山地植物区系之间的联系

　　为了说明本区植物区系与邻近山地植物区系间的联系以及本区在中国-日本森林植物亚区中的地位，我们选择了反映不同地区特征的几个山体进行对比分析，庐山位于华东地区，代表华东地区的区系特征；神农架位于华中地区，代表华中地区的区系特征；河南伏牛山位于暖温带与亚热带过渡地区，代表南北过渡区的区系特征；太行山位于华北地区，代表华北地区的区系特征（表 8-9）。

表 8-9　河南鸡公山国家级自然保护区与邻近山地共有属统计

分布类型	江西庐山		河南伏牛山		湖北神农架		河南太行山	
	共有属数	相似系数/%	共有属数	相似系数/%	共有属数	相似系数/%	共有属数	相似系数/%
泛热带分布	112	79	98	75	96	74	55	48
旧世界热带分布	28	78	26	76	26	75	16	47
热带亚洲分布	29	78	25	75	25	74	18	52
其他热带分布	48	75	41	75	39	74	28	45
热带属小计	217	77.5	190	75.25	186	74.25	117	48
北温热带分布	148	78	168	81	140	71	126	68
东亚分布	92	79	89	75	85	72	51	54
旧世界温带分布	61	72	70	76	72	81	68	67
东亚、北美间断分布	66	86	62	82	61	81	41	61
其他温带分布	24	70	26	75	28	76	22	75
温带小计	390	77	415	77.8	386	76.2	308	65
中国特有分布属	24	63	23	60	26	66	8	32

从表 8-9 中可以看出，本区与邻近山地共有属最多的是华东地区的庐山，共计 632 属，占本区全部属的 70.93%，其次为伏牛山，共计 628 属，占本区全部属的 70.48%，显示出本区与这两个区域关系最为密切；本区与神农架和河南太行山共有属分别为 596 属和 433 属。从热带分布属来看，本区与庐山最密切，共 217 属，其次为伏牛山 190 属，神农架 186 属，太行山 117 属。从温带分布属来看，本区与伏牛山相似系数最高，共有 415 属，其次为庐山 390 属，神农架 386 属，太行山 308 属。

本区与庐山和伏牛山的相似系数较高可能与本区通过大别山东南段与庐山隔江相望、北部通过桐柏山与伏牛山地相连有关。本区的气候特征更接近于华东地区。神农架离河南鸡公山国家级自然保护区不远，地理上无大的地理障碍，共有的中国特有属最多，一部分是由于我国西南发生的特有属，经大巴山与华中地区联系，再向东北方向扩散进入本区。另外，我国华中地区形成的特有属也可到达本区，而我国华东地区起源的特有属较少。

本区与华北地区的太行山区共有的属种与上述两地相比显著减少，尤其是一些热带分布属种，一般不越过淮河或黄河，在黄河以北急剧减少。尽管本区与太行山区共有的热带属占太行山热带分布属的 85% 以上，但因为太行山热带属较少，故两地的相似系数只能达到 48%。两地温带分布属共有属较多，但华北地区、西北地区的一些典型分布属只见于太行山，而未见于本区。

8.4　植物区系特点

（1）河南鸡公山国家级自然保护区植物区系的地理成分多样，区系联系广泛。科属种的地理成分统计表明，河南鸡公山国家级自然保护区与世界各大洲的区系都有不同程度的联系。属级水平的统计反映出本区世界广布成分 83 属，热带成分 264 属，占 32.75%，温带成分 506 属，占 62.79%，中国特有成分 36 属，占 4.46%。热带成分以泛热带成分为主；温带成分以北温带成分为主。在种系水平上，本区热带成分以热带亚洲成分为主，温带成分以旧世界温带成分为主，全温带、全热带的种类不多，而以欧亚大陆上发生的种系占大多数。这种现象表明，本区与各大陆的热带、温带地区在属的水平上，保持着一定的联系。由于气候的分化，地域的隔离，使同属不同种之间产生了分化，形成了新的种系，因而本区与其他分布区在种系水平上的联系较少。但在亚洲热带、欧亚大陆温带发生的种系与本区不存在地域的隔离，加上受地质时期的冰期和间冰期的影响，华夏古陆上的植物群多次南迁北移，途经此地，因此在该区保留有较多的热带亚洲成分和欧亚大陆成分。

（2）河南鸡公山国家级自然保护区中国特有植物区系成分以华中成分、华东成分为主，西南、华北成分，西北、东北植物区系成分兼容并存，体现出本区植物区系南北过渡，东西交汇的特征。中国特有种的地理分布表明，本区与华中地区关系最为密切，共有 697 种，占本区中国特有种的 82.98%，以下依次为华东 70%、西南 41.9%、华北 29.29%、东北 20.83%。

（3）不同山体共有的植物属种的统计表明，本区与邻近山地共有属最多的是华东地区的庐山，共计 632 属，占本区全部属的 70.93%，其次为伏牛山，共计 628 属，占本区全部属的 70.48%，显示出与这两个区域关系最为密切；与神农架和河南太行山共有属分别为 596 属和 433 属。从热带分布属来看，本区与庐山最密切，共 217 属，其次为伏牛山 190 属、神农架 186 属、太行山 117 属。从温带分布属来看，本区与伏牛山相似系数最高，共有 415 属，其次为庐山 390 属、神农架 386 属、太行山 308 属。

（4）河南鸡公山国家级自然保护区植物区系起源古老，中国特有、残遗属种众多。河南鸡公山国家级自然保护区属华北地台，经华力西运动隆起，形成陆地，植物开始在此繁衍生息。尔后，虽受燕山运动、喜马拉雅运动的影响，尤其是地质时期的几次冰期与间冰期的影响，植物区系发生了很大的变化。但自第三纪以来，本区受冰川侵蚀和破坏作用甚微，第四纪以后，本区的大的气候环境基本保持了比较湿润、温暖的条件，因而保留了许多第三纪植物区系成分，它们是第三纪植物区系的直接后裔，使本区植物区系在起源上具有一定的古老性。

根据 Albert C. Smith 对原始被子植物的研究，本区有原始被子植物共计 16 科 69 属 162 种。另外，还有离心皮类有 7 科 35 属 92 种，荑荑花序类 10 科 40 属 116 种，从而体现出本区植物区系有一定的古老性。本区有中国特有属 36 个，单种属 59 个，如青檀、领春木、蕺菜、山白树、鸡麻、刺楸、棣棠、香果树、山拐枣、翼蓼等都是分类上孤立、系统发育上相对原始的古老种类。另外，本区保留有不少的第三纪以前的古残遗植物种群，除蕨类植物外，还有银杏、连香树、三尖杉、水青树、领春木等。本区起源于第三纪的植物区系种类众多，如各种栎类、栗、桦、榆、榉、槭、构等乔木树种，荆条、黄栌、酸枣等灌木。

8.5 河南鸡公山国家级自然保护区种子植物名录

8.5.1 裸子植物 Gymnospermae

银杏科 Ginkgoaceae

银杏属 *Ginkgo*

银杏 *Ginkgo biloba* 产于李家寨保护站、武胜关保护站、红花保护站，栽培或野生。

松科 Pinaceae

冷杉属 *Abies*

日本冷杉 *Abies firma* 原产日本中部和南部，保护区树木园和苗圃有栽培。

云杉属 *Picea*

云杉 *Picea asperata* 原产华北山地和东北的小兴安岭等地，树木园海拔 600m 处的阴坡有栽培。

青扦 *Picea wilsonii* 分布于陕西、湖北、四川、山西、甘肃、河北及内蒙古，树木园海拔 600m 处半阴坡有栽培。

雪松属 *Cedrus*

雪松 *Cedrus deodara* 原产喜马拉雅山、中国西藏南部及印度、阿富汗等地，保护区有栽培。

油杉属 *Keteleeria*

江南油杉 *Keteleeria cyclolepis* 分布于湖南、浙江、广西、江西、云南、贵州、广东等地，树木园海拔 600m 处半阴坡有栽培。

落叶松属 *Larix*

日本落叶松 *Larix kaempferi* 原产日本，我国东北东部广泛栽培，保护区树木园引种栽培。

华北落叶松 *Larix principis-rupprechtii* 分布于河北、山西、内蒙古等地，保护区的九区、树木园有引种栽培。

黄花松 *Larix koreana* 原产朝鲜，树木园有引种栽培。

金钱松属 *Pseudolarix*

金钱松 *Pseudolarix amabilis* 分布于江苏、安徽、浙江、福建、江西、湖南、四川、湖北等地，保护区栽培或野生。

松属 *Pinus*

马尾松 *Pinus massoniana* 产于保护区各林区。生于向阳山坡。

油松 *Pinus tabuliformis* 分布于辽宁、吉林、内蒙古、河北、河南、山西、陕西、山东、甘肃、宁夏、青海、四川北部，保护区新店保护站有栽培或野生。

黄山松 *Pinus taiwanensis* 分布于台湾、浙江、安徽、江西、福建，新店保护站有栽培。生于向阳山坡。

黑松 *Pinus thunbergii* 原产日本及朝鲜半岛东部沿海地区，我国山东、江苏、安徽、浙江、福建等沿海诸省普遍栽培，新店保护站及李家寨保护站有栽培。

华山松 *Pinus armandi* 分布于山西、河南、陕西、甘肃、青海、西藏、四川、湖北、云南、贵州、台湾等省区，保护区有栽培。

白皮松 *Pinus bungeana* 分布于陕西秦岭、太行山南部、河南西部、甘肃南部及四川北部、湖北西部等地，保护区树木园引种栽培。

火炬松 *Pinus taeda* 原产北美洲，保护区有栽培。

湿地松 *Pinus elliottii* 原产美国南部，保护区有栽培。

晚松 *Pinus rigida* var. *serotina* 原产北美洲，南岗保护站及树木园有栽培。

北美乔松 *Pinus strobus* 原产北美洲，树木园有栽培。

矮松 *Pinus virginiana* 原产北美洲，树木园有栽培。

长叶松 *Pinus palustris* 原产美国南部，树木园海拔 500m 以下有栽培。

赤松 *Pinus densiflora* 分布于黑龙江、江苏、吉林、辽宁、山东等地，南岗保护站及树木园有栽培。

樟子松 *Pinus sylvestris* var. *mongolica* 分布于黑龙江、内蒙古、甘肃，树木园有栽培。

美国黄松 *Pinus ponderosa* 原产北美，树木园海拔 500m 处的阴坡有栽培。

矮松 *Pinus virginiana* 原产北美，树木园引种栽培。

扭叶松 *Pinus contorta* 李家寨保护站吴风沟有栽培。

北美短叶松 *Pinus banksiana* 原产美国，树木园引种栽培。

偃松 *Pinus pumila* 主产于我国东北大兴安岭，俄罗斯、朝鲜、日本也有分布，树木园引种栽培。

杉科 Taxodiaceae

杉木属 Cunninghamia

杉木 *Cunninghamia lanceolata* 生于向阳山坡。各站阴坡或半阴坡均有人工纯林或混交林。

水松属 Glyptosrobus

水松 *Glyptosrobus pensilis* 在第三纪广布于北半球，到第四纪冰期以后，在欧洲、北美洲、东亚及我国东北等地均已灭绝，目前仅分布于我国南部和

东南部局部地区，武胜关及树木园沟谷两岸或湿地有栽培。

柳杉属 Cryptomeria

日本柳杉 *Cryptomeria japonica* 原产日本，保护区有栽培。

柳杉 *Cryptomeria fortunei* 分布于浙江天目山、福建南屏、江苏南部、安徽南部及江西庐山等处海拔 1100m 以下地带，保护区有栽培。

秃杉属 Taiwania

秃杉 *Taiwania flousiana* 为第三纪古热带植物区子遗植物，曾广泛分布于欧洲和亚洲东部，由于第四纪冰期影响，现仅存于我国云南、湖北、湖南、四川、贵州、台湾，以及缅甸北部局部地区，保护区李家寨保护站大面积引种栽培。

红杉属 Sequoia

北美红杉 *Sequoia sempervirens* 原产美国太平洋沿岸，保护区树木园有引种栽培。

金松属 Sciadopitys

日本金松 *Sciadopitys verticillata* 原产日本，保护区树木园有引种栽培。

落羽杉属 Taxodium

落羽杉 *Taxodium distichum* 原产北美南部，我国的杭州、武汉、广州、上海、南京、庐山等地都有引种栽培，保护区有引种栽培。

池杉 *Taxodium ascendens* 原产美国弗吉尼亚州南部至佛罗里达州南部，保护区有引种栽培。

水杉属 Metasequoia

水杉 *Metasequoia glyptroboides* 在中生代白垩纪及新生代曾广泛分布于北半球，但在第四纪冰期以后，在大部分地区已经灭绝，目前仅存于我国的四川、湖北、湖南等局部地区，保护区有栽培。

柏科 Cupressaceae

侧柏属 Platycladus

侧柏 *Platycladus orientalis* 分布极广，北起内蒙古、吉林，南至广东及广西北部，人工栽培范围几遍全国，保护区有栽培。

崖柏属 Thjua

日本香柏 *Thuja standishii* 原产日本，树木园引种栽培。

北美乔柏 *Thuja plicata* 原产美国和加拿大，树木园引种栽培。

香柏 *Thjua occidentalis* 原产美国，树木园的阴

坡有栽培。

罗汉柏属 *Thujopsis*

罗汉柏 *Thujopsis dolabrata* 原产日本，树木园引种栽培。

扁柏属 *Chamaecyparis*

日本扁柏 *Chamaecyparis obtusa* 原产日本，树木园引种栽培。

日本花柏 *Chamaecyparis pisifera* 原产日本，新店保护站及树木园引种栽培。

美国扁柏 *Chamaecyparis lawsoniana* 原产美国，树木园引种栽培。

孔雀柏 *Chamaecyparis obtuse* cv. *Tetragona* 栽培变种，新店保护站花园有栽培。

台湾扁柏 *Chamaecyparis taiwanensis* 原产台湾中央山脉，树木园引种栽培。

柏木属 *Cupressus*

柏木 *Cupressus funebris* 分布在长江流域及以南地区，保护区栽培或野生。

冲天柏 *Cupressus duclouxiana* 产于云南西北部至东南部及四川西南部，保护区树木园引种栽培。

绿干柏 *Cupressus arizonica* 原产美洲，树木园引种栽培。

藏柏 *Cupressus torulosa* 产于西藏东南部，树木园有引种栽培。

岷江柏木 *Cupressus chengiana* 产于岷江流域、大渡河流域及甘肃白龙江流域高山峡谷地区，树木园有引种栽培。

墨西哥柏木 *Cupressus lusitanica* 原产墨西哥，新店保护站花园引种栽培。

地中海柏木 *Cupressus sempervirens* 原产欧洲南部地中海地区及亚洲西部，新店保护站花园引种栽培。

圆柏属 *Sabina*

圆柏 *Sabina chinensis* 分布于内蒙古、河北、山西以南至贵州、广东、广西北部及云南等地，保护区有栽培。

北美圆柏 *Sabina virginiana* 原产北美，树木园引种栽培。

铺地柏 *Sabina procumbens* 原产日本，花园有引种栽培。

塔枝圆柏 *Juniperus komarovii* 产于四川西部，树木园及南岗保护站有栽培。

刺柏属 *Juniperus*

刺柏 *Juniperus formosana* 原产华东、华中、西南等地，保护区有栽培。

欧洲刺柏 *Juniperus communis* 原产欧洲，花园引种栽培。

垂枝柏 *Juniperus recurva* 原产西藏南部喜马拉雅山区，北坡西段至东段，新店保护站花园引种栽培。

杜松 *Juniperus rigida* 产于我国东北、华北、内蒙古及西北地区，朝鲜、日本也有分布，保护区有栽培。

翠柏属 *Calcedrus*

翠柏 *Calocedrus macrolepis* 原产我国台湾北部及中部，保护区新店保护站、南岗保护站的树木园均有栽培。

罗汉松科 Podocarpaceae

罗汉松属 *Podocarpus*

罗汉松 *Podocarpus mcrophyllus* 产于长江以南各省，保护区花园、树木园均有栽培。

百日青 *Podocarpus neriifolius* 产于长江以南各省，新店保护站花园有栽培。

三尖杉科 Cephalotaxaceae

三尖杉属 *Cephalotaxus*

三尖杉 *Cehpalotaxus fortunei* 产于红花保护站、李家寨保护站、新店保护站、武胜关保护站、南岗保护站。生于阴坡林下、沟谷杂木林。

粗榧 *Cephalotaxus sinensis* 产于保护区各保护站。生于阴坡林下、沟谷杂木林。

红豆杉科 Taxaceae

红豆杉属 *Taxus*

红豆杉 *Taxus wallichiana* var. *chinensis* 广泛分布于我国西南及中南部，树木园阴坡有栽培。

南方红豆杉 *Taxus wallichiana* var. *mairei* 分布于长江流域以南各省区及河南和陕西，树木园阴坡有栽培。

榧树属 *Torreya*

榧树 *Torreya grandis* 产于长江下游各省，树木园有栽培。

8.5.2　被子植物门 Angiospermae

三白草科 Saururaceae

蕺菜属 *Houttuynia*

蕺菜 *Houttuynia cordata* 产于保护区各林区。生于阴坡林下、沟谷杂木林、沟边、溪旁。

三白草属 *Saururus*

三白草 *Saururus chinensis* 产于李家寨保护站、新店保护站、南岗保护站。生于沟谷杂木林、阴坡林下。

金粟兰科 Chloranthaceae

金粟兰属 *Chloranthus*

宽叶金粟兰 *Chloranthus henryi* 产于李家寨保护站、新店保护站、武胜关保护站。生于沟谷杂木林、阴坡林下。

及己 *Chloranthus serratus* 产于武胜关保护站、新店保护站、武胜关保护站。生于沟谷杂木林、阴坡林下。

多穗金粟兰 *Chloranthus multistachys* 产于红花保护站、南岗保护站、新店保护站、武胜关保护站。生于沟谷杂木林、阴坡林下。

银线草 *Chloranthus japonicus* 产于红花保护站、新店保护站、武胜关保护站。生于沟谷杂木林、阴坡林下。

金粟兰 *Chloranthus spicatus* 产于南岗保护站、新店保护站、红花保护站、武胜关保护站。生于沟谷杂木林、阴坡林下。

杨柳科 Salicaceae

杨属 *Populus*

响叶杨 *Populus adenopoda* 产于武胜关保护站、红花保护站。生于沟边、溪旁。

毛白杨 *Populus tomentosa* 保护区栽培或野生。

小叶杨 *Populus simonii* 武胜关保护站有栽培。

加拿大杨 *Populus canadensis* 保护区栽培或野生。

钻天杨 *Populus nigra* var. *italica* 原产欧洲南部及亚洲西部，树木园海拔 500m 处的沟旁有栽培。

小钻杨 *Populus* × *xiaozhuanica* 武胜关保护站沟谷地带有栽培。

银白杨 *Populus alba* 保护区栽培或野生。

响毛杨 *Populus* × *pseudotomentosa* 保护区栽培或野生。

柳属 *Salix*

垂柳 *Salix babylonica* 产于保护区各地。栽培或野生。

旱柳 *Salix matsudana* 产于保护区各林区。生于沟谷、溪旁。

龙爪柳 *Salix matsudana* 保护区栽培或野生。

腺柳 *Salix glandulosa* 产于保护区各林区。生于山谷杂木林中。

皂柳 *Salix wallichiana* 保护区各林区、花园有栽培。

鸡公柳 *Salix chikungensis* 产于东沟、红花保护站。生于山谷溪旁的杂木林中。

簸箕柳 *Salix suchowensis* 产于东沟，李家寨保护站。生于山谷溪旁的杂木林中。

乌柳 *Salix cheilophila* 产于李家寨保护站沟谷及湿地杂木林中。

井冈柳 *Salix baileyi* 产于红花保护站、武胜关保护站。生于沟边、溪旁、沟谷杂木林。

中华柳 *Salix cathayana* 产于南岗保护站、韦家沟。生于沟谷杂木林、沟边、溪旁。

川鄂柳 *Salix fargesii* 产于武胜关保护站、新店保护站。生于沟边、溪旁。

黄花柳 *Salix caprea* 产于李家寨保护站、南岗保护站、红花保护站。生于沟边、溪旁。

杨梅科 Myricaceae

杨梅属 *Myrica*

杨梅 *Myrica rubra* 原产我国温带、亚热带湿润气候的山区，主要分布在长江流域以南、海南岛以北，保护区花园有栽培。

胡桃科 Juglandaceae

化香树属 *Platycarya*

化香树 *Platycarya strobilacea* 产于各保护站。生于阳坡或半阴坡杂木林及灌丛中。

青钱柳属 *Cyclocarya*

青钱柳 *Cyclocarya paliurus* 产于红花保护站、李家寨保护站。生于海拔 500m 以下的杂木林中。

枫杨属 *Pterocarya*

枫杨 *Pterocarya stenoptera* 产于各保护站。生于沟谷河边。

湖北枫杨 *Pterocarya hupehensis* 产于南岗保护站海拔 200m 处的沟边、河旁。

胡桃属 Juglans

胡桃楸 *Juglans mandshurica* 南岗保护站有栽培。

野核桃 *Juglans cathayensis* 产于红花保护站、李家寨保护站、武胜关保护站。生于沟谷杂木林、沟边、溪旁。

胡桃 *Juglans regia* 武胜关保护站有栽培。

山核桃属 *Carya*

山核桃 *Carya cathayensis* 产于南岗保护站、燕沟。

美国山核桃 *Carya illenoensis* 原产北美及墨西哥，李家寨保护站、火龙沟有栽培。

桦木科 Betulaceae

桤木属 *Alnus*

桤木 *Alnus cremastogyne* 产于新店保护站试验区。

江南桤木 *Alnus trabeculosa* 产于树木园海拔 500m 的沟谷杂木林中。

日本桤木 *Alnus japonica* 产于红花保护站、新店保护站及东沟。生于向阳山坡。

榛属 *Corylus*

榛 *Corylus heterophylla* 产于李家寨保护站、老岭、东沟。生于山坡灌丛中。

川榛 *Corylus heterophylla* var. *sutchuenensis* 产于李家寨保护站、新店保护站、南岗保护站。生于向阳山坡。

华榛 *Corylus chinensis* 产于李家寨保护站、篱笆寨。生于阴坡林下。

鹅耳枥属 *Carpinus*

昌化鹅耳枥 *Carpinus tschonoskii* 产于红花保护站、东沟海拔 300～600m 的阔叶杂木林中。

千斤榆 *Carpinus cordata* 产于燕沟海拔 400m 以上的半阴坡阔叶林中。

鹅耳枥 *Carpinus turczaninowii* 产于东沟海拔 300～600m 山坡阔叶林中及上山便道旁。

川鄂鹅耳枥 *Carpinus henryana* 产于武胜关保护站、红花保护站。生于阴坡林下。

湖北鹅耳枥 *Carpinus hupeana* 产于红花保护站、武胜关保护站。生于沟谷杂木林。

多脉鹅耳枥 *Carpinus polyneura* 产于南岗保护站、篱笆寨、韦家沟。生于沟谷杂木林。

虎榛子属 *Ostryopsis*

虎榛子 *Ostryopsis davidiana* 产于李家寨保护站、吴家湾。生于阴坡林下。

壳斗科 Fagaceae

栗属 *Castanea*

栗 *Castanea mollissima* 武胜关保护站海拔 300m 的阳坡有栽培。

茅栗 *Castanea seguinii* 产于各保护站。生于沟谷杂木林。

锥栗 *Castanea henryi* 产于红花保护站、李家寨保护站及南岗保护站北部半阳坡。生于海拔 200～500m 的杂木林中。

栎属 *Quercus*

栓皮栎 *Quercus variabilis* 产于各保护站的阳坡或半阴坡，有小片纯林、针阔混交林及阔叶混交林。

白栎 *Quercus fabri* 产于南岗保护站及大山沟、燕沟 400m 以下山坡杂木林中。

麻栎 *Quercus acutissima* 产于各保护站。生于阴坡林下。

枹栎 *Quercus serrata* 产于红花保护站、李家寨保护站、老岭、大深沟。生于海拔 500m 以上的阔叶林中。

短柄枹树 *Quercus glandulifera* var. *brevipetiolata* 产于李家寨保护站、新店保护站、南岗保护站、红花保护站。生于沟谷杂木林。

槲栎 *Quercus aliena* 产于李家寨保护站、老岭、新店保护站、东沟海拔 600m 的阔叶杂木林中。

锐齿槲栎 *Quercus aliena* var. *acutiserrata* 产于篱笆寨、武胜关保护站。生于阴坡林下。

小叶栎 *Quercus chenii* 产于燕沟阳坡及半阴坡阔叶林中。

槲树 *Quercus dentata* 产于新店保护站及李家寨保护站海拔 600m 的阔叶林中。

橿子栎 *Quercus baronii* 产于李家寨保护站、南岗保护站。生于沟谷杂木林。

青冈属 *Cyclobalanopsis*

青冈 *Cyclobalanopsis glauca* 产于红花保护站、东沟、李家寨保护站、鸡公沟、大深沟阴坡杂木林中。

细叶青冈 *Cyclobalanopsis gracilis* 产于红花保护站、东沟阴坡杂木林中。

小叶青冈 *Cyclobalanopsis myrsinaefolia* 产于大深沟、东沟、红花保护站。生于沟谷杂木林。

柯属 *Lithocarpus*

柯 *Lithocarpus glaber* 产于红花保护站、大茶沟、东沟。生于沟谷杂木林。

榆科 Ulmaceae

榆属 *Ulmus*

榆树 *Ulmus pumila* 产于保护区各林区。栽培或野生。

春榆 *Ulmus davidiana* var. *japonica* 产于保护区各林区。栽培或野生。

榔榆 *Ulmus parvifolia* 产于李家寨保护站、南岗保护站北部海拔 300m 以上的沟谷中。

黑榆 *Ulmus davidiana* 产于李家寨保护站、新店保护站、南岗保护站。生于沟谷杂木林。

大果榆 *Ulmus macrocarpa* 产于新店保护站、红花保护站、武胜关保护站。生于阴坡林下。

兴山榆 *Ulmus bergmanniana* 产于武胜关保护站、新店保护站。生于阴坡林下。

糙叶树属 *Aphananthe*

糙叶树 *Aphananthe aspera* 产于李家寨保护站及南岗保护站海拔 500m 以下的杂木林中。

榉属 *Zelkova*

大果榉 *Zelkova sinica* 产于新店保护站、东沟、大深沟的半阳坡林及杂木林中。

大叶榉树 *Zelkova schneideriana* 产于新店保护站、东沟、大深沟的半阳坡林及杂木林中。

榉树 *Zelkova serrata* 产于李家寨保护站、红花保护站、新店保护站。生于沟谷杂木林。

青檀树 *Pteroceltis*

青檀 *Pteroceltis tatarinowii* 产于李家寨保护站的吴风沟及吴家湾。生于沟谷杂木林。

朴属 *Celtis*

朴树 *Celtis sinensis* 产于新店保护站、南岗保护站及李家寨保护站。生于沟谷杂木林。

紫弹树 *Celtis biondii* 产于各保护站山坡及沟旁。生于阴坡林下。

黑弹树 *Celtis bungeana* 产于李家寨保护站、鸡公头附近、大山沟等的山坡杂木林中。

大叶朴 *Celtis koraiensis* 产于树木园、大深沟、李家寨保护站、鸡公沟海拔 500m 的沟旁。

珊瑚朴 *Celtis julianae* 产于红花保护站、李家寨保护站、武胜关保护站。生于沟谷杂木林。

刺榆属 *Hemiptelea*

刺榆 *Hemiptelea davidii* 产于燕沟海拔 500m 以下的阳坡灌丛中。

桑科 Moraceae

桑属 *Morus*

桑 *Morus alba* 产于李家寨保护站、武胜关保护站。新店保护站、南岗保护站均有栽培。

华桑 *Morus cathayana* 产于新店保护站、东沟、鸡公头附近。生于沟谷杂木林。

蒙桑 *Morus mongolica* 产于新店保护站、东沟。生于海拔 500m 以下沟谷杂木林中。

鸡桑 *Morus australis* 产于东沟、大山沟杂木林中。

橙桑属 *Maclura*

柘 *Maclura tricuspidata* 产于各保护站的山坡疏林，沟谷林缘地带。

水蛇麻属 *Fatoua*

水蛇麻 *Fatoua villosa* 产于武胜关保护站。生于向阳山坡。

葎草属 *Humulus*

葎草 *Humulus scandens* 产于保护区各林区。生于旷野、路旁、向阳山坡。

无花果属 *Ficus*

薜荔 *Ficus pumila* 产于各保护站。生于山沟石缝中。

珍珠莲 *Ficus sarmentosa* var. *henryi* 产于鸡公沟、大深沟、大山沟、树木园等处。生于沟边、溪旁。

爬藤榕 *Ficus sarmentosa* var. *impressa* 产于各保护站，常攀援石壁陡坡及山间树木。

异叶榕 *Ficus heteromorpha* 产于鸡公山、武胜关及大深沟。生于沟边、溪旁。

无花果 *Ficus carica* 原产地中海和西南亚。南岗保护站、树木园有栽培。

天仙果 *Ficus erecta* var. *beecheyana* 产于红花保护站、新店保护站。生于海拔 700m 以下杂木林中。生于阴坡林下。

构树属 *Broussonetia*

构树 *Broussonetia papyrifera* 产于新店保护站、

南岗保护站。生于海拔 500m 以下的山坡、沟谷及疏林中。

楮 Broussonetia kazinoki 产于各保护站。生于阴坡林下、沟边、溪旁。

荨麻科 Urticaceae

花点草属 Nanocnide

花点草 Nanocnide japonica 产于保护区各林区。生于阴坡林下、沟边、溪旁。

毛花点草 Nanocnide lobata 产于保护区各林区。生于阴坡林下、沟谷杂木林。

荨麻属 Urtica

宽叶荨麻 Urtica laetevirens 产于保护区各林区。生于阴坡林下、沟边、溪旁。

狭叶荨麻 Urtica angustifolia 产于保护区各林区。生于阴坡林下、沟谷杂木林。

荨麻 Urtica fissa 产于保护区各林区。产于保护区各林区。生于阴坡林下、林缘、草地。

艾麻属 Laportea

艾麻 Laportea cuspidata 产于保护区各林区。生于阴坡林下、沟边、溪旁。

珠芽艾麻 Laportea bulbifera 产于保护区各林区。生于阴坡林下、沟边、溪旁。

冷水花属 Pilea

山冷水花 Pilea japonica 产于保护区各林区。生于阴坡林下、沟谷杂木林。

冷水花 Pilea notata 产于保护区各林区。生于阴坡林下、沟谷杂木林。

三角冷水花 Pilea swinglei 产于保护区各林区。生于阴坡林下、沟谷杂木林。

透茎冷水花 Pilea pumila 产于保护区各林区。生于阴坡林下、沟谷杂木林。

粗齿冷水花 Pilea sinofasciata 产于保护区各林区。生于阴坡林下、沟谷杂木林。

矮冷水花 Pilea peploides 产于保护区各林区。生于阴坡林下、沟谷杂木林。

大叶冷水花 Pilea martini 产于保护区各林区。生于阴坡林下、沟谷杂木林。

蝎子草属 Girardinia

大蝎子草 Girardinia diversifolia 产于保护区各林区。生于阴坡林下、沟谷杂木林。

蝎子草 Girardinia diversifolia subsp. suborbiculata 产于保护区各林区。生于阴坡林下、沟谷杂木林。

楼梯草属 Elatostema

庐山楼梯草 Elatostema stewardii 产于保护区各林区。生于阴坡林下、沟谷杂木林。

楼梯草 Elatostema involucratum 产于保护区各林区。生于阴坡林下、沟谷杂木林。

糯米团属 Nemorialis

糯米团 Gonostegia hirta 产于保护区各林区。生于阴坡林下、沟谷杂木林。

墙草属 Parietaria

墙草 Parietaria micrantha 产于保护区各林区。生于沟边、溪旁、沟谷杂木林。

苎麻属 Boehmeria

苎麻 Boehmeria nivea 产于保护区各林区。生于阴坡林下、林缘、草地。

赤麻 Boehmeria silvestrii 产于保护区各林区。生于阴坡林下、林缘、草地。

野线麻 Boehmeria japonica 产于保护区各林区。生于阴坡林下、林缘、草地。

细野麻 Boehmeria gracilis 产于保护区各林区。生于阴坡林下、林缘、草地。

大叶苎麻 Boehmeria longispica 产于保护区各林区。生于阴坡林下、林缘、草地。

八角麻 Boehmeria tricuspis 产于保护区各林区。生于阴坡林下、林缘、草地。

序叶苎麻 Boehmeria clidemioides var. diffusa 产于保护区各林区。生于阴坡林下、林缘、草地。

水麻属 Debregeasia

水麻 Debregeasia orientalis 产于保护区各林区。生于阴坡林下、林缘、草地。

铁青树科 Olaceae

青皮木属 Schoepfia

青皮木 Schoepfia jasminodora 产于篱笆寨、李家寨保护站。生于沟谷杂木林。

檀香科 Santalaceae

米面蓊属 Buckleya

米面蓊 Buckleya henryi 产于红花保护站、南岗保护站北部及李家寨保护站。生于海拔 400m 以下的杂木林中。

百蕊草属 Thesium

百蕊草 Thesium chinense 产于武胜关保护站、红花保护站。生于向阳山坡、林缘、草地。

急折百蕊草 *Thesium refractum* 产于武胜关保护站、红花保护站。生于向阳山坡、林缘、草地。

槲寄生科 Viscaceae

槲寄生属 *Viscum*

槲寄生 *Viscum coloratum* 产于武胜关保护站、篱笆寨。生于阴坡林下。

桑寄生科 Loranthaceeae

钝果寄生属 *Taxillus*

桑寄生 *Taxillus sutchuenensis* 产于李家寨保护站、篱笆寨。生于沟谷杂木林。

马兜铃科 Aristolochiaceae

马兜铃属 *Aristolochia*

马兜铃 *Aristolochia debilis* 产于保护区各林区。生于林缘、草地、向阳山坡。

北马兜铃 *Aristolochia contorta* 产于保护区各林区。生于林缘、草地、向阳山坡。

寻骨风 *Aristolochia mollissima* 产于保护区各林区。生于林缘、草地、向阳山坡。

木通马兜铃 *Aristolochia manshuriensis* 产于保护区各林区。生于林缘、草地、向阳山坡。

细辛属 *Asarum*

细辛 *Asarum sieboldii* 产于大茶沟、东沟等山谷林下。

北细辛 *Asarum heterotropoides* var. *mandshuricum* 产于李家寨保护站、新店保护站。生于阴坡林下、沟谷杂木林。

杜衡 *Asarum forbesii* 产于李家寨保护站、新店保护站。生于阴坡林下、沟谷杂木林。

蛇菰科 Balanophoraceae

蛇菰属 *Balanophora*

蛇菰 *Balanophora fungosa* 产于武胜关保护站、红花保护站。生于林缘、草地、向阳山坡。

宜昌蛇菰 *Balanophora henryi* 产于武胜关保护站、红花保护站。生于林缘、草地、向阳山坡。

蓼科 Polygonaceae

酸模属 *Rumex*

酸模 *Rumex acetosa* 产于保护区各林区。生于旷野、路旁、林缘、草地、沟边、溪旁。

小酸模 *Rumex acetosella* 产于保护区各林区。生于旷野、路旁、林缘、草地、沟边、溪旁。

刺酸模 *Rumex maritimus* 产于保护区各林区。生于旷野、路旁、林缘、草地、沟边、溪旁。

巴天酸模 *Rumex patientia* 产于保护区各林区。生于旷野、路旁、林缘、草地、向阳山坡。

齿果酸模 *Rumex dentatus* 产于保护区各林区。生于旷野、路旁、林缘、草地、沟边、溪旁。

皱叶酸模 *Rumex crispus* 产于保护区各林区。生于旷野、路旁、林缘、草地、向阳山坡。

尼泊尔酸模 *Rumex nepalensis* 产于保护区各林区。生于旷野、路旁、林缘、草地、沟边、溪旁。

羊蹄 *Rumex japonicus* 产于保护区各林区。生于旷野、路旁、林缘、草地、向阳山坡。

土大黄 *Rumex daiwoo* 产于保护区各林区。生于旷野、路旁、林缘、草地、向阳山坡。

金线草属 *Antenoron*

金线草 *Antenoron filiforme* 产于保护区各林区。生于阴坡林下、沟谷杂木林、沟边、溪旁。

短毛金线草 *Antenoron filiforme* var. *neofiliforme* 产于保护区各林区。生于阴坡林下、沟谷杂木林、沟边、溪旁。

荞麦属 *Fagopyrum*

金荞麦 *Fagopyrum dibotrys* 产于武胜关保护站、红花保护站。生于林缘、草地、旷野、路旁。

苦荞麦 *Fagopyrum tataricum* 产于武胜关保护站、红花保护站。生于林缘、草地、旷野、路旁。

虎杖属 *Reynoutria*

虎杖 *Reynoutria japonica* 产于保护区各林区。生于沟边、溪旁、林缘、草地。

蓼属 *Polygonum*

水蓼 *Polygonum hydropiper* 产于保护区各林区。生于林缘、草地、沟边、溪旁、旷野、路旁。

酸模叶蓼 *Polygonum lapathifolium* 产于保护区各林区。生于林缘、草地、沟边、溪旁、旷野、路旁。

红蓼 *Polygonum orientale* 产于保护区各林区。生于林缘、草地、沟边、溪旁、旷野、路旁。

萹蓄 *Polygonum aviculare* 产于保护区各林区。生于旷野、路旁、向阳山坡。

习见蓼 *Polygonum plebeium* 产于保护区各林区。生于旷野、路旁、向阳山坡。

戟叶蓼 *Polygonum thunbergii* 产于保护区各林区。生于林缘、草地、沟边、溪旁、旷野、路旁。

长戟叶蓼 *Polygonum maackianum* 产于保护区各林区。生于林缘、草地、沟边、溪旁、旷野、路旁。

两栖蓼 *Polygonum amphibium* 产于保护区各林区。生于林缘、草地、沟边、溪旁、旷野、路旁。

粘蓼 *Polygonum viscoferum* 产于保护区各林区。生于林缘、草地、沟边、溪旁、旷野、路旁。

愉悦蓼 *Polygonum jucundum* 产于保护区各林区。生于林缘、草地、沟边、溪旁、旷野、路旁。

长鬃蓼 *Polygonum longisetum* 产于保护区各林区。生于林缘、草地、沟边、旷野、路旁。

支柱蓼 *Polygonum suffultum* 产于保护区各林区。生于林缘、草地、沟边、溪旁、旷野、路旁。

刺蓼 *Polygonum senticosum* 产于保护区各林区。生于林缘、草地、旷野、路旁。

箭叶蓼 *Polygonum sieboldii* 产于保护区各林区。生于林缘、草地、沟边、溪旁、旷野、路旁。

蚕茧草 *Polygonum japonicum* 产于保护区各林区。生于林缘、草地、沟边、溪旁、旷野、路旁。

丛枝蓼 *Polygonum posumbu* 产于保护区各林区。生于林缘、草地、沟边、溪旁、旷野、路旁。

杠板归 *Polygonum perfoliatum* 产于保护区各林区。生于林缘、草地、沟边、溪旁、旷野、路旁。

头状蓼 *Polygonum nepalense* 产于保护区各林区。生于林缘、草地、沟边、溪旁、旷野、路旁。

桃叶蓼 *Polygonum persicaria* 产于保护区各林区。生于林缘、草地、沟边、溪旁、旷野、路旁。

拳参 *Polygonum bistorta* 产于武胜关保护站、篱笆寨。生于林缘、草地、旷野、路旁。

雀翘 *Polygonum sagittatum* 产于保护区各林区。生于林缘、草地、沟边、溪旁、旷野、路旁。

春蓼 *Polygonum persicaria* 产于保护区各林区。生于林缘、草地、沟边、溪旁、旷野、路旁。

赤胫散 *Polygonum runcinatum* var. *sinense* 产于保护区各林区。生于林缘、草地、沟边、溪旁、旷野、路旁。

尼泊尔蓼 *Polygonum nepalense* 产于保护区各林区。生于林缘、草地、沟边、溪旁、旷野、路旁。

稀花蓼 *Polygonum dissitiflorum* 产于保护区各林区。生于林缘、草地、沟边、溪旁、旷野、路旁。

伏毛蓼 *Polygonum pubescens* 产于保护区各林区。生于林缘、草地、沟边、溪旁、旷野、路旁。

蓼蓝 *Polygonum tinctorium* 产于保护区各林区。生于林缘、草地、沟边、溪旁、旷野、路旁。

何首乌属 *Fallopia*

卷茎蓼 *Fallopia convolvulus* 产于保护区各林区。生于林缘、草地、沟边、溪旁、旷野、路旁。

何首乌 *Fallopia multiflora* 产于保护区各林区。生于林缘、草地、沟边、溪旁、旷野、路旁。

藜科 Chenopodiaceae

千针苋属 *Acroglochin*

千针苋 *Acroglochin persicarioides* 产于保护区各林区。生于旷野、路旁。

藜属 *Chenopodium*

藜 *Chenopodium album* 产于保护区各林区。生于旷野、路旁。

小藜 *Chenopodium ficifolium* 产于保护区各林区。生于旷野、路旁。

灰绿藜 *Chenopodium glaucum* 产于保护区各林区。生于旷野、路旁。

尖头叶藜 *Chenopodium acuminatum* 产于保护区各林区。生于旷野、路旁。

狭叶尖头叶藜 *Chenopodium acuminatum* subsp. *virgatum* 产于保护区各林区。生于旷野、路旁。

菱叶藜 *Chenopodium bryoniifolium* 产于保护区各林区。生于旷野、路旁。

市藜 *Chenopodium urbicum* 产于保护区各林区。生于旷野、路旁。

东亚市藜 *Chenopodium urbicum* subsp. *sinicum* 产于保护区各林区。生于旷野、路旁。

杖藜 *Chenopodium giganteum* 产于保护区各林区。生于旷野、路旁。

细穗藜 *Chenopodium gracilispicum* 产于保护区各林区。生于旷野、路旁。

刺藜属 *Dysphania*

土荆芥 *Dysphania ambrosioides* 产于保护区各林区。生于旷野、路旁。

地肤属 *Kochia*

地肤 *Kochia scoparia* 产于保护区各林区。生于旷野、路旁。

猪毛菜属 *Salsola*

猪毛菜 *Salsola collina* 产于保护区各林区。生于旷野、路旁、向阳山坡。

苋科 Amaranthaceae

青葙属 Celosia

青葙 Celosia argentea 产于保护区各林区。生于旷野、路旁、向阳山坡。

鸡冠花 Celosia cristata 产于新店保护站。栽培或逸为野生。

苋属 Amaranthus

刺苋 Amaranthus spinosus 产于保护区各林区。生于旷野、路旁。

凹头苋 Amaranthus blitum 产于保护区各林区。生于旷野、路旁。

反枝苋 Amaranthus retroflexus 产于保护区各林区。生于旷野、路旁。

皱果苋 Amaranthus viridis 产于保护区各林区。生于旷野、路旁。

苋 Amaranthus tricolor 产于保护区各林区。生于旷野、路旁。

腋花苋 Amaranthus roxburghianus 产于保护区各林区。生于旷野、路旁。

繁穗苋 Amaranthus cruentus 产于保护区各林区。生于旷野、路旁。

尾穗苋 Amaranthus caudatus 产于保护区各林区。生于旷野、路旁。

牛膝属 Achyranthes

柳叶牛膝 Achyranthes longifolia 产于保护区各林区。生于阴坡林下、沟边、溪旁。

土牛膝 Achyranthes aspera 产于保护区各林区。生于阴坡林下、沟边、溪旁。

牛膝 Achyranthes bidentata 产于保护区各林区。生于阴坡林下、沟边、溪旁。

莲子草属 Alternanthera

喜旱莲子草 Alternanthera philoxeroides 产于保护区各林区。生于池塘、沟渠、沼泽湿地。

莲子草 Alternanthera sessilis 产于保护区各林区。生于池塘、沟渠、沼泽湿地。

紫茉莉科 Nyctaginaceae

紫茉莉属 Mirabilis

紫茉莉 Mirabilis jalapa 产于新店保护站、南岗保护站。栽培或逸为野生。

商陆科 Phytolaccaxeae

商陆属 Phytolacca

商陆 Phytolacca acinosa 产于保护区各林区。生于林缘、草地、沟谷杂木林。

垂序商陆 Phytolacca americana 产于保护区各林区。生于林缘、草地、沟谷杂木林。

粟米草科 Molluginaceae

粟米草属 Mollugo

粟米草 Mollugo stricta 产于保护区各林区。生于旷野、路旁、林缘、草地。

马齿苋科 Prtulacaceae

马齿苋属 Portulaca

马齿苋 Portulaca oleracea 产于保护区各林区。生于旷野、路旁、向阳山坡。

大花马齿苋 Portulaca grandiflora 产于新店保护站、南岗保护站、武胜关保护站。栽培或逸为野生。

土人参属 Talinum

土人参 Talinum paniculatum 产于新店保护站、李家寨保护站、武胜关保护站。栽培或逸为野生。

落葵科 Basellaceae

落葵属 Basella

落葵 Basella alba 产于新店保护站、南岗保护站。栽培或逸为野生。

石竹科 Caryophyllaceae

无心菜属 Arenaria

无心菜 Arenaria serpyllifolia 产于保护区各林区。生于旷野、路旁、向阳山坡。

老牛筋 Arenaria juncea 产于保护区各林区。生于旷野、路旁、向阳山坡。

卷耳属 Cerastium

卷耳 Cerastium arvense 产于保护区各林区。生于旷野、路旁、向阳山坡。

簇生卷耳 Cerastium caespitosum 产于保护区各林区。生于旷野、路旁、林缘、草地。

缘毛卷耳 *Cerastium furcatum* 产于保护区各林区。生于旷野、路旁、林缘、草地。

牛繁缕属 *Malachium*

牛繁缕 *Malachium aquaticum* 产于保护区各林区。生于旷野、路旁、向阳山坡。

繁缕属 *Stellaria*

中国繁缕 *Stellaria chinensis* 产于保护区各林区。生于旷野、路旁、向阳山坡。

石生繁缕 *Stellaria vestita* 产于保护区各林区。生于旷野、路旁、向阳山坡。

繁缕 *Stellaria media* 产于保护区各林区。生于旷野、路旁、向阳山坡。

雀舌草 *Stellaria alsine* 产于保护区各林区。生于旷野、路旁、向阳山坡。

沼生繁缕 *Stellaria palustris* 产于保护区各林区。生于旷野、路旁、池塘、沟渠、沼泽湿地。

孩儿参属 *Pseudostellaria*

细叶孩儿参 *Pseudostellaria sylvatica* 产于保护区各林区。生于林缘、草地、阴坡林下。

孩儿参 *Pseudostellaria heterophylla* 产于保护区各林区。生于林缘、草地、阴坡林下。

漆姑草属 *Sagina*

漆姑草 *Sagina japonica* 产于保护区各林区。生于旷野、路旁、池塘、沟渠、沼泽湿地。

雀舌草 *Stellaria alsine* 产于保护区各林区。生于旷野、路旁、池塘、沟渠、沼泽湿地。

蝇子草属 *Silene*

狗盘蔓 *Silene baccifera* 产于保护区各林区。生于阴坡林下、沟谷杂木林。

麦瓶草 *Silene conoidea* 产于保护区各林区。生于旷野、路旁、向阳山坡。

蝇子草 *Silene gallica* 产于保护区各林区。生于旷野、路旁、向阳山坡。

疏毛女娄菜 *Silene firma* 产于保护区各林区。生于阴坡林下、沟谷杂木林。

女娄菜 *Silene aprica* 产于保护区各林区。生于阴坡林下、林缘、草地。

石生蝇子草 *Silene tatarinowii* 产于保护区各林区。生于沟谷杂木林、林缘、草地。

鹤草 *Silene fortunei* 产于保护区各林区。生于沟谷杂木林、林缘、草地。

粘蝇子草 *Silene heptapotamica* 产于保护区各林区。生于旷野、路旁、林缘、草地。

剪秋罗属 *Lychnis*

剪春罗 *Lychnis coronata* 产于李家寨保护站、红花保护站、南岗保护站。生于阴坡林下、林缘、草地。

剪秋罗 *Lychnis fulgens* 产于新店保护站、南岗保护站、武胜关保护站。生于阴坡林下、林缘、草地。

大花剪秋萝 *Lychnis fulgens* 产于武胜关保护站、新店保护站、红花保护站。生于阴坡林下、林缘、草地。

石竹属 *Dianthus*

石竹 *Dianthus chinensis* 产于篱笆寨、新店保护站、武胜关保护站。生于向阳山坡、林缘、草地。

瞿麦 *Dianthus superbus* 产于东沟、篱笆寨、武胜关保护站。生于向阳山坡、林缘、草地。

石头花属 *Gypsophila*

圆锥石头花 *Gypsophila paniculata* 产于新店保护站、南岗保护站、篱笆寨。生于向阳山坡、林缘、草地。

麦蓝菜属 *Vaccaria*

麦蓝菜 *Vaccaria hispanica* 产于保护区各林区。生于林缘、草地、向阳山坡。

睡莲科 Nymphaeaceae

睡莲属 *Nymphaea*

睡莲 *Nymphaea tetragona* 保护区栽培或逸为野生。

黄睡莲 *Nymphaea mexicana* 保护区栽培或逸为野生。

莲属 *Nelumbo*

莲 *Nelumbo nucifera* 保护区栽培或逸为野生。

萍蓬草属 *Nuphar*

萍蓬草 *Nuphar pumila* 产于红花保护站、武胜关保护站。生于池塘、沟渠、沼泽湿地。

芡属 *Euryale*

芡实 *Euryale ferox* 产于红花保护站、武胜关保护站。生于池塘、沟渠、沼泽湿地。

金鱼藻科 Ceratophyllaceae

金鱼藻属 *Ceratophyllum*

金鱼藻 *Ceratophyllum demersum* 产于保护区各林区。生于池塘、沟渠、沼泽湿地。

毛茛科 Ranunculaceae

乌头属 Aconitum

乌头 *Aconitum carmichaelii* 产于武胜关保护站、东沟、红花保护站。生于林缘、草地、沟谷杂木林。

川鄂乌头 *Aconitum henryi* 产于武胜关保护站、南岗保护站、红花保护站。生于林缘、草地、沟谷杂木林。

瓜叶乌头 *Aconitum hemsleyanum* 产于武胜关保护站、大深沟、红花保护站。生于林缘、草地、沟谷杂木林。

高乌头 *Aconitum sinomontanum* 产于东沟、南岗保护站、红花保护站。生于林缘、草地、沟谷杂木林。

花葶乌头 *Aconitum scaposum* 产于篱笆寨、吴家湾、红花保护站。生于林缘、草地、沟谷杂木林。

翠雀属 Delphinium

翠雀 *Delphinium grandiflorum* 产于武胜关保护站、红花保护站、大深沟。生于林缘、草地、阴坡林下。

还亮草 *Delphinium anthriscifolium* 产于新店保护站、烧鸡堂、大深沟。生于林缘、草地、阴坡林下。

全裂翠雀 *Delphinium trisectum* 产于新店保护站、武胜关保护站、大深沟。生于林缘、草地、阴坡林下。

河南翠雀花 *Delphinium honanense* 产于新店保护站、李家寨保护站、大深沟。生于林缘、草地、阴坡林下。

卵瓣还亮草 *Delphinium anthriscifolium* var. *savatieri* 产于新店保护站、东沟、大深沟。生于林缘、草地、阴坡林下。

升麻属 Cimicifuga

升麻 *Cimicifuga foetida* 产于李家寨保护站、南岗保护站。生于阴坡林下、沟谷杂木林。

金龟草 *Cimicifuga acerina* 产于李家寨保护站、新店保护站。生于阴坡林下、沟谷杂木林。

小升麻 *Cimicifuga japonica* 产于李家寨保护站、南岗保护站。生于阴坡林下、沟谷杂木林。

单穗升麻 *Cimicifuga simplex* 产于红花保护站、武胜关保护站。生于阴坡林下、沟谷杂木林。

类叶升麻属 Actaea

类叶升麻 *Actaea asiatica* 产于李家寨保护站、南岗保护站。生于阴坡林下、沟谷杂木林。

黑种草属 Nigella

黑种草 *Nigella damascena* 产于新店保护站、红花保护站。生于阴坡林下、沟谷杂木林。

人字果属 Dichocarpum

纵肋人字果 *Dichocarpum fargesii* 产于新店保护站、吴家湾。生于阴坡林下、沟谷杂木林。

天葵属 Semiaquilegia

天葵 *Semiaquilegia adoxoides* 产于保护区各林区。生于阴坡林下、沟谷杂木林。

楼斗菜属 Aquilegia

华北楼斗菜 *Aquilegia yabeana* 产于新店保护站、南岗保护站、篱笆寨。生于林缘、草地、沟边、溪旁。

无距楼斗菜 *Aquilegia ecalcarata* 产于武胜关保护站、新店保护站、东沟。生于旷野、路旁。

铁线莲属 Clematis

铁线莲 *Clematis florida* 产于新店保护站、南岗保护站。生于山坡灌丛中。

短尾铁线莲 *Clematis brevicaudata* 产于新店保护站、南岗保护站海拔 500m 以下的山坡灌丛及林下。

大叶铁线莲 *Clematis heracleifolia* 产于新店保护站、南岗保护站的荒坡或沟谷林中。

钝萼铁线莲 *Clematis peterae* 产于保护区李家寨保护站、新店保护站和南岗保护站海拔 500m 以下的山坡灌丛、林缘、路旁。

女萎 *Clematis apiifolia* 产于李家寨保护站及南岗保护站。生于沟谷杂木林、阴坡林下。

威灵仙 *Clematis chinensis* 产于红花保护站、李家寨保护站和南岗保护站。生于海拔 400m 以下的林缘、疏林中。

柱果铁线莲 *Clematis uncinata* 产于李家寨保护站和南岗保护站海拔 400m 以下的林缘、疏林中。

山木通 *Clematis finetiana* 产于保护区武胜关保护站、新店保护站、红花保护站海拔 2800m 以下的山坡灌丛及林下。

粗齿铁线莲 *Clematis grandidentata* 产于新店保护站和南岗保护站海拔 400m 以下的山脚、路边、林缘。

单叶铁线莲 *Clematis henryi* 产于保护区武胜关保护站、新店保护站和南岗保护站海拔 300m 以下的山脚、路边、林缘。

钝齿铁线莲 *Clematis apiifolia* var. *argentilucida* 产于李家寨保护站、新店保护站、红花保护站。生于沟谷杂木林、沟边、溪旁。

圆锥铁线莲 *Clematis terniflora* 产于李家寨保护站、新店保护站、红花保护站。生于沟谷杂木林、沟边、溪旁。

皱叶铁线莲 *Clematis uncinata* var. *coriacea* 产于李家寨保护站、新店保护站、红花保护站。生于沟谷杂木林、沟边、溪旁。

小木通 *Clematis armandii* 产于武胜关保护站、东沟、韦家沟。生于沟谷杂木林、沟边、溪旁。

大花威灵仙 *Clematis courtoisii* 产于武胜关保护站、南岗保护站、红花保护站。生于沟谷杂木林、沟边、溪旁。

水毛茛属 *Batrachium*

水毛茛 *Batrachium bungei* 产于武胜关保护站、红花保护站。生于池塘、沟渠、沼泽湿地。

毛茛属 *Ranunculus*

茴茴蒜 *Ranunculus chinensis* 产于保护区各林区。生于池塘、沟渠、沼泽湿地。

石龙芮 *Ranunculus sceleratus* 产于保护区各林区。生于池塘、沟渠、沼泽湿地。

杨子毛茛 *Ranunculus sieboldii* 产于保护区各林区。生于池塘、沟渠、沼泽湿地。

小毛茛 *Ranunculus ternatus* 产于保护区各林区。生于池塘、沟渠、沼泽湿地。

毛茛 *Ranunculus japonicus* 产于保护区各地。生于沼泽湿地、沟渠。

唐松草属 *Thalictrum*

唐松草 *Thalictrum aquilegiifolium* var. *sibiricum* 产于保护区各林区。生于沟谷杂木林、阴坡林下。

大叶唐松草 *Thalictrum faberi* 产于保护区各林区。生于沟谷杂木林、阴坡林下。

河南唐松草 *Thalictrum honanense* 产于保护区各林区。生于沟谷杂木林、阴坡林下。

华东唐松草 *Thalictrum fortunei* 产于保护区各林区。生于沟谷杂木林、阴坡林下。

白头翁属 *Pulsatilla*

白头翁 *Pulsatilla chinensis* 产于保护区各林区。生于林缘、草地、向阳山坡。

银莲花属 *Anemone*

大火草 *Anemone tomentosa* 产于红花保护站、新店保护站、吴家湾。生于林缘、草地、向阳山坡。

打破碗花花 *Anemone hupehensis* 产于武胜关保护站、红花保护站、烧鸡堂。生于林缘、草地、向阳山坡。

獐耳细辛属 *Hepatica*

獐耳细辛 *Hepatica nobilis* var. *asiatica* 产于李家寨保护站、新店保护站、南岗保护站。生于阴坡林下、沟谷杂木林。

木通科 Lardizabalaceae

猫儿屎属 *Decaisnea*

猫儿屎 *Decaisnea insignis* 产于红花保护站、东沟。生于沟边、溪旁、沟谷杂木林。

木通属 *Akebia*

木通 *Akebia quinata* 产于新店保护站、红花保护站、南岗保护站及东沟山坡杂木林中。

三叶木通 *Akebia trifoliata* 产于各保护站杂木林中及路边林缘。

八月瓜属 *Holboellia*

鹰爪枫 *Holboellia coriacea* 产于武胜关保护站、红花保护站、大深沟。生于沟谷杂木林、沟边、溪旁。

牛姆瓜 *Holboellia grandiflora* 产于武胜关保护站、东沟。生于沟谷杂木林、沟边、溪旁。

五月瓜藤 *Holboellia angustifolia* 产于武胜关保护站、红花保护站、东沟。生于沟谷杂木林、沟边、溪旁。

串果藤属 *Sinofranchetia*

串果藤 *Sinofranchetia chinensis* 产于武胜关保护站、红花保护站。生于沟谷杂木林、沟边、溪旁。

大血藤科 Sargentodoxaceae

大血藤属 *Sargentodoxa*

大血藤 *Sargentodoxa cuneata* 产于红花保护站、武胜关、大深沟。生于山坡疏林及沟谷地带。

小檗科 Berberidaceae

小檗属 *Berberis*

日本小檗 *Berberis thunbergii* 原产日本，树木园及新店保护站花园引种栽培。

庐山小檗 *Berberis virgetorum* 产于篱笆寨。生于沟谷杂木林。

安徽小檗 *Berberis anhweiensis* 产于李家寨保护站、篱笆寨。生于沟谷杂木林。

牡丹草属 Leontice

类叶牡丹 Leontice robusta 产于保护区各林区。生于阴坡林下、沟谷杂木林。

十大功劳属 Mahonia

阔叶十大功劳 Mahonia bealei 树木园及新店保护站花园等处零星栽培。

十大功劳 Mahonia fortunei 树木园及新店保护站花园有栽培。

南天竹属 Nandina

南天竹 Nandina domestica 新店保护站花园有栽培。

淫羊藿属 Epimedium

淫羊藿 Epimedium brevicornu 产于武胜关保护站、南岗保护站、篱笆寨。生于阴坡林下、沟谷杂木林。

柔毛淫羊藿 Epimedium pubescens 产于李家寨保护站、南岗保护站、篱笆寨。生于阴坡林下、沟谷杂木林。

山荷叶属 Diphylleia

南方山荷叶 Diphylleia sinensis 产于南岗保护站、东沟。生于阴坡林下、沟谷杂木林。

八角莲属 Dysosma

六角莲 Dysosma pleiantha 产于红花保护站、南岗保护站、大深沟。生于阴坡林下、沟谷杂木林。

八角莲 Dysosma versipellis 产于东沟、红花保护站、大深沟。生于阴坡林下、沟谷杂木林。

防己科 Menispermaceae

蝙蝠葛属 Menispermum

蝙蝠葛 Menispermum dauricum 产于大深沟、鸡公沟、东沟。生于路边、林下。

千金藤属 Stephania

千金藤 Stephania japonica 产于大山沟、大深沟。生于山坡林下、路边、溪旁。

金线吊乌龟 Stephania cephalantha 产于红花保护站、大深沟、鸡公沟。生于阴湿的山坡林下及路边。

粉防己 Stephania tetrandra 又称石蟾蜍，产于新店保护站、南岗保护站海拔 400m 以下的溪旁、路边、山坡疏林中。

汝兰 Stephania sinica 产于保护区各林区。生于向阳山坡。

木防己属 Cocculus

木防己 Cocculus orbiculatus 产于新店保护站、南岗保护站、东沟、大深沟、鸡公沟。生于山坡疏林及林下灌丛。

青牛胆属 Tinospora

青牛胆 Tinospora sagittata 产于武胜关保护站、红花保护站。生于沟谷杂木林、旷野、路旁。

风龙属 Sinomenium

风龙 Sinomenium acutum 产于保护区各林区。生于沟谷杂木林、旷野、路旁。

领春木科 Eupteleaceae

领春木属 Euptelea

领春木 Euptelea pleiosperma 产于大深沟。生于沟谷杂木林。

连香树科 Cercidiphyllaceae

连香树属 Cercidphyllum

连香树 Cercidiphyllum japonicum 星散分布于皖、浙、赣、鄂、川、陕、甘、豫及晋东南地区，数量不多，树木园有栽培。

木兰科 Magnoliaceae

鹅掌楸属 Liriodendron

鹅掌楸 Liriodendron chinense 分布于秦岭以南至越南北部，东起浙江，向西直至云南省，树木园有栽培。

北美鹅掌楸 Liriodendron tulipifera 原产北美，花园及车站有栽培。

厚朴属 Magnolia

厚朴 Magnolia officinalis 分布于陕西南部、甘肃东南部、河南东南部（商城、新县）、湖北西部、湖南西南部、四川（中部、东部）、贵州东北部，保护区栽培或野生。

凹叶厚朴 Magnolia biloba 主要分布于安徽、湖北、江西、浙江、福建、湖南、广东、广西、贵州，保护区有栽培。

天女花属 Oyama

天女花 Oyama sieboldii 产于辽宁、安徽等地，花园有栽培。

玉兰属 Yulania Spach

黄山玉兰 Yulania cylindrica 主要分布于安徽、浙江、江西、福建、湖北，树木园海拔 500m 处的半阴坡有栽培。

望春玉兰 Yulania biondii 主要分布于甘肃、河南、湖北、山东、陕西、四川，保护区有栽培。

玉兰 *Yulania denudata* 主要分布于安徽、福建、广东、广西、贵州、河南、湖南、江苏、江西、浙江，保护区栽培或野生。

紫玉兰 *Yulania liliiflora* 主要分布于福建、湖北、四川、云南，保护区栽培或野生。

荷花玉兰 *Yulania grandiflora* 原产美洲、北美洲以及我国的长江流域及其以南广泛栽培，保护区有栽培。

鸡公山玉兰 *Yulania jigongshanensis* 产于新店保护站。生于阴坡林下。

武当玉兰 *Yulania sprengerii* 主要分布于甘肃、贵州、河南、湖北、湖南、陕西、四川，保护区有栽培。

天目玉兰 *Yulania amoena* 主要分布于浙江，保护区有栽培。

含笑属 *Michelia*

黄心夜合 *Michelia martinii* 产于河南西南部、湖北西部、四川中部及南部、云南东北，保护区栽培或野生。

深山含笑 *Michelia maudiae* 产于湖南、广东、广西、福建、江西、贵州及浙江南部，保护区树木园有栽培。

木莲属 *Manglietia*

木莲 *Manglietia fordiana* 分布于长江中下游地区，保护区树木园有栽培。

红花木莲 *Manglietia insignis* 主产于西南地区，树木园有栽培。

乳源木莲 *Manglietia yuyuanensis* 主产于长江流域以南各省，树木园引种栽培。

观光木属 *Tsoongiodendron*

观光木 *Tsoongiodendron odorum* 主产于华东、华南，鸡公山引种栽培。

八角属 *Illicium*

红茴香 *Illicium henryi* 产于红花保护站、李家寨保护站，南岗保护站苗圃有栽培。

红毒茴，莽草 *Illicium lanceolatum* 产于红花保护站、李家寨保护站海拔 500m 以下的山坡、沟谷杂木林中。

水青树科 Tetracentraceae

水青树属 *Tetracentron*

水青树 *Tetracentron sinense* 产于红花保护站、

李家寨保护站、篱笆寨。生于阴坡林下、沟谷杂木林。

五味子科 Schisandraceae

北五味子属 *Schisandra*

五味子 *Schisandra chinensis* 产于李家寨保护站、大山沟、大深沟的山坡林下及路旁。

华中五味子 *Schisandra sphenanthera* 产于李家寨保护站、篱笆寨。生于沟谷杂木林、阴坡林下。

狭叶五味子 *Schisandra lancifolia* 产于武胜关保护站、红花保护站。生于沟谷杂木林、沟边、溪旁。

南五味子属 *Kadsura*

南五味子 *Kadsura longipedunculata* 产于红花保护站、李家寨保护站和南岗保护站。生于海拔 500m 以下的阴坡林内。

蜡梅科 Calycanthaceae

蜡梅属 *Chimonanthus*

蜡梅 *Chimonanthus praecox* 分布于朝鲜、美洲、日本、欧洲及我国的长江以南地区，鸡公山花园等处有栽培。

樟科 Lauraceae

樟属 *Cinnamomum*

樟 *Cinnamomum camphora* 主产于长江以南，保护区栽培或野生。

天竺桂 *Cinnamomum japonicum* 产于李家寨保护站杜家沟、大茶沟。生于海拔 500m 以下山沟杂木林中。

川桂 *Cinnamomum wilsonii* 产于江西、福建、湖南、湖北部分地区，鸡公山花园等处有栽培。

楠属 *Phoebe*

楠木 *Phoebe zhennan* 产于红花保护站、李家寨保护站杜家沟海拔 500m 以下林内。

紫楠 *Phoebe sheareri* 产于红花保护站、大深沟、东沟。生于阴坡林下、沟谷杂木林。

竹叶楠 *Phoebe faberi* 产于红花保护站、新店保护站、李家寨保护站。生于沟谷杂木林。

山楠 *Phoebe chinensis* 产于武胜关保护站、红花保护站、新店保护站。生于阴坡林下、沟谷杂木林。

润楠属 *Machilus*

小果润楠 *Machilus microcarpa* 产于红花保护站、李家寨保护站和南岗保护站海拔 500m 以下阴坡的林内。

宜昌润楠 *Machilus ichangensis* 产于红花保护站、大深沟、东沟。生于阴坡林下、沟谷杂木林。

檫木属 *Sassafras*

檫木 *Sassafras tzumu* 分布与长江流域以南各省区。保护区栽培或野生。

木姜子属 *Litsea*

木姜子 *Litsea pungens* 产于新店保护站、红花保护站、南岗保护站海拔 500m 以下阴坡的林内。

毛豹皮樟 *Litsea coreana* var. *lanuginosa* 产于红花保护站、东沟、大竹园等处。生于阴坡林下、沟谷杂木林。

天目木姜子 *Litsea auriculata* 产于吴家湾、新店保护站、鸡公头附近及观鸣台东侧。

黄丹木姜子 *Litsea elongata* 产于李家寨保护站、新店保护站、红花保护站。生于阴坡林下、沟谷杂木林。

豹皮樟 *Litsea coreana* var. *sinensis* 产于东沟、新店保护站、红花保护站。生于阴坡林下、沟谷杂木林。

新木姜子属 *Neolitsea*

新木姜子 *Neolitsea aurata* 产于东沟、新店保护站、红花保护站。生于阴坡林下、沟谷杂木林。

簇叶新木姜子 *Neolitsea confertifolia* 产于南岗保护站、大深沟、红花保护站。生于阴坡林下、沟谷杂木林。

黄肉楠属 *Actinodaphne*

红果黄肉楠 *Actinodaphne cupularis* 产于红花保护站、新店保护站、东沟。生于阴坡林下、沟谷杂木林。

山胡椒属 *Lindera*

山胡椒 *Lindera glauca* 产于保护区各林区。生于阴坡林下、沟谷杂木林。

三桠乌药 *Lindera obtusiloba* 产于李家寨保护站及南岗保护站的北部海拔 300m 以下的沟谷地带。

江浙山胡椒 *Lindera chienii* 产于东沟、大深沟、红花保护站。生于阴坡林下、沟谷杂木林。

香叶树 *Lindera communis* 产于李家寨保护站及南岗保护站。生于海拔 500m 的杂木林中。

狭叶山胡椒 *Lindera angustifolia* 产于李家寨保护站、吴家湾、烧鸡堂。生于阴坡林下、沟谷杂木林。

红果山胡椒 *Lindera erythrocarpa* 产于红花保

护站、东沟海拔 500m 的林内。

山橿 *Lindera reflexa* 产于李家寨保护站、南岗保护站、红花保护站。生于阴坡林下、沟谷杂木林。

红脉钓樟 *Lindera rubronervia* 产于南岗保护站、东沟海拔 500m 以下的疏林内。

黑壳楠 *Lindera megaphylla* 产于红花保护站、新店保护站、南岗保护站。生于海拔 500m 以下的林内。

乌药 *Lindera aggregata* 产于红花保护站、东沟海拔 500m 以下的林内及树木园的林缘、路边。

绿叶甘橿 *Lindera neesiana* 产于李家寨保护站、新店保护站、红花保护站。生于阴坡林下、沟谷杂木林。

香叶子 *Lindera fragrans* 产于李家寨保护站、南岗保护站、红花保护站。生于阴坡林下、沟谷杂木林。

大叶钓樟 *Lindera umbellata* 产于东沟、大深沟、红花保护站。生于阴坡林下、沟谷杂木林。

月桂属 *Laurus*

月桂 *Laurus nobilis* 原产我国西南部喜马拉雅山东段，印度、尼泊尔、柬埔寨也有分布，保护区有栽培。

罂粟科 Papaveraceae

博落回属 *Macleaya*

博落回 *Macleaya cordata* 产于保护区各林区。生于山坡路边，尤其是开荒地最易生长。

小果博落回 *Macleaya microcarpa* 产于保护区各林区。生于向阳山坡、林缘、草地。

血水草属 *Eomecon*

血水草 *Eomecon chionantha* 产于新店保护站、南岗保护站。生于阴坡林下。

秃疮花属 *Dicranostigma*

秃疮花 *Dicranostigma leptopodum* 产于保护区各林区。生于向阳山坡、旷野、路旁。

白屈菜属 *Chelidonium*

白屈菜 *Chelidonium majus* 产于保护区各林区。生于向阳山坡、林缘、草地。

绿绒蒿属 *Meconopsis*

柱果绿绒蒿 *Meconopsis oliverana* 产于保护区各林区。生于向阳山坡、林缘、草地。

角茴香属 *Hypecoum*

角茴香 *Hypecoum erectum* 产于保护区各林区。

生于向阳山坡、林缘、草地。

紫堇属 *Corydalis*

紫堇 *Corydalis edulis* 产于保护区各地。生于路旁、田间。

黄堇 *Corydalis pallida* 产于保护区各林区。生于旷野、路旁、林缘、草地。

蛇果黄堇 *Corydalis ophiocarpa* 产于保护区各林区。生于山坡路旁。

小花黄堇 *Corydalis racemosa* 产于保护区各林区。生于旷野、路旁、林缘、草地。

延胡索 *Corydalis yanhusuo* 产于保护区各林区。生于旷野、路旁、林缘、草地。

土元胡 *Corydalis humosa* 产于保护区各林区。生于旷野、路旁、林缘、草地。

曲花紫堇 *Corydalis curviflora* 产于保护区各林区。生于旷野、路旁、林缘、草地。

刻叶紫堇 *Corydalis incisa* 产于保护区各林区。生于旷野、路旁、林缘、草地。

小黄紫堇 *Corydalis raddeana* 产于保护区各林区。生于旷野、路旁、林缘、草地。

地丁草 *Corydalis bungeana* 产于保护区各林区。生于旷野、路旁、林缘、草地。

白花菜科 Capparidaceae

白花菜属 *Cleome*

白花菜 *Cleome gynandra* 产于武胜关保护站、红花保护站。生于向阳山坡、旷野、路旁。

醉蝶花属 *Tarenaya*

醉蝶花 *Tarenaya hassleriana* 栽培或逸为野生。

十字花科 Cruciferae

球果荠属 *Neslia*

球果荠 *Neslia paniculata* 产于吴家湾、韦家沟。生于旷野、路旁、向阳山坡。

离子芥属 *Chorispora*

离子芥 *Chorispora tenella* 产于保护区各林区旷野、路旁、向阳山坡。

亚麻荠属 *Camelina*

小果亚麻荠 *Camelina microcarpa* 产于保护区各林区旷野、路旁、向阳山坡。

蔊菜属 *Rorippa*

印度蔊菜 *Rorippa indica* 产于保护区各林区旷野、路旁、池塘、沟渠、沼泽湿地。

广州蔊菜 *Rorippa cantoniensis* 产于保护区各林区旷野、路旁、池塘、沟渠、沼泽湿地。

风花菜 *Rorippa globosa* 产于保护区各林区旷野、路旁、池塘、沟渠、沼泽湿地。

沼生蔊菜 *Rorippa palustris* 产于保护区各林区旷野、路旁、池塘、沟渠、沼泽湿地。

菘蓝属 *Isatis*

菘蓝 *Isatistinctoria* 产于新店保护站、吴家湾、旷野、路旁、向阳山坡。

臭荠属 *Coronopus*

臭荠 *Coronopus didymus* 产于新店保护站、红花保护站、旷野、路旁、向阳山坡。

菥蓂属 *Thlaspi*

菥蓂 *Thlaspi arvense* 又叫遏蓝菜，产于保护区各林区旷野、路旁、向阳山坡。

葶苈属 *Draba*

葶苈 *Draba nemorosa* 产于保护区各林区旷野、路旁、向阳山坡。

独行菜属 *Lepidium*

独行菜 *Lepidium apetalum* 产于保护区各林区旷野、路旁、向阳山坡。

北美独行菜 *Lepidium virginicum* 产于保护区各林区旷野、路旁、向阳山坡。

楔叶独行菜 *Lepidium cuneiforme* 产于保护区各林区旷野、路旁、向阳山坡。

宽叶独行菜 *Lepidium latifolium* 产于保护区各林区旷野、路旁、向阳山坡。

荠属 *Capsella*

荠 *Capsella bursa-pastoris* 产于保护区各林区旷野、路旁、向阳山坡。

诸葛菜属 *Orychophragmus*

诸葛菜 *Orychophragmus violaceus* 产于保护区各林区旷野、路旁、向阳山坡。

大蒜芥属 *Sisymbrium*

垂果大蒜芥 *Sisymbrium heteromallum* 产于保护区各林区旷野、路旁、林缘、草地。

全叶大蒜芥 *Sisymbrium luteum* 产于保护区各林区旷野、路旁、林缘、草地。

山萮菜属 *Eutrema*

云南山萮菜 *Eutrema yunnanense* 产于保护区各林区旷野、路旁、林缘、草地。

碎米荠属 *Cardamine*

碎米荠 *Cardamine hirsuta* 产于保护区各林区旷

野、路旁、池塘、沟渠、沼泽湿地。

水田碎米荠 *Cardamine lyrata* 产于保护区各林区旷野、路旁、池塘、沟渠、沼泽湿地。

白花碎米荠 *Cardamine leucantha* 生潮湿的荒地、水沟旁、田边等。

弹裂碎米荠 *Cardamine impatiens* 产于保护区各林区。生于各地沼泽湿地、水稻田。

弯曲碎米荠 *Cardamine flexuosa* 产于保护区各林区。生于各地沼泽湿地、水稻田。

光头山碎米荠 *Cardamine engleriana* 产于保护区各林区旷野、路旁、池塘、沟渠、沼泽湿地。

大叶碎米荠 *Cardamine macrophylla* 产于保护区各林区。生于各地沼泽湿地、水稻田。

紫花碎米荠 *Cardamine purpurascens* 产于保护区各林区。生于各地沼泽湿地、水稻田。

花旗竿属 *Dontostemon*

花旗杆 *Dontostemon dentatus* 产于保护区各林区。生于阴坡林下、沟谷杂木林。

念珠芥属 *Torularia*

蚓果芥 *Neotorularia humilis* 产于保护区各林区。生于向阳山坡、旷野、路旁。

南芥属 *Arabis*

垂果南芥 *Arabis pendula* 产于保护区各林区。生于阴坡林下、沟谷杂木林。

硬毛南芥 *Arabis hirsuta* 产于保护区各林区。生于阴坡林下、沟谷杂木林。

豆瓣菜属 *Nasturtium*

豆瓣菜 *Nasturtium officinale* 产于保护区各林区林缘、草地、池塘、沟渠、沼泽湿地。

芝麻菜属 *Eruca*

芝麻菜 *Eruca vesicaria* subsp. *sativa* 产于保护区各林区旷野、路旁、向阳山坡。

播娘蒿属 *Descurainia*

播娘蒿 *Descurainia sophia* 产于保护区各林区旷野、路旁、向阳山坡。

糖芥属 *Erysimum*

糖芥 *Erysimum amurense* 产于保护区各林区旷野、路旁、向阳山坡。

小花糖芥 *Erysimum cheiranthoides* 产于保护区各林区旷野、路旁、向阳山坡。

鼠耳芥属 *Arabidopsis*

鼠耳芥 *Arabidopsis thaliana* 产于保护区各林区旷野、路旁、向阳山坡。

涩荠属 *Malcolmia*

涩荠 *Malcolmia africana* 又叫离蕊芥，产于保护区各林区旷野、路旁、向阳山坡。

景天科 Crassulaceae

八宝属 *Helotelephium*

八宝 *Hylotelephium erythrostictum* 产于东沟、大深沟。生于沟边、溪旁、沟谷杂木林。

紫花八宝 *Hylotelephium mingjinianum* 产于东沟、大深沟。生于沟边、溪旁、沟谷杂木林。

轮叶八宝 *Hylotelephium verticillatum* 产于李家寨保护站、大深沟。生于沟边、溪旁、沟谷杂木林。

景天属 *Sedum*

火焰草 *Sedum stellariifolium* 产于保护区各林区。生于石缝中。

珠芽景天 *Sedum bulbiferum* 产于保护区各林区。生于沟边岩石腐土上。

佛甲草 *Sedum lineare* 产于保护区各林区。生于阴湿沙石腐土上。

垂盆草 *Sedum sarmentosum* 产于保护区各林区。生于阴湿岩石腐土上。

轮叶景天 *Sedum chauveaudii* 产于保护区各林区。生于沟边岩石腐土上。

凹叶景天 *Sedum emarginatum* 产于保护区各林区。生于沟边岩石腐土上。

离瓣景天 *Sedum barbeyi* 产于保护区各林区。生于沟边岩石腐土上。

大叶火焰草 *Sedum drymarioides* 产于保护区各林区。生于沟边岩石腐土上。

山飘风 *Sedum majus* 产于保护区各林区。生于沟边岩石腐土上。

小山飘风 *Sedum filipes* 产于保护区各林区。生于沟边岩石腐土上。

东南景天 *Sedum alfredii* 产于保护区各林区。生于沟边岩石腐土上。

费菜属 *Sedum*

黄菜 *Phedimus aizoon* 产于保护区各林区。生于沟边岩石腐土上。

乳毛费菜 *Phedimus aizoon* var. *scabrus* 产于保护区各林区。生于沟边岩石腐土上。

瓦松属 *Orostachys*

瓦松 *Orostachys fimbriata* 产于保护区各林区。

生于山坡岩石及屋顶瓦缝。

晚红瓦松 *Orostachys japonica* 产于保护区各林区。生于山坡岩石及屋顶瓦缝。

钝叶瓦松 *Orostachys malacophylla* 产于保护区各林区。生于山坡岩石及屋顶瓦缝。

虎耳草科 Saxifragaceae

扯根草属 Penthorum

扯根菜 *Penthorum chinense* 产于保护区各林区。生于沟边、溪旁、池塘、沟渠、沼泽湿地。

黄水枝属 Tiarella

黄水枝 *Tiarella polyphylla* 产于李家寨保护站、新店保护站。生于沟边、溪旁、沟谷杂木林。

虎耳草属 Saxifraga

虎耳草 *Saxifraga stolonifera* 产于保护区各林区。生于沟边岩石腐土上。

独根草属 Oresitrophe

独根草 *Oresitrophe rupifraga* 产于南岗保护站、大深沟、东沟。生于崖石缝中。

金腰属 Chrysosplenium

毛金腰 *Chrysosplenium pilosum* 产于南岗保护站。生于沟边、溪旁、阴坡林下。

大叶金腰 *Chrysosplenium macrophyllum* 产于红花保护站、武胜关保护站。生于沟边、溪旁、阴坡林下。

鬼灯檠属 Rodgersia

鬼灯檠 *Rodgersia podophylla* 产于李家寨保护站、篱笆寨。生于山坡林下。

落新妇属 Astilbe

落新妇 *Astilbe chinensis* 产于保护区各林区。生于沟边、溪旁、池塘、沟渠、沼泽湿地。

多花落新妇 *Astilbe rivularis* var. *myriantha* 产于保护区各林区。生于沟边、溪旁、池塘、沟渠、沼泽湿地。

钻地风属 Schizophragma

钻地风 *Schizophragma integrifolium* 产于红花保护站、东沟、大深沟。生于沟边、溪旁、沟谷杂木林。

绣球属 Hydrangea

绣球 *Hydrangea macrophylla* 新店保护站的市区花园有栽培。

东陵绣球 *Hydrangea bretschneideri* 产于新店保护站、南岗保护站。生于沟边、溪旁、沟谷杂木林。

挂苦绣球 *Hydrangea xanthoneura* 产于红花保护站、南岗保护站、大深沟。生于沟边、溪旁、沟谷杂木林。

蜡莲绣球 *Hydrangea strigosa* 产于东沟、红花保护站、新店保护站。生于沟边、溪旁、沟谷杂木林。

赤壁木属 Decumaria

赤壁木 *Decumaria sinensis* 产于大深沟、鸡公沟上山便道旁的沟谷树下及石壁上。

草绣球属 Cardiandra

草绣球 *Cardiandra moellendorffi* 产于东沟、大深沟。生于沟边、溪旁、沟谷杂木林。

常山属 Dichroa

常山 *Dichroa febrifuga* 产于李家寨保护站、新店保护站。生于阴坡林下、沟谷杂木林。

溲疏属 Deutzia

溲疏 *Deutzia scabra* 产于新店保护站。生于海拔 500m 以上的林缘、路边。

大花溲疏 *Deutzia grandiflora* 产于南岗保护站。生于海拔 500m 以上的林缘、路边。

多花溲疏 *Deutzia setchuenensis* var. *corymbiflora* 产于新店保护站和南岗保护站。生于海拔 500m 以下的林缘。

长梗溲疏 *Deutzia vilmorinae* 产于新店保护站、南岗保护站。生于海拔 500m 的山坡灌丛。

小花溲疏 *Deutzia parviflora* 产于武胜关保护站、南岗保护站。生于海拔 300m 以下的树缘及山坡灌丛。

长江溲疏 *Deutzia schneideriana* 产于红花保护站、南岗保护站。生于海拔 400m 以下的树缘及山坡灌丛。

异色溲疏 *Deutzia discolor* 产于红花保护站、新店保护站、南岗保护站。生于海拔 300m 以下的树缘及山坡灌丛。

狭叶溲疏 *Deutzia esquirolii* 产于红花保护站、南岗保护站。生于海拔 300m 以下的树缘及山坡灌丛。

山梅花属 Philadelphus

山梅花 *Philadelphus incanus* 产于新店保护站、红花保护站、南岗保护站。生于海拔 600m 以下的树缘及山坡灌丛。

鸡公山山梅花 *Philadelphus incanus* var. *baileyi* 产于篱笆寨、吴家湾。生于阴坡林下、沟谷杂木林。

太平花 *Philadelphus pekinensis* 产于篱笆寨、吴家湾。生于阴坡林下、沟谷杂木林。

茶蔍子属 *Ribes*

华茶蔍 *Ribes fasciculatum* var. *chinense* 产于新店保护站月湖东侧、红花保护站及南岗保护站的北部。生于阴坡林下、沟谷杂木林。

东北茶蔍子 *Ribes mandshuricum* 产于篱笆寨、南岗保护站。生于阴坡林下、沟谷杂木林。

冰川茶蔍 *Ribes glaciale* 产于新店保护站、南岗保护站。生于阴坡林下、沟谷杂木林。

海桐花科 Pittosporaceae

海桐花属 *Pittosporum*

崖花子 *Pittosporum truncatum* 又名菱叶海桐，产于红花保护站、东沟海拔 500m 左右额半阴坡杂木林中。

海桐 *Pittosporum tobira* 花园及新店保护站有栽培。

狭叶海桐 *Pittosporum glabratum* var. *neriifolium* 主产于华南，花园有栽培。

崖花海桐 *Pittosporum sahnianum* 产于红花保护站、东沟海拔 500m 以下的杂木林中。

柄果海桐 *Pittosporum podocarpum* 产于东沟、大深沟。生于阴坡林下、沟谷杂木林。

金缕梅科 Hamamclidaceae

枫香树属 *Liquidambar*

枫香树 *Liquidambar formosana* 产于李家寨保护站、新店保护站、南岗保护站。保护区栽培或野生。

北美枫香 *Liquidambar styraciflua* 原产美洲，二道门北侧山坡有栽培。

檵木属 *Loropetalum*

檵木 *Loropetalum chinense* 产于东沟海拔 400m 以下山坡杂木林中。

金缕梅属 *Hamamelis*

金缕梅 *Hamamelis mollis* 产于东沟海拔 400m 以下的次生林中。

蜡瓣花属 *Corylopsis*

蜡瓣花 *Corylopsis sinensis* 主产于华东、华南地区，花园有栽培。

牛鼻栓属 *Fortuneria*

牛鼻栓 *Fortunearia sinensis* 产于新店保护站和南岗保护站。生于海拔 400m 以下的疏林内。

山白树属 *Sinowilsonia*

山白树 *Sinowilsonia henryi* 产于篱笆寨、东沟。生于阴坡林下。

蚊母树属 *Distylium*

蚊母树 *Distylium racemosum* 产于我国广东、福建、台湾、浙江等省，多生于海拔 100～200m 之丘陵地带，日本亦有分布。树木园有栽培。

杜仲科 Eucommiaceae

杜仲属 *Eucommia*

杜仲 *Eucommia ulmoides* 产于我国长江流域及其以南地区，保护区有栽培或野生。

悬铃木科 Platanaceae

悬铃木属 *Platanus*

一球悬铃木，美国梧桐 *Platanus occidentalis* 原产北美洲，多分布于美国中南部纬度偏北、经度偏东的地区。保护区有栽培。

二球悬铃木，英国梧桐 *Platanus* × *acerifolia* 是三球悬铃木与一球悬铃木的杂交种。于 646 年在英国伦敦育成，广泛种植于世界各地。保护区有栽培。

三球悬铃木，法国梧桐 *Platanu sorientalis* 原产北美，新店保护站、南岗保护站均有种植。

蔷薇科 Rosaceae

白鹃梅属 *Exochorda*

白鹃梅 *Exochorda racemosa* 产于保护区各林区。生于向阳山坡、沟谷、溪旁。

红柄白鹃梅 *Exochorda giraldii* 产于保护区各林区。生于向阳山坡、沟谷、溪旁。

绿柄白鹃梅 *Exochorda giraldii* var. *wilsonii* 产于保护区各林区。生于向阳山坡、沟谷、溪旁。

绣线梅属 *Neillia*

中华绣线梅 *Neillia sinensis* 产于各保护站。生于海拔 500m 以下的山坡灌丛。

小米空木属 *Stephanandra*

野珠兰 *Stephanandra chinensis* 产于保护区各林区。生于向阳山坡、沟谷、溪旁。

绣线菊属 *Spiraea*

中华绣线菊 *Spiraea chinensis* 产于保护区各林区。生于向阳山坡、沟谷、溪旁。

麻叶绣线菊 *Spiraea cantoniensis* 产于保护区各林区。生于向阳山坡、沟谷、溪旁。

绣球绣线菊 *Spiraea blumei* 产于保护区各林区。生于向阳山坡、沟谷、溪旁。

光叶绣线菊 *Spiraea japonica* var. *fortunei* 分布于陕西、山东、安徽、江苏、浙江、江西、湖北、云南、贵州、四川等省，保护区有栽培。

李叶绣线 *Spiraea prunifolia* 产于李家寨保护站和南岗保护站。生于海拔 500m 以下的山坡灌丛。

华北绣线菊 *Spiraea fritschiana* 产于保护区各林区。生于沟谷杂木林、沟边、溪旁。

柔毛绣线菊 *Spiraea pubescens* 产于各保护站。生于 600m 以下的山坡灌丛、路旁、林缘。

疏毛绣线菊 *Spiraea hirsuta* 产于各保护站。生于海拔 400m 以下的岩石山地、山谷灌丛中、林缘。

长芽绣线菊 *Spiraea longigemmis* 产于保护区各林区。生于沟谷杂木林、沟边、溪旁。

翠蓝绣线菊 *Spiraea henryi* 产于保护区各林区。生于沟谷杂木林、沟边、溪旁。

鄂西绣线菊 *Spiraea veitchii* 产于保护区各林区。生于沟谷杂木林、沟边、溪旁。

广椭绣线菊 *Spiraea ovalis* 产于保护区各林区。生于沟谷杂木林、沟边、溪旁。

毛花绣线菊 *Spiraea dasyantha* 产于保护区各林区。生于沟谷杂木林、沟边、溪旁。

珍珠梅属 *Sorbaria*

珍珠梅 *Sorbaria sorbifolia* 产于李家寨保护站、篱笆寨。生于沟谷杂木林、沟边、溪旁。

假升麻属 *Aruncus*

假升麻 *Aruncus sylvester* 产于李家寨保护站、南岗保护站。生于阴坡林下、沟边、溪旁。

栒子属 *Cotoneaster*

水栒子 *Cotoneaster multiflorus* 产于红花保护站、新店保护站、南岗保护站。生于海拔 500m 以下的沟谷杂木林中。

华中栒子 *Cotoneaster silvestrii* 产于各保护站。常生于岩石陡坡、石缝、林缘。

灰栒子 *Cotoneaster acutifolius* 产于各保护站。生于海拔 600m 以上的岩石陡坡、石缝、林缘。

西北栒子 *Cotoneaster zabelii* 产于南岗保护站、新店保护站。生于海拔 500m 以上林缘、陡坡、沟谷杂木林中。

毛叶水栒子 *Cotoneaster submultiflorus* 产于南岗保护站、篱笆寨。生于向阳山坡、沟边、溪旁。

散生栒子 *Cotoneaster divaricatus* 产于红花保护站、新店保护站。生于向阳山坡、沟边、溪旁。

火棘属 *Pyracantha*

火棘 *Pyracantha fortuneana* 产于红花保护站、武胜关保护站。生于沟谷杂木林。

全缘火棘 *Pyracantha atalantioides* 产于东沟、新店保护站。生于沟谷杂木林。

细圆齿火棘 *Pyracantha crenulata* 产于红花保护站、东沟、韦家沟。生于沟谷杂木林、向阳山坡。

山楂属 *Crataegus*

山楂 *Crataegus pinnatifida* 树木园海拔 600m 以下的阳坡有栽培。

野山楂 *Crataegus cuneata* 产于保护区各地。生于向阳山坡、沟谷杂木林。

湖北山楂 *Crataegus hupehensis* 产于各保护站。生于海拔 500m 以下的阳坡杂木林中。

少毛山楂 *Crataegus wilsonii* 产于李家寨保护站、新店保护站的北部。生于海拔 400m 以下的阴坡林中。

枇杷属 *Eriobotrya*

枇杷 *Eriobotrya japonica* 原产中国福建、四川、陕西、湖南、湖北、浙江等省，保护区栽培或野生。

红果树属 *Stranvaesia*

红果树 *Stranvaesia davidiana* 产于红花保护站、李家寨保护站、新店保护站的北部。生于海拔 300m 以下的阴坡林中。

花楸属 *Sorbus*

石灰花楸 *Sorbus folgneri* 产于南岗保护站、新店保护站。生于海拔 600m 以下的杂木林中。

湖北花楸 *Sorbus hupehensis* 产于新店保护站、红花保护站、南岗保护站。生于海拔 400m 以上的山坡林内、沟谷灌丛中。

美脉花楸 *Sorbus caloneura* 产于红花保护站、新店保护站。生于海拔 400m 以上的杂木林中。

江南花楸 *Sorbus hemsleyi* 产于红花保护站、南岗保护站、新店保护站。生于海拔 600m 以下的杂木林中。

石楠属 *Photinia*

石楠 *Photinia serratifolia* 南岗保护站有栽培。

中华石楠 *Photinia beauverdiana* 产于红花保护站、东沟海拔 500m 以下的杂木林中。

光叶石楠 *Photinia glabra* 南岗保护站有栽培。

光萼石楠 *Photinia villosa* var. *glabricalcyina* 产

于李家寨保护站、红花保护站、新店保护站。生于
沟谷杂木林、沟边、溪旁。

唐棣属 *Amelanchier*

唐棣 *Amelanchier sinica* 产于武胜关保护站、红
花保护站、新店保护站。生于沟谷杂木林、沟边、
溪旁。

梨属 *Pyrus*

豆梨 *Pyrus calleryana* 产于新店保护站和南岗
保护站。生于海拔 500m 以下的杂木林缘。

杜梨 *Pyrus betulifolia* 产于新店保护站、南岗
保护站山坡杂木林中。

西洋梨 *Pyrus communis* 原产欧洲，鸡公山引种
栽培。

白梨 *Pyrus bretschneideri* 树木园等地有栽培。

沙梨 *Pyrus pyrifolia* 产于杜家沟海拔 500m 以
下的杂木林中。

褐梨 *Pyrus phaeocarpa* 产于新店保护站、南岗
保护站。生于海拔 300m 以上的山坡林内、沟谷灌
丛中。

秋子梨 *Pyrus ussuriensis* 产于武胜关保护站、
吴家湾、南岗保护站。生于海拔 400m 以上的山坡
林内、沟谷灌丛中。

麻梨 *Pyrus serrulata* 产于红花保护站、韦家
沟、南岗保护站。生于海拔 300m 以上的山坡林内、
沟谷灌丛中。

木瓜属 *Chaenomeles*

木瓜 *Chaenomeles sinensis* 产于新店保护站、燕
沟。生于海拔 400m 的路旁、林旁。

皱皮木瓜 *Chaenomeles speciosa* 产于陕西、甘
肃、四川、贵州、云南、广东，缅甸亦有分布。花
园有栽培。

苹果属 *Malus*

湖北海棠 *Malus hupehensis* 产于新店保护站、
红花保护站、李家寨保护站、篱笆寨。生于海拔
500m 的疏林中。

苹果 *Malus pumila* 李家寨保护站等地有栽培。

海棠花 *Malus spectabilis* 原产河北、江苏、辽
宁、青海、陕西、山东、云南、浙江等地，保护区
栽培或野生。

垂丝海棠 *Malus halliana* 原产中国西南、中南、
华东等地，保护区栽培或野生。

山荆子 *Malus baccata* 产于保护区各林区。生于
沟谷杂木林。

鸡麻属 *Rhodotypos*

鸡麻 *Rhodotypos scandens* 产于保护区各林区。
生于阴坡林下、沟谷、溪旁。

蔷薇属 *Rosa*

金樱子 *Rosa laevigata* 产于保护区各林区。生
于沟谷杂木林、沟谷、溪旁。

小果蔷薇 *Rosa cymosa* 产于保护区各林区。生
于沟边、溪旁、沟谷杂木林。

野蔷薇 *Rosa multiflora* 产于保护区各林区。生
于沟边、溪旁、沟谷杂木林。

月季花 *Rosa chinensis* 栽培或逸为野生。

悬钩子蔷薇 *Rosa rubus* 产于新店保护站和南岗
保护站。生于海拔 500m 的山坡路旁。

拟木香 *Rosa banksiopsis* 产于保护区各林区。生
于沟边、溪旁、沟谷杂木林。

玫瑰 *Rosa rugosa* 栽培或逸为野生。

木香花 *Rosa banksiae* 栽培或逸为野生。

黄蔷薇 *Rosa hugonis* 产于保护区各林区。生于
沟边、溪旁、沟谷杂木林。

伞房蔷薇 *Rosa corymbulosa* 产于红花保护站、
武胜关保护站。生于沟边、溪旁、沟谷杂木林。

尾萼蔷薇 *Rosa caudate* 产于东沟、大深沟。生
于沟边、溪旁、沟谷杂木林。

缫丝花 *Rosa roxburghii* 李家寨保护站、南岗保
护站。生于沟边、溪旁、沟谷杂木林。

钝叶蔷薇 *Rosa sertata* 产于保护区各林区。生于
沟边、溪旁、沟谷杂木林。

龙牙草属 *Agrimonia*

龙芽草 *Agrimonia pilosa* 产于保护区各林区。
生于阴坡林下、林缘、草地。

黄龙尾 *Agrimonia pilosa* var. *nepalensis* 产于保
护区各林区。生于阴坡林下、林缘、草地。

地榆属 *Sanguisorba*

长叶地榆 *Sanguisorba officinalis* var. *longifolia*
产于保护区各林区。生于林缘、草地、旷野、路旁。

地榆 *Sanguisorba officinalis* 产于保护区各林
区。生于林缘、草地、旷野、路旁。

腺地榆 *Sanguisorba officinalis* var. *glandulosa*
产于保护区各林区。生于林缘、草地、旷野、路旁。

棣棠花属 *Kerria*

棣棠花 *Kerria japonica* 产于大深沟、红花保护
站、新店保护站、李家寨保护站。生于沟谷杂木林。

重瓣棣棠花 *Kerria japonica* f. *pleniflora* 保护

区栽培或野生。

悬钩子属 *Rubus*

多腺悬钩子 *Rubus phoenicolasius* 产于红花保护站、武胜关保护站的茶沟。生于海拔 200～300m 的山坡杂灌丛中。

插田泡 *Rubus coreanus* 产于南岗保护站、新店保护站路边、沟谷灌丛中。

华中悬钩子 *Rubus cockburnianus* 产于红花保护站、武胜关保护站的茶沟。生于海拔 200～300m 的山坡杂灌丛中。

高粱泡 *Rubus lambertianus* 产于保护区各林区。生于山谷、路边或疏林中。

山莓 *Rubus corchorifolius* 产于保护区各林区。生于山坡、路边、疏林中。

绵果悬钩子 *Rubus lasiostylus* 产于保护区各林区。生于沟边、溪旁、沟谷杂木林。

蓬蘽 *Rubus hirsutus* 产于保护区各林区。生于海拔 500m 以下的阴坡、沟旁。

茅莓 *Rubus parvifolius* 产于保护区各林区。生于沟边、溪旁、沟谷杂木林。

腺毛莓 *Rubus adenophorus* 产于各保护站。生于海拔 500m 以下路边及山坡灌丛。

喜阴悬钩子 *Rubus mesogaeus* 产于保护区各林区。生于阴坡林下、沟谷杂木林、沟边、溪旁。

秀丽莓 *Rubus amabilis* 产于各林区。生于海拔 500m 以下路边、灌丛中。

针刺悬钩子 *Rubus pungens* 产于各保护站。生于海拔 500m 以下路边及山坡灌丛。

弓茎悬钩子 *Rubus flosculosus* 产于各保护站。生于海拔 500m 以下路边及山坡灌丛。

乌泡子 *Rubus parkeri* 产于各保护站。生于海拔 300m 以下路边及山坡灌丛。

粉枝莓 *Rubus biflorus* 产于各保护站。生于海拔 300m 以下路边及山坡灌丛。

灰白毛莓 *Rubus tephrodes* 产于各保护站。生于海拔 300m 以下路边及山坡灌丛。

木莓 *Rubus swinhoei* 产于各保护站。生于沟谷杂木林、沟边、溪旁。

盾叶莓 *Rubus peltatus* 产于各保护站。生于海拔 500m 以下路边及山坡灌丛。

腺花茅莓 *Rubus parvifolius* var. *adenochlamys* 产于各保护站。生于海拔 500m 以下路边及山坡灌丛。

白叶莓 *Rubus innominatus* 产于各保护站。生于沟谷杂木林、沟边、溪旁。

覆盆子 *Rubus idaeus* 产于各保护站。生于沟谷杂木林、沟边、溪旁。

路边青属 *Geum*

路边青 *Geum aleppicum* 产于保护区各林区。生于林缘、草地、阴坡林下。

柔毛路边青 *Geum japonicum* var. *chinense* 产于保护区各林区。生于林缘、草地、阴坡林下。

蛇莓属 *Duchesnea*

蛇莓 *Duchesnea indica* 产于保护区各林区。生于旷野、路旁、林缘、草地。

草莓属 *Fragaria*

五叶草莓 *Fragaria pentaphylla* 产于保护区各林区。生于阴坡林下。

山莓草属 *Sibbaldia*

山莓草 *Sibbaldia procumbens* 产于保护区各林区。生于阴坡林下。

地蔷薇属 *Chamaerhodos*

地蔷薇 *Chamaerhodos erecta* 产于保护区各林区。生于阴坡林下。

委陵菜属 *Potentilla*

委陵菜 *Potentilla chinensis* 产于保护区各林区。生于林缘、草地、向阳山坡。

蛇含委陵菜 *Potentilla kleiniana* 产于保护区各林区。生于林缘、草地、向阳山坡。

三叶委陵菜 *Potentilla freyniana* 产于保护区各林区。生于林缘、草地、向阳山坡。

翻白草 *Potentilla discolor* 产于保护区各林区。生于林缘、草地、向阳山坡。

朝天委陵菜 *Potentilla supina* 产于保护区各林区。生于林缘、草地、向阳山坡。

皱叶委陵菜 *Potentilla ancistrifolia* 产于保护区各林区。生于林缘、草地、向阳山坡。

莓叶委陵菜 *Potentilla fragarioides* 产于保护区各林区。生于林缘、草地、向阳山坡。

多茎委陵菜 *Potentilla multicaulis* 产于保护区各林区。生于林缘、草地、向阳山坡。

星毛委陵菜 *Potentilla acaulis* 产于保护区各林区。生于林缘、草地、向阳山坡。

绢毛匍匐委陵菜 *Potentilla reptans* var. *sericophylla* 产于保护区各林区。生于林缘、草地、向阳山坡。

蛇莓委陵菜 *Potentilla centigrana* 产于保护区各

林区。生于林缘、草地、向阳山坡。

李属 _Prunus_

李 _Prunus salicina_ 产于保护区各林区。生于沟谷杂木林、沟谷、溪旁。

紫叶李 _Prunus cerasifera_ f. _atropurpurea_ 原产亚洲西南部，花园、树木园等处有栽培。

桃属 _Amygdalus_

桃 _Amygdalus persica_ 保护区栽培或野生。

山桃 _Amygdalus davidiana_ 产于保护区各林区。生于阴坡林下。

杏属 _Armeniaca_

梅 _Armeniaca mume_ 保护区栽培或野生。

杏 _Armeniaca vulgaris_ 产于保护区各林区。生于沟谷杂木林。

榆叶梅 _Amygdalus triloba_ 原产我国北部，现今全国各地儿乎都有分布。保护区栽培或逸为野生。

樱属 _Laurocerasus_

山樱花 _Cerasus serrulata_ 产于李家寨保护站及南岗保护站北部。生于海拔 500m 以下的杂木林中。

毛樱桃 _Cerasus tomentosa_ 产于红花保护站、东沟、李家寨保护站向阳山坡丛林中。

樱桃 _Cerasus pseudocerasus_ 保护区栽培或野生。

郁李 _Cerasus japonica_ 分布于东北、华北、华中地区。生于向阳山坡、沟边、溪旁。

日本樱花 _Cerasus yedoensis_ 原产日本，保护站内有栽培。

欧李 _Cerasus humilis_ 产于保护区各林区。生于向阳沟谷和杂木林。

麦李 _Cerasus glandulosa_ 产于保护区各林区。生于沟谷杂木林。

华中樱桃 _Cerasus conradinae_ 产于保护区各林区。生于沟谷杂木林。

稠李属 _Padus_

橉木 _Padus buergeriana_ 产于红花保护站、新店保护站路边，林缘或杂木林中。

稠李 _Padus avium_ 产于红花保护站、李家寨保护站及南岗保护站北部。生于海拔 500m 处的沟谷杂木林中。

短梗稠李 _Padus brachypoda_ 产于红花保护站、李家寨保护站及南岗保护站北部。生于海拔 500m 处的沟谷杂木林中。

细齿稠李 _Padus obtusata_ 产于大深沟、红花保护站、武胜关保护站及南岗保护站北部。生于海拔

500m 处的沟谷杂木林中。

豆科 Leguminosae

合欢属 _Albizziq_

合欢 _Albizia julibrissin_ 保护区栽培。

山槐 _Albizia kalkora_ 产于保护区各林区。生于沟谷杂木林。

含羞草属 _Mimosa_

含羞草 _Mimosa pudica_ 栽培或逸为野生。

紫荆属 _Cercis_

紫荆 _Cercis chinensis_ 产于红花保护站、新店保护站，新店保护站景区有栽培。

决明属 _Cassia_

茳芒决明 _Cassia planitiicola_ 产于保护区各林区。生于林缘、草地。

决明 _Cassia tora_ 产于保护区各林区。生于旷野、路旁、林缘、草地。

望江南 _Cassia occidentalis_ 产于保护区各林区。生于旷野、路旁、林缘、草地。

决明属 _Chamaecrista_

短叶决明 _Chamaecrista nictitans_ subsp. _patellaris_ var. _glabrata_ 产于保护区各林区。生于林缘、草地。

云实属 _Caesalpinia_

云实 _Caesalpinia decapetala_ 产于红花保护站、东沟。生于沟谷杂木林。

皂荚属 _Gleditsia_

皂荚 _Gleditsia sinensis_ 产于保护区各林区。生于沟谷杂木林。

野皂荚 _Gleditsia microphylla_ 产于保护区各林区。生于向阳山坡。

山皂荚 _Gleditsia japonica_ 产于保护区各林区。生于向阳山坡。

肥皂荚属 _Gymnocladus_

肥皂荚 _Gymnocladus chinensis_ 产于保护区各林区。生于沟谷杂木林。

车轴草属 _Trifolium_

红车轴草 _Trifolium pratense_ 产于保护区各林区。生于林缘、草地、向阳山坡。

白车轴草 _Trifolium repens_ 产于保护区各林区。生于林缘、草地、向阳山坡。

草莓车轴草 _Trifolium fragiferum_ 产于保护区各林区。生于林缘、草地、向阳山坡。

绛车轴草 _Trifolium incarnatum_ 产于保护区各

林区。生于林缘、草地、向阳山坡。

槐属 *Sophora*

苦参 *Sophora flavescens* 产于保护区各林区。生于林缘、草地、向阳山坡。

龙爪槐 *Sophora japonica* f. *pendula* 保护区栽培或野生。

槐 *Sophora japonica* 保护区栽培或野生。

苦豆子 *Sophora alopecuroides* 产于保护区各林区。生于林缘、草地、向阳山坡。

白刺花 *Sophora davidii* 产于保护区各林区。生于沟谷杂木林。

红豆树属 *Ormosia*

红豆树 *Ormosia hosiei* 产于红花保护站、东沟。生于沟谷杂木林，树木园有栽培。

马鞍树属 *Maackia*

马鞍树 *Maackia hupehensis* 产于武胜关保护站、南岗保护站，生于沟谷杂木林。

光叶马鞍树 *Maackia tenuifolia* 产于新店保护站、南岗保护站，生于沟谷杂木林。

香槐属 *Cladrastis*

香槐 *Cladrastis wilsonii* 主产于长江流域以南各省。生于沟谷杂木林。

猪屎豆属 *Crotalaria*

野百合 *Crotalaria sessiliflora* 产于保护区各林区。生于林缘、草地、阴坡林下。

假地兰 *Crotalaria ferruginea* 产于保护区各林区。生于林缘、草地、阴坡林下。

猪屎豆 *Crotalaria pallida* 产于保护区各林区。生于林缘、草地、阴坡林下。

响铃豆 *Crotalaria albida* 产于保护区各林区。生于林缘、草地、阴坡林下。

苜蓿属 *Medicago*

小苜蓿 *Medicago minima* 产于保护区各林区。生于林缘、草地、旷野、路旁。

南苜蓿 *Medicago polymorpha* 产于保护区各林区。生于林缘、草地、旷野、路旁。

天蓝苜蓿 *Medicago lupulina* 产于保护区各林区。生于林缘、草地、旷野、路旁。

紫苜蓿 *Medicago sativa* 产于保护区各林区。生于林缘、草地、旷野、路旁。

草木樨属 *Melilotus*

白花草木樨 *Melilotus albus* 产于保护区各林区。生于林缘、草地、旷野、路旁。

草木樨 *Melilotus officinalis* 产于保护区各林区。生于山坡草地。

细齿草木樨 *Melilotus dentatus* 产于保护区各林区。生于林缘、草地、旷野、路旁。

印度草木樨 *Melilotus indicus* 产于保护区各林区。生于林缘、草地、旷野、路旁。

黄香草木樨 *Melilotus officinalis* 产于保护区各林区。生于林缘、草地、旷野、路旁。

山黑豆属 *Dumasia*

山黑豆 *Dumasia truncata* 产于保护区各林区。生于林缘、草地、旷野、路旁。

大豆属 *Glycine*

野大豆 *Glycine soja* 产于保护区各林区。生于林缘、草地、旷野、路旁。

野扁豆属 *Dunbaria*

野扁豆 *Dunbaria villosa* 产于保护区各林区。生于林缘、草地、沟谷、溪旁。

鹿藿属 *Rhynchosia*

鹿藿 *Rhynchosia volubilis* 产于保护区各林区。生于林缘、草地、沟谷、溪旁。

菱叶鹿藿 *Rhynchosia dielsii* 产于保护区各林区。生于林缘、草地、沟谷、溪旁。

土圞儿属 *Apios*

土圞儿 *Apios fortunei* 产于保护区各林区。生于林缘、草地、旷野、路旁。

菜豆属 *phaseolus*

菜豆 *Phaseolus vulgaris* 产于保护区各林区。生于林缘、草地、沟谷、溪旁。

豇豆属 *Vigna*

野豇豆 *Vigna vexillata* 产于保护区各林区。生于林缘及路旁。

野豌豆属 *Vicia*

牯岭野豌豆 *Vicia kulingiana* 产于保护区各林区。生于林缘、草地、旷野、路旁。

救荒野豌豆 *Vicia sativa* 产于保护区各林区。生于林缘、草地、旷野、路旁。

大花野豌豆 *Vicia bungei* 产于保护区各林区。生于林缘、草地、旷野、路旁。

四籽野豌豆 *Vicia tetrasperma* 产于保护区各林区。生于林缘、草地、旷野、路旁。

小巢菜 *Vicia hirsuta* 产于保护区各林区。生于林缘、草地、旷野、路旁。

广布野豌豆 *Vicia cracca* 产于保护区各林区。生于林缘、草地、旷野、路旁。

歪头菜 *Vicia unijuga* 产于保护区各林区。生于林缘、草地、阴坡林下。

确山野豌豆 *Vicia kioshanica* 产于保护区各林区。生于山坡草地。

长柔毛野豌豆 *Vicia villosa* 产于保护区各林区。生于林缘、草地、旷野、路旁。

山野豌豆 *Vicia amoena* 产于保护区各林区。生于林缘、草地、旷野、路旁。

山黧豆属 *Lathyrus*

山黧豆 *Lathyrus quinquenervius* 产于保护区各林区。生于林缘、草地、旷野、路旁。

茳芒香豌豆 *Lathyrus davidii* 产于保护区各林区。生于林缘、草地、旷野、路旁。

矮山黧豆 *Lathyrushumilis* 产于保护区各林区。生于林缘、草地、旷野、路旁。

木蓝属 *Indigofera*

花木蓝 *Indigofera kirilowii* 产于保护区各林区。生于向阳山坡、沟谷、溪旁。

苏木蓝 *Indigofera carlesii* 产于保护区各林区。生于向阳山坡、沟谷、溪旁。

多花木蓝 *Indigofera amblyantha* 产于保护区各林区。生于向阳山坡、沟谷、溪旁。

木蓝 *Indigofera tinctoria* 产于保护区各林区。生于向阳山坡、沟谷、溪旁。

宜昌木蓝 *Indigofera decora* var. *ichangensis* 产于保护区各林区。生于向阳山坡、沟谷、溪旁。

马棘 *Indigofera pseudotinctoria* 产于各保护站。生于 500m 以下的山坡疏林，灌丛中。

鸡公木蓝 *Indigofera jikongensis* 产于红花保护站、武用关保护站。生于向阳山坡、沟谷、溪旁。

野青树 *Indigofera suffruticosa* 产于保护区各林区。生于向阳山坡、沟谷、溪旁。

紫藤属 *Wisteria*

紫藤 *Wisteria sinensis* 产于新店保护站、红花保护站。生于阴坡林下、沟谷、溪旁。

藤萝 *Wisteria villosa* 产于李家寨保护站、新店保护站、红花保护站。生于阴坡林下、沟谷、溪旁。

多花紫藤 *Wisteria floribunda* 产于李家寨保护站、南岗保护站。生于阴坡林下、沟谷、溪旁。

葛属 *Pueraria*

野葛 *Pueraria lobata* 产于各保护站山坡和丛林中。

刺槐属 *Robinia*

洋槐 *Robinia pseudoacacia* 保护区栽培或逸为野生。

毛洋槐 *Robinia hispida* 保护区栽培或逸为野生。

紫穗槐属 *Amorpha*

紫穗槐 *Amorpha fruticosa* 保护区栽培或逸为野生。

田菁属 *Sesbania*

田菁 *Sesbania cannabina* 产沼泽湿地。生于沟渠、池塘和积水沼泽湿地、旷野、路旁。

锦鸡儿属 *Caragana*

小叶锦鸡儿 *Caragana microphylla* 产于保护区各林区。生于向阳山坡、沟谷、溪旁。

黄芪属 *Astragalus*

糙叶黄耆 *Astragalus scaberrimus* 产于保护区各林区。生于向阳山坡、林缘、草地。

草木樨状黄耆 *Astragalus melilotoides* 产于保护区各林区。生于向阳山坡、旷野、路旁。

紫云英 *Astragalus sinicus* 保护区栽培或逸为野生。

米口袋属 *Gueldenstaedtia*

米口袋 *Gueldenstaedtia verna* 产于保护区各林区。生于向阳山坡、旷野、路旁。

狭叶米口袋 *Gueldenstaedtia stenophylla* 产于保护区各林区。生于向阳山坡、旷野、路旁。

黄檀属 *Dalbergia*

黄檀 *Dalbergia hupeana* 产于保护区各林区。生于沟谷杂木林。

南岭黄檀 *Dalbergia balansae* 产于红花保护站、新店保护站、南岗保护站。生于海拔 500m 以下的杂木林中。

合萌属 *Aeschynomune*

合萌 *Aeschynomene indica* 产于保护区各地。生于沟渠、池塘和积水沼泽湿地、旷野、路旁。

鸡眼草属 *Kummerowia*

长萼鸡眼草 *Kummerowia stipulacea* 产于保护区各林区。生于向阳山坡、旷野、路旁。

鸡眼草 *Kummerowia striata* 产于保护区各林区。生于向阳山坡、旷野、路旁。

胡枝子属 *Lespedzea*

绿叶胡枝子 *Lespedeza buergeri* 产于保护区各林区。生于向阳山坡、沟谷杂木林。

美丽胡枝子 *Lespedeza formosa* 产于保护区各林区。生于向阳山坡、沟谷杂木林。

截叶铁扫帚 *Lespedeza cuneata* 产于保护区各林区。生于向阳山坡、沟谷杂木林。

短梗胡枝子 *Lespedeza cyrtobotrya* 产于保护区各林区。生于向阳山坡、沟谷杂木林。

细梗胡枝子 *Lespedeza virgata* 产于保护区各林区。生于向阳山坡、沟谷杂木林。

多花胡枝子 *Lespedeza floribunda* 产于保护区各林区。生于向阳山坡、沟谷杂木林。

达呼里胡枝子 *Lespedeza davurica* 产于各保护站。生于海拔 600m 以下的山坡灌丛路旁、河滩等地。

绒毛胡枝子 *Lespedeza tomentosa* 产于保护区各林区。生于海拔 600m 以下的林缘，路旁。

胡枝子 *Lespedeza bicolor* 产于保护区各林区。生于向阳山坡、沟谷杂木林。

中华胡枝子 *Lespedeza chinensis* 产于保护区各林区。生于向阳山坡、沟谷杂木林。

铁马鞭 *Lespedeza pilosa* 产于保护区各林区。生于向阳山坡、沟谷杂木林。

两型豆属 *Amphicarqaea*

两型豆 *Amphicarpaea bracteata* subsp. *edgeworthii* 产于保护区各林区。生于阴坡林下、沟谷杂木林。

杭子梢属 *Campylotropis*

杭子梢 *Campylotropis macrocarpa* 产于保护区各林区。生于沟谷、溪旁、沟谷杂木林。

西南杭子梢 *Campylotropis delavayi* 产于保护区各林区。生于海拔 500m 以下的林缘、灌丛中。

山蚂蝗属 *Desmdium*

山蚂蝗 *Desmodium racemosum* 产于武胜关。生于海拔 400m 以下草坡、灌丛中。

宽卵叶山蚂蝗 *Desmodium fallax* 产于新店保护站、红花保护站、吴家湾。生于阴坡林下、沟边、溪旁。

小叶三点金 *Desmodium microphyllus* 产于保护区各林区。生于与山坡草地及路旁。

羽叶长柄山蚂蝗 *Desmodium oldhamii* 产于李家寨保护站，南岗保护站的北部。生于海拔 300m 以下的山谷、沟边。

长柄山蚂蝗 *Desmodium podocarpum* 产于武胜关保护站。生于海拔 400m 以下的草地、林缘。

小槐花 *Desmodium caudatum* 产于红花保护站、东沟。生于海拔 500m 的林缘、沟谷灌丛中。

酢浆草科 Oxalidaceae

酢浆草属 *Oxalis*

酢浆草 *Oxalis corniculata* 产于保护区各林区。生于向阳山坡、旷野、路旁。

山酢浆草 *Oxalis griffithii* 产于保护区各林区。生于向阳山坡、旷野、路旁。

直酢浆草 *Oxalis stricta* 产于保护区各林区。生于向阳山坡、旷野、路旁。

大花酢浆草 *Oxalis bowiei* 保护区栽培或逸为野生。

红花酢浆草 *Oxalis corymbosa* 保护区栽培或逸为野生。

牻牛儿苗科 Geraniaceae

牻牛儿苗属 *Erodium*

牻牛儿苗 *Erodium stephanianum* 产于保护区各林区。生于向阳山坡、旷野、路旁。

老鹳草属 *Geranium*

野老鹳草 *Geranium carolinianum* 产于保护区各林区。生于向阳山坡、旷野、路旁。

老鹳草 *Geranium wilfordii* 产于保护区各林区。生于向阳山坡、林缘、草地。

尼泊尔老鹳草 *Geranium nepalense* 产于保护区各林区。生于向阳山坡、旷野、路旁。

血见愁老鹳草 *Geranium henryi* 产于保护区各林区。生于山坡灌丛。

中华老鹳草 *Geranium sinense* 产于保护区各林区。生于林下。

草地老鹳草 *Geranium pratense* 产于保护区各林区。生于向阳山坡、旷野、路旁。

湖北老鹳草 *Geranium rosthornii* 产于武胜关保护站、红花保护站、烧鸡堂。生于林缘、草地、向阳山坡。

亚麻科 Linaceae

亚麻属 *Linum*

野亚麻 *Linum stelleroides* 产于保护区各林区。生于沟谷杂木林、林缘、草地。

蒺藜科 Zygophyllaceae

蒺藜属 *Tribulus*

蒺藜 *Tribulus terrestris* 产于保护区各林区。生

于向阳山坡、旷野、路旁。

芸香科 Rutaceae

花椒属 *Zanthoxylum*

野花椒 *Zanthoxylum simulans* 产于红花保护站、武胜关保护站。生于沟谷杂木林、沟谷、溪旁。

花椒 *Zanthoxylum bungeanum* 产于南岗保护站、红花保护站、吴家湾。生于沟谷杂木林、沟谷、溪旁。

青花椒 *Zanthoxylum schinifolium* 产于武胜关保护站、红花保护站。生于沟谷杂木林、沟谷、溪旁。

竹叶花椒 *Zanthoxylum armatum* 产于保护区各林区。生于沟谷杂木林、沟谷、溪旁。

川陕花椒 *Zanthoxylum piasezkii* 产于南岗保护站的鸡公山沟口南岗保护站。生于海拔 350m 左右的阳坡灌丛中。

狭叶花椒 *Zanthoxylum stenophyllum* 产于武胜关保护站、南岗保护站、红花保护站。生于沟谷杂木林、沟谷、溪旁。

臭常山属 *Orixa*

臭常山 *Orixa japonica* 产于篱笆寨、南岗保护站。生于沟谷杂木林。

吴茱萸属 *Tetradium*

吴茱萸 *Tetradium ruticarpum* 产于红花保护站、南岗保护站。生于沟谷杂木林、沟谷、溪旁。

臭辣树 *Tetradium fargesii* 产于保护区各林区。生于沟谷杂木林、沟谷、溪旁。

臭檀吴萸 *Tetradium daniellii* 产于保护区各林区。生于沟谷杂木林、沟谷、溪旁。

湖北臭檀 *Tetradium daniellii* var. *hupehensis* 产于红花保护站、南岗保护站。生于沟谷杂木林、沟谷、溪旁。

黄檗属 *Phellodendron*

黄檗 *Phellodendron amurense* 产于李家寨保护站关凤沟。生于海拔 400m 以下的山坡疏林中。

白鲜属 *Dictamnus*

白鲜 *Dictamnus dasycarpus* 产于保护区各林区。生于阴坡林下、林缘、草地。

枳属 *Poncirus*

枳 *Poncirus trifoliata* 保护区栽培或野生。

橘属 *Fortunella*

金橘 *Fortunella margarita* 主产于我国南部，鸡公山花园有栽培。

苦木科 Simarubaceae

臭椿属（樗树属）*Ailanthus*

臭椿 *Ailanthus altissima* 产于保护区各林区。生于沟谷杂木林、沟谷、溪旁。

毛臭椿 *Ailanthus giraldii* 产于保护区各林区。生于沟谷杂木林、沟谷、溪旁。

苦木属 *Picrasma*

苦树 *Picrasma quassioides* 产于保护区各林区。生于沟谷杂木林、沟谷、溪旁。

楝科 Meliaceae

香椿属 *Toona*

香椿 *Toona sinensis* 产于保护区各林区。生于沟谷杂木林、沟谷、溪旁。

小果香椿 *Toona microcarpa* 主产于李家寨保护站，南岗保护站的北部。生于海拔 500m 以下的杂木林中。

楝属 *Melia*

楝 *Melia azedarach* 产于新店保护站、树木园等地。

川楝 *Melia toosendan* 原产四川等地，鸡公山树木园有栽培。

远志科 Polygalaceae

远志属 *Polygala*

瓜子金 *Polygala japonica* 产于保护区各林区。生于向阳山坡、林缘、草地。

远志 *Polygala tenuifolia* 产于保护区各林区。生于向阳山坡、林缘、草地。

小扁豆 *Polygala tatarinowii* 产于保护区各林区。生于向阳山坡、林缘、草地。

大戟科 Euphorbiaceae

算盘子属 *Glochidion*

算盘子 *Glochidion puberum* 产于保护区各林区。生于向阳山坡、沟谷、溪旁。

湖北算盘子 *Glochidion wilsonii* 产于保护区各林区。生于向阳山坡、沟谷、溪旁。

变叶木属 *Codiaeum*

变叶木 *Codiaeum variegatum* 原产南美洲，鸡

公山有引种。

红背桂属 Excoecaria

红背桂 Excoecaria cochinchinensis 主产于华南，鸡公山花园有栽培。

白饭树属 Flueggea

一叶萩 Flueggea suffruticosa 产于保护区各林区。生于向阳山坡、沟谷、溪旁。

雀儿舌头属 Leptopus

雀儿舌头 Leptopus chinensis 产于保护区各林区。生于向阳山坡、沟谷、溪旁。

叶下珠属 Phyllanthus

叶下珠 Phyllanthus urinaria 产于保护区各林区。生于向阳山坡、旷野、路旁。

青灰叶下珠 Phyllanthus glaucus 产于保护区各林区。生于向阳山坡、旷野、路旁。

落萼叶下珠 Phyllanthus flexuosus 产于保护区各林区。生于向阳山坡、旷野、路旁。

蜜甘草 Phyllanthus ussuriensis 产于保护区各林区。生于向阳山坡、旷野、路旁。

重阳木属 Bischofia

重阳木 Bischofia polycarpa 产于红花保护站、武胜关保护站。生于沟谷杂木林。

地构叶属 Speranskia

地构叶 Speranskia tuberculata 产于保护区各林区。生于向阳山坡、旷野、路旁。

蓖麻属 Ricinus

蓖麻 Ricinus communis 保护区栽培或野生。

油桐属 Vernicia

油桐 Vernicia fordii 保护区栽培或逸为野生。

丹麻杆属 Alchornea

毛丹麻杆 Discocleidion rufescens 产于保护区各林区。生于向阳山坡、沟谷、溪旁。

铁苋菜属 Acalypha

铁苋菜 Acalypha australis 产于保护区各林区。生于向阳山坡、旷野、路旁。

红穗铁苋菜 Acalypha hispida 产于保护区各林区。生于向阳山坡、旷野、路旁。

野桐属 Mallotus

白背叶 Mallotus apelta 产于保护区各林区。生于沟谷杂木林、沟谷、溪旁。

野桐 Mallotus tenuifolius 产于保护区各林区。生于沟谷杂木林、沟谷、溪旁。

石岩枫 Mallotus repandus 产于保护区各林区。生于沟谷、溪旁、沟谷杂木林。

野梧桐 Mallotus japonicus 产于保护区各林区。生于沟谷杂木林、沟谷、溪旁。

山麻杆属 Alchornea

山麻杆 Alchornea davidii 产于保护区各林区。生于向阳山坡、沟谷、溪旁。

乌桕属 Sapium

乌桕 Sapium sebiferum 产于保护区各林区。生于沟谷杂木林、沟谷、溪旁。

白木乌桕 Sapium japonicum 生于沟谷杂木林、沟谷、溪旁。

山乌桕 Sapium discolor 产于红花保护站。生于沟谷杂木林。

大戟属 Euphorbia

地锦 Euphorbia humifusa 产于保护区各林区。生于向阳山坡、旷野、路旁。

泽漆 Euphorbia helioscopia 产于保护区各林区。生于向阳山坡、旷野、路旁。

甘遂 Euphorbia kansui 产于保护区各林区。生于向阳山坡、旷野、路旁。

乳浆大戟 Euphorbia esula 产于保护区各林区。生于向阳山坡、旷野、路旁。

钩腺大戟 Euphorbia sieboldiana 产于保护区各林区。生于向阳山坡、旷野、路旁。

大戟 Euphorbia pekinensis 产于保护区各林区。生于向阳山坡、旷野、路旁。

猫眼草 Euphorbia lunulata 产于保护区各林区。生于向阳山坡、旷野、路旁。

湖北大戟 Euphorbia hylonoma 产于保护区各林区。生于向阳山坡、旷野、路旁。

续随子 Euphorbia lathyris 产于保护区各林区。生于向阳山坡、旷野、路旁。

通奶草 Euphorbia hypericifolia 产于保护区各林区。生于向阳山坡、旷野、路旁。

斑地锦 Euphorbia maculata 产于保护区各林区。生于向阳山坡、旷野、路旁。

水马齿科 Callitrichaceae

水马齿属 Callitriche

水马齿 Callitriche stagnalis 产沼泽湿地。生于沟渠、池塘和积水沼泽湿地、水稻田。

沼生水马齿 Callitriche palustris 产沼泽湿地。生于沟渠、池塘和积水沼泽湿地、水稻田。

黄杨科 Buxaceae

黄杨属 *Buxus*

小叶黄杨 *Buxus sinica* var. *parvifolia* 保护区栽培或野生。

匙叶黄杨 *Buxus harlandii* 产于南岗保护站、红花保护站、新店保护站。生于沟谷、溪旁。

黄杨 *Buxus sinica* 产于红花保护站、新店保护站、南岗保护站。生于沟谷、溪旁。

锦熟黄杨 *Buxus sempervirens* 产于李家寨保护站、新店保护站。生于沟谷、溪旁。

板凳果属 *Pachysandra*

顶花板凳果 *Pachysandra terminalis* 产于红花保护站、李家寨保护站、篱笆寨。生于沟谷杂木林。

马桑科 Coriariaceae

马桑属 *Coriaria*

马桑 *Coriaria nepalensis* 产于新店保护站的东沟。生于向阳山坡。

漆树科 Anacardiaceae

黄连木属 *Pistacia*

黄连木 *Pistacia chinensis* 产于武胜关保护站、红花保护站、南岗保护站。生于沟谷杂木林。

盐肤木属 *Rhus*

盐肤木 *Rhus chinensis* 产于保护区各林区。生于沟谷杂木林、沟谷、溪旁。

青麸杨 *Rhus potaninii* 产于新店保护站、红花保护站。生于沟谷杂木林。

红麸杨 *Rhus punjabensis* var. *sinica* 产于李家寨保护站、篱笆寨。生于沟谷杂木林。

南酸枣属 *Choerospondias*

南酸枣 *Choerospondias axillaris* 长江流域以南广泛分布，鸡公山花园有栽培。

漆树属 *Toxicodendron*

漆 *Toxicodendron vernicifluum* 产于保护区各林区。生于沟谷杂木林。

木蜡树 *Toxicodendron sylvestre* 产于红花保护站、李家寨保护站、新店保护站、南岗保护站。生于沟谷杂木林。

野漆 *Toxicodendron succedaneum* 产于武胜关保护站、南岗保护站、新店保护站。生于沟谷杂木林。

黄栌属 *Cotinus*

毛黄栌 *Cotinus coggygria* var. *pubescens* 产于保护区各林区。生于向阳山坡、沟谷、溪旁。

黄栌 *Cotinus coggygria* 产于保护区各林区。生于向阳山坡、沟谷、溪旁。

冬青科 Aquifoliaceae

冬青属 *Ilex*

枸骨 *Ilex cornuta* 产于保护区各林区。生于沟谷杂木林、沟谷、溪旁。

大柄冬青 *Ilex macropoda* 产于红花保护站、李家寨保护站、南岗保护站的北部。生于海拔 500m 以下的杂木林中。

冬青 *Ilex chinensis* 主产于长江流域以南各省区，鸡公南岗保护站、火车站等地有栽培。

大果冬青 *Ilex macrocarpa* 产于红花保护站、东沟、大深沟。生于沟谷杂木林、沟谷、溪旁。

大叶冬青 *Ilex latifolia* 产于红花保护站、东沟。生于沟谷杂木林、沟谷、溪旁。

具柄冬青 *Ilex pedunculosa* 产于大深沟、南岗保护站。生于沟谷杂木林、沟谷、溪旁。

猫儿刺 *Ilex pernyi* 产于李家寨保护站、红花保护站、东沟。生于沟谷杂木林、沟谷、溪旁。

卫矛科 Celastraceae

卫矛属 *Euonymus*

卫矛 *Euonymus alatus* 产于保护区各林区。生于沟谷杂木林、沟谷、溪旁。

白杜 *Euonymus maackii* 产于保护区各林区。生于沟谷杂木林、沟谷、溪旁。

扶芳藤 *Euonymus fortunei* 产于保护区各林区。生于沟谷杂木林、沟谷、溪旁。

大花卫矛 *Euonymus grandiflorus* 产于红花保护站、新店保护站、东沟。生于沟谷杂木林、沟谷、溪旁。

裂果卫矛 *Euonymus dielsianus* 产于红花保护站、新店保护站的东沟。生于沟谷杂木林、沟谷、溪旁。

冬青卫矛 *Euonymus japonicus* 保护区栽培或野生。

西南卫矛 *Euonymus hamiltonianus* 产于红花保护站、李家寨保护站、南岗保护站的北部。生于海拔 300~700m 的山地林中。

疣点卫矛 *Euonymus verrucosoides* 产于红花保护站、新店保护站的东沟。生于海拔 300m 以下的半阴坡林。

栓翅卫矛 *Euonymus phellomanus* 产于保护区各林区。生于沟谷杂木林、沟谷、溪旁。

纤齿卫矛 *Euonymus giraldii* 产于李家寨保护站、新店保护站。生于沟谷杂木林、沟谷、溪旁。

垂丝卫矛 *Euonymus oxyphyllus* 产于红花保护站、篱笆寨、南岗保护站。生于沟谷杂木林、沟谷、溪旁。

石枣子 *Euonymus sanguineus* 产于篱笆寨、大深沟。生于沟谷杂木林、沟谷、溪旁。

南蛇藤属 *Celastrus*

苦皮藤 *Celastrus angulatus* 产于保护区各林区。生于沟谷杂木林、沟谷、溪旁。

粉背南蛇藤 *Celastrus hypoleucus* 产于保护区各林区。生于沟谷杂木林、沟谷、溪旁。

南蛇藤 *Celastrus orbiculatus* 产于保护区各林区。生于沟谷杂木林、沟谷、溪旁。

大芽南蛇藤 *Celastrus gemmatus* 产于李家寨保护站、南岗保护站的北部。生于沟谷杂木林、沟谷、溪旁。

短梗南蛇藤 *Celastrus rosthornianus* 产于保护区各林区。生于沟谷杂木林、沟谷、溪旁。

省沽油科 Staphyleaceae

省沽油属 *Staphylea*

省沽油 *Staphylea bumalda* 产于保护区各林区。生于沟谷杂木林、沟谷、溪旁。

膀胱果 *Staphylea holocarpa* 产于保护区各林区。生于沟谷杂木林、沟谷、溪旁。

野鸦椿属 *Euscaphis*

野鸦椿 *Euscaphis japonica* 产于保护区各林区。生于沟谷杂木林、沟谷、溪旁。

槭树科 Aceraceae

金钱槭属 *Dipteronia*

金钱槭 *Dipteronia sinensis* 产于保护区各林区。生于沟谷杂木林、沟谷、溪旁。

槭属 *Acer*

元宝槭 *Acer truncatum* 产于李家寨保护站和南岗保护站。生于沟谷杂木林、沟谷、溪旁。

三角槭 *Acer buergerianum* 产于保护区各林区。生于沟谷杂木林、沟谷、溪旁。

苦条槭 *Acer ginnala* subsp. *theiferum* 产于保护区各林区。生于沟谷杂木林、沟谷、溪旁。

鸡爪槭 *Acer palmatum* 主产于长江流域各省，鸡公山树木园有栽培。生于沟谷杂木林、沟谷、溪旁。

青榨槭 *Acer davidii* 产于保护区各林区。生于沟谷杂木林、沟谷、溪旁。

五裂槭 *Acer oliverianum* 产于保护区各林区。生于沟谷杂木林、沟谷、溪旁。

建始槭 *Acer henryi* 产于红花保护站、李家寨保护站、新店保护站。生于沟谷杂木林、沟谷、溪旁。

中华槭 *Acer sinense* 产于李家寨保护站、新店保护站、南岗保护站的林中。

飞蛾槭 *Acer oblongum* 产于保护区各林区。生于海拔 600m 以下的阴坡杂木林中。

五尖槭 *Acer maximowiczii* 产于保护区各林区。生于海拔 400m 以上阔叶林中。

葛萝槭 *Acer davidii* subsp. *grosseri* 产于李家寨保护站、南岗保护站的北部。生于海拔 500m 以下的半阴坡杂木林中。

长柄槭 *Acer longipes* 产于李家寨保护站、新店保护站的东沟、南岗保护站的北部。生于海拔 500m 以下的山沟杂木林中。

色木枫 *Acer pictum* 产于李家寨保护站、武胜关保护站、南岗保护站。生于沟谷杂木林、沟谷、溪旁。

五角枫 *Acer pictum* subsp. *mono* 产于新店保护站、南岗保护站、红花保护站。生于沟谷杂木林、沟谷、溪旁。

血皮槭 *Acer griseum* 产于红花保护站、东沟。生于沟谷杂木林、沟谷、溪旁。

长尾槭 *Acer caudatum* 产于大深沟、红花保护站。生于沟谷杂木林、沟谷、溪旁。

七叶树科 Hippocastanaceae

七叶树属 *Aesculus*

七叶树 *Aesculus chinensis* 主产于陕西、湖北两省，鸡公山花园有栽培。

无患子科 Sapindaceae

倒地铃属 *Cardiospermum*

倒地铃 *Cardiospermum halicacabum* 产于保护

区各林区。生于向阳山坡、旷野、路旁。

无患子属 *Sapindus*

无患子 *Sapindus saponaria* 产于保护区各林区。生于沟谷杂木林、沟谷、溪旁。

栾树属 *Koelreuteria*

栾树 *Koelreuteria paniculata* 产于保护区各林区。生于沟谷杂木林、沟谷、溪旁。

黄山栾树 *Koelreuteria intergrifolia* 保护区栽培或野生。

文冠果属 *Xanthoceras*

文冠果 *Xanthoceras sorbifolia* 主产于东北南部、华北及西北地区，李家寨保护站、鸡公山树木园有栽培。

清风藤科 Sabiaceae

清风藤属 *Sabia*

清风藤 *Sabia japonica* 产于保护区各林区。生于阴坡林下、沟谷、溪旁。

四川清风藤 *Sabia schumanniana* 产于红花保护站、南岗保护站、鸡公沟。生于阴坡林下、沟谷、溪旁。

阔叶清风藤 *Sabia yunnanensis* subsp. *latifolia* 产于保护区各林区。生于阴坡林下、沟谷、溪旁。

泡花树属 *Meliosma*

泡花树 *Meliosma cuneifolia* 产于新店保护站、东沟。生于沟谷杂木林、沟谷、溪旁。

暖木 *Meliosma veitchiorum* 产于新店保护站、东沟。生于沟谷杂木林。

红柴枝 *Meliosma oldhamii* 产于保护区各林区。生于沟谷杂木林、沟谷、溪旁。

珂楠树 *Meliosma alba* 产于红花保护站、新店保护站。生于沟谷杂木林、沟谷、溪旁。

细花泡花树 *Meliosma parviflora* 产于新店保护站、东沟。生于海拔 400m 以下的沟谷林中。

凤仙花科 Balsaminaceae

凤仙花属 *Impatiens*

凤仙花 *Impatiens balsamina* 保护区栽培或野生。

水金凤 *Impatiens noli-tangere* 生于阴坡林下、沟谷、溪旁。

翼萼凤仙花 *Impatiens pterosepala* 产于新店保护站、大深沟。生于阴坡林下、沟谷、溪旁。

窄萼凤仙花 *Impatiens stenosepala* 产于李家寨保护站、东沟。生于阴坡林下、沟谷、溪旁。

牯岭凤仙花 *Impatiens davidii* 产于红花保护站、南岗保护站。生于阴坡林下、沟谷、溪旁。

鼠李科 Rhamnaceae

枳椇属 *Hovenia*

枳椇 *Hovenia acerba* 产于保护区各林区。生于沟谷杂木林、沟谷、溪旁。

北枳椇 *Hovenia dulcis* 生产于李家寨保护站、新店保护站。生于阴坡林下、沟谷、溪旁。

枣属 *Zizypus*

酸枣 *Ziziphus jujuba* var. *spinosa* 产于保护区各林区。生于向阳山坡、沟谷、溪旁。

枣 *Ziziphus jujuba* 保护区栽培或野生。

马甲子属 *Paliurus*

铜钱树 *Paliurus hemsleyanus* 产于保护区各林区。生于沟谷杂木林、沟谷、溪旁。

马甲子 *Paliurus ramosissimus* 产于新店保护站、吴家湾。生于沟谷杂木林、沟谷、溪旁。

鼠李属 *Rhamnus*

冻绿 *Rhamnus utilis* 产于保护区各林区。生于沟谷杂木林、沟谷、溪旁。

小叶鼠李 *Rhamnus parvifolia* 产于保护区各林区。生于向阳山坡、沟谷、溪旁。

圆叶鼠李 *Rhamnus globosa* 产于保护区各林区。生于向阳山坡、沟谷、溪旁。

薄叶鼠李 *Rhamnus leptophylla* 武胜关、新店保护站和南岗保护站。生于向阳山坡、沟谷、溪旁。

皱叶鼠李 *Rhamnus rugulosa* 产于保护区各林区。生于向阳山坡、沟谷、溪旁。

长叶冻绿 *Rhamnus crenata* 产于保护区各林区。生于向阳山坡、沟谷、溪旁。

锐齿鼠李 *Rhamnus arguta* 产于李家寨保护站，南岗保护站的北部。生于海拔 500m 以下的山地疏林中。

鼠李 *Rhamnus davurica* 产于保护区各林区。生于向阳山坡、沟谷、溪旁。

卵叶鼠李 *Rhamnus bungeana* 产于保护区各林区。生于向阳山坡、沟谷、溪旁。

雀梅藤属 *Sageretia*

少脉梅藤 *Sageretia paucicostata* 产于保护区各林区。生于向阳山坡、沟谷、溪旁。

雀梅藤 *Sageretia thea* 产于保护区各林区。生于向阳山坡、沟谷、溪旁。

猫乳属 *Rhamnella*

猫乳 *Rhamnella franguloides* 产于保护区各林区。生于向阳山坡、沟谷、溪旁。

卵叶猫乳 *Rhamnella wilsonii* 产于红花保护站、新店保护站。生于向阳山坡、沟谷、溪旁。

勾儿茶属 *Berchemia*

多花勾儿茶 *Berchemia floribunda* 产于保护区各林区。生于向阳山坡、沟谷、溪旁。

勾儿茶 *Berchemia sinica* 产于保护区各林区。生于向阳山坡、沟谷、溪旁。

葡萄科 Vitaceae

葡萄属 *Vitis*

刺葡萄 *Vitis davidii* 产于保护区各林区。生于阴坡林下、沟谷、溪旁。

蘡薁 *Vitis bryoniifolia* 产于保护区各林区。生于向阳山坡、沟谷、溪旁。

葡萄 *Vitis vinifera* 保护区栽培或野生。

小叶葡萄 *Vitis sinocinerea* 产于保护区各林区。生于向阳山坡、沟谷、溪旁。

葛藟葡萄 *Vitis flexuosa* 产于保护区各林区。生于向阳山坡、沟谷、溪旁。

网脉葡萄 *Vitis wilsonae* 产于保护区各林区。生于向阳山坡、沟谷、溪旁。

毛葡萄 *Vitis heyneana* 产于保护区各林区。生于阴坡林下、沟谷、溪旁。

华东葡萄 *Vitis pseudoreticulata* 产于保护区各林区。生于向阳山坡、沟谷、溪旁。

复叶葡萄 *Vitis piasezkii* 产于保护区各林区。生于在山坡、沟谷中。

山葡萄 *Vitis amurensis* 产于保护区各林区。生于阴坡林下、沟谷、溪旁。

秋葡萄 *Vitis romaneti* 产于保护区各林区。生于阴坡林下、沟谷、溪旁。

美丽葡萄 *Vitis bellula* 产于保护区各林区。生于阴坡林下、沟谷、溪旁。

蛇葡萄属 *Ampelopsis*

蛇葡萄 *Ampelopsis glandulosa* 产于保护区各林区。生于向阳山坡、沟谷、溪旁。

三裂蛇葡萄 *Ampelopsis delavayana* 产于保护区各林区。生于向阳山坡、沟谷、溪旁。

掌裂蛇葡萄 *Ampelopsis delavayana* var. *glabra* 产于保护区各林区。生于向阳山坡、沟谷、溪旁。

乌头叶蛇葡萄 *Ampelopsis aconitifoli* 产于保护区各林区。生于向阳山坡、沟谷、溪旁。

白蔹 *Ampelopsis japonica* 产于保护区各林区。生于向阳山坡、旷野、路旁。

葎叶蛇葡萄 *Ampelopsis humulifolia* 产于保护区各林区。生于向阳山坡、旷野、路旁。

蓝果蛇葡萄 *Ampelopsis bodinieri* 产于保护区各林区。生于向阳山坡、沟谷、溪旁。

毛三裂蛇葡萄 *Ampelopsis delavayana* var. *setulosa* 产于保护区各林区。生于向阳山坡、沟谷、溪旁。

地锦属 *Parthenocisus Tricuspidata*

地锦 *Parthenocissus tricuspidata* 保护区栽培或野生。

三叶地锦 *Parthenocissus semicordata* 产于保护区各林区。生于阴坡林下、沟谷、溪旁。

异叶地锦 *Parthenocissus dalzielii* 产于保护区各林区。生于阴坡林下、沟谷、溪旁。

花叶地锦 *Parthenocissus henryana* 产于保护区各林区。生于阴坡林下、沟谷、溪旁。

乌蔹莓属 *Cayratia*

乌蔹莓 *Cayratia japonica* 产于保护区各林区。生于向阳山坡、沟谷、溪旁。

崖爬藤属 *Tetrastigma*

崖爬藤 *Tetrastigma obtectum* 产于保护区各林区。生于阴坡林下、沟谷、溪旁。

椴树科 Tiliaceae

椴树属 *Tilia*

少脉椴 *Tilia paucicostata* 产于保护区各林区。生于沟谷杂木林。

南京椴 *Tilia miqueliana* 产于保护区各林区。生于沟谷杂木林。

鄂椴 *Tilia oliveri* 产于保护区各林区。生于沟谷杂木林。

华椴 *Tilia chinensis* 产于李家寨保护站、新店保护站、南岗保护站。生于杂木林中。

糯米椴 *Tilia henryana* var. *subglabra* 产于保护区各林区。生于杂木林中。

长柄椴 *Tilia laetevirens* 产于保护区各林区。生于杂木林中。

大椴 *Tilia nobilis* 产于篱笆寨。生于沟谷杂木林。

华东椴 *Tilia japonica* 产于保护区各林区。生于沟谷杂木林。

田麻属 *Corchoropsis*

田麻 *Corchoropsis crenata* 产于保护区各林区。生于旷野、路旁、林缘、草地。

光果田麻 *Corchoropsis crenata* var. *hupehensis* 产于保护区各林区。生于旷野、路旁、林缘、草地。

黄麻属 *Corchorus*

黄麻 *Corchorus capsularis* 保护区栽培或野生。

扁担杆属 *Grewia*

扁担杆杆 *Grewia biloba* 产于保护区各林区。生于向阳山坡、沟谷、溪旁。

小花扁担 *Grewia biloba* var. *parviflora* 产于保护区各林区。生于向阳山坡、沟谷、溪旁。

锦葵科 Malvaceae

锦葵属 *Malva*

锦葵 *Malva cathayensis* 产于保护区各林区。生于林缘、草地、旷野、路旁。

圆叶锦葵 *Malva pusilla* 产于保护区各林区。生于林缘、草地、旷野、路旁。

野葵 *Malva verticillata* 产于保护区各林区。生于林缘、草地、旷野、路旁。

苘麻属 *Abutilon*

苘麻 *Abutilon theophrasti* 产于保护区各林区。生于沟旁、荒地、路边。

蜀葵属 *Alcea*

蜀葵 *Alcea rosea* 保护区栽培或逸为野生。

木槿属 *Hibiscus*

木槿 *Hibiscus syrinacus* 主产于我国长江中下游，保护区栽培或野生。

野西瓜苗 *Hibiscus trionum* 产于保护区各林区。生于林缘、草地、旷野、路旁。

木芙蓉 *Hibiscus mutabilis* 原产热带和亚热带，鸡公山花园有栽培。

梧桐科 Sterculiaceae

梧桐属 *Firmiana marsigli*

梧桐 *Firmiana simplex* 产于保护区各林区。生于沟谷杂木林。

马松子属 *Melochia*

马松子 *Melochia corchorifolia* 产于保护区各林

区。生于林缘、草地、旷野、路旁。

猕猴桃科 Actinidiaceae

猕猴桃属 *Actinidia*

中华猕猴桃 *Actinidia chinensis* 产于保护区各林区。生于沟谷杂木林。

四蕊猕猴桃 *Actinidia tetramera* 产于李家寨保护站、南岗保护站。生于沟谷杂木林。

软枣猕猴桃 *Actinidia arguta* 产于新店保护站东沟的疏林中。

狗枣猕猴桃 *Actinidia kolomikta* 产于李家寨保护站，南岗保护站的北部。生于沟谷杂木林。

葛枣猕猴桃 *Actinidia polygama* 产于新店保护站东沟。生于沟谷杂木林。

对萼猕猴桃 *Actinidia valvata* 产于红花保护站、武胜关保护站。生于沟谷杂木林。

革叶猕猴桃 *Actinidia rubricaulis* var. *coriacea* 产于红花保护站、新店保护站。沟谷杂木林。

黑蕊猕猴桃 *Actinidia melanandra* 产于红花保护站、东沟、红花保护站。生于沟谷杂木林。

山茶科 Theaceae

红淡比属 *Cleyera*

红溪比 *Cleyera japonica* 产于东沟、大深沟。生于沟谷杂木林。

厚皮香属 *Ternstroemia*

厚皮香 *Ternstroemia gymnanthera* 主产于我国长江流域，保护区栽培或野生。

柃属 *Eurya*

翅柃 *Eurya alata* 产于新店保护站保安胡子东沟的沟底。生于沟谷杂木林。

短柱柃 *Eurya brevistyla* 产于保护区各林区。生于沟谷杂木林。

细枝柃 *Eurya loquaiana* 产于保护区各林区。生于沟谷杂木林。

山茶属 *Camellia*

油茶 *Camellia oleifera* 主产于我国长江流域，保护区栽培或野生。

山茶 *Camellia japonica* 主产于我国山东青岛沿海及华东地区，花园有栽培。生于沟谷杂木林。

茶 *Camellia sinensis* 保护区栽培或野生。

连蕊茶 *Camellia cuspidata* 产于新店保护站、南岗保护站。生于沟谷杂木林。

川鄂连蕊茶 *Camellia rosthorniana* 产于红花保护站、东沟。生于沟谷杂木林。

金丝桃科（藤黄科）Hypericaceae

金丝桃属 *Hypericum*

金丝桃 *Hypericum monogynum* 产于保护区各林区。生于林缘、草地。

野金丝桃 *Hypericum attenuatum* 产于保护区各林区。生于林缘、草地。

长柱金丝桃 *Hypericum longistylum* 产于保护区各林区。生于林缘、草地。

湖南连翘 *Hypericum ascyron* 产于保护区各林区。生于林缘、草地。

金丝梅 *Hypericum patulum* 产于保护区各林区。生于林缘、草地。

地耳草 *Hypericum japonicum* 产于保护区各林区。生于林缘、草地。

小连翘 *Hypericum erectum* 产于保护区各林区。生于林缘、草地。

贯叶连翘 *Hypericum perforatum* 产于保护区各林区。生于林缘、草地。

元宝草 *Hypericum sampsonii* 产于保护区各林区。生于林缘、草地。

突脉金丝桃 *Hypericum przewalskii* 产于红花保护站、吴家湾。生于林缘、草地。

柽柳科 Tamaricaceae

柽柳属 *Tamarix*

柽柳 *Tamarix chinensis* 主产于华北、西北各地，东沟等地有栽培。

芍药科 Paeoniaceae

芍药属 *Paeonia*

牡丹 *Paeonia suffruticosa* 保护区各地有栽培。

芍药 *Paeonia lactiflora* 保护区各地有栽培。

紫斑牡丹 *Paeonia rockii* 保护区各地有栽培。

草芍药 *Paeonia obovata* 产于南岗保护站、篱笆寨。生于沟谷杂木林。

堇菜科 Violaceae

堇菜属 *Viola*

球果堇菜 *Viola collina* 产于保护区各林区。生于阴坡林下、旷野、路旁。

鸡腿堇菜 *Viola acuminata* 产于保护区各林区。生于阴坡林下、沟谷杂木林。

深山堇菜 *Viola selkirkii* 产于保护区各林区。生于阴坡林下、沟谷、溪旁。

伏堇菜 *Viola diffusa* 产于保护区各林区生于阴坡林下、沟谷杂木林。

白花堇菜 *Viola patrinii* 产于保护区各林区。生于阴坡林下、旷野、路旁。

紫花堇菜 *Viola grypoceras* 产于保护区各林区。生于阴坡林下、旷野、路旁。

斑叶堇菜 *Viola variegata* 产于保护区各林区。生于阴坡林下、沟谷、溪旁。

三色堇 *Viola tricolor* 保护区栽培或逸为野生。

堇菜 *Viola verecumda* 产于保护区各林区。生于山坡林下、路边等。

毛堇菜 *Viola thomsonii* 产于保护区各林区。生于阴坡林下、旷野、路旁。

光瓣堇菜，紫花地丁 *Viola yedoensis* 产于保护区各林区。生于阴坡林下、旷野、路旁。

戟叶堇菜 *Viola betonicifolia* 产于保护区各林区。生于阴坡林下、旷野、路旁。

早开堇菜 *Viola prionantha* 产于保护区各林区。生于阴坡林下、旷野、路旁。

白果堇菜 *Viola phalacrocarpa* 产于保护区各林区。生于阴坡林下、沟谷、溪旁。

庐山堇菜 *Viola stewardiana* 产于保护区各林区。生于阴坡林下、沟谷杂木林。

裂叶堇菜 *Viola dissecta* 产于保护区各林区。生于阴坡林下、旷野、路旁。

南山堇菜 *Viola chaerophylloides* 产于保护区各林区。生于阴坡林下、沟谷杂木林。

大风子科 Flacourtiaceae

山桐子属 *Idesia*

山桐子 *Idesia polycarpa* 产于保护区各林区。生于沟谷杂木林。

毛叶山桐子 *Idesia polycarpa* var. *vestita* 产于东沟、大深沟。生于沟谷杂木林。

山拐枣属 *Polithyrsis*

山拐枣 *Poliothyrsis sinensis* 产于李家寨保护站、南岗保护站的北部。生于沟谷杂木林。

旌节花科 Stachyuraceae

旌节花属 *Stachyurus*

中国旌节花 *Stachyurus chinensis* 产于李家寨保护站，南岗保护站北部。生于沟谷杂木林。

喜马拉雅山旌节花 *Stachyurus himalaicus* 产于东沟、李家寨保护站。生于沟谷杂木林。

秋海棠科 Begoniaceae

秋海棠属 *Begonia*

中华秋海棠 *Begonia grandis* var. *sinensis* 产于保护区各林区。生于阴坡林下、沟谷、溪旁。

秋海棠 *Begonia grandis* 保护区栽培或野生。生于阴坡林下、沟谷、溪旁。

瑞香科 Thymelaeaceae

瑞香属 *Dephne*

芫花 *Daphne genkwa* 产于新店保护站、南岗保护站、武胜关保护站。生于向阳山坡。

瑞香 *Daphne odora* 产于南岗保护站、篱笆寨。生于沟谷杂木林。

荛花属 *Wikstroemia*

河朔荛花 *Wikstroemia chamaedaphne* 产于保护区各林区。生于海拔 500m 以上的林内灌丛中。

荛花 *Wikstroemia canescens* 产于武胜关保护站、红花保护站。生于沟谷杂木林。

结香属 *Edgeworthia*

结香 *Edgeworthia chrysantha* 主产于长江流域以南各省区，保护区有栽培。生于沟谷杂木林。

草瑞香属 *Diarthron*

草瑞香 *Diarthron linifolium* 产于保护区各林区。生于旷野、路旁。

胡颓子科 Elaeagnaceae

胡颓子属 *Elaeagnus*

牛奶子 *Elaeagnus umbellata* 产于保护区各林区。生于沟谷杂木林。

胡颓子 *Elaeagnus pungens* 产于保护区各林区。生于沟谷杂木林。

披针叶胡颓子 *Elaeagnus lanceolata* 产于保护区各林区。生于沟谷杂木林。

木半夏 *Elaeagnus multiflora* 产于保护区各林区。生于沟谷杂木林、沟谷、溪旁。

佘山胡颓子 *Elaeagnus argyi* 产于保护区各林区。生于沟谷杂木林。

银果胡颓子 *Elaeagnus magna* 产于保护区各林区。生于海拔 500m 以下的阳坡疏林、灌丛中。

蔓胡颓子 *Elaeagnus glabra* 产于保护区各林区。生于沟谷杂木林。

宜昌胡颓子 *Elaeagnus henryi* 产于红花保护站、吴家湾。生于沟谷杂木林。

千屈菜科 Lythraceae

千屈菜属 *Lythrum*

千屈菜 *Lythrum salicaria* 产于保护区各林区。生于各地沼泽湿地、沟渠、池塘和积水沼泽湿地。

节节菜属 *Rotala*

节节菜 *Rotala indica* 产于产沼泽湿地。生于沟渠、池塘和积水沼泽湿地、水稻田。

轮叶节节菜 *Rotala mexicana* 产于产沼泽湿地。生于沟渠、池塘和积水沼泽湿地、水稻田。

水苋菜属 *Ammannia*

水苋菜 *Ammannia baccifera* 产沼泽湿地。生于沟渠、池塘和积水沼泽湿地、水稻田。

耳叶苋菜 *Ammannia auriculata* 产沼泽湿地。生于沟渠、池塘和积水沼泽湿地、水稻田。

多花水苋菜 *Ammannia multiflora* 产沼泽湿地。生于沟渠、池塘和积水沼泽湿地、水稻田。

紫薇属 *Lagerstreamia*

紫薇 *Lagerstroemia indica* 产于亚洲南部及澳洲北部。我国华东、华中、华南及西南均有分布，保护区有栽培或野生。

南紫薇 *Lagerstroemia subcostata* 原产台湾、广东、广西、湖南、湖北、江西、福建、浙江、江苏、安徽、四川，新店保护站有栽培。

石榴科 Punicaceae

石榴属 *Punica*

石榴 *Punica granatum* 原产东南亚南部，保护区有栽培。

珙桐科 Davidiaceae

珙桐属 *Davidia*

珙桐 *Davidia involucrata* 新生代第三纪留下的孑遗植物，在第四纪冰川时期，大部分地区的珙桐相继灭绝，现代只分布在我国川东、鄂西、湘西、重庆等部分地区，保护区树木园有栽培。

蓝果树科 Nyssaceae

喜树属 Camptbtheca

喜树 *Camptotheca acuminata* 分布于云南、四川、湖南、湖北、河南、广西、广东、江西、江苏、浙江、福建等省区。保护区栽培或野生。

八角枫科 Alangiaceae

八角枫属 Alangium

八角枫 *Alangium chinense* 产于保护区各林区。生于沟谷杂木林。

三裂瓜木 *Alangium platanifolium* var. *trilobum* 产于保护区各林区。生于沟谷杂木林。

毛八角枫 *Alangium kurzii* 产于保护区各林区。生于沟谷杂木林。

菱科 Hydrocaryaceae

菱属 Trapa

细果野菱 *Trapa incisa* 产沼泽湿地。生于沟渠、池塘和积水沼泽湿地。

乌菱 *Trapa bicornis* 产沼泽湿地。生于沟渠、池塘和积水沼泽湿地。

柳叶菜科 Onagraceae

露珠草属

露珠草 *Circaea cordata* 产于保护区各林区。生于阴坡林下、沟谷、溪旁。

牛泷草 *Circaea cordata* 产于保护区各林区。生于阴坡林下、沟谷、溪旁。

南方露珠草 *Circaea mollis* 产于保护区各林区。生于阴坡林下、沟谷、溪旁。

月见草属 Oenothera

月见草 *Oenothera erythrosepala* 原产北美洲，于7世纪经欧洲传入我国，保护区栽培或逸为野生。

待霄草 *Oenothera odorata* 原产南美智利、阿根廷，保护区栽培或逸为野生。

丁香蓼属 Ludwigia

丁香蓼 *Ludwigia prostrata* 产沼泽湿地。生于沟渠、池塘和积水沼泽湿地。

卵叶丁香蓼 *Ludwigia ovalis* 产沼泽湿地。生于沟渠、池塘和积水沼泽湿地。

柳叶菜属 Epilobium

柳叶菜 *Epilobium hirsutum* 产沼泽湿地。生于沟渠、池塘和积水沼泽湿地。

小花柳叶菜 *Epilobium parviflorum* 产沼泽湿地。生于沟渠、池塘和积水沼泽湿地。

沼生柳叶菜 *Epilobium palustre* 产沼泽湿地。生于沟渠、池塘和积水沼泽湿地。

长籽柳叶菜 *Epilobium pyrricholophum* 产沼泽湿地。生于沟渠、池塘和积水沼泽湿地。

光滑柳叶菜 *Epilobium amurense* subsp. *cephalostigma* 产沼泽湿地。生于沟渠、池塘和积水沼泽湿地。

毛脉柳叶菜 *Epilobium amurense* 产沼泽湿地。生于沟渠、池塘和积水沼泽湿地。

小二仙草科 Haloragidaceae

狐尾藻属 Myriophyllum

穗状狐尾藻 *Myriophyllum spicatum* 产沼泽湿地。生于沟渠、池塘和积水沼泽湿地。

狐尾藻 *Myriophyllum verticillatum* 产沼泽湿地。生于沟渠、池塘和积水沼泽湿地。

三裂狐尾藻 *Myriophyllum ussuriense* 产沼泽湿地。生于沟渠、池塘和积水沼泽湿地。

小二仙草属 Haloragis

小二仙草 *Gonocarpus micrantha* 产沼泽湿地。生于沟渠、池塘和积水沼泽湿地。

杉叶藻科 Hippuridaceae

杉叶藻属 Hippuris

杉叶藻 *Hippuris vulgaris* 产沼泽湿地。生于沟渠、池塘和积水沼泽湿地。

五加科 Araliaceae

常春藤属 Hedera

常春藤 *Hedera nepalensis* 产于保护区各林区。生于阴坡林下、林缘、草地。

刺楸属 Kalopanax

刺楸 *Kalopanax septemlobus* 产于红花保护站、东沟。生于沟谷杂木林。

楤木属 Aralia

楤木 *Aralia elata* 产于保护区各林区。生于沟谷杂木林。

土当归 *Aralia cordata* 产于李家寨保护站、新店保护站、武胜关保护站。生于沟谷杂木林。

头序楤木 *Aralia dasyphylla* 产于红花保护站、武胜关保护站。生于沟谷杂木林。

五加属 *Acanthopanax*

五加 *Acanthopanax gracilistylus* 产于东沟、海拔 500m 的林缘、灌丛中。

藤五加 *Acanthopanax leucorrhizus* 产于东沟。生于沟谷杂木林。

红毛五加 *Acanthopanax giraldii* 产于保护区各林区。生于沟谷杂木林。

糙叶五加 *Acanthopanax henryi* 产于东沟。生于沟谷杂木林。

白簕 *Acanthopanax trifoliatus* 产于大深沟、东沟。生于沟谷杂木林。

人参属 *Panax*

竹节参 *Panax japonicus* 产于篱笆寨、南岗保护站。生于沟谷杂木林。

通脱木属 *Tetrapanax*

通脱木 *Tetrapanax papyrifer* 产于南岗保护站、东沟。生于沟谷杂木林。

伞形科 Umbelliferae

峨参属 *Anthriscus*

峨参 *Anthriscus sylvestris* 产于保护区各林区。生于阴坡林下。

天胡荽属 *Hydrocotyle*

红马蹄草 *Hydrocotyle nepalensis* 生于阴坡林下。

天胡荽 *Hydrocotyle sibthorpioides* 产于保护区各林区。生于阴坡林下。

积雪草属 *Centella*

积雪草 *Centella asiatica* 产于保护区各林区。生于阴坡林下。

变豆菜属 *Sanicula*

变豆菜 *Sanicula chinensis* 产于保护区各林区。生于阴坡林下。

直刺变豆菜 *Sanicula orthacantha* var. *stolonifera* 产于保护区各林区。生于阴坡林下。

香根芹属 *Osmorhiza*

香根芹 *Osmorhiza aristata* 产于保护区各林区。生于阴坡林下。

莳萝属 *Anethum*

莳萝 *Anethum graveolens* 产于保护区各林区。生于阴坡林下。

窃衣属 *Torilis*

破子草 *Torilis scabra* 产于保护区各林区。生于阴坡林下。

小窃衣 *Torilis japonica* 产于保护区各林区。生于阴坡林下。

明党参属 *Changium*

明党参 *Changium smyrnioides* 产于保护区各林区。生于阴坡林下、林缘、草地。

棱子芹属 *Pleurospermum*

棱子芹 *Pleurospermum uralense* 产于保护区各林区。生于阴坡林下、林缘、草地。

鸡冠棱子芹 *Pleurospermum cristatum* 产于保护区各林区。生于阴坡林下、林缘、草地。

柴胡属 *Bupleurum*

柴胡 *Bupleurum chinense* 产于保护区各林区。生于阴坡林下、林缘、草地。

狭叶柴胡 *Bupleurum scorzonerifolium* 产于保护区各林区。生于山坡。

大叶柴胡 *Bupleurum longiradiatum* 产于保护区各林区。生于阴坡林下、林缘、草地。

黑柴胡 *Bupleurum smithii* 产于保护区各林区。生于阴坡林下、林缘、草地。

毒芹属 *Cicuta*

毒芹 *Cicuta virosa* 产于保护区各林区。生于阴坡林下、林缘、草地。

鸭儿芹属 *Cryptotaenia*

鸭儿芹 *Cryptotaenia japonica* 产于保护区各林区。生于阴坡林下、沟谷、溪旁。

葛缕子属 *Carum*

葛缕子 *Carum carvi* 产于保护区各林区。生于阴坡林下、林缘、草地。

田葛缕子 *Carum buriaticum* 产于保护区各林区。生于阴坡林下、林缘、草地。

茴芹属 *Pimpinella*

异叶茴芹 *Pimpinella diversifolia* 产于保护区各林区。生于阴坡林下、林缘、草地。

羊红膻，缺刻叶茴芹 *Pimpinella thellungiana* 产于保护区各林区。生于阴坡林下、林缘、草地。

尖叶茴芹 *Pimpinella acuminata* 产于保护区各林区。生于阴坡林下、林缘、草地。

直立茴芹 *Pimpinella smithii* 产于大深沟、李家寨保护站。生于阴坡林下、林缘、草地。

菱叶茴芹 *Pimpinella rhomboidea* 产于新店保护站、南岗保护站、红花保护站。生于阴坡林下、林缘、草地。

防风属 *Saposhnikovia*

防风 *Saposhnikovia divaricata* 产于保护区各林区。生于阴坡林下、林缘、草地。

岩风属 *Libanotis*

香芹 *Libanotis seseloides* 产于保护区各林区。生于阴坡林下、林缘、草地。

水芹属 *Oenanthe*

水芹 *Oenanthe javanica* 产于保护区各林区。生于阴坡林下、沟谷、溪旁。

中华水芹 *Oenanthe sinensis* 产于保护区各林区。生于阴坡林下、沟谷、溪旁。

蛇床属 *Cnidium*

蛇床 *Cnidium monnieri* 产于保护区各林区。生于阴坡林下、林缘、草地。

囊瓣芹属 *Pternopetalum*

东方囊瓣芹 *Pternopetalum tanakae* 产于保护区各林区。生于阴坡林下、林缘、草地。

羊齿囊瓣芹 *Pternopetalum filicinum* 产于保护区各林区。生于阴坡林下、沟谷杂木林。

藁本属 *Ligusticum*

细叶藁本 *Ligusticum tenuissimum* 产于保护区各林区。生于山坡石缝中。

辽藁本 *Ligusticum jeholense* 产于南岗保护站、篱笆寨。生于阴坡林下、沟谷杂木林。

藁本 *Ligusticum sinense* 产于篱笆寨、南岗保护站。生于阴坡林下、林缘、草地。

当归属 *Angelica*

疏叶当归 *Angelica laxifoliata* 产于李家寨保护站、南岗保护站。生于阴坡林下、沟谷杂木林。

当归 *Angelica sinensis* 产于武胜关保护站、篱笆寨。生于阴坡林下、林缘、草地。

拐芹 *Angelica polymorpha* 产于红花保护站、南岗保护站。生于阴坡林下、林缘、草地。

前胡属 *Peucedanum*

前胡 *Peucedanum decursiva* 产于保护区各林区。生于阴坡林下、林缘、草地。

白花前胡 *Peucedanum praeruptorum* 产于保护区各林区。生于阴坡林下、林缘、草地。

石防风 *Peucedanum terebinthaceum* 产于保护区各林区。生于阴坡林下、林缘、草地。

独活属 *Heracleum*

短毛独活 *Heracleum moellendorffii* 产于李家寨保护站、武胜关保护站。生于阴坡林下、林缘、草地。

独活 *Heracleum hemsleyanum* 产于武胜关保护站、红花保护站。生于阴坡林下、林缘、草地。

胡萝卜属 *Daucus*

野胡萝卜 *Daucus carota* 产于保护区各林区。生于旷野、路旁、林缘、草地。

山茱萸科 Cornaceae

山茱萸属 *Macrocarpium*

灯台树 *Cornus controversa* 产于保护区各林区。生于阴坡林下、沟谷杂木林。

梾木 *Cornus macrophylla* 主产于华东、华北及西北地区，保护区有栽培。生于阴坡林下、沟谷杂木林。

毛梾 *Cornus walteri* 产于保护区各林区。生于阴坡林下、沟谷杂木林。

四照花 *Cornus kousa* subsp. *chinensis* 产于保护区各林区。生于阴坡林下、沟谷杂木林。

山茱萸 *Cornus officinalis* 主产于华中、华东地区，树木园有栽培。

光皮树 *Cornus wilsoniana* 产于红花保护站、南岗保护站。生于海拔 500m 以下的杂木林中。

灰叶梾木 *Cornus schindleri* subsp. *poliophylla* 生于阴坡林下、沟谷杂木林。

卷毛梾木 *Cornus ulotricha* 生于阴坡林下、沟谷杂木林。

小梾木 *Cornus quinquenervis* 生于阴坡林下、沟谷杂木林。

青荚叶属 *Helwingia*

青荚叶 *Helwingia japonica* 产于鸡公山自然保护区红花保护站。生于海拔 3300m 以下的林中。

鹿蹄草科 Pyrolaceae

鹿蹄草属 *Pyrola*

鹿蹄草 *Pyrola calliantha* 产于保护区各林区。生于阴坡林下。

紫背鹿蹄草 *Pyrola atropurpurea* 产于南岗保护站、红花保护站。生于阴坡林下。

日本鹿蹄草 *Pyrola japonica* 产于南岗保护站、篱笆寨。生于阴坡林下。

水晶兰属 *Monotropa*

水晶兰 *Monotropa uniflora* 产于保护区各林区。生于阴坡林下。

松下兰 *Monotropa hypopitys* 产于篱笆寨。生于阴坡林下。

喜冬草属 *Chimaphila*

喜冬草 *Chimaphila japonica* 产于南岗保护站。生于阴坡林下。

杜鹃花科 Ericaceae

越橘属 *Vaccinium*

乌饭树 *Vaccinium bracteatum* 产于东沟沟底溪旁。生于阴坡林下。

杜鹃属 *Rhododendron*

杜鹃 *Rhododendron simsii* 产于保护区各林区。生于阴坡林下。

羊踯躅 *Rhododendron molle* 产于保护区各林区。生于沟谷杂木林。

云锦杜鹃 *Rhododendron fortunei* 主产于长江流域以南各省区，花园有栽培。

满山红 *Rhododendron mariesii* 产于保护区各林区。生于沟谷杂木林。

照山白 *Rhododendron micranthum* 产于篱笆寨、南岗保护站。生于沟谷杂木林。

马银花 *Rhododendron ovatum* 产于红花保护站、东沟。生于沟谷杂木林。

紫金牛科 Myrsinaceae

紫金牛属 *Ardisia*

紫金牛 *Ardisia japonica* 产于新店保护站、东沟。生于阴坡林下。

朱砂根 *Ardisia crenata* 产于红花保护站、东沟。生于阴坡林下。

百两金 *Ardisia crispa* 产于武胜关保护站、东沟。生于阴坡林下。

铁仔属 *Myrsine*

铁仔 *Myrsine africana* 产于红花保护站。生于阴坡林下。

报春花科 Primulaceae

点地梅属 *Androsace*

点地梅 *Androsace umbellata* 产于保护区各林区。生于荒地或田野。

珍珠菜属 *Lysimachia*

轮叶过路黄 *Lysimachia klattiana* 产于保护区各林区。生于阴坡林下。

聚花过路黄 *Lysimachia congestiflora* 产于保护区各林区。生于阴坡林下、沟谷杂木林。

金爪儿 *Lysimachia grammica* 产于保护区各林区。生于阴坡林下、沟谷杂木林。

过路黄 *Lysimachia christiniae* 产于保护区各林区。生于阴坡林下、沟谷杂木林。

红根草，星宿菜 *Lysimachia fortunei* 产于保护区各林区。生于阴坡林下、沟谷杂木林。

黑腺珍珠菜 *Lysimachia heterogenea* 产于保护区各林区。生于阴坡林下、沟谷杂木林。

泽珍珠菜 *Lysimachia candida* 产于保护区各林区。生于沟谷、溪旁、沟谷杂木林。

狭叶珍珠菜 *Lysimachia pentapetala* 产于保护区各林区。生于阴坡林下、沟谷杂木林。

珍珠菜 *Lysimachia clethroides* 产于保护区各林区。生于阴坡林下、林缘、草地。

疏头过路黄 *Lysimachia pseudohenryi* 产于保护区各林区。生于阴坡林下、沟谷杂木林。

虎尾草 *Lysimachia barystachys* 产于保护区各林区。生于阴坡林下、沟谷杂木林。

点腺过路黄 *Lysimachia hemsleyana* 产于保护区各林区。生于阴坡林下、沟谷杂木林。

长穗珍珠菜 *Lysimachia chikungensis* 产于保护区各林区。生于阴坡林下、沟谷杂木林。

鐩瓣珍珠菜 *Lysimachia glanduliflora* 产于保护区各林区。生于阴坡林下、沟谷杂木林。

北延珍珠菜 *Lysimachia silvestrii* 产于保护区各林区。生于阴坡林下、沟谷、溪旁。

海乳草属 *Glaux*

海乳草 *Glaux maritima* 产于保护区各林区。生于阴坡林下、沟谷、溪旁。

柿树科 Ebeanaceae

柿树属 *Diospyros*

柿 *Diospyros kaki* 产于保护区各林区。生于沟谷杂木林。

软枣 *Diospyros lotus* 产于保护区各林区。生于沟谷杂木林。

野柿 *Diospyros kaki* var. *silvestris* 产于保护区各林区。生于沟谷杂木林。

山矾科 Symplocaceae

山矾属 *Symplocos*

白檀 *Symplocos paniculata* 产于保护区各林区。生于沟谷杂木林。

山矾 *Symplocos sumuntia* 产于保护区各林区。生于沟谷杂木林。

华山矾 *Symplocos chinensis* 产于保护区各林区。生于沟谷杂木林。

安息香科 Styracaceae

白辛树属 *Pterostyrax*

白辛树 *Pterostyrax psilophyllus* 主产于四川、贵州、云南、湖南、广东，树木园有栽培。

安息香属 *Styrax*

垂珠花 *Styrax dasyanthus* 产于保护区各林区。生于沟谷杂木林。

野茉莉 *Styrax japonicus* 产于保护区各林区。生于沟谷杂木林。

玉铃花 *Styrax obassis* 产于保护区各林区。生于沟谷杂木林。

郁香野茉莉 *Styrax odoratissimus* 产于保护区各林区。生于沟谷杂木林。

老鸹铃 *Styrax hemsleyanus* 产于南岗保护站、篱笆寨。生于沟谷杂木林。

灰叶野茉莉 *Styrax calvescens* 产于李家寨保护站、红花保护站、篱笆寨。生于沟谷杂木林。

秤锤树属 *Sinojackia*

秤锤树 *Sinojackia xylocarpa* 原产江苏、浙江、安徽、湖北等地，保护区栽培或逸为野生。

木樨科 Oleaceae

木樨属 *Osmanthus*

桂花 *Osmanthus fragrans* 原产我国西南喜马拉雅山东段，印度、尼泊尔、柬埔寨也有分布，保护区栽培或野生。

女贞属 *Ligustrum*

女贞 *Ligustrum lucidum* 主要分布于江浙、江西、安徽、山东、川贵、湖南、湖北、广东、广西、福建等地，保护区栽培或野生。

小叶女贞 *Ligustrum quihoui* 产于保护区各林区。生于沟谷杂木林。

蜡子树 *Ligustrum leucanthum* 产于保护区各林区。生于海拔 500 以下的杂木林中。

水蜡树 *Ligustrum obtusifolium* 产于保护区各林区。生于沟谷杂木林。

小蜡树 *Ligustrum sinense* 产于保护区各林区。生于沟谷杂木林。

蜡子树 *Ligustrum leucanthum* 产于保护区各林区。生于沟谷杂木林。

兴山蜡树 *Ligustrum henryi* 产于保护区各林区。生于沟谷杂木林。

素馨属 *Jasminum*

茉莉花 *Jasminum sambac* 主产于华南及西南，保护区栽培。

迎春花 *Jasminum nudiflorum* 主产于华北和我国中部，花园有栽培。

探春花 *Jasminum floridum* 产于红花保护站。生于沟谷杂木林。

雪柳属 *Fontanesia*

雪柳 *Fontanesia phillyreoides* subsp. *fortunei* 产于新店保护站灵化寺。生于沟谷杂木林。

流苏属 *Chionanthus*

流苏树 *Chionanthus retusus* 产于保护区各林区。生于沟谷杂木林。

连翘属 *Forsythia*

连翘 *Forsythia suspensa* 产于保护区各林区。生于沟谷杂木林。

金钟花 *Forsythia viridissima* 产于保护区各林区。生于沟谷杂木林。

梣属 *Fraxinus*

白蜡树 *Fraxinus chinensis* 产于保护区各林区。生于沟谷杂木林。

大叶白蜡树，花曲柳 *Fraxinus rhynchophylla* 产于保护区各林区。生于沟谷杂木林。

水曲柳 *Fraxinus mandshurica* 主产于东北各省，树木园有栽培。

小叶梣 *Fraxinus bungeana* 产于东沟、红花保护站。生于沟谷杂木林。

紫丁香属 *Syringa*

紫丁香 *Syringa oblata* 产于保护区各林区、庭园栽培。

马钱科 Loganiaceae

醉鱼草属 *Buddleja*

醉鱼草 *Buddleja lindleyana* 产于保护区各林

区。生于沟谷杂木林、沟谷、溪旁。

大叶醉鱼草 *Buddleja davidii* 产于大深沟、红花保护站。生于沟谷杂木林、沟谷、溪旁。

密蒙花 *Buddleja officinalis* 产于武胜关保护站、李家寨保护站。生于沟谷杂木林、沟谷、溪旁。

蓬莱葛属 *Gardneria*

蓬莱葛 *Gardneria multiflora* 产于东沟、鸡公沟等地。生于沟谷杂木林、沟谷、溪旁。

龙胆科 Gentianaceae

百金花属 *Centaurium*

百金花 *Centaurium pulchellum* var. *altaicum* 产于保护区各林区。生于各地沼泽湿地、沟渠、池塘和积水沼泽湿地。

龙胆属 *Genitiana*

龙胆 *Gentiana scabra* 产于保护区各林区。生于阴坡林下、林缘、草地。

红花龙胆 *Gentiana rhodantha* 产于保护区各林区。生于阴坡林下、林缘、草地。

笔龙胆 *Gentiana zollingeri* 产于保护区各林区。生于阴坡林下、林缘、草地。

深红龙胆 *Gentiana rubicunda* 产于保护区各林区。生于阴坡林下、林缘、草地。

鳞叶龙胆 *Gentiana squarrosa* 产于保护区各林区。生于阴坡林下、林缘、草地。

条叶龙胆 *Gentiana manshurica* 产于保护区各林区。生于阴坡林下、林缘、草地。

扁蕾属 *Gentianopsis*

湿生扁蕾 *Gentianopsis paludosa* 产于红花保护站。生于阴坡林下、林缘、草地。

扁蕾 *Gentianopsis barbata* 产于东沟产于保护区各林区。生于阴坡林下、林缘、草地。

翼萼蔓属 *Pterygocalyx*

翼萼蔓 *Pterygocalyx volubilis* 产于大深沟。生于阴坡林下、林缘、草地。

荇菜属 *Nymphoides*

金银莲花 *Nymphoides indica* 产于保护区各林区。生于水塘中。

荇菜 *Nymphoides peltatum* 产于保护区各林区。生于水塘中。

獐牙菜属 *Swertia*

獐牙菜 *Swertia bimaculata* 产于保护区各林区。生于阴坡林下、林缘、草地。

华北獐牙菜 *Swertia wolfgangiana* 产于保护区各林区。生于阴坡林下、林缘、草地。

显脉獐牙菜 *Swertia nervosa* 产于保护区各林区。生于阴坡林下、林缘、草地。

睡菜科 Menyanthaceae

睡菜属 *Menyanthes*

睡菜 *Menyanthes trifoliata* 生于各地沼泽湿地、沟渠、池塘和积水沼泽湿地。

夹竹桃科 Apocynaceae

黄花夹竹桃属 *Thevetia*

黄花夹竹桃 *Thevetia peruviana* 原产美洲热带地区，鸡公山有引种栽培。

夹竹桃属 *Nerium*

夹竹桃 *Nerium indicum* 原产印度、伊朗和阿富汗，在我国栽培历史悠久，保护区栽培。

罗布麻属 *Apocynum*

罗布麻 *Apocynum venetum* 产于红花保护站、武胜关保护站。生于产沼泽湿地。

络石属 *Trachelospermum*

络石 *Trachelospermum jasminoides* 产于保护区各林区。生于阴坡林下、沟谷、溪旁。

紫花络石 *Trachelospermum axillare* 产于李家寨保护站、南岗保护站的北部。生于杂木林、溪边、岩石、攀援树上。

萝藦科 Asclepiadaceae

杠柳属 *Peripioca*

杠柳 *Periploca sepium* 产于保护区各林区。生于沟谷、溪旁、向阳山坡。

鹅绒藤属 *Cynanchum*

鹅绒藤 *Cynanchum chinense* 产于保护区各林区。生于沟谷、溪旁、向阳山坡。

隔山消 *Cynanchum wilfordii* 产于保护区各林区。生于沟谷、溪旁、向阳山坡。

白首乌 *Cynanchum bungei* 产于保护区各林区。生于沟谷、溪旁、向阳山坡。

地梢瓜 *Cynanchum thesioides* 产于保护区各林区。生于沟谷、溪旁、向阳山坡。

徐长卿 *Cynanchum paniculatum* 产于保护区各林区。生于林缘、草地、向阳山坡。

白薇 *Cynanchum atratum* 产于保护区各林区。

生于沟谷、溪旁、沟谷杂木林。

蔓剪草 Cynanchum chekiangense 产于保护区各林区。生于沟谷、溪旁、沟谷杂木林。

柳叶白前 Cynanchum stauntonii 产于保护区各林区。生于林缘、草地、沟谷杂木林。

牛皮消 Cynanchum auriculatum 产于保护区各林区。生于沟谷、溪旁、沟谷杂木林。

朱砂藤 Cynanchum officinale 产于保护区各林区。生于沟谷、溪旁、沟谷杂木林。

变色白前 Cynanchum versicolor 产于保护区各林区。生于沟谷、溪旁、沟谷杂木林。

毛白前 Cynanchum mooreanum 产于保护区各林区。生于沟谷、溪旁、沟谷杂木林。

紫花合掌消 Cynanchum amplexicaule 产于保护区各林区。生于沟谷、溪旁、向阳山坡。

白前 Cynanchum glaucescens 产于保护区各林区。生于沟谷、溪旁、向阳山坡。

萝藦属 Metaplexis

萝藦 Metaplexis japonica 产于保护区各林区。生于沟谷、溪旁、向阳山坡。

华萝藦 Metaplexis hemsleyana 产于保护区各林区。生于沟谷、溪旁、向阳山坡。

娃儿藤属 Tylophora

娃儿藤 Tylophora ovata 产于保护区各林区。生于山坡灌丛。

七层楼 Tylophora floribunda 产于保护区各林区。生于山坡灌丛。

旋花科 Convolvulaceae

菟丝子属 Cuscuta

菟丝子 Cuscuta Chinensis 产于保护区各林区。生于沟谷、溪旁、向阳山坡、旷野、路旁。

日本菟丝子 Cuscuta japonica 产于保护区各林区。生于沟谷、溪旁、向阳山坡、旷野、路旁。

南方菟丝子 Cuscuta australis 产于保护区各林区。生于沟谷、溪旁、向阳山坡、旷野、路旁。

大菟丝子 Cuscuta europaea 产于保护区各林区。生于沟谷、溪旁、向阳山坡、旷野、路旁。

马蹄金属 Dichondra

马蹄金 Dichondra micrantha 保护区栽培或野生。

土丁桂属 Evolvulus

土丁桂 Evolvulus alsinoides 产于保护区各林区。生于向阳山坡、旷野、路旁。

打碗花属 Calystegia

藤长苗 Calystegia pellita 产于保护区各林区。生于向阳山坡、旷野、路旁。

打碗花 Calystegia hederacea 产于保护区各林区。生于向阳山坡、旷野、路旁。

篱天剑 Calystegia sepium 产于保护区各林区。生于向阳山坡、旷野、路旁。

旋花属 Convolvulus

田旋花 Convolvulus arvensis 产于保护区各林区。生于向阳山坡、旷野、路旁。

银灰旋花 Convolvulus ammannii 产于保护区各林区。生于向阳山坡、旷野、路旁。

番薯属 Ipomoea

牵牛 Ipomoea nil 产于保护区各林区。生于向阳山坡、旷野、路旁。

圆叶牵牛 Ipomoea purpurea 产于保护区各林区。生于向阳山坡、旷野、路旁。

飞蛾藤属 Porana

飞蛾藤 Dinetus racemosus 产于保护区各林区。生于向阳山坡、旷野、路旁。

鱼黄草属 Merremia

北鱼黄草 Merremia sibirica 产于保护区各林区。生于向阳山坡、旷野、路旁。

茑萝属 Quamoclit

茑萝 Quamoclit pennata 原产墨西哥。保护区有栽培。

紫草科 Boraginaceae

厚壳树属 Ehretia

厚壳树 Ehretia acuminata 产于保护区各林区。生于沟谷杂木林。

粗糠树 Ehretia macrophylla 产于保护区各林区。生于沟谷杂木林。

天芥菜属 Heliotropium

毛果天芥菜 Heliotropium lasiocarpum 产于保护区各林区。生于向阳山坡、旷野、路旁。

紫草属 Lithospermum

紫草 Lithospermum erythrorhizon 产于保护区各林区。生于向阳山坡、沟谷杂木林。

麦家公 Lithospermum arvense 产于保护区各林区。生于向阳山坡、旷野、路旁。

梓木草 Lithospermum zollingeri 产于保护区各林区。生于向阳山坡、旷野、路旁。

紫筒草属 *Stenosolenium*

紫筒草 *Stenosolenium saxatile* 产于保护区各林区。生于向阳山坡、旷野、路旁。

斑种草属 *Bothriospermum*

斑种草 *Bothriospermum chinense* 产于保护区各林区。生于向阳山坡、沟谷杂木林。

狭苞斑种草 *Bothriospermum kusnezowii* 产于保护区各林区。生于向阳山坡、沟谷杂木林。

侧序斑种草 *Bothriospermum secundum* 产于保护区各林区。生于向阳山坡、沟谷杂木林。

柔弱斑种草 *Bothriospermum zeylanicum* 产于保护区各林区。生于向阳山坡、沟谷杂木林。

附地菜属 *Trigonotis*

附地菜 *Trigonotis peduncularis* 产于保护区各林区。生于林缘、草地、沟谷杂木林。

钝萼附地菜 *Trigonotis peduncularis* var. *amblyosepala* 产于保护区各林区。生于林缘、草地、旷野、路旁。

勿忘草属 *Myosotis*

勿忘草 *Myosotis silvatica* 产于保护区各林区。生于林缘湿地。

盾果草属 *Thyrocarpus*

弯齿盾果草 *Thyrocarpus glochidiatus* 产于保护区各林区。生于山坡草地。

盾果草 *Thyrocarpus sampsonii* 产于保护区各林区。生于山坡灌丛。

车前紫草属 *Sinojohnstonia*

浙赣车前紫草 *Sinojohnstonia chekiangensis* 产于保护区各林区。生于阴坡林下。

车前紫草 *Sinojohnstonia plantaginea* 产于保护区各林区。生山坡林下，竹林下湿润环境。

鹤虱属 *Lappula*

鹤虱 *Lappula myosotis* 产于保护区各林区。生于向阳山坡、旷野、路旁。

琉璃草属 *Cynoglossum*

琉璃草 *Cynoglossum furcatum* 产于保护区各林区。生于林缘、草地、旷野、路旁。

大果琉璃草 *Cynoglossum divaricatum* 产于保护区各林区。生于林缘、草地、旷野、路旁。

小花琉璃草 *Cynoglossum lanceolatum* 产于保护区各林区。生于林缘、草地、旷野、路旁。

马鞭草科 Verbenaceae

马缨丹属 *Lantana*

五色梅 *lantana comara* 原产北美南部，现世界各国广为栽培，花园引种。

马鞭草属 *Verbena*

马鞭草 *Verbena officinalis* 产于保护区各林区。生于林缘、草地、旷野、路旁。

紫珠属 *Callicarpa*

白棠子树 *Callicarpa dichotoma* 产于保护区各林区。生于沟谷、溪旁、沟谷杂木林。

紫珠 *Callicarpa bodinieri* 产于保护区各林区。生于沟谷、溪旁、沟谷杂木林。

紫珠 *Callicarpa bodinieri* 产于保护区各林区。生于沟谷、溪旁、沟谷杂木林。

枇杷叶紫珠 *Callicarpa kochiana* 产于保护区各林区。生于沟谷、溪旁、沟谷杂木林。

华紫珠 *Callicarpa cathayana* 产于保护区各林区。生于沟谷、溪旁、沟谷杂木林。

老鸦糊 *Callicarpa giraldii* 产于保护区各林区。生于沟谷、溪旁、沟谷杂木林。

日本紫珠 *Callicarpa japonica* 产于保护区各林区。生于沟谷、溪旁、沟谷杂木林。

豆腐柴属 *Premna*

豆腐柴 *Premna microphylla* 产于保护区各林区。生于沟谷、溪旁、沟谷杂木林。

牡荆属 *Vitex*

黄荆 *Vitex negundo* 产于保护区各林区。生于沟谷、溪旁、向阳山坡。

牡荆 *Vitex negundo* var. *cannabifolia* 产于保护区各林区。生于沟谷、溪旁、向阳山坡。

大青属 *Clerodendrum*

臭牡丹 *Clerodendrum bungei* 产于保护区各林区。生于沟谷、溪旁、沟谷杂木林。

赪桐 *Clerodendrum japonicum* 产于保护区各林区。生于沟谷、溪旁、沟谷杂木林。

海州常山 *Clerodendrum trichotomum* 产于保护区各林区。生于沟谷杂木林、沟谷、溪旁。

莸属 *Caryopteris*

叉枝莸 *Caryopteris divaricata* 产于保护区各林区。生于向阳山坡、林缘、草地。

三花莸 *Caryopteris terniflora* 产于保护区各林区。生于向阳山坡、林缘、草地。

兰香草 *Caryopteris incana* 产于保护区各林区。生于向阳山坡。

光果莸 *Caryopteris tangutica* 产于保护区各林区。生于向阳山坡、林缘、草地。

唇形科 Labiatae

藿香属 *Agastache*

藿香 *Agastache rugosa* 产于保护区各林区。生于沟谷杂木林、林缘、草地。

掌叶石蚕属 *Rubiteucris*

掌叶石蚕 *Rubiteucris palmata* 产于保护区各林区。生于沟谷杂木林、林缘、草地。

香科科属 *Teucrium*

庐山香科科 *Teucrium pernyi* 产于保护区各林区。生于沟谷杂木林、林缘、草地。

血见愁 *Teucrium viscidum* 产于保护区各林区。生于沟谷杂木林、林缘、草地。

小叶穗花香科科 *Teucrium japonicum* var. *microphyllum* 产于保护区各林区。生于沟谷杂木林、林缘、草地。

筋骨草属 *Ajuga*

多花筋骨草 *Ajuga multiflora* 产于保护区各林区。生于沟谷杂木林、林缘、草地。

筋骨草 *Ajuga ciliata* 产于保护区各林区。生于沟谷杂木林、林缘、草地。

金疮小草 *Ajuga decumbens* 产于保护区各林区。生于沟谷杂木林、林缘、草地。

白苞筋骨草 *Ajuga lupulina* 产于保护区各林区。生于沟谷杂木林、林缘、草地。

紫背金盘 *Ajuga nipponensis* 产于保护区各林区。生于沟谷杂木林、林缘、草地。

水棘针属 *Amethystea*

水棘针 *Amethystea caerulea* 产于保护区各林区。生于沟谷杂木林、林缘、草地。

铃子香属 *Chelonopsis*

浙江铃子香 *Chelonopsis chekiangensis* 产于保护区各林区。生于沟谷杂木林、林缘、草地。

风轮菜属 *Clinopodium*

风轮菜 *Clinopodium chinense* 产于保护区各林区。生于沟谷杂木林、林缘、草地。

瘦风轮 *Clinopodium gracile* 产于保护区各林区。生于沟谷杂木林、林缘、草地。

匍匐风轮菜 *Clinopodium repens* 产于保护区各林区。生于沟谷杂木林、林缘、草地。

香薷属 *Elsholtzia*

香薷 *Elsholtzia ciliata* 产于保护区各林区。生于沟谷杂木林、林缘、草地。

野草香 *Elsholtzia cyprianii* 产于保护区各林区。生于沟谷杂木林、林缘、草地。

海州香薷 *Elsholtzia splendens* 产于保护区各林区。生于沟谷杂木林、林缘、草地。

穗状香薷 *Elsholtzia stachyodes* 产于保护区各林区。生于沟谷杂木林、林缘、草地。

鸡骨柴 *Elsholtzia fruticosa* 产于保护区各林区。生于沟谷、溪旁、林缘、草地。

木香薷 *Elsholtzia stauntonii* 产于保护区各林区。生于沟谷、溪旁、林缘、草地。

紫花香薷 *Elsholtzia argyi* 产于保护区各林区。生于沟谷杂木林、林缘、草地。

活血丹属 *Glechoma*

活血丹 *Glechoma longituba* 产于保护区各林区。生于沟谷杂木林、林缘、草地。

白透骨消 *Glechoma biondiana* 产于保护区各林区。生于沟谷杂木林、林缘、草地。

日本活血丹 *Glechoma grandis* 产于保护区各林区。生于沟谷杂木林、林缘、草地。

青兰属 *Dracocephalum*

香青兰 *Dracocephalum moldavica* 产于保护区各林区。生于旷野、路旁、林缘、草地。

毛建草 *Dracocephalum rupestre* 产于保护区各林区。生于旷野、路旁、林缘、草地。

地笋属 *Lycopus*

地瓜儿苗 *Lycopus lucidus* 产于保护区各林区。生于沟谷杂木林、林缘、草地。

夏至草属 *Lagopsis*

夏至草 *Lagopsis supina* 产于保护区各林区。生于旷野、路旁、林缘、草地。

夏枯草属 *Prunella*

夏枯草 *Prunella vulgare* 产于保护区各林区。生于旷野、路旁、林缘、草地。

欧夏枯草 *Prunella vulgaris* 产于保护区各林区。生于旷野、路旁、林缘、草地。

山菠菜 *Prunella asiatica* 产于保护区各林区。生于旷野、路旁、林缘、草地。

野芝麻属 *Lamium*

野芝麻 *Lamium barbatum* 产于保护区各林区。生于旷野、路旁、林缘、草地。

宝盖草 *Lamium amplexicaule* 产于保护区各林区。生于旷野、路旁、林缘、草地。

异野芝麻属 *Heterolamium*

异野芝麻 *Heterolamium debile* 产于保护区各林区。生于旷野、路旁、林缘、草地。

蜜蜂花属 *Melissa*

蜜蜂花 *Melissa axillaris* 产于保护区各林区。生于旷野、路旁、林缘、草地。

益母草属 *Leonurus*

益母草 *Leonurus japonicus* 产于保护区各林区。生于旷野、路旁、林缘、草地。

细叶益母草 *Leonurus sibiricus* 产于保护区各林区。生于旷野、路旁、林缘、草地。

錾菜 *Leonurus pseudomacranthus* 产于保护区各林区。生于旷野、路旁、林缘、草地。

石荠苎属 *Mosla*

石香薷 *Mosla chinensis* 产于保护区各林区。生于旷野、路旁、林缘、草地。

石荠苎 *Mosla scabra* 产于保护区各林区。生于旷野、路旁、林缘、草地。

少花荠苎 *Mosla pauciflora* 产于保护区各林区。生于旷野、路旁、林缘、草地。

薄荷属 *Mentha*

薄荷 *Mentha canadensis* 产于保护区各林区。生于旷野、路旁、林缘、草地。

紫苏属 *Perilla*

紫苏 *Perilla frutescens* 产于保护区各林区。生于旷野、路旁、林缘、草地。

野生紫苏 *Perilla frutescens* var. *purpurascens* 产于保护区各林区。生于旷野、路旁、林缘、草地。

糙苏属 *Phlomis*

糙苏 *Phlomis umbrosa* 产于保护区各林区。生于林下，沟谷杂木林。

柴续断 *Phlomis szechuanensis* 产于保护区各林区。生于沟谷杂木林、阴坡林下。

水蜡烛属 *Dysophylla*

水蜡烛 *Dysophylla yatabeana* 产于保护区各林区。生于旷野、路旁、林缘、草地。

香茶菜属 *Rabdosia*

显脉香茶菜 *Rabdosian nervosus* 产于保护区各林区。生于阴坡林下、林缘、草地。

香茶菜 *Rabdosian amethystoides* 产于保护区各林区。生于阴坡林下、林缘、草地。

毛叶香茶菜 *Rabdosian japonicus* 产于保护区各林区。生于阴坡林下、林缘、草地。

线纹香茶菜 *Rabdosian lophanthoides* 产于保护区各林区。生于阴坡林下、林缘、草地。

碎米桠 *Rabdosian rubescens* 产于保护区各林区。生于阴坡林下、林缘、草地。

内折香茶菜 *Rabdosian inflexus* 产于保护区各林区。生于阴坡林下、林缘、草地。

淡黄草 *Rabdosian serra* 产于保护区各林区。生于阴坡林下、林缘、草地。

牛至属 *Origanum*

牛至 *Origanum vulgare* 产于保护区各林区。生于向阳山坡、林缘、草地。

罗勒属 *Ocimum*

罗勒 *Ocimum basilicum* 原生于亚洲热带区，保护区有栽培。

鼠尾草属 *Salvia*

丹参 *Salvia miltiorrhiza* 产于保护区各林区。生于阴坡林下、林缘、草地。

荫生鼠尾草 *Salvia umbratica* 产于保护区各林区。生于阴坡林下、林缘、草地。

荔枝草 *Salvia plebeia* 产于保护区各林区。生于向阳山坡、林缘、草地。

华鼠尾草 *Salvia chinensis* 产于保护区各林区。生于阴坡林下、林缘、草地。

河南鼠尾草 *Salvia honania* 生于阴坡林下、林缘、草地。

大别山丹参 *Salvia dabieshanensis* 生于阴坡林下、林缘、草地。

黄芩属 *Scutellaria*

韩信草 *Scutellaria indica* 产于保护区各林区。生于阴坡林下、林缘、草地。

京黄芩 *Scutellaria pekinensis* 产于保护区各林区。生于阴坡林下、林缘、草地。

半枝莲 *Scutellaria barbata* 产于保护区各林区。生于阴坡林下、林缘、草地。

假活血草 *Scutellaria tuberifera* 产于保护区各林区。生于阴坡林下、林缘、草地。

莸状黄芩 *Scutellaria caryopteroides* 产于保护区各林区。生于阴坡林下、林缘、草地。

河南黄芩 *Scutellaria honanensis* 生于阴坡林下、林缘、草地。

连钱黄芩 *Scutellaria guilielmii* 产于保护区各林区。生于阴坡林下、林缘、草地。

斜萼草属 *Loxocalyx*

斜萼草 *Loxocalyx urticifolius* 产于保护区各林区。生于阴坡林下、林缘、草地。

水苏属 *Stachys*

毛水苏 *Stachys baicalensis* 产于保护区各林区。生于沟谷、溪旁、林缘、草地。

甘露子 *Stachys sieboldii* 产于保护区各林区。生于沟谷、溪旁、林缘、草地。

水苏 *Stachys japonica* 产于保护区各林区。生于沟谷、溪旁、林缘、草地。

针筒菜 *Stachys oblongifolia* 产于保护区各林区。生于沟谷、溪旁、林缘、草地。

光叶水苏 *Stachys palustris* 产于保护区各林区。生于沟谷、溪旁、林缘、草地。

华水苏 *Stachys chinensis* 产于保护区各林区。生于沟谷、溪旁、林缘、草地。

蜗儿菜 *Stachys arrecta* 产于保护区各林区。生于沟谷、溪旁、林缘、草地。

茄科 Solanaceae

假酸浆属 *Nicandra*

假酸浆 *Nicandra physalodes* 产于保护区各林区。生于阴坡林下、林缘、草地。

茄属 *Solanum*

龙葵 *Solanum nigrum* 产于保护区各林区。生于旷野、路旁、林缘、草地。

白英 *Solanum lyratum* 产于保护区各林区。生于阴坡林下、林缘、草地。

千年不烂心 *Solanum dulcamara* 欧白英。生于阴坡林下、林缘、草地。

野海茄 *Solanum japonense* 产于保护区各林区。生于阴坡林下、林缘、草地。

光白英 *Solanum kitagawae* 产于保护区各林区。生于沟谷杂木林、林缘、草地。

野茄 Solanum undatum 产于保护区各林区。生于阴坡林下、林缘、草地。

酸浆属 *Physalis*

酸浆 *Physalis alkekengi* 产于保护区各林区。生于旷野、路旁、林缘、草地。

苦蘵 *Physalis angulata* 产于保护区各林区。生于旷野、路旁、向阳山坡。

挂金灯 *Physalis alkekengi* var. *francheti* 产于保护区各林区。生于阴坡林下、林缘、草地。

颠茄属 *Atropa*

颠茄 *Atropa belladonna* 原西欧的多年草本植物，后来移植到北非、西亚、北美等地，我国也有引进栽培，产于保护区各林区。生于阴坡林下、林缘、草地。

天仙子属 *Hyoscyamus*

天仙子 *Hyoscyamus niger* 产于保护区各林区。生于阴坡林下、林缘、草地。

泡囊草属 *Physochlaina*

漏斗泡囊草，华山参 *Physochlaina infundibularis* 产于保护区各林区。生于阴坡林下、林缘、草地。

散血丹属 *Physaliastrum*

江南散血丹 *Physaliastrum heterophyllum* 产于保护区各林区。生于阴坡林下、林缘、草地。

华北散血丹 *Physaliastrum sinicum* 产于林区。生于阴坡林下、林缘、草地。

日本散血丹 *Physaliastrum echinatum* 产于保护区各林区。生于阴坡林下、林缘、草地。

曼陀罗属 *Datura*

曼陀罗 *Datura stramonium* 产于保护区各林区。生于旷野、路旁、向阳山坡。

毛曼陀罗 *Datura inoxia* 产于保护区各林区。生于旷野、路旁、向阳山坡。

洋金花 *Datura metel* 产于保护区各林区。生于旷野、路旁、林缘、草地。

紫花曼陀罗 *Euphorbia hyssopifolia* 原产美洲热带和亚热带。生于旷野、路旁、林缘、草地。

枸杞属 *Lycium*

枸杞 *Lycium chinense* 产于保护区各林区。生于旷野、路旁、向阳山坡。

碧冬茄属 *Petunia*

矮牵牛 *Petunia hybrida* 原产欧洲、南美洲、亚洲热带，本区有栽培。

玄参科 Scrophulariaceae

泡桐属 *Paulownia*

毛泡桐 *Paulownia tomentosa* 保护区栽培或野生。

白花泡桐 *Paulownia fortunei* 生于沟谷杂木林。

兰考泡桐 *Paulownia elongata* 树木园有栽培。

楸叶泡桐 *Paulownia catalpifolia* 产于武胜关保护站、红花保护站。生于沟谷杂木林。

阴行草属 *Siphonostegia*

阴行草 *Siphonostegia chinensis* 产于保护区各林区。生于阴坡林下、林缘、草地。

腺毛阴行草 *Siphonostegia laeta* 产于保护区各林区。生于阴坡林下、林缘、草地。

山萝花属 *Melampyrum*

山罗花 *Melampyrum roseum* 产于保护区各林区。生于阴坡林下、林缘、草地。

松蒿属 *Phtheirospermum*

松蒿 *Phtheirospermum japonicum* 产于保护区各林区。生于阴坡林下、林缘、草地。

马先蒿属 *Pedicularis*

返顾马先蒿 *Pedicularis resupinata* 产于保护区各林区。生于阴坡林下、林缘、草地。

红纹马先蒿 *Pedicularis striata* 产于保护区各林区。生于阴坡林下、林缘、草地。

轮叶马先蒿 *Pedicularis verticillata* 产于保护区各林区。生于阴坡林下、林缘、草地。

条纹马先蒿 *Pedicularis lineata* 产于保护区各林区。生于阴坡林下、林缘、草地。

腹水草属 *Veronicastrum*

腹水草 *Veronicastrum stenostachyum* subsp. *plukenetii* 产于保护区各林区。生于阴坡林下、林缘、草地。

草本威灵仙 *Veronicastrum sibiricum* 产于保护区各林区。生于阴坡林下、林缘、草地。

细穗腹水草 *Veronicastrum stenostachyum* 产于保护区各林区。生于阴坡林下、林缘、草地。

柳穿鱼属 *Linaria*

柳穿鱼 *Linaria vulgaris* 产于保护区各林区。生于阴坡林下、林缘、草地。

玄参属 *Scrophularia*

玄参 *Scrophularia ningpoensis* 产于保护区各林区。生于阴坡林下、林缘、草地。

北玄参 *Scrophularia buergeriana* 产于保护区各林区。生于阴坡林下、林缘、草地。

通泉草属 *Mazus*

通泉草 *Mazus fauriei* 产于保护区各林区。生于旷野、路旁、林缘、草地。

弹刀子菜 *Mazus stachydifolius* 产于保护区各林区。生于旷野、路旁、林缘、草地。

匍茎通泉草 *Mazus miquelii* 产于保护区各林区。生于旷野、路旁、林缘、草地。

纤细通泉草 *Mazus gracilis* 产于保护区各林区。生于旷野、路旁、林缘、草地。

毛果通泉草 *Mazus spicatus* 产于保护区各林区。生于旷野、路旁、林缘、草地。

鹿茸草属 *Monochasma*

鹿茸草 *Monochasma sheareri* 产于保护区各林区。生于旷野、路旁、林缘、草地。

胡麻草属 *Centranthera*

胡麻草 *Centranthera cochinchinensis* 产于保护区各林区。生于旷野、路旁、林缘、草地。

地黄属 *Rehmannia*

地黄 *Rehmannia glutinosa* 产于保护区各林区。生于旷野、路旁、向阳山坡。

沟酸浆属 *Mimulus*

四川沟酸浆 *Mimulus szechuanensis* 产于保护区各林区。生于沟谷杂木林、林缘、草地。

沟酸浆 *Mimulus tenellus* 产于保护区各林区。生于沟谷杂木林、林缘、草地。

母草属 *Lindernia*

陌上菜 *Lindernia procumbens* 产于保护区各林区。生于旷野、路旁、林缘、草地。

母草 *Lindernia crustacea* 产于保护区各林区。生于旷野、路旁、林缘、草地。

狭叶母草 *Lindernia micrantha* 产于保护区各林区。生于水田及低洼处。

泥花母草 *Lindernia antipoda* 产于保护区各林区。生于旷野、路旁、林缘、草地。

婆婆纳属 *Veronica*

水苦荬 *Veronica undulata* 产于保护区各林区。生于沟渠、池塘和积水沼泽湿地、林缘、草地。

婆婆纳 *Veronica polita* 产于保护区各林区。生于旷野、路旁、向阳山坡。

直立婆婆纳 *Veronica arvensis* 产于保护区各林区。生于沟渠、池塘和积水沼泽湿地、林缘、草地。

细叶婆婆纳 *Veronica ilnariifolia* 产于保护区各林区。生于沟渠、池塘和积水沼泽湿地、林缘、草地。

蚊母草 *Veronica peregrina* 产于保护区各林区。生于荒地、麦地。

北水苦荬 *Veronica anagallis-aquatica* 产于保护区各林区。生于沟渠、池塘和积水沼泽湿地、林缘、草地。

小婆婆纳 *Veronica serpyllifolia* 产于保护区各

林区。生于旷野、路旁、向阳山坡。

虻眼属 *Dopatrium*

虻眼 *Dopatrium junceum* 产于保护区各林区。生于沟渠、池塘和积水沼泽湿地、林缘、草地。

石龙尾属 *Limnophila*

石龙尾 *Limnophila sessiliflora* 产于保护区各林区。生于沟渠、池塘和积水沼泽湿地、林缘、草地。

蝴蝶草属 *Torenia*

光叶蝴蝶草 *Torenia asiatica* 产于保护区各林区。生于沟渠、池塘和积水沼泽湿地、林缘、草地。

毛蕊花属 *Verbascum*

毛蕊花 *Verbascum thapsus* 原产欧洲、亚洲温带，我国各地均有栽培。李家寨、武胜关林区有分布。生于山坡草地。

紫葳科 Bignoniaceae

梓树属 *Catalpa*

楸 *Catalpa bungei* 主产于黄河及长江中下游各省，保护区有栽培。生于沟谷杂木林。

灰楸 *Catalpa fargesii* 主产于陕、甘、豫、川、粤等地，鸡公山有栽培。生于沟谷杂木林。

梓 *Catalpa ovata* 主产于华北、华中、华东等地，保护区有栽培。生于沟谷杂木林。

凌霄花属 *Campsis*

凌霄 *Campsis grandiflora* 主产于长江流域各省，保护区栽培或野生。

美国凌霄花 *Campsis radicans* 原产北美，花园、南岗保护站、车站等地有栽培。

角蒿属 *Incarvillea*

角蒿 *Incarvillea sinensis* 产于保护区各林区。生于旷野、路旁、向阳山坡。

胡麻科 Pedaliaceae

胡麻属 *Sesamum*

胡麻 *Sesamum indicum* 产于保护区各林区。生于旷野、路旁、向阳山坡。

茶菱属 *Trapella*

茶菱 *Trapella sinensis* 产于保护区各林区。生于沟渠、池塘和积水沼泽湿地、林缘、草地。

列当科 Orobanchaceae

野菰属 *Aeginetia*

野菰 *Aeginetia indica* 产于保护区各林区。生于

沟谷杂木林。

列当属 *Orobanche*

黄花列当 *Orobanche pycnostachya* 产于保护区各林区。生于向阳山坡、旷野、路旁。

蓝花列当 *Orobanche sinensis* var. *cyanescens* 产于保护区各林区。生于旷野、路旁、向阳山坡。

苦苣苔科 Gesneriaceae

半蒴苣苔属 *Hemiboea*

半蒴苣苔 *Hemiboea subcapitata* 产于保护区各林区。生于沟谷、溪旁、阴坡林下。

旋蒴苣苔属 *Boea*

旋蒴苣苔 *Boea hygrometrica* 产于保护区各林区。生于沟谷、溪旁、阴坡林下。

金盏苣苔属 *Isometrum*

金盏苣苔 *Isometrum farreri* 产于保护区各林区。生于沟谷、溪旁、阴坡林下。

珊瑚苣苔属 *Corallodiscus*

珊瑚苣苔 *Corallodiscus lanuginosus* 产于保护区各林区。生于沟谷、溪旁、阴坡林下。

唇柱苣苔属 *Chirita*

牛耳朵 *Chirita eburnea* 产于保护区各林区。生于沟谷、溪旁、阴坡林下。

吊石苣苔属 *Lysionotus*

吊石苣苔 *Lysionotus pauciflorus* 产于保护区各林区。生于沟谷、溪旁、阴坡林下。

苦苣苔属 *Conandron*

苦苣苔 *Conandron ramondioides* 产于保护区各林区。生于沟谷、溪旁、阴坡林下。

狸藻科 Lentibulariaceae

狸藻属 *Utriclaria*

挖耳草 *Utricularia bifida* 产于保护区各林区。生于沟谷、溪旁、阴坡林下。

狸藻 *Utricularia vulgaris* 产于保护区各林区。生于沟谷、溪旁、阴坡林下。

黄花狸藻 *Utricularia aurea* 产于保护区各林区。生于水田，稻田杂草。

爵床科 Acanthaceae

穿心莲属 *Andrographis*

穿心莲 *Andrographis paniculata* 产于保护区各

林区。生于沟谷、溪旁、阴坡林下。

水蓑衣属 *Hygrophila*

水蓑衣 *Hygrophila salicifolia* 产于保护区各林区。生于沟谷、溪旁、沟渠、池塘和积水沼泽湿地。

观音草属 *Peristrophe*

九头狮子草 *Peristrophe japonica* 产于保护区各林区。生于沟谷、溪旁、阴坡林下。

爵床属 *Justicia*

爵床 *Justicia procumbens* 产于保护区各林区。生于沟谷、溪旁、阴坡林下。

紫云菜属 *Strobilanthes*

马蓝 *Strobilanthes cusia* 产于保护区各林区。生于沟谷、溪旁、阴坡林下。

白接骨属 *Asystasiella*

白接骨 *Asystasiella neesiana* 产于保护区各林区。生于沟谷、溪旁、阴坡林下。

透骨草科 Phrymataceae

透骨草属 *Phryma*

透骨草 *Phryma leptostachya* subsp. *asiatica* 产于保护区各林区。生于沟谷、溪旁、阴坡林下。

车前科 Plantaginaceae

车前属 *Plantago*

车前 *Plantago asiatica* 产于保护区各林区。生于旷野、路旁、产沼泽湿地。

平车前 *Plantago depressa* 产于保护区各林区。生于旷野、路旁、产沼泽湿地。

大车前 *Plantago major* 产于保护区各林区。生于旷野、路旁、产沼泽湿地。

茜草科 Rubiaceae

水团花属 *Adina*

水团花 *Adina pilulifera* 产于保护区各林区。生于海拔 300m 以下的沟旁、路旁。

细叶水团花 *Adina rubella* 产于保护区各林区。生于沟谷、溪旁。

香果树属 *Emmenopterys*

香果树 *Emmenopterys henryi* 产于保护区各林区。生于沟谷杂木林、沟谷、溪旁。

栀子属 *Gardenia*

栀子 *Gardenia jasminoides* 保护区栽培或野生。

白马骨属 *Serissa*

六月雪 *Serissa japonica* 产于保护区各林区。生于沟谷杂木林、沟谷、溪旁。

白马骨 *Serissa serissoides* 产于保护区各林区。生于沟谷杂木林、沟谷、溪旁。

鸡矢藤属 *Paederia*

鸡矢藤 *Paederia scandens* 产于保护区各林区。生于沟谷杂木林、沟谷、溪旁。

耳草属 *Hedyotis*

金毛耳草 *Hedyotis chrysotricha* 产于保护区各林区。生于沟谷杂木林、林缘、草地。

茜草属 *Rubia*

茜草 *Rubia cordifolia* 产于保护区各林区。生于沟谷杂木林、林缘、草地。

卵叶茜草 *Rubia ovatifolia* 产于保护区各林区。生于沟谷杂木林、林缘、草地。

拉拉藤属 *Galium*

蓬子菜 *Galium verum* 产于保护区各林区。生于沟谷杂木林、林缘、草地。

四叶葎 *Galium bungei* 产于保护区各林区。生于沟谷杂木林、林缘、草地。

北方拉拉藤 *Galium boreale* 产于保护区各林区。生于沟谷杂木林、林缘、草地。

显脉拉拉藤 *Galium kinuta* 产于保护区各林区。生于沟谷杂木林、林缘、草地。

林地猪殃殃 *Galium paradoxum* 产于保护区各林区。生于沟谷杂木林、林缘、草地。

猪殃殃 *Galium aparine* var. *tenerum* 产于保护区各林区。生于旷野、路旁、林缘、草地。

车叶葎 *Galium asperuloides* 产于保护区各林区。生于旷野、路旁、林缘、草地。

忍冬科 Caprifoliaceae

蝟实属 *Kolkwitzia*

蝟实 *Kolkwitzia amabilis* 树木园有栽培。

六道木属 *Abelia*

六道木 *Abelia biflora* 产于保护区各林区。生于阴坡林下、沟谷杂木林。

南方六道木 *Abelia dielsii* 产于保护区各林区。生于阴坡林下、沟谷杂木林。

二翅六道木 *Abelia uniflora* 产于南岗保护站、篱笆寨。生于阴坡林下、沟谷杂木林。

糯米条 *Abelia chinensis* 产于南岗保护站、红花保护站。生于阴坡林下、沟谷杂木林。

忍冬属 Lonicera

忍冬 Lonicera japonica 产于保护区各林区。生于阴坡林下、沟谷杂木林。

金花忍冬 Lonicera chrysantha 产于保护区各林区。生于阴坡林下、沟谷杂木林。

郁香忍冬 Lonicera fragrantissima 产于保护区各林区。生于阴坡林下、沟谷杂木林。

红脉忍冬 Lonicera nervosa 产于李家寨保护站。生于阴坡林下、沟谷杂木林。

刚毛忍冬 Lonicera hispida 产于大深沟、东沟。生于阴坡林下、沟谷杂木林。

盘叶忍冬 Lonicera tragophylla 产于红花保护站、东沟。生于阴坡林下、沟谷杂木林。

金银忍冬 Lonicera maackii 产于保护区各林区。生于阴坡林下、沟谷杂木林。

苦糖果 Lonicera fragrantissima subsp. standishii 产于大深沟、东沟、武胜关保护站。生于阴坡林下、沟谷杂木林。

蓝靛果 Lonicera caerulea var. edulis 产于红花保护站、新店保护站、东沟。生于阴坡林下、沟谷杂木林。

荚蒾属 Viburnum

荚蒾 Viburnum dilatatum 产于新店保护站、东沟。生于阴坡林下、沟谷杂木林。

绣球荚蒾 Viburnum macrocephalum 主产于华东、华南地区、保护区有栽培。生于阴坡林下、沟谷、溪旁。

珊瑚树 Viburnum odoratissimum 保护区栽培或野生。

蝴蝶戏珠花 Viburnum plicatum var. tomentosum 新店保护站、东沟。生于阴坡林下、沟谷杂木林。

皱叶荚蒾 Viburnum rhytidophyllum 新店保护站、东沟。生于阴坡林下、沟谷杂木林。

陕西荚蒾 Viburnum schensianum 产于新店保护站、东沟。生于海拔 300m 以上的林下、路边。

直角荚蒾 Viburnum foetidum var. rectangulatum 产于新店保护站、东沟。生于海拔 300m 以上的林下、路边。

阔叶荚蒾 Viburnum lobophyllum 产于南岗保护站。生于阴坡林下、沟谷杂木林。

鸡树条 Viburnum opulus var. sargentii 产于南岗保护站。生于阴坡林下、沟谷杂木林。

黑果荚蒾 Viburnum melanocarpum 产于红花保

护站、吴家湾。生于阴坡林下、沟谷杂木林。

茶荚蒾 Viburnum setigerum 产于新店保护站、南岗保护站。生于阴坡林下、沟谷杂木林。

桦叶荚蒾 Viburnum betulifolium 产于李家寨保护站、新店保护站。生于阴坡林下、沟谷杂木林。

接骨木属 Sambucus

接骨木 Sambucus williamsii 产于保护区各林区。生于阴坡林下、沟谷杂木林。

接骨草 Sambucus chinensis 产于保护区各林区。生于阴坡林下、沟谷杂木林。

锦带花属 Weigela

半边月 Weigela japonica var. sinica 产于红花保护站。生于阴坡林下、沟谷杂木林。

海仙花 Weigela coraeensis 主产于华东地区，花园、新店保护站景区等处有栽培。

五福花科 Adoxaceae

五福花属 Adoxa

五福花 Adoxa moschatellina 产于南岗保护站。生于阴坡林下、林缘、草地。

败酱科 Valerianaceae

败酱属 Patrinia

败酱 Patrinia scabiosifolia 产于保护区各林区。生于阴坡林下、林缘、草地。

白花败酱 Patrinia villosa 产于保护区各林区。生于阴坡林下、林缘、草地。

异叶败酱 Patrinia heterophylla 产于保护区各林区。生于阴坡林下、林缘、草地。

少蕊败酱 Patrinia monandra 产于保护区各林区。生于阴坡林下、林缘、草地。

斑花败酱 Patrinia punctiflora 产于保护区各林区。生于阴坡林下、林缘、草地。

缬草属 Valeriana

蜘蛛香 Valeriana jatamansi 产于保护区各林区。生于阴坡林下、林缘、草地。

缬草 Valeriana officinalis 产于保护区各林区。生于阴坡林下、林缘、草地。

川续断科 Dipsacaceae

川续断属 Dipsacus

川续断 Dipsacus asper 产于保护区各林区。生于阴坡林下、林缘、草地。

日本续断 *Dipsacus japonicus* 产于保护区各林区。生于阴坡林下、林缘、草地。

兰盆花属 *Scabiosa*

华北蓝盆花 *Scabiosa comosa* 产于保护区各林区。生于阴坡林下、林缘、草地。

葫芦科 Cucurbitaceae

绞股兰属 *Gynostemma*

绞股蓝 *Gynostemma pentaphyllum* 产于保护区各林区。生于阴坡林下、林缘、草地。

光叶绞股蓝 *Gynostemma laxum* 产于保护区各林区。生于阴坡林下、林缘、草地。

马瓜交儿属 *Zehneria*

马瓜交儿 *Zehneria indica* 产于保护区各林区。生于旷野、路旁、林缘、草地。

假贝母属 *Bolbostemma*

假贝母 *Bolbostemma paniculatum* 产于保护区各林区。生于旷野、路旁、林缘、草地。

赤瓟属 *Thladiantha*

赤瓟 *Thladiantha dubia* 产于保护区各林区。生于沟谷杂木林、林缘、草地。

南赤瓟 *Thladiantha nudiflora* 产于保护区各林区。生于沟谷杂木林、林缘、草地。

斑赤瓟 *Thladiantha maculata* 产于保护区各林区。生于沟谷杂木林、林缘、草地。

盒子草属 *Actinostemma*

盒子草 *Actinostemma tenerum* 产于保护区各林区。生于沟谷杂木林、林缘、草地。

裂瓜属 *Schizopepon*

湖北裂瓜 *Schizopepon dioicus* 产于保护区各林区。生于旷野、路旁、林缘、草地。

栝楼属 *Trichosanthes*

王瓜 *Trichosanthes cucumeroides* 产于保护区各林区。生于旷野、路旁、林缘、草地。

栝楼 *Trichosanthes kirilowii* 产于保护区各林区。生于旷野、路旁、林缘、草地。

中华栝楼 *Trichosanthes rosthornii* 产于保护区各林区。生于旷野、路旁、林缘、草地。

苦瓜属 *Momordica*

木鳖子 *Momordica cochinchinensis* 产于保护区各林区。生于旷野、路旁、林缘、草地。

雪胆属 *Hemsleya*

雪胆 *Hemsleya chinensis* 产于保护区各林区。生于沟谷杂木林、林缘、草地。

桔梗科 Campanulaceae

党参属 *Codonopsis*

羊乳 *Codonopsis lanceolata* 产于保护区各林区。生于沟谷杂木林、林缘、草地。

党参 *Codonopsis pilosula* 产于保护区各林区。生于沟谷杂木林、林缘、草地。

桔梗属 *Platycodon*

桔梗 *Platycodon grandiflorus* 产于保护区各林区。生于沟谷杂木林、林缘、草地。

蓝花参属 *Wahlenbergia*

蓝花参 *Wahlenbergia marginata* 产于保护区各林区。生于旷野、路旁、林缘、草地。

沙参属 *Adenophora*

石沙参 *Adenophora polyantha* 产于保护区各林区。生于沟谷杂木林、林缘、草地。

轮叶沙参 *Adenophora tetraphylla* 产于保护区各林区。生于沟谷杂木林、林缘、草地。

荠苨 *Adenophora trachelioides* 产于保护区各林区。生于沟谷杂木林、林缘、草地。

杏叶沙参 *Adenophora petiolata* subsp. *hunanensis* 产于保护区各林区。生于沟谷杂木林、阴坡林下。

心叶沙参 *Adenophora cordifolia* 产于保护区各林区。生于沟谷杂木林、林缘、草地。

多歧沙参 *Adenophora potaninii* subsp. *wawreana* 产于保护区各林区。生于沟谷杂木林、阴坡林下。

中华沙参 *Adenophora sinensis* 产于保护区各林区。生于沟谷杂木林、阴坡林下。

丝裂沙参 *Adenophora capillaris* 产于保护区各林区。生于沟谷杂木林、阴坡林下。

风铃草属 *Campanula*

紫斑风铃草 *Campanula punctata* 产于保护区各林区。生于沟谷杂木林、阴坡林下。

半边莲属 *Lobelia*

半边莲 *Lobelia chinensis* 产于保护区各林区。生于各地沼泽湿地、水稻田。

山梗菜 *Lobelia sessilifolia* 产于保护区各林区。生于各地沼泽湿地、水稻田。

江南山梗菜 *Lobelia davidii* 产于保护区各林区。生于各地沼泽湿地、水稻田。

菊科 Compositae

虾须草属 Sheareria

虾须草 *Sheareria nana* 产于保护区各林区。生山坡草地。

豚草属 Ambrosia

豚草 *Ambrosia artemisiifolia* 产于北美洲，现扩散到世界许多地区，产于保护区各林区。生于山谷潮湿处及路旁。

兔耳风属 Ainsliaea

杏香兔儿风 *Ainsliaea fragrans* 产于保护区各林区。生于林下。

金鸡菊属 Coreopsis

金鸡菊 *Coreopsis drummondii* 原产美国南部，产于保护区各林区。生于山坡。

大金鸡菊 *Coreopsis lanceolata* 原产美国南部，我国各地均有栽培或野生，产于保护区各林区。生于山坡、山顶。

泽兰属 Eupatorium

白头婆 *Eupatorium japonicum* 产于保护区各林区。生于沟谷杂木林、林缘、草地。

林泽兰 *Eupatorium lindleyanum* 产于保护区各林区。生于沟谷杂木林、林缘、草地。

佩兰 *Eupatorium fortunei* 产于保护区各林区。生于沟谷杂木林、林缘、草地。

林泽兰无腺变种 *Eupatorium lindleyanum* var. *eglandulosum* 产于保护区各林区。生于沟谷杂木林、林缘、草地。

异叶泽兰 *Eupatorium heterophyllum* 产于保护区各林区。生于沟谷杂木林、林缘、草地。

华泽兰 *Eupatorium chinense* 产于保护区各林区。生于沟谷杂木林、林缘、草地。

菊三七属 Gynura

菊三七，三七草 *Gynura japonica* 产于红花保护站。常生于山谷、山坡草地、林下或林缘。

下田菊属 Adenostemma

下田菊 *Adenostemma lavenia* 产于保护区各林区。生于旷野、路旁、林缘、草地。

一枝黄花属 Solidago

一枝黄花 *Solidago decurrens* 产于保护区各林区。生于林缘、草地、旷野、路旁。

秋分草属 Rhynchospermum

秋分草 *Rhynchospermum verticillatum* 产于保护区各林区。生于林缘、草地、旷野、路旁。

裸菀属 Gymnaster

裸菀 *Gymnaster picolii* 产于保护区各林区。生于林缘、草地、向阳山坡。

马兰属 Kalimeris

马兰 *Kalimeris indica* 产于保护区各林区。生于林缘、草地、向阳山坡。

全叶马兰 *Kalimeris integrifolia* 产于保护区各林区。生于林缘、草地、向阳山坡。

毡毛马兰 *Kalimeris shimadai* 产于保护区各林区。生于林缘、草地、向阳山坡。

裂叶马兰 *Kalimeris incisa* 产于保护区各林区。生于林缘、草地、向阳山坡。

山马兰 *Kalimeris lautureana* 产于保护区各林区。生于林缘、草地、向阳山坡。

狗哇花属 Heteropappus

狗娃花 *Heteropappus hispidus* 产于保护区各林区。生于林缘、草地、向阳山坡。

阿尔泰狗娃花 *Heteropappus altaicus* 产于保护区各林区。生于林缘、草地、向阳山坡。

东风菜属 Doellingeria

东风菜 *Doellingeria scabra* 产于保护区各林区。生于林缘、草地、沟谷杂木林。

女菀属 Turczaninovia

女菀 *Turczaninovia fastigiata* 产于保护区各林区。生于林缘、草地、沟谷杂木林。

紫菀属 Aster

三脉紫菀 *Aster ageratoides* 产于保护区各林区。生于阴坡林下、沟谷杂木林。

琴叶紫菀 *Aster panduratus* 产于保护区各林区。生于林缘、草地、沟谷杂木林。

紫菀 *Aster tataricus* 产于保护区各林区。生于林缘、草地、沟谷杂木林。

钻形紫菀 *Aster subulatus* 产于保护区各林区。生于林缘、草地、沟谷杂木林。

镰叶紫菀 *Aster falcifolius* 产于保护区各林区。生于林缘、草地、沟谷杂木林。

耳叶紫菀 *Aster auriculatus* 产于保护区各林区。生于林缘、草地、沟谷杂木林。

川鄂紫菀 *Aster moupinensis* 产于保护区各林区。生于林缘、草地、沟谷杂木林。

翼柄紫菀 *Aster alatipes* 产于保护区各林区。生于林缘、草地、沟谷杂木林。

短星菊属 Brachyactis

短星菊 Brachyactis ciliata 产于保护区各林区。生于林缘、草地、向阳山坡。

碱菀属 Tripolium

碱菀 Tripolium vulgare 产于保护区各林区。生于旷野、路旁、产沼泽湿地。

飞蓬属 Erigeron

飞蓬 Erigeron acer 产于保护区各林区。生于旷野、路旁、向阳山坡。

一年蓬 Erigeron annuus 产于保护区各林区。生于旷野、路旁、向阳山坡。

堪察加飞蓬 Erigeron kamtschaticus 产于保护区各林区。生于旷野、路旁、向阳山坡。

白酒草属 Conyza

香丝草 Conyza bonariensis 产于保护区各林区。生于旷野、路旁、向阳山坡。

小蓬草 Conyza canadensis 产于保护区各林区。生于旷野、路旁、向阳山坡。

火绒草属 Leontopodium

薄雪火绒草小头变种 Leontopodium japonicum var. microcephalum 产于保护区各林区。生于沟谷杂木林、向阳山坡。

长叶火绒草 Leontopodium longifolium 产于保护区各林区。生于沟谷杂木林、向阳山坡。

绢茸火绒草 Leontopodium smithianum 产于保护区各林区。生于沟谷杂木林、向阳山坡。

火绒草 Leontopodium leontopodioides 产于保护区各林区。生于沟谷杂木林、向阳山坡。

香青属 Anaphalis

黄腺香青 Anaphalis aureopunctata 产于保护区各林区。生于沟谷杂木林、向阳山坡。

香青 Anaphalis sinica 产于保护区各林区。生于沟谷杂木林、向阳山坡。

珠光香青 Anaphalis margaritacea 产于保护区各林区。生于沟谷杂木林、向阳山坡。

铃铃香青 Anaphalis hancockii 产于保护区各林区。生于沟谷杂木林、向阳山坡。

鼠麴草属 Gnaphalium

秋鼠麴草 Gnaphalium hypoleucum 产于保护区各林区。生于沟谷杂木林、向阳山坡。

细叶鼠麴草 Gnaphalium japonicum 产于保护区各林区。生于旷野、路旁、向阳山坡。

鼠麴草 Gnaphalium affine 产于保护区各林区。生于沟谷杂木林、向阳山坡。

丝棉草 Gnaphalium luteoalbum 产于保护区各林区。生于沟谷杂木林、向阳山坡。

旋覆花属 Inula

线叶旋覆花 Inula lineariifolia 产于保护区各林区。生于旷野、路旁、林缘、草地。

旋覆花 Inula japonica 产于保护区各林区。生于沟谷杂木林、向阳山坡。

大花旋覆花 Inula britannica 产于保护区各林区。生于沟谷杂木林、向阳山坡。

天名精属 Carpesium

天名精 Carpesium abrotanoides 产于保护区各林区。生于旷野、路旁、林缘、草地。

金挖耳 Carpesium divaricatum 产于保护区各林区。生于沟谷杂木林、林缘、草地。

烟管头草 Carpesium cernuum 产于保护区各林区。生于沟谷杂木林、林缘、草地。

大花金挖耳 Carpesium macrocephalum 产于保护区各林区。生于沟谷杂木林、林缘、草地。

和尚菜属 Adenocaulon

和尚菜 Adenocaulon himalaicum 又名腺梗菜，产于保护区各林区。生于沟谷杂木林、林缘、草地。

苍耳属 Xanthium

苍耳 Xanthium sibiricum 产于保护区各林区。生于旷野、路旁、林缘、草地。

牛膝菊属 Galinsoga

牛膝菊 Galinsoga parviflora 产于保护区各林区。生于旷野、路旁、林缘、草地。

豨莶属 Siegesbeckia

豨莶 Siegesbeckia orientalis 产于保护区各林区。生于旷野、路旁、林缘、草地。

腺梗豨莶 Siegesbeckia pubescens 产于保护区各林区。生于旷野、路旁、林缘、草地。

鳢肠属 Eclipta

鳢肠 Eclipta prostrata 产于保护区各林区。生于旷野、路旁、各地沼泽湿地、水稻田。

鬼针草属 Bidens

狼杷草 Bidens tripartita 产于保护区各林区。生于旷野、路旁、林缘、草地。

婆婆针 Bidens bipinnata 产于保护区各林区。生于旷野、路旁、林缘、草地。

小花鬼针草 Bidens parviflora 产于保护区各林区。生于旷野、路旁、林缘、草地。

白花鬼针草 *Bidens pilosa* var. *rdiata* 三叶鬼针草，产于保护区各林区。生于旷野、路旁、林缘、草地。

金盏银盘 *Bidens biternata* 产于保护区各林区。生于旷野、路旁、林缘、草地。

羽叶鬼针草 *Bidens maximowicziana* 产于保护区各林区。生于旷野、路旁、林缘、草地。

向日葵属 *Helianthus*

菊芋 *Helianthus tuberosus* 保护区栽培或野生。

菊属 *Chrysanthemum*

野菊 *Chrysanthemum indicum* 产于保护区各林区。生于林缘、草地、向阳山坡。

甘菊 *Chrysanthemum lavandulifolium* 产于保护区各林区。生于林缘、草地、向阳山坡。

毛华菊 *Chrysanthemum vestitum* 产于保护区各林区。生于林缘、草地、向阳山坡。

菊花 *Chrysanthemum morifolium* 保护区栽培或野生。

石胡荽属 *Centipeda*

石胡荽 *Centipeda minima* 产于保护区各林区。生于旷野、路旁、向阳山坡。

蒿属 *Artemisia*

猪毛蒿 *Artemisia scoparia* 产于保护区各林区。生于林缘、草地、向阳山坡。

牡蒿 *Artemisia japonica* 产于保护区各林区。生于林缘、草地、向阳山坡。

南牡蒿 *Artemisia eriopoda* 产于保护区各林区。生于林缘、草地、向阳山坡。

茵陈蒿 *Artemisia capillaris* 产于保护区各林区。生于林缘、草地、向阳山坡。

黄花蒿 *Artemisia annua* 产于保护区各林区。生于林缘、草地、向阳山坡。

奇蒿 *Artemisia anomala* 产于保护区各林区。生于林缘、草地、向阳山坡。

大籽蒿 *Artemisia sieversiana* 产于保护区各林区。生于林缘、草地、向阳山坡。

艾 *Artemisia argyi* 产于保护区各林区。生于林缘、草地、向阳山坡。

白苞蒿 *Artemisia lactiflora* 产于保护区各林区。生于林缘、草地、向阳山坡。

野艾蒿 *Artemisia lavandulifolia* 产于保护区各林区。生于林缘、草地、向阳山坡。

阴地蒿 *Artemisia sylvatica* 产于保护区各林区。生于林缘、草地、向阳山坡。

魁蒿 *Artemisia princeps* 产于保护区各林区。生于林缘、草地、向阳山坡。

矮蒿 *Artemisia lancea* 产于保护区各林区。生于林缘、草地、向阳山坡。

狭叶青蒿 *Artemisia dacunculus* 产于保护区各林区。生于山坡或路旁。

牛尾蒿 *Artemisia dubia* 产于保护区各林区。生于山坡或路旁。

青蒿 *Artemisia carvifolia* 产于保护区各林区。生于山坡或路旁。

白莲蒿 *Artemisia sacrorum* 产于保护区各林区。生于林缘。

蒙古蒿 *Artemisia mongolica* 产于保护区各林区。生于林缘。

蒌蒿 *Artemisia selengensis* 产于保护区各林区。生于林缘、草地、向阳山坡。

莳萝蒿 *Artemisia anethoides* 产于保护区各林区。生于林缘、草地、向阳山坡。

毛莲蒿 *Artemisia vestita* 产于保护区各林区。生于林缘、草地、向阳山坡。

侧蒿 *Artemisia deversa* 产于保护区各林区。生于林缘、草地、向阳山坡。

五月艾 *Artemisia indica* 产于保护区各林区。生于林缘、草地、向阳山坡。

歧茎蒿 *Artemisia igniaria* 产于保护区各林区。生于林缘、草地、向阳山坡。

牛尾蒿 *Artemisia dubia* 产于保护区各林区。生于林缘、草地、向阳山坡。

款冬属 *Tussilago*

款冬 *Tussilago farfara* 产于保护区各林区。生于林缘、草地、沟谷杂木林。

蜂斗菜属 *Petasites*

蜂斗菜 *Petasites japonicus* 产于保护区各林区。生于林缘、草地、沟谷杂木林。

兔儿伞属 *Syneilesis*

兔儿伞 *Syneilesis aconitifolia* 产于保护区各林区。生于阴坡林下、沟谷杂木林。

南方兔儿伞 *Syneilesis australis* 产于保护区各林区。生于阴坡林下、沟谷杂木林。

华蟹甲属 *Sinacalia*

华蟹甲 *Sinacalia tangutica* 产于保护区各林区。生于阴坡林下、沟谷杂木林。

千里光属 Senecio

千里光 *Senecio scandens* 产于保护区各林区。生于阴坡林下、沟谷杂木林。

林荫千里光 *Senecio nemorensis* 产于保护区各林区。生于阴坡林下、沟谷杂木林。

羽叶千里光 *Senecio jacobacea* 产于保护区各林区。生于山坡草地。

蒲儿根属 Sinosenecio

蒲儿根 *Sinosenecio oldhamianus* 产于保护区各林区。生于阴坡林下、沟谷杂木林。

狗舌草属 Tephroseris

狗舌草 *Tephroseris kirilowii* 产于保护区各林区。生于阴坡林下、沟谷杂木林。

橐吾属 Ligularia

齿叶橐吾 *Ligularia dentata* 产于保护区各林区。生于阴坡林下、沟谷杂木林。

鹿蹄橐吾 *Ligularia hodgsonii* 产于保护区各林区。生于阴坡林下、沟谷杂木林。

离舌橐吾 *Ligularia veitchiana* 产于保护区各林区。生于阴坡林下、沟谷杂木林。

窄头橐吾 *Ligularia stenocephala* 产于保护区各林区。生于阴坡林下、沟谷杂木林。

蹄叶橐吾 *Ligularia fischeri* 产于保护区各林区。生于阴坡林下、沟谷杂木林。

蓝刺头属 Echinops

华东蓝刺头 *Echinops grijsii* 产于保护区各林区。生于向阳山坡、林缘、草地。

蓝刺头 *Echinops sphaerocephalus* 产于保护区各林区。生于向阳山坡、林缘、草地。

苍术属 Atractylodes

苍术 *Atractylodes lancea* 产于保护区各林区。生于沟谷杂木林、旷野、路旁。

关苍术 *Atractylodes japonica* 产于保护区各林区。生于沟谷杂木林、林缘、草地。

白术 *Atractylodes macrocephala* 产于保护区各林区。生于沟谷杂木林、林缘、草地。

牛蒡属 Arctium

牛蒡 *Arctium lappa* 产于保护区各林区。生于向阳山坡、林缘、草地。

飞廉属 Carduus

飞廉 *Carduus* 产于保护区各林区。生于向阳山坡、林缘、草地。

蓟属 Cirsium

蓟 *Cirsium japonicum* 产于保护区各林区。生于向阳山坡、林缘、草地。

线叶蓟 *Cirsium lineare* 产于保护区各林区。生于向阳山坡、林缘、草地。

绒背蓟 *Cirsium vlassovianum* 产于保护区各林区。生于向阳山坡、林缘、草地。

湖北蓟 *Cirsium hupehense* 产于保护区各林区。生于向阳山坡、林缘、草地。

牛口刺 *Cirsium shansiense* 产于保护区各林区。生于向阳山坡、林缘、草地。

烟管蓟 *Cirsium pendulum* 产于保护区各林区。生于向阳山坡、林缘、草地。

魁蓟 *Cirsium leo* 产于保护区各林区。生于向阳山坡、林缘、草地。

菜蓟属 Cynara

菜蓟 *Cynara scolymus* 产于保护区各林区。生于向阳山坡、林缘、草地。

水飞蓟属 Silybum

水飞蓟 *Silybum marianum* 产于保护区各林区。生于向阳山坡、林缘、草地。

泥糊菜属 Hemisrepta

泥胡菜 *Hemisteptia lyrata* 产于保护区各林区。生于向阳山坡、林缘、草地。

凤毛菊属 Saussurea

凤毛菊 *Saussurea japonica* 产于保护区各林区。生于沟谷杂木林、林缘、草地。

心叶凤毛菊 *Saussurea cordifolia* 产于保护区各林区。生于沟谷杂木林、林缘、草地。

锈毛凤毛菊 *Saussurea dutaillyana* 产于保护区各林区。生于沟谷杂木林、林缘、草地。

庐山凤毛菊 *Saussurea bullockii* 产于保护区各林区。生于沟谷杂木林、林缘、草地。

三角叶凤毛菊 *Saussurea deltoidea* 产于保护区各林区。生于沟谷杂木林、林缘、草地。

杨叶凤毛菊 *Saussurea populifolia* 产于保护区各林区。生于沟谷杂木林、林缘、草地。

山牛蒡属 Synurus

山牛蒡 *Synurus deltoides* 产于保护区各林区。生于向阳山坡、林缘、草地。

麻花头属 Serratula

麻花头 *Serratula centauroides* 产于保护区各林区。生于向阳山坡、林缘、草地。

华麻花头 *Serratula chinensis* 产于保护区各林区。生于向阳山坡、林缘、草地。

伪泥胡菜 *Serratula coronata* 产于保护区各林区。生于向阳山坡、林缘、草地。

大丁草属 *Leibnitzia*

大丁草 *Gerbera anandria* 产于保护区各林区。生于沟谷杂木林、阴坡林下。

菊苣属 *Cichorium*

菊苣 *Cichorium intybus* 产于保护区各林区。生于向阳山坡、林缘、草地。

稻槎菜属 *Lapsana*

稻槎菜 *Lapsanastrum apogonoides* 产于保护区各林区。生于向阳山坡、林缘、草地。

婆罗门参属 *Tragopogon*

蒜叶婆罗门参 *Tragopogon porrifolius* 产于保护区各林区。生于向阳山坡、林缘、草地。

鸦葱属 *Scorzonera*

鸦葱 *Scorzonera austriaca* 产于保护区各林区。生于向阳山坡、林缘、草地。

毛莲菜属 *Picris*

毛连菜 *Picris hieracioides* 产于保护区各林区。生于向阳山坡、林缘、草地。

蒲公英属 *Taraxacus*

蒲公英 *Taraxacum mongolicum* 产于保护区各林区。生于向阳山坡、旷野、路旁。

华蒲公英 *Taraxacum borealisinense* 产于保护区各林区。生于向阳山坡、旷野、路旁。

白花蒲公英 *Taraxacum leucanthum* 产于保护区各林区。生于向阳山坡、旷野、路旁。

苦苣菜属 *Sonchus*

苦苣菜 *Sonchus oleraceus* 产于保护区各林区。生于向阳山坡、旷野、路旁。

花叶滇苦菜 *Sonchus asper* 续断菊，产于保护区各林区。生于向阳山坡、旷野、路旁。

苣荬菜 *Sonchus arvensis* 产于保护区各林区。生于向阳山坡、旷野、路旁。

山莴苣属 *Lagedium*

山莴苣 *Lagedium sibiricum* 产于保护区各林区。生于向阳山坡、旷野、路旁。

翅果菊属 *Pterocypsela*

毛脉翅果菊 *Pterocypsela raddeana* 产于保护区各林区。生于向阳山坡、旷野、路旁。

翼柄翅果菊 *Pterocypsela triangulata* 产于保护区各林区。生于向阳山坡、旷野、路旁。

台湾翅果菊 *Pterocypsela formosana* 产于保护区各林区。生于向阳山坡、旷野、路旁。

翅果菊 *Pterocypsela indica* 产于保护区各林区。生于向阳山坡、旷野、路旁。

还阳参属 *Crepis*

北方还阳参 *Crepis crocea* 产于保护区各林区。生于向阳山坡、旷野、路旁。

黄鹌菜属 *Yougia*

黄鹌菜 *Youngia japonica* 产于保护区各林区。生于向阳山坡、旷野、路旁。

异叶黄鹌菜 *Youngia heterophylla* 产于保护区各林区。生于向阳山坡、旷野、路旁。

长裂黄鹌菜 *Youngia henryi* 产于保护区各林区。生于向阳山坡、旷野、路旁。

卵裂黄鹌菜 *Youngia pseudosenecio* 产于保护区各林区。生于向阳山坡、旷野、路旁。

黄瓜菜属 *Paraixeris*

黄瓜菜 *Paraixeris denticulata* 产于保护区各林区。生于向阳山坡、旷野、路旁。

苦荬菜属 *Ixeris*

剪刀股 *Ixeris japonica* 产于保护区各林区。生于向阳山坡、旷野、路旁。

苦荬菜 *Ixeris polycephala* 产于保护区各林区。生于向阳山坡、旷野、路旁。

抱茎小苦荬 *Ixeridium sonchifolium* 产于保护区各林区。生于向阳山坡、旷野、路旁。

深裂苦荬菜 *Ixeris dissecta* 产于保护区各林区。生于向阳山坡、旷野、路旁。

小苦荬 *Ixeridium dentatum* 产于保护区各林区。生于向阳山坡、旷野、路旁。

细叶小苦荬 *Ixeridium gracile* 产于保护区各林区。生于向阳山坡、旷野、路旁。

山柳菊属 *Hieracium*

山柳菊 *Hieracium umbellatum* 产于保护区各林区。生于向阳山坡、旷野、路旁。

福王草属 *Prenanthes*

多裂福王草 *Prenanthes macrophylla* 产于保护区各林区。生于阴坡林下、沟谷杂木林。

福王草 *Prenanthes tatarinowii* 产于保护区各林区。生于阴坡林下、沟谷杂木林。

多裂福王草 *Prenanthes macrophylla* 产于保护区各林区。生于阴坡林下、沟谷杂木林。

假福王草属 *Paraprenanthes*

假福王草 *Paraprenanthes sororia* 产于保护区各

林区。生于阴坡林下、沟谷杂木林。

香蒲科 Typhaceae

香蒲属 *Typha*

长苞香蒲 *Typha angustata* 产于保护区各林区及低海拔地区。生于各地沼泽湿地、沟渠、池塘和积水沼泽湿地。

香蒲 *Typha orientalis* 产于保护区各林区及低海拔地区。生于各地沼泽湿地、沟渠、池塘和积水沼泽湿地。

宽叶香蒲 *Typha latifolia* 产于保护区各林区及低海拔地区。生于各地沼泽湿地、沟渠、池塘和积水沼泽湿地。

水烛 *Typha angustifolia* 产于保护区各林区及低海拔地区。生于各地沼泽湿地、沟渠、池塘和积水沼泽湿地。

达香蒲 *Typha davidiana* 产于保护区各林区及低海拔地区。生于各地沼泽湿地、沟渠、池塘和积水沼泽湿地。

小香蒲 *Typha minima* 产于保护区各林区及低海拔地区。生于各地沼泽湿地、沟渠、池塘和积水沼泽湿地。

黑三棱科 Sparganiaceae

黑三棱属 *Sparganium*

黑三棱 *Sparganium stoloniferum* 产于保护区各林区及低海拔地区。生于各地沼泽湿地、沟渠、池塘和积水沼泽湿地。

小黑三棱 *Sparganium simplex* 产于保护区各林区及低海拔地区。生于各地沼泽湿地、沟渠、池塘和积水沼泽湿地。

眼子菜科 Potamogetonaceae

眼子菜属 *Potamogeton*

眼子菜 *Potamogeton distinctus* 产于保护区各林区及低海拔地区。生于各地沼泽湿地、沟渠、池塘和积水沼泽湿地。

菹草 *Potamogeton crispus* 产于保护区各林区及低海拔地区。生于各地沼泽湿地、沟渠、池塘和积水沼泽湿地。

篦齿眼子菜 *Potamogeton pectinatus* 产于保护区各林区及低海拔地区。生于各地沼泽湿地、沟渠、池塘和积水沼泽湿地。

穿叶眼子菜 *Potamogeton perfoliatus* 产于保护区各林区及低海拔地区。生于各地沼泽湿地、沟渠、池塘和积水沼泽湿地。

小叶眼子菜 *Potamogeton cristatus* 产于保护区各林区及低海拔地区。生于各地沼泽湿地、沟渠、池塘和积水沼泽湿地。

浮叶眼子菜 *Potamogeton natans* 产于保护区各林区及低海拔地区。生于各地沼泽湿地、沟渠、池塘和积水沼泽湿地。

小眼子菜 *Potamogeton pusillus* 产于保护区各林区及低海拔地区。生于各地沼泽湿地、沟渠、池塘和积水沼泽湿地。

竹叶眼子菜 *Potamogeton wrightii* 产于保护区各林区及低海拔地区。生于各地沼泽湿地、沟渠、池塘和积水沼泽湿地。

微齿眼子菜 *Potamogeton maackianus* 产于保护区各林区及低海拔地区。生于各地沼泽湿地、沟渠、池塘和积水沼泽湿地。

异叶眼子菜 *Potamogeton heterophyllus* 产于保护区各林区及低海拔地区。生于各地沼泽湿地、沟渠、池塘和积水沼泽湿地。

钝叶眼子菜 *Potamogeton obtusifolius* 产于保护区各林区及低海拔地区。生于各地沼泽湿地、沟渠、池塘和积水沼泽湿地。

禾叶眼子菜 *Potamogeton gramineus* 产于保护区各林区及低海拔地区。生于各地沼泽湿地、沟渠、池塘和积水沼泽湿地。

水麦冬科 Juncaginaceae

水麦冬属 *Triglochin*

水麦冬 *Triglochin palustre* 产于保护区各林区及低海拔地区。生于各地沼泽湿地、沟渠、池塘和积水沼泽湿地。

茨藻科 Najadaceae

茨藻属 *Najas*

茨藻 *Najas marina* 产于保护区各林区及低海拔地区。生于各地沼泽湿地、沟渠、池塘和积水沼泽湿地。

小茨藻 *Najas minor* 产于保护区各林区及低海拔地区。生于各地沼泽湿地、沟渠、池塘和积水沼泽湿地。

弯果草茨藻 *Najas graminea* var. *rcurvata* 产于

保护区各林区及低海拔地区。生于各地沼泽湿地、沟渠、池塘和积水沼泽湿地。

角果藻属 *Zannichellia*

角果藻 *Zannichellia palustris* 产于保护区各林区及低海拔地区。生于各地沼泽湿地、沟渠、池塘和积水沼泽湿地。

柄果角果藻 *Zannichellia palustris* var. *pedicellata* 产于保护区各林区及低海拔地区。生于各地沼泽湿地、沟渠、池塘和积水沼泽湿地。

泽泻科 Alismataceae

泽泻属 *Alisma*

泽泻 *Alisma plantago-aquatica* 产于保护区各林区及低海拔地区。生于各地沼泽湿地、沟渠、池塘和积水沼泽湿地、水稻田。

窄叶泽泻 *Alisma canaliculatum* 产于保护区各林区及低海拔地区。生于各地沼泽湿地、沟渠、池塘和积水沼泽湿地、水稻田。

草泽泻 *Alisma gramineum* 产于保护区各林区及低海拔地区。生于各地沼泽湿地、沟渠、池塘和积水沼泽湿地、水稻田。

东方泽泻 *Alisma orientale* 产于保护区各林区及低海拔地区。生于各地沼泽湿地、沟渠、池塘和积水沼泽湿地、水稻田。

慈菇属 *Sagittaria*

矮慈姑 *Sagittaria pygmaea* 产于保护区各林区及低海拔地区。生于各地沼泽湿地、沟渠、池塘和积水沼泽湿地、水稻田。

慈姑 *Sagittaria trifolia* var. *sinensis* 产于保护区各林区及低海拔地区。生于各地沼泽湿地、沟渠、池塘和积水沼泽湿地、水稻田。

野慈姑 *Sagittaria trifolia* 产于保护区各林区及低海拔地区。生于各地沼泽湿地、沟渠、池塘和积水沼泽湿地、水稻田。

花蔺科 Butomaceaeus

花蔺属 *Butomus*

花蔺 *Butomus umbellatus* 产于保护区各林区及低海拔地区。生于各地沼泽湿地、沟渠、池塘和积水沼泽湿地、水稻田。

水鳖科 Hydrocharitaceae

水鳖属 *Hydrocharis*

水鳖 *Hydrocharis dubia* 产于保护区各林区及低海拔地区。生于各地沼泽湿地、沟渠、池塘和积水沼泽湿地。

黑藻属 *Hydrilla*

黑藻 *Hydrilla verticillata* 产于保护区各林区及低海拔地区湿地。生于各地沼泽湿地、沟渠、池塘和积水沼泽湿地。

水车前属 *Ottelia*

水车前 *Ottelia alismoides* 产于保护区各林区及低海拔地区湿地。生于各地沼泽湿地、沟渠、池塘和积水沼泽湿地。

苦草属 *Vallisneria*

苦草 *Vallisneria natans* 产于保护区各林区及低海拔地区湿地。生于各地沼泽湿地、沟渠、池塘和积水沼泽湿地。

水筛属 *Blyxa*

水筛 *Blyxa japonica* 产于保护区各林区及低海拔地区湿地。生于各地沼泽湿地、沟渠、池塘和积水沼泽湿地。

禾本科 Gramineae

箬竹属 *Indocalamus*

阔叶箬竹 *Indocalamus latifolius* 产于李家寨保护站、红花保护站。生于沟谷杂木林。

箬竹 *Indocalamus tessellatus* 产于保护区各林区。生于沟谷杂木林。

苦竹属 *Pleioblastus*

苦竹 *Pleioblastus amarus* 主产于长江流域各地，树木园有栽培。生于沟谷杂木林。

刚竹属 *Phyllostachys*

斑竹 *Phyllostachys bambusoides* f. *lacrimadeae* 主产于长江流域各地，武胜关保护站有栽培。生于沟谷杂木林。

淡竹 *Phyllostachys glauca* 主产于长江流域，树木园有栽培。生于沟谷杂木林。

水竹 *Phyllostachys heteroclada* 主产于长江流域以南各省，树木园有栽培。生于沟谷杂木林。

早园竹 *Phyllostachys propinqua* 李家寨保护站和南岗保护站。生于沟谷杂木林。

紫竹 *Phyllostachys nigra* 保护区栽培或野生。

刚竹 *Phyllostachys sulphurea* var. *vridis* 产于武胜关保护站。生于沟谷杂木林。

毛竹 *Phyllostachys edulis* 产于保护区各林区。生于海拔 500 以下半阴坡。

毛金竹 *Phyllostachys nigra* var. *henonis* 主产于长江流域，花园、车站有栽培。

桂竹 *Phyllostachys reticulata* 产于保护区各林区。生于沟谷杂木林。

矢竹属 *Pseudosasa*

鸡公山茶竿竹 *Pseudosasa maculifera* 产于李家寨保护站、东沟沟底湿润处。

菰属 *Zizania*

菰 *Zizania latifolia* 产于保护区各林区及低海拔湿地。生于沟渠、池塘和积水沼泽湿地、产沼泽湿地。

假稻属 *Leersia*

假稻 *Leersia japonica* 产于保护区各林区及低海拔地区。生于沟渠、池塘和积水沼泽湿地、产沼泽湿地。

淡竹叶属 *Lophatherum*

淡竹叶 *Lophatherum gracile* 产于保护区各林区及低海拔地区。生于沟谷杂木林、林缘、草地。

中华淡竹叶 *Lophatherum sinense* 产于保护区各林区及低海拔地区。生于沟谷杂木林、阴坡林下。

芦苇属 *Phragmites*

芦苇 *Phragmites australis* 产于保护区各林区及低海拔地区。生于沟渠、池塘和积水沼泽湿地、产沼泽湿地。

龙常草属 *Diarrhena*

龙常草 *Diarrhena mandshurica* 产于保护区各林区及低海拔地区。生于旷野、路旁、林缘、草地。

羊茅属 *Festuca*

小颖羊茅 *Festuca parvigluma* 产于保护区各林区。生于林下。

黑麦草属 *Lolium*

黑麦草 *Lolium perenne* 产于保护区各林区。生于路边、荒地。

多花黑麦草 *Lolium multiflorum* 产于保护区各林区。生于路边、荒地。

毒麦 *Lolium temulentum* 产于保护区各林区。生于麦田。

雀麦属 *Bromus*

雀麦 *Bromus japonicus* 产于保护区各林区及低海拔地区。生于旷野、路旁、林缘、草地。

疏花雀麦 *Bromus remotiflorus* 产于保护区各林区及低海拔地区。生于旷野、路旁、林缘、草地。

短柄草属 *Beachypodium*

短柄草 *Brachypodium sylvaticum* 产于保护区各林区及低海拔地区。生于旷野、路旁、林缘、草地。

甜茅属 *Glyceria*

甜茅 *Glyceria acutiflora* subsp. *japonica* 产于保护区各林区及低海拔地区。生于阴坡林下、林缘、草地。

假鼠妇草 *Glyceria leptolepis* 产于保护区各林区及低海拔地区。生于阴坡林下、林缘、草地。

臭草属 *Melica*

臭草 *Melica scabrosa* 产于保护区各林区及低海拔地区。生于旷野、路旁、林缘、草地。

细叶臭草 *Melica radula* 产于保护区各林区及低海拔地区。生于旷野、路旁、林缘、草地。

大花臭草 *Melica grandiflora* 产于保护区各林区及低海拔地区。生于旷野、路旁、林缘、草地。

广序臭草 *Melica onoei* 产于保护区各林区及低海拔地区。生于旷野、路旁、林缘、草地。

大臭草 *Melica turczaninowiana* 产于保护区各林区及低海拔地区。生于旷野、路旁、林缘、草地。

裂稃茅属 *Schizachne*

裂稃茅 *Schizachne purpurascens* subsp. *callosa* 产于保护区各林区。生于旷野、路旁、林缘、草地。

早熟禾属 *Poa*

早熟禾 *Poa annua* 产于保护区各林区及低海拔地区。生于旷野、路旁、林缘、草地。

硬质早熟禾 *Poa sphondylodes* 产于保护区各林区。生于阴坡林下、林缘、草地。

白顶早熟禾 *Poa acroleuca* 产于保护区各林区。生于阴坡林下、林缘、草地。

林地早熟禾 *Poa nemoralis* 产于保护区各林区。生于阴坡林下、林缘、草地。

华东早熟禾 *Poa faberi* 产于保护区各林区。生于山坡草地。

细长早熟禾 *Poa prolixior* 产于保护区各林区。生于山坡草地。

细叶早熟禾 *Poa pratensis* subsp. *angustifolia* 产于保护区各林区。生于阴坡林下、林缘、草地。

山地早熟禾 *Poa versicolor* subsp. *orinosa* 产于保护区各林区。生于阴坡林下、林缘、草地。

硬草属 *Sclerochloa*

硬草 *Sclerochloa dura* 产于保护区各林区及低海拔地区。生于旷野、路旁、水稻田。

洽草属 *Koeleria*

洽草 *Koeleria macrantha* 产于保护区各林区。生于旷野、路旁、向阳山坡。

披碱草属 *Elymus*

老芒麦 *Elymus sibiricus* 产于保护区各林区。生于旷野、路旁、林缘、草地。

披碱草 *Elymus dahuricus* 产于保护区各林区。生于旷野、路旁、林缘、草地。

鹅观草 *Elymus kamoji* 产于保护区各林区。生于山坡路旁。

东瀛鹅观草 *Elymus mayebarana* 产于保护区各林区。生于山坡路旁。

缘毛鹅观草 *Elymus pendulina* 产于保护区各林区。生于林下。

纤毛鹅观草 *Elymus ciliaris* 产于保护区各林区。生于山坡路旁。

竖立鹅观草 *Elymus japonensis* 产于保护区各林区。生于山坡路旁。

直穗鹅观草 *Elymus turczaninovii* 产于保护区各林区。生于山坡路旁。

大鹅观草 *Elymus grandis* 产于保护区各林区。生于山坡路旁。

赖草属 *Leymus*

赖草 *Leymus secalinus* 产于保护区各林区。生于旷野、路旁、林缘、草地。

猬草属 *Hystrix*

猬草 *Hystrix duthiei* 产于保护区各林区。生于旷野、路旁、林缘、草地。

三毛草属 *Trisetum*

三毛草 *Trisetum bifidum* 产于保护区各林区。生于旷野、路旁、林缘、草地。

湖北三毛草 *Trisetum henryi* 产于保护区各林区。生于旷野、路旁、林缘、草地。

贫花三毛草 *Trisetum pauciflorum* 产于保护区各林区。生于旷野、路旁、林缘、草地。

发草属 *Deschampsia*

发草 *Deschampsia cespitosa* 产于保护区各林区。生于旷野、路旁、林缘、草地。

异燕麦属 *Helictotrichon*

异燕麦 *Helictotrichon hookeri* 产于保护区各林区及低海拔地区。生于旷野、路旁、林缘、草地。

燕麦属 *Avena*

野燕麦 *Avena fatua* 产于保护区各林区及低海拔地区。生于旷野、路旁、林缘、草地。

虉草属 *Phalaris*

虉草 *Phalaris arundinacea* 产于保护区各林区。生于旷野、路旁、林缘、草地。

梯牧草属 *Phleum*

鬼蜡烛 *Phleum paniculatum* 产于保护区各林区。生于旷野、路旁、林缘、草地。

梯牧草 *Phleum pratense* 产于保护区各林区。生于旷野、路旁、林缘、草地。

高山梯牧草 *Phleum alpinum* 产于保护区各林区。生于旷野、路旁、林缘、草地。

看麦娘属 *Alopecurus*

看麦娘 *Alopecurus aequalis* 产于保护区各林区及低海拔地区。生于旷野、路旁、水稻田。

大看麦娘 *Alopecurus pratensis* 产于保护区各林区及低海拔地区。生于旷野、路旁、水稻田。

日本看麦娘 *Alopecurus japonicus* 产于保护区各林区及低海拔地区。生于旷野、路旁、水稻田。

短颖草属 *Brachyelytrum*

日本短颖草 *Brachyelytrum japonicum* 产于保护区各林区。生于旷野、路旁、林缘、草地。

菵草属 *Beckmannia*

菵草 *Beckmannia syzigachne* 产于保护区各林区及低海拔地区。生于旷野、路旁、林缘、草地。

野青茅属 *Deyeuxia*

野青茅 *Deyeuxia pyramidalis* 产于保护区各林区。生于向阳山坡、林缘、草地。

湖北野青茅 *Deyeuxia hupehensis* 产于保护区各林区。生于向阳山坡、林缘、草地。

房县野青茅 *Deyeuxia henryi* 产于保护区各林区。生于向阳山坡、林缘、草地。

糙野青茅 *Deyeuxia scabrescens* 产于保护区各林区。生于向阳山坡、林缘、草地。

疏穗野青茅 *Deyeuxia effusiflora* 产于保护区各林区。生于向阳山坡、林缘、草地。

华高野青茅 *Deyeuxia sinelatior* 产于保护区各林区。生于向阳山坡、林缘、草地。

密穗野青茅 *Deyeuxia conferta* 产于保护区各林区。生于向阳山坡、林缘、草地。

大叶章 *Deyeuxia purpurea* 产于保护区各林区。生于向阳山坡、林缘、草地。

拂子茅属 *Calamagrostis*

假苇拂子茅 *Calamagrostis pseudophragmites* 产于保护区各林区。生于向阳山坡、林缘、草地。

拂子茅 *Calamagrostis epigeios* 产于保护区各林区。生于向阳山坡、林缘、草地。

密花拂子茅 *Calamagrostis epigeios* 产于保护区各林区。生于向阳山坡、林缘、草地。

剪股颖属 *Agrostis*

剪股颖 *Agrostis matsumurae* 产于保护区各林区。生于林缘、草地、旷野、路旁。

匍茎剪股颖 *Agrostis stolonifera* 产于保护区各林区。生于林缘、草地、旷野、路旁。

小糠草 *Agrostis gigantea* 产于保护区各林区。生于林缘、草地、旷野、路旁。

台湾剪股颖 *Agrostis sozanensis* 产于保护区各林区。生于林缘、草地、旷野、路旁。

细弱剪股颖 *Agrostis capillaris* 产于保护区各林区。生于林缘、草地、旷野、路旁。

多花剪股颖 *Agrostis micrantha* 产于保护区各林区。生于林缘、草地、旷野、路旁。

棒头草属 *Polypogon*

长芒棒头草 *Polypogon monspeliensis* 产于保护区各林区及低海拔地区。生于旷野、路旁、沼泽湿地。

棒头草 *Polypogon fugax* 产于保护区各林区及低海拔地区。生于旷野、路旁、产沼泽湿地。

直芒草属 *Orthoraphium*

直芒草 *Orthoraphium roylei* 产于保护区各林区。生于林缘、草地、旷野、路旁。

芨芨草属 *Achnatherum*

大叶直芒草 *Achnatherum coreanum* 产于保护区各林区。生于林缘、草地、旷野、路旁。

粟草属 *Milium*

粟草 *Milium effusum* 产于保护区各林区及低海拔地区。生于林缘、草地、旷野、路旁。

针茅属 *Stipa*

长芒草 *Stipa bungeana* 产于保护区各林区。生于林缘、草地、旷野、路旁。

九顶草属 *Enneapogon*

九顶草 *Enneapogon desvauxii* 产于保护区各林区。生于林缘、草地、向阳山坡。

獐毛属 *Aeluropodeae*

獐毛 *Aeluropus sinensis* 产于保护区各林区。生于林缘、草地、向阳山坡。

画眉草属 *Eragrostis*

大画眉草 *Eragrostis cilianensis* 产于保护区各林区及低海拔地区。生于林缘、草地、旷野、路旁。

知风草 *Eragrostis ferruginea* 产于保护区各林区。生于林缘、草地、向阳山坡。

画眉草 *Eragrostis pilosa* 产于保护区各林区。生于林缘、草地、旷野、路旁。

小画眉草 *Eragrostis minor* 产于保护区各林区。生于林缘、草地、旷野、路旁。

乱草 *Eragrostis japonica* 产于保护区各林区。生于林缘、草地、旷野、路旁。

秋画眉草 *Eragrostis autumnalis* 产于保护区各林区及低海拔地区。生于林缘、草地、旷野、路旁。

黑穗画眉草 *Eragrostis nigra* 产于保护区各林区及低海拔地区。生于林缘、草地、旷野、路旁。

隐子草属 *Cleistogenes*

朝阳隐子草 *Cleistogenes hackelii* 产于保护区各林区。生于林缘、草地、向阳山坡。

糙隐子草 *Cleistogenes squarrosa* 产于保护区各林区。生于林缘、草地、向阳山坡。

丛生隐子草 *Cleistogenes caespitosa* 产于保护区各林区。生于林缘、草地、向阳山坡。

无芒隐子草 *Cleistogenes songorica* 产于保护区各林区。生于林缘、草地、向阳山坡。

千金子属 *Leptochloa*

千金子 *Leptochloa chinensis* 产于保护区各林区。生于旷野、路旁、向阳山坡。

虮子草 *Leptochloa panicea* 产于保护区各林区。生于旷野、路旁、向阳山坡。

双稃草属 *Diplachne*

双稃草 *Leptochloa fusca* 产于保护区各林区。生于路边。

草沙蚕属 *Tripogon*

中华草沙蚕 *Tripogon chinensis* 产于保护区各林区。生于旷野、路旁、向阳山坡。

虎尾草属 *Chloris*

虎尾草 *Chloris virgata* 产于保护区各林区。生于林缘、草地、向阳山坡。

穇属 *Eleusine*

牛筋草 *Eleusine indica* 产于保护区各林区及低

海拔地区。生于旷野、路旁、向阳山坡。

碱谷 *Eleusine coracana* 产于保护区各林区及低海拔地区。生于旷野、路旁、向阳山坡。

狗牙根属 *Cynodon*

狗牙根 *Cynodon dactylon* 产于保护区各林区及低海拔地区。生于旷野、路旁、向阳山坡。

鼠尾粟属 *Sporobolus*

鼠尾粟 *Sporobolus fertilis* 产于保护区各林区及低海拔地区。生于旷野、路旁、向阳山坡。

隐花草属 *Crypsis*

隐花草 *Crypsis aculeata* 产于保护区各林区。生于向阳山坡、林缘、草地。

蔺状隐花草 *Crypsis schoenoides* 产于保护区各林区。生于向阳山坡、林缘、草地。

乱子草属 *Muhlenbergia*

乱子草 *Muhlenbergia huegelii* 产于保护区各林区。生于向阳山坡、林缘、草地。

日本乱子草 *Muhlenbergia japonica* 产于保护区各林区。生于向阳山坡、林缘、草地。

显子草属 *Phaenosperma*

显子草 *Phaenosperma globosa* 产于保护区各林区。生于山坡林下。

三芒草属 *Aristida*

三芒草 *Aristida adscensionis* 产于保护区各林区。生于向阳山坡、林缘、草地。

茅根属 *Perotis*

茅根 *Perotis indica* 产于保护区各林区及低海拔地区。生于向阳山坡、林缘、草地。

结缕草属 *Zoysia*

结缕草 *Zoysia japonica* 产于保护区各林区及低海拔地区。生于旷野、路旁、林缘、草地。

中华结缕草 *Zoysia sinica* 产于保护区各林区及低海拔地区。生于旷野、路旁、林缘、草地。

锋芒草属 *Tragus*

锋芒草 *Tragus mongolorum* 产于保护区各林区。生于旷野、路旁、林缘、草地。

虱子草 *Tragus berteronianus* 产于保护区各林区。生于旷野、路旁、林缘、草地。

柳叶箬属 *Isachne*

柳叶箬 *Isachne globosa* 产于保护区各林区。生于沟谷杂木林、林缘、草地。

日本柳叶箬 *Isachne nipponensis* 产于武胜关、红花等林区，生于草地林缘。

野古草属 *Arundinella*

毛秆野古草 *Arundinella hirta* 产于保护区各林区。生于向阳山坡、林缘、草地。

刺芒野古草 *Arundinella setosa* 产于保护区各林区。生于向阳山坡、林缘、草地。

糠稷属 *Panicum*

糠稷 *Panicum bisulcatum* 产于保护区各林区。生于水边潮湿处。

囊颖草属 *Sacciolepis*

囊颖草 *Sacciolepis indica* 产于保护区各林区。生于沟谷杂木林、林缘、草地。

求米草属 *Oplismenus*

求米草 *Oplismenus undulatifolius* 产于保护区各林区。生于沟谷杂木林、林缘、草地。

稗属 *Echinochloa*

稗 *Echinochloa crusgalli* 产于保护区各林区。生于沟渠、池塘和积水沼泽湿地、水稻田。

光头稗 *Echinochloa colona* 产于保护区各林区及低海拔地区。生于沟渠、池塘和积水沼泽湿地、水稻田。

水田稗 *Echinochloa oryzoides* 产于保护区各林区及低海拔地区。生于沟渠、池塘和积水沼泽湿地、水稻田。

长芒稗 *Echinochloa caudata* 产于保护区各林区及低海拔地区。生于沟渠、池塘和积水沼泽湿地、水稻田。

芒稗 *Echinochloa colona* 产于保护区各林区及低海拔地区。生于沟渠、池塘和积水沼泽湿地、水稻田。

无芒稗 *Echinochloa crusgalli* var. *mitis* 产于保护区各林区及低海拔地区。生于沟渠、池塘和积水沼泽湿地、水稻田。

野黍属 *Eriochloa*

野黍 *Eriochloa villosa* 产于保护区各林区及低海拔地区。生于沟渠、池塘和积水沼泽湿地、产沼泽湿地。

雀稗属 *Pasoalum*

雀稗 *Paspalum thunbergii* 产于保护区各林区及低海拔地区。生于沟渠、池塘和积水沼泽湿地、水稻田。

圆果雀稗 *Paspalum scrobiculatum* var. *orbiculare* 产于保护区各林区及低海拔地区。生于沟渠、池塘和积水沼泽湿地、产沼泽湿地。

双穗雀稗 *Paspalum distichum* 产于保护区各林区及低海拔地区。生于沟渠、池塘和积水沼泽湿地、产沼泽湿地。

马唐属 *Digitaria*

紫马唐 *Digitaria violascens* 产于保护区各林区及低海拔地区。生于旷野、路旁、林缘、草地。

止血马唐 *Digitaria ischaemum* 产于保护区各林区及低海拔地区。生于旷野、路旁、林缘、草地。

马唐 *Digitaria sanguinalis* 产于保护区各林区及低海拔地区。生于旷野、路旁、林缘、草地。

毛马唐 *Digitaria ciliaris* var. *chrysoblephara* 产于保护区各林区及低海拔地区。生于旷野、路旁、林缘、草地。

升马唐 *Digitaria ciliaris* 产于保护区各林区。生于旷野、路旁、林缘、草地。

狗尾草属 *Setaria*

莩草 *Setaria chondrachne* 产于保护区各林区。生于旷野、路旁、林缘、草地。

西南莩草 *Setaria forbesiana* 产于保护区各林区。生于旷野、路旁、林缘、草地。

大狗尾草 *Setaria faberi* 产于保护区各林区。生于旷野、路旁、林缘、草地。

金色狗尾草 *Setaria pumila* 产于保护区各林区。生于旷野、路旁、林缘、草地。

狗尾草 *Setaria viridis* 产于保护区各林区及低海拔地区。生于旷野、路旁、林缘、草地。

莠狗尾草 *Setaria geniculata* 产于保护区各林区。生于旷野、路旁、林缘、草地。

狼尾草属 *Pennisetum*

狼尾草 *Pennisetum alopecuroides* 产于保护区各林区。生于林缘、草地、向阳山坡。

白草 *Pennisetum flaccidum* 产于保护区各林区。生于向阳山坡、林缘、草地。

觽茅属 *Dimeria*

觽茅 *Dimeria ornithopoda* 产于保护区各林区。生于向阳山坡、林缘、草地。

芒属 *Miscanthus*

五节芒 *Miscanthus floridulus* 产于保护区各林区。生于向阳山坡、林缘、草地。

荻 *Miscanthus sacchariflorus* 产于保护区各林区。生于向阳山坡、林缘、草地。

芒 *Miscanthus sinensis* 产于保护区各林区。生于向阳山坡、林缘、草地。

白茅属 *Imperata*

白茅 *Imperata cylindrica* 产于保护区各林区。生于向阳山坡、林缘、草地。

甘蔗属 *Saccharum*

甜根子草 *Saccharum spontaneum* 产于保护区各林区。生于向阳山坡、林缘、草地。

斑茅 *Saccharum arundinaceum* 产于保护区各林区。生于向阳山坡、林缘、草地。

甘蔗 *Saccharum officinarum* 保护区栽培或野生。

河八王 *Saccharum narenga* 产于保护区各林区。生于向阳山坡、林缘、草地。

蔗茅 *Saccharum rufipilum* 产于保护区各林区。生于向阳山坡、林缘、草地。

大油芒属 *Spodopogon*

大油芒 *Spodopogon sibiricus* 产于保护区各林区。生于向阳山坡、林缘、草地。

油芒 *Spodopogon cotulifer* 产于保护区各林区。生于向阳山坡、林缘、草地。

莠竹属 *Microstegium*

竹叶茅 *Microstegium nudum* 产于保护区各林区。生于向阳山坡、林缘、草地。

柔枝莠竹 *Microstegium vimineum* 产于保护区各林区。生于向阳山坡、林缘、草地。

黄金茅属 *Eulalia*

金茅 *Eulalia speciosa* 产于保护区各林区。生于向阳山坡、林缘、草地。

四脉金茅 *Eulalia quadrinervis* 产于保护区各林区。生于向阳山坡、林缘、草地。

拟金茅属 *Eulaliopsis*

拟金茅 *Eulaliopsis binata* 产于保护区各林区。生于向阳山坡、林缘、草地。

鸭嘴草属 *Ischaemum*

有芒鸭嘴草 *Ischaemum aristatum* 产于保护区各林区。生于向阳山坡、林缘、草地。

牛鞭草属 *Hemarthria*

牛鞭草 *Hemarthria sibirica* 产于保护区各林区。生于旷野、路旁、林缘、草地。

扁穗牛鞭草 *Hemarthria compressa* 产于保护区各林区。生于旷野、路旁、林缘、草地。

蜈蚣草属 *Eremochloa*

假俭草 *Eremochloa ophiuroides* 产于保护区各林区。生于旷野、路旁、林缘、草地。

荩草属 *Arthraxon*

荩草 *Arthraxon hispidus* 产于保护区各林区。生于向阳山坡、林缘、草地。

茅叶荩草 *Arthraxon prionodes* 产于保护区各林区。生于向阳山坡、林缘、草地。

孔颖草属 *Bothriochloa*

白羊草 *Bothriochloa ischaemum* 产于保护区各林区。生于向阳山坡、林缘、草地。

双花草属 *Dichanthium*

双花草 *Dichanthium annulatum* 产于保护区各林区。生于山坡草地。

细柄草属 *Capillipedium*

细柄草 *Capillipedium parviflorum* 产于保护区各林区。生于向阳山坡、林缘、草地。

硬秆子草 *Capillipedium assimile* 产于保护区各林区。生于向阳山坡、林缘、草地。

黄茅属 *Heteropogon*

黄茅 *Heteropogon contortus* 产于保护区各林区。生于向阳山坡、林缘、草地。

菅属 *Themeda*

黄背草 *Themeda triandra* 产于保护区各林区。生于向阳山坡、林缘、草地。

菅 *Themeda villosa* 产于保护区各林区。生于向阳山坡、林缘、草地。

裂稃草属 *Schizachyrium*

裂稃草 *Schizachyrium brevifolium* 产于保护区各林区。生于向阳山坡、林缘、草地。

香茅属 *Cymbpopgon*

橘草 *Cymbopogon goeringii* 产于保护区各林区。生于向阳山坡、林缘、草地。

薏苡属 *Coix*

薏苡 *Coix lacryma-jobi* 产于保护区各林区。生于沟谷、溪旁、林缘、草地。

莎草科 Cyperaceae

扁穗草属 *Brylkinia*

华扁穗草 *Blysmus sinocompressus* 产于保护区各林区。生于各地沼泽湿地、沟渠、池塘和积水沼泽湿地。

球柱草属 *Bulbostylis*

球柱草 *Bulbostylis barbata* 产于保护区各林区及低海拔地区湿地。生于各地沼泽湿地、沟渠、池塘和积水沼泽湿地、水稻田。

丝叶球柱草 *Bulbostylis densa* 产于保护区各林区及低海拔地区湿地。生于各地沼泽湿地、沟渠、池塘和积水沼泽湿地、水稻田。

薹草属 *Carex*

乳突薹草 *Carex maximowiczii* 产于保护区各林区。生于阴坡林下、沟谷杂木林。

硬果薹草 *Carex sclerocarpa* 产于保护区各林区。生于阴坡林下、沟谷杂木林。

签草 *Carex doniana* 产于保护区各林区。生于阴坡林下、沟谷杂木林。

阿齐薹草 *Carex argyi* 产于保护区各林区。生于阴坡林下、沟谷杂木林。

垂穗薹草 *Carex dimorpholepis* 产于保护区各林区。生于阴坡林下、沟谷杂木林。

弯囊薹草 *Carex dispalata* 产于保护区各林区。生于阴坡林下、林缘、草地。

少穗薹草 *Carex filipes* 产于保护区各林区。生于阴坡林下、沟谷杂木林。

穹隆薹草 *Carex gibba* 产于保护区各林区。生于阴坡林下、沟谷杂木林。

湖北薹草 *Carex henryi* 生于阴坡林下、沟谷杂木林。

异鳞薹草 *Carex heterolepis* 产于保护区各林区。生于阴坡林下、沟谷杂木林。

异穗薹草 *Carex heterostachya* 产于保护区各林区。生于阴坡林下、沟谷杂木林。

疏穗薹草 *Carex remotiuscula* 产于保护区各林区。生于阴坡林下、沟谷杂木林。

书带薹草 *Carex rochebruni* 产于保护区各林区。生于阴坡林下、林缘、草地。

宽叶薹草 *Carex siderosticta* 产于保护区各林区。生于阴坡林下、沟谷杂木林。

单性薹草 *Carex unisexualis* 产于保护区各林区。生于阴坡林下、沟谷杂木林。

舌叶薹草 *Carex ligulata* 生于阴坡林下、沟谷杂木林。

条穗薹草 *Carex nemostachys* 产于保护区各林区。生于阴坡林下、沟谷杂木林。

翼果薹草 *Carex neurocarpa* 产于保护区各林区。生于阴坡林下、沟谷杂木林。

青菅 *Carex breviculmis* 产于保护区各林区。生于阴坡林下、林缘、草地。

丝叶薹草 *Carex capilliformis* 产于保护区各林区。生于阴坡林下、沟谷杂木林。

中华薹草 *Carex chinensis* 产于保护区各林区。生于阴坡林下、沟谷杂木林。

丝秆薹草 *Carex filamentosa* 产于保护区各林区。生于阴坡林下、沟谷杂木林。

披针薹草 *Carex lanceolata* 产于保护区各林区。生于阴坡林下、林缘、草地。

东陵薹草 *Carex tangiana* 产于保护区各林区。生于阴坡林下、林缘、草地。

莎草属 *Cyperus*

阿穆尔莎草 *Cyperus amuricus* 产于保护区各林区及低海拔地区湿地。生于沟渠、池塘和积水沼泽湿地、各地沼泽湿地、水稻田。

扁穗莎草 *Cyperus compressus* 产于保护区各林区及低海拔地区湿地。生于沟渠、池塘和积水沼泽湿地、各地沼泽湿地、水稻田。

异型莎草 *Cyperus difformis* 产于保护区各林区及低海拔地区湿地。生于沟渠、池塘和积水沼泽湿地、各地沼泽湿地、水稻田。

褐穗莎草 *Cyperus fuscus* 产于保护区各林区及低海拔地区湿地。生于沟渠、池塘和积水沼泽湿地、各地沼泽湿地、水稻田。

头状穗莎草 *Cyperus glomeratus* 产于保护区各林区及低海拔地区湿地。生于沟渠、池塘和积水沼泽湿地、各地沼泽湿地、水稻田。

碎米莎草 *Cyperus iria* 产于保护区各林区及低海拔地区湿地。生于各地沼泽湿地、旷野、路旁。

旋鳞莎草 *Cyperus michelianus* 产于保护区各林区及低海拔地区湿地。生于各地沼泽湿地、旷野、路旁。

畦畔莎草 *Cyperus haspan* 产于保护区各林区及低海拔地区湿地。生于各地沼泽湿地、旷野、路旁。

具芒碎米莎草 *Cyperus microiria* 产于保护区各林区及低海拔地区湿地。生于各地沼泽湿地、旷野、路旁。

白鳞莎草 *Cyperus nipponicus* 产于保护区各林区及低海拔地区湿地。生于沟渠、池塘和积水沼泽湿地、各地沼泽湿地、水稻田。

毛轴莎草 *Cyperus pilosus* 产于保护区各林区及低海拔地区湿地。生于各地沼泽湿地、旷野、路旁。

矮莎草 *Cyperus pygmaeus* 产于保护区各林区及低海拔地区湿地。生于各地沼泽湿地、旷野、路旁。

莎草 *Cyperus rotundus* 产于保护区各林区及低海拔地区湿地。生于沟渠、池塘和积水沼泽湿地、各地沼泽湿地、水稻田。

窄穗莎草 *Cyperus tenuispica* 产于保护区各林区及低海拔地区湿地。生于各地沼泽湿地、旷野、路旁。

荸荠属 *Eleocharis*

荸荠 *Eleocharis dulcis* 产于保护区各林区及低海拔地区湿地。生于沟渠、池塘和积水沼泽湿地、各地沼泽湿地、水稻田。

龙师草 *Eleocharis tetraquetra* 产于保护区各林区及低海拔地区湿地。生于沟渠、池塘和积水沼泽湿地、各地沼泽湿地、水稻田。

具刚毛荸荠 *Eleocharis valleculosa* var. *setosa* 产于保护区各林区及低海拔地区湿地。生于沟渠、池塘和积水沼泽湿地、各地沼泽湿地、水稻田。

牛毛毡 *Eleocharis yokoscensis* 产于保护区各林区及低海拔地区湿地。生于沟渠、池塘和积水沼泽湿地、各地沼泽湿地、水稻田。

野荸荠 *Eleocharis plantagineiformis* 产于保护区各林区及低海拔地区湿地。生于沟渠、池塘和积水沼泽湿地、各地沼泽湿地、水稻田。

紫果蔺 *Eleocharis atropurpurea* 产于保护区各林区及低海拔地区湿地。生于沟渠、池塘和积水沼泽湿地、各地沼泽湿地、水稻田。

渐尖穗荸荠 *Eleocharis attenuata* 产于保护区各林区及低海拔地区湿地。生于沟渠、池塘和积水沼泽湿地、各地沼泽湿地、水稻田。

透明鳞荸荠 *Eleocharis pellucida* 产于保护区各林区及低海拔地区湿地。生于沟渠、池塘和积水沼泽湿地、各地沼泽湿地、水稻田。

羽毛荸荠 *Eleocharis wichurai* 产于保护区各林区及低海拔地区湿地。生于沟渠、池塘和积水沼泽湿地、各地沼泽湿地、水稻田。

飘拂草属 *Fimbristylis*

夏飘拂草 *Fimbristylis aestivalis* 产于保护区各林区及低海拔地区湿地。生于沟渠、池塘和积水沼泽湿地、各地沼泽湿地、水稻田。

复序飘拂草 *Fimbristylis bisumbellata* 产于保护区各林区及低海拔地区湿地。生于沟渠、池塘和积水沼泽湿地、各地沼泽湿地、水稻田。

扁鞘飘拂草 *Fimbristylis complanata* 产于保护区各林区及低海拔地区湿地。生于沟渠、池塘和积水沼泽湿地、各地沼泽湿地、水稻田。

拟二叶飘拂草 *Fimbristylis diphylloides* 产于保护区各林区及低海拔地区湿地。生于沟渠、池塘和积水沼泽湿地、各地沼泽湿地、水稻田。

宜昌飘拂草 *Fimbristylis henryi* 产于保护区各林区及低海拔地区湿地。生于沟渠、池塘和积水沼泽湿地、各地沼泽湿地、水稻田。

水虱草 *Fimbristylis miliacea* 产于保护区各林区及低海拔地区湿地。生于沟渠、池塘和积水沼泽湿地、各地沼泽湿地、水稻田。

结壮飘拂草 *Fimbristylis rigidula* 产于保护区各林区及低海拔地区湿地。生于沟渠、池塘和积水沼泽湿地、各地沼泽湿地、水稻田。

畦畔飘拂草 *Fimbristylis squarrosa* 产于保护区各林区及低海拔地区湿地。生于沟渠、池塘和积水沼泽湿地、各地沼泽湿地、水稻田。

烟台飘拂草 *Fimbristylis stauntoni* 产于保护区各林区及低海拔地区湿地。生于沟渠、池塘和积水沼泽湿地、各地沼泽湿地、水稻田。

双穗飘拂草 *Fimbristylis subbispicata* 产于保护区各林区及低海拔地区湿地。生于沟渠、池塘和积水沼泽湿地、各地沼泽湿地、水稻田。

两歧飘拂草 *Fimbristylis dichotoma* 产于保护区各林区及低海拔地区湿地。生于沟渠、池塘和积水沼泽湿地、各地沼泽湿地、水稻田。

东南飘拂草 *Fimbristylis pierotii* 产于保护区各林区及低海拔地区湿地。生于沟渠、池塘和积水沼泽湿地、各地沼泽湿地、水稻田。

水莎草属 *Juncellus*

水莎草 *Juncellus serotinus* 产于保护区各林区及低海拔地区湿地。生于沟渠、池塘和积水沼泽湿地、各地沼泽湿地、水稻田。

花穗水莎草 *Juncellus pannonicus* 产于保护区各林区及低海拔地区湿地。生于沟渠、池塘和积水沼泽湿地、各地沼泽湿地、水稻田。

水蜈蚣属 *Kyllinga*

短叶水蜈蚣 *Kyllinga brevifolia* 产于保护区各林区及低海拔地区湿地。生于沟渠、池塘和积水沼泽湿地、各地沼泽湿地、水稻田。

无刺鳞水蜈蚣 *Kyllinga brevifolia* var. *leiolepis* 产于保护区各林区及低海拔地区湿地。生于沟渠、池塘和积水沼泽湿地、各地沼泽湿地、水稻田。

湖瓜草属 *Lipocarpha*

湖瓜草 *Lipocarpha microcephala* 产于保护区各林区及低海拔地区湿地。生于沟渠、池塘和积水沼泽湿地、各地沼泽湿地、水稻田。

砖子苗属 *Mariscus*

砖子苗 *Mariscus sumatrensis* 产于保护区各林区。生于沟渠、池塘和积水沼泽湿地、各地沼泽湿地、水稻田。

扁莎草属 **Pycreus**

球穗扁莎 *Pycreus flavidus* 产于保护区各林区及低海拔地区湿地。生于沟渠、池塘和积水沼泽湿地、各地沼泽湿地、水稻田。

红鳞扁莎 *Pycreus sanguinolentus* 产于保护区各林区及低海拔地区湿地。生于沟渠、池塘和积水沼泽湿地、各地沼泽湿地、水稻田。

水葱属 *Schoenoplectus*

水毛花 *Schoenoplectus mucronatus* subsp. *robustus* 产于保护区各林区及低海拔地区湿地。生于沟渠、池塘和积水沼泽湿地、产沼泽湿地。

水葱 *Schoenoplectus tabernaemontani* 产于保护区各林区及低海拔地区湿地。生于沟渠、池塘和积水沼泽湿地、产沼泽湿地。

藨草属 *Scirpus*

华东藨草 *Scirpus karuizawensis* 产于保护区各林区及低海拔地区湿地。生于沟渠、池塘和积水沼泽湿地、产沼泽湿地。

藨草 *Scirpus triqueter* 产于保护区各林区及低海拔地区湿地。生于沟渠、池塘和积水沼泽湿地、产沼泽湿地。

扁杆藨草 *Scirpus planiculmis* 产于保护区各林区及低海拔地区湿地。生于沟渠、池塘和积水沼泽湿地、产沼泽湿地。

萤蔺 *Schoenoplectus juncoides* 产于保护区各林区及低海拔地区湿地。生于沟渠、池塘和积水沼泽湿地、产沼泽湿地。

茸球藨草 *Scirpus asiaticus* 产于保护区各林区及低海拔地区湿地。生于沟渠、池塘和积水沼泽湿地、产沼泽湿地。

庐山藨草 *Scirpus lushanensis* 产于保护区各林区及低海拔地区湿地。生于沟渠、池塘和积水沼泽湿地、产沼泽湿地。

百球藨草 *Scirpus rosthornii* 产于保护区各林区及低海拔地区湿地。生于沟渠、池塘和积水沼泽湿地、产沼泽湿地。

棕榈科 **Palmae**

棕榈属 *Trachycarpus*

棕榈 *Trachycarpus fortunei* 主产于长江流域各

省区，保护区有栽培。

天南星科 Araceae

菖蒲属 Acorus

菖蒲 Acorus calamus 产于保护区各林区及低海拔地区湿地。生于沟渠、池塘和积水沼泽湿地、产沼泽湿地。

石菖蒲 Acorus tatarinowii 产于保护区各林区及低海拔地区湿地。生于沟渠、池塘和积水沼泽湿地、产沼泽湿地。

金钱蒲 Acorus gramineus 产于保护区各林区及低海拔地区湿地。生于沟渠、池塘和积水沼泽湿地、产沼泽湿地。

大薸属 Pistia

大薸 Pistia stratiotes 产于保护区各林区及低海拔地区湿地。生于沟渠、池塘和积水沼泽湿地、产沼泽湿地。

芋属 Colocasia

野芋 Colocasia esculenta var. antiquorum 产于保护区各林区及低海拔地区湿地。生于阴坡林下、沟谷杂木林。

犁头尖属 Typhonium

独角莲 Typhonium giganteum 产于武胜关保护站、吴家湾。生于阴坡林下、沟谷杂木林。

天南星属 Arisaema

天南星 Arisaema heterophyllum 产于保护区各林区。生于阴坡林下、沟谷杂木林。

东北天南星 Arisaema amurense 产于保护区各林区。生于阴坡林下、沟谷杂木林。

象南星 Arisaema elephas 产于保护区各林区。生于阴坡林下、沟谷杂木林。

一把伞南星 Arisaema erubescens 产于保护区各林区。生于阴坡林下、沟谷杂木林。

花南星 Arisaema lobatum

半夏属 Pinellia tenore

虎掌 Pinellia pedatisecta 产于保护区各林区。生于阴坡林下、沟谷杂木林。

半夏 Pinellia ternata 产于保护区各林区及低海拔地区。生于旷野、路旁、林缘、草地。

滴水珠 Pinellia cordata 产于保护区各林区。生于阴坡林下、沟谷杂木林。

浮萍科 Lemnaceae

浮萍属 Lemna

品藻 Lemna trisulca 产于保护区各林区及低海拔地区。生于沟渠、池塘和积水沼泽湿地、各地沼泽湿地、水稻田。

浮萍 Lemna minor 产于保护区各林区及低海拔地区。生于沟渠、池塘和积水沼泽湿地、各地沼泽湿地、水稻田。

紫萍属 Spirodela

紫萍 Spirodela polyrrhiza 产于保护区各林区及低海拔地区。生于沟渠、池塘和积水沼泽湿地、各地沼泽湿地、水稻田。

芜萍属 Wolffia

芜萍 Wolffia arrhiza 产于保护区各林区及低海拔地区。生于沟渠、池塘和积水沼泽湿地、各地沼泽湿地、水稻田。

谷精草科 Eriocaulaceae

谷精草属 Eriocaulon

白药谷精草 Eriocaulon cinereum 产于保护区各林区及低海拔地区。生于沟渠、池塘和积水沼泽湿地、各地沼泽湿地、水稻田。

谷精草 Eriocaulon buergerianum 产于保护区各林区及低海拔地区。生于沟渠、池塘和积水沼泽湿地、各地沼泽湿地、水稻田。

鸭跖草科 Commelinaceae

竹叶子属 Streptolirion

竹叶子 Streptolirion volubile subsp. volubile 产于保护区各林区及低海拔地区。生于沟渠、池塘和积水沼泽湿地、产沼泽湿地。

杜若属 Pollia

杜若 Pollia japonica 产于保护区各林区及低海拔地区。生于沟渠、池塘和积水沼泽湿地、各地沼泽湿地、水稻田。

鸭跖草属 Commelina

鸭跖草 Commelina communis 产于保护区各林区及低海拔地区。生于沟渠、池塘和积水沼泽湿地、各地沼泽湿地、水稻田。

饭包草 Commelina benghalensis 产于保护区各林

区及低海拔地区。生于沟渠、池塘和积水沼泽湿地、产沼泽湿地。

水竹叶属 *Murdannia*

裸花水竹叶 *Murdannia nudiflora* 产于保护区各林区及低海拔地区。生于沟渠、池塘和积水沼泽湿地、各地沼泽湿地、水稻田。

水竹叶 *Murdannia triquetra* 产于保护区各林区及低海拔地区。生于沟渠、池塘和积水沼泽湿地、各地沼泽湿地、水稻田。

牛轭草 *Murdannia loriformis* 产于保护区各林区及低海拔地区。生于沟渠、池塘和积水沼泽湿地、各地沼泽湿地、水稻田。

疣草 *Murdannia keisak* 产于保护区各林区及低海拔地区。生于沟渠、池塘和积水沼泽湿地、各地沼泽湿地、水稻田。

雨久花科 Pontederiaceae

雨久花属 *Monochoria*

鸭舌草 *Monochoria vaginalis* 产于保护区各林区及低海拔地区。生于沟渠、池塘和积水沼泽湿地、各地沼泽湿地、水稻田。

雨久花 *Monochoria korsakowii* 产于保护区各林区及低海拔地区。生于沟渠、池塘和积水沼泽湿地、各地沼泽湿地、水稻田。

凤眼莲属 *Eichhoenia*

凤眼蓝 *Eichhornia crassipes* 产于保护区各林区及低海拔地区。生于沟渠、池塘和积水沼泽湿地、产沼泽湿地。

灯心草科 Juncaeae

灯心草属 *Juncus*

灯心草 *Juncus effusus* 产于保护区各林区及低海拔地区。生于沟渠、池塘和积水沼泽湿地、各地沼泽湿地、水稻田。

小灯心草 *Juncus bufonius* 产于保护区各林区及低海拔地区。生于沟渠、池塘和积水沼泽湿地、各地沼泽湿地、水稻田。

翅茎灯心草 *Juncus alatus* 产于保护区各林区及低海拔地区。生于沟渠、池塘和积水沼泽湿地、各地沼泽湿地、水稻田。

野灯心草 *Juncus setchuensis* 产于保护区各林区及低海拔地区。生于沟渠、池塘和积水沼泽湿地、各地沼泽湿地、水稻田。

小花灯心草 *Juncus articulatus* 产于保护区各林区及低海拔地区。生于沟渠、池塘和积水沼泽湿地、各地沼泽湿地、水稻田。

细灯心草 *Juncus gracillimus* 产于保护区各林区及低海拔地区。生于沟渠、池塘和积水沼泽湿地、各地沼泽湿地、水稻田。

江南灯心草 *Juncus leschenaultii* 产于保护区各林区及低海拔地区。生于沟渠、池塘和积水沼泽湿地、各地沼泽湿地、水稻田。

葱状灯心草 *Juncus concinnus* 产于保护区各林区及低海拔地区。生于沟渠、池塘和积水沼泽湿地、各地沼泽湿地、水稻田。

柔叶灯心草 *Juncus triglumis* 产于保护区各林区及低海拔地区。生于沟渠、池塘和积水沼泽湿地、各地沼泽湿地、水稻田。

星花灯心草 *Juncus diastrophanthus* 产于保护区各林区及低海拔地区。生于沟渠、池塘和积水沼泽湿地、各地沼泽湿地、水稻田。

地杨梅属 *Luzula*

羽毛地杨梅 *Luzula plumosa* 产于保护区各林区。生于沟渠、池塘和积水沼泽湿地、各地沼泽湿地、水稻田。

散序地杨梅 *Luzula effusa* 产于保护区各林区。生于沟渠、池塘和积水沼泽湿地、各地沼泽湿地、水稻田。

多花地杨梅 *Luzula multiflora* 产于保护区各林区。生于沟渠、池塘和积水沼泽湿地、各地沼泽湿地、水稻田。

百部科 Stemonaceae

百部属 *Stemona*

直立百部 *Stemona sessilifolia* 产于保护区各林区。生于阴坡林下。

百部 *Stemona japonica* 产于保护区各林区。生于阴坡林下。

百合科 Liliaceae

菝葜属

牛尾菜 *Smilax riparia* 产于保护区各林区。生于阴坡林下、沟谷杂木林。

鞘叶菝葜 *Smilax stans* 产于保护区各林区。生于阴坡林下、沟谷杂木林。

短柄菝葜 *Smilax discotis* 产于保护区各林区。

生于阴坡林下、沟谷杂木林。

粉菝葜 *Smilax glaucochina* 产于保护区各林区。生于阴坡林下、沟谷杂木林。

菝葜 *Smilax china* 产于保护区各林区。生于阴坡林下、沟谷杂木林。

华东菝葜 *Smilax sieboldii* 产于保护区各林区。生于阴坡林下、沟谷杂木林。

小叶菝葜 *Smilax microphylla* 产于保护区各林区。生于阴坡林下、沟谷杂木林。

短梗菝葜 *Smilax scobinicaulis* 产于保护区各林区。生于阴坡林下、沟谷杂木林。

小果菝葜 *Smilax davidiana* 产于保护区各林区。生于阴坡林下、沟谷杂木林。

土茯苓 *Smilax glabra* 产于保护区各林区。生于阴坡林下、沟谷杂木林。

天冬门属 *Asparagus*

天门冬 *Asparagus cochinchinensis* 产于保护区各林区。生于阴坡林下、沟谷杂木林。

羊齿天门冬 *Asparagus filicinus* 产于保护区各林区。生于阴坡林下、沟谷杂木林。

石刁柏 *Asparagus officinalis* 保护区栽培或野生。

蕨叶天门冬 *Asparagus filicinus* 产于保护区各林区。生于阴坡林下、沟谷杂木林。

短梗天门冬 *Asparagus lycopodineus* 产于保护区各林区。生于阴坡林下、沟谷杂木林。

龙须菜 *Asparagus schoberioides* 产于保护区各林区。生于阴坡林下、沟谷杂木林。

南玉带 *Asparagus oligoclonos* 产于保护区各林区。生于阴坡林下、沟谷杂木林。

重楼属 *Paris*

北重楼 *Paris verticillata* 产于大深沟。生于阴坡林下、沟谷杂木林。

狭叶重楼 *Paris polyphylla* var. *stenophylla* 产于南岗保护站、大深沟。生于阴坡林下、沟谷杂木林。

藜芦属 *Veratrum*

藜芦 *Veratrum nigrum* 生于阴坡林下、沟谷杂木林。

毛叶藜芦 *Veratrum grandiflorum* 产于南岗保护站、篙笆寨。生于阴坡林下、沟谷杂木林。

玉簪属 *Hosta*

玉簪 *Hosta plantaginea* 产于保护区各林区。生于阴坡林下、沟谷杂木林。

紫萼 *Hosta ventricosa* 产于保护区各林区。生于阴坡林下、沟谷杂木林。

萱草属 *Hemerocallis*

萱草 *Hemerocallis fulva* 产于保护区各林区。生于阴坡林下、沟谷杂木林。

黄花菜 *Hemerocallis citrina* 产于保护区各林区。生于阴坡林下、沟谷杂木林。

北黄花菜 *Hemerocallis lilioasphodelus* 产于保护区各林区。生于阴坡林下、沟谷杂木林。

小黄花菜 *Hemerocallis minor* 产于保护区各林区。生于阴坡林下、沟谷杂木林。

多花萱草 *Hemerocallis multiflora* 产于保护区各林区。生于阴坡林下、沟谷杂木林。

顶冰花属 *Gagea*

少花顶冰花 *Gagea pauciflora* 产于保护区各林区。生于阴坡林下、沟谷杂木林。

洼瓣花属 *Lloydia*

洼瓣花 *Lloydia serotina* 产于保护区各林区。生于阴坡林下、沟谷杂木林。

郁金香属 *Tulipa*

老鸦瓣 *Tulipa edulis* 产于保护区各林区。生于阴坡林下、沟谷杂木林。

七筋菇属 *Clintonia*

七筋菇 *Clintonia udensis* 产于保护区各林区。生于阴坡林下、沟谷杂木林。

山麦冬属 *Liriope*

禾叶山麦冬 *Liriope graminifolia* 产于保护区各林区。生于阴坡林下、沟谷杂木林。

山麦冬 *Liriope spicata* 产于保护区各林区。生于阴坡林下、沟谷杂木林。

阔叶土麦冬 *Liriope platyphylla* 产于保护区各林区。生于阴坡林下、沟谷杂木林。

矮小山麦冬 *Liriope minor* 产于保护区各林区。生于阴坡林下、沟谷杂木林。

粉条儿菜属 *Aletris*

粉条儿菜 *Aletris spicata* 产于保护区各林区。生于阴坡林下、沟谷杂木林。

沿阶草属 *Ophiopogon*

麦冬 *Ophiopogon japonicus* 产于保护区各林区。生于阴坡林下、沟谷杂木林。

沿阶草 *Ophiopogon bodinieri* 产于保护区各林区。生于阴坡林下、沟谷杂木林。

油点草属 *Tricyrtis*

油点草 *Tricyrtis macropoda* 产于保护区各林区。生于阴坡林下、沟谷杂木林。

黄花油点草 *Tricyrtis pilosa* 产于保护区各林区。生于阴坡林下、沟谷杂木林。

铃兰属 *Convallaria*

铃兰 *Convallaria majalis* 产于保护区各林区。生于阴坡林下、沟谷杂木林。

吉祥草属 *Reineckia*

吉祥草 *Reineckea carnea* 产于保护区各林区。生于阴坡林下、沟谷杂木林。

开口箭属 *Tupistra*

开口箭 *Campylandra chinensis* 产于李家寨保护站、篱笆寨。生于阴坡林下、沟谷杂木林。

黄精属 *Polygonatum*

玉竹 *Polygonatum odoratum* 产于保护区各林区。生于阴坡林下、沟谷杂木林。

湖北黄精 *Polygonatum zanlanscianense* 产于保护区各林区。生于阴坡林下、沟谷杂木林。

多花黄精 *Polygonatum cyrtonema* 产于保护区各林区。生于阴坡林下、沟谷杂木林。

黄精 *Polygonatum sibiricum* 产于保护区各林区。生于阴坡林下、沟谷杂木林。

二苞黄精 *Polygonatum involucratum* 产于保护区各林区。生于阴坡林下、沟谷杂木林。

轮叶黄精 *Polygonatum verticillatum* 产于保护区各林区。生于阴坡林下、沟谷杂木林。

卷叶黄精 *Polygonatum cirrhifolium* 产于保护区各林区。生于阴坡林下、沟谷杂木林。

舞鹤草属 *Maianthemum*

鹿药 *Maianthemum japonicum* 产于保护区各林区。生于阴坡林下、沟谷杂木林。

管花鹿药 *Maianthemum henryi* 产于保护区各林区。生于阴坡林下、沟谷杂木林。

万寿竹属 *Disporum*

宝铎草 *Disporum sessile* 产于保护区各林区。生于阴坡林下、沟谷杂木林。

葱属 *Allium*

小根蒜 *Allium macrostemon* 产于保护区各林区。生于阴坡林下、林缘、草地。

茖葱 *Allium victorialis* 产于保护区各林区。生于阴坡林下、林缘、草地。

野韭 *Allium ramosum* 产于保护区各林区。生于阴坡林下、林缘、草地。

疏花韭 *Allium henryi* 产于保护区各林区。生于阴坡林下、林缘、草地。

野葱 *Allium chrysanthu* 产于保护区各林区。生于阴坡林下、林缘、草地。

细叶韭 *Allium tenuissimum* 产于保护区各林区。生于阴坡林下、林缘、草地。

多叶韭 *Allium plurifoliatum* 产于保护区各林区。生于阴坡林下、沟谷杂木林。

贝母属 *Fritillaria*

浙贝母 *Fritillaria thunbergii* 产于保护区各林区。生于阴坡林下、林缘、草地。

贝母 *Fritillaria verticillata* 产于南岗保护站。生于阴坡林下、林缘、草地。

百合属 *Lilium*

百合 *Lilium brownie* var. *viridulum* 产于保护区各林区。生于阴坡林下、林缘、草地。

渥丹 *Lilium concolor* 产于保护区各林区。生于阴坡林下、沟谷杂木林。

条叶百合 *Lilium callosum* 产于保护区各林区。生于阴坡林下、沟谷杂木林。

山丹 *Lilium pumilum* 产于保护区各林区。生于阴坡林下、沟谷杂木林。

湖北百合 *Lilium henryi* 产于保护区各林区。生于阴坡林下、林缘、草地。

大花卷丹 *Lilium leichtlinii* var. *maximowiczii* 产于保护区各林区。生于阴坡林下、沟谷、溪旁。

绿花百合 *Lilium fargesii* 产于保护区各林区。生于阴坡林下、沟谷杂木林。

野百合 *Lilium brownii* 产于保护区各林区。生于阴坡林下、沟谷杂木林。

卷丹 *Lilium tigrinum* 产于保护区各林区。生于阴坡林下、沟谷、溪旁。

川百合 *Lilium davidii* 产于保护区各林区。生于阴坡林下、沟谷杂木林。

大百合属 *Cardiocrinum*

荞麦叶大百合 *Cardiocrinum cathayanum* 产于保护区各林区。生于阴坡林下、沟谷杂木林。

大百合 *Cardiocrinum giganteum* 产于保护区各林区。生于阴坡林下、沟谷、溪旁。

绵枣儿属 *Scilla*

绵枣儿 *Scilla scilloides* 产于保护区各林区。生于阴坡林下、沟谷杂木林。

万年青属 Rohdea

万年青 *Rohdea japonica* 产于保护区各林区。生于林下。

丝兰属 Yucca

凤尾丝兰 *Yucca gloriosa* 原产北美洲东部和东南部，花园有引种栽培。

丝兰 *Yucca smalliana* 原产北美洲东南部，引种栽培。

石蒜科 Amaryllidaceae

石蒜属 Lycoris

忽地笑 *Lycoris aurea* 产于保护区各林区。生于阴坡林下、沟谷、溪旁。

石蒜 *Lycoris radiata* 产于保护区各林区。生于阴坡林下、沟谷、溪旁。

江苏石蒜 *Lycoris houdyshelii* 产于保护区各林区。生于阴坡林下、沟谷、溪旁。

中国石蒜 *Lycoris chinensis* 产于保护区各林区。生于阴坡林下、沟谷、溪旁。

鹿葱 *Lycoris squamigera* 产于保护区各林区。生于阴坡林下、沟谷、溪旁。

薯蓣科 Dioscoreaceae

薯蓣属 Dioscorea

黄独 *Dioscorea bulbifera* 产于保护区各林区。生于林缘、草地、沟谷杂木林。

薯蓣 *Dioscorea polystachya* 产于保护区各林区。生于林缘、草地、沟谷杂木林。

盾叶薯蓣 *Dioscorea zingiberensis* 产于保护区各林区。生于林缘、草地、沟谷杂木林。

野山药 *Dioscorea japonica* 产于保护区各林区。生于林缘、草地、沟谷杂木林。

穿山龙 *Dioscorea nipponica* 产于保护区各林区。生于林缘、草地、沟谷杂木林。

山萆薢 *Dioscorea tokoro* 产于保护区各林区。生于林缘、草地、沟谷杂木林。

鸢尾科 Iridaceae

鸢尾属 Iris

鸢尾 *Iris tectorum* 产于保护区各林区。生于林缘、草地。

蝴蝶花 *Iris japonica* 产于保护区各林区。生于林缘、草地。

马蔺 *Iris lactea* var. *chinensis* 产于保护区各林区。生于林缘、草地。

细叶鸢尾 *Iris tenuifolia* 产于保护区各林区。生于林缘、草地。

野鸢尾 *Iris dichotoma* 产于保护区各林区。生于林缘、草地。

射干属 Belameanda

射干 *Belamcanda chinensis* 产于保护区各林区。生于林缘、草地、沟谷杂木林。

姜科 Zingiberaceae

姜属 Zingiber

蘘荷 *Zingiber mioga* 产于保护区各林区。生于阴坡林下、沟谷、溪旁。

美人蕉科 Cannaceae

美人蕉属 Canna

美人蕉 *Canna indica* 原产印度，现在中国南北各地常有栽培，保护区有栽培。

大花美人蕉 *Canna generalis* 原产美洲热带，保护区有栽培。

兰科 Orchidaceae

无距兰属 Aceratorchlis

无距兰 *Aceratorchlis tschillensis* 产于保护区各林区。山坡草地、阴湿石崖。

杓兰属 Cypripedium

大花杓兰 *Cypripedium macranthum* 产于篱笆寨、微波站。生于阴坡林下、沟谷杂木林。

扇脉杓兰 *Cypripedium japonicum* 产于篱笆寨、微波站。生于阴坡林下、沟谷杂木林。

毛杓兰 *Cypripedium franchetii* 产于篱笆寨、南岗保护站。生于阴坡林下、沟谷杂木林。

红门兰属 Orchis

广布红门兰 *Orchis chusua* 产于南岗保护站。生于阴坡林下、沟谷杂木林。

单叶红门兰 *Orchis limprichtii* 产于南岗保护站。生于阴坡林下、沟谷杂木林。

舌喙兰属 Hemipilia

小舌唇兰 *Platanthera minor* 产于保护区各林区。生于阴坡林下、沟谷杂木林。

舌唇兰 *Platanthera japonica* 产于武胜关保护站。生于阴坡林下、沟谷杂木林。

天麻属 Gastrodia

天麻 *Gastrodia elata* 产于保护区各林区。生于阴坡林下、沟谷杂木林。

石斛属 Dendrobium

细茎石斛 *Dendrobium moniliforme* 产于南岗保护站。生于阴坡林下、沟谷崖石上。

曲茎石斛 *Dendrobium flexicaule* 产于红花保护站、大深沟。生于阴坡林下、沟谷杂木林。

兰属 Cymbidium

蕙兰 *Cymbidium faberi* 产于保护区各林区。生于阴坡林下、沟谷杂木林。

春兰 *Cymbidium goeringii* 产于保护区各林区。生于阴坡林下、沟谷杂木林。

建兰 *CymbidiumEnsifolium* 产于保护区各林区。生于阴坡林下、沟谷杂木林。

白芨属 Bletilla

白及 *Bletilla striata* 产于保护区各林区。生于阴坡林下、沟谷杂木林。

小白及 *Bletilla formosana* 产于保护区各林区。生于阴坡林下、沟谷杂木林。

凹舌兰属 Coeloglossum

凹舌兰 *Coeloglossum viride* 产于红花保护站、东沟。生于阴坡林下、沟谷杂木林。

斑叶兰属 Goodyera

斑叶兰 *Goodyera schlechtendaliana* 产于大深沟、南岗保护站。生于阴坡林下、沟谷杂木林。

小斑叶兰 *Goodyera repens* 产于保护区各林区。生于山坡林下阴湿处。

大花斑叶兰 *Goodyera biflora* 产于大深沟。生于阴坡林下、沟谷杂木林。

光萼斑叶兰 *Goodyera henryi* 产于红花保护站、东沟。生于阴坡林下、沟谷杂木林。

羊耳蒜属 Liparis

小羊耳蒜 *Liparis fargesii* 产于南岗保护站、大深沟。生于阴坡林下、沟谷杂木林。

羊耳蒜 *Liparis japonica* 产于南岗保护站、篱笆寨。生于阴坡林下、沟谷杂木林。

无柱兰属 Amitostigma

细葶无柱兰 *Amitostigma gracile* 产于南岗保护站、篱笆寨。生于阴坡林下、沟谷杂木林。

头序无柱兰 *Amitostigma capitatum* 产于南岗保护站。生于阴坡林下、沟谷杂木林。

单花无柱兰 *Amitostigma monanthum* 产于篱笆寨、吴家湾。生于阴坡林下、沟谷杂木林。

杜鹃兰属 Cremastra

杜鹃兰 *Cremastra appendiculata* 产于红花保护站、南岗保护站。生于阴坡林下、沟谷杂木林。

珊瑚兰属 Corallorhiza

珊瑚兰 *Corallorhiza trifida* 产于红花保护站、武胜关保护站。生于阴坡林下、沟谷杂木林。

独花兰属 Changnienia

独花兰 *Changnienia amoena* 产于红花保护站。生于阴坡林下、沟谷杂木林。

绶草属 Spiranthes

绶草 *Spiranthes sinensis* 产于保护区各林区。生于阴坡林下、沟谷杂木林。

角盘兰属 Herminium

角盘兰 *Herminium monorchis* 产于东沟。生于阴坡林下、沟谷杂木林。

裂瓣角盘兰 *Herminium alaschanicum* 产于大深沟。生于阴坡林下、沟谷杂木林。

叉唇角盘兰 *Herminium lanceum* 产于大深沟。生于阴坡林下、沟谷杂木林。

玉凤花属 Habenaria

鹅毛玉凤花 *Habenaria dentata* 产于篱笆寨、南岗保护站。生于阴坡林下、沟谷杂木林。

十字兰 *Habenaria schindleri* 产于南岗保护站。生于阴坡林下、沟谷杂木林。

手参属 Gymnadenia

手参 *Gymnadenia conopsea* 产于南岗保护站、篱笆寨。生于阴坡林下、沟谷杂木林。

兜被兰属 Neottianthe

二叶兜被兰 *Neottianthe cucullata* 产于李家寨保护站、篱笆寨。生于阴坡林下、沟谷杂木林。

兜被兰 *Neottianthe pseudodiphylax* 产于武胜关保护站、新店保护站。生于阴坡林下、沟谷杂木林。

阔蕊兰属 Peristylus

绿花阔蕊兰 *Peristylus goodyeroides* 产于保护区各林区。生于阴坡林下、沟谷杂木林。

火烧兰属 Epipactis

小花火烧兰 *Epipactis helleborine* 产于保护区各林区。生于阴坡林下、沟谷杂木林。

大叶火烧兰 *Epipactis mairei* 产于保护区各林区。生于阴坡林下、沟谷杂木林。

沼兰属 Malaxis

沼兰 *Malaxis monophyllos* 产于保护区各林区。

生于阴坡林下、沟谷杂木林。

山珊瑚属 Galeola

山珊瑚 Galeola faberi 产于红花保护站。生于阴坡林下、沟谷杂木林。

毛萼山珊瑚 Galeola lindleyana 产于东沟。生于阴坡林下、沟谷杂木林。

兜蕊兰属 Androcorys

兜蕊兰 Androcorys ophioglossoides 产于南岗保护站。生于阴坡林下、沟谷杂木林。

对叶兰属 Listera

对叶兰 Listera puberula 产于南岗保护站、生于阴坡林下、沟谷杂木林。

头蕊兰属 Cephalanthera

金兰 Cephalanthera falcata 产于保护区各林区。

生于阴坡林下、沟谷杂木林。

银兰 Cephalanthera erecta 产于保护区各林区。生于阴坡林下、沟谷杂木林。

山兰属 Oreorchis

山兰 Oreorchis patens 产于南岗保护站、篱笆寨。生于阴坡林下、沟谷杂木林。

长叶山兰 Oreorchis fargesii 产于大深沟。生于阴坡林下、沟谷杂木林。

隔距兰属 Cleisostoma

蜈蚣兰 Cleisostoma scolopendrifolium 产于武胜关保护站、红花保护站。生于阴坡林下、沟谷杂木林。

主要参考文献

陈丹维，肖文发，邵莉，等. 2012. 重庆巫山五里坡自然保护区种子植物科属区系分析. 华中农业大学学报，31（3）：303～312.

董东平，郑敬刚，叶永忠. 2009. 河南嵩山国家森林公园木本植物区系. 林业科学，45（3）：38～42.

李海涛，杜凡，王娟. 2008. 云南省元江自然保护区种子植物区系研究. 热带亚热带植物学报，16（5）：446～451.

李锡文. 1996. 中国种子植物区系统计分析. 云南植物研究，18（4）：363～384.

刘宾. 1991. 安徽省鸡公山陀尖山区植物区系的研究. 武汉植物学研究，9（3）：239～246.

刘建伟. 1990. 桐柏山太白顶自然保护区种子植物区初步系研究. 河南农业大学学报，23（2）：188～197.

王荷生. 1992. 植物区系地理. 北京：科学出版社.

王磊，温远光，和太平等. 2011. 广西下雷自然保护区种子植物区系研究. 广西植物，31（1）：64～69，133.

吴立宏. 1994. 老君山自然保护区种子植物区系地理的初步研究. 河南农业大学学报，28（1）：79～87.

吴征镒，周浙昆，李德铢，等. 2003. 世界种子植物科的分布区类型系统. 云南植物研究，25（3）：245～257.

吴征镒，周浙昆，孙航，等. 2006. 种子植物分布区类型及其起源和分化. 昆明：云南科学技术出版社.

吴征镒. 1991. 中国种子植物属的分布区类型专辑. 云南植物研究，13（增刊Ⅳ）：1～139.

吴征镒. 2003. 世界种子植物科的分布区类型系统修订. 云南植物研究，25（5）：535～538.

叶永忠，李培学. 1992. 豫南鸡公山自然保护区种子植物区系的研究. 武汉植物学研究，10（1）：25～34.

叶永忠. 1991. 中国种子植物特有属在河南的地理分布. 华北农学报，（增）：156～164.

叶永忠，汪万森，黄远超. 2002. 连康山自然保护区科学考察集. 北京：科学出版社.

叶永忠，汪万森，李合申. 2004. 小秦岭自然保护区科学考察集. 北京：科学出版社.

第9章 河南鸡公山自然保护区
珍稀濒危植物、重点保护植物及珍贵树种[①]

河南鸡公山国家级自然保护区地理位置特殊、地形复杂、水热条件良好、生态环境多样，不仅为南北植物的交汇分布提供了物质条件，而且也为珍稀濒危植物的生存和繁衍提供了避难场所，因此，本保护区保存了丰富的珍稀濒危植物。

9.1 国家级珍稀、濒危保护植物

根据 1984 年国务院环境保护委员会公布的第一批《珍稀濒危保护植物名录》和 1985 年国家环保局和中国科学院植物研究所出版的《中国珍稀濒危保护植物名录》第一册，河南鸡公山国家级自然保护区共有国家级珍稀、濒危保护植物 25 科 30 属 33 种（表 9-1），约占河南省国家级保护植物的 73%。其中，属国家一级珍稀、濒危保护植物有 2 种，占河南省国家一级珍稀、濒危保护植物总种数的 100%；属国家二级珍稀、濒危保护植物有 11 种，占河南省国家二级珍稀、濒危保护植物总种数的 78.5%；属国家三级珍稀、濒危保护植物有 20 种，占河南省国家三级珍稀、濒危保护植物总种数的 74%。

表 9-1 河南鸡公山珍稀濒危保护植物

中名	学名	保护等级	分布海拔/m	种群数量
秃杉*	*Taiwania flousiana*	1	300～400	＋＋＋＋
水杉*	*Metasequoia glyptroboides*	1	100～600	＋＋＋＋
狭叶瓶尔小草	*Ophioglossum thermale*	2	400～700	＋
银杏*	*Ginkgo biloba*	2	150～700	＋＋＋＋
金钱松*	*Pseudolarix amabilis*	2	600 以下	＋
连香树*	*Cercidiphyllum japonicum*	2	350～650	＋
水青树	*Tetracentron sinense*	2	350～650	＋
山白树	*Sinowilsonia henryi*	2	400～700	＋＋
杜仲	*Eucommia ulmoides*	2	600 以下	＋＋
紫茎	*Stewartia sinensis*	2	350～650	＋＋
秤锤树*	*Sinojackia xylocarpa*	2	500～600	＋
香果树	*Emmenopterys henryi*	2	200～500	＋＋＋
独花兰	*Changnienia amoena*	2	300～500	＋
胡桃楸	*Juglans mandshurica*	3	250～500	＋＋
华榛	*Corylus chinensis*	3	3500～700	＋＋＋
青檀	*Pteroceltis tatarinowii*	3	150～600	＋＋＋＋

---

① 本章由李培学执笔

续表

中名	学名	保护等级	分布海拔/m	种群数量
领春木	*Euptelea pleiosperma*	3	450～700	＋＋＋
八角莲	*Dysosma versipellis*	3	200～500	＋＋
天女花	*Magnolia sieboldii*	3	300～500	＋＋
黄山木兰	*Magnolia cylindrica*	3	350～700	＋＋
厚朴 *	*Magnolia officinalis*	3	200～600	＋＋
凹叶厚朴 *	*Magnolia officinalis* subsp. *biloba*	3	200～600	＋＋
天竺桂	*Cinnamomum japonicum*	3	250～500	＋＋
天目木姜子	*Litsea auriculata*	3	200～700	＋＋
楠木	*Phoebe sheareri*	3	150～350	＋＋＋
玫瑰 *	*Rosa rugosa*	3	150～600	＋＋＋＋
野大豆	*Glycine soja*	3	700 以下	＋＋＋＋
红豆树	*Ormosia hosiei*	3	200～700	＋
金钱槭	*Dipteronia sinensis*	3	250～500	＋
明党参	*Changium smyrnioides*	3	800 以下	＋＋
蝟实 *	*Kolkwitzia amabilis*	3	500	＋＋
天麻	*Gastrodia elata*	3	150～750	＋＋＋
黑节草	*Dendrobium candidum*	3	300～700	＋

 ＊ 为引种栽培；＋1～10 株（草本植物为居群），＋＋11～50 株（草本植物为居群），＋＋＋51～200 株（草本植物为居群），＋＋＋＋201 株以上（草本植物为居群）。

从表 9-1 看出，珍稀濒危保护植物属的物种组成表明，除松属（Pinus）、木兰属（Magnolia）、木姜子属（Litsea）、楠木属（Phoebe）等几属含有较多的种类外，其余各属均为单种属、寡种属和少种属。其中 7 个为草本属，26 个为木本属。上述植物多为所在科中较为古老原始的种类，为古热带植物区系的残遗种，在系统发育上处于相对孤立的地位。

属的区系地理成分统计表明，有 11 个属为中国特有分布，如金钱松属（Pseudolarix）、水杉属（Metasequoia）、秃杉属（Taiwania）、山白树属（Sinowilsonia）、秤锤树属（Sinojackia）等，其中只有独花兰属（Changnienia）、明党参属（Changium）为草本植物外，其余均为木本植物。温带分布属仅有 5 属，除松属为北温带分布，八角莲属（Dysosma）为东亚分布属外，其余木兰属、紫茎属（Stewartia）、延龄草属（Trillium）均为东亚-北美分布。热带分布属 6 个，其中红豆树属（Ormosia）为泛热带分布类型；木姜子属、楠木属为热带亚洲至热带美洲间断分布类型；樟属（Cinnamomum）、天麻属（Gastrodia）为热带亚洲至热带大洋洲分布类型；大豆属（Glycine）为热带亚洲至热带非洲分布类型。

种的统计表明，鸡公山分布的珍稀濒危植物与其相邻植物区系联系广泛，体现出本区过渡地区的特色。本区分布的物种中除野大豆、天麻、狭叶瓶尔小草分布于我国及其相邻的地区外，其余各种均特产于我国。其中属于我国华东亚热带植物区系成分的有天目木姜子、黄山木兰、天女花、秤锤树、明党参、独花兰等；属于我国华中亚热带植物区系成分的有杜仲、红豆树、金钱松、山白树、青檀、香果树、紫茎、黑节草、八角莲等。属于我国华南热带植物系成分的有楠木、闽楠、天竺桂等。

　　根据 1999 年 8 月 4 日国务院公布的《国家重点保护野生植物名录（第一批）》本区有国家级保护植物 19 科 23 属 27 种，占河南国家重点保护植物的 80%。现将国家重点野生保护植物概述如下。

银杏（*Ginkgo biloba*）

　　野生种为国家一级保护植物，属银杏科。高大乔木，别称公孙树、白果树、鸭掌树。叶呈扇形，二叉叶脉。花雌雄异株，果呈核果状，外果皮黄色或橙色，中果皮骨质、白色。本种起源于古生代石炭纪末期，至侏罗纪已遍及世界各地。白垩纪后逐渐衰退，第四纪后仅存于我国局部地区。本保护区及周边地区有栽培，栽培历史悠久，有不少古树，其中李家寨原白果庙前 2 株古银杏高达 27m，胸围 8.5m，系唐代初期所植。

水杉（*Metasequoia glyptostroboides*）

　　野生种为国家一级保护植物，属杉科。落叶大乔木，树干通直，叶条形，排成羽状二列，珠鳞交叉对生。为古老的子遗植物，早在中生代白垩纪和新生代广泛分布于欧亚大陆及北美，第四纪后仅存于我国的四川、湖北、湖南一带，20 世纪 50 年代初期引入该区栽培，现已成林，在本区广泛栽培。

红豆杉（*Taxus chinensis*）

　　国家一级保护植物，属红豆杉科。常绿小乔木，叶条形，长 1.5～2.2cm，螺旋状着生，排成两列，叶背面有两条淡黄绿色气孔带，中脉带淡黄绿色。种子卵圆形。生于红色肉质杯状假种皮内。全株含紫杉醇，为新兴抗癌药。生于海拔较高的沟谷杂木林中。自然分布于长江以南各省区，保护区有栽培。

南方红豆杉（*Taxus wallichiana* var. *mairei*）

　　国家一级保护植物，属红豆杉科。常绿小乔木，老树赤灰色。与红豆杉相似，但叶较长，叶长 2.2～3.2cm，叶背有两条黄白色气孔带，中脉带淡绿色。种子倒卵形。生于海拔 1000～1500m 处的沟谷杂木林中。分布于秦岭以南地区，保护区有栽培。

莼菜（*Brasenia schreberi*）

　　国家一级保护植物，属睡莲科。多年生水生草本；根状茎细瘦，横卧于水底泥中。叶漂浮于水面，椭圆状矩圆形，盾状着生于叶柄。花著生在花梗顶端，萼片 3～4 片，呈花瓣状，花瓣 3～4 片，紫红色，宿存；子房上位，离生心皮。坚果革质。生于池塘湖沼。分布在江苏、浙江、江西、湖南、湖北、四川、云南等省；保护区下部池塘和沼泽有分布。叶作蔬菜，被视为宴席上的珍贵食品。

秃杉（*Taiwania cryptomerioides*）

　　国家二级保护植物，属杉科。常绿大乔木，是我国特有树种，著名的第三纪子遗植物，远在古新世曾广泛分布于欧洲和亚洲东部，由于第四纪冰期的影响，现主要残存于我国云南西部怒江流域的贡山，澜沧江流域的兰坪，湖北南部的利川、毛坎，台湾中央山脉、阿里山、玉山及太平山，贵州东南部的雷公山。缅甸北部亦有少量残存。保护区 20 世纪 80 年代引入栽培，现已成林。

　　秃杉为古老的子遗植物，对研究古植物区系、古地理、第四纪冰期气候和杉科植物的系统发育都有重要的科学价值，1984 年曾被国家环保局定为一级保护植物。

莲（*Nelumbo nucifera*）

　　国家二级保护植物，属睡莲科。多年生水生草本；根状茎横走，地下茎的肥大部分称作莲藕，叶圆形，高出水面，有长叶柄，具刺，成盾状生长。花单生在花梗顶端，花瓣多数为红色、粉红色或白色；雄蕊多数；心皮离生，嵌生在海绵质的花托穴内。坚果呈椭圆形，俗称莲子。莲是冰期以前的古老植物，我国南北各地广泛种植。本区亦有分布。

乌苏里狐尾藻（*Myriophyllum ussuriense*）

国家二级保护植物，属小二仙草科。水生草本。茎圆柱形，不分枝。叶 3 或 4 轮生，羽状分裂，茎上部叶不分裂，线形。花腋生，雌雄异株。生于池塘水中或沼泽地上，可作水生观赏水草。分布于东北、安徽、台湾等省区；保护区各湿地沼泽有分布。

天竺桂（*Cinnamomum japonicum*）

又名普陀樟，国家二级保护植物，属樟科。常绿乔木，高 10～15m，枝条细弱，红色或红褐色，具香气。叶近对生或在枝条上部互生，卵圆状长圆形至长圆状披针形，革质，离基三出脉。树皮和叶入药，称天竹桂、山肉桂、野桂。主要分布于上海、江苏、浙江、台湾等华东地区，保护区李家寨保护站杜家沟、大茶沟有分布。

樟树（香樟）（*Cinnamomum camphora*）

国家二级保护植物，属樟科。常绿大乔木，树皮灰褐色，纵裂。叶互生，卵状椭圆形，离基三出脉，脉腋有腺体，全缘。木材有香气，纹理致密，美观，耐腐朽，防虫蛀，全株可提取樟脑、樟油，是我国特产的经济树种与亚热带常绿阔叶林的代表树种，见于低山、丘陵及村庄附近。主产长江以南各省区，保护区及周边地区有栽培。

楠木（*Phoebe zhennan*）

国家二级保护植物，属樟科。常绿乔木，叶椭圆形至披针形，下面密被短柔毛。子房球形，果椭圆形。生山坡杂木林中，分布于湖北、四川及贵州等省，保护区的大深沟、李家寨林区有分布，楠木在本区一般呈灌木状。楠木系我国珍贵、特产树种。

红豆树（*Ormosia hosiei*）

国家二级保护植物，属豆科。落叶乔木，奇数羽状复叶，常有 5 小叶。圆锥花序，蝶形花冠白色或淡红色，荚果木质；种子鲜红色、光壳、圆形。生于沟谷杂木林中，分布于我国华南至秦岭南坡一带，本保护区偶见有分布。

厚朴（*Magnolia officinalis*）

国家二级保护植物，属木兰科。落叶乔木，树皮厚。叶长圆状卵形，长 22～45cm，先端骤尖或钝；花被片 8～12 片，外轮绿色，内轮白色；聚合果长圆状卵形。生于山坡杂木林中。分布于陕西南部、甘肃东部、湖北、湖南及河南南部。保护区有栽培。树形雄伟，花大，是优良的园林绿化树种，可做荫木、庭荫树、园景树。树皮作厚朴药用。

凹叶厚朴（*Magnolia officinalis* subsp. *biloba*）

国家二级保护植物，属木兰科。落叶乔木，树皮厚。叶长圆状卵形，先端凹缺成二钝圆浅裂。花大，单朵顶生，直径 10～15cm，白色芳香，与叶同时开放。主要分布于安徽、湖北、江西、浙江、福建、湖南、广东、广西、贵州的阔叶林中。现华中、华东和华北南部广为栽培，保护区有栽培。用途同厚朴。

水青树（*Tetracentron sinensis*）

国家二级保护植物，属水青树科。落叶乔木，高达 10 余 m，叶卵形至椭圆状卵形，花两性，穗状花序腋生，无花瓣。蓇葖果 4 室，种子极小。生于山谷杂木林中。分布于陕西南部、湖北及我国的西南地区。保护区有零星分布。水青树是第三纪古热带植物区系的古老成分，是我国特产的单种属。

喜树（旱莲木）(*Camptotheca acuminata*)

国家二级保护植物，属蓝果树科。落叶乔木，叶互生，卵形，顶端锐尖，基部圆形；头状花序近球形，苞片肉质；果为矩圆形翅果。生于山谷杂木林中。分布于江苏、浙江、福建、江西、湖北、湖南、四川等省区，本区各林区有少量栽培。

黄檗（*Phellodendron amurense*）

国家二级保护植物，属芸香科。落叶乔木，高 10～15m，枝广展；树皮浅灰或灰褐色，内皮鲜黄色。单数羽状复叶对生；小叶 5～13 片，果为浆果状核果，黑色，有特殊香气与苦味。分布于我国东北、华北。朝鲜、俄罗斯、日本也有分布。多生于杂木林中。树皮药用，能清热泻火、燥湿解毒；木栓层可作软木塞；内皮可作染料。李家寨保护站关风沟有分布。

金荞麦（*Fagopyrum dibotrys*）

国家二级保护植物，属蓼科。亦称野荞麦、天荞麦、红三七，为多年生草本，高 50～150cm，地下有块根，茎直立，中空，叶互生，卵状三角形或扁宽三角形，花序为疏散的圆锥花序，花两性，花单被，5 深裂，白色，宿存，花柱 3，瘦果卵形。多野生在海拔 500m 以下的林缘，分布于我国南部，本区各林区有分布。

秤锤树（*Sinojackia xylocarpa*）

国家二级保护植物，属安息香科。落叶小乔木，嫩枝密被星状毛，单叶互生，叶片椭圆形至椭圆状卵形；果卵形，木质，具圆锥形的喙，内含 1 粒种子。生于山坡或灌丛中。分布于江苏、安徽、湖北、湖南等地，保护区有栽培。

野菱（*Trapa incisa*）

国家二级保护植物，属菱科。一年生水生草本，叶二型，沉水叶羽状细裂，漂浮叶广三角形或菱形，聚生茎端，上部膨胀成为海绵质气囊，气囊狭纺锤形。花白色，单生叶腋，坚果三角形，果肉类白色，富粉性。生于水塘或沟渠内，喜阳光，抗寒力强。分布于东北至长江流域。保护区有分布。

香果树（*Emmenopterys henryi*）

国家二级保护植物，属茜草科。落叶乔木，叶片宽椭圆形至宽卵形，脉腋具毛。大型圆锥花序，一萼裂片扩大成叶状，花后呈粉红色，蒴果熟时褐红色。生于山坡及沟谷杂木林中，广泛分布于长江以南至西南地区。保护区的武胜关、红花等林区有分布。

连香树（*Cercidiphyllum japonicum*）

国家二级保护植物，属连香树科。落叶大乔木，系我国第三纪残遗种、单属科植物。在本区各林区广泛分布。连香树雌雄异株，结实极少。天然更新困难，大树多遭砍伐，已处在濒临灭绝状态。保护区树木园有引种栽培。

杜仲（*Eucommia ulmoides*）

国家二级保护植物，属杜仲科。落叶乔木，树皮纵裂、全株含银白色胶丝，叶椭圆状卵形至椭圆形。雌雄异株，无花被，坚果扁平具翅，内含 1 粒种子。生于山坡杂木林中，分布自黄河以南至五岭以北。本区偶见野生，多为人工栽培。杜仲为我国特有的单种科，为第三纪残遗的古老树种。

榉树（*Zelkova schneideriana*）

国家二级保护植物，属榆科。落叶乔木，小枝具灰白色柔毛。叶椭圆状卵形，边缘有钝锯齿，侧脉 7～15 对；核果偏斜。生于山坡杂木林中，分布于淮河流域、秦岭以南、长江中下游至广东、广西等省区。保护区各林区都有分布。

野大豆（*Glycine soja*）

国家二级保护植物，属豆科。一年生缠绕草本，茎细弱，叶为三出复叶，全株被毛。总状花序腋生。荚果长圆形或近镰刀形，密被硬毛。生于山坡、旷野，分布于黄河流域至淮河流域，太行山、大别山区也有分布。保护区各林区均有分布。野大豆具有高度抗病虫害和适应性广的特点，是杂交育种的好材料。

中华结缕草（*Zoysia sinica*）

国家二级保护植物，属禾本科。多年生草本植物，具根状茎，秆高 10～30cm；叶鞘无毛，长于或上部者短于节间，鞘口具长柔毛；叶舌短而不明显，叶片条状披针形。生于河岸、路边。中华结缕草具有耐湿、耐旱、耐盐碱的特性，根系发达，生长匍匐性好，故可被用作草坪。分布于东北、华东、华南等地，保护区有分布。

9.2　河南省重点保护植物

列入省级重点保护的植物一般是一些地方特有种及一些渗入种。它们为研究植物区系地理、分布式样与历史变迁，以及影响变迁的生态环境因素、植物对环境的适应与协同进化、种系的分化与新种的形成时提供了重要的线索。根据河南省人民政府豫政〔2005〕1 号文件颁布的河南省重点保护植物名录，河南省级重点保护植物 98 种，其中种子植物 93 种，本保护区分布有 22 科 43 属 59 种，占全省省级重点保护植物的 63.4%。

河南省重点保护植物名录

蕨类植物 Pteridophyta

铁线蕨科 Adiantaceae
团羽铁线蕨 *Adiantum capillus-junonis*

蹄盖蕨科 Athyriaceae
蛾眉蕨 *Lunathyrium acrostichoides*

铁角蕨科 Aspleniaceae
过山蕨 *Camptosorus sibiricus*

球子蕨科 Onocleaceae
荚果蕨 *Matteuccia struthiopteris*
东方荚果蕨 *Matteuccia orientalis*

裸子植物 Gymnospermae

松科 Pinaceae
白皮松 *Pinus bungeana*

粗榧科 Cephalotaxaceae
三尖杉 *Cephalotaxus fortunei*
中国粗榧 *Cephalotaxus sinensis*

被子植物 Angiospermae

桦木科 Betulaceae
华榛　*Corylus chinensis*

壳斗科 Fagaceae
石栎 *Lithocarpus glaber*

胡桃科 Juglandaceae
胡桃楸 *Juglans mandshurica*
青钱柳 *Cyclocarya paliurus*

榆科 Ulmaceae
大果榉 *Zelkova sinica*
青檀 *Pteroceltis tatarinowii*

昆栏树科 Trochodendraceae
领春木 *Euptelea pleiospermum*

木兰科 Magnoliacea
黄山木兰 *Magnolia cylindrical*
望春花 *Magnolia biondii*
朱砂玉兰 *Magnolia diva*
野八角 *Illicium lanceolatum*
黄心夜合 *Michelia bodinieri*

樟科 Lauraceae
川桂 *Cinnamomum wilsonii*
天竺桂 *Cinnamomum japonicum*
大叶楠 *Machilus ichangensis*
紫楠 *Phoebe sheari*

竹叶楠 *Phoebe faberi*

山楠 *Phoebe chinensis*

天目木姜子 *Litsea auriculata*

黄丹木姜子 *Litsea elongta*

豹皮樟 *Litsea coreana* var. *sinensis*

黑壳楠 *Lindera megaphylla*

河南山胡椒 *Lindera henanensis*

红果山胡椒 *Lindera erythrocarpa*

虎耳草科 Saxifragaceae

独根草 *Oresitrophe rupifraga*

金缕梅科 Hamamelidaceae

枫香 *Liquidambar taiwaniana*

山白树 *Sinowilsonia henryi*

杜仲科 Eucommiaceae

杜仲 *Eucommia ulmoides*

蔷薇科 Rosaceae

红果树 *Stranvaesia davidiana*

槭树科 Aceraceae

金钱槭 *Dipteronia sinensis*

飞蛾槭 *Acer oblongum*

七叶树科 Hippocastanaceae

七叶树 *Aesculus chinensis*

清风藤科 Sabiaceae

珂楠树 *Meliosma beaniana*

暖木 *Meliosma veitchiorum*

鼠李科 Rhamnaceae

铜钱树 *Paliurus hemsleyanus*

冬青科 Aquifoliaceae

大果冬青 *Ilex macrocarpa*

山茶科 Theacaea

紫茎 *Stewartia sinensis*

五加科 Araliaceae

刺楸 *Kalopanax septemlobus*

大叶三七 *Panax japonica*

野茉莉科 Styraceae

玉铃花 *Styrax obassia*

郁香野茉莉 *Styrax odoratissima*

忍冬科 Caprifoliaceae

蝟实 *Kolkwitzia amabilis*

葫芦科 *Cucurbitaceae*

绞股蓝 *Gynostemma pentaphyllum*

百合科 Liliaceae

万年青 *Rohden japonica*

七叶一枝花 *Paris polyphylla*

兰科 Orchidaceae

扇叶杓兰 *Cypripedium japonicum.*

毛杓兰 *Cypripedium franchetii*

大花杓兰 *Cypripedium macranthum*

天麻 *Gastrodia elata Blume*

独花兰 *Changnienia amoena*

细茎石斛 *Dendrobium moniliforma*

曲茎石斛 *Dendrobium flexicaule*

黑节草 *Dendrobium candicum*

建兰 *Cymbidium ensifolium*

9.3 国家级珍贵树种

珍贵树种是国家的宝贵的自然资源。为合理保护利用发展珍贵树木资源，林业部于 1992 年 10 月公布了珍贵树木名录，分两个级别，共计 132 种，并严禁采伐一级珍贵树种，严格控制采伐二级珍贵树种。河南省有国家珍贵树种 19 种，本区有国家珍贵树种 12 种，占河南珍贵树种的 63%。

一级国家珍贵树种

香果树（*Emmenopterys henryi*）

南方红豆杉（*Taxus chinensis* var. *mairei*）

二级国家珍贵树种

连香树（*Cercidiphyllum japonicum*）

核桃楸（*Juglans mandshurica*）

山槐（原生种）（*Maackia amurensis*）

红豆树（*Ormasia hosiei*）

厚朴（*Manglietia officinalis*）

刺楸（*Kalopanax septemlobus*）

杜仲（*Eucommia ulmoides*）

楠木（*Phoebe zhennan*）

水青树（*Tetrocentron sinense*）

椤树（*Zelkova schneiderianu*）

9.4　珍稀濒危植物保护

9.4.1　建立珍稀濒危、保护植物观测点，开展长期定点观测

通过历年来的调查和保护区科技人员的工作，鸡公山区的珍稀、濒危植物种类已基本摸清。到目前为止仍对部分种只知道在本区曾有分布，但分布在哪儿、数量有多少、近些年来发生了什么变化等，还不甚清楚。至于对这些珍稀、濒危植物的生物学、生态学特性，濒危机制则知者更少。因此有必要对各保护区及其相邻地区的珍稀濒危植物进行一次彻底的清查，明确保护对象和数量特征，建立起每种珍稀濒危植物的技术档案，绘出本保护区珍稀濒危植物的水平分布和垂直分布图。对本地确定的重点保护对象应建立起永久性样地，定期观测记载它们的生物学、生态学特性、群落特征及其变化规律。

9.4.2　在树木园等地建立珍稀濒危、保护植物保育基地

在全面调查的基础上，在本区的各个保护区内确定重点的保护对象，保护其生态环境，采用以就地保护为主的技术措施进行保护。珍稀濒危植物在本区的分布都相当局限，对环境，对土壤有特殊的需求。在未弄清它们的生物学、生态学特性之前，对那些分布数量少、繁育困难的物种不要盲目地迁地引种，以免造成有限植物资源的数量减少，而应采用就地保护的方法，改善植物的生存环境，掌握其濒危原因和繁殖机制，采用人工促进天然更新方法，就地繁育，恢复和扩大种群数量。就地引种的环境，土壤条件未做根本性的改变，扩种往往比较容易成功。本区分布的金钱松、大别山五针松宜采用这种方法进行就地保护；而像香果树、楠木、黄山木兰这一类本区分布数量较多而经济或观赏价值较高的种类，在掌握其生长发育规律、生态适应性、遗传变异的基础上可进行大规模集约栽培，同时提高这些植物的生态适应幅度，掌握其生产力和栽培技术措施，以便在更大的范围内应用推广。

9.4.3　加大保护力度，增加保护投入

珍稀、保护植物是我国的重要植物资源，是保护区的重要保护对象。在保护工作中应该注重加大科技和经济投入，深入研究导致各物种濒危的原因，并据此对各物种制定相应的行之有效保护措施。同时应大力开展人工繁殖技术研究，快速扩大各物种种群数量和分布范围，在此基础上进行病虫害防止研究，减轻病虫危害，逐步实现各物种自然繁殖。首先通过迁地保护手段使大量野生植物种质资源得以保存，在此基础上必须大力开展科学研究，特别是对各物种的繁殖技术研究，通过人工方法使各物种种群数量增加，并逐步实现其自然繁

殖。病虫害防治工作必须利用现代生物技术，特别应该研究新型生物农药，研究生物防治措施和技术。另外，野生植物资源调查也是一相十分重要的工作，只有对野生植物资源有了详细的了解，才能充分认识保护工作的重点；同时只有通过专业的资源调查才能掌握各地野生珍稀濒危植物的资源和保护现状。

主要参考文献

丁宝章，王遂义. 1981. 河南植物志（第一册）. 郑州：河南人民出版社.

丁宝章，王遂义. 1990. 河南植物志（第二册）. 郑州：河南科学技术出版社.

丁宝章，王遂义. 1996. 河南植物志（第三册）. 郑州：河南科学技术出版社.

丁宝章，王遂义. 1998. 河南植物志（第四册）. 郑州：河南科学技术出版社.

方元平，汪正祥，雷耘，等. 2009. 漳河源自然保护区野生保护植物优先保护定量研究. 华中师范大学学报（自然科学版），43（2）：297～301.

傅立国. 金鉴明. 1991. 中国植物红皮书. 北京：科学出版社.

何友均，崔国发，冯宗炜，等. 2004. 三江源自然保护区森林草甸交错带植物优先保护序列研究. 应用生态学报，15（8）：1307～1312.

黄璐琦，唐仕欢，崔光红，等. 2006. 药用植物受威胁及优先保护的综合评价方法. 中国中药杂志，31（23）：1929～1932.

金山，胡天华，赵春玲，等. 2010. 宁夏贺兰山自然保护区植物优先保护级别研究. 北京林业大学学报，32（2）：113～117.

朗楷勇，卢炯林. 1992. 河南兰科植物的区系组成和特点. 河南科学，10（4）：384～388.

刘洪见，黄建，张旭乐，等. 2010. 花镜植物分级评价系统的设计与实现. 农业网络信息，（6）：45～48.

柳林. 2005. 植物物种绝灭风险指标体系及评价标准. 安康师专学报，17（3）：35～38.

卢炯林，高立献. 1990. 河南石斛属属一新种. 植物研究，10（4）：29～31.

卢炯林，高立献. 1991. 河南石斛属植物的调查研究. 武汉植物学研究，9（2）：148～152.

卢炯林，王磐基. 1990. 河南省珍稀濒危植物. 开封：河南大学出版社.

卢炯林，王磐基. 1992. 河南省珍稀濒危植物调查研究. 河南大学学报，22（1）：89～92.

卢炯林. 1987. 河南省珍稀濒危保护植物的调查研究. 河南农业大学学报，（4）：439～457.

卢炯林. 1992. 河南石豆兰属一新种. 植物研究，12（4）：331～333.

毛夏，蒋明康. 1994. 珍稀濒危植物评价分级专家系统研究. 农村生态环境学报，10（3）：18～21.

梅小洪，郑泽仁. 2010. 缙云县大洋山国家重点保护野生植物资源及保护对策. 现代农业科技，2010（1）：225～227.

宋朝枢，丁宝章. 1994. 鸡公山自然保护区科学考察集. 北京：中国林业出版社.

宋朝枢，瞿文元，叶永忠，等. 1996. 董寨鸟类自然保护区科学考察集. 北京：中国林业出版社.

宋朝枢，王正用. 王遂义，等. 1994. 宝天曼自然保护区科学考察集. 北京：中国林业出版社.

宋朝枢，叶永忠. 1994. 伏牛山自然保护区科学考察集. 北京：中国林业出版社.

唐培玉，孟瑞瑞. 2008. 受威胁植物濒危等级划分概述. 内蒙古环境科学，20（6）：10～15.

翁梅，张文狮，尹红征. 2011. 基于GIS技术的河南省重点保护植物管理信息系统设计与分析. 河南农业大学学报，45（1）：123～126.

叶永忠，李培学. 1992. 鸡公山种子植物区系研究. 武汉植物学研究，9（4）337～344.

叶永忠，汪万森，黄远超. 2002. 连康山自然保护区科学考察集. 北京：科学出版社.

叶永忠，汪万森，李合申. 2004. 小秦岭自然保护区科学考察集. 北京：科学出版社.

叶永忠，朱学文，王婷，等. 2000. 河南大别山珍稀、濒危植物与保护. 武汉植物学研究，19（1）21～24.

张慧玲，李春奇，叶永忠，等. 2006. 河南省国家重点保护植物地理分布特征. 河南科学，24（1）：52～55.

中国科学院植物研究所. 1989. 中国珍稀濒危植物. 上海：上海教育出版社.

周先容. 2008. 金佛山自然保护区珍稀濒危植物评价体系初探. 西南农业大学学报（自然科学版），20（6）：
　　10～15.

第10章 河南鸡公山自然保护区植物资源[①]

人类社会无论是物质文明的发展还是精神文明的进步，都离不开对植物资源的开发利用。随着科学技术突飞猛进的发展，人类对植物资源的开发利用也不断向深层次、多方面推进。人类对植物的认识是无止境的，因此对这一宝贵的自然资源的开发利用也是无止境的。如何在保护、发展现有资源的基础上合理地开发利用植物资源，使之既造福于当代又荫及子孙后代，是自然保护区当前面临的迫切任务之一。由于特殊的地理位置及复杂多变的地形、地势等综合自然环境条件，河南鸡公山国家级自然保护区植物种类繁多，资源优势明显，为开展植物资源的开发、利用和研究提供了基础。

10.1 苔藓植物资源

同藻类、真菌及高等植物相比，苔藓植物长期以来没有作为资源得到广泛利用。一方面是因为苔藓植物形体微小，净生产量低；另一方面是因为与其应用相关的学科发展速度缓慢。因此，人们一般认为苔藓植物没有太大的应用价值。而实际情况是，苔藓植物同其他植物类群一样，具有广阔的应用前景，尤其是在环境污染监测、园林绿化、药用价值等方面将产生重大的经济效益和社会效益。

10.1.1 药用苔藓植物资源

苔藓植物体内含有脂肪酸、氨基酸、生物碱、黄酮类化合物及多种生物活性物质，具有重要的医疗价值。在我国民间中草药中，对苔藓植物的利用历史较长，早在11世纪中期，我国的《嘉佑本草》已记载土马鬃（大金发藓）能清热解毒；明朝李时珍在《本草纲目》中也对土马鬃进行了详细的记录："气味甘浚，无毒，主治骨热、烦败、热壅、鼻出血、通大小便"。清朝吴其浚在《植物名实图考》中称大叶藓为"一把伞"，有"壮元阳，强腰肾"的功效。二战时期，军医们发现泥炭藓有明显的抑菌作用，可以作为敷料代替当时紧缺的药棉。近年来，随着苔藓植物化学系统学的建立，苔藓植物化学成分的发现及抗菌性、药理和临床应用等工作的开展，苔藓植物的药用价值越来越受到人们的重视。

据野外考察和初步统计，河南鸡公山国家级自然保护区药用苔藓植物共计35种，具体名录为石地钱原变种、蛇苔、小蛇苔、黄牛毛藓、曲尾藓、卷叶凤尾藓、小凤尾藓原变种、短叶小石藓、小石藓原变种、卵叶紫萼藓、立碗藓、葫芦藓、真藓、暖地大叶藓、具缘提灯藓、尖叶匐灯藓、梨蒴珠藓、直叶珠藓、泽藓、偏叶白齿藓、万年藓、羊角藓、大羽藓、短肋羽藓、狭叶小羽藓、细叶小羽藓、牛角藓原变种、密叶绢藓原变种、大灰藓、尖叶灰藓、鳞叶藓、小仙鹤藓、仙鹤藓多蒴变种、东亚小金发藓、疣小金发藓。

10.1.2 园林绿化苔藓植物资源

在现代园林绿化中经常可以看到苔藓植物的影子，尽管其因形体较小而多为点缀，未能

成为人们欣赏的主体景观，但苔藓植物却因其形态多样、色彩斑斓，在园林绿化中既可以单独成景，也可以与其他草本、木本植物相配成为组合景观。苔藓植物在园林中的应用主要表现在构建苔藓专类园、苔藓盆景庭园，以及用于园林配置、组景等方面。

日本是较早利用苔藓作为景观植物的国家，在 16 世纪后期的日本茶园和寺庙里就使用苔藓取代草本植物作为地表覆盖物，供游人观赏。现在日本京都西部的许多大型苔藓公园已成为著名旅游胜地。我国台湾也在利用苔藓作为微型公园的草坪，营造一种逼真的自然效果。这些园林绿化苔藓植物体表面大都具有独特的光泽、细腻的质感，其娇小如绒、青翠常绿，给人以古朴典雅、清纯宁静、自然和谐的感觉，点缀大自然于细微之处，构成一幅幅幽静恬然而令人遐想的图画，因此，常常表现独特的美学价值。

据野外考察和初步统计，河南鸡公山国家级自然保护区园林绿化苔藓植物共计 45 种，具体名录为平叉苔、长刺带叶苔、地钱、曲尾藓、日本曲尾藓、东亚曲尾藓、南亚卷毛藓、狭叶白发藓、白发藓、卷叶凤尾藓、羽叶凤尾藓、大叶凤尾藓、粗肋凤尾藓、真藓、丝瓜藓、泛生丝瓜藓、葫芦藓、立碗藓、暖地大叶藓、狭边大叶藓、尖叶匍灯藓、大叶匍灯藓、圆叶匍灯藓、狭叶小羽藓、细叶小羽藓、大羽藓、短肋羽藓、圆条棉藓原变种、大灰藓、塔藓、仙鹤藓多蒴变种、东亚小金发藓、小金发藓、大扭口藓、长叶纽藓、钝叶树平藓、刀叶树平藓、万年藓、东亚万年藓、川滇蔓藓、牛角藓、绢藓、陕西绢藓、青藓、灰藓原变种。

10.1.3　环境监测苔藓植物资源

苔藓植物因其结构简单、吸附力强，易对污染因子做出反应，作为环境污染监测植物在国外普遍被采用。有些种类苔藓植物对二氧化硫（SO_2）、氟化氢（HF）、硫化氢（H_2S）及铅（Pb）、汞（Hg）等重金属离子有特殊敏感性。如大灰藓对 SO_2 异常敏感，可作监测大气中 SO_2 的指示植物。

本保护区可作为环境污染监测的苔藓植物主要有下列属种：白发藓属、青藓属、绢藓属、小锦藓属、小牛舌藓全缘亚种、暗绿多枝藓、大灰藓等。

本保护区对金属微粒具吸附功能的苔藓植物主要有曲尾藓、金发藓原变种、塔藓和灰藓原变种等。

10.2　蕨类植物资源

蕨类植物是河南鸡公山国家级自然保护区森林生态系统中草本层的重要组成部分，不仅在维持森林生态系统的稳定中发挥重要作用，还具有广泛的药用、观赏和食用价值。此外，蕨类植物还具有很多特殊的应用价值，例如，蜈蚣草、铁线蕨、鞭叶耳蕨、华中铁角蕨和贯众等蕨类植物由于生活环境特殊而成为钙质土和石灰岩的重要指示植物；石松含有石松碱可作蓝色染料，它的孢子不仅可以提取油脂，称"石松子油"，还可以作铸造脱模剂和闪光剂，用于火箭、信号弹、照明弹等；乌蕨可作红色染料；蕨的叶片可作绿色染料，根茎可作黄色染料；凤尾蕨全株可提取栲胶，作为皮革业、石油化工、纺织印染、医药等多个领域的生产原料；苹属植物中含有明胶，也可提取利用；贯众、海金沙、问荆、水龙骨、蜈蚣草等可作农药，且具有对人畜安全、易分解、无残毒危害、不污染环境的优点，极其适于果树、蔬菜类施用；芒萁是贫瘠土壤疏林下的良好植被植物，对水土保持有一定的作用；满江红、苹、槐叶苹、蕨、芒萁等是优良的饲料和绿肥植物，既可作为家禽和家畜的优质饲料，又可改善土壤结构，提高土壤肥力，为农作物提供多种有效养分；蜈蚣草可以有效地从土壤中吸收砷并把它转移到植株的地上部分，在改良受砷污染的土壤方面有很大的优势。

10.2.1　药用蕨类植物资源

药用蕨类植物中含有各种类型的黄酮类、多元酚类、三萜及生氧甙、蜕皮激素等化合物，其孢子中含有丰富的脂肪酸，因此具有清热解毒、止血活血、止咳祛痰、祛风除湿、舒筋活血、补中益气、润肺化痰、利尿通淋等功效，同时对促进人体蛋白质合成，排出体内胆固醇，降低血脂及抑制血糖上升也有一定的作用，是人类生活中重要的医疗、保健植物。

据野外考察和初步统计，河南鸡公山国家级自然保护区药用蕨类植物共计 86 种，主要有石松、卷柏、蔓生卷柏、兖州卷柏、江南卷柏、细叶卷柏、伏地卷柏、中华卷柏、问荆、草问荆、犬问荆、木贼、节节草、狭叶瓶尔小草、阴地蕨、紫萁、芒萁、海金沙、边缘鳞盖蕨、乌蕨、蕨、蜈蚣草、凤尾蕨、井栏凤尾蕨、狭叶凤尾蕨、半边旗、银粉背蕨、铁线蕨、普通铁线蕨、掌叶铁线蕨、普通凤丫蕨、凤丫蕨、金毛裸蕨、华中介蕨、中华蹄盖蕨、华东蹄盖蕨、禾秆蹄盖蕨、假蹄盖蕨、肿足蕨、中日金星蕨、金星蕨、针毛蕨、延羽卵果蕨、渐尖毛蕨、披针新月蕨、过山蕨、铁角蕨、虎尾铁角蕨、华中铁角蕨、变异铁角蕨、三翅铁角蕨、北京铁角蕨、中华东方荚果蕨、狗脊蕨、阔羽贯众、贯众、鞭叶耳蕨、革叶耳蕨、黑鳞耳蕨、对马耳蕨、耳羽岩蕨、华北鳞毛蕨、阔鳞鳞毛蕨、两色鳞毛蕨、半岛鳞毛蕨、刺头复叶耳蕨、大瓦韦、狭叶瓦韦、扭瓦韦、网眼瓦韦、瓦韦、三角叶盾蕨、伏石蕨、金鸡脚假瘤蕨、江南星蕨、石蕨、华北石韦、光石韦、毡毛石韦、有柄石韦、庐山石韦、石韦、中华水龙骨、柳叶剑蕨、苹、槐叶苹。

10.2.2　观赏蕨类植物资源

观赏蕨类植物是经过人工引种栽培或繁殖，具有一定观赏价值的蕨类植物，尤其在园林绿化、盆栽、盆景山石配置、盆景造型、切花配叶的应用中较常见。如普通铁线蕨、铁线蕨、卷柏、石韦因其奇特的叶型、亮丽的叶色、优雅的树型而具有极高的观赏价值，进而成为公园、庭院绿化及室内家居装饰之用的观赏植物资源。本区常见的观赏蕨类植物主要有 47 种，如铁角蕨、卷柏、细叶卷柏、江南卷柏、问荆、木贼、瓶尔小草、紫萁、芒萁、海金沙、金毛狗蕨、边缘鳞盖蕨、鳞毛蕨、乌蕨、蕨、半边旗、井栏凤尾蕨、凤尾蕨、蜈蚣草、银粉背蕨、铁线蕨、水蕨、假蹄盖蕨、冷蕨、羽节蕨、肿足蕨、渐尖毛蕨、延羽卵果蕨、金星蕨、长叶铁角蕨、睫毛蕨、狗脊蕨、耳羽岩蕨、贯众、革叶耳蕨、对马耳蕨、肾蕨、伏石蕨、江南星蕨、瓦韦、石韦、有柄石韦、光石韦、盾蕨、苹、槐叶苹、满江红。

10.2.3　食用蕨类植物资源

食用蕨类植物一般通称为蕨菜，多自然生长在山野林间，营养丰富，风味独特，清新爽口且无污染，大多数还有还具有清热、利水、安神等多种保健功能，可谓"药食同源、一举两得"。因此，自古以来我国劳动人民就喜欢食用蕨类植物的嫩叶和叶柄。最早的记载是《诗经》中的"山有蕨薇"。周朝初年，我国就有伯夷、叔齐采薇（南方蕨菜的一种）于首阳山下为食的记载。近年来，作为一种天然绿色食品，食用蕨更是受到人们的普遍青睐。除了鲜食外，还可以将其干制、盐渍、罐制加工后内销或出口。此外，蕨、金毛狗蕨、狗脊蕨、紫萁、肾蕨等的根状茎或叶柄可以提取淀粉用于酿酒或食用，其中，蕨的根状茎的淀粉含量高达 46%，与粮食淀粉混合可作粉条、饼干等。本区常见的食用蕨类植物主要有 18 种，如问荆、节节草、瓶尔小草、金毛狗蕨、蕨、凤尾蕨、凤丫蕨、普通凤丫蕨、疏网凤丫蕨、禾秆蹄盖蕨、麦秆蹄盖蕨、中华蹄盖蕨、假蹄盖蕨、角蕨、狗脊蕨、肾蕨、贯众、苹。

10.3　种子植物资源

为了便于研究开发本区的植物资源，根据其用途，将本区种子植物分为用材树种、淀粉植物、纤维植物、野生水果、鞣料植物、绿化观赏植物、野菜植物、饲料植物、芳香植物、油脂植物、药用植物、有毒植物、蜜源植物等，现分述如下。

10.3.1　用材树种

1. 用材树种概述

用材树种以提供木材或竹材为主要目的，是本区林业中种类多、数量大、分布广、用途多的树种，在当地林业生产经营方面占有重要地位。

河南鸡公山国家级自然保护区用材树种丰富，据野外考察和初步统计，本区各类用材树种共计 185 种，详见表 10-1。由下表中可以看出，本区的用材树种主要分布在壳斗科、榆科、樟科、豆科、杨柳科和漆树科等。同时，主要的森林树种如壳斗科、桦木科、榆科、杨柳科、椴树科、漆树科、槭树科、樟科等科的一些乔木树种也是贵重的商品材树种，在本区有较大的蓄积量。国家二级重点保护植物香果树在本区也有分布，且长势良好。

2. 用材树种名录

银杏、金钱松、日本冷杉、马尾松、油松、黑松、白皮松、火炬松、长叶松、樟子松、美国黄松、偃松、雪松、江南油杉、云杉、青杆、日本柳杉、柳杉、池杉、杉木、水杉、水松、柏木、藏柏、岷江柏木、墨西哥柏木、日本花柏、刺柏、欧洲刺柏、垂枝柏、翠柏、圆柏、塔枝圆柏、百日青、粗榧、红豆杉、南方红豆杉、垂柳、旱柳、响叶杨、毛白杨、小叶杨、加拿大杨、钻天杨、小钻杨、枫杨、胡桃楸、青钱柳、山核桃、美国山核桃、鹅耳枥、虎榛子、桤木、江南桤木、川榛、华榛、柯、栓皮栎、白栎、麻栎、枹栎、槲栎、小叶栎、槲树、橿子栎、栗、茅栗、锥栗、细叶青冈、小叶青冈、糙叶树、大果榉、大叶榉树、榉树、朴树、珊瑚朴、青檀、榆树、春榆、榔榆、黑榆、兴山榆、柘、构树、桑、天仙果、领春木、连香树、北美鹅掌楸、观光木、红花木莲、望春玉兰、水青树、檫木、天目木姜子、黄丹木姜子、楠木、竹叶楠、山楠、宜昌润楠、三桠乌药、樟、天竺桂、东陵绣球、北美枫香、金缕梅、蚊母树、一球悬铃木、二球悬铃木、三球悬铃木、檵木、石灰花楸、豆梨、木瓜、野珠兰、唐棣、洋槐、合欢、山槐、红豆树、龙爪槐、槐、黄檀、马鞍树、光叶马鞍树、香槐、臭椿、毛臭椿、楝、米籽兰、乌桕、山乌桕、黄连木、毛黄栌（变种）、黄栌、红叶、漆、木蜡树、野漆、红麸杨、枸骨、大柄冬青、冬青、卫矛、建始槭、红柴枝、清风藤、阔叶清风藤、锐齿鼠李、枳椇、北枳椇、少脉椴、鄂椴、糯米椴、梧桐、紫茎、山拐枣、山桐子、珙桐、梾木、光皮树、杜鹃、软枣、白檀、山矾、白辛树、白蜡树、水曲柳、小叶梣、流苏树、毛泡桐、兰考泡桐、楸叶泡桐、楸、梓、六道木、淡竹、水竹、毛竹、毛金竹、桂竹、乌哺鸡竹、美竹、苦竹、棕榈。

表 10-1　河南鸡公山国家级自然保护区用材树种科属分布

科名	属数	种数	科名	属数	种数
银杏科	1	1	楝科	2	2
松科	6	15	大戟科	1	2
杉科	5	6	漆树科	4	8
柏科	4	11	冬青科	1	3
罗汉松科	1	1	卫矛科	1	1
三尖杉科	1	1	槭树科	1	1
红豆杉科	1	2	清风藤科	2	3
杨柳科	2	8	鼠李科	2	3
胡桃科	4	5	椴树科	1	3
桦木科	4	6	梧桐科	1	1
壳斗科	4	14	山茶科	1	1
榆科	5	12	大风子科	2	2
桑科	4	4	珙桐科	1	1
领春木科	1	1	山茱萸科	1	2
连香树科	1	1	杜鹃花科	1	1
木兰科	4	4	柿树科	1	1
水青树科	1	1	山矾科	1	2
樟科	6	10	安息香科	1	1
虎耳草科	1	1	木樨科	2	4
金缕梅科	3	3	玄参科	1	3
悬铃木科	1	3	紫葳科	1	2
蔷薇科	6	6	茜草科	1	1
豆科	7	10	禾本科	2	8
苦木科	1	2	棕榈科	1	1

10.3.2　淀粉植物

1. 淀粉植物概述

　　淀粉是植物贮藏的主要营养物质之一，通常在种子或块根、块茎中比较集中。人类对淀粉植物的认识和利用历史悠久。长期以来，除开发作为直接食用淀粉外，植物淀粉还有非常广泛的应用，例如，在造纸业中作胶黏剂，在棉、麻、毛等纺织业中作浆料，在医药方面作配置片剂、丸剂、粉剂等的填充物，在酿造业中作酿酒原料。此外，淀粉还是铸造、陶瓷、石油等工业生产中不可缺少的原料和发展养殖业不可缺少的饲料。

　　据野外考察和初步统计，河南鸡公山国家级自然保护区淀粉植物有 50 种（表 10-2），常见的是壳斗科的树种，如茅栗、栓皮栎、麻栎等的坚果均含有丰富的淀粉。此外，蓼科的何首乌、天南星科的芋、百合科的菝葜等的块根、块茎也是重要的植物淀粉资源。由于含有其他有效成分，有些淀粉植物还是著名的中草药，如何首乌、百合等。橡子是壳斗科栎属树木坚果的统称，也是本区的优势资源，其他资源丰富的种类还有菝葜、黄精类、玉竹、薯蓣类、天门冬类、百合类、绵枣等。合理开发利用这些植物资源，适时采收加工，不仅为工业、养殖业提供原料，节约粮食，而且也可通过深加工作为粮食的代用品。

表 10-2　河南鸡公山国家级自然保护区淀粉植物科属分布

科名	属数	种数	科名	属数	种数
壳斗科	5	13	猕猴桃科	1	1
蓼科	2	2	桔梗科	1	1
石竹科	1	1	菊科	1	1
睡莲科	1	1	花蔺科	1	1
防己科	1	1	禾本科	1	2
豆科	6	8	天南星科	2	2
漆树科	1	1	百合科	5	10
清风藤科	1	1	薯蓣科	1	4

2. 淀粉植物名录

柯、栓皮栎、白栎、麻栎、枹栎、槲栎、小叶栎、橿子栎、栗、茅栗、锥栗、小叶青冈、锐齿槲栎、何首乌、荞麦、孩儿参、芡实、木防己、菜豆、山黧豆、矮山黧豆、土圞儿、豌豆、广布野豌豆、山野豌豆、野百合、南酸枣、清风藤、软枣猕猴桃、轮叶沙参、菊芋、花蔺、雀麦、疏花雀麦、魔芋、野芋、菝葜、百合、条叶百合、湖北百合、野百合、玉竹、湖北黄精、黄精、绵枣儿、天门冬、薯蓣、盾叶薯蓣、野山药、穿山龙。

10.3.3　纤维植物

1. 纤维植物概述

纤维植物资源是指体内含有大量纤维组织的一类植物，其茎皮、木质部、叶片等器官或组织中纤维发达。植物纤维是普遍存在于植物体内的一种机械组织，自古以来就是人类重要的生活资料和生产资料。

野生纤维植物应用最多的是造纸业。我国是世界上最早发明纸浆与造纸技术的国家。东汉时期，我国的蔡伦用树皮、麻头等原料制造出纸浆和纸。到了唐代，我国造纸技术已经达到了相当高的水平，造纸工业也有了很大的发展，植物纤维成为造纸工业的主要原料，一直延续至今。除了造纸以外，纸浆进过深加工还可以制造出人造丝、火药棉、无烟火药、塑料、喷漆、乳浊剂、黏合剂等。

据野外考察和初步统计，河南鸡公山国家级自然保护区纤维植物有 80 种（表 10-3），其中，青檀皮是我国著名的书画用纸——宣纸的原料；构树、桑、苎麻、扁担杆、瑞香、芫花等植物茎皮纤维不仅含量丰富，而且品质优良，是上等的造纸、纺织工业的原料；黄荆、胡枝子、紫穗槐、白蜡树等是人们常用于编织农具及日常生活用品的纤维原料；柳、竹及芒、荻、黄背草等速生丰产，是良好的造纸原料植物；蝙蝠葛则是理想的藤编原料。

表 10-3　河南鸡公山国家级自然保护区纤维植物科属分布

科名	属数	种数	科名	属数	种数
松科	2	3	清风藤科	1	1
杉科	2	2	葡萄科	1	1
柏科	1	1	椴树科	4	9
杨柳科	1	1	锦葵科	3	4
胡桃科	2	3	瑞香科	2	3
榆科	5	5	柳叶菜科	1	1
桑科	4	7	木樨科	1	1
荨麻科	3	4	夹竹桃科	2	2
防己科	1	1	马鞭草科	1	2
蔷薇科	1	2	胡麻科	1	1
豆科	5	5	菊科	1	1
亚麻科	1	1	香蒲科	1	1
大戟科	3	3	禾本科	7	9
漆树科	1	1	莎草科	1	1
槭树科	2	3	棕榈科	1	1

2. 纤维植物名录

马尾松、黑松、云杉、柳杉、杉木、柏木、旱柳、枫杨、湖北枫杨、青钱柳、糙叶树、榉树、朴树、青檀、椰榆、大麻、构树、华桑、蒙桑、鸡桑、桑、异叶榕、艾麻、珠芽艾麻、荨麻、苎麻、蝙蝠葛、龙芽草、黄龙尾、白花草木樨、洋槐、胡枝子、田菁、紫穗槐、野亚麻、毛丹麻杆、山麻杆、野桐、红叶、金钱槭、建始槭、苦条槭、细花泡花树、蘡薁、扁担杆、小花扁担、少脉椴、鄂椴、糯米椴、南京椴、黄麻、光果田麻、田麻、木芙蓉、木槿、蜀葵、苘麻、河朔荛花、芫花、瑞香、月见草、白蜡树、罗布麻、紫花络石、黄荆、牡荆、胡麻、苍耳、小香蒲、淡竹、毛竹、黄背草、芦苇、荻、芒、三芒草、藕草、蔺状隐花草、华扁穗草、棕榈。

10.3.4　野生水果植物资源

1. 野生水果植物资源概述

野生水果富含纤维素、维生素、糖分、有机酸、脂肪、蛋白质、果胶及其他有益营养成分与微量元素，口感独特，食疗保健效果好，同时未受农药等有毒有害物质的污染，因而深受消费者的青睐，不仅是人们茶余饭后所喜食的副食品，而且已经成为人们生活中必不可少的食物之一。尤其是随着生活水平的提高，人们对纯天然绿色食品的需求越来越大，水果在人们生活所占的比重也越来越大，加上野生水果具有很大的蕴藏量，食果的加工、深加工及综合开发利用将有广阔的市场前景。

面对日益增长的市场需求，野生水果开发利用的前景十分广阔。目前，已有很多种类通过栽培驯化和育种等工作实现了"变野生为栽培"，并逐步得到推广，如中华猕猴桃、山楂、五味子等。本区野生水果植物有 89 种（表 10-4），资源蕴藏量较大、营养保健价值较高的种类主要有五味子、山莓、野葡萄类、中华猕猴桃、胡颓子、四照花及其近缘种类。另外，悬钩子、山楂、五味子等属的果实，均为加工营养保健食品饮料的良好原料。其中悬钩子属植物的果实中超氧化物歧化酶（SOD）的含量很高，在延缓人体衰老、抗癌防癌方面效果显著，且在本区分布达 16 种之多。因此，开发利用本区野生水果资源，不仅有很高的经济效益，而且有很高的社会效益，也有助于提高本区的经济活力。

表 10-4　河南鸡公山国家级自然保护区用野生水果植物科属分布

科名	属数	种数	科名	属数	种数
银杏科	1	1	冬青科	1	1
杨梅科	1	1	鼠李科	3	4
胡桃科	2	4	葡萄科	1	7
桦木科	1	3	猕猴桃科	1	3
壳斗科	1	3	西番莲科	1	1
五味子科	1	1	胡颓子科	1	1
虎耳草科	2	2	石榴科	1	1
金缕梅科	1	1	山茱萸科	1	1
蔷薇科	14	47	柿树科	1	2
芸香科	2	2	茜草科	1	1
漆树科	1	1	百合科	1	1

2. 野生水果植物名录

银杏、杨梅、野核桃、胡桃、山核桃、美国山核桃、川榛、华榛、榛、栗、茅栗、锥栗、五味子、东北茶藨子、钻地风、牛鼻栓、草莓、五叶草莓、火棘、豆梨、西洋梨、白梨、沙梨、李、枇杷、木瓜、湖北海棠、苹果、悬钩子蔷薇、玫瑰、卵果蔷薇、缫丝花、山楂、少毛山楂、唐棣、桃、山桃、梅、杏、多腺悬钩子、插田泡、华中悬钩子、高粱泡、山莓、绵果悬钩子、蓬蘽、茅莓、秀丽莓、弓茎悬钩子、粉枝莓、黄果悬钩子、光滑高粱泡、灰白毛莓、木莓、盾叶莓、灰栒子、唐棣、毛樱桃、樱桃、郁李、欧李、麦李、华中樱桃、金橘、枳、南酸枣、猫儿刺、锐齿鼠李、酸枣、枣、枳椇、葡萄、小叶葡萄、毛葡萄、华东葡萄、复叶葡萄、山葡萄、秋葡萄、狗枣猕猴桃、革叶猕猴桃、中华猕猴桃、西番莲、胡颓子、石榴、四照花、软枣、柿、蓝靛果、开口箭。

10.3.5　鞣料植物

1. 鞣料植物资源概述

鞣料植物资源是指植物体内含有丰富的鞣质物质的一类植物。鞣质也称植物单宁，是一种多元酚的衍生物，能与动物生皮中的蛋白质结合使生皮转变为不易腐烂、具有良好柔韧和透气性能的革。单宁一般存于树皮、术材、果实、果壳、根皮、叶中，经粉碎、浸提、蒸发干燥可制成栲胶，也称为植物性鞣料或鞣料浸膏。栲胶是皮革工业、渔网制造业不可缺少的一种重要原料，也是蒸汽锅炉的硬水软化剂，并在墨水制造、纺织印染、石油、化工、医药、建筑等行业有着广泛的用途。近年来又以栲胶为原料研制出了用于工程防渗加固的化学灌浆材料和作为新型铸造辅料等的新产品，为鞣料植物的开发利用开辟了新的途径。

经初步统计，本区鞣料植物种类共83种（表10-5）。其中，单宁含量高、纯度好，资源优势明显，分布集中，易于采收、集中、运输和加工的有壳斗科树木的总苞（壳斗），化香树的果序，蓼科蓼属及酸模属多数种类的全株或根，还有蔷薇属灌木的根皮，地榆的根，地锦的茎叶，山核桃、野核桃的树皮及外果皮，杨属、柳属和槭属树木的树皮及叶片，这些植物均有很高的开发利用价值。除此之外，本区广为分布的漆树科树种如盐肤木、青麸杨、红麸杨、黄连木等，除了树皮、树叶含有鞣质外，其叶片和叶轴还常常被五倍子蚜虫所寄生而产生一种单宁含量特别高的虫瘿——五倍子，是医药原料或可供提制栲胶。如加强科学管理，五倍子将是本区最重要的栲胶生产原料的来源。

表 10-5　河南鸡公山国家级自然保护区鞣料植物科属分布

科名	属数	种数	科名	属数	种数
松科	1	2	牻牛儿苗科	1	1
杉科	3	3	大戟科	2	2
三尖杉科	1	1	漆树科	3	5
红豆杉科	1	1	冬青科	1	1
杨柳科	2	2	槭树科	1	1
胡桃科	5	9	清风藤科	1	1
桦木科	3	4	芍药科	1	1
壳斗科	4	17	唇形科	2	2
蓼科	3	5	玄参科	1	1
金缕梅科	3	3	菊科	2	2
蔷薇科	7	19			

2. 鞣料植物名录

华山松、樟子松、柳杉、杉木、水松、粗榧、南方红豆杉、旱柳、加拿大杨、枫杨、湖北枫杨、胡桃、胡桃楸、野核桃、化香树、青钱柳、山核桃、美国山核桃、虎榛子、桤木、江南桤木、川榛、柯、栓皮栎、白栎、麻栎、枹栎、槲栎、小叶栎、橿子栎、锐齿槲栎、槲树、短柄枹树、栗、茅栗、锥栗、小叶青冈、细叶青冈、青冈、木藤蓼、萹蓄、叉分蓼、酸模、巴天酸模、檵木、金缕梅、蚊母树、长叶地榆、地榆、腺地榆、火棘、路边青、柔毛路边青、山荆子、金樱子、野蔷薇、委陵菜、多腺悬钩子、华中悬钩子、绵果悬钩子、茅莓、弓茎悬钩子、黄果悬钩子、喜阴悬钩子、针刺悬钩子、腺花茅莓、血见愁老鹳草、地锦、湖北算盘子、黄连木、南酸枣、红麸杨、盐肤木、青麸杨、猫儿刺、建始槭、红柴枝、芍药、糙苏、半枝莲、宽叶母草、款冬、千里光。

10.3.6　园林绿化观赏植物

1. 园林绿化观赏植物概述

本区可供城镇园林绿化观赏的植物种类有 543 种（表 10-6），并有不少在园林上已有较长的栽培历史并享有盛名，如虎耳草、棣棠花、珍珠梅、郁李、雪柳、黄栌及绣线菊属等；也有一些观赏价值极高，但应用尚不普遍或鲜为人知的种类，如乌头属、翠雀属、凤仙花属、马先蒿属的奇异花型，紫珠属艳丽的花色和光亮如珍珠的果实，微型盆栽佳品的虎耳草、山飘风等，叶色斑驳的斑叶堇菜，果如串串玛瑙的五味子属植物等。

表 10-6　河南鸡公山国家级自然保护区园林绿化观赏植物科属分布

科名	属数	种数	科名	属数	种数
银杏科	1	1	柽柳科	1	1
松科	6	23	芍药科	1	2
杉科	7	9	堇菜科	1	2
柏科	6	25	大风子科	1	2
罗汉松科	1	1	旌节花科	1	1
三尖杉科	1	1	秋海棠科	1	1
红豆杉科	2	2	瑞香科	1	1
金粟兰科	1	1	胡颓子科	1	2
杨柳科	2	12	千屈菜科	2	3
杨梅科	1	1	石榴科	1	1
胡桃科	4	6	珙桐科	1	1
桦木科	3	6	蓝果树科	1	1
壳斗科	2	3	八角枫科	1	1
榆科	5	7	柳叶菜科	2	2
桑科	2	4	小二仙草科	1	1
荨麻科	2	8	杉叶藻科	1	1
蓼科	1	2	五加科	3	3
藜科	1	1	伞形科	1	2
苋科	1	1	山茱萸科	1	3
紫茉莉科	1	1	鹿蹄草科	2	2
石竹科	3	5	杜鹃花科	2	6
睡莲科	3	4	紫金牛科	1	2
金鱼藻科	1	1	报春花科	1	1
毛茛科	8	24	柿树科	1	2
小檗科	4	6	安息香科	3	3
防己科	1	1	木樨科	8	13
领春木科	1	1	马钱科	1	2
连香树科	1	1	龙胆科	5	8
木兰科	8	17	睡菜科	1	1
水青树科	1	1	夹竹桃科	3	3
五味子科	1	1	萝藦科	1	1

续表

科名	属数	种数	科名	属数	种数
蜡梅科	1	1	旋花科	4	5
樟科	5	8	紫草科	2	2
罂粟科	3	3	马鞭草科	6	12
白花菜科	1	1	唇形科	6	6
十字花科	3	3	茄科	4	5
景天科	4	9	玄参科	7	11
虎耳草科	6	13	紫葳科	3	5
海桐花科	1	2	胡麻科	1	1
金缕梅科	5	5	狸藻科	1	2
悬铃木科	1	3	茜草科	10	18
蔷薇科	20	67	川续断科	1	1
豆科	19	32	葫芦科	1	1
酢浆草科	1	4	桔梗科	1	1
旱金莲科	1	1	菊科	20	22
芸香科	2	2	香蒲科	1	4
苦木科	1	1	黑三棱科	1	1
楝科	2	2	眼子菜科	1	3
大戟科	8	10	水麦冬科	1	1
黄杨科	2	5	茨藻科	1	1
漆树科	4	7	泽泻科	2	3
冬青科	1	3	水鳖科	4	4
卫矛科	2	16	禾本科	18	31
槭树科	2	11	莎草科	4	4
七叶树科	1	1	棕榈科	1	1
无患子科	4	5	天南星科	4	6
清风藤科	2	4	浮萍科	1	1
凤仙花科	1	1	鸭跖草科	2	3
鼠李科	3	5	雨久花科	2	2
葡萄科	4	5	百部科	1	1
椴树科	2	4	百合科	18	34
梧桐科	1	1	石蒜科	1	5
锦葵科	3	5	鸢尾科	2	3
山茶科	4	4	美人蕉科	1	2
金丝桃科	1	4	兰科	9	11

2. 园林绿化观赏植物名录

银杏、日本冷杉、日本落叶松、华北落叶松、黄花松、华山松、樟子松、马尾松、白皮松、偃松、油松、火炬松、黄山松、湿地松、晚松、北美乔松、矮松、赤松、扭叶松、北美短叶松、雪松、江南油杉、云杉、青杆、北美红杉、日本金松、柳杉、日本柳杉、池杉、落羽杉、水杉、水松、秃杉、柏木、藏柏、岷江柏木、墨西哥柏木、冲天柏、绿干柏、地中海柏木、日本花柏、日本扁柏、美国扁柏、孔雀柏、台湾扁柏、侧柏、刺柏、欧洲刺柏、翠柏、杜松、日本香柏、北美乔柏、香柏、罗汉柏、圆柏、塔枝圆柏、北美圆柏、偃柏、罗汉松、粗榧、榧树、南方红豆杉、金粟兰、旱柳、垂柳、龙爪柳、腺柳、簸箕柳、加拿大杨、响叶杨、毛白杨、小叶杨、钻天杨、小钻杨、银白杨、杨梅、枫杨、湖北枫杨、化香树、青钱柳、山核桃、美国山核桃、鹅耳枥、千斤榆、桤木、江南桤木、日本桤木、华榛、槲栎、槲树、青冈、糙叶树、刺榆、榉树、朴树、珊瑚朴、大叶朴、大果榆、柘、天仙果、无花果、印度橡皮树、山冷水花、冷水花、三角冷水花、透茎冷水花、粗齿冷水花、矮冷水花、大叶冷水花、庐山楼梯草、红蓼、支柱蓼、地肤、鸡冠花、紫茉莉、大花剪秋萝、石竹、瞿麦、西洋石竹、大蔓樱草、莲、萍蓬草、睡莲、黄睡莲、金鱼藻、白头翁、翠雀、还亮草、全裂翠雀、河南翠雀花、卵瓣还亮草、华北楼斗菜、水毛茛、铁线莲、短尾铁线莲、大叶铁线莲、钝萼铁线莲、女萎、柱果铁线莲、粗齿铁线莲、单叶铁线莲、绣球藤、钝齿铁线莲、圆锥铁线莲、皱叶铁线莲、乌头、花葶乌头、大火草、獐耳细辛、六角莲、八角莲、南天竹、阔叶十大功劳、十大功劳、日本小檗、金线吊乌龟、领春木、连香树、红茴香、北美鹅掌楸、鹅掌楸、观光木、黄心夜合、深山含笑、凹叶厚朴、红花木莲、木莲、乳源木莲、天女花、望春玉兰、玉兰、紫玉兰、荷花玉兰、鸡公山玉兰、武当玉兰、水青树、华中五味子、蜡梅、檫木、山楠、紫楠、山胡椒、黑壳楠、月桂、樟、天竺桂、花菱草、血水草、虞美人、醉蝶花、豆瓣菜、涩荠、诸葛菜、八宝、黄菜、垂盆草、离瓣景天、大叶火焰草、东南景天、山飘风、钝叶瓦松、瓦松、草绣球、冰川茶藨、虎耳草、山梅花、太平花、溲疏、大花溲疏、小花溲疏、无柄溲疏、黄山溲疏、东陵绣球、绣球、圆锥绣球、海桐、狭叶海桐、北美枫香、檵木、金缕梅、蜡瓣花、蚊母树、一球悬铃木、二球悬铃木、三球悬铃木、白鹃梅、绣线梅属中华绣线梅、稠李、细齿稠李、棣棠花、重瓣棣棠花、红果树、波叶红果树、石灰花楸、火棘、鸡麻、沙梨、杜梨、秋子梨、李、紫叶李、山荆子、木瓜、湖北海棠、苹果、皱皮木瓜、海棠花、垂丝海棠、野蔷薇、玫瑰、卵果蔷薇、缫丝花、小果蔷薇、月季花、拟木香、木香花、黄蔷、伞房蔷薇、尾萼蔷薇、软条七蔷薇、野山楂、湖北山楂、蛇莓、石楠、梅、杏、榆叶梅、中华绣线菊、麻叶绣线菊、绣球绣线菊、李叶绣线菊、华北绣线菊、柔毛绣线菊、鄂西绣线菊、光叶绣线菊、针刺悬钩子、秀丽莓、粉枝莓、白叶莓、水枸子、华中枸子、平枝枸子、唐棣、毛樱桃、樱桃、郁李、欧李、麦李、华中樱桃、山樱花、珍珠梅、红车轴草、白车轴草、洋槐、毛洋槐、含羞草、杭子梢、合欢、山槐、红豆树、多花胡枝子、龙爪槐、槐、黄檀、小叶锦鸡儿、马鞍树、光叶马鞍树、花木蓝、多花木蓝、马棘、小苜蓿、南苜蓿、天蓝苜蓿、紫苜蓿、香槐、歪头菜、野百合、猪屎豆、紫荆、紫穗槐、紫藤、藤萝、多花紫藤、酢浆草、直酢浆草、大花酢浆草、红花酢浆草、旱金莲、白鲜、金橘、臭椿、楝、米籽兰、变叶木、地锦、一品红、红背桂、雀儿舌头、山麻杆、红穗铁苋菜、乌桕、山乌桕、重阳木、顶花板凳果、小叶黄杨、匙叶黄杨、黄杨、锦熟黄杨、黄连木、红叶、毛黄栌（变种）、黄栌、南酸枣、盐肤木、青麸杨、猫儿刺、大柄冬青、大叶冬青、苦皮藤、粉背南蛇藤、南蛇藤、大芽南蛇藤、短梗南蛇藤、卫矛、白杜、大花卫矛、裂果卫矛、冬青卫矛、西南卫矛、疣点卫矛、栓翅卫矛、纤齿卫矛、垂丝卫矛、石枣子、金钱槭、建始槭、苦条槭、青榨槭、中华槭、飞蛾槭、五尖槭、葛萝槭、长柄槭、五角枫、长尾槭、七叶树、倒地铃、栾树、黄山栾树、文冠果、无患子、红柴枝、泡花树、暖木、清风藤、窄萼凤仙花、铜钱树、马甲子、少脉梅藤、雀梅藤、冻绿、地锦、花叶地锦、小叶葡萄、掌裂蛇葡萄、崖爬藤、扁担杆、小花扁担、糯米椴、华椴、锦葵、梧桐、野葵、木芙蓉、木槿、蜀葵、翅枰、木荷、山茶、紫茎、金丝桃、长柱金丝桃、湖南连翘、金丝梅、柽柳、芍药、紫斑牡丹、三色堇、斑叶堇菜、山桐子、毛叶山桐子、中国旌节花、秋海棠、结香、佘山胡颓子、银果胡颓子、千屈菜、紫薇、南紫薇、石榴、珙桐、喜树、八角枫、倒挂金钟、月见草、狐尾藻、杉叶藻、常春藤、通脱木、五加、红马蹄草、天胡荽、四照花、光皮树、灯台树、鹿蹄草、水晶兰、杜鹃、羊踯躅、云锦杜鹃、满山红、照山白、乌饭树、紫金牛、朱砂根、点地梅、软枣、柿、野茉莉、白辛树、秤锤树、水曲柳、花曲柳、连翘、金钟花、流苏树、桂花、女贞、小叶女贞、水蜡树、小蜡树、迎春花、雪柳、紫丁香、醉鱼草、大叶醉鱼草、花锚、椭圆叶花锚、条叶龙胆、双蝴蝶、细茎双蝴蝶、金银莲花、莕菜、獐牙菜、睡菜、黄花夹竹桃、夹竹桃、络石、杠柳、打碗花、牵牛、圆叶牵牛、飞蛾藤、茑萝、厚壳树、勿忘草、臭牡丹、赪桐、海州常山、马鞭草、牡荆、五色梅、兰香草、白棠子树、紫珠、日本紫珠、枇杷叶紫珠、华紫珠、留兰香、风轮菜、藿香、毛建草、毛水苏、木香薷、矮牵牛、假酸浆、曼陀罗、洋金花、漏斗泡囊草、沟酸浆、金鱼草、柳穿鱼、轮叶马先蒿、毛蕊花、毛泡桐、楸叶泡桐、婆婆纳、直立婆婆纳、细叶婆婆纳、小婆婆纳、角蒿、凌霄、美国凌霄花、楸、梓、茶菱、狸藻、黄花狸藻、六月雪、绣球荚蒾、珊瑚树、蝴蝶戏珠花、皱叶荚蒾、茶荚蒾、海仙花、六道木、糯米条、卵叶茜草、忍冬、郁香忍冬、盘叶忍冬、金银忍冬、细叶水团花、蝟实、香果树、栀子、华北蓝盆花、南赤飑、桔梗、菜蓟、雏菊、东风菜、短星菊、飞蓬、狗舌草、黄鹌菜、火绒草、金鸡菊、大金鸡菊、金盏菊、菊苣、蓝刺头、蒜叶婆罗门参、秋分草、山柳菊、甘菊、菊花、大花旋覆花、一枝黄花、华泽兰、紫菀、小香蒲、香蒲、水烛、宽叶香蒲、小黑三棱、菹草、浮叶眼子菜、光叶眼子菜、水麦冬、茨藻、慈姑、窄叶泽泻、东方泽泻、黑藻、苦草、水鳖、水筛、淡竹叶、拂子茅、淡竹、毛竹、水竹、毛金竹、桂竹、美竹、斑竹、早园竹、紫竹、刚竹、狗牙根、画眉草、小糠草、细弱剪股颖、结缕草、苦竹、荻、五节芒、鹅观草、洽草、阔叶箬竹、鬼蜡烛、甜茅、假鼠妇草、假俭草、藕草、早熟禾、林地早熟禾、獐毛、藨草、风车草、水葱、翼果薹草、棕榈、菖蒲、石菖蒲、金钱蒲、大薸、独角莲、野芋、芜萍、疣草、鸭跖草、饭包草、凤眼蓝、雨久花、直立百部、百合、条叶百合、湖北百合、野百合、山丹、大花卷丹、绿花百合、卷丹、渥丹、茖葱、野韭、大百合、虎眼万年青、玉竹、多花黄精、轮叶黄精、吉祥草、开口箭、铃兰、绵枣儿、阔叶土麦冬、凤尾丝兰、丝兰、石刁柏、龙须菜、南玉带、万年青、萱草、延龄草、麦冬、沿阶草、油点草、玉簪、紫萼、忽地笑、石蒜、江苏石蒜、中国石蒜、鹿葱、射干、马蔺、蝴蝶花、美人蕉、大花美人蕉、白及、小斑叶兰、独花兰、蕙兰、春兰、建兰、山兰、毛萼山珊瑚、大花杓兰、手参、沼兰。

10.3.7 野菜植物

1. 野菜资源概述

野菜即野生蔬菜，是指野外自然生长，未经人工栽培，其根、茎、叶、花或果实等器官可作蔬菜食用的野生或半野生植物。野菜植物分布广泛，适应性强，耐瘠薄、寒冷和干旱，受化肥、农药等污染轻，口味独特，营养丰富，特别是含有大量的对人类身体健康有益的维生素类和矿物质类，深受消费者青睐，是亟待开发的宝贵膳食资源。近年来，随着人们生活水平的不断提高和健康消费意识的增强，饮食"回归自然"成了一种潮流，食用野菜植物不再是为了充饥度荒，而是成为生活水平提高的标志。

本区野菜植物有 125 种（表 10-7），常见的有榆树的果实榆钱，荠菜等十字花科植物，香椿芽，槐花，以及绵枣儿的地下茎等。香椿芽是我国人民最喜爱的木本蔬菜之一，榆钱、槐花也日益走俏，市场需求量迅速增加，值得进行开发、利用和研究，以满足市场需要，提高经济效益。

表 10-7　河南鸡公山国家级自然保护区野菜植物科属分布

科名	属数	种数	科名	属数	种数
榆科	1	1	唇形科	7	8
十字花科	1	1	茄科	4	4
景天科	1	1	玄参科	1	1
蔷薇科	4	19	桔梗科	2	2
豆科	11	22	菊科	20	26
酢浆草科	1	1	香蒲科	1	3
旱金莲科	1	1	眼子菜科	1	1
楝科	1	1	泽泻科	1	1
远志科	1	1	水鳖科	1	1
大戟科	2	2	禾本科	1	1
堇菜科	1	1	天南星科	1	1
伞形科	7	8	鸭跖草科	1	1
山茱萸科	1	1	雨久花科	1	1
杜鹃花科	2	2	百部科	1	1
报春花科	1	1	百合科	6	10

2. 野菜植物名录

榆树、荠、黄菜、白鹃梅、路边青、柔毛路边青、委陵菜、蛇含委陵菜、三叶委陵菜、翻白草、朝天委陵菜、皱叶委陵菜、莓叶委陵菜、多茎委陵菜、匍枝委陵菜、星毛委陵菜、绢毛匍匐委陵菜、蛇莓委陵菜、白叶莓、茅莓、乌泡子、覆盆子、红车轴草、白车轴草、草莓车轴草、绛车轴草、肥皂荚、苦参、槐、长豇豆、茳芒决、决明、望江南、短叶决明、小苜蓿、南苜蓿、天蓝苜蓿、豌豆、小巢菜、皂荚、山皂荚、野百合、紫藤、藤萝、酢浆草、旱金莲、香椿、小扁豆、续随子、铁苋菜、鸡腿堇菜、野胡萝卜、莳萝、水芹、红马蹄草、天胡荽、鸭儿芹、香芹、芫荽、光皮树、杜鹃、乌饭树、珍珠菜、罗勒、香青兰、鼠尾草、水棘针、甘露子、山菠菜、紫苏、野生紫苏、枸杞、假酸浆、野海茄、酸浆、玄参、桔梗、荠苨、菜蓟、苍术、白术、东风菜、蜂斗菜、猪毛蒿、茵陈蒿、萎蒿、歧茎蒿、黄鹌菜、黄瓜菜、金盏菊、菊苣、苦苣菜、苣荬菜、苦荬菜、小苦荬、款冬、泥胡菜、牛蒡、牛膝菊、蒜叶婆罗门参、蒲公英、菊花、菊芋、旋覆花、小香蒲、香蒲、水烛、菰草、野慈姑、水车前、薏苡、魔芋、水竹叶、凤眼蓝、百部、野韭、小根蒜、野葱、黄精、绵枣儿、萱草、黄花菜、小黄花菜、麦冬、紫萼。

10.3.8 饲料植物

1. 饲料植物资源概述

随着经济的发展，人民对肉类食品的需求量逐渐增加，而且对其质量的要求不断提高，因此，加快发展畜牧业是解决这些问题的重要途径。但我国草原适宜放牧时间短，平均载畜量低，过度的放牧会导致草原退化；同时，饲料短缺，特别是精饲料、蛋白质饲料、绿色饲料缺乏，限制了畜牧业的快速发展。我国的饲用植物资源丰富，可开发的前景广阔，加之饲料植物资源具有营养丰富、饲用价值高、青绿期长、利用年限长、生物产量高的优点，因此，合理利用和开发饲料及其植物资源，对发展畜牧业、改善人们生活水平及生态环境等具有重要意义。

本区饲料植物种类较多，达 186 种（表 10-8），而且贮量也很大，其中尤以禾本科和豆科的一些草本和小灌木最为普遍，它们是牛、马、羊等食草动物以及猪和家禽等杂食动物的良好饲料。马齿苋、苋、藜、盐肤木及十字花科的种类等是山区养猪的主要饲料。另外，栎类、桑、柘、蓖麻等的叶子是不同蚕种的饲料。

表 10-8 河南鸡公山国家级自然保护区饲料植物科属分布

科名	属数	种数	科名	属数	种数
松科	1	1	大戟科	3	3
杉科	1	1	漆树科	2	3
胡桃科	1	1	报春花科	1	1
桦木科	1	1	旋花科	2	3
壳斗科	1	4	马鞭草科	1	1
桑科	4	4	唇形科	1	1
荨麻科	1	1	透骨草科	1	1
蓼科	2	4	菊科	8	17
藜科	2	2	香蒲科	1	1
苋科	1	1	眼子菜科	1	2
马齿苋科	1	1	水麦冬科	1	1
金鱼藻科	1	1	水鳖科	1	1
十字花科	2	2	禾本科	43	68
景天科	3	3	莎草科	3	3
蔷薇科	2	3	天南星科	1	1
豆科	16	43	浮萍科	2	2
酢浆草科	1	1	雨久花科	1	1
远志科	1	1	百合科	1	1

2. 饲料植物名录

华山松、落羽杉、枫杨、川榛、栓皮栎、白栎、麻栎、枹栎、柘、构树、荩草、桑、荨麻、荞麦、金荞麦、细柄野荞麦、酸模、藜、猪毛菜、苋、马齿苋、金鱼藻、广州蔊菜、小果亚麻荠、黄菜、小山飘风、钝叶瓦松、龙芽草、黄龙尾、乌泡子、白花草木樨、细齿草木樨、印度草木樨、草莓车轴草、绛车轴草、野大豆、杭子梢、多花胡枝子、胡枝子、短梗胡枝子、绿叶胡枝子、细梗胡枝子、达呼里胡枝子、绒毛胡枝子、糙叶黄耆、草木樨状黄耆、紫云英、长萼鸡眼草、鸡眼草、野豇豆、米口袋、狭叶米口袋、花木蓝、多花木蓝、木蓝、宜昌木蓝、鸡公木蓝、南苜蓿、天蓝苜蓿、紫苜蓿、山黑豆、山鳖豆、荳芒香豌豆、田菁、歪头菜、广布野豌豆、山野豌豆、牯岭野豌豆、救荒野豌豆、大花野豌豆、确山野豌豆、长柔毛野豌豆、紫穗槐、大花酢浆草、小扁豆、蓖麻、山麻杆、野桐、黄栌、盐肤木、红麸杨、海乳草、藤长苗、田旋花、银灰旋花、豆腐柴、山菠菜、透骨草、蒌蒿、大籽蒿、牛尾蒿、白莲蒿、蒙古蒿、毛莲蒿、牛尾蒿、苦苣菜、苦荬菜、小苦荬、抱茎小苦荬、麻花头、伪泥胡菜、全叶马兰、泥胡菜、鼠麹草、菊芋、小香蒲、菭草、竹叶眼子菜、海韭菜、水车前、细叶臭草、大花臭草、广序臭草、大臭草、大油芒、短柄草、发草、锋芒草、假苇拂子茅、狗牙根、黑麦草、多花黑麦草、虎尾草、画眉草、大画眉草、四脉金茅、小糠草、剪股颖、中华结缕草、大看麦娘、白羊草、赖草、狼尾草、白草、裂稃茅、芦苇、五节芒、芒、牛鞭草、扁穗牛鞭草、鹅观草、老芒麦、垂穗披碱草、披碱草、肥披碱草、圆柱披碱草、纤毛鹅观草、直穗鹅观草、求米草、雀稗、疏花雀麦、箬竹、三芒草、湖北三毛草、鼠尾粟、梯牧草、高山梯牧草、菌草、䅟草、细柄茅、细柄草、橘草、毛秆野古草、刺芒野古草、野青茅、糙野青茅、野黍、薏草、蔺状隐花草、糙隐子草、丛生隐子草、无芒隐子草、硬草、早熟禾、白顶早熟禾、细叶早熟禾、獐毛、长芒草、华扁穗草、藨草、水毛花、大藻、浮萍、芜萍、凤眼蓝、小黄花菜。

10.3.9　芳香植物

1. 芳香植物资源概述

芳香植物是指植物器官中含有芳香油的一类植物。芳香油也称精油或挥发油。它与植物油不同，是由萜烯、倍半萜烯、芳香族、脂环族和芳香族等多种有机化合物组成的混合物，其中萜烯类是最重要的成分。这些挥发性物质大多具有发香团，因而具有香味。在一般情况下芳香油比水轻，不溶于水，能被水蒸气带出，易溶于各种有机溶剂、各种动物油及酒精中，也溶于各种树脂、蜡、火漆及橡胶中，在常温下，大多呈易流动的透明液体。

芳香植物因含有许多药用成分、香气成分、抗氧化物质、抗菌物质、天然色素及大量营养成分和微量元素等，不仅可以作为蔬菜、水果、中草药、调味料、观赏植物，也可以加工成精油或油脂等用于食品工业、日用工业、化妆品、医药行业等领域。尤其在香料香精工业及医药、选矿等行业中，植物精油占有重要地位，它不仅是重要的调香原料、合成香料的原料，而且还是医药生产合成的原料或直接作为药用，或用于矿石浮选剂、精密仪器擦洗剂等。

据野外考察和初步统计，河南鸡公山国家级自然保护区有芳香植物 91 种（表 10-9），以樟科、木兰科、芸香科、唇形科、马鞭草科等类群中比较集中。这些植物体内或花、果中含有芳香气味的挥发油，少数种类的根茎或块根中含量较高，如缬草等。

表 10-9　河南鸡公山国家级自然保护区芳香植物科属分布

科名	属数	种数	科名	属数	种数
松科	1	1	椴树科	1	1
杉科	1	1	堇菜科	1	1
柏科	2	2	杜鹃花科	1	1
金粟兰科	1	1	马鞭草科	1	1
樟科	3	5	唇形科	11	12
虎耳草科	1	1	茜草科	1	1
海桐花科	1	1	败酱科	2	2
金缕梅科	1	1	菊科	12	24
蔷薇科	6	19	黑三棱科	1	1
豆科	2	2	禾本科	1	1
芸香科	2	6	百合科	1	1
楝科	1	1	兰科	2	3
漆树科	1	1			

2. 芳香植物名录

马尾松、柳杉、岷江柏木、香柏、金粟兰、檫木、黑壳楠、狭叶山胡椒、大叶钓樟、川桂、山梅花、海桐、蜡瓣花、草莓、火棘、木瓜、苹果、海棠花、垂丝海棠、野蔷薇、玫瑰、卵果蔷薇、缫丝花、小果蔷薇、月季花、拟木香、木香花、黄蔷、尾萼蔷薇、悬钩子蔷薇、梅、樱桃、洋槐、槐、野花椒、花椒、青花椒、吴茱萸、臭辣树、臭檀吴萸、米籽兰、黄连木、少脉椴、三色堇、杜鹃、枇杷叶紫珠、留兰香、糙苏、藿香、荆芥、罗勒、蜜蜂花、牛至、香青兰、鼠尾草、野草香、紫苏、野生紫苏、金银忍冬、败酱、缬草、白术、关苍术、雏菊、飞蓬、萎蒿、牛尾蒿、白莲蒿、蒙古蒿、牛尾蒿、牡蒿、黄花蒿、白苞蒿、狭叶青蒿、青蒿、蓟、烟管蓟、魁蓟、金盏菊、鳢肠、牛蒡、羽叶千里光、鼠麹草、黄腺香青、佩兰、黑三棱、水竹、铃兰、蕙兰、春兰、山兰。

10.3.10　油脂植物

1. 油脂植物资源概述

油脂植物资源是指植物体内（主要在果实和种子内）含有油脂的一类植物。植物体内的油脂是各种脂肪酸甘油酯的混合物，但主体成分是甘油酯。我国是开发利用油脂植物较早的国家之一。植物油脂不仅是人们营养的重要来源，还是一些工业产品的重要原料，可直接用于榨油、制蜡烛、肥皂和各种润滑油及油漆等。将油脂水解后提取的脂肪酸和甘油，可用于日用化工业制造各种化妆品；作为橡胶工业中的促进剂，以促进橡胶硫化，使橡胶软化和防止老化；在纺织印染工业中常用作打光剂；也是食品工业良好的乳化剂；其他如文教用品工业、机械工业、电镀工业、皮革工业、塑料工业和化学工业等都广泛以油脂及其加工品为原料，制造各种物质。尤其是分解出来的甘油，应用更加广泛，在食品、医药、化妆品、纺织、国防等工业中均占有重要地位。除此以外，植物油脂更是潜在的可再生能源，随着石油等非再生性能源的日益消耗和人们环保意识的增强，植物能源将成为未来占主导地位的新能源，植物油脂也必将发挥更大的作用。

本区植物果实或种子含油量较高，具有开发价值的植物有 129 种（表 10-10）。山核桃是著名的油料树种，本区栽培比较普遍。野核桃、虎榛子、梧桐、楝木等树种的果实或种子不仅含油率高，而且还是高级的食用油，亦可作为油脂化学工业的原料。松树的种子油，乌桕、樟科树种、漆、黄连木、槭属树木的果实油是重要的化工原料，经加工后，有些油也可食用。特别是乌桕皮油经深加工制成类可可脂，可用以代替可可脂生产巧克力。

表 10-10　河南鸡公山国家级自然保护区油脂植物科属分布

科名	属数	种数	科名	属数	种数
松科	2	6	椴树科	1	2
柏科	4	4	梧桐科	1	1
三尖杉科	1	2	猕猴桃科	1	1
红豆杉科	1	1	锦葵科	1	1
胡桃科	3	5	山茶科	3	4
桦木科	3	3	大风子科	1	2
壳斗科	2	3	柳叶菜科	1	1
榆科	1	1	伞形科	1	1
毛茛科	1	1	山茱萸科	1	3
木兰科	4	4	报春花科	2	2
蜡梅科	1	1	山矾科	1	1
樟科	5	9	安息香科	1	1
白花菜科	1	1	木樨科	3	4
蔷薇科	3	7	茄科	3	3
豆科	9	9	胡麻科	1	1
芸香科	2	4	茜草科	1	1
楝科	2	2	葫芦科	1	1
大戟科	8	11	菊科	3	3
漆树科	4	5	眼子菜科	1	1
冬青科	1	3	泽泻科	2	2
槭树科	2	4	禾本科	1	1
清风藤科	2	3	莎草科	1	1
鼠李科	1	4			

2. 油脂植物名录

金钱松、马尾松、华山松、偃松、油松、黑松、岷江柏木、日本花柏、杜松、圆柏、粗榧、三尖杉、南方红豆杉、枫杨、湖北枫杨、胡桃、山核桃、美国山核桃、鹅耳枥、虎榛子、华榛、柯、麻栎、槲栎、朴树、华北楼斗菜、红茴香、黄心夜合、天女花、望春玉兰、蜡梅、红果黄肉楠、黄丹木姜子、宜昌润楠、狭叶山胡椒、山胡椒、三桠乌药、江浙山胡椒、香叶树、簇叶新木姜子、羊角菜、野蔷薇、玫瑰、月季花、木香花、桃、山桃、杏、洋槐、野大豆、含羞草、胡枝子、黄檀、山黑豆、豌豆、野扁豆、紫穗槐、野花椒、花椒、青花椒、吴茱萸、楝、米籽兰、一叶萩、蓖麻、毛丹麻杆、山麻杆、算盘子、乌桕、山乌桕、白木乌桕、野桐、白背叶、油桐、黄连木、黄栌、漆、野漆、红麸杨、猫儿刺、枸骨、冬青、金钱槭、建始槭、苦条槭、鸡爪槭、红柴枝、清风藤、阔叶清风藤、冻绿、锐齿鼠李、小叶鼠李、圆叶鼠李、鄂椴、南京椴、梧桐、软枣猕猴桃、蜀葵、厚皮香、短柱柃、山茶、油茶、山桐子、毛叶山桐子、月见草、葛缕子、光皮树、梾木、小梾木、海乳草、珍珠菜、山矾、垂珠花、连翘、流苏树、蜡子树、蜡子树、毛曼陀罗、光白英、天仙子、胡麻、金银忍冬、栝楼、蜂斗菜、竹叶眼子菜、慈姑、泽泻、黑麦草、风车草。

10.3.11 药用植物

1. 药用植物资源概述

药用植物资源是指含有药用成分，具有医疗用途，可以作为植物性药物开发利用的一类植物，俗称"中草药"。中草药是我国劳动人民数千年来对具有治疗和预防各种疾病功效的植物的科学总结。随着现代医学的发展，中草药除传统的治疗和预防疾病的功效外，其在治疗疑难病症上的特殊效果也逐渐被人类所认识。如对恶性肿瘤、白血病等有疗效的植物本区有粗榧、三尖杉、何首乌、香茶菜类、绞股蓝等 10 余种。但值得注意的是本区一些贵重药材如五味子、丹参、石斛类等正遭到当地群众"竭泽而渔"式的采挖，资源破坏严重。

本区药用植物资源丰富，各种药用植物累计达 1580 种（表 10-11）。

表 10-11 河南鸡公山国家级自然保护区药用植物科属分布

科名	属数	种数	科名	属数	种数
银杏科	1	1	山茶科	4	5
松科	4	6	金丝桃科	1	7
杉科	2	2	柽柳科	1	1
柏科	3	7	芍药科	1	3
三尖杉科	1	2	堇菜科	1	9
红豆杉科	1	2	旌节花科	1	1
三白草科	2	2	西番莲科	1	1
金粟兰科	1	5	秋海棠科	1	2
杨柳科	2	8	瑞香科	3	5
杨梅科	1	1	胡颓子科	1	5
胡桃科	5	6	千屈菜科	3	4
桦木科	3	5	石榴科	1	1
壳斗科	2	7	蓝果树科	1	1
榆科	4	9	八角枫科	1	2
桑科	6	13	菱科	1	2
荨麻科	9	25	柳叶菜科	4	8
铁青树科	1	1	小二仙草科	2	2
檀香科	1	2	杉叶藻科	1	1
桑寄生科	1	1	五加科	6	11
马兜铃科	2	7	伞形科	24	39
蛇菰科	1	2	山茱萸科	1	4
蓼科	6	47	鹿蹄草科	2	4

续表

科名	属数	种数	科名	属数	种数
藜科	4	10	杜鹃花科	2	7
苋科	4	14	紫金牛科	2	4
紫茉莉科	1	1	报春花科	2	10
商陆科	1	2	柿树科	1	2
马齿苋科	2	3	山矾科	1	3
落葵科	1	1	安息香科	1	4
石竹科	10	27	木樨科	8	15
睡莲科	4	4	马钱科	2	3
金鱼藻科	1	1	龙胆科	6	13
毛茛科	13	35	睡菜科	1	1
木通科	4	5	夹竹桃科	4	4
大血藤科	1	1	萝藦科	4	18
小檗科	6	11	旋花科	7	13
防己科	4	7	紫草科	8	12
连香树科	1	1	马鞭草科	5	11
木兰科	6	14	唇形科	25	52
五味子科	2	4	茄科	7	17
蜡梅科	1	1	玄参科	17	32
樟科	8	22	紫葳科	3	4
罂粟科	8	15	胡麻科	1	1
白花菜科	1	1	列当科	2	2
十字花科	16	27	苦苣苔科	4	5
景天科	3	13	狸藻科	1	1
虎耳草科	14	22	爵床科	6	6
海桐花科	1	3	透骨草科	1	1
金缕梅科	6	6	车前科	1	3
杜仲科	1	1	茜草科	13	31
悬铃木科	1	3	败酱科	2	7
蔷薇科	30	108	川续断科	1	2
豆科	37	84	葫芦科	8	11
酢浆草科	1	2	桔梗科	6	12
牻牛儿苗科	2	8	菊科	64	132
旱金莲科	1	1	香蒲科	1	4
亚麻科	1	1	黑三棱科	1	2
蒺藜科	1	1	眼子菜科	1	6
芸香科	7	15	水麦冬科	1	2
苦木科	2	3	泽泻科	2	6
楝科	2	4	花蔺科	1	1
远志科	1	2	水鳖科	1	1
大戟科	13	33	禾本科	36	52
水马齿科	1	2	莎草科	9	24

续表

科名	属数	种数	科名	属数	种数
黄杨科	1	2	棕榈科	1	1
马桑科	1	1	天南星科	7	14
漆树科	5	10	浮萍科	2	2
冬青科	1	5	谷精草科	1	2
卫矛科	2	14	鸭跖草科	4	7
省沽油科	2	3	雨久花科	2	3
槭树科	2	11	灯芯草科	2	6
无患子科	1	1	百部科	1	2
清风藤科	2	4	百合科	25	60
凤仙花科	1	3	石蒜科	1	4
鼠李科	7	15	薯蓣科	1	6
葡萄科	5	14	鸢尾科	2	5
椴树科	4	5	姜科	1	1
锦葵科	4	7	美人蕉科	1	1
梧桐科	2	2	兰科	18	29
猕猴桃科	1	5			

2. 药用植物名录

银杏、金钱松、华山松、黑松、雪松、云杉、青杆、柳杉、杉木、岷江柏木、柏木、杜松、刺柏、欧洲刺柏、垂枝柏、圆柏、三尖杉、粗榧、南方红豆杉、红豆杉、蕺菜、三白草、金粟兰、宽叶金粟兰、及已、多穗金粟兰、银线草、旱柳、垂柳、皂柳、乌柳、响叶杨、毛白杨、小叶杨、钻天杨、杨梅、枫杨、胡桃、胡桃楸、化香树、青钱柳、美国山核桃、多脉鹅耳枥、桤木、江南桤木、日本桤木、川榛、麻栎、白栎、槲树、小叶栎、栗、茅栗、锥栗、糙叶树、榉树、大叶榉树、朴树、紫弹树、黑弹树、榆树、大果榆、榔榆、大麻、构树、楮、葎草、桑、蒙桑、水蛇麻、天仙果、无花果、异叶榕、薜荔、珍珠、爬藤榕、花点草、毛花点草、山冷水花、冷水花、三角冷水花、透茎冷水花、粗齿冷水花、矮冷水花、大叶冷水花、庐山楼梯草、楼梯草、糯米团、墙草、水麻、大蝎子草、蝎子草、宽叶荨麻、狭叶荨麻、苎麻、赤麻、野线麻、细野麻、大叶苎麻、八角麻、序叶苎麻、青皮木、百蕊草、急折百蕊草、桑寄生、马兜铃、北马兜铃、寻骨风、木通马兜铃、细辛、北细辛、杜衡、蛇菰、宜昌蛇菰、木藤蓼、何首乌、虎杖、金线草、短毛金线草、红蓼、支柱蓼、萹蓄、叉分蓼、水蓼、习见蓼、戟叶蓼、长戟叶蓼、两栖蓼、黏蓼、长鬃蓼、刺蓼、箭叶蓼、蚕茧草、丛枝蓼、杠板归、头状蓼、桃叶蓼、拳参、雀翘、春蓼、赤胫散、尼泊尔蓼、大箭叶蓼、稀花蓼、伏毛蓼、珠芽蓼、蓼蓝、卷茎蓼、荞麦、金荞麦、细柄野荞麦、苦荞麦、酸模、巴天酸模、小酸模、刺酸模、齿果酸模、皱叶酸模、尼泊尔酸模、羊蹄、土大黄、土荆芥、地肤、藜、小藜、灰绿藜、市藜、东亚市藜、杖藜、细穗藜、猪毛菜、喜旱莲子草、莲子草、柳叶牛膝、土牛膝、牛膝、鸡冠花、青葙、苋、刺苋、凹头苋、反枝苋、皱果苋、繁穗苋、尾穗苋、紫茉莉、商陆、垂序商陆、马齿苋、大花马齿苋、土人参、落葵、牛繁缕、中国繁缕、石生繁缕、繁缕、雀舌草、沼生繁缕、孩儿参、细叶孩儿参、剪春罗、卷耳、簇生卷耳、缘毛卷耳、球序卷耳、麦蓝菜、漆姑草、雀舌草、圆锥石头花、石竹、瞿麦、西洋石竹、无心菜、老牛筋、麦瓶草、蝇子草、女娄菜、石生蝇子草、鹤草、莲、萍蓬草、芡实、睡莲、金鱼藻、白头翁、翠雀、还亮草、全裂翠雀、河南翠雀花、卵瓣还亮草、黑种草、类叶升麻、无距楼斗菜、茴茴蒜、石龙芮、小毛茛、刺果毛茛、毛茛、升麻、金龟草、小升麻、单穗升麻、唐松草、河南唐松草、天葵、女萎、柱果铁线莲、威灵仙、山木通、小木通、大花威灵仙、乌头、花葶乌头、川鄂乌头、瓜叶乌头、高乌头、大火草、打破碗花花、獐耳细辛、鹰爪枫、五月瓜藤、串果藤、猫儿屎、木通、大血藤、六角莲、八角莲、类叶牡丹、南方山荷叶、阔叶十大功劳、十大功劳、日本小檗、庐山小檗、安徽小檗、淫羊藿、柔毛淫羊藿、蝙蝠葛、木防己、金线吊乌龟、千金藤、粉防己、汝兰、青牛胆、连香树、红茴香、红毒茴、鹅掌楸、凹叶厚朴、厚朴、红花木莲、木莲、乳源木莲、天女花、望春玉兰、玉兰、紫玉兰、荷花玉兰、武当玉兰、华中五味子、五味子、狭叶五味子、南五味子、蜡梅、檫木、红果黄肉楠、天目木姜子、木姜子、毛豹皮樟、豹皮樟、紫楠、楠木、狭叶山胡椒、山胡椒、三桠乌药、香叶树、黑壳楠、大叶钓樟、山橿、乌药、香叶子、新木姜子、月桂、川桂、樟、天竺桂、白屈菜、博落回、小果博落回、角茴香、柱果绿绒蒿、秃疮花、血水草、虞美人、罂粟、紫堇、黄堇、延胡索、曲花紫堇、刻叶紫堇、地丁草、羊角菜、播娘蒿、垂果大蒜芥、全叶大蒜芥、豆瓣菜、独行菜、北美独行菜、宽叶独行菜、印度蔊菜、垂果南芥、蚓果芥、荠、云南山嵛菜、菘蓝、碎米荠、水田碎米荠、白花碎米荠、弹裂碎米荠、弯曲碎米荠、光头山碎米荠、大叶碎米荠、紫花碎米荠、糖芥、小花糖芥、葶苈、蔊菜、芝麻菜、诸葛菜、紫花八宝、轮叶八宝、小山飘风、垂盆草、大叶火焰草、山飘风、火焰草、佛甲草、轮叶景天、凹叶景天、钝叶瓦松、瓦松、晚红瓦松、草绣球、华茶藨、常山、扯根菜、独根草、鬼灯檠、虎耳草、黄水枝、毛金腰、大叶金腰、多花落新妇、山梅花、溲疏、大花溲疏、小花溲疏、无柄溲疏、黄山溲疏、宁波溲疏、绣球、圆锥绣球、挂苦绣球、钻地风、海桐、崖花海桐、柄果海桐、北美枫香、檵木、金缕梅、蜡瓣花、牛鼻栓、蚊母树、杜仲、一球悬铃木、二球悬铃木、三球悬铃木、白鹃梅、草莓、五叶草莓、稠李、细齿稠李、橉木、地蔷薇、长叶地榆、地榆、腺地榆、棣棠花、重瓣棣棠花、石灰花楸、湖北花楸、江南花楸、火棘、细圆齿火棘、鸡麻、假升麻、沙梨、杜梨、豆梨、西洋梨、褐梨、麻梨、龙芽草、黄龙尾、路边青、柔毛路边青、枇杷、木瓜、苹果、垂丝海棠、山荆子、湖北海棠、皱皮木瓜、野蔷薇、玫瑰、木香花、缫丝花、小果蔷薇、拟木香、黄蔷、金樱子、钝叶蔷薇、山莓草、野山楂、湖北山楂、山楂、蛇莓、石楠、中华石楠、光叶石楠、光萼石楠、唐棣、桃、山桃、委陵菜、蛇含委陵菜、三叶委陵菜、翻白草、朝天委陵菜、皱叶委陵菜、莓叶委陵菜、多茎委陵菜、匐枝委陵菜、星毛委陵菜、绢毛匍匐委陵菜、蛇莓委陵菜、细裂委陵菜、野珠兰、杏、梅、麻叶绣线菊、李叶绣线菊、柔毛绣线菊、光叶绣线菊、白叶莓、茅莓、覆盆子、针刺悬钩子、秀丽莓、多腺悬钩子、华中悬钩子、绵果悬钩子、弓茎悬钩子、黄果悬钩子、喜阴悬钩子、腺花茅莓、插田泡、高粱泡、山莓、蓬藟、光滑高粱泡、灰白毛莓、木莓、盾叶莓、腺毛莓、平枝栒子、灰栒子、毛叶水栒子、樱桃、郁李、欧李、麦李、华中樱桃、山樱花、珍珠梅、菜豆、白花草木樨、黄香草木樨、红车轴草、白车轴草、洋槐、野大豆、肥皂荚、野葛、含羞草、西南杭子梢、合萌、红豆树、胡枝子、绿叶胡枝子、绒毛胡枝子、美丽胡枝子、截叶铁扫帚、中华胡枝子、铁马鞭、苦参、苦豆子、白刺花、糙叶黄耆、黄檀、南岭黄檀、长萼鸡眼草、鸡眼草、野豇豆、长豇豆、小叶锦鸡儿、茳芒决、决明、望江南、短叶决明、两型豆、鹿藿、菱叶鹿藿、米口袋、狭叶米口袋、花木蓝、多花木蓝、木蓝、宜昌木蓝、鸡公木蓝、马棘、苏木蓝、野青树、紫苜蓿、山黑豆、山黧豆、矮山黧豆、山蚂蝗、宽卵叶山蚂蝗、小叶三点金、羽叶长柄山蚂蝗、长柄山蚂蝗、小槐花、土圞儿、豌豆、香槐、野扁豆、歪头菜、广布野豌豆、山野豌豆、牯岭野豌豆、救荒野豌豆、大花野豌豆、确山野豌豆、长柔毛野豌豆、小巢菜、四籽野豌豆、云实、皂荚、山皂荚、野皂荚、野百合、猪屎豆、假地兰、响铃豆、紫荆、紫藤、藤萝、多花紫藤、酢浆草、山酢浆草、血见愁老鹳草、野老鹳草、老鹳草、尼泊尔老鹳草、中华老鹳草、草地老鹳草、湖北老鹳草、牻牛儿苗、旱金莲、野亚麻、蒺藜、白鲜、臭常山、野花椒、花椒、青花椒、竹叶花椒、川陕花椒、狭叶花椒、黄檗、金橘、吴茱萸、臭辣树、臭檀吴萸、湖北臭檀、枳、臭椿、毛臭椿、苦树、楝、川楝、香椿、小果香椿、瓜子金、远志、一叶萩、蓖麻、续随子、地锦、一品红、泽漆、甘遂、乳浆大戟、钩腺大戟、大戟、猫眼草、湖北大戟、通奶草、斑地锦、地构叶、红背桂、雀儿舌头、山麻杆、算盘子、湖北算盘子、铁苋菜、红穗铁苋菜、乌桕、山乌桕、白木乌桕、白背叶、石岩枫、野梧桐、叶下珠、青灰叶下珠、落萼叶下珠、蜜甘草、油桐、水马齿、沼生水马齿、小叶黄杨、匙叶黄杨、马桑、黄连木、黄栌、红叶、南酸枣、漆、野漆、木蜡树、红麸杨、盐肤木、青麸杨、猫儿刺、冬青、大叶冬青、大果冬青、具柄冬青、苦皮藤、粉背南蛇藤、南蛇藤、大芽南蛇藤、短梗南蛇藤、大花卫矛、冬青卫矛、西南卫矛、疣点卫矛、栓翅卫矛、纤齿卫矛、垂丝卫矛、石枣子、扶芳藤、省沽油、膀胱果、野鸦椿、金钱槭、建始槭、青榨槭、中华槭、飞蛾槭、五尖槭、长柄槭、五角枫、三角槭、五裂槭、色木枫、栾树、珂楠树、清风藤、阔叶清风藤、四川清风藤、水金凤、翼萼凤仙花、牯岭凤仙花、多花勾儿茶、勾儿茶、马甲子、猫乳、雀梅藤、冻绿、小叶鼠李、圆叶鼠李、薄叶鼠李、皱叶鼠李、长叶冻绿、鼠李、酸枣、枣、枳椇、三叶地锦、小叶葡萄、葡萄、蘡薁、刺葡萄、葛藟葡萄、蛇葡萄、三裂蛇葡萄、乌头叶蛇葡萄、白蔹、葎叶蛇葡萄、蓝果蛇葡萄、乌蔹莓、崖爬藤、扁担杆、南京椴、少脉椴、黄麻、田麻、锦葵、圆叶锦葵、马松子、梧桐、野葵、软枣猕猴桃、革叶猕猴桃、中华猕猴桃、葛枣猕猴桃、黑蕊猕猴桃、木芙蓉、野西瓜苗、蜀葵、苘麻、细枝柃、木荷、茶、连蕊茶、长柱紫茎、金丝桃、长柱金丝桃、地耳草、小连翘、贯叶连翘、元宝草、突脉金丝桃、柽柳、芍药、紫斑牡丹、草芍药、三色堇、鸡腿堇菜、斑叶堇菜、球果堇菜、紫花堇菜、堇菜、戟叶堇菜、早开堇菜、裂叶堇菜、中国旌节花、西番莲、秋海棠、中华秋海棠、结香、河朔荛花、荛花、芫花、瑞香、胡颓子、牛奶子、木半夏、蔓胡颓子、宜昌胡颓子、节节菜、千屈菜、紫薇、南紫薇、石榴、喜树、八角枫、毛八角枫、细果野菱、乌菱、丁香蓼、柳叶菜、沼生柳叶菜、毛脉柳叶菜、露珠草、牛泷草、南方露珠草、月见草、穗状狐尾藻、小二仙草、杉叶藻、常春藤、刺楸、楤木、土当归、竹节参、通脱木、五加、藤五加、红毛五加、糙叶五加、白簕、变豆菜、直刺变豆菜、柴胡、狭叶柴胡、黑柴胡、疏叶当归、当归、拐芹、毒芹、短毛独活、独活、峨参、防风、细叶藁本、辽藁本、藁本、葛缕子、田葛缕子、野胡萝卜、异叶茴芹、羊红膻、菱叶茴芹、茴香、积雪草、棱子芹、明党参、前胡、白花前胡、石防风、破子草、小窃衣、蛇床、莳萝、水芹、红马蹄草、天胡荽、鸭儿芹、香芹、芫荽、小梾木、四照花、毛梾、山茱萸、鹿蹄草、紫背鹿蹄草、水晶兰、松下兰、杜鹃、羊踯躅、云锦杜鹃、满山红、照山白、马银花、乌饭树、铁仔、紫金牛、朱砂根、百两金、点地梅、珍珠菜、聚花过路黄、过路黄、红根草、黑腺珍珠菜、泽珍珠菜、狭叶珍珠菜、虎尾草、点腺过路黄、软枣、野柿、山矾、白檀、华山矾、垂珠花、野茉莉、玉铃花、郁香野茉莉、水曲柳、大叶白蜡树、小叶梣、连翘、流苏树、桂花、女贞、小叶女贞、水蜡树、小蜡树、迎春花、茉莉花、探春花、雪柳、紫丁香、蓬莱葛、大叶醉鱼草、密蒙花、百金花、湿生扁蕾、扁蕾、花锚、椭圆叶花锚、条叶龙胆、龙胆、红花龙胆、深红龙胆、鳞叶龙胆、双蝴蝶、金银莲花、莕菜、睡菜、黄花夹竹桃、夹竹桃、罗布麻、络石、鹅绒藤、隔山消、白首乌、地梢瓜、徐长卿、白薇、蔓剪草、柳叶白前、牛皮消、朱砂藤、毛白前、紫花合掌消、白前、杠柳、萝藦、华萝藦、娃儿藤、七层楼、打碗花、篱天剑、牵牛、圆叶牵牛、马蹄金、土丁桂、菟丝子、日本菟丝子、南方菟丝子、大菟丝子、田旋花、银灰旋花、北鱼黄草、斑种草、柔弱斑种草、盾果草、附地菜、钝萼附地菜、鹤虱、粗糠树、琉璃草、小花琉璃草、紫草、梓木草、紫筒草、臭牡丹、海州常山、马鞭草、牡荆、黄荆、兰香草、三花莸、枇杷叶紫珠、紫珠、华紫珠、老鸦糊、留兰香、薄荷、糙苏、柴续断、地瓜儿苗、风轮菜、半枝莲、韩信草、京黄芩、河南黄芩、活血丹、白透骨消、藿香、多花筋骨草、筋骨草、金疮小草、白苞筋骨草、紫背金盘、荆芥、浙江铃子香、罗勒、牛至、香青兰、石荠苎、鼠尾草、丹参、荔枝草、华鼠尾草、水棘针、甘露子、毛水苏、水苏、光叶水苏、山菠菜、夏枯草、夏至草、显脉香茶菜、香茶菜、线纹香茶菜、血见愁、野草香、香薷、海州香薷、鸡骨柴、紫花香薷、野芝麻、宝盖草、益母草、细叶益母草、錾菜、紫苏、野生紫苏、颠茄、枸杞、假酸浆、毛曼陀罗、曼陀罗、洋金花、紫花曼陀罗、光白英、野海茄、龙葵、白英、千年不烂心、野茄、酸浆、苦蘵、挂金灯、天仙子、地黄、四川沟酸浆、胡麻草、光叶蝴蝶草、柳穿鱼、鹿茸草、轮叶马先蒿、返顾马先蒿、红纹马先蒿、腹水草、草本威灵仙、细穗腹水草、毛蕊花、宽叶母草、陌上菜、母草、毛泡桐、白花泡桐、婆婆纳、直立婆婆纳、细叶婆婆纳、小婆婆纳、水苦荬、蚊母草、北水苦荬、山罗花、石龙尾、松蒿、通泉草、弹刀子菜、玄参、阴行草、角蒿、凌霄、楸、梓、胡麻、黄花列当、野菰、半蒴苣苔、牛耳朵、吊石苣苔、苦苣苔、旋蒴苣苔、挖耳草、白接骨、穿心莲、九头狮子草、爵床、水蓑衣、马蓝、透骨草、车前、平车前、大车前、六月雪、白马骨、金毛耳草、鸡矢藤、茜莸、鸡树条、桦叶荚蒾、接骨木、接骨草、海仙花、半边月、蓬子菜、四叶葎、北方拉拉藤、猪殃殃、六道木、糯米条、南方六道木、二翅六道木、卵叶茜草、茜草、忍冬、郁香忍冬、盘叶忍冬、金花忍冬、红脉忍冬、刚毛忍冬、苦糖果、水团花、香果树、栀子、败酱、白花败酱、异叶败酱、少蕊败酱、斑花败酱、缬草、蜘蛛香、川续断、日本续断、南赤飑、赤飑、盒子草、假贝母、绞股蓝、木鳖子、栝楼、王瓜、中华栝楼、马㼎儿、雪胆、半边莲、山梗菜、江南山梗菜、羊乳、党参、紫斑风铃草、桔梗、蓝花参、荠苨、轮叶沙参、石沙参、杏叶沙参、香丝草、小蓬草、菜蓟、苍耳、白术、关苍术、苍术、翅果菊、雏菊、大丁草、稻槎菜、东风菜、飞廉、飞蓬、一年蓬、蜂斗菜、凤毛菊、心叶凤毛菊、杨叶凤毛菊、狗舌草、狗娃花、狼杷草、婆婆针、小花鬼针草、白花鬼针草、金盏银盘、羽叶鬼针草、蒌蒿、牛尾蒿、白莲蒿、蒙古蒿、牛尾蒿、牡蒿、黄花蒿、白苞蒿、狭叶青蒿、青蒿、大籽蒿、毛莲蒿、猪毛蒿、茵陈蒿、歧茎蒿、南牡蒿、奇蒿、艾、野艾蒿、魁蒿、蒔萝蒿、五月艾、和尚菜、黄鹌菜、异叶黄鹌菜、黄瓜菜、火绒草、长叶火绒草、蓟、烟管蓟、魁蓟、线叶蓟、绒背蓟、牛口刺、假福王草、金鸡菊、金盏菊、菊苣、菊叶三七、苦苣菜、苣荬菜、苦荬菜、小苦荬、抱茎小苦荬、剪刀股、款冬、蓝刺头、鳢肠、伪泥胡菜、全叶马兰、马兰、毡毛马兰、裂叶马兰、山马兰、毛连菜、泥胡菜、牛蒡、牛膝菊、女菀、蒲儿根、蒲公英、华蒲公英、白花蒲公英、羽叶千里光、千里光、林荫千里光、秋分草、山柳菊、山莴苣、石胡荽、秋鼠麹草、水飞蓟、天名精、金挖耳、烟管头草、大花金挖耳、菊花、甘菊、野菊、毛华菊、兔儿伞、杏香兔儿风、豚草、齿叶橐吾、鹿蹄橐吾、离舌橐吾、窄头橐吾、蹄叶橐吾、豨莶、腺梗豨莶、虾须草、下田菊、香青、菊芋、旋覆花、鸦葱、一枝黄花、佩兰、华泽兰、异叶泽兰、紫菀、琴叶紫菀、钻形紫菀、耳叶紫菀、翼柄紫菀、小香蒲、香蒲、水烛、长苞香蒲、黑三棱、小黑三棱、竹叶眼子菜、浮叶眼子菜、眼子菜、篦齿眼子菜、小眼子菜、微齿眼子菜、海韭菜、水麦冬、慈姑、野慈姑、矮慈姑、泽泻、东方泽泻、草泽泻、花蔺、苦草、白茅、稗、大臭草、臭草、淡竹叶、中华淡竹叶、虱子草、拂子茅、甜根子草、斑茅、甘蔗、水竹、淡竹、毛竹、紫竹、大狗尾草、狗尾草、莠狗尾草、菰、虎尾草、画眉草、大画眉草、知风草、小画眉草、乱草、黑穗画眉草、假稻、黄背草、荩草、看麦娘、赖草、狼尾草、龙常草、芦苇、止血马唐、马唐、芒、荻、茅根、千金子、圆果雀稗、雀麦、箬竹、牛筋草、鼠尾粟、梯牧草、显子草、野燕麦、薏苡、䔖草、硬质早熟禾、獐毛、荸荠、牛毛毡、藨草、扁杆藨草、华东藨草、百球藨草、水虱草、结壮飘拂草、畦畔飘拂草、烟台飘拂草、双穗飘拂草、两歧飘拂草、东南飘拂草、球柱草、丝叶球柱草、风车草、异型莎草、畦畔莎草、毛轴莎草、莎草、水葱、水莎草、短叶水蜈蚣、砖子苗、棕榈、半夏、滴水珠、菖蒲、石菖蒲、金钱蒲、大漂、独角莲、魔芋、天南星、东北南星、象南星、一把伞南星、花南星、野芋、浮萍、紫萍、白药谷精草、谷精草、杜若、水竹叶、裸花水竹叶、牛轭草、鸭跖草、饭包草、竹叶子、凤眼蓝、雨久花、鸭舌草、灯心草、小灯心草、翅茎灯心草、野灯心草、星花灯心草、多花地杨梅、百部、直立百部、菝葜、牛尾菜、短柄菝葜、短梗菝葜、黑叶菝葜、防己叶菝葜、土茯苓、百合、野百合、卷丹、渥丹、川百合、浙贝母、贝母、安徽贝母、小根蒜、野葱、薤葱、韭葱、荞麦叶大百合、粉条儿菜、黄精、玉竹、湖北黄精、卷叶黄精、吉祥草、开口箭、藜芦、毛叶藜芦、铃兰、绵枣儿、七筋菇、阔叶土麦冬、禾叶山麦冬、山麦冬、凤尾丝兰、石刁柏、龙须菜、南玉带、天门冬、羊齿天门冬、短梗天门冬、老鸦瓣、洼瓣花、宝铎草、万寿竹、鹿药、管花鹿药、小黄花菜、萱草、黄花菜、北黄花菜、延龄草、麦冬、沿阶草、油点草、黄花油点草、紫萼、玉簪、北重楼、石蒜、江苏石蒜、中国石蒜、鹿葱、薯蓣、盾叶薯蓣、野山药、穿山龙、黄独、山萆薢、射干、马蔺、蝴蝶花、鸢尾、细叶鸢尾、蘘荷、大花美人蕉、白及、小斑叶兰、斑叶兰、大花斑叶兰、光萼斑叶兰、二叶兜被兰、独花兰、杜鹃兰、蜈蚣兰、角盘兰、裂瓣角盘兰、叉唇角盘兰、绿花阔蕊兰、春兰、建兰、山兰、长叶山兰、杓兰、扇脉杓兰、小舌唇兰、密花舌唇兰、舌唇兰、手参、绶草、天麻、长叶头蕊兰、小羊耳蒜、羊耳蒜、鹅毛玉凤花。

10.3.12 有毒植物

1. 有毒植物资源概述

植物界中有许多植物含有对人体或其他动物有毒害的化学成分，这些有毒植物与农业、畜牧业、医学的关系密切，因此，研究和利用有毒植物资源是植物学及其边缘学科发展的必然，也是社会文明进步的需要。同时，有毒植物包括的范围也非常广泛，许多常用的中草药大部分是有毒植物，但通过采集、取材、加工炮制和剂量的控制，可以减轻其毒性，增强其治病的效果。这里所谓的有毒植物是一种狭义的概念，仅仅涉及与人们的日常生活、农业、畜牧业有关的植物。了解这些有毒植物可以避免误采、误食等事故的发生，同时还可以利用植物对昆虫的毒杀作用制作土农药用于农、果、林、蔬等害虫的防治。

据野外考察和初步统计，河南鸡公山国家级自然保护区有毒植物有 100 种（表 10-12），对人类有毒的有苍耳、天南星、石蒜等，对牲畜有毒的除上述种类外还有槲树、白栎（幼叶期）、苦豆子、酸模等，可用作土农药的有苦皮藤、土荆芥、泽漆、苦树、白头翁、杠柳等。

表 10-12　河南鸡公山国家级自然保护区有毒植物科属分布

科名	属数	种数	科名	属数	种数
三白草科	1	1	鼠李科	1	1
金粟兰科	1	5	椴树科	1	1
胡桃科	1	1	金丝桃科	1	1
壳斗科	1	2	瑞香科	1	1
蓼科	1	1	柳叶菜科	1	1
藜科	1	1	伞形科	1	1
毛茛科	1	1	夹竹桃科	3	3
木通科	1	1	萝藦科	3	5
木兰科	1	1	旋花科	1	2
罂粟科	1	1	马鞭草科	2	2
蔷薇科	2	4	唇形科	1	1
豆科	11	15	茄科	3	5
酢浆草科	1	1	玄参科	1	2
苦木科	2	2	葫芦科	1	1
楝科	1	2	菊科	7	7
大戟科	3	9	禾本科	2	2
马桑科	1	1	天南星科	3	4
漆树科	1	1	百部科	1	1
卫矛科	1	1	百合科	4	4
省沽油科	1	1	石蒜科	1	1
清风藤科	1	1	鸢尾科	1	1

2. 有毒植物名录

蕺菜、金粟兰、宽叶金粟兰、及已、多穗金粟兰、银线草、枫杨、槲树、白栎、酸模、土荆芥、白头翁、三叶木通、红毒茴、虞美人、长叶地榆、地榆、腺地榆、茅莓、洋槐、野葛、杭子梢、苦豆子、小叶锦鸡儿、紫苜蓿、山豇豆、云实、野皂荚、野百合、猪屎豆、响铃豆、紫藤、藤萝、多花紫藤、酢浆草、臭椿、苦树、楝、川楝、一叶萩、蓖麻、一品红、泽漆、甘遂、乳浆大戟、钩腺大戟、大戟、猫眼草、马桑、木蜡树、苦皮藤、膀胱果、四川清风藤、长叶冻绿、黄麻、金丝桃、河朔荛花、牛泷草、毒芹、黄花夹竹桃、夹竹桃、罗布麻、牛皮消、朱砂藤、杠柳、娃儿藤、七层楼、打碗花、藤长苗、马鞭草、日本紫珠、益母草、颠茄、曼陀罗、洋金花、野海茄、龙葵、腹水草、草本威灵仙、盒子草、苍耳、大丁草、狗舌草、菊叶三七、款冬、蓝刺头、天名精、臭草、毒麦、滴水珠、魔芋、天南星、一把伞南星、百部、野百合、浙贝母、藜芦、山麦冬、石蒜、蝴蝶花。

10.3.13　蜜源植物

1. 蜜源植物资源概述

蜜源植物是指能够为蜜蜂提供花蜜、蜜露和花粉的植物类群。蜜蜂依靠蜜源植物生存、繁衍、发展和为人类生产各种蜂蜜产品。本保护区蜜源植物共计 95 种（表 10-13）。在整个生长季节，尤其是春夏季的盛花期，漫山遍野百花竞开，有发展养蜂业的物质基础。枣、酸枣及椴树属树木是我国著名的蜜源植物，其花蜜在国内外市场享有盛誉，在本保护区有较多的种类。此外，本保护区豆科、蔷薇科的一些种类不仅花多、花期长，而且分布广泛，其中胡枝子属、野豌豆属、苜蓿属、刺槐属、悬钩子属、蔷薇属、苹果属等植物具有很大的利用潜力。

表 10-13　河南鸡公山国家级自然保护区蜜源植物科属分布

科名	属数	种数	科名	属数	种数
三白草科	2	2	椴树科	1	8
金粟兰科	1	5	山茶科	2	3
杨梅科	1	1	大风子科	2	2
虎耳草科	1	1	山茱萸科	1	2
蔷薇科	8	44	木樨科	1	1
豆科	10	20	唇形科	1	1
漆树科	1	1	菊科	1	1
鼠李科	2	2	兰科	1	1

2. 蜜源植物名录

蕺菜、三白草、金粟兰、宽叶金粟兰、及已、多穗金粟兰、银线草、杨梅、虎耳草、稠李、细齿稠李、棣棠花、重瓣棣棠花、木瓜、苹果、垂丝海棠、湖北海棠、皱皮木瓜、海棠花、山荆子、野蔷薇、玫瑰、木香花、缫丝花、小果蔷薇、拟木香、黄蔷、钝叶蔷薇、月季花、悬钩子蔷薇、金樱子、卵果蔷薇、杏、梅、华北绣线菊、多腺悬钩子、茅莓、针刺悬钩子、华中悬钩子、弓茎悬钩子、黄果悬钩子、高粱泡、山莓、灰白毛莓、木莓、粉枝莓、樱桃、郁李、欧李、麦李、华中樱桃、山樱花、毛樱桃、草木樨、洋槐、山槐、胡枝子、绿叶胡枝子、槐、花木蓝、多花木蓝、紫苜蓿、南苜蓿、天蓝苜蓿、小苜蓿、香槐、广布野豌豆、山野豌豆、牯岭野豌豆、救荒野豌豆、大花野豌豆、确山野豌豆、紫穗槐、盐肤木、酸枣、枣、华椴、南京椴、少脉椴、鄂椴、糯米椴、长柄椴、大椴、华东椴、细枝柃、短柱柃、油茶、山拐枣、山桐子、毛梾、光皮树、雪柳、蜜蜂花、蓝刺头、独花兰。

10.3.14　树脂、树胶和橡胶、硬橡胶植物

1. 树脂、树胶和橡胶、硬橡胶植物资源概述

树脂是重要的工业原料，它存在于树脂植物的特殊部位或贮藏器官中，当植物受到外界机械创伤后，树脂就会外溢。树脂的用途与植物种类有关，如漆树树脂——生漆是一种著名

的天然涂料；枫香树脂可代苏合香用于医药或作香料的定香剂；松树脂经加工制成松节油和松香可用作工业原料。树胶和树脂一样是植物代谢的次生产物，与树脂不同的是树胶由胶质的多糖构成，能溶于水，溶液有黏性；在工业上，它是医药、印染、造纸、食品、皮革整理、墨水制作等不可缺少的原料。本区树脂、树胶和橡胶、硬橡胶植物共计 43 种（表 10-14），前者主要有松属树种和枫香、漆树属树种等，后者主要为猕猴桃属植物等。橡胶及硬橡胶植物在本区种类较少，不具开发利用的价值。但是，杜仲及卫矛属等产硬橡胶的植物若经过加强管理、扩大栽培面积，将有较好的开发前景。

表 10-14　河南鸡公山国家级自然保护区树脂、树胶和橡胶、硬橡胶植物科属分布

科名	属数	种数	科名	属数	种数
松科	1	7	漆树科	3	4
杨柳科	1	1	冬青科	1	2
胡桃科	1	1	卫矛科	1	4
桦木科	1	1	清风藤科	1	1
桑科	1	1	鼠李科	1	1
蓼科	1	1	猕猴桃科	1	4
金缕梅科	1	2	山茶科	2	2
杜仲科	1	1	芍药科	1	1
蔷薇科	3	3	山茱萸科	1	1
豆科	1	1	杜鹃花科	1	1
大戟科	2	2	菊科	1	1

2. 树脂、树胶和橡胶、硬橡胶植物名录

华山松、黑松、马尾松、偃松、油松、樟子松、火炬松、响毛杨、胡桃、华榛、印度橡皮树、酸模、北美枫香、枫香树、杜仲、李、金樱子、盾叶莓、紫穗槐、湖北算盘子、油桐、南酸枣、漆、野漆、红麸杨、冬青、枸骨、卫矛、冬青卫矛、栓翅卫矛、白杜、红柴枝、冻绿、革叶猕猴桃、中华猕猴桃、四蕊猕猴桃、对萼猕猴桃、厚皮香、油茶、芍药、椋木、杜鹃、金盏菊。

10.3.15　天然色素植物

1. 天然色素植物资源概述

色素植物资源是指植物体内含有丰富的天然色素，可以提取用于各种食品、饮料的添加剂及用做染料的一类植物。色素是植物在新陈代谢过程中的产物，是一些化学结构极其复杂的有机化合物。有些存在于茎叶内，有些存在于花和果实中，也有些存在于根中，它们是天然色素的主要来源。天然色素主要用于食品、医药、化妆、印染等行业，作为着色剂和光敏化剂，是 20 世纪以前所用的主要颜色原料。21 世纪以来，由于化学合成色素具有毒性、致畸性和潜在的致癌性，人们再次把目光聚焦到天然色素的研究、开发和利用上。目前，西方发达国家在食品中使用天然色素的比例高达 85% 以上，我国则较低。但是，随着人们生活

条件的不断改善，特别是近年来国家提倡以人为本、重视人的生存环境和生活质量，我国天然色素发展的前景将更加广阔。

本区天然色素植物共计 32 种，其科属分布情况详见表 10-15。

表 10-15　河南鸡公山国家级自然保护区天然色素植物科属分布

科名	属数	种数	科名	属数	种数
杨柳科	1	1	大戟科	1	1
壳斗科	1	2	鼠李科	1	5
蓼科	2	2	葡萄科	1	1
樟科	1	1	锦葵科	1	1
十字花科	1	1	山茱萸科	1	1
蔷薇科	4	10	紫草科	1	1
豆科	1	2	茜草科	1	1
牻牛儿苗科	1	1	禾本科	1	1

2. 天然色素植物名录

加拿大杨、栗、茅栗、蓼蓝、酸模、宜昌润楠、菘蓝、火棘、野蔷薇、玫瑰、拟木香、月季花、悬钩子蔷薇、梅、华中悬钩子、山莓、绵果悬钩子、木蓝、野青树、牻牛儿苗、乌桕、冻绿、小叶鼠李、圆叶鼠李、锐齿鼠李、卵叶鼠李、蘡薁、蜀葵、梾木、厚壳树、蓬子菜、荩草。

10.4　植物资源保护、发展与开发的对策

河南鸡公山国家级自然保护区丰富的植物资源是大自然赐予我们的宝贵财富，如何在保护、发展的前提下合理地开发利用这一宝贵的自然资源，使之造福于人类，是保护区科技工作者面临的一项重大课题。深入研究不同植物的潜在利用价值，结合本区植物特点，开展合理的多项经营，不仅能健全和提高森林生态系统的功能，而且有利于增强保护区的经济活力。这在目前我国加快社会主义市场经济体制建设的形式下，尤其具有重大的现实意义和深远的历史意义。现根据已掌握的现有植物资源概况提出以下关于保护、发展与合理开发利用本区植物资源的对策。

10.4.1　加强管理，维护生态环境的复杂性和植物的生物多样性

保护植物的生物多样性就是保护植物的种质资源。保护植物种质资源首先要保护好其赖以存在和发展的自然环境。一个地区植物种类的多寡是与本地区生态环境的复杂性有着密切的关系的，本区地处亚热带向暖温带过渡地带，山体不高，但地形复杂，水热资源丰富，构成了适宜南北植物分布、生长发育的各种小生境，这是本区植物种类繁多，并保存了较多的珍稀濒危植物树种的主要原因。同时也应看到，过渡地带特殊的小生境是脆弱的、不稳定的，一旦受到不良的外界冲击，其缓冲能力和自我恢复能力差。

生境的破坏就意味着植物种类与生境之间长期以来相互适应、共同发展的关系破裂，最终导致物种的灭绝或在本区域的绝迹。不论是物种的绝灭还是在某一区域的绝迹，都意味着

植物某一特有的遗传资源的永远流失，这种流失对生命科学，甚至全人类来说都是不可弥补的损失。

保护珍稀濒危植物，首要的任务就是保护好其赖以生存、繁衍的生态环境。因此，要进一步加强法制宣传和保护区管理，严禁在核心区进行的一切生产经营活动，并在实验区、缓冲区内合理布局，进行珍稀濒危植物和珍贵树种的引种驯化、育苗栽培等实验工作。同时，保护区科技人员应与有关科研单位合作，深入研究物种濒危原因并制定拯救方案，做好珍稀濒危植物和珍贵树种的就地保护，并结合本保护区环境条件进行珍稀濒危植物的迁地保存工作，为物种最终重返大自然做好充分准备。

10.4.2　发展森林优良树种，提高植被覆盖率和生态效益

本保护区森林树种丰富，但由于过去在森林经营方面存在着不同程度的重采伐利用、轻抚育保护的倾向，致使现有的森林植被树种和经营树种比较单一，林分结构简单，生产力水平低下，涵养水源能力差，部分天然植被存在森林覆盖率高但乔木层郁闭度小、中幼林多而成过熟林少、落叶栎类林多而针叶林及混交林少、杂灌树种多而乔木树种少、萌生林多而实生苗更新少、采伐后自然更新多而人工林或人工抚育改造林少、用材林多而经济林少的现象，特别是林下植物资源始终处于无人问津、任其自生自灭或任人采挖的状态，不仅造成了环境资源的浪费，而且也造成了植物资源的大量流失。在保护区内必须加强次生植被的管理和改造，进行合理的人工抚育和优良树种种植工作。在增加和发展优良树种包括珍稀濒危植物、珍贵树种及速生用材树种和经济树种，实现造林树种多样化的同时，也要注意林下资源植物的保护、抚育、改造、引种栽培，特别是药用植物的发展，以达到提高森林生产力，进一步发展森林生态系统的社会、经济和生态效益的目的。

10.4.3　发挥保护区自然资源优势，提高保护区的经济活力

自然保护区的主要任务是保护和管理好自然资源，在保证自然资源和环境不受破坏或影响的前提下，用生态经济的观点来保护和管理资源，大力提倡发展植物资源，在发展的基础上开展多种经营，增加林副产品的经济效益，实现变废为宝，借以增加保护区的经济活力，促进保护区的建设和其他工作的开展，提高市场竞争能力。这不仅是社会主义市场经济体制对自然保护区提出的新要求，也是保护区开展各项管理和保护工作的需要。本区植物资源丰富，药用、淀粉、鞣料、油料、纤维、野生水果等资源的开发利用潜力很大。总之，保护区的一切开发利用活动都必须以不影响自然资源和环境为前提，把经营活动纳入保护区工作的总体规划之中。

本保护区对经济植物的开发利用具有一定的基础，不少产品在国内外享有一定的声誉。但是也存在着一些问题，主要是对经济植物的利用不够平衡。有些经济植物由于过度利用，长期乱采滥挖，忽视了培育和保护，数量和品质都在不断下降，如许多传统中药材的产量逐年减少。有些经济植物的利用价值尚未被人们认识，至今还没有得到充分利用。

应进一步对经济植物资源进行深入的调查，特别要加强各类经济植物的种类、分布、化学成分、利用方向、加工工艺和种群关系等方面的研究。对经济价值较高和有特殊利用价值的经济植物要开展专题调查，使蕴藏量和经济效益得到准确的测算和正确的评价，为合理利用和保护资源提供可靠的依据。此外，还要组织科研型生产，加强实用技术的研究，不断地开拓经济植物的新用途，提高经济植物的利用价值，生产更多的优质创新产品。

10.4.4 发展经济植物的加工业，开展综合利用

经济植物的各组成部分常因所含成分不同而用途殊异。只有通过深加工才能达到综合利用，提高经济价值。但由于缺少相应的加工体系或受规模所限，只能利用一部分组成部分，其他则弃而不用，造成资源浪费和产品单一。如本保护区有大面积的茶园，茶籽却尚未普遍开展利用。松树是区内数量最大的植物资源，可以造纸或生产人造板、松香和松节油，松针与嫩枝能加工成为饲料添加剂，花粉可食用或药用，枝柴与树根还可放养茯苓等，但目前还只是以生产原木为主。

鉴于本保护区经济植物资源丰富，现有的加工能力及加工范畴不能适应植物资源综合利用和经济发展的要求的状况，建议扩大和加强食品和饮料加工业，发展板栗、猕猴桃、山葡萄、野山楂、桃、李、苹果、酸枣、金樱子、黄精、魔芋、蕨菜、竹笋、食用菌等加工产品，如罐头、蜜饯、果汁、果酱、果酒及保健食品和饮料等；扩大当地造纸工业，充分利用芒秆等纤维植物及竹、木等原料生产纸浆或各类纸张；建立和扩大饲料加工业，生产饲料和饲料添加剂。另外，还可根据经济植物资源情况发展化工原料，如油脂、硬脂酸、精油等的生产。

10.4.5 建立经济植物的集约栽培基地

随着经济植物不断地开发利用，植物资源将会逐渐减少，特别是利用根或树皮等部位的植物，需要经过较长的时间才能得到恢复。这样常因原料不足，影响加工生产的发展，造成资源破坏，引起生态环境恶化。为了使生产能够持续、均衡的发展，必须建立经济植物的集约栽培基地，开展人工栽培管理，变野生为栽培或半野生栽培，以便缩短生产周期，提高资源贮量。一些中药材如杜仲、厚朴、天麻等，野生水果类如猕猴桃、山葡萄，野山楂等都可在其生长适宜地段建立栽培基地。对于已经栽培的经济植物如茶、油桐、油茶、乌桕、板栗、桃、李等应进一步提高经营水平，建立稳产、高产的生产基地。

10.4.6 重视资源的保护

长期以来，区内对于植物资源的保护没有给予足够的重视，致使有些资源日趋减少，一些种类甚至濒临灭绝。为了能够长期稳定地开发利用资源，必须加强资源的保护工作，通过宣传使广大群众认识到保护植物资源的重要意义。在林业经营中应采取轮伐，间伐、择伐等永续利用的作业方式，保护森林，维持林中众多植物的生长环境。在开发利用经济植物的强度上，一定要考虑其恢复能力和再生能力，制止盲目或过度采挖，避免枯本竭源破坏性的利用。

主要参考文献

安家成，粟维斌，黎素平，等. 2005. 广西五种食用蕨类植物的引种栽培技术试验. 广西林业科学，3（2）：84～87.

常军. 2010. 木本饲料植物资源开发利用. 河南农业，6：50～51.

戴宝合. 2003. 野生植物资源学. 北京：中国农业出版社.

费本华，江泽慧. 2000. 我国经济林用材树种的材性和培育. 世界林业研究，13（3）：49～52.

韩培义. 2009. 管涔山林区鞣料植物资源. 山西林业科技，38（1）：50～51，54.

胡人亮. 1987. 苔藓植物学. 北京：高等教育出版社.

黎云昆. 2003. 我国用材林建设与木材工业发展. 林业经济，11：28～31.

刘丽芳. 2007. 浅谈云南省野生淀粉植物资源的开发利用. 林业调查规划，32 (6)：126～128.

刘鹏，陈立人. 1999. 浙江北山蕨类植物资源及其开发利用. 武汉植物学研究，17 (1)：53～57.

马瑞君，回嵘，朱慧，等. 2009. 粤东地区油脂植物资源. 中国油脂，34 (8)：4～9.

潘林. 2007. 五大连池地区常见野生蜜源植物研究. 安徽农业科学，35 (13)：3963～3964.

师雪芹，洪欣，高源隆. 2010. 安徽省药用苔藓植物. 安徽师范大学，33 (4)：375～378.

孙祥. 1999. 中国木本饲用植物资源及其开发利用. 内蒙古草业，3：21～30.

王姝. 2010. 苔藓植物的栽培技术及园林应用. 特种经济动植物，3：27～28.

吴明开，师雪芹. 2011. 黄山部分药用苔藓植物资源调查. 安徽农业科学，39 (1)：127～128.

吴鹏程. 1998. 苔藓植物生物学. 北京：科学出版社.

徐皓. 2005. 长青自然保护区鞣料植物资源的调查研究. 惠州学院学报（自然科学版），25 (6)：19～23.

叶永忠. 1992. 嵩山植物资源的初步研究. 自然资源学报，7 (1)：91～95.

詹选怀，徐祥美. 2000. 江西省庐山药用蕨类植物资源. 中国植物学会植物园分会第十五次学术讨论会论文集.

张月琴，赵云荣. 2011. 焦作太行山药用蕨类植物资源及开发利用初探. 湖北农业科学. 50 (4)：780～782.

张月琴. 2011. 河南省焦作地区木本饲料植物资源多样性及开发利用研究. 畜牧与饲料科学，32 (4)：52～53.

赵小全. 2009. 焦作地区野菜植物资源的多样性与开发利用. 焦作师范高等专科学校学报，25 (1)：74～77.

郑云翔，张丽丽. 2007. 河北太行山食用蕨类植物及栽培技术. 安徽农业科学，35 (10)：2893～2894.

周巍，李纯. 2007. 河南鸡公山-桐柏山区天然色素植物资源及利用. 安徽农业科学，35 (1)：197～199.

朱立新. 1996. 中国野菜开发与利用. 北京：金盾出版社.

第三篇
菌类多样性[①]

① 本篇由周巍、李培学、戴慧堂负责

第11章　河南鸡公山自然保护区大型真菌[①]

11.1　大型真菌概述

大型真菌是指能产生能够用肉眼辨识的大型子实体或菌核的一类真菌，是相对那些需要借助显微镜才能够观察到的真菌而言的。我们对大型真菌的认识是从"蘑菇"开始的，距今6000～7000年前的旧石器时代，我们的祖先就已经开始采食这类大型真菌了。

大型真菌大多数属于担子菌亚门，少数属于子囊菌亚门。按生态类型可分为腐生真菌、寄生真菌和共生真菌三大类，在生态系统中的作用是通过病害、腐朽、互利共生等途径，直接或间接地作用于生态系统，起到物质转化和能量流动的作用，维持生态系统的平衡和稳定。腐生型大型真菌包括木生菌、土生菌和粪生菌，这一类群就是传统意义上的分解者，不同的大型真菌在物质分解的不同阶段起着不同的作用，物质分解需要各种类型的大型真菌协同作用才能完成。寄生型大型真菌主要包括虫生菌、菌生菌和一些植物病原菌。共生型真菌主要指能产生子实体的外生菌根菌。它们在生态系统中扮演着重要角色，是生态平衡的重要组成部分。大型真菌的种群组成和分布的多度与植被类型、林木的组成、土壤和地形条件（如海拔、坡向和坡度）及季节、降水等关系密切。鸡公山自然保护区为亚热带向南温带的过渡地段，生态环境多样，境内有保存较好的亚热带常绿阔叶林、落叶阔叶林和由马尾松（*Pinud massoniana*）、水杉（*Metasequoia glypostroboides*）、柏木（*Cupressus*）等组成的暖性针叶林及发育良好的次生林和人造林。保护区季节变化明显，随着季节的变化，大型真菌的种类也随着变化，4～8月大型真菌种类逐月递增，8月达到最多，之后逐月递减；随着月份降雨的增加和温度的升高，大型真菌种类发生也随之递增，但种类最多的月份并不是降雨最多和温度最高的7月，说明大型真菌较降雨和温度有一定的滞后性；也说明大型真菌的发生需要一定的积水期和积温期。不同坡向、坡度对大型真菌也有一定的影响，但差异不显著，在坡度小于40°的丘陵向阳坡大型真菌的种类、数量更多。

通过对鸡公山自然保护区多年来进行的较为系统、全面的调查研究，以及文献资料记载，经考证本区有大型真菌50科136属464种。

其中仅含有1种的科10个，占全部科的25%；含2～4种的科15个，占全部科的30%；含5～9种的科14个，占全部科的28%；含10种以上的科11个，占全部科的22%；40种以上的大科有红菇科（Russulaceae，60种）、多孔菌科（Polyporaceae，47种）、口蘑科（Tricholomataceae，55种）。

属的统计表明，仅含有1种的属52个，占全部属的38.23%；含2～4种的属54个，占全部属的39.7%；含5～9种的属23个，占全部属的16.91%；含10种以上的属6个，分别为红菇属（*Russula*，44种）、鹅膏菌属（*A mmuta*，21种）、乳菇属（*Lacturius*，15种）、丝膜菌属（*Cortitsarius*，11种）、马勃属（*Lycoperdon*，10种）、环柄菇属（*Lepiota*，10种）。

---

① 本章由周巍、李纯、卢东升、戴慧堂执笔

该区分布的大型真菌根据其营养方式可分为木生菌 151 种、土生菌 205 种、菌根菌 162 种、粪生菌 17 种、虫生菌 4 种；根据其经济用途可分为食用菌 230 余种、药用菌 150 余种、毒菌 100 余种、其他菌 30 余种。

11.2 大型真菌名录

球壳菌科 Sphaeriaceae

炭球菌（炭球、黑轮炭球菌、黑轮层炭壳）*Daldinia concentrica*

生态习性：生于杨、柳、桦、锻、栎、核桃等阔叶树的腐木或树皮上，单生或群生。

产地及分布：产于鸡公山保护区各林地及信阳各地。分布于黑龙江、吉林、辽宁、河南、河北、山东、山西、安徽、四川、云南、江苏、浙江、福建、台湾、香港、广东、广西、海南、贵州、甘肃、陕西、宁夏、新疆、西藏等地。

经济价值：药用，治疗惊风。还可提取黑色素。危害多种阔叶树如杨、柳、桦、椴、胡桃、杜鹃等和枯立木、倒木、木桩、木建筑用材，使木质形成白色腐朽。此菌往往生长在栽培木耳、香菇的段木上，视为"杂菌"。

亮陀螺炭球菌（光泽轮层炭壳、亮炭杆）*Daldinia vernicosa*

生态习性：生于桦、锻、栎、核桃等许多阔叶树的腐木或树皮上，多群生。

产地及分布：产于鸡公山保护区各林地及信阳各地。分布于河南、河北、山东、山西、安徽、四川、云南、江苏、广东、广西、海南、贵州、甘肃、陕西、内蒙古、宁夏、新疆、西藏等省、自治区。

经济价值：可提取黑色素。危害多种阔叶树。此菌往往生长在栽培木耳、香菇的段木上，视为"杂菌"。危害严重。

肉座菌科 Hypocreaceae

竹黄（竹赤团子、竹赤斑菌、淡竹花、竹三七、血三七、竹参）*Shiraia bambusicola*

生态习性：寄生菌。春、夏季生于箭竹属（*Fargesia*）及刚竹属（*Phyllostachys*）竹子的嫩秆、嫩枝上，最适生长温度 20℃～25℃，4～5 月生长子实体。

产地及分布：产于鸡公山大茶沟、东大沟与湖北交界的竹林内。分布于河南、浙江、江苏、安徽、江西、福建、湖北、湖南、四川、云南、贵州等省。

经济价值：药用菌。有止咳、祛痛、舒筋、活络、祛风、利湿、补中益气、散瘀、活血、通经等功效。民间常用于治虚寒胃疼、风湿性关节炎、坐骨神经痛、跌打损伤、筋骨酸痛、四肢麻木、腰肌劳损、贫血头痛、寒火牙痛、咳嗽多痰型气管炎、小儿百日咳等。子实体有效成分为竹红菌甲素、醇溶性多糖及多种消化酶。主治关节酸痛、腹胀、胃病，可提高小鼠巨细胞吞噬功能。可进行深层发酵培养。竹黄的制剂有竹黄胶囊等。

炭角菌科 Xvlariaceae

果生炭角菌（果实炭笔、果实炭角菌）*Xylaria carpophila*

生态习性：夏、秋季生于枫香的落果上。

产地及分布：产于鸡公山保护区及豫南地区的各枫香林下。分布于河南、江苏、浙江、安徽、江西、湖南、贵州、广西、福建等省、自治区。

经济价值：为木材分解菌。

黑柄炭角菌（乌灵参、鸡茯苓、地炭棍、黑炭菌、黑炭棒）*Xylaria nigripes*

生态习性：菌核生长在废弃的白蚁窝上。

产地及分布：产于鸡公山保护区各林地及信阳各地。分布于河南、江苏、浙江、江西、台湾、广东、四川、西藏、海南、广西、福建等省、自治区。

经济价值：药用菌。其菌核中药称鸡茯苓或乌灵参，性温。味微苦。民间药用，具除湿、镇惊、止心悸、催乳、补肾、安眠的功效。治吐血、衄血及产后失血、失眠、跌打损伤。能提高免疫功能、增强造血机能，对诸如贫血、失眠、月经失调、男女更年期、老年期脑力减退、心绪烦躁、前列腺肥大、性机能早衰等症状有明显的扶正调节、营养健身和滋补作用。

多形炭角菌（炭棒、多形炭棒）*Xylaria polymorpha*

生态习性：生于林间倒腐木、树桩的树皮或裂缝间。单生或群生。

产地及分布：产于鸡公山林场林区及大茶沟、大深沟、武胜关、李家寨林区。分布于河北、河南、安徽、江苏、福建、台湾、香港、广东、广西、江西、云南、四川、西藏、海南等省、自治区。

经济价值：药用菌。能分解纤维素。是木耳、香菇段木栽培杂菌之一。

麦角菌科 Clavicipitaceae

麦角菌（麦角）*Claviceps purpurea*

生态习性：寄生在黑麦、小麦、大麦、燕麦、野麦、羊茅、鹅冠草等禾本科植物的子房内，将子房变为菌核，形状如同麦粒，故称之为麦角。菌核春季萌发，产生子座。

产地及分布：产于河南省各地。分布于全国各地。

经济价值：药用菌。菌核及发酵产物均入药。其化学成分主要为麦角胺、麦角毒碱、麦角新碱等多种生物碱。麦角新碱是妇产科临床药物，用于分娩后促使子宫收缩，减少出血。麦角碱及其衍生物对治疗偏头痛、心血管疾病等均有效，还可以用于治疗眼睛角膜疾病、内耳管舒缩紊乱、甲状腺亢进和预防晕船、晕车、晕飞机等，另外还治疗某些自主神经失调的疾病。麦角新碱可利用深层发酵方法提取。麦角是麦类和禾本科牧草的重要病害，危害的禾本科植物约有 16 属、20 多种。不但使麦类大幅度减产而且含有剧毒，牲畜误食带麦角的饲草可中毒死亡，人药用剂量不当可造成流产，重者发生死亡。

分枝虫草（大团囊芽）*Cordyceps ramasa*

生态习性：寄生于地下生长的大团囊菌上或鳞翅目昆虫的幼虫上。

产地及分布：产于鸡公山大茶沟、大深沟、东大沟及武胜关林区。分布于河南、安徽、湖南、江西、福建、广东、广西等省、自治区。

经济价值：可食用。全草可入药，有治疗血崩之效。

香棒虫草 *Cordyceps barnesii*

生态习性：生于栎林下金龟子幼虫体上。

产地及分布：产于鸡公山林场栎林区及大茶沟、大深沟、武胜关林区。分布于河南、安徽、湖南、江西、湖北、广东、广西等省、自治区。

经济价值：可食用。全草可入药，药性甘温，有滋肺补肾、止血化痰之功效。中医多用为强壮剂、镇静剂。

亚香棒虫草（霍克斯虫草、古尼虫草）*Cordyceps hawkesii*

生态习性：夏季生于针、阔叶混交林中落叶层下鳞翅目昆虫的幼虫体上。

产地及分布：产于鸡公山保护区各林地及信阳各地的山地丘陵区。分布于河南、安徽、湖南、江西、福建、广东、广西等省、自治区。

经济价值：药用。药性甘温，保肺益髓，有滋肺补肾、止血化痰、镇痛、提高人体免疫、抗肿瘤、抗衰老及促进睡眠和记忆力的作用。

蛹虫草（北冬虫夏草、北蛹虫草、虫草）*Cordyceps militaris.*

生态习性：春至秋季生。生于针叶林、阔叶林或混交林地表土层中鳞翅目昆虫的蛹体上。

产地及分布：产于鸡公山林场林区及商城、新县、罗山、信阳等山地。分布于河南、广东、广西、海南、吉林、河北、陕西、安徽、福建、云南、西藏、黑龙江等省、自治区。

经济价值：药用菌。性平味甘，具有抗疲劳、抗衰老、扶虚弱、益精气、止血、化痰、镇静、增强免疫力和性功能等作用。可作为抗结核和强壮药物。既能补肺阴，又能补肾阳，主治肾虚、阳痿遗精、腰膝酸痛、病后虚弱、久咳虚弱、劳咳痰血、自汗盗汗等，是一种能同时平衡、调节阴阳的中药。现代医学研究表明其含有的虫草酸、虫草素、虫草多糖和超氧化物歧化酶（SOD）等多种生物活性物质具有显著的药用价值。可抗病毒、抗菌，预防治疗脑血栓、脑出血，抑制血小板积聚、防止血栓形成，消除面斑，抗衰防皱和明显抑制肿瘤生长。

垂头虫草（半翅目虫草、下垂虫草）*Cordyceps nutans*

生态习性：生于林中半翅目的成虫上。多在栎林生长。

产地及分布：产于鸡公山林场林区及大茶沟、大深沟、武胜关、李家寨林区。分布于浙江、安徽、河南、广东、广西、贵州、吉林、福建等省、自治区。

经济价值：药用菌。药性甘温，保肺益髓，有滋肺补肾、止血化痰的功效。除用于肺虚咳血、肾虚阳痿等症之外，主要为病后调补之用。

多枝虫草（虫草）*Cordyceps arbuscula*

生态习性：生于金龟子的幼虫体上。以栎林区多见。

产地及分布：产于鸡公山大茶沟、大深沟、武胜关、李家寨林区。分布于河南、甘肃、陕西、西藏、江苏、浙江、福建、四川、云南等省、自治区。

经济价值：药用。性寒，味甘、无毒，能解痉、散风热、退翁障、透疹、明目等。主治惊痛、心悸、小儿夜啼、久翁不退及疟疾。民间亦认为功同蝉蜕。

蝉花（蝉蛹虫草、虫花、蝉蛹草、唐蜩、冠蝉、蝘花）*Cordyceps sobolifera*

生态习性：生长在蝉蛹或山蝉的幼虫体上。

产地及分布：产于鸡公山林场林区、大茶沟、大深沟、武胜关、李家寨林区及豫南山地丘陵地区。分布于河南、甘肃、陕西、西藏、江苏、浙江、福建、四川、云南等省、自治区。

经济价值：药用。性寒、味甘、无毒，能解痉、散风热、退翁障、透疹、明目等。主治惊痛、心悸、小儿夜啼、久翁不退及疟疾。民间亦认为功同蝉蜕。

盘菌科 Pezizaceae

泡质盘菌（大碗菌、粪碗）*Peziza vesiculosa*

生态习性：夏、秋季生于空旷处的肥土及粪堆上，往往成丛成群生长。主要生长在以粪草为培养基的平菇菌床上，食用菌生产中的"杂菌"之一。

产地及分布：产于河南省各地。分布于河南、河北、江苏、云南、台湾、四川、西藏等省、自治区。

经济价值：可食用。

林地碗（森林盘菌、林地盘菌）*Peziza sylrestris*

生态习性：夏、秋季生阔叶林下。

产地及分布：产于本保护区的武胜关、李家寨林区及信阳、商城、罗山、新县等地。分布于河南、湖北、吉林、山西、陕西、安徽、浙江、黑龙江、江西、四川、云南、西藏等省、自治区。

经济价值：可食用。

丛耳菌（兔耳朵、大丛耳菌）*Wynnea gigantea*

生态习性：夏、秋季生于林中树根旁。

产地及分布：产于大别山区的信阳、商城、新县等地。分布于吉林、山西、陕西、安徽、浙江、江西、四川、河南、云南、西藏等省、自治区。

经济价值：据记载可食用，但也有人怀疑有毒。慎食。

羊肚菌科 Morohellaceae

黑脉羊肚菌（小尖羊肚菌）*Morchella angusticeps*

生态习性：春、夏季雨后于杉木等针叶林或阔叶林内地上或枯枝落叶、腐木块上散生至群生。

产地及分布：产于鸡公山林场林区及武胜关、李家寨林区及商城、新县、罗山、信阳。分布于河南、新疆、甘肃、西藏、山西、内蒙古、青海、四川、云南等省、自治区。

经济价值：野生食用菌，味道鲜美。药用有助消化、益肠胃、理气的功效。可以用菌丝体进行深层发酵培养。羊肚菌属子实层的孢子有毒，其所含的胶脑毒素能伤肝、肾和中枢神经，因此，食用时应将其孢子冲洗干净。属重要的野生食用菌。

尖顶羊肚菌（锥形羊肚菌、圆锥羊肚菌、小羊肚菌）*Morchella conica*

生态习性：初夏季于林中地上、潮湿地上和开阔地及河边沼泽地上群生至散生。

产地及分布：产于鸡公山林场林区、武胜关、李家寨林区及信阳、商城、新县。分布于河北、河南、北京、山西、黑龙江、新疆、甘肃、西藏、云南等省、市、自治区。

经济价值：优良食用菌，味道鲜美。药用治疗消化不良，痰多气短。可利用菌丝体进行深层发酵培养。其培养物可做调味品。属重要的野生食用菌。

粗柄羊肚菌（粗腿羊肚菌、皱柄羊肚菌）*Morchella crassipes*

生态习性：初夏季于林中地上、潮湿地上和开阔地及河边沼泽地上群生至散生。

产地及分布：产于鸡公山林场林区及大茶沟、大深沟、武胜关、李家寨林区和河南各地区。分布于河北、河南、北京、山西、黑龙江、新疆、甘肃、西藏、云南等省、市、自治区。

经济价值：优良食用菌，味道鲜美。药用治疗消化不良，痰多气短。可利用菌丝体进行深层发酵培养。其培养物可做调味品。属重要的野生食用菌。

小羊肚菌（小美羊肚菌）*Morchella deliciosa*

生态习性：春、夏季雨后于针叶和阔叶林内地上散生或单生。

产地及分布：产于鸡公山林场等大别山区。分布于湖北、河南、安徽、甘肃、山西、福建、吉林等省。

经济价值：食用菌，味道十分鲜美。入药同羊肚菌，治疗消化不良、痰多气短等病症。可用菌丝体进行深层发酵培养。属重要的野生食用菌。

羊肚菌（羊肚、羊肚菜、美味羊肚菌、羊蘑、草笠竹）*Morchella esculenta*

生态习性：羊肚菌属低温高湿型真菌，每年春季 3～5 月雨后发生，秋季 8～9 月也有发生，常见于稀疏林地上或林缘和耕地旁的草丛间，单生或群生。

产地及分布：产于鸡公山保护区各林地及信阳各地。分布于河南、湖北、安徽、陕西、甘肃、青海、西藏、新疆、四川、山西、吉林、江苏、云南、河北、北京等省、市、自治区。

经济价值：著名的美味食用菌，为食用菌中之珍品。在欧洲被认为是仅次于块菌的美味食用菌。目前可利用菌丝体发酵培养，所产生的菌丝和子实体一样富含氨基酸，营养价值高，在食品工业上用作调味品和食品添加剂。羊肚菌性平，味甘寒，无毒；有益肠胃、助消化、化痰理气、补肾壮阳、补脑提神等功效，另外还具有强身健体、预防感冒、增强人体免疫力的功效。用以治疗脾胃虚弱、消化不良、痰多气短等症。属重要的野生食用菌。

褐赭色羊肚菌 *Morchella umbrina*

生态习性：春、秋季在阔叶林地上散生或群生。

产地及分布：产于本保护区及其他大别山区。分布于河南、甘肃、四川、江西等省。

经济价值：可食用，味道鲜美。属重要的野生食用菌。

马鞍菌科 Helvellaceae

皱柄白马鞍菌（皱马鞍菌）*Helvella crispa*

生态习性：夏末秋初生于林地上单生或群生。

产地及分布：产于本保护区登山古道旁林地及大别山区、伏牛山区、太行山区等地。分布于河北、河南、山西、黑龙江、江苏、浙江、西藏、陕西、甘肃、青海、四川等省、自治区。

经济价值：美味食用菌。

马鞍菌（弹性马鞍菌）*Helvella elastica*

生态习性：夏、秋季于林地上散生或群生。

产地及分布：产于鸡公山保护区各林地及信阳各地。分布于吉林、河南、河北、山西、陕西、甘肃、青海、四川、江苏、浙江、江西、云南、海南、新疆、西藏等省、自治区。

经济价值：据记载可以食用，但孢子有毒，所以马鞍菌新鲜时有毒，晒干煮洗后毒性消失，可以食用。慎食。

棱柄马鞍菌（多洼马鞍菌）*Helvella lacunosa*

生态习性：夏秋季于林地上单生或群生，罕生于枯木上。

产地及分布：产于鸡公山的大茶沟、大深沟。分布于黑龙江、吉林、河南、河北、山西、青海、甘肃、陕西、江苏、四川、云南、新疆、西藏等省、自治区。

经济价值：可食用，但也有记载有毒不宜采食。

地舌菌科 Geoglossaceae

毛舌菌（舌头菌）*Trichoglossum hirsutum*

生态习性：生于地上。

产地及分布：产于鸡公山保护区的武胜关、李家寨林区林地上和大别山区、桐柏山区、伏牛山区。分布于河南、吉林、河北、甘肃、安徽、江西、海南、江苏、浙江、广东、云南和西藏等省、自治区。

经济价值：不明。

核盘菌科 Sclerotiniaceae

核盘菌 *Sclerotinia sclerotiorum*

生态习性：生于林地或菜园地上。

产地及分布：本保护区多分布。产于大别山区、桐柏山区、伏牛山区等地。分布于吉林、河南、江苏、四川、广西、广东、江西、福建、台湾、湖南、湖北、浙江、甘肃、陕西、贵州、新疆等省、自治区。

经济价值：据记载可食用。利用此菌发酵培养制取的多糖对小白鼠肉瘤 S-180 有抑制作用。另外，此菌危害十字花科、豆科、茄科、芸香科等植物。是油菜的重要病原物。

锤舌菌科 Leotiaceae

凋萎锤舌菌（黄柄胶地锤菌）*Leotia marcida*

生态习性：生于林中地上。

产地及分布：产于鸡公山保护区东沟瀑布旁边林下及大别山区、桐柏山区、伏牛山区等地。分布于河南、吉林、陕西、甘肃、四川、贵州、云南、江苏、安徽、浙江、江西、湖南、广西、海南等省、自治区。

经济价值：食用。

胶陀螺（猪嘴蘑、污胶鼓菌、木海参、木海螺）*Bulgaria inguinans*

生态习性：夏、秋季于桦树、柞木等阔叶树的树皮缝隙群生至丛生。多生长在栽培香菇的段木上，与香菇争夺养分，影响其产量，是杂菌。

产地及分布：产于鸡公山大茶沟、大深沟、李家寨等林区。分布于吉林、河北、河南、辽宁、四川、甘肃、云南等省。

经济价值：毒菌。食后发病率达 35%。属日光过敏性皮炎型症状，潜伏期较长，食后 3h 可发病，一般在 1～2d 内发病。开始多感到面部肌肉抽搐，火烧样发热，手指和脚趾疼痛，严重者皮肤出现颗粒状斑点。手指、脚趾针刺般疼痛，皮肤发痒难忍。在日光下加重，经 4～5d 后渐好转，发病过程中伴有轻度恶心、呕吐。其毒素属光过敏物质卟啉（porphyrins），故经光照后产生过敏反应。一般用抗组织胺药物扑尔敏、苯海拉明等脱敏药物效果良好。民间流传可以治疗胃癌、肺癌、喉癌等癌症。用碱和食盐把猪嘴蘑洗过数遍后可食用。

银耳科 Tremellaceae

焰耳（胶勺）*Phlogiotis helvelloides*

生态习性：在针叶林或针阔混交林中地上单生或群生，有时近丛生。常生于林地苔藓层或腐木上。

产地及分布：产于鸡公山保护区各林地及信阳各地。分布于河南、广东、广西、云南、福建、四川、浙江、湖南、湖北、江苏、陕西、甘肃、贵州、山西、西藏、青海等省、自治区。

经济价值：是一种珍贵的食用真菌。另外含有抗癌活性物质，其子实体提取物对小白鼠肉瘤 S-180 和艾氏癌的抑制率均为 100%。

金耳（黄木耳、黄金银耳、脑耳）Tremella aurantialba

生态习性：多见于高山栎林带、生于栎类等的树干上。并与下列韧革菌有寄生或部分共生关系，如毛韧革菌（Stereum hirsutum）、细绒韧革菌（Stereum pubescens）和扁韧革菌（Stereum fasciatum）等。

产地及分布：产于鸡公山的大茶沟、大深沟、武胜关、李家寨、烧鸡堂、灵化寺。分布于河南、四川、云南、西藏、福建等省、自治区。

经济价值：食用、药用菌。金耳性温中带寒，味甘，能化痰、止咳、定喘、调气、平肝肠，主治肺热、痰多、感冒咳嗽、气喘和老年慢性支气管炎、高血压等。子实体含甘露糖、葡萄糖和抗肿瘤多糖。菌肉细嫩、胶黏，民间视为滋补品。有清心补脑的保健作用。另外具有滑润皮肤、美化皮肤、改善皮肤的美容功效。

茶色银耳（血耳、茶银耳、红木耳、柴木耳）Tremella foliacea.

生态习性：春至秋季多生于林中阔叶树的腐木上，往往形似花朵，成群生长。

产地及分布：产于鸡公山的大茶沟、大深沟、李家寨林区、烧鸡堂、灵化寺、波尔登森林公园。分布于河南、吉林、河北、广东、广西、海南、青海、四川、云南、安徽、湖南、江苏、陕西、贵州、西藏等省、自治区。

经济价值：食用、药用菌。含有 16 种氨基酸药用，可治妇科病。此菌有时长在培育香菇、木耳的段木上，被视为"杂菌"。

叶状银耳（片状银耳）Tremella frondosa

生态习性：夏、秋季于栎类等阔叶树的枯腐木上群生或单生。

产地及分布：产于鸡公山的大茶沟、大深沟。分布于河南、吉林、四川、安徽、浙江、广东、广西、海南、山西、福建、陕西等省、自治区。

经济价值：食用菌。有时生长在栽培香菇的段木上，被视为"杂菌"。

银耳（白木耳、桑鹅、五鼎芝、白耳子、雪耳）Tremella fuciformis

生态习性：夏、秋季生于阔叶树的腐木上。目前国内广泛人工栽培。

产地及分布：产于鸡公山保护区各林地及信阳各地。河南省各地均有栽培。分布于浙江、福建、江苏、江西、安徽、台湾、湖北、海南、湖南、广东、香港、广西、四川、贵州、云南、陕西、甘肃、内蒙古、西藏等省区。

经济价值：食用和药用。传统认为有补肾、润肺、生津、止咳之功效。主治肺热咳嗽、肺燥干咳、久咳喉痒、咳痰带血或痰中血丝或久咳络伤胁痛、肺痈、月经不调、肺热胃炎、大便秘结、大便下血等。银耳既是名贵的营养滋补佳品，又是扶正强壮的补药。历代皇家贵族都将银耳看做是"延年益寿之品"、"长生不老良药"。银耳性平无毒，既有补脾开胃的功效，又有益气清肠的作用，还可以滋阴润肺。另外，银耳还能增强人体免疫力，以及增强肿瘤患者对放、化疗的耐受力。属重要的食用、药用菌。

橙黄银耳（金耳、亚橙耳）Tremella lutescens

生态习性：主要生于栋等阔叶树的腐木上。

产地及分布：产于鸡公山的大茶沟、大深沟、武胜关、李家寨林区。分布于河南、四川、云南、广东、福建、湖南、吉林、山西、新疆、宁夏、陕西、西藏等省、自治区。

经济价值：食用菌。药用可抗癌。

金黄银耳（黄木耳、黄金银耳） *Tremella mesenterica*

生态习性：在腐木上单生或群生。

产地及分布：产于鸡公山的大茶沟、大深沟、武胜关、李家寨林区、烧鸡堂、灵化寺。分布于河南、山西、吉林、福建、江西、四川、云南、甘肃、西藏等省、自治区。

经济价值：可食用。据报道含有多种氨基酸。药用治神经衰弱、肺热、痰多、气喘、高血压等症。可人工栽培。

黑胶耳（黑耳） *Exidia glandulosa*

生态习性：春至秋季一般成群生长在杨、柳树的树皮上。

产地及分布：产于本保护区及豫南地区。分布于河南、河北、山西、宁夏、甘肃、青海、安徽、江苏、浙江、广西、辽宁、陕西、湖南、湖北、西藏等省、自治区。

经济价值：有毒，外形往往与幼小的木耳近似，在野外采食时容易混淆。过量食用发生呕吐。往往出现在木耳或香菇段木上。视为"杂菌"。

木耳科 Auriculariaceae

木耳（黑木耳、光木耳、细木耳、木茸、木蛾） *Auricularia auricula*

生态习性：生于栋、榆、杨、洋槐等阔叶树上或朽木上及针叶树上，密集成丛生长。可引起木材腐朽。

产地及分布：产于鸡公山保护区各林地及信阳各地。河南省各地有栽培。分布于全国大部分省区。

经济价值：著名的山珍，可食、可药、可补，中国老百姓餐桌上久食不厌，有"素中之荤"之美誉，被称为"中餐中的黑色瑰宝"。入药其性平、味甘，具补血气、止血、活血、滋润、强壮、通便之功能。属重要的食用菌。

毡盖木耳（肠膜木耳、牛皮木耳） *Auricularia mesenterica*

生态习性：夏、秋生于杨、栎、榆、椿、胡桃、槐、苹果等树的树桩上或树洞里。

产地及分布：产于鸡公山大茶沟、大深沟、烧鸡堂等林区。分布于黑龙江、吉林、河北、河南、山西、广东、广西、宁夏、西藏、福建等省、自治区。

经济价值：可食用。子实体的热水提取物为多糖，对小白鼠肉瘤 S-180 的抑制率达 42.6%～60%，对艾氏腹水癌的抑制率为 60%。属木腐菌，危害榆、栎、槐、苹果、山楂等阔叶树。

毛木耳（黄背木耳、脆木耳） *Auricularia polytricha*

生态习性：生于柳树、洋槐、桑树等多种树的树干或腐木上，丛生。

产地及分布：产于鸡公山保护区各林地及河南各地。分布于河北、山西、内蒙古、黑龙江、江苏、安徽、浙江、江西、福建、台湾、河南、广西、广东、香港、陕西、甘肃、青海、四川、贵州、云南、海南等省区。

经济价值：食药用菌。其质地硬脆，别有风味，已广泛栽培。药用补益气血、润肺止咳、止血。用于气血两亏、肺虚咳嗽、咳嗽、咯血、吐血、衄血、崩漏及痔疮出血等。对小白鼠肉瘤 S-180 的抑制率为 90%，对艾氏癌的抑制率为 80%。属重要的食用菌。毛木耳往往出现在栽培香菇的段木上，影响香菇产量，被认为是香菇栽培中的一种有害"杂菌"。

褐毡木耳（皱木耳、皱极木耳、蛤蚧菌） *Auricularia rugosisima*

生态习性：夏、秋季丛生或群生于栎类等阔叶树的树桩及倒木上。

产地及分布：产于鸡公山的大茶沟、大深沟、避暑山庄、武胜关、李家寨林区。分布于河南、吉林、内蒙古、河北、山西、江西、广东、广西、福建、海南、甘肃、安徽、江苏、湖南、四川、贵州等省、自治区。

经济价值：食用菌。药用可抗癌。

花耳科 Dacrymycetaceae

胶角耳（角状胶角耳）*Calocera cornea*

生态习性：春至秋季多在阔叶树或针叶树的倒木、伐木桩上群生至丛生。

产地及分布：产于鸡公山保护区各林地及信阳各地。分布于河南、黑龙江、河北、吉林、四川、甘肃、江苏、浙江、福建、广东、香港、广西、西藏等省区。

经济价值：食用菌。含类胡萝卜素。该菌是木耳、香菇段木上的杂菌之一。

鹿胶角菌（黏胶角菌、胶角菌）*Calocera viscose*

生态习性：夏、秋季在针叶树的倒腐木或木桩上成丛或成簇生长，基部往往伸入树皮和木材裂缝间。

产地及分布：产于鸡公山的大茶沟、大深沟、李家寨林区。分布于河南、吉林、四川、福建、云南、甘肃、陕西、西藏等省、自治区。

经济价值：可食用。此菌分叉像鹿角，又似珊瑚菌，色彩十分艳丽，幼时同桂花耳相似，含类胡萝卜素等物质。常在木耳、毛木耳、香菇段木上出现，被视为"杂菌"。

桂花耳（花耳、桂花菌）*Dacryopinax spathularia*

生态习性：春至晚秋生于阔叶树或杉木等针叶树的倒腐木或木桩上。往往成群或成丛生长。

产地及分布：产于鸡公山保护区各林地及信阳各地。分布于吉林、河北、河南、山西、福建、江苏、浙江、安徽、江西、河南、湖南、广东、香港、广西、四川、贵州、云南、西藏、甘肃等省区。

经济价值：可食用。胶质润滑，香脆可口。子实体虽小，但色彩鲜，便于辨识。该种富含类胡萝卜素等。往往生长在食用菌段木上，被视为"杂菌"。

鸡油菌科 Cantharellaceae

星孢寄生菇（蕈寄生）*Asterophora lycoperdoides*

生态习性：夏、秋季生于林中，寄生于稀褶黑菇（*Russula nigricans*）、黑菇（*Russula adusta*）及密褶黑菇（*Russula densifolia*）菌盖中央或褶和柄部。

产地及分布：产于鸡公山保护区各林地及大别山区的各地。分布于福建、四川、河南、西藏、甘肃、陕西、江苏、安徽、云南、湖南、吉林、黑龙江、江西等省、自治区。

经济价值：寄生于几种黑菇上，产生厚垣孢子，为菌物生态多样性的一个代表，故可供分类、研究真菌生态关系的教学和科研之用。

金黄喇叭菌（金号角、石花菌）*Craterellus aureus*

生态习性：夏、秋季于栎等壳斗科及其他阔叶林地上群生或丛生。

产地及分布：产于鸡公山大茶沟、大深沟、武胜关、李家寨及大别山区的信阳、新县、罗山等山地。分布于福建、河南、广东、广西、西藏、云南、四川等省、自治区。

经济价值：可食用，味一般，列中品。与某些阔叶树形成外生菌根。

灰喇叭菌（喇叭菌、灰号角、梢棒菌、唢呐菌）*Craterellus cornucopioides*

生态习性：夏秋单生、群生至近丛生于阔叶林地上或竹林地上。

产地及分布：产于鸡公山保护区各林地及河南省各地。分布于吉林、江苏、河南、安徽、江西、福建、湖南、海南、广东、贵州、陕西、西藏、四川、云南等省、自治区。

经济价值：食用菌。味道鲜美。含有 15 种氨基酸。此菌与云杉、山毛榉、栎等树木形成外生菌根。该产品深受欧洲客户喜爱，被西方人称之为美味佳肴。

小喇叭菌（小漏斗）*Craterellus sinuosus*

生态习性：于阔叶林中地上丛生至群生。

产地及分布：产于鸡公山的大茶沟、大深沟、武胜关、李家寨林区、烧鸡堂、波尔登森林公园。分布于河南、四川、江苏、浙江、江西、广东、云南等省。

经济价值：据记载可食用。

鸡油菌（鸡蛋黄菌、杏菌、杏黄菌、黄丝菌）*Cantharellus cibarius*

生态习性：夏、秋季在林地上散生或群生，稀近丛生。有时在林中生长成蘑菇圈。

产地及分布：产于鸡公山保护区各林地及信阳各地。在我国分布广泛。

经济价值：可食用，味道鲜美，具浓郁的水果香味。其香味物质主要是挥发性的 1-辛烯-2-醇。目前不能人工栽培，但菌丝体可深层发酵培养。含有 8 种人体必需的氨基酸及真菌甘油酯（mycoglycolipids）。可药用。性寒、味甘、能清目、益肠胃。用于维生素 A 缺乏症。经常食用可以预防视力失常、眼结膜炎、夜盲、皮肤干燥、黏膜失去分泌能力。还可抗某些呼吸道及消化道感染疾病，对小白鼠肉瘤 S-180 有抑制作用。与多种树木形成菌根。属重要的野生食用菌。

小鸡油菌（小黄丝菌、黄丝菌）*Cantharellus minor*

生态习性：夏秋季单生、群生或近丛生于混交林中地上。以海拔 600m 以下低山丘陵区栎林中最多。

产地及分布：产于鸡公山保护区各林地及河南各地。分布于广东、广西、福建、湖南、湖北、甘肃、陕西、海南、西藏、四川等省、自治区。

经济价值：食用、药用菌，味鲜美。同鸡油菌，可药用，具清目、利肺、益肠胃等功效。含有维生素 A，对皮肤干燥、夜盲症、眼炎等有疗效。属外生菌根菌。属重要的野生食用菌。

近白鸡油菌（白喇叭菌）*Cantharellus subalbidus*

生态习性：于混交林地上单生、散生至群生。

产地及分布：产于鸡公山的大茶沟、大深沟、避暑山庄、武胜关、李家寨等林区。分布于河南、四川、安徽、云南、广东等省。

经济价值：食用菌。此菌属树木的外生菌根菌。

伏革菌科 Corticiaceae

胶皱孔菌（干朽菌、胶质干朽菌）*Merulius tremellusus*

生态习性：夏、秋季生于枯木或腐木上。

产地及分布：产于鸡公山的大茶沟、大深沟、武胜关、李家寨林区、烧鸡堂、波尔登森林公园。分布于黑龙江、河南、河北、吉林、内蒙古、安徽、浙江、贵州、云南、广西、四川、陕西、西藏等省、自治区。

经济价值：此菌含有苹果酸。实验抗癌，对小白鼠肉瘤 S-180 和艾氏癌的抑制率分别为 90％和 80％。引起木材白色腐朽。是香菇黑木耳段木栽培中常见的杂菌之一。

韧革菌科 Stereaceae

毛韧革菌（毛栓菌）*Stereum hirsutum*

生态习性：生于杨、柳等阔叶树的活立木、枯立木、死枝权或伐桩上。

产地及分布：产于鸡公山保护区各林地及信阳各地。分布于全国各省区。

经济价值：药用菌。民间用于除风湿、疗肺疾、止咳、化脓、生肌。对小白鼠肉瘤 S-180 和艾氏癌的抑制率分别为 90％和 80％；该菌产生多毛酸，有抗菌作用。此菌引起木材海绵状白色腐朽。是生长在香菇、木耳段木上的杂菌之一。

扁韧革菌（木蛾子）*Stereum ostrea*

生态习性：夏、秋季在阔叶树的枯立木、倒木和木桩上往往大量生长。

产地及分布：产于鸡公山保护区各林地及信阳各地。分布于黑龙江、吉林、辽宁、河北、河南、山东、山西、陕西、甘肃、云南、四川、宁夏、新疆、江苏、安徽、浙江、福建、台湾、广东、广西、海南、贵州、西藏等省、自治区。

经济价值：木腐菌。引起多种阔叶树木质腐朽。据记载产生草酸并含纤维素分解酶，可应用于食品加工等方面。是香菇、黑木耳段木栽培中常见的杂菌之一。

革菌科 Thelephoraceae

头花状革菌（头花革菌）*Thelephora anthocephala*

生态习性：夏、秋季生于林中地上。

产地及分布：产于鸡公山的大茶沟、武胜关。分布于甘肃、河南、安徽、吉林、四川、湖南、湖北等省。

经济价值：外生菌根菌。

多瓣革菌 *Thelephora multipartite*

生态习性：夏、秋生于阔叶林中地上。

产地及分布：产于鸡公山的大茶沟、大深沟、避暑山庄、武胜关、李家寨林区。分布于河南、河北、安徽、江苏、浙江、福建、湖南、海南等省。

经济价值：外生菌根菌。

掌状革菌 *Thelephora palmate*

生态习性：于松林或阔叶林中地上丛生和群生。

产地及分布：产于鸡公山保护区各林地及信阳各地。分布于河南、黑龙江、安徽、江苏、江西、广东、海南、湖南、甘肃、香港等地。

经济价值：与松等树木形成外生菌根。可提取天然褐色染料。

珊瑚菌科 Clavariaceae

棒瑚菌（杵棒）*Clavariadelphus pistillaris*

生态习性：夏、秋季于针阔叶林地上单生、群生或丛生。

产地及分布：产于鸡公山保护区各林地及信阳各地。分布于河南、四川、吉林、河北、甘肃、云南、福建、湖南、黑龙江、广东、西藏等省、自治区。

经济价值：食用菌。外生菌根菌。味道差，属下品，慎食之。若食用，则放入沸水中煮 5min，捞出，用清水漂洗 10min，滤水、爆炒。

怡人拟锁瑚菌（豆芽菌、黄豆芽菌）*Clavulinopsis amoena*
生态习性：夏、秋季于针阔叶林中地上群生至单生。
产地及分布：产于鸡公山保护区各林地及信阳各地。分布于河南、四川、江苏、浙江、云南、福建、海南、广东、广西等省、自治区。
经济价值：食用、药用菌。具有抗病毒、调节内分泌、保肝护肝、清热解表、镇静安神、化淤理气、润肺祛痰、利尿祛湿等功效。

金赤拟锁瑚菌（红豆芽菌、豆芽菌）*Clavulinopsis aurantio-cinnabarina*
生态习性：夏秋季多生于壳斗科马尾松、油茶林中地上。近丛生。
产地及分布：产于鸡公山保护区各林地及信阳各地。分布于河南、吉林、河北、江苏、广东等省。
经济价值：食用菌。

角拟锁瑚菌（珊瑚菌、黄珊瑚菌）*Clavulinopsis corniculata*
生态习性：夏、秋季在针、阔叶林地上群生至丛生。
产地及分布：产于鸡公山保护区各林地及信阳各地。分布于河南、河北、四川、福建、云南、贵州等省。
经济价值：可食用。慎食之。若食用，须以开水煮沸 10min，漂洗去毒及异味后炒食。

帚状羽瑚菌（龙须菌）*Pterula penicellata*
生态习性：在腐殖质上丛生。
产地及分布：产于鸡公山的大深沟、武胜关、李家寨林区。分布于河南、吉林、河北、陕西、四川、广西等省、自治区。
经济价值：可食用。

扁珊瑚菌（针蘑）*Clavaria gibbsiae*
生态习性：夏、秋季于阔叶林地上生长。
产地及分布：产于鸡公山的大茶沟、大深沟。分布于河南、四川等省。
经济价值：食用菌。

虫形珊瑚菌（豆芽菌）*Clavaria vermicularis*
态习性：夏、秋季于林地上生长。
产地及分布：产于鸡公山的大茶沟、大深沟、避暑山庄、武胜关、李家寨林区、烧鸡堂、灵化寺、登山古道、波尔登森林公园。分布于河南、四川、吉林、江苏、浙江、云南、海南、广东、广西、香港等地。
经济价值：食用菌。

灰色锁瑚菌（灰仙树菌）*Clavulina cinerea*
生态习性：夏、秋季生于阔叶林地上，群生或丛生。
产地及分布：产于鸡公山保护区各林地及信阳各地。分布于河南、甘肃、江苏、黑龙江、湖南、云南、青海、浙江、海南、广西、贵州等省、自治区。
经济价值：可食用。

冠锁瑚菌（扫把菌、仙树菌）*Clavulina cristata*
生态习性：夏季至晚秋于阔叶或针叶林地上群生。

产地及分布：产于鸡公山的大茶沟、大深沟、避暑山庄、武胜关、李家寨林区、烧鸡堂。分布于河南、黑龙江、山西、江苏、安徽、浙江、海南、广西、广东、贵州、甘肃、青海、新疆、四川、西藏、云南等省、自治区。

经济价值：食用菌。

皱锁瑚菌（秃仙树菌、针蘑）*Clavulina rugosa*

生态习性：生于混交林中地上、腐枝或苔藓间，丛生。

产地及分布：产于鸡公山保护区各林地及信阳各地。分布于河南、江苏、湖南、四川、江西、青海、甘肃、新疆、陕西等省、自治区。

经济价值：可食用。

小冠瑚菌 *Clavicorona colensoi*

生态习性：夏、秋季于腐木上群生或丛生。

产地及分布：产于鸡公山的大茶沟、大深沟、李家寨林区。分布于四川、贵州、陕西、河南、广东等省。

经济价值：不明。

杯冠瑚菌（杯瑚菌、杯珊瑚菌、刷把菌）*Clavicorona pyxidata*

生态习性：群生或丛生于林中腐木上，特别是在杨属、柳属的腐木上。

产地及分布：产于本保护区各林地。分布于吉林、河北、河南、湖南、福建、陕西、西藏、四川、云南等省、自治区。

经济价值：食用菌，其味较好。另外，可药用。性平，味甘，和胃缓中，祛风，破血。

变绿枝瑚菌（绿丛枝菌、变绿丛枝、冷杉枝瑚菌）*Rainaria abietina*

生态习性：夏、秋季群生于云杉、冷杉等针叶林地腐枝层上。

产地及分布：产于鸡公山的大茶沟、大深沟、武胜关、李家寨林区。分布于河南、吉林、四川、黑龙江、新疆、甘肃、青海、西藏、湖南、广东等省、自治区。

经济价值：可食用，但稍有苦味。

疣孢黄枝瑚菌（黄枝瑚菌、刷地菌、扫帚菌、锅刷菇）*Ramaria flava*

生态习性：夏、秋季常在阔叶林地上成群生长。

产地及分布：产于鸡公山大茶沟、大深沟、李家寨等林区。分布于河南、福建、台湾、四川、山西、辽宁、甘肃、云南、西藏、贵州、广东等省、自治区。

经济价值：食用、药用菌，味较好，但也有记载具毒，食后引起呕吐、腹痛、腹泻等中毒反应，采食时需注意。入药有和胃气、祛风、破血等功效。抗癌实验，对小白鼠肉瘤 S-180 和艾氏癌的抑制率均达 60%。据报道，此种含有一种高级甘油酯，即真菌甘油酯（mycoglycolipids）。有记载此菌与冷杉、山毛榉、栎等树木形成菌根。

棕黄枝瑚菌（小孢丛枝菌、黄枝瑚菌）*Ramaria flavo-brunnescens*

生态习性：夏、秋季于混交林地上散生或群生。

产地及分布：产于鸡公山保护区各林地及信阳各地。分布于河南、甘肃、四川、云南、福建、西藏等省、自治区。

经济价值：食用菌。

粉红枝瑚菌（珊瑚菌、美丽枝瑚菌、桃红扫巴菌、扫帚菌、刷把菌、鸡爪菌、粉红丛枝菌）*Ramaria formosa*

生态习性：多成群丛生于阔叶林地上。

产地及分布：产于鸡公山保护区各林地及信阳各地。分布于黑龙江、吉林、河北、河南、甘肃、贵州、四川、西藏、安徽、云南、山西、陕西、福建等省、自治区。

经济价值：经煮沸、浸泡、冲洗后可食用，但往往易发生中毒，产生比较严重的腹痛、腹泻等胃肠炎症状，不宜采食。有记载可药用。对小白鼠肉瘤 S-180 的抑制率为 80%，而对艾氏癌的抑制率为 70%。与阔叶树木形成外生菌根。

暗灰枝瑚菌（暗灰丛枝菌）_Ramaria fumigate_

生态习性：夏、秋季单生或群生于针、阔混交林地上

产地及分布：产于鸡公山保护区各林地及信阳各地。分布于河南、安徽、四川、云南等省。

经济价值：可食用。味道差，列为下品。

米黄枝瑚菌（米黄丛枝菌、光孢枝瑚菌、光孢黄丛枝）_Ramaria obtusissima_

生态习性：夏、秋季于阔叶或针叶林中地上，群生或散生。

产地及分布：产于鸡公山保护区各林地及河南省各地。分布于河南、安徽、湖南、贵州、四川、甘肃等省。

经济价值：食用菌。味一般，列为中品。

偏白枝瑚菌（白丛枝菌）_Ramaria secunda_

生态习性：夏末至秋季生于阔叶林为主的针阔混交林地上及腐叶层上。

产地及分布：产于鸡公山的大茶沟、大深沟、武胜关、李家寨林区、烧鸡堂。分布于河南、西藏、新疆、安徽、四川、云南、福建等省、自治区。

经济价值：食用菌。味一般，列为中品。

密枝瑚菌（枝瑚菌、密丛枝）_Ramaria stricta_

生态习性：生于阔叶树的腐木或枝条上，群生。

产地及分布：产于鸡公山的大茶沟、大深沟、波尔登森林公园。分布于河南、山西、黑龙江、吉林、安徽、海南、西藏、四川、河北、广东、云南等省、自治区。

经济价值：食用菌，味微苦，具芳香气味。

耳匙菌科 Auriscalpiaceae

耳匙菌（耳勺菌、勺菌）_Auriscalpium vulgare_

生态习性：生于落在地上的松球果上，导致球果腐烂。偶见生于松叶层及松枝上。

产地及分布：产于鸡公山的大茶沟、大深沟、武胜关、李家寨林区、灵化寺、波尔登森林公园。分布于河南、安徽、福建、江西、浙江、湖南、香港、广东、广西、云南、四川、甘肃、陕西、吉林、西藏、海南等地。

经济价值：木腐菌，常导致松、杉球果腐烂。

齿菌科 Hydnaceae

卷须齿耳菌（肉齿耳、卷须齿耳）_Steccherinum cirrhatum_

生态习性：主要在栎树等的枯立木上叠生。

产地及分布：产于鸡公山的大茶沟、大深沟、、武胜关、李家寨林区。分布于河南、吉林、四川等地。

经济价值：属木腐菌。幼时可食用。

遂缘裂齿菌（刺皮菌、毛边刺皮菌）Odontia fimbriata

生态习性：生于阔叶树的树皮上。

产地及分布：产于鸡公山的大茶沟、武胜关、李家寨林区。分布于河南、湖南、四川、广东等省。

经济价值：木腐菌。引起木材白色腐朽。

美味齿菌（卷缘齿菌、齿菌）Hydnum repandum

生态习性：夏、秋季生于混交林中地上，常常散生或群生。

产地及分布：产于鸡公山的大茶沟、大深沟、武胜关、李家寨林区、波尔登森林公园。分布于河北、河南、山西、黑龙江、吉林、内蒙古、江苏、陕西、台湾、贵州、甘肃、青海、四川、云南、西藏等省、自治区。

经济价值：优良野生食用菌。味道比较鲜美。属外生菌根菌，与栎、栗、榛等阔叶树形成外生菌根。

白齿菌（白卷缘齿菌）Hydnum repandum

生态习性：夏、秋季在阔叶林地上散生或单生。

产地及分布：产于鸡公山保护区各林地及河南省各地。分布于河南、湖北、安徽、四川、贵州、云南、江西、广东、广西、山西、黑龙江等省、自治区。

经济价值：食用菌。味道好。与树木形成外生菌根。

翘鳞肉齿菌（獐子菌、钟馗菌、地鸡、土菌、獐头菌）Sarcodon imbricatum.

生态习性：生于山地针叶林中地上。

产地及分布：产于鸡公山的大茶沟、大深沟、避暑山庄、武胜关、李家寨林区、烧鸡堂、波尔登森林公园。分布于河南、甘肃、新疆、四川、云南、安徽、台湾、吉林、西藏等省、自治区。

经济价值：食用、药用菌。新鲜时味道较好。菌肉厚，水分少，不生虫，便于收集加工。另外子实体有降低血中胆固醇的作用，并含有较丰富的多糖类物质。药用，治疗痈疽疮疖、湿疮。民间用作抗癌药物。属外生菌根菌。

杯形丽齿菌（灰薄栓齿菌）Calodon cyathiforme

生态习性：夏季生于松林或混交林地上。

产地及分布：产于鸡公山的大茶沟、大深沟、武胜关、李家寨林区。分布于四川、河南、安徽、西藏、广东、云南等省、自治区。

经济价值：幼时可食用，其味鲜美，后期革质或纤维质不能食用。与树木形成菌根。

环纹丽齿菌 Calodon zonatus

生态习性：夏、秋季于针阔叶混交林或阔叶林中腐殖物上群生。

产地及分布：产于鸡公山保护区各林地及信阳各地。分布于河南、甘肃、安徽、江苏、云南、广西、山西、广东、青海、新疆、西藏等省、自治区。

经济价值：不详。

牛舌菌科 Fistulinaceae

牛舌菌（牛排菌、肝色牛排菌、肝脏菌、猪舌菌）Fistulina hepatica

生态习性：夏、秋季生于板栗树桩上及其他阔叶树的腐木上或枯立木上、树洞内，喜黑暗而湿润的环境。

产地及分布：产于鸡公山保护区各林地及信阳各地。分布于台湾、河南、浙江、广东、广西、福建、甘肃、云南、贵州、四川等省、自治区。

经济价值：食用、药用菌。味极佳，适于炖制。药用可抗癌。对小白鼠肉癌 S-180 抑制率为 80%～95%，对艾氏癌抑制率为 90%。在牛舌菌的发酵液中含有抗真菌的抗生素——牛舌菌素。已人工栽培成功。

裂褶菌科 Schizophyllaceae

裂褶菌（白参、白蕈、树花、鸡冠菌、鸡毛菌）*Schizophyllum commune*

生态习性：群生于各种阔叶树，如栎柳、杨等，或针叶树（如马尾松）的枯干、枯枝、伐桩上。

产地及分布：产于鸡公山保护区各林地及信阳各地。分布广泛，几乎全国各省区均有此种。

经济价值：食用、药用菌。幼嫩可食用，味道鲜美，质地柔软细嫩，且富有特殊的香味。入药有很高的药用价值，所含的裂褶多糖有一定的防癌抗癌效果。9～16g 裂褶菌，水煎服，红糖为饮，日服两次，有滋补强身的作用，可清肝明目。裂褶菌加鸡蛋炖服，可治妇女白带过多、头昏耳鸣、神经衰弱、盗汗等症。裂褶菌是段木栽培香菇、木耳、毛木耳或银耳时的"杂菌"。能使木质部产生白色腐朽。含有纤维素酶。菌丝深层发酵时还大量产生有机酸。在食品工业、医药卫生、生物化学等方面有应用。还可产生吲哚乙酸。

灵芝科 Ganodermataceae

树舌灵芝（树舌、扁灵芝、老母菌、枫树菌、菌芝、树菌）*Ganoderma applanatum*

生态习性：生于阔叶树的枯立木、倒木和伐桩上，多年生。

产地及分布：产于鸡公山保护区各林地及信阳各地。在我国广泛分布。

经济价值：可药用，民间作为抗癌药物，生长在皂角树干上的树舌灵芝，用于治疗食道癌。还可治疗风湿病、肺结核。有止痛、清热、化积、止血、化痰之功效。此菌产生草酸和纤维素酶，可应用于轻工、食品工业等。属木腐菌，可导致木质部形成白色腐朽。

有柄树舌（有柄灵芝、树舌菌、树舌有柄变种）*Ganoderma applanatum* var. *gibbosum*

生态习性：生于多种阔叶树的树桩及腐木上。

产地及分布：产于鸡公山保护区各林地及信阳各地。分布于河南、云南、海南、广东、江西等省。

经济价值：有抗癌作用。

裂叠灵芝（裂叠树舌、层叠树舌）*Ganoderma lobatum*

生态习性：生于杨树的枯立木、倒木或伐桩上。

产地及分布：产于鸡公山保护区各林地及信阳各地。河南省各大山区都有。分布于河北、浙江、香港、云南、西藏等地。

经济价值：有抗癌功效。属树木的木腐菌，引起木材腐朽。

灵芝（灵芝草、赤芝、红芝、菌灵芝、神芝、芝草、仙草、瑞草）*Ganoderma lucidum*

生态习性：生于阔叶树的伐木桩旁、朽木上、树干基部。

产地及分布：产于鸡公山保护区各林地及信阳各地。目前除宁夏、新疆、青海、内蒙古外，其他省区均有分布记载。

经济价值：药用菌。可用于滋补强壮，扶正固本，具多种生理活性和药理作用。可治疗神经衰弱、头昏、失眠、肝炎、支气管哮喘等，还可治疗积年胃病和解毒菌中毒。可提取多糖。另含有多种化学成分。对小白鼠肉瘤 S-180 和艾氏癌的抑制率分别为 60％ 和 80 ％。此菌可利用菌丝体进行深层发酵培养。目前用于生产加工多种药用或保健产品。临床上应用的有灵芝糖浆、针剂 、酊剂、蜜丸、合剂等。可引起木材白色腐朽。

紫灵芝（紫芝、中国灵芝、仙草）*Ganoderma sinensis*

生态习性：生于阔叶树的木桩旁或朽木上，可人工栽培及培养菌丝体。

产地及分布：产于鸡公山保护区各林地及信阳各地。分布于河南、河北、山东、江苏、浙江、江西、福建、贵州、台湾、湖南、香港、广东等。

经济价值：药用菌。性温味淡，能健脑、消炎、利尿、益胃，有滋补强壮作用。据《神农本草经》记载"紫芝可治耳聋、利关节、保神、益精气、坚筋骨"。治神经衰弱、头昏失眠、慢性肝炎、支气管哮喘。主要用于调养糖尿病、高血压、冠心病、失眠等症，增强人体免疫力，长期服用能抗肿瘤、保肝护肝、延缓衰老、扶正固本，对人体有益无害，适合长期保健用。

硬皮灵芝（硬皮树舌、木树舌、树舌菌、菌芝）*Ganoderma tornatum*

生态习性：生于栋、柳、合欢等阔叶树的树干、树桩或腐木上。

产地及分布：产于鸡公山保护区各林地及商城、新县、信阳等地。分布于河南、四川、浙江、江西、贵州、云南、广西、海南等省、自治区。

经济价值：有抗癌活性。

刺革菌科 Hymenochaetaceae

肉桂色集毛菌（菌芝、树菌子）*Coltricia cinnamomea*

生态习性：夏、秋季生于林地上。

产地及分布：产于鸡公山保护区各林地及信阳各地。分布于四川、内蒙古、河北、山西、河南、甘肃、安徽、江苏、浙江、江西、湖南、云南、广西、福建、海南、广东和贵州等省、自治区。

经济价值：与多种树木形成菌根。

多年生集毛菌（铗孔菌、锣铗菌）*Coltricia perennis*

生态习性：夏、秋季于林地上群生或散生。盖表面往往有丝绢状光泽。

产地及分布：鸡公山的大茶沟、大深沟、武胜关、李家寨林区、烧鸡堂、波尔登森林公园。分布于河南、黑龙江、吉林、湖南、福建、河北、山西、内蒙古、江苏、广东、广西、四川、云南、西藏、香港等地。

经济价值：与树木形成菌根。

环孔菌（环褶菌、格林环孔菌）*Cycloporus greenei*

生态习性：夏、秋季生于针叶林或针阔混交林中地上。

产地及分布：产于鸡公山的大茶沟、大深沟、避暑山庄、武胜关、李家寨林区。分布于河南、江西、江苏、福建、海南、广东、云南、四川、西藏等省、自治区。

经济价值：此菌形态特殊，在研究分类地位及教学方面有意义，特别在研究菌类亲缘关系上是珍贵的材料。

贝状木层孔菌（针贝针孔菌）*Phellinus conchatus*

生态习性：生于柳、李、漆等阔叶树的腐木上，多年生。

产地及分布：产于鸡公山保护区各林地及信阳各地。分布于河北、陕西、甘肃、江苏、浙江、安徽、江西、福建、湖南、广东、广西、河南、四川、贵州、云南、海南等省、自治区。

经济价值：药用，活血、补五脏六腑、化积解毒。属木腐菌。

锈色木层孔菌 *Phellinus ferruginosus*

生态习性：生于阔叶树的腐木上。

产地及分布：产于本保护区各林地。分布于河南、河北、浙江、广东、海南等省。

经济价值：木腐菌，能引起木材白色腐朽。

淡黄木层孔菌（粗皮针层孔）*Phellinus gilvus*

生态习性：夏、秋季生于柳、栎、栲、女真等阔叶树的腐木及栽培香菇的段木上及针叶树（柳杉）的腐木上。

产地及分布：产于鸡公山的大茶沟、大深沟、避暑山庄、武胜关、李家寨林区。分布于河南、黑龙江、吉林、河北、山西、陕西、安徽、江苏、浙江、福建、江西、湖南、贵州、云南、四川、广西、海南等省、自治区。

经济价值：药用。有补脾、祛湿、健胃作用。对小白鼠肉瘤的抑制率为90%，对艾氏癌的抑制率为60%。常在栽培香菇及木耳的段木上出现，被视为"杂菌"。

火木层孔菌（针层孔菌、桑黄、猢狲眼、桑耳、针层孔菌）*Phellinus igniarius*

生态习性：生于柳、桦、杨、花楸、杜鹃、四照花、栎等阔叶树的树桩、树干或倒木上，多年生。

产地及分布：产于鸡公山的大茶沟、大深沟、避暑山庄、武胜关、李家寨林区、烧鸡堂、灵化寺、登山古道、波尔登森林公园。分布于全国许多省区。

经济价值：药用菌。属古老的中药。微苦，寒。利五脏，软坚，排毒，止血，活血，和胃止泻。主治淋病，崩漏带下，癥瘕积聚，癖饮，脾虚泄泻。还能治疗偏瘫一类的中风病及腹痛等。现代研究证实桑黄能够提高人体的免疫力，减轻抗癌剂的副作用，所以可用来辅助肿瘤病人的放疗和化疗。另外，桑黄对女性月经不调等妇科疾病也有疗效。

八角生木层孔菌（蛋白针层孔、黄缘针层孔）*Phellinus illicicola*

生态习性：生于栎、栲、杨及其他阔叶树的枯干及枯枝或倒木、伐木桩及木桥上。

产地及分布：产于鸡公山的大茶沟、大深沟、武胜关、李家寨林区。分布于吉林、河北、山西、河南、陕西、甘肃、四川、安徽、江苏、江西、浙江、云南、广西、西藏等省、自治区。

经济价值：属木腐菌，引起木材白色腐朽。

裂蹄木层孔菌（裂蹄针层孔菌、针裂蹄）*Phellinus linteus*

生态习性：生于杨、栎、漆等树木的枯立木及立木与树干上。

产地及分布：产于鸡公山的大茶沟、大深沟、武胜关、李家寨林区。分布于河北、山西、吉林、黑龙江、安徽、浙江、广东、河南、陕西、新疆、青海、云南、海南等省、自治区。

经济价值：此菌子实体热水提取物对小白鼠肉瘤 S-180 的抑制率为96%。用于治疗各种肿瘤、肝病、心脏病、中风偏瘫、胃病、胃溃疡、食欲缺乏等疾病。属木腐菌，对树木有危害。

忍冬木层孔菌（桑黄）*Phellinus lonicerinus*

生态习性：生于忍冬等阔叶树的枯立木、立木和树干上。

产地及分布：产于鸡公山的大茶沟、大深沟、武胜关、李家寨林区。分布于河南、山东等省。

经济价值：药用。有补脾、祛湿、健胃。木腐菌，可引起白色腐朽。

苹果木层孔菌（李针层孔菌）Phellinus pomaceus

生态习性：生于李、苹果、梨、山楂等阔叶树的树干或主枝上。

产地及分布：产于鸡公山的大深沟、武胜关、李家寨林区。分布于河南、吉林、辽宁、河北、山西、宁夏、新疆、江苏、浙江、云南、山东、陕西、广东、西藏等省、自治区。

经济价值：属木腐菌。危害李属、桃属、梨属及苹果属的树木，引起心材白色腐朽。

多孔菌科 Polyporaceae

猪苓（猪灵子、舞茸）Grifola umbellata

生态习性：生于阔叶林地上或腐木桩旁，有时也生于针叶树旁，丛生。

产地及分布：产于鸡公山的大茶沟、大深沟。分布于河北、山西、陕西、西藏、甘肃、内蒙古、四川、吉林、河南、云南、黑龙江、湖北、贵州、青海等省、自治区。

经济价值：食、药兼用菌。子实体幼嫩时可食用，味道鲜美。其地下菌核黑色、形状多样，是著名中药，有利尿、治水肿之功效，含猪苓多糖。临床研究表明，猪苓及猪苓多糖对肝炎、肺癌、肝癌、子宫颈癌、食道癌、胃癌、肠癌、白血病、乳腺癌等有一定疗效。

大孔菌（棱孔菌、孔斗菌、蜂窝菌）Favolus alveolaris

生态习性：生于阔叶树的枯枝上。

产地及分布：产于鸡公山保护区各林地及信阳各地。分布于黑龙江、辽宁、山西、河北、西藏、浙江、安徽、河南、湖南、广西、陕西、甘肃、四川、贵州、云南等省、自治区。

经济价值：幼嫩时可采食。子实体的乙醇加热水提取物对小白鼠肉瘤 S-180 的抵抗作用达 71.9%。另记载对小白鼠肉瘤 S-180 的抑制率为 70%，对艾氏癌抑制率为 60%。导致杨、柳、椴、栎等多种阔叶树倒木的木质部形成白色杂斑腐朽。

漏斗大孔菌（树菌、漏斗棱孔菌）Favolus arcularius

生态习性：夏、秋季在多种阔叶树的倒木及枯树上群生。

产地及分布：产于鸡公山保护区各林地及信阳各地。分布于河南、香港、海南、内蒙古、黑龙江、新疆、云南、甘肃、西藏、陕西、台湾等地。

经济价值：食用菌。幼嫩时柔软，可以食用。对小白鼠肉瘤 S-180 的抑制率为 90%，对艾氏癌的抑制率为 100%。常出现在栽培木耳、毛木耳或香菇的段木上。

光斗棱孔菌（光斗大孔菌、树菌子）Favolus boucheanus

生态习性：夏、秋季生于阔叶树的枯木、倒木、树桩上。

产地及分布：产于鸡公山保护区各林地及信阳各地。分布于河南、吉林、河北等省。

经济价值：幼嫩时可采食。木腐菌。

宽鳞大孔菌（大棱孔菌）Favolus squamosus

生态习性：生于柳、杨、榆、槐、洋槐及其他阔叶树的树干上。

产地及分布：产于鸡公山保护区各林地及信阳各地。分布于河北、河南、山西、内蒙古、吉林、江苏、西藏、湖南、陕西、甘肃、青海、四川等省、自治区。

经济价值：食用菌。幼时可食。此菌引起被生长树木的木材白色腐朽，实验对小白鼠肉瘤 S-180 的抑制率为 60%。

黄多孔菌（雅致多孔菌、杂蘑）*Polyporus elegans*

生态习性：夏、秋季生于阔叶树的腐木及枯树枝上，偶尔也生长于针叶树的腐木上。往往散生或群生。

产地及分布：产于鸡公山的大茶沟、大深沟、避暑山庄、武胜关、李家寨林区。分布于河南、黑龙江、吉林、陕西、山西、甘肃、四川、安徽、青海、浙江、江西、云南、广西、福建、新疆、西藏等省、自治区。

经济价值：此菌药用。其性温，味微咸，有追风、散寒、舒筋、活络的功效，可治腰腿疼痛、手足麻木、筋络不舒。是"舒筋散"的原料之一。

灰树花（栗蘑、贝叶多孔菌、舞茸、千佛菌、栗子菇、莲花菇）*Polyporus frondosus*

生态习性：生于栎树、板栗或其他阔叶树的树干、木桩周围，造成白色腐朽。

产地及分布：产于鸡公山的大茶沟、武胜关林区。河南一些地方有栽培。分布于河南、河北、吉林、广西、浙江、山东、四川、西藏等省、自治区。

经济价值：美味食用菌。幼时肉质柔软，脆嫩味美，有松口蘑的香味。药用可治疗小便不利、水肿、脚气、肝硬化腹水及糖尿病等。还具抗肿瘤和抗艾滋病病毒的作用。对小白鼠肉瘤 S-180 抑制率 100%，对艾氏癌的抑制率 90%。另外，有抑制高血压和肥胖症的功效；由于富含铁、铜和维生素 C，能预防贫血、坏血病、白癜风，防止动脉硬化和脑血栓的发生；硒和铬含量较高，有保护肝脏、胰脏，预防肝硬化和糖尿病的作用。可防病保健。

亚灰树花（大刺孢树花、重菇、莲花菇、巨大多孔菌、大奇果菌）*Polyporus giganteus*

生态习性：夏、秋季生于阔叶林地上，常发生于树根部位。

产地及分布：产于鸡公山的大茶沟、大深沟、李家寨林区。分布于河南、云南、贵州、四川、湖南、广东、青海、云南、吉林等省。

经济价值：食用和药用。味道好，可用盐渍等方法加工保存。含有 10 多种氨基酸，其中必需氨基酸 7 种。子实体的水提取物对小白鼠肉瘤 S-180 抑制率 80%，对艾氏癌的抑制率 90%。

黑柄拟多孔菌（黑柄仙盏）*Polyporus melanopus*

生态习性：生于桦、杨等阔叶树的腐木桩上或靠近基部的腐木上。

产地及分布：产于鸡公山的大茶沟、大深沟、武胜关、李家寨林区。分布于河北、北京、山西、河南、陕西、甘肃、江西、浙江、福建、湖南、广东、青海、云南、吉林、新疆等省、市、自治区。

经济价值：幼嫩时可食用。还可药用，实验抗癌，对小白鼠肉瘤 S-180 和艾氏癌的抑制率均为 60%。

青柄多孔菌 *Polyporus picipes*

生态习性：生于阔叶树的腐木上，有时生于针叶树上。

产地及分布：产于鸡公山的大茶沟、大深沟、李家寨林区。分布于辽宁、吉林、黑龙江、河北、河南、甘肃、江苏、安徽、浙江、江西、广西、福建、四川、云南、贵州、西藏等省、自治区。

经济价值：属木腐菌，导致桦、椴、水曲柳、槭等的木质部形成白色腐朽。并能产生齿孔酸、有机酸、多糖类及纤维素酶、漆酶等代谢产物，供轻工、化工及医药使用。

拟多孔菌（冬拟多孔菌、毛仙几）*Polyporellus brumalis*

生态习性：于针叶或阔叶树的枯立木或倒木上单生或群生。

产地及分布：产于鸡公山的大茶沟、大深沟、避暑山庄、武胜关、李家寨林区。分布于吉林、山西、内蒙古、黑龙江、陕西、甘肃、河南、广西、四川、贵州、河北、西藏、青海、云南等省、自治区。

经济价值：幼嫩时可食用。属木腐菌。

多孔菌（多变拟多孔菌）*Polyporellus varius*

生态习性：生于杨、栎、桦等阔叶树的腐木上，稀生于云杉树上。散生或群生。

产地及分布：产于鸡公山的大茶沟、大深沟、武胜关、李家寨林区、波尔登森林公园。分布于河南、四川、河北、云南、海南、广东、江西、安徽、陕西、青海、浙江、新疆、甘肃、黑龙江、吉林等省、自治区。

经济价值：药用菌。能祛风散寒，舒筋活络。用以治腰腿痛、手脚麻木。还能抗癌。属木腐菌，能引起阔叶树木质白色腐朽。

茯苓（茯菟、云苓、不死面、松腴、金翁、松柏芋、松茯苓）*Poria cocos*

生态习性：多生于马尾松、黄山松、云南松、赤松等松属的根上，偶尔也可以在漆树、栎树、柏树、桉树、橘树、枫树、桑树、毛竹、玉米秆上结茯苓。其生长土质以砂质为宜。

产地及分布：产于本保护区的李家寨林区及大别山区的商城、新县等地。分布于河南、安徽、福建、云南、湖北、浙江、四川等南方各省。

经济价值：茯苓菌核既是著名且用途广泛的中药材，又是著名的食用菌，具有滋补、安神、利尿、退热、健脾、养肺、助消化、安胎、止咳、宁心益气等功能。有降低血糖的作用；对多种细菌有抑制作用；能降胃酸，对消化道溃疡有预防效果；对肝损伤有明显的保护作用；有抗肿瘤的作用；能多方面对免疫功能进行调节；能使因化疗而减少的白细胞加速回升；有镇静的作用。对小白鼠肉瘤 S-180 的抑制率达 96.88%。制成的茯苓饼或茯苓芝麻饼为保健食品。传统又作为补品，久服可"除百病，润肌肤，延年益寿"。

篱边黏褶菌（褐褶孔菌）*Gleophyllum saepiarium*

生态习性：云杉、落叶松的倒木上群生。

产地及分布：产于鸡公山的大茶沟、大深沟、李家寨林区。分布于河北、河南、山西、内蒙古、黑龙江、吉林、陕西、甘肃、云南、四川、江苏、江西、福建、安徽、广东、广西、湖南、湖北、青海、西藏、新疆等省、自治区。

经济价值：该菌含有抗癌活性物质，对小白鼠肉瘤 S-180 和艾氏癌抑制率均为 60%。对落叶松等心材引起褐色块状腐朽。

褐黏褶菌 *Gloeophyllinn subferrugineum*

生态习性：夏、秋季群生于杉、松等的倒腐木上。

产地及分布：产于鸡公山的大茶沟、大深沟、武胜关、李家寨林区。分布于河南、福建、江苏、浙江、江西、湖南、海南、广西、吉林、安徽、甘肃、西藏、台湾、广东、云南等省、自治区。

经济价值：药用，祛风除湿、顺气、抗肿瘤。主治风湿痹痛、胸闷胁胀、癌症。该菌含有抗癌活性物质，据抗癌实验，对小白鼠肉瘤 S-180 的抑制率为 80%。属木腐菌，导致针叶树的木材、原木、木质桥梁、枕木木材褐色腐朽。

白迷孔菌（白栓菌）*Daedalea albida*

生态习性：生于阔叶树和松树的枯腐立木和倒木上。

产地及分布：产于鸡公山保护区各林地及信阳各地。分布于四川、云南、贵州、广西、湖南、江西、江苏、浙江、福建、安徽、河南、河北、陕西、山西和吉林等省、自治区。

经济价值：该菌产生节卵孢素（oosponol），实验表明，对自发性高血压的大白鼠经腹腔内给药，显示出强降压作用。家兔皮下注射节卵孢素结果表明，其促进毛细血管渗透性的作用比组氨酸及运动徐缓素（biadykinin）强，对小白鼠肉瘤 S-180 的抑制率达 70％～80％，对艾氏癌的抑制率为 98％。另外，可引起阔叶树或针叶树的木质褐色腐朽。往往生长在栽培香菇的段木上，被视为"杂菌"。

粉迷孔菌 *Daedalea bienni*

生态习性：生于栎、山杨、枫香及苹果等阔叶树的树干上或木桩上，有时生于松树腐木上。

产地及分布：产于鸡公山的大茶沟、大深沟、武胜关、烧鸡堂、灵化寺、波尔登森林公园。分布于河南、吉林、辽宁、河北、甘肃、四川、江苏、浙江、江西、湖南、贵州、云南、广东、广西、海南、陕西、福建、台湾等省、自治区。

经济价值：此种可引起树木、倒木、枕木等木质白色腐朽。另外，该菌液对小白鼠肉瘤 S-180 有抑制作用。往往生长在栽培香菇的段木上，被视为"杂菌"。

肉色迷孔菌 （迪金斯栓菌、扁疣菌、肉色栓菌） *Daedalea dickinsii*

生态习性：生于阔叶树的倒木、伐木桩上，单生或覆瓦状叠生。

产地及分布：产于鸡公山的大茶沟、大深沟、避暑山庄、武胜关、李家寨林区、波尔登森林公园。分布于黑龙江、吉林、内蒙古、河北、山西、河南、陕西、甘肃、四川、安徽、江苏、浙江、云南、广西、台湾等省、自治区。

经济价值：实验抗癌。引起多种阔叶树的木材及枕木等形成片状或块状褐色腐朽。往往生长在栽培香菇的段木上，被视为"杂菌"。

软异薄孔菌 *Datronia mollis*

生态习性：生于栎、桦、杨、锻等阔叶树的树干上或木桩上。

产地及分布：产于鸡公山的大茶沟、大深沟、避暑山庄、武胜关、李家寨林区、波尔登森林公园。分布于广西、云南、贵州、河南、湖南、湖北、吉林、辽宁、黑龙江、海南等省、自治区。

经济价值：引起多种阔叶树的木材及枕木等形成片状或块状褐色腐朽。生长在栽培香菇的段木上，被视为"杂菌"。

木蹄层孔菌 （木蹄） *Fomes fomentarius*

生态习性：生于栎、桦、杨、柳、椴、苹果等阔叶树的树干上或木桩上。往往在阴湿或光少的环境出现棒状畸形子实体。

产地及分布：产于鸡公山的大茶沟、大深沟、避暑山庄、武胜关、李家寨林区、烧鸡堂、灵化寺、波尔登森林公园。分布于香港、广东、广西、云南、贵州、河南、陕西、四川、湖南、湖北、山西、河北、内蒙古、甘肃、吉林、辽宁、黑龙江、西藏、新疆等省区。

经济价值：药用菌。传统的中药，可消积、化淤、抗癌，其味微苦，性平。用以治疗小儿积食、食道癌、胃癌、子宫癌等。实验对小白鼠肉瘤 S-180 的抑制率达 80％。引起木材白色腐朽，造成树木心材腐朽，是一种重要的森林病原菌。

杨锐孔菌 （囊层菌） *Oxyporus populinus*

生态习性：生于杨、栎、桦、榆、槭等阔叶树的树干基部，常附有苔藓。

产地及分布：产于鸡公山的大茶沟、大深沟等地。分布于河北、山西、河南、陕西、四川、贵州、云南、福建、广西、黑龙江、甘肃、内蒙古等省、自治区。

经济价值：属木腐菌，形成白色腐朽。是一种广泛危害阔叶树木的木腐菌。

硫磺菌（硫磺多孔菌、鸡冠菌、硫色烟孔菌、硫色干酪菌）*Laetiporus sulphureus*

生态习性：生于柳等的活立木树干、枯立木上。

产地及分布：产于鸡公山保护区各林地及信阳各地。分布于河北、黑龙江、吉林、辽宁、山西、陕西、甘肃、河南、福建、台湾、云南、广东、广西、四川、贵州、西藏、新疆等省、自治区。

经济价值：食、药兼用菌。幼时子实体可食用，味道鲜美似鲜鱼。老时药用。味甘，性温，能调节机体，增进健康。对小白鼠肉瘤 S-180 和艾氏癌抑制率分别为 80％和 90％。是治疗乳腺癌、前列腺癌的辅助药物。此菌产生齿孔酸，可用于合成甾体药物。可引起木材褐色块状腐朽。是生长在栽培香菇的段木上的"杂菌"。

蹄形干酪菌 *Tyromyces lacteus*

生态习性：生于阔叶树或针叶树的腐木上。

产地及分布：产于鸡公山的大茶沟、大深沟、避暑山庄、武胜关、李家寨林区、烧鸡堂、灵化寺、登山古道、波尔登森林公园。分布于河南、河北、山西、四川、浙江、江西、广东、云南、西藏等省、自治区。

经济价值：据实验，对小白鼠肉瘤 S-180 和艾氏癌的抑制率分别为 90％和 80％。木腐菌，可引起木材褐色腐朽。是常生长于栽培香菇的段木上的"杂菌"。

毛盖干酪菌（干酪菌、绒毛栓菌）*Tyromyces pubescens*

生态习性：生于杨、柳、桦等阔叶树的倒木或伐木桩及枕木上。

产地及分布：产于鸡公山保护区各林地及信阳各地。分布于河南、黑龙江、吉林、河北、山西、辽宁、宁夏、甘肃、青海、四川、云南、福建、新疆、内蒙古、陕西、湖北、贵州、西藏等省、自治区。

经济价值：对小白鼠肉瘤 S-180 的抑制率95％。属白色腐朽类型。对木质的腐朽破坏力较强，腐朽蔓延较迅速。往往生长在栽培香菇和木耳的段木上，对香菇产量有很大影响。

隐孔菌（树疙瘩菌、松橄榄、荷色菌、香木兰、木鱼菌）*Cryptoporus volvatus*

生态习性：成群生长于松树的树干或枯立木上。

产地及分布：产于鸡公山的大茶沟、大深沟、李家寨林区及豫南大别山区的商城、新县、罗山、信阳等地。分布于河南、吉林、辽宁、河北、四川、云南、广东、广西、海南、湖北、福建、甘肃、贵州、黑龙江、西藏等省、自治区。

经济价值：药用菌。可作为抗过敏药物。水煎服治疗气管炎和哮喘。此菌含芳香物质。民间将此菌藏于屋室内作为香料之用。云南丽江民间曾作为小儿断奶时的口含物。据实验，对小白鼠肉瘤 S-180 和艾氏瘤的抑制率分别为 80％和 90％，属木腐菌，引起木材白色腐朽。

疣面革褶菌（灰盖褶孔）*Lenzites acuta*

生态习性：生于桦、椴、杨、栎等的枯立木、伐木桩、枕木及木材上。也生于松树上。

产地及分布：产于鸡公山的大茶沟、大深沟、武胜关、李家寨林区等。分布于黑龙江、河南、云南、广西、四川、广东、海南、台湾、辽宁、河北和吉林等省、自治区。

经济价值：木腐菌，引起木材腐朽。

桦革褶菌（桦褶孔、贝壳茸、桦褶孔菌）*Lenzites betulina*

生态习性：夏、秋季在桦、椴、槭、杨、栎等阔叶树的腐木上呈覆瓦状叠生生长。有时生于云杉、冷杉等针叶树的腐木上。

产地及分布：产于鸡公山保护区各林地及信阳各地。几乎全国各地均有分布。

经济价值：药用菌。味淡，性温。追风散寒，舒筋活络，治腰腿疼痛、手足麻木、筋络不舒、四肢抽搐等病症。是山西中药"舒筋丸"原料之一。木腐菌，引起木材腐朽。侵害活立木、倒木、木桩等的木质部形成白色腐朽。此种能产生甘露糖、鼠李糖，可用作生物试剂；产生岩藻糖和草酸（oxalic acid）可用于轻工印染、漂洗、制造蓝墨水、涂料等。子实体甲醇提取液对小白鼠肉瘤 S-180 抑制率为 23.2%～38%，另有报道为 90%，对艾氏癌的抑制率为 80%。

宽褶革褶菌（宽褶革裥菌）*Lenzites platyphylla*

生态习性：夏、秋季生于腐木上。

产地及分布：产于鸡公山的大茶沟、大深沟、避暑山庄、武胜关、李家寨林区、登山古道、波尔登森林公园。分布于河南、海南、广东、广西、四川、浙江、湖南、云南、西藏等省、自治区。

经济价值：木腐菌。引起木材白色腐朽。

三色革褶菌（三色拟迷孔菌、褶孔菌）*Lenzites tricolor*

生态习性：夏、秋季生于栋、桦、槭、杨及松等树的枯腐树桩上。

产地及分布：产于鸡公山保护区各林地及信阳各地。分布于黑龙江、吉林、辽宁、内蒙古、河北、山西、河南、湖北、陕西、甘肃、安徽、湖南、四川、贵州、云南、广西、广东、福建、浙江、江西、西藏等省、自治区。

经济价值：属木腐菌，被侵染的枯立木、倒木、伐木桩、电杆、土木建筑的木质部形成白色腐朽。子实体含有抗癌活性物质，子实体热水提取液对小白鼠肉瘤 S-180 和艾氏癌的抑制率为 36.5% 和 90%。往往生长在栽培香菇的段木上，被视为"杂菌"。

冷杉囊孔菌（冷杉黏褶菌、松囊孔）*Hirschioporus abietinus*

生态习性：生于针叶树的枯立木、倒木或枯枝条上。

产地及分布：产于鸡公山的大茶沟、大深沟等地。分布于河南、河北、甘肃、陕西、广东、福建、四川、云南、西藏、新疆等全国大部分省、自治区。

经济价值：可药用，有抗癌作用，对小白鼠肉瘤 S-180 和艾氏癌抑制率为 100%，该菌生于云杉属、冷杉属、铁杉属、松属等针叶树的枯立木、倒木上，被侵害木形成白色腐朽。

囊孔菌（囊孔、绢皮菌、绢皮云芝、紫云芝）*Hirschioporus pargamenus*

生态习性：生于栎、桦、槭、杨和松等树的枯腐倒木上。

产地及分布：产于鸡公山保护区各林地及信阳各地。分布于黑龙江、吉林、辽宁、内蒙古、河北、河南、山西、陕西、甘肃、四川、安徽、江苏、浙江、贵州、云南、广东、海南、广西、福建、宁夏、台湾、西藏等地。

经济价值：木腐菌，引起木材产生海绵状白色腐朽。此菌产生草酸和纤维素酶，可用于化工和食品工业。其子实体提取物对小白鼠肉瘤 S-180 的抑制率 70%，对艾氏癌的抑制率为 70%。

长毛囊孔菌 *Hirschioporus versatilis*

生态习性：生于针叶树及阔叶树的腐木上。

产地及分布：产于鸡公山保护区各林地及信阳各地。分布于河南、河北、安徽、江苏、浙江、江西、湖南、福建、广西、广东、海南等省、自治区。

经济价值：木腐菌。使着生腐木木质形成白色腐朽。此菌实验有抗癌作用，对小白鼠肉瘤 S-180 和艾氏癌的抑制率均为 70%。另有报道表明此菌还含有抗 HIV-1 的活性化合物。

烟管菌（烟色多孔菌、黑管菌）*Bjerkandera adusta*

生态习性：覆瓦状或成片叠生于阔叶树的倒木、伐桩、枯立木上。

产地及分布：产于鸡公山保护区各林地及信阳各地。分布于黑龙江、吉林、河北、山西、陕西、甘肃、青海、宁夏、贵州、江苏、江西、福建、河南、台湾、湖南、广西、新疆、西藏等省、自治区。

经济价值：报道有抗癌作用。木腐菌，引起木材产生白色腐朽。另外，生长在培育香菇的段木上，影响其产量，被视为"杂菌"。

鲑贝云芝（鲑贝芝、鲑贝革盖菌）*Coriolus consors*

生态习性：生于栎等阔叶树的腐木上。

产地及分布：产于鸡公山保护区各林地及信阳各地。分布于陕西、河南、江苏、浙江、江西、安徽、福建、湖南、广东、广西、四川、贵州、云南等省、自治区。

经济价值：药用菌，作发散剂。从发酵液及菌丝体中分离出的革盖菌素（coriolin）、二酮革盖菌素（diketocoriolin B）等，可抑制革兰氏阳性菌。对小白鼠肉瘤 S-180 抑制率为 80%，对艾氏癌的抑制率为 90%。此菌引起木材白色腐朽，腐朽力强。据记载，可用于发酵猪饲料，破坏木质素，加速饲料发酵，增加蛋白质，提高饲料的营养价值。有时生长在栽培香菇的段木上，被视为"杂菌"。

毛带褐薄芝（毛芝、粗壁孢菌、粗壁孢革盖菌）*Coriolus fibula*

生态习性：生于桦、柳、李、橘等阔叶树的腐木、木桩上。

产地及分布：产于鸡公山的大茶沟、大深沟、武胜关、李家寨林区。分布于河南、黑龙江、吉林、辽宁、河北、四川、安徽、江苏、浙江、江西、贵州、云南、广东、海南、广西、福建、陕西等省、自治区。

经济价值：属木腐菌，可引起被侵害树木木质部形成白色腐朽。此菌含纤维素分解酶，可应用于将纤维素分解为糖类，用作食品和工业的原料。有时生长在栽培香菇、木耳的段木上视为"杂菌"。

毛云芝（毛栓菌、蝶毛菌、毛革盖菌）*Coriolus hirsutus*

生态习性：在杨、柳等阔叶树的活立木、枯立木、死枝杈或伐桩上单生或群生。

产地及分布：产于鸡公山保护区各林地及信阳各地。分布于黑龙江、吉林、河北、河南、山西、内蒙古、青海、甘肃、新疆、四川、安徽、浙江、江苏、江西、福建、台湾、云南、贵州、湖南、湖北、广东、广西等省、自治区。

经济价值：药用菌。止咳、化痰、化脓、生肌，民间用于祛风湿、疗肺疾。子实体提取物对小白鼠肉瘤 S-180 和艾氏癌抑制率分别为 90% 和 80%。属木腐菌，往往生在栽培木耳的段木上，被视为"杂菌"。

单色云芝（齿毛芝、单色云芝、单色革盖菌、单色黑孔菌）*Coriolus unicolor*

生态习性：叠生或群生于桦、杨、柳、花楸、稠李、山楂等阔叶树的伐桩、枯立木、倒木上。

产地及分布：产于鸡公山的大茶沟、大深沟、武胜关、李家寨林区。分布于黑龙江、吉林、辽宁、河北、河南、山西、内蒙古、陕西、甘肃、青海、安徽、浙江、江苏、湖南、广西、四川、云南、贵州、江西、福建、新疆、西藏等省、自治区。

经济价值：药用。对小白鼠艾氏癌及腹水癌有抑制作用。为木腐菌，被侵害部位呈白色腐朽。常出现在栽培木耳和香菇的段木上，影响其产量，视为"杂菌"。

云芝（彩绒革盖菌、杂色云芝、灰芝、瓦菌、彩云革盖菌、千层蘑、彩纹云芝） *Coriolus versicolor*

生态习性：生于多种阔叶树的木桩、倒木或枝上。

产地及分布：产于鸡公山保护区各林地及信阳各地。分布于黑龙江、吉林、辽宁、内蒙古、河北、河南、山东、山西、湖南、湖北、陕西、青海、甘肃、新疆、西藏、广东、广西、贵州、江西、江苏、台湾、浙江、福建、安徽、四川等省、自治区。

经济价值：药用。是最具药用价值的真菌之一，具有清热、解毒、消炎、抗癌、保肝等功效。对小白鼠肉瘤 S-180 和艾氏癌的抑制率分别为 80% 和 100%。云芝多糖、云芝糖肽对肝炎、各种肿瘤都有疗效，是新型免疫调节剂。云芝的代谢产物，如蛋白酶、过氧化酶、淀粉酶、虫漆酶、革酶等，有广泛的经济用途。云芝可侵害近 80 种阔叶树，使其木质部形成白色腐朽。还可导致枕木、电杆、桥梁等木用建材腐朽。另外，在段木栽培木耳和香菇时常有该菌生长，被视为有害"杂菌"。

红栓菌（朱红栓菌、朱血菌、朱砂菌、胭脂菌、枯皮蕈、胭脂菰） *Trametes cinnabarina*

生态习性：多群生于栎、桦、椴及其他阔叶树的腐木上，有时也生于马尾松上。

产地及分布：产于本保护区及信阳的各林地。分布于全国。

经济价值：可药用，子实体有清热除湿、消炎、解毒作用。研末敷于伤口可止血。具抗癌作用。可以转化蒂巴因碱（theoine，一种罂粟碱），获得新型止痛药。对小白鼠肉瘤 S-180 和艾氏癌的抑制率均为 90%。另外，可产生多酚氧化酶和草酸，被侵害处开始呈橙色，后期为白色腐朽。是香菇、木耳栽培段木上常见的"杂菌"。

偏肿栓菌（短孔栓菌） *Trametes gibbos*

生态习性：生于柞、榆、椴等树木的枯木、倒木、木桩上。

产地及分布：产于鸡公山的大茶沟、大深沟等地。分布于河南、福建、浙江、四川、贵州、广西、广东、西藏、吉林、黑龙江、河北、山西、甘肃、青海、湖南、江西、台湾等省、自治区。

经济价值：该菌含抗癌物质，子实体热水提取物和乙醇提取物对小白鼠肉瘤 S-180 抑制率为 49%，而对艾氏癌抑制率为 80%。可引起木材海绵状白色腐朽。在段木栽培木耳和香菇时常有该菌生长，被视为有害"杂菌"。

灰栓菌（灰树菌） *Trametes griseo-dura*

生态习性：生于阔叶树的枯腐木上。

产地及分布：产于鸡公山保护区各林地及信阳各地。分布于河南、四川、广西、海南、福建、湖南、广东和吉林等省、自治区。

经济价值：木腐菌。可引起木材褐色腐朽。药用。试用于抗癌。

赭肉色栓菌（岛生栓菌） *Trametes insularis*

生态习性：生于针叶树，如冷杉、云杉、松等的枯倒木和伐桩上。

产地及分布：产于鸡公山的大茶沟、大深沟、碾子洼水库等地。分布于河南、云南、广西、吉林、黑龙江、台湾和西藏等省、自治区。

经济价值：木腐菌，导致木材浅黄色柔软状腐朽。

东方栓菌（灰带栓菌、东方云芝） *Trametes orientalis*

生态习性：多覆瓦状叠生或群生在阔叶树的枯立木、腐木或枕木上。

产地及分布：产于鸡公山的大茶沟、大深沟、避暑山庄、武胜关、李家寨林区、波尔登森林公园。分布于河南、吉林、黑龙江、湖北、江西、湖南、云南、广西、广东、贵州、海南、台湾、西藏等省、自治区。

经济价值：属木腐菌，引起枕木、木材腐朽。药用可治疗炎症、肺结核、支气管炎、风湿。对小白鼠肉瘤 S-180 和艾氏癌的抑制率均为 80%～100%。

紫锻栓菌（密褶孔菌、皂角菌） *Trametes palisoti*

生态习性：生于腐木上，有时生于枕木上。

产地及分布：产于鸡公山的大茶沟、大深沟、武胜关林区。分布于河南、河北、江苏、江西、福建、台湾、湖南、广东、海南、广西、四川、贵州、云南、黑龙江、吉林等省、自治区。

经济价值：药用菌。有祛风、止痒作用。该菌属木腐菌，被浸染部分的木质形成海绵状白色腐朽。

血红栓菌（红栓菌小孔变种朱血菌） *Trametes sanguinea*

生态习性：夏、秋季多生于阔叶树的枯立木、倒木、伐木桩上，有时也生于松、冷杉木上。

产地及分布：产于鸡公山保护区各林地及信阳各地。分布于吉林、河北、河南、陕西、江西、福建、台湾、贵州、四川、云南、湖南、湖北、广东、广西、海南、安徽、新疆、西藏等省、自治区。

经济价值：药用菌。有生肌、行气血、祛湿痰、除风湿、止痒、顺气和止血等功效。民间用于消炎，用火烧研粉敷于疮伤处即可。有抑制癌细胞作用，对小白鼠肉瘤 S-180 的抑制率为 90%。子实体含有对革兰氏阴性菌和革兰氏阳性菌有抑制作用的多孔蕈素（polyporin），属木腐菌，被害木材初期呈橘红色，后期呈现为白色腐朽。此菌有时在栽培香菇等的段木上大量繁殖生长，被视为"杂菌"。

香栓菌（杨柳白腐菌） *Trametes suaveolens*

生态习性：主要生于杨、柳属的树木，有时也生于桦树的活立木、枯立木及伐桩上。

产地及分布：产于鸡公山保护区各林地及信阳各地。分布于黑龙江、吉林、辽宁、河北、河南、山东、山西、陕西、江苏、浙江、安徽、青海、新疆、甘肃、广东、广西、海南、福建、四川、云南、西藏等省、自治区。

经济价值：属木腐菌，使被侵害树木心材或边材形成典型的白色腐朽。

毛栓菌（杨柳粗毛菌、杨柳白腐菌） *Trametes trogii*

生态习性：生于阔叶林中枯倒木上

产地及分布：产于鸡公山保护区各林地及信阳各地。分布于黑龙江、吉林、辽宁、内蒙古、宁夏、甘肃、西藏、河北、山西、山东、江苏、安徽、浙江、福建、台湾、海南、广西、贵州、云南、四川、广东、湖南等省、自治区。

经济价值：木腐菌，可引起木材腐朽。主要危害杨柳科如小青杨、小叶杨、蒙古柳、旱柳、垂柳等树木，故称为杨柳白腐菌。

白囊孔菌（乳白齿菌、白囊耙齿菌） *Irpex lacteus*

生态习性：生于阔叶树的树皮及木材上，往往成片状大量生长。

产地及分布：产于鸡公山保护区各林地及信阳各地。分布于黑龙江、吉林、辽宁、河北、河南、山西、陕西、甘肃、四川、台湾、安徽、江苏、浙江、江西、湖南、贵州、云南、广东、广西、福建、西藏等省、自治区。

经济价值：药用菌。属木腐菌，可致多种树木、木材的边材白腐。常生长在培育香菇、木耳的段木上。被视为"杂菌"。

牛肝菌科 Boletaceae

绒柄松塔牛肝菌 *Strobilomyces floccopus*

生态习性：夏、秋季于阔叶林和针阔叶林地上单生或散生。

产地及分布：产于鸡公山保护区各林地及信阳各地。分布于安徽、江苏、浙江、云南、广西、福建、海南、广东、西藏、河南、吉林、贵州、湖南、甘肃、黑龙江、山东等省、自治区。

经济价值：食、药兼用菌。入药有追风散寒、舒筋活络之功效。其子实体的乙醇提取物对小白鼠艾氏腹水瘤，大白鼠吉田肉瘤均有抑制作用。能与林木形成外生菌根。

松塔牛肝菌（黑麻蛇菌）*Strobilomyces strobilaceus*

生态习性：夏、秋季于阔叶林或混交林地上单生或散生。

产地及分布：产于鸡公山保护区各林地及信阳各地。分布于江苏、安徽、浙江、福建、河南、西藏、甘肃、广东、香港、广西、四川、云南等地。

经济价值：可食用，但有木材气味。抗癌。其子实体的乙醇提取物对小白鼠腹水癌和大白鼠吉田瘤均有抑制作用。往往与栗、松、栎形成外生菌根。

褐绒盖牛肝菌（褐牛肝菌、松毛菌）*Xerocomus badius*

生态习性：夏、秋季于针叶林阔叶林地上群生，有时近丛生或单生。

产地及分布：产于鸡公山保护区各林地及信阳各地。分布于河南、吉林、内蒙古、江苏、安徽、云南、四川、湖南、黑龙江、广东、台湾、西藏等省、自治区。

经济价值：可食用，是欧洲及北美洲一种很普遍的可食牛肝菌。但亦有视之为毒菌者。食后可引起呕吐、腹泻，但将菌管层剥去、晒干后可除去毒性，故采食时需注意。此种是外生菌根菌，与冷杉、云杉、松、栗、栎等树木形成菌根。

红绒盖牛肝菌（金黄牛肝菌）*Xerocomus chrysenteron*

生态习性：夏、秋季多生于混交林下的开阔地，往往见于生有苔藓植物的溪旁，以及被砍伐后的林地周围或路边沙土地。

产地及分布：产于本保护区各林地。分布于河北、江苏、河南、西藏、安徽、广东、福建、湖南、辽宁、贵州、云南、甘肃、陕西等省、自治区。

经济价值：食用菌，肉软、无特殊气味，生尝微甜。味道较好。可做生物农药，杀灭果蝇。与栗、山杨、柳、栎等形成菌根。

茸点绒盖牛肝菌（带点牛肝菌、花盖牛肝）*Xerocomus punctilifer*

生态习性：夏、秋季生长于针阔混交林地上，喜中性和酸性土壤。

产地及分布：产于鸡公山的大茶沟、大深沟、避暑山庄、武胜关、李家寨林区。分布于河南、湖北、安徽、四川、云南等省。

经济价值：食用菌。为树木的外生菌根菌。

亚绒盖牛肝菌（绒盖牛肝）*Xerocomus subtomentosus*

生态习性：夏、秋季于阔叶林或杂交林地中散生。

产地及分布：产于鸡公山的大茶沟、大深沟、避暑山庄、武胜关、烧鸡堂、灵化寺、波尔登森林公园。分布于吉林、福建、海南、广东、浙江、湖南、辽宁、江苏、安徽、台湾、河南、陕西、贵州、云南等省。

经济价值：食用菌。属外生菌根菌，与松、栗、榛、山毛榉、栎、杨、柳、云杉、椴等形成菌根。

红黄褶孔牛肝菌（褶孔菌、褶孔牛肝）*Phylloporus rhodoxantluis*

生态习性：夏、秋季在林地上群生或散生。

产地及分布：产于鸡公山的大茶沟、大深沟、避暑山庄、武胜关、李家寨林区、烧鸡堂、灵化寺、登山古道、波尔登森林公园。分布于河南、江苏、福建、广东、四川、贵州、云南、西藏、海南、香港等地。

经济价值：食用菌。是外生菌根菌。

黄粉牛肝菌（黄肚菌、黄蜡菇、拉氏牛肝菌、拉氏黄粉牛肝菌、黄粉末牛肝菌）*Pulveroboletus raveneli*

生态习性：夏、秋季在林地上单生或群生。

产地及分布：产于鸡公山保护区各林地及信阳各地。分布于吉林、江苏、安徽、广东、广西、四川、河南、云南、贵州、山西、甘肃、陕西、福建、湖南等省、自治区。

经济价值：毒菌。误食后主要引起头晕、恶心、呕吐等症状。毒鱼试验反应敏感，用一定量的新鲜菌体，破碎后投入养鱼水盆中，约半小时鱼全部死亡。入药能祛风散寒，舒筋活络。与马尾松等树木形成外生菌根。

花脚牛肝菌（网柄粉末牛肝菌、网状牛肝菌、黄网柄牛肝菌、荞面菌、黄大巴）*Pulveroboletus retipes*

生态习性：夏、秋季生于针叶林或混交林中地上，单生至群生。

产地及分布：产于本保护区及大别山区的信阳等地。分布于河南、四川、安徽、江苏、云南、吉林、辽宁、西藏、广东等省、自治区。

经济价值：食用菌。该菌肉厚，柄粗，色泽金黄，为美味可口的食用菌之一。不少地区收集并销售。

黏盖牛肝菌（黏盖牛肝、乳牛肝菌）*Suillus bovinus*

生态习性：夏、秋季在松林或其他针叶林地上丛生或群生。

产地及分布：产于鸡公山的大茶沟、大深沟、避暑山庄、武胜关、李家寨林区。分布于河南、安徽、浙江、江西、福建、台湾、湖南、广东、四川、云南等地。

经济价值：食用菌。不少地区收集并销售。该菌实验抗癌。对小白鼠肉瘤 S-180 的抑制率为 90%，对艾氏癌的抑制率为 100%。与栎、松、云杉、桧、马尾松等形成菌根。

橙黄黏盖牛肝菌（黄乳牛肝菌、松黄牛肝菌、荞面菌）*Suillus flavus*

生态习性：夏、秋季在针叶林地上散生或大量群生。

产地及分布：产于鸡公山保护区各林地及信阳各地。分布于河南、黑龙江、吉林、陕西、四川、云南、贵州、西藏等省、自治区。

经济价值：食用菌。生尝有甜味。不少地区收集并销售。树木的外生菌根菌。

点柄黏盖牛肝菌（栗壳牛肝菌、点柄乳牛肝菌、颗粒黏盖牛肝菌、乳汁黏盖牛肝菌、滑鱼肚）*Suillus granulatus*

生态习性：夏、秋季在松林及混交林地上散生、群生或丛生。

产地及分布：产于鸡公山保护区各林地及信阳各地。分布于河北、黑龙江、吉林、辽宁、山东、江苏、安徽、浙江、香港、台湾、河南、广东、广西、贵州、四川、云南、陕西、甘肃、西藏、福建等地。

经济价值：药、食兼用菌。其味道鲜美可口，营养丰富，是著名的食用菌。东北地区曾大量加工出口或制成干品销售。该菌据报道有抗癌作用。对小白鼠肉瘤的抑制率为 80%，对艾氏癌的抑制率为 70%。能治疗大骨节病。与多种树木形成外生菌根。

褐环黏盖牛肝菌（土色牛肝菌、褐环乳牛肝菌、松菌）Suillus luteus

生态习性：夏、秋季于松林或混交林地上单生或群生。

产地及分布：产于鸡公山保护区各林地及信阳各地。分布于黑龙江、辽宁、河北、甘肃、陕西、山东、江苏、湖南、河南、四川、云南、广西、广东等省、自治区。

经济价值：药、食兼用。该菌肉厚味好，回味甜。味甘，性温，主治大骨节病。此菌含有胆碱（choline）及腐胺（putrescine）等生物碱。实验可抗癌，对小白鼠肉瘤 S-180 和艾氏癌的抑制率分别为 90% 和 80%。与落叶松、乔松、云南松、高山松等形成外生菌根。许多地区大量加工干品销售。

琥珀黏盖牛肝菌（黄黏盖牛肝、黄白黏盖牛肝菌、滑肚子菌）Suillus placidus

生态习性：夏、秋季生于针叶林或阔叶混交林地上，群生至丛生。

产地及分布：产于鸡公山保护区各林地及信阳各地。分布于河南、吉林、四川、广东、云南、香港、辽宁、陕西、西藏等地。

经济价值：食用菌。该菌鲜时有毒，用沸水煮一会儿后用清水漂洗干净或晒干之后便可食用，否则食后易引起腹泻。是松等树木的外生菌根菌。

皱盖疣柄牛肝菌（虎皮牛肝）Leccinum rugosiceps

生态习性：夏、秋季在杂木林地上单生或群生。

产地及分布：产于鸡公山的大茶沟、大深沟、避暑山庄、武胜关、李家寨林区。分布于河南、广西、四川、云南、贵州、西藏等省、自治区。

经济价值：食用菌。属外生菌根菌。

褐疣柄牛肝菌（网状牛肝菌、黄网柄牛肝菌、荞面菌）Leccinum scabrum

生态习性：夏、秋季在阔叶林地上单生或散生。

产地及分布：产于鸡公山的大茶沟、大深沟、避暑山庄、武胜关、李家寨林区。分布于河南、黑龙江、吉林、广东、江苏、安徽、浙江、西藏、陕西、新疆、青海、四川、云南、辽宁等省、自治区。

经济价值：食用菌。味道鲜美，菌肉细嫩。许多地区收集并销售。另可与桦、山毛榉、松等形成外生菌根。

亚疣柄牛肝菌（金黄牛肝菌、全黄牛肝菌、单色牛肝菌）Leccinum subglabripes

生态习性：夏、秋季在阔叶林地上群生或散生。

产地及分布：产于鸡公山的大茶沟、大深沟、武胜关、李家寨林区。分布于河南、云南、福建、浙江、湖北、新疆、青海、西藏等省、自治区。

经济价值：食用。是外生菌根菌。

松林小牛肝菌（松林假牛肝菌、带点牛肝菌、花盖牛肝）Boletinus pinetorum

生态习性：夏、秋季于松林地上单生、散生至群生。喜中性和酸性土壤。

产地及分布：产于鸡公山的大茶沟、大深沟、避暑山庄、武胜关、李家寨等地。分布于河南、黑龙江、吉林、福建、湖南、贵州、云南。

经济价值：可食用，但菌盖表面胶黏，常用沸水漂洗或剥去黏滑表皮再食用。菌肉无特殊气味，下品。干品煮肉食。与松树形成菌根。

小条孢牛肝菌（小小牛肝菌、牛头菌）*Boletellus shichianus*

生态习性：夏、秋季生于针阔叶混交林中地上，单生至群生。

产地及分布：产于鸡公山的大茶沟、大深沟、武胜关、李家寨林区。分布于河南、浙江、广东、云南等省。

经济价值：可食用。

褐圆孢牛肝菌（褐空柄牛肝菌、马鼻子菌、栎牛肝菌）*Gyroporus castaneus*

生态习性：夏、秋季在壳斗科林下，松、栎混交林中地上，散生或群生。

产地及分布：产于鸡公山的大茶沟、大深沟、避暑山庄、武胜关、李家寨林区。分布于河南、浙江、云南、吉林、广东、江苏、湖南、西藏等省、自治区。

经济价值：一般认为可食，但在云南地区群众反映有毒，国外有毒性记载。若食用必须开水沸煮 5～10min，去水捞出炒吃。采食时需注意。经实验抗癌，对小白鼠瘤的抑制率为 80％，对艾氏癌的抑制率为 70％。属树木的外生菌根菌。

蓝圆孢牛肝菌（蓝空柄牛肝菌、蓝圆孔牛肝菌、圆孢牛肝菌）*Gyroporus cyanescens*

生态习性：夏、秋季在林地上单生、散生或群生。

产地及分布：产于鸡公山的大茶沟、大深沟、烧鸡堂、波尔登森林公园等地。分布于河南、云南、西藏等省、自治区。

经济价值：食用菌。属树木外生菌根菌，与松、山毛榉、榛等形成菌根。

黑盖粉孢牛肝菌（黑牛肝、茄菇）*Tylopilus alboater*

生态习性：夏、秋季在林中或板栗树下地上单生、群生或丛生。

产地及分布：产于本保护区及大别山区的新县、信阳等地。分布于河南、安徽、福建、四川、广东、广西、海南、云南、贵州、西藏等省、自治区。

经济价值：食用菌。鲜时无特殊气味，生嚼微甜。许多地区收集并销售。此菌是树木的外生菌根菌。

锈盖粉孢牛肝菌（黄盖粉孢牛肝）*Tylopilus ballouii*

生态习性：夏、秋季在针、阔叶混交林地上散生或群生。

产地及分布：产于鸡公山的大茶沟、大深沟、李家寨林区等地。分布于广东、四川、安徽、江苏、云南、香港等地。

经济价值：食用菌。又为树木的外生菌根菌。

紫盖粉孢牛肝菌（羊肝菌、超群粉孢牛肝菌、紫点牛肝菌、黑荞巴、紫牛肝）*Tylopilus eximius*

生态习性：夏、秋季在林地上单生。

产地及分布：产于鸡公山的大茶沟、大深沟、避暑山庄、武胜关、李家寨林区。分布于河南、四川、云南、西藏、贵州等省、自治区。

经济价值：食用菌。该菌肉厚味好，生尝微甜。许多地区收集并销售。为树木的外生菌根菌。

苦粉孢牛肝菌（老苦菌、闹马肝）*Tylopilus felleus*

生态习性：夏、秋季在马尾松或混交林地上单生或群生。

产地及分布：产于鸡公山的大茶沟、大深沟、避暑山庄、武胜关、李家寨林区、烧鸡堂、波尔登森林公园。分布于河南、吉林、河北、山西、江苏、湖南、安徽、福建、四川、云南、广东、海南、台湾等地。

经济价值：此菌味很苦，为毒菌，可毒死兔子和豚鼠。但入药有下泻、滑肠通便等功效。可将其提取液试制农药，杀灭害虫。与松、栎等形成外生菌根。

红盖粉孢牛肝菌（小红帽牛肝菌、红大巴）*Tylopilus roseolus*

生态习性：夏、秋季生于松等树林地上。

产地及分布：产于本保护区及产信阳各山区。分布于云南等省。

经济价值：可食用。此菌属外生菌根菌。

黑牛肝菌（铜色牛肝菌、黑荞巴、煤色牛肝菌）*Boletus aereus*

生态习性：夏、秋季生于松栎混交林下，喜砂质土地，单生。基部泥土微酸性。

产地及分布：产于本保护区及信阳各山区。分布于河南、云南、贵州、广东等省。

经济价值：食用菌，该菌营养丰富、香而可口。菌肉近白色，坚实嫩脆，是较好的食用菌之一。入药有健脾消积、补肾壮骨之功效。许多地区收集并销售。属外生菌根菌。

褐盖牛肝菌（茶褐牛肝菌、黑牛头）*Boletus brunneissimus*

生态习性：夏、秋生于针、阔等混交林地上。

产地及分布：产于鸡公山的大茶沟、大深沟、武胜关、李家寨林区。分布于河南、四川、云南等省。

经济价值：食、药兼用菌，入药有清热解烦、养血和中等功效。此菌为外生菌根菌。

美味牛肝菌（大脚菇、白牛肝菌）*Boletus edulis.*

生态习性：夏、秋季在林地上单生或散生。

产地及分布：产于鸡公山保护区各林地及信阳各地。分布于河南、台湾、黑龙江、四川、贵州、云南、西藏、吉林、甘肃、内蒙古、福建、山西等地。

经济价值：食、药兼用菌。为传统美味优质菌类。牛肝菌营养丰富，菌肉坚脆，色泽洁白，是世界著名的优质食用菌，尤以西欧国家更为推崇喜爱。鲜炒和阴干均宜，美味牛肝菌除了营养丰富、味道鲜美外，还有极高的药用价值。具有清热除烦、追风散寒、养血活血、补虚提神的功效，有较强的抗癌活性和抗流感、预防感冒的作用，可治疗腰腿疼痛、手足麻木和不孕症等。

红柄牛肝菌 *Boletus erythropus*

生态习性：夏、秋季在阔叶林或混交林地上生长。

产地及分布：产于鸡公山的大茶沟、大深沟、避暑山庄、武胜关、李家寨林区。分布于河南、河北、安徽、江苏等省。

经济价值：可食用，但仅在充分炒熟的情况下食用。采食时需注意。对小白鼠肉瘤 S-180 和艾氏癌的抑制率均为 100%。另外属树木的外生菌根菌，可与落叶松、松杉、鹅耳枥、栎、山毛榉、杨等树木形成菌根。

红网牛肝菌（褐黄牛肝菌、见手青、摸青菰）*Boletus luridus*

生态习性：夏、秋季生于阔叶林或混交林地上。

产地及分布：产于鸡公山的大茶沟、大深沟、李家寨林区等。分布于河南、河北、黑龙江、江苏、安徽、河南、甘肃、新疆、四川、广东、云南等省、自治区。

经济价值：此菌有人采食，但有中毒发生。含胃肠道刺激物等毒素。中毒后主要出现神经系统及胃肠道病症。据报道小白鼠实验有毒。与马尾松、鹅耳枥、山毛榉、栎等树木形成菌根。

紫红牛肝菌（变色牛肝） *Boletus purpureus*

生态习性：夏、秋季生于阔叶林地上。

产地及分布：产于鸡公山的大茶沟、大深沟、避暑山庄、武胜关、李家寨林区。分布于河南、河北、江苏、安徽等省。

经济价值：据记载有毒。属树木外生菌根菌，与栎、栗形成菌根。

削脚牛肝菌（红脚牛肝） *Boletus queletii*

生态习性：夏、秋季于林地上群生或丛生。

产地及分布：产于鸡公山的大茶沟、大深沟。分布于河南、河北、吉林、江苏、安徽、福建、四川、西藏、新疆、贵州、云南等省、自治区。

经济价值：食用菌。此菌含有抗癌活性物质，对小白鼠肉瘤 S-180 及艾氏癌的抑制率均为 100%。与杨等树木形成菌根。

朱红牛肝菌（血红牛肝菌、血色牛肝菌、朱红牛肝菌、红见手） *Boletus rubellus*

生态习性：夏、秋季于阔叶等混交林地上群生至丛生。

产地及分布：产于鸡公山的大茶沟、大深沟、武胜关、李家寨林区。分布于河南、吉林、辽宁、广东、四川、云南等省。

经济价位：食用菌。该菌肉肥厚，食味较好，营养丰富，无特殊气味。另外还有清热除烦、养血等药效。与云杉、松、栎等树木形成外生菌根。此菌可抗癌，对小白鼠肉瘤 S-180 和艾氏癌的抑制率分别为 80% 和 90%。

蜡伞科 Hygrophoraceae

鸡油蜡伞（舟蜡伞、鸡油菌状蜡伞） *Hygrophorus cantharellus*

生态习性：夏、秋季在林地上单生或群生。

产地及分布：产于本保护区及信阳各地。分布于河南、黑龙江、江苏、吉林、安徽、西藏、云南、山西、贵州、香港等地。

经济价值：食用菌。此菌属外生菌根菌，与云杉、冷杉等树木形成菌根。

蜡伞 *Hygrophorus ceraceus*

生态习性：夏、秋季于针阔叶林或阔叶林地上群生或丛生。

产地及分布：产于本保护区及信阳各地。分布于河南、安徽、云南、西藏和吉林等省、自治区。

经济价值：食用菌。

变黑蜡伞（锥形蜡伞） *Hygrophorus conicus*

生态习性：夏、秋季在针、阔叶林地上群生。

产地及分布：产于鸡公山的大茶沟、大深沟、避暑山庄、武胜关、李家寨林区。分布于四川、吉林、河北、台湾、云南、西藏、河南、辽宁、黑龙江、福建、广西、湖南、新疆等地。

经济价值：毒菌。中毒后潜伏期较长。发病后剧烈吐泻，类似霍乱，甚至因脱水而休克死亡。因分布广泛，采食时需注意鉴别。另外可产生吲哚乙酸代谢产物。据记载此菌与栎等树木形成外生菌根。

白蜡伞（象牙白蜡伞、黏菰） *Hygrophorus eburneus*

生态习性：夏、秋季于针、阔叶林地上群生至丛生。

产地及分布：产于鸡公山的大茶沟、大深沟、避暑山庄、武胜关、李家寨林区。分布于河南、四川、青海、河北、辽宁、黑龙江、吉林、贵州、云南和西藏等省。

经济价值：食用菌。与栎等树木形成外生菌根。

小红湿伞（朱红蜡伞、小红蜡伞） *Hygrophorus miniatus*

生态习性：夏、秋季生于林缘地上，群生。

产地及分布：产于鸡公山的大茶沟、大深沟等地。分布于河南、吉林、江苏、安徽、广西、广东、台湾、西藏、甘肃、湖南等地。

经济价值：食用菌。味柔和可口。

红湿伞（红紫蜡伞、红蜡伞、茶菌） *Hygrocybe punicea*

生态习性：夏、秋季生于针、阔叶林地上，单生或群生，有时生于竹林地上。

产地及分布：产于本保护区及大别山区的罗山、信阳等地。分布于河南、广西、吉林、云南、四川、西藏等省、自治区。

经济价值：食用菌。味柔和可口，鲜食好，是美味菌之一。

口蘑科 Tricholomataceae

鳞皮扇菇（山葵菌、止血扇菇、鲜皮扇菇菌） *Panellus stypticus*

生态习性：此菌成群生于阔叶树腐木上或树桩上。晚上可发光，或因地区差异而不发光。

产地及分布：产于鸡公山保护区各林地及信阳各地。分布于河南、黑龙江、吉林、河北、山西、内蒙古、福建、广东、广西、香港、台湾、湖南、贵州、云南、青海、西藏、陕西等地。

经济价值：记载有毒，不宜采食。可药用，有调节机体、增进健康、抵抗疾病的作用。其子实体内含有齿孔菌酸（eburicoicacid），可用以合成甾体药物，这种甾体药物可对机体起重要的调节作用。此菌有收敛作用。将子实体制干研成粉末，敷于伤处，治疗外伤出血。另外，对小白鼠肉瘤 S-180 的抑制率为 80%，对艾氏癌的抑制率为 70%。本菌导致树木木质腐朽。

香菇（冬菇、花菇、花蕈、香信、厚菇、椎茸、香蕈、栎菌） *Lentinus edodes*

生态习性：冬、春生长，很少生于夏、秋季。生于阔叶树的倒木上。人工大量栽培。

产地及分布：产于鸡公山保护区各林地。河南省各地有栽培，以泌阳、西峡、信阳等县栽培量为最大。分布于我国东南部热带亚热带地区。北部自然分布到甘肃、陕西、西藏南部。

经济价值：著名食用菌和药用菌。是世界第二大食用菌，也是我国特产之一，在民间素有"山珍"之称。其食用、药用价值均很高。香菇含有抗肿瘤的成分香菇多糖，降低血脂的成分香菇太生，香菇腺嘌呤和腺嘌呤的衍生物，抗病毒的成分干扰素的诱发剂双链核糖核酸是不可多得的保健食品之一。香菇中含不饱和脂肪酸甚高，还含有大量的可转变为维生素 D 的麦角甾醇和菌甾醇，对于增强疾病抵抗力和预防感冒及治疗疾病有良好效果。

红柄香菇（红柄斗菇） *Lentinus haematopus*

生态习性：生于阔叶树腐木上。

产地及分布：产于鸡公山的大茶沟、大深沟等地。分布于河南、吉林、河北、山西、陕西、安徽、浙江、云南、广东等省。

经济价值：食用菌。可引起木材腐朽。

革耳（野生革耳、桦树蘑、木上森、八担柴） *Panus rudis*

生态习性：夏、秋季丛生或群生于柳、桦树的腐木上。

产地及分布：产于鸡公山保护区各林地及信阳各地。分布于河北、黑龙江、吉林、江苏、安徽、浙江、江西、西藏、福建、香港、台湾、河南、湖南、广东、广西、甘肃、四川、贵州等地。

经济价值：食、药兼用菌。幼时可食用。入药可清热解毒、消肿、可治疮毒、敛疮、主疮疡肿痛或溃破、癞疮、杨梅毒疮和无名肝毒等病症。

毛革耳 *Panus setige*

生态习性：夏、秋季生于针阔叶林中枯枝上。

产地及分布：产于鸡公山的大茶沟、大深沟、避暑山庄、武胜关、李家寨林区、烧鸡堂、灵化寺、登山古道、波尔登森林公园。分布于河南、云南、广西、海南、广东、贵州等省、自治区。

经济价值：幼嫩时可食用。

紫革耳（光革耳、贝壳状革耳） *Panus torulosus*

生态习性：夏秋季丛生于柳、杨、栎等阔叶朽木上。

产地及分布：产于鸡公山的大茶沟、大深沟、避暑山庄、武胜关、李家寨林区、波尔登森林公园。分布于河南、陕西、甘肃、云南、西藏等省、自治区。

经济价值：幼时可食。可药用，性温味淡，有追风散寒、舒筋活络之功效。主治腰腿疼痛、手足麻木、筋络不适、四肢抽搐。对小白鼠肉瘤 S-180 和艾氏癌的抑制率均高达100%。是培育香菇、木耳、毛木耳等段木上的杂菌之一。

金顶侧耳（金顶蘑、玉皇蘑） *Pleurotus citrinopileatus*

生态习性：秋季生于榆、栋等阔叶树倒木上。

产地及分布：产于鸡公山的大茶沟、大深沟、李家寨林区。分布于河南、河北、黑龙江、吉林、广东、香港、西藏等地。

经济价值：食用菌。味道比较好。现已人工栽培。此菌可药用，有滋补强壮的功能，治疗肾虚阳痿和痢疾。可引起树木木质腐朽。

白黄侧耳（黄白侧耳） *Pleurotus cornucopiae*

生态习性：春至秋季生于阔叶树的树干上。

产地及分布：河南省各地有栽培。分布于河北、黑龙江、吉林、山东、江苏、四川、安徽、江西、河南、广西、新疆、云南等省、自治区。

经济价值：食用菌。是一种人工大量栽培的食用菌，同时可用菌丝体发酵培养。此菌经实验可抗癌，对小白鼠肉瘤的抑制率为 60%～80%，对艾氏癌的抑制率为 60%～70%。

裂皮侧耳 *Pleurotus corticatus*

生态习性：秋季单生至丛生于杨树的腐木上。

产地及分布：产于鸡公山的大茶沟、大深沟、避暑山庄、武胜关、李家寨林区。分布于

河南、黑龙江、吉林、河北、新疆等省、自治区。

经济价值：幼嫩时可食用，老后近木质而不宜食用。药用可治肺气肿。可引起树木木质腐朽。

侧耳（平菇、北风菌、青蘑、桐子菌、糙皮侧耳、杨树菇、冻菇） *Pleurotus ostreatus*

生态习性：冬、春季在阔叶树腐木上覆瓦状丛生。信阳以杨树上生长最多。

产地及分布：产于鸡公山保护区各林地及信阳各地。河南省均有栽培。分布于河北、内蒙古、黑龙江、吉林、辽宁、江苏、台湾、河南、福建、新疆、西藏等地。

经济价值：重要栽培食用菌之一，味道鲜美。含有 8 种人体必需的氨基酸，即异亮氨酸、亮氨酸、赖氨酸、色氨酸、苯丙氨酸、苏氨酸、缬氨酸、甲硫氨酸等。另含有较丰富的维生素 B_1、维生素 B_2 和维生素 PP，还含有草酸等。抗癌实验表明，子实体水提取液对小白鼠肉瘤 S-180 的抑制率是 75％，对艾氏癌的抑制率为 60％。作为中药用于治腰酸腿疼痛、手足麻木、筋络不适。此菌属重要的木腐菌，使被浸害木质部分形成丝片白色腐朽。河南 20 世纪 60 年代末最早使用棉子壳进行商业性栽培，获得成功。

贝形圆孢侧耳（贝形侧耳） *Pleurotus porrigens*

生态习性：夏、秋季在针叶树等倒腐木上，单生、群生、多丛生或叠生。

产地及分布：河南有栽培。分布于河南、福建、云南、西藏、海南、北京、甘肃、广东等省、市、自治区。

经济价值：食用菌。属木腐菌。

肺形侧耳 *Pleurotus pulmonarius*

生态习性：夏、秋季生于阔叶树的倒木、枯树干或木桩上，多丛生。

产地及分布：河南有栽培。分布于西藏、河南、广西、陕西、广东、新疆等省、自治区。

经济价值：食用菌。味道比较好，已有人工栽培。属木腐菌。

紫孢侧耳（美味侧耳、冻菌、美味北风菌、美味平菇） *Pleurotus sapidus*

生态习性：阔叶树的立木腐朽处、朽干及朽树桩上覆瓦状丛生。

产地及分布：产于鸡公山保护区各林地及信阳各地河南省各地有栽培。分布于吉林、河北、河南、陕西、新疆、安徽、江苏、浙江、江西、云南、湖南、贵州、广西、海南等省、自治区。

经济价值：可食，味美，著名食用菌。药用，是制"舒筋丸"原料之一，可治疗腰腿疼痛、手足麻木等，并可抗癌。

长柄侧耳（灰白侧耳） *Pleurotus spodoleucus*

生态习性：秋季于阔叶树枯干上丛生。已人工栽培。

产地及分布：产于鸡公山的大茶沟、大深沟、武胜关林区。分布于河南、吉林、云南、西藏等省、自治区。

经济价值：食用菌。据实验可抗癌，子实体的水提取液对小白鼠肿瘤的抑制率为 2％。此菌侵害山杨、白桦的树木、倒木、伐木等，形成白色腐朽。

勺状亚侧耳（花瓣亚侧耳） *Hohenbuehelia petaloides*

生态习性：夏季于枯腐木上或埋于地下的腐木上生出，群生或近丛生。

产地及分布：产于鸡公山的大茶沟、大深沟等地。分布于河北、吉林、河南、广东、西藏等省、自治区。

经济价值：食用菌。

亚侧耳（冬蘑、元蘑、黄蘑）*Hohenbuehelia serotina*

生态习性：秋季生于桦树或其他阔叶树的腐木上，覆瓦状丛生。

产地及分布：产于鸡公山的大茶沟、大深沟、避暑山庄等地。分布于河南、河北、黑龙江、吉林、山西、广西、陕西、四川、西藏等省、自治区。

经济价值：可食用，属美味食用菌。此菌有抗癌作用。抗癌实验表明，对小白鼠肉瘤 S-180 的抑制率是 70%，对艾氏癌的抑制率为 70%。国内已有栽培，还可利用菌丝体进行深层发酵培养。此菌属木腐菌，使榆、桦等倒木、立木木材腐朽。

亚白杯伞（碗杯伞、亚白杯蕈）*Clitocybe catina*

生态习性：秋季散生至群生于混交林中的落叶层上。

产地及分布：产于本保护区及信阳、新县等山地。分布于河南、河北、吉林、安徽等省。

经济价值：可食用。

圆孢赭杯伞（卷边杯伞、倒垂杯伞）*Clitocybe inversa*

生态习性：夏、秋季散生或丛生于阔叶林地上。

产地及分布：产于鸡公山的大茶沟、大深沟、避暑山庄、武胜关、李家寨林区、烧鸡堂、登山古道、波尔登森林公园等地。分布于河南、吉林、西藏、新疆等省、自治区。

经济价值：食用菌。味可口，为群众喜爱的食用菌之一。

漏斗杯伞（杯蕈、杯伞、唢呐菌、漏斗形杯伞）*Clitocybe infundibuliformis*

生态习性：秋季单生或群生于林中地上或腐落叶层、草地上。

产地及分布：产于鸡公山的大茶沟、大深沟、避暑山庄、武胜关、李家寨林区。分布于河南、河北、黑龙江、吉林、陕西、山西、甘肃、西藏、青海、新疆、四川等省、自治区。

经济价值：食用菌。野生量大，便于收集加工。味道尚好，是群众常食的菌类之一。该菌实验抗癌，对小白鼠肉瘤 S-180 的抑制率为 70%，对艾氏癌的抑制率为 80%。

大杯伞（大漏斗菇、大喇叭菌、笋菇、猪肚菇）*Clitocybe maxim*

生态习性：夏、秋季在林地上或腐枝落叶层群生或近丛生。

产地及分布：产于本保护区及信阳、新县等地。分布于河南、吉林、河北、山西、黑龙江、青海等省。

经济价值：食用菌。其风味独特，有竹笋般的清脆、猪肚般的滑腻，因而被称为"笋菇"和"猪肚菇"。

赭杯伞（赭杯蕈、黄唢呐菌）*Clitocybe sinopica*

生态习性：夏、秋季在林地上单生或散生。

产地及分布：产于鸡公山的大茶沟、大深沟、避暑山庄、武胜关、李家寨林区。分布于河南、云南、吉林、新疆、安徽、贵州、湖北、西藏等省、自治区。

经济价值：食用菌。味道一般。

皱盖囊皮菌（皱皮蜜环菌）*Armillariella armianthina*

生态习性：夏、秋季于针叶林中单生或散生，有时丛生。

产地及分布：产于鸡公山的大茶沟、大深沟、烧鸡堂、波尔登森林公园等地。分布于吉林、辽宁、云南、河南、山西、甘肃、四川、西藏、黑龙江等省、自治区。

经济价值：可食用。

蜜环菌（榛蘑、蜜蘑、蜜环蕈、根索菌、根腐菌、栎蕈）*Armillariella mellea*

生态习性：夏、秋季在针叶或阔叶树等多种树的树干基部、根部或倒木上丛生。菌丝体或菌丝索能在不良的环境条件下或在生长后期发生适应性变态。能在暗处发荧光。

产地及分布：产于鸡公山保护区各林地及信阳各地。河南省各地均产。分布于全国各省区。

经济价值：食、药兼用菌。蜜环菌是天麻不可缺少的互惠共生菌。天麻必须依靠蜜环菌提供营养才能生长。经常食用蜜环菌子实体，可以预防视力失常、眼炎、夜盲、皮肤干燥、黏膜失去分泌能力，并可抵抗某些呼吸道和消化道感染的疾病。入药治腰腿疼、佝偻病、癫痫。可增强对某些呼吸道及消化道传染病的抵抗力。蜜环菌多糖还具有抗肿瘤的活性。临床上有蜜环菌片、蜜环菌冲剂、蜜环菌糖浆等。此菌属木腐菌，使森林树木木材腐朽。

假蜜环菌（发光假密环菌、亮菌、树秋、青杠菌、青杠菌、易逝杯伞）*Annillariella tabescens*

生态习性：夏、秋季在树干基部或根部丛生。

产地及分布：产于鸡公山保护区各林地及信阳各地。河南省均产。分布于河北、山西、内蒙古、黑龙江、吉林、江苏、安徽、浙江、福建、河南、广西、甘肃、云南等省、自治区。

经济价值：食、药兼用菌，味道好。采用液体深层发酵培养，从培养物中提取到一种香豆素化合物——假蜜环菌甲素，制成注射剂能抗菌消炎，主治胆囊炎、肝炎。实验抗癌，对小白鼠肉瘤 S-180 的抑制率为 70%，对艾氏癌的抑制率为 70%。可引起梨、桃等多种树木发生根腐病。

钟形铦囊蘑（舌蘑）*Melanoleuca exscissa*

生态习性：夏、秋季生于林缘地上、草地上，常单生或散生至丛生。

产地及分布：产于本保护区及豫南各山区。分布于河南、河北、青海、四川、江苏、甘肃、山西、西藏等省、自治区。

经济价值：可食用，干后气味香。是一种味道鲜、质地好、气味香的野生食用菌。

条柄铦囊蘑（条纹铦囊蘑）*Melanoleuca grammopodia*

生态习性：夏、秋季在林中空地或林缘草地上群生。

产地及分布：产于鸡公山的大茶沟、大深沟、武胜关、李家寨林区。分布于河南、黑龙江、西藏、山西等省、自治区。

经济价值：食用菌。味道鲜、质地好、气味香。子实体大，产量多，便于收集加工。

黑白铦囊蘑（铦囊蘑）*Melanoleuca melaleuca*

生态习性：春、秋季在林地上单生或群生。

产地及分布：产于本保护区及信阳、豫南等山区。分布于河南、黑龙江、四川、西藏、新疆、山西等省、自治区。

经济价值：食用菌。是一种味道鲜、质地好、气味香的野生食用菌。

鳞盖口蘑（鳞皮蘑、叠生口蘑）*Tricholoma imbricatum*

生态习性：夏、秋季群生于混交林下或杂木林下。

产地及分布：产于鸡公山保护区各林地及信阳、新县等山林地。分布于河南、青海、四川、西藏、甘肃、陕西、云南等省、自治区。

经济价值：食用菌。此菌属外生菌根菌。

紫皮口蘑 *Tricholoma ionides*

生态习性：秋季生于针阔叶林地上。

产地及分布：产于鸡公山的大茶沟、大深沟、避暑山庄、武胜关、李家寨林区。分布于河南、安徽、浙江、山西、四川等省。

经济价值：可食用。

锈色口蘑（锈口蘑、锈蘑）*Tricholoma pessundatum*

生态习性：夏、秋季在针叶或阔叶林地上成群生长，有时丛生。

产地及分布：产于鸡公山的大茶沟、大深沟、避暑山庄、武胜关、李家寨林区。分布于河南、云南、四川、西藏、陕西等省、自治区。

经济价值：食用菌。但此菌味略苦，经水煮浸泡后可食用，但也有记载有毒。此菌是树木的外生菌根菌。与云杉、松等树木形成菌根。

棕灰口蘑（灰蘑、土色口蘑、白荞面菌、小灰蘑）*Tricholoma terreum*

生态习性：夏、秋季在松林或混交林地上群生或散生。

产地及分布：产于鸡公山保护区各林地及信阳各地。分布于河北、黑龙江、山西、江苏、河南、甘肃、辽宁、青海、湖南等省。

经济价值：食用菌。味道较好，此种食用菌在东北及华北地区的松林中大量生长。群众喜欢采食，并收集加工、盐渍出口。与松、云杉、山毛榉等多种树木形成外生菌根。

紫晶口蘑（花脸香蘑、紫晶香蘑、丁香蘑、花脸蘑）*Lepista sordida*

生态习性：夏、秋季于林缘、草地、路旁、堆肥等处群生或近丛生。

产地及分布：产于鸡公山保护区各林地及信阳各地。分布于河南、四川、青海、江苏、甘肃、台湾、新疆、黑龙江、辽宁、吉林等地。

经济价值：此种气味浓香，味道鲜美，为优良食用菌。因盖缘具水浸状花纹，故叫花脸蘑。已开始进行人工栽培实验，有希望成为一种有前途的栽培食用菌。

宽褶拟口蘑（宽褶小奥德蘑、宽褶菇、宽褶金钱菌）*Tricholomopsis platyphylla*

生态习性：夏、秋季生于腐木上或土中腐木上，单生或近丛生，也生于林地上。

产地及分布：产于鸡公山保护区各林地及信阳各地。分布于河南、黑龙江、江苏、浙江、福建、山西、四川、青海、西藏、云南等省、自治区。

经济价值：食用菌。此种菌肉细嫩，软滑，味道鲜美。但亦有报道食后会引起恶心、呕吐、四肢肌肉疼痛、痉挛等中毒症状。据实验有抗癌作用，对小白鼠肉瘤 S-180 的抑制率为 80%，对艾氏癌的抑制率为 90%。

毛长根小奥德蘑（毛长根菌、毛金钱菌）*Oudemansiella longipes*

生态习性：夏、秋季于林中阴湿处单生或群生，其假根着生于土中的枯腐木与树根上。

产地及分布：产于本保护区及新县等地。分布于河南、四川、云南、福建、江苏、吉林、浙江、安徽和贵州等省。

经济价值：食用菌。

白环黏奥德蘑（黏蘑、霉状小奥德蘑、白环蕈、白黏蜜环菌）*Oudemansiella mucida*

生态习性：夏、秋季生在树桩或倒木、腐木上，群生或近丛生，有时单生。

产地及分布：产于鸡公山的大茶沟、大深沟、避暑山庄、武胜关、李家寨林区、烧鸡堂、灵化寺、登山古道、波尔登森林公园。分布于河南、河北、山西、黑龙江、福建、广西、陕西、云南、西藏等省、自治区。

经济价值：食用菌，但味道较差，并带有腥味。此菌可产生黏蘑菌素（mucidin），对真菌有拮抗作用。子实体提取物对小白鼠肉瘤 S-180 的抑制率为 80%，对艾氏癌的抑制率为 90%。属阔叶树木的腐朽菌。在树桩或倒木、腐木上群生或近丛生，有时单生。引起木材腐朽。

长根奥德蘑（长根金钱菌、长根菇）*Oudemansiella radicata*

生态习性：夏、秋季在阔叶林地上单生或群生，其假根着生在地下腐木上。

产地及分布：产于鸡公山保护区各林地及信阳各地。分布于河北、吉林、江苏、安徽、浙江、福建、河南、海南、广西、甘肃、四川、云南、西藏等省、自治区。

经济价值：食、药兼用菌，肉细嫩、软滑，味鲜美。可人工栽培。含有蛋白质、氨基酸、碳水化合物、维生素、微量元素等多种营养成分。发酵液及子实体中含有长根菇素（小奥德蘑酮 oudsernone），有降血压作用。另经实验可抗癌，对小白鼠肉癌 S-180 和艾氏癌均有抑制作用。

鳞柄长根奥德蘑 *Oudemansiella radicata* var. *furfuracea*

生态习性：夏、秋季于阔叶或针、阔叶林中阴湿处地上单生或群生，其假根着生在土中枯腐木或树根上。

产地及分布：产于鸡公山保护区各林地。分布于河北、河南、安徽、湖北等省。

经济价值：可食用。

红汁小菇（血红小菇、红紫柄小菇）*Nlycena haematopus*

生态习性：夏、秋季在林内枯枝落叶层或腐朽木上丛生、群生或散生。

产地及分布：产于鸡公山的大茶沟、大深沟、避暑山庄、武胜关、李家寨、波尔登森林公园等。分布于吉林、甘肃、西藏、河南等省、自治区。

经济价值：记载可食用。但子实体小，食用价值不大。经实验可抗癌，对小白鼠肉瘤 S-180 和艾氏癌的抑制率均为 100%。

毛柄金钱菌（金针菇、毛柄小火菇、构菌、朴菇、冬菇、朴菰、冻菌）*Flammulina velutipes*

生态习性：早春、晚秋至初冬季节，在阔叶树的腐木桩上或根部丛生。

产地及分布：产于鸡公山保护区各林地及信阳各地。河南省各地有栽培。分布于全国各省区。

经济价值：食、药兼用菌。肉质细嫩脆滑，味鲜宜人，营养丰富，人工栽培较广泛。子实体含蛋白、脂肪及维生素 B_1、维生素 B_{12}、维生素 C、维生素 PP，并含有精氨酸，可补肝、益肠胃、抗癌；主治肝病、胃肠道炎症、溃疡、癌瘤等病症；益智。属重要的野生食用菌。

黄绒干蘑（绒毛小奥德蘑、长柄小奥德蘑、毛长根菌、毛金钱菌）*Xerula pudens*

生态习性：夏、秋季在林地上单生，其假根部分着生于土中腐木上。

产地及分布：产于本保护区及大别山区商城、信阳等地。分布于河南、甘肃、陕西、四川、福建、海南、云南、广东、广西等省、自治区。

经济价值：食用菌，味道比较好。

紫晶蜡蘑（紫蜡蘑、假花脸蘑、紫皮条菌）*Laccaria amethystea*

生态习性：夏、秋季在林地上单生或群生，有时近丛生。

产地及分布：产于鸡公山的大茶沟、大深沟、避暑山庄、武胜关、李家寨林区及新县、商城等地。分布于广西、四川、西藏、山西、甘肃、陕西、河南、云南等省、自治区。

经济价值：食用菌，虽然可食，但由于肉薄、体形小，又近革质，故食用欠佳。据实验有抗癌作用，对小白鼠肉瘤 S-180 和艾氏癌的抑制率均为 60%。此种又是树木的外生菌根菌，与红松、云杉、冷杉形成菌根。

小白脐菇（小白脐伞）*Omphalia gracillima*

生态习性：夏、秋季于林中枯枝落叶上群生。

产地及分布：产于鸡公山的大茶沟、大深沟、武胜关、李家寨林区。分布于河南、四川、云南、广东、海南、福建等省。

经济价值：分布面广，可达高山地带，是研究菌物地理多样性的范例种。

雷丸（雷实、竹苓、竹铃芝）*Omphalia lapidescens*

生态习性：生于竹林中竹根上或者竹兜下面。有时也生于鱼藤、泡桐等树下面。

产地及分布：产于鸡公山的大茶沟、大深沟及新县、商城等山地。分布于河南、安徽、浙江、福建、四川、湖南、湖北、广西、陕西、甘肃、云南等省、自治区。

经济价值：药用菌。其性寒、味苦、有小毒，《神农本草》记载"杀三虫，逐毒气，胃中热，除小儿百病"，故有消积、杀虫、除热功效。本菌是驱除人畜绦虫的特效药物。也用来治疗蛔虫、烧虫、血吸虫病等。据记载雷丸的主要成分雷丸素（proteolyticenzvme），是一种蛋白酶，对钩绦虫、无钩绦虫及微小膜壳绦虫均有效。此酶对小白鼠肉瘤 S-180 亦有抑制作用。对水蛭和蚯蚓有较显著的杀虫作用。

白亚脐菇（亚脐菇、白脐伞）*Omphalina subpellucida*

生态习性：夏、秋季丛生于竹林腐竹桩上或林中倒木上。

产地及分布：产于鸡公山的大茶沟、大深沟、武胜关、李家寨等林区。分布于河南、河北、广西、吉林、四川、西藏和云南等省、自治区。

经济价值：分解腐木落叶。

灰离褶伞（块根蘑）*Lyophyllum cinerascens*

生态习性：秋季在林地上群生。

产地及分布：产于鸡公山的大茶沟、大深沟、武胜关、李家寨林区。分布于黑龙江、吉林、河南、青海、云南、西藏等省、自治区。

经济价值：此种菌肉肥厚，味道鲜美，属优良食菌，已作为筛选驯化、人工栽培的食菌。该菌实验抗癌，对小白鼠肉瘤 180 的抑制率为 80%，对艾氏癌的抑制率为 90%。

黄干脐菇（钟形脐菇、铃形干脐蘑、钟形干脐菇）*Xeromphalina campanella*

生态习性：夏、秋季在林中腐朽木桩上大量群生或丛生。

产地及分布：产于鸡公山的大茶沟、大深沟、避暑山庄、武胜关、李家寨林区。分布于河南、西藏、甘肃、新疆、黑龙江、辽宁、吉林、山西、江苏、福建、台湾、广西、四川、云南等地。

经济价值：可食用。据报道经实验有抗癌作用，对小白鼠肉瘤 S-180 的抑制率为 70%，对艾氏癌的抑制率为 70%。阔叶树的外生菌根菌。

安络小皮伞（鬼毛针、茶褐小皮伞、质盖小皮伞、树头发）*Marasmius androsaceus*

生态习性：春、夏季生于阔叶林或针阔叶混交林中比较阴湿的林内枯枝、腐木、落叶上，或生于竹林枯竹枝上，菌盖易脱落，一般常见的为菌索。

产地及分布：产于鸡公山的大茶沟、大深沟。分布于河南、福建、湖南、云南、吉林等省。

经济价值：可食用。著名药用菌。味微苦，具有止痛、消炎等功效。国内已研制出"安络痛"药物，治疗跌打损伤、三叉神经痛、偏头痛、眶上神经痛、骨折疼痛、麻风性神经痛、坐骨神经痛及风湿性关节炎。

脐顶小皮伞（脐顶皮伞、皮伞）*Marasmius chordalis*

生态习性：夏季在针阔叶林中腐叶层上成群生长。

产地及分布：产于鸡公山的大茶沟、武胜关、李家寨林区。分布于河南、河北、广东、福建等省。

经济价值：可食。药用为制"舒筋丸"原料。

绒柄小皮伞（毛柄皮伞、毛柄金钱菌、长腿皮伞）*Marasmius confuens*

生态习性：夏、秋季生于林中落叶层上，群生或近丛生。

产地及分布：本保护区大多林地。分布于河南、黑龙江、吉林、河北、山西、广东、甘肃、青海、四川、云南、陕西、江苏、安徽、西藏等省、自治区。

经济价值：可食用。

嗜栎小皮伞（密褶皮伞、栎小皮伞、嗜栎金钱菌）*Marasmius dryophilus*

生态习性：一般在阔叶林或针叶林地上成丛或成群生长。

产地及分布：产于鸡公山的大茶沟、大深沟、武胜关、李家寨林区。分布于河北、河南、内蒙古、山西、吉林、陕西、甘肃、青海、安徽、广东、云南、西藏等省、自治区。

经济价值：一般认为可食，但有人认为含有胃肠道刺激物，食后会引起中毒，故采食时要注意。

红柄小皮伞（红柄皮伞）*Marasmius erythropus*

生态习性：散生至群生于油松、华山松、黄山松等针叶林及混交林下落叶层上。

产地及分布：产于鸡公山的大茶沟、大深沟、避暑山庄、武胜关、李家寨林区。分布于吉林、河南、江苏、台湾、云南、西藏等地。

经济价值：食用菌。

紫红小皮伞（紫红皮伞）*Marasmius haematocephalus*

生态习性：夏、秋季生于针、阔叶混交林及阔叶林中枯枝落叶上。

产地及分布：产于鸡公山的大茶沟、大深沟林区。分布于河南、贵州、江苏、浙江、湖南。

经济价值：可食用。

硬柄小皮伞（硬柄皮伞、仙环小皮伞）*Marasmius oreades*

生态习性：夏、秋季在草地上群生并形成蘑菇圈，有时生于林地上。

产地及分布：产于鸡公山的大茶沟、大深沟、避暑山庄、武胜关、李家寨林区。分布于河南、河北、山西、青海、四川、西藏、湖南、内蒙古、福建、贵州、甘肃、香港、安徽等省、自治区。

经济价值：食用菌，味鲜。入药有祛风散寒、舒筋活血之功效。可治腰腿疼痛，手足麻木、筋络不适等。是著名的可形成蘑菇圈的种类。可与松树形成外生菌根。

枝干小皮伞（枝生小皮伞、枝干微皮伞）*Marasmius ramealis*

生态习性：秋季在枯枝或草本植物茎上生长。

产地及分布：产于鸡公山的大茶沟、大深沟、武胜关、李家寨林区。分布于河南、湖南、云南、西藏等省、自治区。

经济价值：可食用。另外，此菌产生小皮伞素（marasin），对分枝杆菌有拮抗作用。对小白鼠肉瘤 S-180 和艾氏癌的抑制率分别为 100％和 90％。

琥珀小皮伞（干小皮伞）*Marasmius siccus*

生态习性：夏、秋季于林中落叶层上群生或单生。

产地及分布：产于鸡公山的大茶沟、大深沟、避暑山庄、武胜关、李家寨林区。分布于四川、吉林、河北、山西、陕西、甘肃、青海、江苏、贵州、广西、江西、黑龙江、辽宁、河南、西藏、山东等省、自治区。

经济价值：分解落叶。

赤褶菇科 Rhodophyllaceae

斜盖粉褶菌（角孢斜盖伞、角孢斜顶蕈）*Rhodophyllus abortivus*

生态习性：秋季在林地上近丛生、群生或单生。

产地及分布：产于鸡公山的大茶沟、大深沟、避暑山庄、武胜关、李家寨林区。分布于河南、云南、吉林、河北、四川、陕西等省。

经济价值：食用菌，味道鲜美。有时子实体畸形，只形成球形或半球形的菌丝块，其直径 2～8cm，污白色至污黄色，变松软，内部白色，具香气味，可以食用。其子实体或菌丝体的提取物对小白鼠肉瘤 S-180 及艾氏癌的抑制率均为 90％。

晶盖粉褶菌（豆菌、红质赤褶菇）*Rhodophyllus clypeatus*

生态习性：夏、秋季在混交林地上群生或散生。

产地及分布：产于鸡公山的大茶沟、大深沟、李家寨林区。分布于河南、河北、黑龙江、吉林、青海、四川等省。

经济价值：可食用。据实验对小白鼠肉瘤 S-180 的抑制率为 100％，对艾氏癌的抑制率为 100％。与李、山楂等树木形成外生菌根。

暗蓝粉褶菌（小蓝伞）*Rhodophyllus lazulinu*

生态习性：秋季生于草地、灌丛等林地上，散生或单生。

产地及分布：产于鸡公山的大茶沟、大深沟林区。分布于河南、香港、广西等地。

经济价值：记载有毒。

毒粉褶菌（土生红褶菌、粉褶菇）*Rhodophyllus sinuatus*

生态习性：夏、秋季在混交林地往往大量成群或成丛生长，有时单个生长。

产地及分布：产于鸡公山的大茶沟、大深沟、李家寨林区。分布于吉林、四川、云南、江苏、安徽、台湾、河南、河北、甘肃、广东、黑龙江等地。

经济价值：极毒菌。此菌中毒后，潜伏期 0.5～6h。发病后出现强烈恶心、呕吐、腹痛、腹泻、心跳减慢、呼吸困难、尿中带血等症状，严重者可死亡。据实验可抗癌，对小白鼠肉瘤 S-180 的抑制率为 100％，对艾氏癌的抑制率为 100％。与栎、山毛榉、鹅耳枥等树木形成菌根。

丛生斜盖伞（斜顶蕈、密簇斜盖伞）*Clitopilus caespitosus*

生态习性：夏、秋季在林地上丛生。

产地及分布：产于鸡公山的大茶沟、大深沟、武胜关、李家寨林区。分布于河南、河北、山西、黑龙江、吉林、内蒙古、江苏等省、自治区。

经济价值：可食用，味鲜美，属优良食用菌

鹅膏菌科 Amanitaceae

鸡枞菌（伞把菇、鸡肉丝菇、豆鸡菇、白蚁菰、白蚁伞、黄鸡枞） *Termitomyces eurrhizu*

生态习性：夏、秋季在山地、草坡、田野或林沿地上单生或群生，其假根与地下白蚁窝相连。

产地及分布：产于本保护区及大别山区的信阳、新县、商城等地。分布于河南、江苏、福建、台湾、广东、广西、海南、四川、贵州、云南、西藏、浙江等地。

经济价值：食、药兼用菌。著名的野生食用菌之一。菌肉细嫩，气味浓香，味道鲜美。入药味甘，性寒益胃，清神，主治痔疮。含有麦角留醇和 16 种氨基酸及维生素 C。现代医学研究发现，鸡枞菌中含有治疗糖尿病的有效成分，对降低血糖有明显的效果。

小果鸡枞（小白蚁伞、白蚁伞、斗蓬鸡） *Termitomyces microcarpus*

生态习性：夏季生于近白蚁巢的外围土中，菌柄不直接与蚁巢相连，群生或近丛生于阔叶林地上。

产地及分布：产于鸡公山的大茶沟、大深沟、避暑山庄、武胜关、李家寨林区及信阳郊区、商城等地。分布于河南、云南、福建、贵州、四川等省。

经济价值：食用菌。味美。

片鳞鹅膏菌（片鳞托柄菇、平缘托柄菇） *Amanita agglttttinata*

生态习性：夏、秋季多在阔叶林地上分散或单个生长。

产地及分布：产于本保护区的各林地。分布于河南、吉林、河北、江苏、安徽、湖南、湖北、四川、云南、西藏等省、自治区。

经济价值：毒菌。据报道含有毒肽（phallotoxins）类毒素及毒蝇碱（muscarine）等。此菌可药用，制成"舒筋丸"治腰腿疼痛，手足麻木、筋骨不适，四肢抽搐。此种有毒，且不可单独入药。本菌是树木的外生菌根菌，与栎、栗等形成外生菌根。

橙红鹅膏菌（小橙红鹅膏、橙红毒伞） *Amanita bingensi*

生态习性：夏季生于阔叶林或混交林下。

产地及分布：产于鸡公山的大茶沟、大深沟、武胜关林区。分布于河南、云南、广东等地。

经济价值：毒菌。食后引起胃肠道反应，中毒严重时可致死。其毒素不明。属树木的外生菌根菌。

橙盖鹅膏菌（黄罗伞、黄鹅蛋菌、凯撒蘑菇、鸡蛋黄蘑、橙盖伞） *Amanita caesarea*

生态习性：夏季或秋季单生至散生或群生于针叶林、混交林或阔叶林地上。

产地及分布：产于鸡公山保护区的各林地。分布于河北、内蒙古、黑龙江、江苏、安徽、福建、湖北、河南、四川、云南、广东、西藏等省、自治区。

经济价值：著名食用菌。其子实体乙醇提取物对小白鼠肉瘤 S-180 有抑制作用。此菌是树木的外生菌根菌，与云杉、冷杉、山毛榉、栎等树木形成菌根。

白橙盖鹅膏菌（橙盖伞白色变种白橙盖伞） *Amanita caesarea*

生态习性：夏、秋季在林地上单生、散生或群生。

产地及分布：产于鸡公山的大茶沟、大深沟、避暑山庄、武胜关、李家寨林区。分布于

河南、黑龙江、江苏、福建、安徽、四川、云南、西藏等省、自治区。

经济价值：食用菌，味道较好。形态、颜色与剧毒的白毒伞（*Amanita verna*）比较相似，主要区别是后者子实体较细弱，菌盖边缘无条纹，菌托及孢子均较小。采食时要特别注意。另外，该菌是树木的外生菌根菌。

圈托鹅膏菌（金疣鹅膏、圈托柄菇、灰圈托柄菇） *Amanita ceciliae*

生态习性：夏、秋季在林地上单生或散生。

产地及分布：产于鸡公山的大茶沟、大深沟、避暑山庄、武胜关、李家寨及新县等地。分布于河南、河北、吉林、安徽、江苏、福建、云南、海南、广东、西藏、四川等省、自治区。

经济价值：食、药兼用菌。入药能抗湿疹。与松、杉等树木形成外生菌根。

橙黄鹅膏菌（柠檬黄伞、淡黄毒伞、黄臭伞） *Amanita citrina*

生态习性：夏、秋季在林地上单生或散生。

产地及分布：产于鸡公山的大茶沟、大深沟、李家寨等林区。分布于河南、吉林、江苏、云南、西藏等省、自治区。

经济价值：菌肉具臭味。有人认为无毒可食，而有人认为有剧毒。一般认为含有蟾蜍素及相关化合物，可使视力紊乱或产生彩色幻视。另外有的认为毒素是毒蝇母、麦斯卡松、腊子树酸等。橙黄鹅膏菌和褐云斑伞是否有毒，曾引起科学家们的争论，国内未报道中毒，但采食蘑菇时需加注意。另记载此菌还产生 5-羟色胺（serotonin）及 *N*-甲基-5-羟色胺（*N*-methyl-serotonin）。此菌是树木外生菌根菌，与云杉、冷杉、松、栎等形成菌根。

块鳞青鹅膏菌（青鹅膏、高鹅膏、块鳞青毒伞） *Amanita excelsa*

生态习性：常在阔叶林地上单个生长。

产地及分布：产于鸡公山的大茶沟、大深沟、避暑山庄、武胜关、李家寨林区。分布于河南、江苏、四川、广东、云南等省。

经济价值：据记载极毒，毒素不明。毒性与豹斑鹅膏菌相似。误食后，除有肠胃炎型症状外，主要出现神经精神型症状。其提取液可用于杀灭昆虫。此菌为树木的外生菌根菌，与云杉、松等形成外生菌根。

小托柄鹅膏菌（小托柄菇、粉盖拟鹅膏） *Amanita farinosa*

生态习性：夏季和秋季单生或群生于松树、杂木树下。

产地及分布：产于鸡公山的大茶沟、大深沟、避暑山庄、武胜关、李家寨林区。分布于河南、江苏、浙江、安徽、福建、湖南、广东、香港、云南、贵州、西藏等地。

经济价值：毒菌，但毒素不清。此菌是树木的外生菌根菌，能与马尾松、栋等形成外生菌根。

赤褐鹅膏菌（赤褐托柄菇、鹅毛冠、褐托柄菇） *Amanita fulva*

生态习性：夏季和秋季单生或散生于阔叶林、针叶林或混交林下。

产地及分布：产于鸡公山的大茶沟、武胜关、李家寨林区。分布于河南、黑龙江、江苏、安徽、福建、海南、西藏、广西、云南、四川、甘肃等省、自治区。

经济价值：食用菌，味道较好。另外，与栎、栗等树木形成外生菌根。

黄盖鹅膏菌（白柄黄盖鹅膏、黄盖毒伞、黄盖伞） *Amanita gemmata*

生态习性：夏、秋季在针、阔混交林地上单独生长或成群生长。

产地及分布：产于鸡公山的大茶沟、大深沟、避暑山庄、武胜关、李家寨林区。分布于

河南、云南、西藏、安徽、江苏、浙江、福建、广东、广西、四川、海南等省、自治区。

经济价值：毒菌。引起肠胃炎型和肝损害型中毒。另外，与松、云杉、栎等形成外生菌根。

雪白鹅膏菌（白托柄菇） *Amanita nivalis*

生态习性：夏、秋季在阔叶林或针叶林地上单生或群生。

产地及分布：产于鸡公山的大茶沟、大深沟、避暑山庄、武胜关、李家寨林区及新县、罗山等地。分布于河南、黑龙江、西藏、广西、四川、湖南、江苏等省、自治区。

经济价值：食用菌。味道鲜美。但也有群众反映食用引起头晕。同极毒的白毒鹅膏菌（*Amanita verna*）比较相似，但后者的菌盖边缘无条纹，有菌环，菌托较小，可与之区别。此菌与马尾松等树木形成外生菌根。

豹斑毒鹅膏菌（豹斑毒伞、满天星、白籽麻菌、斑毒伞） *Amanita pantherina*

生态习性：夏、秋季在阔叶林或针叶林地上群生。

产地及分布：产于鸡公山的大茶沟、大深沟、武胜关、李家寨林区。分布于黑龙江、吉林、河北、河南、安徽、福建、广东、广西、海南、四川、云南、贵州、西藏、青海等省、自治区。

经济价值：极毒菌。含有毒蝇碱（muscarine）、异鹅膏氨酸、蟾蜍素（bufotenine）等毒素。食后 0.5～6h 发病。主要表现为副交感神经兴奋、呕吐、腹泻、大量出汗、流泪、流涎、瞳孔缩小、感光消失、脉搏减慢、呼吸障碍、体温下降、四肢发冷等。中毒严重时出现幻视、谵语、抽搐、昏迷，甚至有肝损害和出血等。一般很少死亡。及时用阿托品疗效较好。另外可利用其来毒杀苍蝇等昆虫，用于农林业生物防治。此菌是树木的外生菌根菌，与云杉、雪松、冷杉、黄杉、栗、栎、鹅耳枥、椴等树木形成菌根。

毒鹅膏菌（绿帽菌、鬼笔鹅膏、蒜叶菌、飘蕈、高把菌、毒伞） *Amanita phalloides*

生态习性：夏、秋季在阔叶林地上单生或群生。

产地及分布：产于鸡公山的大茶沟、大深沟、武胜关、李家寨林区。分布于河南、江苏、江西、湖北、安徽、福建、湖南、广东、广西、四川、贵州、云南等省、自治区。

经济价值：极毒菌，含有毒肽和毒伞肽两大类毒素。误食后潜伏期 6～12h。发病初期恶心、呕吐、腹痛、腹泻，经 1～2d 好转，这时患者误认为病愈，实际上毒素进一步损害肝、肾、心脏、肺、大脑中枢神经系统，病人的病情很快恶化，出现呼吸困难、烦躁不安、谵语、面肌抽搐、小腿肌肉痉挛等。随后病情进一步加重，出现肝、肾细胞损害、黄疸、中毒性肝炎、肝大、肝萎缩，最后昏迷，死亡率高达 75％以上，甚至 100％。对此毒菌中毒，必须及时采取以解毒保肝为主的治疗措施。另外可利用毒伞的浸煮液毒杀红蜘蛛、苍蝇等昆虫，用于农林业生物防治。该菌的子实体提取液对大白鼠吉田肉瘤有抑制作用和具有免疫活性。该菌是树木的外生菌根菌，与松、杉、栎、山毛榉、栗等树木形成菌根。

赭盖鹅膏菌（赭盖伞） *Amanita rubescens*

生态习性：夏、秋季在林地上单生或散生。

产地及分布：产于鸡公山的大茶沟、大深沟、李家寨林区。分布于河南、安徽、福建、四川、湖北、广西、西藏等省、自治区。

经济价值：可食用，但也有报道含溶血物质，加热可以破坏，故不能生食。外形与豹斑毒鹅膏菌（*Amanita pantherina*）较相似，但后者盖面被白色颗粒状鳞片，菌肉损伤后不变色，菌托呈环带状。采食时要注意区分。此菌可与松、云杉、高山栎、山毛榉、榛等树木形成外生菌根菌。

块鳞灰毒鹅膏菌（块鳞灰毒伞、麻母鸡、块鳞灰鹅膏） *Amanita spissa*

生态习性：夏、秋季在针叶、阔叶林中散生或群生。

产地及分布：产于本保护区的大茶沟、李家寨林区。分布于河南、河北、安徽、湖南、江苏、广东、广西、贵州、云南、海南、西藏等省、自治区。

经济价值：毒菌，但毒素不明。属树木的外生菌根菌。与马尾松、云南松及某些栎等树木形成外生菌根菌。

角鳞灰鹅膏菌（角鳞灰伞、油麻菌、黑芝麻菌、麻子菌） *Amanita spissacea*

生态习性：春至秋季在马尾松或针、阔混交林地上单生或群生。

产地及分布：产于鸡公山的大茶沟、大深沟、避暑山庄、武胜关、李家寨等地。分布于河北、河南、江苏、安徽、广东、香港、江西、湖南、广西、四川、云南等地。

经济价值：毒菌。中毒后出现恶心、头晕、腿脚疼痛、神志不清及幻视，最后处于昏睡状态。1～2d 可恢复清醒，但有腿脚疼痛、行动不便等现象。属树木的外生菌根菌。可与松、栎等形成外生菌根。

纹缘鹅膏菌（纹缘毒伞、鞘苞鹅膏、散展鹅膏、条纹缘鹅膏） *Amanita spreta*

生态习性：生于林地上，散生。

产地及分布：产于鸡公山的大茶沟、大深沟林区。分布于河南、四川、江苏、安徽、湖南、湖北、陕西、广东等省。

经济价值：极毒菌。其提取液能使豚鼠中毒。含有毒肽（phallotoxins）和少量红细胞溶解素等毒素，属肝损害型毒素，中毒严重者可致死亡。此菌是树木的外生菌根菌。

角鳞白鹅膏菌（高脚排、角鳞白伞） *Amanita solitaria*

生态习性：夏、秋季常常在阔叶林地上单生。

产地及分布：产于鸡公山的大茶沟、大深沟、避暑山庄、武胜关、李家寨林区。分布于河南、安徽、江苏、福建、云南、贵州、广东、广西、四川等省、自治区。

经济价值：毒菌。含毒蝇碱和豹斑毒伞素。中毒后发生恶心、呕吐、出汗、发烧或肝大、少尿，甚至数天内无尿或出现脸部及下肢水肿等症状。与云杉、鹅耳枥、栎等树木形成外生菌根。

灰鹅膏菌（灰托柄菇、灰托鹅膏、松柏菌、大水菌、伞把菇） *Amanita vaginata*

生态习性：春至秋季在针叶、阔叶或混交林地上单生或散生。

产地及分布：产于保护区各林地。几乎在全国各省区均有分布。

经济价值：据多数欧、美国家和日本文献记载及国内自然保护区调查该真菌可食用。但在广西某些地区曾有数次中毒。一般发病较快，有的头昏、胸闷，有的中毒严重，其毒素不明，采食时需加注意。此菌可与云杉、落叶松、冷杉、马尾松、云南松、赤松、黄松、桦、鹅耳枥、山毛榉、青冈栎、榛、杨、柳等形成外生菌根。

白毒鹅膏菌（白毒伞、白鹅膏、春生鹅膏、白罗伞、白帽菌、致命鹅膏菌） *Amanita verna*

生态习性：夏、秋季在林地上分散生长。

产地及分布：产于鸡公山保护区的各林地。分布于河南、河北、吉林、江苏、福建、安徽、陕西、甘肃、湖南、湖北、山西、广东、广西、四川、云南、西藏等省、自治区。

经济价值：极毒菌。我国几乎每年都有中毒者。毒素为毒肽（phallotoxins）和毒伞肽

（amatoxins）。中毒症状主要以肝损害型为主，死亡率很高。是毒菌中毒防治重点。属树木的外生菌根菌。

鳞柄白毒鹅膏菌（鳞柄白毒伞、毒鹅膏、致命白毒伞）*Amanita virosa*

生态习性：夏、秋季在阔叶林地上单生或散生。

产地及分布：产于鸡公山的大茶沟、大深沟、避暑山庄、武胜关、李家寨林区、烧鸡堂及大别山区的新县等地。分布于河南、吉林、广东、北京、四川等地。

经济价值：极毒菌。此菌被称做"致命小天使"。其毒性很强，死亡率很高。含有毒肽及毒伞肽毒素。中毒症状同毒鹅膏菌、白毒鹅膏菌。主要以肝损害型为主。此种可与栗、高山栎及松等树木形成菌根。

白鳞粗柄鹅膏菌（白鳞菌、白鳞粗柄伞）*Amanita vittadini*

生态习性：春至秋季在林地上单独生长。

产地及分布：产于本保护区的大茶沟、大深沟、武胜关、李家寨及新县等地。分布于河南、四川、湖南、台湾、广东、海南等省。

经济价值：毒菌。食后10～24h发病，初期出现胃肠道反应，然后有心悸、喘气、肝肿大、黄胆、血尿、少尿及心脏、肾脏等脏器损害，最终引起死亡。此菌与栗、栎等树木形成外生菌根。

光柄菇科 Pluteaceae

银丝草菇（银丝菇）*Volvariella bombycina*

生态习性：夏、秋季主要在阔叶树腐木上单生或群生。

产地及分布：产于保护区武胜关、李家寨林地。分布于河南、吉林、河北、山东、新疆、西藏、甘肃、四川、云南、福建、广东、广西等省、自治区。

经济价值：食用菌。可人工栽培。

矮小草菇（小苞脚菇）*Volvariella pusilla*

生态习性：夏、秋季单生或群生于草地或林中。

产地及分布：产于鸡公山及河南各地。分布于河北、北京、山西、青海、甘肃、宁夏、四川、贵州、江苏、广西等地。

经济价值：可食用。

草菇（稻草菇、美味苞脚菇、兰花菇、秆菇、麻菇、中国菇）*Volvariella volvacea*

生态习性：夏、秋季单生或群生于草地或林中。

产地及分布：产于武胜关、李家寨及信阳市，河南省其他地区有栽培。分布于河北、福建、台湾、湖南、广西、四川、西藏等省、自治区。

经济价值：食用菌，是著名的食用菌之一。肉脆嫩，味鲜美。含有多种氨基酸，以及磷、钙、铁、钠、钾等多种矿物质。含有丰富的蛋白质、维生素 C、维生素 B_1、维生素 B_{12} 及维生素 PP。氨基酸多达 18 种，其中有 8 种必需氨基酸。能消食祛热，补脾益气，清暑热，滋阴壮阳，增加乳汁，防止坏血病，促进创伤愈合，护肝健胃，增强人体免疫力。含有一种异种蛋白物质，有杀死人体癌细胞和抑制癌细胞生长的作用，特别是对消化道肿瘤有辅助治疗作用，能加强肝肾的活力。是优良的食、药兼用型的营养保健食品。

灰光柄菇（灰菇子、灰蘑菇）*Pluteus cervinu*

生态习性：夏、秋季于针阔叶林地上或枯腐木上散生、丛生或群生。

产地及分布：产于鸡公山保护区各林地。分布于吉林、河南、山西、江苏、福建、湖南、湖北、甘肃、四川、西藏、新疆等省、自治区。

经济价值：可食用，但味较差。与松树形成外生菌根。此菌是倒腐木上常见的木腐菌。

环柄菇科 Lepiotaceae

高大环柄菇（高脚环柄菇、高环柄菇、高脚菇、雨伞菌、棉花菇）*Alacrolepiota procera*

生态习性：夏、秋季生林地上或草地上，单生、散生或群生。

产地及分布：产于鸡公山保护区各林地。全国各地几乎均有分布。

经济价值：食、药兼用菌。有丰富的蛋白质、氨基酸、维生素及矿物质。含有人体必需的 8 种氨基酸。常食可助消化，增进健康。已驯化试栽成功。还可利用菌丝体进行深层发酵培养。可与松、栎等形成外生菌根。

粗鳞大环柄菇（粗鳞环柄菇、高大环柄菇）*Macrolepiota rachode*

生态习性：夏、秋季生于林地上，单生或散生。

产地及分布：产于鸡公山及信阳各地。分布于河南、河北、吉林、江苏、安徽、浙江、福建、广东、湖南、四川、云南、海南等省。

经济价值：食用菌。个体大，味较好。可利用菌丝体进行深层发酵培养。与松、落叶松、栎等形成外生菌根。

锐鳞环柄菇 *Lepiota acutesquamosa*

生态习性：夏、秋季在松林或阔叶林地上、农舍旁散生或群生。

产地及分布：产于鸡公山的大茶沟、大深沟等林区。分布于河南、黑龙江、吉林、安徽、四川、甘肃、陕西、广东、香港、台湾、西藏等地。

经济价值：食用菌。

肉褐鳞环柄菇（肉褐鳞小伞）*Lepiota brunneo-incarnata*

生态习性：春季散生或群生于林中、林缘草地、竹林等处。

产地及分布：产于鸡公山的大茶沟、大深沟、武胜关、李家寨等林区。分布于河南、河北、山西、北京、宁夏、江苏、黑龙江、安徽、上海、四川等省、市。

经济价值：极毒菌，含毒肽和毒伞肽。中毒后死亡率较高。发病初期为胃肠炎症状，然后肝、肾受损，烦躁、抽搐、昏迷等。

细环柄菇（盾形环柄菇）*Lepiota clypeolaria*

生态习性：夏、秋季在林地上散生或群生。

产地及分布：产于鸡公山的大茶沟、大深沟等林区。分布于河南、黑龙江、广东、吉林、山西、江苏、云南、香港、青海、新疆、西藏等地。

经济价值：此菌有的记载可食用，也有人认为有毒，不可轻易采集食用。

冠状环柄菇（小环柄菇）*Lepiota cristata*

生态习性：夏季至秋季在林中腐叶层、草丛或苔藓间群生或单生。

产地及分布：产于鸡公山的大茶沟、大深沟、李家寨林区。分布于河南、香港、河北、山西、江苏、湖南、甘肃、青海、四川、西藏等地。

经济价值：记载有毒。

亚细环柄菇（细小环柄菇）*Lepiota felina*

生态习性：夏、秋季丛生于树林下的地上。

产地及分布：产于鸡公山的大茶沟、大深沟等林区。分布于河南、辽宁、河北等省。

经济价值：不明。

红顶环柄菇（棉花菌）*Lepiota gracilenta*

生态习性：夏、秋季生于林中草地上或空旷处的地上，单生或散生。

产地及分布：产于鸡公山的大茶沟、大深沟、武胜关、李家寨等林区。分布于河南、河北、甘肃、青海、四川、台湾、山西、广东、贵州、云南、吉林、海南等地。

经济价值：食用菌。

褐鳞环柄菇（褐鳞小伞）*Lepiota helveola*

生态习性：春至秋季多在林中、林缘草地上单生或群生。

产地及分布：产于鸡公山的大茶沟、大深沟、避暑山庄、武胜关、李家寨林区。分布于河南、北京、河北、江苏、云南、青海、西藏等省、市、自治区。

经济价值：极毒菌。含有毒肽及毒伞肽类毒素。发病初期出现恶心、呕吐、腹泻等，后期出现烦躁不安、昏迷、抽风、皮下出血、心肌炎、肝大等，最后烦躁不安、昏迷不醒、抽搐、休克，甚至死亡。必须在中毒早期采取以解毒保肝为主的抢救治疗措施。

鳞白环柄菇（白环柄菇、同丝环柄菇）*Lepiota holosericea*

生态习性：夏、秋季于路旁、菜园和旷野草地上散生或群生。

产地及分布：产于鸡公山的大茶沟、大深沟、武胜关、李家寨林区。分布于河南、吉林、黑龙江、甘肃、湖南等省。

经济价值：食用菌。

淡紫环柄菇 *Lepiota lilacea*

生态习性：单生至散生或群生于阔叶林内落叶层上。

产地及分布：产于鸡公山的大茶沟、大深沟、避暑山庄、武胜关、李家寨林区。分布于河南、河北、广东等省。

经济价值：不明。

褐顶环柄菇（褐盖环柄菇）*Lepiota prominen*

生态习性：夏、秋季生于草地上。

产地及分布：产于鸡公山的大茶沟、大深沟、避暑山庄、武胜关、李家寨林区。分布于河南、广西、青海、四川、台湾、云南、贵州、吉林、甘肃、河北、广东、新疆等地。

经济价值：食用菌。

裂皮环柄菇（裂皮白环菇、脱皮环柄菇）*Leucoagaricus excoriatus*

生态习性：夏、秋季在草原及林间草地上，群生或散生。

产地及分布：产于鸡公山的大茶沟、大深沟、武胜关、李家寨林区。分布于内蒙古、河南、河北、新疆、云南、四川、甘肃、青海、西藏等省、自治区。

经济价值：食用菌。

粉褶环柄菇（粉褶白环菇、粉环柄菇）*Leucoagaricus naucious*

生态习性：夏、秋季生于林缘、田野草地上，单独或分散生长。

产地及分布：产于鸡公山的大茶沟、大深沟、避暑山庄、武胜关、李家寨林区。分布于吉林、河北、北京、河南、江苏、云南、青海等省、市。

经济价值：据记载可食用。也有人怀疑有毒。据实验可人工栽培，还可用菌丝体进行深层发酵培养。

纯黄白鬼伞（黄环柄菇） *Leucocoprinus birnbaumii*

生态习性：夏秋季在林地、道旁、田野、园中等地上散生或群生。

产地及分布：产于鸡公山的避暑山庄、武胜关、李家寨林区。分布于河南、福建、广东、云南、台湾、海南、香港等地。

经济价值：据记载有毒，不能采食。此菌表面具有鲜亮的柠檬黄色色彩，便于识别。

肥脚白鬼伞（肥脚环柄菇） *Leucocoprinus cepaetipe*

生态习性：常在园中地上或稀疏的林地上群生或近丛生。

产地及分布：产于鸡公山及河南各地。分布于河南、广东、海南、香港、河北、湖南等地。

经济价值：据资料记载有毒，其毒性不明。

易碎白鬼伞（极脆白鬼伞、脆黄白鬼） *Leucocoprinus fragilissimus*

生态习性：夏、秋季单生或散生于混交林地上腐叶层中。

产地及分布：产于鸡公山的大茶沟、大深沟、避暑山庄、武胜关、李家寨林区。分布于河南、香港、福建等地。

经济价值：不明。

硫色白鬼伞 *Leucocoprinus ianthinus*

生态习性：夏、秋季常在园中地上或稀疏的林地上群生或近丛生。家庭盆栽后的花盆里容易生长。

产地及分布：产于鸡公山的大茶沟、大深沟、李家寨林区。分布于河南、河北、湖南、香港、福建、广东、海南等地。

经济价值：据资料记载有毒，其毒性不明。

伞菌科 Agaricaceae

田野蘑菇（野蘑菇、白蘑菇、田蘑菇） *Agaricus arvensis*

生态习性：夏、秋季在草地上单生。

产地及分布：产于鸡公山及河南各地。分布于河北、黑龙江、河南、青海、新疆、云南、西藏、内蒙古、甘肃、陕西、山西等省、自治区。

经济价值：食、药兼用菌。味鲜美且质地细嫩，可人工栽培。还可用菌丝体发酵培养。药用，其性温、味甘，能祛风散寒，舒筋活络，是"舒筋散"原料之一。对革兰氏阳性菌和革兰氏阴性菌有抑制作用。实验抗癌，对小白鼠肉瘤 S-180 和艾氏癌的抑制率均高达 100%。

大肥蘑菇（双层环伞菌） *Agaricus bitorquis*

生态习性：夏、秋季于草原上散生或单生。

产地及分布：产于鸡公山的大茶沟、大深沟、避暑山庄、武胜关、李家寨林区。分布于河南、青海、河北、新疆等省、自治区。

经济价值：食用菌。可人工栽培，以及利用菌丝体发酵培养。

蘑菇（四孢蘑菇、野蘑菇、雷窝子） *Agaricus campestris*

生态习性：春到秋季生于草地、路旁、田野、堆肥场、林间空地等，单生及群生。

产地及分布：产于鸡公山及河南各地。全国各省区均有分布。

经济价值：食、药兼用菌。能人工栽培和利用菌丝体深层发酵培养。味甘，性寒。能益肠胃，维持正常糖代谢及神经传导。能提高机体免疫力，抑制金黄色葡萄球菌、伤寒杆菌及大肠杆菌。能抑制癌细胞的生长，有效地阻止癌细胞的蛋白合成。对小白鼠肉瘤 S-180 和艾氏癌的抑制率均高达 80%。

雀斑蘑菇（雀斑菇、小蘑菇）*Agaricus micromegethus*

生态习性：夏、秋季生于草地或林中草地上，单生或群生。

产地及分布：产于鸡公山的大茶沟、大深沟、避暑山庄、武胜关、李家寨林区。分布于河南、河北、江苏、海南、广西等省、自治区。

经济价值：食、药兼用菌。入药有健脾消食、醒神平肝、抗癌等功效。

双环林地蘑菇（扁圆盘伞菌、双环菇）*Agaricus placomyces*

生态习性：秋季在林地上及草地上单生、群生及丛生。

产地及分布：产于鸡公山的大茶沟、大深沟、避暑山庄、武胜关、李家寨林区。分布于河南、河北、山西、黑龙江、江苏、安徽、湖南、台湾、香港、青海、云南、西藏等地。

经济价值：食用菌。味道较鲜，但有食后中毒的记载，要慎食。对小白鼠肉瘤 S-180 和艾氏癌的抑制率均为 60%。可利用菌丝体进行深层发酵培养。

林地蘑菇（林地伞菌、杏仁菇、菱白菇）*Agaricus silvaticus*

生态习性：夏、秋季于针、阔叶中地上单生至群生。

产地及分布：产于鸡公山的大茶沟、大深沟、武胜关、李家寨林区及波尔登森林公园。分布于河南、河北、黑龙江、吉林、江苏、安徽、山西、浙江、甘肃、陕西、青海、新疆、四川、云南、西藏等省、自治区。

经济价值：食用菌。美味食用菌，有浓郁杏仁香味，口感好。

白林地蘑菇（白蘑菇、林生伞菌）*Agaricus silvicola*

生态习性：夏、秋季于林地上单生或散生。

产地及分布：产于鸡公山的大茶沟、大深沟、避暑山庄、武胜关、李家寨林区、烧鸡堂、灵化寺、登山古道、波尔登森林公园。分布于河南、河北、山西、黑龙江、吉林、辽宁、台湾、甘肃、青海、四川、云南等地。

经济价值：可食用。

赭鳞蘑菇（赭鳞黑伞）*Agaricus subrufescens*

生态习性：秋季于林地上单生、群生或近丛生。

产地及分布：产于鸡公山的大茶沟、大深沟、李家寨林区。分布于河南、江苏、福建、山西、四川、云南、吉林、黑龙江、西藏、青海等省、自治区。

经济价值：食用菌。实验抗癌，对小白鼠肉瘤 S-180 和艾氏癌的抑制率均达 100%。

粪伞科 Bolbitiaceae

硬田头菇（田头蘑菇）*Agrocybe dura*

生态习性：春至秋季生于草地、田园、菜园等地。

产地及分布：产于鸡公山的大茶沟、避暑山庄、武胜关、李家寨及登山古道、波尔登森林公园。分布于河南、四川、山西等省。

经济价值：可食用。该菌产生田头菇素，为聚乙炔类抗生素，对革兰氏阳性菌、革兰氏阴性菌及真菌有拮抗作用。

田头菇 _Agrocybe praecox_

生态习性：春、夏、秋季生于稀疏的林地或田野、路边草地上，散生或群生至近丛生。

产地及分布：产于鸡公山的大茶沟、大深沟、武胜关、李家寨林区。分布于河南、广东、香港、河北、山西、甘肃、江苏、陕西、湖南、西藏、四川、青海、新疆等地。

经济价值：食用菌。此菌对小白鼠肉瘤 S-180 和艾氏癌的抑制率均高达 100%。

粪锈伞（粪伞菌、狗尿台）_Bolbitius vitellinus_

生态习性：春至秋季在牲畜粪上或肥沃地上单生或群生。

产地及分布：产于鸡公山保护区各地。分布于河南、黑龙江、吉林、辽宁、河北、内蒙古、山西、四川、云南、江苏、湖南、青海、甘肃、陕西、西藏、福建、广东、新疆等省、自治区。

经济价值：怀疑有毒。

球盖菇科 Strophariaceae

齿环球盖菇（冠状球盖菇）_Stropharia coronilla_

生态习性：生于林中、山坡草地、路旁、公园等处有牲畜粪肥的地方，单生或成群生长。

产地及分布：产于鸡公山的大茶沟、大深沟、避暑山庄、武胜关、李家寨林区、登山古道、波尔登森林公园等地。分布于河南、新疆、内蒙古、西藏、云南、广西、山西、陕西、甘肃、青海等省、自治区。

经济价值：有记载可食，也有人认为有毒。

半球盖菇（半球假黑伞、半球盖菌）_Stropharia semiglibata_

生态习性：夏、秋季在林中草地、草原、田野、路旁等有牛马粪肥处，群生或单生。

产地及分布：产于鸡公山保护区各林地。分布于河南、吉林、河北、江苏、甘肃、青海、宁夏、四川、香港、云南、山西、新疆、西藏、湖南、内蒙古、山东等地。

经济价值：有记载可食用，也有记载有毒或怀疑有毒。含有光盖伞素（psilocybin）和光盖伞辛（psilocin），误食后会引起精神症状和幻觉反应。

簇生黄韧伞（黄香杏、包谷菌、簇生黄蘑、苦栗菌、毒韧黑伞、簇生沿丝伞）_Naematoloma fascicular_

生态习性：夏、秋季成丛成簇生长在腐木桩旁。

产地及分布：产于鸡公山保护区各林地，分布于河北、黑龙江、吉林、江苏、安徽、山西、台湾、香港、广东、广西、湖南、河南、四川、云南、西藏、青海、甘肃、陕西等地。

经济价值：毒菌，菌味苦，但也有人采食，食用前用水浸泡或煮后浸水多次。不过也曾发生中毒，主要引起呕吐、恶心、腹泻等胃肠道病症，严重者会引起死亡。在日本视为猛毒类毒菌。应慎食。实验抗癌，对小白鼠肉瘤 S-180 抑制率为 80%，对艾氏癌的抑制率为90%。此菌往往是栽培木耳、香菇的段木上的"杂菌"。

黄伞（黄柳菇、多脂鳞伞、黄环锈菌、肥鳞儿）_Pholiota adiposa_

生态习性：秋季生于杨、柳及桦等的树干上。有时也生在针叶树于上。单生或丛生。

产地及分布：产于鸡公山的大茶沟、大深沟、避暑山庄、武胜关、李家寨林区。分布于河北、山西、吉林、浙江、河南、西藏、广西、甘肃、陕西、青海、新疆、四川、云南等省、自治区。

经济价值：食、药兼用菌。味道较好。能够人工栽培。此菌子实体表面有一层黏质，经盐水、温水、碱溶液或有机溶剂提取可得多糖体，此多糖体对小白鼠肉瘤 S-180 和艾氏癌的抑制率均达 80%～90%。此外还可预防葡萄球菌、大肠杆菌、肺炎杆菌和结核杆菌的感染。此菌可导致木材杂斑状褐色腐朽，严重时使立木形成空洞。

黄鳞环锈伞（黄鳞伞）*Pholiota flainmans*

生态习性：夏末至秋季在针叶树树桩基部、腐木上成丛生长。

产地及分布：产于鸡公山的大茶沟、大深沟、避暑山庄、武胜关、李家寨林区、烧鸡堂、灵化寺、登山古道、波尔登森林公园等地。分布于河南、吉林、辽宁、西藏等省、自治区。

经济价值：可食用。山区群众多用开水煮后鲜炒食之。也有记载有毒，应慎食。据报道可抗癌，对小白鼠肉瘤 S-180 的抑制率为 90%，对艾氏癌的抑制率为 100%。此菌可导致针叶树木材腐朽，是高山针叶林区常见的木材腐朽菌。

橙环锈伞（橙鳞伞）*Pholiota junoni*

生态习性：夏、秋季在倒腐木上单生或近丛生。

产地及分布：产于鸡公山的大茶沟、大深沟。分布于河南、吉林、四川、西藏等省、自治区。

经济价值：有记载含微毒，不宜食用。

光滑环锈伞（光帽鳞伞、滑菇、滑子蘑、珍珠菇）*Pholiota nameko*

生态习性：秋季在阔叶树的倒木、树桩上丛生和群生。

产地及分布：产于鸡公山的大茶沟、大深沟、武胜关、李家寨林区、波尔登森林公园。分布于河南、广西、西藏等省、自治区。

经济价值：可食用，味道鲜。可人工栽培。可药用。子实体热水提取物为多糖体，对小白鼠肉瘤 S-180 抑制率为 86.5%。子实体的沸水提取物含葡萄糖、半乳糖、甘露糖等，对小白鼠肉瘤 S-180 的抑制率为 60%。子实体的 NaOH 提取物含 β-（1-3）-D 葡萄糖-α 葡萄糖苷的混合物，对小白鼠肉瘤 S-180 的抑制率达 90%，对艾氏癌抑制率达 70%。同时可预防葡萄球菌、大肠杆菌、肺炎杆菌、结核杆菌的感染。

地毛柄环锈伞（地毛腿环锈伞、地鳞伞）*Pholiota terrigena*

生态习性：夏、秋季于白杨林和其他林地上散生或丛生。

产地及分布：产于鸡公山的大深沟、避暑山庄、武胜关。分布于河南、河北、山西、青海、甘肃、西藏、云南等省、自治区。

经济价值：食用菌。多为鲜食。

鬼伞科 Psathvrellaceae

墨汁鬼伞（一夜茸、鬼伞、鬼菌、柳树钻、黑汁鬼伞）*Coprinus atramentarius*

生态习性：春至秋季，在林中、田野、路边、村庄、公园等处地下有腐木的地方丛生。

产地及分布：产于鸡公山及河南各地。分布于河南、黑龙江、吉林、河北、山西、江苏、湖南、福建、台湾、四川、青海、甘肃、内蒙古、新疆、西藏等地。

经济价值：食、药兼用菌。幼嫩时可食用，但也有人食后中毒。尤其与酒或啤酒同食均可引起中毒。主要表现为精神不安、心跳加快、耳鸣、发冷、肢麻木、脸色苍白等。最初出现恶心、呕吐等胃肠道反应。其毒素被认为是胍啶（quanidine），也有认为起作用的是四乙基硫代尿咪（disulfiram）类毒素。有记载含有鬼伞素（coprine），引起中毒反应。据记载此种还有腐胺（putrescine）。此菌可药用，助消化、祛痰、解毒、消肿。子实体煮熟后烘干，研成细末用醋和成糊状敷用，治无名肿毒和其他疮疖。实验抗癌，对小白鼠肉瘤 S-180 和艾氏癌的抑制率高达 100%。墨汁鬼伞有时出现在栽培草菇及平菇的堆物上，争夺营养，甚至抑制草菇菌丝生长。

毛头鬼伞（鸡腿蘑、毛鬼伞）*Coprinus comatus*

生态习性：春至秋季在田野、林中、道旁、公园生长，甚至雨季在茅草屋顶上生长。

产地及分布：产于鸡公山及河南省各地。此菌广泛分布。

经济价值：食、药兼用菌。但与酒类同吃容易中毒。含有苯酚等胃肠道刺激物。入药有助消化、益脾胃、清神宁智、治疗痔疮等功效。还含抗癌活性物质。对小白鼠肉瘤 S-180 及艾氏癌的抑制率分别为 100% 和 90%。可以用菌丝体进行深层发酵培养。此菌有时生长在栽培草菇及平菇的堆物上，与草菇争养分，影响草菇菌丝的生长。

家园鬼伞（小鬼伞）*Coprinus domesticus*

生态习性：春至秋季于阔叶林地上、树根部地上丛生。

产地及分布：产于鸡公山的大深沟、避暑山庄、武胜关、波尔登森林公园等地。分布于河南、辽宁、河北等省。

经济价值：幼嫩时可吃，但不要与酒同吃。

膜鬼伞（速亡鬼伞）*Coprinus ephemerus*

生态习性：夏、秋季于院落树下肥土上和施有厩肥的土地上常少量群生。

产地及分布：产于鸡公山的避暑山庄、武胜关、李家寨、登山古道、波尔登森林公园等地。分布于河南、湖南等省。

经济价值：嫩时可食。

白绒鬼伞（绒鬼伞）*Coprinus lagopus*

生态习性：生于肥土上或生林地上。

产地及分布：产于鸡公山的大茶沟、大深沟、李家寨林区、登山古道、波尔登森林公园等地。分布于黑龙江、吉林、辽宁、河北、新疆、广西、四川、云南、内蒙古、青海、广东等省、自治区。

经济价值：含抗癌活性物质，对小鼠肉瘤 S-180 和艾氏癌抑制率分别为 100% 和 90%。

长根鬼伞（粪蕈）*Coprinus tttacrorhizu*

生态习性：夏、秋季在施有厩肥的地上散生至丛生。

产地及分布：产于鸡公山的大茶沟、大深沟、避暑山庄、武胜关、李家寨林区、登山古道、波尔登森林公园等地。分布于吉林、河北、河南、广东、云南等省。

经济价值：幼时可食用，但与酒同食易发生中毒。此菌经实验可抗癌，对小白鼠肉瘤 S-180 的抑制率为 80%，对艾氏癌的抑制率为 70%。有时生长在栽培草菇的堆物上，影响草菇的产量和质量。

晶粒鬼伞（晶鬼伞、晶粒菌、狗尿苔）*Coprinus micaceus*

生态习性：春、夏、秋三季于阔叶林中树根部地上丛生。

产地及分布：产于鸡公山保护区各林地。分布于河北、山西、黑龙江、四川、吉林、辽宁、江苏、河南、湖南、香港、陕西、甘肃、新疆、青海、西藏等地。

经济价值：初期幼嫩时可食。但与酒同吃易发生中毒。含有抗癌活性物质. 对小白鼠肉瘤 S-180 的抑制率为 70％，对艾氏癌的抑制率为 80％。据记载，此菌还可产生腺嘌呤（ad-enine）、胆碱（choline）和色胺（tryptamine）等生物碱。还可引起立木基部及木材腐朽。

褶纹鬼伞 Coprinus plicatilis

生态习性：春至秋季生于林地上，单生或群生。

产地及分布：产于鸡公山的大茶沟、大深沟、李家寨林区。分布于河南、吉林、甘肃、江苏、山西、四川、云南、广东、西藏、香港等地。

经济价值：含有抗癌活性物质。对小白鼠肉瘤 S-180 的抑制率为 100％，对艾氏癌的抑制率为 90％。

粪鬼伞（粪生鬼伞、鬼伞、堆肥鬼伞）Coprinus sterquilinus

生态习性：春、秋季于粪堆上散生至群生。

产地及分布：产于鸡公山及河南各地。分布于河南、河北、湖北、江苏、台湾、广西、云南、内蒙古、青海等省、自治区。

经济价值：幼嫩时可食用，成熟后菌盖自溶成墨汁状。可药用，能益肠胃、化痰理气、解毒、消肿。经常食用，有助消化和治疗痔疮。对小白鼠肉瘤 S-180 和艾氏癌的抑制率均为 80％。

黄盖小脆柄菇（薄花边伞、薄垂幕菇、白黄小脆柄菇）Psathvrella candolleana

生态习性：夏、秋季在林中、林缘、道旁腐朽木周围及草地上大量群生或近丛生。

产地及分布：产于鸡公山的大茶沟、大深沟、避暑山庄、武胜关、李家寨林区、登山古道、波尔登森林公园等地。分布于河南、河北、山西、黑龙江、吉林、辽宁、内蒙古、新疆、青海、宁夏、甘肃、四川、云南、福建、台湾、湖南、广西、贵州、西藏、香港等地。

经济价值：食用菌。

毡毛小脆柄菇（花边伞、疣孢花边伞、毡绒垂幕菇）Psathvrella velutina

生态习性：春、夏季生于林地、田间或肥土处，群生。

产地及分布：产于鸡公山的大茶沟、大深沟、避暑山庄、武胜关、李家寨林区、登山古道、笼子口等地。分布于广东、海南、香港、台湾、河北、河南、云南、四川、西藏等地。

经济价值：食用菌。

小假鬼伞（白假鬼伞）Pseudocoprinus disseminatus

生态习性：夏、秋季丛生或群生于林地上、腐木和伐桩上。

产地及分布：产于鸡公山的大茶沟、大深沟、避暑山庄、武胜关、李家寨林区、烧鸡堂、灵化寺、登山古道、波尔登森林公园等地。分布于河南、台湾、香港、福建、山西、广西、云南、新疆、西藏、黑龙江、吉林、辽宁、河北等地。

经济价值：有记载可食用，但子实体小，食用价值不高。偶尔见于栽培香菇的段木上。

钟形斑褶菇（粪菌、笑菌、舞菌、钟形花褶伞）Panaeolus campanulatus

生态习性：春至秋季在粪上或肥土上单生或群生。

产地及分布：产于鸡公山的大茶沟、大深沟、避暑山庄、武胜关、李家寨和波尔登森林公园等地。分布于广东、河北、山西、吉林、四川、甘肃、云南、西藏等省、自治区。

经济价值：毒菌。误食此种造成精神错乱，表现为跳舞、唱歌、大笑及产生幻觉。含光盖伞辛，也有记载含毒蝇碱、5-羟色胺（serotonin）等生物碱。

大孢花褶伞（蝶形斑褶菇）Panaeolus papilionaceus

生态习性：春至秋季在粪和粪肥地上单生或群生。

产地及分布：产于鸡公山的大茶沟、大深沟、避暑山庄、武胜关、李家寨林区、登山古道、笼子口等地。分布于河南、吉林、香港、内蒙古、山西、甘肃、四川、陕西、云南、广东、新疆、西藏等地。

经济价值：毒菌。误食后 1h 左右发病。中毒症状主要表现为精神异常及多形象的彩色幻视等。最初出现精神异常、说话困难、缺乏时间和距离概念等症状。随后出现彩色幻视、不由自主地跑跳、狂笑等。故一般称之为笑菌。严重者有肚痛、呕吐等胃肠道反应及瞳孔放大等症状。从开始出现反应到结束达 6h 之久，但无后遗症。

花褶伞（笑菌、舞菌、粪菌、牛屎菌、网纹斑褶菇）*Panaeolus retirugis*

生态习性：春至秋季在牛、马粪或肥沃的地上成群生长。

产地及分布：产于鸡公山保护区各林地及河南省各地。分布于河南、吉林、河北、山西、内蒙古、四川、江苏、浙江、上海、湖南、香港、贵州、青海、广东、广西等地。

经济价值：毒菌。食后发病较快，约 1h 后出现精神异常、瞳孔放大、跳舞唱歌、狂笑、幻视、昏睡或讲话困难等症状。除严重者外，一般无胃肠道症状。其毒素为光盖伞素和光盖伞辛等。

硬腿花褶伞（硬柄花褶伞）*Panaeolus solidipes*

生态习性：秋季于粪堆上单生或群生。

产地及分布：产于鸡公山保护区各地及河南省各地。分布于河南、河北、山西、台湾等地。

经济价值：据记载可食用，也有认为是毒菌，不宜食用。该菌与有毒的大孢花褶伞很相似，后者湿时带灰白色，顶部红褐色，干时带赭色或枯草色，老时常有裂片覆盖，边缘内卷且有易消失的菌幕残片，呈花瓣状。中毒严重者有腹痛、恶心、呕吐、腹泻、瞳孔放大等症状。故采食时应特别注意。

丝膜菌科 Lortinariaceae

蓝丝膜菌（蓝紫丝膜菌）*Cortinarius caerulescens*

生态习性：夏、秋季于针、阔叶林地上群生至丛生。

产地及分布：产于鸡公山的大茶沟、大深沟、避暑山庄、武胜关、李家寨林区。分布于吉林、黑龙江、安徽、贵州、云南、西藏等省、自治区。

经济价值：可食用，味较好。属外生菌根菌，可与栗、栎、山毛榉等树木形成菌根。

较高丝膜菌 *Cortinarius elatior*

生态习性：秋季于杂林落叶层上单生、散生或群生。

产地及分布：产于鸡公山的大茶沟、武胜关、李家寨林区。分布于河南、黑龙江、广西、台湾、云南、新疆、四川、西藏等地。

经济价值：食用菌。实验有抗癌作用，对小白鼠肉瘤 S-180 的抑制率为 70%，对艾氏癌的抑制率为 80%。属树木的外生菌根菌，与松、柳等形成菌根。

光黄丝膜菌（光亮丝膜菌）*Cortinarius fulgens*

生态习性：夏、秋季在阔叶林地上群生或丛生。

产地及分布：产于鸡公山的大茶沟、武胜关、李家寨林区。分布于河南、吉林、辽宁、云南、四川等省。

经济价值：食用。为树木外生菌根菌，可与栎等树木形成菌根。

黄盖丝膜菌（侧丝膜菌）*Cortinarius latus*

生态习性：在云杉中地上大量群生。

产地及分布：产于鸡公山的大茶沟、大深沟、李家寨林区。分布于河南、青海、西藏、云南、吉林、新疆等省、自治区。

经济价值：食用菌。据资料记载对小白鼠肉瘤 S-1S0 和艾氏癌的抑制率均可达 100％。为树木的外生菌根菌。

米黄丝膜菌（多形丝膜菌）*Cortinarius multiformis*

生态习性：秋季于针叶林及混交林地上群生或散生。

产地及分布：产于鸡公山的大茶沟、大深沟、避暑山庄、武胜关、李家寨林区。分布于河南、山西、台湾、湖南、四川、吉林、贵州、西藏、黑龙江、辽宁等地。

经济价值：食用菌。味较好。是树木的外生菌根菌，可与松、山毛榉、栎形成菌根。

紫丝膜菌（紫色丝膜菌）*Cortinarius purpurascens*

生态习性：秋季于混交林地上群生或散生。

产地及分布：产于鸡公山的大茶沟、大深沟、李家寨林区。分布于河南、黑龙江、吉林、湖南、贵州、云南、西藏、青海、四川等省、自治区。

经济价值：食用菌。有抗癌作用。此菌为树木的外生菌根菌。

芜菁状丝膜菌 *Cortinarius rapaceus*

生态习性：夏、秋季于针、阔叶林地上丛生。

产地及分布：产于鸡公山的大茶沟、大深沟。分布于河南、四川、吉林和西藏等省、自治区。

经济价值：可食用。

锈色丝膜菌 *Cortinarius subferrugineus*

生态习性：夏、秋季于针、阔叶林地上群生或散生。

产地及分布：产于鸡公山的大茶沟、大深沟等地。分布于河南、四川、黑龙江、青海、吉林、辽宁和西藏等省、自治区。

经济价值：与栎类树木形成外生菌根。

棠梨丝膜菌 *Cortinarius testaceus*

生态习性：秋季于林内地上群生或近丛生。

产地及分布：产于河南大别山区、伏牛山区、太行山区等地。分布于河南、江苏等省。

经济价值：不详。

黄丝膜菌 *Cortinarius turinalis*

生态习性：夏、秋季于针阔叶林地上群生。

产地及分布：产于鸡公山的大茶沟、大深沟、武胜关、李家寨林区。分布于吉林、辽宁、安徽、湖南、云南等省。

经济价值：食用菌。经实验可抗癌，对小白鼠肉瘤 S-180 抑制率为 60％，对艾氏癌的抑制率为 70％，还有抑菌和抗菌作用。另外，该菌是树木的外生菌根菌。

白柄丝膜菌（白腿丝膜菌、多变丝膜菌）*Cortinarius varius*

生态习性：秋季于林地上群生。

产地及分布：产于鸡公山的大茶沟、大深沟、武胜关、李家寨林区。分布于河南、新疆、广东、山西等省、自治区。

经济价值：可食用。属外生菌根菌。

绿褐裸伞 *Gymnopilus aeruginosus*

生态习性：夏、秋季生多在针叶树的腐木或树皮上群生、单生或丛生。

产地及分布：产于鸡公山的大茶沟、大深沟、避暑山庄、武胜关、李家寨林区。分布于河南、吉林、甘肃、河南、海南、湖南、广西、云南、福建、西藏、香港等地。

经济价值：毒菌。误食后会引起头晕、恶心、神志不清等中毒症状。属木腐菌。

赭裸伞（赭黄裸伞、赭火菇）*Gymnopilus penetrans*

生态习性：夏、秋季于枯腐倒木上群生或丛生。

产地及分布：产于河南大别山区、伏牛山区、太行山区等地。分布于河南、吉林、广西、海南、福建、广东、云南、西藏、黑龙江、贵州等省、自治区。

经济价值：木腐菌，可导致木材腐朽。

橘黄裸伞（红环锈伞、大笑菌）*Gymnopilus spectabilis*

生态习性：夏、秋季在阔叶或针叶树腐木上或树皮上群生或丛生。

产地及分布：产于鸡公山的大茶沟、大深沟、武胜关林区。分布于河南、黑龙江、吉林、内蒙古、福建、湖南、广西、云南、海南、西藏等省、自治区。

经济价值：毒菌。此菌中毒后产生精神异常，如同酒醉者一样，或手舞足蹈，活动不稳，狂笑；或意识障碍，谵语；或产生幻觉，看到房屋变小东倒西歪；或视力不清，头晕眼花等。1964 年，日本 Lmazaki 首先报道了此种毒菌的致幻觉作用。可能含有幻觉诱发物质。该菌实验抗癌，对小白鼠肉瘤 S-180 的抑制率为 60％，对艾氏癌的抑制率为 70％。可引起多种树木的倒木、立木的木材腐朽。

黄茸锈耳（鳞锈耳、黄茸靴耳）*Crepidotus fulvotomentosus*

生态习性：夏、秋季在腐木上群生。

产地及分布：产于鸡公山的大茶沟、大深沟。分布于河南、河北、四川、江苏等省。

经济价值：可以食用。属木腐菌。

毛靴耳（毛基靴耳、毛锈耳）*Crepidotus herbarum*

生态习性：夏、秋季生于枯枝上及草本植物的枯干上。

产地及分布：产于鸡公山的大茶沟、大深沟、避暑山庄、武胜关、李家寨林区、登山古道等地。分布于河南、河北、江苏、浙江、福建、广西等省、自治区。

经济价值：有分解纤维素的能力。

黏靴耳（软靴耳）*Crepidotus mollis*

生态习性：夏、秋季于腐木上叠生或群生。

产地及分布：产于鸡公山保护区各林地。分布于河北、山西、吉林、江苏、浙江、湖南、福建、河南、广东、香港、陕西、青海、四川、云南、西藏等地。

经济价值：食用菌。

肾形靴耳（枯腐靴耳）*Crepidotus putrigenus*

生态习性：夏、秋季于多种阔叶树的枯腐木上或树桩上叠生至群生。

产地及分布：产于鸡公山的大茶沟、大深沟、避暑山庄、武胜关、李家寨林区、登山古道等地。分布于河南、河北、甘肃、云南、广西、海南、广东、西藏、贵州和辽宁等省、自治区。

经济价值：不明。

星孢丝盖伞（星孢毛锈伞）*Inocybe asterospora*

生态习性：夏、秋季在林中阔叶树下群生或散生。

产地及分布：产于鸡公山的大茶沟、大深沟、李家寨林区等地。分布于河南、河北、吉林、江苏、山西、浙江、云南、贵州、四川、湖南、香港、福建等地。

经济价值：极毒菌。误食此菌后出现神经精神异常症状。猛烈发汗，唾液及支气管黏液分泌亢进，瞳孔缩小，脉搏变弱，肠蠕动亢进。严重时发汗过多导致虚脱，甚至死亡。有的引起黄疸、肝功能减退、心肌损害等症。另外与山毛榉可形成外菌根。

褐丝盖伞（丝盖伞）*Inocybe brunnea*

生态习性：夏、秋季生于林地上。

产地及分布：产于鸡公山的大茶沟、大深沟、李家寨林区。分布于云南、西藏等省、自治区。

经济价值：毒菌。

刺孢丝盖伞（鳞盖丝盖伞）*Inocybe calospora*

生态习性：夏、秋季于针、阔叶林地上群生。

产地及分布：产于鸡公山的大茶沟、武胜关、李家寨林区。分布于河南、浙江、西藏、吉林、广东、贵州、四川等省、自治区。

经济价值：食用菌。另与树木形成菌根。

黄丝盖伞（黄毛锈伞）*Inocybe fastigiata*

生态习性：夏、秋季在林中或林缘地上单独或成群生长。

产地及分布：产于鸡公山的大茶沟、李家寨林区。分布于河南、河北、山西、吉林、福建、贵州、江苏、四川、香港、云南、内蒙古、青海、甘肃、新疆、黑龙江等地。

经济价值：毒菌。误食后发病快，病程短，产生精神型症状，潜伏期 1～2h 或更短。除主要有胃肠道中毒症状外，还出现发热或发冷，大量出汗，瞳孔放大，视力减弱，四肢痉挛等。及早催吐和用阿托品治疗较好。此菌入药可抗湿疹。据报道可与栎、柳形成外生菌根。

淡紫丝盖伞 *Inocybe lilacina*

生态习性：夏、秋季在云杉林地上成群或成丛生长。

产地及分布：产于鸡公山的大茶沟、大深沟、武胜关、李家寨林区等地。分布于河南、四川、吉林、黑龙江等省。

经济价值：毒菌。此菌含毒蝇碱，食后产生神经、精神型中毒症状。

茶褐丝盖伞（茶褐毛锈伞）*Inocybe umbrinella*

生态习性：夏、秋季在林地上单生或散生。

产地及分布：产于鸡公山的大茶沟、大深沟、李家寨林区等地。分布于河南、河北、山西、吉林、四川、新疆、香港、云南、贵州、内蒙古、西藏等地。

经济价值：毒菌。中毒后产生神经、精神型症状。此菌属外生菌根菌。

大毒滑锈伞（大毒黏滑菌）*Hebeloma crustuliniforme*

生态习性：夏、秋季在混交林地上成群生长。

产地及分布：产于鸡公山的大茶沟、大深沟、武胜关、李家寨林区。分布于河南、河北、吉林、新疆、四川、云南、青海、西藏等省、自治区。

经济价值：毒菌。据记载含有毒蝇碱及胃肠道刺激物等毒素。中毒后主要产生恶心、呕吐、腹泻、腹痛等胃肠炎症状。严重者引起急性中毒肝炎（肝大或肝萎缩）、黄疸、胃肠黏膜出血、组织坏死，甚至死亡。食后约 0.5h 发病，一两天内恢复正常。可与松、杉、桦、栎、李、杨、柳、榆等形成菌根。

毒滑锈伞（毒黏滑菇） *Hebeloma fastibile*

生态习性：夏、秋季在云杉林地上单生或群生。

产地及分布：产于鸡公山的大深沟、武胜关、李家寨林区等地。分布于河南、青海、河北、四川、贵州、西藏等省、自治区。

经济价值：毒菌。含毒蝇碱等毒素，误食后引起恶心、呕吐、腹泻、腹痛等胃肠炎症状。可与松形成外生菌根。

芥味滑锈伞（大黏滑菇） *Hebeloma sinapizans*

生态习性：夏、秋季在混交林地上群生或单生。

产地及分布：产于鸡公山的大茶沟、武胜关、李家寨林区。分布于河南、吉林、四川、云南、陕西、山西等省。

经济价值：毒菌。味道很辣，有强烈芥菜气味或萝卜气味，误食后产生胃肠炎中毒症状。不过也有记载可食用或用菌丝体进行深层培养。与树木形成外生菌根。

桩菇科 Paxillaceae

黑毛桩菇（黑毛卷伞菌、毛柄网褶菌） *Paxillus atrotometosus*

生态习性：春至秋季于针叶林、竹林等地上或腐木上单生或丛生。

产地及分布：产于鸡公山的大茶沟、大深沟、武胜关、李家寨林区。分布于河北、吉林、江苏、安徽、广东、广西、福建、湖南、河南、云南、四川、西藏等省、自治区

经济价值：毒菌。从该菌中可提取黑毛桩菇素，具抗菌作用。资料对毒性记载不一致。有人说可食，但味略苦，气味不好，也有人说食后发生胃肠炎型中毒。可用开水煮沸10min，再漂洗4h，晒干贮藏干食。可引起木材腐朽。

波纹桩菇（波纹网褶菌、波纹卷伞菌、覆瓦网褶菌） *Paxillus curtisii*

生态习性：夏、秋季在阔叶林等树木桩上覆瓦状叠生或丛生。

产地及分布：产于鸡公山的大茶沟、大深沟、避暑山庄、武胜关、李家寨林区。分布于黑龙江、吉林、辽宁、河南、山西、广西、福建、云南、香港、广东、四川、安徽、西藏等地。

经济价值：毒菌。有强烈的腥臭气味。

卷边桩菇（卷边网褶菌） *Paxillus involutus*

生态习性：春末至秋季多在杨树等阔叶林地上群生、丛生或散生。

产地及分布：产于鸡公山的大茶沟、大深沟、武胜关、李家寨林区。分布于河南、河北、北京、吉林、黑龙江、福建、山西、宁夏、安徽、湖南、广东、四川、云南、贵州、西藏等省、市、自治区。

经济价值：食、药兼用菌。但有报道有毒或生吃有毒。能引起胃肠道症状，采食时需注意。此种是中药"舒筋散"的成分之一，有治腰腿疼痛、手足麻木、筋络不舒的功效。与杨、柳、落叶松、云杉、松、桦、山毛榉、栎等树木形成菌根。

耳状桩菇（耳状网褶菌） *Paxillus panuoides*

生态习性：夏、秋季在针叶树腐木上群生或叠生。

产地及分布：产于鸡公山的大茶沟、大深沟、李家寨林区。分布于黑龙江、吉林、河北、山西、云南、广东、广西壮族自治区等省、自治区。

经济价值：记载有毒。具有强烈的腥臭气味。可引起木材褐腐。

铆钉菇科 Gomphidiaceae

铆钉菇（血红铆钉菇、红蘑、松树伞、松蘑） *Gomphidius rutilus*

生态习性：夏、秋季在松林地上单生或群生。

产地及分布：产于鸡公山的大茶沟、大深沟、避暑山庄、武胜关、李家寨林区。分布于河南、河北、山西、吉林、黑龙江、辽宁、云南、西藏、广东、湖南、青海、四川等省、自治区。

经济价值：食、药兼用菌。此种菌肉厚，味道较好。入药可治疗神经性皮炎。该菌是针叶树木重要的外生菌根菌。

红菇科 Russulaceae

皱盖乳菇（皱皮乳菇） *Lactarius corrugis*

生态习性：夏、秋季阔叶林地上单生或群生。

产地及分布：产于鸡公山的大茶沟、大深沟、避暑山庄、武胜关、李家寨林区。分布于河南、安徽、广东、广西、海南、云南、西藏、四川等省、自治区。

经济价值：食用菌，口感柔和。属树木外生菌根菌。是林木生长的重要因子。

松乳菇（美味松乳菇、乌丝菇、乌丝菌） *Lactarius deliciosus*

生态习性：夏、秋季于针、阔叶林地上，单生或群生。

产地及分布：产于鸡公山及信阳各地。分布于河南、浙江、香港、台湾、海南、河北、山西、吉林、辽宁、北京、湖北、山东、陕西、贵州、广东、广西、内蒙古、江苏、安徽、甘肃、青海、四川、云南、西藏、新疆等地。

经济价值：属重要的野生食用菌。是信阳群众传统喜食的菌类。子实体含橡胶物质。此菌是外生菌根菌。与落叶松等树木形成外生菌根。是林木生长的重要因子。

红汁乳菇 *Lactarius hatsudake*

生态习性：初夏至秋季生于松林地上。群生或单生。

产地及分布：产于鸡公山的大茶沟、大深沟、避暑山庄、武胜关林区。分布于台湾、香港、海南、河南、福建、河北、吉林、辽宁、黑龙江、广东、西藏、湖南、甘肃、陕西、四川等地。

经济价值：食用菌。味道比较好。除鲜食外，还可加工成菌油。此菌实验抗癌，对小白鼠肉瘤 S-180 的抑制率为 100%，对艾氏癌的抑制率为 90%。另外，与松等树木形成外生菌根。

稀褶乳菇（湿乳菇、潮湿乳菇） *Lactarius hygroporoides*

生态习性：夏、秋季于杂木林地上单生或群生。

产地及分布：产于鸡公山的大茶沟、大深沟、避暑山庄、武胜关、李家寨林区、登山古道等地。分布于河南、江苏、福建、海南、贵州、湖南、云南、四川、安徽、江西、广西、西藏等省、自治区。

经济价值：食用菌。此菌对小白鼠肉瘤 S-180 和艾氏癌的抑制率均为 70%。含有橡胶物质，橡胶是子实体干重的 5.05%。属外生菌根，与楮栲、松等树木形成菌根。

苦乳菇（石灰菌、鲜红乳菇、苦味乳菇） *Lactarius hysginus*

生态习性：夏、秋季于针、阔叶林地上单生或散生。

产地及分布：产于鸡公山的大茶沟、大深沟、避暑山庄、武胜关、李家寨林区。分布于河南、四川、陕西、云南、福建、广东、西藏、贵州等省、自治区。

经济价值：味辣且味苦。群众认为有毒不可食用。其子实体含有麦角甾醇、硬脂酸甲脂、N-苯基-2-萘胺、24E-麦角甾 7，22-二烯-6-酮—3 β，5α-二醇、庚酰胺、24E-麦角甾-7，22-二烯-3β，5α，6β-三醇等化合物。对白血病细胞有一定的抑制作用。

环纹苦乳菇（劣味乳菇、环纹菇）*Lactarius insulsus*

生态习性：夏、秋季在阔叶林地上单生或群生。

产地及分布：产于鸡公山的大茶沟、大深沟、避暑山庄、武胜关、李家寨林区、登山古道、笼子口等地。分布于河南、河北、吉林、江苏、安徽、河南、四川、云南、贵州、甘肃、陕西、湖南等省。

经济价值：毒菌，药用。味苦，性温。有追风散寒、舒筋活络等功效。可治腰腿疼痛、手足麻木、筋骨不舒、四肢抽搐等症。含有抗癌活性物质。子实体含橡胶物质，是干重的0.05％。与榆、桦木等树形成菌根。

黑乳菇（黑褐乳菇、黑菇）*Lactarius lignyotus*

生态习性：夏、秋季在林地上散生。

产地及分布：产于鸡公山的大茶沟、大深沟、避暑山庄、武胜关、李家寨林区。分布于河南、黑龙江、吉林、江苏、安徽、福建、云南、四川、贵州、广东、西藏、湖南等省、自治区。

经济价值：食用菌，但有报道有毒，必须慎食。药用制成"舒筋丸"，治腰腿疼痛、手足麻木、四肢抽搐。此菌属树木的外生菌根菌。

细质乳菇（甘味乳菇）*Lactarius mitissimus*

生态习性：夏、秋季于针叶或阔叶林地上群生。

产地及分布：产于鸡公山的大茶沟、大深沟、武胜关、李家寨林区、登山古道、笼子口等地。分布于河南、吉林、四川、贵州等省。

经济价值：食用菌。气味好，口感更好。是树木的外生菌根菌。

苍白乳菇 *Lactarius pallidus*

生态习性：夏、秋季在混交林地上群生。

产地及分布：产于鸡公山的大茶沟、大深沟、避暑山庄、武胜关、李家寨林区等地。分布于福建、吉林、河北、陕西、河南、云南、西藏等省、自治区。

经济价值：食用菌。据报道，此菌含抗癌物质，对小白鼠肉瘤 S-180 和艾氏癌的抑制率均为80％。

白乳菇（羊脂菌、辣味乳菇、白奶浆菌、板栗菌）*Lactarius piperatu*

生态习性：夏、秋季多于阔叶林地上散生或群生。

产地及分布：产于鸡公山保护区各林地。分布于河南、河北、陕西、甘肃、云南、四川、贵州、西藏、广西、广东、安徽、江苏、辽宁、福建、台湾、湖南、浙江、江西、山西、内蒙古、黑龙江、吉林、新疆等地。

经济价值：可食用。但此菌含类树脂物质，有的人食后有呕吐反应，乳汁很辣，不宜直接采食，需长时间浸泡，或煮沸后除去辣味方可食用。药用制成"舒筋丸"，治腰腿疼痛、手足麻木、四肢抽搐等症。可抗癌，其热水提取物对小白鼠肉瘤 S-180 和艾氏癌的抑制率分别为80％和70％。

黄乳菇（窝柄黄乳菇）*Lactarius scrobiculatus*

生态习性：夏、秋季在混交林或针叶林地上成群或分散生长。

产地及分布：产于鸡公山的大深沟、武胜关、李家寨林区等地。分布于河南、吉林、黑龙江、江苏、云南、山西、四川、青海、甘肃、内蒙古、西藏等省、自治区。

经济价值：毒菌。味苦辣，误食后引起肠胃炎型中毒。该菌子实体含有橡胶物质。与松等形成菌根。

尖顶乳菇（微甜乳菇）*Lactarius subdulcis*

生态习性：夏、秋季于混交林地上散生或群生。

产地及分布：产于鸡公山的大茶沟、大深沟、登山古道、避暑山庄、武胜关、李家寨林区等地。分布于河南、河北、甘肃、安徽、江苏、浙江、福建、湖南、贵州、广西、青海、四川、吉林、云南等省、自治区。

经济价值：食用菌。味入口时柔和微甜，后微苦。此菌含橡胶物质。属外生菌根菌。与松、栎等树木形成外生菌根。

毛头乳菇（疝疼乳菇）*Lactarius torminosus*

生态习性：夏、秋季在林地上单生或散生。

产地及分布：产于鸡公山的大茶沟、武胜关、李家寨林区。分布于河南、黑龙江、吉林、河北、山西、四川、广东、甘肃、青海、湖北、内蒙古、云南、新疆、西藏等省、自治区。

经济价值：毒菌。含胃肠道刺激物，食后引起胃肠炎症状或四肢末端剧烈疼痛等症状。含有毒蝇碱或相似的毒素。子实体含橡胶物质。与栎、榛、鹅耳栎等树木形成菌根。

绒白乳菇 *Lactarius vellereus*

生态习性：夏、秋季在混交林地上群生、散生。

产地及分布：产于鸡公山的大茶沟、大深沟、避暑山庄、武胜关、李家寨林区、登山古道等地。保护区各林地。分布于河南、江西、湖南、湖北、广东、广西、安徽、福建、四川、云南、吉林、辽宁、黑龙江、甘肃、西藏等省、自治区。

经济价值：据记载有轻微毒性，食后影响消化，需经过浸泡和煮沸等加工处理后方可食用。入药能治疗腰腿疼痛、手足麻木、筋骨不适、四肢抽搐。对小白鼠肉瘤 S-180 及艾氏癌的抑制率均为 60%。此菌属树木的外生菌根菌。

多汁乳菇（红奶浆菌、牛奶菇、奶汁菇）*Lactarius volemus*

生态习性：夏、秋季在针、阔叶林地上散生、群生，稀单生。

产地及分布：产于鸡公山的大茶沟、避暑山庄、武胜关林区等地。分布于黑龙江、吉林、辽宁、山西、甘肃、陕西、云南、贵州、四川、安徽、福建、江苏、江西、湖南、湖北、广东、广西、海南、西藏等省、自治区。

经济价值：食、药兼用菌。入药有清肺益胃、去内热的作用。其子实体的提取物对小白鼠肉瘤 S-180 和艾氏癌的抑制率分别为 80% 和 90%。含七元醇 $[C_7H_9(OH)_7]$，可合成橡胶，幼小子实体含量高。是树木的外生菌根菌。

烟色红菇（黑菇、火炭菌）*Russula adusta*

生态习性：夏、秋季生于针叶林地上，单生或群生。

产地及分布：产于鸡公山的大茶沟、大深沟、避暑山庄、武胜关、李家寨林区、登山古道、笼子口等地。分布于河南、河北、吉林、江苏、广东、广西、湖南、贵州、甘肃、西藏等省、自治区。

经济价值：食用菌。其子实体的提取物对小白鼠肉瘤 S-180 和艾氏癌的抑制率均为 80％。与松、栎等树木形成菌根。

铜绿红菇（铜绿菇、青脸菌、紫菌）*Russula aeruginea*

生态习性：夏、秋季于松林或混交林地上单生或群生。

产地及分布：产于鸡公山保护区各林地及信阳各山区。分布于河南、四川、云南、吉林、广东、西藏、湖北、湖南等省、自治区。

经济价值：可食用，但有人认为不能食用。属树木的外生菌根菌。

小白菇（白红菇、白平菇）*Russula albida*

生态习性：夏、秋季林下地上单生或群生。

产地及分布：产于鸡公山的烧鸡堂、灵化寺、笼子口等地及大别山区、伏牛山区。分布于河南、吉林、安徽、江苏、福建、四川、云南、广东、西藏等省、自治区。

经济价值：食用菌。属树木的外生菌根菌。

白黑红菇（黑白红菇、火炭菌、火炭菇）*Russula albonigra*

生态习性：夏、秋季生于混交林地上。

产地及分布：产于鸡公山的大茶沟、大深沟、避暑山庄、武胜关、李家寨林区、登山古道、笼子口等地。分布于河南、江西、广西、四川、云南、贵州、西藏等省、自治区。

经济价值：食用菌。味道一般。此菌属树木的外生菌根菌。与栎类等树木形成外生菌根。

大红菇（革质红菇、红菇）*Russula alutacea*

生态习性：夏、秋季于林地上散生。

产地及分布：产于鸡公山保护区各林地。分布于河北、黑龙江、吉林、江苏、安徽、福建、河南、甘肃、湖北、广东、陕西、云南、西藏等省、自治区。

经济价值：食、药兼用菌。药用有追风、散寒、舒筋、活络的功效。主治腰腿疼痛、手足麻木、筋骨不适、四肢抽搐。是传统中药"舒筋丸"的重要成分。富含铜等人体健康不可缺少的微量营养素。可提高免疫力。可延缓和抑制癌细胞生长、扩散，使癌细胞退化、萎缩。此菌是树木的外生菌根菌。与栎树形成外生菌根。是林木生长的重要因子。属重要的野生食用菌。

黑紫红菇（紫黑菇）*Russula atropurpurea*

生态习性：夏、秋季林地上单生或群生。

产地及分布：产于鸡公山的大茶沟、大深沟、避暑山庄及大别山区、伏牛山区。分布于河北、河南、黑龙江、吉林、陕西、四川、云南、西藏等省、自治区。

经济价值：食用菌。可以产生抗生素，对细菌、酵母菌、霉菌有一定抑制作用。与松、栎等树木形成菌根。是林木生长的重要因子。

红斑黄菇（金红菇）*Russula aurata*

生态习性：夏、秋季于混交林地上单生或群生。

产地及分布：产于鸡公山的大茶沟、大深沟及大别山区、伏牛山区、太行山区等地。分布于黑龙江、吉林、安徽、河南、四川、贵州、湖北、广东、陕西、广西、西藏等省、自治区。

经济价值：食用菌。其子实体提取物对小白鼠肉瘤 S-180 的抑制率为 70％，对艾氏癌的抑制率为 60%。与栎类等树木形成外生菌根。

葡紫红菇（天蓝红菇）Russula azurea

生态习性：夏、秋季生于针叶林或针栎林地上。

产地及分布：产于鸡公山的大茶沟、大深沟、避暑山庄、武胜关、李家寨林区。分布于河南、云南等省。

经济价值：可食用。与松等针叶树树木形成外生菌根。

粉黄红菇（矮狮红菇、鸡冠红菇）Russula chamaeleontina

生态习性：夏、秋季于林地上散生或群生。

产地及分布：产于鸡公山的避暑山庄、武胜关、李家寨林区。分布于台湾、河南、青海等省。

经济价值：可食用。属树木的外生菌根菌。

黄斑绿菇（壳状红菇、淡绿菇、黄斑红菇）Russula crustosa

生态习性：夏、秋季于阔叶林地上散生或群生。

产地及分布：产于鸡公山各地及大别山区、伏牛山区、太行山区等地。分布于河北、江苏、安徽、福建、广西、广东、贵州、湖北、陕西、四川、云南等省、自治区。

经济价值：食用菌。据记载其子实体提取物对小白鼠肉瘤 S-180 和艾氏癌的抑制率均为 70%。此菌为外生菌根菌。

花盖菇（蓝黄红菇）Russula cyanoxantha

生态习性：夏、秋季于阔叶林地上散生至群生。

产地及分布：产于鸡公山各林地。分布于吉林、辽宁、江苏、安徽、福建、河南、广西、陕西、青海、云南、贵州、湖南、湖北、广东、黑龙江、山东、四川、西藏、新疆等省、自治区。

经济价值：食用菌，味道较好。其子实体提取物对小白鼠肉瘤 S-180 的抑制率为 70%，对艾氏癌的抑制率为 60%。可与马尾松、高山松、云南松、高山栎、栗、山毛榉、鹅耳枥等树木形成外生菌根。

褪色红菇（淡红菇）Russula decolorans

生态习性：夏、秋季散生于阔叶林或针阔叶混交林内地上。

产地及分布：产于鸡公山大茶沟、大深沟、武胜关等林地。分布于河南、吉林、河北、四川、江苏、西藏等省、自治区。

经济价值：可食用。与松等树木形成外生菌根。属树木的外生菌根菌。

大白菇（美味红菇、背泥菇、白菇子）Russula delica

生态习性：夏、秋季生于针叶林或混交林地上，单生、散生，有时群生。

产地及分布：产于鸡公山各林地。分布于河南、吉林、河北、江苏、安徽、浙江、甘肃、四川、贵州、西藏、云南、新疆等省、自治区。

经济价值：食用菌，其味较好。其子实体的提取物具很高的抗癌活性，对小白鼠肉瘤 S-180 和艾氏癌的抑制率均达 100%。对多种病原菌有明显抵抗作用。同云杉、冷杉、松、铁杉、黄杉、山毛榉、高山栎、山杨等形成菌根。

密褶黑菇（火炭菇、小叶火炭菇、密褶红菇）Russula densifolia

生态习性：夏、秋季在阔叶林地上成群生长。

产地及分布：产于鸡公山大茶沟、大深沟、武胜关、李家寨、避暑山庄、烧鸡堂等林区。分布于河南、吉林、河北、陕西、湖北、江苏、安徽、江西、福建、云南、山东、广东、广西、贵州、四川等省、自治区。

经济价值：此菌含胃肠道刺激物及其他毒素。但有的人食后则无中毒反应。入药是"舒筋丸"成分之一，可治腰腿疼痛，手足麻木，筋骨不适，四肢抽搐。同栎、山毛榉、栗等多种树木形成菌根。

紫红菇（紫菌子）*Russula depalleus*

生态习性：夏、秋季于针叶林或混交林地上单生、散生或群生。

产地及分布：产于鸡公山武胜关、李家寨林区。分布于河南、吉林、江苏、云南、湖南、新疆、西藏等省、自治区。

经济价值：食用菌，味道较好。此菌属树木的外生菌根菌。

毒红菇（红毒菇子、小红脸菌、呕吐红菇）*Russula emetica*

生态习性：夏、秋季在林地上散生或群生。

产地及分布：产于河南省各地。分布于河北、吉林、河南、江苏、安徽、福建、湖南、四川、甘肃、陕西、广东、广西、西藏、云南等省、自治区。

经济价值：毒菌。食后主要引起胃肠炎型中毒症状。一般发病快，病程短，除发生剧烈恶心呕吐、腹泻、腹痛外，还出现面部肌肉抽搐、脉搏加速、体温上升或下降等症状，严重时可因心脏衰弱或血液循环衰竭而死亡。其子实体提取物对小白鼠肉瘤 S-180 的抑制率高达 100％，对艾氏癌的抑制率达 90％。属外生菌根菌，与松、栎等多种树木形成菌根。

臭红菇（臭黄菇、油辣菇、腥红菇、鸡屎菌、牛犊菌）*Russula foetens*

生态习性：夏、秋季在松林或阔叶林地上群生或散生。

产地及分布：产于鸡公山自然保护区各林地均有。分布几乎遍及全国各地。

经济价值：此菌晒干、煮洗后可食用。但往往食后中毒。主要为胃肠道病症，如恶心、呕吐、腹痛、腹泻等，甚至有精神错乱、昏睡、面部肌肉抽搐、牙关紧闭等症状。入药可治腰腿疼痛、手足麻木、筋骨不适、四肢抽搐等。其子实体提取物对小白鼠肉瘤 S-180 和艾氏癌的抑制率均为 70％。子实体含有橡胶物质，可用于合成橡胶。与松、栎、榛等形成外生菌根。属外生菌根菌。

小毒红菇（脆弱红菇、松红菇、小红盖子、小棺材盖、小胭脂菌）*Russula fragilis*

生态习性：夏、秋季在林地上分散生长。

产地及分布：产于鸡公山自然保护区各林地。分布于河北、河南、黑龙江、辽宁、吉林、江苏、安徽、浙江、福建、湖南、广东、广西、西藏、台湾、云南等地。

经济价值：毒菌。此菌含胃肠道刺激物，食后会引起中毒。但也可晒干煮洗后食用。另外，此菌是树木的外生菌根菌。与松、栎等形成外生菌根。

叉褶红菇（黏绿红菇）*Russula furcata*

生态习性：夏、秋季生于阔叶树或针叶树林地上，群生或散生。

产地及分布：产于鸡公山大深沟、避暑山庄、烧鸡堂、灵化寺、登山古道。分布于吉林、陕西、四川、安徽、江苏、云南、福建、河北、河南、广东、贵州、西藏等省、自治区。

经济价值：食用菌。属外生菌根菌，与杉、栎等多种树木形成菌根。

绵粒红菇（绵粒黄菇）*Russula granulata*

生态习性：夏、秋季于阔叶林中草地上单生或群生。

产地及分布：产于鸡公山大茶沟、武胜关、李家寨林区。分布于河南、广东、四川等省。

经济价值：食用菌。可与栎、栗等树木形成菌根。

叶绿红菇（叶绿菇、异褶红菇）Russula heterophylla

生态习性：夏、秋季杂木林地上单生或群生。

产地及分布：产于鸡公山大深沟、武胜关林区等地。分布于江苏、福建、河北、河南、云南、四川、黑龙江、广东、海南等省。

经济价值：食用菌。属外生菌根菌。

变色红菇（全缘红菇）Russula integra

生态习性：夏、秋季于林地上单生或群生。

产地及分布：产于鸡公山大茶沟、大深沟、武胜关林区等林地。分布于河南、河北、吉林、江苏、福建、陕西、广东、四川、新疆、贵州、云南、西藏等省、自治区。

经济价值：食、药用菌。味微咸，平，具追风、散寒、舒筋、活络功效。可治腰腿疼痛、手足麻木、筋骨不适、四肢抽搐。为传统中药"舒筋丸"的重要成分。此菌属外生菌根菌。

白菇（乳白菇、乳白红菇）Russula lacte

生态习性：夏、秋季于混交林地上，单生或群生。

产地及分布：产于鸡公山保护区多地都有分布。分布于广东、安徽、四川等省。

经济价值：可食用。属树木的外生菌根菌。与松、栎等树木形成外生菌根。

拟臭红菇（桂樱红菇、可爱红菇）Russula laurocerasi

生态习性：夏、秋季在阔叶林地上群生或单生。

产地及分布：产于鸡公山大茶沟、大深沟等林地。分布于河南、辽宁、贵州、江西、西藏、四川、湖北等省、自治区。

经济价值：味辛辣。具臭味。被认为有毒，经煮沸浸泡后可食用。此菌子实体提取物对小白鼠肉瘤 S-180 的抑制率为 90%，对艾氏癌的抑制率为 80%。属树木的外生菌根菌。

红菇（红色红菇、美丽红菇、鳞盖红菇）Russula lepida

生态习性：夏、秋季林地上群生或单生。

产地及分布：产于鸡公山保护区各林区林地。分布于河南、辽宁、吉林、江苏、福建、广东、广西、四川、云南、甘肃、陕西、西藏等省、自治区。

经济价值：食、药兼用菌。也有人因其辛辣而不食用。入药有追风散寒、舒筋活络、补血之功效。此菌据记载可抗癌，其子实体提取物对小白鼠肉瘤 S-180 抑制率为 100%，对艾氏癌的抑制率为 90%。与松、栗、栎等形成菌根。属重要的野生食用菌。

淡紫红菇（丹红菇）Russula lilacea

生态习性：夏、秋季于混交林地上单生或群生。

产地及分布：产于鸡公山大茶沟、武胜关林区等林地。分布于福建、广东、广西、陕西、云南等省、自治区。

经济价值：可食用。记载对小白鼠肉瘤 S-180 的抑制率达 60%，对艾氏癌的抑制率为 70%。是树木的外生菌根菌。

黄菇（黄红菇）Russula lutea

生态习性：夏、秋季于阔叶林及针叶林地上散生或群生。

产地及分布：产于鸡公山大茶沟、大深沟、武胜关林区等地。分布于江苏、广东、吉林、安徽、河南、云南、四川、西藏等省、自治区。

经济价值：食用菌。属树木的外生菌根菌，与松、栎等树木形成菌根。

绒紫红菇（紫色红菇）*Russula mariae*

生态习性：夏、秋季散生或群生于阔叶林地上。

产地及分布：产于鸡公山避暑山庄、烧鸡堂、灵化寺、登山古道、笼子口等林地。分布于江苏、广西、贵州、河南等省、自治区。

经济价值：食用。属树木的外生菌根菌。与栎类等阔叶杂木形成外生菌根。

赭盖红菇（厚皮红菇）*Russula mustelina*

生态习性：夏、秋季于林地上散生或群生。

产地及分布：产于鸡公山大茶沟、大深沟、武胜关林区等林地。分布于河南、江苏、四川、广东、广西、云南等省、自治区。

经济价值：食用菌。与云杉、松等树木形成外生菌根。

稀褶黑菇（老鸦菌、格绕、火炭菇、菌子王、猪仔菌、黑红菇）*Russula nigricans*

生态习性：夏、秋季在混交林地上成群或分散生长。

产地及分布：产于鸡公山大茶沟、大深沟、武胜关、李家寨林区等地。分布于河南、吉林、江苏、安徽、江西、福建、广东、广西、陕西、四川、云南、甘肃、贵州、湖北、湖南等省、自治区。

经济价值：多记载食用。我国南方一些地区采食，但在广西、江西等地发生过中毒。食后恶心、呕吐、腹部剧痛、流唾液、筋骨痛或全身发麻、神志不清等。中毒严重者有肝大、黄疸等，导致死亡。可药用。福建民间用来治疗痢疾。为传统中药"舒筋丸"的重要成分，可治腰腿疼痛、手足麻木、筋骨不适、四肢抽搐。对小白鼠肉瘤 S-180 和艾氏癌的抑制率均为 60%。与云杉、黄杉、栎、山毛榉等树木形成菌根。

沼泽红菇（红蘑菇）*Russula paludosa*

生态习性：夏、秋季于针叶林或混交林下潮湿地散生或群生。

产地及分布：产于鸡公山碾子洼水库、烧鸡堂、李家寨等林区。分布于河南、黑龙江、云南等省。

经济价值：可食用。属外生菌根菌。与松等树木形成外生菌根。

米黄菇（篦形红菇、篦边红菇）*Russula pectinata*

生态习性：在针叶或阔叶林地上群生或散生。

产地及分布：产于鸡公山武胜关、李家寨等林区。分布于河南、江苏、黑龙江、云南、湖南、福建、广东、湖北、吉林、辽宁等省。

经济价值：可食用，但有辛辣味。属树木的外生菌根菌，与栎、栗、马尾松等树木形成菌根。

紫薇红菇（美红菇）*Russula puellaris*

生态习性：夏、秋季通常于林地上单生或散生。

产地及分布：产于鸡公山碾子洼水库、武胜关、李家寨等林区。分布于河南、江苏、西藏、广东、贵州、四川、湖南等省、自治区

经济价值：食用菌。属树木的外生菌根菌。

俏红菇（红菇、紫红菇）*Russula pulchella*

生态习性：夏、秋季于针叶林或混交林地上散生或群生。

产地及分布：产于鸡公山武胜关、李家寨等林区。分布于河南、吉林、江苏、云南、辽宁、黑龙江、安徽、福建、湖南、西藏等省、自治区。

经济价值：食用菌。属树木的外生菌根菌。与阔叶树类形成外生菌根。

玫瑰红菇（血根草红菇、苦红菇、桃花菌）*Russula rosacea*

生态习性：夏、秋季于松、栎林中群生或散生。

产地及分布：产于鸡公山武胜关、李家寨林区及大别山区、桐柏山区、伏牛山区等地。分布于吉林、辽宁、河南、浙江、湖南、云南、福建等省。

经济价值：食用菌。据记载其子实体含有抗癌物质，对小白鼠肉瘤 S-180 及艾氏癌的抑制率均为 90%。此菌为树木的外生菌根菌。

变黑红菇（深红菇）*Russula rubescens*

生态习性：夏、秋季于阔叶林或混交林地上散生或群生。

产地及分布：产于鸡公山李家寨等林区。分布于吉林、河南等省。

经济价值：可食用。对小白鼠肉瘤 S-180 的抑制率为 70%，对艾氏癌的抑制率为 60%。属外生菌根菌。

大红菇（大朱菇）*Russula rubra*

生态习性：夏、秋季于林地上，单生或散生。

产地及分布：产于鸡公山保护区各林地。分布于河南、黑龙江、吉林、福建、四川、云南、湖北等省。

经济价值：食用菌。是树木的外生菌根菌。

酱色红菇（血红菇）*Russula sanguinea*

生态习性：在松林地上散生或群生。

产地及分布：产于鸡公山武胜关、李家寨等林区。分布于河南、河北、浙江、福建、云南等省。

经济价值：食用菌。含抗癌物质，对小白鼠肉瘤 S-180 和艾氏癌的抑制率均为 90%。

点柄臭黄菇（点柄黄红菇、鱼腮菇）*Russula senecis*

生态习性：夏、秋季于针、阔叶混交林地上单生或群生。

产地及分布：产于鸡公山保护区各林地。分布于河南、河北、江西、湖北、广西、广东、西藏、四川、贵州、云南、台湾等地。

经济价值：毒菌。误食后出现恶心、呕吐、腹痛、腹泻等胃肠炎症状。入药有追风散寒、舒筋活络之功效。据实验对小白鼠肉瘤 S-180 的抑制率为 80%，对艾氏癌的抑制率为 70%。属树木的外生菌根菌。

粉红菇（粉色红蘑菇）*Russula subdepallens*

生态习性：夏、秋季于混交林地上群生。

产地及分布：产于鸡公山大深沟、避暑山庄等地。分布于河南、黑龙江、吉林、江苏、福建、云南、西藏等省、自治区。

经济价值：食用菌。属树木的外生菌根菌。

亚稀褶黑菇（亚黑红菇、毒黑菇、火炭菇）*Russula subnigricans*

生态习性：夏、秋季在阔叶林中及混交林地上散生或群生。

产地及分布：产于鸡公山休闲山庄、大茶沟、大深沟、武胜关、李家寨林区等处。分布于河南、湖南、江西、四川、福建等省。

经济价值：毒菌。剧毒的品种。误食中毒发病率 70％以上。属"呼吸循环损害型"。食后 0.5h 左右出现胃部不适、恶心、呕吐等症状；2～3d 后可出现急性头昏、溶血、发热、畏寒、腰疼、小便酱油色、急性溶血导致急性肾衰竭或中毒性心肌炎等，若不及时治疗，在发病后第三天可能会导致死亡。死亡率达 70％。含抗癌物质，对小白鼠肉瘤 S-180 和艾氏腹水癌抑制率均为 100％。属树木的外生菌根菌。

菱红菇（细弱红菇）*Russula vesca*

生态习性：夏、秋季于针、阔叶林地上单生或散生。

产地及分布：产于鸡公山大深沟、武胜关、李家寨林区等地。分布于河南、江苏、福建、湖南、广西、云南等省、自治区。

经济价值：食用菌。含有抗癌活性物质，其提取物对小白鼠肉瘤 S-180 和艾氏癌的抑制率均为 90％。为树木的外生菌根菌。与栎、栗、桦、山毛榉、松等树木形成菌根。

正红菇（红菇、真红菰、生菰、葡酒红菇）*Russula vinosa*

生态习性：夏、秋季于针、阔叶林地上群生。

产地及分布：产于鸡公山大深沟、武胜关、李家寨林区等处。分布于河南、广东、四川、福建等地。

经济价值：食用菌。入药可治产妇贫血。与多种树木形成菌根。

绿菇（变绿红菇、青盖子、青菌、青蛙菌、绿豆菌、青脸菌、青头菌）*Russula virescens*

生态习性：夏、秋季于林地上单生或群生。

产地及分布：产于鸡公山保护区各林地多有分布。分布于黑龙江、吉林、辽宁、江苏、福建、河南、甘肃、陕西、广东、广西、西藏、四川、云南、贵州等省、自治区。

经济价值：食用菌，味鲜美。药用。入药有明目、泻肝火、散内热等功效。其提取物对小白鼠肉瘤 S-180 和艾氏癌的抑制率均为 60％～100％。是树木的外生菌根菌。与栎、桦、栲、栗形成菌根。

黄孢红菇（黄孢花盖菇）*Russula xerampelina*

生态习性：夏、秋季于针叶林地上单生或群生。

产地及分布：产于鸡公山武胜关、李家寨林区及商城、新县等地。分布于江苏、吉林、辽宁、黑龙江、广东、湖北、河南、云南、新疆等省、自治区。

经济价值：食用菌。此菌含抗癌物，对小白鼠肉瘤 S-180 的抑制率为 70％，对艾氏癌的抑制率为 80％。是树木的外生菌根菌。与云杉、松、栎、杨、榛等树木形成菌根。

笼头菌科 Claustulaceae

笼头菌（红笼头菌、红笼子、格子臭角菌）*Clathrus ruber*

生态习性：春至秋季生于林中空地、山坡草地上。

产地及分布：产于鸡公山的大茶沟、大深沟、武胜关、李家寨林区等处。分布于河南、海南、四川、甘肃、新疆、西藏等省、自治区。

经济价值：毒菌。子实体具腐烂恶臭味。但很早以前在欧洲和亚洲某些地区它的菌蛋被认为是美味，腌制后被当做"魔鬼的蛋"在市场上出售。入药有清热解毒、消肿等功效。民间有人用其子实体治疗皮肤癌，据记载此菌与杨树形成外生菌根。属腐生生物，是腐朽植物有机物的分解者。

五棱散尾鬼笔（五棱鬼笔、棱柱散尾菌） *Lysurus mokusin*

生态习性：夏至秋季于林中、草地、竹林、庭院、农舍等阴湿处地上群生。

产地及分布：产于鸡公山保护区各林地房前屋后。分布于河北、河南、江苏、四川、浙江、云南、福建、湖南、湖北、安徽、贵州、西藏等省、自治区。

经济价值：多认为此菌有毒。但有记载可食用。记载可食用的应该是菌蛋。子实体不可食用。入药有解毒消肿、止血等功效。《本草拾遗》记述其药用功效为"主恶疮、疽、匿、疥、痈、蚁瘘等，并日干，末，和油涂之"。含抗癌活性物质，对小白鼠肉瘤 S-180 及艾氏癌的抑制率分别为 70%、80%。

黄柄笼头菌（黄笼头菌、围篱状柄笼头菌） *Simblum gracile*

生态习性：生于林中、田地上。

产地及分布：产于鸡公山的大茶沟、大深沟、武胜关、李家寨林区等地。分布于四川、江苏、河北、山西、山东、台湾、河南、北京等地。

经济价值：在民间用此菌子实体治疗胃炎和食道癌。

红柄笼头菌（球头柄笼头菌、格柄笼头菌） *Simblum sphaerocephalum*

生态习性：夏、秋季雨后生于草地上及沙地上。

产地及分布：产于鸡公山的大茶沟、大深沟、武胜关、李家寨林区等地。分布于河南、辽宁、河北、山西、甘肃、青海等省。

经济价值：不明。

纺锤佛手菌（三叉鬼笔、三叉菌） *Anthurus fusiformis*

生态习性：夏季多在阔叶林地腐殖质多的地上或林间牛粪上生长。

产地及分布：产于鸡公山自然保护区办公楼后山林地、李家寨林区、东大沟及上山登山古道头道门等处。分布于河南、安徽、湖北等省。

经济价值：药用。入药有清热解毒、消肿之功效。民间将该菌捣烂和芙蓉叶粉混合，外敷可治疗疮疖肿毒。

佛手菌（爪哇尾花菌） *Anthurus javanicus*

生态习性：夏、秋季在林中腐殖质多的地上或腐朽木上生长。

产地及分布：产于鸡公山东大沟等地。分布于河南、台湾、广东、海南、安徽、云南、四川、湖南等地。

经济价值：有记载无毒可食。又有人因孢体具臭气味而认为有毒。入药有清热解毒、消肿之功效。

双柱林德氏鬼笔（蟹爪菌、钳子菌） *Linderia bicolumnata*

生态习性：夏、秋季在阔叶林地、果园等潮湿处单生或成群生。

产地及分布：产于鸡公山的大茶沟、大深沟、武胜关、李家寨林区。分布于河南、江苏、福建、广东、湖南等省。

经济价值：有毒。

柱状林氏鬼笔（柱状小林鬼笔、林德氏鬼笔、柱状鬼笔） *Linderia columnata*

生态习性：夏、秋季于阔叶林或竹林地上散生。

产地及分布：产于鸡公山的大茶沟、大深沟、武胜关、李家寨林区。分布于河南、江苏、云南、福建、广东、湖南、四川等省。

经济价值：不明。

鬼笔科 Phallaceae

白鬼笔（竹菌、无裙菌、鬼笔菌） *Phallus impudicus*

生态习性：夏、秋季于林地上群生或单生。

产地及分布：产于本保护区各林地。分布于河南、辽宁、吉林、内蒙古、河北、山东、山西、甘肃、西藏、安徽、广东等省、自治区。

经济价值：食用菌，但需把菌盖和菌托去掉后才可食用，并可作竹荪代用品。煎汁可作为食品短期的防腐剂。可药用，有活血、除湿、止痛等作用。泡酒服用可治疗风湿疼痛等症。

红鬼笔（深红鬼笔、蛇卵菰） *Phallus rubicundus*

生态习性：夏、秋季在菜园、屋旁、路边、竹林等地上成群生长。多生长在腐殖质多的地方。

产地及分布：产于鸡公山保护区的各林地。分布于黑龙江、辽宁、河北、陕西、西藏、新疆、甘肃、河南、湖北、湖南、云南、贵州、广东、广西、海南等省、自治区。

经济价值：通常记载有毒。洗去菌盖黏物、煮熟后可以食用，口感酥脆、香嫩，与竹荪相似，不可食用太多，会引起身体发热。据经常食用的人介绍，有壮阳的功效。药用具散毒、消肿、生肌等功效。可治疮疽、虮疥、痛瘘等。

黄鬼笔（细黄鬼笔） *Phallus tenuis*

生态习性：夏、秋季生于林下腐朽木上或腐殖质丰富的地方。

产地及分布：产于鸡公山的东大沟、武胜关、李家寨林区。分布于河南、吉林、西藏、云南等省、自治区。

经济价值：有毒。入药有清热解毒、消肿生肌之功效。

短裙竹荪（竹荪、竹参、面纱菌、网纱菌、竹姑娘、臭角菌） *Dictyophora duplicata*

生态习性：夏、秋季在针、阔叶林或竹林地上单生或群生。

产地及分布：产于鸡公山的大茶沟、大深沟、东大沟、武胜关、李家寨林区。分布于河南、黑龙江、吉林、辽宁、河北、江苏、浙江、四川等省。

经济价值：食用菌，味美。但需将菌盖和菌托去掉后食用。此菌煮沸液，能防菜肴变质，与肉食共烹能防腐。入药有止咳、补气、止痛、治痢疾等功效。子实体的发酵液能降低血脂，调节脂肪酸及预防高血压病。还有抗癌作用。属重要的野生食用菌。

长裙竹荪（竹荪、网纱菌、竹姑娘、仙人笠） *Dictyophora indusiata*

生态习性：夏、秋季生于竹林或其他林地上，群生或单生。

产地及分布：产于鸡公山的大茶沟、大深沟、东大沟、武胜关、李家寨林区及新县、商城等地。现各地有栽培。分布于河南、河北、江苏、四川、台湾、广东、广西、海南、贵州、云南等地。

经济价值：名贵食用菌。此菌的煮沸液可防菜肴变质，与肉共煮亦能防腐。民间药用，有止咳、补气、止痛的效果。实验有抗癌作用，对小白鼠肉瘤 S-180 的抑制率为 60%，对艾氏癌的抑制率为 70%。子实体的发酵液能降低血脂，调节脂肪酸，预防高血压病。又对高血压、慢性气管炎、高胆固醇及痢疾等有较好的疗效。还能减肥，防止腹壁脂肪增厚。属重要的野生食用菌。

黄裙竹荪（黄网竹荪、仙人伞） *Dictyophora mulicolor*

生态习性：夏季在竹林、阔叶林地上散生。

产地及分布：产于鸡公山的大深沟、东大沟、大茶沟的滴水岩瀑布。分布于河南、江苏、湖南、安徽、云南、广东、台湾、海南、西藏等地。

经济价值：多认为此菌有毒，不宜采食。可供药用，有解毒、除湿、止痒等功效。将子实体浸泡于 70% 的酒精中，外涂可治疗脚气病。

竹林蛇头菌（细蛇头菌）*Mutinus bambusinus*

生态习性：夏、秋季于庭院、竹林或阔叶林地上散生至群生。

产地及分布：产于鸡公山的休闲山庄附近竹林等地及大别山区。分布于河南、湖南、贵州、云南、广西、广东等省、自治区。

经济价值：药用，有解毒消肿之功效。

蛇头菌（狗蛇头菌）*Mutinus caninus*

生态习性：夏、秋季通常于林地上单生或散生，有时群生。

产地及分布：产于鸡公山的休闲山庄等地及大别山区、伏牛山区。分布于河南、河北、吉林、内蒙古、青海、广东等省、自治区。

经济价值：毒菌。

地星科 Geastraceae

毛咀地星（无柄地星）*Geastrum fimbriatum*

生态习性：夏末秋初生于林中腐枝落叶层地上，散生或近群生，有时单生。

产地及分布：产于鸡公山的烧鸡堂附近及大别山区、伏牛山区。分布于黑龙江、河北、河南、宁夏、甘肃、西藏、青海、湖南等省、自治区。

经济价值：孢粉可药用，有消炎、止血、解毒作用。

粉红地星 *Geastrum rufescens*

生态习性：夏末秋季在林间地上成群或分散生长。

产地及分布：产于鸡公山的大茶沟、李家寨林区及大别山区、伏牛山区、太行山区等地。分布于河南、河北、甘肃、新疆、青海、西藏、江苏、湖南、四川、云南等省、自治区。

经济价值：可药用。

袋形地星 *Geastrum saccatun*

生态习性：秋季在林地上单生或群生。

产地及分布：产于鸡公山保护区和河南省各地。分布于河南、河北、甘肃、山西、青海、四川、安徽、湖南、贵州、云南、西藏等省、自治区。

经济价值：可药用。

尖顶地星 *Geastrum triplex*

生态习性：在林地上或苔藓间单生或散生。

产地及分布：产于鸡公山的林场林区及大茶沟、大深沟、东大沟、武胜关、李家寨林区和罗山、新县、商城等地。分布于河南、河北、山西、吉林、甘肃、宁夏、青海、新疆、四川、云南、西藏等省、自治区。

经济价值：药用菌，有消肿、解毒、止血、清肺、利喉等功效。

绒皮地星 *Geastrum velutinum*

生态习性：夏、秋季于林地上单生或散生。

产地及分布：产于鸡公山武胜关、李家寨林区。分布于河南、四川、安徽、浙江、湖南、云南、海南、广东等省。

经济价值：药用菌。入药有清肺利喉、消肿、止血等功效。

马勃科 Lycoperdaceae

粗皮马勃（粒皮马勃） *Lycoperdon asperum*

生态习性：于林地上单生。

产地及分布：产于鸡公山的东大沟、李家寨林区及大别山区、伏牛山区、太行山区等地。分布于河南、河北、吉林、内蒙古、新疆、云南、甘肃、陕西、青海、江苏、浙江、安徽、四川、贵州、西藏等省、自治区。

经济价值：幼嫩时可食，美味。入药具消肿、止血、清肺、利咽等功效。

黑紫马勃（大孢灰包、黑心马勃、大孢马勃） *Lycoperdon atropurpureum*

生态习性：生于林地上，往往单个生长。

产地及分布：产于鸡公山东沟瀑布附近及大别山区、伏牛山区、太行山区等地。分布于河南、河北、山西、陕西、宁夏、青海、四川、江苏、云南、西藏等省、自治区。

经济价值：幼时可食用。入药有止血功效。

长刺马勃（刺灰包，春灰包） *Lycoperdon echinatum*

生态习性：生于阔叶林地上。

产地及分布：产于鸡公山武胜关、李家寨林区及新县、商城等地。分布于河南、黑龙江、安徽、湖北、四川、广东等省。

经济价值：幼嫩时可食用。老后药用。

褐皮马勃（裸皮马勃） *Lycoperdon fuseum*

生态习性：生于林中枯枝落叶层或苔藓地上，单生至近丛生。

产地及分布：产于鸡公山武胜关、李家寨林区及大别山区、伏牛山区、太行山区等地。分布于河南、山西、黑龙江、辽宁、吉林、青海、云南、西藏、甘肃等省、自治区。

经济价值：幼嫩时可食用。其孢子粉对嗜卷书虱（*Liposcelis bostrychophilus*）有防治作用，防治效果达到 87%。

横膜马勃（冬马勃） *Lycoperdon hyemale*

生态习性：夏、秋季在林中草地上单生、丛生或群生。

产地及分布：产于鸡公山的大深沟、武胜关、李家寨林区等地。分布于河南、吉林、内蒙古、山西、河北、新疆、四川、广东等省、自治区。

经济价值：药用菌。入药有清肺利喉、消肿、止血等功效。

网纹马勃（网纹灰包） *Lycoperdon perlatum*

生态习性：夏、秋季于林地上群生，有时生于腐木上。

产地及分布：产于鸡公山休闲山庄、碾子洼水库、活佛寺下茶园、烧鸡堂、灵化寺等处。分布于河南、黑龙江、吉林、辽宁、河北、山西、江苏、安徽、浙江、江西、福建、台湾、广东、海南、广西、陕西、甘肃、青海、新疆、四川、云南、西藏等地。

经济价值：幼时可食用，味较好。入药有消肿、止血、清肺、利喉、解毒作用。用于外伤止血，治疗冻疮流水、喉炎及扁桃体炎。与云杉、松、栎等树木形成外生菌根。

多形马勃（多形灰包） *Lycoperdon polymorphum*

生态习性：夏、秋季在草地或砂地上群生。

产地及分布：产于河南各地。分布于河南、河北、新疆、青海、江苏、浙江、江西、台湾、云南、西藏等省、自治区。

经济价值：幼时可食用。孢粉可入药。

小马勃（小灰包） *Lycoperdon pusillum*

生态习性：夏、秋季生于林中或草地上。

产地及分布：产于鸡公山各林区。分布于河南、辽宁、内蒙古、河北、山西、陕西、青海、湖南、四川、江西、福建、台湾、广东、广西、海南、西藏、云南等省、自治区。

经济价值：幼时可食用。入药有止血、消肿、解毒、清肺、利喉等作用，可治疗慢性扁桃体炎、喉炎、声音嘶哑、感冒咳嗽及各种出血。菌根菌。

梨形马勃 *Lycoperdon pyriforme*

生态习性：夏、秋季在林地上或腐熟木桩基部丛生、散生或密集群生。

产地及分布：产于鸡公山各林区。分布于河南、河北、山西、内蒙古、黑龙江、吉林、安徽、台湾、广西、陕西、甘肃、青海、新疆、四川、西藏、云南等地。

经济价值：幼时可食，老后内部充满孢丝和孢粉，可药用，用于外伤止血。

白刺马勃 *Lycoperdon wrightii*

生态习性：生于林地上，往往丛生一起。

产地及分布：产于鸡公山的烧鸡堂、李家寨林区及大别山区、伏牛山区。分布于河北、陕西、甘肃、青海、江苏、江西、河南、四川等省。

经济价值：药用，可止血、消炎、解毒等。

白秃马勃（白马勃） *Calvatia candida*

生态习性：夏、秋季生于地上。

产地及分布：产于鸡公山武胜关、李家寨林区及大别山区、伏牛山区、太行山区等地。分布于黑龙江、辽宁、河北、山西、河南、陕西、甘肃、新疆等省、自治区。

经济价值：幼时可食用。孢子粉药用，有消炎、清热、利喉、止血等作用。

头状秃马勃（马屁包、头状马勃） *Calvatia craniiformis*

生态习性：夏、秋季于林地上单生或散生。

产地及分布：产于河南省各地。分布于河南、吉林、河北、江苏、安徽、江西、福建、湖南、广东、广西、陕西、甘肃、四川、云南等省、自治区。

经济价值：幼时可食。成熟后孢子粉可药用，有生肌、消炎、消肿、止痛作用。从发酵液分离出广抗菌谱的马勃菌酸（caluatic acid），对革兰氏阳性、革兰氏阴性菌及真菌有抑制作用。

杯形秃马勃（杯状马勃） *Calvatia cyathiformis*

生态习性：夏、秋季生于林地上或草地上。

产地及分布：产于河南省各地。分布于河南、河北、山西、湖南、台湾、云南等地。

经济价值：幼时可以食用。孢粉可药用。有消肿、止血、清咽利喉、解毒等作用。

大秃马勃（巨马勃、马粪包、大马勃） *Calvatia gigantea*

生态习性：夏、秋季生于旷野的草地上，单生或群生。

产地及分布：产于河南各地。分布于河南、辽宁、吉林、河北、山西、内蒙古、江苏、西藏、甘肃、云南、青海、宁夏、新疆等省、自治区。

经济价值：幼时可食用，味鲜可口。成熟后可药用，具有消肿、止血、清肺、利喉、解毒作用，可治疗慢性扁桃体炎、咽喉肿痛、声音嘶哑、出血、疮肿、冻疮流水、流脓。民间作为刀口药。孢子的水提取物和子实体含有马勃素，具抗癌活性。

紫色秃马勃（杯形马勃、紫色马勃、紫灰勃）*Calvatia lilacina*

生态习性：生于旷野的草地或草原上。

产地及分布：产于鸡公山保护区各林地及河南省各地。分布于河北、内蒙古、黑龙江、江苏、安徽、福建、甘肃、河南、湖北、台湾、广东、广西、青海、云南、新疆、四川等地。

经济价值：幼时可食用。老后可用作止血药。能消肿、止血、清肺、利喉、解毒。可治慢性扁桃体炎、喉炎、声音嘶哑、鼻出血、外伤出血、食道及胃出血、疮肿、冻疮流水、流脓等。

大口静灰球菌（中国静灰球、马勃）*Bovistella sinensis*

生态习性：夏、秋季生于草地上。

产地及分布：产于鸡公山保护区各林地。分布于河北、河南、山东、吉林、江苏、广东、陕西、甘肃、西藏、贵州等省、自治区。

经济价值：食、药兼用菌。幼时可食。老时入药有清咽利肺、消肿解毒、止血等作用。可治疗咳嗽、咽喉肿痛、扁桃体炎、外伤出血。

鸟巢菌科 Nidulariaceae

粪生黑蛋巢菌（鸟巢菌）*Cyathus stercoreus*

生态习性：于粪上或垃圾堆上群生。

产地及分布：产于鸡公山下各村庄附近和河南省各地均产。分布于黑龙江、河北、内蒙古、山西、陕西、江苏、河南、安徽、江西、福建、湖南、四川、贵州、云南、广东、广西等省、自治区。

经济价值：药用菌。有镇痛、止血、解毒等功效。晒干或焙干的鸟巢菌 9～16g，水煎服或用粉末 6～9g 开水冲服可治胃痛。味稍苦。

隆纹黑蛋巢菌 *Cyathus striatus*

生态习性：夏、秋季于落叶林中朽木、腐殖质多的地上或苔藓间群生。

产地及分布：产于鸡公山大茶沟、大深沟及大别山区、伏牛山区、太行山区等地。分布于河南、黑龙江、河北、山西、甘肃、陕西、江苏、安徽、浙江、江西、福建、湖南、四川、云南、广东、广西等省、自治区。

经济价值：药用菌。性温，味微苦，有镇痛、止血、解毒等功效。另外产生鸟巢素（cyathin），对金黄色葡萄球菌有显著抑制作用。此菌可用于止胃痛。

白蛋巢菌（普通白蛋巢菌）*Crucibulum vulgare*

生态习性：夏、秋季在林中腐木和枯枝上成群生长。

产地及分布：产于河南省各地。分布于河南、黑龙江、河北、山西、陕西、甘肃、青海、新疆、西藏、湖北、江苏、浙江、安徽、江西、湖南、云南等省、自治区。

经济价值：能产生纤维素酶，可应用于分解植物纤维素。

黑腹菌科 Melanogastraceae

黑腹菌（腹菌、含糊黑腹菌）*Melanogaster ambiguus*

生态习性：在橡树下或松林下的土中半埋生。有浓烈的大蒜气味。

产地及分布：产于鸡公山武胜关、李家寨林区及碾子洼水库和大别山区、伏牛山区。分布于河南、辽宁、河北等省。

经济价值：可药用。

硬皮地星科 Astraceae

硬皮地星（地星、地蜘蛛）*Astraus hygrometricu*

生态习性：夏、秋季生于林内地上。常单生或分散生长。初期埋生于基物。

产地及分布：产于鸡公山保护区各林地。分布于黑龙江、辽宁、吉林、内蒙古、河北、河南、陕西、甘肃、青海、新疆、四川、云南、贵州、西藏、江西、安徽、福建、浙江、台湾、广东、广西、海南等地。

经济价值：药用菌。有消炎、止血作用。将孢子粉敷于伤口处，治外伤出血、冻疮流水。此菌外包被有吸湿作用，被视为监测森林湿度的“干湿计”。

硬皮马勃科 Sclerodermataceae

大孢硬皮马勃 *Scleroderma bovista*

生态习性：夏、秋季生于林地上。

产地及分布：产于鸡公山碾子洼水库及新县、罗山、商城等地。分布于河北、吉林、山东、江苏、浙江、河南、湖北、湖南、陕西、甘肃、四川、贵州、云南等省。

经济价值：幼时可食用。老熟后入药能消肿止血、清肺利喉。治疗外伤出血、消化道出血、冻疮流水等。此菌是松、杉等树木的外生菌根菌。

光硬皮马勃 *Scleroderma cepa*

生态习性：夏、秋季生于林地上，群生至散生。

产地及分布：产于鸡公山武胜关、李家寨林区及大别山区、伏牛山区。分布于江苏、浙江、河南、湖北、湖南、四川、贵州、云南等省。

经济价值：幼时可食用。成熟后药用。其孢粉有止血、消肿、解毒作用。治疗咳嗽、咽喉肿痛、鼻出血、痔疮出血等症。属于树木的外生菌根菌。

橙黄硬皮马勃 *Scleroderma citrinum*

生态习性：夏、秋季于松及阔叶林砂地上群生或单生。

产地及分布：产于鸡公山碾子洼水库及商城、新县和大别山区、桐柏山区等地。分布于河南、福建、台湾、广东、西藏等地。

经济价值：微毒，但有些地区在其幼嫩时食用。孢粉有消炎作用。为树木的外生菌根菌。

多根硬皮马勃（星裂硬皮马勃）*Scleroderma polyrhizum*

生态习性：夏、秋季在林间空旷地或草丛中单生或群生。

产地及分布：产于鸡公山活佛寺下茶园及大别山区、伏牛山区、太行山区等地。分布于河南、江苏、浙江、福建、台湾、湖南、广东、广西、四川、贵州、云南等地。

经济价值：幼时可食用。此菌老后药用有消肿、止血、清肺、利喉、解毒等作用，用于治疗外伤出血、冻疮流水、消化道出血等症。民间曾以此菌的孢子粉作为爽身粉的代用品。与马尾松形成菌根，其菌根初为白色，老后呈褐色。

薄硬皮马勃（马勃状硬皮马勃）*Scleroderma tenerum*

生态习性：在林地上成群生长。

产地及分布：产于鸡公山波尔登森林公园及新县、罗山、商城等地。分布于河南、黑龙江、河北、山西、甘肃、四川、安徽、江苏、浙江、江西、云南、福建、广东、广西、海南等省、自治区。

经济价值：药用。消肿止血。属外生菌根菌。

疣硬皮马勃 *Scleroderma verrucosum*

生态习性：夏、秋季生于林间砂地上。

产地及分布：产于鸡公山瞭望塔树木园附近及新县、商城等地。分布于河南、甘肃、河北、江苏、四川、云南、西藏等省、自治区。

经济价值：幼时可食用。药用可止血。可与树木形成外生菌根。

豆包菌（酸酱菌、豆包马勃、彩色马勃）*Pisolithus tinctoriu*

生态习性：夏、秋季在松树等林中砂地上，单生或群生。

产地及分布：产于鸡公山各林区和大别山区、桐柏山区等丘陵山地。分布于黑龙江、甘肃、河南、山东、湖北、江苏、安徽、浙江、江西、福建、湖南、台湾、四川、云南、广东、广西等地。

经济价值：药用菌。有消肿、止血作用。孢子粉可治疗外伤出血，冻疮流水，脓肿及治疗食道及胃出血。还可治疗肺热咳嗽、咽喉肿痛等。实验对某些病原菌有抵抗作用。还可用作黄色染料。此菌是重要的外生菌根菌，被称之菌根"皇后"，能与松树等树木形成菌根。对火炬松等速生松树品种人工接种豆包菌，可促进成林。

柄灰包科 Tulostomataceae

褐柄灰锤（褐灰锤）*Tulostoma bonianum*

生态习性：多在栎类等阔叶林中地上群生。

产地及分布：产于鸡公山的武胜关、李家寨林区等地。分布于河南、山西、河北、江苏、安徽、西藏、宁夏等省、自治区。

经济价值：药用。能消肿、止血、清肺、利喉、解毒。

柄灰锤（灰锤）*Tulostoma brumale*

生态习性：秋季多在林地上成群生长。

产地及分布：产于鸡公山的武胜关、李家寨林区及新县、信阳等地。分布于河南、河北、山西、四川、安徽、宁夏等省、自治区。

经济价值：药用。能消肿、止血、清肺解毒，另外治感冒咳嗽、外伤出血等。

主要参考文献

陈哗，许祖国，张康华.2000.庐山大型真菌的生态分布.生态学报，(4)：702～706.

陈世锋，周巍.2007.河南省信阳市鸡公山自然保护区大型真菌多样性调查研究.安徽农业科学，(2)：421～422.

崔波，申进文. 2002. 河南大型真菌. 西安：西安地图出版社.

戴芳澜. 1979. 中国真菌总汇. 北京：科学出版社.

戴玉成. 2010. 中国食用菌名录. 菌物学报，29（01）：1～21.

邓叔群. 1963. 中国的真菌. 北京：科学出版社.

何宗智. 1991. 江西大型真菌资源及其生态分布. 江西大学学报：自然科学版，15（3）：5～13.

黄年来，应建浙，臧穆，等. 1998. 中国大型真菌原色图鉴. 北京：中国农业出版社.

柯丽霞，杨超. 2003. 安徽清凉峰自然保护区大型真菌的生态分布. 应用生态学报，14（10）：1739～1742.

李发启，韩书亮，杨相甫. 1995. 鸡公山自然保护区药用、食用大型真菌资源调查. 河南师范大学学报，23
　　（4）：69～71.

李建宗，胡新文，彭寅斌. 1993. 湖南大型真菌志. 长沙：湖南师大出版社.

李天煜，周巍，刘征，等. 1997. 鸡公山大型真菌图谱. 郑州：河南科学技术出版社.

刘波. 1991. 山西大型食用真菌. 太原：山西高校联合出版社.

卢东升，贾晓，罗春芳. 2009. 硫磺菌生物学特性研究. 中国食用菌，28（5）：10～11.

卢东升，贾晓，罗春芳. 2010. 白鬼笔生物学特征研究. 信阳师范学院学报（自然科学版），23（2）：
　　242～244.

卢东升，王金平，谢正萍. 2008. 宽鳞大孔菌生物学特征研究. 信阳师范学院学报（自然科学版），21（2）：
　　210～212.

卢东升，杨文川. 2011. 大型亚灰树花生物学特性研究. 中国食用菌，30（3）：11～12.

卯晓岚. 2000. 中国大型真菌. 郑州：河南科学技术出版社.

图力古尔，李玉. 1981. 大青沟自然保护区食药用真菌资源. 中国食用菌，7（5）：20～21.

图力古尔，王耀，范宇光. 2010. 长白山针叶林带大型真菌多样性. 东北林业大学学报，38（11）：97～100.

王四宝，刘竟男，黄勃，等. 2004. 大别山地区虫生真菌群落结构与生态分布. 菌物学报，23（2）：
　　195～203.

吴兴亮，李泰辉，宋斌. 2009. 广西花坪国家级自然保护区大型真菌资源及生态分布. 菌物学报，28（4）：
　　528～534.

吴兴亮，邹芳伦，连宾，等. 1998. 宽阔水自然保护区大型真菌分布特征. 生态学报，18（6）：609～614.

谢支锡，王云，王柏. 1986. 长白山伞菌图志. 长春：吉林科学技术出版社.

杨相甫，李发启，韩书亮，等. 2005. 河南大别山药用大型真菌资源研究. 武汉植物学研究，23（4）：
　　393～397.

应建浙，卯晓岚，马启明，等. 1987. 中国药用真菌图鉴. 北京：科学出版社.

张树庭，卯晓岚. 1995. 香港蕈菌. 香港：香港中文大学出版社.

周洪柄，周巍. 1988. 信阳市主要野生食用菌与生境考察. 食用菌，（5）：2.

周洪炳，张丽莉，周巍. 1992. 豫南大别桐柏山区野生大型真菌生境考察初报. 信阳师范学院学报（自然科
　　学版），25（2）：94～100.

周洪炳，周巍. 1987. 鸡公山食用菌资源. 食用菌，（6）：6～7.

周洪炳，周巍. 1990. 信阳食用菌产地常见大型杂菌. 食用菌，（5）：35.

周巍，李纯. 2006. 豫南地区野生食药用真菌生态分布初探. 食用菌，（1）：6～7.

周巍，尹健，周颖. 2004. 豫南地区野生大型毒菌资源与利用. 中国食用菌，23（1）：8～10.

周巍，尹健. 2003. 野生紫孢侧耳生物学特性及驯化研究. 中国食用菌，22（4）：17～18，44.

第四篇
动物多样性[①]

第 12 章　河南鸡公山自然保护区野生动物资源概述[①]

鸡公山自然保护区位于河南省信阳市南部李家寨镇，地处豫鄂两省交界处，地理坐标为北纬 31°46′～31°52′，东经 114°01′～114°06′。该区特殊的地理位置、复杂的地形、优越的水热条件，使得生态景观多样、植被类型众多，森林群落主要有针叶林（常绿针叶林、落叶针叶林）、阔叶林（常绿阔叶林、落叶阔叶林、常绿落叶阔叶混交林）、针阔叶混交林、竹林、灌丛和灌草丛、草甸、沼泽植被和水生植被等。

鸡公山国家级自然保护区的前身为鸡公山林场，始建于 1918 年，是我国最早的国有林场之一，由我国著名林学家韩安先生任第一任场长。1982 年被省政府豫政〔1982〕87 号文件批准为省级自然保护区，1988 年被国务院国发〔1988〕30 号文件批准为国家级自然保护区，成为河南省首批国家级自然保护区。鸡公山自然保护区总面积 2917hm²，其中有林地面积 2893.7hm²，占保护区总面积的 99.2%；其他用地 23.3hm²，占保护区总面积的 0.8%。区内主体山系基本上分布在河南、湖北两省省界上，呈近东西走向，南主峰报晓峰，又名鸡公头，海拔 765m；北主峰为篱笆寨，海拔 811m；西主峰为望父（老），海拔 533.6m；东主峰为光石山，海拔 830m。全区相对高差为 400～500m，沟谷切深一般为 300～400m，侵蚀基准面海拔标高为 100m。年平均气温 15.2℃，极端最高气温 40.9℃，极端最低气温 -20.0℃。日平均气温稳定通过 ≥10℃ 的活动积温 4881.0℃。无霜期 220d。本区地处桐柏大别山主体山系以北，主体山系近东西向或北西西向展布，地形总体上南高北低。主体山系是长江与淮河两大流域的分水岭，山系以北的东双河、九渡河汇入浉河，复入淮河；山系以南的环水、大悟河汇入汉水，复入长江。区内水源充足，是淮河流域水源的涵养地。如此优越的自然条件给野生动物栖息繁衍创造了良好的环境条件，动物资源非常丰富。

12.1　野生动物种类组成

根据调查，本区共记录脊椎动物 489 种，包括哺乳类 51 种，鸟类 320 种，爬行类 34 种，两栖类 13 种，鱼类 71 种。隶属于哺乳类 6 目，鸟类 17 目，爬行类 2 目，两栖类 2 目，鱼类 7 目（表 12-1）。

表 12-1　鸡公山自然保护区脊椎动物统计表

类群	目	科	种
哺乳类	6	18	51
鸟类	17	59	320
爬行类	2	7	34
两栖类	2	6	13
鱼类	7	13	71
合计	34	103	489

---

① 本章由杨怀执笔

统计表明，本区共有国家级保护动物 55 种，其中一级保护动物 5 种，二级保护动物 50 种，占全国保护动物的 10.15%，在物种分布中占很重要的地位。相比较而言，鸟类和爬行类比较丰富，分别占全国物种的 13.31% 和 7.71%，而哺乳类、两栖类和鱼类物种相对比较贫乏，分别只占全国物种的 4.39%、3.37% 和 6.08%（表 12-2）。

表 12-2　鸡公山自然保护区脊椎动物与全国物种分布的比较

类别	种类			国家重点保护动物		
	鸡公山	全国	比例/%	鸡公山	全国	比例/%
哺乳类	51	1163	4.39	7	193	3.62
鸟类	320	2405	13.31	47	326	14.42
爬行类	34	441	7.71	0	17	0.00
两栖类	13	386	3.37	2	6	33.33
鱼类	71	1168	6.08			
合计	489	5563	8.79	56	542	10.33

12.2　动物区系特征与分布特点

分布于本区的 418 种陆栖脊椎动物中，古北界成分 153 种，占 36.60%；东洋界 151 种，占 36.12%；广布种 114 种，占 27.27%（表 12-3）。

表 12-3　鸡公山自然保护区陆栖脊椎动物区系组成

类别	种类	古北界		东洋界		广布种	
		种数	比例/%	种数	比例/%	种数	比例/%
哺乳类	51	20	39.22	23	45.10	8	15.69
鸟类	320	126	39.38	101	31.56	93	29.06
爬行类	34	5	14.71	20	58.82	9	26.47
两栖类	13	2	15.38	7	53.85	4	30.77
合计	418	153	36.60	151	36.12	114	27.27

本区位于大别山系，属于东方落叶林省，北亚热带落叶、常绿阔叶林生态系统区，所以不同海拔由于温度、光照、降水、人为等因素，直接或间接地造成了本区野生动物的垂直分布特点。如从居民区到针阔叶混交区，野生动物的分布种有很大的区别。

根据中国动物地理区划，秦岭山脉—伏牛山脉—淮河一线是我国中东部地区古北界和东洋界的分界线，鸡公山主要位于东洋界华中区。但大别山系的海拔并没有超过 1800m，所以对于物种阻隔的作用不大，因此会造成古北界和东洋界的动物种之间相互渗透，呈现南北动物混杂分布的特征。

12.3　主要动物资源数量变动的原因分析

由于近些年，人类对于经济需求的不断增加，使得保护区中一些经济类毛皮物种、药用物种、肉用物种大肆地被猎取。从而造成物种的减少或者被迫迁徙。

根据调查，随着人类活动的日益增加，区内经济价值较大的毛皮动物、羽禽类动物种群数量都有不同程度的下降。如狐、狼、貉、豺、斑羚、白冠长尾雉等种群数量都明显减少，尤其是金雕、大灵猫、狼、黄喉貂、豹等已多年不见，这次普查也没有见到。与此形成鲜明对比的是由于植被破坏、天敌减少，野猪、草兔及啮齿类动物数量上升。

导致资源下降的因素主要是人为因素。

（1）由于人口和经济发展的压力，人类活动不断由低海拔地区向高海拔地区推进，使动物栖息环境遭到严重破坏，栖息地日益萎缩。

（2）滥捕乱猎，长期以来很多人将狩猎当成副业，加上近些年来外地人上山收购野味，价格上升，为了贪图眼前利益，不择捕猎手段，见动物就捕。

12.4　保护区现状及存在的问题

鸡公山自然保护区自从建立以来，有效控制了人类活动，原始植被得以保存，大多数动物得以保护，但是保护工作还存在一些问题。现存的天然林、次生林大多数退缩分布在高海拔地区，致使适于动物生存的生境破碎，很难对脊椎动物尤其是大型动物实施有效的保护。一般认为，人类过度的经济开发导致栖息地生境的急剧恶化，生境破碎化使野生动物呈岛屿状分布，进而导致种群衰退成小种群，最终陷入灭绝境地。

12.5　保护和管理的建议

为了对本区动物资源实施有效管理，使宝贵的动物资源得以恢复，根据物种致危因素和资源下降原因，提出如下建议。

12.5.1　加强宣传教育

利用各种途径宣传野生动物保护法等相关法律法规及野生动物知识，使人们认识到野生动物资源是自然留给人类的宝贵财富，属国家所有，彻底摒弃"野生无主，谁猎谁有"的错误观念。

12.5.2　加强执法和管理

加强管护，严禁非法狩猎、滥采乱挖等不法行为；与有关部门协调配合，依法打击非法贩卖、经营野生动物的单位和个人，确保森林资源安全。

12.5.3　开展野生动物资源调查

有计划地开展野生动物资源调查工作，逐步建立区内野生动物资源档案，摸清国家重点保护动物和有开发利用价值的动物的种群变动情况及原因，为野生动物的有效保护与合理利用提供科学依据，逐步改变资源不清、管理盲目的状况。

12.5.4　积极开展珍稀、经济动物的人工饲养

本区可供驯养的动物很多，如水獭、勺鸡、白冠长尾雉、环颈雉、貉、狐、斑羚等。同时积极开展对圈养动物的生态生物学研究，把驯养、经营、观赏、科研、宣教和增殖保护结合起来，以驯养促保护。

第13章　河南鸡公山自然保护区哺乳动物[①]

1994 年保护区的科学考察集上记录哺乳动物 6 目、18 科、45 种，经过近年来不断深入的调查及资料的收集整理，近年发现铁齿鼹 *Mogera robusta*、狍 *Capreolus capreolus* 和斑羚（东北亚种）*Naemorhedus goral caudatus* 3 种动物在保护区中没有活动踪影。故未列入现有的 51 种哺乳动物的名录中。新增加的哺乳动物：角菊头蝠 *Rhinolophus cornutus*、萨氏伏翼（阿拉善亚种）*Pipistrellus savii alaschanicus*、亚洲长翼蝠（华北亚种）*Miniopterus schreibersii chinensis*、罗氏鼢鼠（湖北亚种）*Myospalax rothschildi hubeinensis*、东北鼢鼠 *Myospalax psilurus*、黑线仓鼠（宣化亚种）*Cricetulus barabensis griseus*、甘肃仓鼠（宁陕亚种）*Cansumys canus ningshaanensis*、大足鼠（指名亚种）*Rattus nitidus nitidus*、白腹鼠（指名亚种）*Niviventer andersoni andersoni*。另外，根据《中国动物志》、《中国哺乳动物物种和亚种分类名录与分布大全》及其他文献资料，对原有种类的学名、分类阶元等方面做了一些修改和补充。现将结果报告如下。

13.1　哺乳动物名录

鸡公山国家级自然保护区哺乳动物名录见表 13-1。

表 13-1　鸡公山国家级自然保护区哺乳动物名录

种名	数量级	地理型	分布型
一　食虫目 INSECTIVORA			
（一）　猬科 Erinaceidae			
1　刺猬 *Erinaceus europaeus*	++	w	O
2　侯氏短棘猬 *Mesechinus haghi*	++	p	D
（二）　鼩鼱科 Soricidae			
3　北小麝鼩 *Crocidura suaveolens*	++	w	O
4　灰麝鼩（指名亚种）*Crocidura attenuata attenuata*	++	o	S
5　喜马拉雅水麝鼩（喜马拉雅亚种）*Chimmarogale himalayica himalayica*	+	o	S
（三）　鼹科 Talpidae			
6　小缺齿鼹（东北亚种）*Mogera wogura corana*	+	o	K
二　翼手目 CHIROPTERA			
（四）　菊头蝠科 Rhinolophidae			
7　角菊头蝠 *Rhinolophus cornutus*	++	o	W
8　马铁菊头蝠（日本亚种）*Rhinolophus ferrumequinum nippon*	+++	w	O
（五）　蝙蝠科 Vespertilionidae			
9　东亚伏翼 *Pipistrellus abramus*	++	w	E
10　萨氏伏翼（阿拉善亚种）*Pipistrellus savii alaschanicus*	++	p	U
11　亚洲长翼蝠（华北亚种）*Miniopterus schreibersii chinensis*	+++	w	O
三　兔形目 LAGOMORPHA			

[①]　本章由牛红星、方成良、杨怀执笔

续表

种名	数量级	地理型	分布型
（六）　兔科 Leporidae			
12　草兔（中原亚种）*Lepus capensis swinhoei*	++	w	O
四　啮齿目 RODENTIA			
（七）　松鼠科 Sciuridae			
13　赤腹松鼠（安徽亚种）*Callosciurus erythraeus styani*	+	o	W
14　岩松鼠（湖北亚种）*Sciurotamias davidianus saltitans* *	++	p	E
15　花鼠（华北亚种）*Tamias sibiricus senescens*	++	p	U
16　隐纹花松鼠（北京亚种）*Tamiops swinhoei* vestitus	+	o	W
（八）　鼯鼠科 Petauristidae			
17　复齿鼯鼠 *Trogopterus xanthipes* * V	+	o	H
18　小飞鼠（华北亚种）*Pteromys volans wulungshanensis*	+	p	U
（九）　仓鼠科 Cricetidae			
19　中华鼢鼠（指名亚种）*Myospalax fontanierii fontanierii* *	+	p	B
20　罗氏鼢鼠（湖北亚种）*Myospalax rothschildi hubeinensis* *	+	o	O
21　东北鼢鼠 *Myospalax psilurus* **	+	p	B
22　黑线仓鼠（宣化亚种）*Cricetulus barabensis griseus*	++	p	X
23　甘肃仓鼠（宁陕亚种）*Cansumys canus ningshaanensis* *	+	o	O
（十）　鼠科 Muridae			
24　小家鼠（华东亚种）*Mus musculus castaneus*	+++	p	U
25　黑线姬鼠（长江亚种）*Apodemus agrarius ningpoensis*	++	p	U
26　黄胸鼠（指名亚种）*Rattus flavipectu flavipectus*	++	o	W
27　褐家鼠（华北亚种）*Rattus norvegicus humiliatus*	+++	p	U
28　大足鼠（指名亚种）*Rattus nitidus nitidus*	+	o	W
29　白腹鼠（指名亚种）*Niviventer andersoni andersoni*	+	o	W
30　社鼠（山东亚种）*Niviventer confucianus sacer*	++	o	W
（十一）　豪猪科 Hystricidae			
31　豪猪（华南亚种）*Hystrix brachyura subcristata*	+	o	W
五　食肉目 CARNIVORA			
（十二）　犬科 Canidae			
32　狼（东北亚种）*Canis lupus chanco* V	+	P	C
33　赤狐（华南亚种）*Vulpes vulpes hoole*	+	p	C
34　貉（指明亚种）*Nyctereutes procyonoides procyonoides*	++	p	E
35　豺（华南亚种）*Cuon alpinus lepturus* V，II	+	o	W
（十三）　鼬科 Mustelidae			
36　青鼬（指名亚种）*Martes flavigula flavigula* II	+	o	W
37　艾鼬（赤峰亚种）*Mustela eversmannii admirata*	+	p	U

续表

种名	数量级	地理型	分布型
38　黄鼬（华北亚种）*Mustela sibirica fontanieri*	＋＋＋	p	U
39　黄腹鼬（指名亚种）*Mustela kathiah kathiah*	＋	o	S
40　鼬獾（江南亚种）*Melogale moschata ferreogrisea*	＋	o	S
41　狗獾（北方亚种）*Meles meles leptorhynchus*	＋＋	p	U
42　猪獾（北方亚种）*Arctonyx collaris leucolaemus*	＋＋	o	W
43　水獭（中华亚种）*Lutra lutra chinensis* V，II	＋	p	U
（十四）　灵猫科 Viverridae			
44　大灵猫（华东亚种）*Viverra zibetha ashtoni* V，II	＋	o	W
45　小灵猫（华东亚种）*Viverricula indica pallida* II	＋	o	W
46　果子狸（秦巴亚种）*Paguma larvata reevesi*	＋＋	o	W
（十五）　猫科 Felidae			
47　豹猫（北方亚种）*Felis bengensis euptilurua*	＋	o	W
48　金钱豹（华北亚种）*Panthera pardus fontanierii* E，I	＋	w	O
六　偶蹄目 ARTIODACTYLA			
（十六）　猪科 Suidae			
49　野猪（江北亚种）*Sus scrofa moupinensis*	＋＋	p	U
（十七）　鹿科 Cervidae			
50　小麂（华东亚种）*Muntiacus reevesi sinensis*	＋＋	o	S
（十八）　麝科 Moschidae			
51　原麝（远东亚种）*Moschus moschiferus parvipes* E，II	＋	p	M

注：保护级别 I、II 分别为国家一、二级重点保护野生动物，E 濒危，V 易危。

　　* 我国特有，** 我国准特有。

　　C 全北型，U 古北型，M 东北型（我国东北部地区或再包括附近地区），K 东北型（东部为主），B 华北型，X 东北-华北型，E 季风区型，D 中亚型，H 喜马拉雅-横断山区型，S 南中国型，W 东洋型，O 广泛分布型。

　　o 东洋界种，p 古北界种，w 广布种。

　　数量级：＋＋＋优势种，＋＋ 常见种，＋ 稀有种。

13.2　种类组成及区系分析

　　本区分布的哺乳动物共计 6 目 18 科 39 属 51 种或亚种。该保护区分布的 51 种哺乳动物，从其在地理分布的隶属关系上分析，属古北界种 20 种，占种总数的 39.22%；属东洋界种 23 种，占总种数的 45.10%。古北界种和东洋界种在本区基本相同，稍倾向东洋界。也可以说本区的哺乳动物区系具明显的混杂的过渡特征。动物在地理分布上，一些东洋界种，它们的分布区通常只限定在东洋界，如白腹鼠、大足鼠、豪猪、小灵猫、小麂、赤腹松鼠等，这些种通常称东洋界典型代表种；还有一部分属东洋界区系，如社鼠、黄胸鼠、猪獾等，它们的分布区延伸到古北界较北的地区，通常称它们为东洋界广布种。同样的，古北界区系种亦有此现象。从本区哺乳动物区系可见，东洋界典型代表种很多，而古北界典型代表种很少，仅大仓鼠 1 种，其他属古北界广布种。本区的哺乳动物区系，具有明显的过渡和混杂特征，倾向东洋界。这与本区气候、植被的特征相符合。

13.3　哺乳动物分布型

　　鸡公山国家级自然保护区哺乳动物有 12 种分布型（表 13-2），属于我国北方分布型的有

18 种，占哺乳动物总数的 35.29%，属于我国南方分布型的有 20 种，占哺乳动物总数的
39.21%，属季风型的有 3 种，占哺乳动物总数的 5.88%，广布及其他型 10 种，占哺乳动
物总数的 19.60%。由此不难看出，保护区分布的哺乳动物还是南方分布型占多数，其次是
北方型，广布型第三，季风型最少。

表 13-2　鸡公山哺乳动物分布型

分布型	物种数	百分比/%
全北型	2	3.92
古北型	11	21.56
东北型	2	3.92
华北型	2	3.92
东北、华北型	1	1.96
季风型	3	5.88
中亚型	1	1.96
喜马拉雅—横断山区型	1	1.96
南中国型	5	9.80
东洋型	15	29.41
广布型	8	15.68

13.4　重点保护动物及其生物学特征

1. 水獭 *Lutra lutra*

别名：獭、獭猫、鱼猫、水狗、水毛子、水猴

隶属于哺乳纲（Ma mmalia）、食肉目（Carnivora）、鼬科（Mustelidae）、水獭属
（*Lutra*）。

识别特征：水獭是典型的水陆兼栖型哺乳动物，活动敏捷，体长 55～70cm，尾长 30～
50cm，体重 3～7kg。毛绒致密，背毛深咖啡色，有油亮光泽，腹毛色较浅，趾间有蹼，擅
长游泳和潜水，在水中鼻孔和耳可关闭，能在水中潜游 20～30min 之久。其视觉、听觉、
嗅觉都很敏锐，多在夜间活动。

分布、数量及其生物学：河南省分布的水獭属江南亚种 *Lutra lutra chinensis*，该保护
区有水獭的分布，但数量极少。

水獭一般选择水流稳定、沿岸有茂密的植被、食物丰富、无污染、人为干扰较少的中型
河流，而且利用周围有森林或草地包围的生境。觅食地点通常选择有多条溪流交汇的小湖附
近，平均水深在 1m 左右，岸边多岩石，坡度平缓，利于进食和休息。巢穴多在岩石裂缝，
倒木底下，也有的在灌木丛中，但距其活动的水源一般不超过 18m。水獭通常选择高于河
岸的位置建巢，可能是为了避免洪水的冲击。因水獭的巢穴十分隐蔽难以被发现，有关其巢
穴的资料甚少。

水獭的食物以鱼类为主，其次有蛙类、鼠类、水禽和蟹类等甲壳动物及水边营巢的小型
鸟类。水獭习惯捕食猎物活体，尤其是逃逸能力较差的动物，如鱼类中的鲇和无脊椎动物中

的蟹类。

　　濒危状况及原因：水獭的保护级别为国家二级重点保护动物。影响水獭种群数量的因素主要是季节变化，水体改变、环境污染、修建水坝、非法捕猎等人为活动。如修建水坝、公路等设施，采矿，伐木，非法捕鱼，偷猎等。保护建议：①有必要对水獭及其栖息地进行全面调查，对其现状、衰退的原因及保护对策和行动计划认真研究和制订；②严格实行禁止捕獭；③限制工业废水的排放，防止水源和湿地污染及有毒化学物质的毒害。

2. 金钱豹 *Panthera pardus*

　　别名：豹、银豹子、豹子、文豹

　　隶属于哺乳纲（Mammalia）、食肉目（Carnivora）、猫科（Felidae）、豹属（*Panthera*）。

　　识别特征：外形似虎，但比虎小，体重约 39kg，体长 120～150cm，尾长超过体长之半。通体布满黑色环纹，内具黑色斑点，环似古钱状，故称"金钱豹"。体毛棕黄色，背部色深，黑色环串通形成背中线。头部黑斑小，向后延伸至颈部。颈下、胸、腹部和四肢内侧具较淡而稀疏的斑点。

　　分布、数量及其生物学：在我国除台湾、辽宁、山东、宁夏和新疆外，各省、市、自治区皆有分布。我国有 3 个亚种，河南省分布的是华北亚种 *Panthera pardus fontanierii*，河南省的太行山、伏牛山及大别山区均有分布，该保护区有分布，数量极少，已多年未见。

　　栖居山林和有林地的丘陵地带。窝穴固定，多在树丛、草丛或山洞中，夜行性动物，善于爬树，活动占一定领域。有时潜伏在树叶茂密的枝杈等待猎物。食物包括大型食草兽，如野羊、鹿、野猪等，也吃野兔、鼠类、鸟类、鱼类、青蛙和蝗虫，在食物极度缺乏时，也潜入村镇，加害家畜。2～3 龄性成熟。冬季交配，雄豹间有争雌斗争。怀孕期 100d 左右，每胎产 2～3 仔，母兽带幼子共同生活至秋季。

　　濒危状况及原因：金钱豹为国家一级保护动物，世界自然保护联盟（IUCN）列入濒危等级，濒危野生动植物种国际贸易公约（CITES）附录 I，中国濒危动物红皮书将其列入濒危（E）等级。长期的过度猎捕是豹数量剧减的主要原因；栖息地的破坏是另一个重要原因；种群过小且相互隔离，导致种群退化，也是致危原因之一。

3. 狼 *Canis lupus*

　　别名：野狼、灰狼、豺狼

　　隶属于哺乳纲（Mammalia）、食肉目（Carnivora）、犬科（Canidae）、犬属（*Canis*）。

　　识别特征：吻尖长，眼角微上挑。常见灰黄两色，犬科中体型最大，体形似狼犬，吻尖口宽，两耳直立，尾卜上卷，尾毛蓬松，头部、背部及四肢外侧毛黄褐色、灰棕色。

　　分布、数量及其生物学：除个别岛屿外，狼遍布我国各省、市、自治区。河南省分布的是东北亚种 *Canis lupus chanco*，以前河南省曾广泛分布，目前仅分布于河南省的太行山、伏牛山及大别山区，该保护区有分布，数量极少。

　　狼是群居性极高的物种，一群狼的数量为 5～12 只，在冬天寒冷的时候最多可到 40 只左右。狼群有领域性，狼的食物成分很杂，凡是能捕到的动物都是其食物，包括鸟类、两栖类和昆虫等小型动物。狼喜吃野生和家养的有蹄类。奔跑速度极快，可达 55km/h 左右，持久性也很好。智能颇高，可以气味、叫声沟通。

　　濒危状况及原因：狼已列入濒危野生动植物种国际贸易公约（CITES）附录 II，中国濒危动物红皮书将其列入易危等级。该物种已被列入国家林业局 2000 年 8 月 1 日发布的《国家保护的有益的或者有重要经济、科学研究价值的陆生野生动物名录》。

4. 貉（华南亚种）*Nyctereutes procyonoides procyonoides*

别名：狸、土狗、土獾、毛狗、貉子

隶属于哺乳纲（Mammalia）、食肉目（Carnivora）、犬科（Canidae）、貉属（*Nyctereutes*）。

识别特征：中等体型，外形似狐，但较肥胖，体重 4～6kg；吻尖，耳短圆，面颊生有长毛；四肢和尾较短，尾毛长而蓬松；体背和体侧毛均为浅黄褐色或棕黄色，背毛尖端黑色，吻部棕灰色，两颊和眼周的毛为黑褐色，从正面看为"八"字形黑褐斑纹，腹毛浅棕色，四肢浅黑色，尾末端近黑色。貉的毛色因地区和季节不同而有差异。

分布、数量及其生物学：在中国分布十分广泛。河南省分布的是华南亚种 *Nyctereutes procyonoides procyonoides*，分布于河南省的伏牛山及大别山区，该保护区有分布，数量较多。貉经常栖居于山野、森林、河川和湖沼附近的荒地草原、灌木丛及土堤或海岸，有时居住于草堆里。喜穴居，多数利用岩洞、自然洞穴、大木空洞等处，经若干加工后穴居。貉同种间很少争斗，通常 1 公 1 母成双穴居，产仔后，双亲同仔兽一起穴居到入冬以前，待幼貉寻到新洞穴时，幼貉离开双亲。貉的活动范围很广，夜行性强。进入严冬季节，呈现出昏睡状态的非持续性冬眠，称为冬眠或半冬眠。貉食性杂，野生状态下，以鼠类、鱼类、蚪类、蛙类、鸟、蛇、虾、蟹及昆虫类为食，也食作物的果实、根、茎、叶和野果、野菜、瓜皮等。貉是季节性繁殖动物，春季发情配种，怀孕期 60d 左右，每胎平均 6～10 头，哺乳期 50～55d。

濒危状况及原因：随着居住人口增多，森林植被面积缩小，野生貉的数量逐渐减少。现已成为毛皮兽饲养主要对象之一，形成新兴产业。

5. 赤狐 *Vulpes vulpes*

别名：火狐、红狐

隶属于哺乳纲（Mammalia）、食肉目（Carnivora）、犬科（Canidae）、狐属（*Vulpes*）。

识别特征：赤狐体型修长，四肢较短，吻尖而长，耳直立而尖长，尾长略超过体长之半，尾形大。通体背面毛色棕黄或趋棕红色，后肢呈暗红色，尾毛蓬松，尾尖白色。

分布、数量及其生物学：河南省分布的是赤狐（华南亚种）*Vulpes vulpes hoole*。以前河南省曾广泛分布，目前仅分布于河南省的太行山、伏牛山及大别山区，该保护区有分布，数量极少。

栖息于森林、灌丛、草原、荒漠、丘陵、山地、苔原等多种环境中，有时也生存于城市近郊。它喜欢居住在土穴、树洞或岩石缝中，有时也占据兔、獾等动物的巢穴。通常夜里出来活动，白天隐蔽在洞中睡觉，长长的尾巴有防潮、保暖的作用，但在荒僻的地方，有时白天也会出来寻找食物。它的腿脚虽然较短，爪子却很锐利，跑得也很快，追击猎物时速度可达每小时 50 多公里，而且善于游泳和爬树。以鼠类、鸟类、昆虫、蠕虫和水果为食。赤狐在每年的 12 月～次年 2 月发情、交配，生活在北方地区的要推迟 1～2 个月繁殖，雌兽的怀孕期为 2～3 个月，于 3～4 月间产仔。

濒危状况及原因：赤狐皮经济价值较高。赤狐还是鼠类等有害动物的天敌。该物种已被

列入国家林业局 2000 年 8 月 1 日发布的《国家保护的有益的或者有重要经济、科学研究价值的陆生野生动物名录》。在濒危野生动植物种国际贸易公约（CITES）中被列入附录 III。是河南省重点保护野生动物。赤狐已成为毛皮兽饲养主要对象，现已形成新兴产业。建议对河南省的野生赤狐立项研究，严加保护。

6. 豺 *Cuon alpinus*

别名：豺狗、红狼

隶属于哺乳纲（Mammalia）、食肉目（Carnivora）、犬科（Canidae）、豺属（*cuon*）。

识别特征：头部、颈部、肩部、背部，以及四肢外侧等处的毛色为棕褐色，腹部及四肢内侧为淡白色、黄色或浅棕色，尾巴为灰褐色，尖端为黑色，类似狐尾，亦称红狼。

分布、数量及其生物学：豺在国内广泛分布，河南省分布的是华南亚种 *Cuon alpinus lepturus*，河南省的太行山、伏牛山、桐柏山及大别山区均有分布，该保护区有分布，数量极少。栖息的环境十分复杂多样。性喜群居，少则 2～3 只，多时达 10～30 只，听觉和嗅觉极发达，行动快速而诡秘。稍有异常情况立即逃避。豺以群体围捕的方式猎食。食物主要是鹿、麂、麝、山羊等偶蹄目动物，有时亦袭击水牛。豺在秋季交配、繁殖，这时雄兽和雌兽多成对活动。雌兽的妊娠期为 60～65d，产仔则在冬季，每胎产 2～6 仔，最多为 9 仔。初生的幼仔被有深褐色的绒毛，1～1.5 岁性成熟，寿命为 15～16 年。

濒危状况及原因：豺属于国家二级保护动物，世界自然保护联盟（IUCN）列入濒危等级，濒危野生动植物种国际贸易公约（CITES）列入附录 II。豺虽在国内广泛分布，但数量稀少，亟待保护。致危因素：①由于各地自然环境均受到不同程度的破坏，失去了栖息和隐蔽条件，各类被食的野生动物数量日渐减少，捕食困难，迫使它们的活动范围向村落扩展，盗食家畜，人们常以害兽加以捕杀，致使各地都处于濒危状况；②中医传统理论认为，豺去内脏、肉晒干，有滋补行气的功效，因此被利用。建议对豺的种群数量、分布、生态行为等进行专项研究，提出可行的保护意见。

7. 小麂 *Muntiacus reevesi*

别名：吠鹿、犬麂、角麂、黄麂、黄猄

隶属于哺乳纲（Mammalia）、偶蹄目（Artiodactyla）、鹿科（Cervidae）、麂属（*Muntiacus*）。

识别特征：小麂为小型鹿科动物，身高 43～52cm，体长 70～87cm，体重 9～18kg，尾巴较长，为 12cm。脸部较短而宽。在颈背中央有一条黑线。雄者具角，但角叉短小，角尖向内向下弯曲。眶下腺大，呈弯月形的裂缝，其后端向后弯曲的浅沟直至眼窝的前缘。小麂的个体毛色变异较大。由栗色以至暗栗色，腰部毛不具黑尖，而是鲜栗色，其后部黑色毛尖相当长。身体两侧较暗黑，脚为黑棕色。胸、腹部、后肢的内侧、臀部边缘及尾的腹面白色。尾的背面和臀部边缘均有一条鲜艳的橙栗色的窄线。

分布、数量及其生物学：河南省分布的是小麂华东亚种 *Muntiacus reevesi sinensis*，在河南省主要分布于大别山、太行山和伏牛山，该保护区有分布，数量较多。栖息在小丘陵、小山的低谷或森林边缘的灌丛、杂草丛中。性很怯懦，且孤僻，营单独生活。晨曦和傍晚的活动最为频繁，故在这段时间里呼声较多，其叫声虽似犬吠，但音调较高。小麂觅食活动时非常谨慎，通常很慢地潜行。它取食多种灌木、树木和草本植物的枝叶、嫩叶、幼芽，也吃

花和果实。

濒危状况及原因：野生小麂列入国家林业局 2000 年 8 月 1 日发布的《国家保护的有益的或者有重要经济、科学研究价值的陆生野生动物名录》，列入世界自然保护联盟（IUCN）2008 年濒危物种红色名录低危（LC），河南省重点保护的野生动物。小麂具有较高经济价值，麂肉可食，麂皮细而韧，可用以制革，是光学仪器工业和制革工业的重要原材料。在其他哺乳动物资源普遍下降情况下，应注意合理利用小麂资源，同时可对小麂进行人工养殖，因为它的食物来源好解决，怀孕期又短，是一种有养殖前途的哺乳动物。

8. 原麝 *Moschus moschiferus*

别名：香獐子

隶属于哺乳纲（Mammalia）、偶蹄目（Artiodactyla）、麝科（Moschidae）、麝属（*Moschus*）。

识别特征：一种小型的偶蹄类动物，头上没有角，也没有上门齿，下犬齿呈门状，并与 6 枚门齿连成铲状，雄兽有一对獠牙状的上犬齿，一般为 5～6cm，露出唇外。身体的毛色为黑褐色，背部隐约有六行肉桂黄色的斑点，颈部两侧至腋部有两条明显的白色或浅棕色纵纹，从喉部一直延伸到腋下。腹部毛色较浅。尾短藏于毛下。雄性鼠蹊部有香腺，成囊状，囊的外皮中间有两小口，前为香腺口，后为尿道。

毛粗而髓腔大，毛被厚密，但较易脱落。头和面部较狭长，吻部裸露，与面部都呈棕灰色。耳长，大而直立。短短的尾巴藏在毛下。四肢很细，后肢特别长，站立时臀高于肩，蹄子窄而尖，悬蹄发达，非常适合疾跑和跳跃。原麝终生具有肉桂黄色或橘黄色斑点，这与马麝、林麝差别较明显。

分布、数量及其生物学：河南省分布的是原麝远东亚种 *Moschus moschiferus parvipes*，在河南省主要分布于大别山、太行山和伏牛山，该保护区有分布，数量极少。原麝栖息于海拔 1500m 以下的针阔叶混交林中，其活动区域随季节的交替也有所变迁。原麝一般雌雄分居，营独居生活，以晨昏活动频繁，有相对固定的巡行、觅食路线，通常只在标定的范围内活动。为植物食性，原麝所食的植物种类十分广泛，包括低等的地衣、苔藓和数百种高等植物的根、茎、叶、花、果实、种子等，冬季食物较少时还啃食树皮。原麝的性情孤独，胆怯而机警，视觉与听觉灵敏。它是季节性多次发情动物，雌兽在一个发情季节内可以出现多次性周期，一般为 13～20d，每次发情持续 24～36 h。发情期间，常由一只雄兽和 3～5 只雌兽组成一个配种群。雌兽的怀孕期为 175～189d。幼仔在 5～7 月出生，一般每胎产 1～2 仔。

濒危状况及原因：原麝属于国家二级保护动物，世界自然保护联盟（IUCN）列入濒危等级，濒危野生动植物种国际贸易公约（CITES）列入附录 II。原麝所分泌的麝香是一种名贵的中药材和高级香料，具有十分高的经济价值。加之原麝的行动规律固定，近年来遭到过度捕猎，数量急剧减少，亟待加强保护。

9. 果子狸（秦巴亚种）*Paguma larvata reevesi*

别名：花面狸、白鼻狗

隶属于哺乳纲（Mammalia）、食肉目（Carnivora）、灵猫科（Viverridae）、花面狸属（*Paguma*）。

识别特征：果子狸是珍贵的毛皮用野生动物。体长 48～50cm，尾长 37～41cm，体重

3.6～5.0kg。体色为黄灰褐色，头部色较黑，由额头至鼻梁有一条明显的四带，眼下及耳下具白斑，背部体毛灰棕色。后头、肩、四肢末端及尾巴后半部为黑色，四肢短壮，各具五趾。趾端有爪，爪稍有伸缩性；尾长，约为体长的 2/3。

分布、数量及其生物学：果子狸野外分布于中国华北以南的广大地区，河南省分布的是果子狸秦巴亚种 *Paguma larvata reevesi*，在河南省各个山区均有分布，该保护区有分布，数量较多。果子狸为林缘哺乳动物、夜行性动物。主要栖息在森林、灌木丛、岩洞、树洞或土穴中，偶可在开垦地发现。在黄昏、夜间和日出前活动，善于攀缘，杂食性，除了鼠类、昆虫、青蛙、鸟、蜗牛外，颇喜食多汁果类；以野果和谷物为主食，也吃树枝叶，还到果园中吃水果。肛门附近具臭腺，遭敌时会释出异味驱之。果子狸每年 2～5 月发情。怀孕期为70～90d。夏季产仔，每胎产 1～5 仔。1 岁达到性成熟。寿命为 15 年。

濒危状况及原因：非国家重点保护野生动物。该物种已被列入国家林业局 2000 年 8 月1 日发布的《国家保护的有益的或者有重要经济、科学研究价值的陆生野生动物名录》。

13.5 保护措施及建议

啮齿类是哺乳动物中最大的一个目，约占哺乳动物种类的 40％，许多啮齿动物性成熟早，繁殖力强，盗食粮食，破坏家具，传播疾病，给人类造成很大危害。啮齿动物是生物多样性的组成部分，许多动物以啮齿动物为食，是生态系统中的一环，对维护生态平衡也起重要作用。有的啮齿动物也具有一定的经济价值，为此建议在河南及保护区对啮齿动物的种类、种群数量、地理分布、生态行为等方面做深入的研究，以便对啮齿动物进行防控、合理利用提供科学的决策依据。

翼手类（又称蝙蝠），是哺乳动物中唯一真正适应空中飞翔的类群，为哺乳动物中第二大目。蝙蝠多以昆虫为食，在消灭农林卫生害虫方面与鸟类占有同等重要的地位，而且蝙蝠夜晚飞出觅食，与鸟类在时间上互补（占据不同生态位），从某种意义上讲起到了鸟类难以起到的作用，因此，蝙蝠在生态系统中占有与鸟类同等重要的生态作用和地位。目前保护区记录的翼手类种类较少，种群数量也不清楚，生态行为研究方面也是空白。建议把翼手类作为专项课题，继续开展全面深入的研究，对保护翼手类提出有效措施。

根据以前的资料，保护区还分布有属于国家一级保护动物的豹，二级保护动物的水獭、原麝、豺、大灵猫、小灵猫等动物，这些动物不仅珍贵稀有，而且在维护森林生态系统中生态平衡上起着不可替代的作用。目前，这些动物在保护区是否还存在，种群数量有多少，活动范围有多大，食物条件、繁殖及隐蔽环境如何，影响这些动物生存的因素有哪些都应该搞清楚，应该对每种动物逐项开展全面深入的调查，为有效保护这些动物提供科学依据。

主要参考文献

高耀亭，汪松，张曼丽，等. 1987. 中国动物志. 兽纲. 第八卷. 食肉目. 北京：科学出版社：51.

高中信，张洪海. 1997. 世界狼的分布集中群现状. 野生动物，18（3）：27～28.

高中信. 2006. 中国狼研究进展. 动物学杂志，41（1）：134～136.

葛凤翔，李新民，张尚仁. 1984. 河南省啮齿动物调查报告. 动物学杂志，3：44～46.

葛荫榕. 1983. 河南省野生毛皮动物资源的分布和利用. 新乡师范学院学报，21（4）：76～87.

郭永佳. 2005. 艾虎的生物学特性. 特种经济动植物，11：4.

鞠长增，向前，时宏业. 1988. 豫南山区野生貉生态资源初步调查及开发利用的意见. 信阳师范学院学报，

　　1（1）：111～114.

路纪琪，王廷正.1996.河南省啮齿动物区系与区划研究.哺乳动物学报，16（2）：119～128.

路纪琪.1995.河南省啮齿动物新纪录.四川动物，14（4）：160.

吕国强，陈文章.1989.河南省害鼠种类及地理分布.中国鼠类防治杂志，5（2）：95～98.

罗理杨，金煜，杨公社.2003.中国狼的种内系统发育关系与亚种分化.东北林业大学学报，31（5）：81～83.

马逸清，程继臻，傅承钊，等.1986.黑龙江省哺乳动物志.哈尔滨：黑龙江科技出版社：231～241.

瞿文元，王才安.1986.河南省野生陆栖脊椎动物资源及其保护.河南大学学报，24（1）：55～57.

盛和林，大泰司纪之，陆厚基.1998.中国野生哺乳动物.中北京：国林业出版社.

宋朝枢，瞿文元.1996.董寨鸟类自然保护区科学考察集.北京：中国林业出版社：38～81.

宋朝枢.1996.鸡公山自然保护区科学考察集.北京：中国林业出版社：236～257.

汪松，解焱.2004.中国物种红皮书，第一卷红色名录.北京：高等教育出版社.

汪松.1998.中国濒危动物红皮书——哺乳动物.北京：科学出版社.

王秀辉，高中信，于学伟，等.2000.狼亚种分化的RAPD分子证据.东北林业大学学报，28（5）：110～113.

王应祥.2002.中国哺乳动物物种和亚种分类名录与分布大全.北京：中国林业出版社：1～254.

肖向红，高中信，王丽萍.1998.狼的血液和血液生化参考值.哺乳动物学报，18（1）：34～41.

张洪海，李枫，高中信.1999.狼洞穴间格局及生境选择分析.哺乳动物学报，19（2）：101～109.

张建军.2000.黄喉貂生态特性的初步观察.河北林果研究，15（增刊）：195～196.

张荣祖.2011.中国动物地理.北京：科学出版社.

赵飞，路纪琪，王理顺.2008.河南刺猬种群的遗传多样性研究.郑州大学学报，40（4）：100～104.

郑生武，宋世英.2010.秦岭兽类志.北京：中国林业出版社.

中华人民共和国濒危动物进出口管理办公室及科学委员会.2003.濒危野生动植物物种国际贸易公约.附录Ⅰ.Ⅱ.Ⅲ.

周家兴，郭田岱，瞿文元.1961.河南省哺乳动物目录.新乡师院河南化工学院联合学报，2：45～52.

IUCN Red List of Threatened Animals. 2003. IUCN-The World Conservation Union.

第14章 河南鸡公山自然保护区鸟类[①]

14.1 种类组成与区系分析

14.1.1 种类组成

鸡公山自然保护区科学考察集第一版出版至今已过去近 20 年，气候变化、环境变迁、人类活动等因素对鸟类的生活产生了很大的影响，鸟类的数量与分布也发生很大的变化。本次修订是依据近几年的调查访问、查阅文献报道、核对影像资料，并参考前人的记录，综合统计所得的结果。现在保护区内分布的鸟类由原考察集中记录的 17 目、50 科、170 种，增至 17 目、59 科、320 种，除去需进一步查证的 2 种（黄嘴白鹭和黑鹳），新增加 9 科 152 种。其中重点保护（国家 I、II 级）的鸟类有 47 种，属于珍稀濒危的有 57 种，中国特有种 5 种（表 14-1）。

表 14-1 鸡公山国家级自然保护区鸟类名录

序号	物种	数量估计	居留类型	区系从属	居留时间	栖息生境
一	鸊鷉目 PODICIPEDIFORMES					
（一）	鸊鷉科 Podicipedidae					
1	小鸊鷉 *Tachybaptus ruficollis poggei*	+++	R	广	常年可见	CT, SY
2	凤头鸊鷉 *Podiceps c. cristatus*	+	W/P	古	10 月～次年 3 月	SY
二	鹈形目 PELECANIFORMES					
（二）	鸬鹚科 Phalacrocoracidae					
3	普通鸬鹚 *Phalacrocorax carbo sinensis*	+++	W	广	10 月～次年 3 月	SY
三	鹳形目 CICONIIFORMES					
（三）	鹭科 Ardeidae					
4	苍鹭 *Ardea cinerea jouyi*	++	W	广	10 月～次年 3 月	SY, NT
5	草鹭 *Ardea purpurea manilensis*	+	P	广	10 月、次年 3 月	SY, NT
6	大白鹭 *Ardea alba modesta*	++	P	广	10 月、次年 3 月	SY, NT, SL
7	中白鹭 *Egretta i. intermedia*	+++	S	东	4～10 月	SY, NT, SL
8	白鹭 *Egretta g. garzetta*	+++	R/S	东	常年可见	SY, NT, SL
9	牛背鹭 *Bubulcus ibis coromandus*	+++	R/W	东	常年可见	SY, NT, SL
10	池鹭 *Ardeola bacchus*	+++	R/S/W	东	常年可见	SY, NT, SL
11	绿鹭 *Butorides striata actophila*	+	R/W	广	常年可见	SY, NT, SL
12	夜鹭 *Nycticorax n. nycticorax*	+++	S/W	广	常年可见	SY, NT, SL
13	黑冠鳽 *Gorsachius melanolophus*	+	V	古	不详	SY, NT
14	黄斑苇鳽 *Ixobrychus sinensis*	+	S/P	广	4～10 月	SY, NT
15	紫背苇鳽 *Ixobrychus eurhythmus*	+	S	广	4～10 月	SY, NT

---

① 本章由吕九全执笔

续表

序号	物种	数量 估计	居留 类型	区系 从属	居留 时间	栖息 生境
16	栗苇鳽 *Ixobrychus cinnamomeus*	+	S	广	4～10 月	SY，NT
17	黑苇鳽 *Dupetor f. flavicollis*	+	S	东	4～10 月	SY，NT
18	大麻鳽 *Botaurus s. stellaris*	+	W/P	东	10 月～次年 4 月	SY，NT
（四）	鹳科 Ciconiidae					
19	东方白鹳 *Ciconia boyciana*	+	W	古	10 月～次年 3 月	SY，NT
（五）	鹮科 Threskiornithidae					
20	白琵鹭 *Platalea l. leucorodia*	+	W	广	10 月～次年 3 月	SY，NT
四	雁形目 ANSERIFORMES					
（六）	鸭科 Anatidae					
21	大天鹅 *Cygnus cygnus*	+	W	古	10 月～次年 3 月	SY
22	小天鹅 *Cygnus columbianus bewickii*	+	W	古	10 月～次年 3 月	SY
23	鸿雁 *Anser cygnoides*	++	W/P	古	10 月～次年 3 月	SY
24	豆雁 *Anser fabalis middendorffi*	++	W	古	10 月～次年 3 月	SY
25	白额雁 *Anser albifrons frontalis*	+	W	古	10 月～次年 3 月	SY
26	小白额雁 *Anser erythropus*	+	W	古	10 月～次年 3 月	SY
27	灰雁 *Anser anser rubrirostris*	++	W/P	广	10 月～次年 3 月	SY
28	赤麻鸭 *Tadorna ferruginea*	+++	W	古	10 月～次年 3 月	SY
29	翘鼻麻鸭 *Tadorna tadorna*	+	W	广	10 月～次年 3 月	SY
30	棉凫 *Nettapus c. coromandelianus*	+	S	东	3 月～10 月	SY
31	鸳鸯 *Aix galericulata*	++	S/W	古	常年可见	SY，NT，SL
32	赤颈鸭 *Anas penelope*	+++	W	古	10 月～次年 3 月	SY
33	罗纹鸭 *Anas falcata*	+++	W	古	10 月～次年 3 月	SY
34	花脸鸭 *Anas formosa*	++	W/P	广	10 月～次年 3 月	SY
35	绿翅鸭 *Anas c. crecca*	+++	W	古	10 月～次年 3 月	SY
36	绿头鸭 *Anas p. platyrhynchos*	+++	W	古	10 月～次年 3 月	SY
37	斑嘴鸭 *Anas poecilorhyncha zonorhyncha*	+++	R/W	广	常年可见	SY
38	针尾鸭 *Anas acuta*	++	W	广	10 月～次年 3 月	SY
39	白眉鸭 *Anas querquedula*	++	W	广	10 月～次年 3 月	SY
40	琵嘴鸭 *Anas clypeata*	+	W	古	10 月～次年 3 月	SY
41	红头潜鸭 *Aythya ferina*	++	W	古	10 月～次年 3 月	SY
42	青头潜鸭 *Aythya baeri*	+++	W	古	10 月～次年 3 月	SY
43	凤头潜鸭 *Aythya fuligula*	++	W/P	古	10 月～次年 3 月	SY
44	鹊鸭 *Bucephala c. clangula*	++	W	古	10 月～次年 3 月	SY
45	斑头秋沙鸭 *Mergellus albellus*	++	W	古	10 月～次年 3 月	SY
46	普通秋沙鸭 *Mergus m. merganser*	++	W	古	10 月～次年 3 月	SY
47	中华秋沙鸭 *Mergus squamatus*	+	W	古	10 月～次年 3 月	SY
五	隼形目 FALCONIFORMES					
（七）	鹰科 Accipitridae					
48	黑冠鹃隼 *Aviceda leuphotes syama*	+++	S	东	4～10 月	SYs
49	凤头蜂鹰 *Pernis ptilorhyncus orientalis*	++	P	古	4 月、10 月	SYs

续表

序号	物种	数量估计	居留类型	区系从属	居留时间	栖息生境
50	黑鸢 *Milvus migrans lineatus*	++	R	广	常年可见	SYs
51	蛇雕 *Spilornis cheela ricketti*	+	P	东	4月、10月	SYs
52	白腹鹞 *Circus s. spilonotus*	+	W	东	10月~次年3月	SYs
53	白尾鹞 *Circus c. cyaneus*	+	W/P	古	10月~次年4月	SYs
54	鹊鹞 *Circus melanoleucos*	+	W/P	东	10月~次年4月	SYs
55	凤头鹰 *Accipiter trivirgatus indicus*	+	R	东	常年可见	SYs
56	赤腹鹰 *Accipiter soloensis*	+++	S	广	4~9月	SYs
57	松雀鹰 *Accipiter virgatus affinis*	+	R	广	常年可见	SYs
58	雀鹰 *Accipiter nisus nisosimilis*	+	R	广	常年可见	SYs
59	苍鹰 *Accipiter gentilis schvedowi*	+	W	古	10月~次年3月	SYs
60	灰脸鵟鹰 *Butastur indicus*	+	S	广	4~9月	SYs
61	普通鵟 *Buteo japonicus*	++	W	古	10月~次年3月	SYs
62	大鵟 *Buteo hemilasius*	+	W	古	10月~次年3月	SYs
63	金雕 *Aquila chrysaetos daphanea*	+	R	古	常年可见	SYs
64	白腹隼雕 *Hieraaetus f. fasciata*	+	R	东	常年可见	SYs
(八)	隼科 Falconidae					
65	白腿小隼 *Microhierax melanoleucus*	+	R	古	常年可见	SYs
66	红隼 *Falco tinnunculus interstinctus*	+	R	广	常年可见	SYs
67	红脚隼 *Falco amurensis*	+	W/P	古	10月~次年3月	SYs
68	灰背隼 *Falco columbarius insignis*	+	W	古	10月~次年3月	SYs
69	燕隼 *Falco s. subbuteo*	+	S	广	4~10月	SYs
70	猎隼 *Falco cherrug milvipes*	+	W	古	10月~次年3月	SYs
六	鸡形目 GALLIFORMES					
(九)	雉科 Phasianidae					
71	日本鹌鹑 *Coturnix japonica*	+	W	古	10月~次年3月	NT，GC
72	勺鸡 *Pucrasia macrolopha darwini*	+	R	广	常年可见	SYs
73	白冠长尾雉 *Syrmaticus reevesii*	+++	R	古	常年可见	SYs
74	环颈雉 *Phasianus colchicus torquatus*	+++	R	广	常年可见	SYs
七	鹤形目 GRUIFORMES					
(十)	三趾鹑科 Turnicidae					
75	黄脚三趾鹑 *Turnix tanki blanfordii*	+	S/W	广	4~10月	NT，GC
(十一)	鹤科 Gruidae					
76	白鹤 *Grus leucogeranus*	++	P	广	10月、次年3月	SY，NT
(十二)	秧鸡科 Rallidae					
77	普通秧鸡 *Rallus aquaticus indicus*	+	W	古	10月~次年3月	NT，CT，GC
78	红脚苦恶鸟 *Amaurornis akool cocccineipes*	++	R	东	常年可见	NT，CT，GC
79	白胸苦恶鸟 *Amaurornis p. phoenicurus*	+++	S	东	4~9月	NT，CT，GC
80	小田鸡 *Porzana p. pusilla*	+	P	广	4月、10月	NT，CT，GC
81	红胸田鸡 *Porzana fusca erythrothorax*	+	S/P	东	4~10月	NT，CT，GC
82	董鸡 *Gallicrex cinerea*	++	S	东	4~10月	SYs

续表

序号	物种	数量估计	居留类型	区系从属	居留时间	栖息生境
83	黑水鸡 *Gallinula c. chloropus*	++	S/P	广	4～10月	SYs
84	白骨顶 *Fulica a. atra*	++	W	古	10月～次年3月	SYs
八	鸻形目 CHARADRIIFORMES					
(十三)	水雉科 Jacanidae					
85	水雉 *Hydrophasianus chirurgus*	+	S	东	4～10月	NT，CT
(十四)	鸻科 Charadriidae					
86	凤头麦鸡 *Vanellus vanellus*	+++	W	广	10月～次年3月	NT，GC
87	灰头麦鸡 *Vanellus cinereus*	+++	S	东	4～10月	NT，GC
88	长嘴剑鸻 *Charadrius placidus*	+	P	广	4月、10月	HL，CT
89	金眶鸻 *Charadrius dubius curonicus*	++	S/P	广	4～10月	HL，CT
90	剑鸻 *Charadrius hiaticula tundrae*	+	P	古	10月、次年3月	HL，CT
91	环颈鸻 *Charadrius alexandrinus dealbatus*	+	W/P	广	10月～次年3月	HL，CT
(十五)	鹬科 Scolopacidae					
92	丘鹬 *Scolopax rusticola*	+	W	古	10月～次年3月	SY
93	针尾沙锥 *Gallinago stenura*	++	P	东	10月、次年3月	SY，NT
94	大沙锥 *Gallinago megala*	++	P	东	10月、次年3月	SY，NT
95	扇尾沙锥 *Gallinago g. gallinago*	+	W	古	10月～次年3月	SD，NT
96	黑尾塍鹬 *Limosa limosa melanuroides*	+	P	古		
97	鹤鹬 *Tringa erythropus*	+	P	广	10月、次年3月	SD，NT
98	红脚鹬 *Tringa totanus terrignotae*	+	P	广	10月、次年3月	SD，NT
99	青脚鹬 *Tringa nebularia*	+	W	广	10月～次年3月	SD，NT
100	白腰草鹬 *Tringa ochropus*	++	W	古	10月～次年3月	SD，NT
101	林鹬 *Tringa glareola*	+	P	广	10月、次年3月	SD，NT
102	矶鹬 *Actitis hypoleucos*	+	W/P	广	10月～次年3月	SD，NT
(十六)	燕鸻科 Glareolidae					
103	普通燕鸻 *Glareola maldivarum*	+	P	广	10月、次年3月	SD
(十七)	鸥科 Laridae					
104	黄腿银鸥 *Larus cachinnans mongolicus*	++	W	广	10月～次年3月	SY
105	红嘴鸥 *Larus ridibundus*	+++	W/P	广	10月～次年3月	SY
(十八)	燕鸥科 Sternidae					
106	普通燕鸥 *Sterna hirundo longipennis*	+	P	古	4月、10月	SY
107	白额燕鸥 *Sterna albifrons sinensis*	+	S	东	4～10月	SY
108	灰翅浮鸥 *Chlidonias h. hybrida*	+	P	广	4月、10月	SY
109	白翅浮鸥 *Chlidonias leucopterus*	+	W/P	广	10月～次年4月	SY
九	鸽形目 COLUMBIFORMES					
(十九)	鸠鸽科 Columbidae					
110	岩鸽 *Columba r. rupestris*	+	R	古	常年可见	SYs
111	山斑鸠 *Streptopelia o. orientalis*	+++	R	广	常年可见	SYs
112	灰斑鸠 *Streptopelia d. decaocto*	+++	R	广	常年可见	SYs
113	火斑鸠 *Streptopelia tranquebarica humilis*	+	R	东	常年可见	SYs

续表

序号	物种	数量估计	居留类型	区系从属	居留时间	栖息生境
114	珠颈斑鸠 *Streptopelia c. chinensis*	+++	R	东	常年可见	SYs
115	斑尾鹃鸠 *Macropygia unchall minor*	+	V	东	不详	SYs
十	鹃形目 CUCULIFORMES					
(二十)	杜鹃科 Cuculidae					
116	红翅凤头鹃 *Clamator coromandus*	++	S	东	4～10 月	SYs
117	大鹰鹃 *Cuculus s. sparverioides*	+++	S	东	4～10 月	SYs
118	四声杜鹃 *Cuculus m. micropterus*	+++	S	广	4～10 月	SYs
119	大杜鹃 *Cuculus canorus bakeri*	+++	S	广	4～10 月	SYs
120	中杜鹃 *Cuculus s. saturatus*	+	S	广	4～10 月	SYs
121	小杜鹃 *Cuculus poliocephalus*	++	S	广	4～10 月	SYs
122	八声杜鹃 *Cacomantis merulinus querulus*	+	S	东	4～10 月	SYs
123	噪鹃 *Eudynamys scolopacea chinensis*	+++	S	东	4～10 月	SYs
124	褐翅鸦鹃 *Centropus s. sinensis*	+	R	东	常年可见	SYs
125	小鸦鹃 *Centropus bengalensis lignator*	++	R	东	常年可见	SYs
十一	鸮形目 STRIGIFORMES					
(二十一)	鸱鸮科 Strigidae					
126	领角鸮 *Otus lettia erythrocampe*	++	R	东	常年可见	SYs
127	红角鸮 *Otus sunia stictonotus*	+++	R	广	常年可见	SYs
128	雕鸮 *Bubo bubo kiautschensis*	+	R	广	常年可见	SYs
129	领鸺鹠 *Glaucidium b. brodiei*	+++	R	东	常年可见	SYs
130	斑头鸺鹠 *Glaucidium cuculoides whitelyi*	++	R	东	常年可见	SYs
131	纵纹腹小鸮 *Athene noctua plumipes*	+	R	古	常年可见	SYs
132	鹰鸮 *Ninox scutulata burmanica*	+++	R	东	4～10 月	SYs
133	长耳鸮 *Asio o. otus*	+	W	古	10 月～次年 3 月	SYs
134	短耳鸮 *Asio f. flammeus*	+	W	古	10 月～次年 3 月	SYs
十二	夜鹰目 CAPRIMULGIFORMES					
(二十二)	夜鹰科 Caprimulgidae					
135	普通夜鹰 *Caprimulgus indicus jotaka*	+	S	广	4～10 月	SYs
十三	雨燕目 APODIFORMES					
(二十三)	雨燕科 Apodidae					
136	白喉针尾雨燕 *Hirundapus c. caudacutus*	+	P	古	4 月、10 月	NT，GC
137	普通雨燕 *Apus apus pekinensis*	+	P	古	4 月、10 月	NT，GC
138	白腰雨燕 *Apus p. pacificus*	+	P	古	4 月、10 月、次年 3 月	NT，GC
十四	佛法僧目 CORACIIFORMES					
(二十四)	翠鸟科 Alcedinidae					
139	普通翠鸟 *Alcedo atthis bengalensis*	+++	R	广	常年可见	SY
140	白胸翡翠 *Halcyon smyrnensis fokiensis*	+	R	东	常年可见	SY
141	蓝翡翠 *Halcyon pileata*	++	S	东	4～10 月	SY
142	冠鱼狗 *Megaceryle lugubris guttulata*	++	R	东	常年可见	SY

序号	物种	数量估计	居留类型	区系从属	居留时间	栖息生境
143	斑鱼狗 *Ceryle rudis insignis*	+	R	东	常年可见	SY
(二十五)	蜂虎科 Meropidae					
144	栗喉蜂虎 *Merops p. philippinus*	+	P	东	4～10 月	SYs
145	蓝喉蜂虎 *Merops v. viridis*	++	S	东	4～10 月	SYs
(二十六)	佛法僧科 Coraciidae					
146	三宝鸟 *Eurystomus orientalis calonyx*	+	S	东	4～10 月	SYs
十五	戴胜目 UPUPIFORMES					
(二十七)	戴胜科 Upupidae					
147	戴胜 *Upupa e. epops*	++	R	广	常年可见	SYs
十六	䴕形目 PICIFORMES					
(二十八)	啄木鸟科 Picidae					
148	蚁䴕 *Jynx t. torquilla*	+	P	古	10 月、次年 3 月	SYs
149	斑姬啄木鸟 *Picumnus innominatus chinensis*	++	R	东	常年可见	SYs
150	星头啄木鸟 *Dendrocopos canicapillus scintilliceps*	++	R	东	常年可见	SYs
151	棕腹啄木鸟 *Dendrocopos hyperythrus subrufinus*	+	P	古	10 月、次年 3 月	SYs
152	大斑啄木鸟 *Dendrocopos major mandarinus*	+++	R	古	常年可见	SYs
153	灰头绿啄木鸟 *Picus canus zimmermanni*	+++	R	广	常年可见	SYs
十七	雀形目 PASSERIFORMES					
(二十九)	八色鸫科 Pittidae					
154	印度八色鸫 *Pitta brachyura*	+	P	东	4～10 月	SYs
155	仙八色鸫 *Pitta n. nympha*	++	S	东	4～10 月	SYs
(三十)	百灵科 Alaudidae					
156	凤头百灵 *Galerida cristata leautungensis*	+	W	广	10 月～次年 3 月	SYs
157	大短趾百灵 *Calandrella brachydactyla dukhunensis*	+	W/P	东	10 月～次年 3 月	SYs
158	短趾百灵 *Calandrella cheleensis*	+	S	古	4～10 月	SYs
159	云雀 *Alauda arvensis*	+++	W/P	古	10 月～次年 3 月	SYs
160	小云雀 *Alauda gulgula weigoldi*	++	R	东	常年可见	SYs
(三十一)	燕科 Hirundinidae					
161	崖沙燕 *Riparia riparia ijimae*	+	P	古	4 月、10 月	SYs
162	家燕 *Hirundo rustica gutturalis*	+++	S	古	4～10 月	SYs
163	金腰燕 *Cecropis daurica japonica*	+++	S/P	广	4～10 月	SYs
(三十二)	鹡鸰科 Motacillidae					
164	山鹡鸰 *Dendronanthus indicus*	+++	S/W/P	广	常年可见	SYs
165	白鹡鸰 *Motacilla alba ocularis*	+++	W/P	广	10 月～次年 4 月	SYs
166	黄头鹡鸰 *Motacilla c. citreola*	+	P	古	10 月、次年 3 月	SYs
167	黄鹡鸰 *Motacilla flava macronyx*	+++	P	古	10 月、次年 3 月	SYs
168	灰鹡鸰 *Motacilla cinerea robusta*	+++	W/P	广	10 月、次年 3 月	SYs
169	田鹨 *Anthus r. richardi*	+	P	广	10 月、次年 3 月	SYs
170	树鹨 *Anthus hodgsoni yunnanensis*	++	W/P	东	10 月～次年 3 月	SYs
171	水鹨 *Anthus spinoletta coutellii*	++	W	古	10 月～次年 3 月	SYs

续表

序号	物种	数量 估计	居留 类型	区系 从属	居留 时间	栖息 生境
(三十三)	岩鹨科 Prunellidae					
172	棕眉山岩鹨 *Prunella montanella montanella*	+	W/P	古	10月～次年3月	SYs
(三十四)	山椒鸟科 Campephagidae					
173	暗灰鹃鵙 *Coracina melaschistos intermedia*	++	S	东	4～10月	SYs
174	粉红山椒鸟 *Pericrocotus roseus*	+	S	东	4～10月	SYs
175	小灰山椒鸟 *Pericrocotus cantonensis*	+++	S	东	4～10月	SYs
176	灰山椒鸟 *Pericrocotus d. divaricatus*	+	P	广	4月、10月	SYs
(三十五)	鹎科 Pycnonotidae					
177	领雀嘴鹎 *Spizixos s. semitorques*	+++	R	东	常年可见	SYs
178	黄臀鹎 *Pycnonotus xanthorrhous andersoni*	+++	R	东	常年可见	SYs
179	白头鹎 *Pycnonotus s. sinensis*	+++	R/P	东	常年可见	SYs
180	栗背短脚鹎 *Hemixos castanonotus canipennis*	+	不祥	东	3月、6月	SYs
181	绿翅短脚鹎 *Hypsipetes mcclellandii holtii*	+	不祥	东	3月	SYs
182	黑短脚鹎 *Hypsipetes l. leucocephalus*	++	S	东	4～10月	SYs
(三十六)	太平鸟科 Bombycillidae					
183	太平鸟 *Bombycilla garrulus centralasiae*	+	W/P	古	10月～次年4月	SYs
184	小太平鸟 *Bombycilla japonica*		W/P	古	4月、10月	SYs
(三十七)	伯劳科 Laniidae					
185	虎纹伯劳 *Lanius tigrinus*	+++	S/P	古	4～10月	SYs
186	牛头伯劳 *Lanius b. bucephalus*	+	W/P	古	10月～次年3月	SYs
187	红尾伯劳 *Lanius cristatus lucionensis*	+++	S/P	古	4～10月	SYs
188	棕背伯劳 *Lanius s. schach*	+++	R	东	常年可见	SYs
189	灰背伯劳 *Lanius t. tephronotus*	+	S/P	古	4～10月	SYs
190	楔尾伯劳 *Lanius s. sphenocercus*	+	W/P	古	10月～次年3月	SYs
(三十八)	黄鹂科 Oriolidae					
191	黑枕黄鹂 *Oriolus chinensis diffusus*	++	S	东	4～10月	SYs
(三十九)	卷尾科 Dicruridae					
192	黑卷尾 *Dicrurus macrocercus cathoecus*	+++	S	东	4～10月	SYs
193	灰卷尾 *Dicrurus leucophaeus leucogenis*	+++	S	东	4～10月	SYs
194	发冠卷尾 *Dicrurus hottentottus brevirostris*	+++	S	东	4～10月	SYs
(四十)	椋鸟科 Sturnidae					
195	八哥 *Acridotheres c. cristatellus*	+++	R	东	常年可见	SYs
196	北椋鸟 *Sturnia sturnina*	++	P	东	10月、次年3月	SYs
197	丝光椋鸟 *Sturnus sericeus*	+++	R	东	常年可见	SYs
198	灰椋鸟 *Sturnus cineraceus*	++	W	古	10月～次年3月	SYs
(四十一)	鸦科 Corvidae					
199	松鸦 *Garrulus glandarius sinensis*	+++	R	古	常年可见	SYs
200	灰喜鹊 *Cyanopica cyanus interposita*	++	R	古	常年可见	SYs
201	红嘴蓝鹊 *Urocissa e. erythrorhyncha*	+++	R	东	常年可见	SYs
202	喜鹊 *Pica pica sericea*	+++	R	古	常年可见	SYs

续表

序号	物种	数量 估计	居留 类型	区系 从属	居留 时间	栖息 生境
203	达乌里寒鸦 *Corvus dauuricus*	+	W	古	10 月~次年 3 月	NT，GC
204	秃鼻乌鸦 *Corvus frugilegus pastinator*	+	R	古	常年可见	SYs
205	小嘴乌鸦 *Corvus corone orientalis*	+	P	古	10 月、次年 3 月	NT，GC
206	大嘴乌鸦 *Corvus macrorhynchos colonorum*	+	R	广	常年可见	SYs
207	白颈鸦 *Corvus pectoralis*	+++	R	广	常年可见	SYs
（四十二）河乌科 Cinclidae						
208	褐河乌 *Cinclus p. pallasii*	+	R	广	常年可见	HL
（四十三）鹪鹩科 Troglodytidae						
209	鹪鹩 *Troglodytes troglodytes idius*	+	R	古	常年可见	SYs
（四十四）鸫科 Turdidae						
210	蓝短翅鸫 *Brachypteryx montana sinensis*	+	R	东	常年可见	SYs
211	红尾歌鸲 *Luscinia sibilans*	+	S	古	4~10 月	SYs
212	红喉歌鸲 *Luscinia calliope*	+	P	东	10 月、次年 3 月	SYs
213	蓝喉歌鸲 *Luscinia svecicus*	+	P	广	10 月、次年 3 月	SYs
214	蓝歌鸲 *Luscinia cyane*	+	P	广	10 月、次年 3 月	SYs
215	红胁蓝尾鸲 *Tarsiger c. cyanurus*	+++	W/P	广	10 月~次年 3 月	SYs
216	鹊鸲 *Copsychus saularis prosthopellus*	++	R	东	常年可见	SYs
217	赭红尾鸲 *Phoenicurus ochruros rufiventris*	+	R	古	常年可见	SYs
218	黑喉红尾鸲 *Phoenicurus hodgsoni*	+	W	古	10 月~次年 3 月	SYs
219	北红尾鸲 *Phoenicurus a. auroreus*	+++	W	古	10 月~次年 3 月	SYs
220	蓝额红尾鸲 *Phoenicurus frontalis*	+	R	东	常年可见	SYs
221	红尾水鸲 *Rhyacornis f. fuliginosa*	+++	R	广	常年可见	SYs
222	白顶溪鸲 *Chaimarrornis leucocephalus*	++	R/S/W	广	常年可见	SYs
223	小燕尾 *Enicurus scouleri*	+	R	广	常年可见	SYs
224	白额燕尾 *Enicurus leschenaulti sinensis*	++	R	东	常年可见	SYs
225	黑喉石䳭 *Saxicola torquata stejnegeri*	+	W/P	古	10 月~次年 3 月	SYs
226	蓝矶鸫 *Monticola solitarius philippensis*	+	R	古	常年可见	SD
227	紫啸鸫 *Myophonus c. caeruleus*	++	S	东	4~10 月	SYs
228	橙头地鸫 *Zoothera citrina courtoisi*	++	S	东	4~10 月	SYs
229	虎斑地鸫 *Zoothera dauma aurea*	+	W	广	10 月~次年 3 月	SYs
230	灰背鸫 *Turdus hortulorum*	+	W	广	10 月~次年 3 月	SYs
231	乌灰鸫 *Turdus cardis*	+++	S/P	东	4~10 月	SYs
232	乌鸫 *Turdus merula mandarinus*	+++	R	古	常年可见	SYs
233	白眉鸫 *Turdus obscurus*	+	P	广	10 月、次年 3 月	SYs
234	灰头鸫 *Turdus rubrocanus gouldii*	+	R	东	常年可见	SYs
235	白腹鸫 *Turdus pallidus*	++	W/P	古	10 月~次年 3 月	SYs
236	赤颈鸫 *Turdus ruficollis*	+	W	广	10 月~次年 3 月	SYs
237	斑鸫 *Turdus eunomus*	+++	W/P	古	10 月~次年 3 月	SYs
238	宝兴歌鸫 *Turdus mupinensis*	++	W	古	10 月~次年 3 月	SYs

续表

序号	物种	数量估计	居留类型	区系从属	居留时间	栖息生境
（四十五）	鹟科 Muscicapidae					
239	白喉林鹟 *Rhinomyias b. brunneatus*	++	S	东	4～10 月	SYs
240	灰纹鹟 *Muscicapa griseisticta*	+	P	东	4 月、10 月	SYs
241	乌鹟 *Muscicapa s. sibirica*	+	P	东	4 月、10 月	SYs
242	北灰鹟 *Muscicapa d. dauurica*	+	S/P	广	4 月、10 月	SYs
243	白眉姬鹟 *Ficedula zanthopygia*	+	S/P	古	4～10 月	SYs
244	黄眉姬鹟 *Ficedula narcissina*	+	P	东	4 月、10 月	SYs
245	鸲姬鹟 *Ficedula mugimaki*	+	P	广	4 月、10 月	SYs
246	红喉姬鹟 *Ficedula albicilla*	+	P	广	4 月、10 月	SYs
247	棕腹仙鹟 *Niltava sundara dinotata*	+	S	东	4～10 月	SYs
248	方尾鹟 *Culicicapa ceylonensis calochrysea*	+	S	东	4～10 月	SYs
（四十六）	王鹟科 Monarchindae					
249	寿带 *Terpsiphone paradisi incei*	++	S	东	4～10 月	SYs
（四十七）	画眉科 Timaliidae					
250	黑脸噪鹛 *Garrulax perspicillatus*	+++	R	东	常年可见	SYs
251	白喉噪鹛 *Garrulax albogularis eous*	+	V	古	不祥	SYs
252	山噪鹛 *Garrulax d. davidi*	+	R	古	常年可见	SYs
253	画眉 *Garrulax c. canorus*	+++	R	东	常年可见	Sys，GC
254	斑胸钩嘴鹛 *Pomatorhinus erythrocnemis gravivox*	+	R	东	常年可见	Sys，GC
255	棕颈钩嘴鹛 *Pomatorhinus ruficollis styani*	+++	R	东	常年可见	Sys，GC
256	红嘴相思鸟 *Leiothrix l. lutea*	++	R	东	常年可见	SYs
257	栗耳凤鹛 *Yuhina castaniceps torqueola*	+	R	东	常年可见	SYs
258	白领凤鹛 *Yuhina d. diademata*	+	R	东	常年可见	SYs
（四十八）	鸦雀科 Paradoxornithidae					
259	棕头鸦雀 *Paradoxornis webbianus suffusus*	+++	R	广	常年可见	SYs
（四十九）	扇尾莺科 Cisticolidae					
260	棕扇尾莺 *Cisticola juncidis tinnabulans*	+	R	广	常年可见	SYs
261	山鹛 *Rhopophilus p. pekinensis*	+	R	古	常年可见	SYs
262	纯色山鹪莺 *Prinia inornata extensicauda*	+	R	东	常年可见	GC，NT
（五十）	莺科 Sylviidae					
263	鳞头树莺 *Urosphena squameiceps*	+	P	古	4 月、10 月	SYs
264	远东树莺 *Cettia canturians*	+++	S	东	4～10 月	SYs
265	短翅树莺 *Cettia diphone sakhalinensis*	++	S	古	4～10 月	SYs
266	强脚树莺 *Cettia fortipes davidiana*	+++	R	古	常年可见	SYs
267	黄腹树莺 *Cettia acanthizoides*	+	R	古	常年可见	SYs
268	棕褐短翅莺 *Bradypterus luteoventris*	+	R	东	常年可见	SYs
269	矛斑蝗莺 *Locustella l. lanceolata*	+	P	广	4 月、10 月	SYs
270	黑眉苇莺 *Acrocephalus bistrigiceps*	+	P	古	4 月、10 月	SYs
271	钝翅苇莺 *Acrocephalus c. concinens*	+	P	古	4 月、10 月	SYs
272	东方大苇莺 *Acrocephalus orientalis*	++	S	广	4～10 月	SYs

序号	物种	数量估计	居留类型	区系从属	居留时间	栖息生境
273	叽喳柳莺 Phylloscopus collybita tristis	+	不祥	古	12 月	SYs
274	褐柳莺 Phylloscopus f. fuscatus	+	P	古	4 月、10 月	SYs
275	棕腹柳莺 Phylloscopus subaffinis	+	S	广	4～10 月	SYs
276	棕眉柳莺 Phylloscopus armandii	+	不祥	广	12 月	SYs
277	巨嘴柳莺 Phylloscopus schwarzi	+	不祥	广	3 月	SYs
278	黄腰柳莺 Phylloscopus proregulus	+++	W/P	古	10 月～次年 3 月	SYs
279	黄眉柳莺 Phylloscopus inornatus	+++	P	古	10 月～次年 3 月	SYs
280	极北柳莺 Phylloscopus b. borealis	++	P	古	10 月、次年 3 月	SYs
281	暗绿柳莺 Phylloscopus t. trochiloides	+	S	古	4～10 月	SYs
282	双斑绿柳莺 Phylloscopus plumbeitarsus	+	P	古	10 月、次年 3 月	SYs
283	淡脚柳莺 Phylloscopus tenellipes	+	P	古	5 月	SYs
284	冕柳莺 Phylloscopus coronatus	+	P	东	10 月、次年 3 月	SYs
285	冠纹柳莺 Phylloscopus reguloides claudiae	+	W/P	古	10 月～次年 3 月	SL
286	棕脸鹟莺 Abroscopus albogularis fulvifacies	++	R	古	常年可见	SYs
（五十一）戴菊科 Regulidae						
287	戴菊 Regulus regulus japonensis	+	W/P	古	10 月～次年 3 月	SYs
（五十二）绣眼鸟科 Zosteropidae						
288	红胁绣眼鸟 Zosterops erythropleurus	+	P	古	4 月、10 月	SYs
289	暗绿绣眼鸟 Zosterops japonicus simplex	+++	R/S/P	东	常年可见	SYs
（五十三）长尾山雀科 Aegithalidae						
290	银喉长尾山雀 Aegithalos caudatus glaucogularis	+++	R	古	常年可见	SYs
291	红头长尾山雀 Aegithalos c. concinnus	+++	R	东	常年可见	SYs
（五十四）山雀科 Paridae						
292	沼泽山雀 Parus palustris hellmayri	+	R	广	常年可见	SYs
293	煤山雀 Parus ater aemodius	+	R	古	常年可见	SYs
294	黄腹山雀 Parus venustulus	++	R	东	常年可见	SYs
295	大山雀 Parus major minor	+++	R	广	常年可见	SYs
（五十五）鸭科 Sittidae						
296	普通鸭 Sitta europaea sinensis	+	R	古	常年可见	SYs
（五十六）雀科 Passeridae						
297	山麻雀 Passer r. rutilans	+++	R	东	常年可见	SYs
298	麻雀 Passer montanus saturatus	+++	R	广	常年可见	SYs
（五十七）梅花雀科 Estrildidae						
299	白腰文鸟 Lonchura striata swinhoei	++	R	东	常年可见	SYs
300	斑纹鸟 Lonchura punctulata topela	+	R	东	常年可见	SYs
（五十八）燕雀科 Fringillidae						
301	燕雀 Fringilla montifringilla	+++	W/P	古	10 月～次年 3 月	SYs
302	普通朱雀 Carpodacus erythrinus	+	W	广	10 月～次年 3 月	SYs
303	北朱雀 Carpodacus r. roseus	+	W	古		
304	黄雀 Carduelis spinus	++	W	广	10 月～次年 3 月	SYs

续表

序号	物种	数量估计	居留类型	区系从属	居留时间	栖息生境
305	金翅雀 *Carduelis s. sinica*	＋＋＋	R	广	常年可见	SYs
306	锡嘴雀 *Coccothraustes c. coccothraustes*	＋＋	W	古	10月～次年3月	SYs
307	黑尾蜡嘴雀 *Eophona m. migratoria*	＋＋＋	S/P	古	4～10月	SYs
（五十九）鹀科 Emberizidae						
308	凤头鹀 *Melophus lathami*	＋	R	东	常年可见	SYs
309	灰眉岩鹀 *Emberiza godlewskii omissa*	＋	R	古	常年可见	SYs
310	三道眉草鹀 *Emberiza cioides castaneiceps*	＋＋＋	R	古	常年可见	SYs
311	白眉鹀 *Emberiza tristrami*	＋	W/P	古	10月～次年5月	SYs
312	栗耳鹀 *Emberiza f. fucata*	＋	P	古	10月、次年4月	SYs
313	小鹀 *Emberiza pusilla*	＋	W	古	10月～次年4月	SYs
314	黄眉鹀 *Emberiza chrysophrys*	＋＋	W	古	10月～次年3月	SYs
315	田鹀 *Emberiza r. rustica*	＋	W	古	10月～次年3月	SYs
316	黄喉鹀 *Emberiza elegans ticehursti*	＋＋＋	W/P	古	10月～次年4月	SYs
317	黄胸鹀 *Emberiza a. aureola*	＋	P	古	10月～次年3月	SYs
318	栗鹀 *Emberiza rutila*	＋	W	广	10月～次年3月	SYs
319	灰头鹀 *Emberiza s. spodocephala*	＋	W/P	古	9月～次年5月	SYs
320	苇鹀 *Emberiza pallasi polaris*	＋	P	古	10月、次年3月	SYs

注：＋＋＋数量多、常见，＋＋数量少、不常见，＋数量极少、罕见。

R（resident）留鸟，指全年在该地理区域内生活，春秋不进行长距离迁徙的鸟类；S（summer visitor）夏候鸟，指春季迁徙来此地繁殖，秋季再向越冬区南迁的鸟类；W（winter vistor）冬候鸟，指冬季来此地越冬，春季再向北方繁殖区迁徙的鸟类；P（passage migrant）旅鸟，春秋迁徙时旅经此地，不停留或仅有短暂停留的鸟类；V（vagrant vistor）迷鸟（包括偶见种），指迁徙时偏离正常路线而到此地栖息的鸟类。

广，广布种；东，东洋界；古，古北界。

CT 池塘，SY 水域，NT 农田，SL 森林，SYs 所有生境，GC 灌丛，HL 河流，SD 湿地。

14.1.2　区系分析

保护区内鸟类区系组成中属于古北界分布的有126种，占本区鸟类总数的39.38％，常见种有东方白鹳、大天鹅、普通鵟、凤头蜂鹰、绿头鸭、北红尾鸲、红尾伯劳、黄鹡鸰、乌鸫、黄喉鹀、黄眉柳莺等。属于东洋界分布的有101种，占本区鸟类总数的31.56％，常见种有白鹭、牛背鹭、珠颈斑鸠、噪鹃、鹰鹃、黄臀鹎、白头鹎、画眉、棕背伯劳、黑卷尾、灰卷尾、发冠卷尾、八哥、丝光椋鸟、红嘴蓝鹊、乌灰鸫等。属于广布种的有93种，占本区鸟类总数的29.06％，常见种有小䴙䴘、夜鹭、普通鸬鹚、斑嘴鸭、赤腹鹰、山斑鸠、灰斑鸠、四声杜鹃、环颈雉、普通翠鸟、金腰燕、山鹡鸰、棕头鸦雀、金翅雀、麻雀、红尾水鸲等。本区鸟类区系成分以古北种和东洋种为主，呈现出明显的南北过渡区特征。

14.1.3　居留类型

依据鸟类在本区的停留时间和季节，保护区内分布有留鸟100种，其中有8种部分个体或为旅鸟或为夏候鸟或为冬候鸟；夏候鸟65种，其中有16种部分个体或为旅鸟或为冬候鸟；冬候鸟93种，其中有34种部分个体为旅鸟；旅鸟54种；迷鸟3种。此外有5种鸟类因缺乏数据，其居留情况还不甚清楚（表14-2）。

表 14-2　鸡公山国家级自然保护区鸟类居留类型

	留鸟	夏候鸟	冬候鸟	旅鸟	迷鸟	不详
种数	100	65	93	54	3	5
比例/%	31.25	20.31	29.06	16.88	0.94	1.56

14.2　重点保护鸟类

14.2.1　国家重点保护种类

保护区分布有国家重点保护鸟类 47 种，其中 I 级保护鸟类 4 种，II 级保护鸟类 43 种（表 14-3）。

表 14-3　鸡公山国家级自然保护区国家重点保护鸟类

所属目名	所属科名	序号	物种名称	保护级别
鹳形目	鹳科			
		1	东方白鹳 *Ciconia boyciana*	I
鹳形目	鹮科			
		2	白琵鹭 *Platalea l. leucorodia*	II
雁形目	鸭科			
		3	大天鹅 *Cygnus cygnus*	II
		4	小天鹅 *Cygnus columbianus bewickii*	II
		5	白额雁 *Anser albifrons frontalis*	II
		6	鸳鸯 *Aix galericulata*	II
		7	中华秋沙鸭 *Mergus squamatus*	I
隼形目	鹰科			
		8	黑冠鹃隼 *Aviceda leuphotes syama*	II
		9	凤头蜂鹰 *Pernis ptilorhyncus orientalis*	II
		10	黑鸢 *Milvus migrans lineatus*	II
		11	蛇雕 *Spilornis cheela ricketti*	II
		12	白腹鹞 *Circus s. spilonotus*	II
		13	白尾鹞 *Circus c. cyaneus*	II
		14	鹊鹞 *Circus melanoleucos*	II
		15	凤头鹰 *Accipiter trivirgatus indicus*	II
		16	赤腹鹰 *Accipiter soloensis*	II
		17	松雀鹰 *Accipiter virgatus affinis*	II
		18	雀鹰 *Accipiter nisus nisosimilis*	II
		19	苍鹰 *Accipiter gentilis schvedowi*	II
		20	灰脸鵟鹰 *Butastur indicus*	II
		21	普通鵟 *Buteo japonicus*	II
		22	大鵟 *Buteo hemilasius*	II
		23	金雕 *Aquila chrysaetos daphanea*	I
		24	白腹隼雕 *Hieraaetus f. fasciata*	II

所属目名	所属科名	序号	物种名称	保护级别
隼形目	隼科			
		25	白腿小隼 *Microhierax melanoleucus*	Ⅱ
		26	红隼 *Falco interstinctus*	Ⅱ
		27	红脚隼 *Falco amurensis*	Ⅱ
		28	灰背隼 *Falco columbarius insignis*	Ⅱ
		29	燕隼 *Falco s. subbuteo*	Ⅱ
		30	猎隼 *Falco cherrug milvipes*	Ⅱ
鸡形目	雉科			
		31	勺鸡 *Pucrasia macrolopha darwini*	Ⅱ
		32	白冠长尾雉 *Syrmaticus reevesii*	Ⅱ
鹤形目	鹤科			
		33	白鹤 *Grus leucogeranus*	Ⅰ
鸽形目	鸠鸽科			
		34	斑尾鹃鸠 *Macropygia unchall minor*	Ⅱ
鹃形目	杜鹃科			
		35	褐翅鸦鹃 *Centropus s. sinensis*	Ⅱ
		36	小鸦鹃 *Centropus bengalensis lignator*	Ⅱ
鸮形目	鸱鸮科			
		37	领角鸮 *Otus lettia erythrocampe*	Ⅱ
		38	红角鸮 *Otus sunia stictonotus*	Ⅱ
		39	雕鸮 *Bubo bubo kiautschensis*	Ⅱ
		40	领鸺鹠 *Glaucidium b. brodiei*	Ⅱ
		41	斑头鸺鹠 *Glaucidium cuculoides whitelyi*	Ⅱ
		42	纵纹腹小鸮 *Athene noctua plumipes*	Ⅱ
		43	鹰鸮 *Ninox scutulata burmanica*	Ⅱ
		44	长耳鸮 *Asio o. otus*	Ⅱ
		45	短耳鸮 *Asio f. flammeus*	Ⅱ
雀形目	八色鸫科			
		46	印度八色鸫 *Pitta brachyura*	Ⅱ
		47	仙八色鸫 *Pitta n. nympha*	Ⅱ

14.2.2　珍稀濒危种类

根据世界自然保护联盟（International Union for Conservation of Nature and Natural Resources，IUCN）2012 年的评估结果，保护区分布的鸟类有极危（CR）2 种、濒危（EN）3 种、易危（VU）5 种、近危（NT）5 种，其余均列为无危（LC）级；被列入中国濒危动物红皮书（鸟类）的有 21 种，其中濒危（E）3 种、易危（V）10 种、稀有（R）7 种、未定（I）1 种；保护区分布鸟类中被列入濒危野生动植物种国际贸易公约（Convention on International Trade in Endangered Species of Wild Fauna and Flora，CITES）2011 版名录的有 39 种，其中被列入附录Ⅰ2 种、附录Ⅱ37 种（表 14-4）。

表 14-4　鸡公山国家级自然保护区濒危鸟类

序号	物种	IUCN（2012）濒危等级	CITES（2011）附录等级	中国濒危动物红皮书
	鹳形目 鹳科			
1	东方白鹳 *Ciconia boyciana*	濒危（EN）	附录 I	濒危（E）
	鹳形目 鹮科			
2	白琵鹭 *Platalea l. leucorodia*	无危（LC）	附录 II	易危（V）
	雁形目 鸭科			
3	大天鹅 *Cygnus cygnus*	无危（LC）		易危（V）
4	小天鹅 *Cygnus columbianus bewickii*	无危（LC）		易危（V）
5	鸿雁 *Anser cygnoides*	易危（VU）		
6	小白额雁 *Anser erythropus*	易危（VU）		
7	棉凫 *Nettapus c. coromandelianus*	无危（LC）		稀有（R）
8	鸳鸯 *Aix galericulata*	无危（LC）		易危（V）
9	罗纹鸭 *Anas falcata*	近危（NT）		
10	花脸鸭 *Anas formosa*	无危（LC）	附录 II	
11	青头潜鸭 *Aythya baeri*	极危（CR）		
12	中华秋沙鸭 *Mergus squamatus*	濒危（EN）		稀有（R）
	隼形目 鹰科			
13	黑冠鹃隼 *Aviceda leuphotes syama*	无危（LC）	附录 II	
14	凤头蜂鹰 *Pernis ptilorhyncus orientalis*	无危（LC）	附录 II	易危（V）
15	黑鸢 *Milvus migrans lineatus*	无危（LC）	附录 II	
16	蛇雕 *Spilornis cheela ricketti*	无危（LC）	附录 II	易危（V）
17	白腹鹞 *Circus s. spilonotus*	无危（LC）	附录 II	
18	白尾鹞 *Circus c. cyaneus*	无危（LC）	附录 II	
19	鹊鹞 *Circus melanoleucos*	无危（LC）	附录 II	
20	凤头鹰 *Accipiter trivirgatus indicus*	无危（LC）	附录 II	稀有（R）
21	赤腹鹰 *Accipiter soloensis*	无危（LC）	附录 II	
22	松雀鹰 *Accipiter virgatus affinis*	无危（LC）	附录 II	
23	雀鹰 *Accipiter nisus nisosimilis*	无危（LC）	附录 II	
24	苍鹰 *Accipiter gentilis schvedowi*	无危（LC）	附录 II	
25	灰脸鵟鹰 *Butastur indicus*	无危（LC）	附录 II	稀有（R）
26	普通鵟 *Buteo japonicus*	无危（LC）	附录 II	
27	大鵟 *Buteo hemilasius*	无危（LC）	附录 II	
28	金雕 *Aquila chrysaetos daphanea*	无危（LC）	附录 II	易危（V）
29	白腹隼雕 *Hieraaetus f. fasciata*	无危（LC）	附录 II	稀有（R）
	隼形目 隼科			
30	白腿小隼 *Microhierax melanoleucus*	无危（LC）	附录 II	
31	红隼 *Falco tinnunculus interstinctus*	无危（LC）	附录 II	
32	红脚隼 *Falco amurensis*	无危（LC）	附录 II	
33	灰背隼 *Falco columbarius insignis*	无危（LC）	附录 II	
34	燕隼 *Falco s. subbuteo*	无危（LC）	附录 II	
35	猎隼 *Falco cherrug milvipes*	濒危（EN）	附录 II	易危（V）

续表

序号	物种	IUCN（2012）濒危等级	CITES（2011）附录等级	中国濒危动物红皮书
	鸡形目 雉科			
36	日本鹌鹑 *Coturnix japonica*	近危（NT）		
37	白冠长尾雉 *Syrmaticus reevesii*	易危（VU）		濒危（E）
	鹤形目 鹤科			
38	白鹤 *Grus leucogeranus*	极危（CR）	附录Ⅰ	濒危（E）
	鸻形目 鹬科			
39	黑尾塍鹬 *Limosa limosa melanuroides*	近危（NT）		未定（I）
	鸽形目 鸠鸽科			
40	斑尾鹃鸠 *Macropygia unchall minor*	无危（LC）		稀有（R）
41	褐翅鸦鹃 *Centropus s. sinensis*	无危（LC）		易危（V）
42	小鸦鹃 *Centropus bengalensis lignator*	无危（LC）		易危（V）
	鸮形目 鸱鸮科			
43	领角鸮 *Otus lettia erythrocampe*	无危（LC）	附录Ⅱ	
44	红角鸮 *Otus sunia stictonotus*	无危（LC）	附录Ⅱ	
45	雕鸮 *Bubo bubo kiautschensis*	无危（LC）	附录Ⅱ	稀有（R）
46	领鸺鹠 *Glaucidium b. brodiei*	无危（LC）	附录Ⅱ	
47	斑头鸺鹠 *Glaucidium cuculoides whitelyi*	无危（LC）	附录Ⅱ	
48	纵纹腹小鸮 *Athene noctua plumipes*	无危（LC）	附录Ⅱ	
49	鹰鸮 *Ninox scutulata burmanica*	无危（LC）	附录Ⅱ	
50	长耳鸮 *Asio o. otus*	无危（LC）	附录Ⅱ	
51	短耳鸮 *Asio f. flammeus*	无危（LC）	附录Ⅱ	
	雀形目 八色鸫科			
52	仙八色鸫 *Pitta n. nympha*	易危（VU）	附录Ⅱ	稀有（R）
	雀形目 太平鸟科			
53	小太平鸟 *Bombycilla japonica*	近危（NT）		
	雀形目 鸦科			
54	白颈鸦 *Corvus pectoralis*	近危（NT）		
	雀形目 画眉科			
55	画眉 *Garrulax c. canorus*	无危（LC）	附录Ⅱ	
56	红嘴相思鸟 *Leiothrix l. lutea*	无危（LC）	附录Ⅱ	
57	黄胸鹀 *Emberiza a. aureola*	易危（VU）		

14.2.3 中日、中澳协定保护候鸟种类

《中华人民共和国政府和澳大利亚政府保护候鸟及其栖息环境协定》由中国和澳大利亚政府于 1986 年 10 月 20 日在堪培拉签订，协定保护候鸟 81 种。《中华人民共和国政府和日本国政府保护候鸟及其栖息环境协定》于 1981 年 3 月 3 日签订，协定保护候鸟 227 种。保护区分布有中日协定保护候鸟 121 种、中澳协定保护候鸟 28 种（表 14-5）。

表 14-5　中日、中澳协定保护候鸟名录

序号	物种	数量等级	居留类型	区系	保护协定
鸊鷉目　鸊鷉科					
1	凤头鸊鷉 *Podiceps c. cristatus*	＋	W/P	古	中日
鹳形目　鹭科					
2	草鹭 *Ardea purpurea manilensis*	＋	P	广	中日
3	大白鹭 *Ardea alba modesta*	＋＋	P	广	中日，中澳
4	中白鹭 *Egretta i. intermedia*	＋＋＋	S	东	中日
5	牛背鹭 *Bubulcus ibis coromandus*	＋＋＋	W	东	中日，中澳
6	绿鹭 *Butorides striata actophila*	＋	W	广	中日
7	夜鹭 *Nycticorax n. nycticorax*	＋＋＋	S/W	古	中日
8	黑冠鳽 *Gorsachius melanolophus*	＋	V	古	中日
9	黄斑苇鳽 *Ixobrychus sinensis*	＋	S/P	东	中日，中澳
10	紫背苇鳽 *Ixobrychus eurhythmus*	＋	S	广	中日
11	大麻鳽 *Botaurus s. stellaris*	＋	W/P	东	中日
鹳形目　鹮科					
12	白琵鹭 *Platalea l. leucorodia*	＋	W	广	中日
雁形目　鸭科					
13	大天鹅 *Cygnus cygnus*	＋	W	古	中日
14	小天鹅 *Cygnus columbianus bewickii*	＋	W	古	中日
15	鸿雁 *Anser cygnoides*	＋＋	W/P	古	中日
16	豆雁 *Anser fabalis middendorffi*	＋＋	W	古	中日
17	白额雁 *Anser albifrons frontalis*	＋	W	古	中日
18	小白额雁 *Anser erythropus*	＋	W	古	中日
19	赤麻鸭 *Tadorna ferruginea*	＋＋＋	W	古	中日
20	翘鼻麻鸭 *Tadorna tadorna*	＋	W	广	中日
21	赤颈鸭 *Anas penelope*	＋＋＋	W	古	中日
22	罗纹鸭 *Anas falcata*	＋＋＋	W	古	中日
23	花脸鸭 *Anas formosa*	＋＋	W/P	广	中日
24	绿翅鸭 *Anas c. crecca*	＋＋＋	W	古	中日
25	绿头鸭 *Anas p. platyrhynchos*	＋＋＋	W	古	中日
26	针尾鸭 *Anas acuta*	＋＋	W	广	中日
27	白眉鸭 *Anas querquedula*	＋＋	W	广	中日，中澳
28	琵嘴鸭 *Anas clypeata*	＋	W	古	中日，中澳
29	红头潜鸭 *Aythya ferina*	＋＋	W	古	中日
30	青头潜鸭 *Aythya baeri*	＋＋＋	W	古	中日
31	凤头潜鸭 *Aythya fuligula*	＋＋	W/P	古	中日
32	鹊鸭 *Bucephala c. clangula*	＋＋	W	古	中日
33	斑头秋沙鸭 *Mergellus albellus*	＋＋	W	古	中日
34	普通秋沙鸭 *Mergus m. merganser*	＋＋	W	古	中日

续表

	序号	物种	数量等级	居留类型	区系	保护协定
隼形目 鹰科						
	35	白尾鹞 *Circus c. cyaneus*	+	W/P	古	中日
	36	松雀鹰 *Accipiter virgatus affinis*	+	R	广	中日
	37	灰脸鵟鹰 *Butastur indicus*	+	S	广	中日
隼形目 隼科						
	38	灰背隼 *Falco columbarius insignis*	+	W	古	中日
	39	燕隼 *Falco s. subbuteo*	+	S	广	中日
鸡形目 雉科						
	40	日本鹌鹑 *Coturnix japonica*	+	W	古	中日
鸡形目 秧鸡科						
	41	普通秧鸡 *Rallus aquaticus indicus*	+	W	古	中日
	42	小田鸡 *Porzana p. pusilla*	+	P	广	中日
	43	红胸田鸡 *Porzana fusca erythrothorax*	+	S/P	东	中日
	44	董鸡 *Gallicrex cinerea*	+ +	S	东	中日
	45	黑水鸡 *Gallinula c. chloropus*	+ +	S/P	广	中日
鸻形目 水雉科						
	46	水雉 *Hydrophasianus chirurgus*	+	S	东	中澳
鸻形目 鸻科						
	47	凤头麦鸡 *Vanellus vanellus*	+ + +	W	广	中日
	48	金眶鸻 *Charadrius dubius curonicus*	+ +	S/P	广	中澳
	49	剑鸻 *Charadrius hiaticula tundrae*	+	P	古	中澳
鸻形目 鹬科						
	50	丘鹬 *Scolopax rusticola*	+	W	古	中日
	51	针尾沙锥 *Gallinago stenura*	+ +	P	东	中日，中澳
	52	大沙锥 *Gallinago megala*	+ +	P	东	中日，中澳
	53	扇尾沙锥 *Gallinago g. gallinago*	+	W	古	中日
	54	黑尾塍鹬 *Limosa limosa melanuroides*	+	P	古	中日，中澳
	55	鹤鹬 *Tringa erythropus*	+	P	广	中日
	56	红脚鹬 *Tringa totanus terrignotae*	+	P	广	中日，中澳
	57	青脚鹬 *Tringa nebularia*	+	W	广	中日，中澳
	58	白腰草鹬 *Tringa ochropus*	+ +	W	古	中日
	59	林鹬 *Tringa glareola*	+	P	广	中日，中澳
	60	矶鹬 *Actitis hypoleucos*	+	W/P	广	中日，中澳
鸻形目 燕鸻科						
	61	普通燕鸻 *Glareola maldivarum*	+	P	广	中日，中澳
鸻形目 鸥科						
	62	红嘴鸥 *Larus ridibundus*	+ + +	W/P	广	中日
鸻形目 燕鸥科						
	63	普通燕鸥 *Sterna hirundo longipennis*	+	P	古	中日，中澳
	64	白额燕鸥 *Sterna albifrons sinensis*	+	S	东	中日，中澳
	65	白翅浮鸥 *Chlidonias leucopterus*	+	W/P	广	中澳

序号	物种	数量等级	居留类型	区系	保护协定
鹃形目 杜鹃科					
66	大杜鹃 *Cuculus canorus bakeri*	+++	S	广	中日
67	中杜鹃 *Cuculus s. saturatus*	+	S	广	中日，中澳
68	小杜鹃 *Cuculus poliocephalus*	++	S	广	中日
鸮形目 鸱鸮科					
69	长耳鸮 *Asio o. otus*	+	W	古	中日
70	短耳鸮 *Asio f. flammeus*	+	W	古	中日
夜鹰目 夜鹰科					
71	普通夜鹰 *Caprimulgus indicus jotaka*	+	S	广	中日
雨燕目 雨燕科					
72	白喉针尾雨燕 *Hirundapus c. caudacutus*	+	P	古	中日，中澳
73	白腰雨燕 *Apus p. pacificus*	+	P	古	中日，中澳
佛法僧目 佛法僧科					
74	三宝鸟 *Eurystomus orientalis calonyx*	+	S	东	中日
雀形目 燕科					
75	家燕 *Hirundo rustica gutturalis*	+++	S	古	中日，中澳
76	金腰燕 *Cecropis daurica japonica*	+++	S/P	广	中日
雀形目 鹡鸰科					
77	山鹡鸰 *Dendronanthus indicus*	+++	S/W/P	广	中日
78	白鹡鸰 *Motacilla alba ocularis*	+++	W/P	广	中日，中澳
79	黄头鹡鸰 *Motacilla c. citreola*	+	P	古	中日，中澳
80	黄鹡鸰 *Motacilla flava macronyx*	+++	P	古	中日，中澳
81	灰鹡鸰 *Motacilla cinerea robusta*	+++	W/P	广	中澳
82	田鹨 *Anthus r. richardi*	+	P	广	中日
83	树鹨 *Anthus hodgsoni yunnanensis*	++	W/P	东	中日
84	水鹨 *Anthus spinoletta coutellii*	++	W	古	中日
雀形目 山椒鸟科					
85	灰山椒鸟 *Pericrocotus d. divaricatus*	+	P	广	中日
雀形目 太平鸟科					
86	太平鸟 *Bombycilla garrulus centralasiae*	+	W/P	古	中日
87	小太平鸟 *Bombycilla japonica*	+	W/P	古	中日
雀形目 伯劳科					
88	虎纹伯劳 *Lanius tigrinus*	+++	S/P	古	中日
89	红尾伯劳 *Lanius cristatus lucionensis*	+++	S/P	古	中日
雀形目 黄鹂科					
90	黑枕黄鹂 *Oriolus chinensis diffusus*	++	S	东	中日
雀形目 鸦科					
91	秃鼻乌鸦 *Corvus frugilegus pastinator*	+	R	古	中日
雀形目 鸫科					
92	红尾歌鸲 *Luscinia sibilans*	+	S	古	中日
93	蓝歌鸲 *Luscinia cyane*	+	P	广	中日

序号	物种	数量等级	居留类型	区系	保护协定
94	红胁蓝尾鸲 *Tarsiger c. cyanurus*	+++	W/P	广	中日
95	北红尾鸲 *Phoenicurus a. auroreus*	+++	W	古	中日
96	黑喉石䳭 *Saxicola torquata stejnegeri*	+	W/P	古	中日
97	虎斑地鸫 *Zoothera dauma aurea*	+	W	广	中日
98	灰背鸫 *Turdus hortulorum*	+	W	广	中日
99	乌灰鸫 *Turdus cardis*	+++	S/P	东	中日
100	白腹鸫 *Turdus pallidus*	++	W/P	东	中日
101	斑鸫 *Turdus eunomus*	+++	W/P	古	中日
雀形目 鹟科					
102	乌鹟 *Muscicapa s. sibirica*	+	P	东	中日
103	北灰鹟 *Muscicapa d. dauurica*	+	S/P	广	中日
104	白眉姬鹟 *Ficedula zanthopygia*	+	S/P	古	中日
105	黄眉姬鹟 *Ficedula narcissina*	+	P	东	中日
106	鸲姬鹟 *Ficedula mugimaki*	+	P	广	中日
雀形目 莺科					
107	鳞头树莺 *Urosphena squameiceps*	+	P	古	中日
108	矛斑蝗莺 *Locustella l. lanceolata*	+	P	广	中日
109	黑眉苇莺 *Acrocephalus bistrigiceps*	+	P	古	中日
110	黄眉柳莺 *Phylloscopus inornatus*	+++	P	古	中日
111	极北柳莺 *Phylloscopus b. borealis*	++	P	古	中日，中澳
112	淡脚柳莺 *Phylloscopus tenellipes*	+	P	古	中日
113	冕柳莺 *Phylloscopus coronatus*	+	P	东	中日
雀形目 雀科					
114	山麻雀 *Passer r. rutilans*	+++	R	东	中日
雀形目 燕雀科					
115	燕雀 *Fringilla montifringilla*	+++	W/P	古	中日
116	普通朱雀 *Carpodacus erythrinus*	+	W	广	中日
117	黄雀 *Carduelis spinus*	++	W	广	中日
118	锡嘴雀 *Coccothraustes c. coccothraustes*	++	W	古	中日
119	黑尾蜡嘴雀 *Eophona m. migratoria*	+++	S/P	古	中日
雀形目 鹀科					
120	白眉鹀 *Emberiza tristrami*	+	W/P	古	中日
121	小鹀 *Emberiza pusilla*	+	W	古	中日
122	田鹀 *Emberiza r. rustica*	+	W	古	中日
123	黄喉鹀 *Emberiza elegans ticehursti*	+++	W/P	古	中日
124	黄胸鹀 *Emberiza a. aureola*	+	P	古	中日
125	灰头鹀 *Emberiza s. spodocephala*	+	W/P	古	中日
126	苇鹀 *Emberiza pallasi polaris*	+	P	古	中日

注：+++ 数量多、常见，++ 数量少、不常见，+ 数量极少、罕见。

W 冬候鸟，S 夏候鸟，P 旅鸟，V 迷鸟。

东，东洋界；古，古北界；广，广布种。

14.3 中国鸟类特有种

根据相关文献，目前我国分布鸟类中有中国鸟类特有种共 76 种，本保护区内分布有 5 种（表 14-6）。

表 14-6 鸡公山国家级自然保护区中国鸟类特有种

分类地位	序号	物种	数量等级	居留类型	区系成分	居留时间	栖息生境
鸡形目 雉科							
	1	白冠长尾雉 *Syrmaticus reevesii*	＋＋＋	R	古	常年可见	SYs
雀形目 鸫科							
	2	宝兴歌鸫 *Turdus mupinensis*	＋＋	W	古	10 月～次年 3 月	SYs
雀形目 画眉科							
	3	山噪鹛 *Garrulax d. davidi*	＋	R	古	常年可见	SYs
雀形目 扇尾莺科							
	4	山鹛 *Rhopophilus p. pekinensis*	＋	R	古	常年可见	SYs
雀形目 山雀科							
	5	黄腹山雀 *Parus venustulus*	＋＋	R	东	常年可见	SYs

注：＋＋＋ 数量多、常见，＋＋ 数量少、不常见，＋ 数量极少、罕见。

W 冬候鸟，R 留鸟。

东，东洋界；古，古北界。

SYs 所有生境。

14.4 重要经济鸟类

作为森林和野生动物类型自然保护区，鸡公山的森林覆盖率很高，森林灌丛食虫鸟类的种类和数量丰富，主要类群有杜鹃科、啄木鸟科、卷尾科、鹎鹟科、山雀科、鸫科、伯劳科、鸦科、画眉科和莺科等。根据张泰松和李同庆的研究结果、1994 年鸡公山科考集等相关文献，整理出本保护区内分布鸟类中对农林有益的种类共计 131 种，占本区鸟类总数的 40.93％。这些鸟类主要以啮齿动物和鳞翅目、鞘翅目昆虫及其幼虫和卵为食，部分鸟类取食类型及其胃容物成分见表 14-7。

表 14-7 鸡公山国家级自然保护区农林益鸟食物分析

物种	居留类型	胃内主要食物
隼形目		
鹰科		
赤腹鹰 *Accipiter soloensis*	夏	蛹、金龟子、蝉、蜻蜓等
日本松雀鹰 *Accipiter g. gularis*	冬/旅	小鸟、鼠类、蜥蜴、蝗虫、蚱蜢、甲虫等
松雀鹰 *Accipiter virgatus affinis*	留	小鸟、天社蛾、松毛虫卵、蛹、金龟子等
雀鹰 *Accipiter nisus nisosimilis*	留	金龟子、蝗虫、小鸟
鸽形目		
鸠鸽科		
山斑鸠 *Streptopelia o. orientalis*	留	鞘翅目昆虫、野果、树籽、草籽等
灰斑鸠 *Streptopelia d. decaocto*	留	鞘翅目昆虫、野果、树籽、草籽等

物种	居留类型	胃内主要食物
珠颈斑鸠 *Streptopelia c. chinensis*	留	鞘翅目昆虫、野果、树籽、草籽等
鹃形目		
杜鹃科		
红翅凤头鹃 *Clamator coromandus*	夏	鞘翅目、鳞翅目昆虫等，松毛虫及其卵
四声杜鹃 *Cuculus m. micropterus*	夏	松毛虫、刺蛾幼虫、蛾等
大杜鹃 *Cuculus canorus bakeri*	夏	松毛虫幼虫、尺蠖、金龟子等
中杜鹃 *Cuculus s. saturatus*	夏	栎毛虫、尺蠖、松毛虫、叶蝉等
小杜鹃 *Cuculus poliocephalus*	夏	金龟子、松毛虫、栎毛虫等
八声杜鹃 *Cacomantis merulinus querulus*	夏	尺蠖蛾幼虫、鞘翅目昆虫碎片
鸮形目		
鸱鸮科		
领鸺鹠 *Glaucidium b. brodiei*	留	蝼蛄、金龟子、田鼠、小鸟、蟋蟀、蛾、松毛虫等
斑头鸺鹠 *Glaucidium cuculoides whitelyi*	留	蝗虫、甲虫、螳螂、蝉、蟋蟀等昆虫和鼠类
夜鹰目		
夜鹰科		
普通夜鹰 *Caprimulgus indicus jotaka*	夏	金龟子、蝼蛄、松毛虫蛾、夜蛾、蟋蟀虫卵等
佛法僧目		
翠鸟科		
蓝翡翠 *Halcyon pileata*	夏	蜈蚣、蝗虫、小黑蚱虫碎片、鱼、虾等
蜂虎科		
蓝喉蜂虎 *Merops v. viridis*	夏	蜂、鞘翅目昆虫碎片
佛法僧科		
三宝鸟 *Eurystomus orientalis calonyx*	夏	鞘翅目昆虫碎片
䴕形目		
啄木鸟科		
斑姬啄木鸟 *Picumnus innominatus chinensis*	留	天牛幼虫、野果、种子等
灰头绿啄木鸟 *Picus canus zimmermanni*	留	天牛幼虫、蚂蚁、植物种子等
雀形目		
八色鸫科		
仙八色鸫 *Pitta n. nympha*	夏	鞘翅目昆虫、天社蛾卵、蝇类等
燕科		
家燕 *Hirundo rustica gutturalis*	夏	蚜虫、蚊、蝇、浮尘子等
金腰燕 *Cecropis daurica japonica*	夏/旅	小蛾、蜂、蚂蚁、蚊、小甲虫
鹡鸰科		
山鹡鸰 *Dendronanthus indicus*	夏/冬/旅	鳞翅目小型蛾类、幼虫、小型蚜虫、草籽等
白鹡鸰 *Motacilla alba ocularis*	冬/旅	蝇、蛆、蚱蜢、小黑蚜虫、水生昆虫、草籽等
田鹨 *Anthus r. richardi*	旅	鞘翅目昆虫碎片、蝗虫、谷、草籽等
山椒鸟科		
暗灰鹃鵙 *Coracina melaschistos intermedia*	夏	松毛虫卵、刺蛾幼虫、鳞翅目昆虫碎片
灰山椒鸟 *Pericrocotus d. divaricatus*	旅	鞘翅目昆虫、松毛虫幼虫及卵、金花虫

续表

物种	居留类型	胃内主要食物
鹎科		
领雀嘴鹎 *Spizixos s. semitorques*	留	青菜叶、小黑蚰虫、虫卵、草籽及树籽等
黄臀鹎 *Pycnonotus xanthorrhous andersoni*	留	金龟子、蜂、松毛虫幼虫、种子等
白头鹎 *Pycnonotus s. sinensis*	留/旅	松毛虫卵、金龟子、金花虫、小黑蚰虫、草籽等
伯劳科		
虎纹伯劳 *Lanius tigrinus*	夏/旅	松毛虫幼虫、蜂、蚂蚁、蝗虫、植物种子等
牛头伯劳 *Lanius b. bucephalus*	冬/旅	蜻蜓、蜂、昆虫碎片及植物种子
红尾伯劳 *Lanius cristatus lucionensis*	夏/旅	铜绿金龟子、小黑蚰虫、松毛虫卵、小青虫、草籽
黄鹂科		
黑枕黄鹂 *Oriolus chinensis diffusus*	夏	蝗虫、松毛虫幼虫、卵、鞘翅目昆虫、碎片等
卷尾科		
黑卷尾 *Dicrurus macrocercus cathoecus*	夏	蜻蜓、甲虫、小黑虫、甲虫卵、蛾、蝇、金龟子、蝗虫等
灰卷尾 *Dicrurus leucophaeus leucogenis*	夏	金龟子、蛾、松毛虫幼虫、卵等
发冠卷尾 *Dicrurus hottentottus brevirostris*	夏	蜉蝣、小黑蚰虫、金龟子等
椋鸟科		
八哥 *Acridotheres c. cristatellus*	留	小黑蚰虫、虫卵、蝗虫、蛾、乌桕子、草籽等
丝光椋鸟 *Sturnus sericeus*	留	鞘翅目昆虫碎片、植物种子等
灰椋鸟 *Sturnus cineraceus*	冬	鞘翅目昆虫、蛾类及幼虫、楝树子、乌桕子等
鸦科		
松鸦 *Garrulus glandarius sinensis*	留	松毛虫幼虫、卵、甲虫、乌桕子等
灰喜鹊 *Cyanopica cyanus interposita*	留	松毛虫幼虫、金龟子、蝼蛄、蛴螬、蝗虫
红嘴蓝鹊 *Urocissa e. erythrorhyncha*	留	铜绿金龟子、蝼蛄、蛴螬、松毛虫、蝗虫、小鱼、野果等
喜鹊 *Pica pica sericea*	留	松毛虫卵、蛹、幼虫、蛾、谷子、蛙、昆虫碎片
白颈鸦 *Corvus pectoralis*	留	鞘翅目昆虫、地老虎、蝗、小鱼虾、蛙、稻谷、草籽
鸫科		
鹊鸲 *Copsychus saularis prosthopellus*	留	鞘翅目昆虫小蚰虫碎片
北红尾鸲 *Phoenicurus a. auroreus*	冬	鞘翅目昆虫碎片和草籽
白额燕尾 *Enicurus leschenaulti sinensis*	留	鳞翅目小幼虫、水生昆虫等
乌鸫 *Turdus merula mandarinus*	留	鞘翅目昆虫、草籽、蛾及幼虫、草籽等
王鹟科		
寿带 *Terpsiphone paradise incei*	夏	鞘翅目昆虫碎片、松毛虫幼虫卵、蝇、草籽
画眉科		
黑脸噪鹛 *Garrulax perspicillatus*	留	鞘翅目昆虫、蝗虫、蛾及幼虫、野果、树籽、草籽
画眉 *Garrulax c. canorus*	留	松毛虫卵、幼虫、甲虫、植物种子等
棕颈钩嘴鹛 *Pomatorhinus ruficollis styani*	留	松毛虫幼虫、蚰虫、松杉种子、草籽等
鸦雀科		
棕头鸦雀 *Paradoxornis webbianus suffusus*	留	蛾、松毛虫卵、小黑蚰虫、草籽等
莺科		
黄眉柳莺 *Phylloscopus inornatus*	旅	鳞翅目小幼虫和虫卵

续表

物种	居留类型	胃内主要食物
极北柳莺 *Phylloscopus b. borealis*	旅	鳞翅目幼虫、蝇、小蚜虫碎片
暗绿柳莺 *Phylloscopus t. trochiloides*	夏	鞘翅目昆虫碎片、小蛾及幼虫
绣眼鸟科		
暗绿绣眼鸟 *Zosterops japonicus simplex*	留/夏/旅	鳞翅目小幼虫、小蚜虫、草籽
长尾山雀科		
红头长尾山雀 *Aegithalos c. concinnus*	留	小蛾及幼虫、鞘翅目昆虫碎片、虫卵、草籽
山雀科		
黄腹山雀 *Parus venustulus*	留	松毛虫卵、鳞翅目昆虫、小甲虫、草籽
大山雀 *Parus major minor*	留	鞘翅目、鳞翅目昆虫、松毛虫及其卵、植物种子
雀科		
山麻雀 *Passer r. rutilans*	留	鳞翅目小青虫、小黑蚜虫、松毛虫卵、草籽等
燕雀科		
金翅雀 *Carduelis s. sinica*	留	稻子、油菜子、麦粒、鳞翅目幼虫、卵等
鹀科		
三道眉草鹀 *Emberiza cioides castaneiceps*	留	青菜、草籽、松毛虫幼虫卵、小蚜虫等

注：留，留鸟；旅，旅鸟；冬，冬候鸟；夏，夏候鸟。

14.5　重要鸟类的生物学特性

东方白鹳 *Ciconia boyciana*

别　　名：白鹳、老鹳

英 文 名：Oriental White Stork

分类地位：鹳形目 Ciconiiformes、鹳科 Ciconiidae

濒危等级：中国濒危动物红皮书（鸟类）濒危（E）、IUCN（2012）濒危（EN）、CITES（2011）附录 I

野外识别：体形大，体羽纯白色，两翼为黑白两色。嘴长而粗壮、呈黑色，仅嘴基部呈淡紫色或深红色。眼周红色，虹膜淡粉色，腿、脚暗红色。飞翔时头、颈向前伸直，脚向后，远远伸出于尾羽。飞行时黑色初级飞羽及次级飞羽与纯白色体羽成强烈对比，容易识别。与相似种白鹤的区别：白鹤的嘴较长而强，其后趾较发达，与前三趾位于同一平面上。

形态特征：大型涉禽，全长约 120cm。雌雄羽色相似，但雌鸟体形略小。体羽大部包括尾羽为纯白色，翼上覆羽、初级飞羽和次级飞羽大部呈黑色，并具绿色或紫色金属光泽；初级飞羽基部白色，内侧初级飞羽及大部分次级飞羽的外翈，除边缘和羽尖外，均呈银灰色，向内逐渐转为黑色；最内侧飞羽较长，能遮住白色尾羽，故站立时，体羽除尾部呈黑色外，余部均呈白色。前颈的下部有呈披针形的长羽，略飘散成蓑状。眼周、眼先及喉部裸出皮肤为玫瑰红色。虹膜淡粉色，外圈黑色。嘴黑色、长而粗壮，嘴的基部较厚，缀有淡紫色或深红色，往尖端逐渐变细。腿、脚均长，脚暗红色，胫下部裸出，具四趾，位于同一平面上，前三趾基部有蹼相连。幼鸟除飞羽较淡呈褐色、金属光泽较淡外，余部体羽与成鸟相似。

栖息地及习性：东方白鹳常栖息于河流和湖边等湿地，主要取食鱼类，也吃鼠、蛙及昆虫。觅食时多成对或成小群漫步在水边或草地与沼泽地上，边走边啄食。休息时常单腿或双腿站立于水边沙滩上或草地上，颈缩成 S 形。有时也喜欢在栖息地上空飞翔盘旋。繁殖期在我国的东北地区为 4～6 月，常成对栖息于开阔而偏僻的平原、草地和沼泽地带，特别是有稀疏树木生长的河流、湖泊、水塘及水渠岸边和沼泽地上，在人烟稀少的大树上或高压线铁塔上营巢。4 月产卵，每窝产卵 3～5 枚，雌雄轮换孵卵，孵化期 30～32d。9～10 月集群离开繁殖地，成群分批南迁越冬。在越冬地主要栖息在开阔的大型湖泊和沼泽地带。除繁殖期成对活动外，其他季节常集成数十到上百只不等的群体活动。次年 3 月北迁，返回繁殖地进行繁殖。

分　　布：国内在东北地区繁殖，在华东、华南及西南等地越冬，在华北、华中大部地区为旅鸟；国外主要在俄罗斯的东南部繁殖，在朝鲜、日本和琉球群岛越冬；偶尔也漂泊到俄罗斯的雅库次克、萨哈林岛，以及孟加拉国和印度等地。东方白鹳在本保护区内为冬候鸟，见于每年 10 月至次年 3 月，在池塘、河流、水库及农田附近活动。

估计数量：东方白鹳在保护区内较少见。据估计，目前（截至 2012 年）东方白鹳全球野生种群数量仅约 3000 只，并仍在减少。在我国主要越冬地的总数量为 2000～2500 只。

驯养与保护：国内多家动物园有饲养，上海动物园、合肥逍遥津动物园、成都动物园和哈尔滨动物园等繁殖成功。山东省东营市 2010 年荣获中国野生动物保护协会授予的"中国东方白鹳之乡"称号。

东方白鹳繁殖分布区域狭窄、数量稀少，已处于全球濒危状态，被 IUCN（2012）和中国濒危动物红皮书（鸟类）评为濒危级（E）物种，列入 CITES（2011）附录 Ⅰ，也是我国的国家 Ⅰ 级重点保护野生动物。

栖息地内过度开发围垦湿地、工业废水及油田等所造成的水质污染、人类活动对繁殖的干扰、砍树丧失营巢条件、使用电捕鱼等破坏性非法渔具、滥猎水禽，以及迁徙途中被非法猎捕、毒杀等，是东方白鹳生存的主要威胁。应保护湿地、高大树木，禁捕野生鱼类，避免水质污染，减少人类干扰，还东方白鹳一个良好的栖息、繁殖环境。

白琵鹭 *Platalea l. leucorodia*

别　　名：琵琶嘴鹭、琵琶鹭

英 文 名：White Spoonbill

分类地位：鹳形目 Ciconiiformes、鹮科 Threskiornithidae

濒危等级：中国濒危动物红皮书（鸟类）易危（V）、IUCN（2012）无危（LC）、CITES（2011）附录 Ⅱ。

野外识别：体形中等大小，嘴黑色，先端黄色、扁平、扩大成匙状。体羽纯白色，夏羽具橙黄色发状冠羽和橙黄色颈环，冬羽无冠羽和颈环。脚黑色。飞行时两脚伸向后方，头颈向前伸直。

形态特征：白琵鹭为中型涉禽，体长为 70～95cm。全身羽毛白色。眼先、眼周、颏、上喉裸皮黄色。嘴黑色，长直而上下扁平，前端黄色，并且扩大形成铲状或匙状，呈琵琶形。虹膜为暗黄色。头部裸出部位呈黄色，自眼先至眼有黑色线。颈、腿均长，腿下部裸露呈黑色。夏季全身的羽毛均为白色，后枕部具有长的橙黄色发丝状冠羽，颜色为橙黄色，前颈下部具橙黄色颈环，额部和上喉部裸露无羽，颜色为橙黄色。冬季的羽毛和夏羽相似，全身也是白色，但无羽冠，也无橙黄色颈环。幼鸟嘴金黄色，杂以黑斑，余部同成鸟。

栖息地及习性：栖息于开阔平原和山地丘陵地区的河流、湖泊、水库岸边及其浅水处；也栖息于平原、芦苇沼泽湿地、沿海沼泽、海岸红树林、河谷冲积地和河口三角洲等各类生境，很少出现在河底多石头的水域和植物茂密的湿地。常成群活动，偶尔亦见有单只活动的。性机警畏人，休息时常在水边成一字形散开。长时间站立不动，受惊后则飞往他处。白琵鹭主要在早晨和黄昏觅食，有时也在晚上觅食，主要取食虾、蟹、水生昆虫、昆虫幼虫、蠕虫、甲壳类、软体动物、蛙、蝌蚪、蜥蜴、小鱼等小型脊椎动物和无脊椎动物，偶尔也吃少量植物性食物。

在我国北方繁殖的种群均为夏候鸟，春季于4月初至4月末从南方越冬地迁到北方繁殖地，秋季于9月末至10月末南迁。迁徙时常呈40～50只的小群，排成一纵列或呈波浪式的斜行队列飞行。迁飞多在白天，傍晚停落觅食。在我国南方繁殖的种群主要为留鸟，不迁徙。繁殖期为5～7月。成群营巢，由几只到近百只组成。有时也与鹭类、琵鹭类和其他水禽组成混合群体营巢。通常营巢在有厚密芦苇、蒲草等挺水植物和附近有灌丛或树木的水域及其附近地区。营巢于干旱的芦苇丛中或树上和灌丛上，有时也筑巢于地上。营巢位置可多年使用。雌雄亲鸟共同参与营巢。一般每窝产卵3～4枚，孵卵由雄鸟和雌鸟共同承担，孵化期约25d。雏鸟为晚成性，孵出后由亲鸟共同抚育。

分　　布： 国内于东北、华北、西北一带繁殖，冬季南迁经中国中部至长江下游和华南一带越冬。冬季有过千只成群于鄱阳湖（江西）越冬的记录。白琵鹭在该保护区内为冬候鸟，每年10月至次年3月活动于池塘、河流及农田附近的浅水处。

估计数量： 保护区内数量较少，一般不常见。目前世界上白琵鹭的种群数量有30 000～35 000只，但各地的种群数量普遍不高，多数国家都只有几百对繁殖种群，并且呈逐年下降趋势。在一些国家，如罗马尼亚，则已经完全消失。国内繁殖和越冬主要集中在黑龙江省的三江平原和松嫩平原、山东泰湖、湖北网湖、江西鄱阳湖等地，总数量超过10 000只。

驯养与保护： 国内多家动物园有驯养繁殖，但数量均不多。白琵鹭已被列为国家Ⅱ级重点保护野生动物，应加强湿地保护及渔业管理，保证其自然食物资源，在繁殖期间减少巢区人类活动的干扰，严禁捡蛋等破坏资源行为。

大天鹅 *Cygnus cygnus*

别　　名： 鹄、咳声天鹅、白鹅、大白鹅、天鹅、白天鹅

英 文 名： Whooper Swan

分类地位： 雁形目 Anseriformes、鸭科 Anatidae

濒危等级： 中国濒危动物红皮书（鸟类）易危（V）、IUCN（2012）无危（LC）

野外识别： 体形高大，成鸟全身被羽洁白色，嘴黑色，嘴基黄斑前缘较尖、沿嘴两侧向前延伸至鼻孔之前，跗蹠和趾黑色。幼鸟嘴基黄斑淡黄色，羽毛灰棕色。

形态特征： 大型游禽，体长120～160cm。成体雌雄两性相似，体羽均雪白色。嘴黑，嘴基有大片黄色斑块，黄斑向前延伸至鼻孔前方。颈与体躯等长或较长，在水中游泳时颈垂直向上，头向前平伸，身体前部入水较多。飞翔时颈向前伸直，两脚伸直尾下。尾短而稍圆，跗蹠短而粗壮，位于体的后部。虹膜暗褐色；跗蹠、蹼、爪均黑色。幼鸟体羽色暗，嘴色亦淡，一年之后才完全长出与成鸟相同的白羽毛。

栖息地及习性： 主要栖居于多蒲苇的大型湖泊中，也常见于食料较丰富的池塘、水库。一般成对活动，雏鸟孵出后一直跟随亲鸟，直到迁往越冬地。迁飞时常组成6～20只小群，队列呈"一"字形或"人"字形，飞行时较安静，偶尔伴有响亮鸣声。越冬期间常和小天鹅混群，但无论是在取食或休息时，大天鹅都保持着成对的现象。大天鹅主要在早晨和黄昏觅食，主要取食水生植物的种子、茎、叶和杂草种子，也兼食少量的软体动物、水生昆虫和蚯

蚓等。大天鹅的嘴强大，掘食能力强，能挖食埋藏在淤泥下 0.5m 左右的食物。

分　　布：大天鹅为候鸟，春秋两季在我国北方、俄罗斯西伯利亚等繁殖地和我国长江流域及以南的越冬地之间进行迁徙。在国内繁殖于我国北方的湖泊苇地、越冬于华中及东南沿海。在国外，繁殖在欧亚大陆北部及北美洲的西北部；越冬于亚洲中部、欧洲、非洲西北隅及北美洲西北的部分地区。大天鹅在保护区属冬候鸟，见于每年 11 月至次年 2 月，在水库、水塘和河流地带活动。

估计数量：数量较少。

驯养与保护：国内无驯养繁殖，已列为国家Ⅱ级重点保护野生动物。

小天鹅 *Cygnus columbianus bewickii*

别　　名：短嘴天鹅、白鹅、天鹅

英 文 名：Tundra Swan

分类地位：雁形目 Anseriformes、鸭科 Anatidae

濒危等级：中国濒危动物红皮书（鸟类）易危（V）、IUCN（2012）无危（LC）

野外识别：与大天鹅极相似，颈也经常直伸，体形较大天鹅略小。成鸟全身被羽洁白色，嘴黑色，嘴基黄斑前缘较钝、沿嘴两侧向前延伸不超过鼻孔，跗蹠和趾黑色。幼鸟嘴端黑色、嘴基粉红色，羽毛灰棕色。

形态特征：大型水禽，体长约 120cm。外形同大天鹅近似，但体形较大天鹅略小。雌雄羽色相同，雌鸟体形稍小于雄鸟。全身羽毛洁白，头顶至枕覆羽淡棕黄色，嘴黑但基部黄斑较大天鹅小，此黄斑仅限于嘴基两侧，沿嘴缘前伸不超过鼻孔。虹膜褐色；嘴黑色带黄色嘴基；脚强健，位于身体后部；跗蹠和趾黑色。幼鸟全身淡灰褐色，嘴端黑色，嘴基粉红色。

栖息地及习性：小天鹅主要栖息在多芦苇和水草的大型湖泊、水库、池塘与河湾处，也出现在湿草地和水淹平原、沼泽及河口地带，偶尔出现在农田原野。性喜集群，除繁殖期外常呈小群或家族群活动，有时亦和大天鹅混群。性较活泼，结群时常发出清脆的叫声。小天鹅生性机警，常常远离人及其他动物，在水中活动时常远离岸边，选取觅食地时常先在高空盘旋观察，确认无危险时才降落，觅食时不时伸直头颈观望四周，稍受惊扰便立刻飞离，且近期不再来此地觅食。食性与大天鹅相同，主要以水生植物的根、茎、叶和种子等为食，也兼吃少量的水生昆虫、软体动物和螺类等。小天鹅在我国为冬候鸟，每年 11 月南迁来越冬，次年 3 月北迁繁殖。其繁殖地在北极苔原带，繁殖期 6～7 月，一雄一雌配偶制。营巢由雌鸟单独承担，筑巢于湖泊和水塘之间的多草苔原地上、苔原沼泽中的小土丘上，或河湾和海湾附近的开阔苔原上。有利用旧巢的习性，通常将上一年的旧巢稍加修整即成。每窝产卵 2～5 枚，雌鸟孵卵，雄鸟警戒，孵化期 29～30d。雏鸟早成性，孵出后不久即能行走，40～45d 后即能飞翔。每年 8 月底 9 月初，小天鹅陆续离开繁殖地，集群向越冬地迁飞，中途常在食物丰富的湖泊停留，随气候变冷而继续南迁，大多于 11 月陆续抵达越冬地，停留至次年 3 月陆续离开，再北迁至繁殖地进行繁殖。

分　　布：国内迁徙时见于我国东北、内蒙古、新疆北部及华北一带；在华中及东南沿海越冬。国外繁殖于欧亚大陆和北美洲的极北部；在欧洲、亚洲、美洲的中部越冬。

估计数量：数量稀少，已列为中国濒危动物红皮书（鸟类）易危（V）级。

驯养与保护：国内公园、动物园多有饲养，但未见人工繁殖的报道。小天鹅已列为国家Ⅱ级重点保护野生动物，应加强保护湿地环境，维持一定的水位深度，防止水体污染；严禁猎捕、毒杀鱼类和鸟类，严查滥用农药现象，建立和维持良好的栖息环境。

白额雁 *Anser albifrons frontalis*

别　　名：大雁、花斑、明斑

英 文 名：White-fronted Goose

分类地位：雁形目 Anseriformes、鸭科 Anatidae

濒危等级：IUCN（2012）无危（LC）

野外识别：体形较大，额、嘴基有一宽的白带。上体大都灰褐色，羽缘淡色；腹面污白色，有不规则的黑色横斑；嘴肉色，跗蹠及趾橄榄黄色。

形态特征：大型雁类，体长 70～85cm。雌雄羽色相似。成鸟上体大都灰褐色，额和上嘴基部具一白色宽阔带斑，白斑的后缘黑；头顶和后颈暗褐；背、肩、腰等暗灰褐色，各羽边缘较淡至近白色；翅上覆羽和三级飞羽与背同色；初级覆羽灰色；外侧次级覆羽灰褐，羽缘较淡；初级飞羽色略深，呈黑褐色，最外侧的几枚飞羽外羽片带灰；尾羽黑褐色，尾尖白色；尾的上下覆羽纯白；颏暗褐色，其前端具一小白斑；头侧、前颈及上胸灰褐，向后渐淡；下体白色，杂以黑色不规则的块斑。两胁灰褐，羽端近白；肛周及尾下覆羽白色。腿橘黄色。虹膜深褐色；嘴肉色或粉红色，基部黄色；脚橄榄黄色，爪淡白色。幼鸟和成鸟羽色相似，但额上的白色块斑较小或不很明显；腹部黑褐色块斑小而少。

栖息地及习性：白额雁每年入秋后集群迁至我国越冬。迁移多在夜间进行，抵达越冬地后分散为小群活动。越冬期间主要栖息于开阔的湖泊、水库、河湾、海岸等地及其附近开阔的平原、草地、沼泽和农田。常在水边的陆地上活动、觅食或休息，善于在地上行走或奔跑，速度很快，起飞和降落也很灵活。天气晴暖时活动较为分散；阴雨、大风或冰雪等严寒日子，则于背风处集结成群，不大活动。植食性，主要以各种水草的嫩芽、根、茎为食，有时亦吃谷类、种子、菱白根茎及各种农作物的幼叶、嫩芽等。白天觅食，常于清晨起飞到觅食地觅食，中午返回夜宿地休息，然后再飞出觅食，黄昏时回到夜宿地，在水面上过夜。每年 3～4 月白额雁陆续离开越冬地向北方繁殖地迁飞。繁殖地主要在北极苔原地带，繁殖期为 6～7 月，在地势较高的地面凹坑处筑巢，每窝产卵 4～5 枚，由雌鸟孵卵，孵化期为23～28d。每年 8 月底 9 月初开始离开繁殖地，进行南迁越冬，10 月末 11 月初陆续抵达各越冬地。

分　　布：国内分布于东北、内蒙古、华北、新疆、西藏等地，均为冬候鸟。国外分布于欧亚大陆及非洲北部。

估计数量：种群数量较多，但该保护区内较少见。

驯养与保护：国内无饲养繁殖。已被列为国家Ⅱ级重点保护野生动物。

鸳鸯 *Aix galericulata*

别　　名：匹鸟、官鸭

英 文 名：Mandarin Duck

分类地位：雁形目 Anseriformes、鸭科 Anatidae

濒危等级：中国濒危动物红皮书（鸟类）易危（V）、IUCN（2012）无危（LC）

野外识别：鸳鸯为中型鸭类，雌雄异色，雄鸟繁殖羽鲜艳华丽，嘴红色，头具羽冠，眼周白色，其后连一细的白色眉纹，跗蹠短；两脚位近鸟体前方；两翼上有一对橘红色的扇状直立羽，非常明显，易于识别。雄鸟的非繁殖羽似雌鸟。雌鸟羽色较暗淡，嘴灰色，头与背羽均灰褐色，具白色眼圈及眼后线，无羽冠和扇状直立羽。

形态特征：中型鸭类，体长约 40cm。雌雄异色。雄性成鸟繁殖羽色彩艳丽，喙鲜红色，端部具亮黄色嘴甲。额和头顶中央羽为带有金属光泽的翠绿色，枕部铜赤色与后颈的暗紫色和暗绿色的长羽等组成羽冠；头顶两侧有纯白色的眉纹，伸到颈项延长而成羽冠的中间部分；眼先淡黄色，颊棕栗色；眼的上方和耳域棕白色；颈侧领羽，细长如矛，呈辉栗色，羽轴淡黄色；颏、喉等几纯栗色；背和腰暗褐色，并有铜绿色金属反光；内侧肩羽紫蓝色，外侧数枚纯白色，并镶有绒黑色的黑边；翅上覆羽与背部同色；初级飞羽暗褐色，具银白色的外缘，内羽片先端呈铜绿色的光泽；次级飞羽褐色，具有白色羽端，内侧数枚的外羽片亦呈金属绿色；三级飞羽黑褐色，外羽片亦呈金属绿色，最后一枚外羽片呈金属蓝绿色，并具栗黄色的先端，而内羽片则扩大呈扇状，直立如帆，呈栗黄色边缘的前半部为棕白色，后半部为绒黑色，羽干鲜黄色；尾羽暗褐而带金属绿色；上胸和胸侧呈暗紫色金属光泽；下胸两侧绒黑，并有明显的两条白色半圆形的带斑，下胸和尾下覆羽乳白色，近腰的胁羽先端具黑白相间的横斑，再后有紫赭色块斑；腋羽褐色。雄鸟的非繁殖羽暗淡似雌鸟。雌性成鸟羽色较暗淡，头顶无羽冠；头和颈的背面灰褐色，眼周和眼后一条纵纹白色，头和颈的两侧浅灰褐色；颏、喉均白色；上体余部橄榄褐色，至尾转暗褐色；两翅羽色与雄鸟相似，但无金属光泽，且无帆状的直立羽；胸侧与两胁棕褐色，而杂以暗色斑；腹和尾下覆羽纯白。虹膜深褐，外缘淡黄；嘴暗红色；跗蹠黄褐色。幼鸟额顶至背有一条深褐色的条带和背部连接；颏、喉、颈至腹部全为乳黄色；肩羽和飞羽部位各有一块乳黄色块斑，全身绒羽为毛状；上嘴青灰，嘴甲和下嘴肉红色；跗蹠青黄色，蹼色较深。

栖息地及习性：栖息于山地的河谷、溪流、沼泽、芦苇塘、湖泊及水田，常出没于水面宽阔、多水草芦苇的水域。喜群居，在春秋季节迁徙时，常与大群野鸭（绿头鸭、罗纹鸭）混群活动。杂食性，迁徙季节以植物性食物为主，兼食少量的鱼、蛙；繁殖期以昆虫、鱼类为主，兼食部分植物性物质；幼鸟则主要以昆虫类为食，兼食浆果和青草等。觅食主要在白天，特别是早晨天亮以后到日出前及下午 2～4 时最为频繁。每年 5～6 月繁殖，营巢于水边离地较高的树洞里。每窝产卵 7～12 枚，雌鸟孵卵，孵卵期 28～29d。雏鸟早成性，出壳后第 2 天即可在水中自由活动。每年 4 月北迁至繁殖地，9 月底 10 月初开始南迁，到越冬地越冬。

分　布：国内越冬于长江流域以南各地，繁殖在我国东北和华北北部，偶尔在云南、贵州、福建的越冬地也见有筑巢繁殖的现象。国外繁殖于俄罗斯东部、日本和朝鲜等地，越冬时偶尔到缅甸和印度东北部。

估计数量：分布广泛，种群数量稀少，不常见。

驯养与保护：全国各大公园和动物园多有饲养。已被列为国家Ⅱ级重点保护野生动物，中国濒危动物红皮书（鸟类）评为易危（V）等级。鸳鸯的繁殖需要大树的天然树洞，由于人类活动，符合鸳鸯繁殖营巢要求的树和树洞逐渐减少，对鸳鸯的繁殖构成严重的威胁。应加强保护环境、保护近水的大树和古树、严禁非法猎捕。

棉凫 _Nettapus c. coromandelianus_

别　名：小白鸭子、棉鸭

英 文 名：Cotton Pygmygoose

分类地位：雁形目 Anseriformes、鸭科 Anatidae

濒危等级：中国濒危动物红皮书（鸟类）稀有（R）、IUCN（2012）无危（LC）

野外识别：雄鸟头顶、颈、背、两翅及尾皆黑而带绿色金属光泽；余部体羽近白；飞行时白色翅斑明显。雌鸟羽色与雄鸟相似，但黑色部分无金属光泽，颈无颈环，翅上无白色翅斑；尾下覆羽不是褐色；两眼贯以黑褐色粗纹；头与颈的白色满布以褐色细纹，两胁白而具较粗的褐斑。

形态特征：小型游禽，全长约 30cm。雄鸟前额白色，额的余部及头顶黑褐色，毛尖带棕色，头顶两侧各有一条黑纹，颈基部有一较宽的黑色领环，头和颈的余部均白色；肩、腰及翅上覆羽均黑褐色，具金属绿色闪光；初级飞羽黑褐色，各羽中部白色，形成翼镜，次级飞羽黑褐色而具白色羽端；尾羽暗褐色；胸和腹污白色。雌鸟额暗褐色，杂以白色，眉纹白色，贯眼纹黑色，背、肩及两翅的覆羽和飞羽均褐色，下体污白色，上胸有褐色条纹。雄鸟虹膜红色、雌鸟棕色，嘴褐色，脚黄色。

栖息地及习性：栖息于生有茂密植物的河流、湖泊、池塘、稻田和沼泽地中。杂食性，以植物为主，喜食稻谷、水生植物、小鱼、小虾和昆虫等。一般不迁徙，但在潮湿的季节会分散开来。每年 6～8 月繁殖，繁殖开始前以小群活动，营巢于近水的树上洞穴。

分　　布：繁殖于长江及西江流域、华南及东南部沿海，包括海南岛及云南西南部。我国台湾及河北北部有迷鸟记录。

估计数量：数量稀少，不常见。

驯养与保护：国内无驯养繁殖，已被列入《国家保护的有益的或者有重要经济、科学研究价值的陆生野生动物名录》。棉凫在我国数量稀少，要采取加强湿地管理、繁殖期禁止猎捕和捡蛋等措施，予以保护。

中华秋沙鸭 *Mergus squamatus*

别　　名：鳞胁秋沙鸭

英 文 名：Scaly-sided Merganser，Chinese Merganser

分类地位：雁形目 Anseriformes、鸭科 Anatidae

濒危等级：中国濒危动物红皮书（鸟类）稀有（R）、IUCN（2012）濒危（EN）

野外识别：体形稍小于绿头鸭，嘴形侧扁，前端尖出，雌雄鸟体侧两胁均具黑色鳞状纹；雄鸟头颈部及上背被羽黑色、具较长的黑色羽冠；雌鸟的头颈部棕褐色、背羽蓝灰色，具较长的棕褐色冠羽；嘴和腿、脚均近红色。

形态特征：中型游禽，全长约 58cm。雌雄同形异色，雄鸟具长而窄近红色的嘴，其尖端具钩；头部和颈的上半部黑色，具绿色金属反光，头顶的黑色长羽后伸成双冠状；上体的上背黑色，余部均白色；翅有白色翼镜；下体胸、腹白色，体侧两胁羽片白色而羽缘及羽轴黑色形成特征性鳞状纹；脚红色。雌鸟头至颈棕褐色，具棕褐色冠羽，上体蓝灰色，下体同雄鸟，胸、腹部白色，体侧两胁具黑色鳞状纹。虹膜褐色；嘴橘黄色；脚橘黄色。

栖息地及习性：栖息于湍急河流，有时在开阔湖泊。成对或以家庭为群，常成 3～5 只小群活动，有时和鸳鸯混在一起。性机警，稍有惊动就昂首缩颈不动，随即起飞或急剧游至隐蔽处。善潜水，潜水前上胸离开水面，再侧头向下钻入水中，白天活动时间较长。觅食多在缓流深水处，捕到鱼后先衔出水面再行吞食。食物以鱼类为主，此外还取食石蚕科的蛾及甲虫等。繁殖期为 4～5 月，在河流两岸的天然树洞中营巢，每窝产卵 8～14 枚，雌鸟孵卵，孵化期约 35d。

分　　布：繁殖在西伯利亚、朝鲜北部及中国东北；越冬于中国的华南及华中，日本及朝鲜；偶见于东南亚。中华秋沙鸭在保护区内为冬候鸟，活动于保护区内的河流、水库。

估计数量：全球性濒危，数量稀少，罕见。

驯养与保护：国内少数动物园有饲养，已被列为国家Ⅰ级重点保护野生动物。中华秋沙鸭繁殖分布区域狭窄，数量极其稀少。目前国内能够确认的中华秋沙鸭繁殖地主要有两处：吉林的长白山和小兴安岭带岭林区。应建立专项保护区，保护其栖息地森林、水域，严禁水域污染、非法捕鱼和捕猎。

黑冠鹃隼 *Aviceda leuphotes syama*

别　　　名：褐冠鹃雕

英 文 名：Black Baza

分类地位：隼形目 Falconiformes、鹰科 Accipitridae

濒危等级：IUCN（2012）无危（LC）、CITES（2011）附录 II

野外识别：小型猛禽。体羽主要为黑白两色。整体体羽黑色，头顶具长而直立的黑色冠羽；胸具星月形白色宽纹，两翼具白斑，腹部具深栗色横纹；两翼短圆，飞行时黑色次级覆羽与银灰色的飞羽和尾羽对比明显。虹膜红色，嘴和腿均呈铅灰色。

形态特征：黑冠鹃隼体型较小，体长 30～33cm。上体蓝黑色，头顶具有长而垂直竖立的蓝黑色冠羽，极为显著；头部、颈部、背部尾上的覆羽和尾羽都呈黑褐色，并具有蓝色的金属光泽；两翼和肩部具有白斑，喉部和颈部为黑色；上胸具有一个宽阔的星月形白斑，下胸和腹侧具有宽的白色和栗色横斑，腹部的中央、腿上的覆羽和尾下的覆羽均为黑色，尾羽内侧为白色，外侧具有栗色块斑。飞翔时翅阔而圆，黑色的翅下覆羽和尾下覆羽与银灰色的飞羽和尾羽形成鲜明对照；从上面看通体黑色，次级飞羽上有一宽的、极为显著的白色横带。虹膜紫褐色或血红褐色，嘴角质色，蜡膜灰色，脚深灰色。

栖息地及习性：栖息于山脚平原、低山丘陵和高山森林地带，也见于疏林草坡、村庄和林缘田间地带。单独或成 3～5 只的小群活动。常在森林上空翱翔和盘旋，有时也在林内和地上活动和捕食。性警觉而胆小，头上的羽冠经常忽而高高地耸立，忽而又低低地落下，对周围环境非常敏感。活动主要在白天，特别是清晨和黄昏较为活跃。食物以蝗虫、蚱蜢、蝉、蚂蚁等昆虫为主，也捕食蝙蝠、鼠类、蜥蜴和蛙等小型脊椎动物。繁殖期 4～7 月，营巢于森林中河流岸边或邻近的高大树上，由枯枝搭建而成，内放草茎、草叶和树皮纤维。每窝产卵 2～3 枚。

分　　　布：国内分布于四川、云南（留鸟）、浙江、福建、江西、湖南、广东、广西、贵州、海南等地（夏候鸟）。国外分布于欧亚大陆及非洲北部，包括整个欧洲、北回归线以北的非洲地区、阿拉伯半岛及喜马拉雅山—横断山脉—岷山—秦岭—淮河一线以北的亚洲地区。黑冠鹃隼在本区为夏候鸟，每年 4～10 月见于保护区的沟谷森林及村落附近的高大乔木上。

估计数量：种群数量较多，在各主要分布地较常见，但其种群数量在持续减少。据估计国内有黑冠鹃隼繁殖对 100～10 000 只，迁徙个体 50～1000 只。在该保护区内为夏候鸟，较为常见。

驯养与保护：国内无驯养繁殖，已列为国家 II 级重点保护野生动物和 CITES（2011）附录 II。

凤头蜂鹰 *Pernis ptilorhyncus orientalis*

别　　　名：东方蜂鹰、蜜鹰、雕头鹰

英 文 名：Oriental Honey Buzzard

分类地位：隼形目 Falconiformes、鹰科 Accipitridae

濒危等级：中国濒危动物红皮书（鸟类）易危（V）、IUCN（2012）无危（LC）、

CITES（2011）附录Ⅱ

野外识别：体形中等偏大的猛禽。翅长而宽大，飞行时翅尖分叉；头具短羽冠，飞行时较其他鹰类明显头占身体比例小而颈较长；上体暗褐色或栗褐色；下体棕褐色，或白色而具暗色条纹；尾长，灰褐色，尾端具宽黑带；嘴铅灰色，脚黄色。

形态特征：体形略大，全长约58cm。凤头或有或无。羽色变异较大，有浅色、中间色及深色型。头顶暗褐色至黑褐色，眼先及眼周被短而圆的褐色鳞状羽。上体由白至赤褐至深褐色，头侧为灰色，喉部白色，具有黑色的中央斑纹，其余下体为棕褐色或栗褐色，具有淡红褐色和白色相间排列的横带和粗著的黑色中央纹。两翼及尾均狭长，初级飞羽为暗灰色，尖端为黑色，翼下飞羽白色或灰色，具黑色横带；尾羽为灰色或暗褐色，具有3～5条暗色宽带斑及灰白色的波状横斑。虹膜橘黄，嘴灰色，脚黄色。

栖息地及习性：栖息于阔叶林、针叶林和混交林中，尤以疏林和林缘地带较为常见，有时也见于林外村庄、农田和果园内。平时常单独活动，冬季结成小群。飞行灵敏，多为鼓翅飞翔。常快速地煽动两翼从一棵树飞到另一棵树，偶尔也在森林上空翱翔，飞翔时常鸣叫。习性较特别，主要捕食黄蜂、胡蜂、蜜蜂和其他蜂类的成虫、幼虫、虫卵，喜食蜂蜜、蜂蜡，也吃其他昆虫和昆虫幼虫，偶尔也吃小的蛇类、蜥蜴、蛙、小型哺乳动物、鼠类、鸟、鸟卵和幼鸟。通常在飞行中捕食，能追捕雀类等小鸟。繁殖期为4～6月。筑巢于高大乔木上，多以枯枝叶为巢材，有时利用鸢或苍鹰等的旧巢。每窝产卵2～3枚，一般为2枚，孵化期30～35d。

分　　布：国内分布于东北北部和东部、四川南部、云南地区的为繁殖鸟，中部和东部部分地区为旅鸟，海南和台湾为冬候鸟；国外分布于欧亚大陆东部和东南亚地区。

估计数量：种群数量较多。保护区内为留鸟，数量较少，不常见。

驯养与保护：国内无驯养繁殖，已列为国家Ⅱ级重点保护野生动物。

黑鸢 *Milvus migrans lineatus*

别　　名：饿老刁、黑耳鸢、老鹰、老雕、黑耳鹰、麻鹰、老鸢、鸡屎鹰

英 文 名：Black Kite

分类地位：隼形目 Falconiformes、鹰科 Accipitridae

濒危等级：IUCN（2012）无危（LC）、CITES（2011）附录Ⅱ

野外识别：中型猛禽。体羽大部深褐色，尾羽呈浅叉型，具宽度相等的黑色和褐色相间排列的横斑。飞行时初级飞羽基部浅色斑与近黑色的翼尖成明显对照。亚成鸟头部及下体具皮黄色纵纹。虹膜棕色，嘴灰色，蜡膜黄色，脚黄色。

形态特征：黑鸢体形中等略大，体长58～69cm。成鸟前额基部和眼先灰白色，耳羽黑褐色，头顶至后颈棕褐色，具黑褐色羽干纹。上体暗褐色，微具紫色光泽和不甚明显的暗色细横纹和淡色端缘，尾棕褐色，呈浅叉状，其上具有宽度相等的黑色和褐色横带呈相间排列，尾端具淡棕白色羽缘；翅上中覆羽和小覆羽淡褐色，具黑褐色羽干纹；初级覆羽和大覆羽黑褐色，初级飞羽黑褐色，外侧飞羽内翈基部白色，形成翼下一大型白色斑，飞翔时极为醒目；次级飞羽暗褐色，具不甚明显的暗色横斑。下体颏、颊和喉灰白色，具细的暗褐色羽干纹；胸、腹及两胁暗棕褐色，具粗著的黑褐色羽干纹，下腹至肛部呈棕黄色，尾下覆羽灰褐色。幼鸟全身大都栗褐色，头、颈部具棕白色羽干纹；胸、腹具有宽阔的棕白色纵纹，翅上覆羽具白色端斑，尾上横斑不明显，其余体羽似成鸟。虹膜暗褐色，嘴黑色，蜡膜和下嘴基部黄绿色；脚和趾黄色，爪黑色。

栖息地及习性：栖息于开阔平原、草地、荒原和低山丘陵地带，也常在城郊、村屯、田野、港湾、湖泊上空活动。常单独在高空飞翔，秋季有时亦成 2 或 3 只的小群。飞行快而有力，善于利用气流在高空长时间地盘旋翱翔。白天觅食，主要以小鸟、鼠类、蛇、蛙、鱼、野兔、蜥蜴和昆虫等动物性食物为食，偶尔也吃家禽和腐尸。觅食主要通过敏锐的视觉，常通过在空中盘旋来观察和觅找食物，常用利爪抓起猎物，飞至树上或岩石上啄食。每年 4～7 月繁殖，雌雄亲鸟共同营巢，巢多位于高大树木或悬岩峭壁上，每窝产卵 2 或 3 枚，雌雄亲鸟轮流孵卵，孵化期 38d。

分　　布：主要分布于东半球，广布于欧亚大陆、非洲、印度，南至澳大利亚。国内各地均有分布。

估计数量：种群数量较多，但在保护区内数量较少，不常见。

驯养与保护：国内无驯养繁殖，已列为国家Ⅱ级重点保护野生动物。

蛇雕 *Spilornis cheela ricketti*

别　　名：蛇鹰、麻鹰、大冠鹫、吃蛇鸟、凤头捕蛇雕、横冠蛇雕

英 文 名：Crested Serpent Eagle

分类地位：隼形目 Falconiformes、鹰科 Accipitridae

濒危等级：中国濒危动物红皮书（鸟类）易危（V）、IUCN（2012）无危（LC）、CITES（2011）附录Ⅱ

野外识别：中等体形的猛禽。头顶具黑白相间的短冠羽，两翼短圆，上体灰褐色，下体褐色。飞翔时从腹面看，可见翼下及尾下显著的白色横斑，尾羽末端具窄的白色边缘，站立时尾常左右摆动。嘴灰褐色，脚黄色。

形态特征：中型猛禽，体长 55～73cm。雌雄羽色相同，成鸟上体暗褐色或灰褐色，具窄的白色羽缘。头顶黑色，具显著的黑色扇形冠羽，其上被有白色横斑；尾上覆羽具白色尖端，尾羽黑色，中间具有一个宽阔的灰白色横带和窄的白色端斑，翅上小覆羽褐色或暗褐色，具白色斑点，飞羽黑色，具白色端斑和淡褐色横斑；喉部、胸部为灰褐色或黑色，具暗色虫蠹状斑，其余下体皮黄色或棕褐色，具白色细斑点。幼鸟羽色和成鸟大体相似，但体色较淡，头顶和羽冠白色，具黑色尖端，贯眼纹黑色，背暗褐色，杂有白色斑点；下体白色，喉和胸具暗色羽轴纹，覆腿羽具横斑；尾灰色，具两道宽阔的黑色横斑和黑色端斑。虹膜黄色，嘴灰褐色，蜡膜铅灰色或黄色，跗蹠及趾黄色，爪黑色。

栖息地及习性：蛇雕栖息和活动于山地森林及其林缘开阔地带，单独或成对活动。常在高空翱翔和盘旋，边飞边叫，叫声尖厉响亮。停飞时多栖息于较开阔地区的枯树顶端枝杈上。主要以蛇、蛙、蜥蜴等为食，也吃鼠和鸟类、蟹及其他甲壳动物。每年 4～6 月繁殖，营巢于高大树木上部枝杈处，主要由树枝搭成。通常每窝产卵 1 枚，由雌鸟孵卵，孵化期 35d。

分　　布：国内云南西南部及南部西双版纳、贵州、广西、广东、福建、安徽、海南及台湾等省区，均为留鸟。国外分布于泰国、缅甸、印度、巴基斯坦、菲律宾、马来西亚、印度尼西亚。在该保护区内为旅鸟，每年 4 月、9 月见于保护区各区域。

估计数量：数量稀少，极少见到。

驯养与保护：国内无驯养繁殖，已被列为国家Ⅱ级重点保护野生动物。

白腹鹞 *Circus s. spilonotus*

别　　名：泽鹞、白尾巴根子

英 文 名：Eastern Marsh Harrier

分类地位：隼形目 Falconiformes、鹰科 Accipitridae

濒危等级：IUCN（2012）无危（LC）、CITES（2011）附录Ⅱ

野外识别：白腹鹞中等体形，头顶至上背白色，具宽阔的黑褐色纵纹。上体黑褐色，具污灰白色斑点，外侧覆羽和飞羽银灰色，初级飞羽黑色，尾上覆羽白色，尾羽银灰色；下体近白色，微缀皮黄色；喉部和胸部具有黑褐色纵纹。雌雄鸟翼展时均呈四根翼指。虹膜橙黄色、嘴黑褐色，嘴基淡黄色，蜡膜暗黄色，脚淡黄绿色。

形态特征：中型猛禽，体长 53～60cm。雄鸟上体及两翅呈黑色，头与颈后部杂有白纹，羽基为白色，翅上覆羽具有灰色羽缘。尾羽灰色，外侧尾羽白色并带有横斑。下体白色且具有黑色羽干纹。雌鸟上体暗褐色，羽缘淡褐色。尾羽淡棕色，并有 6 条褐色横斑。亚成鸟似雌鸟，但色深，仅头顶及颈背皮黄色。虹膜黄色（雄鸟）或浅褐色（雌鸟及幼鸟）；嘴呈灰黑色，基部为铅灰色。脚和趾黄色，爪黑色。

栖息地及习性：白腹鹞通常栖息于沼泽、芦苇塘、江河与湖泊沿岸等较潮湿而开阔的地方。性情机警而孤独，常单独或成对活动，有时也 3～4 只集群活动。多见在沼泽和芦苇上空低空飞行，飞行时两翅向上举，呈浅"V"字形，缓慢而长时间地滑翔，偶尔煽动几下翅膀，常停落在地上或低的土堆上。白天觅食，大多数时间都在地面的上空作低空飞翔寻找食物，发现后则突然降下捕猎，并就地撕裂后吞食。食物以小型鸟类、啮齿类、蛙、蜥蜴、蛇类和大的昆虫为主，有时也在水面上捕食野鸭等中小型水鸟、地面上的雉类和野兔等动物，偶尔也吃死尸和腐肉。繁殖期为 4～6 月。通常营巢于地上芦苇丛中，偶尔也在灌丛中营巢，一般每窝产卵 4～5 枚，主要由雌鸟孵卵，孵化期为 33～38d。

分　　布：在国内繁殖于东北地区、冬季南迁至长江下游地区及四川、云南、广东、海南等地区越冬。在国外繁殖于亚洲东部，南迁至东南亚及菲律宾越冬。

估计数量：数量稀少，不常见。

驯养与保护：国内无驯养，国家Ⅱ级重点保护野生动物

白尾鹞 *Circus c. cyaneus*

别　　名：灰鹰、白抓、扑地鹞、灰泽鹞、灰鹞

英 文 名：Hen Harrier

分类地位：隼形目 Falconiformes、鹰科 Accipitridae

濒危等级：IUCN（2012）无危（LC）、CITES（2011）附录Ⅱ

野外识别：中等体形，体羽大都蓝灰色（雄鸟）或褐色（雌鸟），具显眼的白色腰部及黑色翼尖，雌雄鸟翼展时均呈五根翼指。常贴地面低空飞行，滑翔时两翅上举，呈"V"字形，并且不时地抖动。飞翔时，从上面看，蓝灰色的上体、白色的腰和黑色的翅尖形成明显对比；从下面看，白色的下体，较暗的胸部和黑色的翅尖也形成鲜明的对比。

形态特征：白尾鹞为中型猛禽，体长 41～53cm。雄鸟上体包括两翅的表面，大都蓝灰色，前额为污灰白色，头顶灰褐色，而且具暗色的羽干纹，后头为暗褐色，具棕黄色的羽缘，耳羽的后下方向下至颏有一圈蓬松而稍微卷曲的羽毛所形成的皱领，后颈微蓝灰色，常缀以褐色或黄褐色的羽缘，上体的背部、肩部和腰部等都是蓝灰色，有时稍微沾褐色，翅膀的尖端为黑色。尾上覆羽为纯白，中央尾羽为银灰色，上面的横斑不明显，紧接着的两对尾羽为蓝灰色，具有暗灰色横斑，外侧的尾羽则是白色，杂以暗灰褐色的横斑。下体的颏部、喉部和上胸部均为蓝灰色，其余部分为纯白色。雌鸟的上体为暗褐色，尾上覆羽纯白色，下

体棕黄而杂以暗棕褐色纵纹，向后纵纹逐渐变少变细。虹膜为黄色，嘴黑色，基部蓝灰色，蜡膜黄绿色，脚和趾黄色，爪黑色。

栖息地及习性： 栖息于开阔地区，包括低山丘陵、耕地、草原、湖泊、沼泽、河谷、林间沼泽和草地，冬季有时也到村屯附近的水田、草坡和疏林地带活动。常沿地面低空飞行，飞行极为敏捷迅速。当停落于地面时，尾常上下做急剧的振动。白尾鹞主要以小型鸟类、鼠类、蛙、蜥蜴和大型昆虫等动物性食物为食。主要在白天活动和觅食，尤以早晨和黄昏最为活跃。捕食主要在地上，常沿地面低空飞行搜寻猎物，发现后急速降到地面捕食。繁殖期为4～7月，营巢于干枯的芦苇丛、草丛或灌丛间的地面上，偶尔在悬崖上营巢。每窝产卵4～5枚，由雌鸟孵卵，孵化期为29～31d。

分　　布： 国内在部分地区均有分布，在东北和新疆北部繁殖，在长江以南地区越冬；国外分布于北美洲、欧亚大陆和非洲北部地区。

估计数量： 种群数量较多，但在该保护区内数量稀少，不常见。

驯养与保护： 国内无驯养繁殖，已被列为国家Ⅱ级重点保护野生动物。

鹊鹞 *Circus melanoleucos*

别　　名： 黑白花鸨、黑白尾鹞、客鹊鹞、喜鹊鹞、喜鹊鹰

英 文 名： Pied Harrier

分类地位： 隼形目 Falconiformes、鹰科 Accipitridae

濒危等级： IUCN（2012）无危（LC）、CITES（2011）附录Ⅱ

野外识别： 雄鸟体羽黑白相间，头、胸、背均黑色，腰、尾上覆羽、腹均白色，尾羽灰色，尾下覆羽白色。雌鸟上体灰褐色，下体偏白而杂以黑褐色纵纹，尾羽灰色、具褐色横斑。虹膜黄色，嘴角质灰色，脚黄色。

形态特征： 中型猛禽，体长42～48cm。雌雄两性羽色不同，雄鸟体羽黑、白及灰色；头、喉及胸部黑色而无纵纹为其特征。雌鸟上体褐色沾灰并具纵纹，腰白，尾具横斑，下体皮黄具棕色纵纹；飞羽下面具近黑色横斑。亚成鸟上体深褐，尾上覆羽具苍白色横带，下体栗褐色并具黄褐色纵纹。虹膜黄色；嘴角质灰色、尖端黑，蜡膜绿黄色；脚和趾黄色，爪黑色。

栖息地及习性： 鹊鹞栖息于开阔的低山丘陵、旷野、芦苇地、稻田、林缘灌丛和沼泽草地，繁殖期后有时也到耕地和村庄附近的草地和丛林中活动。常单独活动，多在林边草地和灌丛上空低空飞行觅食，发现猎物后突然降下捕食。上午和黄昏时为活动的高峰期，夜间在草丛中休息。常在林缘和疏林中的灌丛、草地上捕食，主要以蜥蜴、蛇、蛙和昆虫等动物为食，有时也取食小鸟、鼠类。平时叫声低且较少，在繁殖期经常发出洪亮、尖锐的叫声。每年5～7月繁殖，营巢于疏林中灌丛地面上，有沿用旧巢的习性。每窝产卵4～5枚，由雌雄亲鸟轮流孵卵，但以雌鸟为主，孵化期约30d。

分　　布： 在国内分布较广，繁殖于东北地区，越冬于华南及西南地区，其余各地为旅鸟。在国外繁殖于俄罗斯、蒙古和朝鲜，越冬于印度、缅甸、泰国、中南半岛和马来西亚等地。在该保护区内为冬候鸟或旅鸟。

估计数量： 数量稀少，不常见。

驯养与保护： 国内无驯养繁殖，已被列为国家Ⅱ级重点保护野生动物。

凤头鹰 *Accipiter trivirgatus indicus*

别　　名： 凤头苍鹰、粉鸟鹰、凤头雀鹰

英 文 名：Crested Goshawk

分类地位：隼形目 Falconiformes、鹰科 Accipitridae

濒危等级：中国濒危动物红皮书（鸟类）稀有（R）、IUCN（2012）无危（LC）、CITES（2011）附录Ⅱ

野外识别：中型猛禽。头具显著羽冠；喉白色，具宽阔的黑色纵纹；上胸有白色纵纹，下腹有窄的棕褐色横斑。尾羽褐色，具4道宽阔的暗褐色横斑。飞翔时翅短圆，后缘突出，翼下飞羽具数条宽阔的黑色横带。幼鸟上体褐色，下体白色或皮黄白色，具黑色纵纹。嘴灰色、蜡膜黄色，脚暗黄色。

形态特征：中型猛禽，体长约42cm。雌雄两性头部均具短羽冠，但羽色有差异。成年雄鸟前额、头顶、后枕及其羽冠黑灰色；头和颈侧羽色较淡，具黑色羽干纹。上体灰褐，两翼及尾具横斑，下体棕色，胸部具白色纵纹，腹部及大腿白色具近黑色粗横斑，颈白，有近黑色纵纹至喉，具两道黑色髭纹。雌鸟及亚成鸟似成年雄鸟，但下体纵纹及横斑均为褐色，上体褐色较淡。飞行时两翼显得比其他的同属鹰类较为短圆。虹膜金黄色；上嘴暗褐，下嘴铅灰，基部沾棕黄色；腿及脚和趾淡黄色，爪黑色。

栖息地及习性：通常栖息在山地森林和山脚林缘地带，也出现在竹林和小面积丛林地带，偶尔也到山脚平原和村屯附近活动。多单独活动，常停落在突出而视野开阔的树枝上。白天觅食，主要以蛙、蜥蜴、鼠类、昆虫等动物性食物为食，也吃鸟和小型哺乳动物。繁殖期4～7月，营巢于河岸或水塘附近高大的树上，有沿用旧巢的习性。每窝通常产卵2～3枚。

分　　布：国内分布于四川、云南、贵州、重庆、湖北、江西、陕西、河南、浙江、福建、江苏、广东、广西、海南、香港。国外主要分布于印度、斯里兰卡、马来西亚、缅甸、泰国、印度尼西亚等地。

估计数量：种群数量较少，在该保护区内不常见。

驯养与保护：国内无驯养繁殖，已被列为国家Ⅱ级重点保护野生动物。

赤腹鹰 *Accipiter soloensis*

别　　名：鸽子鹰

英 文 名：Chinese Goshawk

分类地位：隼形目 Falconiformes、鹰科 Accipitridae

濒危等级：IUCN（2012）无危（LC）、CITES（2011）附录Ⅱ

野外识别：体型大小似鸽子，头部至背部为蓝灰色，翅膀和尾羽灰褐色，外侧尾羽有4～5条暗色横斑；颏部和喉部为乳白色，胸和两胁为淡红褐色，下胸部具有少数不明显的横斑，腹部的中央和尾下覆羽白色。虹膜淡黄或淡褐色，嘴黑色，蜡膜黄色，脚和趾为橘黄色或肉黄色，爪为黑色。

形态特征：中等体形，全长27～36cm。下体羽色浅。成鸟上体淡蓝灰，背部羽尖略具白色，外侧尾羽具不明显黑色横斑；下体白，胸及两胁略沾粉色，两胁具浅灰色横纹，腿上也略具横纹。成鸟翼下特征为除初级飞羽羽端黑色外，几乎全白。亚成鸟上体褐色，尾具深色横斑，下体白，喉具纵纹，胸部及腿上具褐色横斑。虹膜淡黄色；嘴黑色，蜡膜橘黄色；脚橘黄色。

栖息地及习性：赤腹鹰栖息于山地森林和林缘地带，也见于低山丘陵和山麓平原地带的小块丛林，农田地缘和村庄附近。常单独或成小群活动，休息时多停息在树木顶端或电线杆上。主要以蛙、蜥蜴等动物为食，也吃小型鸟类、鼠类和昆虫。主要在地面上捕食，常站在树顶等高处，见到猎物则突然冲下捕食。繁殖期为5~7月。营巢于树上，有时也利用喜鹊废弃的旧巢。每窝产卵2~5枚，由雌鸟孵卵，孵化期约30d。

分　　布： 国内分布于四川、陕西、河南、湖南、湖北、安徽、江西、江苏、浙江、福建、广西、广东、台湾、海南、山东、河北等地。国外分布于朝鲜、菲律宾、马来西亚和中南半岛。在该保护区为夏候鸟，每年4~9月活动于保护区内的山地森林和林缘地带。

估计数量： 常见鸟类，但近年来种群数量在逐渐下降。

驯养与保护： 国内无驯养繁殖，已被列为国家Ⅱ级重点保护野生动物。

松雀鹰 *Accipiter virgatus affinis*

别　　名： 松子鹰、雀贼、雀鹰、雀鹞

英 文 名： Besra Sparrow-Hawk

分类地位： 隼形目 Falconiformes、鹰科 Accipitridae

濒危等级： IUCN（2012）无危（LC）、CITES（2011）附录Ⅱ

野外识别： 体形较小，雄鸟上体石板黑色，胸、腹灰白、带有淡乳黄色，尾具粗横斑；下体白色，两胁棕色具褐色横斑，喉白色具黑色喉中线，有黑色髭纹。飞翔时可见翼下覆羽和腋羽具有淡黄色和灰褐色横斑。雌鸟及幼鸟两胁棕色少，上体及尾羽色较暗。亚成鸟胸部具纵纹。虹膜黄色，喙黑色，腿黄色。

形态特征： 小型猛禽，全长28~38cm，雌鸟体形较雄鸟为大。成年雄鸟上体黑灰色，喉部白色，中央有一条宽阔而粗著的黑色中央纹；下体白或灰白色，两胁棕色且具褐色横斑，尾灰褐色具4道暗色粗横斑，尾下覆羽纯白色。成年雌鸟上体似雄鸟，但背、肩羽、腰、尾上覆羽均暗褐色；喉的中央条纹比雄鸟较宽；胸、腹、胁和覆腿羽均为白色，而密杂以具暗褐色或赤棕褐色横斑。幼鸟似雌鸟，但喉具显著的褐色或赤褐色心形块斑，尾下覆羽白色具褐色纵纹或横斑，两胁和腋羽具赤褐色横斑。虹膜金黄色，嘴铅蓝色、尖端为黑色，蜡膜灰色，腿、脚和趾黄色，爪黑色。

栖息地及习性： 栖息于茂密的针叶林和常绿阔叶林及开阔的林缘疏林地带，冬季多活动于山脚和平原地带的小块丛林、竹园与河谷地带。单独或成对在林缘及附近的低山丘陵、草地和农田上空觅食。性情机警，常站在林缘高大的枯树顶枝上，等待偷袭过往的小鸟，并不时发出尖厉的叫声。飞行迅速，也善于滑翔。主要以各种小鸟为食，也吃蜥蜴、蝗虫、蚱蜢、甲虫及其他昆虫，有时也捕杀鼠类、鹑鸡类和鸠鸽类等。繁殖期为4~6月，筑巢于茂密林中高大树木的上部，每窝产卵3~4枚。有强烈的护巢习性，当有其他鸟类接近它的巢时，雌雄亲鸟会共同发动攻击。

分　　布： 松雀鹰在国内分布于河南、湖北、广东、广西、海南、四川、贵州、云南、西藏、陕西、甘肃、宁夏、台湾、福建等地，在国外分布于印度、缅甸、斯里兰卡、尼泊尔、孟加拉国、菲律宾和印度尼西亚等地。在该保护区内为留鸟，全年活动于山地森林地带及其附近区域。

估计数量： 种群数量较多，为常见种。

驯养与保护： 国内无驯养繁殖，已被列为国家Ⅱ级重点保护野生动物。

雀鹰 *Accipiter nisus nisosimilis*

别　　名： 鹞子

英 文 名： Eurasian Sparrow Hawk

分类地位：隼形目 Falconiformes、鹰科 Accipitridae

濒危等级：IUCN（2012）无危（LC）、CITES（2011）附录 Ⅱ

野外识别：小型猛禽，两翼阔而圆，尾较长；喉布满梅色细纹，但无显著中央条纹。上体雄鸟暗灰色，雌鸟灰褐色，头后杂有少许白色。下体白色或淡灰白色，雄鸟具细密的红褐色横斑，雌鸟具褐色横斑。尾具 4～5 道黑褐色横斑，飞翔时翼后缘略突出，翼下飞羽具数道黑褐色横带。

形态特征：小型猛禽，全长 30～41cm，雌鸟较雄鸟略大。雄鸟上体鼠灰色或暗灰色，头顶、枕和后颈较暗，前额微缀棕色，后颈羽基白色，常显露于外，其余上体自背至尾上覆羽暗灰色；尾羽灰褐色，具 4～5 道黑褐色横斑，并具灰白色端斑和较宽的黑褐色次端斑；初级飞羽暗褐色，内翈白色而具黑褐色横斑；次级飞羽外翈青灰色，内翈白色而具暗褐色横斑；翅上覆羽暗灰色，眼先灰色，头侧和脸棕色，具暗色羽干纹。下体白色，颏和喉部满布以褐色羽干细纹；胸、腹和两胁具红褐色或暗褐色细横斑；尾下覆羽白色缀有不明显的淡灰褐色斑纹，翅下覆羽和腋羽白色或乳白色，具暗褐色或棕褐色细横斑。雌鸟上体灰褐色，头顶至后颈灰褐色或鼠灰色，上体自背至尾上覆羽灰褐色或褐色，尾羽和飞羽暗褐色。下体乳白色，颏和喉部具较宽的暗褐色纵纹，胸、腹和两胁及覆腿羽均具暗褐色横斑，其余似雄鸟。幼鸟头顶至后颈栗褐色，枕和后颈羽基灰白色，背至尾上覆羽暗褐色；喉黄白色，具黑褐色羽干纹，胸具斑点状纵纹，胸以下具黄褐色或褐色横斑，其余体羽似成鸟。虹膜橙黄色，嘴暗铅灰色、尖端黑色、基部黄绿色，蜡膜黄色或黄绿色，脚和趾橙黄色，爪黑色。

栖息地及习性：栖息于针叶林、混交林、阔叶林等山地森林和林缘地带，冬季主要栖息于低山丘陵、山脚平原、农田和村落附近，尤其喜欢在林缘、河谷，采伐迹地和农田附近的小块丛林地带活动。常单独活动，白天觅食。常停落于树上或电线杆等高处，发现猎物后突然飞下捕捉，然后带回树上取食。食物以小型鸟类、鼠类和昆虫为主，有时亦捕食野兔、蛇、昆虫幼虫。繁殖期 5～7 月，营巢于森林中的树上，有时也利用其他鸟巢，经补充和修理而成。通常每窝产卵 3～4 枚，雌鸟孵卵，雄鸟偶尔亦参与孵卵活动，孵化期 32～35d。

分　　布：国内除西藏、青海外各地均有分布，国外繁殖于欧亚大陆，往南到非洲西北部，往东到伊朗、印度和日本。越冬于地中海、阿拉伯、印度、缅甸、泰国及东南亚国家。在本保护区内为留鸟，见于山地森林地带及其附近区域。

估计数量：数量稀少，不常见。

驯养与保护：国内无驯养繁殖，已列为国家 Ⅱ 级重点保护野生动物，并被列入 CITES 附录 Ⅱ。

苍鹰 *Accipiter gentilis schvedowi*

别　　名：黄鹰、牙鹰、鹞鹰

英 文 名：Northern Goshawk

分类地位：隼形目 Falconiformes、鹰科 Accipitridae

濒危等级：IUCN（2012）无危（LC）、CITES（2011）附录 Ⅱ

野外识别：中型猛禽，雄鸟头顶暗灰色，眼上具白色眉纹，贯眼纹宽阔呈黑色，向后延至脑后；上体和两翼青灰色，飞羽灰褐色具深色横斑；尾羽灰褐色具宽阔的黑褐色横斑；下体白色，密布细的灰色横纹。雌鸟体羽似雄鸟，但羽色较暗淡。虹膜黄色，嘴角质灰色，脚黄色，爪黑色。

形态特征：中型森林猛禽，体长 47～60cm。雌鸟体型略大，雌雄羽色也略有不同。雄鸟前额至后颈呈石板灰色，眼上方有一条白色眉纹，羽轴黑色；耳羽黑色，背、肩、腰及尾上覆羽均石板灰色，肩羽和尾上覆羽具白色横斑；飞羽灰褐色，具暗褐色横斑；尾羽灰褐色，具 4 道黑褐色横斑，尾端具灰白色边缘。下体白色，喉部有黑褐色细纵纹；胸、胁、翼下覆羽、腹及覆腿羽均杂以黑褐色横斑；肛周及尾下覆羽纯白色。雌鸟体羽似雄鸟，但羽色较暗淡。幼鸟头顶及后头呈暗褐色，羽缘淡黄色，后头羽基白色；上体褐色，具淡黄色羽缘；下体淡黄色，满杂以暗褐色羽干纹。虹膜金黄色；嘴黑色，基部沾蓝；脚黄色，爪黑色。

栖息地及习性： 苍鹰为森林鸟类，主要栖息于针叶林、落叶林和混交林等森林地带，也见于山麓平原、丘陵地带的疏林、林缘和灌丛。常单独活动，多隐蔽在森林中树枝间寻觅猎物。飞行快而灵活，能敏捷地穿行于树丛间，并能加速在树林中追捕猎物，有时也在林缘开阔地或农田上空飞行。一旦发现猎物，则迅速俯冲，呈直线追击，用利爪抓捕并撕裂取食猎物。主要以森林鼠类、野兔、雉类、鸠鸽类和其他中小形鸟类为食。繁殖期为 4～7 月，营巢于森林中高大树木上，每窝产卵 2～4 枚，主要由雌鸟孵卵，孵化期 35～38d。

分　　布： 国内除台湾外各地均有分布，国外分布于俄罗斯东南部。

估计数量： 数量较多，为常见种。

驯养与保护： 国内无驯养繁殖，已被列为国家Ⅱ级重点保护野生动物。

灰脸鵟鹰 *Butastur indicus*

别　　名： 灰脸鹰、灰面鹫

英 文 名： Grey-faced Buzzard

分类地位： 隼形目 Falconiformes、鹰科 Accipitridae

濒危等级： 中国濒危动物红皮书（鸟类）稀有（R）、IUCN（2012）无危（LC）、CITES（2011）附录Ⅱ

野外识别： 中型猛禽。颏及喉白色，具黑色的顶纹及髭纹；头侧近黑色。上体褐色，具近黑色的纵纹及横斑；胸褐色而具黑色细纹。下体余部具棕色横斑而有别于白眼鵟鹰。尾细长，平型。虹膜黄色；嘴灰色，蜡膜黄色；脚黄色。

形态特征： 中型猛禽，体长 39～46cm。上体暗棕褐色，翼上覆羽大都棕褐。外侧飞羽栗褐色，内侧飞羽大都栗褐，外翈及羽端仍为黑褐。所有飞羽的内翈均具暗褐的横斑。尾上覆羽白而具暗褐色横斑。尾羽暗灰褐，具 3 道黑褐色宽阔横斑。脸颊和耳区为灰色，眼先、颏、喉部均为白色，较为明显，喉部还有具有宽的黑褐色中央纵纹；上胸栗褐，下胸、腹、两胁白色，具栗褐色横斑。嘴黑色，嘴基部和蜡膜橙黄色，跗蹠和趾黄色，爪角黑色。

栖息地及习性： 灰脸鵟鹰在繁殖期主要栖息于阔叶林、针阔叶混交林及针叶林等山林地带，秋冬季节则大多栖息于林缘、山地、丘陵、草地、农田和村落附近等较为开阔的地区，有时也出现在荒漠和河谷地带。常单独活动，只有迁徙期间才结成小群。白天在森林的上空盘旋、在低空飞行，或者呈圆圈状翱翔，停落于枯死的大树顶端和空旷地方孤立的枯树枝上，有时在地面上活动。觅食主要在早晨和黄昏。觅食方法主要是栖于空旷地的孤立树树梢上，两眼注视着地面，发现猎物后突然冲下扑向猎物。有时也在低空飞翔捕食，或在地上来回徘徊觅找和捕猎食物。食物以小型蛇类、蛙、蜥蜴、鼠类、松鼠、野兔、狐狸和小鸟等动物为主，有时也吃大的昆虫和动物尸体。

分　　布： 国内分布于北京、河北、辽宁、吉林、黑龙江、上海、浙江、福建、江西、山东、广东、广西、海南、四川、贵州、云南、陕西、台湾等地。国外见于亚洲东北部、日本和菲律宾群岛。在该保护区内为夏候鸟，见于每年 4～9 月。

估计数量：种群数量较少，罕见。

驯养与保护：国内无驯养繁殖，已被列为国家Ⅱ级重点保护野生动物。

普通鵟 *Buteo japonicus*

别　　　名：土豹、鸡姆鹞、老鹰

英 文 名：Common Buzzard

分类地位：隼形目 Falconiformes、鹰科 Accipitridae

濒危等级：IUCN（2012）无危（LC）、CITES（2011）附录Ⅱ

野外识别：中形猛禽，羽色变异很大。上体暗褐色，下体暗褐色或淡褐色具棕色纵纹，两胁及大腿沾棕色。飞翔时，翼下面飞羽基部有淡白色粗斑，尾稍圆，尾近端处常具黑色横纹。翱翔时两翅微向上举，呈浅"V"字形。

形态特征：普通鵟体色变化较大，有黑色型、棕色型和中间型 3 种色型。黑色型全身黑褐色，两翅表面及肩羽较淡，羽缘灰褐色；外侧 5 枚初级飞羽羽端黑褐色具紫金属光泽，内翈淡乳黄色巨大的褐色横斑；其余飞羽黑褐色，内翈外缘灰白色。尾羽暗褐色，具褐色横斑和灰白色端斑。眼先白色，颏、喉、颊沾棕黄色，髭纹黑褐色。下体黑褐色，翼下和尾下覆羽灰白色，覆腿羽黄白色。棕色型上体包括两翼棕褐色、羽端淡褐色或白色，小覆羽栗褐色，飞羽较黑色型稍淡，尾羽棕褐色，羽端黄褐色，亚端斑深褐色，往尾基部横斑逐渐不清晰，代之以灰白色斑纹。下体淡乳黄色，颏、喉具棕褐色羽干纹；胸、两胁具大型棕褐色粗斑，腹部和覆腿羽均具棕褐色横斑。尾下覆羽乳黄色，尾下羽色呈银灰色，具灰褐色横斑。中间型上体多呈暗褐色，微缀紫色光泽，羽缘淡褐色以至白色；头具窄的暗色羽缘；尾羽暗褐色，羽基白色而沾棕色，具数道不清晰的黑褐色横斑和灰白色端斑。外侧初级飞羽黑褐色，内翈基部和羽缘污白色或乳黄白色，并缀有赭色斑；内侧飞羽黑褐色，内翈基部和羽缘白色，展翅时形成显著的翼下大型白斑，飞羽内外翈均具暗色或棕褐色横斑；翅上覆羽通常为浅黑褐色，羽缘灰褐色。下体乳黄白色，颏和喉部具淡褐色纵纹，胸和两胁具粗的棕褐色横斑和斑纹，腹近乳白色，有的被有细的淡褐色斑纹，腿覆羽黄褐色，缀暗褐色斑纹，肛区和尾下覆羽乳黄白色而微具褐色横斑。幼鸟上体多为褐色，具淡色羽缘。喉白色，其余下体皮黄白色，具宽的褐色纵纹。尾羽桂皮黄色，具大约 10 道窄的黑色横斑。虹膜淡褐色；嘴黑褐色，蜡膜黄色；脚、趾黄色，爪黑色。

栖息地及习性：主要栖息于山地森林和林缘地带，秋冬季常出现在低山丘陵、草地、农田和村落附近上空。多单独活动，有时亦见 2～4 只在天空盘旋。白天活动，多在空中盘旋滑翔，一旦发现地面猎物，突然快速俯冲而下，用利爪抓捕。此外也栖息于树枝或电线杆上等高处等待猎物，当猎物出现在眼前时才突袭捕猎。食性杂，主要以森林鼠类为食，捕食各种啮齿动物，此外也吃蛙、蜥蜴、蛇、野兔、小型鸟类和大型昆虫等动物，有时亦到村庄捕食鸡等家禽。繁殖期 5～7 月。通常营巢于林缘或森林中高大的树上，尤喜针叶树。通常置巢于树冠上部近主干的枝丫上，也有营巢于悬岩上的，有时也占用乌鸦的巢。每窝产卵 2～3 枚，由雌雄亲鸟共同承担，以雌鸟为主，孵化期约 28d。

分　　　布：国内分布广泛，几乎遍及各地，在东北北部及中部繁殖，其他大部分地区为旅鸟或冬候鸟；国外广泛分布于欧亚大陆及非洲北部。在该保护区内为冬候鸟，见于每年 10 月至次年 3 月。

估计数量：种群数量较多，为常见种。但由于偷猎及其生存环境破碎化加剧，种群数量已日趋减少。

驯养与保护：国内少数动物园有驯养。已被列为国家Ⅱ级重点保护野生动物，并列入 CITES 附录Ⅱ。普通鵟主要捕食鼠类，是重要的农林益鸟，应加强保护其生态环境，严禁乱捕滥猎和非法贸易。

大鵟 *Buteo hemilasius*

别　　名：大豹、花豹、白鹭豹

英 文 名：Upland Buzzard

分类地位：隼形目 Falconiformes、鹰科 Accipitridae

濒危等级：IUCN（2012）无危（LC）、CITES（2011）附录Ⅱ

野外识别：大型猛禽，上体暗色，下体暗色或淡色，而具暗色纵形或横形斑纹；尾色稍淡，有 6～9 条深褐色及白色横斑，端斑较宽；飞翔时，翼下可见有大形白斑。

形态特征：体型大，体长 60～80cm。羽色变异大，有暗色型、淡色型和中间型，以淡色型较常见。通常头顶至后颈为白色，微沾棕色并具褐色纵纹。上体主要为暗褐色，下体为白色至棕黄色，并具有暗色的斑纹，或者全身的羽色皆为暗褐色或黑褐色，尾羽上具有 3～11 条暗色横斑，先端灰白色。跗蹠的前面通常被有羽毛。虹膜黄褐色或黄色，嘴为黑褐色，蜡膜黄绿色，脚和趾黄色或暗黄色，爪黑色。

栖息地及习性：大鵟栖息于山地、山脚平原和草原等地区，也出现在高山林缘、开阔的山地草原和荒漠地带，冬季常出现在低山丘陵和山脚平原地带的农田、芦苇沼泽、村庄附近。常单独或成小群活动。飞翔时两翼鼓动较慢，常在空中作圆圈状的翱翔，休息时多栖于地上、山顶、树梢或其他突出物体上。白天觅食，主要通过在空中飞翔寻找，或者站在地上和高处等待猎物，主要以啮齿动物、蛙、蜥蜴、野兔、蛇、黄鼠、鼠兔、旱獭、雉鸡、石鸡、昆虫等动物为食。繁殖期为 5～7 月，通常营巢于悬岩峭壁上或树上，巢的附近大多有小的灌木掩护，有修补利用旧巢的习性。通常每窝产卵 2～4 枚，孵化期约 30d。

分　　布：国内分布在黑龙江、吉林、辽宁、内蒙古、西藏、新疆、青海、甘肃等地为留鸟，在北京、河北、山西、山东、上海、浙江、广西、四川、陕西等地为旅鸟、冬候鸟。国外分布于欧亚大陆及非洲北部。

估计数量：数量稀少，较少见。

驯养与保护：国内无驯养繁殖，已被列为国家Ⅱ级重点保护野生动物，并列入 CITES 附录Ⅱ。大鵟主要取食鼠类、昆虫等动物，在森林、农业生态系统中处于顶极消费者的地位，对维持自然生态平衡具有重要的作用。它的翼翎和尾羽，可用作饰羽，商品名叫"大豹"或"白豹膀尾"。近年来，由于栖息环境破碎化，滥用农药及盗猎等原因，其种群数量已明显减少。应加强保护宣传，维护良好的生态环境，严禁捕猎和非法贸易活动。

金雕 *Aquila chrysaetos daphanea*

别　　名：鹫雕、浩白雕、红头雕、老雕、虎斑雕

英 文 名：Golden Eagle

分类地位：隼形目 Falconiformes、鹰科 Accipitridae

濒危等级：中国濒危动物红皮书（鸟类）易危（V）、IUCN（2012）无危（LC）、CITES（2011）附录Ⅱ

野外识别：大型猛禽。成鸟全身栗褐色，头顶暗褐色，后头及后颈具赤褐色矛状羽，羽端金黄色，并具暗色纵纹；翼羽黑褐色，内侧飞羽基部白色，形成翼下白斑，飞翔时明显可

见。亚成鸟尾羽基部和初级飞羽基部白色，在飞行时从腹面明显可见这三处白斑。

形态特征：大型猛禽，雌雄同色，体长 78～105cm。头顶黑褐色，后头、枕和后颈羽毛尖锐，呈披针形，金黄色，具黑褐色羽干纹。体羽暗褐色，肩部较淡；尾较长而圆，灰褐色，具黑色横斑和端斑；飞行时两翼上举，呈浅"V"形，飞行时腰部白色明显可见。初级飞羽黑褐色，内侧初级飞羽内翈基部灰白色缀杂乱的黑褐色横斑或斑纹；次级飞羽暗褐色，基部具灰白色斑纹；胫、跗蹠覆羽暗赤褐色，长达趾基部。亚成鸟尾羽白色，具宽阔的黑色端斑，飞羽基部白色，在翼下形成一大的白斑，飞翔时极为明显。虹膜褐色；嘴黑褐色，蜡膜黄色；趾黄色，爪黑色。

栖息地及习性：栖息于草原、荒漠、河谷和森林地带，冬季多到平原或农林上空活动。飞行迅速，常呈直线或圈状在高空翱翔，通常不发出叫声。以大中型的鸟类和哺乳动物为食，主要捕食雉类、鼠类及其他哺乳动物，有时也吃死尸。每年 2～3 月开始繁殖，营巢于高大树木上部、悬崖峭壁的树上或悬岩上，每窝产卵 1～2 枚，雌雄共同孵卵，孵化期44～45d。

分　　布：国内分布于东北、华北、华中、西北、青藏高原、西南山区等地，均为留鸟。国外分布于北美洲、欧洲、北非、亚洲中北部。在保护区内为留鸟，见于大茶沟一带。

估计数量：数量稀少，不常见。

驯养与保护：国内公园有饲养，但无繁殖记录。已被列为国家Ⅰ级重点保护野生动物。金雕主要猎捕大型鸟类和哺乳类动物，有时袭击家禽、家畜，时有金雕被套或铗住的情况发生。应加强保护宣传，严禁滥用农药和猎捕。

白腹隼雕 *Hieraaetus f. fasciata*

别　　名：白腹山雕

英 文 名：Bonelli's Eagle

分类地位：隼形目 Falconiformes、鹰科 Accipitridae

濒危等级：中国濒危动物红皮书（鸟类）稀有（R）、IUCN（2012）无危（LC）、CITES（2011）附录Ⅱ

野外识别：大形猛禽，头顶羽呈矛状。上体呈暗褐色，羽毛具有暗褐色羽干纹。尾羽为灰褐色，具有污白色端缘和黑色。下体白色，喉部稍沾褐色，并有黑褐色轴纹。羽端缀有淡棕色边缘，下腹部至尾下覆羽斑纹较宽。

形态特征：体型大，体长为 70～74cm。上体暗褐色，各羽基部白色；头顶和后颈呈棕褐色，羽呈矛状，羽干纹黑褐色；眼先白色，有黑色羽领，眼上缘有一道不明显的白色眉纹。颈侧和肩部的羽缘灰白色，飞羽为灰褐色，内侧的羽片上有呈云状的白斑。尾羽灰褐色，较长，上面具有 7 道不甚明显的黑褐色波浪形斑和宽阔的黑褐色次端斑。下体白色，沾有淡栗褐色。飞翔时翼下覆羽黑色，飞羽腹面白色而具波浪形暗色横斑，与白色的下体和翼缘形成明显对比。幼鸟上体淡褐色或棕色，飞羽皮黄色；下体棕栗色，腹部棕黄色。虹膜黄色；嘴蓝灰色，尖端为黑色，基部灰黄色；蜡膜黄色，趾黄色，爪黑色。

栖息地及习性：繁殖季节主要栖息于低山丘陵和山地森林中的悬崖和河谷岸边的岩石上，尤其喜欢富有灌丛的荒山和有稀疏树木生长的河谷地带。非繁殖期也常沿着海岸、河谷进入到山脚平原、沼泽，甚至半荒漠地区。冬季常到开阔地区游荡、捕食，主要以鼠类、水鸟、鸡类、岩鸽、斑鸠、鸦类和其他中小型鸟类为食，也吃野兔、爬行类和大的昆虫，但不吃腐肉。飞翔时速度很快，能发出尖锐的叫声，性情较为大胆而凶猛，行动迅速。常单独活动，不善于鸣叫。飞翔时两翅不断煽动，多在低空鼓翼飞行，很少在高空翱翔和滑翔。繁殖期为 3～5 月，营巢于河谷岸边的悬崖上或树上。每窝产卵 1～3 枚，多为 2 枚。雌雄亲鸟轮流孵卵，孵化期 42～43d。

分　　布：国内主要分布在长江流域及其以南地区，国外分布于非洲和欧洲南部到亚洲中西部和印度、缅甸。

估计数量：数量稀少，极少见。

驯养与保护：国内无驯养繁殖，已被列为国家 II 级重点保护野生动物。白腹隼雕数量十分稀少，被列入中国珍稀濒危动物红皮书（鸟类）稀有种，同时被列入 CITES（2011）附录 II，应加强保护措施，严禁非法猎捕和贸易，同时应避免滥用农药给白腹隼雕所带来的间接伤害。

白腿小隼 *Microhierax melanoleucus*

别　　名：小隼、小鹞子

英 文 名：Pied Falconet

分类地位：隼形目 Falconiformes、隼科 Falconidae

濒危等级：IUCN（2012）无危（LC）、CITES（2011）附录 II

野外识别：体型小，较麻雀略大。体羽以黑白两色为主。上体黑色，最内侧次级飞羽具白色斑点。下体白色，脸侧及耳覆羽黑色。

形态特征：小型猛禽，体长约 17cm。头部和整个上体，包括两翅都是蓝黑色，前额有一条白色的细线，沿眼先往眼上与白色眉纹汇合，再往后延伸与颈部前侧的白色下体相汇合，颊部、颏部、喉部和整个下体为白色。尾羽黑色，外侧尾羽内翈具有白色的横斑。幼鸟和成鸟相似。虹膜亮褐色，嘴暗石板蓝色或黑色，脚和趾暗褐色或黑色，爪黑色。

栖息地及习性：白腿小隼栖息于海拔 2000m 以下的落叶森林和林缘地区，尤其是林内开阔草地和河谷地带，也常出现在山脚和邻近的开阔平原，常成群或单个栖息在山坡高大的乔木树冠顶枝上。白天活动，主要以昆虫、小鸟和鼠类等为食。常栖息在高大树木上或在空中呈圈状盘旋，发现昆虫后即刻捕食，若捕获小鸟、蛙等较大的食物，则带到栖息地后再吃。每年 4～6 月繁殖，通常营巢于啄木鸟废弃的树洞中，每窝产卵 3～4 枚。

分　　布：国内分布于江苏、浙江、安徽、福建、江西、河南、广东、广西、贵州、云南等地，均为留鸟。在国外分布于印度东北部和老挝等地。

估计数量：数量稀少，极少见。

驯养与保护：国内无驯养繁殖，已被列为国家 II 级重点保护野生动物。

红隼 *Falco tinnunculus interstinctus*

别　　名：茶隼、红鹰、黄鹰、红鹞子

英 文 名：Common Kestrel

分类地位：隼形目 Falconiformes、隼科 Falconidae

濒危等级：IUCN（2012）无危（LC）、CITES（2011）附录 II

野外识别：红隼的眼下方有一条垂直向下的黑色口角髭纹；上体主要为砖红色，带有暗色斑；下体乳黄色略沾棕色，具暗褐色斑点；尾具宽阔的黑色次端斑，尾羽呈凸尾状。

形态特征：小型猛禽，体长约 33cm。雌雄羽色稍有差异。雄鸟头顶、后颈、颈侧蓝灰色，具黑褐色羽干纹，额基、眼先和眉纹棕白色，耳羽灰色，眼下方有一条垂直向下的黑色口角髭纹；背、肩及上覆羽砖红色，各羽具三角形黑褐色横纹；腰和尾上覆羽蓝灰色，尾羽

蓝灰色，具黑褐色横斑及宽阔的黑褐色次端斑。下体乳黄略带淡棕色，颏近白色，上胸和两胁具黑褐色羽干纹，下腹黑褐色纵纹逐渐减少，覆腿羽和尾下覆羽黄白色，尾羽腹面银灰色。雌鸟上体深棕色，头顶具黑褐色纵纹，上体其余部分具黑褐色横纹，其他部分与雄鸟同。虹膜暗褐色，嘴蓝灰色，先端黑色，嘴和蜡膜为黄色，跗蹠和趾深黄色，爪黑色。

栖息地及习性：红隼通常栖息在村落及有疏林或灌木丛的旷野、林缘附近的耕地等处，栖息时多在空旷地区孤立的高大树木的树梢上或者电线杆上。白天活动，主要在空中觅食，或在高空迎风展翅，或在地面低空飞行搜寻食物，有时煽动两翅在空中作短暂停留观察猎物，一旦发现猎物，则折合双翅，突然俯冲而下直扑猎物，抓获以后就地吞食，然后再从地面上突然飞起，迅速升入高空。有时也采用站立在山丘岩石高处或站在树顶和电线杆上等候的方法，等猎物出现在面前时才突然出击。主要以昆虫、两栖类、小型爬行类、小型鸟类和啮齿动物为食。繁殖期为5～7月，通常营巢于悬崖、山坡岩石缝隙、土洞、树洞和喜鹊、乌鸦及其他鸟类的旧巢中。每窝产卵通常4～5枚，孵卵主要由雌鸟承担，雄鸟承担护卫任务，偶尔也替换雌鸟孵卵，孵化期28～30d。

分　　布：国内几乎遍布全国各地，国外分布于欧洲、非洲、亚洲东北部、也门、印度、日本、菲律宾等地。

估计数量：数量稀少，不常见。

驯养与保护：国内无驯养繁殖，已被列为国家Ⅱ级重点保护野生动物。

红脚隼 *Falco amurensis*

别　　名：阿穆尔隼、青鹰、青燕子、黑花鹞、红腿鹞子

英　文　名：Amur Falcon

分类地位：隼形目 Falconiformes、隼科 Falconidae

濒危等级：IUCN（2012）无危（LC）、CITES（2011）附录Ⅱ

野外识别：雄鸟通体几乎全为石板灰色，翼下覆羽白色；下体颜色稍淡，两腿棕红色，故名红脚隼。雌鸟上体与雄鸟相似，但色泽较淡并杂有棕色；下体多斑纹，两腿棕黄色。

形态特征：小型猛禽，体长约31cm。雄鸟、雌鸟及幼鸟体色有差异。雄鸟上体大都为石板灰色；颏、喉、颈、侧、胸、腹部淡石板灰色，胸具细的黑褐色羽干纹；肛周、尾下覆羽、覆腿羽棕红色；腋羽和翼下覆羽纯白色无斑。雌鸟上体大都呈石板灰色，具黑褐色羽干纹；下背、肩羽具黑褐色横斑。下体颏、喉、颈侧乳白色，余部淡黄白色或棕白色；胸部满布黑褐色纵纹，向后形成点状或矢状斑，至两胁则呈横斑状；肛周、尾下覆羽和覆腿羽棕黄色；腋羽和翼下覆羽纯白色，而杂以黑褐色横斑。幼鸟和雌鸟相似，但上体褐色较浓，具宽的淡棕褐色端缘和显著的黑褐色横斑；初级和闪级飞羽黑褐色，具沾棕的白色缘，下体棕白色，胸和腹纵纹茂为明显；肛周、尾下覆羽、覆腿羽淡皮黄色。虹膜暗褐色，眼周裸出部分橙黄色；嘴黄色，先端石板灰色；跗蹠和趾橙黄色，爪淡角黄色。

栖息地及习性：主要栖息于低山丘陵、山脚平原、林缘、草地、河流、山谷和农田耕地等开阔地区。多白天单独活动，飞翔时两翅快速煽动，间或进行一阵滑翔，也能通过两翅的快速煽动在空中作短暂的悬停。主要以蝗虫、蚱蜢、蝼蛄、蠹斯、金龟子、蟋蟀、叩头虫等昆虫为食，有时也捕食小型鸟类、蜥蜴、石龙子、蛙等小型脊椎动物。每年5～7月繁殖，常占用喜鹊的旧巢，甚至占用新筑的鹊巢，经数日争噪而将喜鹊赶出。有时也自己营巢，通常营巢于疏林中高大乔木树的顶枝上。每窝产卵3～5枚，通常4枚，由亲鸟轮流孵卵，孵化期为22～23d。迁徙时结成大群活动，常与黄爪隼混群。

分　　布：国内分布于内蒙古、东北、河北、山东、江苏、宁夏、甘肃、湖南、贵州、四川、云南、福建、河北等地。国外繁殖于俄罗斯的西伯利亚、朝鲜和蒙古等地，越冬在印度、缅甸、泰国、老挝和非洲。

估计数量：数量较少，不常见。

驯养与保护：国内无驯养繁殖，已被列为国家Ⅱ级重点保护野生动物。红脚隼嗜吃蝗虫、蝼蛄等昆虫，对农林有益，是重要的经济鸟类，应加强保护，严禁非法捕猎和贸易。

灰背隼 *Falco columbarius insignis*

别　　名：灰鹞子、朵子、鸽鹰

英 文 名：Merlin

分类地位：隼形目 Falconiformes、隼科 Falconidae

濒危等级：IUCN（2012）无危（LC）、CITES（2011）附录Ⅱ

野外识别：小型隼类，无髭纹。雄鸟头顶及上体蓝灰，略带黑色纵纹；尾蓝灰，具黑色次端斑，端斑白色；下体黄褐并多具黑色纵纹，颈背棕色；眉纹白。雌鸟及亚成鸟上体灰褐，腰灰，眉纹及喉白色，下体偏白而胸及腹部多深褐色斑纹，尾具近白色横斑。

形态特征：小型猛禽，体长 25～33cm。雌雄两性羽色有差异。雄鸟前额、眼先、眉纹、头侧、颊和耳羽均为污白色，微缀皮黄色。上体呈淡蓝灰色，具黑色羽轴纹。尾羽上具有宽阔的黑色亚端斑和较窄的白色端斑。后颈为蓝灰色，有一个棕褐色的领圈，并杂有黑斑。颊部、喉部为白色，其余的下体为淡棕色，具有粗著的棕褐色羽干纹。初级飞羽黑褐色，外翈羽缘灰褐色，内翈具淡灰色横斑，次级飞羽石板灰色，内翈灰褐色，具灰白色横斑。雌鸟前额、眼先、眉纹、颊和耳羽黄白色，具黑色羽干纹；其余上体暗褐色，具棕色端缘；颏和喉灰白色，胸、腹及其余下体灰白色，具较粗的棕褐色纵纹；飞羽黑褐色，具棕褐色端斑；尾羽灰褐色，具黑色横带和白色端斑。幼鸟和雌鸟相似，但棕色较多，下体具粗著的暗栗褐色纵纹。虹膜暗褐色；嘴铅蓝灰色，尖端黑色，基部黄绿色；眼周和蜡膜黄色，跗蹠和趾橙黄色，爪黑褐色。

栖息地及习性：灰背隼栖息于开阔的低山丘陵、山脚平原、森林平原、海岸和森林苔原地带，特别是林缘、林中空地、山岩和有稀疏树木的开阔地方，冬季和迁徙季节也见于荒山河谷、平原旷野、草原灌丛和开阔的农田草坡地区。常单独活动，叫声尖锐。多在低空飞翔，发现猎物后立即俯冲下来捕食。休息时在地面上或树上。主要以小型鸟类、鼠类和昆虫等为食，也吃蜥蜴、蛙和小型蛇类。主要在空中飞行捕食，常追捕鸽子，所以俗称为鸽子鹰，有时也在地面上捕食。繁殖期为 5～7 月，通常营巢于树上或悬崖岩石上，偶尔也在地上。常常占用乌鸦、喜鹊和其他鸟类的旧巢。每窝通常产卵 3～4 枚，雌雄亲鸟轮流孵卵，孵化期为 28～32d。

分　　布：国内分布于北京、河北、山西、内蒙古、辽宁、吉林、黑龙江、上海、江苏、浙江、安徽、福建、江西、山东、河南、湖北、广东、广西、四川、云南、陕西、甘肃、青海、新疆和西藏等地。国外繁殖于欧亚大陆的北部和北美洲等地，越冬于南美洲、非洲、阿拉伯半岛、印度、中南半岛、朝鲜、日本。灰背隼在该保护区内为冬候鸟。

估计数量：数量稀少，极少见。

驯养与保护：国内无驯养繁殖，已被列为国家Ⅱ级重点保护野生动物。

燕隼 *Falco s. subbuteo*

别　　名：青条子、蚂蚱鹰、儿隼、虫鹞

英 文 名：Eurasian Hobby

分类地位：隼形目 Falconiformes、隼科 Falconidae

濒危等级：IUCN（2012）无危（LC）、CITES（2011）附录Ⅱ

野外识别：小型猛禽，大小似鸽，外形似雨燕。上体深蓝暗色，下体色淡而具大形暗色粗斑，下腹部及尾下覆羽锈红色，覆腿羽淡红色。具黑色髭纹。

形态特征：体型较细瘦，体长约30cm。翼长，合拢时翼尖达到或超过尾尖。头部黑褐色，髭纹粗，眼后耳区也有一条黑色竖纹；上体暗褐色，尾羽褐色，具深色横斑。下体颏、喉部白色，胸腹棕白而具黑褐色纵纹。肛周、腿羽及尾下覆羽锈红色。雌鸟体形比雄鸟稍大，体羽多褐色，腿及尾下覆羽细纹较多。虹膜褐色；嘴灰色，蜡膜黄色；脚黄色。

栖息地及习性：栖息于有稀疏树木生长的开阔平原、旷野、耕地、海岸、疏林和林缘地带，有时也到村庄附近。常单或成对活动，飞行快速而敏捷，如同闪电一般，在短暂的鼓翼飞翔后又接着滑翔，并能在空中作短暂停留。停息时大多在高大的树上或电线杆的顶上。觅食大都在清晨及黄昏间，常在田边、林缘和沼泽地上空飞翔捕食，有时也到地上捕食。主要以麻雀、山雀等雀形目小鸟和蜻蜓、蟋蟀、蝗虫、天牛、金龟子等昆虫为食，偶尔捕捉蝙蝠，甚至能捕捉飞行速度极快的家燕和雨燕等。每年5～7月繁殖，营巢于疏林或林缘和田间的高大乔木树上，常常侵占乌鸦和喜鹊的巢。每窝产卵2～4枚，多数为3枚，孵卵由雌雄亲鸟轮流进行，但以雌鸟为主。孵化期为28d。

分　　布：国内大部分地区均有分布，多为夏候鸟和旅鸟，在华南沿海地区为留鸟；国外分布于欧亚大陆北部、非洲、缅甸等地。

估计数量：种群数量较少，不常见。

驯养与保护：国内无驯养繁殖，已被列为国家Ⅱ级重点保护野生动物。

猎隼 *Falco cherrug milvipes*

别　　名：猎鹰、兔鹰、鹘子

英 文 名：Saker Falcon

分类地位：隼形目 Falconiformes、隼科 Falconidae

濒危等级：中国濒危动物红皮书（鸟类）易危（V）、IUCN（2012）濒危（EN）、CITES（2011）附录Ⅱ

野外识别：大型隼类，体形粗壮，雌雄相似。成鸟上体灰褐色，羽缘浅灰，具浅褐色斑纹和深色羽干纹；头顶砖红而具褐纹，喉侧具狭窄的黑色髭纹；额、眉纹污白色，具褐色滴状或矢状斑。嘴灰蓝色，尖端近黑色；脚黄色。

形态特征：体型较大，全长约50cm。颈背偏白，头顶砖红色，具暗褐色纵纹。头部对比色少，眼下方具不明显黑色线条，眉纹白。上体大都为褐色而略具横斑，与翼尖的深褐色成对比。尾暗褐色具棕黄横斑及狭窄的白色羽端。颊、喉部白色；下体余羽白色沾棕并具暗褐色纵纹；下腹、尾下覆羽和覆腿羽白棕色，具较细的暗褐色纵纹。幼鸟上体褐色较浓，下体满布黑色纵纹。虹膜褐色；嘴灰色，蜡膜浅黄；脚浅黄，爪黑色。

栖息地及习性：栖息于低山丘陵、河谷、荒漠灌丛及山脚平原地带，常单独或成对活动，勇猛且飞行速度快。食物包括各种鸟类、小型哺乳类、蜥蜴等。繁殖期为4～6月，营巢于人迹罕至的悬崖峭壁上石缝间，或者营巢于树上，有时也利用其他鸟类的旧巢。每窝产卵3～5枚，雄鸟和雌鸟轮流孵卵，孵化期为28～30d。

分　　布：国内分布于新疆、青海、四川、甘肃、内蒙古、辽宁、西藏、河北等地，国外分布于中欧、北非、印度北部、中亚至蒙古。

估计数量：种群数量在持续下降中；在保护区内数量稀少，不常见。

驯养与保护：猎隼易于驯养，经驯养后是很好的狩猎工具，历史上就有猎手驯养猎隼。国内国际上一些不法分子非法捕捉猎隼从事走私活动，给该物种造成了较大威胁，猎隼已被列为国家 II 级重点保护动物，并已列入 CITES（2011）附录 II。建议增补为国家 I 级保护动物。在猎隼分布区，特别是西北地区进行有关栖息地、习性及种群数量调查，并加大保护的力度，严禁猎捕和非法交易活动。

勺鸡 *Pucrasia macrolopha darwini*

别　　名：角鸡、柳叶鸡、松鸡、刁鸡

英 文 名：Koklass pheasant

分类地位：鸡形目 Galliformes、雉科 Phasianidae

濒危等级：IUCN（2012）无危（LC）

野外识别：雌雄异色，雄鸟头部呈金属暗绿色，具棕褐色长形冠羽；颈部两侧有明显白色块斑；上体乌灰，杂以黑褐色纵纹；下体中央至下腹深栗色。雌鸟体色暗淡，以棕褐色为主；头不呈绿色，腹部亦无栗色，与雄鸟区别明显。幼鸟体羽似雌鸟。嘴黑色，脚和趾均暗红色。

形态特征：中型雉类，体长约 60cm。雄鸟头顶褐棕色，冠羽细长为棕色，其后有长的黑色而具亮绿色边缘的枕冠向后延伸；颈侧在耳羽下面有一白色大斑；下眼睑有一白色小斑；其余头部及颏、喉、宽阔的眼线、枕及耳羽束均为金属绿色；背部羽毛披针形，灰色，内外翈各具一黑色纵纹，末端向内弯曲，呈"V"形；飞羽暗褐色；尾羽褐灰色，具杂斑，末端白色。下体胸部栗色，越向腹部羽色越淡，杂有白纹；尾下覆羽暗栗色，近端处黑色，尾端具杂形的白色斑。雌鸟体色暗淡，以褐色为主，冠羽无长的耳羽束；腹部中央灰白色带褐色斑，余部体羽似雄鸟。虹膜褐色，嘴黑色，脚暗红色。

栖息地及习性：高山阔叶林和针阔叶混交林内的灌木、杂草丛生地带，栖息高度随季节变化而上下迁移，喜在低洼的山坡和山脚的沟缘灌木丛中活动。常单独或成对活动，秋冬季则结成家族小群，夜晚成对地在树枝上过夜。清晨及傍晚时觅食，边吃边叫，主要取食卷柏、玉米、茄类种子及果实，以及松杉和其他植物的种子和嫩叶，此外也吃少量昆虫、蜗牛等动物性食物。繁殖期为 4～7 月，在灌丛间的地面上筑巢，每窝产卵 4～9 枚。孵卵以雌鸟为主，孵化期 21～22d。

分　　布：国内分布于中部和东部地区，包括河南南部、湖北西部、四川东南部、安徽南部、浙江和福建等地。国外分布于阿富汗、印度、尼泊尔和巴基斯坦。

估计数量：目前其分布范围日趋缩小，种群数量较少，不常见。

驯养与保护：勺鸡是难以饲养的鸟类之一，国内仅少数动物园有驯养，已被列为国家 II 级重点保护野生动物。

白冠长尾雉 *Syrmaticus reevesii*

别　　名：地鸡、长尾鸡、山雉

英 文 名：Reeves's pheasant

分类地位：鸡形目 Galliformes、雉科 Phasianidae

濒危等级：中国濒危动物红皮书（鸟类）濒危（E）、IUCN（2012）易危（VU）

野外识别：雌雄鸟异色异形，雄鸟体大并具超长（长达 150cm）的带横斑尾羽。头部花

纹黑白色。雌鸟胸部具红棕色鳞状纹，尾远较雄鸟为短。虹膜褐色；嘴角质色；脚灰色。

形态特征：雄鸟头顶和颈为白色，由嘴基经眼至后颈有一黑色环；上体金黄而具黑色羽缘，呈鳞状。下体深栗色杂有白色和黑色，腹部中央及尾下覆羽黑色；尾羽具黑色和栗色并列的横斑，其边缘为棕黄色，中央两枚尾羽特别长。雌鸟上体大都为黄褐色，杂有暗褐色及白色，粗看时体色大致和雉鸡相似，但尾较长且有棕黄色头环，颏、喉及前颈亦棕黄色，下体灰褐色杂有多道栗色及淡棕色横斑，腹部及尾下覆羽棕黄色。虹膜暗褐色，眼周裸皮为鲜红色，嘴灰黄绿色，基部较暗；脚铅灰色。

栖息地及习性：栖息在海拔 300～1000m 茂密的有高大乔木的阔叶林、针叶林和混交林中。常在林上较为郁闭、林下较为空旷的林中栖息活动。杂食性，食物以植物为主，采食部分多为种子、果实、幼芽、嫩叶及块根等，亦啄食农作物，夏秋季也吃昆虫。每年 4～6 月繁殖，在地面扒坑产卵，每窝产卵 8～10 枚，由雌鸟孵卵。从 5 月中旬开始，雏鸟开始出现并由雌鸟带领在林中活动；在大别山区，每年霜降前后开始集群，多见 3～8 只小群活动；至春分后，雉群解体，开始分散活动，雄鸟出现占区现象。

分　　布：白冠长尾雉为我国特种，分布于我国中部山地，其分布区分成西部、东部两片。西部片范围较大，自秦岭、大巴山、乌蒙山、苗岭以至武陵山，地处北纬 25°50′～34°和东经 103°44′～111°；东部片范围较小，主要限于鄂东、豫东南和皖西南一带的大别山区，位于北纬 30°20′～32°25′和东经 114°～117°，两片分布区包括甘肃、陕西、四川、贵州、云南、湖南、湖北及安徽、河南共 9 个省，与历史上的分布范围（郑作新，1963）相比较，在河北和山西已经绝迹，分布的北界已向南退缩，并且从西向东，分布区在中间出现了较大的隔离地带。在保护区内为留鸟，常见于山地森林、沟谷农田、灌丛地带及村庄附近。

估计数量：较常见。过去此鸟曾广泛分布于我国的山西、河北、河南、安徽、湖北、湖南、甘肃、陕西及西南、华南各省、市、自治区。在近 50 年中由于栖息地的丧失、非法狩猎及农民种地下药等原因，其分布范围日趋狭窄，个别分布地区内已灭绝。现主要分布于大别山区、神农架和秦岭山区一带，种群数量在急剧下降。

驯养与保护：国内多家动物园如成都、重庆、大连、济南、苏州、宁波动物园等均有饲养，合肥、北京、上海、天津动物园已能成功繁殖。董寨鸟类国家级自然保护区自 20 世纪 90 年代开始人工驯养繁殖并获得成功。2012 年罗山县被中国野生动物保护协会授予"中国白冠长尾雉之乡"称号。白冠长尾雉已列为国家 II 级重点保护野生动物。

白鹤 *Grus leucogeranus*

别　　名：西伯利亚鹤、黑袖鹤

英 文 名：Siberian White Crane

分类地位：鹤形目 Gruiformes、鹤科 Gruidae

濒危等级：中国濒危动物红皮书（鸟类）濒危（E）、IUCN（2012）极危（CR）、CITES（2011）附录 I

野外识别：大型涉禽，全长约 130cm。雌雄羽色相同，但雌鹤略小。成鸟头前半部为红色裸皮，嘴、脚红色，除初级飞羽黑色外，全体洁白色，站立时其黑色初级飞羽不易看见，仅飞翔时黑色翅端明显。虹膜黄色。幼鸟头、颈黄色，背腹部呈黄色和白色的斑纹，越冬后的亚成体除颈、肩部尚存有黄色绒羽外，其余羽色类似成体。

形态特征：成鸟雌雄两性相似，雌鹤略小。自嘴基、额至头顶及两颊皮肤裸露，呈砖红色，并生有稀疏的短毛。体羽白色，初级飞羽黑色，次级飞羽和三级飞羽白色。三级飞羽延长，覆盖于尾上，通常在站立时遮住黑色的初级飞羽，故外观全体为白色，但飞翔时可以看见黑色的初级飞羽。幼鸟的额和面部无裸露部分，有稠密的锈黄色羽毛；头、颈及上背棕黄色，翅上也有棕黄色但初级飞羽黑色。从秋天到第二年春天，幼鸟头、颈、体和尾覆羽白色羽毛逐渐增加，越冬后的亚成体除颈、肩尚留有黄色羽毛之外，其余部分的羽毛已换成白色，与成体相似。虹膜黄白色（成鸟）或土黄色（幼鸟），嘴和脚肉红色（成鸟及 3 龄以上的幼鸟）或暗灰色（3 龄之前的幼鸟）。

栖息地及习性：白鹤对栖息地要求严格，对浅水湿地的依恋性很强。在繁殖地为杂食性，包括植物的根、地下茎、芽、种子、浆果及昆虫、鱼、蛙、鼠类等。当有雪覆盖，植物性食物难以得到时，主要以旅鼠和鼩等动物为食；当 5 月中旬气温低于 0℃时，白鹤主要吃蔓越橘；当湿地化冻后，它们吃芦苇块茎、蜻蜓稚虫和小鱼；在营巢季节主要吃植物，有藜芦的白鹤根，岩高兰的种子，木贼的芽和花蔺的根、茎等。在南迁途中，白鹤在内蒙古大兴安岭林区的苔原沼泽地觅食水麦冬、泽泻、黑三棱等植物的嫩根及青蛙、小鱼等。在越冬地鄱阳湖，主要挖掘水下泥中的苦草、马来眼子菜、野荸荠、水蓼等水生植物的地下茎和根为食，其次也吃少量的蚌肉、小鱼、小螺和沙砾。白鹤是单配制，繁殖期为 5～7 月，营巢建于开阔沼泽的岸边，或浅水围绕的有草的土墩上，每窝产卵 2 枚，雌雄鹤轮流孵卵，但以雌鹤为主，孵化期约 27d，一般只有 1 只幼鹤能活到可以飞翔。

分　　布：国内主要分布于东北至长江中下游地区，国外分布于俄罗斯、蒙古、伊朗和印度。

估计数量：种群数量稀少，极少见到。

驯养与保护：北京、齐齐哈尔、哈尔滨、长春、徐州、合肥、南京、宁波、杭州、南昌、长沙等动物园都有饲养展出，已被列为国家 I 级重点保护动物。建议在鄱阳湖自然保护区采取建造水闸控制水位的措施，并扩大保护区面积、减少地方水利项目的副作用、严禁在保护区毒鱼毒鸭和猎捕水禽；对迁徙停歇地的湿地生态环境也要采取措施加以保护。

黑尾塍鹬 *Limosa limosa melanuroides*

别　　名：黑尾鹬、塍鹬

英 文 名：Black-tailed Godwit

分类地位：鸻形目 Charadriiformes、鹬科 Scolopacidae

濒危等级：中国濒危动物红皮书（鸟类）未定（I）、IUCN（2012）近危（NT）

野外识别：中型涉禽，嘴、腿、颈均较长。嘴直而长，基部肉红色，端部黑色。夏羽头、颈和上胸栗棕色，眉纹白色，贯眼纹黑色。腹白色，胸和两胁具黑褐色横斑。尾羽白色具宽阔的黑色端斑。冬羽上体灰褐色，下体灰色，头、颈、胸淡褐色。

形态特征：中等体型，体长 36～44cm。夏羽头栗色，具暗色细条纹，眉纹乳白色到眼后变为栗色，眼先黑褐色，贯眼纹黑褐色细窄而长，一直延伸到眼后；后颈栗色具黑褐色细条纹。肩、上背和三级飞羽黑褐色杂有棕黄色和浅栗色斑。两翼覆羽灰褐色，羽缘灰白，初级飞羽黑褐色，羽轴白色。内侧初级飞羽外翈具宽阔的白色基部，次级飞羽几全白色，仅末端黑色，在翅上形成宽阔的白色翅斑。腰和尾上覆羽白色，尾羽白色具宽阔的黑色端斑。颈白色，喉、前颈和胸棕栗色，胸部多具黑褐色斑。上腹白色具栗色斑点和褐色横斑，其余下体包括翅下覆羽和腋羽白色。冬羽和夏羽基本相似，但上体呈灰褐色，翼上覆羽具白色羽缘，眉纹白色，前颈和胸灰色，其余下体白色，两胁缀有灰色斑点。幼鸟似成鸟冬羽，但头顶具肉桂色和褐色纵纹，颈和胸淡棕色，肩和翼上覆羽暗灰褐色，背、肩具暗栗色羽缘。虹膜暗褐色；嘴形直而长，淡橙红色，端部黑色；腿细长，黑灰色或蓝灰色。

栖息地及习性：栖息于平原草地和森林平原地带的沼泽、湿地、湖边和附近的草地与低湿地上，繁殖期和冬季则主要栖息于沿海海滨、泥地平原、河口沙洲及附近的农田和沼泽地带，有时也到内陆淡水和盐水湖泊湿地活动和觅食。单独或成小群活动，冬季偶尔也集成大群。常在水边泥地或沼泽湿地上边走边觅食，也不断地将长长的嘴插入泥中探觅食物。主要以水生和陆生昆虫、昆虫幼虫、甲壳类和软体动物为食。繁殖期 5～7 月。常成数只的小群在一起营巢，通常营巢于水域附近开阔的稀疏草地上，或在草丛与灌木间营巢，也营巢于沼泽湿地中的土丘上。每窝产卵通常 4 枚，雌雄轮流孵卵，孵化期 24d。

分　　布：国内繁殖于新疆西部天山、内蒙古东北部和吉林省西部；迁徙于我国黑龙江、吉林、辽宁、河北，西达甘肃、青海、西藏、云南，南达香港、台湾和海南岛；部分留在云南、香港、台湾和海南越冬。国外繁殖于欧亚大陆北部；越冬于马来西亚、缅甸、印度、巴基斯坦、尼泊尔、斯里兰卡等国。

估计数量：种群数量较少，全球性近危，不常见。

驯养与保护：国内无驯养繁殖，已被列为国家 II 级重点保护野生动物。

斑尾鹃鸠 *Macropygia unchall minor*

别　　名：花斑咖迫

英 文 名：Barred Cuckoo-Dove

分类地位：鸽形目 Columbiformes、鸠鸽科 Columbidae

濒危等级：中国濒危动物红皮书（鸟类）稀有（R）、IUCN（2012）无危（LC）

野外识别：中型鸟类，上体大都黑褐色而具栗色细横斑；尾较长，凸尾形，尾羽同体羽一样具黑色和栗色横斑。前额、眼先及喉皮黄色，头顶、后颈和颈侧金属绿色。上胸红铜色，腹棕白色；下体棕黄色。嘴黑色，脚紫红色。

形态特征：斑尾鹃鸠体长约 37cm。雄性成鸟前额和头侧呈沾灰的粉红色，头顶、后颈至上背呈红铜色，并具亮蓝绿色金属光泽；背和翅上覆羽及中央尾羽表面满布栗色细横斑；飞羽纯黑褐色；颊、喉淡皮黄色；胸部亦呈红铜色，并散布少许黑色横纹；腹部至尾下覆羽呈棕色；外侧尾羽暗灰色而具黑色次端斑。雌鸟上体无亮绿色，头顶与胸均具黑褐色细横斑，余部与雄鸟相似。虹膜蓝色，外圈粉红色；嘴黑色，跗蹠和趾均紫红色，爪角褐色。与其他鸠鸽类的区别是背上横斑较密，尾呈凸尾形而较翅长，尾羽具细横斑。

栖息地及习性：栖息于低山树木中。通常成对，偶尔单个活动。行动从容，不甚怕人，见人后并不立刻飞走，总要停留对视片刻才起飞。食物大都为野果，主要为浆果和无花果，兼食稻谷，草籽等，多见在林缘耕作地中觅食。繁殖期 5～8 月，巢营于树上或灌丛间，以细枝条搭成浅盘状；每窝产卵 1～2 枚，雌雄鸟共同孵卵育雏。

分　　布：国内分布于四川西部（夏候鸟）、云南西部和南部、福建西北部、广东及海南（留鸟）。国外分布于缅甸北部、越南、老挝、柬埔寨、马来西亚、苏门答腊和爪哇等地。

估计数量：数量稀少，仅偶尔见到。

驯养与保护：国内无驯养繁殖，已被列为国家 II 级重点保护野生动物。

褐翅鸦鹃 *Centropus s. sinensis*

别　　名：大毛鸡、毛鸡、红毛鸡、黄蜂、乌鸦雉

英 文 名：Greater Coucal

分类地位：鹃形目 Cuculiformes、杜鹃科 Cuculidae

　　濒危等级：IUCN（2012）无危（LC）

　　野外识别：体形略大于家鸽，通体羽毛黑褐色，隐约杂有浅色横斑；背、两翼栗红色；下体灰黑色，具蓝紫色光泽；尾上覆羽及尾羽横斑显著；嘴、脚黑色。

　　形态特征：中型鸟类，全长 40～52cm。成鸟雌雄羽色很相似，除两翅及肩、肩内侧为栗色外，通体包括翼下覆羽均黑色，头至胸有紫蓝色亮辉及亮黑色的羽轴纹，胸至腹或有绿色光泽；尾羽具铜绿色反光，初级飞羽及外侧次级飞羽具暗晦色羽端。冬季上体羽干淡色，下体具横斑，很似幼鸟，但尾羽无横斑。嘴黑色，较粗厚。幼鸟上体布以暗褐色和红褐色横斑，羽轴灰白色；腰部杂以黑褐色、污白色至棕色横斑；尾部具一系列苍灰或灰棕色横斑；下体暗褐色，具狭形苍白色横斑。随着幼体的成长，整体黑色比例增大，横斑减小。离巢前的幼鸟翅上亦满布淡棕白色横斑。虹膜赤红色（成鸟）或灰蓝至暗褐色（幼鸟），嘴、脚均黑色。

　　栖息地及习性：褐翅鸦鹃主要栖息于 1000m 以下的低山丘陵和平原地区的林缘灌丛、稀树草坡、河谷灌丛、草丛和芦苇丛中，也出现于靠近水源的村边灌丛和竹丛等地方，但很少出现在开阔的地带。多在地面活动，栖息时也会到矮树桠上，早上和黄昏常见在芦苇顶上晒太阳。单个或成对活动，不结群。善走而拙于飞行，但逃避危险时或以极快速度奔入地上草丛或灌丛中（多见于繁殖期），或飞离数十米远又落于矮树上（多见于越冬期）。常成对隐蔽着鸣叫，尤以早晨和傍晚鸣叫频繁。食性较杂，食物主要为小型动物，包括昆虫、蚯蚓、甲壳类、软体动物、蜥蜴、蛇、田鼠、鸟卵、雏鸟等，有时还吃一些杂草种子和果实等植物性食物。此鸟食物中害虫和害兽所占的比例很大，对农林有益。繁殖期为 4～9 月，筑巢于草丛或灌木丛中，每窝产卵 3～5 枚，由雄鸟和雌鸟轮流孵卵。

　　分　　布：国内分布于河南、四川、贵州南部、安徽、浙江、福建、广东、广西、香港、澳门等地，国外分布于自喜马拉雅南麓至印度中部。

　　估计数量：数量稀少，极少见。褐翅鸦鹃俗称"大毛鸡"，为中外驰名药酒"毛鸡酒"的原料，用其全鸟浸泡而成的毛鸡酒据说有祛风、驱风湿、治手脚麻痹及归女产后活血补身的功效。由于有较高的药用价值而被大肆捕杀，现已濒临绝种。

　　驯养与保护：无驯养繁殖，已被列为国家Ⅱ级重点保护野生动物。

小鸦鹃 *Centropus bengalensis lignator*

　　别　　名：小毛鸡、小黄蜂、小鸦雉、小雉喀咕

　　英 文 名：Lesser Coucal

　　分类地位：鹃形目 Cuculiformes、杜鹃科 Cuculidae

　　濒危等级：中国濒危动物红皮书（鸟类）易危（V）、IUCN（2012）无危（LC）

　　野外识别：外貌似褐翅鸦鹃，但体较小，全身被羽大都黑色，两翼和尾栗色；翼下覆羽为红褐色或栗色；冬季头至背部覆羽有淡色羽干纹。

　　形态特征：中型鸟类，全长约 35cm。成鸟头、颈、上背及下体黑色，具深蓝色亮辉，有时微具暗棕色横斑或狭形近白色羽端斑点；下背及尾上覆羽淡黑色，具蓝色光泽；尾羽黑色，具绿色金属光泽和窄的白色尖端。肩羽及两翅呈栗色，翅端及内侧次级飞羽较暗褐，显露出淡栗色的羽干。幼鸟头、颈及上背暗褐色，各羽具白色的羽干和棕色的羽缘；腰至尾上覆羽为棕色和黑色横斑相间状；尾淡黑色而具棕色羽端，中央尾羽更有棕白色横斑；下体淡棕白色，羽干色更淡，胸、胁较暗色，后者具暗褐色横斑；两翅羽色同成鸟，但翼下覆羽淡栗色，且杂以暗色细斑。雏鸟上体棕栗色，头、颈具黑色条纹，背、翅和尾具淡黑色横斑；

喉、前颈杂有斑点；胁具粗阔的横斑。虹膜深红色（幼鸟呈黄褐到淡苍褐色）；嘴黑色（幼鸟嘴角黄色，嘴基及尖端较黑）；脚铅黑色。

栖息地及习性：栖息于低山丘陵和开阔山脚平原地带的灌丛、草丛、次生林中，偶见于村落附近。善于在地面上行走；翅短圆，不善高飞。性机警，遇惊即潜入草灌丛中，平时多单独在草灌丛中觅食，极少到空旷或无隐蔽物的地方活动。食物主要为蝗虫、蝼蛄、金龟甲、椿象、白蚁、螳螂、蠡斯等昆虫和其他小型动物，也吃少量植物果实与种子。繁殖期为3~8月，筑巢于草丛或灌木丛中，每窝产卵4~5枚。

分　　布：国内分布于云南西北部至南部西双版纳，贵州西南部，广西，广东和海南，安徽南部、中部，河南南部，福建及台湾等地，均为留鸟。国外南至印度以至印度尼西亚。

估计数量：数量稀少，列为中国濒危动物红皮书（鸟类）易危（V）物种。

驯养与保护：国内无驯养繁殖，已被列为国家Ⅱ级重点保护野生动物。小鸦鹃俗称"小毛鸡"，是制作药酒"毛鸡酒"的原料之一，因常遭捕杀而数量稀少，应加强保护。

领角鸮 *Otus lettian erythrocampe*

别　　名：毛脚俳鹠、光足俳鹠

英 文 名：Collared Scops Owl

分类地位：鸮形目 Strigiformes、鸱鸮科 Strigidae

濒危等级：IUCN（2012）无危（LC）、CITES（2011）附录Ⅱ

野外识别：体形较小，羽冠或羽簇发达，面盘不显著；浅灰色羽毛在后颈基部形成一个不完整的半领圈，易于与其他鸮类区别；上体羽毛灰褐色或沙褐色，并多具黑色及皮黄色的杂纹或斑块；前额及眉纹浅皮黄色或近白色；下体羽色灰白，具黑色条纹。尾末端成圆形，跗蹠完全被羽。虹膜深褐色；喙角色；脚污黄色。

形态特征：小型鸮类，体长约24cm，雌雄两性羽色相似。成鸟上体及两翅表面大都为灰褐色，各羽中部均有黑褐色羽干纹，羽片满布黑褐色虫蠹状细斑，并杂有大形灰白色斑点，这些斑点在后颈处特别大和多，因而形成一个不完整的半领，肩羽及翅上外侧覆羽的端部有浅棕色或白色的大型斑点；初级飞羽大部暗灰褐色，外杂以宽阔棕白色横斑；尾羽与背部同色，并横贯以六道棕色而杂以黑点的横斑；额和面盘白色，稍缀以黑褐色细点；两眼前缘黑褐，眼上方羽毛白色，眼端刚毛白色而具黑棕白色而杂以小黑点并与头顶两侧的灰白色连接成一环状斑。颏和喉白色，上喉有一圈皱领，微沾棕色，各羽纵贯黑纹，两侧分出较细的横斑；下体全部灰白色，满杂以粗著的黑褐色羽干纹及浅棕色的波状横斑；尾下覆羽纯白色；覆腿羽白，稍具褐斑，趾部披羽。虹膜黄色；喙角色沾绿，先端较暗，爪角黄色，先端较暗。

栖息地及习性：栖息于低山林缘、山坡地、多树木的平地和村落附近。除繁殖期成对活动外，通常单独活动。领角鸮是夜行性鸟类，白天常常躲藏于具浓密枝叶的树冠上，或其他阴暗的地方歇息，难以见到；而自黄昏直到黎明前能经常不断听到鸣叫声，是它们经常活动的时刻。领角鸮主要以鼠类、甲虫、蝗虫、鞘翅目昆虫为食，也捕食一些小鸟。繁殖期为3~6月。通常营巢于天然树洞内，或利用啄木鸟废弃的旧树洞，偶尔也见利用喜鹊的旧巢。每窝产卵2~6枚，多为3~4枚，由雌雄亲鸟轮流孵卵。

分　　布：国内分布于黑龙江、吉林、辽宁、河北、山东、陕西、河南、江苏、江西、安徽、福建、广东、广西、云南、贵州、四川、台湾和海南。国外分布于俄罗斯远东、日本、菲律宾、中南半岛、缅甸、泰国、印度、斯里兰卡、马来西亚和印度尼西亚等国家。

估计数量： 数量稀少，不常见。

驯养与保护： 国内无驯养繁殖，已列为国家Ⅱ级重点保护野生动物。领角鸮主要取食鼠类和昆虫，对农林有益，应加以保护。

红角鸮 Otus sunia stictonotus

别　　名： 夜猫子、聒聒鸟子

英 文 名： Oriental Scops Owl

分类地位： 鸮形目 Strigiformes、鸱鸮科 Strigidae

濒危等级： IUCN（2012）无危（LC）、CITES（2011）附录Ⅱ

野外识别： 小型鸮类，全身大都灰褐色，胸满布黑色条纹；头上有耳簇羽，竖起时十分显著；两腿被羽到趾基。虹膜橙黄色；嘴角质灰色；脚偏灰。

形态特征： 体形较小，体长约19cm。雌雄两性羽色相似，成鸟上体包括两翅及尾的表面灰褐色，满布黑褐色虫蠹状细斑，头顶至背部杂以棕白色斑点；头上耳簇羽较长，羽基棕色而羽端与头顶羽色相同；外侧肩羽的外翈有大型棕白色斑，羽端黑褐；翼上外侧覆羽外翈端部亦有棕白色斑；飞羽除最外侧的外，均为黑褐色，外翈有棕白色斑，各羽相迭时，形成横斑状，翼缘棕白色；尾羽与背部同色，有不完整的棕色横斑；面盘灰褐色，密杂以纤细黑色斑纹，面盘四周围以不明显的淡棕褐色翎领；眼先白色，羽端部黑色；颏棕白色，下体余部灰白，密杂以暗褐色纤细横斑和黑褐色较粗的羽干纹，并缀以栗棕色，在腹部白色较多；尾下覆羽白，各羽有一棕色块斑，羽端并杂以褐色细斑；覆腿羽淡棕而密杂以褐斑；腋羽和翼下覆羽棕白色。虹膜黄色、嘴暗绿色，下嘴先端近黄色；趾肉灰色，爪暗角色。

栖息地及习性： 常栖息在靠近水源的河谷森林里，特别喜欢在阔叶树上栖息，白天潜伏林中，匿藏在枝叶茂密处，不甚活动，也不鸣叫，直到夜间才出来活动，从一棵树飞到另一棵树上，飞行迅速有力。红角鸮嗜吃昆虫，食物以小型啮齿动物、昆虫及其他无脊椎动物为主，两栖、爬行等类动物为次。5～8月繁殖，营巢于干枯树洞、林间峭壁缝隙、人工巢箱中，巢材多为苔草和苔藓。性机警，稍遇惊扰即弃巢而去。每窝产卵2～5枚，孵卵期约22d，育雏期25d左右。

分　　布： 国内分布于内蒙古、东北三省、河北、山西（夏候鸟，1993年）、陕西、河南、江苏、四川及重庆。国外在东半球见于朝鲜半岛、西伯利亚、东南亚及菲律宾。

估计数量： 数量稀少，常见留鸟。

驯养与保护： 国内无驯养繁殖，已列为国家Ⅱ级重点保护野生动物。红角鸮主要吃昆虫，如蝗虫、蛾类等，对农林有益，应加以保护。

雕鸮 Bubo bubo kiautschensis

别　　名： 猫头鹰、夜猫子、大猫王、老兔

英 文 名： Eurasian Eagle-owl

分类地位： 鸮形目 Strigiformes、鸱鸮科 Strigidae

濒危等级： IUCN（2012）无危（LC）、CITES（2011）附录Ⅱ

野外识别： 大型鸮类，头部有显著的面盘，为淡棕黄色。眼的上方有黑斑，颈部有黑褐色的皱领，耳羽发达、突出于头顶两侧。体羽主要为黄褐色，有黑色斑点和纵纹。

形态特征： 雕鸮是中国鸮类中体形最大的，体长56～89cm。成鸟面盘显著，为淡棕黄色，杂以褐色的细斑。眼先和眼的前缘密披白色，但各羽均具黑端；眼的上方有一大形黑斑；面盘余部淡棕白色，各羽均满杂以褐色细斑；皱领棕而端部缀黑，下达至喉，仍呈棕色

而具黑色羽干纹；头顶黑褐色，各羽具棕白色羽缘，并杂以黑色波状细斑；耳羽特别发达，显著突出于头顶两侧，外侧呈黑色，内侧为棕色。后颈和上背棕色，各羽中央贯以黑褐色粗著羽干纹，羽端两侧并缀以黑褐色细横斑；肩、下背及三级飞羽呈砂灰色，并杂以棕色和黑褐色斑，各羽的羽干纹亦黑褐色，末端扩大成块斑状，腰和尾上覆羽淡棕，而密缀以黑褐色细斑；中央尾羽暗褐而具不规则的 6 道棕色横斑，外侧尾羽转为棕色而具暗褐色横斑，棕色部分并有褐色细点，呈云石状。喉部除皱领外为白色，胸以下均棕色，胸部和两胁具有浅黑色的纵纹，上腹及胁部具有细小的黑色横斑，下腹中央几纯棕色。虹膜金黄色或橙色。脚和趾均密被羽，为铅灰黑色。嘴和爪均暗铅色而具黑端。

栖息地及习性：栖息于山地森林、平原、荒野、林缘灌丛、疏林，以及裸露的高山和峭壁等各类生境中。通常远离人群，活动在人迹罕到的偏僻之地。除繁殖期外常单独活动。属夜行性鸟类，白天一般在密林中栖息，缩颈闭目，一动不动，但它的听觉灵敏，稍有惊动，立即伸颈张目，在原处转动一二周，以观察情况，并随时准备飞走。飞行慢而无声，通常贴地低空飞行。黄昏时从栖地飞出觅食，拂晓后即返回栖息地。在雕鸮的栖息地中，通常均可见到它的粗长、外缘粗糙的食物残块。雕鸮主要以各种鼠类为食，也吃兔类、蛙、刺猬、昆虫、雉鸡和其他鸟类。其繁殖期随分布地不同而不同，东北地区繁殖期为 4～7 月，在四川繁殖期从 12 月开始。通常营巢于树洞、悬崖峭壁下的凹处或直接产卵于附近有浓丛树灌丛隐蔽而干燥的地上，由雌鸟用爪刨一小坑即成，巢内无任何内垫物，产卵后则垫以稀疏的绒羽。每窝产卵 2～5 枚，多为 3 枚。孵卵完全由雌鸟担任，孵化期 35d。

分　　布：国内广泛分布于全国各地。国外遍布于大部欧亚地区和非洲，从斯堪的纳维亚半岛，一直向东穿过西伯利亚到萨哈林岛和千岛群岛，往南一直到亚洲南部的伊朗、印度和缅甸北部，非洲从撒哈拉大沙漠南缘到阿拉伯半岛。

估计数量：数量稀少，不常见。

驯养与保护：国内无驯养繁殖。雕鸮是珍稀的大型猛禽，嗜食鼠类，对农业有益，已被列为国家 II 级重点保护野生动物。

领鸺鹠 *Glaucidium b. brodiei*

别　　名：衣领小鸮、鸺鹠

英 文 名：Collard Owlet

分类地位：鸮形目 Strigiformes、鸱鸮科 Strigidae

濒危等级：IUCN（2012）无危（LC）、CITES（2011）附录 II

野外识别：我国最小的鸮类。面盘不显著，无耳簇羽。上体灰褐色而具浅橙黄色横斑，后颈有浅黄色半领，两侧各有一黑斑；下体白色，喉部有一栗色斑，两胁有宽阔的棕褐色纵纹和横斑。

形态特征：小型鸮类，体长 14～16cm。成鸟上体灰褐色，各处都有狭长的浅橙黄色横斑；头部较背部显灰色，在前额、头顶及它的两侧有细小的白色斑点；后颈有由基部黑色、端部棕黄色或白色的羽毛，形成一道显著的领圈，在它的两侧各有一块黑斑；肩羽外翈有较大的白色斑点，形成两道相当明显的白色肩斑；其余上体包括覆羽和内侧次级飞羽暗褐色，具棕色横斑；飞羽黑褐，除第一枚初级飞羽外，外翈有红棕色斑点，内翈基部有白色斑，到次级飞羽，这些斑纹较大，最内侧飞羽则成横斑状；尾上覆羽褐，有白色横斑及点斑，尾羽暗褐色，有六道浅黄白色横斑及一道羽端斑、眼先及眉纹白色，前者羽干先端呈黑色须状羽，耳羽暗褐而有白色斑纹及斑点；颊白色，向后伸延到耳羽后方；颏及前额白色，被一道有细小横纹的暗褐色块斑隔开；其余下体白色，体侧有大形褐色末端斑，胸的两侧及胁羽毛有点似背部，尾下覆羽白，先端有褐色斑点；覆腿羽褐，有少量白色细小横斑。虹膜鲜黄色；嘴浅黄绿色；趾黄绿色，爪角褐。

栖息地及习性：栖息于山地森林和林缘灌丛地带。除繁殖期外均单独活动。活动主要在白天，中午也能在阳光下自由地飞翔和觅食。飞行时常急剧地拍打翅膀作鼓翼飞翔，然后再作一段滑翔，交替进行。黄昏时活动也比较频繁，晚上喜欢鸣叫，几乎整夜不停。主要以昆虫和鼠类为食，也吃小鸟和其他小型动物。休息时多栖息于高大的乔木上，并常常左右摆动尾羽。国内尚无繁殖报道，国外在喜马拉雅山西北部和印度北部阿萨姆邦，繁殖期为 3～7月，但多数在 4～5 月产卵。通常营巢于树洞和天然洞穴中，也利用啄木鸟的巢。每窝产卵2～6 枚，多为 4 枚。在印度于 3～6 月繁殖，在天然洞穴，或强占拟啄木或啄木鸟的巢产卵，每窝产卵 3～5 枚。

分　　布：国内见于甘肃南部、陕西南部、河南、江苏、安徽、江西、湖南、福建、台湾、广东、广西、四川、贵州及云南（留鸟）。国外分布于印度北部及缅甸、马来半岛、泰国、中南半岛。

估计数量：数量稀少，不常见。

驯养与保护：国内无驯养繁殖，已被列为国家Ⅱ级重点保护野生动物。

斑头鸺鹠 *Glaucidium cuculoides whitelyi*

别　　名：猫头鹰、横纹小鸮、猫王鸟

英 文 名：Asian Barred Owlet

分类地位：鸮形目 Strigiformes、鸱鸮科 Strigidae

濒危等级：IUCN（2012）无危（LC）、CITES（2011）附录Ⅱ

野外识别：小型鸟类，但却是我国鸺鹠类中体形最大的，体较领鸺鹠稍大。面盘不明显，头侧无耳簇羽。头、胸和整个背面几乎均为暗褐色，头部和全身的羽毛均具有细的白色横斑，腹部白色，下腹部和肛周具有宽阔的褐色纵纹，喉部有一显著的白色块斑。

形态特征：体型小，无耳羽簇，全长 20～26cm。成鸟上体，头和颈的两侧及翅的表面暗褐色，密布以狭细的棕白色横斑，此横斑在头顶部特细小和密；眼上有短狭的白色眉纹；有些肩羽和大覆羽的外翈有大白斑；飞羽黑褐色，外翈缀以三角形棕色以至棕白色缘斑，内翈有同色横斑；三级飞羽的内外翈均具横斑，与背部一样；尾羽亦黑褐色，有六道明显白色横斑和羽端斑；颏、颚线及喉部的斑块白色，喉上部中央块斑暗褐，并杂以棕白色细小横斑；上腹和两胁与喉部块斑同色，下腹白而有稀疏的褐色粗纹；尾下覆羽纯白色，覆腿羽白而杂以褐斑；腋羽纯白色。幼鸟体色较成鸟棕褐色，上体不具横斑而满布污白色小斑点；后颈有少量三角形白色斑点；下体斑纹也不显著；全体还有白色丝状绒羽分布。虹膜黄色；嘴峰黄绿，基部较暗；蜡膜暗褐色，趾暗黄绿而具棘状硬羽，爪近黑色。

栖息地及习性：栖息于从平原、低山丘陵到中山地带的阔叶林、混交林、次生林和林缘灌丛，也出现于村寨和农田附近的疏林和树上。大多单独或成对活动。既能在白天飞翔和觅食，也能在晚上活动。主要以蝗虫、甲虫、螳螂、蝉、蟋蟀、蚂蚁、蜻蜓、毛虫等各种昆虫和幼虫为食，也吃鼠类、小鸟、蚯蚓、蛙和蜥蜴等动物。繁殖期为 3～6 月。通常营巢于树洞或天然洞穴中，每窝产卵 3～5 枚，多为 4 枚，由雌鸟孵卵，孵化期为 28～29d。

分　　布：国内分布于南方各省，从甘肃南部到陕西南部、河南、江苏、浙江、安徽、湖北、江西、湖南、福建、广东、广西、四川、贵州、云南西北部。国外分布于越南北部。

估计数量：数量稀少，不常见。

驯养与保护：国内无驯养繁殖，已被列为国家Ⅱ级重点保护野生动物。

纵纹腹小鸮 *Athene noctua plumipes*

别　　名：小猫头鹰、小鸮、北方猫王鸟、东方小鸮

英 文 名：Little Owl

分类地位：鸮形目 Strigiformes、鸱鸮科 Strigidae

濒危等级：IUCN（2012）无危（LC）、CITES（2011）附录Ⅱ

野外识别：体形较小，无明显的面盘或皱翎，亦无耳簇羽。上体沙褐色或灰褐色，散缀以白色斑点；头扁而小，无耳簇，面盘不甚发达，有淡色眉纹，并在前额连接。下体棕白色而有褐色纵纹，腹部中央至肛周及覆腿羽白色。两性相似。

形态特征：小型鸮类，体长约23cm，面盘和领翎不显著，无耳羽簇。成鸟上体一般为暗沙褐色，头部略暗，有浅黄白色羽轴纹，先端膨大成水滴状，其余各羽具圆形棕白色斑，在后颈及上背处斑点较大，形成不甚明显的"V"形领斑；羽上覆羽似背，具白斑，中覆羽及大覆羽为较大卵圆形白斑；飞羽褐色，外翈具棕白色斑，内翈为大形白色圆斑及灰白色羽端斑；尾上覆羽淡黄褐色，基部白，尾羽暗沙褐色，有5道棕白色横斑及灰黄白色端斑；眼先白色，有黑色羽干线，形成须状，眼的上方白色，形成两道眉纹，并向前额连结成"V"形，耳羽皮黄褐色，有白色羽轴纹，眼周、颏和喉白色，形成一个三角形块斑，伸向耳羽下方；前颈下面白色，从喉部被一道有白色斑点的褐色横带所分隔；下体余部棕白色，胸和上胁具粗著的褐色纵纹，在下胁、腹部中央、肛区及尾下覆羽为纯棕白色；翅下覆羽纯白；跗蹠和趾均披棕白色羽毛。虹膜黄色；嘴黄绿；爪黑褐色。

栖息地及习性：多栖息于低山丘陵和平原森林的较开阔的林缘地带，也常在农田、村落附近的大树上、电线杆的顶端栖息。白天和黄昏时活动，飞行迅速，主要通过等待和快速追击来捕获猎物。在追捕猎物的时候，不仅同其他猛禽一样从空中袭击，而且还会利用一双善于奔跑的双腿去追击。食物以长尾仓鼠（*Cricetulus longicaudatus*）、黑线仓鼠（*Cricetulus barabensis*）、大林姬鼠（*Apodemus speciosus*）、黑线姬鼠（*Apodemus agrarius*）、小家鼠（*Mus musculus*）等农林害鼠和鞘翅目昆虫为主，也吃小鸟、蜥蜴、蛙等小型动物。繁殖期为每年的3～7月，营巢于树洞或废弃的建筑物上的墙洞中，也在河岸或岩壁洞中营巢。每窝产卵3～5枚，雌雄鸟轮换孵卵，孵化期为21～22d。

分　　布：纵纹腹小鸮在各地均为留鸟，国内分布于黑龙江、辽宁、内蒙古、宁夏、河北、山西、陕西南部、河南、江苏、贵州等地。国外见于苏联外贝加尔湖地区的西南部、阿尔泰山、蒙古、朝鲜。

估计数量：数量稀少，不常见。

驯养与保护：国内无驯养繁殖，已被列为国家Ⅱ级重点保护野生动物。

鹰鸮 *Ninox scutulata burmanica*

别　　名：褐鹰鸮、酱色鹰鸮、青叶鸮、乌猫王、鹞形猫王

英 文 名：Brown Hawk Owl

分类地位：鸮形目 Strigiformes、鸱鸮科 Strigidae

濒危等级：IUCN（2012）无危（LC）、CITES（2011）附录Ⅱ

野外识别：中型鸮类，无面盘和领翎，外形似鹰。两性羽色相似，上体暗棕褐色，有近似白色的前额，肩部附近有不规则的白色块斑，喉及前颈皮黄色而有褐色条纹，其余下体白

色，有大形水滴状红褐色点斑，并形成不完整的横斑，尾羽有黑色横斑及白色羽端斑。

形态特征： 中等体型，全长约 30cm。外形似鹰，没有显著的面盘和翎领，雌雄羽色相似。成鸟额底、眼先、下嘴基部、颏等均白，眼先缀以黑羽；上体全部浓棕褐色，头顶与头侧均较暗，肩羽和两翼表面均似背部，但肩羽的先端缀以白色斑点，翅上的三级飞羽有白色横斑，但均被其他纯褐羽毛掩盖着；大覆羽外缘渲染棕色；外侧初级飞羽除第一枚外，端部外缘微缀以棕褐色，内翈却具较暗浓的褐色横斑；内侧初级飞羽和次级飞羽的内翈均杂以白色或棕白色横斑；翼缘白色；尾淡褐色，具 5 道黑褐色带状横斑，羽端缀白；喉白而具褐色细纹；胸、腹及胁部为浓褐色，各羽两侧均白，致使下体全部成为白色而具褐斑，有时白色中亦会稍沾棕色；尾下覆羽纯白，有时具褐色羽干；覆腿羽白而具暗色褐斑；跗蹠被羽纯褐色有时杂以棕色细横斑；趾上被以稀疏褐色刚毛；翼下覆羽褐而缀白，腋羽白色或棕白色；而杂以褐色横斑或纵纹。虹膜黄色；嘴暗褐，先端较淡，蜡膜暗绿色，趾黄绿色，爪暗灰色。

栖息地及习性： 鹰鹃栖息于有高大树木的各种生态环境，常见于山地针阔混交林和阔叶林，多在靠近水源的地方，也见于有高大树木的农田及灌丛地带。除繁殖期成对活动外，常单独活动，有时以家庭为群围绕林中空地一起觅食。觅食多在黄昏及晚上进行，白天隐匿于大树枝叶茂密处。飞行快捷，常在栖息处突然飞出，在空中捕捉猎物。食物以昆虫为主，也取食蛙、蜥蜴、小鸟、鼠类等，偶尔也捕食蝙蝠。每年 5～7 月繁殖，营巢于天然树洞或其他鸟类利用过的树洞，每窝产卵 3～5 枚，雌雄双亲共同孵卵，孵化期约 24d。

分　　布： 国内分布于河南、湖南、广东、广西、四川、云南、安徽、香港及海南等地。国外见于印度东北部、孟加拉国、马来半岛、中南半岛。在该保护区内为留鸟。

估计数量： 数量稀少，不常见。

驯养与保护： 国内无驯养繁殖，已被列为国家 II 级重点保护野生动物。

长耳鸮 *Asio otus*

别　　名： 长耳木兔、有耳麦猫王、虎鹠、彪木兔

英 文 名： Long-eared Owl

分类地位： 鸮形目 Strigiformes、鸱鸮科 Strigidae

濒危等级： IUCN（2012）无危（LC）、CITES（2011）附录 II

野外识别： 体形中等，头顶两侧长有长的耳状簇羽，竖直向上，十分醒目。头具棕黄色面盘，两眼内侧羽毛白色，形成非常显著的两个白色半圆斑。上体棕黄色，具粗著的黑褐色羽干纹和白色斑点；下体颏白色，余部棕黄色而具黑褐色粗纵纹。虹膜橙黄色，跗蹠和趾密被棕黄色羽。

形态特征： 中等体型，体长 33～40cm。成鸟面盘显著，中部白色杂有黑褐色，面盘两侧为棕黄色而羽干白色，羽枝松散，前额为白色与褐色相杂状。眼内侧和上下缘具黑斑。皱翎白色而羽端缀黑褐色，头两侧耳羽发达，长约 50mm，呈黑褐色，羽基两侧棕色，内翈边缘有一棕白色块斑。上体棕黄色具粗著的黑褐色羽干纹，羽端两侧还缀以褐色和白色细纹，上背棕色较淡，向后逐渐变浓，而羽端黑褐色细斑亦多而明显，肩羽及内侧覆羽和三级飞羽似背羽，但在羽基和外翈处沾棕色，肩羽和大覆羽外翈近端处有棕色以至棕白色圆斑。小覆羽羽基棕色，羽端黑褐色而微缘以棕色或白色斑，初级覆羽黑褐，而杂以若干棕栗色横斑，斑上缀以褐色细点；初级飞羽黑褐，基部具棕色横斑，端部则杂以灰褐色云石状斑，并贯以若干黑褐色横斑，次级飞羽转为灰褐，密杂以黑褐色细点和同色的横斑；尾羽基部棕色，端

部转为灰褐色，均贯以黑褐色横斑，在端部的横斑之间还缀以同色的云石状细点，外侧尾羽的横斑更细更密。颏白色，下体余部棕黄，胸部杂以黑褐色宽阔羽干纹，羽端两侧缀以白斑，上腹和胁部的羽干纹较细，羽端白斑更显著，而在此处的羽干纹更具树枝状横枝，下腹中央棕白色，无斑，覆腿羽纯棕色，尾下覆羽棕白，其较长者纯白而具褐色羽干纹。虹膜金黄色，嘴和爪均暗铅色并具黑端。

栖息地及习性：长耳鸮栖息于针叶林、针阔叶混交林和阔叶林等各种森林类型中，也出现于林缘疏林和农田防护林地带。夜行性，白天隐伏在树干近旁的树枝上或林中空地草丛中，黄昏时开始活动。平时多单独或成对活动，但迁徙期间和冬季则常结成10～20余只的小群活动。其食物以鼠类为主，也少量取食小型鸟类和昆虫。食物短缺时，偶到养殖场偷食幼鸡。繁殖期为4～6月，营巢于森林中。通常利用乌鸦、喜鹊或其他猛禽的旧巢，有时也在树洞中营巢。每窝产卵3～8枚，一般4～6枚。雌鸟孵卵，孵化期26～28d。

分　　布：国内分布广泛，繁殖于黑龙江、吉林、辽宁、内蒙古东部、河北东北部、青海东部及新疆西部，越冬于长江流域以南东南沿海各省。国外分布于北美洲和欧亚大陆北部。

估计数量：数量稀少，极少见。

驯养与保护：国内动物园、公园有少量驯养，已被列为国家Ⅱ级重点保护野生动物。

短耳鸮 *Asio flammeus*

别　　名：仓鸮、小耳木兔、田猫王、短耳猫头鹰

英 文 名：Short-eared Owl

分类地位：鸮形目 Strigiformes、鸱鸮科 Strigidae

濒危等级：IUCN（2012）无危（LC）、CITES（2011）附录Ⅱ

野外识别：体型大小似长耳鸮，但耳羽簇短而不明显。上体棕黄色，有黑色和皮黄色斑点及条纹；下体棕黄色，具黑色羽干纹，但羽干纹不分枝形成横斑。飞行时，在初级飞羽基部有皮黄色块斑，在腕关节下面也有一黑色块斑。

形态特征：中型鸮类，全长约38cm。成鸟面盘发达，眼周黑色，颏、眼先及内侧眉斑白色，面盘余羽棕黄色而杂以黑色羽干狭纹；耳羽短小不外露，呈黑褐色，具棕色羽缘；皱翎白色，羽端微具黑褐色细斑点，上体及翅和尾的表面大都棕黄色，满布以宽阔的黑褐色羽干纹，肩羽及三级飞羽的纵纹较粗，纹的两侧更生出枝纹形似横斑，外翈还缀以白斑；翅上的小覆羽大都黑褐色，并缀以棕红点斑，中覆羽及大覆羽亦黑褐色，外翈有白色大形眼状斑，初级覆羽几纯黑褐色，有时缀以棕斑，外侧初级飞羽棕色，但端部微缀褐点，并杂以若干黑褐色横斑，最外侧3枚初级飞羽的先端转为黑褐色；次级飞羽的外缘呈黑褐与棕黄色横斑相杂状，内翈近纯白色，仅在近羽端处有一些黑褐细斑；腰和尾上覆羽几纯棕黄色，无羽干纹，羽缘微黑；尾羽棕黄色而具黑褐色横斑和棕白色端斑。下体棕白，胸部以棕色为主，并满布以黑褐色纵纹，向后渐细，下腹中央和尾下覆羽均无杂斑。跗蹠和趾被羽，棕黄色。虹膜金黄色；嘴和爪黑色。

栖息地及习性：短耳鸮是能够在白天活动的鸮类，栖息于低山、丘陵、苔原、荒漠、平原、沼泽、湖岸和草地等各类生境中。尤以开阔平原草地、沼泽和湖岸地带较多见。喜结成小群集居，多在黄昏和晚上活动和猎食，但也常在白天活动，平时多栖息于地上或潜伏于草丛中，很少栖于树上。主要以鼠类为食，也吃小鸟、蜥蜴、昆虫等，偶尔也吃植物果实和种子。繁殖期为4～6月。通常营巢于沼泽附近的地面草丛中，也见在次生阔叶林内朽木洞中。

每窝产卵 3~8 枚，一般为 4~6 枚。雌鸟孵卵，孵化期为 24~28d。

分　　布：国内分布广泛，繁殖于内蒙古东部、黑龙江和辽宁，越冬时几乎见于全国各地。国外分布于欧洲、非洲北部、北美洲、南美洲、大洋洲和亚洲的大部分地区。

估计数量：数量稀少，不常见。

驯养与保护：国内无驯养繁殖，已被列为国家 II 级重点保护野生动物。

仙八色鸫 *Pitta nympha*

别　　名：兰花雀

英 文 名：Fairy Pitta

分类地位：雀形目 Passeriformes、八色鸫科 Pittidae

濒危等级：中国濒危动物红皮书（鸟类）稀有（R）、IUCN（2012）易危（VU）、CITES（2011）附录 II

野外识别：中小型鸟类，两性羽色相似。雄鸟前额至枕部深栗色，有黑色中央冠纹，眉纹淡黄，自额基有宽的黑色过眼纹并在后颈左右汇合；背、肩及内侧飞羽灰绿色；翼小覆羽、腰、尾上羽灰蓝色；尾羽黑色；飞羽黑色具白翼斑；颊黑褐，喉白，下体淡黄褐色，腹中及尾下覆羽朱红。嘴黑，脚黄褐色。雌鸟似雄鸟，但羽色较浅淡。

形态特征：体型较小，全长约 20cm。雌雄鸟羽色相似，色彩艳丽。嘴较粗长而侧扁，尾较翅短甚；跗蹠特长，前部被鳞不显，较为光滑。雄鸟前额至枕部深栗色，有黑色中央冠纹，眉纹淡茶黄色，伸过后枕两侧，羽形略长而突出；眼先、颊部、耳羽、颈侧及后颈部均为亮黑色，呈领状斑纹；背部、肩羽及内侧次级飞羽均亮深绿色；翼上小覆羽、腰和尾上覆羽呈金属蓝色；初级飞羽黑色，具显著的白色翼斑；次级飞羽黑色，端部外翈略沾蓝绿色；尾羽黑色，具蓝绿色羽端斑；喉白，稍沾淡茶黄色；下体淡黄色，胸部和两胁茶黄色，腹部中央和尾下覆羽猩红色。虹膜褐色，嘴黑色，脚淡黄褐色。雌鸟羽色似雄鸟，但较浅淡。

栖息地及习性：栖息于平原至低山的次生阔叶林内，在灌木下的草丛间单独活动，以喙掘土觅食蚯蚓、蜈蚣及鳞翅目幼虫，也食鞘翅目等昆虫。5月下旬繁殖，营巢于山坡中下部较隐蔽的密生灌丛下，在地面挖一浅穴，上以枯枝搭成平台，再以苔藓、杂草等编成球状巢。每窝产卵 5~7 枚，雌雄亲鸟轮流孵卵，孵化期约 12d。

分　　布：国内分布于河南大别山、安徽大别山及皇甫山、广东、福建、广西瑶山、云南西部和南部及台湾，夏候鸟，迁徙时偶见于甘肃南部夏河、河北、天津及山东沿海；国外繁殖于日本、朝鲜，越冬于越南、加里曼丹等地。

估计数量：数量稀少，但在其分布区内较常见。

驯养与保护：国内有少数笼养，但无繁殖记录。仙八色鸫羽色鲜艳多彩，是很有价值的观赏鸟类，同时它主要取食森林害虫，又是林区益鸟。目前其种群数量稀少，被列为中国濒危动物红皮书（鸟类）稀有（R）级、IUCN（2012）易危（VU）级，并被列入 CITES（2011）附录 II，为我国国家 II 级重点保护野生动物。应加强保护森林资源，维护其良好的栖息环境，减少人为干扰，严禁非法捕猎和贸易。

灰喜鹊 *Cyanopica cyanus interposita*

别　　名：蓝鹊、灰鹊、山喜鹊、马尾鹊

英 文 名：Azure-winged Magpie

分类地位：雀形目 Passeriformes、鸦科 Corvidae

濒危等级：IUCN（2012）无危（LC）

野外识别：中型鸟类，体形修长。成鸟头颈均黑色，背土灰色；两翼和尾羽天蓝色；下体灰白色。嘴、脚均黑色。

形态特征：中等体型，体长约 40cm。灰喜鹊雌雄羽色相同，成鸟头顶、颈侧、后颈等均黑色，具蓝灰色光泽；肩部、上背及腰部土灰色，接近颈项与黑色交界处羽色较白，形成一浅色领圈。飞羽、尾羽和下背天蓝色，尾羽较长，几乎与身体的其他部分等长；中央一对尾羽末端具一宽阔的白色羽端；喉部、胸部、腹部为灰白色。虹膜黑褐色，嘴、脚及爪均黑色。幼鸟头顶的黑色部分不光亮，羽尖多带污白色，胸部及两胁羽色较污暗，尾羽较成鸟的短一些。

栖息地及习性：主要栖息于低山丘陵、山脚平原的道旁、村落附近、公园内，除繁殖期成对活动外，其他季节多成小群活动，有时甚至集成多达数十只的大群。秋冬季节多活动在半山区和山麓地区的林缘疏林、次生林和人工林中，有时甚至到农田和居民点附近活动。经常穿梭似地在丛林间跳上跳下或飞来飞去，飞行迅速，两翅煽动较快，但飞不多远就落下，不做长距离飞行，也不在一个地方久留，而是四处游荡。一遇惊扰，则迅速散开，然后又聚集在一起。活动和飞行时都不停地鸣叫。在树上、地面及树干上取食，食物以动物性为主，主要有半翅目、鞘翅目、鳞翅目、膜翅目和双翅目昆虫，也吃果实、种子，有时捡拾人类丢弃的果核、食物碎屑等。每年 5～7 月繁殖，雌雄亲鸟共同筑巢，多营巢于次生林和人工林中，也在村镇附近和路边人行道树上营巢，有利用旧巢的习性，有时也利用乌鸦废弃的旧巢。每窝产卵 4～9 枚，雌鸟孵卵，孵化期约 15d。

分　　布：国内分布于黑龙江、吉林和内蒙古东北呼伦贝尔盟、大兴安岭、东南部赤峰、鄂尔多斯市及河北、河南、山西、山东、陕西、甘肃、青海、四川北部、长江中下游等地。国外分布于西班牙、葡萄牙、贝加尔湖、朝鲜和日本。

估计数量：数量较多，为常见种。

驯养与保护：灰喜鹊以动物性食物为主，林业上驯养用于防治松毛虫，非常有效。已被列入《国家保护的有益或有经济、研究价值的陆生野生动物》（三有名录）中。

麻雀 *Passer montanus saturatus*

别　　名：家雀儿、瓦雀、树麻雀

英 文 名：Tree Sparrow

分类地位：雀形目 Passeriformes、雀科 Passeridae

濒危等级：IUCN（2012）无危（LC）

野外识别：成鸟雌雄相似，头侧及喉部具黑色斑块，上体满布显著的斑杂羽纹。

形态特征：麻雀体形较小，体形短圆，全长约 14cm。雌雄鸟羽色相似，成鸟额、头顶、后头及颈羽纯暗褐色；面部白色，双颊中央各自有一块黑斑；上体灰褐色；上背和两肩密布缀有棕褐色的黑色粗纵纹；腰和尾上覆羽黄褐色；两翼小覆羽纯栗色，中覆羽黑色、羽端白色沾黄，大覆羽黑褐色、外翈具棕褐色边缘、羽端近白；中覆羽和大覆羽的白色羽端在翼上形成两道浅色窄翅斑。眼先、眼下缘、颏和喉的中部均为黑色；颊、耳羽和颈侧羽色浅白，耳羽后部具黑色斑块。下体胸和腹部羽色灰白，两胁转为淡黄褐色。嘴黑色，脚和趾均为污黄褐色。

栖息地及习性：常见于平原、山麓，栖息于人类居住地附近，活动区域较固定，不能远飞，常常在短距离内活动。春夏繁殖，繁殖期间主要以雌雄成对活动，共同营巢、孵卵和喂养幼鸟。多营巢于人类的房屋处，如屋檐、墙洞、树洞、电线杆顶端凹陷处等，有时会占领家燕的窝巢，野外多筑巢于树洞中。秋季成鸟和幼鸟集成大群活动，冬季集群较小，至初春时节逐渐分散成小群活动，直至繁殖前期。麻雀主要以各种农作物为食，也吃部分杂草种子、野生植物、昆虫及其他杂屑。

　　分　　布：国内分布广泛，常见于各地的平地、山脚下，均为留鸟。国外分布于欧亚大陆。

　　估计数量：数量较多，较常见。在部分地区数量逐年下降，个别地区已无分布。

　　驯养与保护：国内有少量笼养。近年来本物种的数量一直呈下降趋势，在国内南方的个别城市，麻雀已经完全消失，现已引起人们的关注。由于麻雀的集群性活动、食性杂、取食地点相对固定和其栖息地与人邻近等特点，非常适用于作为环境监测的指示物种。麻雀已被列入《国家保护的有益或有经济、研究价值的陆生野生动物》（三有名录）中。

14.6　保护措施

　　鸡公山自然保护区是以亚热带森林植被过渡类型及珍稀野生动植物为主要保护对象的国家级自然保护区，鸟类是保护区生态系统中的重要组成成分，在控制害虫种群密度、维持生态平衡方面有不可替代的作用。保护区内森林景观、地形和水源、森林的树种树龄、林层结构影响到林内的温度、湿度、照度、叶量和食饵生物群落，这些自然环境条件都直接或间接影响到鸟类的种类、栖息、觅食、繁殖和种群数量变动。林中的大树、老树和古树，对一些树洞营巢的鸟类来说是非常重要的。因此，为维护保护区良好的生态环境，充分发挥鸟类的生态功能，应采取有效措施为鸟类提供良好的栖息、活动和繁殖环境。

　　（1）充分认识到森林是森林鸟类的家园，没有森林就没有森林鸟类。保护鸟类首先要保护好森林，严禁盗伐林木，防火、防虫害；防止水源干涸和污染；严禁砍伐大树和古树，为树洞营巢的鸟类提供繁殖条件。

　　（2）近年，随着森林及野生动物保护法律法规的颁布与执行，自然保护区的建立及爱鸟周的宣传教育等，盗伐林木、乱捕滥猎野生动物的现象基本上得到了控制。但是，在保护鸟类及其他野生动物方面，今后还要进一步做好法制宣传教育，严格执法，依法办事。

　　（3）保护区在开展观光旅游和休闲旅游的同时，更应该强调开展生态旅游。采取多种方式和手段，向游客宣传保护鸟类、保护生态环境等方面的知识；对鸟类爱好者的观鸟和拍摄影像活动，应有组织、有计划地进行，要设立专门的观鸟、摄影的地点和路线，把对鸟类的影响降到最低程度。

　　（4）加强科学研究工作。对保护区鸟类的物种多样性、种群数量变动、地理分布、生态行为、栖息繁殖环境、濒危状况及原因、国家及省重点保护的珍稀濒危鸟类的生物学特性等，都应做长期、持续深入的研究，为鸟类的有效保护提供科学依据。

主要参考文献

陈服官，罗时有，郑光美，等. 1998. 中国动物志 鸟纲（第九卷 雀形目：太平鸟科-岩鹨科）. 北京：科学出版社.

方成良，丁玉华，郭瑞光，等. 1997. 信阳地区鸟类资源调查与区系研究. 河南教育学院学报（自然科学版），（3）：58～62.

傅桐生，宋瑜钧，高玮，等. 1998. 中国动物志 鸟纲（第十四卷 雀形目：文鸟科，雀科）. 北京：科学出版社.

葛荫榕. 1984. 信阳南湾水库鸟岛初探. 新乡师范学院学报，44（4）：102～104.

关贯勋，谭耀匡. 2003. 中国动物志 鸟纲（第七卷：夜鹰目、雨燕目、咬鹃目、佛法僧目和鴷形目）. 北京：科学出版社.

郭田岱，周伟民，李润身，等. 1965. 鸡公山鸟类初报. 河南农学院学报，（2）：57～69.

国家重点保护野生动物名录. 1988.

滑冰，段慧娟，张晓峰，等. 2003. 董寨国家级鸟类自然保护区夏候鸟资源调查. 河南农业大学学报，（4）：370～374.

李贵恒，郑宝赉，刘光佐. 1982. 中国动物志 鸟纲（第十三卷 雀形目：山雀科-绣眼鸟科）. 北京：科学出版社.

李延娟，鞠长增，王捷，等. 1990. 河南信阳南湾水库牌坊鸟岛鸟类调查报告. 信阳师范学院学报（自然科学版），（2）：163～167.

林英华，杜志勇，谭飞，等. 2012. 河南鸡公山自然保护区鸟类多样性与分布特征. 林业资源管理，（2）：74～80.

林英华，杜志勇，溪波，等. 2012. 河南信阳南湾湖鸟类调查与多样性分析. 湿地科学与管理，（3）：48～52.

马静，罗旭，白洁，等. 2012. 白冠长尾雉保护中的社区影响：以董寨自然保护区为例. 林业资源管理，（3）：126～130.

马强，溪波，李建强，等. 2011. 河南灰脸 鹰繁殖习性初报. 动物学杂志，（4）：40～41.

瞿文元. 2000. 河南珍稀濒危动物. 河南：河南科技出版.

阮祥峰，朱家贵，溪波. 2011. 董寨鸟类图鉴. 河南：河南文艺出版社.

宋朝枢. 1994. 鸡公山自然保护区科学考察集. 第一版. 北京：中国林业出版社.

宋朝枢. 1996. 河南董寨鸟类国家级自然保护区科学考察集. 北京：中国林业出版社.

汪松. 1998. 中国濒危动物红皮书（鸟类）. 北京：科学出版社.

王岐山，马鸣，高育仁. 2006. 中国动物志 鸟纲（第五卷 鹤形目、鸻形目、鸥形目）. 北京：科学出版社.

溪波，阮祥峰，张可银，等. 2007. 河南发现叽喳柳莺. 动物学杂志，（2）：101.

徐基良，张晓辉，张正旺，等. 2005. 白冠长尾雉雄鸟的冬季活动区与栖息地利用研究. 生物多样性，（5）：416～423.

徐基良，张晓辉，张正旺，等. 2010. 河南董寨白冠长尾雉繁殖期栖息地选择（英文）. 动物学研究，（2）：198～204.

张可垠，王兴森，高正建，等. 1992. 罗山县南部山区白冠长尾雉自然生态环境及数量调查. 河南林业科技，（4）：11～12，18.

张荣祖. 1999. 中国动物地理. 北京：科学出版社.

张泰松，李同庆. 1981. 河南董寨林场食松毛虫鸟类调查. 动物学杂志，（3）：37～38.

张晓峰，巴明廷，张可银，等. 2002. 董寨国家鸟类自然保护区冬季鸟类调查. 河南农业大学学报，（4）：334～340.

郑宝赉，杨岚，杨德华，等. 1985. 中国动物志 鸟纲（第八卷 雀形目：阔嘴鸟科-和平鸟科）. 北京：科学出版社.

郑光美. 2011. 中国鸟类分类与分布名录. 第二版. 北京：科学出版社.

郑作新，龙泽虞，卢汰春. 1995. 中国动物志 鸟纲（第十卷 雀形目 鹟科：I. 鸫亚科）. 北京：科学出版社.

郑作新，龙泽虞，郑宝赉. 1987. 中国动物志 鸟纲（第十一卷 雀形目 鹟科：II 画眉亚科）. 北京：科学出版社.

郑作新，卢汰春，杨岚. 2010. 中国动物志 鸟纲（第十二卷 雀形目 鹟科：III 莺亚科、鹟亚科）. 北京：科学出版社.

郑作新，谭耀匡，卢汰春，等. 1978. 中国动物志 鸟纲（第四卷 鸡形目）. 北京：科学出版社.

郑作新，冼耀华，关贯勋. 1991. 中国动物志 鸟纲（第六卷 鸽形目、鹦形目、鹃形目、鸮形目）. 北京：科学出版社.

郑作新，张荫荪，冼耀华，等. 1979. 中国动物志 鸟纲（第二卷 雁形目）. 北京：科学出版社.

郑作新，郑光美，张孚允，等. 1997. 中国动物志 鸟纲（第一卷 第一部：中国鸟纲 绪论、第二部：潜鸟目、
　　鹳形目等）. 北京：科学出版社.

郑作新. 1948. 中国鸟类地理分布之初步研究. 科学，30（5）：139-145.

郑作新. 1950. 中国鸟类地理分布的研究. 中国动物学杂志，4：83～108.

郑作新. 1955. 中国鸟类分布目录 I. 非雀形目. 北京：科学出版社.

郑作新. 1958. 中国鸟类分布目录 II. 雀形目. 北京：科学出版社.

郑作新. 1963. 中国经济动物志（鸟类）. 北京：科学出版社.

郑作新. 2002. 中国鸟类系统检索. 第三版. 北京：科学出版社.

中华人民共和国和澳大利亚政府保护候鸟及其栖息环境的协定. 1986.

中华人民共和国政府和日本国政府保护候鸟及其栖息环境协定. 1981.

周保林，李国柱，陈光禄，等. 1996. 信阳南湾鸟岛湿地鸟类资源的调查及保护. 河南农业大学学报，（4）：
　　77～83.

CITES 中国鸟类名录. 2012. http：//www. cites. org/eng/resources/species. html

Frank G，David D. 2012. IOC World Bird List（v 3. 2）.

IUCN red list categories and criteria（v 3. 1）. 2001.

第15章　河南鸡公山自然保护区爬行动物[①]

15.1　爬行动物名录

鸡公山国家级自然保护区在气象上具有北亚热带湿润季风气候向暖温带半湿润季风气候过渡特征，水、热、土自然条件优越，生物资源丰富，区系组成复杂，森林类型多样，森林覆盖率达90%以上，为爬行动物的生存、繁殖创造了良好条件。据1993年以前的调查，保护区记录的爬行动物有3目7科28种。随着近20年不断地深入调查，又发现有6种爬行动物为保护区的新记录。这6种爬行动物是玉斑锦蛇 *Elaphe mandarina*、紫灰锦蛇指名亚种 *Elaphe p. porphyracea*、双全白环蛇 *Lycodon fasciatus*、中国小头蛇 *Oligodon chinensis*、山烙铁头蛇 *Ovophis monticola*、菜花原矛头蝮 *Protobothrops jerdonii*。到目前为止，保护区共记录爬行动物2目7科34种。在这34种爬行动物中，有7种为中国特有种，10种为《中国濒危动物红皮书》中所列出的动物，这些动物都应作为保护区内重点保护对象（表15-1）。

表15-1　鸡公山自然保护区爬行动物名录

分类阶元	区系组成	分布型	濒危等级	数量
I　龟鳖目 TESTUDOFORMES				
一　龟科 Emydidae				
（一）　乌龟属 *Chinemys*				
1　龟 *Chinemys reevesii**	W	S	E, CT	＋
2　黄缘盒龟 *Cuora flavomarginata**	W	S	E, CT	＋
二　鳖科 Trionychidae				
（二）　鳖属 *Pelodiscus*				
3　鳖 *Pelodiscus sinensis*	W	E	E, CT	＋
II　有鳞目 SQUAMATA				
三　壁虎科 Gekkonidae				
（三）　壁虎属 *Gekko*				
4　无蹼壁虎 *Gekko swinhonis*	P	B		＋＋
四　蜥蜴科 Lacertidae				
（四）　麻蜥属 *Eremias*				
5　丽斑麻蜥 *Eremias argus*	P	X		＋＋＋
6　山地麻蜥 *Eremias brenchleyi*	P	X		＋＋＋
（五）　草蜥属 *Takydromus*				
7　北草蜥 *Takydromus septentrionalis*	W	E		＋

---

① 本章由瞿文元、方成良、杨怀、卢全伟执笔

续表

分类阶元	区系组成	分布型	濒危等级	数量
五　石龙子科 Scincidae				
（六）　　石龙子属 Eumeces				
8　蓝尾石龙子 Eumeces elegans	O	S		+
（七）　　蜓蜥属 Sphenomorphus				
9　铜蜓蜥 Sphenomorphus indicus	O	W		++
六　游蛇科 Colubridae				
（八）　　腹链蛇属 Amphiesma				
10　锈链腹链蛇 Amphiesma craspedogaster	O	S	V	++
11　草腹链蛇 Amphiesma stolata	O	W	V	++
（九）　　游蛇属 Coluber				
12　黄脊游蛇 Coluber spinalis	P	U	R	+
（十）　　翠青蛇属 Cyclophiops				
13　翠青蛇 Cyclophiops major	O	S	R, CT	+
（十一）　　链蛇属 Dinodon				
14　赤链蛇 Dinodon rufozonatum	W	E		++
（十二）　　锦蛇属 Elaphe				
15　双斑锦蛇 Elaphe bimaculata	O	S	V, CT	++
16　王锦蛇 Elaphe carinata*	O	S	V, CT	+
17　白条锦蛇 Elaphe dione	P	U	R	+
18　灰腹绿锦蛇 Elaphe frenata	O	S	R, CT	+
19　玉斑锦蛇 Elaphe mandarina*	O	S	R	+
20　紫灰锦蛇指名亚种 Elaphe p. porphyracea*	O	W	R	+
21　红点锦蛇 Elaphe rufodorsata	W	E		+++
22　黑眉锦蛇 Elaphe taeniura*	W	W	V, CT	+
（十三）　　白环蛇属 Lycodon				
23　双全白环蛇 Lycodon fasciatus	O	W	R	+
（十四）　　小头蛇属 Oligodon				
24　中国小头蛇 Oligodon chinensis	O	S		++
（十五）　　斜鳞蛇属 Pseudoxenodon				
25　斜鳞蛇 Pseudoxenodon macrops	O	W	R	+
26　花尾斜鳞蛇大陆亚种 Pseudoxenodon stejnegeri striaticaudatus	O	S	R	+
（十六）　　颈槽蛇属 Rhabdophis				
27　虎斑颈槽蛇大陆亚种 Rhabdophis tigrinus lateralis	W	E		+++
（十七）　　剑蛇属 Sibynophis				
28　黑头剑蛇指名亚种 Sibynophis chinensis chinensis	O	S	V	+

续表

分类阶元	区系组成	分布型	濒危等级	数量
（十八）　华游蛇属 *Sinonatrix*				
29　赤链华游蛇 *Sinonatrix annularis*	O	E		＋＋＋
30　华游蛇指名亚种 *Natrix percarinata percarinata*	O	S		＋＋＋
（十九）　乌梢蛇属 *Zaocys*				
31　乌梢蛇 *Zaocys dhumnades* *	O	W	V，CT	＋＋
七　蝰科 Viperidae				
（二十）　亚洲蝮属 *Gloydius*				
32　短尾蝮 *Gloydius brevicaudus* *	W	E		＋＋
（二十一）　烙铁头属 *Ovophis*				
33　山烙铁头指名亚种 *Ovophis monticola monticola*	O	W	R	＋
（二十二）　原矛头蝮属 *Protobothrops*				
34　菜花原矛头蝮 *Protobothrops jerdonii*	O	S	R	＋

　　注：分类体系依据《中国动物志爬行纲（第一卷 总论 龟鳖目 鳄形目）》（1998 版）、《中国动物志爬行纲（第二卷 有鳞目 蜥蜴亚目）》（1999 版）、《中国动物志爬行纲（第二卷 有鳞目 蛇亚目）》（1998 版）。

　　* 中国特有种。

　　P 古北界，O 东洋界，W 广布种。

　　X 东北华北型，B 华北型，S 南中国型，W 东洋型，E 季风型，U 古北型。

　　濒危等级依据《中国濒危动物红皮书》：E 濒危，V 易危，R 稀有，CT 贸易致危。

　　＋＋＋优势种，＋＋ 常见种，＋ 稀有种。

15.2　种类组成与区系分析

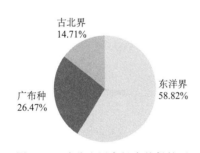

图 15-1　鸡公山国家级自然保护区爬行动物区系组成

　　鸡公山国家级自然保护区现已记录的 34 种爬行动物中，主要分布于东洋界的有 20 种，广泛分布于东洋界和古北界的有 9 种，分布于古北界的有 5 种，依次占保护区爬行动物种类总数的 58.82％、26.47％、14.71％（图 15-1）。由此看出在保护区内爬行动物区系组成上两大显著特点：首先，在保护区内主要分布于东洋界的种类占绝对优势，说明保护区在中国动物地理区划中应该属于东洋界华中区的范围；其次，在保护区内广泛分布于东洋界和古北界的种类也不少，同时也有少数的古北界种类渗透其中，明显地看出保护区在中国动物地理区划中由东洋界的华中区向古北界的华北区过渡，其过渡地带特征非常明显。因此，搞清保护区内爬行动物的区系组成部分，不仅对中国动物地理区划，而且对世界范围内的动物地理区划都具有重大意义。

15.3　分布型

　　根据张荣祖《中国动物地理》，对保护区内现有 34 种爬行动物的分布型进行统计分析，南中国型及东洋型有 22 种，季风型有 7 种，东北、华北及古北型有 5 种，依次分别占保护区爬行动物种类总数的 64.70％、20.58％、14.70％（图 15-2）。明显看出保护区内的爬行动物主要分布于我国南方的种类占很大优势，其次是季风型种类，主要分布于我国北方的种类占少数，这与保护区内爬行动物区系组成的特征基本一致。

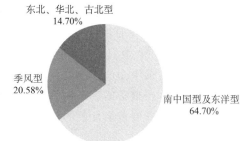

图 15-2　鸡公山国家级自然保护区
爬行动物分布型

15.3.1　龟鳖类

（1）龟和黄缘盒龟都属于南中国型，龟的分布北界仅限于黄河流域一带，黄缘盒龟主要分布于信阳地区大别山区。

（2）鳖属季风型，在河南普遍分布，北可至黑龙江、乌苏里江。

15.3.2　蜥蜴类

（1）无蹼壁虎是季风区暖温带的代表，在河南及全华北广泛分布。

（2）山地麻蜥、丽斑麻蜥和北草蜥属华北东北型，在河南普遍分布，北草蜥的数量在大别山区数量较多。

（3）铜蜓蜥属东洋型，蓝尾石龙子属南中国型，在河南的分布数量由南向北呈递减趋势。

15.3.3　蛇类

（1）草腹链蛇、紫灰锦蛇、黑眉锦蛇、双全白环蛇、斜鳞蛇、乌梢蛇、山烙铁头蛇都属东洋型，主要分布在热带至暖温带地区，其中黑眉锦蛇和乌梢蛇在河南全境都有分布，其余5 种主要分布在河南南部山区。

（2）属于南中国型的蛇类在河南有 11 种。中国小头蛇、华游蛇主要分布在热带至中亚热带，在保护区常见，数量多。王锦蛇、玉斑锦蛇、黑头剑蛇主要分布在热带至亚热带，王锦蛇在河南全省都有分布，玉斑锦蛇数量少，不仅分布在河南，在北京也有报道，黑头剑蛇主要见于河南南部山区。菜花原矛头蝮分布于北亚热带，河南全省都有分布，但河南北部山区少见。翠青蛇分布热带至中温带，主要见于河南南部山区；锈链腹链蛇、双斑锦蛇、花尾斜鳞蛇分布在中亚热带至北亚热带，多见于河南南部山区。

（3）赤链蛇、红点锦蛇、虎斑颈槽蛇、赤链华游蛇、短尾蝮都属于季风型。赤链蛇、红点锦蛇、虎斑颈槽蛇分布于河南全省，且数量最多。赤链华游蛇主要分布在河南南部，比较常见。短尾蝮在河南的山区、丘陵和岗坡都有分布，但在河南北部山区少有分布。

（4）黄脊游蛇和白条锦蛇属于古北型，主要分布在河南北部地区。

15.4　珍稀、特有爬行动物及其生物学特性

保护区要重点保护的动物是指国家和省重点保护动物名录上有的动物，《中国濒危动物红皮书》上列出的动物，在河南、保护区已经很稀少的动物及属于新种、新记录的动物。为了更好地保护这些动物，将其中部分动物简述如下。

1. 黄缘盒龟 *Cuora flavomarginata*（别名：黄缘闭壳龟、夹板龟、断板龟）

识别特征：背甲高隆，背脊明显，背、腹甲和胸腹片之间以韧带相连，壳可闭合；背、腹甲缘鲜黄色，故名黄缘盒龟。黄缘盒龟在河南主要分布于信阳地区的大别山，常在林缘、河流及湖泊等潮湿地方活动，夏季以夜间活动为主，食性杂，吃蔬菜、小鱼、虾、螺、蚯蚓

等，4 月中旬～10 月为交配期，5～9 月为产卵期。

估计数量及濒危原因：据新县外贸部门统计，1978 年共收购黄缘盒龟 50 000 余只，1979 年收购 30 000 余只。当时当地一猎户猎捕黄缘盒龟年收入就达 3 万元。据近年调查，在自然界的野生黄缘盒龟基本绝灭，极端濒危。

保护措施：严禁猎捕黄缘盒龟；加强新县省级黄缘盒龟保护区的建设和管理；开展科学研究，有组织地开展黄缘盒龟的养殖实验，扩大养殖规模，形成新兴产业，促进黄缘盒龟资源的保护和持续利用。

2. 龟 *Chinemys reevesii*（别名：金龟、乌龟、草龟）

识别特征：背甲有 3 条纵棱，头部橄榄色或黄褐色，背甲及甲桥棕黄色。每一盾片均有黑褐色大斑块。除东北、西北、海南及西藏外，全国其他地区都有分布。常栖于江、河、湖泊、沼泽等地，营半水栖生活。

估计数量及濒危原因：20 世纪 70 年代以前龟分布普遍，现在自然界中的野生龟很难见到，属于极端濒危，原因是吃龟肉的人多，龟价高，过度猎捕。

保护措施：建议把龟列为省重点保护动物，严禁猎捕，大力开展野生龟的研究保护工作，推广人工养殖技术，扩大养殖规模，满足市场需求。

3. 鳖 *Pelodiscus sinensis*（别名：甲鱼、团鱼、王八、元鱼）

识别特征：头体均被有柔软皮肤，无角质盾片，背盘卵圆形，吻长，呈管状，鼻孔位于吻端。背盘中央有棱脊，背青灰色、黄橄榄色，腹面乳白色或灰白色。河南全省都有分布。栖于江河、湖沼、池塘、水库及大小山溪中，喜在安静、清洁、阳光充足的水岸边活动或晒太阳。捕食鱼、螺、虾、蟹、蛙及昆虫等，也吃水草。10 月至次年 3 月潜于水底泥沙中冬眠，4～8 月繁殖，产卵于岸边泥沙松软、背风向阳、有遮阴的地方，靠自然温度孵化，约经 2 个月。

估计数量及濒危原因：自然界中的野生鳖极为罕见，处于极端濒危之中。从古到今我国都有吃鳖的习惯，以鳖甲入药，近年把鳖作为高级滋补品、珍品、高档菜，价格几十甚至成百倍增长，过度猎捕，加上气候干旱、水体污染等原因，在自然界中已难以见到野生鳖了。

保护措施：建议把鳖列为重点保护动物，大力开展人工养殖以满足市场之需。

4. 王锦蛇 *Elaphe carinata*（别名：黄颔蛇、菜花蛇）

识别特征：河南最大的蛇之一。头体背黑黄色相杂、头背面有似"王"字样的黑纹，因此得名王锦蛇。鳞片呈菜花黄色，部分鳞片边缘具黑色，整体呈黑色网纹，性凶猛，无毒，常以蛙、鸟、蜥蜴、鼠为食，甚至吃同种幼蛇。广泛分布于河南全省各地。

估计数量及濒危原因：蛇皮可作工艺品和乐器，蛇肉可食，因此是猎捕、收购者的首选对象。近年来，这种蛇的数量明显减少。

保护措施：建议把王锦蛇列为重点保护动物，禁止猎捕，也可开展养殖实验。

5. 黑眉锦蛇 *Elaphe taeniura*（别名：菜花蛇）

识别特征：眼后有一黑色眉纹，故名黑眉锦蛇。体背黄绿色或灰棕色，体前段有明显的梯形黑斑纹，至中段以后有 4 条黑色纵纹直达尾的末端。在河南全省都有分布，喜捕食蛙、鼠。

估计数量及濒危原因：黑眉锦蛇是河南最大最长的蛇之一，由于它的肉味鲜美，胆可入药，皮可作工艺品及乐器，也是猎捕、收购、贩卖的首选对象。现在也成了河南稀有动物。

保护措施：建议把黑眉锦蛇列为重点保护动物，严禁猎捕和买卖。

6. 乌梢蛇 *Zaocys dhumnades*（别名：乌风蛇）

识别特征：成体身体背面绿褐色或棕黑色，体侧前段具黑色纵纹，次成体体侧通身纵纹明显。中央背鳞 2～4 行起棱，也是河南大蛇之一。全省普遍分布。5～10 月常见在耕地或溪河边活动，行为迅速敏捷。主要吃蛙、鱼、蜥蜴和老鼠等。

估计数量及濒危原因：过去在河南普遍分布，数量也较多，由于体大、可入药、肉可食、皮可作工艺品和乐器，亦是主要猎捕、收购、贩卖对象。

保护措施：建议列为重点保护动物，严禁猎捕，开展养殖以供市场之需。

7. 灰腹绿锦蛇 *Elaphe frenata*

识别特征：全长 1m 左右，体细长，尾长约为全长的 2/5，背面翠绿色，腹面淡黄色，眼后一条黑色纵纹穿过眼。栖息于海拔 200～1000m 的低山、丘陵的树林，树栖，以鸟、蜥蜴及小型哺乳动物为食。8～9 月产卵，一般产卵 5 枚。

估计数量及濒危原因：这种蛇主要分布在信阳地区，数量少，属稀有种。

保护措施：建议列为重点保护动物，严禁猎捕。

8. 玉斑锦蛇 *Elaphe mandarina*

识别特征：体背灰色或紫灰色，背中央有一行黑色菱形大斑块，并镶有黄边。头背黄色，有明显的黑斑。生活于山区森林，常栖息于水沟边或草丛中，以鼠类等小型哺乳动物为食，也吃蜥蜴。河南全省都有分布。

估计数量及濒危原因：数量少，属稀有种。

保护措施：建议列为重点保护动物，严禁猎捕。

9. 紫灰锦蛇指名亚种 *Elaphe p. porphyracea*

识别特征：全长不超过 1m，头体背紫铜色，头背有 3 条黑纵纹，体尾背有淡黑色横斑块。栖息山区森林、山溪旁及路边。捕食鼠类及小型哺乳动物。7 月产卵，卵数为 5～7 枚。

估计数量及濒危原因：主要分布于信阳地区，数量少，属稀有种。

保护措施：建议列为重点保护动物，禁止猎捕。

10. 短尾蝮 *Gloydius brevicaudus*（别名：土布袋、土狗子）

识别特征：头略呈三角形，有颊窝，头背具对称大鳞片，背面有两纵行大圆斑，彼此并列或交错排列，尾短小。栖息于山区及丘陵，夏秋季在稻田、旱地、沟渠、路旁甚至村舍附近都能见到，以鼠、蜥蜴和蛙为食。蝮蛇是卵胎生，5～9 月交配产仔，产仔 2～20 条。短尾蝮是河南最常见毒蛇之一，具有毒牙、毒腺，毒性强，有伤人的情况发生。

估计数量及濒危原因：在河南全省都有分布，数量一般，但在河南北部的太行山区极为少见。蝮蛇捕食鼠类，有益，可入药、生产药酒、蛇干、蛇粉，有的地方大量猎捕、收购蝮蛇，致使数量锐减。

　　保护措施：建议在蝮蛇分布的地区做好毒蛇的识别、防护宣传，合理利用，变害为利。

主要参考文献

傅桐生. 1935. 河南爬行类志. 河南博物馆自然科学汇报，1（3）：121～162.

瞿文元. 1985. 河南蛇类及其地理分布. 河南大学学报，（3）：59～61.

瞿文元. 2002. 河南省爬行动物地理区划研究. 四川动物，21（3）：142～146.

宋朝枢. 1994. 鸡公山自然保护区科学考察集. 第一版. 北京：中国林业出版社.

汪松. 1998. 中国濒危动物红皮书·赵尔宓. 两栖类和爬行类. 北京：科学出版社.

张孟闻. 宗愉. 马积藩，等. 1998. 中国动物志·爬行纲·第一卷. 北京：科学出版社.

张荣祖. 1999. 中国动物地理. 第一版. 北京：科学出版社.

赵尔宓，赵肯堂，周开亚等. 1999. 中国动物志·爬行纲·第二卷. 北京：科学出版社.

赵尔宓，黄宋愉等. 1998. 中国动物志·爬行纲·第三卷. 北京：科学出版社.

周家兴. 单元勋. 1961. 河南省两栖动物和爬行动物目录. 新乡师院、河南化工学院联合学报，（2）：38～44.

第 16 章 河南鸡公山自然保护区两栖动物[①]

16.1 物种组成及丰富度

鸡公山国家级自然保护区现有两栖动物 2 目 6 科 11 属 13 种（表 16-1）。有尾目 2 科 2 属 2 种；无尾目 4 科 9 属 11 种，其中蛙科 5 属 6 种，为优势科（图 16-1）；东方蝾螈、中华蟾蜍指名亚种、镇海林蛙、黑斑侧褶蛙、泽陆蛙、叶氏肛刺蛙为优势种。鸡公山国家级自然保护区两栖动物占全国两栖类种数的 4.06%，占河南省的 41.92%；现有两栖动物属数占全国两栖类的 21.15%，占河南省的 47.83%；所发现科数占全国两栖类科数的 54.55%，占河南省的 100%；所发现目数占全国两栖类目数的 66.67%，占河南省的 100%（图 16-2）。

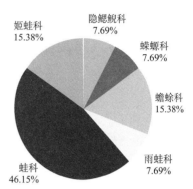

图 16-1 鸡公山国家级自然保护区
两栖动物结构

姬蛙科 15.38%
隐鳃鲵科 7.69%
蝾螈科 7.69%
蟾蜍科 15.38%
雨蛙科 7.69%
蛙科 46.15%

表 16-1 鸡公山国家级自然保护区两栖动物名录

分类阶元[*]	丰富度	区系成分	分布型	生态类型	IUCN
一 有尾目 CAUDATA					
（一）隐鳃鲵科 Cryptobranchidae					
1 大鲵 *Andrias davidianus*	+	W	E	R	CR
（二）蝾螈科 Salamandridae					
2 东方蝾螈 *Cynops orientalis*	++++	O	S	Q	LC
二 无尾目 ANURA					
（三）蟾蜍科 Bufonidae					
3 中华蟾蜍指名亚种 *Bufo gargarizans gargarizans*	++++	W	E	TQ	LC
4 花背蟾蜍 *Bufo raddei*		P	X	TQ	LC
（四）雨蛙科 Hylidae					
5 无斑雨蛙 *Hyla immaculata*	+	O	S	A	LC
（五）蛙科 Ranidae					
▲6 镇海林蛙 *Rana zhenhaiensis*	+++	O	E	FQ	LC
▲7 湖北侧褶蛙 *Pelophylax hubeiensis*	++	O	S	Q	LC
8 黑斑侧褶蛙 *P. nigromaculatus*	++++	W	E	Q	NT
9 泽陆蛙 *Fejervarya multistriata*	++++	W	W	TQ	LC
10 虎纹蛙 *Hoplobatrachus chinensis*	+	O	W	Q	LC

① 本章由陈晓虹、翟晓飞、赵云云执笔

分类阶元*	丰富度	区系成分	分布型	生态类型	IUCN
★11 叶氏肛刺蛙 *Yeirana yei*	＋＋＋＋	O	S	R	LC
（六）姬蛙科 Microhylidae					
12 饰纹姬蛙 *Microhyla ornata*	＋＋＋	O	W	FQ	LC
13 北方狭口蛙 *Kaloula borealis*	＋＋	P	B	TQ	LC

＊分类体系依据《中国动物志两栖纲（上卷）》（2006 版）、《中国动物志两栖纲（中卷）》（2009 版）、《中国动物志两栖纲（下卷）》（2009 版）。

＋＋＋＋优势种，＋＋＋常见种，＋＋少见种，＋稀有种。

P 古北界，O 东洋界，W 广布种。

X 东北华北型，B 华北型，S 南中国型，W 东洋型，E 季风型。

Q 静水型，R 流溪型，FQ 林栖静水繁殖型，TQ 穴栖静水繁殖型，A 树栖型。

CR 极危，EN 濒危，NT 近危，VU 易危，LC 无危。

★新种，▲河南省新记录。

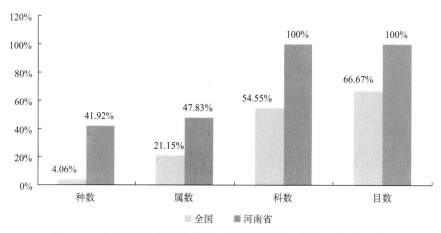

图 16-2　鸡公山国家级自然保护区两栖动物占河南省及全国的比例

16.2　区系分析

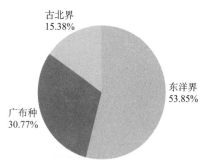

图 16-3　鸡公山国家级自然保护区
两栖动物区系组成

在动物地理区划上，鸡公山国家级自然保护区位于东洋界、华中区的北缘，处于东部丘陵平原亚区，其动物区系组成既具有东洋界的特征又带有较明显的过渡性。鸡公山国家级自然保护区 13 种两栖动物中，东洋界物种有 7 种，占保护区两栖动物物种数的 53.85％；广布种 4 种，占保护区两栖动物物种数的 30.77％；古北界 2 种，占 15.38％（图 16-3）。

16.3　分布型

鸡公山国家级自然保护区地处北亚热带边缘，淮南大别山西端浅山区。由于受东亚季风气候影响，具有北亚热带向暖温带过渡的季风气候和山地气候特征，属北亚热带湿润气候区。因此，两栖动物分布以季风型、南中国型占优势，各 4 种；其次为东洋型，3 种；东北华北型和华北型各 1 种（图 16-4）。该区典型的季风型两栖类有隐鳃鲵科的大鲵、蟾蜍科的中华蟾蜍、蛙科的黑斑侧褶蛙。大鲵在我国季风区分布广泛，中华蟾蜍也是典型的季风区物种，黑斑侧褶蛙广泛分布于中国东部各省区自中亚热带至寒温带。蝾螈科动物在我国仅分布于东洋界，蝾螈属（*Cynops*）物种的分布中心在贵州高原，干旱对该类动物分布具有明显阻限作用，因此蝾螈科动物主要生活在较为温暖的亚热带，鸡公山具有典型的亚热带气候，东方蝾螈在此聚集为优势种。花背蟾蜍是该区唯一的东

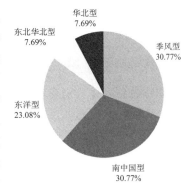

图 16-4　鸡公山国家级自然保护区
两栖动物分布型

北—华北型物种，分布区北缘是干旱区，南界为亚热带北限，鸡公山应是其分布的南限。蛙科的物种集中为南中国型、东洋型和季风型，缺乏东北型、东北—华北型、喜马拉雅—横断山型、古北型等物种。姬蛙科主要分布于环球热带—亚热带，有一半的种类属于东洋型，其分布可北伸至中亚热带，只有饰纹姬蛙越过秦岭—淮河进入华北区，最北达山西南部；北方狭口蛙为唯一的华北型物种，是姬蛙科动物中唯一分布至古北界的物种，分布南限可达北亚热带。

16.4　生态型

两栖动物的生态类型可分为水栖型、陆栖型和树栖型三大类。水栖型可细分为静水型和流溪型，陆栖型可分林栖静水繁殖型、穴居静水繁殖型、林栖流溪繁殖型。其中静水型、林栖静水繁殖型和穴居静水繁殖型成体一般生活在静水环境中或附近陆地上，繁殖时将卵产在静水中，早期发育较快，1 年内即可完成变态；流溪型和林栖流溪型成体一般生活在溪流中或附近陆地上，繁殖时将卵产在溪流，完成变态一般需要 1～3 年；树栖型成体经常在树上生活或栖息在低矮的灌木丛或草丛中，繁殖时一般将卵产在静水域内、水边泥窝内或水塘上方的树叶上，孵化的蝌蚪一般在静水中生活 2～3 个月即可完成变态。

鸡公山国家级自然保护区 13 种两栖动物中，有 5 种生态类型，说明保护区生态环境复杂多样，可为各种两栖类提供适宜的栖息地。其中静水型 4 种，分别是东方蝾螈、黑斑侧褶蛙、湖北侧褶蛙、虎纹蛙，占 30.77%；穴居静水繁殖型 4 种，分别是中华蟾蜍指名亚种、花背蟾蜍、泽陆蛙和北方狭口蛙，占 30.77%；林栖静水繁殖型 2 种，镇海林蛙和饰纹姬蛙，占 15.39%；流溪型 2 种，大鲵和叶氏隆肛蛙，占 15.39%；树栖型仅无斑雨蛙 1 种，占 7.69%；没有林栖流溪繁殖类型（表 16-2）。

表 16-2　鸡公山国家级自然保护区两栖动物生态类型[*]

生态类型	静水型	流溪型	林栖静水繁殖型	穴居静水繁殖型	林栖流溪繁殖型	树栖型
物种数	4	2	2	4	0	1
百分比	30.77%	15.39%	15.39%	30.77%	0	7.69%

[*] 依据费梁等的《中国动物志两栖纲（上卷）》。

16.5　重点保护两栖动物及其生物学特性

1. 大鲵 *Andrias davidianus*（别名：娃娃鱼）

识别特征：体大而扁平；全长530mm以上；头大扁平而宽阔；眼小，无眼睑，位于头背面；躯干扁平而粗壮，颈褶明显，体侧有宽厚的纵行肤褶和若干圆形疣粒，体侧肋沟12～15条。尾短而侧扁。四肢粗短，前肢4指，后肢5趾，蹼不发达。体表光滑湿润；生活时体色以棕褐色和黑褐色为主，有暗黑、红棕、褐色、浅褐、黄土、灰褐和浅棕等变异。体背有不规则的黑色或深褐色的各种斑纹，腹面色浅。大鲵在河南主要分布于伏牛山区、太行山区和大别山区。多栖息于山区水流较急、水质清澈、水温低、多深潭的溪流上游。白天常隐居于洞穴内，夜间外出捕食，多以虾、蟹等各种无脊椎动物为食，也捕水栖小型脊椎动物，如鱼、蝌蚪、蛙、蛇及水鸟。秋季为繁殖盛期。

估计数量及濒危原因：大鲵是中国特有种，广泛分布于我国东部16个省区，但种群数量急剧下降，很难见到野生种群和个体。大鲵也是两栖动物中个体最大的物种，其肉味清淡而鲜美、营养丰富，皮可以制革，还可入药，有较高的经济价值，所以遭到过度开发。在未禁捕前公开大肆捕捉食用，禁捕后偷捕现象也很严重，还有偷捕大鲵幼体贩卖的现象。另外，生境遭受破坏（如修路、筑坝）导致山溪断流、水体干枯，加上水体污染使生境退化，都是导致大鲵濒危的原因。从目前情况看，尽管多地开展对大鲵进行人工养殖，但是销售的娃娃鱼主要还是来自野生。

保护措施：加强科学研究，开展人工养殖，扩大规模，形成产业，满足市场需求；加强生境与实地保护，防止水体污染，改善水体环境；加强宣传教育和保护区的管理。

2. 虎纹蛙 *Hoplobatrachus chinensis*（别名：田鸡、水鸡、黄狗、土墩子、涨水蛤蟆）

识别特征：体型粗壮，成体可达100mm左右；背面皮肤粗糙，有许多长短不一的纵行肤棱；生活时背面橄榄绿、黄绿色或棕褐色，体侧和腿部有深色不规则斑纹，雄蛙具一对咽侧下外声囊，声囊内壁黑色。虎纹蛙栖息于丘陵、平原地区稻田、鱼塘、水塘、沟渠等静水水域。5～7月为繁殖期。该蛙为典型的东洋型物种，主要分布于长江以南各省区，河南省内仅在大别山区固始、商城、新县有分布。

估计数量及濒危原因：虎纹蛙体大、肉味鲜美，一直以来被作为食用蛙类收购和出售。据调查，广东和广西两省区20世纪70年代每年收购量达60t。由于过度捕猎，其资源急剧下降，不少地区资源枯竭或濒危，目前在河南大别山区很难看到大的性成熟个体。农业耕作方式从水田向旱地的改变、污染、水文条件改变及外来物种牛蛙的竞争也对虎纹蛙的生存构成潜在威胁。

保护措施：严禁猎捕，大力开展野生虎纹蛙的研究保护工作，推广人工养殖技术，扩大养殖规模，满足市场需求。

16.6　重要两栖动物的生物学特性

1. 中华蟾蜍指名亚种 *Bufo gargarizans gargarizans*（别名：癞蛤蟆、癞疙瘩、癞肚子）

识别特征：身体肥硕，体长可达100mm；皮肤极粗糙；身体背面布满大小不等的圆形疣粒，像疙瘩；耳后腺长椭圆形；腿粗短，不善跳跃，行动缓慢；体色较深，多为黑绿色、灰绿或黑褐色，无明显花斑；雄蟾没有声囊。中华大蟾蜍全省广泛分布，适应能力极强，多生活在池塘、水沟、河岸、耕地、田埂及住宅附近，栖息于阴湿的草丛、土洞、砖石下，黄昏傍晚外出觅食。2 月底或 3 月初出蛰后即开始繁殖，有集群繁殖的习性，卵呈双行或 3～4 行交错排列于管状胶质卵带内，缠绕附着在水草上。

估计数量及濒危原因：中华蟾蜍在我国各省区资源量都很丰富，它不仅是防治农作物害虫的天敌之一，也是传统中药蟾酥的药源，可大力开展人工养殖，通过深加工充分、合理利用这一资源。

2. 镇海林蛙 *Rana zhenhaiensis*

识别特征：体型中等大小，体长约 50mm；后肢细长，左右两膝互交，趾端尖；皮肤较光滑，背侧褶细直，由眼后角稍斜向外延伸至胯部；体色通常为黄绿、橄榄绿、棕灰及棕褐色，鼓膜部位有显著的三角形黑斑；雄蛙第一指上有灰色或灰白色婚垫，婚垫可分为 3～4 团。镇海林蛙在河南大别山区信阳、罗山、固始、商城、新县等地广泛分布。生活在海拔 200～1000m 低山丘陵地带，多栖息于林木、灌丛、杂草等植被繁盛的山地林区，繁殖季节到山边水坑、水沟及临时积水坑等静水水域产卵。

估计数量及濒危原因：镇海林蛙具有较高的药用价值，在大别山区为常见种，但其分布范围狭窄，容易受到气候变化、水体改变、天敌捕食、栖息地丧失的侵害。

保护措施：建议列为重点保护动物，严禁猎捕。

3. 黑斑侧褶蛙 *Pelophylax nigromaculatus*（别名：青蛙、田鸡、黑斑蛙）

识别特征：体长 70mm 左右，最大可达 100mm。头略尖，眼大而突出，鼓膜大而明显。前肢短，后肢长而肥硕，跳跃能力很强。皮肤背面有 1 对背侧褶，背侧褶间有多行长短不一的肤褶。身体背面为绿色或棕褐色，有许多大小不一、形状不规则的黑斑纹，腹面乳白色无斑。雄蛙有一对颈侧外声囊。黑斑侧褶蛙适应能力强，在全省广泛分布，栖息于平原、丘陵和山地，常见于池塘、稻田、湖泊、水库、水沟、沼泽等静水和溪沟、小河等各种流水环境。4 月初开始繁殖，可持续至 6 月底。雌蛙的产卵量与个体大小没有明显的相关性，个体间差异很大，少则数千粒，多者上万粒，卵径 1.60mm（1.38～1.91mm，$n=14$）。

估计数量及濒危原因：黑斑侧褶蛙经济价值很大，用途甚广。除了食用、药用，还是教学和科研的实验动物，另外在虫害防治、保证农业丰产上也起着不可低估的作用。其适应能力强、繁殖快、产卵量大，是我国稻田区常见蛙类。但是，滥捕和滥施农药的现象仍十分严重，造成不少地区资源枯竭、数量急剧下降。据报道，由于过度捕食，中国境内种群数量正在以近 30% 的速度下降，因此被《中国物种红色名录》评估为近危。造成种群数量下降的因素还有过度开发、水污染和土地利用方式从稻田向其他农作物种植的改变。

保护措施：建议把黑斑侧褶蛙列为重点保护动物，严禁猎捕；改善水体环境，防止水体污染；也可开展规模化、生态化养殖，满足市场需求。

4. 泽陆蛙 *Fejervarya multistriata*（别名：泽蛙、土蛤蟆）

识别特征：体长不超过 60mm；吻端钝尖；四肢较短，趾间半蹼；皮肤较光滑，无背侧褶，体背有长短不一的纵肤棱；体色多为灰棕色、橄榄色，上下唇缘有 7～8 条黑纵纹，在背部两肩间有近似"W"形斑；雄蛙具单咽下外声囊，咽喉部深褐色呈皱褶状。泽陆蛙在全省广泛分布，栖息于平原、丘陵、山区的田野、树林、沼泽、水沟、草丛、房屋周围等地，适应性极强。3月出蛰，繁殖期从4月持续至9月，5～6月为繁殖盛期，一年可多次产卵，幼体发育快，繁殖周期短。

估计数量及濒危原因：泽陆蛙虽然分布范围广，但由于气候干燥、水体干枯、天敌捕食、滥施农药造成栖息地丧失，种群数量在逐渐下降。

保护措施：建议把泽陆蛙列为重点保护动物，严禁猎捕；改善水体环境，防止水体污染。

5. 北方狭口蛙 *Kaloula borealis*（别名：气鼓子、气蛤蟆）

识别特征：躯体宽扁，受惊时，身体鼓胀似充气；头小，宽而短；指细长，后肢粗短，趾间半蹼；皮肤厚而光滑，雄性胸部具有厚的皮肤腺；体背面呈浅棕色或橄榄棕色，肩前一般有浅橘红色"W"形宽横纹，腹部浅灰色，咽胸部有褐色网状斑。雄蛙具单咽下外声囊。北方狭口蛙在全省广泛分布，多栖息于农舍周围、水坑附近的草丛中、木棍下和废弃的水池里，白天多在农田或田埂附近穴居，5～8月为繁殖期，一般在大雨过后的夜晚，选择静水塘或临时积水坑中求偶、抱对、产卵。繁殖期间雄蛙集群鸣叫，发出"呱—呱—呱—呱"鸣声。卵单生，卵胶膜形成圆盘帽状漂浮器，胚胎借此浮于水面，可充分吸收阳光和氧气。

估计数量及濒危原因：北方狭口蛙为典型的华北型物种，信阳大别山区应该是其分布的南限，在动物地理区划上占有重要的地位，也显示大别山区地理区系和气候过渡带的特点。

保护措施：建议列入重点保护动物名录，禁止猎捕。

16.7　两栖动物新种及其生物学特征

1. 新种——叶氏肛刺蛙 *Yeirana yei*

识别特征：个体较大，体长可达80mm以上。吻圆，鼓膜圆但不明显；紧靠眼后有一横肤棱；皮肤粗糙，肛部皮肤隆起显著，肛部周围有大量刺疣，肛孔下方两个大的白色圆形隆起，每个隆起上都有锥状黑刺；指、趾末端膨大成球状，腿短粗，趾间满蹼。体背面黄褐或黄橄榄绿色，体侧、股、胫腹面鲜黄色，咽颌部、胸腹部灰白色有褐色云状斑；两眼之间有一小白斑。雄性具有单咽下内声囊，第1指背面有稀疏的黑色角质刺。叶氏肛刺蛙栖息于海拔300～1100m山涧溪流回水凼处，水底为大小不等的鹅卵石，水偏酸性，pH约5.5。夏季成蛙伏在水底石块或岸边岩壁上，受惊则钻入石缝中；秋冬季则潜入深水大石下冬眠。4月初水温12℃左右叶氏肛刺蛙开始出蛰，繁殖期自4月下旬至5月上旬。参与繁殖的叶氏肛刺蛙雌雄性比约为1：1，没有抱对现象。一年四季在水中都能见到蝌蚪，蝌蚪附在石块上或钻入落叶下，根据蝌蚪的长度和发育分期，推测该蛙蝌蚪需要2～3年才能完成变态。该物种目前仅分布在河南、安徽大别山区。

估计数量及濒危原因：叶氏肛刺蛙虽然在大别山区为常见种，但其分布范围狭窄，繁殖率低，种群数量明显下降。人类的过度捕食是致危的主要原因，采矿、修路造成的水体污染和栖息地丧失也对其构成威胁。

保护措施：建议把叶氏肛刺蛙列为重点保护动物，严禁猎捕；改善水体环境，防止水体污染；河南大别山区为叶氏肛刺蛙的模式产地，可设立相关的保护地对该物种加强保护。

2. 河南省新记录——湖北侧褶蛙 *Pelophylax hubeiensis*（别名：青蛙）

识别特征：体长较黑斑侧褶蛙小；吻端尖；鼓膜一般大于眼径；后肢粗短；趾间满蹼；背侧褶宽厚，棕黄色，从眼后直达身体后端，最宽处与上眼睑几等宽；体背面绿色或浅褐色，有灰褐色或深绿色斑，头侧和体侧绿色，四肢背面棕黄色，股后正中有一条黄色细纵纹；腹面浅黄色；雄性没有声囊。生活在水草丰盛的池塘、稻田等静水水域。白天常匍匐于荷叶或水草上，夜间捕食。繁殖期从 4 月底至 7 月，每年可产卵 2～3 次；卵散生，附于水草、荷叶上；卵径 1.6mm 左右，植物极乳黄色，动物极黑褐色。河南桐柏、大别山区、太行山、伏牛山区及豫东黄淮平原等地被认为广泛分布着金线侧褶蛙（*Pelophylax plancyi*），2010 年，王新卫等通过对河南大别山区（信阳市、新县、商城县、光山县、固始县）、河南东部周口市、郸城县（豫东）及伏牛山区（南阳内乡县）3 个地理种群金线侧褶蛙性成熟个体进行判别分析和聚类研究，显示分布于大别山丘陵地区的种群属于湖北侧褶蛙。因此，目前河南省内仅知该物种分布于信阳、固始、光山、商城、淮滨、罗山、新县等大别山区。

估计数量及濒危原因：湖北侧褶蛙虽然在大别山区广泛分布，但其种群数量少。水体污染、栖息地丧失是其主要致危因素，其次，蛇、鱼、水獭等天敌对成蛙、蝌蚪、卵、幼体都有不同程度的危害。

保护措施：建议列入重点保护动物名录，禁止猎捕；改善水体环境，防止水体污染。

主要参考文献

陈晓虹，江建平，瞿文元. 2004. 叶氏隆肛蛙（无尾目，蛙科）的补充描述. 动物分类学报，29（2）：381～385.

费梁，胡淑琴，叶昌媛，黄永昭，等. 2006. 中国动物志两栖纲（上卷）. 北京：科学出版社.

费梁，胡淑琴，叶昌媛，黄永昭，等. 2009. 中国动物志两栖纲（中卷）. 北京：科学出版社.

费梁，胡淑琴，叶昌媛，黄永昭，等. 2009. 中国动物志两栖纲（下卷）. 北京：科学出版社.

费梁，叶昌媛. 2001. 四川两栖类原色图鉴. 北京：中国林业出版社.

瞿文元，路纪琪. 1998. 河南省两栖动物地理分布的聚类研究. 四川动物，17 2：81～85.

宋朝枢. 1994. 鸡公山自然保护区科学考察集. 一版. 北京：中国林业出版社.

王新卫，王丽，朱钰，等. 2010. 广义金线侧褶蛙河南 3 个地理种群的形态分析及分类探讨. 河南大学学报（自然科学版），40（6）：606～609.

张荣祖. 1999. 中国动物地理. 一版. 北京：科学出版社.

第17章　河南鸡公山自然保护区鱼类^①

鸡公山国家自然保护区有 4 条河流、8 座小水库、10 条小溪、20 余处山泉、多处池塘，水资源丰富。由于鸡公山地表径流山北有东双河、西双河、九渡河等注入淮河，流域面积约占 90%，南有环水等流入长江，流域面积约占 10%，故鱼类资源主要是淮河水系鱼类。

17.1　种类组成

经过近期的野外调查，结合原有的资料和参考文献，现在保护区共有鱼类 7 目、13 科、71 种，其中新增 2 目、3 科、22 种（表 17-1）。

表 17-1　鸡公山自然保护区鱼类名录

分类阶元	区系组成	数量
一、鲱形目 CLUPEIFORMES*		
（一）鳀科 Engraulidae*		
1. 短颌鲚 *Coilia brachygnathus* Kreyenber *et* Pappenheim*	o	+
二、鲑形目 SALMONIFORMES*		
（二）银鱼科 Salangidae*		
2. 大银鱼 *Protosalanx hyalocranius*（Abott）*	bmnoqs	+
3. 太湖新银鱼 *Neosalanx taihuensis* Chen *	os	+
三、鲤形目 CYPRINIFORMES		
（三）鲤科 Cyprinidae		
4. 青鱼 *Mylopharyngodon piceus*（Richardson）	bmnoqrs	++
5. 草鱼 *Ctenopharyngodon idellus*（Cuvier *et* Valenciennes）	bmnoqst	+++
6. 洛氏鱥 *Phoxinus lagowskii variegates*（Gunther）	kno	+
7. 鳡 *Elopichthys bambusa*（Richardson）	bmnoq	++
8. 南方马口鱼 *Opsariichthys uncirostris bidens*（Gunther）	mnoqrs	++
9. 宽鳍鱲 *Zacco platypus*（Temminck *et* Schlegel）	mnoqrst	++
10. 鳤 *Ochetobibus elongates*（Kner）	noq	+
11. 赤眼鳟 *Squaliobarbus curriculus*（Richardson）	bhjlmnoqrs	++
12. 似鳊 *Toxabramis swinhonis* Gunther*	noq	++
13. 餐条 *Hemiculter leucisculus*（Basilewsky）	bmnoqst	+++
14. 油餐条 *Hemiculter bleekeri bleekeri* Warpachowsky	bmnoqs	+
15. 长春鳊 *Parabramis pekinensis*（Basilewsky）*	noqrs	+
16. 红鳍鲌 *Culter erythropterus* Basilewsky	bmnoqst	++

---

① 本章由李学军、聂国兴执笔

续表

分类阶元	区系组成	数量
17. 银飘鱼 *Pseudolaubuca sinensis* Bleeker*	nops	+
18. 寡鳞飘 *Pseudolaubuca engraulis*（Nichols）*	nops	+
19. 翘嘴红鲌 *Erythroculter ilishaeformis*（Bleeker）	b	+++
20. 青梢红鲌 *Erythroculter dabryi*（Bleeker）	bmnoq	++
21. 三角鲂 *Megalobrama terminalis*（Richardson）	bmnoqs	++
22. 团头鲂 *Megalobrama amblycephala* Yih*	bmnoqs	+++
23. 银鲴 *Xenocypris argentea* Gunther*	bmnoqs	++
24. 黄尾鲴 *Xenocypris davidi* Bleeker*	noqr	+
25. 细鳞斜颌鲴 *Xenocypris microlepis* Bleeker*	bmnoqst	++
26. 逆鱼 *Acanthobrama simoni* Bleeker	no	+
27. 中华鳑鲏 *Rhodeus sinensis* Gunther	nos	++
28. 高体鳑鲏 *Rhodeus ocellatus*（Kner）*	oqrst	++
29. 兴凯刺鳑鲏 *Acanthorhodeus chankaensis*（Dybowsky）	bmnoq	++
30. 大鳍刺鳑鲏 *Acanthorhodeus macropterus* Bleeker	bmnoqrs	++
31. 斑条刺鳑鲏 *Acanthorhodeus taenianalis* Gunther	bmno	++
32. 越南刺鳑鲏 *Acanthorhodeus tonkinensis* Vaillant	noqrs	++
33. 半刺厚唇鱼 *Acrossocheilus hemispinus*（Nichols）*	s	+
34. 鲤 *Cyprinus carpio* Linnaeus	bhjlmnoqrst	+++
35. 鲫 *Carassius auratus*（Linnaeus）	chjlmnoqrst	+++
36. 花鳍 *Hemibarbus maculates* Bleeker	bmnoqr	++
37. 唇鳍 *Hemibarbus labeo*（Bleeker）*	bmnoqrst	+
38. 长吻鳍 *Hemibarbus longirostris*（Regan）	mnoqs	+
39. 似鳍 *Belligobio nummifer*（Boulenger）	os	+
40. 麦穗鱼 *Pseudorasbora parva*（Temminck *et* Schlegel）	bhlmnoqst	+++
41. 黑鳍鳈 *Sarcocheilichthys nigripinnis nigripinnis*（Gunther）	bmnoqrst	++
42. 华鳈 *Sarcocheilchthys sinensis sinensis* Bleeker	bnoq	+
43. 点纹颌须鮈 *Gnathopogon wolterstoffi*（Regan）	noqs	+
44. 银色颌须鮈 *Gnathopogon argentatus*（Sauvage *et* Dabry）	nopq	+
45. 吻鮈 *Rhinogobio typus* Bleeker*	hlnos	+
46. 似鮈 *Pseudogobio vaillanti vaillanti*（Sauvage）	nprt	+
47. 蛇鮈 *Saurogobio dabryi* Bleeker	bmnoqrs	+
48. 棒花鱼 *Abbottina rivularis* Barsilewsky	bmnos	+++
49. 长棒花鱼 *Abbottina elongate* Yao *et* Yang*	q	+
50. 鳙 *Aristichthys nobilis*（Richardson）	noqrs	+++
51. 鲢 *Hypophthalmichthys molitrix*（Cuvier *et* Valenciennes）	bmnoqs	+++
（四）鳅科 Cobitidae		
52. 花鳅 *Cobitis taenia* Linnaeus	blmnopqrst	+

分类阶元	区系组成	数量
53. 中华花鳅 *Cobitis sinensis* Sauvage	qs	＋
54. 泥鳅 *Misgurnus anguillicaudatus*（Cantor）	bhjlmnopqrst	＋＋＋
四、鲇形目 SILURIFORMES		
（五）鲇科 Siluridae		
55. 鲇 *Silurus asotus* Linnaeus	bhjlmnoqst	＋＋
（六）鲿科 Bagridae		
56. 黄颡鱼 *Pseudobagrus fulvidraco*（Richardson）	bmnoqs	＋＋＋
57. 光泽黄颡鱼 *Pseudobagrus nitidus* Sauvage et Dabry	o	＋
58. 江黄颡鱼 *Pseudobagrus vachelli*（Richardson）	mnoqs	＋
59. 长吻鮠 *Leiocassis longirostris* Gunther*	mnoqs	＋
60. 盎堂鮠 *Leiocassis ondan*（Shaw）	o	＋
61. 鳠 *Hemibagrus macropterus* Bleeker*	o	＋
（七）鮠科 Amblycipitidae*		
62. 司氏鮁 *Liobagrus stani* Regan*	o	＋
五、合鳃目 SYNBRANCHIFOR		
（八）合鳃科 Synbranchidae		
63. 黄鳝 *Monopterus albus*（Zuiew）	jmnopqrst	＋＋＋
六、鲈形目 PERCIFORMES		
（九）鳢科 Channidae		
64. 乌鳢 *Ophiocephalus argus*（Cantor）	qrst	＋＋＋
（十）鮨科 Serranidae		
65. 鳜 *Siniperca chuatsi*（Basilewsky）	bmnoqs	＋
66. 斑鳜 *Siniperca scherzeri* Steindachner*	bjmnos	＋
67. 大眼鳜 *Siniperca kneri* German*	oq	＋
（十一）塘鳢科 Eleotridae		
68. 黄黝鱼 *Hypseleotris swinhonis*（Gunther）	mnos	＋＋
（十二）鰕虎鱼科 Gobiidae		
69. 子陵栉鰕虎鱼 *Ctenogobius giurinus*（Rutter）	noqrst	＋＋
70. 波氏栉鰕虎鱼 *Ctenogobius clifforpopei*（Nichols）	o	＋＋
七、刺鳅目 MASTACEMBELIFORMES		
（十三）刺鳅科 Mastacembelidae		
71. 刺鳅 *Mastacembelus aculeatus*（Basilewsky）	mnost	＋

　　* 为新发现的目或科或种。

　　＋＋＋数量多，＋＋数量一般，＋数量少。

　　a 北方区额尔齐斯河亚区，b 北方区黑龙江亚区，c 华西区准格尔亚区，d 华西区伊犁额敏亚区，e 华西区塔里木亚区，f 华西区藏西亚区，g 华西区青藏亚区，h 华西区陇西亚区，i 华西区康藏亚区，j 华西区川西亚区，k 宁蒙区内蒙亚区，l 宁蒙区河套亚区，m 华东区辽河亚区，n 华东区河海亚区，o 华东区江淮亚区，p 华南区怒澜亚区，q 华南区珠江亚区，r 华南区海南岛亚区，s 华南区浙闽亚区，t 华南区台湾亚区，u 华南区南海诸岛亚区。

现在保护区记录的 71 种鱼类中，从鱼类种类组成分析，以鲤形目种类最多，占到鱼类种类总数的 71.83%，其次是鲇形目的鱼类，占到 11.27%，鲈形目的鱼类占到 9.86%（表 17-2）。

表 17-2　鱼类种类组成

目名称	科数	种数	所占比例/%
鲱形目	1	1	1.41
鲑形目	1	2	2.82
鲤形目	2	51	71.83
鲇形目	3	8	11.27
合鳃目	1	1	1.41
鲈形目	3	7	9.86
刺鳅目	1	1	1.41
合　计	13	71	100

17.2　区系分析

鸡公山地区鱼类区系复杂多样，隶属 5 区 13 亚区 44 种区系类型，鱼类各区和亚区所占的比重见表 17-3。

保护区的鱼类主要由华东区（44.31%）和华南区（40.43%）成分构成，其次是北方区（8.86%）；亚区中比例最高的是华东区的江淮亚区和河海亚区，分别各占了 18% 和 15.18%，比例最低的是宁蒙区的内蒙古亚区，比例只有 0.28%。因此，保护区的鱼类具有较强的华东区系和华南区系的双重特征。同时由于该地区又有山地、丘陵、平原地貌，如此特殊的地理环境，为这里的鱼类提供了丰富的食物来源和多样的生态环境，使许多种类能够顺利繁衍生息，从而形成了鸡公山地区独特的鱼类区系结构。

表 17-3　鱼类各区和亚区物种所占比重

淡水鱼类区系名称	亚区名称	该属性物种数	所占百分比/%
北方区	黑龙江亚区	32	8.86
华西区	陇西亚区	7	1.94
	川西亚区	7	1.94
宁蒙区	内蒙古亚区	1	0.28
	河套亚区	8	2.22
华东区	辽河亚区	39	10.80
	河海亚区	56	15.51
	江淮亚区	65	18
华南区	怒澜亚区	7	1.94
	珠江亚区	49	13.57
	海南亚区	22	6.09
	浙闽亚区	49	13.57
	台湾亚区	19	5.26
合　计		361	100

17.3　珍稀濒危鱼类及其生物学特性

1. 短颌鲚 Coilia brachygnathus Kreyenber et Pappenheim（别名：毛鲚、毛刀鱼）

识别特征：体长而侧扁，头部至尾部逐渐变细，上颌骨较短，向后延长不超过鳃盖的后缘；鳞大，薄而透明，体侧纵列鳞数目较少。

短颌鲚一般栖息于淡水江河及通江湖泊中。4月上旬性成熟，雄鱼小于雌鱼。成鱼主要以鱼虾为食，幼鱼主要摄食桡足类、枝角类和昆虫幼虫。

濒危状况及原因：短颌鲚是中国的特有物种，也是重要的经济鱼类，在河南主要分布在淮河流域，分布范围小，数量少。濒危的主要原因是气候干旱、江河断流、干枯及水体污染。

2. 鳜 Siniperca chuatsi（Basilewsky）（别名：鳜鱼、桂鱼、季花鱼）

识别特征：体较高而侧扁，背部隆起，体侧上部呈青黄色或橄褐色，有许多不规则暗棕色或黑色斑点和斑块，腹部灰白，背鳍一个，口较大，下颌突出，眼较小，鱼鳞细小、呈圆形，侧线鳞为 110～142。

鳜一般栖息于静水或缓流的水体中，尤以水草茂盛的湖泊中数量最多。性凶猛，肉食性。捕食水中鱼虾。通常 2 冬龄性成熟，亲鱼多于 5～7 月集群于夜间在平缓的流水环境中繁殖产卵。鳜肉洁白、细嫩而鲜美，无小刺，富含蛋白质。

濒危状况及原因：鳜是中国特产的一种食用淡水鱼，在河南主要分布于淮河流域的河流、水库中。濒危主要原因是河流干枯、断流、污染及过度捕捞。

3. 长吻鮠 Leiocassis longirostris Gunther（别名：江团）

识别特征：长吻鮠体长，吻锥形，向前显著地突出，下位，呈新月形，唇肥厚，眼小。须 4 对，细小。无鳞，背鳍及胸鳍的硬刺后缘有锯齿，脂鳍肥厚，尾鳍深分叉。体色粉红，背部稍带灰色，腹部白色，鳍为灰黑色。

长吻鮠一般生活于江河的底层，冬季多在干流深水处多砾石的夹缝中越冬。为肉食性鱼类，主要食物为小型鱼类和水生昆虫。性成熟期为 3 龄，雄鱼比雌鱼个体大，每年 4～6 月产卵。长吻鮠为大型的经济鱼类，其肉嫩，味鲜美，富含脂肪，又无细刺，被誉为淡水食用鱼中的上品。此鱼最美之处在于有带软边的腹部，而且其鳔特别肥厚，干制后为名贵的鱼肚。

濒危状况及原因：长吻鮠在河南分布范围小，数量少。濒危主要原因是河流干枯、断流、污染及过度捕捞。

4. 大银鱼 Protosalanx hyalocranius（Abott）（别名：面条鱼、面丈鱼）

识别特征：大银鱼是银鱼科中个体最大的一种。体细长、无色透明，没有鳞片，前部略呈圆筒形，后部侧扁，吻部尖细，头部平扁，下颌长于上颌，背鳍后具一脂鳍，眼睛从背部看眼圈呈金黄色，从侧面看呈银白色，活体腹面及两侧各有数行色素组成的小黑点。

大银鱼主要分布于东海、黄海、渤海沿海及长江、淮河中下游河道和湖泊水库。为无胃型凶猛鱼类，幼鱼阶段食浮游动物的枝角类、桡足类及一些藻类，成体后逐渐向肉食性转移，以小型鱼虾为食。大银鱼产卵期为 12 月中旬至次年 3 月中下旬，产卵水温为 2～8℃。

大银鱼味鲜美，营养丰富，具有特殊风味，特别是产卵前最丰美。除鲜食外，多数晒干外销，商品名为"燕干"。

濒危状况及原因：大银鱼是中国的特有物种，在河南主要分布在淮河流域水库中。濒危主要原因是河流干枯、断流、污染及过度捕捞。

17.4　重要经济鱼类

保护区 71 种鱼类都可供食用，其中分布较广、产量较大的有鲢、草鱼、鳙、鲤、鲫、翘嘴红鲌、乌鳢、鲇、团头鲂、黄鳝、泥鳅、餐条、麦穗鱼、黄颡鱼、棒花鱼等；个体较大、经济价值较大的有鲢、草鱼、鳙、青鱼、鲤、鲫、翘嘴红鲌、乌鳢、鲇、团头鲂、黄鳝、泥鳅、黄颡鱼、江黄颡、鳜、赤眼鳟、长吻鮠、鳡等。其中，在总产量中，常规养殖对象鲢、鳙的产量占 50%，鲤、鲫的产量占 20%，草鱼、青鱼的产量占 6%，乌鳢、鲇的产量占 6%，其他鱼类的产量占 18%。另外，近年的一些引进种类和品种，产量和经济价值也在不断提高，如大银鱼、团头鲂及异育银鲫、彭泽鲫等。

除了鲢、草鱼、鳙、鲤、鲫、团头鲂等常规养殖种类，名优品种、特优品种的养殖已经越来越受重视。保护区的 71 种鱼类目前有较大发展潜力的种类主要有如下几种。

1. 青鱼 *MyIopharyngodon piceus*（Richardson）（别名：螺蛳青、青皖）

识别特征：体长，略呈圆筒形，尾部侧扁，腹部圆，无腹棱。头部稍平扁，尾部侧扁。口端位，呈弧形。上颌稍长于下颌。无须。下咽齿 1 行，呈臼齿状，咀嚼面光滑，无槽纹。背鳍和臀鳍无硬刺，背鳍与腹鳍相对。体背及体侧上半部青黑色，腹部灰白色，各鳍均呈灰黑色。

生活习性：青鱼习性不活泼，通常栖息在水的中下层，食物以螺蛳、蚌、蚬、蛤等为主，亦捕食虾和昆虫幼虫。在鱼苗阶段，则主要以浮游动物为食。青鱼生长迅速，个体较大，成鱼最大个体可达 70kg。

养殖概况：青鱼中除含有丰富蛋白质、脂肪外，还含丰富的硒、碘等微量元素，故有抗衰老、抗癌作用，青鱼的市场价格也远高于草鱼等种类。我国历来将青鱼与鲢、鳙和草鱼等混养，成为中国池塘养鱼的主要方式。由于主要摄食螺类，过去有限的饵料资源影响了青鱼养殖的发展。现采用人工配合饵料，已获初步成效，各地区主养青鱼的规模在不断扩大。

2. 赤眼鳟 *Squaliobarbus curriculus*（Richardson）（别名：红眼鱼、红眼马郎、参鱼）

识别特征：体长筒形，后部较扁，头锥形，吻钝。须两对细小，体银白，背部灰黑，体侧各鳞片基部有一黑斑，形成纵列条纹。鳞大，侧线平直后延至尾柄中央。尾鳍深叉形、深灰具黑色边缘。眼上缘有一红斑故名红眼鱼。

生活习性：江河中层鱼类，生活适应性强。善跳跃，易惊而致鳞片脱落受伤。杂食性鱼类，藻类、有机碎屑、水草等均可摄食，也喜食人工配合饲料。赤眼鳟性成熟早，2 龄鱼即可达性成熟。生殖期一般在 4~9 月。

养殖概况：赤眼鳟肉质细嫩、肌间刺少、味道鲜美、营养丰富，是近年来开发的优质经济鱼类，具有生长快、适应性强、食性杂、商品售价高等优点。

3. 翘嘴红鲌 *Erythroculter ilishaeformis* （Bleeker）（别名：白鱼、翘嘴鲢子、翘唇白、翘跃子）

识别特征：体细长，侧扁，呈柳叶形。头背面平直，头后背部隆起。口上位，下颌坚厚急剧上翘，竖于口前，使口裂垂直。眼大而圆。鳞小。腹鳍基部至肛门有腹棱。背鳍有强大而光滑的硬棘，第二棘最甚。

生活习性：翘嘴红鲌属中上层大型淡水鱼类，行动迅猛，善于跳跃，性情暴躁，容易受惊。其生长迅速，是以活鱼为主食的凶猛肉食性鱼类，苗期以浮游生物及水生昆虫为主食，50g 以上的主要吞食小鱼、小虾。

养殖概况：广泛分布于我国平原诸水系，以长江中下游地区各水域产量最多。翘嘴红鲌为我国四大名鱼之一，具有很高的经济价值。其肉洁白鲜嫩，营养价值高，每 100g 肉含蛋白质 18.6g、脂肪 4.6g。目前，翘嘴红鲌的人工繁殖、苗种培育及配合饲料开发等工作都已经成熟，在浙江、湖北、安徽等省，翘嘴红鲌养殖已经成为新的热潮。

4. 细鳞斜颌鲴 *Xenocypris microlepis* Bleeker（别名：沙姑子、黄尾巴梢、黄片）

识别特征：口下位，略呈弧形，下颌有较发达的角质边缘。下咽齿 3 行。鳃耙 39～48。侧线鳞 74～84。自腹鳍基部至肛门间有明显的腹棱。

生活习性：细鳞斜颌鲴在江河、湖泊和水库等不同环境均能生活。以着生藻类、腐屑及水生高等植物碎屑为食。一般 2 年可达性成熟，繁殖力强，4～6 月产卵，集群溯河至水流湍急的砾石滩产卵。卵黏性。

养殖概况：细鳞斜颌鲴属于鲴亚科中个体较大的种类，生长较快，2 年能长至 500g 左右。病害少，肉味鲜美，经济价值高，食物链较短，主要摄食水体中比较丰富、大多数经济鱼类不能利用的底生藻类、腐屑，与其他主要养殖鱼类没有食物矛盾，可以充分利用水体的天然饵料而取得相当高的群体生产量，从而提高经济效益。因此，细鳞斜颌鲴目前已成为一个新的养殖对象和移植对象。

5. 泥鳅 *Misgurnus anguillicaudatus* Cantor（别名：鱼鳅）

识别特征：体细长，前段略呈圆筒形，后部侧扁。口小、下位，马蹄形。眼小，无眼下刺。须 5 对。鳞极其细小，圆形，埋于皮下。体背部及两侧灰黑色，全体有许多小的黑斑点，头部和各鳍上亦有许多黑色斑点，背鳍和尾鳍膜上的斑点排列成行，尾柄基部有一明显的黑斑。

生活习性：泥鳅喜欢栖息于静水的底层，常出没于湖泊、池塘、沟渠和水田底部富有植物碎屑的淤泥表层。对环境适应力强，不仅能用鳃和皮肤呼吸，还具有特殊的肠呼吸功能。泥鳅多在晚上出来捕食浮游生物、水生昆虫、甲壳动物、水生高等植物碎屑及藻类等，有时亦摄取水底腐殖质或泥渣。泥鳅 2 冬龄即发育成熟，每年 4 月开始繁殖。

养殖概况：泥鳅肉质鲜美、营养丰富，富含蛋白质，还有多种维生素，并具有药用价值，是人们所喜爱的水产佳品，具有广阔的国内外市场。在国内，人们一直以来都将泥鳅视为滋补强身的佳品，市场需求年年攀升；在国际市场上，泥鳅更是畅销紧俏的水产品，是中国传统的外贸出口商品，在日本、韩国尤其受欢迎。随着泥鳅人工繁殖技术的进一步完善，泥鳅养殖业在河南及其他省份进行的苗种繁育和养殖推广工作，成效显著，泥鳅在很多地区已经成为一种重要的养殖对象。

6. 鲇 *Silurus asotus* Linnaeus（别名：胡子鲢、黏鱼、塘虱鱼、猫鱼）

识别特征：体长形，头略大而平扁。口宽大，下颌突出。齿细尖绒毛状。眼小，被皮膜。上颌须 1 对，可伸达胸鳍末端。下颌须 1 对，较短，体无鳞。臀鳍很长，后端连于略凹的尾鳍。

生活习性：鲇主要生活在江河、湖泊、水库、坑塘的中下层，多在沿岸地带活动。白天隐于草丛、石块下或深水底，一般夜晚觅食活动频繁。鲇为凶猛肉食性鱼类，成鱼主要捕食小型鱼虾，幼鱼以浮游动物、软体动物、水生昆虫幼虫和虾等为食。鲇一般 2 龄性成熟，产卵期为 4～8 月。

养殖概况：鲇不仅含有丰富的营养，而且肉质细嫩、美味浓郁、刺少、开胃、易消化，特别适合老人和儿童，是我国重要的名贵优质水产品，深受市场欢迎。随着养殖技术和饲料工业的发展，鲇的养殖规模不断扩大，已由原来的作为搭配养殖对象变成重要的主养对象，而且鲇的新品种培育工作也是目前淡水养殖对象中较突出的。

7. 黄颡鱼 *Pseudobagrus fulvidraco*（Richardson）（别名：革牙、黄腊丁、黄鳍鱼、黄刺骨）

识别特征：体长，腹平，体后部稍侧扁。头大且平扁，吻圆钝，口大，下位，上下颌均具绒毛状细齿。眼小，须 4 对。无鳞。背鳍和胸鳍均具发达的硬刺，硬刺尖带有毒性，刺活动时能发声。体青黄色，大多数种具不规则的褐色斑纹；各鳍灰黑带黄色。

生活习性：黄颡鱼多在静水或江河缓流中活动，营底栖生活。白天栖息于湖水底层，夜间则游到水上层觅食。黄颡鱼是肉食性为主的杂食性鱼类，食物主要包括小鱼、虾、各种陆生和水生昆虫、小型软体动物和其他水生无脊椎动物。黄颡鱼生长速度较慢，常见个体重200～300g，2～4 龄达性成熟，一般 4～6 月产卵。

养殖概况：黄颡鱼属底栖杂食性鱼类，其肉质细嫩、营养丰富、经济价值极高，是极具市场潜力的养殖品种，在日本、韩国、东南亚等国家亦有巨大的市场，是出口创汇的优良品种。近年来，黄颡鱼养殖在各地推广迅速，人工繁殖及专用饲料开发已日渐成熟。

8. 江黄颡鱼 *Pseudobagrus vachelli*（Richardson）（别名：革牙、硬角黄腊丁、江颡）

识别特征：头顶覆盖薄皮。须 4 对，上颌须末端超过胸鳍基部。体无鳞。背鳍刺比胸鳍刺长，后缘具锯齿。胸鳍刺前缘光滑，后缘也有锯齿。腹鳍末端达臀鳍，腹鳍基部稍短于臀鳍基部。臀鳍条 21～25。

生活习性：江黄颡鱼属温水性鱼类，昼伏夜出。生存温度 0～38℃，最佳生长水温 25～28℃，耐低氧能力一般。杂食性鱼类，食物种类多。江黄颡鱼 2 龄少部分性成熟，3 龄全部性成熟。一年产一次卵，4～6 月为繁殖期，在河床的滩下挖巢产卵，卵黏成团，借流水冲动孵化。

养殖概况：江黄颡鱼在黄颡鱼属中个体最大、生长最快，营养价值和经济价值也最高。目前，已成为黄颡鱼品种中的养殖新贵，养殖规模正日益扩大。但由于江黄颡鱼的野性驯化不够，繁殖比较困难，苗种供不应求。

9. 黄鳝 *Monopterus albus*（Zuiew）（别名：鳝鱼、田鳝或田鳗）

识别特征：体细长呈蛇形，体前圆后部侧扁，尾尖细。头长而圆。口大，端位，上颌稍突出，唇颊发达。上下颌及口盖骨上都有细齿。眼小，为一薄皮所覆盖。左右鳃孔于腹面合而为一，呈"V"字形。鳃膜连于鳃颊。体表一般有润滑液体，方便逃逸，无鳞。无胸鳍和腹鳍。背鳍和臀鳍退化仅留皮褶，无软刺，都与尾鳍相联合。

生活习性：黄鳝为营底栖生活的鱼类，适应能力强，在河道、湖泊、沟渠及稻田中都能生存。日间喜在多腐殖质淤泥中钻洞或在堤岸有水的石隙中穴居。白天很少活动，夜间出穴觅食。鳃不发达，而是借助口腔及喉腔的内壁表皮作为呼吸的辅助器官，能直接呼吸空气。黄鳝是以各种小动物为食的杂食性鱼类，性贪。黄鳝生殖期为 6～8 月，在其个体发育中，具有雌雄性逆转的特性，即从胚胎期到初次性成熟时都是雌性，产卵后卵巢逐渐变为精巢。

养殖概况：黄鳝肉嫩味鲜，营养价值甚高，不仅为席上佳肴，其肉、血、头、皮均有一定的药用价值。鳝中含有丰富的二十二碳六烯酸（DHA）和卵磷脂，深受群众喜爱，畅销国外市场。近年来，黄鳝市场价格一路走高，刺激黄鳝养殖业蓬勃发展，池塘养殖、网箱养殖、无土养殖等各种养殖模式不断涌现。但由于黄鳝人工繁殖技术尚不成熟，苗种成为黄鳝养殖业的主要制约因素。

10. 乌鳢 *Ophiocephalus argus*（Cantor）（别名：黑鱼、生鱼、乌鱼、文鱼和才鱼）

识别特征：身体前部呈圆筒形，后部侧扁。头长，前部略平扁，后部稍隆起。口大，端位，口裂稍斜，并伸向眼后下缘，下颌稍突出。牙细小，带状排列于上下颌。眼小，上侧位，居于头的前半部，距吻端颇近。鳃裂大，左右鳃膜愈合，不与颊部相连。鳃耙粗短，排列稀疏，鳃腔上方左右各具一有辅助功能的鳃上器。体色呈灰黑色，体背和头顶色较暗黑，腹部淡白，体侧各有不规则黑色斑块，头侧各有 2 行黑色斑纹。奇鳍具黑白相间的斑点，偶鳍为灰黄色间有不规则斑点。背鳍颇长，几乎与尾鳍相连，无硬棘，始于胸鳍基底上方，距吻端较近。尾鳍圆形。肛门紧位于臀鳍前方。

生活习性：营底栖性鱼类，通常栖息于水草丛生、底泥细软的静水或微流水中，遍布于湖泊、江河、水库、池塘等水域内。对水体中环境因子的变化适应性强，尤其对缺氧、水温和不良水质有很强的适应能力。凶猛肉食性鱼类，且较为贪食。仔幼鱼主食桡足类、枝角类及摇蚊幼虫等，成鱼则以各种小型鱼类和青蛙为捕食对象。一般 2 冬龄性成熟，主要繁殖时间为 5～7 月。

养殖概况：乌鳢有极强的生命力和对环境的适应能力，而且生长速度也比较快，含肉率高，又无肌间细刺，是典型的高蛋白质、低脂肪的保健食品，在东南亚及我国两广、港澳台地区一向被视作佳肴兼补品，故而身价不凡。此外，与其他鱼类不同，乌鳢离水后不易死亡，死后肌体也不易腐败变质，所以更便于长途运输与加工。目前乌鳢的养殖在全国各地都有开展，而且随着苗种和饲料问题的解决，池塘主养乌鳢的规模在不断扩大，有的养殖亩产量已经接近 1 万 kg。

11. 斑鳜 *Siniperca scherzeri* Steindachner（别名：花鲈、火烧桂、乌桂、黄花桂）

识别特征：体长、侧扁，背为圆弧形，不甚隆起。口大，端位，稍向上倾斜，下颌略突出，犬齿发达。前鳃盖骨、间鳃盖骨和下鳃盖骨的后下缘有绒毛状细锯齿。鱼体、鳃盖均被细鳞。鳃耙 4 枚，侧线鳞 104～124。幽门垂 45～33。头部具暗黑色小圆斑，体侧有较多环形斑。个体不大，一般体长 100～300mm，产量不高。体棕黄色或灰黄色，腹部黄白色。头顶、背部及侧线上都有近似圆形的大小不等的黑斑，但不呈条纹状。各鳍棘上有黑色斑点，胸鳍、腹鳍为淡褐色。

生活习性：斑鳜在江河、湖泊中都能生活，尤喜栖息于流水环境。底栖，喜清水，特别喜欢藏于石块、树根或繁茂的草丛之中。斑鳜是典型的肉食性凶猛鱼类，在自然环境中，主要吃食鱼、虾类等活饵料。一般 2 冬龄性成熟，主要繁殖时间为 5～7 月。

养殖概况：斑鳜肉洁白、细嫩而鲜美，无小刺，富含蛋白质，是淡水名贵鱼类，市场价格高，需求量大。由于斑鳜具有摄食活饵的特点，受饵料制约，过去主要作为搭配养殖对象。随着养殖技术发展和饵料资源的开发，池塘主养斑鳜的规模在不断扩大。

12. 大眼鳜 *Siniperca kneri* German（别名：刺薄鱼、羊眼桂鱼）

识别特征：眼较大，头长为眼径的 4.7～5.1 倍。上颌骨后端仅伸达眼后缘之前的下方。下颌前方犬牙不明显，幽门垂 68～95。侧线有孔鳞 85～98。颊部不被鳞。

生活习性：大眼鳜亦为肉食性凶猛鱼类，食物以鱼为主，其次为虾类。喜栖息于流水环境中。分布于长江流域或淮河中下游各地。

养殖概况：肉味鲜美，少细刺，为名贵鱼类。生长速度较鳜慢，目前养殖较少，主要作为搭配养殖对象。

17.5　保护建议

（1）保护水域环境，合理开发、利用水资源。保护区内尽量减少水利工程建设，减少对水资源的过度利用，保护鱼类的栖息环境。

（2）保护水源，防止污染。严格监管保护区流域内及周边污染源，严禁有毒、有害水体流入保护区；加强环保宣传，尽量减少工农业及生活污水排放量。

（3）杜绝过度捕捞，严禁毒鱼、炸鱼，取缔迷魂阵等对鱼类资源破坏较大的渔具、渔法。

（4）引导开展鱼类养殖。扩大常规鱼类养殖规模，加强对保护区内经济价值大、具有地域特色鱼种的开发，提高养殖产量和效益，增加保护区及周边农民收入，减少对野生鱼类资源的捕捞和破坏。

（5）确定保护区保护鱼类名录，加强管理，划定禁渔区和禁渔期。建议保护鱼类名录见表 17-4。

表 17-4　保护鱼类名录

种类	禁渔期	保护级别
1. 短颌鲚 *Coilia brachygnathus* Kreyenber *et* Pappenheim	全年	高
2. 大银鱼 *Protosalanx hyalocranius*（Abott）	11 月～次年 4 月	一般
3. 太湖新银鱼 *Neosalanx taihuensis* Chen	3～6 月	一般
4. 鳡 *Elopichthys bambusa*（Richardson）	3～9 月	一般
5. 翘嘴红鲌 *Erythroculter ilishaeformis*（Bleeker）	3～9 月	一般

续表

种类	禁渔期	保护级别
6. 三角鲂 *Megalobrama terminalis*（Richardson）	3～9 月	一般
7. 团头鲂 *Megalobrama amblycephala* Yih	3～9 月	一般
8. 细鳞斜颌鲴 *Xenocypris microlepis* Bleeker	3～9 月	一般
9. 鲇 *Silurus asotus* Linnaeus	3～9 月	一般
10. 江黄颡鱼 *Pseudobagrus vachelli*（Richardson）	3～9 月	一般
11. 长吻鮠 *Leiocassis longirostris* Gunther	全年	高
12. 乌鳢 *Ophiocephalus argus*（Cantor）	3～9 月	一般
13. 鳜 *Siniperca chuatsi*（Basilewsky）	全年	高
14. 斑鳜 *Siniperca scherzeri* Steindachner	3～9 月	高
15. 大眼鳜 *Siniperca kneri* German	3～9 月	高

主要参考文献

成庆泰，郑葆珊. 1987. 中国鱼类系统检索表（上，下册）. 北京：科学出版社.

冯昭信. 1997. 鱼类学. 二版. 北京：中国农业出版社.

李思忠. 1981. 中国淡水鱼类的分布区划. 北京：科学出版社.

李红敬. 2003. 信阳溪流淡水鱼类资源调查. 河南农业科学，（1）：32～33.

李红敬，任长江，祁红兵，等. 2003. 信阳鱼类资源调查. 信阳师范学院学报（自然科学版），16（1）：54～57.

孟庆文，缪学祖，俞泰济，等. 1987. 鱼类学. 上海：上海科学技术出版社.

宋朝枢. 1994. 鸡公山自然保护区科学考察集. 北京：中国林业出版社.

新乡师范学院生物系鱼类志编写组. 1984. 河南鱼类志. 郑州：河南科学技术出版社.

杨干荣. 1987. 湖北鱼类志. 武汉：湖北科学技术出版社.

第18章　河南鸡公山自然保护区昆虫[①]

鸡公山是大别山西端的一座著名的山峰，位于河南省与湖北省交界处，是我国南北方的天然分界线，地处世界动物、植物地理的交汇区和过渡地带，素有"青分楚豫"之称。是以自然景观为主、人文景观为辅的山岳型国家重点风景名胜区。早在20世纪初就与庐山、莫干山、北戴河并称为中国"四大避暑胜地"。

鸡公山地貌类型复杂，森林植被多样，昆虫种类多样性非常丰富，是一个天然的昆虫博物馆和基因库。鸡公山的昆虫学研究起步较植物学研究略晚，有关早期鸡公山昆虫的研究历史，不像植物学那样有较多的研究论文和历史资料可以考证，但从零散的研究资料中仍然能够找到一些历史的线索。中山大学梁铬球教授1991年发表的昆虫新种——鸡公山台蚱 *Formosatettix henanensis* Liang，其模式标本就是1936年8月16日采自河南信阳鸡公山的，采集者是曾经在岭南大学任教的美国昆虫学家丁谦（Tinkham E. R.）。中山大学昆虫标本馆中还有许多同时期采于鸡公山的昆虫标本。早在1934年夏季，黄以仁先生就率领河南大学生物系学生来鸡公山进行野外实习、采集植物标本。新中国成立后湖北、山东、山西、天津等省内外大专院校、科研单位多次到鸡公山考察采集，但一直没有系统全面地开展深入的昆虫调查。1994年出版的《鸡公山自然保护区科学考察集》昆虫部分虽然记录昆虫1041种，较为全面，但直接考察结果较少，多引自申效诚等1993年出版的《河南昆虫名录》。申效诚先生和河南省昆虫学会于1997年7月邀请中国农业大学、中国科学院动物研究所、北京林业大学、南开大学、中国林业科学研究院、西北农业大学、安徽农业大学、南京农业大学、浙江农业大学、中南林学院、浙江林学院、内蒙古包头市园林科研所及河南农科院、河南农业大学、河南师范大学、河南省森防站等单位的专家30多人到鸡公山考察。考察队人员组成如下。

考察队长：彩万志。

考察副队长：花保祯，蔡平。

考察队员：杨集昆，王心丽，赵芳，孙路，李竹，杨忠歧，黄复生，陈树椿，虞国跃，任树芝，张虎芳，李后魂，王淑霞，魏美才，文军，段半锁，武三安，陈学新，吴鸿，张雅林，田润刚，冯纪年，吴海霞，杜豫州，王备新，郑发科，时振亚，王高平，申效诚，张志勇，鄢广运，牛瑶。

鸡公山国家级自然保护区管理局敬广伟，陈锋。

经过一年的鉴定，这次考察的成果结集出版了《河南昆虫分类区系研究第三卷 鸡公山区昆虫》，已有9目78科484属656种，其中发现新种24个，中国新记录属1个，中国新记录种8个，河南新记录科6个，河南新记录属111个，河南新记录种232个。新种及新记录种类共计264个，占已经鉴定种类的40.24%，例如，叶蜂科和菌蚊科的新种比例都在30%以上，茧蜂科的所有调查种类都是河南新记录，鸡公山作为研究中国昆虫分布、进行区系分析的关键地点，被昆虫学家们关注已久。但由于这一地区昆虫资料零星分散，使它在

---

①　本章由吕九全执笔，牛瑶提供资料

学术上的价值不能充分发挥。本次考察发现的新记录中，不仅不少种类填补了南北都有分布的昆虫在中原地区的中断，更将很多南方种类的分布北限和北方种类的分布南限延伸到此地，也有许多华东种类和西北、西南种类扩展到这里。鸡公山不仅是南北物种的过渡地带，也是东西物种的交流通道，是一个东西南北交叉的十字路口，已引起多方关注，突显了鸡公山的过渡地带的特征和关键点的作用。此后十多年这次考察的结果持续发酵，陆续又有许多鸡公山的昆虫新种被发表，有些后续工作至今仍在继续。近年来，有许多年轻的昆虫学工作者和研究生，对鸡公山的昆虫进行了进一步的调查研究，并取得了不少可喜的研究成果。

18.1 部分以鸡公山为模式产地的昆虫

1. 鸡公山虻 *Tabanus jigongshanensis* Xu，1983
2. 大囟散白蚁 *Reticulitermes gaoshi* Li *et* Ma，1987
3. 毛唇散白蚁 *Reticulitermes tricholabralis* Ping *et* Li，1992
4. 鸡公山台蚱 *Formosatettix henanensis* Liang，1991
5. 宽胸异距蝗 *Heteroptemis latisterna* Wang *et* Xia，1992
6. 狭胸金色蝗 *Chrysacris stenosterna* Niu，1994
7. 郑氏比蜢 *Peilomastax zhengi* Niu，1994
8. 喇叭贝蠓 *Bezzia bucina* Li *et* Yu，1997
9. 幻影库蠓 *Culicoides phasmatua* Liu *et* Yu，1997
10. 随意阿蠓 *Alluadomyia lucania* Li *et* Yu，1997
11. 鸡公山小头蓟马 *Microcephalothrips jigongshanensis* Feng，Nan *et* Guo，1998
12. 极乐菌蚊 *Mycetophila paradisa* Wu，He *et* Yang，1998
13. 似锯菌蚊 *Mycetophila prionoda* Wu，He *et* Yang，1998
14. 鸡公山短肛䗛 *Baculum jigongshanense* Chen *et* Li，1999
15. 邻短肛䗛 *Baculum vicinum* Chen *et* Li，1999
16. 鸡公山小绿叶蝉 *Empoasca jigongshana* Cai *et* Shen，1999
17. 橙色长柄叶蝉 *Alebroides aurantinus* Cai *et* Shen，1999
18. 鸡公山新蝎蛉 *Neopanorpa jigongshanensis* Hua，1999
19. 弯斑方瓢虫 *Pseudoscymnus curvatus* Yu，1999
20. 鸡公山小瓢虫 *Scymnus*（*Pullus*）*jigongshan* Yu，1999
21. 黑尾锥叶蜂 *Pristiphora melanopygiolia* Wei，1999
22. 锚附烟黄叶蜂 *Tenthredo concaviappendix* Wei，1999
23. 尹氏长角叶蜂 *Tenthredo yinae* Wei，1999
24. 黑缨麦叶蜂 *Dolerus guisanicollis* Wei，1999
25. 河南麦叶蜂 *Dolerus henanicus* Wei，1999
26. 文氏黑毛三节叶蜂 *Arge wenjuni* Wei，1999
27. 信阳黑毛三节叶蜂 *Arge xinyangensis* Wei，1999
28. 陈氏淡毛三节叶蜂 *Arge cheni* Wei，1999
29. 黑毛伪三节叶蜂 *Cibdela melanomala* Wei，1999
30. 鸡公巧菌蚊 *Phronia jigongensis* Wu，1999
31. 光滑束菌垃 *Zygomyia calvusa* Wu，1999

32. 河南棘膝大蚊 *Holorusia henana* Yang，1999
33. 鸡公山白环大蚊 *Tipulodina jigongshana* Yang，1999
34. 黄缘毛大蚊 *Eriocera flavimarginata* Yang，1999
35. 饰带锦织蛾 *Promalactis infulata* Wang，Li *et* Zheng，2000
36. 趋流摇蚊 *Rheocricotopus*（*Psilocricotopus*）*villiculus* Wang *et* Sæther，2001
37. 面膜尖蛾 *Meleonoma facialis* Li *et* Wang，2002
38. 突蛀果斑螟 *Assara tumidula* Du，Li *et* Wang，2002
39. 鸡公山隐织蛾 *Cryptolechia jigongshanica* Wang，2003
40. 指状细突野螟 *Ecpyrrhorrhoe digitaliformis* Zhang，Li *et* Wang，2004
41. 长突安的列摇蚊 *Antillocladius longivirgius* Tang *et* Wang，2006
42. 假亮真片叶蜂 *Eutomostethus pseudometallicus* Wei *et* Niu，2009
43. 鸡公山蚱 *Tetrix jigongshanensis* Zhao，Niu *et* Zheng，2010
44. 鸡公山细弱茧蜂 *Dolabraulax jigongshanus* Wang，Xu *et al*，2010
45. 襀翅目一种（中文名称待查）*Kamimuria digyracantha* Du *et* Sun，2012

18.2　鸡公山珍稀昆虫

分布于鸡公山自然保护区的珍稀昆虫包括拉步甲、宽尾凤蝶、大紫蛱蝶、怪足螳、中华蜜蜂、橙翅襟粉蝶、峰疣蝽、斑衣蜡蝉螯蜂等。

拉步甲 *Carabus*（*Coptolabrus*）*lafossei* Feisthamel 列为国家 II 级保护野生动物。鸡公山分布的拉步甲应为大别山亚种 *Carabus*（*Coptolabrus*）*lafossei dabieshanus* Imura，1996。怪足螳（未定种）*Amorphoscelis* sp.、宽尾凤蝶 *Agehana elwesi* Leech、大紫蛱蝶 *Sasakia charonda*（Hewitson）、中华蜜蜂 *Apis cerana cerana* Fabricius 被收录在 2000 年国家林业局颁布的《国家保护的有益的或者有重要经济、科学研究价值的野生动物名录》中。橙翅襟粉蝶 *Anthocharis bambusarum* Oberthür、峰疣蝽 *Cazira horvathi* Breddin、斑衣蜡蝉螯蜂 *Dryinus lycormae* Yang 被收录在 2003 年中国林业出版社出版的《中国珍稀昆虫图鉴》中。

前文所述的近年来在鸡公山发现的昆虫新种也应视作珍稀昆虫。

18.3　鸡公山自然保护区昆虫名录

记录鸡公山自然保护区昆虫 18 目，161 科，1589 种。

缨尾目 Thysanura

衣鱼科 Lepismatidae

毛衣鱼 *Ctenolepisma villosa*（Fabricius）
衣鱼 *Thermobia domestica*（Pack）

石蛃目 Microcoryphia

石蛃科 Machilidae

跳蛃属（未定种）*Pedetontus* sp.

蜚蠊目 Blattaria

蜚蠊科 Blattidae

美洲大蠊 *Periplaneta americana* L.
黑褐大蠊 *Periplaneta fuliginosa*（Serv.）
澳洲大蠊 *Periplaneta australasiae*（Fabricius）
日本大蠊 *Periplaneta japonica* Karny

光蠊科 Epilampridae

黑带杆蠊 *Rhabdoblatta nigrovittata* Bey-Bienko

姬蠊科 Blattellidae

德国小蠊 *Blattella germanica* L.

拟德国小蠊 *Blattella lituricollis*（Walker）

中华歪尾蠊 *Episymploce sinensis*（Walker）

地鳖蠊科 Polyphagidae

中华真地鳖 *Eupolyphaga sinensis*（Walker）

冀地鳖 *Polyphaga plancyi* Bolivar

蝌目 Phasmatodea

异蝌科 Heteronemiidae

河南小异蝌 *Micadina henanensis* Bi et Wang

蝌科 Phasmatidae

长须短肛蝌 *Baculum dolichocercatum* Bi et Wang

岳西短肛蝌 *Baculum yuexiense*（Chen et He）

鸡公山短肛蝌 *Baculum jigongshanense* Chen et Li

邻短肛蝌 *Baculum vicinum* Chen et Li

螳螂目 Mantodea

螳科 Mantidae

薄翅螳 *Mantis religiosa* Linnaeus

棕静螳 *Statilia maculata*（Thunberg）

绿静螳 *Statilia nemoralis*（Saussure）

黄褐静螳 *Statilia flavobrunnea* Zhang et Li

短胸大刀螳 *Tenodera brevicollis* Beier

枯叶大刀螳 *Tenodera aridifolia*（Stoll）

斯氏大刀螳 *Tenodera stotzneri* Werner

狭翅大刀螳 *Tenodera angustipennis* Saussure

中华大刀螳 *Tenodera sinensis* Saussure

广斧螳 *Hierodula patellifera*（Serville）

勇斧螳 *Hierodula membranacea* Burmeister

直翅目 Orthoptera

蛉蟋科 Trigonidiidae

斑腿双针蟋 *Dianemobius fascipes*（Walker）

蟋蟀科 Gryllidae

双斑蟋 *Gryllus bimaculatus* de Geer

黄脸油葫芦 *Teleogryllus emma*（Ohmachi et Matsumura）

长颚斗蟋 *Velarifictorus asperses*（Walker）

迷卡斗蟋 *Velarifictorus micado*（Saussure）

丽斗蟋 *Velarifictonus ornatus*（Shiraki）

小棺头蟋 *Loxoblemmus aomoriensis* Shiraki

多伊棺头蟋 *Loxoblemmus doenitzi* Stein

石首棺头蟋 *Loxoblemmus equestris* Saussure

窃棺头蟋 *Loxoblemmus detectus*（Serville）

短翅灶蟋 *Gryllodes sigillatus*（Walker）

梨片蟋 *Truljalia hibinonis*（Matsumura）

树蟋科 Oecanthidae

黄树蟋 *Oecanthus rufescens* Serville

长瓣树蟋 *Oecanthus longicauda* Matsumura

露螽科 Phaneropteridae

中华半掩耳螽 *Hemielimaea chinensis* Brunner

日本绿螽 *Holochlora japonica* Brunner-Wattenwyl

四川华绿螽 *Sinochlora szechwanensis* Tinkham

镰尾露螽 *Phaneroptera falcata*（Poda）

瘦露螽 *Phaneroptera gracilis* Burmeister

黑角露螽 *Phaneroptera nigroantennata* Brunner-Wattenwyl

赤褐环螽 *Letana rubescens*（Stal）

日本条螽 *Ducetia japonica*（Thunberg）

中华桑螽 *Kuwayamaea chinensis*（Brunner-Wattenwyl）

纺织娘科 Mecopodidae

日本纺织娘 *Mecopoda nipponensis*（De Haan）

螽斯科 Tettigoniidae

中华螽斯 *Tettigonia chinensis* Willemse

中华蝈螽 *Gampsocleis sinensis*（Walker）

鼓翅拟蝈螽 *Uvarovites inflatus*（Uvarov）

鼻优草螽 *Euconocephalus nasutus*（Thunberg）

黑胫钩额螽 *Ruspolia lineosa*（Walker）

疑钩额螽 *Ruspolia dubia*（Redtenbacher）

长翅草螽 *Conocephalus longipennis*（De Haan）

斑翅草螽 *Conocephalus maculatus*（Le Guillou）
悦鸣草螽 *Conocephalus melas*（De Haan）
长瓣草螽 *Conocephalus gladiatus*（Redtenbacher）
比尔锥尾螽 *Conanalus pieli* Tinkham
日本似织螽 *Hexacentrus japonicus* Karny

蛩螽科 Meconematinae

铃木剑螽 *Xiphidiopsis suzukii*（Matsumura *et* Shiraki）
黑膝剑螽 *Xiphidiopsis geniculata* Bey-Bienko
巨叉剑螽 *Xiphidiopsis megafurcula* Tinkham
云南剑螽 *Xiphidiopsis yunnannea* Bey-Bienko
贺氏剑螽 *Xiphidiopsis howardi* Tinkham

驼螽科 Rhaphidophoridae

庭疾蟋螽 *Tachycines asynamorus* Adelung

蟋螽科 Gryllacridae

佩摩姬蟋螽 *Metriogryllacris permodesta*（Griffini）

蝼蛄科 Gryllotalpidae

东方蝼蛄 *Gryllotalpa orientalis* Burmeister
单刺蝼蛄 *Gryllotalpa unispina* Saussure
河南蝼蛄 *Gryllotalpa henanna* Cai *et* Niu

刺翼蚱科 Scelimenidae

大优角蚱 *Eucriotettix grandis*（Hancock）

蚱科 Tetrigidae

突眼蚱 *Ergatettix dorsiferus*（Walker）
卡尖顶蚱 *Teredorus carmichaaeli* Hancock
日本蚱 *Tetrix japonica*（Bol.）
钻形蚱 *Tetrix subulata*（Linnaeus）
波氏蚱 *Tetrix bolivari* Saulcy
中华喀蚱 *Tetrix ceperoi chinensis* Liang
仿蚌 *Tetrix simulans*（B.-Bienko）
鸡公山蚱 *Tetrix jigongshanensis* Zhao，Niu *et* Zheng
河南台蚱 *Formosatettix henanensis* Liang
长翅长背蚱 *Paratettix uvarovi* Semenov
突背米蚱 *Mishtshenkotetrix gibberosa* Wang *et* Zheng

冠庭蚱 *Hedotettix cristitergus* Hancock

蜢科 Eumastacidae

摹螳秦蜢 *China manfispoides*（Walker）

槌角蜢科 Gomphomastacidae

郑氏比蜢 *Peilomastax zhengi* Niu

癞蝗科 Pamphagidae

笨蝗 *Haplotropis brunneriana* Saussure

锥头蝗科 Pyrgomorphidae

长额负蝗 *Atractomorpha lata*（Motschoulsky）
短额负蝗 *Atractomorpha sinensis* I. Bolivar

斑腿蝗科 Catantopidae

棉蝗 *Chondracris rosea rosea*（De Geer）
日本黄脊蝗 *Patanga japonica*（I. Bol.）
红褐斑腿蝗 *Catantops pinguis* Stal
短角外斑腿蝗 *Xenocatantops brachycerus*（Willemse）
短角直斑腿蝗 *Stenocatantops mistshenkoi* Will.
黑膝胸斑蝗 *Apalacris nigrogeniculata* Bi
短星翅蝗 *Calliptamus abbreviatus* Ikovnn.
长翅素木蝗 *Shirakiacris shirakii*（I. Bol.）
短翅黑背蝗 *Euprepocnemis hokutensis* Shiraki
小稻蝗 *Oxya intricata*（Stal）
中华稻蝗 *Oxya chinensis*（Thunberg）
日本稻蝗 *Oxya japonica*（Thunberg）
无齿稻蝗 *Oxya adentata* Willemsle
山稻蝗 *Oxya agavisa* Tsai
霍山蹦蝗 *Sinopodisma houshana* Huang
红翅豫蝗 *Yupodisma rufipennis* Zhang *et* Xia
绿腿腹露蝗 *Fruhstorferiola viridifemorata*（Caudell）

斑翅蝗科 Oedipodidae

红翅踵蝗 *Pternoscirta sauteri*（Karny）
黄翅踵蝗 *Pternoscirta calliginosa*（De Haan）
花胫绿纹蝗 *Aiolopus tamulus*（Fabricius）
东亚飞蝗 *Locusta migratoria manilensis*（Meyen）
云斑车蝗 *Gastrimargus marmoratus*（Thunberg）

红胫小车蝗 *Oedaleus manjius* Chang
黄胫小车蝗 *Oedaleus infernalis* Saussure
方异距蝗 *Heteropternis respondens*（Walker）
宽胸异距蝗 *Heteropernis latistena* Wang *et* Xia
赤胫异距蝗 *Hereropternis rufipes*（Shiraki）
疣蝗 *Trilophidia annulata*（Thunberg）

网翅蝗科 Arcypteridae

黄脊竹蝗 *Ceracris kiangsu* Tsai
青脊竹蝗 *Ceracris nigricornis* Walker
隆额网翅蝗 *Arcyptera coreana* Shiraki
条纹暗蝗 *Dnopherula taeniatus*（Bolivar）
黑翅雏蝗 *Chorthippus aethalinus*（Zubovsky）
鹤立雏蝗 *Chorthippus fuscipennis*（Caudell）

剑角蝗科 Acrididae

中华剑角蝗 *Acrida cinerea*（Thunberg）
二色戛蝗 *Gonista bicolor* Haan
异翅鸣蝗 *Mongolotettix anomopterus*（Caud.）
狭胸金色蝗 *Chrysacris stenosterna* Niu
中华佛蝗 *Phlaeoba sinensis* I. Bol.
僧帽佛蝗 *Phlaeoba infumata* Br. -W.

等翅目 Isoptera

鼻白蚁科 Rhinotermitidae

黄胸散白蚁 *Reticulitermes speratus*（Rolbe）
黑胸散白蚁 *Reticulitermes chinensis* Snyder
大囟散白蚁 *Reticulitermes gaoshi* Li *et* Ma
毛唇散白蚁 *Reticulitermes tricholabralis* Ping *et* Li
细颈散白蚁 *Reticulitermes leptomandibularis* Hsia *et* Fan

白蚁科 Termidae

黄翅大白蚁 *Macrotermes barnyi* Light
黑翅土白蚁 *Odontotermes formosanus*（Shiraki）
杨子江近扭白蚁 *Pericapritermes jangtsekiangensis*（Kemner）
八蜻蜓目 Odonata

大蜓科 Cordulegastridae

双斑圆臀大蜓 *Anotogaster kuchenbeiseri* Foerster

蜓科 Aeschnidae

碧伟蜓 *Anax parthenope julius* Brauer
黑纹伟蜓 *Anax nigrofasciatus* Oguma
工纹长尾蜓 *Gynacantha bayadera* Selys
黑多棘蜓 *Polycanthagyna melanictera*（Selys）
头蜓属未定种 *Cephalaeschna* sp.

春蜓科 Gomphidae

野居棘尾春蜓 *Trigomphus agricola*（Ris）
环纹环尾春蜓 *Lamelligomphus ringens*（Needham）
日春蜓属未定种 *Nihonogomphus* sp.
联纹小叶春蜓 *Gomphidia confluens* Selys
大团扇春蜓 *Sinictinogomphus clavatus*（Fabricius）
小团扇春蜓 *Ictinogomphus rapax*（Rambur）

伪蜻科 Corduliidae

缘斑毛伪蜻 *Epitheca marginata* Selys
闪蓝丽大蜻 *Epophthalmia elegans*（Brauer）
弓蜻属未定种 *Macromia* sp.

蜻科 Libellulidae

蓝额疏脉蜻 *Brachydiplax chalybea* Brauer
基斑蜻 *Libellula depressa* Linnaeus
闪绿宽腹蜻 *Lyriothemis pachygastra*（Selys）
白尾灰蜻 *Orthetrum albistylum speciosum* Selys
黑尾灰蜻 *Orthetrum glaucum* Brauer
褐肩灰蜻 *Orthetrum internum* McLachlan
线痣灰蜻 *Orthetrum lineostigma* Selys
异色灰蜻 *Orthetrum melania* Selys
锥腹蜻 *Acisoma panorpoides*（Ranbur）
黄翅蜻 *Brachythemis contaminata* Fabricius
红蜻 *Crocothemis servilia* Drury
异色多纹蜻 *Deielia phaon* Selys
大赤蜻 *Sympetrum baccha baccha*（Selys）
大黄赤蜻 *Sympetrum uniforme* Selys
半黄赤蜻 *Sympetrum croceolum* Selys
夏赤蜻 *Sympetrum darwinianum*（Selys）
眉斑赤蜻 *Sympetrum eroticum eroticum*（Selys）
褐顶赤蜻 *Sympetrum infuscatum* Selys
小黄赤蜻 *Sympetrum kunckeli* Selys

晓褐蜻 *Trithemis aurosa* Burmeister
玉带蜻 *Pseudothemis zonata* Burmeister
六斑曲缘蜻 *Palpopleura sexmaculata*（Fabricius）
黑丽翅蜻 *Rhyothemis fuliginosa* Selys
黄蜻 *Pantala flavescens* Fabricius

色蟌科 Calopterygidae

黑色蟌 *Calopteryx atratum* Selys
晕翅眉色蟌 *Matrona basilaris* Selys
绿色蟌 *Mnais andersoni tenus*（Oguma）

溪蟌科 Epallagidae

巨齿尾溪蟌 *Bayadera medanopteryx* Ris

蟌科 Coenagriidae

杯斑小蟌 *Agriocnemis femina*（Brauer）
短尾黄蟌 *Ceriagrion melanurum* Selys
褐尾黄蟌 *Ceriagrion rubiae* Laidlaw
黑脊尾蟌 *Cercion calamorum*（Ris）
六纹尾蟌 *Cercion sexlineatum*（Selys）
青纹瘦蟌 *Ischnura senegalensis*（Rambur）
长叶瘦蟌 *Ischnura elegans*（Van der Linden）
二色瘦蟌 *Ischnura lobata* Needham

扇蟌科 Platycnemididae

四斑长腹扇蟌 *Coeliccia didyma*（Selys）
白狭扇蟌 *Copera annulata*（Selys）
白扇蟌 *Platycnemis foliacea* Selys

山蟌科 Magapodagrionidae

雅州凸尾山蟌 *Mesopodagrion yachowensis* Chao

丝蟌科 Lestinae

奇异印丝蟌 *Indolestes peregrinus*（Ris）

半翅目 Hemiptera

仰蝽科 Notonectidae

普小仰蝽 *Anisopos ogawarensis* Matsumura
华仰蝽 *Enithares sinica*（Stal）
黑纹仰蝽 *Notonecta chinensis* Fallou
碎斑大仰蝽 *Notonecta mandeni* Kirkaldy

蝎蝽科 Nepidae

日本蝎蝽 *Laccotrephes japonensis* Scott
华螳蝎蝽 *Ranatra chinensis* Mayr
小螳蝎蝽 *Ranatra unicolor* Scott

负子蝽科 Belostomatidae

褐负子蝽 *Diplonychus rusticus*（Fabricius）
大田鳖 *Kirkaldyia deyrollei* Vuillefroy

黾蝽科 Gerridae

圆臀大黾蝽 *Aquarius paludus*（Fabricius）
长翅大黾蝽 *Aquarius elongatus* Uhler

尺蝽科 Hydrometridae

白线原尺蝽 *Hydrometera albolineata* Scott

龟蝽科 Plataspidae

双列圆龟蝽 *Coptosoma bifaria* Montandon
双痣圆龟蝽 *Coptosoma biguttula* Motschulsky
浙江圆龟蝽 *Coptosoma chekiana* Yang
达圆龟蝽 *Coptosoma davidi* Montandon
高山圆龟蝽 *Coptosoma montana* Hsiao et Jen
孟达圆龟蝽 *Coptosoma munda* Bergroth
小黑圆龟蝽 *Coptosoma nigrella* Hsiao et Jen
显著圆龟蝽 *Coptosoma notabilis* Montandon
小饰圆龟蝽 *Coptosoma parvipicta* Montandon
子都圆龟蝽 *Coptosoma pulchella* Montandon
类变圆龟蝽 *Coptosrrma simillima* Hsiao et Jen
多变圆龟蝽 *Coptosoma variegata* Herrich-Schaeffer
双峰豆龟蝽 *Megacopta bituminata*（Montandon）
筛豆龟蝽 *Megacopta cribria*（Fabricius）
狄豆龟蝽 *Megacopta distanti*（Montandon）
镶边豆龟蝽 *Megacopta fimbriata*（Distant）
和豆龟蝽 *Megacopta horvathi*（Montandon）

土蝽科 Cydnidae

大鳖土蝽 *Adrisa magna* Uhler
侏地土蝽 *Geotomus pygmaeus*（Fabricius）
短点边土蝽 *Legnotus breviguttulus* Hsiao
长点边土蝽 *Legnotus longgiguttulus* Hsiao

三点边土蝽 *Legnotus triguttulus* Motschulsky

青革土蝽 *Macroscytus subaenus*（Dallas）

日本朱土蝽 *Parastrachia japonensis*（Scott）

白边光土蝽 *Schirus niriemarginatus* Scott

根土蝽 *Stibaropus formosanus* Takdo et Yamagihara

盾蝽科 Scutelleridae

角盾蝽 *Cantao ocellatus*（Thunberg）

丽盾蝽 *Chrysocoris grandis*（Thunberg）

紫蓝丽盾蝽 *Chrysocoris stolii*（Wolff）

麦扁盾蝽 *Eurygaster integriceps* Puton

扁盾蝽 *Eurygaster testudinarius*（Geoffroy）

斜纹宽盾蝽 *Poecilocoris dissimilis* Martin

金绿宽盾蝽 *Poecilocoris lewisi*（Distant）

长盾蝽 *Scutellera perplex*（Westwood）

荔蝽科 Tessaratomidae

硕蝽 *Eurostus validus* Dallas

暗绿巨蝽 *Eusthenes saewus* Stal

兜蝽科 Dinidoridae

九香蝽 *Aspongopus chinensis* Dallas

大兜蝽 *Cyclopelta obscura*（Lepeletier et Serville）

小兜蝽 *Cyclopelta parva* Distant

细角瓜蝽 *Megymenum gracilicorne* Dallas

蝽科 Pentatomidae

华麦蝽 *Aelia nasuta* Wagner

伊蝽 *Aenaria lewisi*（Scott）

宽缘伊蝽 *Aenaria pinchii* Yang

日本羚蝽 *Alcimocoris japonensis*（Scott）

多毛实蝽 *Antheminia varicornis*（Jakovlev）

蠋敌 *Arma custos*（Fabricius）

驼蝽 *Brachycerocoris camelus* Costa

薄蝽 *Brachymna tenuis* Stal

历蝽 *Cantheconidea concinna* Walker

柑橘格蝽 *Cappaea taprobanensis*（Dallas）

红角辉蝽 *Carbula crassiventris*（Dallas）

辉蝽 *Carbula obtusangula* Reuter

北方辉蝽 *Carbula putoni*（Jakovlev）

凹肩辉蝽 *Carbula sinica* Hsiao et Cheng

甜菜果蝽 *Carpocoris lunulatus* Goeze

紫翅果蝽 *Carpocoris purpureipennis*（De Geer）

东亚果蝽 *Carpocoris seidenstiickeri* Tamanini

峨嵋瘤蝽 *Cazira emeia* Zhang et Lin

峰瘤蝽 *Cazira horvathi* Breddin

无刺瘤蝽 *Cazira inerma* Yang

中华岱蝽 *Dalpada ctipes* Walker

绿岱蝽 *Dalpada smaragdina*（Walker）

喙蝽 *Dinorhynchus dybowski* Jakovlev

剪蝽 *Diplorhinus furcatus* Westwood

印度斑须蝽 *Dolycoris indicus*（Stal）

斑须蝽 *Dolycoris baccarum*（Linnaeus）

麻皮蝽 *Erthesina fullo*（Thunberg）

黄蝽 *Euryaspis flavescens* Distant

河北菜蝽 *Eurydema dominulus*（Scopoli）

横纹菜蝽 *Eurydema gebleri* Kolenati

甘蓝菜蝽 *Eurydema ornata*（Linnaeus）

云南菜蝽 *Eurydema pulchra*（Westwood）

厚蝽 *Exithemus assamensis* Distant

谷蝽 *Gonopsis affinis*（Uhler）

赤条蝽 *Craphosoma rubroloneata*（Westwood）

茶翅蝽 *Halyomorpha halys*（Stal）

卵圆蝽 *Hippota dorsalis*（Stal）

灰全蝽 *Homalogonia grisea* Josifov et Kerzhner

全蝽 *Homalogonia obtusa*（Walker）

玉蝽 *Hoplistodera fergussoni* Distant

剑蝽 *Jphiarusa compacta*（Distant）

广蝽 *Laprius varicornis*（Dallas）

梭蝽 *Megarrhamphus hastatus*（Fabricius）

稻赤曼蝽 *Menida histrio*（Fabricius）

宽曼蝽 *Menida lata* Yang

紫蓝曼蝽 *Menida violacea*（Motschulsky）

大臭蝽 *Metonymia glandulosa* Wolff

黑须稻绿蝽 *Nezara antennata* Scott

稻绿蝽 *Nezara viridula*（Linnaeus）

稻褐蝽 *Niphe elongata*（Dallas）

柳碧蝽 *Palomena amplificata* Distant

碧蝽 *Palomena angulosa* Motschulsky

缘腹碧蝽 *Palomena limbata* Jakovlev

红尾碧蝽 *Palomena prasina*（Linnaeus）

宽碧蝽 *Palomena viridissima*（Poda）

卷蝽 *Paterculus elatus*（Yang）

褐真蝽 *Pentatoma armandi* Fallou

红足真蝽 *Pentatoma rufipes*（Linnaeus）

益蝽 *Picromerus lewisi* Scott

璧蝽 *Piezodorus rubrofasciatus* (Fabricius)

并蝽 *Pinthaeus humeralis* Horvath

莽蝽 *Placosternum taurus* (Fabricius)

斑莽蝽 *Placosternum urus* Stal

小珀蝽 *Plautia crossota* (Dallas)

珀蝽 *Plautia fimbriata* (Fabricius)

庐山珀蝽 *Plautia lushanica* Yang

庐山润蝽 *Rhaphigaster genitalia* Yang

珠蝽 *Rubiconia intermedia* (Wolff)

弯刺黑蝽 *Scotinophara horvathi* Distant

稻黑蝽 *Scotinophara lurida* (Burmeister)

紫黑丸蝽 *Sepontia aenea* Distant

拟二星蝽 *Stollia anmamita* (Breddin)

黑斑二星蝽 *Stollia fabricii* (Kirkaldy)

二星蝽 *Stollia guttiger* (Thunberg)

锚纹二星蝽 *Stollia montivagus* (Distant)

广二星蝽 *Stollia ventralis* (Westwood)

角胸蝽 *Tetroda histeroides* (Fabricius)

蓝蝽 *Zicrqona caerula* (Linnaeus)

同蝽科 Acanthosomatidae

宽铗同蝽 *Acanthosoma labiduroides* Jakovlev

泛刺同蝽 *Acanthostrma spinicolle* Jakovlev

钝肩狄同蝽 *Dichobothrium nubilum* (Dallas)

钝肩直同蝽 *Elasmostethus scotti* Reuter

糙匙同蝽 *Elasmucha aspera* (Walker)

绿板同蝽 *Lindbergicoris hochii* (Yang)

伊锥同蝽 *Sastragala esakii* (Hasegowa)

异蝽科 Urostylidae

亮壮异蝽 *Urochela distincta* Distant

红足壮异蝽 *Urochela quadrinotata* Reuter

环角异蝽 *Urostylis annulicornis* Scott

淡娇异蝽 *Urostylis yangi* Maa

缘蝽科 Coreidae

瘤缘蝽 *Acanthocoris scaber* (Linnaeus)

斑背安缘蝽 *Anoplocnemis binotata* Distant

红背安缘蝽 *Anoplocnemis phasiana* Fabricius

禾棘缘蝽 *Cletus graminis* Hsiao *et* Cheng

短肩棘缘蝽 *Cletus pugnator* Fabricius

稻棘缘蝽 *Cletus punctiger* Dallas

宽棘缘蝽 *Cletus rusticus* Stal

平肩棘缘蝽 *Cletus tenuis* Kiritshenko

长肩棘缘蝽 *Cletus trigonus* (Thunberg)

波原缘蝽 *Coreus potanini* Jakovlev

颗缘蝽 *Corimeris scabricornis* Panzer

褐奇缘蝽 *Derepteryx fuliginosa* (Uhler)

月肩奇缘蝽 *Derepteryx lunata* (Distant)

长角岗缘蝽 *Conocerus longicornis* Hsiao

广腹同缘蝽 *Homoeocerus dilatatus* Horvath

锡兰同缘蝽 *Homoeocerus singalensis* Stal

纹须同缘蝽 *Homoeocerus striicornis* Scott

瓦同缘蝽 *Homoeocerus walkerianus* Lethierry *et* Severin

环胫黑缘蝽 *Hygia touchei* Distant

闽曼缘蝽 *Manocoreus vulgaris* Hsiao

黑胫米缘蝽 *Mictis fuscipes* Hsiao

黄胫米缘蝽 *Mictis serina* Dallas

波赭缘蝽 *Ochrochira potanini* Kiritshenko

钝肩普缘蝽 *Plinachtus bicoloripes* Scott

刺肩普缘蝽 *Plinachtus dissimillis* Hsiao

姬缘蝽科 Rhopalidae

栗缘蝽 *Liorhyssus hyalinus* Fabricius

黄边迷缘蝽 *Myrmus lateralis* Hsiao

黄伊缘蝽 *Rhopalus maculatus* (Fieber)

褐伊缘蝽 *Rhopalus sparus* Blote

开环缘蝽 *Stictopleurus minutus* Blote

蛛缘蝽科 Alydidae

亚蛛缘蝽 *Alydus zichyi* Horvath

异稻缘蝽 *Leptocorisa varicornis* Fabricius

黑长缘蝽 *Megalotomus junceus* (Scopoli)

条蜂缘蝽 *Riptortus linearis* Fabricius

点蜂缘蝽 *Riptortus pedestis* Fabricius

长蝽科 Lygaeidae

苇肿腮长蝽 *Arocatus melanostornus* Scott

白边球胸长蝽 *Caridops albomarginatus* (Scott)

豆突眼长蝽 *Chauliops fallax* Scott

中国松果长蝽 *Gastrodes chinensis* Zheng

大眼蝉长蝽 *Geocoris pallidipennis* (Costa)

宽大眼长蝽 *Geocoris varius* (Uhler)

中华异腹长蝽 *Heterogaster chinensis* Zou *et* Zheng

横带红长蝽 *Lygaeus epuestris* (Linnaeus)

拟方红长蝽 *Lygaeus oreophilus* (Kiritshenko)

拟红长蝽 *Lygaeus vicarius* Winker et Kerzhner

中华巨股长蝽 *Macropes sinicus* Zheng et Zou

中国束长蝽 *Malcus sinicus* Stys

短翅迅足长蝽 *Metochus abbreviatus* (Scott)

台裂腹长蝽 *Nerthus taivanicus* (Bergroth)

黄足蔺长蝽 *Ninomimus fiavipes* (Matsumura)

谷子小长蝽 *Nysius ericae* (Schilling)

长须梭长蝽 *Pachygrontha antennata* (Uhler)

褐筒胸长蝽 *Pamerarma rustica* (Scott)

褐斑点列长蝽 *Paradieuches dissimilis* (Distant)

刺胸长蝽 *Paraporta megaspina* Zheng

竹后刺长蝽 *Pirkimerus japonicus* (Hidaka)

白斑地长蝽 *Rhyparochromus albomaculatus* (Scott)

红脊长蝽 *Tropidothorax elegans* (Distant)

猎蝽科 Reduviidae

淡带荆猎蝽 *Acanthaspis cincticrus* Stal

多氏田猎蝽 *Agriosphodrus dohrni* (Signoret)

环勺猎蝽 *Cosmolestes annulipes* Distant

艳红猎蝽 *Cydnocoris russatus* Stal

八节黑猎蝽 *Ectrychotes andreae* (Thunberg)

福建赤猎蝽 *Haematoloecha fokinensis* Distant

二色赤猎蝽 *Haematoloecha nigrorufa* (Stal)

褐菱猎蝽 *Isyndus obscurus* (Dallas)

亮钳猎蝽 *Labidocoris pectoralis* Stal

环足健猎蝽 *Neozirta eidmanni* (Taueber)

南普猎蝽 *Oncocephalus philippinus* Lethierry

褐锥绒猎蝽 *Opistoplatys mustela* Miller

茶褐盗猎蝽 *Peirates fulvescens* Lindberg

乌黑盗猎蝽 *Peirates turpis* Walker

棘猎蝽 *Polididus armatissimus* (Stal)

黑腹猎蝽 *Reduvius fasciatus* Reuter

云斑历猎蝽 *Rhynocoris intertus* (Distant)

黄缘历猎蝽 *Rhynocoris marginellus* Fabricius

黄足锥头猎蝽 *Sirthenea flavipes* (Stal)

红缘猛猎蝽 *Sphedanolestes gularis* Hsiao

环斑猛猎蝽 *Sphedanolestes impressicollis* (Stal)

淡舟猎蝽 *Staccia diluta* (Stal)

敏猎蝽 *Thodelmus falleni* Stal

黑脂猎蝽 *Velinus nodipes* Uhler

淡裙猎蝽 *Yolinus albopustulatus* China

盲蝽科 Miridae

三点盲蝽 *Adelphocoris fasiaticollis* Reuter

苜蓿盲蝽 *Adelphocoris lineolatus* Geoze

黑唇盲蝽 *Adelphocoris nigritylus* Hsiao

中黑盲蝽 *Adelphocoris sutjralis* Jakovlev

黑肩绿盲蝽 *Cyrtorrhinus lividipennis* Reuter

烟盲蝽 *Gallobelicus crassicornis* Distant

绿盲蝽 *Lygus lucorum* Meyer-Dur

牧草盲蝽 *Lygus pratensis* (Linnaeus)

红楔异盲蝽 *Poeciloscytus cognatus* Fieber

深色狭盲蝽 *Stenodema elegans* Reuter

赤须盲蝽 *Trigonotylus ruficornis* Geoffroy

网蝽科 Tingidae

角菱背网蝽 *Eteoneus angusatus* Drake et Maa

娇膜肩网蝽 *Hegesidemus habrus* Drake

钩樟冠网蝽 *Stephanitis ambigua* Horvath

梨冠网蝽 *Stephanitis nashi* Esali et Takeya

褐角肩网蝽 *Uhlerites debilis* (Uhler)

红蝽科 Pyrrhocoridae

离斑棉红蝽 *Dysdercus cingulatus* (Fabricius)

叉带棉红蝽 *Dysdercus decussatus* Boisduval

颈带点红蝽 *Physopelta cincticollis* Stal

曲缘红蝽 *Pyrrhocoris sinuaticollis* Reuter

地红蝽 *Pyrrhocoris tibialis* Stal

直红蝽 *Pyrrhopeplus carduelis* (Stal)

花蝽科 Anthocoridae

黑头叉胸花蝽 *Amphiareus obscuriceps* (Poppius)

微小花蝽 *Orius minuts* Linnaeus

南方小花蝽 *Orius similis* Zheng

东方细角花蝽 *Lyctocoris beneficus* (Hiura)

黄褐花蝽 *Xylocoris galactinus* Fieber

扁蝽科 Aradidae

锯缘扁蝽 *Aradus turkestanicus* Jakovlev

原扁蝽 *Aradus betulae* Linnaeus

臭虫科 Cimicidae

温带臭虫 *Cimex lectularius* (Linnaeus)

跷蝽科 Berytidae

娇驼跷蝽 *Gampsocoris pulchellus*（Dallas）
光肩跷蝽 *Memtropis brevirostris* Hsiao
锤胁跷蝽 *Yemma signatus*（Hsiao）
肩异跷蝽 *Yemmatropis dispar*（Hsiao）

姬蝽科 Nabidae

日本高姬蝽 *Gorpis japonicus* Kerzhner
泛希姬蝽 *Himacerus apterus*（Fabricius）
小姬蝽 *Nabis apcalis* Matsumura
原姬蝽 *Nabis fetus* Linnaeus
波姬蝽 *Nabis potanini* Bianchi
华姬蝽 *Nabis sinoferus* Hsiao
暗色姬蝽 *Nabis stenoferus* Hsiao
山姬蝽 *Oranabis brevilineatus*（Scott）
黄翅花姬蝽 *Prostemma kibortii* Jakovlev

蝉科 Cicadidae

黑蚱蝉 *Cryptotympana atrata*（Fabricius）
红蝉 *Huechys sanguinea*（De Geer）
松寒蝉 *Meimuna opalifera*（Walker）
蟪蛄 *Platypleura kaernferi*（Fabricius）
鸣鸣蝉 *Oncotympana maculaticolis*（Motschulsky）
中华新螗蝉 *Neotama sinensis* Ouchi
草蝉 *Mogonnia conica*（Gerrnar）
松村细蝉 *Leptosemia takanonis* Matsumura
绿草蝉 *Monannia helms*（Walker）

角蝉科 Membracidae

黑园角蝉 *Gargara genistae*（Fabricius）
褐三刺角蝉 *Tricentrus brunneaus* Funkhouser
背峰锯角蝉 *Pantaleon dorsalis* Funkhouser
达氏秃角蝉 *Centrotoscelus davidi*（Fallou）

沫蝉科 Cercopidae

东方丽沫蝉 *Cosmoscarta heros*（Fabricius）
尤氏曙沫蝉 *Eoscarta assimilis*（Uhler）

尖胸沫蝉科 Aphrophoridae

宽带尖胸沫蝉 *Aphrophora horizontalis* Kato
小白带尖胸沫蝉 *Aphrophora obliqua* Uhler
毋忘尖胸沫蝉 *Aphrophora mernorobilis* Walker
尖胸沫蝉 *Aphrophora intermedia* Uhler
大连脊沫蝉 *Aphropsis gigas*（Karo）

叶蝉科 Cicadellidae

松村短头叶蝉 *Iassus matsumurai* Metcalf
长突叶蝉 *Batracomorphus allionii*（Turton）
条斑增脉叶蝉 *Kutara stiatus*（Anufriev）
赭面槽胫叶蝉 *Drabescus ochrifrons* Vilbaste
黄胸槽胫叶蝉 *Drabescus nigrifemoratus*（Matsumura）
黑胸单突叶蝉 *Lodiana nigridorsum* Cai et Shen
霍山单突叶蝉 *Lodiana huoshanensis* Zhang
大青叶蝉 *Cicadella viridis*（Linne）
白边大叶蝉 *Kolla paulula*（Walker）
华凹大叶蝉 *Bothrogonia sinica* Yang et Li
库氏横皱叶蝉 *Oncopsis kurentsovi* Anufriev
长突横脊叶蝉 *Evacanthus longus* Cai et Shen
四点二叉叶蝉 *Macrosteles quadrimaculata*（Matsumura）
横带叶蝉 *Scaphoideus festivus* Matsumura
一点炎叶蝉 *phlogotettix cyclops*（Mulsant et Rey）
烟草木叶蝉 *Thamnotettix tobae* Matsumura
凹缘菱纹叶蝉 *Hishimonus sellatus*（Uhler）
折缘菱纹叶蝉 *Hishimonus reflexus* Kuoh
白边宽额叶蝉 *Usuironus limbifera*（Matsumura）
中华消室叶蝉 *Chudania sinica* Zhang et Yang
白头小板叶蝉 *Oniella leucocephala* Matsumura
红线拟隐脉叶蝉 *Sophonia rufolineata*（Kuoh）
红缘拟隐脉叶蝉 *Sophonia rubrolimbata*（Kuoh et Kuoh）
白色拟隐脉叶蝉 *Sophonia albuma* Li et Wang
假眼小绿叶蝉 *Empoasca vitis*（Gothe）
端黑小绿叶蝉 *Empoasca polyphemus* Matsumura
偏茎小绿叶蝉 *Empoasca decedens* Paoli
阿尔泰小绿叶蝉 *Empoasca altaica* Vilbaste
鸡公山小绿叶蝉 *Empoasca jigongshana* Cai et Shen
鼎湖长柄叶蝉 *Aleboides dinghuensis* Chou et Zhang
柳长柄叶蝉 *Aleboides salicis*（Vilbaste）
橙色长柄叶蝉 *Alebroides aurantinus* Cai et Shen
云南白小叶蝉 *Elbelus yunnanensis* Chou et Ma

蜡蝉科 Fulgoridae

斑衣蜡蝉 *Lycorma delicatula*（White）
斑悲蜡蝉 *Penthicodes atomaria*（Weber）

扁蜡蝉科 Tropiduchidae

娇弱鳎扁蜡蝉 *Tambinia debilis* Stal

广翅蜡蝉科 Ricaniidaes

胡椒广蜡蝉 *Pochazia pipera* Distant
八点广翅蜡蝉 *Ricania speculum*（Walker）

瓢蜡蝉科 Issidae

恶性席瓢蜡蝉 *Sivaloka damnosus* Chou *et* Lu

蛾蜡蝉科 Flatidae

碧蛾蜡蝉 *Salurnis marginella*（Guerin）
锈色蛾蜡蝉 *Seliza ferruginea* Walker

颖蜡蝉科 Achilidae

广颖蜡蝉 *Catonidia sobrina* Uhler

飞虱科 Delphacidae

灰飞虱 *Laodelphax striatellus*（Fallen）
褐飞虱 *Nilaparvata lugens*（Stal）
稗飞虱 *Sogatella vibix*（Haupt）
白背飞虱 *Sogatella furcifera*（Horvnth）
黑边黄脊飞虱 *Toya propinqua*（Fieber）

旌蚧科 Ortheziidse

菊旌蚧 *Orthezia urticae*（Linnaeus）

绵蚧科 Monophlebidae

日本履绵蚧 *Drosicha corpulenta*（Kuwanna）

粉蚧科 Pseudococcidar

细长配粉蚧 *Allotrionymus elongatus* Takahashi
白草条粉蚧 *Trionymus circulus* Tang

毡蚧科 Eriococceidae

榆树枝毡蚧 *Eriococcus abeliceae* Kuwanna

红蚧科 Kermesuidae

栗红蚧 *Kermes ttazocte* Kuwanna

盾蚧科 Disspididae

月季白轮盾蚧 *Aulacaspis rosarum* Borchsenius
考氏白盾蚧 *Pseudaulacaspis cockerelli*（Cooley）
桑白盾蚧 *Pseudaulacaspis pentagona*（Targioni）

缨翅目 Thysanoptera

纹蓟马科 Aeolothripidse

黑白纹蓟马 *Aeolothrps melaleucus*（Haliday）

蓟马科 Thripidae

黑体颈片针蓟马 *Helionothrips aino*（Ishida）
温室网纹蓟马 *Heliothrips hawmorrhoidalis*（Bouche）
红带滑胸针蓟马 *Selenothrips rubrocinctus*（Giard）
玉米黄呆蓟马 *Anaphothrips obscurus*（Muller）
苏丹呆蓟马 *Anaphothrips sudanensis* Trybom
黄羚蓟马 *Dorcadothrips xanthius*（Williams）
裂片膜蓟马 *Ernothrips lobatus*（Bhatti）
花蓟马 *Frankliniella intonsa*（Trybom）
伏牛山扁蓟马 *Hydatothrips funiuensis* Duan
茅草扁蓟马 *Hydatothrips proscimus* Bhatti
端大蓟马 *Megalurothrips distalis*（Karny）
小头蓟马 *Microcephalothrips abdominalis*（Crawford）
鸡公山小头蓟马 *Microcephalothrips jigongshanensis* Feng
豆喙蓟马 *Mycterothrips glycines*（Okamoto）
牛角花齿蓟马 *Odontothrips loti*（Haliday）
塔六点蓟马 *Scolothrips takahashii* Priesner
稻直鬃蓟马 *Stenchaetothrips biformis*（Bagnall）
竹直鬃蓟马 *Stenchaetothrips bambusae*（Shumsher）
禾草直鬃蓟马 *Stenchaetothrips faurei*（Bhatti）
微直鬃蓟马 *Stenchaetothrips minutus*（Van Deverter）
草木樨近绢蓟马 *Sussericothrips melilotus* Han
葱蓟马 *Thrips alliorum*（Priesner）

黄蓟马 *Thrips flavidalus*（Bagnall）
亮蓟马 *Thrips flavus* Schrank
丽蓟马 *Thrips formosanus* Priesner
夏威夷蓟马 *Thrips haweiiensis*（Morgan）
东方蓟马 *Thrips orientalis*（Bagnall）

管蓟马科 phlaeothripidae

中华简管蓟马 *Haplothrips chinensis* Priesner
稻简管蓟马 *Haplothrips aculeatus*（Fabricius）
菊简管蓟马 *Haplothrips gozodeyi*（Franklin）
草简管蓟马 *Haplothrips ganglboueri* Schmutz
库简管蓟马 *Haplothrips kurdjumovi* Karny
狭翅简管蓟马 *Haplothrips tenuipensis* Bagnall
麦简管蓟马 *Haplothrips tritici*（Kurdjumov）
赫拉德滑管蓟马 *Liothrips hradecensis* Uzel
短管棒蓟马 *Bactrothrips brevitubus* Yakahashii
暗足岛管蓟马 *Nesothrips atropoda* Duan
短颈岛管蓟马 *Nesothrips brevicollis*（Bagnall）
芒眼管蓟马 *Ophthalmothrips miscanthicola*（Haga）
边腹曲管蓟马 *Rhaebothrips lativentris* Karny

长翅目 Mecoptera

蝎蛉科 Panorpidae

鸡公山新蝎蛉 *Neopanorpa jigongshanensis* Hua

脉翅目 Neuroptera

草蛉科 Chrysopidae

丽草蛉 *Chrysopa formosa* Brauer
大草蛉 *Chrysopa septempunctata* Wesmael
普通草蛉 *Chrysoperla carnea*（Stephens）
中华草蛉 *Chrysoperla sinica*（Tjeder）

蝶角蛉科 Ascalaphidae

锯角蝶角蛉 *Acheron trux*（Walker）
黄脊蝶角蛉 *Hybris subjacens*（Walker）

广翅目 Megaloptera

齿蛉科 Corydalidae

污翅斑鱼蛉 *Neochauliodes fraternus* MacLachlan

中华斑鱼蛉 *Neochauliodes sinensis*（Walker）

襀翅目 Plecoptera

襀科 Perlidae

襀科一种中文名称待查 *Kamimuria digyracantha* Du *et* Sun

鳞翅目 Lepidoptera

麦蛾科 Gelechiidae

斑黑麦蛾 *Telphusa euryzeucta* Meyrick
白线荚麦蛾 *Mesophleps albilinella*（Park）
岳坝棕麦蛾 *Dichomeris yuebana* Li *et* Zheng
圆托麦蛾 *Tornodox tholocharda* Meyrick
大斑林麦蛾 *Dendrophilia grandimacularis* Li *et* Zheng
麦蛾 *Sitotroga cerealella*（Olivier）
栎离瓣麦蛾 *Chorivalva bisaccula* Omelko
甜枣麦蛾 *Anarsia bipinnata*（Meyrick）
杏树麦蛾 *Evippe syrictis*（Meyrick）

祝蛾科 Lecithoceridae

灰皮祝蛾 *Scythropiodes barbellatus* Park *et* Wu

雕蛾科 Glyphipterigidae

白沟雕蛾 *Glyphipterix semiflavana* Issiki

巢蛾科 Yponomeutidae

东方巢蛾 *Yponomeuta anatolicus* Stringer
庐山小白巢蛾 *Thecobathra sororiata* Moriuti

织蛾科 Oecophoridae

朴锦织蛾 *Promalactis parki* Lvovsky
点线锦织蛾 *Promalactis suzukiella*（Matsumura）
大黄隐织蛾 *Cryptolechia malacobyrsa* Meyrick
米仓织蛾 *Martyringa xeraula*（Meyrick）
杉木球果织蛾 *Macrobathra flavidus* Qian *et* Liu
枯仿织蛾 *Pseudodoxia achlyphanes* Meyrick
茶木蛾 *Linoclostis gonatias* Meyrick
虎杖灯织蛾 *Lamprystica igneola* Stringer

木蠹蛾科 Cassidae

柳干蠹蛾 *Holcocerus vicarius* Walker

燕蛾科 Uraniidae

斜线燕蛾 *Acropteris iphiata* Guenee

网蛾科 Thyrididae

金盏网蛾 *Cemptochilus sinuosus* Warren
壮硕网蛾 *Rhodoneura vitulla* Guenee
斜线网蛾 *Scriglina scitaria* Walker

凤蛾科 Epicopeiidae

浅翅凤蛾 *Epicopeia hainesi sinicaria* Leech
榆凤蛾 *Epicopeia mencia* Moore

箩纹蛾科 Bmhmaeidae

紫光箩纹蛾 *Brahrrmea porphyrio* Chu et Wang
青球箩纹蛾 *Brahmophthalma hearseyi*（White）

波纹蛾科 Thyatiridae

泊波纹蛾 *Bombycia or* Schiffemuller *et* Denis
浩波纹蛾 *Habrosyna derasa* Linnaeus
宽太波纹蛾 *Tethea ampliata* Butler
中太波纹蛾 *Tethea intensa* Butler
波纹蛾 *Thyatira batis* Linnaeus

圆钩蛾科 Cyclidiidae

褐爪突圆钩蛾 *Cyclidia substigmaria brunna* Chu *et* Wang
钩蛾科 *Drepanidae*
净豆斑钩蛾 *Auzata plana* Chu et Wang
星线钩蛾 *Nordstroemia* vira（Moore）
三线钩蛾 *Pseudalbara parvula*（Leech）

螟蛾科 Pyralidae

元参棘趾野螟 *Anania varbascalis*（Schiffermuller *et* Denis）
黑脉厚须螟 *Arctioblepsis rubida* Felder *et* Felder
中国软斑螟 *Asclerobia sinensis*（Caradja）
突蛀果斑螟 *Assara tumidula* Du，Li *et* Wang
松蛀果斑螟 *Assara hoeneella* Roesler

黄翅缀叶野螟 *Botyodes diniasalis* Walker
狭瓣暗野螟 *Bradina angustalis* Yamanaka
黄翅缀叶野螟 *Botyodes diniasalis* Walker
长须曲角野螟 *Camptomastix hisbonalis*（Walker）
白条紫斑螟 *Calguria defiguralis* Walker
胭脂野螟 *Carminibotys carminalis*（Caradja）
褐边螟 *Catagela adjurella* Walker
二化螟 *Chilo supperssalis*（Walker）
黑斑金草螟 *Chrysoteuchia atrosignata*（Zeller）
金黄镰翅野螟 *Circobotys aurealis*（Leech）
稻纵卷叶螟 *Cnaphalocrocis medinalis* Guenee
伊锥歧角螟 *Cotachena histricalis*（Walker）
白纹草螟 *Crambus argyrophorus* Butler
竹弯茎野螟 *Crypsiptya coclesalis*（Walker）
瓜绢野螟 *Diaphania indica*（Saunders）
黄杨绢野螟 *Diaphania perspectalis*（Walker）
狭带绢野螟 *Diaphania pryeri* Butler
桑绢野螟 *Diaphania pyloalis*（Walker）
四斑绢野螟 *Diaphania quadrimaculalis*（Bremer *et* Grey）
褐纹翅野螟 *Diasemia accalis* Walker
果梢斑螟 *Dioryctria pryeri*（Ragonot）
桃蛀螟 *Conogethes punctiferalis*（Guenee）
三条蛀野螟 *Dichocrocis chlorophanta* Butler
松梢斑螟 *Dioryctria splendidella* Herrich-Schaeffer
梳齿细突野螟 *Ecpyrrhorrhoe puralis*（South）
指状细突野螟 *Ecpyrrhorrhoe digitaliformis* Zhang，Li *et* Wang
水稻毛拟斑螟 *Emmalocera gensanalis* South
纹歧角螟 *Endotricha icelusalis* Walker
玫歧角螟 *Endotricha portialis* Walker
榄绿歧角螟 *Endotricha olivacealis*（Bremer）
并脉歧角螟 *Endotricha consocia*（Butler）
紫歧角螟 *Endotricha punicea* Whalley
枇杷暗斑螟 *Euzophera bigella*（Zeller）
拟叉纹叉斑螟 *Furcata pseudodichromella*（Yamanaka）
亮雕斑螟 *Glyptoteles leucacrinella* Zeller
黑环犁角野螟 *Goniorhynchus exempiaris* Hampson
棉褐环野螟 *Haritalodes derogata*（Fabricius）
灰双纹螟 *Herculia glaucinalis* Linnaeus

尖须双纹螟 *Herculia racilialis*（Walker）

赤双纹螟 *Herculia pelasgalis*（Walker）

黄斑切叶野螟 *Herpetogramma ochrimaculalis*（South）

葡萄切叶野螟 *Herpetogramma luctuosalis*（Guenee）

褐巢螟 *Hypsopygia regina* Butler

红缘卡斑螟 *Kaurava rufifimarginella*（Hampson）

黑点蚀叶野螟 *Lamprosema commixta* Butler

斑点蚀叶野螟 *Lamprosema maculalis* South

萨摩蚀叶野螟 *Lamprosema satsurnalis* South

黄环蚀叶野螟 *Lamprosema tampiusalis*（Walker）

黑斑蚀叶野螟 *Lamprosema sibirialis*（Milliere）

长臂彩丛螟 *Lista haraldusalis*（Walker）

缀叶丛螟 *Locastra muscosalis* Walker

豆荚野螟 *Maruca testulalis* Geyer

曲纹卷叶野螟 *Syllepte segnalis*（Leech）

红云翅斑螟 *Nephopteryx sernirubella* Scopoli

塘水螟 *Nymphula stagnata*（Donovan）

麦牧野螟 *Nomophila noctuellaa*（Dennis *et* Schiffermuller）

楸蠹野螟 *Omphisa plagialis* Wileman

盐肤木瘤丛螟 *Orthaga euadrusalis* Walker

金双点螟 *Orybina flaviplaga* Walker

艳双点螟 *Orybina regalis* Leech

亚洲玉米螟 *Ostrinia furnacalis*（Guenee）

款冬玉米螟 *Ostrinia scapulalis*（Walker）

四目扇野螟 *Pleuroptya inferior*（Hampson）

枇杷扇野螟 *Pleuroptya balteata*（Fabricius）

三条扇野螟 *Pleuroptya chlorophanta*（Butler）

二斑扇野螟 *Pleuroptya deficiens*（Moore）

四斑扇野螟 *Pleuroptya quadrimaculalis*（Kollar *et* Redtenbacher）

淡黄扇野螟 *Pleuroptya sabinusalis*（Walker）

印度谷斑螟 *Plodia interpunctella*（Hubner）

泰山簇斑螟 *Psorosa taishanella* Roesler

红云斑翅螟 *Oncocera semirubela*（Scpoli）

橄绿瘤丛螟 *Orthaga olivacea*（Warren）

栗叶瘤丛螟 *Orthaga achatina*（Butler）

盐肤木瘤丛螟 *Orthaga euadrusalis* Walker

大白斑野螟 *Polythlipta liquidalis* Leech

黄纹银草螟 *Pseudargyria interruptella* Walker

双环卷野螟 *Pycnarmon mmeritalis*（Walker）

显纹卷野螟 *Pycnarmon radiata*（Warren）

豹纹卷野螟 *Pycnarmon pantherata*（Butler）

紫斑谷螟 *Pyralis farinalis* Linnaeus

黄纹野螟 *Pyrausta aurata*（Scopoli）

红翅黄纹野螟 *Pyrausta tithionialis* Zeller

黄斑紫翅野螟 *Rehimena phrynealis*（Walker）

中国腹刺斑螟 *Sacculocornutia sinicolella*（Caradja）

郑氏腹刺斑螟 *Sacculocornutia zhengi* Du，Li *et* Wang

大禾螟 *Schoenobius gigantella*（Schiffermuller *et* Denis）

三化螟 *Scirpophaga incertulas*（walker）

枇杷卷叶野螟 *Sylepta balteata*（Fabricius）

缘斑缨须螟 *Stemmatophora valida*（Butler）

三环狭野螟 *Stenia charonialis*（Walker）

棉卷叶野螟 *Selepta derogata* Fabricius

葡萄卷叶野螟 *Sylepta luctuosalis*（Guenee）

四斑卷叶野螟 *Sylepta quadrimaculalis* Kollar

大豆网丛螟 *Teliphasa elegans*（Butler）

阿米网丛螟 *Teliphasa amica*（Butler）

弯齿柔野螟 *Tenerobotys subfumalis* Munroe *et* Mutuura

麻楝棘丛螟 *Termioptycha margarita* Butler

黄头长须短颚螟 *Trebania flavifrontalis*（Leech）

淡黄栉野螟 *Tylostega tylostegalis*（Hampson）

黄黑纹野螟 *Tyspanodes hypsalis* Warren

橙黑纹野螟 *Tyspanodes striata*（Butler）

中白长鳞斑螟 *Vinicia gypsopa*（Meyrick）

斑蛾科 Zygaenidae

大叶黄杨长毛斑蛾 *Pryeria sinica* Moore

白带锦斑蛾 *Chalcosia remora* Walker

茶柄脉锦斑蛾 *Eterusia aedea* Linnaeus

刺蛾科 Limacodidae

梨娜刺蛾 *Narosoideus flavidorsalis*（Staudinger）

褐边绿刺蛾 *Parasa consocia* Walker

双齿绿刺蛾 *Parasa hilarata*（Stdudinger）

纵带球须刺蛾 *Scopelodes contracta* Walker

桑褐刺蛾 *Setora postornata*（Hampson）

尺蛾科 Geometridae

铅灰金星尺蛾 *Abraxas plumbeata* Cockerell

丝棉木金星尺蛾 *Abraxa suspecta* Warren

灰鹿尺蛾 *Alcis grisea* Butkr

萝摩艳青尺蛾 *Agathia carissima* Butler

娴尺蛾 *Auaxa cesadaria* Walker

焦边尺蛾 *Bizia aexaria* Walker

掌尺蛾 *Amraica superans*（Butler）

网尺蛾 *Laciniodes plurilinearia*（Moore）

紫线尺蛾 *Calothysanis comptaria* Walker

常春藤洄纹尺蛾 *Chartographa compositata*（Guenee）

云南松洄纹尺蛾 *Chartographa fabiolaria* Oberthur

藏仿锈腰青尺蛾 *Chlorissa gelida* Butler

栎绿尺蛾 *Comibaena delicator* Warren

肾纹绿尺蛾 *Cornibaena procumbaria* Pryer

亚四日绿尺蛾 *Comostola subtiliaria*（Bremer）

双斜线尺蛾 *Conchia mundataria* Cramer

光穿孔尺蛾 *Corymica specularia*（Moore）

三线灰黄尺蛾 *Corypha incongruaria* Walker

木撩尺蛾 *Culcula panterinaria* Bremer et Grey

黄蟠尺蛾 *Eilicrinia flara*（Moore）

印皁尺蛾 *Endropiodes indictinaria* Bremer

菊四目绿尺蛾 *Euchloris albocostaria* Brenler

栉尾尺蛾 *Euctenurapteryx maculicaudaria* Motachulsky

贡尺蛾 *Gonodontis aurata* Prout

细线无缰青尺蛾 *Hemistola tenuilinea*（Atpheraky）

玲隐尺蛾 *Heterolocha aristonaria*（Walker）

直脉青尺蛾 *Hipparchus valida* Felder

波脉青尺蛾 *Hipparchus glaucaria* Menetfies

细脉青尺蛾 *Hipparchus ussuriensis* Sauber

缨封尺蛾 *Hydatocapnia fimbriata* Yazaki

青辐射尺蛾 *Iotaphora admirabilis* Oberthur

茶用克尺蛾 *Junkowskia athleta* Oberthur

单网尺蛾 *Laciniodes unistirpis*（Butler）

粉红边尺蛾 *Leptomiza crenularia* Leech

云褶尺蛾 *Lomographa eximia* Oberthur

二缘室小尺蛾 *Lomographa hyriaria* Warren

黑岛尺蛾 *Melanthia procellata*（Denis et Schaffmuller）

点波尺蛾 *Microloba bella* Butler

清波皎尺蛾 *Myrteta tinagmaria*（Guenee）

女贞尺蛾 *Naxa seriaria* Motschulsky

枯斑翠尺蛾 *Ochrognesia difficta* Walker

核桃星尺蛾 *Ophthalmodes albosignaria juglandaria* Oberthur

四星尺蛾 *Ophthalmodes irrorataria*（Bremer et Grey）

中华星尺蛾 *Ophthalmodes sinensium* Oberthur

雪尾尺蛾 *Ourapteryx nivea* Butler

拟柿星尺蛾 *Percnia albinigerata* Warren

柿星尺蛾 *Percnia giraffate* Guenee

桑尺蛾 *Phthonandria atrilineata* Butler

广州粉尺蛾 *Pingasa crenaria* Guenee

Pogonitis cumulata Christoph

黑条眼尺蛾 *Problepsis diazoma* Prout

鹊傲尺蛾 *Proteostrenia pica* Wileman

伊岩尺蛾 *Scopula iignobilis* Warren

亚雅岩尺蛾 *Scopula ornata subornata* Prout

槐尺蛾 *Semiothisa cinerearia* Bremer et Grey

合欢庶尺蛾 *Semiothisa defixria*（Walker）

常庶尺蛾 *Semiothisa normata*（Alpheraky）

上海庶尺蛾 *Semiothisa shanghaisaria* Walker

忍冬尺蛾 *Somatina iruiicataria* Walker

曲小尺蛾 *Sterrha remissa* Wileman

缺口镰翅青尺蛾 *Tanaorhinus discolor* Warren

黑玉臂尺蛾 *Xandrames dholaria* Butler

舟蛾科 Notodontidae

银刀奇舟蛾 *Allata argyropeza*（Oberthur）

明白颈异齿舟蛾 *Allodonta sikkima leucodera*（Staudinger）

分月扇舟蛾 *Clostera anastomosis*（Linnaeus）

灰舟蛾 *Cnethodonta grisescens* Staudinger

黑蕊尾舟蛾 *Dudusa sphingiformis* Moore

栎纷舟蛾 *Fentonia ocypete* Bremer

富舟蛾 *Fusapteryx ladislai*（Oberthur）

钩翅舟蛾 *Gangarides dharma* Moore

甘舟蛾 *Gangaridopsis citrina*（Wileman）

扁齿舟蛾 *Hiradonta takaonis* Matsumura

黄二星舟蛾 *Lampronadata cristata*（Butler）

银二星舟蛾 *Lampronadata splendida*（Oberthur）

弯臂冠舟蛾 *Lophocosma aurvatum* Gaede

杨小舟蛾 *Micromelalopha troglodyta*（Graeser）

大新二尾舟蛾 *Neocerura wisei*（Swinhou）

云舟蛾 *Neopheosia fasciata*（Moore）

肖齿舟蛾 *Odontosina nigronervata* Gaede

仿白边舟蛾 *Paranerice hoenei* Kiriakoff

刺槐掌舟蛾 *Phalera birmicola*（Bryk）

榆掌舟蛾 *Phalera fuscescens* Butler

槐羽舟蛾 *Pterostoma sinicum* Moore

青胯白舟蛾 *Quadricalcarifera cyanea*（Leech）

苔胯白舟蛾 *Quadricalcarifera viridipicta*（Wileman）

沙舟蛾 *Shaka atrovittata*（Bremer）

艳金舟蛾 *Spatalia doerriesi* Graeser

核桃美舟蛾 *Uropyia meticulodina*（Oberthur）

梨威舟蛾 *Wilemanus bidentatusbidentatus*（Wileman）

苔蛾科 Lithosiidae

白黑华苔蛾 *Agylla ramelana*（Moore）

米艳苔蛾 *Asura megala* Hampson

蛛雪苔蛾 *Chionaema ariadne*（Elwes）

血红雪苔蛾 *Chionaema sanguinea*（Motschulsky）

缘点土苔蛾 *Eilema costipuncta*（Leech）

台日苔蛾 *Heliorabdia taizmna*（Wileman）

四点苔蛾 *Lithosia quadra*（Linnaeus）

异美苔蛾 *Miltochrista aberans* Butler

齿美苔蛾 *Miltochrista dentifascia* Hampson

优美苔蛾 *Miltochrista striata* Bremer et Grey

黄痣苔蛾 *Stigmatophora flava*（Motschulsky）

灯蛾科 Arctiidae

大丽灯蛾 *Callimorpha histrio* Walker

八点灰灯蛾 *Creatonotus transiens*（Walker）

粉蝶灯蛾 *Nyctemera adversata*（Schaller）

黑带污灯蛾 *Spilarctia quercii*（Oberthur）

强污灯蛾 *Spilarctia robusta*（Leech）

连星污灯蛾 *Spilarctia seriactopunctata*（Motschulsky）

人纹污灯蛾 *Spilarctia subcarnea*（Walker）

拟灯蛾科 Hypsidae

杉拟灯蛾 *Digma abietis* Leech

鹿蛾科 Amatidae

牧鹿蛾 *Amata pascus*（Leech）

明鹿蛾 *Amata lucerna*（Wileman）

近新鹿蛾 *Caeneressa proxima* Oberthur

虎蛾科 Agaristidoe

选彩虎蛾 *Episteme lectrim* Linnaeus

豪虎蛾 *Scrobigera amatrix* Westwood

葡萄修虎蛾 *Seudyra subflava* Moore

小修虎蛾 *Seudyra mandarina* Leech

毒蛾科 Lymantriidae

折带黄毒蛾 *Euproctis flava*（Bremer）

黄斜带毒蛾 *Nurnenes disparilis separata* Leech

黑褐盗毒蛾 *Porthesia atereta* Collenette

戟盗毒蛾 *Porthesia kurosawai* Inoue

夜蛾科 Noctuidae

两色绮夜蛾 *Acontia bicolora* Leech

榆剑纹夜蛾 *Acronicta hercules* Felder

桃剑纹夜蛾 *Acronicta incretata* Hampson

桑剑纹夜蛾 *Acronicta major* Bremer

果剑纹夜蛾 *Acronicta strigosa* Schiffermuller

黄地老虎 *Agrotis segetum* Schiffermuller

小地老虎 *Agrotis ypsilon* Rottemberg

暗扁身夜蛾 *Amphipyra erebina* Butler

紫黑扁身夜蛾 *Amphipyra livida* Schiffermuller

大红裙扁身夜蛾 *Amphipyra monolitha* Guenee

黄绿组夜蛾 *Anaplectoides virens* Butler

超桥夜蛾 *Anomis fulvida* Guenee

桥夜蛾 *Anomis mesogona* Walker

青安钮夜蛾 *Anua tirhaca* Cramer

桔安钮夜蛾 *Anua triphaenoides* Walker

折纹殿尾夜蛾 *Anuga multiplicans* Walker

灰薄夜蛾 *Araeognatha cineracea* Butler

银纹夜蛾 *Argyrogramma agnata* Staudinger

白条夜蛾 *Argyrogramma albostriata* Bremer et Grey

满丫纹夜蛾 *Autographa mandarina* Freyer

黑点丫纹夜蛾 *Autographa nigrisigna* Walker

枫杨癣皮夜蛾 *Blenina quinaria* Moore

缩卜馍夜蛾 *Bomolocha obductaliis* Walker

张卜馍夜蛾 *Bomolocha rhombaris*（Guenee）

畸夜蛾 *Borsippa quadrilineata* Walker

弧角散纹夜蛾 *Callopistria duplicans* Walker

散纹夜蛾 *Callopistria juventina* Stoll

白斑兜夜蛾 *Calymnia restituta* Walker

鸥裳夜蛾 *Catocala patala* Felder

日月明夜蛾 *Chasmina biplaga* Walker

丹日明夜蛾 *Chasmina sigillata* Menetres

南方锞纹夜蛾 *Chrysideixis eriosoma*（Double-day）

客来夜蛾 *Chrysorithrum amata* Bremer

荸草流夜蛾 *Chytonix segregata*（Butler）

苎麻夜蛾 *Cocytodes caerulea* Guenee

三斑蕊夜蛾 *Cymatophotopsis trimaculata* Bremer

中金弧夜蛾 *Diachrysia intermiacta* Warren

灰歹夜蛾 *Diarsia canescens* Butler

两色夜蛾 *Dichromia trigonalis* Guenee

红尺夜蛾 *Dierna timandra* Alpheraky

鼎点钻夜蛾 *Earias cupreoviridis* Walker

旋皮夜蛾 *Eligma narcissus* Cramer

线夜蛾 *Elydna lineosa* Moore

朝线夜蛾 *Elydna coreana* Matsumura

谐夜蛾 *Emmelia trabealis* Scopoli

黑缘光裳夜蛾 *Ephesia actaea*（Felder）

光裳夜蛾 *Ephesia fulminea* Scopoli

圣光裳夜蛾 *Ephesia sancta* Butler

雪耳夜蛾 *Ercheia niveostrigata* Warren

阴耳夜蛾 *Ercheia umbrosa* Butler

魔目夜蛾 *Erebus crepuscularis* Linnaeus

南夜蛾 *Ericeia inangulata* Guenee

珠纹夜蛾 *Erythroplusia rutilifrons* Walker

漆尾夜蛾 *Eutelia geyeri* Felder

霜夜蛾 *Gelastocera exusta* Butler

丫纹哲夜蛾 *Gerbathodes ypsilon* Butler

喉迷夜蛾 *Hadena rivularis*（Fabricius）

烟青虫 *Helicoverpa assulta* Guenee

茶色狭翅夜蛾 *Hermonassa cecilia* Butler

弓须亥夜蛾 *Hydrillodes morosa* Butler

柿梢鹰夜蛾 *Hypocala moorei* Butler

苹梢鹰夜蛾 *Hypocala subsatura* Guenee

蓝条夜蛾 *Ischyja manlia* Cramer

桔肖毛翅夜蛾 *Lagoptera dotata* Fabricius

苹美皮夜蛾 *Lamprothripa lactaria* Graeser

间纹德夜蛾 *Lepidodelta intermedia* Bremer

黏虫 *Leucania separata* Walker

标俚夜蛾 *Lithacodia signifera* Walker

路俚夜蛾 *Lithacodia vialis* Moore

懈毛胫夜蛾 *Mocis annetta* Butler

缤夜蛾 *Moma alpium* Osbeck

雪疽夜蛾 *Nodaria niphona* Butler

乌嘴壶夜蛾 *Oraesia excavata* Butler

平嘴壶夜蛾 *Oraesia lata* Butler

鳞眉夜蛾 *Pangrapta squamea* Leech

浓眉夜蛾 *Pangrapta trimantesalis* Walker

霉巾夜蛾 *Parallelia maturata* Walker

暗肖金夜蛾 *Plusiodonta coelonota* Kollar

淡银纹夜蛾 *Puriplusia purissima* Butler

显长角夜蛾 *Risoba prominens* Moore

胡桃豹夜蛾 *Sinna extrema* Walker

日本旋日夜蛾 *Speiredonia japonica* Guenee

旋日夜蛾 *Speiredonia retorta* Linnaeus

晦日夜蛾 *Speiredonia martha* Butler

涂闪夜蛾 *Sypna picta* Butler

赫闪夜蛾 *Sypna hercules* Butler

大闪夜蛾 *Sypna amplifascia* Warren

掌夜蛾 *Tiracola plagiata* Walker

陌夜蛾 *Trachea atriplicis* Linnaeus

后夜蛾 *Trisuloides sericea* Butler

角镰须夜蛾 *Zanclognatha angulina* Leech

朽镰须夜蛾 *Zanclognatha lunalis* Scopoli

枥镰须夜蛾 *Zanclognatha nemoralis* Fabricius

天蛾科 Sphingidae

赭绒缺角天蛾 *Acosmeryx sericeus*（Walker）

葡萄缺角天蛾 *Acosmeryx naga*（Moore）

芝麻鬼脸天蛾 *Acherontia styx*（Westwood）

葡萄天蛾 *Ampelophaga rubiginosa rubiginosa* Bremer *et* Grey

榆绿天蛾 *Callambulyx tatarinovi*（Bremer *et* Grey）

条背天蛾 *Cechenena lineosa*（Walker）

平背天蛾 *Cechenena minor*（Butler）

洋槐天蛾 *Clanis deucalion*（Walker）

绒星天蛾 *Dolbina tancrei* Staudinger

甘薯天蛾 *Herse convolvuli*（Linnaeus）

松黑天蛾 *Hyloicus caligineussinicus* Rothschild *et* Jordan

栎鹰翅天蛾 *Oacyambulyx liturata*（Butler）

鹰翅天蛾 *Oxyambulyx ochracea*（Butler）

核桃鹰翅天蛾 *Oacyambulyx schauffelbergeri*

（Bremer *et* Grey）

构月天蛾 *Parum colligata*（Walker）

紫光盾天蛾 *Phyllosphingia dissimilis sinensis* Jordan

丁香天蛾 *Psilogra mma increta*（Walker）

白肩天蛾 *Rhagastis mongoliana mongoliana*（Butler）

斜纹天蛾 *Theretra clotho clotho*（Drury）

雀纹天蛾 *Theretra japonica*（Orza）

蚕蛾科 Bombycidae

野蚕蛾 *TheoPhila mamdarina* Moore

白线野蚕蛾 *Theophila religiosa* Helf

大蚕蛾科 Saturniidae

绿尾大蚕蛾 *Actias selene ningpoana* Felder

黄尾大蚕蛾 *Actias heterogyna* Mell

樟蚕 *Eriogyna pyretorum*（Westwood）

黄豹大蚕蛾 *Loepa katinka* Westwood

樗蚕 *Philosamia cynthia walkeri* Felder

枯叶蛾科 lasiocampidae

李枯叶蛾 *Gastropacha quercifolia* Linnaeus

苹毛虫 *Odonestis pruni* Linnaeus

竹黄毛虫 *Philudoria laeta* Walker

绿黄毛虫 *Trabbala vishnou* Lefebure

凤蝶科 Papilionidae

宽尾凤蝶 *Agehana elwesi*（Leech）

麝凤蝶 *Byasa alcinous*（Klug）

长尾麝凤蝶 *Byasa lmpediens*（Rothschild）

灰绒麝凤蝶 *Byasa mencius*（Felder *et* Felder）

达摩麝凤蝶 *Byasa daemonius*（Alphéraky）

青凤蝶 *Graphium sarpedon*（Linnaeus）

升 d 剑凤蝶 *Pazala eurous*（Leech）

金斑剑凤蝶 *Pazala alebion* Gray

红珠凤蝶 *Pachliopta aristolochiae*（Fabricius）

碧凤蝶 *Papilio bianor* Cramer

绿带翠凤蝶 *Papilio maackii* Ménétriès

玉斑凤蝶 *Papilio helenus* Linnaeus

金凤蝶 *Papilio machaon* Linnaeus

玉带凤蝶 *Papilio polytes* Linnaeus

蓝凤蝶 *Papilio protenor* Cramer

柑桔凤蝶 *Papilio xuthus* Linnaeus

美姝凤蝶 *Papilio macilentus* Janson

丝带凤蝶 *Sericinus montelus* Gray

绢蝶科 Parnassiidae

冰清绢蝶 *Parnassius glacialis* Butler

粉蝶科 Pieridae

黄尖襟粉蝶 *Anthocharis scolymus* Butler

橙翅襟粉蝶 *Anthocharis bambusarum* Oberthur

斑缘豆粉蝶 *Colias erate*（Esper）

橙黄豆粉蝶 *Colias fieldii* Ménétriés

黎明豆粉蝶 *Colias heos*（Herbst）

宽边黄粉蝶 *Eurema hecabe*（Linnaeus）

尖角黄粉蝶 *Eurema laeta*（Boisduval）

檗黄粉蝶 *Eurema blanda*（Boisduval）

尖钩粉蝶 *Gonepteryx mahaguru*（Gistel）

钩粉蝶 *Gonepteryx rhamni*（Linnaeus）

东方菜粉蝶 *Pieris canidia*（Sparrman）

菜粉蝶 *Pieris rapae*（Linnaeus）

暗脉粉蝶 *Pieris napi*（Linnaeus）

黑纹粉蝶 *Pieris melete* Ménétriès

绢粉蝶 *Aporia crataegi* Linnaeus

暗色绢粉蝶 *Aporia bieti* Oberthur

灰翅绢粉蝶 *Aporia potanini* Alpheraky

云粉蝶 *Pontia edusa*（Fabricius）

飞龙粉蝶 *Talbotia naganum*（Moore）

斑蝶科 Danaidae

大绢斑蝶 *Parantica sita*（Kollar）

眼蝶科 Satyridae

蓝斑丽眼蝶 *Mandarinia regalis*（Leech）

拟稻眉眼蝶 *Mycalesis francisca*（Stoll）

稻眉眼蝶 *Mycalesis gotama* Moore

僧袈眉眼蝶 *Mycalesis sangaica* Butler

蒙链荫眼蝶 *Neope muirheadi*（Felder）

矍眼蝶 *Ypthima balda*（Fabricius）

中华矍眼蝶 *Ypthima chinensis* Leech

东亚矍眼蝶 *Ypthima motschulskyi* Bremer et Gray

乱云矍眼蝶 *Ypthima megalomma* Butler

黎桑矍眼蝶 *Ypthima lisandra*（Cramer）

白瞳舜眼蝶 *Loxerebia saxicola*（Oberthür）

蛇眼蝶 *Minois dryas*（Scopoli）

牧女珍眼蝶 *Coenonympha amaryllis*（Cramer）

直带黛眼蝶 *Lethe lanaris* Butler

棕褐黛眼蝶 *Lethe christophi*（Leech）

白眼蝶 *Melanargia halimede*（Ménétriès）

曼丽白眼蝶 *Melanargia meridionalis* Felder et Felder

斗毛眼蝶 *Lasiommata deidamia* Eversmann

蛱蝶科 Nymphalidae

斐豹蛱蝶 *Argyreus hyperbius*（Linnaeus）

老豹蛱蝶 *Argyronome laodice*（Pallas）

粟铠蛱蝶 *Chitoria subcaerulea*（Leech）

青豹蛱蝶 *Damora sagana*（Doubleday）

绿豹蛱蝶 *Argynnis paphia*（Linnaeus）

云豹蛱蝶 *Nephargynnis anadyomene*（Felder et Felder）

灿福蛱蝶 *Fabriciana adippe* Denis et Schiffermüller

蟾福蛱蝶 *Fabriciana nerippe* Felder

黑脉蛱蝶 *Hestina assimilis*（Linnaeus）

美眼蛱蝶 *Junonia almana*（Linnaeus）

翠蓝眼蛱蝶 *Junonia orithya*（Linnaeus）

猫蛱蝶 *Timelaea maculata* Bremer et Gray

迷蛱蝶 *Mimathyma chevana*（Moore）

柳紫闪蛱蝶 *Apatura ilia*（Denis et Schiffermüller）

银白蛱蝶 *Helcyra subalba* Poujade

大紫蛱蝶 *Sasakia charonda* Hewitson

朱蛱蝶 *NymPhalis xanthomelas* Denis et Schiffermüller

琉璃蛱蝶 *Kaniska canace*（Linnaeus）

扬眉线蛱蝶 *Limenitis helmanni* Lederer

残锷线蛱蝶 *Limenitis sulpitia*（Cramer）

断眉线蛱蝶 *Limenitis doerriesi* Staudinger

戟眉线蛱蝶 *Limenitis homeyeri* Tancre

重环蛱蝶 *Neptis alwina*（Bremer et Grey）

中环蛱蝶 *Neptis hylas*（Linnaeus）

链环蛱蝶 *Neptis pryeri* Butler

小环蛱蝶 *Neptis sappho*（Pallas）

朝鲜环蛱蝶 *Neptis philyroides* Staudinger

啡环蛱蝶 *Neptis philyra* Ménétriès

黄环蛱蝶 *Neptis themis* Leech

曲纹蜘蛱蝶 *Araschnia doris* Leech

明窗蛱蝶 *Dilipa fenestra*（Leech）

幸福带蛱蝶 *Athyma fortuna* Leech

白钩蛱蝶 *Polygonia c-album*（Linnaeus）

黄钩蛱蝶 *Polygonia c-aureum*（Linnaeus）

二尾蛱蝶 *Polyura narcaea*（Hewitson）

小红蛱蝶 *Vanessa cardui*（Linnaeus）

大红蛱蝶 *Vanessa indica*（Herbst）

喙蝶科 Libytheidae

朴喙蝶 *Libythea lepita* Moore

珍蝶科 Acraeidae

苎麻珍蝶 *Acraea issoria* Hubner

灰蝶科 Lycaenidae

琉璃灰蝶 *Celastrina argiola*（Linnaeus）

大紫琉璃灰蝶 *Celastrina oreas*（Leech）

丫灰蝶 *Amblopala avidiena* Hewitson

尖翅银灰蝶 *Curetis acuta* Moore

蓝灰蝶 *Everes argiades*（Pallas）

长尾蓝灰蝶 *Everes lacturnus*（Godart）

亮灰蝶 *Lampides boeticus*（Linnaeus）

酢浆灰蝶 *Pseudozizeeria maha*（Kollar）

蓝燕灰蝶 *Rapala caerulea*（Bremer et Grey）

霓纱燕灰蝶 *Rapala nissa*（Kollar）

彩燕灰蝶 *Rapala selira*（Moore）

山灰蝶 *Shijimia moorei*（Leech）

红灰蝶 *Lycaena phlaeas* Linnaeus

橙灰蝶 *Lycaena dispar* Hauorth

黑灰蝶 *Niphanda fusca*（Bremer et Grey）

中华锯灰蝶 *Orthomiella sinensis*（Elwes）

大乌灰蝶 *Satyrium grande*（Felder et Felder）

点玄灰蝶 *Tongeia filicaudis*（Pryer）

蚜灰蝶 *Taraka hamada* Druce

弄蝶科 Hesperiidae

斑星弄蝶 *Celaenorrhinus maculosus*（Felder et Felder）

绿弄蝶 *Choaspes benjaminii*（Guerin-Meneville）

黑弄蝶 *Daimio tethys*（Menetries）

曲纹稻弄蝶 *Parnara ganga* Evans

直纹稻弄蝶 *Parnara guttata*（Bremer et Grey）

中华谷弄蝶 *Pelopidas sinensis*（Mabille）

隐纹谷弄蝶 *Pelopidas mathias*（Fabrieius）

南亚谷弄蝶 *Pelopidas agna* Moore

白斑赭弄蝶 *Ochlodes subhyalina* （Bremer *et* Grey）

宽边赭弄蝶 *Ochlodes ochracea* （Bremer）

双带弄蝶 *Lobocla bifasciata* （Bremer et Grey）

花弄蝶 *Pyrgus maculatus* Bremer et Grey

梳翅弄蝶 *Ctenoptilum vasava* Moore

深山珠弄蝶 *Erynnis montana* （Bremer）

胫刺弄蝶 *Baoris farri* （Moore）

无斑珂弄蝶 *Caltoris bromus* （Leech）

曲纹黄室弄蝶 *Taractrocera flavoides* Leech

无趾弄蝶 *Hasora anura* de Niceville

黑豹弄蝶 *Thymelicus sylvaticus* （Bremer）

鞘翅目 Coleoptera

虎甲科 Cicindelidae

断纹虎甲 *Cicindela striolata* Illiger

膨边虎甲 *Cicindela sumatrensis* Herbbst

花斑虎甲 *Cicindela laetescripta* Motschulsky

月斑虎甲 *Cicindela lunulata* Fabricius

中国虎甲 *Cicindela chinensis* De Geer

钳端虎甲 *Cicindela lobipennis* Bates

镜面虎甲 *Cicindela specularis* Chaudoir

云纹虎甲 *Cicindela elisae* Motschulsky

多型虎甲红翅亚种 *Cicindela hybrida nitida* Lichtenstein

多型虎甲铜翅亚种 *Cicindela hybrida transbaicalica* Motschulsky

星斑虎甲 *Cicindela kalleea* Bates

离斑虎甲 *Cicindela separate* Fleutiaux

步甲科 Carabidae

日本细胫步甲 *Agonum japonicum* （Motschulsky）

布氏细胫步甲 *Agonum buchanani* （Hope）

大气步甲 *Brachinus scotomedes* Redtenbacher

拉步甲 *Carabus lafossei* Feisth

伊步甲 *Carabus elyssii* Thompson

麻步甲 *Carabus brandti* Fald.

瓦纹链步甲 *Carabus conciliator* Fischer Von Waldcheim

半月锥须步甲 *Bembidion semilunium* Netolitzky

金星步甲 *Calosoma chinense* Kirby

大星步甲 *Calosoma maximoviczi* Morawitz.

暗星步甲 *Calosoma lugens* Chaudoir

麻青步甲 *Chlaenius junceus* Andrewes

狭边青步甲 *Chlaenius inops* Chaudoir

大黄缘青步甲 *Chlaenius* （*Epomis*） *nigricans* Wiedemann

黄边青步甲 *Chlaenius circumdatus* Morawitz

黄斑青步甲 *Chlaenius micans* Fabricius

双斑青步甲 *Chlaenius bioculatus* Motsch.

丝青步甲 *Chlaenius sericimicans* Chaudoir

脊青步甲 *Chlaenius costiger* Chaudoir

附边青步甲 *Chlaenius prostenus* Bates

逗斑青步甲 *Chaenius virgulifer* Chand.

点沟青步甲 *Chlaenius praefectus* Bates

粟小蝼步甲 *Clivina castanea* Westwood

偏额重唇步甲 *Diplocheila latifrons* Dej.

蝎步甲 *Dolichus halensis* （Schaller）

铜绿婪步甲 *Harpalus* （*Harpalus*） *chalcentus* Bates

大头婪步甲 *Harpalus capito* Morawitz

淡鞘婪步甲 *Harpalus pallidipennis* Morawitz

毛婪步甲 *Harpalus griseus* （Panzer）

中华婪步甲 *Harpalus* （*Pseudoophonus*） *sinicus* Hope

毛盆步甲 *Lachnolebia cribricollis* Morawitz

大劫步甲 *Lesticus magnus* Motschulsky

黄斑小丽步甲 *Microcosmodes flavospilosus* Laferte

黄毛角胸步甲 *Peronomerus auripilis* Bates

爪哇屁步甲 *Pheropsophus javanus* Dejean

广屁步甲 *Pheropsophus occipitalis* （Macleay）

宽额步甲 *Platymetopus flavilabris* Fabricins

大蝼步甲 *Scarites sulcatus* Olivier

黑背狭胸步甲 *Stenolophus connotatus* （Bates）

龙虱科 Dytiscidae

灰龙虱 *Eretes sicticus* （Linnaeus）

黄条龙虱 *Hydaticus bowyingi* Clark

点线龙虱 *Hydaticus grammicus* Germar

东方龙虱 *Cybister tripunctatus* Oliveier

隐翅虫科 Staphylinidae

梭毒隐翅虫 *Paederus fuscipes* Curtis

塔毒隐翅虫 *Paederus tamulus* Erichson

普通四齿隐翅虫 *Nazeris communis* Hu *et* Li（待发表）

葬甲科 Silphidae

大红斑葬甲 *Nicrophorus japonicus* Harold

豆象科 Bruchidae

豌豆象 *Bruchus pisorum* Linnaeus

蚕豆象 *Bruchus rufimanus* Boheman

绿豆象 *Callosobruchus chinensis*（Linnaeus）

吉丁虫科 Bupresidae

小吉丁 *Agrilus* sp.

日本吉丁虫 *Chalcophora japonnica* Gory

六星吉丁 *Chrysobothris succedanea* Saunders

梨小吉丁 *Coraebus rusticanus* Lewis

红缘绿吉丁 *Lampra bellula* Lewis

瓢虫科 Coccinellidae

红褐粒眼瓢虫 *Sumnius brunneus* Jing

红环瓢虫 *Rodolia limbata*（Motschusky）

束管食螨瓢虫 *Stethorus*（*Allostethorus*）*chengi* Sasaji

裂端食螨瓢虫 *Stethorus*（*Parastethorus*）*dichiapiculus* Xiao

深点食螨瓢虫 *Stethorus*（*Stethorus*）*punctillum* Weise

稀归弯时毛瓢虫 *Nephus*（*Gerninosipho*）*ziguiensis* Yu

双膜方瓢虫 *Pseudoscymnus disselasmatus* Pang *et* Huang

弯斑方瓢虫 *Pseudoscymnus currvatus* Yu

裂臀方瓢虫 *Pseudoscymnus dapae* Hoang

后斑小瓢虫 *Scymnus*（*Pullus*）*posticalis* Sicard

束小瓢虫 *Scymnus*（*Pullus*）*sodalis* Weise

鸡公山小瓢虫 *Scymnus*（*Pullus*）*jigongshan* Yu

长毛小毛瓢虫 *Scymnus*（*Scymnus*）*crinitus* Fursch

长爪小毛瓢虫 *Scymnus*（*Scymnus*）*dolichonychus* Yu *et* Pang

黑背显盾瓢虫 *Hyperaspis amurensis* Weise

中华显盾瓢虫 *Hyperaspis sinensis*（Crotch）

红点唇瓢虫 *Chilocorus kuwanae* Silvestri

艳色广盾瓢虫 *Platynaspis lewisii* Crotch

中原寡节瓢虫 *Telsimia nigra centralis* Pang *et* Mao

白条菌瓢虫 *Macroilleis hauseri* Mader

柯氏素瓢虫 *Illeis koebelei* Timberlake

十二斑褐菌瓢虫 *Vibidia duodecimguttata*（Poda）

龟纹瓢虫 *Propylea japonica*（Thunberg）

四斑裸瓢虫 *Calvia muiri*（Timbefiake）

十五星裸瓢虫 *Calvia quindecimgutatta*（Fabricius）

六斑月瓢虫 *Cheilomenes sexmaculata* Mulsant

七星瓢虫 *Coccinella septempunctata* Linnaeus

异色瓢虫 *Harmonia axyridis*（Pallas）

隐斑瓢虫 *Harmonia yedoensis*（Takizawa）

红颈瓢虫 *Lemnia melanaria*（Mulsant）

黄斑盘瓢虫 *Lemnia saucia*（Mulsant）

六斑异瓢虫 *Aiolocaria hexaspilota*（Hope）

马铃薯瓢虫 *Henosepilachna viginotioctomaculata*（Motschulsky）

茄二十八星瓢虫 *Henosepilachna viginotioctopunctata*（Fabricius）

瓜茄瓢虫 *Epilachna admirabilis* Crotch

安徽食植瓢虫 *Epilachna anhweiana*（Dieke）

中华食植瓢虫 *Epilachna chinensis*（Weise）

方头甲科 Cybocephalidae

内凹方头甲 *Cybocephalus concavus* Yu *et* Tian

芫青科 Meloidae

豆芫青 *Epicauta gorhami* Marseul

短翅豆芫菁 *Epicauta aptera* Kaszab

毛胫豆芫青 *Epicauta tibiali* Wat

眼斑芫青 *Mylabris cichorii*（Linnaeus）

大斑芫青 *Mylabris phalerata*（Pallas）

绿芫青 *Lytta caragana* Pallas

花金龟科 Cetoniidae

宽带鹿花金龟 *Dicranocephalus adamsi* Pascoe

褐鳞花金龟 *Cosmiomorpha modesta* Saunders

日铜罗花金龟 *Rhomborrhina japonica*（Hope）

绿色罗花金龟 *Rhomborrhina unicolor* Motschulsky

斑青花金龟 *Oxycetonia bealiae*（Gory *et* Percheron）

小青花金龟 *Oxycetonia jucunda*（Faldermann）

褐锈花金龟 *Anthracophora*（*Poecilophilides*）*rusticola*（Burmeister）

肋凹缘花金龟 *Dicranobia potanini*（Kraatz）

长毛花金龟 *Cetonia magnifica* Ballion

白星花金龟 *Protaetia*（*Liocola*）*brevitarsis*（Lewis）

凸绿星花金龟 *Protaetia aerata* Erichson

丽金龟科 Rutelidae

中华喙丽金龟 *Adoretus sinicus* Burmeister

茸喙丽金龟 *Adoretus puberulus* Motschulsky

斑喙丽金龟 *Adoretus ternuimaculatus* Waterhouse

铜绿异丽金龟 *Anomala corpulenta* Motschulsky

侧斑异丽金龟 *Anomala luculenta* Erichson

深绿异丽金龟子 *Anomala heydeni* Frivaldszky

铜色异丽金龟 *Anomala cuprea* Hope

桐黑异丽金龟 *Anomala antiqua*（Gyllenhal）

脊绿异丽金龟 *Anomala aulax* Wiedemann

黄褐异丽金龟 *Anomala exoleta* Faldermann

油桐绿异丽金龟 *Anomala sierersi* Heyden

脊黄异丽金龟 *Anomala sulcipennis* Fold

褐条丽金龟 *Blitopertha pallidipennis* Reitter

弓斑常丽金龟 *Cyriopertha arcuata*（Gebler）

蓝边矛丽金龟 *Callistethus plagiicollis* Fairmaire

小黑彩丽金龟 *Mimela pasva* Linnaeus

黄闪彩丽金龟 *Mimela testaceoviridis* Blanchard

墨绿彩丽金龟 *Mimela splendens*（Gyllenhal）

胸斑丽金龟 *Phyllopertha diversa* Waterhouse

庭院丽金龟 *Phyllopertha horticola*（L.）

琉璃弧丽金龟 *Popillia flavosellata* Fairmaire

无斑弧丽金龟 *Popillia mutans* Newman

曲带弧丽金龟 *Popillia pustulata* Fairmaire

中华弧丽金龟 *Popillia quadriguttata* Fabricius

苹毛丽金龟 *Proagopertha lucidula* Faldermann

斑金龟科 Trichiidae

短毛斑金龟 *Lasiotrichius succinctus*（Pallas）

犀金龟科 Dynastidae

双叉犀金龟 *Allomyrina dichotoma*（Linnaeus）

阔胸禾犀金龟 *Pentodon mongolicus*（Motschulsky）

华扁犀金龟 *Eophileurus chinensis*（Faldermann）

鳃金龟科 Melolonthidae

黄绿单爪鳃金龟 *Hoplia cincticollis* Faldermann

大云鳃金龟 *Polyphylla laticollis* Lewis

锈褐鳃金龟 *Melolontha rubiginosa* Fairmaire

大栗鳃金龟 *Melolontha hippocastani mongolica* Menetries

弟兄鳃金龟 *Melolontha frater* Arrow

灰胸突鳃金龟 *Hoplosternus incanus* Motschulsky

爬皱鳃金龟 *Trematodes potanini* Sem.

鲜黄鳃金龟 *Metaboluo impressifros* Fairmaire

毛黄脊鳃金龟 *Holitrichia trichophora*（Fairmaire）

棕色鳃金龟 *Holotrichia titanis* Reitt

暗黑鳃金龟 *Holotrichia parallela* Motschulsky

宽齿爪鳃金龟 *Holitrichia lata* Brenske

额臀大黑鳃金龟 *Hloltrichia convexopyga* Moser

矮臀大黑鳃金龟 *Hloltrichia ernesti* Reitter

华北大黑鳃金龟 *Hloltrichia oblita*（Faldermann）

江南大黑鳃金龟 *Holotrichia gebleri*（Faldermann）

华脊鳃金龟 *Holitrichia sinensis* Hope

二色希鳃金龟 *Hilyotrogus bicoloreus*（Heyden）

小阔胫绢金龟 *Maladera Oratula*（Fairmaire）

黑绒绢金龟 *Serica orientalis* Motschulsky

金黄绢金龟 *Serica aureola* Murayama

锹甲科 Lucanidae

大黑锹甲 *Eurytrachelus platymelus* Saunders

大齿锹甲 *Psalidoremes inclinatus* Motsehulsky

褐黄前锹甲 *Prosopocoilus blanchardi* Parry

巨锯锹甲 *Serrognathus titanus* Boisduval

天牛科 Cerambycidae

双斑锦天牛 *Acalolepta sublusca* Thomson

栗灰锦天牛 *Acalolepta degener*（Bates）

小灰长角天牛 *Acanthocinus griseus*（Fabricius）

黄带纹虎天牛 *Anaglyptus subfasciatus* Pic

白角纹虎天牛 *Anaglyptus apicicornis*（Gressitt）

中华闪光天牛 *Aeolesthes sinensis* Gahan

灰斑安天牛 *Annamanum albisparsum*（Gahan）

斑角缘花天牛 *Anoplodera variicornis*（Dalman）

星天牛 *Anoplophora chinensis*（Forster）

光肩星天牛 *Anoplophora glabripennis*（Motschulsky）

黄颈柄天牛 *Aphrodisium faldermannii*（Saunder）

锈色粒肩天牛 *Apriona swainsoni*（Hope）

桑天牛 *Apriona germari*（Hope）

赤梗天牛 *Arhopalus unicolor*（Gahan）

瘤胸簇天牛 *Aristobia hispida*（Saunders）

碎斑簇天牛 *Aristobia voeti* Thomson

桃红颈天牛 *Aromia bungii*（Faldermann）

红缘亚天牛 *Asias halodendri* Pallas

黄荆重突天牛 *Astathes episcopalis* Chevrolat

黑跗眼天牛 *Bacchisa atritarsis*（Pic）

梨眼天牛 *Bacchisa fortunei* Thomson

橙斑白条天牛 *Batocera davidis* Deyrolle

云斑白条天牛 *Batocera lineolata* Chevrolat

台湾缨象天牛 *Cacia formosana*（Schwarzer）

棕扁胸天牛 *Callidium villosulum* Fairmaire

中华蜡天牛 *Ceresium sinicum* White

桔光绿天牛 *Chelidonium argentatum*（Dalman）

黄胸长绿天牛 *Chloridolum thaliodes* Bates

紫缘绿天牛 *Chloridolum lameeri*（Pic）

竹绿虎天牛 *Chlorophorus annularis*（Fabricius）

弧纹绿虎天牛 *Chlorophorus miwai* Gressitt

裂纹绿虎天牛 *Chlorophorus separatus* Gressitt

勾纹刺虎天牛 *Demonax bowringii*（Pascoe）

松红胸天牛 *Dere reticulata* Gressitt

栎蓝红胸天牛 *Dere thoracica* White

白带窝天牛 *Desisa subfasciata* Pascoe

梨突天牛 *Diboma costata*（Matsushita）

曲牙土天牛 *Dorysthenes hydropicus*（Pastue）

大牙土天牛 *Dorysthenes paradoxus*（Faldermann）

弧斑红天牛 *Drythrus fortunei* White

二斑黑绒天牛 *Embrik-strandia bimaculata*（White）

油茶红天牛 *Erythrus blairi* Gressitt

二点红天牛 *Purpuricenus spectabilis* Hotsch

弧斑红天牛 *Erythrus fortunei* White

樟彤天牛 *Eupromus ruber*（Dalman）

黑缘彤天牛 *Eupromus nigrivittatus* Pic

桑并脊天牛 *Glenea centroguttata* Fairmaire

瘤胸金花天牛 *Gaurotes tuberculicollts*（Blanchard）

双带粒翅天牛 *Lamiomimus gottschei* Kolbe

异色花天牛 *Leptura thorcica* Creutzer

十二斑花天牛 *Leptura duodelimguttata*（Fabricius）

黑角瘤筒天牛 *Linda atricornis* Pic

顶斑瘤筒天牛 *Linda fraterna*（Chevrolat）

瘤筒天牛 *Linda femorata*（Chevolat）

黄绒缘天牛 *Margites fulvidus*（Pascoe）

栗山天牛 *Massicus raddei* Blessig

中华薄翅天牛 *Megopis sinica*（White）

三带象天牛 *Mesosa sinica*（Gressitt）

桑象天牛 *Mesosa perplexa* Pascoe

四点象天牛 *Mesosa myops*（Dalman）

二点类华花天牛 *Metastrangalia thibetana*（Blauchard）

双簇污天牛 *Moechotypa diphysis*（Pascoe）

松墨天牛 *Monochamus alternatus* Hope

红足墨天牛 *Monochamus dubius* Gahan

麻斑墨天牛 *Monochamus sparsutus* Fairmaire

缝刺墨天牛 *Monochamus gravidus* Pascoe

桔褐天牛 *Nadezhdiell cantori*（Hope）

黑肿角天牛 *Neocerambyx mandarinus* Gressitt

隐斑半脊天牛 *Neoxantha amicta* Pascoe

叉尾吉丁天牛 *Niphona furcata*（Bates）

黑翅脊筒天牛 *Nupserha subvelutina* Gressitt

黄腹脊筒天牛 *Nupserha testaceipes* Pic

缘翅脊筒天牛 *Nupserha marginella*（Bates）

黑腹筒天牛 *Oberea nigriventris* Bates

暗翅筒天牛 *Oberea fuscipennis*（Chevrolat）

红角南亚筒天牛 *Oberea cotlsetltalleamausoni* Breuning

灰翅筒天牛 *Oberea oculata*（Linnaeus）

台湾筒天牛 *Oberea formosana* Pic

八星粉天牛 *Olenecamptus octopustulatus*（Motschulsky）

榆茶色天牛 *Oplatocera Oberthuri* Gahan

赤天牛 *Oupyrrhidium cinnabarinum*（Blessig）

黑跗虎天牛 *Perissus mutabilis* Gressitt *et* Rondon

苎麻双脊天牛 *Paraglenea fortunei*（Saunders）

眼斑齿胫天牛 *Paraleprodera diophthalma*（Pascoe）

橄榄梯天牛 *Pharsalia subge mmata*（Thomson）

菊小筒天牛 *Phytoecia rufiventris* Gautier

狭胸天牛 *Philus antennatus*（Gyllenhal）

蔗狭胸天牛 *Philus pallescens* Bates

黄带多带天牛 *Polyzonus fasciatus*（Fabricius）

锯天牛 *Prionus laticollis*（Motschulsky）

长跗天牛 *Prothema signata* Pascoe

黄星天牛 *Psacothea hilaris*（Pascoe）

伪昏天牛 *Pseudanaesthetis langana* Pic

棕杆天牛 *Pseudocalamobius leptissimus* Gressitt

核桃杆天牛 *Pseudocalamobius rufipennis* Gressitt

线杆天牛 *Pseudocalamobius filiformis* Fairmaire

锯角坡天牛 *Pterolophia serricornis* Gressitt

柳坡天牛 *Pterolophia rigida*（Bates）

桑坡天牛 *Pterolophia annulata* Chevrolat

帽斑紫天牛 *Purpuricenus petasifer* Fairm

竹紫天牛 *Purpuricenus temminckii* Guerin-Meneville

二点紫天牛 *Purpuricenus spectabilis* Motschulsky

暗红折天牛 *Pyrestes haematica* Pascoe

皱胸折天牛 *Pyrestes rugicollis* Fairmaire

脊胸天牛 *Rhytidodera bowringii* White

桑缝角天牛 *Ropica subnotata* Pic

山杨楔天牛 *Saperda carcharias*（Linnaeus）

双条楔天牛 *Saperda bilineatocollis* Pic

青杨楔天牛 *Saperda populnea*（Linnaeus）

双条杉天牛 *Semanotusy bifasciatus*（Motschulsky）

粗鞘双条杉天牛 *Semanotus sinoauster*（Gressitt）

椎天牛 *Spondylis buprestoides*（Linnaeus）

松脊花天牛 *Stenocorus inquisitor*（L.）

拟蜡天牛 *Stenygrinum quadrinotatum* Bates

环斑突尾天牛 *Sthenias franciscanus* Thomson

蚤瘦花天牛 *Strangalia fortunei* Pascoe

光胸断眼天牛 *Tetropium castaneum*（L.）

麻竖毛天牛 *Thyestilla gebleri*（Faldermann）

粗脊天牛 *Trachylophus sinensis* Gahan

家茸天牛 *Trichoferus campestris*（Faldermann）

刺角天牛 *Trirachys orientalis* Hope

樟泥色天牛 *Uraecha angusta*（Pascoe）

石梓蓑天牛 *Xylorhiza adusta*（Wiedemann）

桑脊虎天牛 *Xylotrechus chinensis* Chevrolat

合欢双条天牛 *Xystrocera globosa*（Olivier）

膜翅目 Hymenoptera

叶蜂科 Tenthredinidae

中华浅沟叶蜂 *Pseudostromboceros sinensis*（Forsius）

白唇平背叶蜂 *Allantus nigrocaeruleus*（Smith）

黑胫残青叶蜂 *Athalia proxima*（Klug）

亮背真片叶蜂 *Eutomostethus metallicus*（Sato）

白唇突瓣叶蜂 *Senoclidea decora*（Konow）

黑尾锉叶蜂 *Pristiphora melanopygiolia* Wei

锚附烟黄叶蜂 *Tenthredo concaviappendix* Wei

尹氏长角叶蜂 *Tenthredo yinae* Wei

黑缨麦叶蜂 *Dolerus guisanicollis* Wei

河南麦叶蜂 *Dolerus henanicus* Wei

三节叶蜂科 Argidae

脊颜红胸三节叶蜂 *Arge vulnerata* Mocsary

日本黄腹三节叶蜂 *Arge nipponensis* Rohwer

短角黄腹三节叶蜂 *Arge przhevalskii* Gussakovskij

背斑黄腹三节叶蜂 *Arge victoriae* Kirby

齿瓣淡毛三节叶蜂 *Arge dentipenis* Wei

光唇黑毛三节叶蜂 *Arge similis*（Vollenhoven）

半刃黑毛三节叶蜂 *Arge szechuanica* Malaise

长斑淡毛三节叶蜂 *Arge radialis* Gussakovskij

文氏黑毛三节叶蜂 *Arge wenjuni* Wei

信阳黑毛三节叶蜂 *Arge xinyangensis* Wei

陈氏淡毛三节叶蜂 *Arge cheni* Wei

黑毛伪三节叶蜂 *Cibdela melanomala* Wei

扁蜂科 Pamphiliidae

异构阿扁蜂 *Acantholyda dimorpha* Maa

白转方齿扁蜂 *Onycholyda leucotrochantera* Wei

姬蜂科 Ichneumonidae

台湾双洼姬蜂 *Arthula formosana*（Uchida）

野蚕黑瘤姬蜂 *Coccygomimus luctuosus*（Smith）

高氏细颈姬蜂 *Enicospilus gauldi* Nikam

湖北曲爪姬蜂 *Eugalta hubeiensis* He

颚甲腹姬蜂 *Hemigaster madibularis* Uchida

松毛虫异足姬蜂 *Hetaropelma amictum*（Fabricius）

黑背隆侧姬蜂 *Latibulus nigrinotum*（Uchida）

蓑瘤姬蜂索氏亚种 *Sericopimpla sagrae sauteri*（Cushman）

脊褪囊爪姬蜂腹斑亚种 *Theronia atalantae gestator*（Thunberg）

茧蜂科 Braconidae

异脊茧蜂 *Aleiodes dispar*（Curtis）

细足脊茧蜂 *Aleiodes gracilipes*（Telenga）

黏虫脊茧蜂 *Aleiodes mythimnae* He *et* Chen

淡脉脊茧蜂 *Aleiodes pallidinervus*（Cameron）

光头横纹茧蜂 *Clinocentrus politus* Chen *et* He

斑足横纹茧蜂 *Clinocentrus zebripes* Chen *et* He

暗滑腹茧蜂 *Homolobus*（*Chartolobus*）*infumator*（Lyle）

中华软背茧蜂 *Myosoma chinensis*（Szepligeti）

日本鳞跨茧蜂 *Meteoridea japonensis* Shenefelt *et* Muesebeck

蚁科 Formicidae

山大齿猛蚁 *Odontomachus monticola* Emery

大齿猛蚁 *Odontomachus haelllatodus*（Linnaeus）

邵氏姬猛蚁 *Hypoponera sauteri* Onoyama

敏捷厚结蚁 *Pacltycondyla astuta* Smith

黄足厚结蚁 *Ponera luteipes*（Mayr）

中华厚结蚁 *Pachycondyla chinensis*（Emery）

光柄双节行军蚁 *Aenictus laeviceps*（Smith）

信阳双节行军蚁 *Aenictus xinyangensis* Guo *et* Zhou（待发表）

粗纹举腹蚁 *Crematogaster artifex* Mayr

大阪举腹蚁 *Crematogaster osakensis* Forel

乌木举腹蚁 *Crematogaster ebenina* Forel

玛氏举腹蚁 *Crematogaster matsumurai* Forel

游举腹蚁 *Crematogaster vagula* Wheeler

知本火蚁 *Solentopsis tipunr*t Forel

黑沟巨首蚁 *Pheidologeton ntelasolertos* Zhou *et* Zheng

网纹稀切叶蚁 *Oligomyrmex cribriceps*（Wheeler）

直背稀切叶蚁 *Oligomyrmex rectidorsus* Xu

拟亮稀切叶蚁 *Oligomyrmex pseudolusciosus* Wu *et* Wang

陕西铺道蚁 *Tetramorium shensiense* Bolton

铺道蚁 *Tetramorium caespitum*（Linnaeus）

双针棱胸切叶蚁 *Pristolllyrmex pungens* Mayr

中华小家蚁 *Monomorium chinense* Santschi

圆顿切叶蚁未定种 *Strongylognathus* sp.

史氏大头蚁 *Pheidole smythiesii* Forel

淡黄大头蚁 *Pheidole flaveria* Zhou *et* Zheng

伊大头蚁 *Pheidole yeensis* Forel

皮氏大头蚁 *Pheidole pleli* Santschi

凹大头蚁 *Pheidole sulcaticeps* Roger

厚结大头蚁 *Pheidole nodifera*（Fr. Smith）

宽结大头蚁 *Pheidole noda* F. Smith

高桥盘腹蚁 *Aphaenogaster takahashii* Wheeler

湖南盘腹蚁 *Aphaenogaster hunanensis* Wu *et* Wang

罗氏盘腹蚁 *Aphaenogaster rothneyi* Forel

史氏盘腹蚁 *Aphaenogaster smythiesi* Forel

针毛收获蚁 *Messor aclculatus*（F. Smith）

白跗节狡臭蚁 *Technomyrmex albipes*（Smith）

西伯利亚臭蚁 *Dollchoderus sibiricus* Emery

中华光胸臭蚁 *Liometopum sinense* Wheeler

无毛凹臭蚁 *Ochetellus glaber*（Mayr）

柬胸前结蚁 *Prenolepis sphingthorax* Zhou *et* Zheng

亮腹黑褐蚁 *Formica gagatoides* Ruzsky

高加索黑蚁 *Formica transkaucasica* Nasonov

日本褐蚁 *Formica japonica* Motsehulsky

丝光蚁 *Formica fusca* Linnaeus

长角立毛蚁 *Paratrechina longicornis*（Latreille）

黄立毛蚁 *Paratrechina flavipes*（F. Smith）

夏氏立毛蚁 *Paratrechina sharpii*（Forel）

亮立毛蚁 *Paratrechina vividula*（Nylander）

玉米毛蚁 *Lasius alienus*（Forster）

黄毛蚁 *Lasius flavus*（Fabricius）

亮毛蚁 *Lasius fuliginosus*（Latreille）

梅氏多刺蚁 *Polyrhachis illaudata* Walker

警觉多刺蚁 *Polyrhachis vigilans* F. Smith

四斑弓背蚁 *Camponotus quadriuotatus* Forel

短柄弓背蚁 *Camponotus breviscapus* Zhou

伊东弓背蚁 *Camponotus itoi* Forel

东京弓背蚁 *Camponotus tokioensis* Ito

那霸弓背蚁 *Camponotus nawai* Ito

长毛弓背蚁 *Camponotus nipponensis* Santschi

拟光腹弓背蚁 *Camponotus pseudoirritans* Wu et Wang

平和弓背蚁 *Camponotus mitis*（R. Smith）

少毛弓背蚁 *Camponotus spanis* Xiao et Wang

日本弓背蚁 *Camponotus japonicus* Mayr

弓背蚁未定种 *Camponotus* sp.

蜜蜂科 Apidae

中华蜜蜂 *Apis cerana* Fabricius

意大利蜂 *Apis mellifera* L.

黄胸木蜂 *Xylocopa appendiculata* Smith

竹木蜂 *Xylocopa nasalis* Westwood

双翅目 Diptera

蠓科 Ceratopogouidae

荒川库蠓 *Culicoides arakawae* Arakawa

端斑库蠓 *Culicoides erairai* Kono et Takahashi

原野库蠓 *Culicoides homotomus* Kieffer

龙溪库蠓 *Culicoides lunchiensis* Chen et Cai

日本库蠓 *Culicoides nipponensis* Tokunaga

尖喙库蠓 *Culicoides schultzei* Enderlein

恶敌库蠓 *Culicoides odibilis* Austen

刺螫库蠓 *Culicoides punctatus*（Meigen）

幻影库蠓 *Culicoides phasmatua* Liu et Yu

窄须库蠓 *Culicoides tenuipalpis* Wirth et Hubert

喇叭贝蠓 *Bezzia bucina* Li et Yu

三分阿蠓 *Alluadomyia tripaetita*（Okada）

随意阿蠓 *Alluadomyia lucania* Li et Yu

菌蚊科 Mycetophilidae

杂真菌蚊 *Mycomya permiacta* Vaisanen

中华新菌蚊 *Neoempheria sinica* Wu et Yang

锥形真菌蚊 *Neoempheria subulata* Wu et Yang

片尾巧菌蚊 *Phronia blattocauda* Wu et Yang

鸡公巧菌蚊 *Phronia jigongensis* Wu

弯尾菌蚊 *Mycetophila curvicaudata* Wu

极乐菌蚊 *Mycetophila paradisa* Wu et Yang

似锯菌蚊 *Mycetophila prionoda* Wu et Yang

申氏菌蚊 *Mycetophila sheni* Wu et Yang

显著菌蚊 *Mycetophila sigillata* Dziedzichi

光滑束菌蚊 *Zygomyia calvusa* Wu

多毛束菌蚊 *Zygomyia setosa* Barendrecht

大蚊科 Tipulidae

双斑比栉大蚊 *Pselliophora bifascipennis* Brunetti

变色棘膝大蚊 *Holorusia brobdignagia*（Westwood）

河南棘膝大蚊 *Holorusia henana* Yang

新雅大蚊 *Tipula*（*Yamatotipula*）*nova* Waeker

鸡公山白环大蚊 *Tipulodina jigongshana* Yang

沼大蚊科 Limoaiidae

黄缘毛大蚊 *Eriocera flavimarginata* Yang

虻科 Tabanidae

舟山斑虻 *Chrysops chusanensis* Ouchi

中华斑虻 *Chrysops siensis* Walker

范氏斑虻 *Chrysops vanderwulpi* Krober

日本斑虻 *Chrysops japonicus* Wiedemann

双斑黄虻 *Atylotus bivittateinus* Takahasi

四列黄虻 *Atyíotus quadrifarius*（Loew）

霍氏黄虻 *Atyíotus horuathi* Szilady

骚扰黄虻 *Atyíotus miser* Szilady

北京麻虻 *Haematopota pekingensis* Liu

中华麻虻 *Haematopota sinensis* Ricardo

华广虻 *Tabanus amaenus* Walker

朝鲜虻 *Tabanus coreanus* Shiraki

海氏虻 *Tabanus haysi* philip

鸡公山虻 *Tabanus jigongshanensis* Xu

江苏虻 *Tabanus jiangsuensis* Krober

全黑虻 *Tabanus nigrus* Liu et Wang

大野氏虻 *Tabanus oini* Murdoch et Takahasi

土灰虻 *Tabanus pallidiventris* Olsufiev

山东虻 *Tabanus shantungensis* Duchi

高砂虻 *Tabanus takasagoensis* Shiraki

天目虻 *Tabanus tienmuensis* Liu

三重虻 *Tabanus trigeminus* Coquillett

姚氏虻 *Tabanus yao* Macguart

山崎虻 *Tabanus yamasokii* Ouchì

主要参考文献

杜艳丽，李后魂，王淑霞. 2002. 中国蛀果斑螟属分类研究（鳞翅目：螟蛾科：斑螟亚科）. 动物分类学报，27（1）：8～19.

冯纪年，南新平，郭宏伟. 1998. 中国小头蓟马属二新种（缨翅目：蓟马科）. 昆虫分类学报. 20（4）：257～260.

郭振超. 2006. 河南省鸡公山及伏牛山蚂蚁分类和区系研究. 桂林：广西师范大学硕士学位论文.

韩凤英，李江颂. 1995 河南鸡公山的蜻蜓. 山西大学学报（自然科学版），18（1）：80～82.

李后魂，任应党. 2009. 河南昆虫志 鳞翅目：螟蛾总科. 北京：科学出版社.

李后魂，王淑霞. 2002. 中国模尖蛾属研究及二新种记述（鳞翅目：尖蛾科）. 昆虫学报，45（2）：230～233.

李书建，虞以新. 1997. 河南省阿蠓属新记录及一新种（双翅目：蠓科）. 中国媒介生物学及控制杂志，8（2）：123～124.

李新民，虞以新. 1997. 我国贝蠓一新种的发现（双翅目：蠓科）. 中国媒介生物学及控制杂志，8（2）：121～122.

刘春龙，虞以新. 1997. 河南省鸡公山库蠓调查及其一新种（双翅目：蠓科）. 中国媒介生物学及控制杂志，8（2）：119～120.

牛耕耘，魏美才. 2009. 中国真片叶蜂属（膜翅目，叶蜂科）四新种. 动物分类学报，34（3）：596～603.

申效诚，邓桂芬. 1999. 河南昆虫分类区系研究 第三卷 鸡公山区昆虫. 北京：中国农业科技出版社.

申效诚，时振亚. 1994. 河南昆虫分类区系研究 第一卷. 北京：中国农业科技出版社.

申效诚. 1993. 河南昆虫名录. 北京：中国农业科学出版社.

宋朝枢. 1994. 鸡公山自然保护区科学考察集. 北京：中国林业出版社.

唐红渠，王新华. 2006. 中国安的列摇蚊属一新种（双翅目：摇蚊科）. 南开大学学报（自然科学版），39（2）：67～70.

王治国，牛瑶，陈棣华. 1998. 河南昆虫志 鳞翅目：蝶类. 郑州：河南科学技术出版社.

王治国，张秀江. 2007. 河南直翅类昆虫志. 郑州：河南科学技术出版社.

王治国. 2007. 河南蜻蜓志. 郑州：河南科学技术出版社.

许荣满. 1983. 我国原虻属三新种记述（双翅目：虻科）. 动物分类学报，8（1）：86～90.

杨玉霞，任国栋. 2007. 中国毛胫豆芫菁组分类研究（鞘翅目，芫菁科）. 动物分类学报，32（3）：711～715.

于思勤，孙元峰. 1993. 河南农业昆虫志. 北京：中国农业科技出版社.

赵玲，牛瑶，郑哲民. 2010. 河南蚱科二新种记述（直翅目：蚱科）. 四川动物，29（2）：197～199.

Li H. H.，Zhen H. 2011. Review of the genus *Helcystogramma* Zeller（Lepidopter：Gelechiidae：Dichomeridinae）from China. *Journal of natural history*，45（17～18）：1035～1087.

Sun H. T.，Du Y. Z. 2012. Two new species of the genus *Kamimuria*（Plecoptera：Perlidae）from China，with redescription of *Kamimuria cheni* Wu and *Kamimuria Chungnanshana* Wu. *Zootaxa*，3455：61～68.

Wang X. H.，Sæther O. A. 2001. Two new species of the orientalis group of *Rheocricotopus*（*Psilocricotopus*）from China（Diptera：Chironomidae）. *Hydrobiologia*，444：237～240.

Wang Y. P.，Chen X. X，Wu H.，et al. 2010. Two genera of*Braconinae*（Hymenoptera，Braconidae）in China，with descriptions of four new species. *ZooKeys*，61：47～62.

Yu X.，Bu W. J. 2009. A Revision of *Mesopodagrion* McLachlan，1896（Odonata：Zygoptera：Megapodagrionidae）. *Zootaxa*，2202：59～68.

Zhang，D. D.，Li H. H.，Wang S. X. 2004. A review of *Ecpyrrhorrhoe* Hübner（Lepidoptera：Crambidae：Pyraustinae）from China，with desritions of new species. *Oriental Insects*，38：315～325.

第五篇

旅游资源[①]

第 19 章　河南鸡公山自然保护区旅游资源①

19.1　鸡公山旅游概述

19.1.1　生态旅游的发展和趋势

生态旅游（ecotourism）是由国际自然保护联盟（IUCN）特别顾问谢贝洛斯·拉斯喀瑞（Ceballos Lascurain）于 1983 年首次提出。1990 年国际生态旅游协会（The International Ecotourism Society）把其定义为在一定的自然区域中保护环境并提高当地居民福利的一种旅游行为。

生态旅游兴起的时代背景是人类处于工业文明的后期。人类走出原始森林，经过千百年的奋斗，创建了当今辉煌的文明城市，成为人类文明进步的标志，但在物质财富和精神财富极大丰富的同时，资源问题、环境问题、生态问题等一系列全球性生存危机使人类的环境意识开始觉醒，呼唤回归大自然、绿色运动及绿色消费席卷全世界。人类对自身生存方式、发展模式的思考比以往任何时候都来的多，于是可持续发展思想应运而生。而随着可持续发展思想的传播和渗透，旅游业的可持续发展也日渐成为人们关注的问题。人类社会在过去的数百年的发展中一直表现为对经济高速增长的追求，甚至不惜以牺牲环境为代价，在这样的发展模式下，人类的生存环境急剧恶化：水土流失，土壤沙化，森林资源减少，海洋资源的破坏，能源的急剧消耗，自然灾害频繁，化学物质的滥用，人口与经济的发展、人口与资源环境的矛盾日益突出等。面临一系列的严重问题与矛盾，人类不得不重新认识人与自然的关系，人类必须在继承传统的发展方式和重新探索新的发展方式之间做出选择。论战在拥护经济增长派和反对经济增长派之间展开，最终人们在深刻认识了环境与资源可持续的基础作用之后，将论战归结为可持续发展，努力实现人与自然的和谐与协调。生态旅游已成为世界旅游发展的潮流，必将成为 21 世纪旅游的热点。

森林旅游是生态旅游的主要组成部分。我国的生态旅游主要是依托自然保护区、森林公园、风景名胜区发展起来的。1982 年，我国第一个国家级森林公园——张家界国家森林公园建立，将旅游开发与生态环境保护有机结合起来。此后，森林生态旅游的发展突飞猛进，1999 年，国家旅游局的"99 生态环境旅游"主题活动大幅推动了我国生态旅游的实践。截至 2010 年，全国自然保护区总数为 2588 个，总面积 14 944 万 hm^2，约占国土面积的14.99%；国家级自然保护区为 319 个，面积约 9268 万 hm^2。自然保护区在保护我国生物多样性、维护国土生态安全、保障国民经济持续发展等方面发挥了突出作用。同时自然保护区内优越的自然环境、独特的自然资源和人文景观，日益为人们所向往。森林旅游业将成为21 世纪我国林业的最大产业，发展森林旅游业是自然保护区转变发展方式，实现可持续发展的重要途径。

---

① 本章由邱林、钟魁勋执笔

19.1.2　鸡公山旅游的发展

　　昔日鸡公山，人迹罕至。《水经注》是关于鸡公山最早文字记载的地理典籍，距今已有1400 余年。直至明朝，始有人居住。后来，由于旱、蝗、涝，连年叠加，遂有难民上山图存。鸡公山的旅游活动源于明代，"前七子"领袖何景明登山并留有诗作，后陆续有文人墨客登山览胜并以诗相传。鸡公山旅游兴起于 20 世纪初。1902 年，卢汉铁路信阳至孝感段通车。1902 年 10 月 21 日及 1903 年 8 月 4 日，美国传教士李立生、施道格两次乘火车联袂登山探奇。尔后，在西方报纸上大肆宣扬鸡公山山径深幽，泉源甘美，气候清爽，适宜避暑。随之，美、英、法、德、挪威、瑞典、丹麦、日本、俄国等二十几个国家的传教士、商人等闻风而至，大兴土木，盖别墅、修教堂、开商店。国内的军阀、资本家、官僚也步其后尘，相继上山。1905 年，鄂督张之洞将鸡公山各地向西人出售土地之事以失领土罪奏报清政府，清政府责成豫督张人骏交涉收回。交涉期间，除教会公产外，所有工程一律停歇，至 1907年始磋商定论。凡出卖外人之山地，不论已税未税一概取消，红契白契一律作废，房屋道路由中国政府作价赎回，不再追究买卖双方责任。制定了《鸡公山收回基地、房屋，另议租房避暑章程十条》，此后再建别墅，必须先将图式合同呈中国官署核准，照图修造，竣工后由中国政府按价收回，另行起租，给投建者以优先优惠条件。从此鸡公山置地建房始有章可循。1907 年，将鸡公山划为教会区，避暑官地（洋商区）、河南森林区和湖北森林地。到抗日战争前夕，鸡公山共建造各式建筑 500 余幢，鸡公山由一个荒芜偏僻的深山野岭，变成一个繁华山城，一举被列为中国四大避暑胜地（庐山、北戴河、鸡公山、莫干山）之一，实际是洋人、官僚、财主们的度假乐园。

　　新中国成立初期，为支持抗美援朝，全山别墅被军队收治伤病员所占，1963 年，由部队修通了盘山公路。1978 年 3 月 5 日，中共中央中发〔1978〕8 号文件中把鸡公山列为首批对外开放的八大景区之一。这期间由于管理不善，老别墅多遭破坏或失修，1981 年，时任中共中央总书记的胡耀邦同志曾做出过 3 次批示，并派出中共中央鸡公山风景区问题调查组进行调查，支持把鸡公山划为风景区。1982 年，国务院国发〔1982〕136 号文件把鸡公山列为全国首批 44 个国家级重点风景名胜区之一。1991 年 10 月 31 日，国务院批准了鸡公山总体规划，从此，鸡公山的保护和建设有了依据。鸡公山旅游也迎来了快速发展期，2006 年成功创建 4A 级旅游区。

19.1.3　鸡公山保护区旅游的发展和现状

　　鸡公山国家级自然保护区的前身为鸡公山林场，有着悠久的历史。1918 年，成立鸡公山苗圃，隶属武汉铁路局，后改为鸡公山林场。1950 年，隶属于郑州铁路局，1953 年，底由河南省林业厅接管，原林场山林成为地方国营林场，隶属于省林业厅，1964 年，下放为信阳地区林业局管理。1976 年，信阳地区行署将鸡公山林场山顶市区 2.7km² 划出，成立鸡公山风景区，使一个完整的自然整体分为两个独立的管理单位。1982 年，经河南省人民政府豫政〔1982〕87 号文件批准建立河南鸡公山国家级自然保护区，1988 年，经国务院国发〔1988〕30 号文件批准为国家级自然保护区。由于鸡公山保护区成立较晚，鸡公山风景名胜区的范围除山顶 2.7km² 的核心景区外，也涵盖了整个自然保护区。

　　伴随着改革开放的脚步，来山游客逐年增多，曾经萧条的登山古道又逐渐恢复了往日的热闹。鸡公山保护区紧抓机遇，于 20 世纪 80 年代末和 90 年代初开始了旅游的开发，恢复和重建了登山古道游览线路和灵化寺景点，虽不是真正意义上的生态旅游，却是保护区生态旅游开发的开篇之举。

登山古道是旧时登山的唯一道路，修于清朝末年，全长 3km。有著名的八字石刻、五怪石、甘泉等景点。1989 年，保护区对登山古道进行了全面整修，将道路拓宽至 2～3m，整修台阶一千余级，并恢复了楚豫亭、中天门、观景台、甘泉、陡石崖、笼子口等景点。

灵化寺，位于报晓峰南下方，建于 1929 年。寺院附近，雪柳成行，风景如画，名胜颇多。原寺毁于 1974 年。1993 年，保护区在遗址上重建大殿 3 间，整修游览步道 2.5km。1994 年，正式对外开放。

为了充分利用保护区独特的自然和人文资源，满足人们回归大自然的需求，1997 年，保护区《森林旅游总体设计》获得国家林业局批复（林护批字〔1997〕94 号文件）。

随着生态旅游的兴起，依照《森林旅游总体设计》及豫林护〔2001〕11 号文的批复，保护区于 2001 年开发建设长生谷生态旅游线路。主要建设景点有桥头图腾、秀女潭、老鹰窝、犀牛卧波、栈道、吊桥、石门关、一线瀑、龙珠瀑等，修建游览步道 5km。2003 年，正式对外开放。

伴随着保护区旅游的开发，鸡公山风景区管理和利益之间的矛盾日益显现。保护区和风景区分别在自己所属的景区设点售票，一个景点一种门票，既不利于旅游管理，也给游客带来了不便。

2001 年，在信阳市政府的协调下，鸡公山保护区与风景区本着历史、客观、发展看问题的原则，达成共识，签订在鸡公山山顶实行联合经营、发售通票的协议。协议将保护区所辖的登山古道、灵化寺景点、东沟瀑布群、自然博物馆等纳入鸡公山通票范围，共同组建门票管理所。取消景区内报晓峰、中正防空洞、活佛寺、灵化仙境、东沟瀑布群、自然博物馆的门票收费。保护区和风景区按 3∶7 的比例进行门票收入分成，宣传促销费用也按 3∶7 的比例进行分摊。此协议的签订无论是对保护区还是鸡公山旅游业的发展都具有里程碑式的意义，有利于旅游管理体制的制订，有利于综合效益的提高，也为鸡公山今后的旅游整体、深度开发奠定了基础。

2003 年，保护区开发建设的长生谷生态旅游线路正式对游客开放，保护区和风景区重新签订了门票统一管理协议，将长生谷生态旅游线路纳入鸡公山景区通票范围。协议规定双方共同组建新的门票管理所，由双方共同出人，共同管理。同时协议还规定建立联席会议制度，沟通协商鸡公山旅游规划、建设及管理工作。保护区和风景区按 3.8∶6.2 的比例进行门票收入分成，宣传营销费用也按此比例分摊。

2004 年，按照政企分开的原则，市政府把鸡公山所有的经营性实体整体打包，成立了鸡公山旅游发展有限公司。由保护区和风景区组建的门票所也归入鸡公山旅游发展有限公司，门票管理机制仍遵循 2003 年协议。至此，鸡公山旅游由鸡公山国家级自然保护区和鸡公山国家级风景名胜区共同管理、整体塑造品牌的局面基本形成。

2004 年，依据豫林护〔2003〕183 号文的批复，保护区开始开发建设波尔登景区。主要建设景点有波尔登纪念馆、波尔登纪念林、碑亭、古茶溪、茗湖、森林游乐园、竹海等，同时配套建设了入口服务区、游览步道 4km、景区公路 3km、旅游厕所等。2006 年 9 月底，正式对外开放。

2009 年，河南省委、省政府和信阳市委、市政府先后确立"旅游立省"、"旅游立市"战略。2009 年 8 月，时任河南省委书记的徐光春同志来鸡公山考察，提出了"金鸡复鸣"

工程，鸡公山被省委、省政府及信阳市委、市政府确立为重点打造的景区之一，为鸡公山旅游的发展带来新的机遇。

2009 年 8 月，河南省委、省政府批准成立了河南省鸡公山文化旅游综合开发试验区，信阳市委、市政府组建了开发领导班子。新的鸡公山文化旅游综合开发试验区涵盖了鸡公山国家级自然保护区、鸡公山风景区、灵山风景区，共 387km²。

2009 年 11 月，信阳市政府与中国港中旅集团公司正式签订了合作框架协议，拉开了合力开发鸡公山的序幕。

2010 年 2 月，河南鸡公山文化旅游集团有限公司注册成立，信阳鸡公山旅游发展有限公司、信阳波尔登森林公园及其他相关资产并入河南鸡公山文化旅游集团有限公司，完成了与中国港中旅集团合作的前期准备工作。

2010 年 11 月，港中旅（信阳）鸡公山文化旅游发展有限公司成立，河南鸡公山文化旅游集团有限公司作为股份进入合资公司。

2011 年 1 月 1 日，合资公司正式运营。至此，鸡公山保护区所辖的登山古道、灵化寺景点、长生谷景区、波尔登森林公园及相关资产博物馆、清泉宾馆等作为资产进入合资公司，委托港中旅（信阳）鸡公山文化旅游发展有限公司经营管理。这是鸡公山保护区旅游发展的又一里程碑，具有重大意义。

合资公司正式运营后，根据基础协议，鸡公山保护区有 60 名干部职工进入到合资公司，享受合资公司的薪酬体系，同时合资公司每年给予保护区 150 万元的固定托管费和门票增长部分的 20% 的返还。

鸡公山保护区的旅游开发建设是在极度困难的条件下进行的，克服了资金短缺、人才匮乏及源于利益的博弈等重重困难，其间，不仅有各级林业主管部门、市委、市政府的关心和支持保护区事业的各级人士的大力支持，更有保护区几任领导班子和职工的奋力拼搏。

保护区的旅游开发不仅完善了保护区的多功能性，也为保护和科研事业带来更多的资金支持，同时让更多的人走进保护区、了解保护区、热爱保护区。

保护区的旅游开发不仅促进了保护区发展方式的转变，解决了保护区富余人员的安置，也带动了社区产业结构的调整，促进了社区群众的增收，他们或参与到旅游基础设施建设，或在公司就业，或参与交通、住宿餐饮服务，或提供种植、养殖产品，或从事旅游商品服务。使他们认识到保护的重要性，自觉参与到保护事业中来。

19.1.4　保护区生态旅游开发的指导思想和原则

保护区在生态旅游开发过程中始终坚持在有效保护自然资源和自然环境的前提下，充分利用保护区实验区的森林旅游资源，结合区域资源优势，以生态旅游为宗旨，突出宣传教育和生态知识的普及。在已有的基础上有控制、有计划地进行科学开发，合理布局，为人们提供一个科考科普、休闲养生、游览观光的场所，满足人们对大自然游憩的需求，提高人们热爱自然、保护自然的自觉性，探求人与自然协调发展，构建生态文明的生态旅游发展模式，充分发挥自然保护区的多种功能，促进保护区的可持续发展。并遵循以下原则。

1. 坚持保护第一、可持续发展的原则

保护区旅游开发必须在保护好生态环境的前提下，开展适当的、合理的、有限的旅游，实现旅游经济发展与生态环境保护相统一的可持续发展。

2. 因地制宜、科学规划的原则

落实科学发展观，以生态学为指导，在分析气候、土壤、植被现状和景观资源的基础上，结合地形、地貌特征，因地制宜、科学规划、合理开发。

3. 突出生态环境资源，全面发挥森林自身优势的原则

生态环境是重要的旅游资源，是保护区开展休闲度假旅游的核心资源，要进行全面研究和利用，转化为旅游资源和产业优势。

4. 自然景观为主，人文景观与自然景观协调一致的原则

开发自然景观的同时，注重挖掘景区文化内涵，使二者协调一致，互为补充。线路设计时，注意改变单一观光旅游的模式，全面协调发展。

19.2　保护区生态旅游资源综述

保护区地处北亚热带向暖温带过渡地带，区内动植物资源十分丰富，形成了多姿多彩的、具有独特观赏价值的过渡带森林景观和优越的森林生态环境。加之奇峰怪石、幽谷清溪、飞瀑流泉、云海雾凇等景观，自然资源十分丰富。同时，保护区内人文资源亦十分丰富，既有中国文化，也有西方文化，既有绿色文化，也有红色文化，是中西文化碰撞最为耀眼的地方之一，且具有典型的民国气象，具有很高的历史价值、科研价值和美学价值。自然资源和人文资源相互融合，相得益彰。

1. 奇峰突兀，怪石林立

由于地质构造运动，形成了鸡公山独特的花岗岩山体，经长期风化剥蚀，大自然的鬼斧神工，造化出了千姿百态的奇峰怪石。报晓峰突兀临空，似引颈欲啼的雄鸡；骆驼峰、狮子峰等形态各异，雄伟峻峭；五怪石生动逼真；将军石威风凛凛；大小异石嶙峋耸峙，怪、巧、奇、美，景观奇特。

2. 气候温凉，避暑胜地

鸡公山盛夏无暑，气候凉爽，夏季平均气温 23.7℃，三伏盛夏，午前如春，午后如秋，夜如初冬，有"三伏炎蒸人欲死，清凉到此顿疑仙"之美誉。

3. 洋楼别墅，异国风情

鸡公山保存有风格各异、错落有致的别墅，有罗马式、哥特式、合掌式、德国式、中西糅合式等，依山就势，自然新颖。登高四望，在万绿丛中，奇山险峰之间，秀水明池之畔，点缀着数以百计的中外别墅，像一颗颗璀璨的明珠缀满山峦，有"万国建筑博物馆"之称。

4. 森林繁茂，生态佳境

鸡公山是南北过渡地带，植被丰茂，种类繁多，针叶树、阔叶树争繁斗艳，山花、异草参差相杂。乔木以栎类、枫香、松、杉等为主，傲然挺拔，苍秀刚健，森林覆盖率达 90% 以上，生态环境优越，适宜休闲疗养。

5. 飞瀑流泉，清凉甘冽

大小瀑布有数 10 处之多，名泉也有 20 余处，有"山间一阵雨，林中百重泉"之称。或如玉带飘落，声势震荡；或如长龙戏水，蜿蜒而下；或如剑劈峡谷，寒光袭人。飞瀑流泉，清凉甘冽。

6. 云蒸霞蔚，变幻多姿

风雨雾雪及阴晴冷暖，造化出绚丽壮观的天象奇观，以云海、霞光为最。雨后初霁，山谷里腾起丝丝雾气，凝结为云，漂游汇集，形成"云海"，突出的山峰就像大海中的岛屿，忽隐忽现，当红日跃上东岗，轻纱般的云雾涌进了亭台楼阁，犹如仙山琼阁；鸡公山晚霞十分优美，五彩缤纷的晚霞在银光闪烁下洒满山川，被称为"夕阳映川"。此外，还有雨淞、雾淞等，美不胜收。

7. 春华秋色，四时景异

鸡公山四季景色变幻动人。春季，万木吐新，山花斗艳，姹紫嫣红，生机勃勃；夏季，漫山绿荫，青翠欲滴，云蒸雾绕，飞瀑隆隆；秋季，松竹青翠，霜叶红遍，层林尽染，胜似春光；冬季，青松翠柏，披银挂玉，沟壑楼台，银装素裹。春华、夏荫、秋叶、冬雪构成了四季不同的美景。

8. 历史遗存，人文大观

武胜关、白沙关，犹忆刀光剑影；登山古道，记录昔日脚步；灵化寺，香火弥漫；石刻、碑刻，状物抒情；将军树、波尔登纪念林，承载友谊与梦想。

19.3　保护区景观资源

保护区地处北亚热带向暖温带过渡地带，是我国南北气候、植物的天然分界线，区内动植物南北交汇、东西交融，资源十分丰富，形成了多姿多彩的具有独特观赏价值的过渡带森林景观和优越的森林生态环境。加之奇峰怪石、幽谷清溪、飞瀑流泉、云海雾淞等景观，是人们走进自然、享受自然的一方胜地。

19.3.1　山地景观

1. 奇峰

自然保护区内奇峰险峻，加之花岗岩体坚硬，形成不少奇峰怪石。小者玲珑剔透，大者雄伟壮观，望之有形，似物、似人，惟妙惟肖，品味无穷，能使人勾起无限遐想。古往今来，人们以形象、典故、神话给予种种命名，奇峰中著名的当数报晓峰、骆驼峰、篱笆寨、狮子峰等。

报晓峰　又名鸡公头、鸡公垛、鸡头石，位于保护区中部。海拔 768m，在群山环抱中，突兀拔起一巨大石峰，从东侧视之酷似引颈欲啼的雄鸡，鸡公山因此得名。1934 年，时任河南省主席的李培基在峰顶题刻"报晓峰"三个大字，从此鸡公头又有了雅称。登上峰顶，极目远眺，群山起伏，无边无际。低头俯视，如临深渊，九渡河左旋右转，穿流山间，月湖、星湖似两颗明珠，镶嵌在山中。环顾四周，别墅点点，绿树红瓦，格外醒目，形成万绿丛中点点红的景观。如果幸运的话，还可观赏到云海、晚霞、日出、佛光，五彩纷呈，景色神奇壮观。

骆驼峰　亦称小鸡头，古称母鸡石，位于报晓峰正南约 1km 处。海拔 724m。山体为花岗岩，北部外突，荆棘丛生，极为陡峭。外形似骆驼，又似伏卧的母鸡，似是而非。由于有了鸡公头，人们则相对称之为"母鸡石"。明朝诗人毕泰昌为其赋诗抒情："母鸡石畔绿荫围，风雨深宵总未归。为怕此间尘网重，故甘雌伏不雄飞。"登峰顶观报晓峰，鸡头向北，形象逼真。俯视房舍，错落有致，亭台楼阁，有如仙境。远望环山，层峦叠嶂，气势恢宏。

狮子峰　亦名马鞍山，位于避暑山庄背侧，状似一头伏卧的雄狮而得名。狮头海拔620m，狮尾海拔 550m，西北—东南走向。沿山脊有大小山峰 5 个。站在报晓峰远眺，又似一匹负鞍欲奔的骏马。环顾四周，红楼点点，绿树掩映，竹木旺盛，万顷松涛。东望篱笆寨，西望狮尾峰，景色迷人。峰顶全是乌黑色花岗岩石壁，陡如刀切。

篱笆寨　位于北岗北端，系保护区最高点。海拔 814m。峰顶平缓，周边丛林茂密，形同篱笆，故名篱笆寨。站在顶部，南望，别墅片片，有如山城。西部山下是阡陌纵横的田园、青堂瓦舍的村庄，恰似陶渊明笔下的"世外桃源"。

2. 怪石

怪石是在漫长的地质作用下形成的形态各异的花岗岩体，形象逼真，栩栩如生，著名的有五怪石、将军石、象鼻石、旗杆石、月牙石、鹰嘴石、鸳鸯石、金印石、船石等，有的还有一段神话传说、历史故事或寓言，为保护区增添了神秘色彩和无穷魅力，勾起人们无限遐思，寄托着人们美好愿望。

五怪石　位于保护区登山古道南侧的五怪岭上。岭脊岩石裸露，怪石嶙峋，千姿百态，似人、鸟、龟、蛙、狮、熊、虎、阁、金字塔、帐篷等，步移景易，站在不同角度，出现不同形状。站在登山古道观景台处向南观望，有的似乌龟爬行，有的像青蛙捕食，有的似道人叩首，有的似熊猫打盹，有的如猪猡觅食，因此得名五怪石、五怪岭。在岭侧，奇石怪态多多，或被林木遮盖，或藏于山坡溪旁，鲜为人知，亲临其地，才能尽睹其景物之妙。五怪石还有一段发人深省的传说。昔日，有五位富家子弟，不肯读书，却又渴望功名，屡考不中。在几度名落孙山后，再次结伴进京赶考，行至鸡公山麓，听说鸡公显灵，有求必应，决心登山焚香叩头，祈求保佑金榜题名。但山高路险，举步维艰，这些纨绔子弟难忍跋涉之苦，又极想获得神助，于是相互赌咒发誓，以表决心：如登不到山顶，就变龟、猪、蛙、僧、熊等。鸡公闻之，化作老翁试其心诚。五人爬至山腰，个个叫苦不迭，不愿攀登，把决心和咒语抛到九霄云外。老翁激励他们前进，反受其辱。鸡公心想，此类人不过是酒囊饭袋，留在世上无益有害，于是念动真经，喝令五位公子顷刻化作五块怪石，永留世间，以警后人。

宝剑石　位于宝剑山口西南侧，有一花岗岩峭壁，远望状如宝剑，故名宝剑石。

将军石　屹立于保护区东，大东沟白沙关西坡上，雄伟壮观，气势非凡。石体南北长7m，东西宽 4m，高 6m，体积 168m³，主体劈裂，形状奇特。据传，1642 年冬，农民起义领袖李自成挥师南下，在鸡公山大东沟屯兵休整，操练将士时，曾手执宝剑，站在此石上阅兵，因而得名将军石。巨石与李自成的气势相得益彰。曾有诗人赞曰：

历尽风雷劫后身，沸腾奔突出岩心，

槎桠峥嵘存钢骨，斑驳青苍去俗尘。

万壑常流九曲水，千峰不断四时云，

崔嵬独立擎天柱，百万雄兵大将军。

旗杆石 位于保护区北，大茶沟吴家湾北侧几百米处。这一孤立巨石屹立在河边，高10m，长13m，宽18m，巨石顶部凿有孔洞。相传南唐英雄刘金定和明末农民起义领袖李自成都曾在此插旗练兵。如今，清溪碧波，常有游人观光，抚今追昔。诗人李铁成有诗云：

当年插义帜，万壑振雄风。

水泉流不尽，依稀鏖战声。

恋爱石 亦称友谊石、双立石，位于观鸡台南侧的狼牙岭上，两石并立，恰似情侣初恋，相偎相依，窃窃私语。诗人李公赋诗，赞其情真意切：

耿耿相倾立誓盟，依依回首暗飞声。

天荒地老时终尽，化作顽石仍有情。

鹰嘴石 位于报晓峰西侧，巨石，酷似鹰嘴。

月牙石 位于灵化寺北侧，由4块巨石组成，形体各异。左右两块巨石支撑着的一块长条巨石，横长5m，中宽1.3m，犹如一勾新月升空，故名月牙石。后有一巨石，状若碾盘。石下通道狭窄，仅容一人。此处有碑刻，上载嫦娥和后羿的神话故事。

磊磊石 在登山栈道一道门与二道门之间，有一怪石，屹立道旁，石上有石，错落有致，危若累卵，稳如泰山，石上之石，重数十吨，鬼斧神工，非人力所为。

落落石 在登山栈道磊磊石上侧，有石一堆，似独立无根，如人工垒叠，轻推可动，但尽全力，却推而不倒，耐人寻味。

元宝石 人称"天下第一大元宝"，位于活佛殿西南侧，状似元宝，故名元宝石。上横刻"天下第一大元宝"七个大字，总长5m，字体刚劲有力，非常醒目。

弥勒佛石 位于避暑山庄天福宫遗址西北山坡处，状若弥勒，大腹突起，慈祥端坐，笑容可掬。

3. 危崖

鸡公山花岗岩的岩体，节理裂隙发育，经长期驯化腐蚀，大自然的鬼斧神工，造化出为数众多的断岸峭壁，幽深峡谷，有名的有陡石崖、滴水崖、汇景崖等。

陡石崖 龙子口下200m，登山古道南侧，有一座凹壁陡崖。石体长约50m，宽20m，高20m。崖上有石危若垒卵，稳居崖顶。东面石壁上凿刻"钟灵毓秀"四个大字。这是当时鸡公山管理局局长房向离于1947年所题，寓指美好的自然环境，造就优秀的人才。西面刻有"陡石崖"三个大字。

滴水崖 位于大东沟东北部。有众多弯曲山道，俗称十八拐。顺山沟走二三里即是滴水崖，大、小滴水瀑布就在此处。这一带千山万壑，立壁如削，峻峭险要。

汇景崖 位于避暑山庄东南方向。在盘山公路7.5km处的南侧，距公路约150m。此处环山合抱，似一盆地，盆中突出一高地，三面为高约30m的绝壁，上有几块凌空欲坠的巨石。崖下为保护区树木园。东侧有山泉瀑布，下有"人"字形峡谷，流水声清脆悦耳，汇入宝剑溪中。环顾四周，有20个峰沟，各具特色。

云阁崖 报晓峰南，百米，灵化山顶端有一岩崖，高峭悬空，敦实险峻，云雾缭绕，犹如云中楼阁，故名云阁崖。

狮头崖 在狮子峰北侧。崖上岩石裸露，峭壁林立，万丈深谷，惊险之极，望之头晕目眩，令人生畏。天福宫遗址、弥勒佛石、天然石洞坐落于崖南。崖顶，芝兰青翠，每当春暖花开时，芳香四溢，沁人肺腑。

鹰蹬崖　位于姊妹楼西百米的鹰蹬石上边。悬崖三面绝壁，高约 200m，上有一古堡，残迹尚存。登崖西望，山势陡峭，森林密布；南望报晓峰，裸岩危耸；东望，别墅林立；北眺南街小景，别致有趣。

听涛崖　在观鸡亭东南 150m 处。悬崖外突，四周松林茂密，涛声阵阵。碾子湾水库碧波荡漾，银光闪闪。观鸡亭如空中楼阁，小鸡头似腾飞升空。望东沟层峦叠嶂，风景如画。

19.3.2　水域景观

木多出秀色，水丰显灵气。保护区雨量充沛，为江淮分水岭，泉、溪、河、瀑星罗棋布。有"山间一阵雨，林中百重泉"之说。既赋予了景区灵气，又增添了景色。

1. 瀑布

保护区有瀑布 20 余处，如大滴水瀑布、龙潭瀑布、松林湾瀑布、七叠瀑、一线瀑、秀女潭瀑布、龙珠瀑等。分布于东沟、长生谷景区、波尔登森林公园等，或飞流直下，或长龙戏水，气象万千。

大滴水瀑布　在保护区大东沟山涧峡谷中，发源于南田光头山北坡，流经旗杆石、大茶沟、中茶沟向北汇入浉河入淮。北魏地理学家郦道元曾有记载："于溪之东山有一水发之山椒，下数丈，素湍直注"，就是指的大滴水，注入九渡河。悬瀑 42m，宽 3m，坡陡 90°，水势随季节消涨。此处两山合抱，巨石壁立，仰望落帽，俯视心惊。飞泉自高峡喷出，瀑水如玉带飘落，声势震耳。夏日如悬河直泻，水花四溅，状如喷雪吐玉；冬日滴水成冰，冰柱倒挂，犹如银蛇，景象十分壮观。如果旺水季节，亲临其境，则有"飞流直下三千尺，疑是银河落九天"的感受。

秀女潭瀑布　亦称白鳝泉。位于长生谷景区出口处。斜坡 70°，悬瀑 15m，流长约 40m，流量随季节消涨。瀑下有潭，水深 2m。每逢旺水季节，飞瀑入潭，震耳欲聋，响声远播，亦称响水塘瀑布。此处峭壁耸立，悬崖陡石，碧水清潭，飞瀑蜿蜒，状若下垂玉簾，翻滚连绵，哗哗入潭。两侧崇山峻岭，绿荫如幔，林间鸟鸣，显得苍古清幽。诗人唐道武赞叹长生谷景色，为秀女潭咏诗：

拾阶攀崖访金鸡，夹沟危石堆雄奇。

行见老藤缠古树，坐爱小鱼游清溪。

犀牛卧坡漫思草，秀女出浴方着衣。

常恨世事多烦扰，不知此处可忘机。

龙珠瀑　位于长生谷景区上部，坡向西，坡度 30°，悬瀑 30m，宽 1m，下泻后流程约 30m 入潭，潭面 40m²，深 80cm。吊桥北望，百米陡壁上镌刻"藏真"两个醒目大字，蕴涵着真藏自然，真山真水的宝贵景观；同时也寓意着祖国山川之美，藏匿其中，待后人发现。吊桥下方一巨型卵石上，刻有"龙珠"二字。此瀑恰似龙珠，从巨龙口中喷射而出，镶嵌在激流之中，展现出雍容华贵的气势。人从吊桥通过，便有"水自天上来，人在空中游"的意境。

峡谷瀑布　发源于避暑山庄汇景崖下边峡谷中。此瀑呈"人"字形，主流悬瀑 30m，侧流悬瀑 10m，水宽 1m，曲折下泻，绕过汇景崖下，其景清幽绝尘，长年川流不息。

一线瀑　发源于长生谷栈道下侧，循溪而西，一条线状流水从高山峡谷中弯曲，飘然而落，视力难达出处尽头，故此得名。此瀑属常年长龙戏水式瀑布，坡向西南，坡陡 60°，悬瀑 30m，瀑宽 40cm，跌水入潭，其声喔喔，如泣如诉。潭呈三角形，深 1m，水面 50m²。

龙潭瀑布　亦名青龙潭，位于大东沟，瀑面宽 2m，瀑水下泻成潭，深 2.5m，水面 300m²。潭四周两山合抱，形似太极，其上绿荫如蓬，遮蔽天日。瀑水由上直泻，远望如亭亭玉女，身着白纱，立于碧玉屏风之前。每当夏日晨昏之际，云雾弥漫山崖，水从云中腾出，景色尤为绚丽。潭水碧清，游鱼可数。

2. 泉

鸡公山为花岗岩岩体，泉源系基岩裂隙水，泉源众多，有"山间一阵雨，林中百重泉"之说。1936 年，齐光著《鸡公山指南》载："甘泉达百数十处，更非他山可及也。"有名称记载的如宝剑泉、清泉、甘泉、灵泉等 23 处。

宝剑泉　发源于宝剑山南，从宝剑山脚下流过，水洁色清，终年不息。

龙口泉　亦称清泉，位于龙子口，登山古道南侧。源出山岩，色清水旺。

甘泉　位于登山古道南侧，二道门以上。源出石隙，终年外溢，水清味甘。上有"甘泉"石刻，为甲级水质。冬季会冒出串串气泡，行人过此，多临而品尝。

白鳝泉　发源于避暑山庄长生谷，沟深且陡，沟底全系岩石。由于泉水冲刷，沟底斑白色，花岗岩光滑裸露。泉流曲曲弯弯，在响水塘处偶遇陡坡，形成瀑布，犹如鳝浮动游水，故名白鳝泉。

鸡公泉　位于报晓峰东北山沟里，泉水清凉甘冽，四季不竭。

灵泉　位于报晓峰南灵化寺山沟，泉水碧绿清凉，因寺得名。

月下泉　位于报晓峰南月牙石门下，故名月下泉。

狮子泉　位于避暑山庄狮子岭下，泉水终年不竭，清凉甘甜，属一级泉水。

3. 溪

泉水外溢形成溪流或水量小，蜿蜒于幽谷，溪流涓涓，清澈见底。溪畔松、竹、桃相间，红绿掩映，林茂景幽。或水量较大，从山顶峡谷直奔山脚，势如巨蟒窜涧、游龙啸天，崖石险峻，蔚为壮观。主要溪流有静心溪、宝剑溪、鸡公溪、笼子溪、桃花溪、古茶溪等。

宝剑溪　发源于北岗，首汇入星湖，流向西北，一路蜿蜒于长生谷的幽谷之中，水流淙淙，清澈见底，可见游鱼戏虾，运气好的话，还能遇见二级保护动物——大鲵。终年不竭，流至山脚，绘就了长生谷生态旅游线路的水景观。

鸡公溪　发源于报晓峰与红娘寨之间，首汇于月湖，溪水曲折，由峡谷南奔山脚，注入观音河，汇入南湾水库，势如巨蟒穿洞，游龙啸天，终年长流。流程长达 7km，蔚为壮观。

桃花溪　发源于灵化山，经报晓峰沿山谷西下，穿过后湾，经铁路桥，入九渡河（上段为朝天河），流程 12km，雨季水大，旱季水小，终年不息。溪畔松、竹、桃相伴，红绿掩映，清流涓涓，景色幽雅。

龙子溪　发源龙子口一带，经牛耳寨、后湾，穿过铁路桥，注入九渡河，全长 6km，溪水涝丰旱枯。

静心溪　发源于南岗美龄舞厅南侧山沟，流经活佛寺，汇入泻红涧，水质良好，林茂景优，是游人常往之地。

古茶溪　发源于波尔登森林的上端，一路流经波尔登森林公园，遇石迭水，两岸茶树丛生，绿竹掩映，古树听涛，苍藤探水，奇花异草次第开放，成就了波尔登公园的山水景。

4. 河

鸡公山地处大别山西端，此山脉是南北水系分水岭，向南流的水汇入长江，向北流的水汇入淮河。它们又分别汇入东海。发源于鸡公山的河流有 3 条：澴水河、九渡河、观音河。

澴水河　又称澴河、澴水，发源于大东沟，流向湖北应山，经孝感，汇入长江。其支流入汉水，复入长江，全长 200 余公里。澴水在鸡公山流域内称天磨河。1936 年春，鸡公山东北中学数百名学生，沿澴水河南下武汉请愿，要求生存，要求抗日，到湖北肖家港被国民党大批军队阻拦，并逮捕进步学生。当时天气寒冷，大雪纷飞，饥寒交加。东中学生于绳武赋诗述怀：

小楼一夜起风波，剑影刀光却为何？
六法应无爱国罪，校规竟有犯嫌科。
三更雪夜肖家港，百里冰霜澴水河，
五月鲜花歌一曲，莘莘学子泪滂沱。

澴水河见证了这一段辛酸历史，为鸡公山留下刻骨铭心的诗句，以启迪教育后人。

九渡河　亦称九曲河，发源于鸡公山西麓，"溪涧潆委，沿溯九渡"，故名。辗转逶迤，北流 20km，有卧牛河自西来汇，谓之东双河，又北流 10km 有三湾河来汇，入浉河入淮河，总长 35km。上游称沙河，又称朝天河，下游称东双河。在流程中，中小水库较多，水质清冽。宋苏东坡常以浉水泡茶即指此水。九渡河古通舟楫，20 世纪二三十年代，鸡公山美文学校学生常从鸡公山脚乘船到信阳南关教堂。如今，水量大减，旱季甚至干涸断流，这是人类活动和气候变化的结果。

北魏地理学家郦道元所著《水经注·淮水考》一书详细记录了九渡河，距今已经 1400 余年。其卷三十称："淮水有九渡水注之，水出鸡翅山（即鸡公山），溪涧潆委，沿溯九渡矣，其犹零阳之九渡水，故亦谓之九渡焉。于溪之东山有一水发之山椒（即山顶），下数丈，素湍直注，波颓委壑，可数百丈，望之若霏幅练矣，下注九渡河，北流入淮"。虽只有 80 字，却将九渡河的发源、流程、气势、归宿，描绘得淋漓尽致。

观音河　亦称小沙河、谭河，发源于鸡公山蔡王冲，流经南新店、马河、万冲、老湾入西双河。上段称观音河，下段称谭河，汇入南湾水库，下泻至浉河入淮。全长 13.5km。古代，在鸡公山西麓山脚建立驿站，称为观音驿，流经此处的河亦被命名观音河。

上述 3 条河流发源于鸡公山，东转西折，南蜿北蜒，所经之地，林木茂盛，山花绽放，野草丛生，水生物畅游其中，一片生机盎然，为景区增添了灵气，为鸡公山增添了诱人景色。

19.3.3　生物景观

生物资源是保护区、旅游区最主要的景观资源，动植物资源非常丰富。生物景观尤以森林景观最为突出，有针叶林、针阔混交林、落叶阔叶林、常绿阔叶落叶混交林、灌木林、竹林等，且富于季相变化，形成了具有独特观赏价值的过渡带森林景观。

1. 季相

随着时序的变更，植物形态各异，一年四季出现变幻动人的景色，绚丽多彩。它与人文景观交织在一起，呈现出多层面、多角度的审美效应，给人以美的享受。概括起来为春华、夏荫、秋叶、冬雪。可谓是"春见山容，夏见山气，秋见山情，冬见山骨"。

春华 春季，春风送暖，万木复苏，一派生机盎然。植物开始吐新枝，展新叶，翠绿鹅黄，怯怯的，却又迫不及待地探出头来。

春天是山花最烂漫的季节。早春二月，春寒料峭，二月兰、迎春花、地丁就在沟旁、坡地吐露芬芳。三四月，气温速升，樱花、桃花、连翘、兰花、杜鹃……竞相争艳。

垂直高度每升高 100m，入春期约推迟 3d。鸡公山相对高差约 400m，山脚与山顶入春时间相差 10~15d。山下桃花芳菲尽，山顶桃花始盛开。因此，清明节至五一国际劳动节，大量山花相继开放，诸如桃、李、梅、樱花、白鹃梅、山梅花、白玉兰、金银花、杜鹃、兰花、刺槐、猕猴桃、紫藤、山楂、木兰、络石、连翘等。漫山遍野，呈现花的世界，花的海洋，色彩纷呈，黄、红、紫、白、粉、蓝掺杂其间，燕飞莺啭，蜂嗡蝶舞，一派动人景象，有诗赞称："前花未落后花繁，漫山七色巧打扮。更有蜂蝶款款舞，恰似仙境落尘凡。"是春游踏青的绝佳去处，每逢此时，景区"春日万花筒，缤纷嘉年华"活动如期举行，还会给你带来意外的惊喜！

夏荫 鸡公山夏季平均气温 22.7℃，最高气温 32℃。鸡公山之夏，午前如春，午后如秋，夜如初冬。盛夏酷暑，山风习习，气候凉爽。有"三伏炎蒸人欲死，清凉到此顿疑仙"之美誉。

鸡公山植被丰茂，森林覆盖率达 98%。公路、小道都被遮蔽成林荫道，行走其间，几乎不见太阳。加上雨、雾、风的影响，夏荫成为鸡公山一大特色。整个夏季碧林涌涛，漫山滴翠，珍珠梅、紫薇、合欢、绣球、八仙花、忽地笑等五颜六色，点缀其间，尤其是金鸡菊，一株株，一丛丛，一片片。生于道路旁，石隙间，和向阳坡地里，片片金黄，鲜艳耀眼，绽放着夏日的激情。

秋叶 秋季，气温下降，气压回升，阵阵秋风吹过，层林尽染，万山红遍。漫山遍野的枫香、五角枫、茶条槭、三角槭、盐肤木、卫矛、乌桕、地锦、梧桐、漆树、黄连木、石楠、山胡椒等等，一场风霜一层红，真可谓"霜叶红于二月花"。漫步于景区公路，或林间小径，一叶、一枝、一树，都会在不经意间走进你的眼帘，震动你的心灵。

秋日里，山花不会因红叶而消沉，依就吐芳争俏，桂花、牵牛花、美丽胡枝子、野菊花……

金秋是收获的季节，各种野果扎堆似的成熟，托盘红、山楂紫、栗子笑、猕猴桃、八月楂，或伸到路边，或悬于枝头，或散落于地，总会给你想不到的惊喜。

冬雪 鸡公山冬季平均气温 1.2℃，1月是全年最冷月份，平均气温 -0.3℃。山顶的冬季寒气袭人，阴雾冰雪天气占 1/3，常出现雾淞、雪淞。每遇大雪纷飞，青松翠柏，披银挂玉，沟壑楼台，银装素裹，一派北国风光。

2. 山花

鸡公山保护区，属于北亚热带向暖温带过渡地区，有丰富的野生花卉资源，种类多，分布广，花色丰富，观赏性强。经调查有野生花卉 49科103属257种（含变种），种类最多的是蔷薇科，有野生花卉 42 种（含变种）。按性状分类，木本花卉 122 种，占 47%；草本花卉 135 种，占 53%；从花色结构上看，白色、红色、黄色、蓝紫色及复色系花分别为 103、54、43、32 和 25 种，依次占资源总数的 40%、21%、17%、12% 和 10%；从花期结构上看，春、夏、秋季开花的种类分别为 131、87、39 种，所占比例依次为 51%、34%、15%。鸡公山景区是花的海洋，一年四季都有山花绽放，乔、灌、草、藤相映生辉。漫步林间小道你总会有意外的惊喜。加之人工栽培，能形成群体景观的主要有樱花、桃花、杜鹃、山梅花、白鹃梅、金鸡菊、玉兰、紫薇、八仙花、忽地笑等。

樱花　鸡公山的樱花由山樱花 ［*Cerasus serrulata* （Lindl.）G. Don ex London］、毛樱桃 ［*Cerasus tomentosa* （Thunb.）Wall.］ 和日本樱花 ［*Cerasus yedoensis* （Matsum.）Yu et Li］ 组成。蔷薇科，落叶乔木或小乔木，后者为人工品种，多集中于消夏园，山樱花和毛樱桃广泛分布于保护区，为著名的观花植物，花期集中于 3 月下旬～4 月上旬，花白色或粉红色，三五朵簇生，先叶开放或叶花同时开放，此时其他植物大多尚未吐绿，在群山中，星罗棋布，显得格外耀眼，此刻你可以在景区的任何一个地方停下脚步欣赏樱花缤纷的世界，或置身于树下吟唱生命的精彩。如果错过花期也无需遗憾，五六月还可去林中采食成熟的果实。

桃花　为山桃花 （*Prunus davidiana*），蔷薇科，落叶小乔木，高达 10m，广泛分布于保护区，多集中于林缘、路边、溪旁，为著名的观花植物。花期 3～4 月，花粉红色或白色。春游鸡公山，可谓 "满路桃花春水香"、"人面桃花相映红"。

杜鹃　杜鹃 （*Rhododendron simsii* Planch.），别名映山红，属杜鹃花科，落叶灌木，高约 2m，分枝多，花 2～6 朵，簇生枝端，蔷薇色、鲜红色或深红色，花期 4～6 月，是著名的观赏花木，多生于景区内的石壁上、灌丛中和半阴坡的疏林中。大东沟有一座山全是杜鹃和兰草，故名 "杜兰山"。人们常把杜鹃作为热情、纯洁的象征。唐诗人白居易赞美杜鹃花为 "花中此物是西施"，从此杜鹃被誉为 "花中西施"。

白鹃梅　白鹃梅 ［*Exochorda racemosa* （Lindl）Rehder］，蔷薇科，落叶灌木，高 3～5m，全株无毛，枝细瘦开张。单叶互生，花白色，6～10 朵，成总状花序，花萼、花瓣各 5 片，花期 4～5 月。鸡公山向阳山坡、路边、岩缝多有成片生长，每到春天，白花片片，迎风摇曳，系景区内重要的野生灌丛花木之一，为鸡公山增添春的气息。

山梅花　山梅花 （*Philadelphus incanus* Koehne），虎耳草科，落叶灌木，高 2～3m，树皮褐色，小枝幼时密生柔毛，后脱落。单叶对生，具短柄。花 5～7 朵，成总状花序，花瓣均为 4 片，有香味，花期 5～6 月。山梅花在景区内随处可见，沟旁崖边、林缘路侧多有生长。为景区著名的野生观赏花木，其中鸡公山山梅花为保护区特有植物。春天花开，散发出一股股清香。

金鸡菊　金鸡菊 （*Coreopsis basalis*），菊科，多年生宿根草本花卉，根籽并衍，株高 50～110cm，舌状花，多为 8 片，金黄色，原产美国南部，21 世纪初引入鸡公山。金鸡菊性喜凉爽湿润和阳光，适应性强，耐旱、耐寒、耐瘠薄，在鸡公山向阳坡地、路边，甚至石砾、石缝中也能正常发育，已形成大面积群落，花期 4～8 月，5～6 月为盛开期。在此期间，片片金黄，笑迎游客，系鸡公山一大景观。有人诗曰："来自云天外，扎根崖道旁。风雪冰相加，依然独芬芳。"

玉兰　玉兰 （*Magnolia denudata* Desr），又名白玉兰、辛荑、木兰、望春花，木兰科，落叶乔木，花先叶开放，单生于枝顶，白色，有芳香，呈钟状，形大，花期 4 月，在鸡公山多有变种，因色白如碧，香味似兰，故名白玉兰。蓇葖果 9～10 月成熟，种子红色。它是我国著名的观赏花木。本区拥有近百年树龄的白玉兰 18 株，为名人所植，显得珍贵。颐庐周围的 16 株白玉兰为直系副总司令靳云鹗栽培；另两株在姊妹楼门前，一为袁世凯侄孙、师长袁英培植，一为南阳镇守史吴庆桐培植。它们历尽近百年风霜，在春寒料峭的四月竞相怒放，雪白一片，似白露栖于枝头，形成一种初春景观，游人无不为之赞叹。

紫薇　紫薇（*Lagerstroemia indica* L.），又名百日红、痒痒树，千屈菜科，落叶小乔木，枝干屈曲光滑，叶椭圆形，对生；花圆锥状顶生，颜色有红、白、粉。紫薇是一种很有趣的花木，轻轻抚弄，枝干颤动，人们称之为"痒痒树"，树姿优美，花期长达百日（6～9月），为此得名"百日红"；花色鲜艳，盛开期，树顶如红毯罩顶，甚为美观。为人工栽培，分布于山顶，有的树龄也达百岁。

八仙花　八仙花（*Hydrangea macrophylla*），亦名绣球，虎耳草科，落叶灌木，喜湿润和半阴环境。鸡公山气候阴凉湿润，初植别墅内，后繁衍至路边道旁，生长旺盛。伞房花序，顶生，有白色、粉红色、蓝色，球形，花极美丽，每年 5～9 月在景区路边绽放，花团锦簇，如群群蝴蝶栖驻花丛，难怪有人称其为"琼花"，而真正的琼花无从考证。景区内八仙花有两个品种：一是伞状花序，四周边排列 8 朵小花，称八仙花，花后结籽，繁衍后代；二是球状花序，椭圆形直立，又名荫绣球，扦插繁殖，其花不育，花朵临终枯黄，不凋不谢，耐人观赏。

忽地笑　忽地笑（*Lycoris aurea*），又名黄花石蒜，石蒜科，多年生草本植物。鳞茎肥大，近球形，直径约 5cm。叶基生，质厚，宽条形。花葶高 30～60cm，伞形花序具 5～10朵，花黄色或橙色，花期 8～9 月。"蟹爪丝瓣竞缠绕，彩团绣球韵独稀。终日缄口暗蓄势，秋来焕涧笑满川。"忽地笑是一种花叶俱佳而且又非常奇特的植物：其原本繁茂的丛丛碧叶，每逢初夏时节，会毫无声息地凋零，消失得无影无踪；仲夏，其花茎又在忽然之间拔地而起，绽放出风韵独具、金色灿烂的花朵来，给人以愉悦和惊喜，其名也因此而得。集中分布于长生谷和波尔登景区的沟谷之中。8 月中下旬为赏花最佳时节。

3. 古树名木

古树名木是大自然留给人类的宝贵财富，活的文物，是历史的见证，对科学研究和开展旅游事业具有重要意义。古树，一般指树龄在百年以上的大树；名木，指树种稀有、名贵或具有历史价值和纪念意义的树木。我们大致将其分为 4 类进行介绍，即古老类、纪念类、价值类和珍稀类。

古老类　保护区内古树名木多有分布，据 1985 年和 2008 年两次普查统计，百年以上树木多达 35 个树种，480 多株，但我相信这只是其中一部分，因为还有人迹未至之处。漫步景区，你会见到银杏、枫杨、青檀、雪柳、青冈、紫藤、黄连木、三角枫等，或一株独秀，或三五相邀，或与古藤相依，或于石缝峥嵘，游赏之余，可感悟生命之顽强。

古银杏　银杏又名白果树，公孙树，单科单属单种子遗植物，素有植物中活化石之称，位于长生谷景区上端避暑山庄，树龄近千年，仍枝繁叶茂，硕果累累，每到秋季，满树金黄，吸引游人驻足拍照。

将军柳　漫步长生谷景区，随处可见古枫杨，最大的当数大、小二将军了，有近三百年的历史，屹立于谷底，与之相伴的还有古藤——扶芳藤，是树是藤，是树缠藤还是藤缠树，俨然已分不清，如一对相亲相爱的老夫妻在诉说着逝去的岁月。

千年青冈　到波尔登景区浏览，你会发现一株巨大青冈端坐于巨石之上，杆丛生，犹如皇冠，四季常青，随时为你撒下一片绿荫，是林中小息的理想之地。

青檀　为国家二级保护植物，长生谷景区多有分布，最壮观的当数立于半壁之上的古青檀了，无人知晓它的岁月，只见被它紧抓的巨大石壁在根的伸展下撕开裂缝，根奋力向下沿石壁扎入沃土汲取营养，树干负势竞上。是根还是杆引来众多游客的争论，不管怎样，都是对你心灵的一次震撼，感悟生命之顽强。

雪柳　雪柳并不是珍贵树种，南北方均可生长。由灵化寺开山住持苏裴然从南方引种而来，栽于灵化寺门前崖边，以保出入安全，又可美化环境。经过百年沧桑，由绿篱灌丛长成小乔木，姿态优美，叶细如柳，花白满树，宛如白雪，故名雪柳，现已是灵化寺一景，成为人们寄托祝福的"灵"树。

纪念类　由名人所植或与鸡公山的历史有着联系。

将军树　为悬铃木，位于波尔登森林公园韩安故居外（现波尔登生态站），为冯玉祥将军亲手所栽，故称"将军树"。1920 年 11 月初，冯玉祥被调驻信阳至武胜关一线，时任混成旅旅长，与我国著名林学家、时任鸡公山林场的场长韩安是同乡、同庚，在与韩安的交往中，冯玉祥明白了林业对国家的重要性，悟出了林木对人类生存的益处。1921 年春，动员兵工在武胜关至信阳铁路沿线和鸡公山区植树数十万株，现已蔚然成林。冯玉祥将军率兵绿化祖国，开创了我国兵工造林的先河。他在韩安故居外所植的两株法桐，长势旺盛，绿树成荫，为后人所敬仰。

波尔登纪念林　为波尔登景区著名景点，公园和这片林子都以英国植物学家波尔登先生命名。波尔登（Purldon）生于 1885 年，林业专科，1911 年来中国，在西北黄土高原工作，1915 年被农商部聘用，1918 年又被交通部聘为林务员。1919 年来到鸡公山林场造林所，与中国植物学家韩安一起建立铁路林木试验场，解决枕木和电线杆急缺问题。波尔登专心学业，从国外引进了珍贵树种落羽杉、美国核桃楸等，由于操劳过度，不幸于 1921 年 11 月 7 日病逝于北京，享年 37 岁，葬于北京西便门英人坟地。为悼念这位国际友人，当时北大校长王世育等 45 位著名学者联名撰文，刻碑纪念。所引种的落羽杉虽在 1945 年遭日本砍伐，萌生林现已蔚然大观，其落羽杉种苗后引种到全国各地，成为我国最早引种落羽杉的基地和国内引种落羽杉的祖根圣地。

价值类　分布的典型性，或对于物种的保存研究具有科学意义。

麻栎、栓皮栎次生林　集中分布于波尔登景区内，树干高大挺拔，冠如华盖，入秋后层林尽染，极为壮观。其果实制作的橡粉是一道美味佳肴，天然绿色食品，为游客所喜爱。经专家考证为同一纬度上保存最完好的麻栎、栓皮栎次生林。

三杉种子园　水杉、落羽杉、池杉，位于波尔登景区内，为我国三杉采种基地。落羽杉、池杉原产北美，1919 年引种于李家寨保护站境内，树形高大，树姿优美，树下生有千姿百态的气根，极富观赏价值，形成了独特的三杉景观。

鸡公山植物园　位于长生谷景区上端，规划面积 $33hm^2$，有 7 个植物功能区。自 1976 年建园以来，引种和保存了原生高等植物 800 余种，其中珍稀濒危植物 200 余种。为科普教育、科学研究提供了理想的平台。走进植物园，你可以尽情查找植物密码。

杉木基因库　位于波尔登景区内，基因库面积 100 多亩（1 亩 ≈ $666.7m^2$），引种了国内 14 省区 183 个杉木种源，其中还有台湾同胞经过艰难周折经香港转运来的树种。目前，各种杉木正苗壮成长，蔚为壮观。为杉木优良种源的保存和选育提供了平台。

竹海　鸡公山保护区为我国毛竹自然分布的最北界，区内多有分布，尤以波尔登景区和避暑山庄规模最大，集中连片近千亩。或与苍松相伴，或与溪流相依，微风吹拂，松竹摇曳，池塘弄影，风景如画。同时竹文化源远流长，在波尔登建设有竹石文韵园。

珍稀类　鸡公山保护区位于南北植物过渡地带，东西交汇，南北相融，物种非常丰富，多达 2000 余种，是珍稀、濒危植物的理想栖息地，被称为"中州植物宝库"、"豫南绿色明珠"。其中，国家级保护植物有银杏、香果树、独花兰、天竺桂、桢楠、天目木姜子、野大豆、天麻、青檀、黑节草等。省级保护珍稀濒危植物有三尖杉、毛豹皮樟、鸡麻、黑壳楠、青钱柳、山拐枣、膀胱果、大血藤、扇脉杓兰等，引种的珍稀濒危保护植物有金钱松、水杉、水松、秃杉、珙桐、杜仲、连香树、鹅掌楸、厚朴、凹叶厚朴等，置身林中，你就有机会一睹它的容颜。

19.3.4　天象景观

云海　云海是鸡公山一大景色，鸡公山也被称为云中公园。夏秋两季早晨，在报晓峰和鸡公岭一带，可见山谷里腾起丝丝乳白色云雾，洁白如絮，在气压作用下凝结为云。朝霞渐红，光亮闪闪，云如海湾的小潮，涌入山谷，形成万匹白练，飘游汇集，顿时变成了浩瀚无际的"云海"。

日出　报晓峰是眺望日出的好地方。清晨，登高峰，可见曙光初露，朝霞奇目，万重山峦，云雾腾绕，时隐时现，瞬间，东方远山中出现一点红光，继而变成弧形光盘，冉冉上升。霎时，一轮红日从云海中跳出。

霞光　太阳初升前或降落时，在太阳附近的天空或云层上出现的彩色现象叫做霞。鸡公山因气候爽朗，晚霞甚多，形态美观。

雾凇　雾凇，水汽凝华而成的冰花，俗称树挂，是一种冰雪美景，是由于雾中无数 0℃以下而尚未结冰的雾滴随风在树枝等物体上不断积聚冻黏的结果，表现为白色不透明的粒状结构沉积物。我国是世界上记载雾凇最早的国家，千百年来，我国古代人很早就对雾凇有了许多称呼和赞美。因为它美丽皎洁，晶莹闪烁，像盎然怒放的花儿，被称为"冰花"；因为它在凛冽寒流袭卷大地、万物失去生机之时，象高山上的雪莲，凌霜傲雪，在斗寒中盛开，韵味浓郁，被称为"傲霜花"；因为它是大自然赋予人类的精美艺术品，好似琼楼玉宇，寓意深邃，为人类带来美意延年的美好情愫，被称为"琼花"；因为它像气势磅礴的落雪挂满枝头，把神州点缀得繁花似锦，景观壮丽迷人，成为北国风光之最，它使人心旷神怡，激起各界文人骚客的雅兴，吟诗绘画，抒发情怀，被称为"雪柳"。雾凇来时"忽如一夜春风来，千树万树梨花开"，把人们带进如诗如画的仙境。雾凇也是空气的天然清洁工，人们在观赏玉树琼花般的雾凇时，都会感到空气格外清新舒爽、滋润肺腑。

雨凇　超冷却的降水碰到温度等于或低于 0℃的物体表面时所形成玻璃状的透明或无光泽的表面粗糙的冰覆盖层，俗称"树挂"，也叫冰凌，形成雨凇的雨称为冻雨。雨凇和雾凇的形成机制差不多，通常出现在冬季的阴天，多为冷雨产生，持续时间一般较长，日变化不很明显，昼夜均可产生。雨凇组成的冰花世界，点点滴滴裹嵌在草木之上，结成各式各样美丽的冰凌花，有的则结成钟乳石般的冰挂，满山遍野一片银装素裹的世界。茫茫群峰是座座冰山，那造型奇特的松树、遍地的灌木，此时也成为银花盛开的玉树，仿佛银枝玉叶，分外诱人；满枝满树的冰挂，犹如珠帘长垂，山风拂荡，分外晶莹耀眼，如进入了琉璃世界；冰挂撞击，叮当作响，宛如曲曲动听的仙乐，和谐有节，清脆悦耳；山峦、怪石之上，茫茫一片，似雪非雪，仿佛披上一层晶莹的玉衣，光彩照人，在冬天灿烂的阳光下，分外晶莹剔透、闪烁生辉，蔚为奇观。当然雨淞也是一种自然灾害，严重时对森林破坏较大，道路难行。

19.3.5　森林环境

环境作为一种资源已成为人们的共识。随着工业化和城镇化的加速发展，作为人类聚居的城市逐渐变成环境恶劣的"热岛"，热辐射、噪声污染、空气污染、水污染、有毒建材等，空气清新的森林环境已成为一种稀缺的资源，空气质量、空气负氧离子水平、空气细菌含量，甚至是森林植物精气也越来越受到人们的关注，成为生态旅游区的重要吸引物。

保护区森林覆盖率达 98%，物种组成丰富，形成了独特的森林生态环境，清新的空气和森林的保健功能，成为人们健康游憩的理想之地。

森林里空气清新　空气是人类生存不可缺少的 3 种物质之一。空气资源无处不在，人们沐浴在空气之中自由地呼吸。一个成年人每天呼吸 2 万多次，吸入空气 $15\sim20m^3$，$20\sim30kg$，是人们每天所消耗的食物和水的质量的 10 倍。森林是天然空气净化器。首先，森林是天然制氧厂，林木具有吸收二氧化碳、放出氧气的作用。地球上的绿色植物每年通过光合作用吸收二氧化碳约 2 000 亿 t，其中森林占了 70%；空气中 60% 的氧气是由森林植物产生的。一个人要生存，每天需要吸进 0.8kg 氧气，排出 0.9kg 二氧化碳。$10m^2$ 的森林或 $25m^2$ 的草地就能把一个人呼吸出的二氧化碳全部吸收，供给所需氧气。其次，森林可吸收空气中的有毒气体。受污染的空气中混杂着一定含量的有害气体，威胁着人类健康，其中二氧化硫就是分布广、危害大的有害气体。生物都有吸收二氧化硫的本领，但吸收速度和能力是不同的。植物叶面积巨大，吸收二氧化硫的能力要比其他物种大得多。据测定，森林空气中的二氧化硫要比空旷地少 15%～50%。若是在高温高湿的夏季，随着林木旺盛的生理活动功能，森林吸收二氧化硫的速度还会加快。相对湿度在 85% 以上，森林吸收二氧化硫的速度是相对湿度 15% 的 5～10 倍。如 1kg 柳杉树叶（干重）每月可吸收 0.003kg 二氧化硫。最后，森林是天然的吸尘器，全世界每年排入空气中的灰尘约 1 亿多吨，而 $1hm^2$ 松林每年可吸附灰尘 36 000kg、栎林吸附 68 000kg。因此走进森林，你会感觉空气清新，令人心旷神怡。

森林的保健作用　森林具有杀菌、降低噪音等卫生保健功能。树木能分泌出杀伤力很强的杀菌素，杀死空气中的病菌和微生物，对人类有一定保健作用。有人曾对不同环境，每立方米空气中含菌量作过测定：在人群流动的公园为 1000 个，街道闹市区为 3 万～4 万个，而在林区仅有 55 个。另外，树木分泌出的杀菌素数量也是相当可观的，$1hm^2$ 松柏林一昼夜可分泌抗生素 0.03kg，可杀死空气中白喉、肺结核、伤寒、痢疾等多种病原菌。森林是天然的消声器。据研究结果，噪声在 50dB 以下，对人没有什么影响；当噪声达到 70dB，对人就会有明显危害；如果噪声超出 90dB，人就无法持久工作了。森林作为天然的消声器有着很好的防噪声效果，实验测得，40m 宽的林带能降低噪声 10～15dB，成片的树林则可减少 26～45dB。

负氧离子　负氧离子即空气负离子，被誉为"空气维生素"，甚至有研究认为空气负离子与长寿有关，称它为"长寿素"。空气中负氧离子浓度多少，是空气清新与否的标志。世界卫生组织规定，清新空气的负氧离子标准浓度为每立方厘米空气中不低于 1000～1500 个。负氧离子在洁净空气中它的寿命有几分钟，而在灰尘中只有几秒钟。空气中负离子的多少随物种、时间、气候、地理条件特殊性的不同而含量不同。郊区田野、海滨、湖泊、瀑布附近和森林中含量较多。据"生态中国行"走进鸡公山保护区，在长生谷景区测定为4000～100 000个/cm³，含量非常高。医学研究表明，负氧离子利于人体的身心健康，它主要是通过人的神经系统及血液循环对机体生理活动产生影响。负氧离子有使人的大脑皮层抑制过程加强和调整大脑皮层的功能，因此能起到镇静、催眠及降血压作用；负氧离子进入人体呼吸道后，使支气管平滑肌松弛，解除其痉挛；负氧离子进入人体血液，可使红细胞沉降率变慢，凝血时间延长，还能使红细胞和血钙含量增加，白细胞、血钙和血糖下降，疲劳肌肉中乳酸的含量也随之减少。负氧离子能使人体的肾、肝、脑等组织的氧化过程加强，其中脑组织对负氧离子最为敏感。因此"负离子浴"或"森林浴"越来越受到人们的青睐。

19.4　保护区人文资源

保护区内人文资源丰富，既有中国文化，也有西方文化，既有绿色文化，也有红色文化，具有很高的历史价值、科研价值和美学价值。

19.4.1　历史名关

鸡公山雄踞义阳三关（武胜关、平靖关、九里关）之间，战略地位极其重要，历来为兵家所争。武胜关系中国古代九大名关之一，犹如一把巨锁，将大别山和桐柏山紧扣一体，构成江淮之间绵亘千里的天然屏障，素有"中州锁钥，楚豫咽喉"之称。数千年来，武胜关一带发生过难以数计的战斗，争关夺寨，相互争雄。三国时的关羽、唐王仙芝、黄巢、明朱元璋、李自成、张吉光等夺三关，取义阳（信阳），至今留有遗迹。一代忠良名将岳飞派牛皋镇守三关，兵居兴安寨，其寨墙犹存。1946年，李先念率部实施中原突围，路经该区大茶沟、金店（李家寨），至今传为佳话。

19.4.2　灵化寺

灵化寺位于鸡公山报晓峰西南山腰，1927年，湖北建始人苏裴然建造。苏宦途失意，披发为道，人称苏道人。在鸡公山公安局长揭觉厂的支持下，招徒传道。寺内无泥塑偶像，只供奉一个"灵"字，以此名寺。1933年冬夜，苏突然失踪，寺院由其夫人和弟子主持，其后日衰。灵化山大门石柱上刻有对联，外联为归元之路，入圣之门；内联为天中蓬壶，世外桃源。寺庙于1974年自然倒塌。1993～1994年，鸡公山自然保护区出资在原址重建大殿三间，仿古建筑，房檐和内墙绘有壁画。左侧筑有莲花池。殿内供奉三清泥塑——元始天尊、道德天尊（太上老君）、灵宝天尊，中间一个"灵"字，横幅为心诚则灵，道法自然。

灵化寺因有曲径、怪石、清泉、林荫、山花等，风景秀美，自成一个风景游览小区。其中怪石嶙峋，随处可见，根据其形状予以命名，有月牙石、天柱石、鬼门关、船石、卧牛石等。还有道徒修炼之处仙人洞，观看天象之处窥星台。山道旁有灵泉、佛光显现处等。整个灵化寺掩映在深山密林中，林荫蔽日，凉爽宜人，鸟鸣幽谷，山花片片，步移景易，如入仙境。

19.4.3　石刻

20世纪30年代，众多名人在鸡公山留下了石刻，其内容有赞叹景物，托物抒怀，介绍奇峰，游历纪念，记开山业绩或反映高尚的民族气节等，其书法艺术集隶、楷、篆、行等字体，观后使人赏心悦目。

登高自卑 位于长生谷景区秀女潭西北 50m 处，为湖北督军萧耀南的秘书刘文明（平梁人）于 1925 年（乙丑年）仲夏所刻。每字 40cm 见方，隶书，刚劲有力，寓有哲理。当时正处在军阀割据混战时期，萧耀南浑浑噩噩，不知所向，其部下亦大多如此，而刘文明独悟出"行远必自迩，登高必自卑"的道理，既要高瞻远瞩，胸怀大志，又要脚踏实地，从零做起，一步一个脚印地达到理想境地。

青分楚豫，气压嵩衡 位于登山古道中天门北侧石壁上，为鸡公山公安局长揭觉厂（音安）于 1934 年题刻。8 个隶书大字，每字 50cm 见方，竖排两行，上下长 2m，苍劲有力。楚豫，泛指南方、北方，狭意指豫鄂两省。此题刻既点出鸡公山特殊的地理位置，又表明了当时兴盛繁华的状况，堪称点睛之笔。

奇峰 在报晓峰顶西侧，2 字横排，颜体，每字 35cm 见方，横宽 80cm，笔力遒劲，无年代、姓名、落款。表达了作者对报晓峰的赞叹之情。

报晓峰 在鸡公头西侧半山腰左侧石壁上，刻有"报晓峰"3 个大字，行楷字体，为当时河南省主席李培基于 1934 年所题。每字 50cm 见方，横排 1.5m，行笔流畅，鸡公头由此又添"报晓峰"的雅称。

Long Live China 即中华万岁。1935 年，鸡公山东北中学学生于绳武在鸡公头顶部西下侧石壁上用英文题刻"中华万岁"，以便让驻山外国人看懂。石刻全长 1.5m，宽 20cm。1931 年，日本发动侵略东北的"九一八"事变，蒋介石采取不抵抗政策，1933 年 1 月，东三省沦陷。于绳武是辽宁人，集家仇国恨于一身，冒险攀登鸡公头，用了 1 周的时间完成此题刻。于绳武的题刻表达了中国人民的心声和不愿当亡国奴的决心。

第二笑啼岩 在鸡公头顶端西侧，1934 年，李宁斋题，谢福顺刻，突出"笑啼岩"3 个隶书大字，每字 50cm 见方，横排 1.6m。第一笑啼岩为朝鲜爱国志士在庐山秀峰龙潭旁所刻，他听到龙潭的流水声，感慨万分，好似在笑其无家可归，又似在哭其亡国之痛，故此刻石以记。

钟灵毓秀 当时的鸡公山管理局局长房向离于 1947 年在陡石崖东侧石壁上题刻，隶书，每字 40cm 见方，横排 2m。此石刻寓意在美好的环境中，能培育出优秀人才，鼓励人们热爱鸡公山。

天下第一鸡 1990 年 8 月，为中国著名老中医、第十一届亚运会特聘医师、云南江川李金碧在报晓峰东北侧崖壁上题刻，每字 40cm 见方。字体刚健有力，美观大方，游客常在此留影纪念。李医师祖籍云南省，在湖北省落户行医，专治疑难杂症，名扬四海，获得国家最高专家荣誉。

观鸡像鸡 位于观鸡台东北侧立石上，1990 年 8 月，为云南江川李金碧题刻。每字 35cm 见方，笔力遒劲，浑厚匀称。

鸡鸣中原 位于灵化寺景区窥星台北侧石壁上，隶书，每字 90cm×80cm，长达 4m，1994 年镌刻。原为中国新华社社长穆青 1986 年为《鸡公山志》的题词。寓意深远，鸡公山系中原名山，享誉海内外。

闻鸡起舞 位于灵化寺景区仙人洞北 20m，报晓峰南侧石壁上，隶书，总长 5m，每字 1m 见方。此石刻源于"闻鸡起舞"典故，寓意激发人们积极向上，奋发图强。

开路先锋 在盘山公路 1.8km 处左侧的巨石上，全文为"数千健儿，群策群力，劈山砌壁，开路先锋"。字体工整，遒劲有力，共 16 字，呈正方形，110cm 见方。此石刻为中国人民解放军 8205 部队 93 分队于 1963 年 7 月 1 日修通鸡公山盘山公路时所刻，记录着军队建设鸡公山的业绩。

鸡公山腰系彩虹　　位于鸡公山盘山公路约 3km 处，北侧石壁上，面向西南，全文为"历代祖先步足行，渴望车行至如今，大好河山党打扮，鸡公山腰系彩虹。"此石刻高 3m、宽 2m，字系空心楷书，每字约 25cm 见方，为参加修筑盘山公路的中国人民解放军 8205 部队 93 分队于 1963 年 7 月 1 日通车时所刻。四句诗为竖排，落款为横排。

唐军突袭，靳兵溃败　　在小鸡头（母鸡石）北侧的峭壁上，1988 年 8 月，为湖北大悟人傅诒谋、何抗美所刻，楷书，横排 3.25m，宽 0.5m，每字 50cm 见方。1926 年 9 月中旬，国民革命军第八军军长唐生智北伐，与直系军阀靳云鹗部在鸡公山小鸡头处激战，靳军溃败，望风而逃。傅诒谋当时在山上，亲眼目睹，是这一历史瞬间的见证人，刻石以记。

长生谷铭　　位于长生谷入口的一巨石之上，刘永胜撰文，贾逊书，王增川勒石。

长生谷铭

谷曰长生，何奇之有？

一曰造化之奇。东沐灵山之秀，西浴南湖之波，南与江水相望，北伴淮河共鸣。豫之南、楚之北，青分楚豫，气压嵩衡，楚风豫韵，尽囊其中。

二曰生态之奇。峰高必谷深，谷深必水秀。山生涧，涧生谷，谷生水，水生万物。山为避暑胜地，水为逍夏之源。山中世界，水样文章。山水小峪谷，谷峡大山水。谷畔有奇峰，峰间有深涧，涧中有奇石，石畔有奇树，树间有繁花，花间有异草。可谓流水伴落花，泉涌共鸟鸣，一谷胜景，浑然天成！

三曰四时之奇。春有花香鸟鸣，夏有气爽水韵，秋有云淡风轻，冬有雪裹冰封。可消春之慵倦，夏之暑热，秋之烦躁，冬之清冷。四时之奇，美不胜收。

蹬弯弯之山道，攀缓缓之巨崖，仰参天之古树，涉盈盈之流水，去一身之劳乏，得万物之灵韵。

故曰：此谷似仙非仙之境，乃山川钟灵之地，人间长生之谷也。

19.4.4　碑刻

波尔登纪念碑　　1922 年 10 月，波尔登的同仁，45 名中国著名学者在大茶沟口南侧的一片落羽杉林边缘立碑纪念。碑身高 62cm，宽 88.5cm，正面碑文刻波尔登在中国的经历和功绩，旧体楷书，计 339 字；背面刻立碑人姓名。碑文如下。

农商部交通部林务员英国波尔登先生之碑

三等嘉禾章英人波尔登先生碑

维中华民国十年十一月七日，农商部、交通部会聘客卿林务员英人波尔登，卒于京师，越二日葬于西便门英国坟地。凡我国同人永怀哀悼，靡所置念相与推。

先生德行记述于碑，此昭烈，谨按。

先生研深植学，来游中华者十数载，考树性，辨土宜，凡西北广漠大荒之间，足迹殆遍，心有所得，纸笔于书。民国四年，农商部聘襄林政，又三年，交通部亦聘之。

先生勤于事，详于物，忠诚而和蔼，友于异国，情同昆季，僚×益爱慕焉。若论客之德行实若有余。

郖豹之于泰也，倘假寿百年，不又足以树木，且足树人矣。惜功业未半，中道劳殖，得年三十有七，悲夫铭曰：

呜呼！波尔登祖于英，用造乎中国之林，劳足以摇精，德足以感人。悼君孤婺，卜婚未婚。悲君骨肉，海阻之际。胡天不弔名莫能名知君之魂。纵不来往于西北数万里之高山大壑，亦必萦扰于京汉路旁数千兆之松柏与蓁苓。

五等嘉禾章湖北伍用县知事胡宗焕撰文

四等嘉禾章国务院存记道尹刘国熏书

湖北伍用县知事安徽太湖衡希贤刻石

中华民国十一年岁次壬戌十月□日

立碑人姓名：共 45 人

王景春	王世育	王行豫	王席璋	石平治	白　埒
愈永懋	何瑞章	汪得崇	阮志夏	宋延模	宋劳熏
吴觉民	易怀远	林祐光	邱　琨	唐荫棠	唐迪光
唐乃仓	凌道扬	马元恺	张元音	张得安	陈训昶
许衍岑	邵勳素	曹宋书	黄艺锡	黄艺仁	陆香成
郭涛嵩	程光铺	程定一	叶恭绰	寥剑榘	郑洪年
刘泰山	刘　哲	刘时雨	谢懋隆	谢奇麟	谢　歌
谢盛德	谢　以				

立波尔登先生纪念碑国人姓名。

美国公墓墓碑　位于北岗北端月亮门北侧，汉白玉中英对照墓志铭，由美国传教士后裔捐资，委托信阳市外事办建设，鸡公山保护区承建。

Moongate

Through this gate and in distant parts of china，far from home and country，lie the earthly remains of those whose families loved and served the people of china. Blessed are the pure in heart for they shall see god.

This moongate was built through the coorperative efforts of the perfecture of Xinyang people of Jigong and the relatives and friends of those buried in china.

Completed in mid April，1994.

盘庐记　位于北岗北端盘庐西北侧附近，离地面 1.5 m，石刻为黑色大理石，高 40cm、宽 60cm、厚 10cm，镶嵌在花岗岩石壁上。小楷，每字 2cm 见方，刻工细致，笔体工整，繁体书写。由于字体小，年深日久，风雨剥蚀，几经磨难，碑面已残缺不全，部分字迹不清，难以辨认。为后人深入研究，对缺字部分，略加连贯，以备查证，原文辑录如下。

盘庐记

庚申（1920 年）夏，余有友人曰：河南信阳南有座名山，山明水秀，予曷不往游，以消此炎。维次，约南阳五弟及襄樊二三友，来到山下新店，见明月如昼，鼓勇而上，行十数里，次晨，遍游山椒，见一峰，酷肖雄鸡欲鸣状，世人因以名之。故此山上计有千人之众，西人筑室于此，消夏盛名，始渐显矣。吾人正盼无山林之胜，以瀹（音跃，疏通）性灵，以涤烦闷，人心相较，不亦陋即！余乃租地，×亩及山北高阜（音富，土山），修造数椽，颜曰：盘庐。此处西下临深谷，牎（窗）向西南，每欲雨，则见白雾弥漫，泉石不辨形色；至若天朗气清，阳光灿烂，锦绣云霞，掩映腮椽；夜深人静，皓月当空，万籁俱寂，披襟当风，超然有出尘之想；山下京汉火车，蜿蜒驰迅，其声辚（音林，车轮转动声音）輷（音轰，众车之声），如电掣雷奔。盛夏居此，不知溽（音入，潮湿闷热气候）暑，僻在深山，不闻世乱，余尚暇乐；其境幽静，啸傲其中；是以临高而酌曰：予以盘名其庐，庐悉以天然巨石，盘石上如安然巨案；若临风考槃（音潘，同盘），谓贤人志士，槃桓于此，名利可否，时事纷然，度量以治，如石哉夫！如是，则吾虽终生来此逭（音换，逃避）暑，因有感，故记。

蜀东　刘伟　记

孙熙　谨书

重修灵化寺　1994 年，"重修灵化寺"石刻位于寺庙南侧附近，由 6 块黑色大理石组成，每块长 90cm，宽 50cm，总长 3 m，含标题共 319 字，镶嵌在花岗岩石壁上，壁碑有二：①记录着道教传入鸡公山的历史和修复寺庙情况；②刻记了捐款人名单，这里把重修寺庙碑文辑存如下。

重修灵化寺（碑文）

灵化寺位于鸡公山报晓峰南侧灵化山中，伴千山万壑，生叠嶂重峦，古木森森，鸟语花香，景观佳绝，为一州之名寺也。民国初年，道人苏裴然建灵化寺，招徒传经，盛况空前。苏系湖北建始人，宦途失意，披发从道。寺内不供奉任何偶像，独手书一灵字，悬于庙堂，想来此人之所追求绝非等闲俗道可比也。道教宗旨以善道教化，清静无为而已，教人从善，修身养性，净化世风，可谓有益无害。自苏人去后，寺遂渐衰，风雨飘摇，终至坍塌。为宏扬民族宗教文化，在社会各界的大力支持下，经多方筹措，铢积过累，殚精竭力，终使灵化寺得以重建。重建工程于 1993 年 12 月 26 日开工，1994 年 10 月完成，历时 10 月。期间，有关古建专家和各位施工人员，战寒斗暑，排除诸多困难，克尽职责，工程告竣，功不可没。时当仲秋。清霜红叶，雪柳凝碧，浣笔对菊，书以记之。

公元 1994 年 10 月 30 日

19.4.5　韩安办公旧址

我国著名林学家、教育家韩安先生任京汉铁路造林所所长时的办公旧址，现为保护区李家寨生态观测站，大门刻写着韩安先生作为座右铭的对联："科学精神把事当事，民主精神把人当人"。是他第一个建议国家规定植树节，是他第一个创办了铁路造林和兵工造林工程，是他第一个创建了中央林业实验所。韩安先生一生为中国林业的发展做出了重要的贡献，取得了不可磨灭的成绩，是中国林业的开拓者。

19.4.6　亭

鸡公山现有亭榭 19 处，例述之。

听涛亭　在避暑山庄北，临近山庄北门一山陬上，墙垣曲绕，孤亭兀立，山庄垣门上刻有"新店避暑山庄"6 个大字。出门登石阶而上，可抵此亭。端坐其中，静听泉音涛声。此亭建于 1920 年初，现已坍塌，只存遗址。2000 年，重建此亭，位置外移至盘山公路路边，正方形，下大上小，炮楼状，上刻"听涛"2 个隶书大字，颇具古韵。

逍心亭　坐落南岗防空洞与美龄舞厅之间的山岭上，1948 年修建。同年鸡公山管理局局长房向离著《现阶段鸡公山》载：为纪念蒋介石 1928 年驻南岗，主持中原会议，特于南岗领袖防空洞附近修建此亭，命名"中正亭"。因蒋消极抗日，节节败退，后人将此亭易名为"逍心亭"、"伤心亭"，原亭较小，呈八角形，20 世纪 60 年代自然倒塌。为恢复历史原貌，保护文物，管理局于 1984 年在原址重建此亭。钢筋混凝土结构，天棚彩龙盘绕。为古典园林建筑。其亭为重檐八角、八柱，2 层亭阁，建筑面积 77m²，顶檐 5.95m，中檐 2.5m，柱高 4.3m，亭高 12.7m，高大壮观。亭内筑有长条靠椅，可供人休息。

汇景亭　坐落在南岗狼牙山东南侧悬崖石壁边缘，距中正防空洞 10m。此亭东临绝壁沟壑，背靠狼牙山，昔日曾筑有小亭，自然损坏倒塌。后在原址重建此亭，名为"汇景亭"。亭为单檐六柱六角，灰瓦封顶，亭内面积 7.8m²，钢筋混凝土结构，内设水磨石小桌、小凳，四周有水泥靠背椅可供休息。此工程 1984 年开工，翌年 9 月竣工。

游人立于亭内，遥望大东沟景色，满目青苍，群山逶迤，千峰万壑，云雾缭绕，犹如身居天外，脱离红尘；南望，索道如空中游龙，缓缓移动；北瞧，狼牙山怪石嶙峋，封闭视野。

抱膝亭　位于宝盖山巨石上，翼附于耸青阁，建于 1920 年，面积狭小，西向。是观景、乘凉、咏涛、对弈的好地方。《河南新店避暑山庄庚申记》载："观万山重叠，如列画屏；白云卷舒，若飞絮然；每当夕阳西下，天半余露，散而成绮；清风习习，披襟当立，于此抱膝长咏，几疑身在天外；天阴则云封万壑，弥漫天空，恍若自入太虚"，可见昔日入亭何等的舒心惬意。

退思亭　位于萧家大楼与杜家大楼之间，在颐心园中心。该亭修建于 1922 年。由于军阀混战，萧耀南身染痼疾（抽烟），情绪消极，有退居田园、隐居避事之想，故而修建此亭。此亭八角全石结构，顶棚已塌，基础和框架犹存。

北池心亭　坐落在宝剑泉和小教堂对面，外形和规格与南池心亭相仿。亭亦是位于池中央，有混凝土曲桥相通。亭为八角八柱八檐彩色小亭，高 2.5m，柱石方形，八角翘起，铁皮亭顶。亭内筑有石墩四个，四周有长条混凝土长条靠椅。此地原为游泳池，后废，1951 年部队建亭修池，美化环境。

观鸡亭　坐落在东岗长岭脊上。海拔 698.1m，台长 20m，宽 11m，面积 220m²，钢筋混凝土结构。台中建一四柱亭，名为观鸡亭，平台为观鸡台。亭内面积 16m²，筑有凳子，亭面灰瓦朱檐。平台为斩假石地面。此亭建于 1984 年 10 月，翌年 9 月竣工。在此处观赏鸡公头，视线开阔，无遮挡，效果最佳。它犹如一只饱食而卧的雄鸡，生动逼真，趣味隽永。

波尔登碑亭　位于波尔登森林公园波尔登纪念碑处，亭为六柱六角翘檐式，钢筋混凝土结构。亭中间为波尔登纪念碑。亭沿板处六边有 12 字刻，每边两字：清波、崛起、集萃、沟通、绿羽、荣华。碑亭直径 3.5m。亭外有低矮波浪形水泥墙围护，其直径约 5m，亭内顶部刻有建亭建碑过程。

楚豫亭　坐落在鸡公山登山古道八字石刻南端山脊上，以 8 字石刻"青分楚豫，气压嵩衡"为由，命名为楚豫亭。该亭六柱六角翘檐单层彩亭，琉璃瓦，钢筋混凝土结构。亭内设有圆桌、圆凳，可供休息望景。

19.4.7　别墅建筑

鸡公山被誉为"世界建筑博览会"，"十里风飘九国旗"是当时的真实写照。现遗留有 20 世纪初各国建造的别墅或别墅遗址 200 余处，以避暑山庄别墅群、北岗别墅群最为集中。

现保存的名楼有颐庐、美文学校、姊妹楼、萧家大楼等等。这些别墅依山就势，布局自然，中西合璧，与清泉、翠竹交相辉映，构成一幅空间辽阔、绝妙无比的优美画卷，宛如神话中的仙山琼阁。

颐庐 颐庐坐落在南北交界处的山冈上，名为靳山。海拔 738m。该楼为 4 层混合结构，高 21.15m、宽 21.15m、长 18m，建筑面积 1274m²，宏伟壮观，在众多别墅中，犹如鹤立鸡群，体现了中国传统的方正端庄的观念，又显示出了中西合璧的建筑风格。

颐庐为直系军阀吴佩孚的部将第十四师师长靳云鹗在 1921～1923 年所建。此建筑实为一个建筑群，包括小颐庐、餐厅、7 号楼、花园，1925 年全部落成。主楼以靳云鹗的号"颐恕"第一字组合而成颐庐，沿用至今。1923 年出版的《鸡公山竹枝词》载："楼阁连云看不尽，堂皇毕竟让颐庐"，可见当时已成为别墅中最引人注目、最具特色、首屈一指的建筑。在颐庐竣工时，长江中下游的军阀们齐来祝贺。起初，洋人不许建，靳凭借武力与权势，强行开建，大长了中国人的志气，灭了西洋人的威风。后来，众称颐庐为"志气楼"。

颐庐主体下 3 层为花岗岩券廊，第 4 层为钢筋混凝土。楼顶立有造型别致覆钟式塔亭，光彩夺目，熠熠生辉。塔亭一是为装饰建筑，二是放置轿具（滑竿）。大门前有两石狮扼守，呈坐像，狮头高昂，整个建筑显得朝气蓬勃。

瑞典大楼 瑞典大楼坐落在东岗，20 世纪 20 年代中期建造，4 层（含地下室），片石基础，料石墙体，建筑面积 2443m²，楼平面呈"工"字钢形，中轴对称。楼中部凹入部分筑有 2m 宽的古罗马式圆拱券廊，并加石栏围护，显得庄重肃穆。镶铁皮多面坡屋顶，并开设"虎头窗"，跌宕起伏，富有韵律感。

昔日，此楼为瑞典人办的瑞华学校（Sweden Union School）校址。专收西方商人子女就学，亦有华人入读。该楼一层为教室，二、三层为宿舍，地下室为餐厅。由于此建筑雄伟壮观，典型西洋格调，为游客所青睐。

姊妹楼 姊妹楼坐落在南岗，北楼为袁世凯侄孙、新编第十二师师长袁英在 1912 年所建，称袁家大楼；南楼为南阳镇守史吴庆桐仿北楼式样建造，称吴家大楼。由于外形和结构相同，众称姊妹楼。两楼均为料石墙体，红瓦葺顶，单楼建筑面积 767.95m²。两楼依山势而立，东南外墙又在同一轴线上，相距 5.2m。庭廊面向南方，既别具一格，又充分利用了阳光。站在东岗、报晓峰、月湖等处远眺，似窈窕淑女，亭亭玉立，又似妙龄姊妹，相立偎依。两楼又是最佳远眺点，西有田园风光，京广铁路、公路上奔驰的火车汽车；南望报晓峰雄姿；东望月湖，波光粼粼；北望别墅群落；现已成为游客驻足赏景区。

美文学校 该校建于 1914～1915 年，由 4 个基督教信义宗联合创办，定名为鸡公山美文学校（American School of Kikungshan，简称 ASK）。该楼位于教会区中南部，小教堂偏东南 150m，3 层，砖木结构，红瓦葺顶，建筑面积 2288.74m²，总高 18.2m。海拔 745m。平面布局呈"槽钢"型，中轴线对称，两翼和中间均衡。正面为古罗马敞开式圆拱券，中间顶部筑有哥特式钟楼，尖顶，顶部装饰一圆球。整体表现为安详、庄重、完满和虔诚，为一座典型的宗教式建筑。

美文学校在鸡公山办校 38 年，由于战乱多次迁徙，曾客居信阳、武汉、庐山和香港，被称为"流动的国际学校"（wanding international institute）。在鸡公山驻留 25 年，培养传教士子女千余人，现在能知名知姓的有 378 人，他们的后裔约有 2 万人，散布世界各地，每年都有与美文学校有关的人来鸡公山寻觅他们先辈的足迹。

马歇尔楼 马歇尔楼坐落在逍夏园东 130m 的山冈上。海拔 743m，料石墙体，镶铁屋顶。主房（115 号）坐北朝南，大门为圆拱，门窗呈弧形，外廊宽敞，水磨石地面，13 根圆门柱配置曲弯相宜，显得门庭通达幽雅。楼顶筑有八角尖塔，直刺青天，远方视之，别具一格。室内设有壁炉，房顶有通气烟囱和虎头窗，外观秀丽，自成一景。

该楼建筑面积 185.79m²，1 层，石木结构，为 20 世纪初俄国所建，1905 年，由清政府作价赎回，收归国有。1910 年 3 月，首设工程局在此办公。1918 年 9 月，设立租地局与工程局合署办公，各司其职。

1946 年 1 月，美国特使马歇尔以调处为名，参加国共两党在湖北宣化店谈判，支持国民党发动内战。会后，拟定造访鸡公山，当局者孟继明安排此楼下榻，但是由于局势紧张，未能成行，遂呼为马歇尔楼，约定成俗，沿用至今。

美龄舞厅　因宋美龄 1938 年曾在此跳舞，故又名为美龄舞厅；又因外廊全装玻璃，又称玻璃房。此别墅位于南岗中心地带，坐北朝南，室内地坪比公路高出 3.55m，石木、铁皮、混合结构。室内木地板，建筑面积 324.35m²，原为英华昌洋行于 1918 年所建，室内并无舞池，只有三间卧室。

此别墅外廊（回廊），宽敞明亮，房后临山，房前陡坡，山花似锦，充满野趣。1949 年 4 月，鸡公山解放，四野南下工作团曾在此居住短训，为接收江南城市做准备。

蒋介石旧居　蒋介石旧居位于南岗狼牙山边缘，当时为两幢（编号 135、136），一幢在防空洞入口处，另一幢在防空洞顶部，称为配房。此楼原为英驻武汉巨商潘尔恩（E. G. Byrne）于 1918 年所建。由于后来转售于花旗银行，又称花旗楼。1938 年夏，蒋介石来山曾在此下榻，称为临时行营，楼随人扬名于世，称为中正楼、中正防空洞。此建筑毁于文革后期，鸡公山风景区管理局于 1985 年在原址重建，同时修复了防空洞。

此别墅为 2 层，建筑面积 216m²，底层直接与防空洞相通，以应不测。此处西南一大片广场，可停直升机、汽车，附近有汇景亭、逍心亭、花房、苗圃、观鸡台等设施，现已形成一个独特景区。

萧家大楼　为湖北督军萧耀南在牛眠岗于 1921～1923 年所建，称萧宅、萧家大楼。3 层，石木瓦结构，坐东朝西。楼顶前半部为平顶，后半部为人字架，红瓦屋顶，建筑面积 1092.06m²。前大门门廊宽阔，有 4 根花岗岩石柱支撑，高大壮观，门前有两蹲石狮把守，显得威严肃穆。

环翠楼　又名萧家小楼、耸青阁。此别墅为山庄各股东合资于 1919 年在宝盖山兴建的公共建筑，也是山庄早期建筑。它包括环翠楼、耸青阁、抱膝亭，并依山势砌了围墙，显得幽静深邃。耸青阁雄踞宝盖山顶，含地下室，2 层，石墙、铁皮屋顶，前后各有一门，前向东南，后靠向西北，三面峭壁，巨石累累，险立云霄。四面青翠，林木环绕，建筑高居山顶，故名耸青阁，建筑面积 145.2m²。紧靠耸青阁续建一楼，名为环翠楼，2 层，长方体，建筑面积 213.6m²，因四周林木青翠欲滴，故名环翠楼。此处两楼被萧耀南征用，作为招待之用，又名萧家小楼。

卧虎楼　又名狮子楼，为萧耀南同僚杜节义在虎啸崖于 1922～1923 年所建。大门设计为一猛狮，头部又在虎啸崖，故名狮子楼，加上配房形成四合院，石木瓦结构，主楼建筑面积 364.32m²。

翠云楼　为湖北督军府参谋张厚生，字木皆，于 1922 年所建，又称张宅、百忍书屋（含有自警之意）。该楼坐北朝南，西侧，主楼外突，两边筑有对称性四角二层尖顶塔楼，与主楼结为一体，结构严谨，小巧玲珑，式样美观，加之石墙红瓦，林木青苍，给人以幽雅多变的美感，建筑面积 692.66m² 。

19.4.8　鸡公山近代建筑概述

无论何时何地提起别墅，心目中总是涌动着人与自然拉近或相容的美好图影。青山绿水、白云蓝天；奇峰怪石、云海霞光；山花鸟鸣、瀑布流泉，使人联想起虚幻的仙境瑶池。鸡公山自 1949 年前至 21 世纪初，共修建各式中、西别墅 500 幢，其中石墙红瓦和镶铁皮顶 368 幢，余为草顶。这些琳琅满目、千姿百态、风格各异的建筑，打破了数千年来中国传统的模式，对中原地区的建筑文化产生了巨大影响。在此期间，西方传教士、商贾，每年夏季云集鸡公山避暑者高达数千人，中国军阀地主也跟随而至，鸡公山一时成为中国的避暑胜地而蜚声中外。目前，尚存的 212 幢别墅，是研究中国近代别墅的宝贵实物；是各国列强侵略中国，使中国陷入半封建半殖民地的铁证，也是对青年一代进行爱国主义教育的活教材。

1. 建筑活动

鸦片战争后，西方列强联手瓜分中国，20 世纪初，由沿海深入内地。传教士和商人是他们渗透内地的先锋尖兵，以传教为名进行各种奴化宣传，使华人俯首帖耳，任其宰割。1902 年秋，平汉铁路武汉至信阳段通车，群集在武汉的传教士耐不了炎暑酷热，急欲寻觅清凉世界。当年 10 月 21 日，在信阳传教的美籍基督传教士李立生、施道格两人联袂乘火车抵达新店车站（鸡公山车站），花了一天时间攀登至山顶，行至宝剑泉处，只见泉水淙淙，长流不息，当即初步认定此山具备避暑条件。1903 年 8 月 4 日，李、施二人再次登山，并留宿道夏园，深深感到鸡公山凉爽宜人，地僻泉甘，路径平缓，中有田亩，是个难得的避暑胜地。同年 11 月 3 日，用 156 两白银购买了地主叶接三随田山场一处，长约 1.5km，宽约 1km，在曹知州（曹毓龄）处投税建房。继而，马丁逊、饶裕泰二教士亦仿效而行，交价立约，购地筑室。自此，鸡公山开始了别墅建造活动。在长达半个世纪里可分为崛起、鼎盛和衰落 3 个阶段。

崛起（1903～1907 年），李立生建房为崛起之始，后来购地者日众，各国驻武汉领事馆相继登山观光游览，他们盛赞鸡公山交通便捷，气候凉爽，适宜避暑，继而，在西方报纸上大肆宣扬，各地外侨纷纷来山购地建房。刚开始还向中国政府立约投税，后来便把当地政府抛在一边，自行乱建。李、施等人还将购买的山场，分片高价出售，从中牟取暴利。他们的行为，既违反了教规，又触犯了刑律。中国衙门通行章程和各种条约规定：只允许外国传教士在传教之处置地建教堂，作为公共财产，并不准置买私产。各国传教士、商人在鸡公山置私产再转手出售，从中渔利，与各类条约不符。1905 年，鄂督张之洞将鸡公山各地向西人出售土地之事以失领土罪奏报清政府，清政府责成豫督张人骏交涉收回。交涉期间，除教会公产外，所有工程一律停歇，至 1907 年始磋商定义。凡出卖外人之山地，不论已税未税一概取消，红契白契一律作废，房屋道路由中国政府作价赎回，不再追究买卖双方责任。制订了《鸡公山收回基地、房屋、另议租房避暑章程十条》，此后再建别墅，必须先将图式合同呈中国官署核准照图修造，竣工后由中国政府按价收回，另行起租，给投建者以优先优惠条件。从此鸡公山置地建房始有章可循。

在崛起阶段的 1903～1905 年中，已有美、英、法、俄、日等国家投建洋房 27 处，居住侨民六七十人。此阶段的别墅建筑多为避暑用房，结构简单、基础、墙体均为石料，铁皮瓦垄屋顶，木地板、坡屋面，2 层（含地下室），内设火墙、壁炉，烟囱突出屋顶，敞开式或封闭式外廊，以便观景乘凉。

鼎盛（1908～1936 年），《西人租地交涉案》约成后，鸡公山被划为教会区、避暑官地、河南森林区和湖北森林区。为区别土地和建筑物所属，对各区的建筑实体进行统一编号，编号起首分别冠以 A、B、C（A 湖北、B 河南、C 教会区）。如 B25 即豫省 25 号，依次类推。由于驻山人员增加，1908 年 8 月，设立鸡公山警察局，负责日常的治安管理。其后在山上投建者猛增，招租、承租事务应接不暇，1910 年 4 月，增设工程局，专理工程事务，负责地段编号、房图估价、工费核实。两局所需费用由豫鄂两省共同分担。随着时间推移，建房者与日俱增，工程局忙不可支，为减轻其压力，解决投建者的房基地，1917 年河南森林区对外开放，面积 2 430 345.5m²，适宜建房者 102 000.5m²，划分 6 个小区，编列 184 号对外开放招租。1～4 区华人租用，5 区教会承租，6 区华洋混租。由于租地建房繁杂，河南省于 1918 年 9 月成立租地局，同时拟定《鸡公山租地章程》十一条，专司豫界租地事宜，当时应租者 122 户。刘景向在鸡公山竹枝词中写道："危岩风雨石先倾，山径分崩不肯平，天遗局丁筋骨健，终年未许歇工程"；"巢蛇窟积洪荒，论价而今动尺量，一自新开租地局，峰峦甲乙费评章。"这是鼎盛时期建筑活动的纪实。原来的荒山野岭，如今分列甲乙两等，以尺论价且终年不许停工，可见当时鸡公山地皮走俏，建房者拥挤不堪的情景。

教会区位于北岗，面积 332 001.7m²，是鸡公山开发最早的区域。1925 年，已有美、英、德、法、丹麦、挪威、瑞典、芬兰等国的教士与眷属 722 人。20 世纪 30 年代中期，已建别墅 157 幢，学校 3 所，教堂 2 座，还有医院、游泳池、网球场等建筑。刘邃真诗云"钟声数点散晨鸦，礼拜堂前日影花，东岭西溪人络绎，喃喃都颂耶和华"。形容传教士、教徒很多，祈祷者从早到晚排队进入教堂念经颂扬上帝。

避暑官地位于南岗，建别墅者商人居多，又称洋商区。他们在山上歇伏避暑期间不忘谈生意、做交易，又称买卖场。面积 615 936.4m²，曾有西方国家的 5 家银行、27 家洋行商号在此修建避暑用房。诸如日本的正金、伍林银行，英国的汇丰银行，法国的东方银行。洋行商号有德国的最时美、理和、捷成、德昌、礼和、金尔、宝隆，英国的华昌、顺昌、盛昌、太平、亚细亚、天祥、万兴，法国的永兴、惠德丰、立兴、永新、北格、利兴、中祥、诸综，日本的大仓、三菱，丹麦的马石、幸福等。另有英烟酒公司，武汉枪炮局，日本领事馆、报馆、工厂，法国巡捕房等。因战火和自然损坏，现仅存 29 幢，8000m²，其他建筑物 6 个，共计 35 处。

新店避暑山庄位于鸡公山北侧 3km 处的半山腰，呈马蹄形展布。1919 年，由中国人易怀远、胡捷三、林少衡、夏光宇、韩安、王澍生等 6 人出于与西人抗争及避暑而结伴出资修建。山庄周围 5km，内有稻田 13 334 余平方米、旱田 6667 余平方米，并有马鞍山环绕，是一处得天独厚的风水宝地。1921 年湖北督军萧耀南及其同僚杜节义、周际泰、石久山等人出资入股，至此已有股东 20 余人，每股 500 银元。股东可在山庄内择一房基及活动场地，自造宅院；其余一草一木、一泉一石均属山庄公产，股东及其后人不得变卖。1921～1925 年，山庄进入建筑高潮，拥有股东 40 余人，竣工 9 组别墅，5350m²，亭台楼阁多为红瓦茸顶，体量小巧，隔溪相望，美不胜收。1936 年出版的《鸡公山指南》称山庄为"世外桃源"。1926 年，北伐战争开始，工程停歇，军事要人疲于奔命，无力暇顾，房屋空闲，山庄解体。

在修建鼎盛期，计有美、英、法、德、俄、日、比、荷、菲、泰、葡、朝、瑞典、丹麦、挪威、芬兰、西班牙、希腊、奥地利、瑞士等 23 个国家，加之中国军阀地主修筑的建筑物共计 500 幢，其中别墅 476 幢，分布在北岗、南岗、东岗、中心区、避暑山庄、西沟、小鸡公头等处。西沟和小鸡公山头等边缘地段的别墅多为石墙草顶，有百余幢。战乱年月，由于无人看管维护，毁于风雪。以砖、木、石、瓦、铁皮为建筑材料的房屋较为坚固，约 368 幢，其中 310 幢建于鼎盛阶段。在此期间建筑类别有别墅、教堂、寺院、学校、医院、邮局、电局、游泳池、亭、园、阁、碉堡、洞等 13 个门类。歇伏高峰期常常人满为患。1935 年夏，来山避暑西人达 2201 人，连同山民、驻军、学生、服务人员、苦力、管理人员近万人居住在山顶。"门外森森万绿萦，长林短榻自纵横"是当时夏令期的真实写照。

衰落（1937～1949 年），卢沟桥事变后，日军大踏步地向中原推进，1938 年 10 月 28 日，鸡公山沦陷。教士、洋商逃之夭夭，人去楼空，一片荒凉。8 年抗日战争、3 年解放战争，鸡公山遭到严重破坏，到处是残垣断壁。树木被砍伐、道路被扒毁，别墅半数遭破坏，游泳池、运动场、路标、路灯等公共设施一应俱毁，景色大减、衰败荒芜。1945 年日军投降后，鸡公山建筑略有修复，但再难现昔日旧貌。

2. 建筑风格

人类时刻都在改善居住条件和生活环境，从栖木为巢、洞穴至后来的房屋和舒适的别墅、高楼大厦，无一不是如此。16～19 世纪，西方国家纷纷到中国寻找市场，并在中国掀起建造别墅的高潮。这些别墅因国家、民族、地域不同，建筑风格也不同。鸡公山建有多国家的别墅，其格调各有特色。

1）哥特式

哥特式建筑是 12～16 世纪在欧洲出现的一种新型建筑艺术，它广泛采用线条轻快的尖拱券，造型挺秀的小尖塔，轻盈通透的飞扶壁，修长的立柱和簇柱，以彩色玻璃镶嵌的花窗，造成一种向上升华、天国神秘幻觉，反映了基督教盛行时代的观念和中世纪城市发展的面貌。世界各地的基督教及其分支所修建的教堂、学校、医院等多少均带有哥特式色彩。鸡公山是基督教及其分支的集中地，其建筑形式也随之而来，在别墅区内的哥特式建筑有美文学校、小教堂、马歇尔楼、避暑山庄、翠云楼等。

2）罗马式

罗马式建筑是西欧奴隶制崩溃，封建社会形成阶段的建筑形式，它起源于 9～12 世纪，盛行于 12～15 世纪，因采用古罗马式券、拱，故此得名。一般以厚实的砖石墙，半圆形拱券、逐屋挑出的门框装饰和交叉拱顶结构为其主要特征。建筑整体表现为雄伟、庄严、豪华、坚固。鸡公山是南北方分界线、亚热带与暖温带的交汇地带，雨多风大，故建筑体多以坚固厚实的花岗岩为基础和墙体（墙体高达 100～600cm）。湖北督军萧耀南在避暑山庄所建的萧家大楼，其主体具有古罗马建筑风格，方正端庄，料石墙体，高 3 层，敞开式半圆拱外廊，粗犷的塔斯康古典列柱，显得威严壮观。由于罗马式格调坚实美观，已发展为一种主要建筑形式。鸡公山别墅群中不少别墅的内外廊采用半圆拱券。如颐庐、防空洞处的蒋介石旧居、亚细亚、南德国楼、美式大楼等。

3）折中式

折中式建筑严格讲并不是一种固定的建筑形式，也无确切定义。弥补了古典主义和浪漫主义在建筑上的局限性，可任意模仿历史上的各种风格，自由组合成各种式样，所以也被人称为集仿主义。折中式建筑是 19 世纪上半叶兴起的一种思想，19 世纪末和 21 世纪初在欧美盛行一时，鸡公山别墅建筑也多为此种类型。但西人在鸡公山造别墅时，也把中国的建筑文化组合在他们的建筑格调之中。如小教堂南侧北池心亭至 76 号楼（飞机楼）的踏步，运用中国惯用的"九九数列"，每九级为一梯段，两梯段之间设有休息平台。"九九数列"在中国为至高无上、尊贵无比之意。而中国人又吸收了西洋风格，组成新的折中主义建筑。最典型的要算是颐庐，主楼 3 层，方正端庄，中轴线对称，体现了中国传统建筑模式，但又采用钢筋混凝土结构的平楼顶。1～3 层为敞开古罗马半圆形拱券廊，楼顶部和 2～3 层周边设置了意大利式庭园花岗岩围栏，楼顶部砌筑了两个造型别致的中国式覆钟塔亭，塔亭和二楼门廊石柱上雕刻着立鹤、飞龙、花卉等精美图案，象征中国民俗文化中的福禄寿三星，是典型的中国传统观念。各层大门安装了西方文艺复兴时期的红、黄、紫、白彩色玻璃，借着阳光五彩缤纷，门廊采用了西方古典爱奥尼柱式（ionic order），显得轻快优美，内部开间布局颇有西方味道。而楼门口石狮蹲像，又象征着中国封建统治者的威严。从外观看，统一、均衡、和谐、壮观，富有韵律感。

4）浪漫主义建筑

浪漫主义产生于 18 世纪下半叶至 19 世纪上半叶，主要活跃于文学艺术领域，在建筑上也有一定反映。浪漫主义要求个性自由，提倡自然天性，追求田园生活情趣，逃避工业城市的喧嚣，在建筑上模仿中世纪的寨堡和哥特风格，追求非凡的趣味和异国情调，打破现时的格局。在鸡公山别墅建筑中，瑞华学校教舍算是典型代表。平面呈"工"形，中轴线对称，中部凹入部分为敞开式古罗马半圆形券廊，加栏杆围护。整个楼显得组合自由，楼顶起伏跌宕，富有天然的浪漫和韵律感。

5）德国式

此类建筑最大的特点是屋面坡度 70°以上，屋面瓦是利用挂钩挂于屋顶上。其优点为排水功能良好，不易损坏摩擦。

最典型的德国式建筑是南德国楼，此楼高 3 层，石墙，特制红机瓦（瓦后部有铅封挂钩，挂于屋面）。屋顶陡峭，筑有气窗、烟囱，前后有封闭外廊，筑有前后阳台，外观优美动人。它建于 1918 年，至今已有 90 多年的历史，屋面完好无损。

6）拜占庭式

采用了古西亚的砖石拱券、古希腊的古典柱式和古罗马的宏大规模，抽其三者精华综合为一体，特别是在拱券、穹窿方面灵活多样。最突出的特点是房屋顶部为半圆形穹窿，在鸡公山别墅中，复建的丹麦楼是典型的拜占庭建筑。伊斯兰教寺院和东正教的天主教堂常采用此种形式。拜占庭 1453 年为土耳其所灭，但其建筑风格却久传不衰，沿袭至今。

7）合掌式建筑

合掌式建筑属北欧建筑风格，它既未载入经典，又没被专家认可，但确实存在。它的特征是矮墙、大屋盖、屋顶设有较大气窗（老虎窗），利用坡面和气窗组合成屋顶房间。此类建筑体无论处在高处或低谷都引人注目。鸡公山的揽云射月楼和中心区的 100 号别墅均属此种类型。

19.5　鸡公山历史人物考

郦道元（472～527），字善长，公元 472 年生于涿州（今河北涿县）。太和 18 年（公元494 年）进入仕途，出任尚书官职，时年 22 岁。道元祖宗三代为官，父死后承袭其封爵，封为永宁伯。

先后出任太尉、书侍御史，冀州镇东府长史、颍川太守（河南许昌）、鲁阳太守（河南鲁山）、东荆州刺史（河南泌阳）、河南尹黄门侍郎、御史中尉等职。最后于孝昌三年（公元527年）在关右大使任上被反贼雍州刺史（山西永济西南）肖宝寅在阴盘铎亭（陕西临潼附近）杀害，享年55岁。

道元祖宗三代经历了鲜卑族建立北魏的开创、昌盛和衰落的全过程。他为官清正廉洁，执法严明；为北魏地理学家、散文家。

他所著《水经注》开创了人文和地理结合的典范，成为一部历史名著。从《水经注·淮水》中得知，他亲临鸡公山考察过，把发源于鸡公山的九渡河写得细致入微，是关于鸡公山最早文字记载的地理典籍，距今已有1400余年。

陆羽（733～804），名疾，字鸿渐，号季疵，又号东冈子，世称陆文字。唐复州竟陵（今湖北天门）人，性诙谐，貌不惊人，且口吃，但为人正直，讲义气，守信用，天资聪敏。受到皇帝称赞，任命为"太子文学"任。一度曾为伶工（演员），以嗜茶出名，后世民间祀为茶神，誉为茶圣。所著《茶经》，系我国最早的茶叶专著，亦是世界第一部茶叶专著，对中华民族的茶文化做出了卓越贡献。

陆羽出生后被抛于河边，由天门西塔寺智积禅师收养。12岁逃出佛门，充当伶工，后被竟陵太守李济物赏识，升为伶师，亲授诗文，并推荐到火门山邹夫子门下读书。羽如鱼得水，苦读七载，收获颇丰，做了地方小官。任职期间，他常置好茶邀友，吟诗品茶，唱和往来。由奉茶、饮茶，进而爱茶，并进行研究。

天宝13年（公元754年），陆羽出游茶区，考察茶事。他风寒露宿，历尽艰辛，当年清明抵达义阳（今信阳）。首先到豫南山区鸡公山大茶沟、灵山至光州（今潢川）一带进行考察。每到一处，便与茶农、村叟搜集茶况。对义阳茶区的考察，丰富了他的茶知识，为《茶经》提供了珍贵资料。后经义阳、襄阳，往南漳，入四川巫山考察了产茶区32州。唐肃宗上元初年（公元760年），他隐居湖州苕溪关门著书，历时5年，《茶经》脱稿，经多次增修删，于公元780年正式出版。《茶经》分上中下3卷、10节，全面论述了茶源，采制工具、茶器、饮茶、茶区等，给后人留下了一部珍贵的茶文化文献资料。

牛皋（1087～1147），字伯远，汝州鲁山人（今河南鲁山县）。出身射手。初在京西一带聚众抗金。北方沦亡，降为齐。绍兴三年（1133年）起义归宋，后从岳飞，屡建奇功，官至承宣使。后任荆湖南路驻军副总官。1134年，岳飞克义阳后，派牛皋镇守义阳三关。由于反对宋金议和，被秦桧派人毒死。（参考《鲁山县志》）

何景明（1483～1521），信阳人，文学家，字仲默，号白坡，一号大复山人。文号梅溪，封征士郎，中书舍人。

景明兄弟四人。他居小，8岁通古文，有"神童"之称。明弘治十一年（1498年），应试中学，年仅15岁，后赴京入读，以幼年才高名京城。弘治十五年（1502年）中进士，授中书舍人。倡导"文必秦汉，诗必盛唐"、发动文学复古运动，系弘治"十才子"、复古派的"前七子"之一。他居官立身主持正义，宁折不阿，为抗刘瑾弄权，弃官回乡，虽被削官为民，但仍不屈服。正德六年（1511年）刘瑾败死，景明复官中书舍人，嘉靖初，呕血病故，时年39岁。遗留辞赋32篇，诗1560首，文章137篇，当时集成26卷，后人续集分类至69卷。《大复集》38卷收。何景明的"三关"诗："楚塞三关隘，云峰入望重。何年戎马地，空有昔人踪。积水沉秋堞，长烟带古烽。乾坤当夫据，饕餮任群凶。"是写鸡公山下的"三关"最早的诗文。

李自成（1606～1645），明末农民起义领袖，本名鸿基，初号闯将，后号闯王。陕西米脂双泉里人。农民出身，童年给地主牧羊。1640 年，由房县（今属湖北）入豫，声势大振。当时中原大灾荒，他提出均田地免赋税，获得广大群众的欢迎，时有"迎闯天下，不纳粮"的歌谣。部队发展百万之众，连战连捷，成为农民起义的主力军。李自成起义军 1641 年和 1643 年两次过鸡公山，他在大东沟插旗练兵，休整部队，在插旗处被称为旗杆石，至今犹存。他站在高处石柱上阅兵，被称为将军石，至今被后人尊重，已成为威严的象征。上述两石已列为鸡公山的旅游景点。

张之洞（1837～1909），直隶南皮人（今河北省）。字孝达，号香涛，晚号抱冰。同治进士。历任翰林院侍讲学士、内阁学士等职。1889 年，调任湖广总督，开办汉阳铁厂、湖北枪炮厂，设织布、纺纱、缫丝、制麻四局，创办两湖书院。以尽地利，抵洋货，育人才。1898 年 8 月间，向比利时借款 450 万磅（合中国白银 3750 万两）兴修芦汉铁路，全长 1214.49km。1906 年 4 月 1 日，全线通车。

张之洞为清末五大名臣之一，在担任两广、两湖总督期间，创办各种厂矿，发展民族工业，巩固国防，被后人称为"工业之父"。张之洞比较正确地处理了鸡公山交涉案，并修筑了芦汉铁路，为鸡公山在 20 世纪初的兴盛奠定了基础。

靳云鹗（1879～1935），山东邹县峄山镇苗庄人，字荐青或荐卿，号颐恕。北洋政府国务总理靳云鹏之弟。北京陆军大学毕业。曾任北洋第二路备补军团长、陆军第八混成旅团长、旅长。初隶皖系，1920 年，直皖战争后，转投直系。1922 年，第一次直奉战争中，协助冯玉祥击败河南军阀赵倜，升任陆军第十四师师长。1923 年，奉吴佩孚之命在郑州镇压京汉铁路工人大罢工。1924 年，第二次直奉战争直系失败后，退居豫鄂边境。1926 年，进攻山东奉军，旋在前线倒戈，转投国民二军，夺开封，接任河南省省长。不久被吴佩孚免职，改派为陕西督军，遂秘密投靠蒋介石。1927 年，吴佩孚失败后，被直系残部推为河南保卫军总司令，与奉军作战。失败后余部被冯玉祥缴械，遂逃往南京，被蒋介石任为上将参议。1930 年回济南经营实业，未再出。

1912 年，靳云鹗奉命围剿白朗农民起义军，遂将部队开往信阳武胜关一带，打死很多白朗军。后以治军有方受到上司赞许，得以晋升。1923 年 2 月 7 日，在帝国主义支持下，奉命包围京汉铁路总工会，血腥镇压"二七"铁路大罢工，开枪打死工人 40 余人，打伤 200 多人，逮捕入狱 60 人，伙同萧耀南部杀害京汉铁路总工会江岸分会委员长林祥谦和湖北工团联合会律师施洋，制造了震惊中外的"二七"惨案。

靳云鹗主政河南，常在鸡公山养病，期间（1921～1923）在鸡公山建造了颐庐，坐落在教会区与洋商区之间。此楼中西合璧，巍峨壮观，在众多别墅中，犹如鹤立鸡群，大长了中华民族的志气，遂称"志气楼"。同时，资助美国医学博士、基督教信义会传教士施更生在信阳北关建立豫南大同医院（现信阳中心医院的前身），把西医首次引入豫南，为老百姓看病大开方便之门。在鸡公山期间，建立了官佐子弟学校，在街道开创夜校识字班，鼓励妇女放足等，做了一些有益的事。1923 年，在新郑发掘郑韩故城郑公大墓，将所发掘和追回的鼎钟彝器等文物 130 余件悉数交归国家。这些珍贵文物奠定了河南省博物馆的基础，为我国文物事业立下了不朽功勋。其中的莲鹤方壶成为河南省博物馆的镇馆之宝。国家曾将其复制品作为国礼送给韩国、新加坡、加拿大和印度。中央电视台"探索发现"栏目称靳云鹗保护文物为爱国壮举。

蒋介石（1887～1975），蒋介石于 1937 年和 1938 年两次亲临鸡公山，前者系查看地形，计划修建防空洞，当日返回。后者在 8 月间主持召开"中原会议"，各战区司令与会，研究部署保卫武汉，时间一周。尽管兵力 3 倍于日军（日军 35 万人，蒋军 110 万人），会议结束后 2 个月，武汉失守。1947 年，鸡公山管理局为蒋介石主持中原会议和 60 大寿，大南岗建造了"中正亭"，栽植了"中正林"。

韩复榘（1890～1938），河北霸县人，字向方。行伍出身，原为冯玉祥部将领。宣统二年（1910 年）入陆军二十镇冯玉祥营。在冯部不断晋升，直至军长。1928～1929 年，任河南省主席。1929 年 3 月，蒋桂战争爆发，韩被蒋收买，叛冯投蒋。次年 4 月，中原大战爆发，韩任第一军团总指挥。同年 9 月，被任命为山东省主席。1931 年，被选为国民党委员。1932 年，任北平政务委员会常委、北平军事委员会北平分会委员。抗日战争爆发后，任第五战区副司令兼第三集团军总司令。长期与国民党中央保持半独立的关系，并截留地方税收，扩充军队。

韩任山东省主席 8 年，3 次破坏中共地下党组织，并镇压了益都、博兴的农民起义。西安事变后，韩致电张学良、杨虎城表示支持，深为蒋所痛恨。抗战期间，韩为保存实力，放弃济南、泰安、济宁，退至鲁西南，并把家眷撤至兰州。蒋以韩违抗军令为由，于 1938 年 1 月 24 日将韩处决于武昌，次日收殓，由孙连仲护送棺木葬于鸡公山。当时，鸡公山是"十里风飘九国旗"的避暑胜地，西方人很多，蒋借此扩大国际影响。1953 年，韩复榘的姨太和后人将其棺木移至河北霸县，一说移葬北京万安公墓。

吴庆桐（1872～1921），字子琴，河南商丘人，行伍出身，陆军中将。早年为袁世凯马弁，后任直隶总督署巡捕，后随赵尔巽去东北，任奉天巡防左路帮统（补用副将）。1908 年，赏加总兵衔。1911 年，升任奉天亲军统领官，旋改称奉天先锋队统领。1912 年 8 月 9 日，兼任陆军第二混成协统领官，9 月，改称陆军第二混成旅，任旅长，仍兼奉天先锋队统领官，10 月 6 日，补授陆军少将。1913 年 5 月 9 日，加陆军中将衔，9 月 10 日，晋授陆军中将，同月 28 日，免第二混成旅旅长兼职。1914 年 1 月 22 日，任河南南阳镇守使，仍兼奉天留豫先锋队统领官，8 月 7 日，复兼第二混成旅旅长，11 月 7 日，免旅长兼职。1915 年 3 月 14 日，颁给二等嘉禾章，12 月 23 日，（袁世凯复辟）特封二等男。1919 年 10 月 16 日，晋二等大绥宝光嘉禾章。1920 年 8 月 20 日，因与赵倜不合被免职，后迁居天津，同年 12 月 4 日，任将军府参军。1921 年 6 月 4 日，在天津被刺杀。

吴庆桐在任南阳镇守使期间，按袁英所建别墅的图纸，在袁家大楼南侧，又建了一幢避暑别墅，人称"吴家大楼"。因外形与袁家大楼相同，并称姊妹楼，现已成为鸡公山近代别墅建筑的典范。

萧耀南（1877～1926），湖北黄冈人，字珩珊。北洋武备学堂毕业。曾任北洋军阀第三镇管带、参谋长、第十二标标统。1917 年，任直隶陆军第三混成旅旅长。1918 年，随吴佩孚进攻湖南。1920 年，直皖战争后，任陆军第二十五师师长。1921 年，奉吴佩孚命率兵赶走王占元，任湖北督军。1923 年，参与镇压京汉铁路大罢工，制造了"二七"惨案。同年 11 月，任两湖巡阅使。1924 年，直系在第二次直奉战争中失败，改投段祺瑞。1925 年，又转而拥吴。

1921～1924 年，萧耀南与喻怀远、张厚生、杜节义、周际泰等结伴在鸡公山西侧建避暑山庄。萧信佛，专门在山腰修筑天福宫。建成后，香火极盛，附近盖有公房专门接待香客。萧喜爱抽大烟。第二次直奉战争失利后，情绪消极。携小妾上山避暑，小妾却将其全部银票带走潜逃。萧一气之下，吸大烟自尽。

冯玉祥（1882～1948），原籍安徽巢县。生于直隶青县，长于保定。原名基善，字焕章，行伍出身。北洋军阀时期，曾先后任陆军十六混成旅旅长，第十一师师长，陕、豫督军，陆军检阅使。1924 年，在第二次直奉战争中发动北京政变，将所部改组为国民军，任总司令兼第一军军长。曾邀孙中山北上。同年 11 月 5 日，取消清废帝溥仪的皇帝称号，并逐出故宫。1926 年，赴苏参观，同年 9 月，率部在五原（今属内蒙古）誓师，自任国民军总司令，宣告所部集体加入国民党，并参加北伐。1927 年 5 月，在西安就任国民革命军第二集团军总司令，后参与蒋汪反共活动。不久与蒋发生冲突，举兵反蒋，先后爆发了蒋冯战争和中原大战。1931 年，九一八事变，积极主张抗日，反对蒋的不抵抗政策和独裁统治。1933 年 5 月，与共产党合作，在张家口组织民众同盟军，任总司令。1936 年，任南京政府军事委员会副委员长。抗日战争爆发后，任三、六战区司令长官，后被蒋撤职。日本投降后，继续与共产党合作，反内战、独裁、卖国。1946 年，出国考察水利，在美组织旅美中国和平民主同盟。1948 年初，加入中国国民党革命委员会，任中央常委兼政治委员会主席。同年 7 月，在回国途中经黑海时，因轮船失火遇难。著有《我的生活》、《我认识的蒋介石》等。

冯玉祥旅 1920 年驻军信阳，1921 年 5 月移驻武胜关。1918 年，中国著名林学家韩安接受交通部任命，调任京汉铁路局造林事务所所长，兴办铁路沿线育苗造林工程。在此期间，冯结识了韩安，他们俩同乡、同庚。两人一见如故，情感甚笃，成了知音。冯玉祥在韩安的相邀下，发动所部在鸡公山一带进行兵工造林，开创了中国近代兵工造林之先河。

韩安（1883～1961），字竹坪。1883 年 1 月 17 日出生于安徽省巢县西秦村一个农民家庭。9 岁时，随父母移居芜湖，在福音堂教会小学免费走读。他学习刻苦，成绩优异，15 岁时被学校保送至南京美国人创办的汇文书院（金陵大学前身）。毕业后，升入大学文理科，在校作勤杂工，解决食、宿、学费。英语、数理化、四书古文兼优，曾受到两江总督周馥召见并颁发七品京官札证。毕业后，留校任教。1907 年，赴美留学，在纽约康奈尔大学文理学院，主攻化学，1909 年毕业，获学士学位。后立志研读林业以改变故土的穷山恶水。1911 年，他又获得密歇根大学林学硕士学位。

1912 年，任北洋政府农林部山林司佥事（相当于科长职）。1914 年 3 月，赴菲律宾考察。其后，调查安徽山林、江淮两岸、津浦铁路两旁等，采用"谁种谁有"的政策。1918 年，任京汉铁路局造林事务所所长，1922 年，任北京农业专门学校教务主任兼森林系主任。1924 年，任察哈尔特别区实业厅厅长、绥远特别区实业厅厅长兼垦务总办。1927 年 10 月，任安徽省政府委员兼省会安庆市市长，次年改兼教育厅厅长。1933 年，任全国经委西北办事处专员（西安），1936 年，擢任主任。1941 年，任中央林业实验所所长。1949 年 1 月，任农业部顾问。1950 年，任西北农林部工程师，1953 年，退职，1956 年，迁居青岛，任山东省政协委员，1961 年，脑病复发，于 1 月 31 日谢世，终年 79 岁。

韩安是我国著名林学家，中国近代林业开拓者之一。他是中国出国留学生中第一个林业硕士获得者。他最早向国人介绍世界各国林业概况，建议国家规定植树节，并率先创办铁路沿线育苗造林工程，主持创建中国第一个林业科研机构——中央林业实验所，为中国近代林业做出过重大贡献。

韩安在任京汉铁路局造林事务所所长时，与英人波尔登一起勘定河南确山黄山坡和信阳县鸡公山、李家寨一带，收购荒山数万亩，开辟苗圃 25 处，每处面积 200 亩，每年植树数百万株，并动员信阳驻军冯玉祥用兵造林。他与波尔登从美国、日本引种了落羽杉、池杉、火炬松、黑松等。

刘景向（1886～1935），河南信阳县东双河人，清末优贡。1904 年，就读于豫南书院，终生从文。弱冠执教，历任小学、中学、大学教师数十年。著有《邃庐丛刊》、《国文经》、《清史概要》、《河南新志》、《鸡公山竹枝词》等 32 部作品，约 70 卷，蜚声文坛，享有河南"八大名流"之誉。

1907 年，刘景向与王熙创立阅报社，启发民智；与张葆荃、刘墨香等组织转坤天足会，劝导妇女放足。1908 年，参加同盟会。1916 年，被推为信阳县教育会长、汝阳道教育会长。先后创办了信阳女子高等小学和国民学校，后两校合并为汝阳道立女子师范，并兼校长。1920 年，刘景向被选为河南省议员，尽心服务，又与信阳县朱浩然、薛继逢等筹备成立红十字会，募款筹建豫南大同医院，并于 1923 年落成。1923 年，他在鸡公山养病期间，被聘为颐庐学校监督，指导办学。1930 年，任河南民报社长，不久转任省政论公报主任，后被调任省政论科长、秘书等职。1936 年，辞去省府公职，专心办学。1938 年春，因积劳成疾，返乡就医，同年 8 月 3 日，病逝于信阳城内寓所，终年 52 岁。

1922 年，他在鸡公山养病，对旖旎的风光和人情世故领悟颇深，采用"竹枝词"的形式写出七言绝句 50 首，1923 年，出版问世。《鸡公山竹枝词》是当年避暑胜地的历史佐证，亦是昔日鸡公山风光影集。它不仅是高水平的文艺作品，而且是一部珍贵的历史文献资料。从诗中可窥见当时的自然和社会风貌。竹枝词描绘了鸡公山的地理、气候、风光；记录了西人辟地建屋、盖教堂、办学校、修筑娱乐场所、打猎的情景，读后发人深省。诗文还反映了工程建设、交通、文化教育、公益事业、劳苦大众的贫困生活等。刘景向思想开明，醉心新学，追求进步，热爱祖国的大好河山，对《鸡公山竹枝词》独具匠心。随着景区的发展，诗词必将独步千古，与名山齐扬。

张学良（1901～2001），字汉卿，号毅庵，乳名双喜，后改名小六子，是张作霖的长子，1901 年 6 月 4 日，诞生于今辽宁省台安县桑树林子乡。学龄时，他被送进辽宁讲武堂，成为首期炮兵科学员，1920 年毕业，各门功课名列第一。

1922 年 4 月，第一次直奉战争爆发，任镇威军东路军第二梯队司令。9 月，第二次直奉战争爆发，任镇威军第三军军长，与一军组成联军，主攻山海关一线，击败直军主力，一举扬名。1928 年 6 月 4 日，其父张作霖在沈阳皇姑屯铁路交叉点被日军预谋炸死。同年 7 月 3 日，任东三省保安司令兼奉天保安司令。7 月末，东北海军成立，任总司令。8 月，任东北大学校长。11 月，任东北航空司令。12 月 29 日，宣布东三省及热河省易帜与南京政府实行统一合作，结束了军阀割据的局面，任陆海空军副总司令。

1929 年 12 月，南京政府明令褒奖张学良，并在北平设副司令行营，所有东北、华北各省军事均由张负责。1931 年，"九一八"事变，日军制造柳条湖事件，以此为借口炮击东北军北大营，张奉命不抵抗，沈阳一夜间沦陷。东北军撤至关内。1933 年，日军攻占热河，张引咎辞职。张替蒋受过，遭人唾骂，被迫出国思过，1934 年，欧游回国。1935 年，复任三军剿共副总司令，开往大别山和西北与共军作战，多次失利，接受中国共产党"停止内战，一致抗日"主张。1936 年 12 月 12 日晨 5 时，与杨虎城一起举行兵谏，扣蒋于新城大楼，西安事变爆发。12 月 24 日，蒋口头答应，停止内战，联共抗日，西安事变和平解决。25 日下午 3 时，亲送蒋离西安返南京。30 日，国民政府任命李烈钧为审判长，对张学良进行军事会审，12 月 31 日，张被判处有期徒刑 10 年，剥夺公民权 5 年。

1937 年 1 月 4 日，国民政府下特赦令，将张交由军事委员会"严加管束"。从此失去自由，开始度过他漫长的幽禁生涯。1955 年，皈依基督教。1956 年 12 月 12 日，周恩来总理举行西安事变纪念会，高度评价张学良为"千古功臣"。1959 年，蒋介石明令解除对张的

"管束"，安排蒋经国做其知心朋友，但仍派人监视，张并没有人身自由。1964 年 7 月 4 日，在台北与赵一荻正式举行婚礼。张群、宋美龄等 13 人参加。仪式典雅庄重。1975 年 4 月，蒋去世，学良书挽联："关怀之殷，情同骨肉，政见之争，宛若仇雠。"1994 年 4 月，美移民局正式核发"绿卡"给张学良及其夫人，定居夏威夷首府檀香山，安度晚年。张学良于 2001 年 10 月 15 日因肺炎抢救无效而离开人世，享年 101 岁。

在围剿大别山根据地时，张任副总司令，司令部在武汉徐家棚，在鸡公山设有前指，并在鸡公山顶险要处修筑碉堡 8 处，令其嫡系 105 师驻武胜关及其山顶。张对蒋的"倒林搜山"持有消极态度。东北中学从 1935 年起由北京迁往鸡公山，称为鸡公山东北中学，张学良仍为名誉校长和董事长，持枪训练，允许抗日力量存在，因此东中成为共产党培养进步力量的场所。学校在鸡公山 3 年，向八路军输送 40 余名优秀青年，后成长为高层骨干。张学良将军为抗日救国，发动了西安事变，因此被幽禁半个世纪。他是伟大的爱国者，他的举动，改写了中国现代史，也改变了世界历史，真可谓是千古功臣。他为中华民族做出的历史性贡献，将永载史册，为人景仰。

房向离，出生年月不详，字显之，骊山镇砖房村人。陕西省立师范毕业，1932 年以后，曾任洛南、延川、黄龙、洛川、蓝田等县县长。当在黄龙、洛川任职时，地近边区，受共产党影响，思想倾向进步。因此当他 1946 年任蓝田县长时，李先念过境。他没有执行国民党陕西省政府截击的命令。汪锋到陕南，他还暗中掩护，事后被胡宗南察觉，以通共罪将显之管押，1947 年保外就医，乘机逃脱。到湖北后被该省民政厅长任命为鸡公山管理局局长。1948 年 1 月 8 日，他派人到河南找孔从周，通过孔与解放军联系，从此便参加革命，为解放军做情报工作，前后传送了大量重要军事情报。1949 年 1 月，接受上级指示进驻武汉，利用他与第五绥靖司令张珍的关系，向其进行策反工作。1949 年 5 月，白崇禧由武汉撤退时，张珍率部在贺胜桥和石灰窑两地起义，给武汉司令部以致命打击，迫使鲁道元仓皇逃窜。他又将武汉搜集的各种情报，及时送交解放军洛河联络站，促进了武汉的早日解放。武汉解放后，组织决定让他和黄克孝进入四川，到重庆去做国民党西南长官公署代表参谋长间宗宽的工作，经过周折到达重庆，与刘启年联系，建立了情报核心，很快将获得敌人在西南四省一市的兵力部署、战略、战斗力等军事情况及时送给解放军，而且提出进军意见。同时还做策反宣传工作，对促进西南解放起了重要作用。

重庆解放后，随即参加西南军大高研班学习，结业后被任命为西南军区炮兵后勤部房管科科长。1954 年，转业到成都市民政局任教养院院长，并选为市人大代表。1962 年，因公死亡。

房向离在任鸡公山管理局长期间，1947 年，在登山小道陡石崖东侧题刻"钟灵毓秀" 4 个大字，寓意美好环境培育优秀人才。翌年著《现阶段鸡公山》，张珍题词，于 1948 年 5 月出版。该书分为序言、简史、地志、自然概况、政治概况、游览景点 6 部分。

揭觉厂（an 音安），出生年月不详，男，湖北黄冈人。大约在 1905 年出生。1931 年，接任鸡公山警察局局长，1934 年，离任，任期 3 年。大专文化，懂得英语，有一定的中国文学造诣，能写一手大字，具有一定的才气。到迁时，年约二十六七岁，任职初期，感到鸡公山教育中断，适龄青年和儿童失学严重，他办起鸡公山完全小学，一直延续到今天。整顿山客，建逍夏园，辟花圃，修园亭，植草种花。从逍夏园陟步而上，直至长岭、瑞典学校，修一条人行道，供人游览。在离任前，约在 1934 年夏，书"青分楚豫，气压嵩衡"，刻于头道门内大石上。在任期间，他还担任了一个时期高年级的语文和英语课，他和蔼可亲，平易近人。1934 年秋，调任安徽临淮关警察局，仍任局长。为查禁鸦片，他拒贿赂，依法处决了一名贩毒主犯。这名毒犯系当地帮会头子。不久，揭就被此人的党羽暗刺，受重伤，送医院后死亡。

李金碧，1914 年出生于云南江川县，祖辈世代行医，采药于滇中、滇南深山老林，能识本草不载之方药，治医书未见之难症，世代相传，自成体系。李早年毕业于中央国医馆，20 世纪 30 年代继承祖业，曾在昆明、重庆开办过中医诊所，以其精湛的医术及良药，专治疑难杂症而董誉华夏，并得到国民政府要员李根源、孙科、孙启人、张治中的赞誉和题词。40 年代，李金碧先生创办了由国家经济部批准的云南白药股份有限公司，开业于汉口市，并用自己的肖像和大名申请注册，并得到认可。云南白药经国民党中央卫生署化验合格，由经济部、卫生部共同注册，颁发了成药许可证，生产其祖传秘方——云南金碧白药及系列产品，发展到相当规模，其产品畅销于国内外，具有很高声誉。新中国成立后，云南白药股份有限公司进行了公私合营。著名中医师李金碧被分配到武汉市化工原料厂医务室行医，1974 年退休。由于他医术精湛，来金碧诊所求医者不绝于门。1990 年，被邀参加在北京举行的第十一届亚运会中医专家义诊团，他以高超的医术、优质的服务赢得了中外友好人士的一致好评，荣获义诊团颁发的最高荣誉证书，得到了中央有关部门领导的接见并受到了赞扬。

李金碧先生于 1990 年夏，在鸡公山风景区报晓峰东北侧题刻"天下第一鸡"，在观鸡台东北侧题刻"观鸡像鸡"，二处摩崖石刻，字体遒劲有力，浑厚匀称，美观大方，贴切含蓄，凡入山观景之游客，多在此留影纪念，现已成为石刻景观。

于绳武（1915～1990），辽宁人。1933 年，入东北中学读书。在东中 5 年，4 次参加学潮。加入了九三学社。曾被学校挂牌开除。1938 年，考入武昌艺专（湖北艺术学院前身），1941 年毕业，在重庆卫生署工作。1943 年，又入上海迁往四川的复旦大学新闻系借读，1945 年毕业。被国民党军委政治部招去，成为张治中部下，任演剧队长。1946 年，脱离部队，返回东北，在沈阳第三中学任教 2 年。1948 年，又到南京，因找不到工作，靠卖书报度日。1949 年，在华东军区卫生部正式参加工作。1950 年，调北京中央卫生研究院。旋又调中央卫生部拍摄卫生教育电影，编辑中国卫生画刊。1951 年，到西北军区卫生部负责卫生防疫。1956 年，转业到铁道部第一工程局。1958 年，调新疆乌鲁木齐铁路局负责卫生防疫。1990 年 1 月 17 日去世。

1935 年，于绳武怀着强烈的国仇家恨，冒着生命危险，在鸡公头顶端西侧用英文刻下了"中华万岁"（Long Live China）的口号。以此表明对侵华日军侵占其家乡东北的愤慨，在当时"十里风飘九国旗"的鸡公山上反响很大。这一石刻喊出了中国人民的心声，显示出中国军民抗日救国的决心和信心。

李立生（1853～1926），原名丹尼耳·纳尔逊（Daniel Nelson），1853 年，出生在挪威侯谷省（Haugesund）邦里佐（Bomlefjord）以北 22km 的山脚下一个小村里。他出生贫苦，幼年下海捕鱼，当船员、水手、大副 7 年；1882 年，移居美国，成为一名美籍挪威人，从事农业。1890 年来到中国传教，1901 年来信阳，1926 年，北伐战争中在信阳南关教堂，因头部中弹身亡，享年 73 岁。

李立生当渔夫 6 年、水手、大副 7 年，共计度过了 13 年的海上生活。挪威是北欧的一个沿海国家，渔业发达。李立生十四五岁就下海捕鱼。基督教是挪威的国教，入教时要行坚信礼。1875 年，被录取为船员，1878 年，在美国航海学院进修，后来从水手升为大副。在 7 年的航海生涯中，横渡过大西洋、太平洋、印度洋、北冰洋、地中海、黑海、红海、中国南海、苏伊士运河、直布罗陀海峡、赤道线等水域，游历了世界上主要大国和重要港口。在航海过程中，有几次遇到危险，最后都化险为夷。他认为是神的保护。

1882 年，带着妻子到美国定居。李立生在美国爱德华州萧朵（Sheldal）有位亲戚，靠他的关系来到美国。在该州鹰谷镇（Eagle Grove）北 3km 的一个农庄安顿下来，自己动手盖了 22m² 的小房。靠在附近打工过活，稍有积蓄，在集镇购了一英亩（相当于 6 亩）土地，把家搬到镇上，靠在铁路火车站打工。过了若干年，手中盈余越来越多，在镇西 7 哩（11km）的地方购了 80 英亩（320 001.7m²）土地，每英亩 8 元。把镇上的地和房卖掉，在农场兴建新居。由于那里的土地肥沃，天时地利，他们每年收获颇丰，过上了丰衣足食的富裕生活。

尽管生活过得富裕，但并不开心。于是，他到奥格斯堡神学院（Augsbuyg Seminary）和华帕芮素大学（Valparaiso）进修。毕业后，便卖了农场，所得全部财产 500 美元，经明尼亚波里市和温哥华前往中国传教。

1890 年 11 月 30 日，李立生携妻子和 4 个孩子到了上海，住在易文斯（Evans Missionary）传教士家，尔后，逆江而上到了汉口，不久又搬到武昌，并开始学习汉语。1892 年 5 月 11 日，出发考察距武汉 300 哩（480km）的樊城、襄阳、老河口、太平店，当年 6 月 10 日，返回汉口。1892 年冬，在樊城汉水边购买一块 30×300 平方呎（约 840m²）土地。次年，李立生开始建房，由于当地人反对，未果。1894 年，传教士重新组合，美国鸿恩会（American Hauge Synod）和挪威信义会的经费统一使用。1897 年，李立生和李斯生（Kris Tenson）到信阳和桐柏考察，结果令人满意。

1898 年春，施道格决定首先在信阳、汝宁府创建传教场。这时，李立生已有 6 个孩子，在中国已经待了 9 年。由于义和团反洋浪潮，李立生返美休息 8 个月。从 1890～1900 年的 10 年间，宣教工作成效甚微，基本没有站稳脚跟。

1901 年，李立生又回到中国，准备在信阳开创新场。当时，京汉铁路正在施工。当年 9 月，火车已通到湖北广水。汉口距信阳只有 175 英里（200km）。李立生一家和安得逊小姐、陶先生（Mr Toe），连同 8 个中国孤儿启程赴信阳。李立生租了一节火车车厢，将行李、食品、建材用的门、窗、家具、日用品装上火车。火车开停无定点，从汉口到信阳整整走了 5 天。火车到广水，将所运物件用牛车、人力车再向前运，在广水、武胜关、三里店都留宿过夜。在浉河南岸的三里店住了较长一段时间，依此寻觅传教基地。当年年底购得一块儿地，次年开始建房。

1902 年，火车通到信阳。当年 10 月 21 日，李立生和施道格乘火车踏勘鸡公山。1903 年 8 月 4 日，李立生和施道格又一次远征到鸡公山顶，发现泉清林翠，气候凉爽，适宜避暑。当年，李立生、施道格和马丁逊 3 人在鸡公山开始建房，把家搬上了山。同时，在西方报纸上大肆渲染，招徕众多传教士、商人来鸡公山建别墅，一发不可收拾。

1906 年，开始在信阳市南关建教堂。并以此为中心向方圆 30 哩（48km）的集镇、村庄扩展，并探访郊外福音点。以步行、坐轿、骑马、坐独轮车等方式进行传教。1901～1926 年的 26 年间，在明港、平昌关、长台关、洋河、邢集、东双河、王家店、新店、鸡公山、谭家河等处建立了站点。截至 1925 年有 19 位同工布道，信阳地区接受洗礼的有 1900 余人，平均每年有 84 位领受洗礼（入教）。建立了 10 座分堂，13 个家庭聚会点，13 所小学，学生 550 人。信阳教会总部雇用了 35 位中国男女职员，信阳市有教徒 1200 人。同时在市内建立了信阳义光高中、义光女子中学、豫南大同医院等。信阳已经发展成为一个较大的中央教会。

1907 年，在李立生的督促和监视下，在鸡公山宝剑泉旁建立了一座小教堂。在盛夏期间，教徒过多，不得不排定时间用中、英、瑞典、挪威语进行祈祷。1913 年，在美文学校的东侧又建立更大容量的公会堂（Assembly Hall），以满足团体礼拜和祈祷。

在李立生的倡导下，5 个在华美国信义宗传教会和北欧宗教会实施大联合。其组织名称为中华信义会，先后加入的信义宗地方总会共有 16 个，分布在粤、湘、鄂、豫、陕、皖、东北、西部等地。

1926 年 2 月 8 日 9 时许，在北伐激战中，李立生头部中弹身亡。其灵柩在南关礼拜堂佇停 40 天，于 3 月 20 日由雷希圣牧师主持哀悼仪式，被安葬在信阳东部狄斯德医生（Dr Distad）墓旁。

李立生是首位进入信阳的西方传教士，成效突出，被西方信义会称为"拓荒宣教士"。他又是首位发现鸡公山能够避暑的人。

施道格（1858～1921），与李立生共同踏勘鸡公山，发现鸡公山为避暑胜地。全名为克努特·索伦森·斯托克（Knut Srensen Stokke），中文名为施道格，1858 年 11 月 15 日，生于挪威。父亲是一个虔诚的基督教徒。幼年受他的影响很深，17 岁开读圣经，阅读宗教著述；1883 年（25 岁）开始在异教徒中传播福音，而后加入了非专业牧师培训，结业后在挪威国内传教站工作。1894 年赴美，1896 年 9 月来中国。他一生在 3 个国家传教，挪威 12 年、美国 2 年、中国 25 年，为教会工作 39 年。他到过蒙古国库伦（即乌兰巴托），1899 年固定在汝宁府传教，当时 41 岁，在此一直传教 18 个春秋。1917 年，调往确山，开辟新场。1921 年 6 月，身染伤寒去世，享年 63 岁。他被葬在确山，筑了双人墓，临近马丁逊墓地。施道格没有后代，建在鸡公山上的别墅已倒塌，未能遗存下来。

第六篇
管理及评价^①

第20章 河南鸡公山自然保护区社会经济状况[①]

20.1 保护区基本地理情况

河南鸡公山国家级自然保护区位于河南省信阳市南部李家寨镇，地处豫鄂两省交界处，面积2917hm²，有林地面积2893.7hm²，占保护区总面积的99.2%，森林覆盖率98%，活立木蓄积量34万m³，地理坐标为北纬31°46′～31°52′，东经114°01′～114°06′。该区处于桐柏山以东，大别山最西端，区内主体山系基本上分布在河南、湖北两省省界上，山体巍峨峻峭，雄伟壮阔，南抵"义阳三关"（九里关、武胜关、平靖关）的武胜关。由于保护区地处北亚热带的边缘，具有北亚热带向暖温带过渡的季风气候和山地气候特征，地理位置十分特殊，区内物种丰富，植被类型多样，是典型的过渡型森林生态综合体。保护区距离信阳市35km，西侧紧靠京广铁路、107国道。

鸡公山自然保护区整个地形呈近东西走向，地势总体上南高北低。区南主峰报晓峰，又名鸡公头，海拔765m；北主峰篱笆寨，海拔811m；西主峰望父（老），海拔533.6m；东主峰为光石山，海拔830m。全区相对高差400～500m，沟谷切深一般为300～400m，侵蚀基准面海拔标高为100m。山脉泾渭分明，沟谷纵横密布，同时具有独特的山顶盆地。

20.2 保护区周围乡村社会经济概况

保护区的东、西、北三面与李家寨镇的新店村、谢桥村、中茶村、旗杆村、南田村、武胜关村接壤，南面与湖北省广水市武胜关镇的孝子村和碾子湾村相连。保护区分布在李家寨镇、武胜关镇2个乡镇的8个行政村范围内，涉及80村民小组，3471户，总人口12 639人，其中劳动力8404人。因两个乡镇地处山区，可用耕地少，居民主要从事林业生产、养殖业、建筑业和服务业。山顶是港中旅信阳（鸡公山）文化旅游发展有限公司，在职职工320人，季节性用工330人。在职职工全部缴纳五险一金，人均月收入3500元。保护区核心区无人居住，人口全部分布在实验区和缓冲区内。另有其他驻山单位，如鸡公山气象局、鸡公山电力调度中心、鸡公山微波站、鸡公山微波实验站、鸡公山管理区街道办事处、鸡公山小学、鸡公山公安分局、铁道部鸡公山疗养院。山顶大多数是城镇居民，常住人口623人。

20.2.1 社区经济概况

1. 行政区划及人口劳力资源情况

鸡公山自然保护区周围有李家寨镇、武胜关镇80个村民小组（表20-1）。主要从事林业生产、养殖业、建筑业和服务业。山区林业生产主要以发展板栗、茶叶、木耳、香菇种植和苗木培育为主，养殖业以生猪、家禽、牛、羊养殖为主，经济状况相对较好。

---

① 本章由肖宏伟、杜文芝执笔

表 20-1　河南鸡公山国家级自然保护区毗连乡镇土地利用情况 （单位：hm^2）

| 单位 | 8 个村合计 | 李家寨镇 | | | | | | 武胜关镇 | |
		新店村	谢桥村	中茶村	旗杆村	南田	武胜关村	孝子村	碾子湾村
村民小组/个	80	19	14	10	3	1	14	13	6
户数/户	3 471	844	629	428	135	49	652	451	283
人口/人	12 639	2 784	2 054	1 445	420	156	2 469	2 187	1 124
劳力/人	8 404	1 887	1 182	1 045	355	130	1 635	1 462	708
乡村从业人数	8 007	1 815	1 154	1 012	355	109	1 570	1 305	687
男/人	4 472	988	691	604	223	62	869	671	364
女/人	3 535	827	463	408	132	47	701	634	323

2. 土地资源使用情况

保护区前身为鸡公山林场，始建于 1918 年，是我国最早的国有林场之一，由我国著名林学家韩安先生任第一任场长。1982 年，经河南省人民政府豫政〔1982〕87 号文件批准为省级自然保护区，1988 年，经国务院国发〔1988〕30 号文件批准，升级为国家级自然保护区，1990 年，信阳地区编制委员会信地编字〔1990〕5 号文件批准命名为河南鸡公山国家级自然保护区管理局，1997 年，被信阳地区机构编制委员会信地编字〔1997〕42 号文件批准为副处级事业差补单位，隶属信阳地区林业局 （现为信阳市林业局）。保护区 $2917hm^2$ 林地均为国有林地，全部为国家公益林，四周区界明确，产权清晰，与周边地区无争议和纠纷。保护区全部林地中有林地面积 $2893.7hm^2$，占保护区总面积的 99.2%；其他用地 $23.3hm^2$，占保护区总面积的 0.8%。

2 个乡镇土地总面积 $11 663hm^2$，人均土地 $0.92hm^2$，人均耕地 $0.03hm^2$。林业用地 $8588hm^2$，占土地总面积的 73.63%；耕地面积 $399.9hm^2$，占土地总面积的 3.43%。在林业用地中，有林地 $6022hm^2$，占林业用地的 70.12%，人均林业用地 $0.68hm^2$。近年来，在当地政府的正确引导下，退耕还林面积 $89hm^2$ （表 20-2）。

表 20-2　河南鸡公山国家级自然保护区毗连乡镇土地利用情况 （单位：hm^2）

| 项目 | 8 个村合计 | 李家寨镇 | | | | | | 武胜关镇 | |
		新店村	谢桥村	中茶村	旗杆村	南田	武胜关村	孝子村	碾子湾村
土地总面积	11 663	1 670	1 030	1 320	690	820	1 540	1 578	3 015
1. 林业用地	8 588	833	757	1075	593	640	800	1332	2 558
有林地	6 022	433	453	766	255	462	537	1030	2 086
疏林地	1 183	167	158	182	145	101	78	143	209
灌木林地	934	145	102	92	113	51	137	117	177
无林地	449	88	44	35	80	26	48	42	86
人均林业用地	0.68	0.3	0.37	0.75	1.41	4.1	0.33	0.61	2.28
2. 非林业用地	3 075	837	273	245	97	180	740	246	457
农地	399.9	71.9	55.3	57.5	9.2	6	83	63	54

项目	8 个村合计	李家寨镇						武胜关镇	
		新店村	谢桥村	中茶村	旗杆村	南田	武胜关村	孝子村	碾子湾村
人均农地	0.035	0.03	0.03	0.04	0.02	0.04	0.04	0.03	0.05
经济林面积	1 969	432	163	125	52	115	523	171	388
茶叶种植面积	345	106	42	16	18	46	102	6	9
3. 已退耕还林面积	89	0	15	0	0	0	0	54	20

3. 周边乡镇经济现状

保护区毗连乡镇经济收入情况见表 20-3。

表 20-3　河南鸡公山国家级自然保护区毗连乡镇经济收入情况（单位：万元）

项目	8 个村合计	李家寨镇						武胜关镇	
		新店村	谢桥村	中茶村	旗杆村	南田	武胜关村	孝子村	碾子湾村
总收入	15 095	2 813	2 145	1 988	620	172	2 654	2 687	2 016
1. 劳务性收入	5 121	892	755	721	58	42	933	1 100	620
2. 家庭经营收入	9 461	1 839	1 311	1 193	518	107	1 637	1 529	1 327
农业	1 291	235	215	241	42	29	221	170	138
林业	1 788	168	152	215	122	31	159	266	675
牧业	308	62	42	33	25	14	55	36	41
工业	1 304	266	199	244	41	7	310	175	62
建筑	2 071	391	298	337	177	12	375	347	134
交通运输	754	189	96	59	28	3	93	197	89
商业与餐饮	597	165	92	25	37	3	92	116	67
社会服务	1 348	363	217	39	46	8	332	222	121
3. 其他	513	82	79	74	44	23	84	58	69
人均纯收入	0.745	0.72	0.72	0.75	0.74	0.75	0.73	0.76	0.79

首先，经营经济林和特色林产品，是周边居民的首要经济来源。保护区周边乡镇是传统的林业区，当前经济林总面积达 2314hm²，其中板栗和茶叶的种植及加工有着悠久的历史，并在李家寨镇形成了一定规模的交易市场；其他特色林产品还有木耳、香菇等，因鸡公山的资源优势和独特的小气候条件，这些经济林产品品质优良；苗木培育也是经济发展的一大亮点，周边居民从事苗木培育的历史较长，加之保护区专业技术人员提供技术帮扶与指导，目前在保护区周边沿 107 国道已形成了绿化苗木种植带，种植及经营户达上百家，年产值超过 600 万元。

其次，主动参与景区的开发与服务，是周边居民重要的经济来源。鸡公山既是国家级自然保护区，也是国家级风景名胜区。保护区有着独特的自然景观和人文内涵，于 2000 年在实验区开展了生态旅游开发，现已与鸡公山风景名胜区形成有机的整体。据统计，2011 年来鸡公山旅游的游客达到 20 万人次，进入生态旅游区游览的游客达到 15 万人次。周边居民参与景区开发与服务的主要途径有如下几种：一是旅游公司提供岗位帮助居民就业，目前在公司就业人数达 193 人，主要从事景区及宾馆保洁、餐饮服务、景区导游、景区商店管理、安保、司机等各个岗位。二是参与旅游项目建设，仅 2011 年，景区旅游项目投资就达 1 亿元，社区居民有 500 多人参与到项目的建设和管理中来，获得劳务收入达到 800 万元，在增加居民收入的同时，促进了项目建设的快速推进。三是从事旅游接待服务，主要是农家乐，包括家庭餐馆和家庭旅馆，共计 142 家，其中山顶 37 家，可提供床位 900 张，旅游服务接待已成为居民的主要经济来源。四是生产销售旅游商品、食品及当地土特产，包括日用品、茶叶、木耳、香菇、珍珠花、蕨菜、蔬菜、豆制品、蛋、禽、猪肉等，其中鸡公山系列豆制品已形成旅游品牌，不仅提高了居民收入，还丰富了鸡公山旅游商品市场。五是交通服务，现有鸡公山至信阳交通巴士 48 辆，大部分为社区居民所拥有，极大方便了游客出行。六是保护区于 2006 年在报晓峰旅游黄金地带建成了 16 间旅游纪念品商店，全部提供给社区居民经营管理，带动就业 100 余人。通过近年来生态旅游的持续开发利用，促进了周边乡镇产业结构的调整，带动了当地经济社会的快速发展。

最后，参与保护区项目建设，是周边居民增收的重要途径。鸡公山国家级自然保护区自 1988 年成立以来，已实施了一、二、三期工程建设及其他各类建设项目，在项目的实施中，累计投入劳务费 1000 多万，年均 50 万以上，受益者主要是相关小企业和周边居民。

4. 交通条件

鸡公山地理位置优越，107 国道及京广铁路在其西侧通过，另有 312 国道、沪陕高速公路、京港澳高速公路和京广高铁在信阳市内均设置有站点，公路及铁路系统发达，交通十分便利。

20.2.2　经济活动对保护区的影响

为减少经济活动对保护区的影响，最大限度发挥保护区平衡生态的作用，多年来保护区一直坚持把开展野生动植物保护宣传作为一项中心工作来抓，通过采取加强巡查检查、散发宣传单、强化法制教育等灵活形式，努力提高周边居民主动参与保护区管理的意识。特别是 1998 年禁伐后，更加注重宣传和保护的力度，再加上周边乡镇的经济快速发展，人民群众保护野生动植物的法制意识极大增强，对保护区保持良好的管理秩序、维护完好的森林资源及生态环境起到了至关重要的作用。

由于受总体经济发展水平不高、周边居民市场经济意识不强等因素的制约，河南鸡公山国家级自然保护区目前在促进和带动当地经济发展上还存在一些问题，主要表现在如下几个方面。

（1）保护区当前属于差供事业单位，与全国先进保护区相比经济上有很大差距，自身发展能力尚且不足，惠及周边乡镇居民的能力不强。

（2）保护区生态旅游尚处于发展初期阶段，没有形成吃、住、行、游、购、娱全产业链条，缺乏深度开发，对经济社会的拉动力不强。

（3）居民参与生态旅游缺乏统一的规划引导，形式比较单一，主要以个体、家庭为单位，处于自发阶段，没有形成规模效益。

（4）保护区的科研成果没能转化为推动当地社会经济发展的有效力量。

20.3　建议

（1）党的十八大做出了建设生态中国的决策部署，保护区势必将发挥更加重要的作用。鉴于保护区面积目前只有 2917hm^2，建议将周边乡镇林地纳入保护区集中管理，进一步发挥保护区保护森林资源的政策和技术优势。

（2）保护区经费不足，创收能力弱，每年在森林资源保护、防火、科研上投入不大，国家和当地政府应加大对保护区的经济投入，改善保护区的软硬件建设，为其职能发挥提供保障。

（3）相关单位严格落实封山育林措施，森林公安加大对乱捕滥猎等违法行为的监管惩罚力度，确保《中华人民共和国野生动物保护法》、《森林和野生动物类型自然保护区管理办法》得到全面贯彻落实。

第 21 章 河南鸡公山自然保护区科学管理体系[①]

21.1 概述

鸡公山国家级自然保护区位于河南南部信阳市境内的豫鄂两省交界处，面积 2917hm²，森林覆盖率达 98%。属森林和野生动物类型自然保护区，保护对象为北亚热带向暖温带过渡地带森林生态系统。

保护区前身为鸡公山林场，始建于 1918 年，是我国最早的国有林场之一，由我国著名林学家韩安先生任第一任场长。1982 年，被省政府豫政〔1982〕87 号文件批准为省级自然保护区，1988 年，被国务院国发〔1988〕30 号文件批准为国家级自然保护区，成为河南省首批国家级自然保护区之一。1990 年，信阳地区编制委员会信地编字〔1990〕5 号文件，批准为河南鸡公山国家级自然保护区管理局。鸡公山保护区管理局为副处级差额补助事业单位，由市林业局领导，保护区下设 5 科 1 室（办公室、人事科、财务科、科技科、自然资源保护管理科、多种生产经营科）、5 个保护站（李家寨、新店、南岗、红花和武胜关）和森林科普旅游中心，绿色实业公司。

自 1988 年被批准为国家级自然保护区以来，保护区先后实施了三期自然保护区基本建设工程，总投资 1300 余万元，大大改善了职工工作、生产、生活条件，单位面貌得到较大改观，工作能力和水平有了很大提升。

科学建设管护站卡。鸡公山保护区科学规划，在保护区主要和关键地点建设了保护站和检查站，共设立了 5 个保护站、4 个检查站、10 个保护点，建筑面积 2640m²；瞭望塔 1 个，建筑面积 230m²。各站点联合管护，形成了局、站、点三级保护网络，有效地保护了鸡公山保护区的自然资源。

巡护道路覆盖保护区大部分林区。经过多次建设，保护区内目前有林区公路 25km，巡护步道 50km。林区公路和巡护步道将各保护站点相连接，使各站点之间能机动灵活相互支持，巡护道路基本能够满足保护、科研和宣传教育的需要。

交通工具齐全，通信联络畅通。保护区拥有办公用车 4 辆、防火运兵车 1 辆、森林消防指挥车 1 辆、巡护摩托车 15 辆。建设有防火监控通信系统，短波电台 1 部、对讲机 20 部。保护区内建有中国移动信号发射塔 2 座，使手机信号覆盖保护区内绝大部分区域，保证了通信联络畅通。

宣教设施先进，科研设备丰富。建有鸡公山自然博物馆 1700m²。设有全国自然保护区展厅、河南自然保护区展厅和鸡公山自然保护区展厅，展示各类图片、文字和动植物标本。在波尔登森林公园建设了游客中心 300m²，配备了自动触摸屏、电视影像设备、投影仪等宣传教育设备。高标准建设了鸡公山生态定位站，建筑面积 700m²。生态站内配备有光合测定系统、多通道二氧化碳自动分析系统、开路与闭路（OPEC）涡动观测系统、土壤呼吸测定系统、化学实验室、碳通量观测系统、无线电子气象站、自动气象站，为开展过渡带森林生

---

① 本章由肖宏伟、赵海燕执笔

态系统研究提供了平台。鸡公山植物园粗具规模。植物园建设始于 20 世纪 70 年代，经过几十年的建设管理，已收集和保存过渡带珍稀植物 600 余种，为开展过渡带植物的保护繁育研究提供了条件。购置了一批宣教和科研设备。先后购置了分析天平、电子天平、投影仪、照相机、望远镜、电脑、GPS 定位仪、负氧离子检测仪、多用振荡器、电热蒸馏水器、恒温干燥箱等设备。

21.2　管理系统

保护区的管理是集保护、科研、旅游、服务于一体，综合协调运用的 4 个体系，分属 4 个管理系统。

21.2.1　保护管理系统

本系统实行局、站、点三级管理。保护区管理局在资源保护管理方面建立了局、站、点三级的管护管理体系。保护管理科协助主管领导负责保护管理工作。保护站实行站长负责制，各护林人员层层负责，分片包干，落实林段地片。保护区共设立 5 个保护站、4 个检查站、10 个保护点、1 处防火瞭望塔，建设有远程视频监控系统，组成了一个科学高效的保护管理系统。

21.2.2　科研管理系统

本系统由科技科植物园、森林生态定位观测研究站组成。依托与中国科学院、中国林业科学研究院及高等院校合作，开展科研合作、科普宣传及考察工作。

科学研究是实现对自然资源有效保护和合理开发利用的重要手段。保护区先后开展科研项目 81 项，其中科研成果获奖 20 项，出版专著 3 部，发表与本保护区有关的、有价值的科技论文 90 多篇。其中与北京林科院协作开展了"全国杉木地理种源试验"，获得了国家科技"七五"攻关课题一等奖，中国林科院一等奖；编制的《鸡公山高等植物名录》，获信阳市政府科技进步二等奖；总结了"鸡公山山地树木园建园研究"的科学成果，获信阳市政府科技进步一等奖；开展的"鸡公山森林旅游资源的调查和可持续发展的研究"调查，摸清了本区的森林旅游资源，为开展森林生态旅游提供了可靠依据，获信阳市科技进步一等奖。依托植物园，积极开展生物资源恢复和濒危物种繁殖驯化工作，收集和保存国内外珍稀优良树种和保护树种 600 余种，为开展过渡带植物的繁育、保存研究提供了条件。依托森林生态定位观测研究站，与中国科学院、中国林业科学研究院及高等院校共同开展资源监测、生态旅游对环境的影响、碳源碳汇等研究工作。

21.2.3　森林旅游管理系统

本系统由旅游公司组成。开展森林、生态旅游等多种经营，增加收入。

保护区坚持"规划先行"的原则，于 1997 年上报了《河南鸡公山国家级自然保护区森林旅游总体设计》方案，获原林业部批复。

在生态旅游开发建设的过程中，保护区始终坚持在有效保护的前提下，以自然景观和自然环境为基础，突出宣传教育的功能，在已有的基础上有控制、有计划地进行科学开发，有序建设。分别于 2001 年、2003 年上报了《大深沟生态旅游景区开发建设方案》和《波尔登生态旅游景区开发建设方案》，并进行了环境影响评价，获得了河南省林业厅和省环保局的批复。

在景区建设过程中，始终坚持"有效保护，统一规划，合理开发，可持续发展"的原则，坚持高标准、高起点，以森林景观为主体，森林环境为依托，少量的人文景观为点缀，追求自然、简朴、协调，达到人与自然的和谐统一。

2009 年 8 月，时任河南省委书记的徐光春来鸡公山视察，把鸡公山特色总结为"百年避暑胜地、千年历史遗存、万国文化荟萃"，提出实施"金鸡复鸣"计划，以历史、文化、生态为支撑，以"政府背景、市场运作、社会支持"形式整合资源，整体开发，把鸡公山打造成世界文化旅游度假的亮点。

在此背景下，经过多方深入洽谈协商，2009 年 11 月，信阳市政府与国务院国资委下属的、目前中国最大的国有旅游企业集团——港中旅集团公司正式签订了合作框架协议，拉开了联合开发鸡公山的新序幕。鸡公山原有的经营性资产整体打包，包括自然保护区和风景区管理经营的景点、各单位驻山宾馆、酒店等，成立了河南鸡公山文化旅游集团有限责任公司，以此为基础与港中旅集团进行合作，港中旅集团以现金出资，共同组建港中旅（信阳）鸡公山文化旅游发展有限公司，其中信阳各投资体共占 35%股份，港中旅集团占 65%股份。

在组建合资公司过程中，保护区积极向上级汇报，并主动与有关各方沟通、协商，强调鸡公山自然保护区在整个鸡公山区域的生态地位和重要作用，争取保护区的应得权益。2010年，保护区以长生谷景区、波尔登森林公园及其他森林景观资源入股，合资公司接收保护区55 名人员，承担人员工资和社保费用，每年支付保护区 150 万元固定量的森林资源保护经费，并以合资前门票收入为基数的门票收入增量部分的 20%比例给保护区分成。所有景区建设、景点打造、宣传促销、经营费用由合资公司承担。

通过近几年来的实际运营，这种"安置人员，固定经费，比例分成"的"三合一"旅游合作模式，达到了共赢，得到了国家林业局、省林业厅有关领导的肯定，也得到了地方政府和社会各界的认可，堪称自然保护区与企业联合开发森林旅游的成功典范。

21.2.4　行政管理体系

行政管理工作的主要任务是贯彻执行党和国家的路线、方针和政策，根据上级部门的工作要求，结合实际，制订长远发展规划和年度工作计划，制定各项规章制度，采取切实可行措施，同时，加强对干部的思想教育，为职工排忧解难。

行政管理工作由办公室、财务科、人事科等组成。主要做以下几方面工作。

职工教育　主要是政治思想和业务技术培训，不断提高干部、职工的政治业务素质。

财务管理　是保护区保护、科研、管理和发展的需要。做好财务预算、决算，建立健全财务管理制度，坚持收支两条线，严格财经纪律，实行政务公开，财务公开，把有限的资金管好用好。

劳动管理　完善人事制度管理，健全劳动人事管理制度，加强劳动纪律，确保各项工作的完成。

后勤保障管理　为职工排忧解难改善职工生活条件，解决职工存在的实际困难。

21.3　管理规章制度

四大管理体系的规章制度既有区别又相互贯穿，相互联系。不同点是某一管理的某些部门有其特殊性，不能相互代替；说其相互联系是指各人管理有其共同点，相互补充，缺一不可。现将各管理体系制度简述如下。

21.3.1　目标管理责任制

分为考核德绩两项内容。考核德绩作为评选先进、加入组织、晋级等依据。制定年度目标任务，分解到各科室、保护站及下属各单位。对各项目标任务均量化目标，各单位依照目标再次分解到各个职工。目标管理责任制落实情况是衡量各项工作的尺度，也是考核每个干部职工工作实绩的重要依据。

21.3.2　财务管理制度

财务管理制度是管理保护区所有单位财务的基本制度，它对财务处理、资金管理和物资管理均作了具体规定，坚持收支两条线制度，财务公开制度。

21.3.3　劳动管理制度

劳动管理制度对全员工作出勤、劳动纪律、劳动保护均作了具体规定，是保护区全体干部职工参与生产劳动不可缺少的制度。

21.3.4　专项部门

保护管理方面　主要有《鸡公山国家级自然保护区护林防火制度》、《鸡公山国家级自然保护区林区用火制度》、《鸡公山国家级自然保护区防火值班制度》，贯彻实施《中华人民共和国森林法》、《中华人民共和国野生动物保护法》、《森林防火条例》等法律法规及进入保护区应遵守的有关制度。

科学研究方面　主要有科技成果奖励制度。

生产经营方面　主要有森林经营方案，生产经营技术规定，景区旅游管理制度。

通过对以上各项制度的制订和有效实施，确保保护区各项工作的完成。

21.4　科学管理论证意见

实践证明，保护区制订的四大体系的管理制度，既符合国家有关法规和上级要求，又符合保护区的实际，基本上是完善的，只要抓好落实，就可以实现有效保护森林资源和合理开发利用的目标，并使保护区事业不断发展。目前的管理体系具有规范性、科学性、可行性和有效性等优点。

21.4.1　规范性

各项规章制度的制定均是以国家有关法规、条例为依据的，如劳动管理制度依据了《鸡公山国家级自然保护区职工管理办法》和《中华人民共和国劳动保护法》及有关规定，在制定财务管理制度方面依据了《中华人民共和国会计法》等。因此，保护区所制订的规章制度具有规范性。

21.4.2　科学性

保护区的制度比较完备，四大管理制度健全，既有总体制度，又有专项制度，每项工作均有章可循，各项制度之间既独立又有联系，相辅相成，缺一不可。

21.4.3　可行性

每项制度都来源于保护区的实践，是经过多年的实践完善建立的，是经过充分调查研究，利用座谈会和研讨会等形式广泛征求干部职工意见后取得的。

21.4.4　有效性

由于各项制度具有规范性和可行性，并具有可操作性，实施时得心应手，绝大多数干部职工能自觉遵守。又因具有科学性，在学习、工作、生活等方面均有制度约束，坚持制度面前人人平等，堵塞了漏洞，提高了效率。

社会在进步，事业在发展，再完善的管理体系和管理制度也不可能持久不变，这是事物发展的规律。同样，自然保护区的管理体系和管理制度也会随着形势的不断变化而进行不断改革和完善。

21.4.5　相关措施

在不断建设的过程中，结合保护区实际，先后制订了《鸡公山国家级自然保护区总体规划》、《鸡公山国家级自然保护区森林防火制度》、《鸡公山国家级自然保护区森林病虫害防治规划》和《鸡公山国家级自然保护区森林防火处置预案》，并付诸实施。建立健全了自然保护区管理档案。利用网络、报纸、广播等方式，广泛宣传自然保护方面的科学知识，使广大群众、驻地沿线群众的护林防火、动植物保护意识大大提高，并使其变成一种自觉行动。

第 22 章　河南鸡公山自然保护区综合评价[①]

鸡公山国家级自然保护区位于河南省信阳市南部的大别山腹地,地处江淮之间,面积 2917hm² 。本区地处亚热带北缘,地理位置独特,四季分明,气候温和,光、热、水资源丰富。年平均气温 15.2℃,年平均降水量为 1118.7mm,日平均气温稳定通过≥10℃的活动积温 4881.0℃,无霜期 220d。境内沟壑纵横,地形复杂,气候优越,生态环境良好,生态景观资源丰富,植物群落类型众多、结构复杂,山地森林覆盖率达 98% 以上,生物多样性复杂,有国家重点保护物种 84 种,同时还具有一定的特有性,共有特有物种 14 种。此外,本区生物区系复杂,东西、南北成分过渡,各种生物兼容并存。鸡公山自然保护区 1982 年由河南省人民政府批准建立,1988 年经国务院批准列为国家级自然保护区。目前,保护区的保护机构健全,保护管理系统完整,保护区的核心区内无居民,社会经济基础较好;周边社区生态环境建设良好,居民普遍具备了一定的生态保护意识。

自然保护的一项重要措施是设置自然保护区,自然保护区是保护生物物种的一种工具。对自然保护区进行科学评价,提高全社会对自然保护区重要性的认识,对做好自然保护工作、促进自然保护区事业的发展有着重要的意义。由于自然保护区的类型多样,加之评判的标准不一样,要恰当地对一个保护区进行评价是非常困难的,通常考量的指标有:①地质、气候的典型性;②复杂的生物多样性;③生物种类的稀有性;④生态系统的脆弱性;⑤保护区科学文化价值;⑥保护区面积的有效性。对不同类型的保护区来说,这些指标的要求程度不一样。具体到鸡公山自然保护区,由于它已经具有保护、科研、教育、生产、旅游等多种功能,所以对鸡公山自然保护区进行的综合评价,除上述 6 项指标外,还应增加生物区系的南北过渡性。

22.1　地质、气候的典型性

自然保护区应是某一自然生态系统的典型代表,需要建立在一个具有代表性的生物群落类型中。鸡公山自然保护区地处北亚热带向暖温带过渡地带,区内保存了比较典型的过渡带的自然生态系统。下面是确定这一评价的理由。

22.1.1　地貌的典型性

鸡公山位于大别山西端,与桐柏山相接。桐柏山、大别山是昆仑山系的东延分支,构成江淮两大水系的分水岭。江北与淮南支流众多,南北分流,形成一系列近南北向的河谷,将山体切割成一条条近南北向的山岭。处于大别山西端、江淮分水岭主脊地带的鸡公山地段,南北对应河谷和低凹分水鞍特别发育,致使鸡公山呈南北走向,周围坡陡谷深,纵横交错,地形十分复杂,利于生物繁衍生长。

————————
① 本章由李培学执笔

22.1.2　地质的典型性

鸡公山的大地构造位置处于秦岭地槽皱褶系东段的桐柏大别皱褶带内。区内地层隶属秦岭地层区，桐柏大别地层分区。区内地层简单，标志特征是一老一新，老地层主要是太古界大别群。在河南该群沿桐柏山、大别山北麓呈近东西向展布，大别群构成桐柏大别复式背斜核部，是秦岭地层区最古老的地层。

区内岩石主要为鸡公山混合花岗岩和灵山复式花岗岩基。

区内大地构造位于秦岭皱褶系东段桐柏大别皱褶带，地质构造演化具有多旋回螺旋式不均衡发展的特点。构造以断裂为主，皱褶为次。主要代表性断层有柳河断层、刘家前湾断层、老李家寨断层、三里城断层、钟灵寺断层、南田断层。

22.1.3　气候的典型性

以淮河、伏牛山为界，以南属北亚热带湿润季风气候，以北属暖温带半湿润季风气候。鸡公山地处淮河以南，在气候上表现了北亚热带湿润季风气候向暖温带半湿润季风气候过渡的性质。受大陆性气候和海洋气候影响，气候温暖湿润，四季分明。保护区年总日照时数2063.3h，日照百分率47%；年平均气温15.2℃，极端最高气温40.9℃，极端最低气温−20.0℃；日平均气温稳定通过≥10℃的活动积温4881.0℃；无霜期220d。

保护区年平均降水量为1118.7mm，降水量主要集中在夏季，占全年总量的45%；冬季最少，占全年总量的8.5%；春秋季居中且春雨多于秋雨。表现出雨量充沛、时空分布不均的突出特点。

22.2　复杂的生物多样性

22.2.1　植被类型的多样性

该区特殊的地理位置、复杂的地形、优越的水热条件，使得生态景观多样、植被类型众多，植物群落共有7个植被型组、16个植被型、120个群系。森林群落主要有针叶林（常绿针叶林、落叶针叶林）、阔叶林（常绿阔叶林、落叶阔叶林、常绿落叶阔叶混交林）、针阔叶混交林、竹林、灌丛和灌草丛、草甸、沼泽植被和水生植被等。

本区常绿阔叶林发育典型，层次结构分明，类型众多，在北亚热带地区北部边缘，尤其在河南省是不多见的，如在本区常见的有青冈栎林、楠木林、冬青林等。这些常绿阔叶林虽不及在中亚热带地区长得高大，但群落结构完整，含有较多的温带成分，形成自身独特的环境，是研究我国亚热带地区气候及环境变迁的极好材料。

落叶阔叶林在本区也得到充分发育，如栓皮栎林、麻栎林、枫香林、短柄枹林、化香林、槲栎林等在该区广泛分布，且生长良好，但与温带地区的典型结构相比，带有明显的亚热带地区的特征，林下热带、亚热带地区的常绿植物占有一定的比例。体现出该区过渡地带的特征。此外，本区珍稀植物群落丰富，如香果树林、大果榉林、青檀林、黄檀林等。因此，该区是研究过渡地区森林生态系统的理想场所。

22.2.2　物种多样性

保护区中群落的数量和群落的类型或者生物的多样性是建立保护区的又一重要指标。这一指标又取决于立地条件的多样性及植被发生的历史原因。生物多样性是人类生存和发展的基础，建立自然保护区的主要目的就是保护生物的多样性，生物的多样性是一个至关重要的指标。

1. 植物多样性

鸡公山自然保护区植物种类繁多，据考察，该区有植物 250 科 1059 属 2708 种及变种。

苔藓植物共计 51 科 103 属 236 种。其中，苔类有 18 科 20 属 43 种 1 变种，藓类有 33 科 83 属 193 种 1 亚种 16 变种。蕨类植物也相当丰富，是本区林下植被的主要组成成分，共计 33 科 67 属 152 种 4 变种。

本区能露地越冬自行繁殖的种子植物共计有 166 科 889 属 2316 种及变种，其中裸子植物 7 科 27 属 72 种，被子植物 159 科 862 属 2244 种。分别占中国种子植物总科数的 52.7%，总属数的 25.94%，总种数的 7.94%。本区分布的种子植物是长江以北最丰富的地区之一。

药用植物 1580 种，纤维植物 80 种，淀粉植物 50 种，油脂植物 129 种，园林绿化植物 543 种，芳香植物 91 种。众多的植物中，属于国家级和省级重点保护植物的有 125 种，如香果树、青檀、野大豆、天目木姜子等。该区以华东、华中植物区系为主，兼容华北、西南区系。植物区系中含有较多的原始种类、单种属和特有成分，许多还是第三纪子遗植物，其中原始类型的壳斗科、金缕梅科等所含属种常为构成该区森林植物的主要建群种和优势种。我国原始的特有种杉木以该区为北界。三尖杉科是东亚分布中古老的科，在该区零星分布有三尖杉、中国粗榧两种。在鸡公山的单种属植物中，多数属于我国特异或东亚在发生上属原始或子遗类型，如香果树、大血藤、牛鼻栓、杜仲等。鸡公柳、鸡公山茶杆竹、鸡公山山梅花等，它们还是鸡公山特有植物。

2. 动物多样性

鸡公山自然保护区还是华中地区动物资源比较丰富的地区之一。共有陆栖脊椎动物 489 种。

哺乳动物 6 目 18 科 39 属 51 种。区系组成中，属古北界种 20 种，占种总数的 39.22%；属东洋界种 23 种，占总种数的 45.10%；广布种 8 种，占总种数的 15.69%。古北界种和东洋界种在本区基本相同，稍倾向东洋界。本区的哺乳动物区系具明显的混杂的过渡特征。

鸟类资源亦相当丰富，本区分布有鸟类 17 目 59 科 320 种。其中，有留鸟 100 种，夏候鸟 65 种，冬候鸟 93 种，旅鸟 54 种，迷鸟 3 种。

两栖类 2 目 6 科 13 种，其中新种 1 个，河南新记录种 1 个。爬行动物有 2 目 7 科 34 种。鱼类共 7 目 13 科 71 种。

保护区地貌类型复杂，水热条件优越，森林植被多样，食物资源丰富，为昆虫的繁衍提供了良好的条件，鸡公山自然保护区的昆虫种类多样性非常丰富，是一个天然的昆虫博物馆和基因库。鸡公山自然保护区昆虫共有 18 目 161 科 1589 种，占河南昆虫总种数的 20.33%，占中国昆虫总种数的 2.10%，占世界昆虫总种数的 0.16%。其中发现新种 24 个，中国新记录属 1 个，中国新记录种 8 个，河南新记录科 6 个，河南新记录属 111 个，河南新记录种 232 个。新种及新记录种类共计 264 个，如叶蜂科和菌蚊科的新种比例都在 30% 以上，茧蜂科的所有调查种类都是河南新记录，鸡公山作为研究中国昆虫分布、进行区系分析的关键地点，被昆虫学家们关注已久。本次考察发现的新记录中，不仅不少种类填补了南北都有分布的昆虫在中原地区的中断，更将很多南方种类的分布北限和北方种类的分布南限延伸到此地，也有许多华东种类和西北、西南种类扩展到这里。鸡公山不仅是南北种类的过渡地带，也是东西物种的交流通道，是一个东西南北交叉的十字路口，已引起多方关注，突显出鸡公山昆虫的过渡地带的特征和关键点的作用。

3. 大型真菌

保护区内共有大型真菌 50 科 136 属 464 种。根据其营养方式分：木生菌 151 种，土生菌 205 种，菌根菌 162 种，粪生菌 17 种，虫生菌 4 种。根据其经济用途分：食用菌 230 余种，药用菌 150 余种，毒菌 100 余种，其他菌 30 余种。

22.3　生物区系的南北过渡性

根据该区种子植物科的分布区域统计：世界广布科 48 个，热带分布科 67 个，温带分布科 36 个，东亚及东亚、北美分布科 13 个，中国特有科 4 个。上述统计表明，世界广布成分、热带成分和温带成分比较接近，但以热带成分为主，约占 40%，世界广布成分占 29%，温带成分占 31%。由此可以看出本区处在亚热带边缘，热带、暖温带植物交错分布。

植物属的统计表明，热带分布属共计 264 属，占所有属（除世界广布属）的 32.75%，主要由泛热带分布型、热带亚洲至热带美洲分布型、旧世界热带分布型、热带亚洲至热带大洋洲分布型、热带亚洲至热带非洲间断分布型和热带亚洲分布型组成。温带分布属共计 496 属，占全部属（除世界广布属）的 61.38%，主要由北温带分布型及变型、间断分布型、旧世界温带分布型、温带亚洲分布型、地中海区西亚至中亚分布型、中亚分布型、东亚分布型组成。种的统计同样反映出共同的特征，各类热带分布种共计 393 种，占全部种（除世界广布种）的 17.27%，主要由热带亚洲分布种组成。温带分布种共 656 种，占所有种的 28.84%，主要由旧世界温带分布种北温带分布种组成。

苔藓、蕨类植物的区系分析也充分地表明了本区植物区系的南北过渡特征。

动物区系组成同样反映出本区明显的过渡特征，如鸟类区系组成中属于东洋界分布的有 101 种，占本区鸟类总数的 31.56%；属于古北界分布的有 126 种，占本区鸟类总数的 39.38%；属于广布种的鸟类有 93 种，占本区鸟类总数的 29.06%。哺乳动物区系组成中，属古北界种 20 种，占种总数的 39.22%；属东洋界种 23 种，占总种数的 45.10%。古北界种和东洋界种在本区基本相同，稍倾向东洋界。本区的哺乳动物区系具明显的混杂的过渡特征。

鸡公山自然保护区分布有中国种子植物特有种 840 种，占所有植物的 36.92%。我国幅员广阔，自然条件复杂多样，历史悠久，并且我国的南部、西南部在第四纪冰川时期没有直接受到北方大陆冰川的破坏袭击，鸡公山位于我国中部，发生于西南的特有种可以向东北、向本区扩展散布，发源于华东、华中等长江流域的种类距本区较近，通过伏牛山、桐柏山与本区联系，华北地区起源的物种也可进入本区，因而特有植物很丰富。

根据中国特有种的现代地理分布，本区与华中地区共有的中国特有种最多，共达 697 种，占本区中国特有种的 82.97%，其中分布中心在川东、鄂西的华中地区特有种 34 种，分布中心在西南、华中一带，扩展至本区的特有种 163 种。与华东地区共有的中国特有种 588 种，占本区中国特有种的 70%，其中分布中心在华东的特有种有 63 种，分布中心在华中—华东地区的特有种较多，共达 196 种。华中地区发生的特有种或华东地区发生的中国特有种，可沿江而下或溯江而上，在长江中下游地区交汇，故而本地区的特有种较多。与西南地区共有种 352 种，占本区中国特有种的 41.90%。本区与华北地区共有种 246 种，其中大部分是中国广布种。与东北地区共有种 175 种，占本区中国特有种的 20.83%。

22.4　生物种类的稀有性

对于鸡公山自然保护区来说，保护珍贵稀有的动植物是保护区的一个重要目标。该区复杂的地理环境，丰富的植物群落，为物种的形成、繁衍提供了优越的条件。本区分布有众多的国家级和省级重点保护的物种。

国家级保护植物 19 科 23 属 27 种，占河南国家重点保护植物的 80%。根据 1984 年国务院环境保护委员会公布的第一批《珍稀、濒危保护植物名录》，1985 年国家环保局和中国科学院植物研究所出版的《中国珍稀濒危保护植物名录》第一册，河南鸡公山国家级自然保护区共有国家级珍稀、濒危保护植物 33 种。其中，属国家一级珍稀、濒危保护植物有 2 种，属国家二级珍稀、濒危保护植物有 11 种；属国家三级珍稀、濒危保护植物有 20 种。

根据 1989 年国务院颁布的《国家重点保护野生动物名录》，河南鸡公山国家级自然保护区共有国家级重点保护野生动物 57 种，其中，有国家 II 级重点保护野生昆虫拉步甲和中华虎凤蝶。两栖爬行动物中，有国家 II 级重点保护野生动物大鲵、虎纹蛙。在哺乳动物动物中，保护区分布有国家重点保护哺乳动物 6 种，属于国家 I 级重点保护野生动物的有金钱豹，属于国家 II 级重点保护野生动物的有水獭、豺、原麝、大灵猫和小灵猫 5 种。

在鸟类动物中，保护区分布有国家重点保护鸟类 47 种，其中 I 级保护鸟类有东方白鹳、中华秋沙鸭、金雕和白鹤 4 种，II 级保护鸟类有白冠长尾雉、大天鹅、小天鹅、白额雁、赤腹鹰、松雀鹰、苍鹰、红脚隼、灰背隼、普通鵟、雕鸮、领角鸮、红角鸮等 43 种。根据国际自然和自然资源保育同盟（IUCN）2012 年的评估结果，保护区分布的鸟类有极危（CR）2 种、濒危（EN）3 种、易危（VU）5 种、近危（NT）5 种，其余均列为无危（LC）级；被列入中国濒危动物红皮书（鸟类）的有 21 种，其中濒危（E）3 种、易危（V）10 种、稀有（R）7 种、未定（I）1 种；保护区分布鸟类中被列入濒危野生动植物种国际贸易公约（CITES）2011 版名录的有 39 种，其中被列入附录 I 2 种、附录 II 37 种。根据相关文献，目前我国分布鸟类中有中国鸟类特有种共 76 种，本保护区内分布有 5 种。

22.5　生态系统的脆弱性

脆弱性反映了生境、群落和物种对环境改变的敏感程度，比稀有性更复杂。脆弱的生态系统具有很高的保护价值。鸡公山的森林植被历史上曾遭受过大的砍伐破坏，一次是 1942 年日军侵华时的砍伐，一次是 1958 年的大办钢铁。自 1982 年建立保护区以来，经过几十年的精心保护，保护区内的森林覆盖率有所提高，生物多样性有所增加，但仍面临着较大的环境压力。

保护区通过大别山—桐柏山与秦巴山区的生物区系相联系，历史上是我国西南生物区系、华中生物区系和华东生物区系发展扩散的桥梁之一。因而，本区华中、华东、西南生物区系丰富。但由于人类的活动，特别是高速路网的建设、城市化进程使生境破碎化，以往连成一体的通道被分割成一座座孤岛，阻止了物种和基因的交流。本区分布的生物群落和珍稀物种生存的空间受到压缩，如香果树林、楠木林在该区呈零星小块状分布；常绿阔叶林也只是沿沟谷呈条带状分布。上述这些珍稀植物只是在保护区有一定的分布，而周边地区很难见到。一旦保护区内的植被遭受破坏，野生动物赖以生存的避难所不复存在，许多物种将会从本区消失，河南唯一的一块亚热带常绿阔叶林也将成为历史。从这个意义上来说，鸡公山自然保护区具有脆弱性的一面，保护价值很高。

22.6　保护区科学文化价值

22.6.1　科学研究价值

鸡公山是南北方的分界线，还是亚热带和暖温带的过渡地带，南北植物均可在这里安家落户，植被覆盖率高达98％。有各类植物2000多种，其中仅中草药就占600多种，被称为"天然植物园"和"天然中草药园"。鸡公山自然保护区植被保存完好，生物多样性非常丰富，植物区系是我国南北过渡带的典型代表，典型的过渡带森林生态系统和过渡带气候特征，使鸡公山自然保护区成为开展各种实验的理想场所。保护好鸡公山自然保护区，为人类提供了一处不可多得的科学研究基地。当年李时珍千里迢迢来鸡公山采药，为《本草纲目》增添了丰富的内容。20世纪初，当时的国民政府的交通部、农商部就在鸡公山设立了林业试验场，中国第一个留美林业硕士韩安先生和英国林学家波尔登先生就来到鸡公山开展树木引种和培育试验，取得了丰硕的成果。新中国成立后，特别是改革开放以来，中国林业科学研究院许多项目包括国家"七五"、"八五"科技攻关课题都选择鸡公山，开展了全国杉木地理种原试验、火炬松种源试验、珍稀濒危植物异地保存试验等十几项研究，取得了丰硕的成果，其中全国杉木种源试验获得国家科技进步一等奖。1982年经河南省人民政府批准建立自然保护区以来，鸡公山自然保护区立足实际，开展了具有自身特色的科研和监测活动，为保护区的生态保护提供了技术和智力支持。鸡公山保护区于1992年组织了大规模的综合科学考察，与中国科学院华南植物研究所、中国科学院北京植物研究所、中国林业科学研究院、北京林业大学、河南师范大学、河南农业大学、河南大学等国内科研院所及高等院校建立了紧密的科研合作关系，接待了包括中国科学院院士许智宏、傅伯杰及中国科学院"百人计划"入选者傅声雷、万师强、徐明等数百名专家、教授的科学考察，基本摸清了保护区的生物多样性状况，明确了生态保护目标。

自然保护区独立或与国内科研机构合作开展科研课题81项，已取得地（厅）级以上科技进步奖20余项，其中"杉木速生丰产林标准示范推广"、"宝天曼、鸡公山自然保护区总体规划研究"、"河南圆柏、刺柏属植物资源及造型艺术研究"等6项成果获得省（部）级科技进步奖；已出版专著3部，即《鸡公山自然保护区科学考察集》、《鸡公山木本植物图鉴》和《鸡公山高等植物名录》；发表与本保护区有关的有价值的科技论文90多篇。近期，保护区建立了鸡公山森林生态系统定位观测站，该站已纳入到国家林业局森林生态系统定位观测网络，已经开展了保护区群落动态、森林水文、森林气象、生物多样性的长期监测，先后建设安装了1座气象观测场、2座林内小型气象站、1座森林梯度观测塔、2座测流堰、6处地表径流场、16处森林永久样方，并配备了必要的仪器设备，配套有1000多平方米设施齐全的综合服务楼和客座公寓，可满足开展各项实验、办公、生活等使用，为开展科学研究提供了理想的平台。鸡公山生态站将为我国南北过渡带生态系统和生物多样性研究提供重要研究基地，同时也为过渡带森林生态系统和生物多样性研究提供新的研究平台。

22.6.2　科普宣传教育价值

鸡公山得天独厚的自然条件、优越的地理位置、便利的交通，使保护区成为大中专院校进行教学实习、中小学生开展夏令营活动的基地，同时也是开展自然保护教育、生态知识普及的大课堂。保护区每年接待大中专院校教学实习的学生、夏令营及生态旅游的游客超过10 万人次，中国科学院华南植物研究所、中国科学院北京植物研究所、北京林业大学、河南农业大学、河南师范大学、信阳师范学院、周口师范学院、信阳农林学院等十几所大学都把鸡公山定为其生物及相关学科的教学实习基地。同时，鸡公山国际青少年文化交流博爱夏令营、中国少年儿童手拉手夏令营、中国生态协会夏令营、信阳团市委组织的各类夏令营也都纷纷来此开展活动。中国组织时间最长、影响最大的夏令营——中国少年儿童手拉手夏令营的营地，从 1988 年起就设在鸡公山，原中宣部常务副部长、中国文化扶贫委员会会长徐惟诚每年都来鸡公山主持开营仪式。中美服务促进会组织的中、美学生参加的国际青少年文化交流博爱夏令营，已连续 3 年在鸡公山举办。夏令营活动的开展不仅让青少年感受到自然的博大和生命的壮丽，更感受到保护祖国珍贵稀有物种的使命和责任，保护自然资源，维护生态平衡的重大意义。2010 年，由全国绿化委员会、国家林业局、中国绿化基金会联合主办，旨在通过"体验"的形式，传播生态知识，展现山川秀美、物种多样，让普通公众亲自参与到生态文明的建设的大型公益活动"生态中国体验行"将鸡公山定为体验地。1996 年11 月，被国家教委、民政部、文化部、国家文物局、共青团中央、解放军总政治部命名为"全国爱国主义教育基地"，河南省科技厅、河南省委宣传部、河南省教育厅、河南省科协将其命名为"河南省青少年科技教育基地"，2005 年 8 月，又被中国野生动物保护协会授予"全国野生动物科普教育基地"。

　　同时，鸡公山也是国家重点风景名胜区，每年接待的参观考察人数已经超过 10 万人次，对普及科学知识、进行生物多样性保护教育、弘扬生态文明、提高全民素质、进行爱国主义教育发挥着积极作用。鸡公山自然保护区已成为全国著名的自然保护宣教基地，人们在回归自然、观光旅游的同时受到很好的生态保护、生物多样性保护的实体教育。

22.6.3　保护价值

　　鸡公山自然保护区的保护对象是过渡带森林生态系统和珍稀野生动植物。保护区内汇集有丰富的动植物资源，保存着较为完整的天然次生植被和原生植物群落，是中州植物种子资源贮存库，野生动物的庇护所。由于保护区正处于我国暖温带向北亚热带的过渡区内，独特的地理位置使许多在其他地区早已灭绝的孑遗物种和一些系统发育上属于原始孤立的类群被保留下来，使得该区植物区系具有原始古老、多方交汇、种类繁多、地理成分联系复杂的特征，成为中原地带不可多得的资源基因库。保护区内林相完好，生物多样性丰富，森林覆盖率高达 98% 以上。尤其是核心区内，依然保持着过渡带山地生态系统的原始状态，是我国暖温带向北亚热带过渡区内保存最为完整的森林生态系统之一。鸡公山又是北亚热带和暖温带地区天然阔叶林保存最为完整的地段，森林类型多，植被属暖温带落叶林向北亚热带常绿阔叶林过渡的典型代表，同时是中国动物区划中古北界与东洋界的分界线，南北共有种过渡型成分较多，无论是水平地带性还是垂直地带性的植被和物种，与当地的生态环境都相协调和适应，反映出过渡区植被的典型性。

　　调查表明，鸡公山自然保护区内珍稀濒危植物保护区系组成成分过去曾发生过频繁的交错，具有南北兼容、多方汇集过渡的特点。现存的国家珍稀濒危植物，有的是起源古老的孑遗种，更多的是第三纪古热带植物区系的残遗种。它们不但起源古老，而且许多种类在系统发育上都处于相对孤立的状态，在形态演化上比较原始。单种属植物种类较多，也是植物区系组成的一个特点。珍稀濒危动植物种群数量和区系性质方面，显示出鸡公山自然保护区是河南省珍稀濒危物种的分布中心。动物方面，昆虫新种不断被发现，其中有的科属还是空白。因此，鸡公山的生物资源具有原始古老的自然性、南北过渡的典型性、物种多样性丰富、珍稀物种数量繁多的特点，保护好鸡公山的生物物种，实际上就等于保护了河南省一半以上的物种资源。必将为研究过渡带生物群落分布、植物区系变迁及植物、地质、地理等多方面的实验提供良好的研究基地。

22.6.4 旅游价值

鸡公山有"青分楚豫、气压嵩衡"之美誉，历史上与庐山、北戴河、莫干山并称中国四大避暑胜地。早在 1400 年前的北魏时期，郦道元的《水经注》就有文字记载，其后众多文人骚客、达官显贵、富商巨贾也来山游玩，文人们留下了大量的赞美诗篇。鸡公山不但南北文化交融十分明显，而且更具有中西文化交融的内涵。1903 年，平汉铁路通车以后，美国传教士李立生、施道格登山探奇，而后在西方上宣扬，于是，先后有 20 多个国家的牧师、传教士、富商巨贾和中国官僚军阀蜂拥而至，建造起特色各异的洋楼别墅 300 余幢。几经战乱和破坏，现存 212 幢。这些多民族、多国别的建筑群落，分布在万绿丛中和秀峰之间，交相辉映，俨然是"万国建筑博览会"。经过百余年的发展，现已成为供人们旅游度假的风景区。1978 年，成为国务院首批批准的对外开放的八大景区之一。1982 年，列入全国第一批 44 个国家级重点风景名胜区，成为集自然景观为主、人文景观为辅，兼有疗养、避暑、旅游、观光、科研、实习、自然生态保护价值的山岳型风景名胜。1988 年，被国务院批准为国家级自然保护区。1996 年，被评为"河南省十佳旅游景区"。现成为"中国少儿手拉手活动营地"、"中国老年协会疗养基地"和"中国文联艺术家采风基地"。

2009 年 8 月，时任河南省委书记的徐光春来鸡公山视察，把鸡公山特色总结为"百年避暑胜地、千年历史遗存、万国文化荟萃"，提出实施"金鸡复鸣"计划，以历史、文化、生态为支撑，以"政府背景、市场运作、社会支持"形式整合资源，整体开发，把鸡公山打造成世界文化旅游度假的亮点。在此背景下，经过多方深入洽谈协商，2009 年 11 月，信阳市政府与国务院国资委下属的目前中国最大的国有旅游企业集团——中国港中旅集团公司正式签订了合作框架协议，拉开了联合开发鸡公山的新序幕。鸡公山原有的经营性资产整体打包，包括自然保护区和风景区管理经营的景点、各单位驻山宾馆、酒店等，成立了河南鸡公山文化旅游集团有限公司，以此为基础与中国港中旅集团进行合作，中国港中旅集团以现金出资，共同组建港中旅（信阳）鸡公山文化旅游发展有限公司。通过近几年来的实际运营，这种"安置人员，固定经费，比例分成"的"三合一"旅游合作模式，达到了共赢，得到了国家林业局、省林业厅有关领导的肯定，也得到了地方政府和社会各界的认可，堪称自然保护区与企业联合开发森林旅游的成功典范。

22.7 保护区面积的有效性

自然保护区的面积大小一般以保持保护对象的完整性和创造最适的保护条件为宜。具体到一个保护区，其适宜的面积关键要依据于这个保护区的天然性，即受人为干扰和破坏的程度。鸡公山自然保护区总面积 2917hm²，其中有林地面积 2893.7hm²，占保护区总面积的 99.2%。据统计，鸡公山自然保护区天然次生林面积 2766hm²，且集中分布在核心区，占保护区总面积 94.8%，从鸡公山地处强度开发区域来说，保护区的天然性是强的，

2766hm²的天然次生林面积也保持了保护对象的完整性和适宜的生存条件。根据保护区分区原则和资源特点、地形地势、保护目的和主要保护对象的空间分布状况，将保护区划分为3个功能区，即核心区、缓冲区和实验。核心区 1012hm²，缓冲区 137.9hm²，实验区 1767.1hm²。主要保护物种和植物群落能得到有效保护。

保护区的核心区、缓冲区无居民，保存完好的森林植被类型和本区分布的国家重点保护的珍稀濒危野生动植物物种均集中分布于此，如香果树、独花兰、青檀、紫茎、秤锤树、白冠长尾雉、大鲵、虎纹蛙等。一些迁徙性的鸟类也集中在该区栖息、越冬，如白琵鹭、鸳鸯、大天鹅、小天鹅、雁鸭类等。主要保护物种和植物群落均能在此得到有效保护。

主要参考文献

车克钧，傅辉恩，贺红元. 1992. 祁连山水源涵养林综合效能的计量研究. 林业科学，28（4）：290～296.

宋朝枢. 1988. 自然保护区工作手册. 北京：中国林业出版社.

宋朝枢. 1994. 鸡公山自然保护区科学考察集. 北京：中国林业出版社.

吴征镒. 1991. 中国种子植物属的分布区类型. 云南植物研究，增刊 IV：1～139.

叶永忠，王遂义，李培学. 1992. 豫南鸡公山自然保护区种子植物区系研究. 武汉植物学研究，10（1）：25～34.

1. 多彩的自然景观

图1 金鸡报晓

图2 鸡公山鸟瞰

图3 争气楼冬韵

图4 四季风韵之秋之恋

图 5　鸡公山春色

图 6　鸡公山秋色

图 7　波尔登公园森林栈道

图 8　宁静的茗湖

2. 丰富的生态系统

图9　常绿阔叶林　　　　　　　图10　落叶阔叶林

图11　常绿、落叶阔叶林　　　　图12　针阔叶混交林

图13　马尾松林

图 14　黄山松林

图 15　黑松林

图 16　火炬松林

图 17　杉木林

图 18　台湾杉林

图 19　柳杉林

图 20　落羽杉林

图 21　池杉林

图 22　水杉林

图 23　日本花柏林

图 24　青冈林

图 25　栓皮栎林

图 26　麻栎林

图 27　枫香林

图 28　青檀林

图 29　黄连木林

图 30　枫杨林

图 31 檵木林

图 32 连蕊茶林

图 33 毛竹林

图 34 刚竹林

图 35 桂竹林

图 36 茶园

3. 植 物

图 37 百合

图 38 半边月

图 39 长穗珍珠菜

图 40 丹参

图 41 独花兰

图 42 观音草

图 43　华北耧斗菜

图 44　黄檀

图 45　鸡公山茶秆竹

图 46　鸡公山山梅花

图 47　绞股蓝

图 48　枳木

图 49　蔓柳穿鱼

图 50　蒙古荚蒾

图 51　木通

图 52　楠木

图 53　七叶树

图 54　七叶一枝花

图 55　青檀

图 56　三叶木通

图 57　商陆

图 58　铜钱树

图 59　五味子

图 60　香果树

图61 小果蔷薇

图62 鸭跖草

图63 野茉莉

图64 野山楂

图65 紫荆

图66 紫玉兰

4. 大 型 真 菌

图 67　白毒鹅膏菌

图 68　白鬼笔

图 69　白马勃

图 70　白乳菇

图 71　侧耳

图 72　粗鳞大环柄菇

图 73　大白菇

图 74　大红菇

图 75　粪生黑蛋巢菌

图 76　桂花耳

图 77　红鬼笔

图 78　红绒盖牛肝菌

图 79 红栓菌

图 80 琥珀黏盖牛肝菌

图 81 鸡枞菌

图 82 鸡油菌

图 83 晶粒鬼伞

图 84 宽鳞大孔菌

图 85 宽褶菇

图 86 裂褶菌

图 87 灵芝

图 88 硫磺菌

图 89 毛木耳

图 90 毛头鬼伞

图 91　泡质盘菌　　　　　图 92　脐顶皮伞　　　　　图 93　肉褐鳞环柄菇

图 94　软异薄孔菌　　　　图 95　树舌灵芝　　　　　图 96　小灰蘑

图 97　血红栓菌　　　　　图 98　亚灰树花　　　　　图 99　银耳

图 100　黏盖牛肝菌　　　　图 101　皱柄白马鞍菌　　　图 102　朱红牛肝菌

5.珍稀鸟类

图 103　白冠长尾雉 (雌鸟)

图 104　勺鸡

图 105　青头潜鸭

图 106　鸳鸯

图 107　灰头绿啄木鸟

图 108　星头啄木鸟

图 109　戴胜

图 110　三宝鸟

图 111　白胸翡翠

图 112　普通翠鸟

图 113　蓝喉蜂虎

图 114　八声杜鹃

图 115　红翅凤头鹃

图 116　四声杜鹃

图 117　噪鹃

图 118　长耳鸮

图 119　东方角鸮

图 120　领角鸮

图 121　领鸺鹠

图 122　鹰鸮

图 123　山斑鸠

图 124　珠颈斑鸠

图 125　白胸苦恶鸟

图 126　红胸田鸡

图 127　矶鹬

图 128　林鹬

图 129　青脚鹬

图 130　针尾沙锥

图 131　水雉

图 132　凤头麦鸡

图 133　灰头麦鸡

图 134　金眶鸻

图 135　白额燕鸥

图 136　白腹隼雕

图 137　大鵟

图 138　普通鵟

图 139　雀鹰

图 140　猎隼

图 141　凤头䴙䴘

图 142　白鹭

图 143　苍鹭

图 144　大白鹭

图 145　大麻鳽

图 146　中白鹭

图 147　紫背苇鳽

图 148　仙八色鸫

图 149　虎纹伯劳

图 150　牛头伯劳

图 151　棕背伯劳

图 152　白颈鸦

图 153　发冠卷尾

图 154　黑卷尾

图 155　黑枕黄鹂

图 156　红嘴蓝鹊

图 157　灰卷尾

图 158　寿带

图 159　松鸦

图 160　白顶溪鸲

图 161　白腹鸫

图 162　白眉姬鹟 (雄鸟)

图 163　北红尾鸲

图 164　橙头地鸫

图 165　红尾水鸲 (雌鸟)

图 166　红胁蓝尾鸲 (雄鸟)

图 167　灰背鸫

图 168　蓝喉歌鸲

图 169　蓝矶鸫

图 170　紫啸鸫

图 171　红头长尾山雀

图 172　家燕

图 173　金腰燕

图 174　白头鹎

图 175　黑鹎

图 176　黄臀鹎

图 177　领雀嘴鹎

图 178　棕扇尾莺

图 179　暗绿绣眼鸟

图 180　红胁绣眼鸟

图 181　黑脸噪鹛

图 182　红嘴相思鸟

图 183　画眉

图 184　远东树莺

图 185　凤头百灵

图 186　白鹡鸰

图 187　白腰文鸟

图 188　灰鹡鸰

图 189　树鹨

图 190　黑尾蜡嘴雀 (雌鸟)

图 191　黄喉鹀

图 192　燕雀

6. 专 家 考 查

图 193 许智宏院士在保护区考察

图 194 傅伯杰院士在保护区考察

图 195 中国林场协会会长、原林业
部副部长沈成在保护区考察

图 196 北京林业大学崔国发教授、河南省
植物学会理事长叶永忠教授在保护区考察

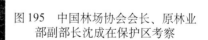

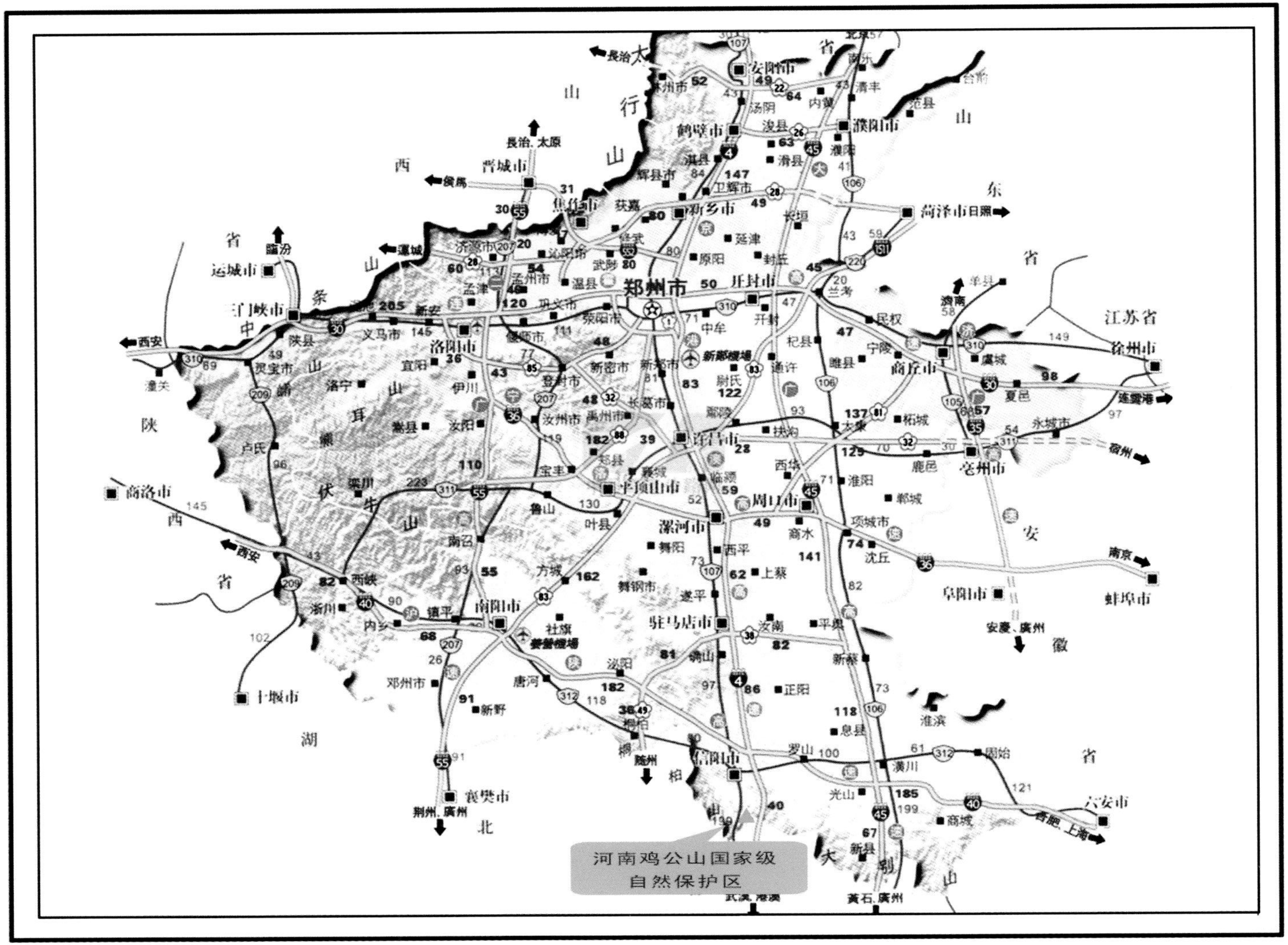

图 197　鸡公山自然保护区位置示意图

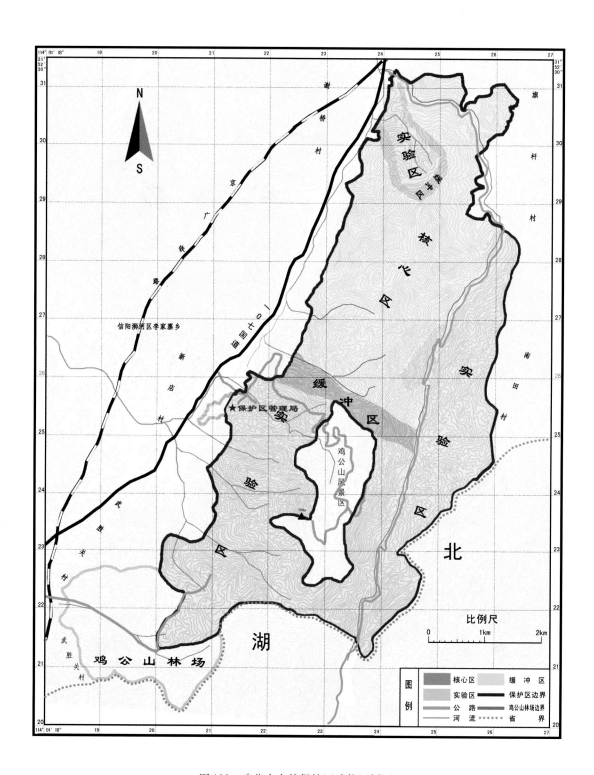

图 198　鸡公山自然保护区功能区划图

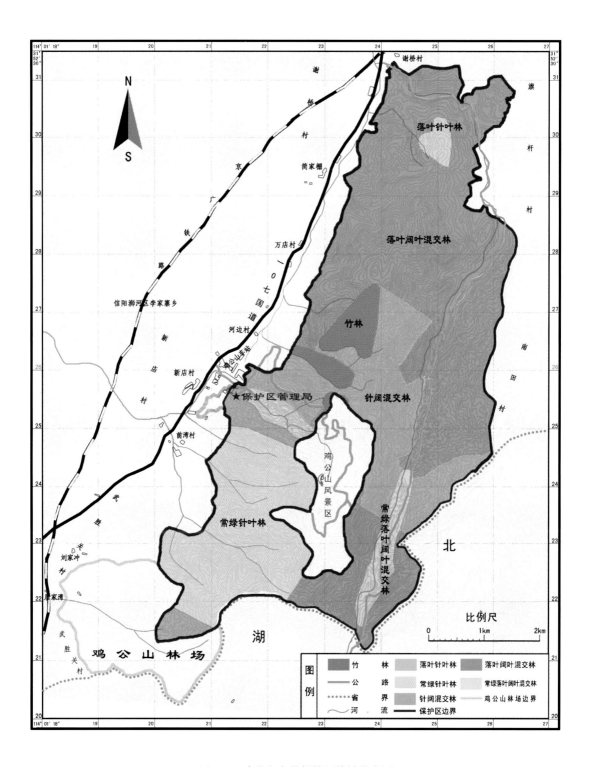

图 199 鸡公山自然保护区植被分布图

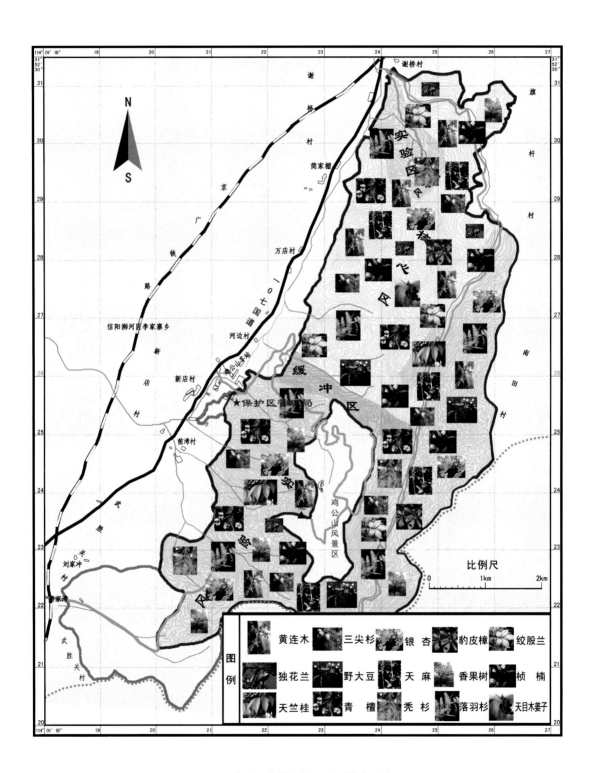

图200 鸡公山自然保护区珍稀植物分布图

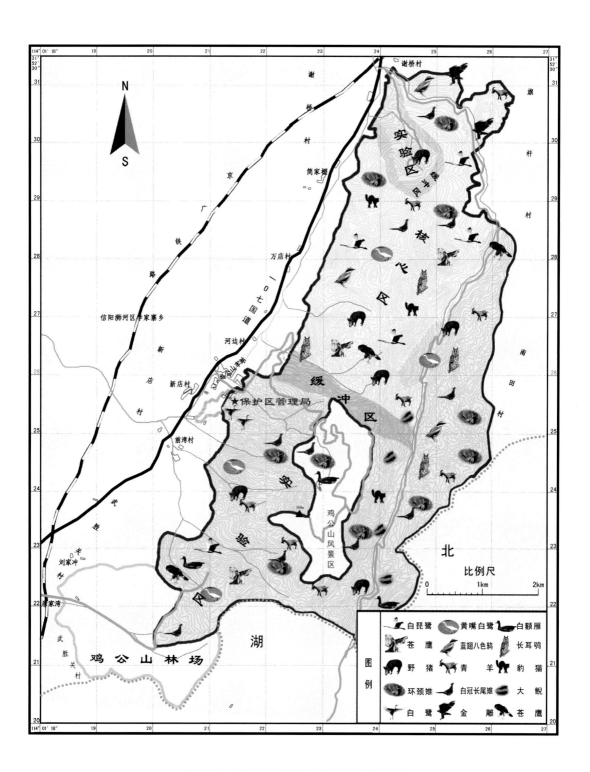

图 201　鸡公山自然保护区野生动物分布图